동물생식공학

감수 이 규 승

선 진 문 화 사

머 리 말

어느 학문영역이나 발전을 거듭하고 있지만, 동물번식학분야는 생명과학의 발전에 힘입어 눈부신 발전을 거듭하고 있다. 가축의 증식과 개량에 견인차 역할을 해왔던 인공수정기술은 이미 고전적 기술이 되었고, 얼마 전까지도 실험수준에 머물렀던 배이식기술이 이제는 보편적 실용기술로 정착되는 단계에 이르렀다. 더욱이, 발생공학기법으로 복제동물이나 키메라동물의 생산이 가능하게 되었고, 핵을 치환하거나 이식하여 특정 목적에 이용할 수 있는 동물의 작출도 이루어지고 있으며, 유전공학기법으로 목적유전자를 분리하여 이식함으로써 특수한 생리작용을 발현하는 형질전환동물을 생산하고, 이것을 이용하려는 연구도 활발하게 수행되고 있으며, 이러한 기술들의 상당부분은 산업적 이용이 가능한 단계에까지 이르고 있는 실정이다. 이와 같이, 급속하게 발전되는 기술들을 번식효율의 증진을 목표로 하는 가축번식학에서 모두 수용한다는 것은 사실상 불가능하다. 따라서, 모든 생식기술의 원천이 되는 생식생리분야와 다양하게 개발된 기술들을 분리하여 별도의 학문체계로 정립하여야 할 필요성이 점차적으로 높아지고 있다. 이에 부응하기 위하여 필자들은 작년에 '포유동물 생식생리학'을 출간하였고, 이번에 다양하게 개발된 생식기술들을 체계적으로 종합 · 정리하여 '동물생식공학'이라는 이름으로 출간하게 되었다.

이 책에서는 전통적 생식기술이지만, 오늘날에도 가축의 증식과 개량에 중요한 수단으로 이용되고 있는 인공수정과 새로운 산업적 기술로 정착되는 단계에 이른 배이식에 관련된 기술들을 충분한 지면을 할애하여 기술하였다. 또한, 21세기의 성장동력산업으로 육성하기 위하여 국가적으로 노력을 경주하는 생명공학기술들도 빠짐없이 소개하려고 노력하였다. 이와 같이, 다양한 기술들을 한권의 책으로 모아 기술하였고, 중점적으로 기술된 부분도 있기 때문에 장 · 절 사이의 균형이 맞지 않는 부분이 있고, 또한 이 분야의 학문영역이 넓고, 발전속도도 매우 빨라서 미진하게 기술된 부분도 있을 것으로 생각된다. 이러한 부분에 대하여는 앞으로 판을 거듭하면서 완전한 책이 될 수 있도록 수정 · 보완할 것을 약속드린다.

한편, 정년을 목전에 둔 시점에서 '포유동물 생식생리학'의 발간을 마치고, 동물생식공학의 발간은 후배 학자들에게 미루려고 하였지만, 제자들과 몇몇 후배학자들이 본

인의 정년기념으로 이 책을 발간할 것을 강권하여 출판을 결심하게 되었다. 이 책이 필자의 정년에 즈음하여 발간될 수 있도록 주선하고, 발간과정을 원만하게 진행시켜준 충남대학교 가축번식학교실 출신의 석 · 박사 여러분에게 충심으로 감사의 마음을 표한다. 또한, 이 책을 발간하는 과정에서 원고의 정리 · 그림의 제작 · 편집에 성심을 다하여 노력한 朴炳權 교수에게 사의를 표하고, 성실하게 교정을 보아준 김명윤양과 왕장환군의 노고에도 치하를 보낸다. 끝으로, 출판계의 어려운 사정에도 불구하고, 독자층이 두껍지 않은 이 책의 출판을 맡아 주시고, 물심양면으로 도와주신 선진문화사 양희돌 사장님과 관계직원 여러분의 노고에 심심한 사의를 표한다.

2007년 8월 31일

감수 · 대표저자 李 揆 丞

監修 · 代表著者

李揆丞

編輯

李景廣 · 陳東日 · 朴炳權

執筆陣

〈大學校〉	李揆丞	徐吉雄	陳東日
金相根	宋海範	康珉秀	韓龍萬
梁富根	朴炳權	丁永浩	李成鎬
申相泰	尹鍾澤	朴永植	李鍾完
文勝周	孔一根	金南衡	方明杰
柳範龍	鄭炯敏	鄭熙泰	姜萬鍾
〈延邊大〉	方南洙	李鍾淑	金 一
〈研究所〉	李景廣	孫東秀	尙炳敦
金學奎	延成欽	崔善昊	金相佑
禹濟碩	金德任	吳建奉	韓萬熙
李正雄	金敏奎	李庚本	林正勳
具德本	朴正峻	金興律	李鳳求
朴貞宣	千幸洙	金鍾和	白峻種
尹貞任	韓善敬	金政勳	宋泰憲

차 례

제1장 생식기관의 구조와 기능

제2장 성호르몬의 화학구조와 생리작용

제3장 정액의 구성과 인공수정

제4장 발정과 배란의 인위적 조절

제5장 초기배의 발생과 배이식

제6장 임신과 분만의 인위적 조절

제7장 생식세포와 초기배의 미세조작

제 1 장

생식기관의 구조와 기능

동물은 고유의 종족을 후대에 남기기 위하여 자신의 유전형질을 이어갈 새로운 개체를 복제(複製, reproduction)하는데, 이러한 기능을 수행하는 기관을 총칭하여 생식기관(生殖器官, reproductive organ, genital organ)이라 한다. 양성생식을 하는 포유동물은 성별에 따라 생식기관의 구조와 기능이 현저하게 다르지만, 암·수 모두 같은 발생원기로부터 분화·발달된다. 생식기관은 동물의 종이나 성에 기초한 생식특성에 따라 차이가 있으나, 일반적으로 ① 생식세포와 성호르몬을 생산하는 성선(性腺, gonad), ② 생식세포의 통로인 동시에, 수컷에서는 부성선이 부속되어 있고, 암컷에서는 수정란의 발생장소이자 태아의 출생통로로도 기능하는 생식도관(生殖導管, genital tract), ③ 외부에서 볼 수 있는 교미기관(交尾器官, copulatory organ) 등으로 구분한다. 이 가운데 성선과 생식도관을 합하여 내부생식기관, 교미기관을 외부생식기관이라 하며, 성선을 제외한 모든 생식기관을 부생식기관(副生殖器官, subgenital organ)이라 부르기도 한다. 넓은 의미의 생식기관에는 새끼를 양육하기 위하여 유즙을 분비하는 유선(乳腺, mammary gland)을 포함시키는 경우도 있다.

제 1 절 성의 분화와 발달

양성생식을 하는 포유동물에서 성(性, sex)은 암·수의 생식세포가 합체되는 과정에서 일어나는 성염색체의 조합에 의하여 결정되지만, 발생초기의 태아에서는 성염색체의 조합과는 무관하게 암·수의 구별이 없이 공통적인 생식기관의 원기(原基, primordium)를 가지고 있는 미분화상태를 나타낸다. 그러나, 개체의 발생이 진행되면 미분화상태의 발생원기가 성염색체에 의하여 결정된 성별에 따라 암·수 각각의 생식기관으로 분화되고, 이것들 각각이 완전한 생식기능을 수행할 수 있는 생식기관으로 발달된다.

1. 성의 결정

포유동물의 성은 개체의 발생과정에 동조되어 염색체의 성(chromosomal sex)·성선의 성(gonadal sex)·표현형의 성(phenotypic sex)과 같이 3단계로 결정된다(Piňón, 2002a). 염색체의 성은 성염색체의 조합에 따라 결정되지만, 성선의 성은 성결정유전자의 지배하에 결정되고, 표현형의 성은 성선에서 분비되는 호르몬의 작용으로 분화된다. 그러나, 암컷에서는 성결정유전자가 발견되지 않았고, 발생초기의 난소는 호르몬도 분비하지 못한다.

1) 염색체의 성

염색체의 성은 정자와 난자가 수정될 때, 이것들이 가지고 있는 성염색체(性染色體, sex chromosome)의 조합에 따라 결정된다. 포유류의 난자는 X-염색체만을 가지며, 정자는 X-염색체를 가진 것과 Y-염색체를 가진 것이 있다. 이러한 난자와 정자가 수정에 의하여 2배체(二倍體, diploid, 2n)를 형성하는 과정에서 성염색체의 조합이 동형(同型, homo, XX)이면 암컷, 이형(異型, hetero, XY)이면 수컷이 된다. 그러나, 정자와 난자의 형성과정에서 성염색체의 분리가 일어나지 않았을 경우에는 성염색체가 없는 생식세포와 2개의 성염색체를 가지는 생식세포가 형성된다. 이러한 정자와 난자가 수정되면, 성염색체를 하나만 가지는 개체(XO, YO)나 여러개를 가지는 개체(XXX, XXY, XYY)가 발생된다. 이와 같이, 성염색체에 이상이 있는 경우에 X-염색체만 있고, Y-염색체가 없는 개체는 암컷의 외관을 나타내며, X-염색체 여러개가 있더라도 Y-염색체가 있는 개체는 수컷의 외관을 나타낸다. 이 사실은 포유동물에서 성의 결정에는 Y-염색체가 주도적으로 작용하며, Y-염색체가 작용하지 않을 경우에 한하여 자성형으로 분화가 진행된다는 것을 의미한다.

2) 성선의 성

성선의 성은 성염색체상에 좌위하는 성결정유전자(性決定遺傳子, sex determining gene)의 지배를 받는다. 수컷의 성을 결정하는 유전자는 Y-염색체 단완의 첨부에 위치하는 SRY-유전자(sex-determining region Y chromosome gene)라는 것이 증명되었고(Gubbay 등, 1990), 이 부위는 클로닝(cloning)되었으며, 이것의 0.5kb 분절은 다양한 동물에서 내재된 성-특이적 서열(sex-specific sequence)을 검출하기 위하여 암·수 모두의 DNA를 서던 블로팅(Southern blotting)할 때 탐침(探針)으로 이용된다(Sinclair 등, 1990). SRY-유전자는 정소의 분화와 발달을 유도하여 내분비기능을 발현시킴으로써, 테스토스테론과 뮐러관 억제물질(Müllerian inhibiting substance [MIS])이 분비되고, 이 호르몬들은 웅성부생식기관의 정상적 발달을 유도한다. 그러나, X-염색체에서는 성결정유전자가 발견되지 않았으며, 생식기관의 발생원기가 분화되는 것을 자극하거나 억제하는 인자에 대하여도 밝혀진 것이 없다. 따라서, 염색체의 성이 XX인 개체는 성결정유전자를 비롯한 어느 인자의 지배도 받지 않고, 난소가 자발적으로 발생하는 것으로 보인다(Piñón, 2002a).

3) 표현형의 성

표현형의 성은 형성이 완료된 성선에서 분비되는 성호르몬의 작용으로 발현된다. Y-염색체를 가진 수컷에서는 SRY-유전자의 지배하에 형성된 정소에서 분비되는 테스토스테론이 중신관(中腎管, mesonephric duct, Wolffian duct)을 자극하여 정소상체·정관·정낭선 등의 발생을 유도하고, 테스토스테론의 대사산물인 디히드로테스토스테론(DHT)이 요생식동(尿生殖洞, urogenital sinus)의 분화와 발달을 촉진하여 전립선·구요도선·외부생식기 등을 발생시키는 동시에, MIS가 자성생식도관의 발생원기인 부중신관(paramesonephric duct, Müllerian duct)의 퇴행을 촉진하여 정상적인 웅성부생식기관의 분화·발달을 유도함으로써 표현형의 성이 발현된다. 그러나, X-염색체를 가진 암컷의 경우에는 태생기의 난소에서 성호르몬이 분비되지 않기 때문에 내분비적 조절기전이 없이 부중신관이 분화·발달되어 표현형의 성이 발현된다. 웅성부생식기관의 발생원기인 중신관은 암컷에서는 테스토스테론의 자극이 없음으로 중신의 퇴행과정에 수반하여 자연적으로 퇴화된다(Conway, 1997).

2. 성선의 분화와 발달

생식기관의 발생과정에서 부생식기관의 발생은 성선에 의하여 조절되기 때문에 성선의 분화와 발달이 부생식기관 발생의 결정적 과정이다. 성선은 태생기의 초기에 분화되는 원시생식세포(原始生殖細胞, primordial germ cell)와 태생기의 신장인 중신(中腎, mesonephros)에 밀착되어 형성된 성선융기(性腺隆起, gonadal ridge)로부터 발생되지만, 이것들로부터 발생된 암·수 각각의 성선인 난소와 정소는 형태적으로나 기능적으로 매우 다르다.

1) 미분화성선의 발생

성선, 즉 암컷의 난소와 수컷의 정소는 발생초기에는 암·수의 구별이 없이 공통적인 형태를 구비하고 있는데, 이와 같은 성선의 발생원기를 미분화성선(未分化性腺, undifferent gonad)이라고 한다. 미분화성선의 발생은 난황낭의 상피에 매몰되어 있는 원시생식세포가 난황낭경(頸)을 통하여 후장(後腸, hind gut)으로부터 아메바운동으로 등쪽 장간막을 경유하여 성선융기로 이동하는 과정에서부터 시작된다. 원시생식세포의 이동과 때를 맞추어 성선융기의 배상피는 여러 부위에서 간엽속으로 뻗어 들어가 많은 수의 제1차성삭(primary sex cord)를 만들고, 이것이 원시생식세포의 집단을 둘러쌈으로써 미분화성선의 발생이 완료된다. 미분화성선으로 발달되는 과정은 SF1(steroidogenic factor 1)과 WT1(Wilms' tumor

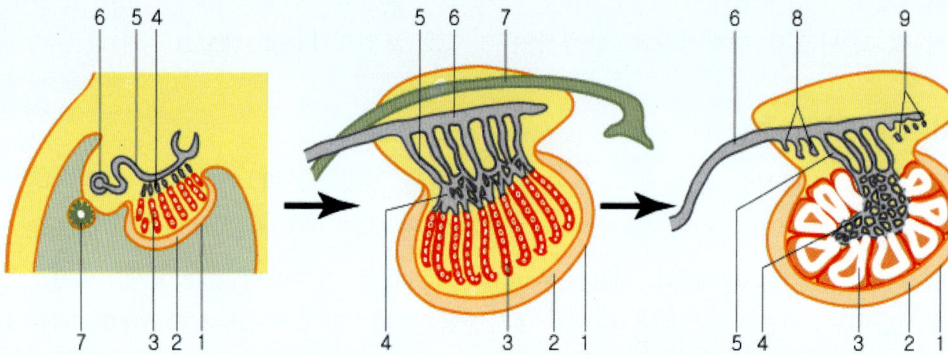

1: 배상피, 2: 백막, 3: 제1차성삭(세정관), 4: 정소망, 5: 중신세관(정소수출관), 6: 중신관(정소상체,정관), 7: 부중신관, 8과 9: 정소수출관으로 발달하지 못하고 퇴화되는 중신세관

그림 1-1. 정소의 발생과정

gene)에 의하여 유전적으로 조절된다(Luo 등, 1994; Pritchard-Jones, 1990; Hsu 등, 1995). 그러나, 염색체의 성이 XY인 개체와 XX인 개체가 동일한 경로를 통하여 미분화성선이 발생되는 과정은 아직까지도 명확하지 않다(Piňón, 2002a).

2) 정소의 분화와 발달

염색체의 성이 XY인 개체의 미분화성선은 정소로 분화·발달된다(그림 1-1; Piňón, 2002a). 미분화성선에서 원시생식세포를 함유하고 있는 제1차성삭은 안쪽으로 점차적으로 신장된 다음, 배상피에서 분리되어 정소삭(精巢索, testicular cord)으로 발달되며, 이것이 정소발생과정에 동조되어 세정관(細精管, seminiferous tubule)으로 전환된다. 한편, 태생기의 신장인 중신은 후신(後腎)의 발생과 더불어 퇴화되는데, 퇴화되는 중신에 함유된 중신세관(mesonephric tuble)만은 퇴화되지 않고, 이것들 여러개의 한쪽 끝부분이 망상(網狀)으로 모여 정소망(rete testis)을 형성한 다음, 세정관과 열결되고, 다른쪽 끝부분은 정소수출관(efferent ductule)으로 발달된다. 또한, 정소삭을 구성하고 있는 체세포는 지지세포(Sertoli cell)로 발달되고, 성선융기의 기질에 매몰되어 있는 간엽세포는 간질세포(Leydig cell)로 분화된다. 정소삭이 세정관으로 발달되는 과정에서 원시생식세포는 정원세포(spermatogonium)로 분화되며, 이 세포는 동물체의 성성숙이 완료되어 정자형성과정이 개시될 때까지 휴지상태를 유지한다.

3) 난소의 분화와 발달

성염색체의 조합이 XX인 개체의 미분화성선은 난소로 분화·발달된다(그림 1-2;

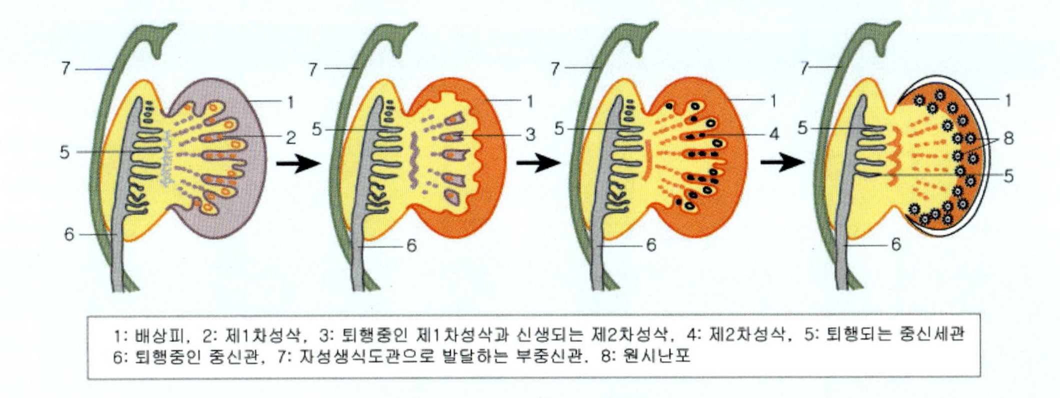

그림 1-2. 난소의 발생과정

Meijer & van Vlissingen, 1992a). 그러나, 난소의 발달은 정소의 발달에 비하여 시기적으로 늦을 뿐만 아니라, 세포의 증식은 주로 피질부위에서만 일어난다. 미분화성선의 제1차성삭은 퇴화되어 원시생식세포를 남겨두고 안쪽으로 밀려 들어가 난소의 수질을 만들며, 이어서 배상피에서 또 하나의 성삭이 뻗어나는데, 이를 제2차성삭이라 한다. 이 과정에서 원시생식세포는 유사분열을 반복하여 그 수를 증가시키며, 이어서 난원세포(oogonium)로 분화된다. 난원세포는 스스로 성장하여 제1차난모세포(primary oocyte)가 되며, 이것은 곧바로 제1감수분열을 개시하지만, 분열전기의 복사기에서 분열이 정지된다. 분열과정이 정지된 개개의 제1차난모세포는 제2차성삭에 의하여 둘러싸여서 원시난포(primordial follicle)를 형성한다. 이러한 과정을 통하여 난소의 피질에 수 많은 원시난포가 형성되면 난소의 발생이 완료된다.

3. 부생식기관의 분화와 발달

성의 미분화기에는 염색체의 성이 암컷(XX)과 수컷(XY)인 개체 모두가 부생식기관의 발생원기로 중신관(볼프관)과 부중신관(뮐러관), 그리고 요생식동을 가지고 있다. 이러한 부생식기관의 발생원기는 성선의 성이 결정되면, 성선의 지배하에 암·수 각각의 부생식기관으로 분화·발달된다. 그러나, 태생초기의 난소는 호르몬을 분비하지 못함으로 자성부생식기관은 난소호르몬과 관계없이 자발적으로 발생된다.

1) 생식도관의 분화와 발달

웅성생식도관을 구성하는 정소상체와 정관은 태생기의 신장인 중신의 배출관으로 형성된 중신관(볼프관)으로부터 발생된다. 반면에, 자성생식도관을 구성하는 난관과 자궁은 중

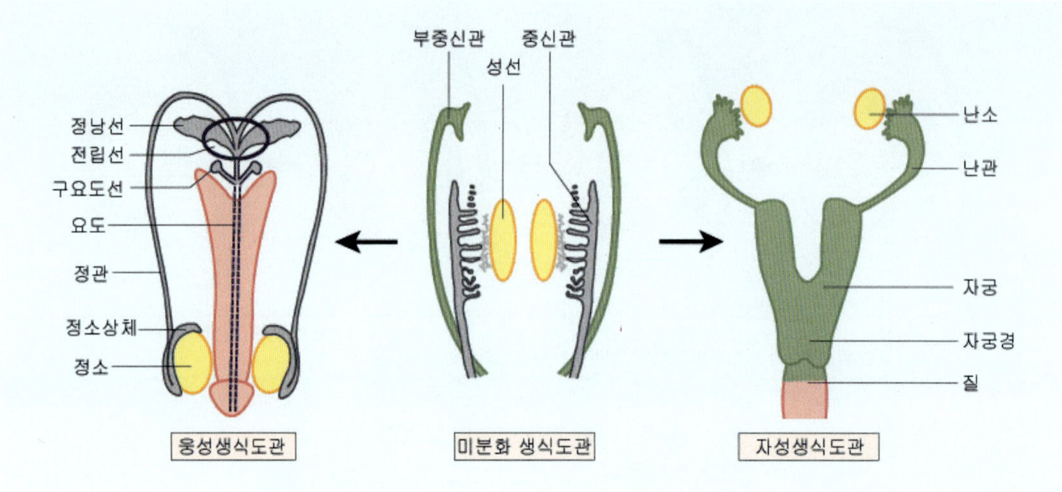

그림 1-3. 생식도관의 분화와 발달

신관에 평행으로 형성된 부중신관(뮐러관)으로부터 발생된다(그림 1-3; Piňón, 2002a).

(1) 웅성생식도관의 발생 : 웅성생식도관의 발생원기인 중신관의 상단부는 정소상체로 발달되고, 하단부는 정관으로 발달되며, 말단부에서 정낭선이 발생된다. 따라서, 정소상체와 정관이 하나의 연속된 관으로 형성되며, 정관의 말단부에 정낭선이 부속되어 있다. 이러한 중신관은 태생기 정소의 간질세포(Leydig cell)에서 분비되는 테스토스테론의 자극을 받아 발달된다. 반면에, 자성생식도관의 발생원기인 부중신관은 지지세포(Sertoli ccll)에서 분비되는 뮐러관억제물질(MIS)에 의하여 철저하게 퇴화된다. 따라서, MIS의 분비가 원활하지 못하면 부중신관이 부분적으로 발달되어 기형적인 생식도관이 발생된다 사람에서 MIS의 합성을 지배하는 MIS-유전자(유전자좌 : 19p13.3-13.2)는 5개의 엑손(exon)으로 구성되는데, 수컷의 경우에 전 생애에 걸쳐 지지세포에서 발현되며, 특히 부중신관의 퇴행기에 최대에 이른다(Cate 등, 1986; Cohen-Haguenaur 등, 1987).

(2) 자성생식도관의 발생 : 염색체의 성이 XX인 개체에서는 성선에서 테스토스테론이 분비되지 않음으로 웅성생식도관의 발생원기인 중신관(볼프관)은 퇴행되지만, 자성생식도관의 발생원기인 부중신관(뮐러관)은 자발적 성장을 계속한다. 성장 · 발달을 계속하는 부중신관의 선단부는 복강에 개구하여 난관누두부가 되며, 아래로 내려가면서 난관 · 자궁 · 자궁경 · 질의 선단부(자궁경쪽 1/3부위)로 분화된다. 그러나, 자궁부위의 발생과정부터는 좌 · 우의 부중신관이 합체되어 하나의 관을 형성하는데, 그 결합정도가 동물의 종에 따라 달라서 자궁각의 모양이나 배치형태가 다르다. 따라서, 발생이 완료된 자궁의 형태는 중복자궁(重複子宮, uterus duplex) · 쌍각자궁(雙角子宮, uterus bicornis) · 분열자궁(分裂子宮, uterus bipartitus) · 단일자궁(單一子宮, uterus simplex) 등으로 구별된다.

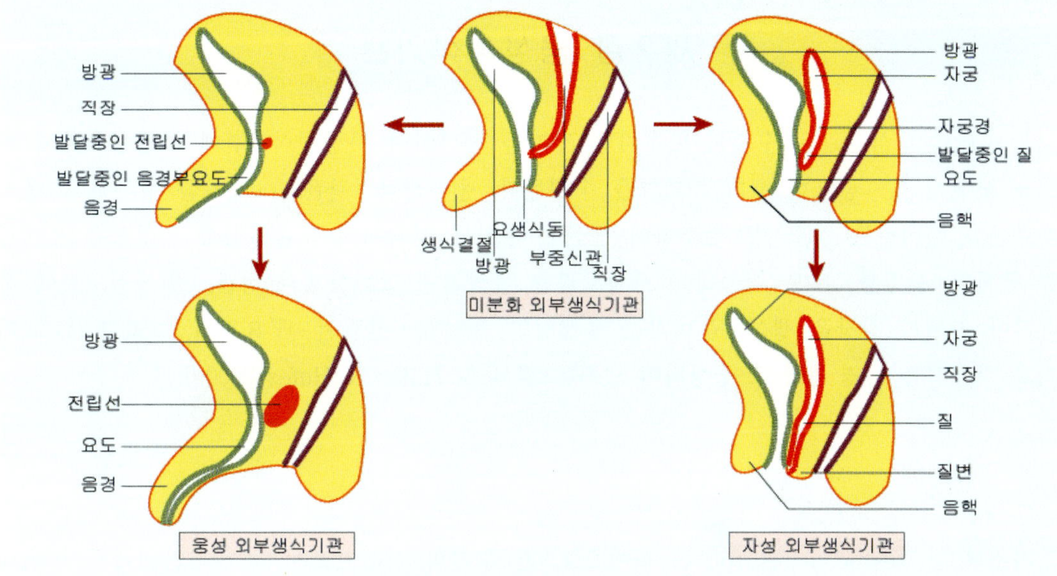

그림 1-4. 외부생식기관의 분화와 발달

2) 외부생식기관의 분화와 발달

웅성외부생식기관인 음경·음낭·포피 등과 자성외부생식기관인 질전정·음순·음핵 등은 모두 요생식동(尿生殖洞, urogenital sinus)과 그 주변에 위치하는 구조물인 생식결절(生殖結節, genital tubercle)·요생식추벽(尿生殖皺襞, urogenital fold)·생식융기(生殖隆起, genital swelling) 등으로 부터 발생된다(그림 1-4; Piñón, 2002a).

(1) 웅성외부생식기관의 발생 : 수컷의 외부생식기관은 태생기의 정소에서 분비된 테스토스테론이 외부생식기관 발생원기의 조직세포에서 5α-환원효소(5α-reductase)의 작용으로 대사되어 생성된 디히드로테스토스테론(dihydrotestosterone [DHT])의 자극으로 분화·발달된다. DHT의 자극을 받은 요생식동은 안쪽으로 신장되어 골반부요도로 발달되고, 그 주위에 전립선과 구요도선을 형성하며, 음경의 발달과 보조를 맞추면서 바깥쪽으로 신장되어 음경부요도를 형성한다. 생식결절은 DHT의 자극을 받아 점차적으로 가늘고 길게 신장되어 생식경(生殖莖, phallus)이 되고, 이어서 음경으로 발달된다. 생식융기는 암·수 모두에서 음순-음낭융기(陰脣-陰囊隆起, labioscrotal swelling)로 발달되는데, 수컷에서는 이것으로부터 음낭이 발생된다. 생식결절의 양측에 위치하는 요생식추벽은 포피로 발달된다.

(2) 자성외부생식기관의 발생 : 암컷의 외부생식기관은 수컷의 경우와는 달리 성호르몬의 자극을 받지 않고, 자발적으로 발생된다. 요생식동으로부터 질의 후반부(뒤쪽 2/3부분)와 질전정이 발생되며, 생식융기는 음순-음낭융기를 거쳐 음순으로 발달되고, 생식결절로부터 수컷의 음경과 상동기관인 음핵이 발생된다.

제 2 절 웅성생식기관

웅성(雄性)생식기관은 수컷의 배우자인 정자를 생산하여 자성생식기관에 주입함으로써 임신을 성립시키는 중요한 생리적 기능을 수행한다. 웅성생식기관은 ① 정자를 생산하고, 웅성호르몬을 분비하는 정소, ② 정소에서 생산된 정자를 성숙시켜서 운동성과 수정력을 부여하는 동시에, 운반통로로도 작동하는 생식도관을 구성하는 정소상체와 정관, ③ 생식도관에 부속되어 정액의 정장을 생산・분비하는 부성선인 정낭선・전립선・구요도선, 그리고 ④ 교미기로 작동하는 음경 등으로 구성되어 있다(그림 1-5; Hafez & Hafez 2000a).

1. 정 소

정소(精巢, testis, testes [pl])는 한쌍으로 된 수컷의 성선으로서, 곡세정관내에서 일어나는 정자형성과정을 통하여 반수체(n)의 웅성배우자인 정자를 생산하고, 간질세포에서 수컷의 번식활성을 지배하는 안드로겐을 분비한다. 정소의 일반적 모양은 난원형이지만, 소・면양・산양・돼지 등에서는 타원형이고, 말・개・사람 등의 경우는 구형(球形)에 가깝다. 정소 1개의 무게는 돼지 360g, 소 350g, 면양 275g, 말 200g 정도이다.

1) 정소의 구조

정소의 표면은 복막의 장측판이 음낭내로 내려와 형성된 초상돌기의 장측판으로 피복되어 있고, 이 막은 그 바로 밑에 위치한 백색의 섬유성막인 백막(白膜, tunica albuginea)과 결합하여 정소의 실질을 둘러싼다. 백막은 여러 곳에서 정소의 실질조직 속으로 뻗어 들어가 정소중격(精巢中隔, septula testis)을 만들고, 이것이 정소 두단(頭端)의 중앙부에 위치하는 정소종격(精巢縱隔, mediastinum)과 연결되어 정소실질을 다수의 정소소엽(精巢小葉, lobulus testis)으로 나눈다. 정소소엽에는 극심하게 우곡(紆曲)된 1~2개의 곡세정관(曲細精管, convoluted seminiferous tubule)이 포함되어 있는데, 이곳에서 정자가 형성된다. 곡세정관은 그 끝에 짧은 직(straight)세정관이 연결되어 있고, 이것이 정소소엽을 빠져나와 정소종격속에 망상으로 배열된 정소망(精巢網, rete testis)과 연결되며, 이곳으로부터 13~20본의 정소수출관(精巢輸出管, efferent ductule)이 뻗어 나온다. 정소수출관은 정소를 빠져나온 다음, 서로 치밀하게 연접되어 하나의 정소상체관(精巢上體管, epididymal duct)을 형성한다(그림 1-6의 좌측; Hafez & Hafez, 2000a). 곡세정관 사이의 빈 공간은 간질조직이 채워져 있으며, 이 속에 혈관과 림프관이 배치되고, 안드로겐을 분비하는 간질세포(間質細胞, interstitial cell, Leydig cell)와 간엽세포를 비롯한 여러 종류의 세포가 분포되어 있다.

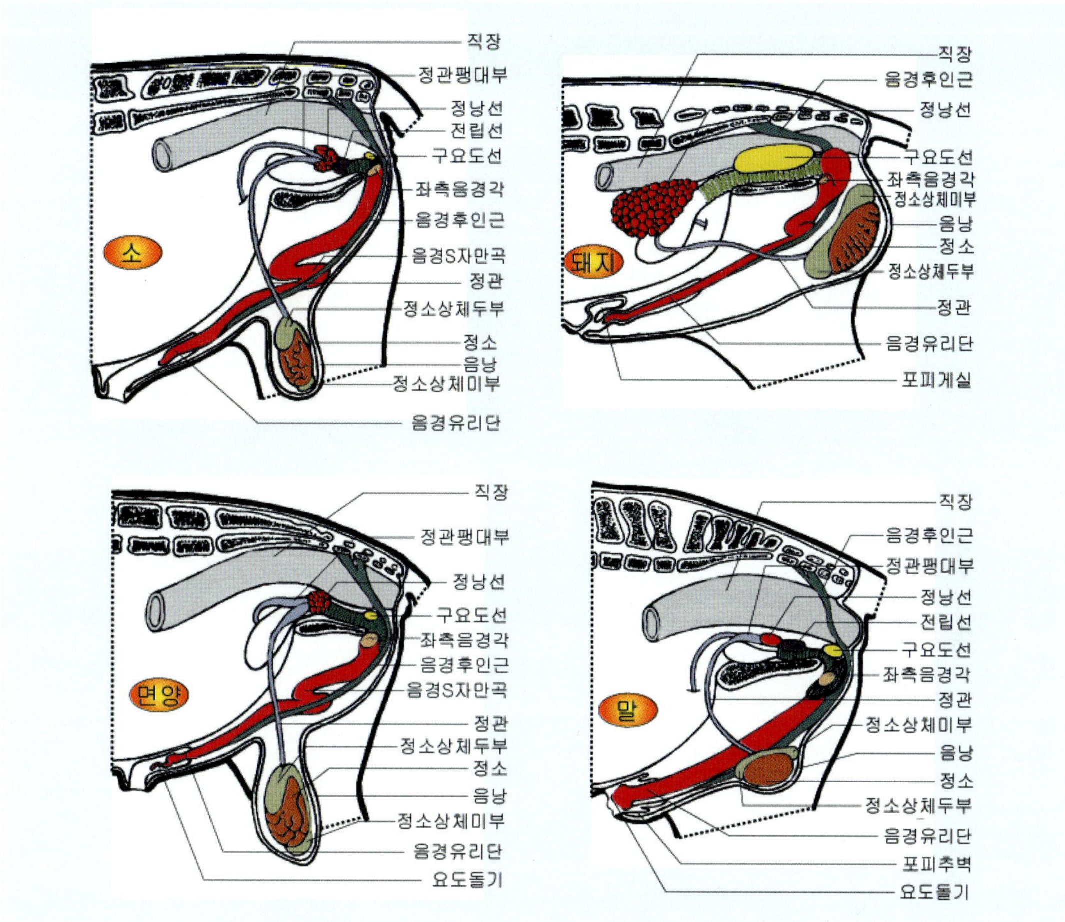

그림 1-5. 웅성생식기관의 배치형태(좌측면)

한편, 정소실질의 대부분을 차지하는 세정관은 직경 200~250㎛, 길이 30~70㎝ 정도의 둥근 관으로서, 정소 1g에 포함된 세정관의 총 길이는 12~15m에 이른다(Meijer & van Vlissingen, 1992b). 세정관은 외곽을 구성하는 기저막(基底膜, basement membrane) 위에 정자발생세포(spermatogenic cell)와 지지세포(支持細胞, sustentacular cell, Sertoli cell)가 배열된 중층입방상피(重層立方上皮, stratified cuboidal epithelium)이다(그림 1-6의 우측; Piñón, 2002b). 정자발생세포는 경계막쪽에서부터 정원세포・제1차정모세포・제2차정모세포・정자세포의 순서로 동심원적으로 배열되어 있다. 지지세포는 기저막위에 자리를 잡고, 정자발생세포층을 관통하여 곡세정관의 관강(管腔)에 이르는 피라미드형의 세포로서, 세정관의 한 횡단면에 25~30개의 지지세포가 일정한 간격으로 분포되어 있다. 지지세포는 인접한 세포 상호간이 치밀하게 연접되어 내강측과 기저막측간의 물질교환을 제한하는 혈액-정소간벽(血液-精巢間壁, blood-testis barrier)

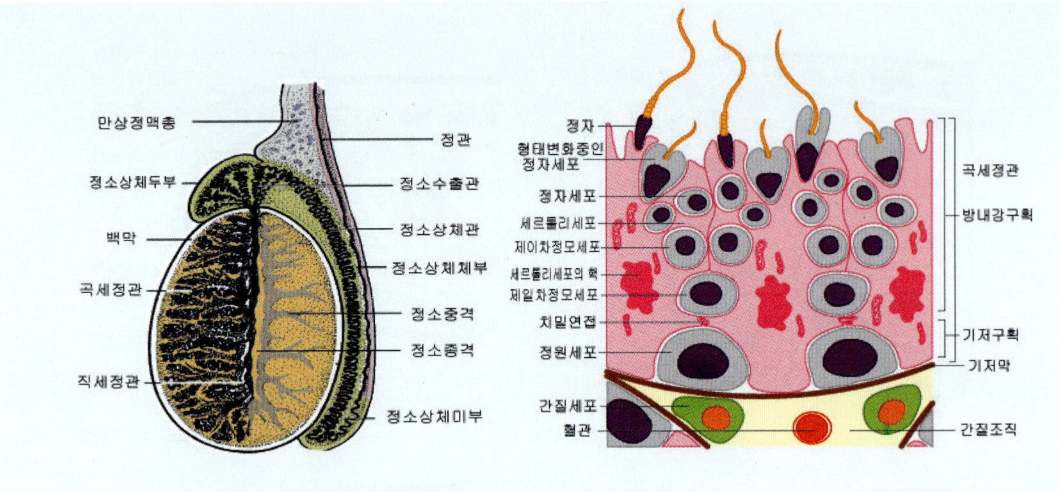

그림 1-6. 정소와 세정관상피의 미세구조

을 형성하여 감수분열이 개시된 이후의 정자발생세포를 동물체 자체의 면역반응으로부터 보호한다. 또한, 지지세포는 정자발생세포를 지지하면서 영양대사에도 관여하고, 안드로겐결합단백질과 인히빈을 분비하지만, 성성숙기가 되면 유사분열 능력을 상실하여 그 수가 증가되지 않는다.

2) 정소의 기능

정소의 주된 기능은 곡세정관에서 웅성배우자인 정자를 생산하는 것과 간질세포에서 수컷의 생식기능을 지배·조절하는 기능을 수행하는 안드로겐을 분비하는 것이다.

(1) 정자의 생산 : 세정관의 기저막 위에 위치하는 정원세포는 정자형성의 줄기세포(stem cell)로서, 유사분열을 반복하여 정자형성이 계속될 수 있도록 줄기세포를 계속 생산하면서 종국에는 제1차정모세포로 분화되고, 이것은 두번에 걸친 감수분열로 제2차정모세포를 거쳐 반수체(n)인 정자세포가 된다. 둥근모양을 가진 정자세포는 지지세포에 부착된 상태에서 형태변화를 하여 정자가 된 다음, 곡세정관강으로 유리된다(제3장 제2절. 정자의 형성 항목 참조). 이와 같이, 정자의 형태변화과정에 중요한 역할을 하는 지지세포가 성성숙 후에는 증가되지 않기 때문에 형성되는 정자수가 일정하게 유지된다(Johnson & Tatum, 1989). 정소의 실질조직 1g에서 1일에 생산되는 정자수는 사람은 6×10^6개(Johnson 등, 1998)이고, 소·면양·돼지는 각각 $13\sim19\times10^6$·$24\sim27\times10^6$·$24\sim31\times10^6$개이며(Amann, 1970), 말은 $19.3\sim22.3\times10^6$개이다(Swierstra 등, 1975). 수컷의 정자생산능력은 생식기능이 최성기에 도달할 때까지는 연령의 증가와 더불어 상승되지만, 그 후로는 감퇴된다. 일반적으로, 정소에서 생산되는 정자의 수는 사정에 의하여 회수되는 정자의 수보다 많다.

(2) 내분비기능 : 정소에서 수행되는 정자형성과 안드로겐의 분비는 뇌하수체에서 분비되는 ICSH(LH)와 FSH에 의하여 자극된다. ICSH는 정소의 간질세포를 자극하여 테스토스테론으로 대표되는 안드로겐의 분비를 자극한다. 분비된 테스토스테론은 정자형성과정의 후반부를 자극하고, 웅성부생식기관의 기능을 자극하며, 성행동을 유기하는 등, 수컷의 번식기능을 전반적으로 지배한다. 테스토스테론의 농도가 높아지면, 테스토스테론에 의한 부의 피드백기전으로 ICSH의 분비가 저지되고, 이에 따라 테스토스테론의 농도가 낮아진다. 한편, FSH는 지지세포를 자극하여 인히빈과 안드로겐결합단백질(ABP)의 합성·방출을 촉진한다. 인히빈은 부의 피드백기전으로 FSH의 방출을 억제하며, 이에 따라 정자형성과정을 개시시키는 기능을 가진 FSH의 분비가 적정수준으로 유지되도록 조절된다. ABP는 세정관내에서 테스토스테론과 결합하여 세정관내의 테스토스테론 농도를 높게 유지시켜서 정자형성과정이 원활히 이루어지도록 한다.

2. 정 소 상 체

정소상체(精巢上體, epididymis)는 정소에서 생산된 정자의 배출관인 정소수출관과 정관 사이를 연결하는 매우 긴 코일 모양의 관상기관으로서, 정소에서 이행되어 온 정자의 생명유지와 보호·성숙·운반·저장에 관한 역할을 한다. 이러한 정소상체의 기능은 내강액(內腔液, luminal fluid)에 의하여 발현된다.

1) 정소상체의 구조

정소상체는 정소의 두단(頭端)에서 기시되어 미단(尾端)에 이르는 매우 굴곡된 관상기관으로서, 두부(頭部, caput epididymidis [head])·체부(體部, corpus epididymidis [body])·미부(尾部, cauda epididymidis [tail])로 구분하며(그림 1-6 참조), 그 길이가 매우 길어서 래트는 3m 정도이고(Cooper, 1998), 수소는 36m, 돼지는 54m에 이른다(Hafez, 2000). 정소상체관은 조직학적으로 상피조직(上皮組織, epithelial tissue)과 관의 형태를 유지하는 주위조직(周圍組織, peritubular tissue)으로 구성되어 있다. 정소상체관의 상피는 세포핵이 위치하는 높이가 서로 다른 3종류 이상의 세포로 구성된 위중층원주상피(僞重層圓柱上皮, pseudostratified columnar epithelium)이며, 상피를 구성하는 기본세포는 주세포(主細胞, principal cell)이다. 이 세포는 유리면에 길이 40~80㎛의 부동섬모(stereocilia)가 발달되어 있는 원주세포로서, 정소에서 넘어오는 정소망액(rete fluid)을 흡수하는 기능과 정소상체액을 분비하는 기능을 가지고 있다. 정소상체관의 상피에는 주세포 외에 기저세포(基底細胞, basal cell)·선단세포(先端細胞, apical cell)·청정세포(淸淨細胞, clear cell) 등도 존재한다. 기저세포는 주세포의 아래쪽에서 망상구조를 형성하여 상피의 안정적 구조를 유지하면서 정자를 면역학적으로 보호하는 역할을 하고, 선단세포와 청정세포는 상피의 관강쪽에 배치되어 있으면서 주세포에 비하여 흡수능력이 높다. 한편, 상피의 주위조직으로는 근양세포(筋樣細胞, myoid cell)와 함께 윤주근층(輪走筋層, circular muscle layer)과 종주근층(縱走筋層, longitudinal muscle layer)이 상피의 바깥쪽에 배치되어 있는데, 이것들은 수축하여 정자를 정관쪽으로 이송시킨다.

2) 정소상체의 기능

정소상체는 다양한 기능을 수행하지만, 가장 중요한 기능은 정자를 성숙시켜서 운동능력과 수정능력을 부여하는 기능과 수정능력을 손상시키지 않으면서 장기간에 걸쳐 보존함으로써 사정에 대비하는 기능이다.

(1) 정자의 생명유지와 보호 : 정소상체관은 정자가 통과하는 기간에 생존이 가능한 조건을 충족시켜 줄 뿐만 아니라, 동물체 자체의 면역계로부터 보호될 수 있도록 정자의 자가항원(自家抗原, autoantigen)을 유지시킨다. 더욱이, 정소상체관의 상피세포 상호간이 치밀하게 연접되어 동물체의 백혈구와 면역글로불린이 관강내로 유입되는 것을 억제하여 정자를 보호한다. 정자의 경부에 부착된 세포질소적(細胞質小滴, cytoplasmic droplet)에 함유된 대사효소의 작용으로 생성된 활성산소(reactive oxygen)를 정소상체액에 함유된 카타라제(catalase)・글루타치온 과산화효소(glutathione peroxidase)・과산화물 분자변위보효소(peroxide dismutase) 등이 제거하여 정자가 손상되는 것을 저지한다(Cooper, 1998).

(2) 정자의 성숙 : 정소에서 미성숙상태로 배출된 정자는 정소상체관을 통과하면서 성숙과정을 거치게 된다. 정자는 성숙변화과정을 통하여 ① 경부에 부착되어 있는 세포질소적이 제거되고, ② 원형질막에 부착된 탄수화물과 단백질이 변화되어 정자표면의 대전(帶電, charge) 상태가 변경되며, ③ 이황화물(disulfide)이 산화되고, ④ 원형질막에 부착된 지질의 구조가 변경된다. 이러한 형태적 및 생화학적 변화에 수반하여 일어나는 정자의 생리적 성숙은 운동성과 수정능을 획득하는 것이다. 더욱이, 정자는 성숙과정에서 염색질이 더욱 농축되어 치밀화 되고, 메틸화(methylation)가 일어나며, 웅성전핵(雄性前核, male pronucleus)의 형성능력이 향상된다.

(3) 정자의 운반 : 대부분의 동물종에서 정자가 정소상체관을 통과하는 기간은 1~2주가 소요되며, 통과속도는 1일에 0.5m(래트)~5m(돼지) 정도이다. 정소상체로 진입된 정자는 자체의 운동성이 매우 약하기 때문에 주로 정소상체관의 연동운동에 의존하여 운반된다. 정소상체관을 구성하는 근섬유의 자발적 수축운동은 아드레날린작동성・콜린작동성・퓨린작동성의 신경들에 의하여 증강되며, 혈액을 통하여 공급되는 바소프레신・옥시토신・안기오텐신 등과 같은 호르몬의 작용으로도 증강된다(Wong 등, 1992).

(4) 정자의 저장 : 모든 동물종에서 정자는 수정능력을 유지하는 안정된 상태로 사정될

때까지 정소상체내에 저장되는데, 미부가 주 저장소로서, 총 정소상체정자의 75%를 저장한다. 수소를 예로 들면, 양측 정소상체는 약 74.1×10^9개의 정자를 저장할 수 있으며, 이것은 정소가 3.6일 동안에 생산하는 정자의 수와 같다. 정소상체미부에서 동물체 자체와는 독립된 생명체라고 볼 수 있는 정자가 장기간에 걸쳐 저장되는 것은 정소상체가 정자의 대사를 억제하여 운동성을 제한하기 때문이다. 정자의 운동성을 감소시키는 기전은 ① 정소상체 관강액의 나트륨이온(Na^+) 농도가 감소되어 양자유출(陽子流出, proton efflux)이 일어나고, 운동성의 방아쇠로 작동하는 정자내부 pH의 상승을 방지하여 운동성을 억제하며, ② 정자가 정소상체미부에 고농도(수천억/㎖)로 집적되어 운동성이 제약을 받을 뿐만 아니라, ③ 정소상체에서 분비되는 점조성이 높은 점단백질(mucoprotein)도 정자의 운동성을 제한하고, ④ 소의 정소상체에서는 정자로 쉽게 스며드는 산(酸)을 생산하여 정자 자체의 pH를 낮게 유지하며, ⑤ 박쥐에서는 정소상체미부의 이산화탄소(CO_2) 분압이 높게 유지되어 산성상태를 조성함으로써 정자의 운동성을 억제한다.

3. 음낭과 정삭

음낭(陰囊, scrotum)은 대부분의 포유동물에서 서경부(鼠徑部, inguinal region)에 위치하는 주머니 모양의 구조물이며, 이 속에 정소와 정소상체가 수용된다. 정삭(精索, spermatic cord)은 정소상체미부에서 시작되어 서경관을 상주(上走)하는 정관과 정소로 들어가는 혈관・신경・림프관 등이 한 묶음으로 모여진 끈 모양의 구조물로서, 정소를 지지한다.

1) 음낭과 정삭의 구조

음낭은 정소와 정소상체를 수용하는 구조물이며, 정소가 복강내에 위치하는 코끼리・고래・곰・식충동물(食蟲動物, insectivore) 등을 제외한 대부분의 포유동물은 음낭을 가지고 있다. 음낭은 복벽이 신장되어 형성되는데, 그 구성요소는 밖으로부터 ① 피부(皮膚, skin), ② 육양막(肉樣膜, tunica dartos), ③ 외정근막(外精筋膜, external spermatic fascia), ④ 정소거근막(精巢擧筋膜, cremasteric fascia), ⑤ 내정근막(內精筋膜, internal spermatic fascia), ⑥ 초상돌기 벽측판(壁側板, parietal layer)의 순서로 배치되어 있다(그림 1-7의 좌측).

정삭은 음낭내에서 골반강으로 빠져 나가는 정관과 정소로 들어오는 혈관・림프관・신경 등이 초상돌기의 장측판에 한 묶음으로 싸여서 형성된 구조물이다. 정삭에 포함되어 정소로 들어오는 정소동맥(testicular artery)은 심하게 굴곡된 상태를 나타내면서, 곧게 뻗은 정소정맥(testicular vein)들이 문합되어 망상구조를 형성한 만상정맥총(蔓狀靜脈叢, pampiniform plexus)에 밀착되어 위치한다. 또한, 정소동맥과 만상정맥총 사이에 동정맥문합이 형성되어 정소동맥으로 들어온 혈액의 일부가 정소를 통과하지 않고, 정맥유상(靜脈流床)으로 이행

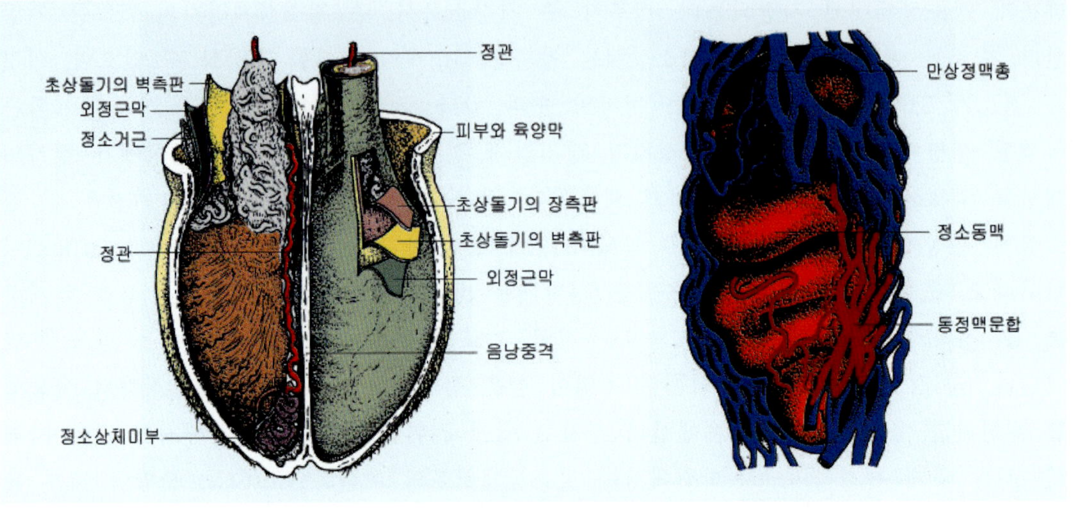

그림 1-7. 소 음낭의 구조와 정삭의 동 · 정맥 배치형태

되어 정소로 유입되는 혈류량을 조절하고, 정맥혈의 온도를 상승시킨다(그림 1-7의 우측).

2) 음낭과 정삭의 기능

음낭은 정소와 그 부속기를 보호하고, 정삭은 음낭내에서 정소를 지지하는 역할을 수행하지만, 이것들의 가장 중요한 기능은 정소의 온도를 조절하는 것이다. 포유동물의 정소에서 정상적으로 정지가 형성되려면, 정소의 온도가 체온에 비하여 4~7℃ 정도 낮게 유지되어야만 한다. 음낭의 피부는 피하지방이 없어서 온도의 발산이 자유롭고, 땀샘이 많아서 온도가 높아지면 다량의 땀이 분비되며, 이 땀의 기화열에 의하여 정소의 온도가 효과적으로 저하된다(Robertshaw & Vercoe, 1980) 또한, 근성분으로 구성된 육양막은 온도변화에 반응하여 수축과 이완이 조절된다. 추울 때에는 수축하여 음낭의 벽을 두껍게 하고, 정소를 복벽에 부착시켜 정소의 온도가 하강되는 것을 방지하지만, 더울 때에는 반대의 기전으로 정소의 온도를 하강시킨다. 정소동맥과 정소정맥의 해부학적 배치형태는 정소에서 나가는 차가운 정맥혈류가 정소로 들어오는 동맥혈류의 온도를 저하시키는 역류기전(counter-current mechanism)을 제공하여 정소의 온도를 낮게 한다.

4. 정관과 요도

정관(精管, ductus deferens, deferent duct)은 정소상체의 미부에서 출발하여 요도의 기시부에 이르는 관상기관으로서, 정소상체에서 넘어오는 정자를 요도까지 운반한다. 요도(尿道, urethra)는 평상시에는 오줌이 배출되는 통로이지만, 사정시에는 정관에서 이행된 정자와 부성선의 분비물인 정장을 혼합하여 체외로 배출하는 사정의 통로로 작동한다.

1) 정관과 요도의 구조

정관은 해부학적으로 음낭속에서 정삭에 포함되어 골반강쪽으로 뻗어가는 정삭부(精索部, funicular part)와 서경관을 빠져나와 요도에 연결되는 골반부(骨盤部, pelvic part)로 나눈다. 정관은 요도의 기시부에서 점막융기의 말단부인 정구(精丘, colliculus seminalis)에 개구한다. 소와 말의 정관은 요도에 개구하기 전에 정낭선의 배출관과 합쳐져 사정관(射精管, ejaculatory duct)을 만들어 공동의 통로로 사용하며, 요도에 개구된 구멍을 사정구(射精口, ejaculatory orifice)라고 한다. 그러나, 돼지는 정관과 정낭선의 배출관이 독립적으로 요도에 열린다. 정관이 요도와 연결되는 말단부는 돼지와 고양이를 제외하고는 관벽이 두꺼워져 굵게 보이는데, 이 부위를 정관팽대부(精管膨大部, ampullae ductus deferentis)라고 한다. 정관 관벽의 조직은 안쪽으로부터 점막·근층·장막으로 구성되어 있다. 점막은 정소상체관의 상피와 유사하게 위중층원주상피이고, 정관팽대부의 상피에는 정관팽대부선(ampullary gland)이 분포하는데, 말에서 특히 잘 발달되어 있다. 근층은 안쪽에 윤주근층, 바깥쪽에 종주근층이 배치되어 있다. 정관을 밖에서 싸고 있는 장막은 복막의 연속이며, 그 밑에 위치하는 결합조직속에 혈관과 신경이 분포하고 있다.

요도는 방광의 출구부인 방광경(膀胱頸)에 위치하는 내요도구(internal urethral orifice)에서 기시되고, 음경귀두의 선단에 위치하는 외요도구에서 끝나는 긴 관으로서, 골반강내에 위치하는 골반부(pelvic part)와 음경속에 위치하는 음경부(penile part)로 구분한다. 요도의 정구에 사정관이 개구되고, 골반부요도는 전립선이 둘러싸고 있으며, 그 끝에 구요도선의 개구부가 위치한다. 요도점막의 상피는 이행상피(移行上皮, transitional epithelium)로 되어 있어서 신축성이 뛰어나며, 요도근(urethral muscle)을 구성하는 근섬유의 주행방향은 동물의 종에 따라 달라서, 말은 종주(縱走)하고, 반추동물과 돼지는 윤주(輪走)하며, 개는 혼합형이다. 면양과 산양에서는 요도가 음경귀두의 선단을 빠져나와 요도돌기(urethral process)를 형성하고, 그 끝에 외요도구가 개구된다.

2) 정관과 요도의 기능

정관은 사정시 정소상체미부에서 나오는 정자를 요도까지 이송하는 역할을 한다. 정자의 이송은 정관벽을 구성하는 평활근섬유의 강력한 수축력에 의존한다. 말의 정관팽대부선에서는 사정시에 정자의 에너지원으로 이용되는 에르고티오네인(ergothioneine)을 분비한다(Hafez, 2000). 정관과 정낭선의 공동 배출관인 사정관의 상피는 사멸정자나 운동성이 미약한 정자를 제거하며, 정관을 통과한 정자부유액의 액상성분을 흡수한다(Abou-Elmagd & Wrobel, 1990). 한편, 요도는 오줌과 정액의 공동배출관이다. 요도의 골반부에는 정관의 배

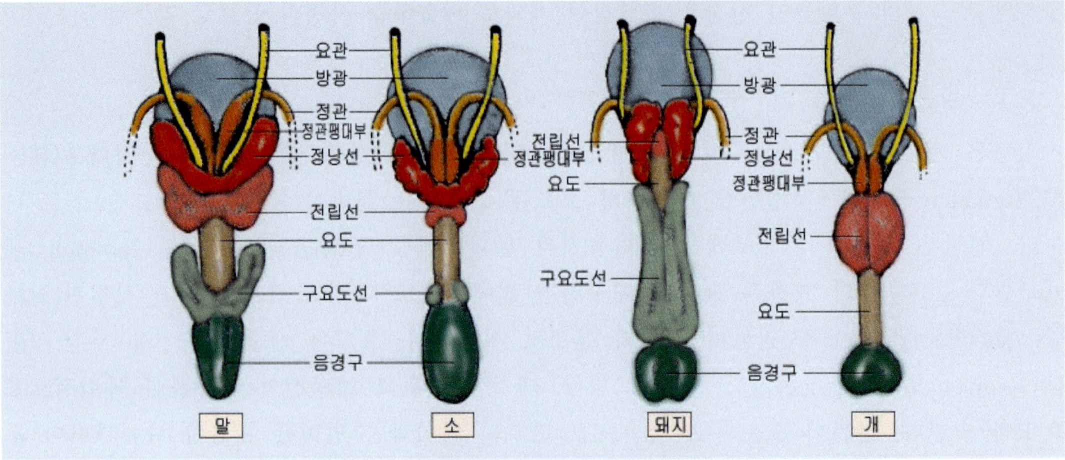

그림 1-8. 동물의 종에 따른 부성선의 배치형태

출구는 물론이고, 부성선의 배출구도 위치한다. 따라서, 요도의 골반부에서 정관을 경유하여 운반된 정자와 부성선에서 분비되는 정장이 섞여서 정액이 되고, 이것을 체외로 배출시킨다. 그러나, 소와 면양의 골반부요도에서는 정자와 정장을 균일하게 섞어서 정액의 정자농도가 비교적 일정하지만, 정액량이 많은 돼지와 말에서는 정자와 정장이 완전하게 섞이지 않아서 정액이 정자농도가 낮은 분획과 높은 분획으로 구분된다(Bearden & Fuquay, 2000a).

5. 부 성 선

부성선(副性腺, accessory genital gland)은 요도의 골반부에 잇대어 위치하며, 정액(精液, semen)의 액상성분인 정장(精漿, seminal plasma)을 분비한다. 정장은 정액의 pH를 일정하게 유지시키는 완충용액으로 작동할 뿐만 아니라, 정자의 대사에 필요한 영양소를 비롯하여 정자의 운동성과 수정능의 유지에 중요하게 작용하는 다양한 물질들이 함유되어 있다.

1) 부성선의 구조

부성선은 각각이 쌍으로 된 정낭선 · 전립선 · 구요도선으로 구성된다(그림 1-8; Meijer & van Vlissingen, 1992b). 반추동물 · 말 · 돼지 등은 이들 부성선을 모두 가지고 있지만, 육식동물에서는 정낭선이 없고, 개는 구요도선이 없다. 부성선의 분비조직은 모두 지관상포상선(枝管狀胞狀腺, branched tubuloalveolar gland)이며, 선체(腺體)의 밖은 잘 발달된 피막으로 싸여 있고, 실질은 평활근섬유가 풍부한 중격에 의하여 소엽으로 나누어져 있다.

(1) 정낭선 : 양측 정관말단부의 측면에 위치하고 있는 정낭선(精囊腺, vesicular gland, seminal vesicle)의 크기를 보면, 소・돼지・말에서 길이(13~15㎝)는 비슷하지만, 폭과 두께가 달라서 소의 정낭선이 돼지와 말의 그것에 비하여 1/2 정도의 크기이다. 면양과 사슴의 정낭선은 길이가 4㎝ 정도에 불과하다. 반추동물과 돼지의 정낭선은 치밀한 소엽으로 이루어져 있고, 말은 길죽한 서양배 모양의 주머니 형상이다. 정낭선은 가장 큰 부성선으로서, 가장 많은 정장성분을 분비한다.

(2) 전립선 : 골반부요도를 둘러싸고 있는 전립선(前立腺, prostate gland)은 요도근의 외부로 노출된 체부(體部, prostate body, external part)와 요도근의 아래에 위치하여 외부에서는 보이지 않는 전파부(傳播部, disseminated part, internal part)로 구분한다. 두 부위 모두 작은 다수의 배출관을 골반부 요도에 개구한다. 그러나, 동물의 종에 따라 전립선의 구조가 달라서 체부의 크기가 소는 작고, 돼지는 크다. 면양을 비롯한 몸집이 작은 반추동물에서는 체부가 없고, 전파부만 있다. 말의 전립선은 전체가 요도근의 외측에 노출되어 있으며, 두개의 분엽(分葉)이 협부에 의하여 연결된 구조이다.

(3) 구요도선 : 골반부요도의 말단에 위치하는 구요도선(球尿道腺, bulbourethral gland Cowper's gland)은 동물의 종에 따라 그 모양이 다르다. 반추동물의 구요도선은 작고 둥근 모양이며, 선의 대부분이 구해면체근에 싸여 있다. 그러나, 돼지의 구요도선은 매우 큰 원통형의 모양을 나타내고, 교양물질(膠樣物質, gel-like component)을 생산・분비한다. 말의 경우는 반추동물과 돼지의 중간정도의 크기이다. 대부분의 동물은 각 선이 하나의 배출관을 요도함요(尿道陷凹, urethral recess)에 개구하는 반면에, 말의 경우는 3~4개의 배출관이 요도에 개구된다(Garrett, 1987).

2) 부성선의 기능

부성선의 분비물은 정액의 액체성분인 정장을 구성한다. 정장은 ① 정자의 농도를 희석하고, ② 정자의 수송을 위한 액상운반매체(liquid vehicle)로서의 기능을 수행할 뿐만 아니라, ③ 특수한 기능을 가진 다양한 화학물질들이 함유되어 있다. 정낭선의 분비액에는 정자의 에너지원으로 이용되는 물질이 함유되어 있는데, 반추동물의 경우는 프럭토오스와 시트르산(citric acid), 말에서는 시트르산만이 검출되며, 돼지의 경우는 소량의 프럭토오스와 다량의 에르고티오네인(ergothioneine) 및 이노시톨(inositol)이 함유되어 있다. 또한, 정낭선에서는 정액의 pH가 변화되는 것을 억제하는 완충제로 작동하는 인산염과 탄산염이 분비된다. 전립선의 분비물에는 나트륨(Na^{+})・염소(Cl^{-})・칼슘(Ca^{2+})・마그네슘(Mg^{2+}) 등과 같은 무기이온이 다량으로 함유되어 있다. 소와 사람의 경우, 성적으로 흥분하면 구요도선이 다른 부성선보다 먼저 분비물을 방출하여 요도에 남아 있는 오줌을 씻어낸다. 돼지의 구요도선에서는 교양물질을 분비하는데, 이것은 교미시 정액이 질쪽으로 흘러나오는 것을 방지하고, 수분을 흡수하여 정자농도를 높여 주지만, 인공수정시에는 정액을 취급하는데 불편함

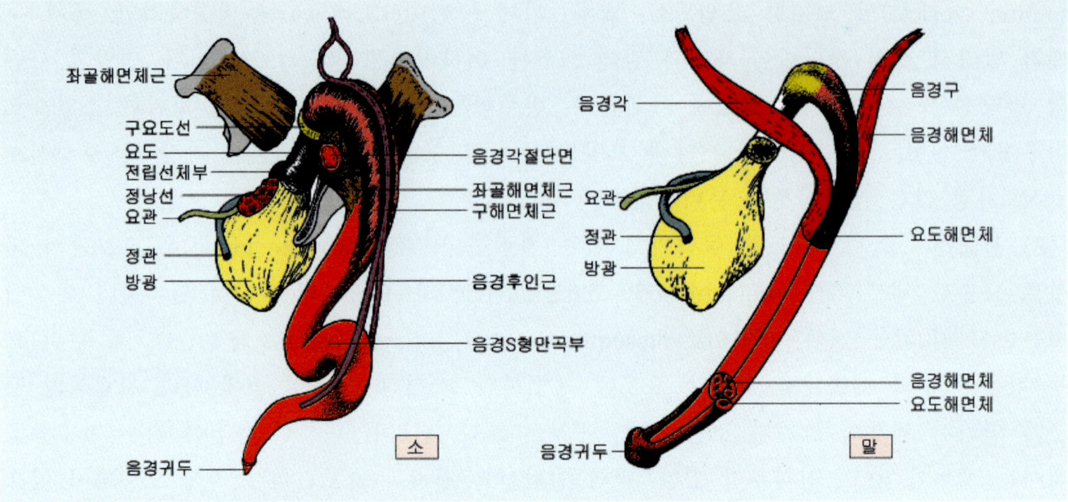

그림 1-9. 음경의 구조와 배치형태

으로 여과하여 제거한다. 한편, 말·돼지·고양이 등에서는 요도에 크기가 작은 점액성의 요도선(urethral gland)이 분포되어 있으며, 이것의 분비물은 사정전에 요도를 세척한다.

6. 음경과 포피

음경(陰莖, penis)은 오줌을 배출하는 비뇨기(泌尿器)일 뿐만 아니라, 암컷의 질내에 정액을 주입하는 수컷의 교미기로서, 긴 원통형의 구조이며, 전체의 길이는 소 90㎝, 돼지 55㎝, 말 50㎝, 면양 40㎝ 정도이다. 포피(包皮, prepuce)는 교미시 음경이 돌출되는 구멍인 포피구에서 복벽의 피부가 안쪽으로 반전되어 들어가 형성된 주머니로서, 음경의 유리선단부(遊離先端部, free part of penis)를 싸고 있다.

1) 음경과 포피의 구조

포유동물의 음경은 발기조직인 3개의 해면체(海綿體, cavernous body)가 정액과 오줌의 공동통로인 음경부요도의 주위에 모여서 구성된 기관으로서, 해부학적으로 음경근(陰莖根, radix penis)·음경체(陰莖體, corpus penis)·음경귀두(陰莖龜頭, glans penis)의 3부분으로 구분한다(그림 1-9; Meijer & van Vlissingen, 1992b). 음경의 대부분을 구성하는 해면체에는 하나의 요도해면체(corpus spongiosum penis)와 두개의 음경해면체(corpus cavernosum penis)가 있다. 요도해면체는 골반출구를 빠져나온 요도를 원통형으로 둘러싸는 해면체로서, 음경의 말단에 이르러 해면체가 두꺼워져 음경귀두를 형성한다. 한쌍의 음경해면체는 각각이 좌골궁(坐骨弓, ischial arch)의 좌·

우에서 기시되는데, 이것을 음경각(陰莖脚, crus penis)이라 하며, 이것은 음경체 부분으로 이행되면서 하나로 합쳐지고, 음경의 위쪽에 위치한다.

포피는 음경의 유리선단부를 싸고 있는 피부주머니이며, 교미시 음경이 돌출되는 구멍인 포피구(包皮口, preputial orifice)를 경계로 하여 바깥쪽의 피부를 포피외판(板)이라 하고, 안쪽을 피복하는 피모가 없는 피부를 포피내판이라 한다. 포피내판은 포피내벽과 음경이 연접되는 부위를 지칭하는 포피저(包皮底)에서 다시 바깥쪽으로 반전되어 귀두를 포함하는 음경의 유리선단부를 피복한다. 돼지에서는 포피강(腔)의 위쪽에 계란 크기의 포피게실(包皮憩室, preputial diverticulum)이 있으며, 게실구(口)에 의하여 포피강과 통한다.

2) 음경과 포피의 기능

동물이 성적으로 흥분하면 음경해면체강으로 혈액이 유입되어 발기(勃起, erection)되고, 이이서 교미가 가능하도록 포피구 밖으로 돌출(突出, protrusion)된다. 돌출된 음경이 암컷의 질내로 삽입되면 음경이 받게 되는 온도자극이나 마찰자극이 지각신경을 통하여 요수(腰髓)에 위치하는 사정중추(射精中樞, ejaculatory center)에 전달되고, 이에 따라 반사적으로 부성선과 그 주변근육이 율동적으로 수축하여 사정이 일어난다.

포피는 성적 활동이 없을 때에는 음경의 유리선단부를 완벽하게 피복하여 보호하지만, 교미를 위하여 음경이 돌출될 때에는 포피내판이 반전되어 음경을 피복한다. 수돼지에서는 포피게실에 불쾌한 냄새를 풍기는 내용물이 담겨져 있는데, 이 내용물에는 수돼지의 강렬한 성적 냄새로 작동하는 각종의 페로몬(pheromone)이 함유되어 있어서 암돼지를 성적으로 유인할 뿐만 아니라, 발정의 발현도 자극한다. 그러나, 고기에도 침투되어 육질을 나쁘게 하는 원인이 된다.

제 3 절 자성생식기관

자성(雌性)생식기관은 ① 난자를 생산하고, 성호르몬을 분비하는 난소, ② 생식세포의 통로인 동시에 수정란의 발생장소이자 태아의 산도인 생식도관을 구성하는 난관·자궁·질, ③ 외부생식기관인 질전정·음핵·음순 등으로 구성되어 있다(그림 1-10; Meijer & van Vlissingen, 1992c). 암컷의 내부생식기관은 임신으로 증가된 무게를 지탱할 수 있도록 광인대(廣靭帶, broad ligament)에 의하여 지지되는데, 이것은 난소·난관·자궁을 각각 지지하는 난소간막(卵巢間膜, mesovarium)·난관간막(卵管間膜, mesosalpinx)·자궁간막(子宮間膜, mesometrium)의 3부분으로 구분한다.

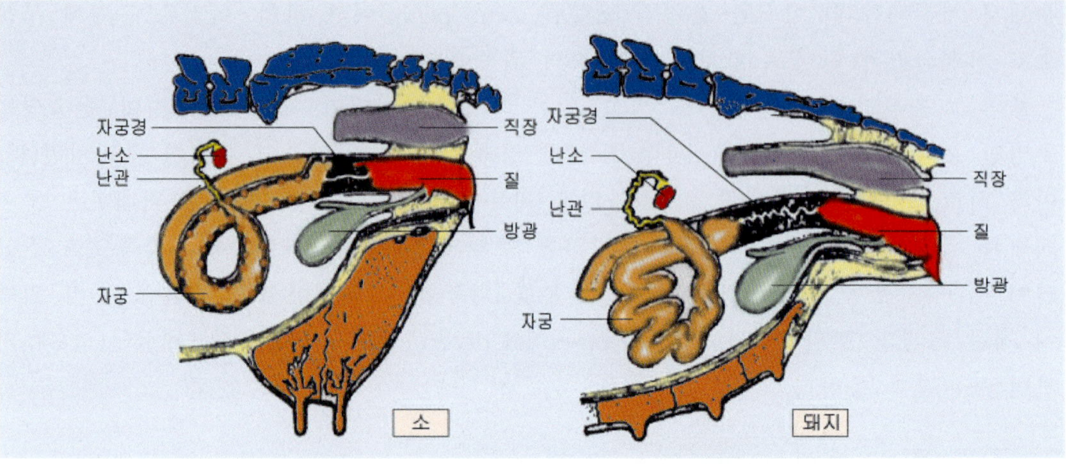

그림 1-10. 자성생식기관의 배치형태

1. 난 소

난소(卵巢, ovary)는 난자를 생산·방출함으로 세포생산선(細胞生産腺)에 속하는 외분비선인 동시에, 자성호르몬을 분비하는 내분비선이기도 하다. 난소의 모양과 크기는 동물의 종이나 발정주기의 단계에 따라 다르지만, 일반적인 모양을 보면 소와 면양은 편도(扁桃), 돼지는 포도송이, 말은 대두(大豆)의 모양이며, 무게는 말 40~80g, 소 10~20g, 돼지 3~7g, 면양 3~4g 정도이다.

1) 난소의 구조

난소는 복강내에 위치하며, 대부분의 척추동물은 한쌍을 가지고 있지만, 조류나 파충류와 같이 하나만을 가지는 동물도 있다. 난소는 안쪽의 수질(髓質, medulla)과 바깥쪽의 피질(皮質, cortex)을 배상피(胚上皮, germinal epithelium)가 둘러싸고 있는 구조이다(그림 1-11; Yao & Bahr, 1998; Dailey, 1998). 수질은 난소의 중심부를 구성하는 부위로서, 교원섬유와 탄성섬유가 풍부한 소성결합조직으로 된 기질(基質)에 난소문(卵巢門, hilus)을 통과하여 들어온 혈관·신경·림프관 등이 배열되어 있다. 난소의 바깥층을 구성하는 피질은 교원섬유를 다량 함유하는 치밀결합조직으로 구성된 기질에 발육단계가 서로 다른 난포(卵胞, ovarian follicle)와 파열된 난포에서 형성된 황체(黃體, corpus luteum)가 매몰되어 있다. 성성숙이 완성된 동물의 피질에서는 난포의 성숙·배란과 황체의 발달·퇴행이 교호적으로 반복되면서 난자의 형성과 성호르몬의 분비가 일어난다. 따라서, 난소에서 일어나는 난자의 생산과 성호르몬의 분비 기능이 발현되는 주체는 피질이고, 수질은 피질의 기능이 원활하게 발현될 수 있도록 도와주는 지원부위라고 할 수 있다.

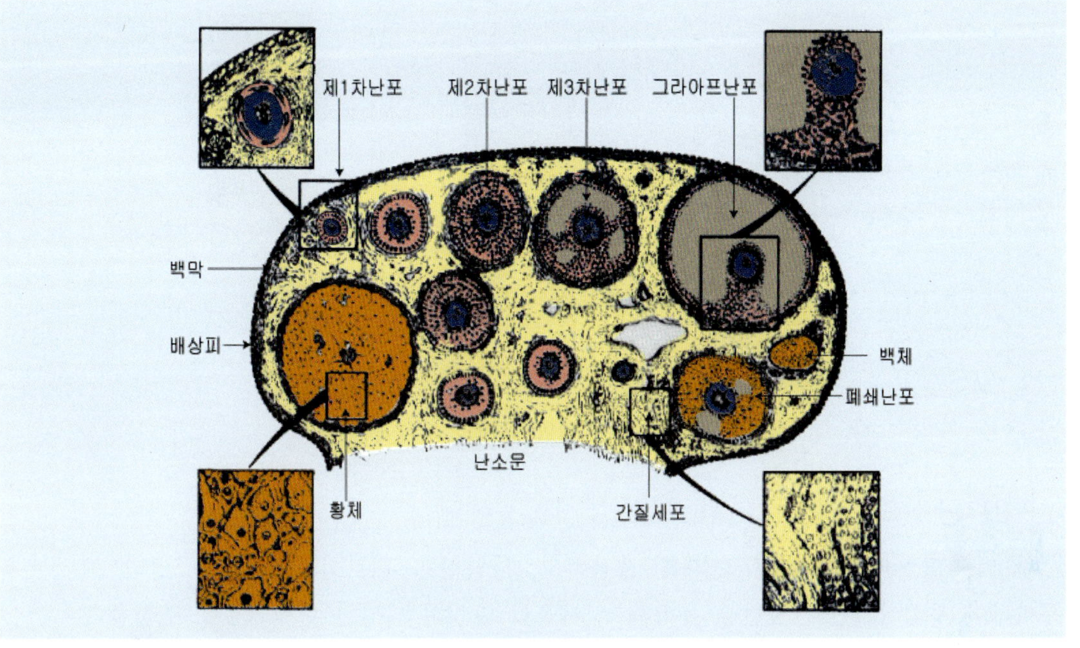

그림 1-11. 포유동물 난소 구조의 모식도

한편, 난포는 발정주기의 경과에 동조되면서 발달과 배란을 반복하는데, 난소의 발생과정에서 원시난포(原始卵胞, primordial follicle)의 형태로 출현된다. 원시난포는 동물체의 성성숙과정과 더불어 뇌하수체에서 분비되는 성선자극호르몬(GTH)의 자극을 받아 발달되는데, ① 제1차난포(primary follicle), ② 제2차난포(secondary follicle), ③ 포상난포(vesicular follicle, tertiary follicle), ④ 그라아프난포(Graafian follicle) 등의 발달단계를 거친다. 성숙이 완료된 그라아프난포는 파열되어 배란이 일어나고, 배란된 파열난포는 뇌하수체에서 분비되는 황체형성호르몬(LH)의 자극을 받아 황체로 전환된다. 황체의 형성과정은 ① 파열난포의 내협막에 위치하는 혈관이 과립막속으로 신생되어 파열난포를 출혈체(出血體, corpus hemorrhagicum)로 전환시키고, ② 출혈체의 과립막세포와 내협막세포가 LH의 자극을 받아 비대되면서 세포질내에 황색색소인 루테인(lutein)과 지방적(脂肪滴)을 축적하여 황체세포(黃體細胞, lutein cell)로 전환되고, ③ 배란시의 난포에서 다량으로 합성된 PGE_2의 작용으로 플라스미노겐활성제(plasminogen activator)가 활성화되어 형성된 플라스민의 작용으로 과립막황체세포와 협막황체세포가 이동·혼합되어 황체형성이 완료된다(그림 1-12; Hafez & Hafez, 2000b). 형성이 완료된 황체는 프로게스테론을 활발하게 분비하다가 임신이 성립되지 않으면 자궁내막에서 에스트로겐의 자극으로 분비되는 PGF2α의 작용으로 황체에 분포된 혈관이 수축되고, 콜레스테롤 합성효소의 활성이 억제되면서 퇴행되는데, 퇴행과정이 진행된 백색의 작은 황체를 백체(白體, corpus albicans)라고 한다.

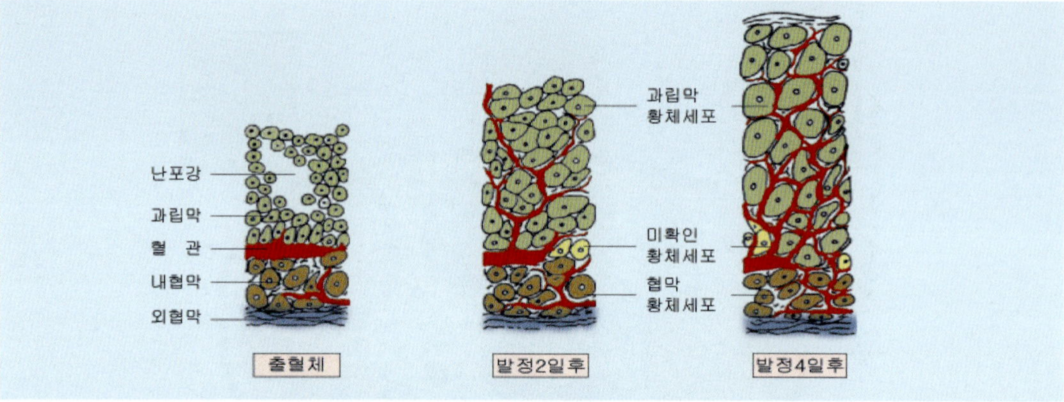

그림 1-12. 면양 황체의 형성과정

2) 난소의 기능

난소는 암컷의 배우자인 난자를 생산하고, 다양한 스테로이드호르몬과 펩티드호르몬을 분비하여 부생식기관의 발달을 유도하고, 아울러 암컷의 다양한 번식기능을 조절한다.

(1) 난자의 생산 : 포유동물의 난자는 난포속에 위치하면서 발달되고, 배란과정을 통하여 동물종별로 지정된 수의 난자가 생산된다. 그러나 난자형성과정은 정자형성과정과는 달라서 감수분열과정에서 휴지기가 있다. 즉, 제1차난모세포는 제1감수분열 전기의 복사기에서 분열이 정지되었다가 배란 직전에 분열이 재개되어 제2난모세포와 제1극체로 분열한다. 또한, 제2차난모세포는 제2감수분열에 의하여 제2극체를 방출하고, 난자세포(ootid)가 되는데, 제2감수분열은 정자가 난자내로 침입하여 수정이 될 때까지는 완결되지 않는다. 따라서, 제2차난모세포의 상태로 배란된다. 그러나, 수정이 되면 분열중기(metaphase Ⅱ)에서 정지되어 있던 제2감수분열이 재개되어 핵분열이 완료됨에 따라 제2극체를 방출하고, 세포내에 남아있는 핵은 자성전핵(female pronucleus)으로 발달된다. 자성전핵은 정자에서 유래된 웅성전핵(male pronucleus)과 융합하여 수정란이 되며, 이것은 곧바로 난할과정으로 진입되어 개체발생이 개시된다.

(2) 내분비기능 : 난소에서는 여러 종류의 호르몬을 분비하여 부생식기관의 기능을 지배할 뿐만 아니라, 시상하부-뇌하수체-난소로 이어지는 내분비적 조절축을 형성하여 시상하부-뇌하수체계의 호르몬 분비도 조절한다. 이와 같은 내분비계의 조절축에 따라 난포의 발달·배란·수정·착상·임신·분만 등의 모든 번식과정이 성공적으로 수행된다. 난소에서는 다양한 스테로이드호르몬과 펩티드호르몬이 분비된다.

난소에 위치하는 난포의 서로 다른 부위에서 프로게스토겐(progestogen)·안드로겐(androgen)·에스트로겐(estrogen) 등과 같은 스테로이드호르몬이 합성된다. 프로게스토겐(C-21)은 성장·발육 단계에 있는 난포에서 에스트로겐이나 안드로겐의 중간전구물질로 합성되고, 황체에서는 최종 생산물이다. 안드로겐(C-19)은 난포의 내협막세포에서 프로게스토겐을 전구물질로 이용하여 합성되는데, 이것의 대부분은 과립막세포로 이동되어 에스트로겐 합성의 원료로 이용된다. 에스트로겐(C-18)은 난포의 과립막세포에서 안드로겐을 원료로 합성된다.

난소의 성숙난포에서는 펩티드호르몬인 인히빈과 액티빈이 분비되고, 황체에서는 릴랙신이 분비된다. 인히빈과 액티빈은 모두 뇌하수체에서 분비되는 FSH의 자극으로 분비되지만, 인히빈은 시상하부-뇌하수체축에 대한 부의 피드백기전으로 FSH의 분비를 억제하는 반면에, 액티빈은 FSH의 분비를 촉진한다. 릴랙신은 자궁경과 질을 연화시켜 태아의 만출을 용이하게 하고, 유두의 성장을 자극한다.

2. 난 관

난관(卵管, oviduct)은 난소의 바로 밑에서 기시되어 자궁각의 선단에 이르는 매우 굴곡된 관상기관으로서, 그 길이는 말 25~30㎝, 소 20~25㎝, 산양 14~16㎝, 돼지 15~30㎝, 개 5~9㎝ 정도이다. 난관은 교배에 의하여 주입된 정자와 배란된 난자를 거의 동시에 반대 방향으로 운반하여 서로 만나서 수정이 일어날 수 있도록 하고, 수정란의 초기난할이 일어나는 장소가 되며, 이를 다시 자궁으로 이송하는 역할을 한다.

1) 난관의 구조

난관은 해부학적 및 기능적 특징에 기초하여 난관채(卵管綵, fimbriae)·누두부(漏斗部, infundibulum)·팽대부(膨大部, ampulla)·협부(狹部, isthmus)의 4개 부분으로 나눈다. 난관의 난소쪽 구멍을 난관복강구라 하고, 자궁각과 연결된 구멍을 난관자궁구라고 하며, 팽대부와 협부의 연결점을 팽대부-협부접속부(ampullary-isthmic junction [AIJ])라 하고, 협부와 자궁각의 연결부위를 자궁-난관접속부(uterotubal junction [UTJ])라 한다. 난관채는 마치 장식용 레이스(lace)와 같은 구조이고, 누두부는 배란된 난자를 쉽게 받아 들일 수 있도록 깔대기 모양이다. 직경이 두꺼운 팽대부와 가는 협부는 그 길이가 반반 정도이다.

한편, 난관의 벽은 조직학적으로 점막·근층·장막의 3층으로 구성된다. 난관의 점막은 관의 장축을 따라 종주하는 점막추벽(粘膜皺襞, mucosal fold)을 형성하고 있는데, 누두부와 팽대부에서는 추벽의 높이가 높고, 복잡하게 분지하여 관강을 꽉 채우고 있는 반면에, 협부에서는 추벽이 분지되지 않고, 높이도 낮다. 난관의 내강을 피복하는 점막상피는 원주상의 운동섬모세포와 분비세포로 구성된 단층원주상피이다. 근층은 내측의 윤주근층과 외측의 종주근층으로 구성되는데, 근섬유의 배치상태가 난관의 부위에 따라 다르다. 특히, 팽대부는 근섬유가 나선상으로 배열된 윤주근층이 대부분을 차지한다. 장막은 안쪽은 소성결합조직이고, 표면쪽은 중피성상피(中皮性上皮, mesothelial epithelium)로 구성된 복막의 연속이다.

2) 난관의 기능

난관은 암컷과 수컷 각각의 배우자인 정자와 난자는 물론, 수정란도 수송할 뿐만 아니라, 수정장소가 된다. 또한, 배우자와 수정란의 생존과 발달에 적합한 환경을 제공한다.

(1) 생식세포의 수송 : 난관은 정자와 난자를 거의 동시에 반대방향으로 수송하여 수정장소인 난관팽대부의 중간부위에서 만나 수정이 일어날 수 있도록 하고, 수정란을 착상장소인 자궁으로 이송시킨다. 이러한 수송작용은 난관상피의 섬모운동(纖毛運動, ciliation)과 난관근층의 수축작용에 의하여 이루어진다. 난관의 섬모운동은 에스트로겐에 의하여 증강되고, 프로게스테론에 의하여 억제된다. 따라서, 발정기의 전후에 가장 강력하고, 특히 난관채에서 두드러진다. 섬모운동은 난자를 난관팽대부로 이송시킨다. 난관근층의 수축작용은 아드레날린작동성신경에 의하여 조절되는데(El-Mowafi & Diamond, 1998), 그 수축양식은 ① 난관 일정부위의 독립된 분절에서 시작하여 짧은 거리만을 이행하는 연동양 수축(蠕動樣收縮, peristalsis-like contraction), ② 난관의 특정부위를 잘록하게 수축시키는 분절상 수축(分節狀收縮, segmental contraction), ③ 전체 난관의 꿈틀거림운동(worm-like writhing) 등이 있다. 난관근층의 수축운동은 난소로부터 아래쪽을 향하여 나가는 것이 난소쪽을 향하는 것보다 일반적이다.

(2) 배우자와 수정란에 적합한 생존환경의 제공 : 난관은 정자와 난자의 생존 뿐만 아니라, 수정과정과 수정란의 초기난할과정에도 적합한 환경을 제공하는데, 이러한 환경은 주로 난관액에 의하여 조성된다. 난관액은 난관상피의 분비세포에서 분비되며, 분비량은 에스트로겐에 의하여 증가되고, 프로게스테론에 의하여 감소된다. 따라서, 배란기 전후에는 다량이 분비되고, 황체기에는 매우 적은 양이 분비된다. 난관액은 혈액에서 선택적으로 이송된 성분과 난관상피의 분비세포에서 합성된 특수한 성분으로 구성되는데, pH 7~8로서, 여러 종류의 필수아미노산·글루코오스·젖산·전해질·점단백질(mucoprotien)·점다당류(mucopolysaccharide) 등이 함유되어 있다. 난관액은 정자와 난자의 영양분으로 이용될 뿐만 아니라, 수정과정과 초기의 난할과정에도 중요한 역할을 한다. 더욱이, 정자에 대하여는 수정과정에 참여할 수 있도록 원형질막의 성질을 변경시키는 수정능획득반응을 유기한다.

3. 자 궁

자궁(子宮, uterus)은 난관에서 수정과 초기난할과정을 거친 배(胚)를 받아들여 새로운 개체로 발달시킬 뿐만 아니라, 난소의 주기성 유지에도 관여하며, 정자의 수정능획득반응을 유기하고, 교배시에는 정자를 수정장소인 난관으로 상행시키며, 분만시에는 강력한 수축작용으로 태아와 태반을 만출시키는 등의 다양한 생리적 기능을 수행한다.

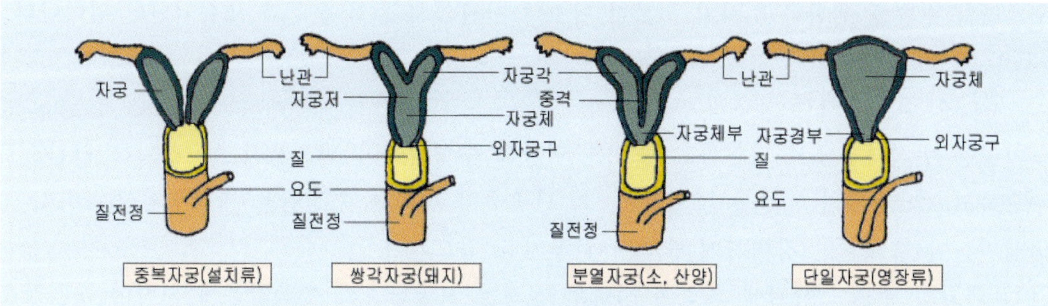

그림 1-13. 자궁각의 결합정도에 따른 자궁의 형태

1) 자궁의 구조

자궁은 난관과 같이 한쌍의 부중신관(뮐러관)에서 분화된 기관으로서, 두개의 자궁각(子宮角, uterine horn, cornua uteri), 그리고 하나씩의 자궁체(子宮體, uterine body, corpus uteri)와 자궁경(子宮頸, uterine cervix, collum uteri)으로 구성되어 있다. 그러나, 자궁의 발생과정에서 좌・우 부중신관의 결합정도가 동물의 종에 따라 달라서 자궁각의 모양이나 배치형태, 그리고 자궁 각부분의 상대적 비율이 서로 다르다(그림 1-13; Bearden & Fuquay, 2000b). 형성이 완료된 자궁은 좌・우 부중신관의 결합정도에 따라 ① 중복자궁(重複子宮, uterus duplex: 마우스・래트・토끼 등) ② 쌍각자궁(雙角子宮, uterus bicornis: 돼지) ③ 분열자궁(分裂子宮, uterus bipartitus: 소・면양・산양・말) ④ 단일자궁(單一子宮, uterus simplex: 영장류) 등으로 분류한다.

한편, 자궁벽의 조직학적 구성은 난관과 같이 점막・점막고유층・근층・장막의 4층으로 되어 있지만, 생리학적 견지에서는 자궁내막(endometrium)과 자궁근층(myometrium)으로 구분한다. 자궁내막은 섬모세포와 분비세포로 구성된 단층원주상피와 소성결합조직으로 된 점막고유층(lamina propria)으로 구성된다. 점막고유층에는 자궁내막의 표면에 개구하는 다수의 자궁내막선(endometrial gland)이 분포되어 있는데, 선의 형태는 지관상선(枝管狀腺)이다. 자궁내막선에서 분비되는 자궁내막액(endometrial fluid)의 양과 생화학적 조성은 발정주기의 단계에 따라 변화되며, 발정기에는 분비량이 많고, 황체기에는 적다. 반추동물의 자궁내막에는 난원형으로 돌출된 다수의 자궁소구(子宮小丘, caruncle)가 4줄로 배열되어 있는데, 그 수는 면양에서 80~90개, 소에서는 80~120개이다. 자궁소구에는 자궁내막선이 분포되지 않고, 상피 아래의 결합조직층에 혈관이 많이 분포되어 있다. 임신시에는 태아의 융모막(絨毛膜, chorion)에서 형성된 융모총(絨毛叢, cotyledon)을 받아 들여 태반분엽(胎盤分葉, placentome)을 형성한다(Hafez & Hafez, 2000b). 자궁근층은 평활근섬유로 구성되며, 안쪽에 두꺼운 윤주근층이 있고, 바깥쪽에 얇은 종주근층이 배치되어 있으며, 이들 두 근육층의 사이에는 혈관・림프관・신경 등이 분포되어 있다. 자궁근층의 수축은 난자・정자・

수정란의 수송을 원활하게 하기 위하여 난소나 난관의 율동적 운동과 조율되면서 일어난다.

2) 자궁의 기능

자궁은 번식과정에서 다양하고 중요한 역할을 수행하는 기관으로서, ① 정자를 난관으로 수송하고, ② 황체의 기능을 조절하며, ③ 난관에서 내려온 수정란을 착상·임신시키고, ④ 임신기간이 종료되면 강력하게 수축하여 분만을 일으킨다.

(1) 정자의 수송 : 사정에 의하여 사출된 정자는 자궁근층의 수축작용에 의하여 수정장소인 난관으로 이송된다. 난관을 향하여 자궁강을 올라가는 정자의 많은 수가 자궁내막선속으로 진입되는데, 이것이 장벽(障壁)으로 작동하여 정자의 상향을 억제하는 결과를 초래한다. 이에 따라, 수정장소에 정자가 장시간에 걸쳐 계속적으로 도착됨으로 수정가능시간을 연장시키는 효과가 있다. 한편, 정자는 자궁을 상행하는 동안에 자궁내막액의 작용으로 수정능력(受精能力, fertilizing ability)을 획득한다.

(2) 황체의 퇴행 : 자궁은 황체의 기능을 조절하는 중요한 역할을 한다. 소·면양·돼지 등에서 자궁을 제거하면 황체는 장기간에 걸쳐 기능적 상태를 유지하지만, 일부분의 자궁조직이라도 제자리에 남아 있으면 황체는 퇴행되고, 이어서 지정된 시각에 발정주기가 회귀된다. 이러한 현상은 임신이 성립되지 않으면 자궁에서 $PGF_{2\alpha}$가 분비되고, 이것이 자궁-난소정동맥경로(utero-ovarian venoarterial pathway)를 통하여 곧바로 난소로 이행되어 황체의 변성을 유발하는데 따른 것이다(Silvia 등, 1984). 그러나, 임신이 성립되면 배에서 분비되는 인터페론-타우(interferon-τ; 소·면양·산양 등) 또는 에스트로겐(돼지)의 작용으로 $PGF_{2\alpha}$의 분비가 저지되어 임신황체가 유지되고, 이에 따라 임신상태가 지속된다.

(3) 착상과 임신 : 자궁은 착상으로부터 임신에 이르기까지 수태산물을 받아 들이고, 이것에 영양을 공급하여 발달시키는데 적합하도록 특수화된 기관이다. 난관에서 수정과정과 초기난할과정을 거친 배가 자궁으로 내려오면 자궁내막액에 부유된 상태로 발달을 계속하여 투명대가 박리된 배반포로 발달되고, 이 기간 동안에 자궁내막에서는 프로게스테론의 자극을 받아 착상성증식(着床性增殖, progestational proliferation)이 유발된다. 착상성증식이 일어난 자궁내막에 배반포의 외벽을 구성하는 영양막이 접착되어 착상(implantation)이 일어난다. 임신(gestation)은 착상이 완료된 배반포의 영양막에서 분화된 융모막(絨毛膜, chorion)과 모체의 자궁내막이 접착되어 태반(胎盤, placenta)을 형성함으로써 성립된다. 태반은 해부학적으로 분리된 태아순환계와 모체순환계 사이에 물질교환을 영위하여 태아에 필요한 모든 물질을 공급하고, 태아에서 생성된 노폐물을 배설한다.

(4) 분만과 분만 후의 퇴축 : 임신기간이 지나면 태아는 분만과정을 통하여 모체의 체외로 만출되는데, 자궁근의 수축이 태아만출의 원동력이다. 자궁근의 수축반응은 분만 직전까지도 휴지상태를 유지하지만, 태아를 만출시킬 때는 강력하게 발동된다. 분만 후의 자궁

은 퇴축(退縮, involution)을 통하여 임신 전의 크기와 상태로 복귀된다. 분만 직후부터 일어나는 자궁의 퇴축과정에서는 많은 백혈구의 출현과 혈관유상(血管流床, vascular bed)의 감소를 동반하는 자궁내막의 파괴가 일어나고, 자궁근층의 세포는 수와 크기가 감소된다.

4. 자 궁 경

자궁경(子宮頸, cervix uteri)은 자궁체와 질을 연결하는 괄약근성(括約筋性)의 관상기관으로서, 두껍고 단단한 벽과 매우 좁은 내강으로 구성된다. 자궁경은 황체기와 임신기에는 프로게스테론의 작용으로 관벽이 비후되고, 농후한 경관점액이 분비되어 철저하게 폐쇄된다. 그러나, 발정기와 분만기에는 에스트로겐의 작용으로 관벽이 얇아지고, 점액의 점조도도 낮아져 자궁경관이 열린다.

1) 자궁경의 구조

자궁경은 두꺼운 관벽과 수축된 내강으로 구성되며, 자궁경관(cervical canal)의 자궁체쪽 구멍을 내자궁구(內子宮口, internal uterine orifice)라 하고, 질쪽의 구멍을 외(external)자궁구라 한다. 돼지를 제외한 대부분의 동물은 자궁경이 질내부의 후방으로 돌출되어 있는데, 이 부위를 자궁경질부(子宮頸膣部, portio vaginalis cervicis)라고 하고, 자궁경질부를 싸고 있는 질의 부위를 질원개(膣圓蓋, fornix vaginae)라고 한다. 자궁경관의 수축된 내강은 생식도관의 다른 부위와는 달라서 여러 형태의 융기가 돌출되어 매우 굴곡된 모양을 나타낸다(그림 1-14) 자궁경의 벽은 안쪽으로부터 점막·중간층·장막의 3층으로 구성된다. 자궁경관의 점막에는 무수하게 많은 종주추벽(縱走皺襞)이 형성되어 있고, 복잡하게 분지된 자궁경음와(子宮頸陰窩, cervical crypt)가 있다. 점막의 상피는 분비세포와 섬모세포로 구성된 단층원주상피이다. 분비세포에서는 점조성이 매우 높은 자궁경관점액(cervical mucus)을 분비한다. 자궁경벽 두께의 대부분을 차지하는 중간층은 결합조직으로된 경관기질과 평활근층으로 구성된다. 자궁경의 근층은 안쪽에 윤주근층, 바깥쪽에 종주근층이 배열되어 있는데, 특히 윤주근층이 두꺼워 자궁경관을 효과적으로 폐쇄시킬 수 있다. 장막은 자궁경의 외부를 둘러싸는 얇은 막으로서, 복막과 같은 조직성분으로 구성되어 있다.

2) 자궁경의 기능

자궁경은 사정장소로부터 자궁으로 정자를 수송하고, 임신시에는 자궁경관이 폐쇄되어 자궁과 질을 격리시키며, 분만시에는 태아의 만출이 용이하도록 이완된다.

(1) 정자의 수송 : 자궁경은 ① 정자를 경관점액을 통과시켜 자궁강으로 수송하고, ② 정자의 저장소가 되며, ③ 죽거나 결함이 있는 정자를 제외하고 생존정자만을 수송한다. 질에

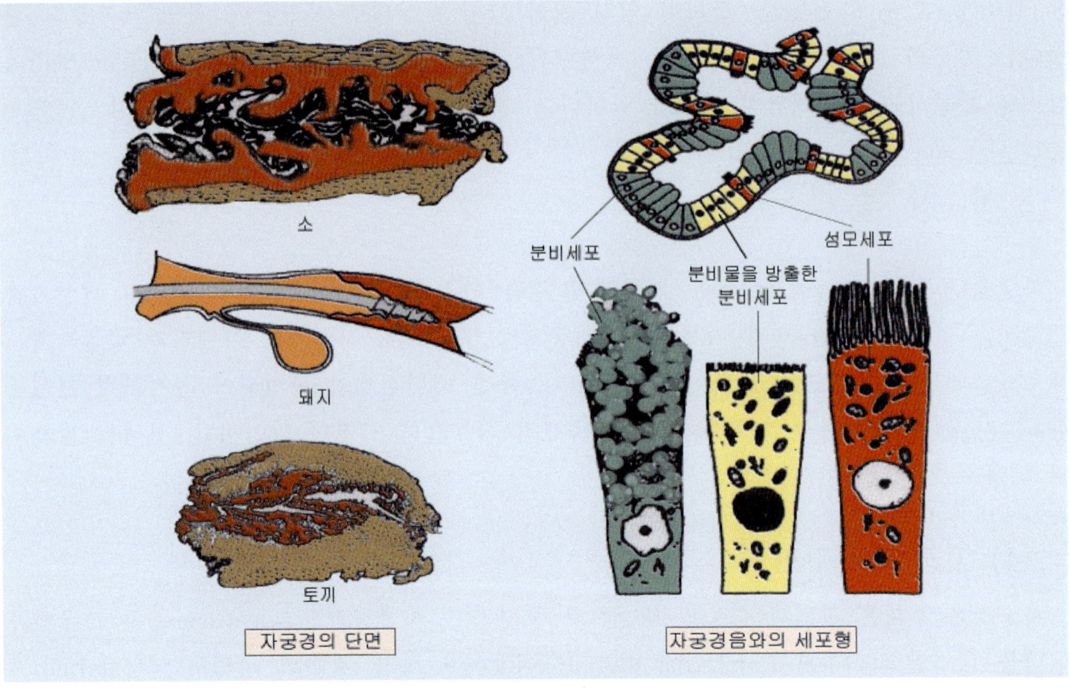

그림 1-14. 자궁경관의 단면과 상피의 구조

사정된 정자는 미부의 편모운동으로 경관점액을 통과하여 자궁강안으로 진입되는데, 이 때의 정자는 경관점액의 미포(微胞, micelle) 사이에 형성된 수용성 간극(aqueous space)을 통과하여 이동한다. 운동성이 없는 사멸정자나 기형정자는 경관점액으로 진입할 수 없기 때문에 자궁강으로 수송될 수 없다. 또한, 자궁경관으로 진입된 정자의 대부분은 복잡한 구조를 가진 자궁경음와로 진입되어 저장된다. 저장된 정자는 순차적으로 빠져나와 자궁강으로 이송된다. 이러한 현상은 수정장소로 일시에 과다한 정자가 수송되는 것을 저지하고, 정자의 이송속도를 서로 다르게 함으로써 수정이 가능한 시간을 연장시키는 효과가 있다.

(2) 임신과 분만에 따른 폐쇄와 이완 : 임신중의 자궁경은 프로게스테론의 작용으로 점조성이 높은 점액을 분비하여 자궁경관을 폐쇄시킨다. 그러나, 분만시에는 태반에서 분비되는 에스트로겐의 작용으로 점조성이 낮은 다량의 경관점액이 분비되고, 경관벽도 이완되어 태아와 태반이 만출될 수 있도록 산도가 열린다.

5. 질

질(膣, vagina)은 자궁경의 후방에 연결된 근막성(筋膜性)의 원통형 관상기관으로서, 질전정을 경유하여 외부와 통하며, 교미시 수컷의 음경이 진입되는 암컷의 교미기관이다.

1) 질의 구조

말과 소에서는 자궁경의 말단이 질쪽으로 돌출되는 자궁경질부가 있어서 자궁경과 질의 경계가 명확하지만, 돼지에서는 자궁경이 명확한 경계가 없이 자연스럽게 질로 이행된다. 질과 질전정의 이행부는 질변(膣辨, hymen)에 의하여 경계를 이루며, 질변의 바로 뒤쪽 정중선에 오줌의 배출구인 외요도구가 열려 있다. 질변은 사람에서는 잘 발달되어 있는 반면에, 가축에서는 흔적만 남아 있다.

질벽은 상피·근층·장막의 3층으로 구성된다. 질의 상피는 생식도관의 다른 부위와는 달리 분비선이 없는 중층편평상피(重層扁平上皮, stratified squamous epithelium)로서, 상피세포의 표면은 종주(縱走)하는 수 많은 미세융기(microridge)가 돌출되어 있다. 이 미세융기는 대응하는 상피세포의 미세융기와 결합하여 상피세포 자체가 쐐기모양으로 박히게 됨으로 질의 표면이 단단하게 된다. 이러한 상피의 구조는 교미시 음경에 효과적으로 자극을 주고, 교미 또는 분만시에 상피의 손상이 없이 질이 늘어나는 것을 가능하게 한다. 질벽의 근층은 안쪽에 두꺼운 윤주근층, 바깥쪽에 얇은 종주근층이 배열되어 있으며, 돼지·개·고양이 등에서는 윤주근층의 안쪽에 얇은 종주근층이 한층 더 있다. 장막은 질을 밖에서 둘러싸고 있는 상피조직이며, 그 아래의 소성결합조직에는 큰 혈관·신경간(神經幹, nerve trunk)·신경절(神經節, ganglion) 등이 배치되어 있다.

2) 질의 기능

질은 암컷의 교미기관으로서, 수컷의 음경이 삽입되어 사정이 일어나는 장소이며, 사정된 정자를 자궁경관으로 수송하고, 정자에 대한 항원-항체반응이 일어나는 장소이다.

(1) 정자의 수송 : 질은 교미시 정액이 사정되는 장소이다. 그러나, 돼지와 말은 자궁경관 속으로 사정한다. 교미에 의한 성적자극으로 확대된 질전정구(膣前庭球, bulbus vestibuli vaginae)는 질의 후단을 막아서 정액이 질밖으로 역류되는 것을 억제한다. 질에 저류된 정자는 자체의 운동력과 질의 수축에 의존하여 자궁경관으로 이송된다. 정액의 액체성분인 정장은 사정시에 정자와 함께 질내로 주입되지만, 자궁경관으로 수송되지는 않고, 질밖으로 배출되거나 질벽을 통하여 흡수된다.

(2) 정자에 대한 면역반응 : 질은 정액이 최초로 주입되는 부위임으로 정자항원(精子抗原, sperm antigen)에 잘 노출된다. 따라서, 질은 정자에 대한 항원-항체반응(抗原抗體反應, antigen-antibody reaction)이 일어나는 주된 부위이다. 질상피의 바로 아래에 위치하는 형질세포(形質細胞, plasma cell)는 세균의 감염을 방지하는 면역글로불린 A와 G를 분비할 뿐만 아니라, 정자에 대하여 항체로 작용하는 면역글로불린도 생산한다.

(3) 질액의 작용 : 질벽에는 자체의 분비선은 없지만, 질내강을 습윤하게 하는 질액(膣液,

vaginal fluid)이 있다. 질액은 ① 질벽을 통한 혈장성분의 누출액, ② 외음부에 위치하는 피지선과 한선의 분비물, ③ 자궁경관점액·자궁내막액·난관액의 유출물, ④ 질상피에서 탈락된 세포 등의 혼합물이다. 질액의 양은 발정기에는 많고, 황체기에는 적다. 질내에는 젖산균이 상주하여 젖산을 생산하기 때문에 질액의 pH가 산성임으로 정자의 운동성과 생존성에 적합하지 못하다. 그러나, 경관점액·자궁액·정장 등에 의하여 발현되는 완충계의 작용으로 pH가 조절되어 질내에 머무는 동안의 정자가 보호된다.

(4) 분만시의 이완 : 질은 분만시에는 태반에서 다량으로 분비되는 에스트로겐의 작용으로 크게 확장되어 태아의 산도를 형성한다. 질벽에서 무수하게 많은 주름을 가진 점막추벽과 마름모꼴로 배열된 근육조직은 분만시나 교미시에 질벽의 손상이 없이 효과적으로 확장되는 것을 가능하게 한다.

6. 외부생식기관

암컷의 외부생식기관(外部生殖器官, external genital organ)은 질전정·음순·음핵 등을 포함하며, 이것들이 외음부(外陰部, vulva)를 구성한다.

1) 질 전 정

질전정(膣前庭, vestibule, vestibulum vaginae)은 질에서 연속되어 음순에 이르는 관상기관으로서, 질과 질전정의 연결부에는 오줌의 배출구인 외요도구(口)가 열려 있다. 소의 경우, 질전정은 음순으로부터 안쪽으로 약 10㎝ 정도 뻗어 있으며, 외요도구의 바로 뒤쪽에 요도하게실(尿道下憩室, suburethral diverticulum)이라고 부르는 맹낭(盲囊)의 개구공이 위치한다. 질전정의 점막에는 점액분비가 활발한 전정선(前庭腺, vestibular gland)이 분포되어 있는데, 대전정선과 소전정선의 두종류가 있다. 대전정선은 바르톨린선(Bartholin's gland)이라고도 하며, 사람에서는 잘 발달되어 있지만, 가축에서는 오직 소에만 있다. 소의 대전정선은 음순측벽의 점막융기 아래에 위치하는 좌·우 한쌍의 선으로서, 각각이 2~3개의 도관을 외요도구의 후위에 개구한다. 소전정선은 모든 가축이 가지고 있으며, 말과 돼지에서는 아래쪽과 위쪽 질전정점막의 좌·우에 작은 유두모양의 도관개구부가 열을지어 위치하며, 소는 다른 동물과는 달리 열을 짓지 않고, 음핵 앞쪽의 점막융기부에 몰려 있다. 전정선은 조직학적 구성이 관상포상선이며, 발정시와 성적으로 자극을 받았을 때 활발한 분비활동으로 점액을 분비하여 질벽을 윤활하게 함으로써 교미에 대비한다.

2) 음 순

자성생식도관의 말단에서 외부로 향하는 출구는 세로로 갈라져 있는데, 이를 음열(陰裂,

rima pudendi)이라고 하며, 음열의 좌·우에 있는 피부의 융기부를 음순(陰脣, labium pudendi, labium vulvae)이라 한다. 사람에서는 바깥쪽의 대음순(labium majus pudendi, labia majora)과 안쪽의 소음순(labium minus pudendi, labia minora)이 명확하게 구분되지만, 가축에서는 이러한 구분이 명확하지 않다. 음순은 지방이 축적되어 있고, 피지선이 잘 발달되어 있으며, 발정기에는 붉게 종창(腫脹)되는데, 발생학적으로 보면 수컷의 음낭에 해당되는 기관이다.

3) 음 핵

음핵(陰核, clitoris)은 수컷의 음경과 상동기관으로서, 질전정 후방의 아래쪽에 위치하는 작은 원추상의 돌기이다. 음핵은 중층편평상피로 덮인 발기조직이며, 지각신경의 말단이 풍부하게 분포되어 있어서 성적으로 매우 민감하다. 음핵은 발기조직인 음핵해면체(陰核海綿體, corpus cavernosum clitoridis)로 구성되는데, 한 쌍의 음핵각(陰核脚, crus clitoridis)으로 기시되고, 이것들이 합쳐져 하나의 음핵체(陰核體, corpus clitoridis)가 되어 돌출되며, 그 선단에는 음핵귀두(陰核龜頭, glans clitoridis)가 형성되어 있다. 음핵귀두 주위의 질전정점막은 주름을 형성하여 음핵이 함몰되는 음핵와(陰核窩, fossa clitoridis)를 만드는데, 음핵을 둘러싸고 있는 이 주름을 음핵포피(陰核包皮, preputium clitoridis)라고 한다. 말과 개의 음핵체는 크고 넓으며, 음핵체의 선단에 음핵귀두가 발달되어 있는 반면에, 반추류·돼지·토끼 등의 음핵체는 가늘고 길며, 만곡되어 있고, 음핵귀두는 분명하지 않다.

◈ 참 고 문 헌 ◈

1) Abou-Elmagd, A. and K. H. Wrobel. 1990. The epithelial lining of the bovine ejaculatory duct. Acta. Anat. 139:60.
2) Aittomäki, K., et al. 1995. Mutation in the follicle-stimulating hormone receptor gene causes hereditary hypergonadotropic ovarian failure. Cell. 82:959.
3) Amann, R. P. 1970. Sperm production rates. In the testis Vol. 1(A. D. Johnson, et al., eds.). Academic Press. p.433.
4) Amann, R. P., et al. 1987. Function of the epididymis in bulls and rams. J. Reprod. Fertil. Suppl. 17:369.
5) Basha, S., et al. 1980. Progesterone-induced uterine secretions in pig: recovery from pseudopregnant and unilaterally pregnant gilts. J. Anim. Sci. 19:389.
6) Cate, R. L., et al. 1986. Isolation of the bovine and human genes for müllerian inhibiting substance and expression of the human gene in animal cells. Cell. 45:685.
7) Conway, G. S. 1997. Sex differentation, gonadal development and reproductive function. In molecular endocrinology(G. Rumsby & S. M. Farrow eds.). BIOS Scientific Publishers. p.233.
8) Cooper, T. G. 1998. Epididymis. In encyclopedia of reproduction. Vol. 2(E. Knobil & J. D. Neill eds.). Academic Press. p.1.
9) Dailey, R. A. 1998. Female reproductive system, nonhuman mammals. In encyclopedia of reproduction. Vol. 2(E. Knobil & J. D. Neill eds.). p.229.
10) El-Mowafi, D. M. and M. P. Diamond. 1998. Fallopian tube. In encyclopedia of reproduction. Vol. 2(E. Knobil & J. D. Neill eds.). p.149.

11) Garrett, P. D. 1987. Urethral recess in male goat, sheep, cattle and swine. J. Am. Med. Assoc. 191:689.
12) Gubbay, J., et al. 1990. A gene mapping to the sex-determining region of the mouse Y chromosome is a member of a novel family of embryologically expressed gene. Nature. 346:245.
13) Hafez, B. and E. S. E. Hafez. 2000a. Anatomy of male reproduction. In reproduction in farm animals. 7th ed.(E. S. E. Hafez & B. Hafez eds.). Lippincott Williams & Wilkins. p.4.
14) Hafez, B. and E. S. E. Hafez. 2000b. Anatomy of female reproduction. In reproduction in farm animals. 7th ed.(E. S. E. Hafez & B. Hafez eds.). Lippincott Williams & Wilkins. p.13.
15) Hsu, S. Y., et al. 1995. Wilms' tumor protein WT1 as an ovarian transcription factor: decreases in expression during follicle development and repression of inhibin-alpha gene promoter. Mol. Endocr. 9:1356.
16) Johnson, L. and M. E. Tatum. 1989. Temporal appearance of seasonal changes in numbers of Sertoli cells, Leydig cells and germ cells in stallions. Biol. Reprod. 40:994
17) Johnson, L., et al. 1998. Testis, overview. In encyclopedia of reproduction. Vol. 4(E. Knobil & J. D. Neill eds.). p.769.
18) Luo, X., et al. 1994. A cell specific nuclear receptor is essential for adrenal and gonadal development and sexual determination. Cell. 77:481.
19) Meijer, J. C. and J. M. F. van Vlissingen. 1992a. Sexual differentiation of the genital organ: gross structure and development of reproductive organ. In world animal science B: reproduction in domesticated animals(G. J. King ed.). Elsevier. p.42.
20) Meijer, J. C. and J. M. F. van Vlissingen. 1992b. Male reproductive organ: gross structure and development of reproductive organs. In world animal science B: reproduction in domesticated animals(G. J. King ed.). Elsevier. p.9.
21) Meijer, J. C. and J. M. F. van Vlissingen. 1992c. Female reproductive organ: gross structure and development of reproductive organs. In world animal science B: reproduction in domesticated animals(G. J. King ed.). Elsevier. p.27.
22) Piňón, R., Jr. 2002a. Sex determination and fetal sexual diffrentiation. In biology of human reproduction. University Science Books. p.77.
23) Piňón, R., Jr. 2002b. Spermatogenesis: the testis and testicular function. In biology of human reproduction. Univcrsity Science Books. p.143.
24) Pritchard-Jones, K., et al. 1990. The candidate Wilms' tumor gene is involved in genitourinary development. Nature. 346:194.
25) Robertshow, D. and J. E. Vercoe. 1980. Scrotal thermoregulation of the bull(Bos sp). Aust. J. Agric. Res. 31:401.
26) Silvia, W. J., et al. 1984. Cellular and molecular mechanisms involved in luteolysis and maternal recognition of pregnancy in the ewe. Anim. Reprod. Sci. 7:57.
27) Sinclair, A. H., et al. 1990. A gene from the human sex-determining region encodes a protein with homology to a conserved DNA binding motif. Nature. 346:240.
28) Swierstra, E. E., et al. 1975. The relationship between daily sperm production as determined by quantitative testicular histology and daily sperm output in the stallion. J. Reprod. Fertil. Suppl. 23:35.
29) Wong, P. Y. D., et al. 1992. Physiology and pathophysiology of electrolyte transport in the epididymis. In spermatogenesis, fertilization, contraception. molecular, cellular and endocrine events in male reproduction(E. Nieschalag & U. F. Habenicht eds.). Shering Foundation Workshop. 4. p.319.

제 2 장

성호르몬의 화학구조와 생리작용

포유동물의 생식기능은 신경계의 매개하에 본능적으로 발현될 뿐만 아니라, 연속적인 신체적 변화를 동반하는 고도로 분화되고, 특성화된 생리기능이다. 따라서, 생식기능이 완벽하게 유지되고, 조정되는 기전은 매우 복잡하고 다양하다. 이러한 생식기능계의 제어는 중추신경계의 지배하에 시상하부-뇌하수체-성선으로 이어지는 내분비적 조절축에 의하여 이루어지기 때문에 내분비현상을 명확하게 이해하는 것이 생식생리현상을 구명하는데 필수적인 요소가 된다. 특히, 생식생리현상이 발현되는 과정의 어느 단계를 인위적으로 조절하거나 변경시키는 수단을 통하여 동물의 생식효율을 증진시키는 동시에, 유전적 개량을 도모하려는 생식공학기술을 응용하려면 내분비학적으로 접근할 수밖에 없다. 따라서, 생식생리현상을 구명하고, 다양한 생식공학기술을 번식프로그램에 적용하기 위해서는 생식내분비현상을 이해하고, 이를 바탕으로 하여 응용방안을 탐색하는 것이 필요하다.

제 1 절 내분비의 개념

내분비는 동물체의 구성요소인 각종의 조직이나 기관이 유기적인 생리작용을 발현할 수 있도록 통합·조정하는 정보전달계의 한 종류로서, 신체의 특정한 부위에서 화학전달물질(化學傳達物質, chemical messenger)을 합성·분비하고, 이것이 신체의 다른 부위로 이송된 다음, 그 부위의 생리기능을 조직특이적으로 지배·조절하는 현상을 말한다.

1. 내분비의 의미

전통적인 의미에서 내분비(內分泌, endocrine, internal secretion)라 함은 동물체의 특정

한 조직이나 기관에서 합성·분비된 특수한 물질이 특정한 도관을 경유하지 않고, 체액(혈액과 림프)에 포함되어 신체의 다른 부위로 운반된 다음, 그 부위의 생리작용을 지배·조절하는 현상을 말한다. 이 때, 특수한 물질을 분비하는 기관을 내분비선(內分泌腺, endocrine gland)이라 하고, 내분비선에서 분비되는 특수한 물질을 호르몬(hormone)이라 하며, 호르몬의 지배를 받아 생리작용이 조절되는 신체의 부위를 표적기관(標的器官, target organ)이라 한다. 따라서, 내분비는 내분비선과 표적기관의 조직세포(효과기세포)사이에서 일어나는 화학적 정보전달에 관한 모든 현상을 말하는 것이다. 그러나, 표적세포의 활성을 조절하는 화학적 신호전달체가 신경에서도 방출된다는 사실이 오래 전에 밝혀짐에 따라(Loewi, 1921) 내분비계와 신경계가 뚜렷하게 구분되지 않는다는 사실이 명확하게 되었다. 더욱이, 시상하부-뇌하수체계와 같이 신경계와 내분비계가 해부학적으로 연결되어 하나의 기능적 조절단위를 형성하여 분비기능을 영위하는 경우도 있다. 또한, 특정한 세포에서 분비된 물질이 그 세포 자체의 원형질막에 위치하는 수용체와 결합하여 자극함으로써 세포 자신의 기능을 제어하는 자가분비기전(自家分泌機轉, autocrine mechanism)과 특정한 분비세포에서 방출된 물질이 혈액을 통하지 않고, 확산에 의하여 인접한 표적세포에 전달되어 그 세포의 기능을 제어하는 인접분비기전(隣接分泌機轉, paracrine mechanism)도 밝혀졌다. 이와 같이, 내분비계와 신경계의 구분이 명확하지 않으면서 신경내분비현상이 밝혀졌을 뿐만 아니라, 자가분비기전이나 인접분비기전도 증명된 현재의 상황에서는 전통적인 내분비의 정의가 적용되지 않는 경우가 많다. 따라서, 모든 내분비현상을 포괄적으로 포함하는 내분비의 개념을 새로이 정립할 필요가 있다.

2. 호 르 몬

신체의 특정한 기관이나 조직, 또는 조직내의 세포에서 합성된 다음, 체액을 타고 신체의 특정부위로 운송되어 그 부위의 활동이나 생리적 과정에 특정한 영향을 미치는 특수한 유기화합물을 호르몬이라 한다. 호르몬은 종류가 다양할 뿐만 아니라, 각각이 동물체에서 발현되는 특정한 생리작용을 조절하는 내분비적 기전을 영위하는데, 이 가운데 생식기능의 발현과 조절에 특이적으로 작용하는 호르몬들을 성호르몬(sex hormone), 또는 생식호르몬(reproductive hormone)이라 한다. 성호르몬에는 시상하부-뇌하수체계 호르몬과 이의 지배를 받아 정소와 난소에서 분비되는 성선호르몬, 그리고 송과선·자궁·태반 등에서 분비되는 호르몬들이 포함된다(표 2-1).

한편, 호르몬들은 각각의 표적기관에서만 생리작용을 발현하는데, 그 이유는 각각의 표적세포는 특정한 호르몬과만 결합할 수 있는 수용체(受容體, receptor)를 가지고 있기 때문이다. 즉, 특정 호르몬의 수용체를 가지고 있는 표적세포는 그 호르몬의 정보를 수용할 수

표 2-1. 주요 성호르몬의 종류와 생리작용

내분비선	호르몬의 종류	약칭	주요 생리작용
시상하부	성선자극호르몬 방출호르몬	GnRH	↑FSH와 LH의 분비
	갑상선자극호르몬 방출호르몬	TRH	↑TSH의 분비; PRL의 분비
	부신피질자극호르몬 방출호르몬	CRH	↑ACTH의 분비
	프롤락틴방출 억제인자	PRIF	↓PRL의 분비
	소마토스타틴	SST	↓GH의 분비
	성장호르몬 방출호르몬	GHRH	↑GH의 분비
선뇌하수체	난포자극호르몬	FSH	↑♀: 난포발육; 에스트로겐 분비
			↑♂: 정자형성; 지지세포 자극
	황체형성호르몬	LH	↑♀: 배란; 프로게스테론 분비
			↑♂: 정자형성; 안드로겐 분비
	프롤락틴	PRL	↑유즙합성: 황체자극; 모성행동
	갑상선자극호르몬	TSH	↑갑상선호르몬의 합성과 분비
	부신피질자극호르몬	ACTH	↑부신피질스테로이드의 합성과 분비
	성장호르몬	GH	↑간장의 IGF-1 합성; 체성장의 자극
	멜라닌세포자극호르몬	MSH	↑멜라닌 합성; 멜라닌소체의 분산
신경뇌하수체	옥시토신	OT	↑유즙유하; 자궁수축
	바소프레신	VP	↑신장의 수분재흡수; 혈관수축
송과선	멜라토닌		↓성선발달(항성선자극효과); ↑번식계절 조절
난소	에스트로겐(난포)	E	↑자성생식기관의 발달; 성행동; 유선관계 발달
	프로게스테론(황체)	P_4	↑자궁과 유선포계의 발달; 임신유지; 모성행동
	릴랙신(황체)		↑치골결합과 자궁경관의 이완
정소	테스토스테론(간질세포)		↑웅성생식기관의 발달; 성행동; 정자형성
	인히빈(지지세포; ♀:과립막세포)		↓뇌하수체의 FSH 분비
태반	임부융모성 성선자극호르몬	hCG	LH와 유사한 작용
	임마융모성 성선자극호르몬	eCG	FSH와 유사한 작용
	태반성 락토겐	PL	↑태아에 영양분 공급; 모체의 유선 발달
자궁	프로스타글란딘	PG	↑자궁수축; 황체퇴행; 배란

↑: 반응의 증가/자극, ↓: 반응의 감소/억제

있지만, 수용체가 없는 조직세포에서는 호르몬이 접근하거나 옆을 통과하여도 호르몬의 정보를 받아들이지 못하여 생리적 반응이 발현되지 않는다. 이러한 호르몬의 특성을 조직특이성(tissue specificity)이라 하며, 수용체도 한 종류의 호르몬과만 결합하는 호르몬특이성(hormone specificity)을 가지고 있다.

1) 호르몬의 분류

호르몬은 종류가 많을 뿐만 아니라, 화학적 구조와 생리작용을 발현하는 기전이 다양하기 때문에 특정한 기준을 적용하여 여러 방법으로 분류하는데, ① 생물의 종류(동물호르몬·식물호르몬 등), ② 호르몬의 화학적 성질(펩티드호르몬·스테로이드호르몬 등), ③ 내분비선의

표 2-2. 화학적 구조에 근거한 호르몬의 분류

화학적 구조	호 르 몬
폴리펩티드	GnRH, TRH, SST, GH, PRL, ACTH, OT, VP, Relaxin, Insulin, 성장인자 등
당 단 백 질	LH, FSH, TSH, hCG, eCG(PMSG) 등
스테로이드	Estrogen, Progesterone, Testosterone, Cortisol, Aldosterone 등
아 민	Epinephrine, Norepinephrine, Thyroxine, Triiodothyronine, Dopamine, Melatonin 등

종류(뇌하수체호르몬 · 갑상선호르몬 · 성선호르몬 등), ④ 호르몬의 생리작용(생식호르몬 · 대사호르몬 · 성장자극호르몬 등), ⑤ 호르몬의 생성법(천연호르몬 · 합성호르몬), ⑥ 수용체의 특성과 작용기전(원형질막수용체 · 세포내수용체 등) 등에 따라 분류할 수 있다. 그러나, 표적세포에서 호르몬의 작용이 발현되는 과정의 첫번째 단계인 수용체와의 결합이 호로몬의 화학구조적 특성에 의존적으로 이루어지기 때문에 호르몬을 화학적 구조에 기초하여 분류하는 것이 일반적이다(표 2-2).

2) 호르몬의 방출과 분비의 조절

(1) 호르몬의 방출기전 : 내분비세포에서 합성된 호르몬은 내인적 및 외인적 자극을 받으면 세포 외로 방출되는데, 호르몬의 화학적 구조에 따라 방출되는 양식이 다르다. 단백질계 호르몬은 분자량이 크기 때문에 원형질막을 통과할 수 없음으로 세포외유출(細胞外流出, exocytosis) 기전으로 방출된다. 즉, 호르몬을 포장하고 있는 분비과립의 한계막(限界膜, limiting membrane)과 분비세포의 원형질막이 결합된 다음, 결합된 부위의 원형질막이 용해되어 분비과립속에 저장되어 있는 호르몬이 세포외로 방출된다. 그러나, 스테로이드호르몬 · 갑상선호르몬 · 부신수질호르몬 등과 같이 분자량이 작고, 분비과립을 형성하지 않는 호르몬은 단순한 확산(擴散, diffusion)에 의하여 분비된다.

(2) 호르몬 분비의 조절기전 : 동물체에서 호르몬의 분비를 유발하는 자극은 매우 다양한데, ① 일부의 호르몬(티록신 · 스테로이드호르몬 등)은 다른 호르몬(뇌하수체의 TSH · GTH · ACTH)의 자극을 받아 분비되고, ② 시상하부 · 부신수질 · 송과선 등의 분비세포는 신경자극에 따른 내분비적 신호변환에 의하여 각각의 호르몬을 분비하며, ③ 대사기질(글루코오스 · 지방산 · 아미노산)과 무기이온도 자기들의 혈중농도를 조절하는 호르몬(인슐린 · 글루카곤 · 칼시토닌 등)의 분비를 조절하고, ④ 하위에 있는 표적기관에서 분비되는 호르몬(티록신 · 안드로겐 · 에스트로겐 등)이 자신들의 분비를 지배하는 상위기관 호르몬(TSH · LH · FSH 등)의 분비를 피드백기전(feedback mechanism)으로 조절한다.

3) 호르몬의 표적세포로의 전달경로

동물체에서 합성 · 방출되는 호르몬을 비롯한 화학전달물질이 표적세포로 전달되는 경로는

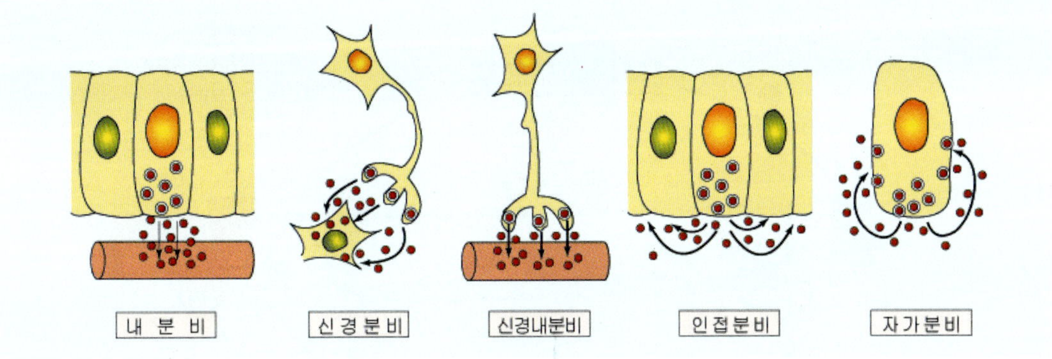

그림 2-1. 화학전달물질의 전달경로

여러 종류가 있다(그림 2-1; Zimmerman 등, 1993; Farfel 등, 1996). 그 유형을 보면, ① 전형적인 호르몬과 같이 혈액을 통하여 전달물질이 표적세포로 이동되는 내분비(endocrine), ② 전달물질이 신경세포의 축삭을 따라 운반되어 표적신경세포와의 시냅스간극에 방출되는 신경분비(neurocrine), ③ 신경세포에서 합성된 전달물질(신경호르몬)이 혈액을 통하여 표적세포로 운반되는 신경내분비(neuroendocrine), ④ 특정한 세포에서 합성·방출된 전달물질이 확산에 의하여 인접한 표적세포로 전달되는 인접분비(paracrine), ⑤ 특정한 분비세포에서 합성된 전달물질이 그 세포 자체의 원형질막에 위치하는 수용체와 결합하여 세포 자체의 기능을 제어하는 자가분비(autocrine) 등이 있다. 그러나, 위장관호르몬의 일부와 같이 소화관강으로 직접 분비되는 호르몬도 있고, 페르몬(pheromone)과 같이 대기중으로 방출되는 전달물질도 있다. 이와 같이, 전달물질이 표적세포로 전달되는 경로는 매우 다양한데, 모든 전달물질이 어느 특정한 한종류의 전달경로만을 이용하는 것은 아니다.

3. 호르몬의 작용기전

어느 종류의 호르몬이나 동물체의 모든 조직세포에 대하여 일률적으로 작용하는 것은 아니고, 신체의 특정한 표적조직에서만 생리작용을 발현한다. 호르몬이 신체의 특정한 표적조직에서만 작동하는 것은 각각의 조직세포가 특정한 호르몬에만 반응하는 특이적 수용체(specific receptor)를 가지고 있기 때문이다. 그러나, 호르몬은 구조적 특징에 따라 원형질막을 통과할 수 없는 호르몬(펩티드호르몬 등)과 자유롭게 원형질막을 통과할 수 있는 호르몬(스테로이드호르몬 등)이 있다. 따라서, 펩티드호르몬 등의 수용체는 원형질막의 구성분으로 존재하고, 스테로이드호르몬 등의 수용체는 시토솔(cytosol)이나 핵내의 구성요소로 존재한다. 호르몬이 수용체와 결합하면 수용체를 활성화시키고, 이에 따라 유발되는 단단계반응(cascade reaction)에 의하여 생리작용이 발현된다.

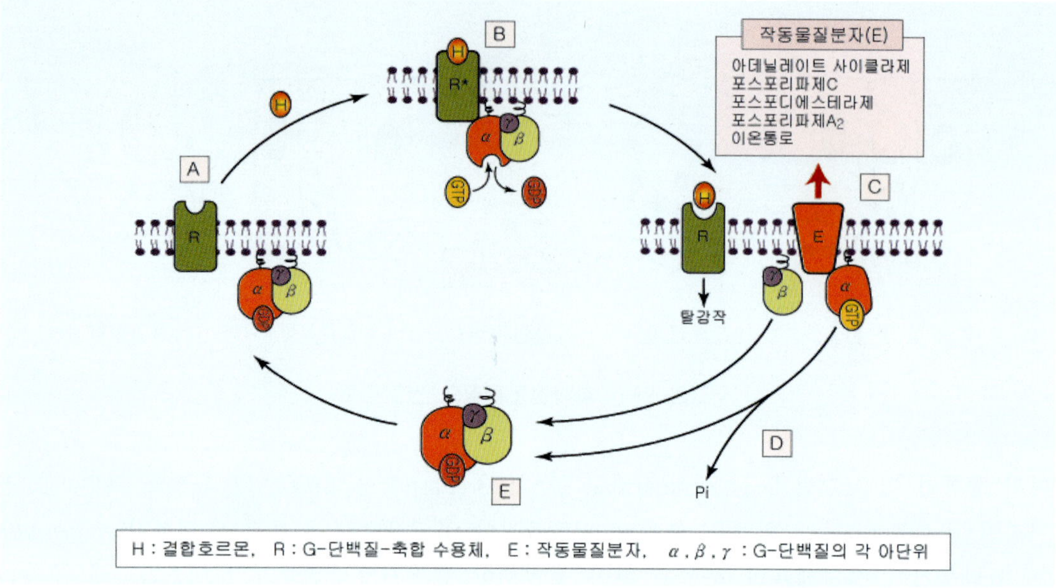

그림 2-2. G-단백질-축합 수용체에 의한 G-단백질의 활성화

1) 원형질막수용체를 통한 호르몬의 작용기전

스테로이드호르몬과 갑상선호르몬을 제외한 모든 호르몬, 특히 펩티드호르몬은 원형질막에 위치하는 원형질막수용체의 매개하에 생리작용을 발현한다. 호르몬과 수용체가 결합하면 세포질쪽의 원형질막에서 신호변환이 일어나 효소가 활성화되며, 이 효소에 의하여 하나 또는 그 이상의 세포질내 전달물질이 합성되고, 이것의 매개하에 생리삭용이 발현된다.

원형질막수용체는 화학적 본태가 원형질막의 구성성분으로 존재하는 당단백질이며, 3부류의 수용체족으로 분류한다. 첫번째의 수용체족은 티로신키나제수용체족(thyrosine kinase receptor family)으로서, 인슐린과 인슐린-양 성장인자(IGF-1)의 수용체가 여기에 속하며, 수용체에 호르몬이 결합하면 표적세포의 세포질내에 위치하는 인슐린수용체기질-1(insulin-receptor substrate-1)에 함유된 티로신잔기를 인산화시켜 생리작용을 매개한다(Baker, 1997). 두번째의 수용체족에는 성장호르몬과 프롤락틴의 수용체가 속하며(Cosman 등, 1990), 수용체에 호르몬이 결합되면 JAK2 키나제족(Janus kinase family)에 속하는 수용성 티로신키나제가 활성화되어 촉매하는 인산화과정을 통하여 생리작용을 매개한다(Meyer 등, 1994; VanderKuur 등, 1995; Argestsinger 등, 1995). 세번째의 수용체족은 최대의 수용체족으로서, 그 종류가 140개에 이르는데, 이들 수용체는 모두 G-단백질-축합수용체(G-protein coupled receptor [GPCR])이며, 다양한 펩티드호르몬과 펩티드성 신경전달물질들의 수용체가 여기에 속한다. 특히, FSH나 LH도 GPCR에 의하여 신호변환이 유도됨으로 이 항목에서는 GPCR에 의한 신호변환과정만을 기술하였다.

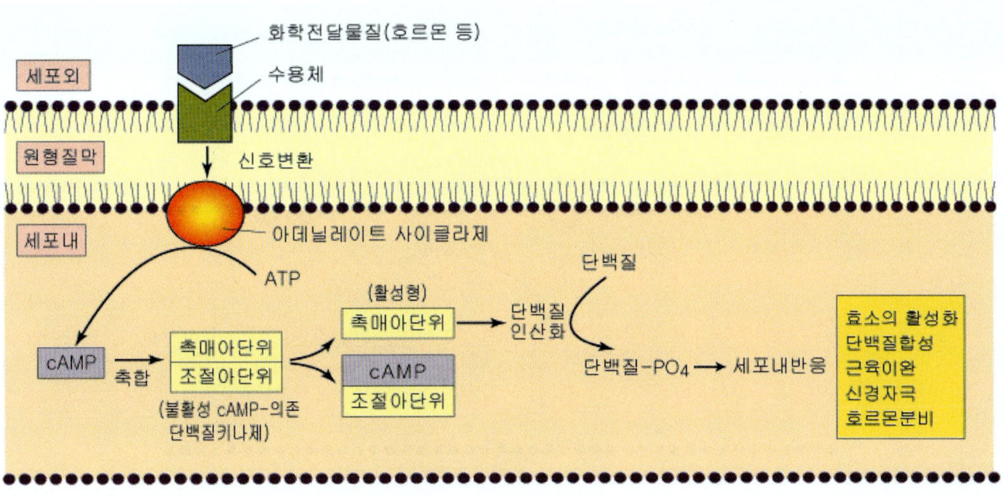

그림 2-3. GPRC에 의한 cAMP의 생산과 생리작용의 발현

(1) GPCR의 구조 : G-단백질-축합 수용체(GPCR)의 아미노산 배열순서를 보면, 7개의 소수성(疎水性, hydrophobic) 아미노산배열이 원형질막을 관통하면서 원형으로 배치되고, 이것들 상호간은 세포외영역에서 짧은 친수성(親水性, hydrophilic) 아미노산배열에 의하여 연결되며, 세포내영역에서도 세포외영역에서 보이는 연결과 교차적인 위치에서 연결되어 직쇄상의 폴리펩티드가 되며, 세포외영역에 위치하는 N-말단에 당쇄가 부착되어 있다.

(2) G-단백질 : G-단백질은 서로 다른 아단위, 즉 Gα-·Gβ-·Gγ-아단위가 결합되어 구성된 복합체(Gαβγ)이다. GPCR이 호르몬의 결합에 의하여 자극되면, GPCR의 세포내고리와 C-말단미부에 G-단백질이 결합되고, 이에 따라 G-단백질이 활성화되어 신호변환경로가 개시된다(그림 2-2; Wall 등, 1995). G-단백질이 활성화되면 Gαβγ가 Gα-아단위와 Gβγ-단위로 분리되는데, 분리된 Gα-아단위가 아데닐레이드사이클라제(adenylate cyclase [AC])와 같은 작동물질분자(effector molecule)와 결합하여 활성화시킴으로써 신호변환을 유기한다. 작동물질분자를 활성화시키는 Gα-아단위는 ① AC를 활성화시키는 Gsα, ② PLC의 활성화를 유발하는 Gqα, ③ 원형질막의 이온통로를 활성화시키는 Goα, ④ AC를 억제하는 Giα 등의 4부류로 구분한다.

(3) 아데닐레이트사이클라제(AC)에 의한 신호변환 : Gsα의 작용으로 활성화된 AC는 ATP를 cAMP와 무기태의 피로인산염(pyrophosphate)으로 전환시킨다. 생성된 cAMP는 호르몬의 신호변환과정에서 제2전달물질로 작동하여 cAMP-의존성 단백질키나제(cAMP-dependent protein kinase)의 조절아단위(regulatory subunit)와 결합하여 촉매아단위(catalytic subunit)를 방출시킨다. 방출된 촉매아단위는 인산화효소로서, 세포내의 효소단백질이나 구조단백질의 인산화를 유발하여 생리작용을 발현한다(그림 2-3; Spaulding, 1993). 효소의

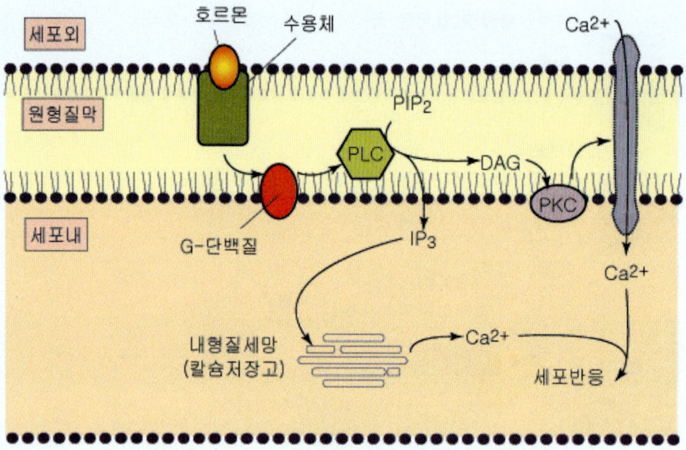

PLC : 포스포리파제C, PIP2 : phosphatidylinositol-4,5-biphosphate,
IP3 : inositol-1,4,5-triphosphate, DAG : diacylglycerol, PKC : 단백질키나제C

그림 2-4. GPCR에 의한 PLC의 활성화와 생리작용의 발현

인산화는 다단계반응을 유발하며, 이에 따라 제1효소가 인산화되면 이것이 키나제로 작동하여 제2효소를 인산화시키고, 인산화된 제2효소는 또 다른 효소를 인산화시킨다. 이러한 다단계반응은 각 단계에서 증폭현상이 일어나기 때문에 제한된 수의 수용체에 작용하는 소수의 호르몬 분자로도 몇 배의 생리적 반응을 유발할 수 있다. 예를 들면, LH가 황체세포의 원형질막에 위치하는 GPCR과 결합하면 다단계반응으로 프로게스테론의 합성에 관여하는 효소단백질의 합성을 자극하고, 이에 따라 효과적으로 프로게스테론이 합성된다.

(4) 포스포리파제C(PLC)에 의한 신호변환 : 주 작동물질분자의 하나인 PLC는 Gqα에 의하여 활성화되며, 활성화된 PLC는 PIP_2(phosphatidylinositol-4,5-biphosphate)의 가수분해를 촉매하여 두종류의 제2전달물질, 즉 IP_3(inositol-1,4,5-triphosphate)와 DAG(diacylglycerol)를 생산한다(Exton, 1996). 이들 제2전달물질은 모두 세포질내의 Ca^{2+} 농도를 상승시켜 다양한 세포내반응을 자극하는데, IP_3는 내형질세망에 저장되어 있는 Ca^{2+}의 방출을 촉진하고, DAG는 단백질키나제C(PKC)를 활성화시켜 세포밖의 Ca^{2+}이 세포질내로 유입되도록 원형질막에 Ca^{2+} 통로를 구축한다(그림 2-4; Berridge, 1993).

2) 세포내수용체를 통한 호르몬의 작용기전

표적세포의 원형질막을 통과할 수 있는 스테로이드호르몬과 갑상선호르몬은 펩티드호르몬과는 달리 세포내수용체와 결합하여 생리작용을 발현한다. 이들 호르몬은 동물체의 모든 세포내로 유입되지만, 각 호르몬의 수용체를 가지고 있는 특정한 세포에 한하여 호르몬의 작용이 발현된다. 예를 들면, 스테로이드호르몬은 화학적 본태가 단백질성 물질인 특이적

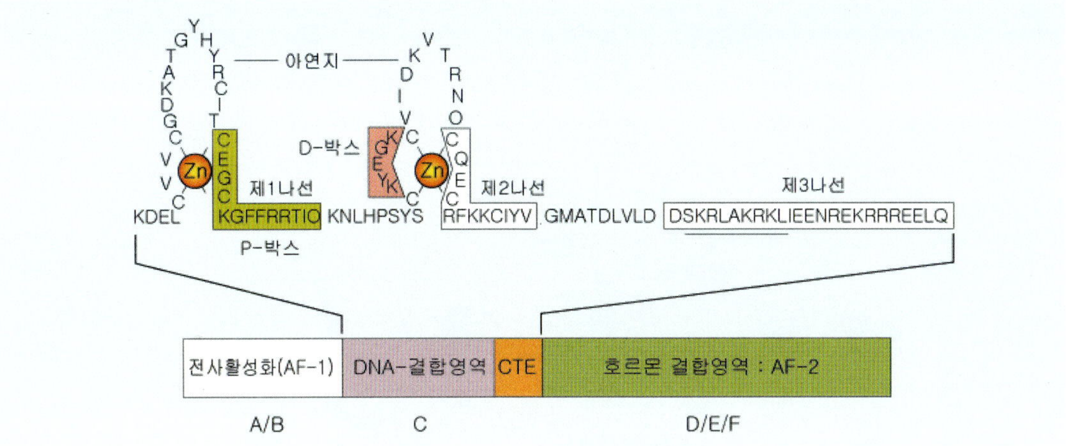

그림 2-5. 핵수용체의 결합영역

세포내수용체와 결합하여 호르몬-수용체 복합체를 만들고, 이것이 DNA에 내재되어 있는 표적유전자의 전사를 촉진하는 수단을 통하여 생리작용을 발현한다(Weigel, 1996).

(1) 세포내수용체의 구조 : 세포내수용체는 리간드(ligand; 호르몬 등)와 고도의 친화성을 가진 리간드-결합단백질(해리항수: ~10^{10}M)로서, 세포내 농도(2~6×10^4분자)는 매우 낮다. 이러한 수용체단백질은 기능적 관점에서 4종류의 부류로 구분된다(Chatterjee 등, 1997). 제1부류는 안드로겐·프로게스테론·당질 및 광물질코르티코이드 등의 수용체로서, 같은 구조를 가진 단량체(單量體, monodimer)가 서로 마주보도록 배치된 동형이량체(homedimer)이다. 제2부류의 수용체는 서로 다른 리간드와 결합하는 단량체 두개가 같은 방향으로 배치된 이형이량체(heterodimer)로서, 한쪽은 레틴산수용체(retinoid×receptor [R×R])이고, 다른 한쪽은 갑상선호르몬이나 비타민D와 결합하는 수용체이다. 제3부류의 수용체는 이량성 수용체이고, 제4부류의 수용체는 단량성 수용체인데, 이것들은 특이적으로 결합하는 리간드가 명확하게 구명되지 않았기 때문에 통상 고아수용체(orphan receptor)라고 부른다.

한편, 시토솔(cytosol)에서 핵내로 이동되었거나, 핵의 구성분으로 존재하는 핵수용체는 명확히 구분되는 기능을 매개하는 6개의 영역(A~F)으로 구성되어 있다(그림 2-5; Chatterjee 등, 1997). 수용체의 N-말단(A/B영역)에는 표적세포의 전사를 활성화시키는 기능(AF-1)을 가지며, 특히 표적유전자의 인식을 지정한다. C영역은 시스테인이 풍부한 모티프(motif)가 존재하는데, 이것들 각각은 아연이온(Zn^{2+})과의 배위결합으로 아연지(zinc finger)를 형성하는데, 제1아연지는 수용체가 표적세포의 DNA를 인식하는 것을 지정하고, 제2아연지는 수용체가 DNA와 결합할 때 이합체화반응을 유발한다. C-말단(D/E/F영역)은 리간드가 수용체와 결합하는 영역으로서, 리간드-의존성 전사활성기능(AF-2)도 가지고 있다.

(2) 세포내수용체의 위치 : 당질코르티코이드·광물질코르티코이드·프로게스테론 등과

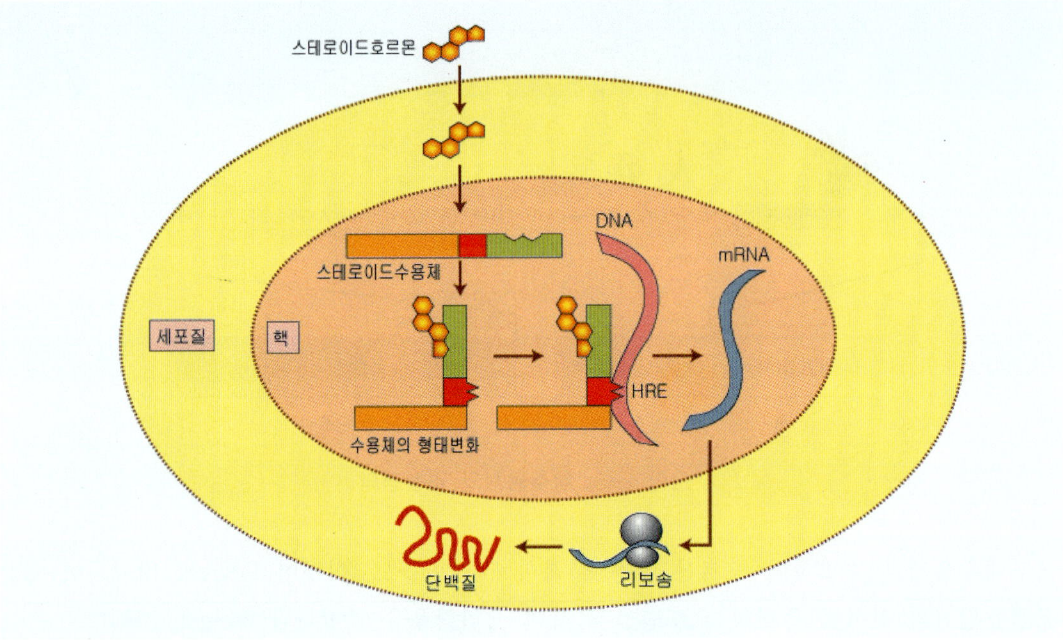

그림 2-6. 스테로이드호르몬의 작용발현기전

같은 호르몬의 수용체단백질은 합성된 후에 대부분이 시토솔에 그대로 남아 있으면서 C-말단의 D/E영역이 열충격단백질(heat-shock protein [Hsp]; Hsp90, Hsp70)과 상호작용을 하여 높은 분자량의 복합체를 형성한다(Pratt, 1993). 이러한 수용체에 리간드가 결합되면, 열충격단백질이 수용체에서 해리되며, 이어서 핵내로 이동된다. 이러한 핵내로의 이동은 D 영역에 내재된 염기성 아미노산 잔기(lysine-arginine)에 의존적인데, 이것이 핵막소공의 인식에 필요한 핵위치 측정신호(nuclear localization signal [NLS])로 작동한다. 수용체의 핵내로의 수송은 에너지-의존적 과정으로 이루어지며, 핵에서 시토솔로의 수송은 핵내의 수용체와 균형을 이루도록 피동적 확산에 의하여 일어난다. 반면에, 갑상선호르몬의 수용체와 같이 핵의 구조적 성분으로 존재하는 여러 종류의 수용체도 있는데, 이러한 수용체들은 열충격단백질과 복합체를 형성하지 않는다.

(3) 호르몬의 작용발현과정 : 세포내수용체를 이용하는 스테로이드호르몬과 갑상선호르몬이 생리작용을 발현하는 과정은 ① 호르몬이 표적세포의 세포내로 유입되고, ② 세포내로 유입된 호르몬은 세포질/핵수용체와 결합하며, ③ 호르몬과 결합된 호르몬-수용체 복합체는 활성화되어 DNA와 결합할 수 있는 형태로 전환되고, ④ 호르몬과 결합한 호르몬-수용체 복합체는 핵내로 이행되며(호르몬이 핵내로 유입되어 핵수용체와 직접 결합하는 경우도 있음), ⑤ 형태가 변화된 핵내의 호르몬-수용체 복합체는 DNA에 위치하는 호르몬-반응요소(hormone-responsive element [HRE])와 결합하여 전사를 개시시킴으로서 mRNA

의 합성을 유발하고, ⑥ 이 mRNA는 표적세포의 세포질내로 나와 세포 특이적 단백질로 번역됨으로써 생리작용을 발현한다(그림 2-6; Imperato & Canovatehel, 1992).

제 2 절 시상하부-뇌하수체계 호르몬

시상하부는 중추신경계를 통하여 입력되는 신경자극을 내분비적 출력(호르몬의 분비)으로 전환시킬 수 있는 기능을 가진 내분비조절계의 최상위기관이다. 그리고, 뇌하수체는 다른 내분비선과는 달리 하나의 선에서 10종류 이상의 호르몬을 분비한다. 그러나, 뇌하수체의 호르몬 분비는 시상하부에서 분비되는 신경호르몬에 의하여 조절된다. 이와 같이, 시상하부와 뇌하수체는 하나의 내분비적 조절계를 구축하여 생리작용을 발현한다.

1. 시상하부-뇌하수체계의 구조

시상하부와 뇌하수체는 해부학적으로 서로 연결되어 내분비적 조절계를 형성한다. 선뇌하수체는 시상하부-뇌하수체문맥을 통하여 시상하부와 기능적 연관관계를 맺고, 신경뇌하수체에는 시상하부에 위치하는 대형신경분비세포의 축삭이 뻗어나 분포되어 있다.

1) 시상하부의 구조

시상하부(視床下部, hypothalamus)는 뇌저(腦底)의 중앙부에서 간뇌(間腦, diencephalon)의 아래쪽을 구성하는데, 제3뇌실의 하반부 벽과 기저부를 차지한다. 시상하부는 기능이 유사한 신경분비세포(神經分泌細胞, neurosecretory cell)들이 집단화되어 좌・우 동형의 쌍을 이루면서 형성된 다수의 시상하부 신경핵(hypothalamic nucleus)으로 구성된다. 이들 신경핵 가운데 생식현상과 관계가 깊은 신경핵은 성선자극호르몬 방출호르몬(GnRH)을 분비하여 성선자극호르몬(FSH와 LH)의 배란전방출을 조절하는 시삭전핵(視索前核, preoptic nucleus [PON])・전시상하부역(前視床下部域, anterior hypothalamic area [AHA])・시교차상핵(視交叉上核, suprachiasmatic nucleus [SCN]) 등과 성선자극호르몬의 지속성방출을 조절하기 위한 GnRH를 분비하는 복내측핵(腹內側核, ventromedial nucleus [VMN])・궁상핵(弓狀核, arcuate nucleus [ARC])・정중융기(正中隆起, median eminence [ME]) 등이다(그림 2-10; Hafez 등, 2000). 한편, 각종 신경핵을 구성하는 신경분비세포는 그 세포가 가지는 축삭(軸索, axon)의 길이에 따라 소형신경분비세포와 대형신경분비세포로 구분한다. 소형신경분비세포는 축삭의 말단이 정중융기에 이르고, 그곳에 방출한 신경분비물은 시상하부-뇌하수체문맥을 타고 선뇌하수체에 도달하여 각종 선뇌하수체호르몬의 분비를 조절하는 신경호르몬으

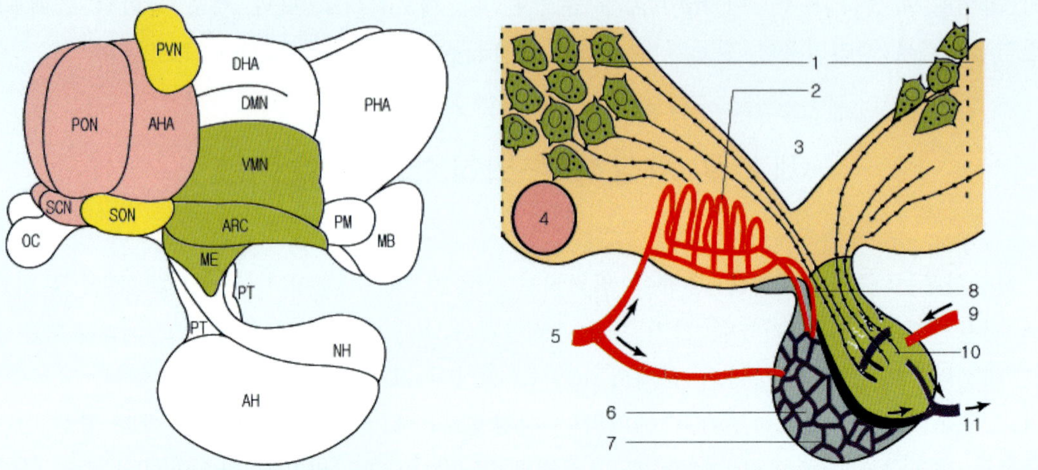

: LH와 FSH의 배란전방출 조절중추
: LH와 FSH의 지속성방출 조절중추
: 대형신경분비세포가 함유된 신경핵

AH:선뇌하수체, NH:신경뇌하수체, PT:선뇌하수체 융기부, OC:시교차, SCN:시교차상핵, PON:시삭전핵, PVN:실방핵, AHA:전시상하부역 SON:시삭상핵, DHA:배시상하부역, DMN:배내측핵, VMN:복내측핵, ARC:궁상핵, ME:정중융기, PHA:후시상하부역, PM:전유두체, MB: 유두체

1 : 시상하부의 신경분비세포, 2 : 모세혈관고리, 3 : 제3뇌실, 4 : 시교차, 5 : 상뇌하수체동맥, 6 : 뇌하수체전엽, 7 : 모세혈관총, 8 : 시상하부-뇌하수체문맥, 9 : 하뇌하수체동맥, 10 : 뇌하수체신경엽, 11 : 뇌하수체정맥

그림 2-7. 시상하부의 신경핵과 시상하부-뇌하수체의 해부학적 연결

로 작동한다. 대형신경분비세포는 시삭상핵(視索上核, supraoptic nucleus [SON])과 실방핵(室傍核, paraventricular nucleus [PVN])에 분포되어 있으며, 이 세포에서 합성된 신경분비물은 축삭의 묶음을 지정하는 시상하부-뇌하수체로(視床下部-腦下垂體路, hypothalamo-hypophyseal tract) 를 타고 신경뇌하수체에 전달되어 신경뇌하수체호르몬으로 분비된다(그림 2-7의 우측).

2) 뇌하수체의 구조

뇌하수체(腦下垂體, pituitary gland, hypophysis)는 두개강의 저부를 구성하는 접형골(蝶形骨, sphenoid bone)의 위쪽 함몰부인 뇌하수체와(pituitary fossa)에 수용되고, 간뇌의 저부에서 시상하부와 연결된 내분비선이다. 발생학적으로 뇌하수체는 두종류의 상이한 외배엽성 원기로부터 발생되었기 때문에 명확하게 두부분으로 구분된다. 그 하나는 태생초기의 원시구강을 지칭하는 구와(口窩, stomodeum)의 위쪽 상피(구강외배엽)가 돌출되어 형성된 라트케낭(Rathke's pouch)에서 발생된 선(腺)뇌하수체(adenohypophysis)이고, 다른 하나는 간뇌 아래쪽의 신경상피(신경외배엽)가 부풀어 올라 만들어진 누두로부터 발생된 신경(神經)뇌하수체(neurohypophysis)이다. 선뇌하수체는 원위부(遠位部, pars distalis) · 융기부(隆起部, pars tuberlaris) · 중간부(中間部, pars intermedia)의 3부분으로 구성되는데, 앞의 두부분을 뇌하수체전엽(anterior lobe)이라 하고, 중간부는 뇌하수체중엽(intermediate lobe)이라고도 부

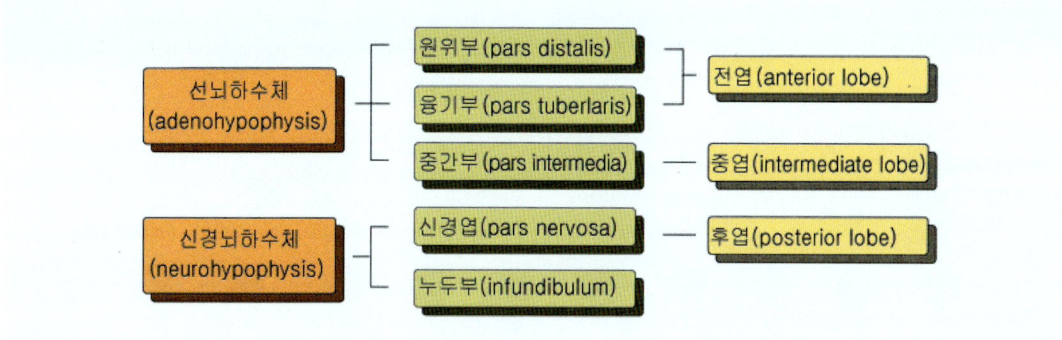

그림 2-8. 뇌하수체의 해부학적 구성

른다. 신경뇌하수체는 신경엽(神經葉, neural lobe)과 누두부(漏頭部, infundibulum)로 구분하며, 신경엽을 뇌하수체후엽(posterior lobe)이라고도 한다(그림 2-8).

뇌하수체는 다른 내분비선과는 달리 화학구조나 생리기능이 명확히 다른 여러 종류의 호르몬을 분비하며, 따라서 이들 호르몬 각각을 분비하는 세포들이 혼재되어 있다. 뇌하수체전엽의 기능적 주체가 되는 원위부의 분비세포형은 세포질내에 염색성을 가지는 분비과립(分泌顆粒, secretory granule)의 유・무에 따라 호색소성세포(好色素性細胞, chromophil)와 혐색소성세포(嫌色素性細胞, chromophobe)로 대별한다. 호색소성세포는 분비과립의 염색특성에 따라 호산성세포(acidophil)와 호염기성세포(basophil)로 구분하고, 이것들 각각은 세포의 크기나 모양, 그리고 분비과립의 형태에 따라 여러 종류의 세포형으로 분류하며, 이들 각각의 세포에서 각종 뇌하수체 호르몬이 분비된다(표 2-3).

뇌하수체에 대한 혈액의 공급은 상 및 하 뇌하수체동맥(hypophyseal artery)을 통하여 이루어진다. 내경(內頸)동맥(internal carotid artery)에서 분지된 상뇌하수체동맥은 시상하부의 정중융기에 도달하여 모세혈관고리(capillary loop)를 만들고, 이곳에서 시상하부-뇌하수체문맥(hypothalamo-hypophyseal portal vessel)이 뻗어나 뇌하수체전엽의 융기부에 도달되어 모세혈관총(capillary plexus)과 연결된다(그림 2-7의 좌측). 이와 같은 혈관의 구조는 시상하

표 2-3. 뇌하수체 원위부의 분비세포형

세 포 형	분비호르몬	염 색 반 응		분비과립직경
성장자극세포	GH(STH)	호 산 성	Orange G(+)	350(nm)
유선자극세포	PRL	호 산 성	Azocarmine(+)	600-900
부신피질자극세포	ACTH	호염기성	약한 PAS(+), AF(+)	200
성선자극세포	FSH/LH	호염기성	PAS(+), AF(-)	200
갑상선자극세포	TSH	호염기성	PAS(+), AF(-)	150

PAS: Periodic acid-Schiff AF: Aldehyde fuchisin

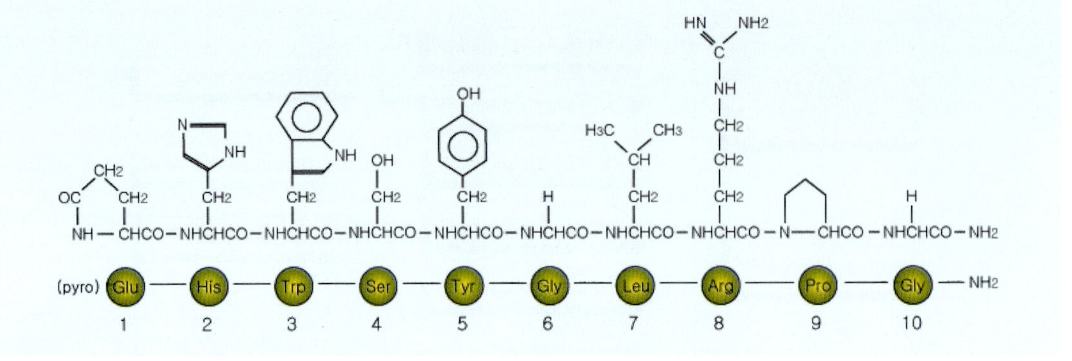

그림 2-9. 포유동물 성선자극호르몬 방출호르몬의 일차구조

부-뇌하수체계를 형성하여 시상하부의 소형신경분비세포에서 분비되는 각종 신경호르몬이 선뇌하수체로 운반되어 선뇌하수체의 호르몬 분비를 효과적으로 조절할 수 있도록 한다. 한편, 뇌하수체의 신경엽은 하뇌하수체동맥으로부터 혈액을 공급받으며, 이에 따라 상뇌하수체동맥으로부터 혈액을 공급받는 뇌하수체전엽과는 독립된 혈액의 흐름이 유지된다.

2. 시상하부 호르몬

소형신경분비세포로 구성된 시상하부의 신경핵에서는 선뇌하수체호르몬의 합성·방출을 자극하거나 억제하는 여러 종류의 신경호르몬을 분비하는데, GTH·ACTH·TSH의 빙출을 촉진하는 신경호르몬과 GH·PRL·MSH의 방출을 억제하는 신경호르몬이 분비된다는 사실은 명확히 증명되었다. 그러나, GH·PRL·MSH의 방출을 촉진하는 인자의 존재도 시사되고 있다.

1) 성선자극호르몬 방출호르몬

성선자극호르몬 방출호르몬(gonadotropin-releasing hormone [GnRH])은 뇌하수체의 성선자극세포(GTH-분비세포)를 자극하여 성선자극호르몬(GTH), 즉 난포자극호르몬(FSH)과 황체형성호르몬(LH)의 합성·방출을 촉진한다.

(1) 화학적 구조 : 모든 포유동물의 GnRH는 10개의 아미노산 잔기로 구성된 데카펩티드(decapeptide)로서, 분자량은 1,183이고, 반감기는 약 7분이며, 포유동물종 상호간의 분자구조도 같다(그림 2-9). 한편, 인공적으로 다수의 GnRH 유연물질(類緣物質, analogue)이 합성되었다. 합성 GnRH유연물질은 두종류의 부류로 구분하는데, 그 하나는 길항적 유연물질(antagonistic analogue)로서, 뇌하수체의 GnRH-수용체에는 결합하지만, FSH나 LH의 방출을 유도하지 못한다. 다른 하나는 자극적 유연물질(stimulatory analogue)로서, FSH나

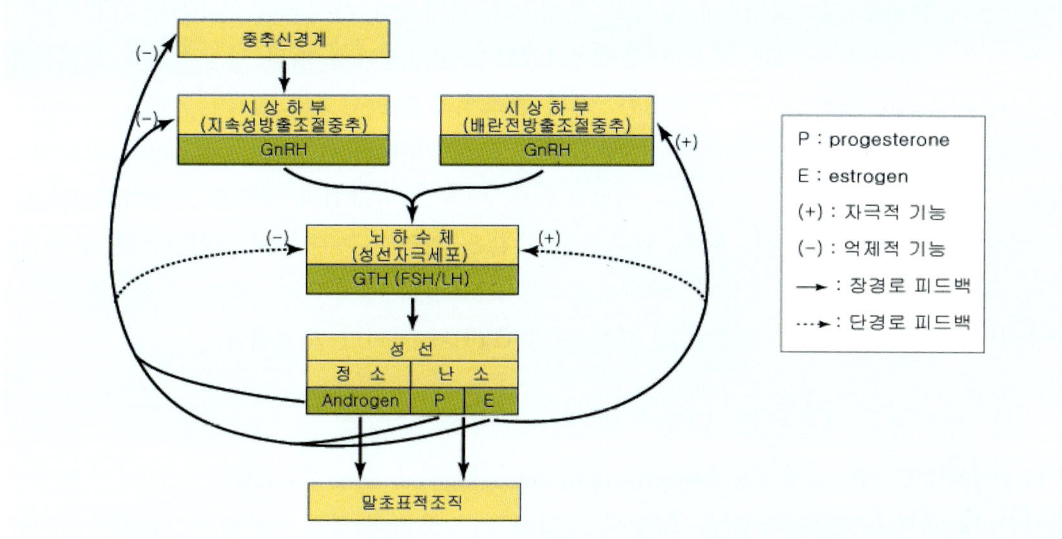

그림 2-10. 시상하부-뇌하수체-성선축의 내분비적 조절

LH를 방출시키는 작용이 천연GnRH보다 훨씬 크기 때문에 실용적 이용가치가 매우 크다.

(2) 생리작용 : GnRH는 시상하부의 신경분비세포에서 분비되어 시상하부-뇌하수체문맥을 타고 선뇌하수체에 도달된 다음, 성선자극세포(GTH-분비세포)의 원형질막에 위치하는 수용체와 결합하여 자극함으로써 GTH(FSH와 LH)의 방출을 촉진할 뿐만 아니라, 이것들의 합성도 촉진하며, 더욱이 성선자극세포의 GnRH-수용체의 수도 증가시킨다. GnRH의 자극으로 분비되는 FSH와 LH는 화학적 구조가 서로 달라도 모두 같은 세포에서 분비된다. 더욱이, 어느 한종류의 호르몬 분비가 다른 호르몬의 분비에 앞서서 일어나는데, 이것은 호르몬을 분비하기 전에 성선자극세포가 GnRH에 의하여 받게 되는 자극의 형태에 따라 결정된다. 즉, GnRH가 성선자극세포에 주는 자극의 빈도가 FSH와 LH의 합성·분비에 대한 상대적 비율을 조절하는 주 요소이다. 빈도가 낮은 GnRH의 박동은 FSH의 선발적(先發的) 분비를 유도하고, 빈도가 높은 GnRH의 박동은 급격한 LH의 분비를 유발한다.

한편, GnRH의 자극으로 분비되는 GTH(FSH와 LH)의 분비양상은 시상하부-뇌하수체-성선으로 이어지는 내분비적 조절축에 의하여 영위되는 피드백기전과 중추신경계에 입력되는 신경자극에 따라 분비되는 신경전달물질에 의하여 조절된다. GTH의 방출을 조절하는 피드백기전은 성선에서 분비되는 성선스테로이드호르몬에 의하여 영위되는데, 여기에는 정(+, positive) 및 부(-, negative)의 피드백기전이 있다(그림 2-10). 부의 피드백기전은 성선스테로이드호르몬이 지속적으로 GnRH를 방출하려는 시상하부의 지속성방출 조절중추(tonic center)를 억제하여 GnRH의 방출을 억제하는 기전이며, 이에 따라 뇌하수체의 GTH 방출이 억제된다. 이와 같이, GnRH와 GTH의 방출이 연속적으로 억제되면 성선스테로이드호르몬의 분비도 감소되며, 이 결과로 부의 피드백기전이 해제되어 GnRH와 GTH의 분비가 다시 일어난다. 이러한 과정을 통하여 GTH가 시간경과에 따라 맥동적으로 분비되는 지속성분비(tonic secretion)가 영위된다. 정의 피드백기전은 난소의 성숙난포에서 다량으로 분비되는 에스트로겐이 시상하부의 배란전방출 조절중추(preovulatory center)를 자극하여 일시에 다량의 GnRH를 방출시키는 기전으로서, 이에 따라 LH의 급격한 방출(LH-surge)이 일어나 배란을 유도한다. 또한, 환경변화와 같은 외인적 자극이나 교미자극과 같은 내인적 자극이 지각신경을 통하여 중추신경계에 전달되면 중추신경계에서 신경전달물질이 방출되어 GnRH의 분비가 조절되고, 이에 따라 GTH의 분비가 조절된다.

2) 갑상선자극호르몬 방출호르몬

갑상선자극호르몬 방출호르몬(thyrotropin-releasing hormone [TRH])은 선뇌하수체에서 갑상선자극호르몬(TSH)이 합성·방출되는 것을 자극하는 신경호르몬이다. TRH의 분비는 갑성선에서 분비되는 갑상선호르몬(T_4 및 T_3)에 의하여 영위되는 부의 피드백기전에 의하여 조절된다.

(1) 화학적 구조 : TRH는 글루탐산·히스티딘·프롤린 등 3개의 아미노산이 연결된 직쇄상의 트리펩티드(tripeptide)로서, N-말단 아미노산인 글루탐산에서 아미노기가 제거되어 피로글루탐산이 되고, C-말단의 아미노산인 프롤린이 아미드화(amidation)되어 아미노기($-NH_2$)가 부착된 Pyro-Glu-His-Pro-NH_2이다. 천연TRH는 분자량이 362이고, 반감기는 2~3분에 불과하다. TRH는 거대분자의 TRH-전구체로 합성되고, 이것이 절단되어 TRH 5분자가 생산된다(Lechman 등, 1986).

(2) 생리작용 : TRH의 일차적 생리작용은 선뇌하수체의 갑상선자극세포(TSH-분비세포)를 자극하여 TSH의 합성·방출을 유기하는 것이다. 그러나, TRH는 TSH 뿐만 아니라, 프롤락틴의 방출도 촉진한다는 사실이 소·면양·래트·사람을 대상으로 수행된 실험에서 증명되었다. 프롤락틴은 비유(泌乳)에 매우 중요하게 작용하는 호르몬임으로 젖소에서는 TRH가 매우 중요한 호르몬이다.

3) 프롤락틴방출 억제인자

프롤락틴의 분비는 다른 선뇌하수체 호르몬과는 달리 억제적으로 조절되는데, 시상하부에서 프롤락틴방출 억제인자(prolactin release-inhibiting factor [PRIF])가 분비되면 프롤락틴의 분비가 저지되고, 이 인자가 방출되지 않을 때에 한하여 프롤락틴이 분비된다.

(1) 화학적 구조 : 시상하부에서 분비되는 PRIF는 신경전달물질인 도파민(dopamine)이라는 것이 밝혀졌다. 도파민은 필수아미노산인 페닐알라닌의 환상구조가 수산화효소(hydroxylase)에 의하여 수산화되고, 탈카르복실효소(decarboxylase)에 의하여 카르복실기(-COOH)가 제

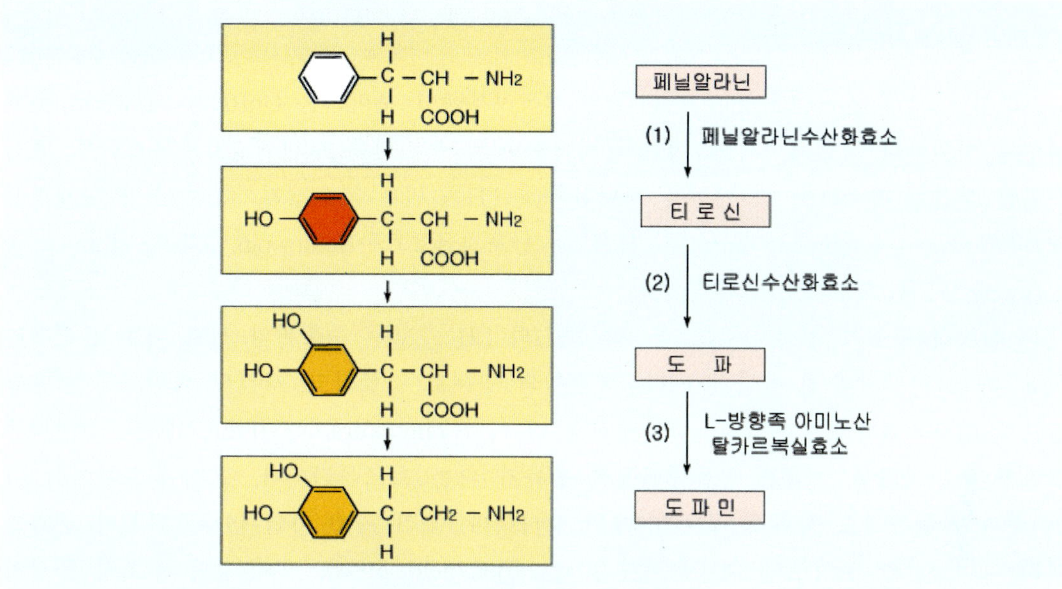

그림 2-11. 도파민의 합성과정

거되는 탈카르복실화(decarboxylation) 과정을 통하여 합성된다(그림 2-11). 도파민은 그대로 방출되어 신경전달물질로 작동하지만, 부신수질에서는 노르에피네프린과 에피네프린으로 전환된다. 돼지와 소에서는 도파민 외에 감마아미노부티르산(gammaaminobutyric acid [GABA])도 프롤락틴의 방출을 억제하는 생리작용을 나타낸다.

(2) 생리작용 : PRIF의 분비는 뇌하수체에서 분비되는 프롤락틴에 의하여 영위되는 부의 단경로 피드백기전에 의하여 조절된다. 분비된 PRIF는 선뇌하수체의 유선자극세포(PRL-분비세포)에 작용하여 프롤락틴의 합성·방출을 억제한다. 유선자극세포의 원형질막에는 다수의 PRIF-수용체가 있으며, 여기에 PRIF가 결합되면 세포내 신호변환기전이 발동되어 프롤락틴의 합성반응이 억제된다. 선뇌하수체에서 일어나는 프롤락틴의 분비는 기본적으로 도파민작동성뉴론(dopaminergic neuron)에 의하여 영위된다. 이 반사작용은 주로 흡유자극에 의하여 유발되는데, 흡유자극이 시상하부에 전달되면 PRIF로 작동하는 도파민의 방출이 억제되며, 이에 따라 프롤락틴이 합성·방출된다.

3. 선뇌하수체 호르몬

포유동물의 선뇌하수체(adenohypophysis)에서는 여러 종류의 호르몬을 분비하여 다양한 생리작용을 발현하는데, 일부의 호르몬은 다른 내분비선의 호르몬 분비를 조절하는 자극호르몬(tropic hormone)이고, 나머지는 조직세포에 직접 작용하여 생리기능을 조절하는 호르몬이다.

1) 성선자극호르몬

성선자극호르몬(gonadotropin [GTH])은 시상하부에서 분비되는 GnRH의 자극으로 선뇌하수체 원위부의 성선자극세포(GTH-분비세포)에서 분비되는 당단백질호르몬으로서, 표적기관인 성선을 자극하여 그 기능을 지배한다. GTH는 발현하는 생리기능에 따라 황체형성호르몬(lutropin, luteinizing hormone [LH])과 난포자극호르몬(follitropin, follicle stimulating hormone [FSH])으로 분류한다.

(1) **화학적 구조** : 성선자극호르몬, 즉 FSH와 LH는 모두 두종류의 서로 다른 폴리펩티드쇄, 즉 α-아단위와 β-아단위가 비공유결합의 형태로 결합되고, 각각의 아단위에 공유결합으로 탄수화물측쇄가 부착된 당단백질호르몬이다(Thotakura & Blithe, 1995). 성선자극호르몬의 α-아단위는 같은 동물종내에서 종류가 다른 호르몬간이나, 같은 호르몬에서 다른 종의 동물간에도 화학적 구조가 매우 유사하다. 그러나, β-아단위는 호르몬의 종류에 따라 아미노산의 잔기수나 배열순서가 다르다(Bousfield, 1994). 이와 같은 구조적 특징이 각 호르몬의 생리적 특성을 나타내는 주체가 됨으로 어느 호르몬의 α-아단위에 다른 호르몬의 β-아단위를 결합시키면 β-아단위쪽 호르몬의 생리적 활성을 나타낸다. FSH의 분자량은 약 32,000으로서, 각 아단위의 분자량이 16,000 정도이고, 반감기는 2.0~2.5시간이다. 그러나, LH의 분자량은 30,000 정도이고, 반감기는 30분 정도에 불과하다. FSH와 LH의 α-아단위는 사람의 경우 92개, 기타의 포유동물에서는 96개의 아미노산 잔기로 구성되고, 56번과 82번 위치의 아미노산인 아스파라긴 각각에 탄수화물측쇄가 부착되어 있나. 그러나, β-아단위의 일차구조는 호르몬의 종류나 동물의 종에 따라 아미노산의 잔기수와 배열순서에 차이가 있는데, 아미노산의 잔기수는 FSH가 110~111개이고, LH는 117~121개이다(Hadley, 2000). β-아단위의 탄수화물측쇄 부착부위치는 FSH의 경우는 7번과 24번, LH는 13번(사람의 경우 30번)위치의 아미노산인 아스파라긴이다.

한편, 성선자극호르몬에 함유된 탄수화물의 함량과 조성은 호르몬의 종류나 동물의 종에 따라 다르다. 예를 들면, 면양의 LH는 13%의 탄수화물이 함유된 반면에, 말의 LH는 24%로 월등히 높다. 또한, 사람·면양·소 등의 FSH에는 25%, LH에는 12~16%의 탄수화물이 함유되어 있다(Sherwood & McShan, 1977). 탄수화물쇄는 D-mannose·D-galactose·L-fucose·N-acetylneuraminic acid·N-acetylglucosamine·N-acetylgalactosamine·sialic acid 등과 같은 단당류들이 서로 결합하여 과당류쇄(oligosaccharide chain)를 만들고, 이것들이 모여서 복합다당류(heteropolysaccharide unit)를 형성한 다음, 탄수화물쇄의 N-아세틸글루코사민과 폴리펩티드쇄의 아스파라긴간에 결합이 이루어진다. 탄수화물성분중의 시알산(sialic acid)은 혈액중에 들어 있는 단백질분해효소에 의한 폴리펩티드쇄의 분해를 방지하여 청소율을 감소시키며, 따라서 GTH의 생리적 활성을 유지시키는데 중요한 역할을 한다.

(2) 생리작용 : GTH는 명칭에서 보듯이 성선, 즉 암컷의 난소와 수컷의 정소를 자극하여 생식세포의 형성과정을 촉진하고, 아울러 성선의 스테로이드호르몬 분비를 자극한다.

① **난소에 대한 생리작용** : 난소에 GTH의 자극이 가해지면, ① 난포가 성장하고, ② 난포내에서 난모세포가 성숙하며, ③ 난포의 과립막세포에서 에스트로겐이 분비되고, ④ 난포가 완숙되어 배란이 일어나며, ⑤ 배란이 일어난 난포에서 황체가 형성되고, ⑥ 이 황체에서 프로게스테론이 분비되는 등의 생리작용이 연속적으로 일어난다. FSH는 난포를 자극하여 성장을 유기하고, 약간의 에스트로겐을 분비시킨다. 그러나, 난포의 완전한 성숙은 LH의 협동작용이 필요하다. 또한, FSH는 난포의 과립막세포에 작용하여 FSH의 수용체는 물론이고, LH의 수용체도 형성시키며, 성선스테로이드호르몬의 합성에 필요한 효소의 합성과 활성을 증대시킨다.

한편, LH는 FSH의 자극으로 발달된 난포의 내협막세포를 자극하여 테스토스테론의 합성을 유도하고, 이 테스토스테론은 난포의 과립막세포로 이행된 다음, FSH의 작용에 의하여 에스트로겐으로 전환된다. 이 에스트로겐은 뇌하수체에 대한 정의 피드백기전으로 LH의 급증을 유발한다. 급증된 LH는 배란을 유도하고, 배란된 난포의 과립막세포와 내협막세포를 자극하여 황체세포로 전환시켜 황체를 형성한다. 이러한 생리작용을 가진 GTH는 배이식에 쓰이는 난자를 얻기 위한 다배란의 유기나 무배란성 불임의 치료에 이용된다.

② **정소에 대한 생리작용** : 정소에 대한 GTH의 생리작용은 ① 안드로겐의 분비를 촉진하고, ② 정자형성을 자극하며, ③ 안드로겐-결합단백질(ABP)의 합성을 촉진한다. LH는 정소의 간질세포를 자극하여 테스토스테론의 합성을 촉진한다. 합성된 테스토스테론은 정소의 곡세정관속으로 이행되어 정자형성과정의 후반단계를 자극한다. 따라서, LH가 간접적으로 정자의 형성에 영향을 미친다고 할 수 있다. 한편, FSH는 배아세포(germ cell)의 분화를 촉진하면서 정자형성과정의 전반단계를 자극하며, 정자의 유리과정을 지배한다. 또한, 지지세포(Sertoli cell)를 직접 자극하여 ABP와 인히빈의 분비를 자극하는데, ABP는 곡세정관내에서 테스토스테론과 결합하여 테스토스테론의 농도를 높게 유지시킴으로써 정자형성과정이 원활하게 진행될 수 있도록 하는 반면에, 인히빈은 시상하부-뇌하수체축에 대한 부의 피드백기전으로 FSH의 분비를 억제하여 정자형성과정의 속도를 조절한다.

2) 프롤락틴

프롤락틴(prolactin [PRL])은 선뇌하수체 원위부의 유선자극세포(PRL-분비세포)에서 분비되는 단순단백질호르몬이다. 프롤락틴은 화학적 구조가 성장호르몬과 유사하며, 동물의 종에 따라서는 이들 호르몬의 생리작용에서 유사한 부분이 많다.

(1) 화학적 구조 : PRL은 면양·소·돼지 등의 뇌하수체에서 순수하게 단리(單離)되었는데, 분자량은 24,000정도이고, 198개의 아미노산 잔기로 구성된 단일폴리펩티드쇄(single polypeptide chain)로서, 4번과 11번, 58번과 173번, 190번과 198번 사이의 아미노산 잔기(cysteine) 사이에 3개의 이황화결합이 형성되어 있어서 환상(loop)의 구조를 나타낸다.

(2) 생리작용 : PRL은 동물의 종에 따라 매우 다양한 생리작용을 발현하지만, 수분과 전해질의 대사에 영향을 미쳐서 삼투압을 조절하는 기능과 어떠한 형태로든 새끼의 양육에 관여하는 작용은 모든 동물에서 나타내는 공통적인 생리작용이다. 또한, 포유동물의 PRL은 모든 척추동물에 대하여 유효한 생리작용을 나타내지만, 동물분류학상 하위에 있는 동물의 PRL은 상위의 동물에 대하여 생리작용을 나타내지 못한다.

포유동물에서 PRL은 유선의 분비상피세포(secretory epithelial cell)를 자극하여 유즙의 합성능력을 획득시킨다. 임신말기에 프로게스테론의 혈중농도가 현저히 낮아진 상태에서 다량으로 분비된 당질코르티코이드(glucocorticoid)는 분비상피세포의 원형질막에 PRL-수용체의 수를 증가시켜 PRL이 효과적으로 생리작용을 발현할 수 있는 조건을 만들어 준다. 일단 개시된 비유를 유지시키기 위한 PRL의 필요 정도는 동물의 종에 따라 달라서, 소와 산양에서는 그 필요성이 적지만, 토끼와 래트에서는 절대적이다. 사람에서 높은 농도의 PRL은 유즙의 분비를 과다하게 하고, 월경을 억제하는 유즙분비과다-무월경증(乳汁分泌過多-無月經症, galactorrhea-amenorrhea syndrome)을 유발한다. 그러나, 소나 면양과 같은 동물에서는 PRL의 수준에 따라 번식기능이 억제되는 경우는 없다.

설치류에서는 PRL이 FSH(래트·마우스)나 LH(햄스터)와 협력적으로 작동하여 황체의 활성을 자극하지만, 영장류와 체격이 큰 가축에서는 PRL의 황체자극기능이 증명되지 않았다. 다태동물에서는 중추신경계에 작동하여 모성행동을 유발시켜 새끼의 보금자리를 만들게 한다. 또한, 동물체의 피부에 부속된 땀샘을 발달시키고, 털의 성숙도 촉진하며, 체성장을 자극하는 동시에, 탄수화물·지방·에너지의 대사에도 영향을 미친다. 한편, PRL은 정소의 간질세포에 위치하는 LH-수용체를 유지시키는 작용을 통하여 정소의 기능조절에도 관여하고, 수토끼에서는 교미욕을 감퇴시킨다.

조류에서는 모성행동과 포란행위을 유발하고, 스테로이드호르몬과 공동작용으로 자성생식도관의 발달을 촉진하며, 깃털과 내장의 성장도 자극한다. 양서류에서는 주된 생리작용이 수분과 전해질의 균형을 조절하는 기능이지만, 유생형(幼生型)을 유지시키는 기능도 있다. 어류에서는 피부선에서 치어의 먹이가 되는 점액성물질이 분비되도록 자극하며, 수분과 전해질의 대사를 조절하는 기능은 담수어의 생명유지를 위한 삼투압의 조절에 중요하다.

3) 기타의 선뇌하수체호르몬

선뇌하수체에서는 신체의 대사기능을 조절하면서 번식기능에도 간접적으로 영향을 미치는 성장호르몬·갑상선자극호르몬·부신피질자극호르몬 등도 분비된다.

(1) 성장호르몬 : 선뇌하수체 원위부의 성장자극세포(GH-분비세포)에서 분비되는 성장

호르몬(growth hormone [GH])은 프롤락틴과 구조가 유사한 단일폴리펩티드쇄로서, 분자량은 22,000 정도이다. 사람을 비롯한 포유동물 대부분의 GH는 191개의 아미노산 잔기로 구성되고, 53번과 165번, 그리고 182번과 189번 아미노산(cysteine) 사이에 이황화결합이 형성되어 환상의 구조를 나타낸다. GH는 신체 각 부위의 성장을 조절하는 중요한 역할을 수행하는데, 작용기전은 비교적 소상하게 밝혀졌다(Aarskog 등, 1997). 즉, GH가 성장을 자극하는 생리작용을 발현하는 기전은 GH가 표적세포에 직접 작용하는 직접경로와 GH의 자극을 받은 표적조직의 특정세포(특히 간[肝]세포)가 소마토메딘(somatomedin, IGF-1)을 생산하고, 이것이 생리작용을 발현하는 간접경로로 구분된다. GH의 직접작용은 탄수화물의 이화작용을 촉진하고, 지방세포에 축적된 지방을 유리지방산과 글리세롤로 분해시켜 혈중 글루코오스의 농도를 상승시킨다. 소마토메딘을 통하여 발현되는 간접경로에 의해서는 ① 골격의 발육, ② 근육조직에서의 단백질 합성, ③ 지방세포의 지방합성, ④ 결합조직의 발달 등과 같이 체성장을 유도하는 생리현상이 조절된다.

(2) 갑상선자극호르몬 : 갑상선자극호르몬(thyrotropin, [TSH])은 FSH나 LH와 구조적으로 같은 계열에 속하는 당단백질호르몬이다. TSH는 α-아단위와 β-아단위로 구성되고, 이것들에 공유결합으로 탄수화물측쇄가 부착된 구조이다. 소의 경우, 각 아단위를 구성하는 아미노산의 잔기수와 탄수화물측쇄의 수는 α-아단위에서 96개와 2개이고, β-아단위는 113개와 1개이다. 소의 TSH는 분자량이 28,000이고, 반감기는 50분 정도이다. TSH는 갑상선을 자극하여 티록신(thyroxine [T_4])이나 트리요오드티로닌(triiodothyronine [T_3])과 같은 갑상선호르몬의 분비를 자극한다. TSH의 자극으로 분비된 갑상선호르몬은 동물체의 기초대사율을 조절하고, 전해질과 수분의 평형을 조절하며, 각종 영양소의 대사작용도 조절한다. 한편, 갑상선호르몬은 생식기능에도 영향을 미치는데, 수컷에서는 갑상선호르몬이 부족하여도 정자형성기능은 유지되지만, 안드로겐의 분비가 매우 낮아져 부생식기관의 발달이 저해된다. 암컷에서도 갑상선호르몬의 분비가 부족되면 난소의 중량이 감소되고, 발정주기가 매우 불규칙하게 된다(Lee 등, 1968).

(3) 부신피질자극호르몬 : 부신피질자극호르몬(adrenocorticotropin [ACTH])은 단일분자로 합성되는 것이 아니고, 여러 호르몬의 공동전구체인 거대분자의 프로오피오멜라노코르틴(proopiomelanocortin [POMC]; 241개의 아미노산 잔기로 구성됨)으로 합성된 다음, 이것의 일부분이 절단·가공 과정을 통하여 ACTH가 된다. ACTH는 39개의 아미노산잔기로 구성된 직쇄상의 폴리펩티드로서, 분자량은 4,500정도이고, 반감기는 25분 내외이다. ACTH는 부신피질을 자극하여 당질코르티코이드(glucocorticoid)의 합성·방출을 촉진하는데, 이것은 글루코오스의 대사를 촉진하여 혈당량을 높여주는 기능을 한다. 한편, 태아의 뇌하수체에서 분비되는 ACTH는 태아부신을 자극하여 코르티솔의 분비를 증가시키고, 이 코르티솔이 태반 및 모체에서 분비되는 분만관련 호르몬의 합성·방출을 유도하여 분만을 개시시킨다.

표 2-4. 신경뇌하수체 호르몬의 일차구조

호르몬명	아미노산잔기의 배열순서
선조형 분자	1 2 3 4 5 6 7 8 9 Cys-Tyr- X - X -Asn-Cys-Pro- X -Gly-NH_2
Oxytocin	Cys-Tyr-Ile-Gln-Asn-Cys-Pro-Leu-Gly-NH_2
Arginine vasopressin	Cys-Tyr-Phe-Gln-Asn-Cys-Pro-Arg-Gly-NH_2
Lysine vasopressin	Cys-Tyr-Phe-Gln-Asn-Cys-Pro-Lys-Gly-NH_2
Arginine vasotocin	Cys-Tyr-Ile-Gln-Asn-Cys-Pro-Arg-Gly-NH_2
Mesotocin	Cys-Tyr-Ile-Gln-Asn-Cys-Pro-Ile-Gly-NH_2
Phenypressin	Cys-Phe-Phe-Gln-Asn-Cys-Pro-Arg-Gly-NH_2

청색글자: 옥시토신과 다른 아미노산

4. 신경뇌하수체 호르몬

신경뇌하수체(神經腦下垂體, neurohypophysis)는 자체의 세포성분이 매우 적고, 시상하부의 시삭상핵(視索上核, supraoptic nucleus [SON])과 실방핵(室傍核, paraventricular nucleus [PVN])을 구성하는 대형신경분비세포에서 뻗어난 수 많은(사람의 경우 약 10만개) 무수신경섬유(축삭)들이 모여서 시상하부-뇌하수체로(hypothalamo-hypophyseal tract)를 형성하여 누두경을 통과한 다음, 그 종말이 신경뇌하수체의 신경엽에 도달되어 분포한다(그림 2-7 참조). 이와 같은 해부학적 구조는 신경뇌하수체가 자체적으로 호르몬을 합성하는 것이 아니고, 시상하부의 시삭상핵과 실방핵에서 합성된 호르몬이 시상하부-뇌하수체로를 따라 신경뇌하수체에 이르고, 이곳에 잠시 저장되었다가 혈류중으로 방출된다는 것을 의미한다. 신경뇌하수체 호르몬에는 옥시토신・바소프레신・바소토신 등이 있다(표 2-4).

1) 옥시토신

포유동물에서 옥시토신(oxytocin [OT])은 유선에서 유즙을 배출시키는 기능과 분만시에 자궁근을 수축시켜 태아를 만출시키는 기능을 수행한다(Evans, 1997). 이와 같이, OT는 성숙한 암컷에서는 생식단계의 특정한 시기에 한하여 생식도관의 수축을 유발하는 생리작용을 발현하지만, 수컷에서는 특별하게 주목할 만한 생리기능이 없다.

(1) **화학적 구조** : OT는 9개의 아미노산 잔기로 구성된 노나펩티드(nonapeptide)로서, 1번과 6번 아미노산인 시스테인이 이황화결합을 하여 시스틴으로 전환되면서 고리를 형성하고, 나머지 3개의 아미노산은 직쇄상의 측쇄가 된다. 이와 같은 구조적 특징은 모든 신경뇌하수체호르몬에서 공통적이며, 다만 몇 곳의 아미노산이 호르몬에 따라 다를 뿐이다.

(2) **생리작용** : OT의 주요 생리작용은 자궁근을 수축시키고, 유즙의 유하(milk let-down)를 유발하는 것이다. 분만시에는 태아가 자궁경에 가하는 물리적 자극이 신경계를 경유하여 시상하부에 이르면 OT가 분비되고, 분비된 OT는 자궁을 강력하게 수축시켜 진통을 유발하면서 태아의 만출과 후산을 유도한다. 또한, 암·수컷 모두에서 성적자극이 가해지면 신경계를 경유하여 OT의 분비를 촉진하는데, 사람의 경우 성적자극이 최성기(orgasm)에 도달되거나(여자), 사정이 일어날 때(남자) 아주 유의하게 증가된다(Evans, 1997). 이 때, 다량으로 방출된 OT는 난관·자궁·질의 평활근을 수축시키고, 수컷에서는 사정과 관련된 평활근을 수축시켜 난자와 정자의 수송을 원활하게 한다.

한편, 유두에 흡유자극이 가해지면 유두에 분포된 지각신경의 말단이 자극되고, 이 신경충동(neural impulse)이 지각신경을 통하여 시상하부로 전달되어 OT의 분비를 자극하며, 이 OT가 유선포의 외벽에 위치하는 근상피세포(myoepithelial cell)를 수축시키고, 이에 따라 유선포의 내압이 상승되어 유즙이 배출된다. 젖소에서는 흡유자극 외에 시각적, 청각적 및 후각적 자극도 중추신경계를 경유하여 OT의 분비를 유발한다.

2) 바소프레신

바소프레신(vasopressin [VP])은 매우 다양한 생리작용을 발현하지만, 가장 중요한 기능은 생체의 수분평형을 조절하여 체액의 삼투압을 일정하게 유지시키는 기능과 특정한 평활근섬유를 자극하여 수축시키는 기능이다. VP는 항이뇨작용(抗利尿作用)을 나타내기 때문에 항이뇨호르몬(antidiuretic hormone [ADH])이라고도 한다.

(1) **화학적 구조** : VP도 OT와 같이 9개의 아미노산 잔기로 구성된 노나펩티드이며, 다만 OT의 3번 아미노산인 이소류신이 페닐알라닌으로 대체되었고, 8번 아미노산인 류신은 대부분의 포유동물에서 아르기닌으로 대체된 반면에, 돼지와 같은 우제목 비반추류에서는 라이신으로 대체되었다.

(2) **생리작용** : VP는 수분의 통과가 비교적 자유롭지 못한 반응성 상피조직, 특히 포유동물 신장의 세뇨관과 양서류의 피부 및 방광을 구성하는 상피를 자극하여 수분과 NaCl의 흡수를 촉진한다. 따라서, VP의 분비가 부족되면 원위세뇨관에서 수분의 재흡수가 일어나지 않기 때문에 저장성뇨(低張性尿, hypotonic urine)가 다량으로 배출되는 요붕증(尿崩症, diabetes insipidus)이 발생된다. 또한, VP는 특정한 혈관의 평활근섬유에 존재하는 V_1-수용체와 결합하여 수축시키며, 이에 따라 혈압이 상승된다.

3) 바소토신

바소토신(vasotocin [VT])은 메소토신(mesotocin [MT])과 함께 조류 · 어류 · 양서류 · 파충류 등에서 볼 수 있는 신경뇌하수체호르몬이다.

(1) 화학적 구조 : VT도 OT나 VP와 같이 9개의 아미노산 잔기로 구성된 노나펩티드로서, OT와 비교하면 OT의 8번 아미노산인 류신이 아르기닌으로 대체되어 1개의 아미노산만이 다를 뿐이다. 따라서, VT를 아르기닌 바소토신(AVT)이라고도 부른다.

(2) 생리작용 : AVT는 조류와 알을 낳는 양서류에서 난관근육의 수축을 촉진한다. 조류에서 방난(放卵, oviposition)을 할 때에는 AVT의 혈중농도가 급격히 증가되며, 신경뇌하수체에서는 AVP가 방출됨으로 농도가 급속히 감소된다. 증가된 AVT는 혈류를 타고 난관으로 이행된 다음, 난관의 평할근섬유를 강력하게 수축시켜 난관으로부터 알을 배출시킨다. 그러나, 난관수축의 개시에 대한 기전은 아직까지 분명하지 않다(Shimada 등, 1986). 한편, 양서류에서는 피부와 방광에서 수분의 재흡수를 촉진하는 항이뇨작용도 발현하는데, 그 역가는 다른 신경뇌하수체호르몬의 10배 이상에 달한다.

제 3 절 성선 호르몬

성선, 즉 암컷의 난소와 수컷의 정소에서 분비되는 모든 호르몬을 총칭하여 성선호르몬(gonadal hormone)이라 하는데, 화학적 구조에 근거하여 스테로이드호르몬과 단백질계호르몬으로 구분한다. 일반적으로, 성선에서 분비되는 스테로이드호르몬은 부생식기관의 생리작용 발현을 지배 · 조절하지만, 단백질계호르몬에는 분만을 촉진하고, 난모세포의 성숙을 조절하며, 뇌하수체의 GTH 분비를 조절하는 호르몬들이 있다.

1. 성선의 스테로이드 호르몬

모든 스테로이드호르몬은 콜레스테롤을 원료로 합성되고, 탄소수 17개의 스테로이드핵을

표 2-5. 스테로이드 호르몬의 분류

호르몬의 종류	모핵의 구조	탄 소 수	주 활성물질
Estrogen	Estrane	18	Estradiol-17β
Androgen	Androstane	19	Testosterone
Progestogen	Pregnane	21	Progesterone
Glucocorticoid	Pregnane	21	Cortisol
Mineralocorticoid	Pregnane	21	Aldosterone

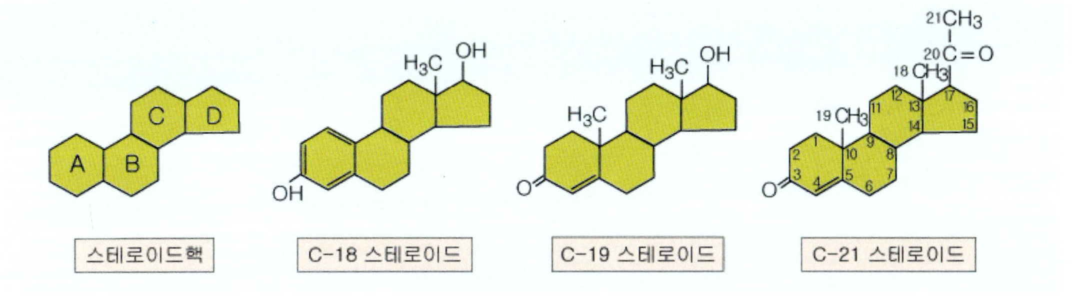

그림 2-12. 스테로이드호르몬의 기본골격

기본구조로 하며, 주된 분비기관에 따라 성선스테로이드와 코르티코이드로 대별한다. 또한, 생리작용에 기초하여 전자는 안드로겐·에스트로겐·프로게스토겐으로, 후자는 당질코르티코이드와 광물질코르티코이드로 분류한다(표 2-5).

1) 성선 스테로이드호르몬의 기본골격과 합성과정

성선 뿐만 아니라, 부신피질과 태반에서도 분비되는 모든 스테로이드호르몬은 스테로이드핵(steroid nucleus)을 기본골격으로 하는 탄소수 18~21개의 호르몬으로서, 수 많은 입체이성체(立體異性體, steroisomer)가 존재한다.

(1) 기본골격 : 모든 스테로이드호르몬의 기본골격이 되는 스테로이드핵은 3개의 6탄소환(cyclohexane ring)으로 구성된 페난드렌환(phenanthrene ring)에 하나의 5탄소환(cyclopentane ring)이 결합되어 총 17개의 탄소원자로 구성된 cyclopentanoperhydrophenanthrene 환이다. 각 환에는 A·B·C·D의 기호를, 각 탄소원자에는 숫자로 번호를 붙여 표시한다. 이러한 스테로이드핵의 C_{13}에 메틸기($-CH_3$)의 형태로 C_{18}이 부착된 탄소수 18개의 스테로이드핵을 에스트란(estrane)이라 하고, C_{13}과 C_{10}에 각각 C_{18}과 C_{19}가 부착되어 탄소수가 19개인 것을 안드로스탄(androstane)이라 한다. 또한, 안드로스탄의 C_{17}에 2개의 탄소원자로 된 지방족

표 2-6. 스테로이드호르몬의 합성에 관여하는 효소와 그 유전자

일 반 명	시토크롬효소명명	CYP명명	유 전 자
Cholresterol side-chain cleavage enzyme	P_{450}scc	CYP11A1	*CYP11A1*
17α-Hydroxylase/17,20-lyase	P_{450}c17	CYP17	*CYPP17*
21-Hydroxylase	P_{450}c21	CYP21A2	*CYP21A2*
11β-Hydroxylase	P_{450}c11	CYP11B1	*CYP11B1*
Aldosterone synthetase	P_{450}c11AS	CYP11B2	*CYP11B2*
Aromatase	P_{450}arom	CYP19	*CYP19*
3β-Hydroxysteroid dehydrogenase	3β-HSD	3β-HSD II	*3β-HSD2*

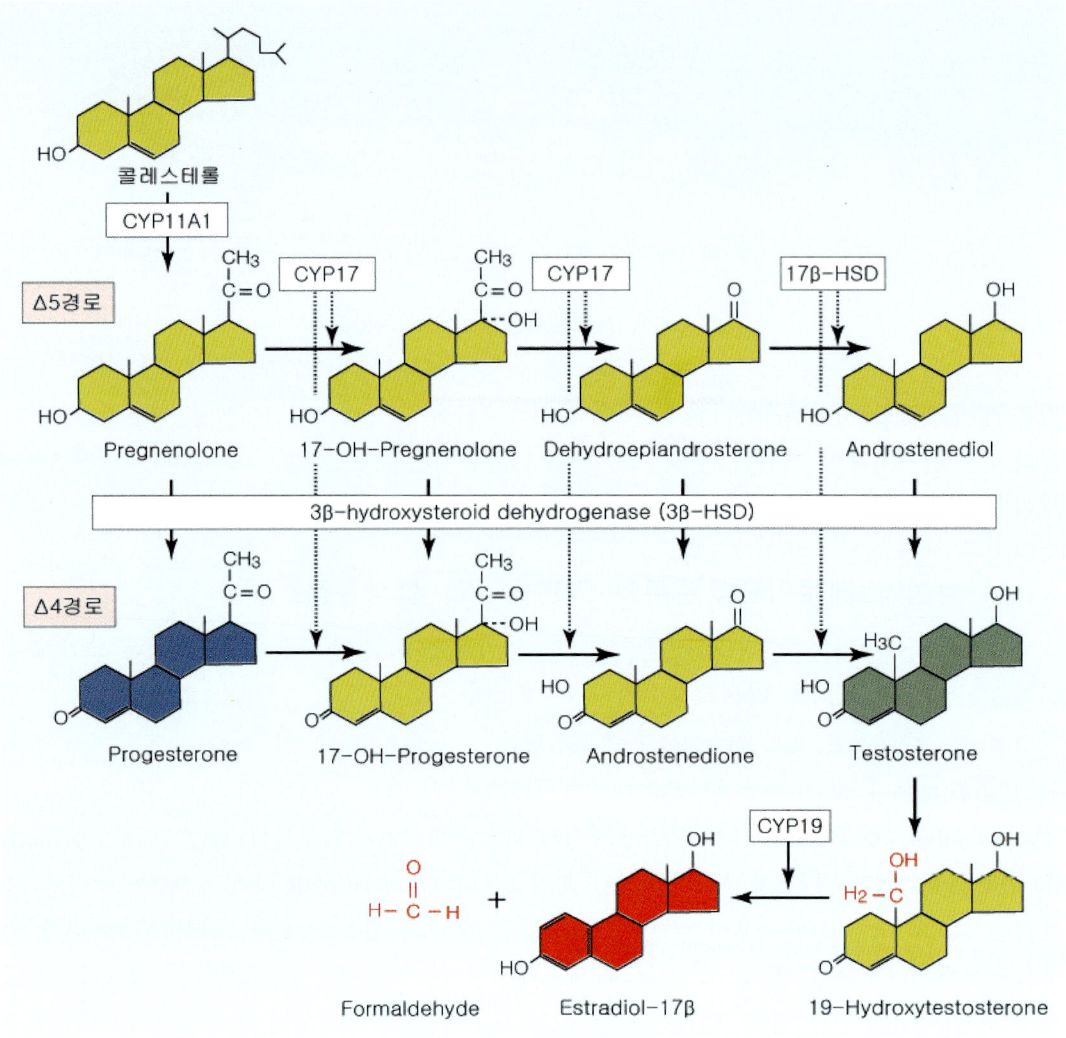

그림 2-13. 성선 스테로이드호르몬의 합성경로

측쇄가 부착되어 탄소수가 21개인 것을 프레그난(pregnane)이라 한다. 따라서, 모든 스테로이드호르몬은 각각이 탄소수 18개 · 19개 · 21개로 구성된 에스트란 · 안드로스탄 · 프레그난의 가상적 기본골격을 모체로 하는 구조적 특징을 가지는데, 이것들은 각각 에스트로겐 · 안드로겐 · 프로게스토겐의 모체가 된다(그림 2-12).

(2) 합성과정 : 모든 스테로이드호르몬의 전구물질은 콜레스테롤의 C_{20}과 C_{22} 사이가 미토콘드리아의 내막에 존재하는 측쇄절단효소(side-chain cleavage enzyme, P_{450}scc, CYP 11A1)의 작용으로 절단되어 형성된 탄소수 21개인 프레그네놀론(pregnenolone)이다. 프레그네놀론은 여러 단계의 합성과정을 거치면서 각각의 호르몬으로 전환되는데, 각 단계의 반응

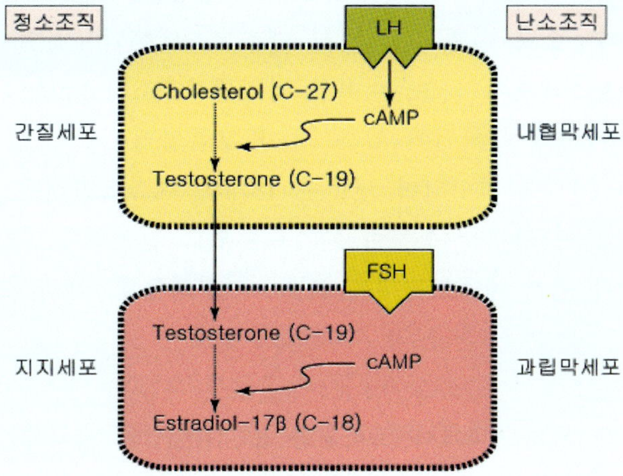

그림 2-14. 에스트로겐의 합성에 대한 2세포-2성선자극호르몬 가설

은 서로 다른 별도의 효소에 의하여 촉매된다(그림 2-13 및 표 2-6).

대표적 프로게스토겐인 프로게스테론은 탄소수 21개의 프레그네놀론이 프로게스테론 분비세포의 무과립내형질세망에서 3β-수산화스테로이드 탈수소효소(3β-HSD)의 작용으로 C_3가 산화되어 케톤기(=O)가 붙고, 이중결합의 위치가 C_4와 C_5사이로 이동되는 과정을 통하여 합성된다. 또한, 안드로겐 가운데 합성량이 가장 많은 테스토스테론은 프레그네놀론의 이중결합위치가 3β-HSD의 작용으로 C_4와 C_5사이로 전이되고, CYP17효소(17α-hydroxylase/17,20-lyase)의 작용으로 C_{17}에 붙은 측쇄가 절단되어 형성된다. 그러나, 테스토스테론이 합성되는 과정은 두종류의 경로로 구분되는데, 그 하나는 이중결합이 합성경로의 초기에 C_4와 C_5사이로 전이되는 Δ4경로이고, 다른 하나는 이중결합이 C_5와 C_6사이에 있으면서 합성경로가 유지되다가 경로의 마지막 단계에서 전이되는 Δ5경로이다. 사람·원숭이·개·돼지 등은 Δ5경로가, 래트·마우스·소 등은 Δ4경로가 테스토스테론합성의 주 경로이다. 이와 같이, 동물의 종에 따라 합성경로가 다른 이유는 무과립내형질세망의 막(膜) 위에 위치하는 효소분자의 배열순서가 동물의 종에 따라 다르고, 또한 무과립내형질세망의 막 위에 위치하는 프레그네놀론-결합단백질과 효소분자의 상대적 위치에 따라 프레그네놀론이 효소작용을 받는 순서가 다르기 때문이다(Hashimoto, 1999).

한편, 에스트로겐의 합성에는 두종류의 분비세포와 두종류의 성선자극호르몬이 관여한다는 2세포-2성선자극호르몬 가설로 설명할 수 있다. 즉, 먼저 난포의 내협막세포에서 LH의 자극으로 C-19스테로이드인 안드로겐이 합성되고, 이것이 과립막세포로 이송된 다음, FSH의 작용으로 방향족화(aromatization)되어 에스트로겐으로 전환된다(그림 2-14; Hillier 등, 1994, 1995). 내협막세포에서 합성된 안드로겐이 과립막세포에서 에스트로겐으로 전환되려면 C_{10}에 붙어있는 메틸기(-CH_3)가 분리되고, A환이 방향족화되어야 한다. 이 과정을 에스트라디올-17β의 합성과정으로 설명하면, 먼저 테스토스테론의 C_{19}에 수산기(-OH)가 첨가되어 19-히드록시테스토스테론이 되고, 이어서 방향족화효소(aromatase, CYP19)에 의하여 A환이 방향족화되면서 C_{10}에 부착되어 있는 C_{19}가 포름알데히드의 형태로 분리되고, C_3의 케톤기(=O)가 수산기(-OH)로 환원되어 탄소수 18개의 에스트라디올-17β가 합성된다. 또한, 안드로스텐디온도 같은 과정을 통하여 에스트론으로 전환된다. 에스트론은 C_{17}의 케톤기가 수산기로 환원되어 쉽게 에스트라디올-17β로 전환되는데, 이 반응은 상호 가역적이다.

2) 안드로겐

안드로겐(androgen)은 뇌하수체에서 분비되는 ICSH(LH)의 자극을 받은 정소의 간질세포(Leydig cell)에서 주로 합성·분비되는 탄소수 19개인 스테로이드호르몬의 총칭이며, 정소조직에서 20종류 이상의 스테로이드물질을 추출할 수 있다(Setchell, 1978). 이것들 가운데 분비량이 가장 많은 대표적 안드로겐은 테스토스테론이다. 또한, 부신피질의 망상대세포, 난포의 내협막세포, 태반의 융모상피세포에서도 합성된다.

(1) 화학적 구조 : 테스토스테론은 탄소수가 19개인 스테로이드호르몬으로서, C_4와 C_5사이에 이중결합을 가지며, C_3에 케톤기, C_{17}에 수산기를 가지는 구조적 특징을 가진다. 분비세포에서 혈액으로 방출된 테스토스테론은 거의 전부가 단백질과 결합된 형태로 순환되는데, 약 40%는 스테로이드-결합글로불린(steroid-binding globulin)과 결합하고, 또 40%는 알부민, 17%는 기타의 혈장단백질과 결합하며, 약 3%만이 유리형으로 순환된다. 한편, 안드로겐의 지배를 받는 표적조직의 일부(요생식동·생식결절·전립선·한선·피지선·성피[性皮] 등)에서는 테스토스테론이 보조인자(cofactor)로서 NADPH를 이용하는 5α-환원효소(reductase)의 작용으로 C_4와 C_5사이의 이중결합이 제거되고, C_5에 수소(H)가 α-배치된 구조를 가진 디히드로테스토스테론(dihydrotestosterone [DHT])으로 대사된다. 이러한 표적조직에서는 디히드로테스토스테론이 테스토스테론에 비하여 약 2배 정도의 높은 생리적 활성을 나타낸다(Stanczyk, 1991).

(2) 생리작용 : 안드로겐은 태아의 성분화에 중요하게 작용할 뿐만 아니라, 웅성부생식기관의 발달과 기능발현을 지배하고, 제2차성징을 발현시키며, 성행동을 유발하는 등 수컷의 생식작용에 대하여 매우 광범위한 기능을 수행한다.

① 성분화의 지배 : 성의 분화과정에서 안드로겐의 작용은 테스토스테론이 직접 작용하는 경우도 있고, 테스토스테론의 대사산물인 DHT나 에스트라디올-17β가 작용하는 경우도 있다(그림 2-15; Latronico 등, 1995; Simmoni 등, 1997). 테스토스테론은 웅성생식도관의 발생원기인 중신관(볼프관)이 정소상체·정관·정낭선 등으로 분화되는 것을 자극하며, DHT는 웅성외부생식기관의 발생원기인 요생식동과 생식결절에서 요도·음경·음낭·포피

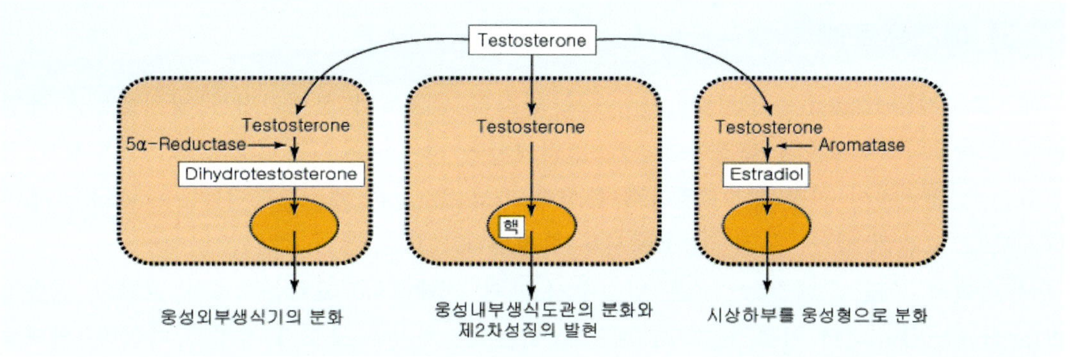

그림 2-15. 성분화과정에 대한 테스토스테론과 그 유도체의 작용

등이 발생되는 것을 자극한다. 한편, 수컷 태아의 뇌에서는 테스토스테론을 원료로 에스트라디올-17β가 합성되는데, 이것이 시상하부를 웅성형으로 분화시킨다(Pool, 1993).

② **정자형성의 자극** : 정자형성과정은 FSH의 자극으로 개시되지만, 일단 개시된 정자형성과정은 테스토스테론 단독의 작용으로도 자극된다. 특히, 정자형성과정에서 감수분열 후반 이후의 단계에 있는 정모세포를 자극하여 정자로 분화되는 것을 촉진한다. 또한, 정소상체를 구성하는 평활근섬유를 이완시켜 정자의 통과속도를 저하시킴으로써 정자가 성숙과정을 거치는데 필요한 시간을 확보하고, 정소상체 미부내에서의 저장기간도 연장시킨다.

③ **부생식기관의 발달과 성행동의 발현** : 안드로겐은 생식도관과 부성선은 물론이고, 음경이나 음낭과 같은 외부 부생식기관의 발육도 촉진하고, 이것들의 기능을 항진시킨다. 또한, 성행동조절중추가 위치하는 시상하부 전시상하부역(AHA)의 기능을 조절하는 경로를 통하여 성행동을 조절하고, 성욕도 항진시킨다(Hamer 등, 1993). 안드로겐은 수컷의 외모를 나타내는 제2차성징을 발현시키는데, 골격과 근육을 우람하게 발육시키고, 볏과 뿔을 웅성형으로 발육시키며, 피부와 피모를 암컷에 비하여 거칠게 변화시키고, 성대를 수컷 특유의 소리를 내게 발달시킨다.

④ **성선자극호르몬 분비의 조절** : 안드로겐은 시상하부-뇌하수체축에 대한 부의 피드백기전으로 성선자극호르몬(LH와 FSH)의 분비를 억제한다. 그러나, FSH는 정소의 지지세포(Sertoli cell)에서 분비되는 인히빈에 의한 부의 피드백기전에 의하여 주로 조절되고, 안드로겐에 의한 조절기전은 부차적인 것이다.

⑤ **단백질의 동화작용** : 안드로겐이 생식기관 이외의 장소에서 발현하는 주 생리작용은 골격근에서 단백질의 동화작용을 촉진하여 근육을 성장시키는 작용이다(Tenover, 1997). 그러나, 천연 안드로겐은 단백질동화효과가 비교적 약하기 때문에 단백질동화효과를 극대화시킨 합성동화스테로이드를 이용하는데, 19-노르안드로스탄(19-norandrostane)과 16α-메틸테스토스테론(16α-methyltestosterone)이 대표적인 동화스테로이드이다.

3) 에스트로겐

에스트로겐(estrogen)은 FSH의 자극으로 난소의 난포에서 분비되면서 발정행동을 유발하는 스테로이드호르몬의 총칭이다. 난소조직에서는 적어도 8종류 이상의 에스트로겐이 검출되는데, 분비량이 가장 많고, 생리적 활성이 가장 큰 것은 에스트라디올(estradiol)-17β이다. 에스트로겐은 태반・부신・정소에서도 합성된다.

(1) 화학적 구조 : 에스트로겐은 탄소수 18개의 스테로이드호르몬으로서, A환이 방향족화(aromatization)되어 있고, C_{10}에서 메틸기(-CH_3)가 제거된 구조적 특징을 가진다. 혈액중으로 방출된 에스트로겐의 2/3 이상은 간장에서 합성되는 에스트로겐-결합단백질(estrogen-binding protein [EBP])과 결합된 형태로 순환된다. EBP 가운데 글로불린은 에스트로겐과 친화성이 높아서 특이적으로 결합하지만, 알부민은 친화성이 낮은 반면에 결합량은 많다.

(3) 생리작용 : 에스트로겐은 스테로이드호르몬중에서 가장 다양한 생리작용을 발현하는 호르몬으로서, 생식현상의 발현에 단독적으로도 작용하지만, 프로게스테론과 협력적 또는 길항적으로 작용하기도 한다.

① **부생식기관의 발달과 기능발현의 촉진** : 성성숙기의 난소에서 분비되는 에스트로겐은 부생식기관(난관・자궁・질・외음부 등)이 성숙동물의 그것과 질적으로 동등한 상태가 될 때까지 성장과 발달을 촉진한다. 한편, 발정주기의 난포기에 다량으로 분비되는 에스트로겐은 배우자의 수송과 성숙, 그리고 수정란의 착상에 적합하도록 부생식기관의 기능발현을 조절한다. 즉, 난관의 내막상피를 증식시키고, 난관액의 분비를 촉진하면서 과(寡)당류의 분비수준을 증가시키며, 운동성도 증대시킨다. 자궁에 대하여는 자궁내막의 증식・혈관의 신생과 충혈・자궁선의 발달・자궁근층의 증식과 비대 등을 유발한다. 또한, 자궁의 $PGF_{2\alpha}$ 합성과 옥시토신-수용체의 수를 증가시킴으로써, 자궁근의 수축활성을 증대시킨다.

② **성행동과 제2차성징의 발현** : 에스트로겐은 시상하부의 전시상하부역(AHA)에 위치하는 성행동조절중추에 작용하여 성행동과 성욕을 유발한다. 대표적 성행동인 발정의 발현에는 프로게스테론의 상승작용이 필요한 동물종도 있다(본 절의 프로게스토겐 항목의 발정유기에 대한 작용 참조). 한편, 에스트로겐은 암컷 특유의 체형을 구축하고, 피모와 성대도 암컷의 특징을 나타내게 하여 제2차성징을 발현시킨다.

③ **성선자극호르몬 분비의 조절** : 에스트로겐은 시상하부에 대한 피드백기전으로 뇌하수체에서의 FSH 및 LH의 분비를 조절하는데, 지속성방출 조절중추에 대한 부의 피드백기전으로 FSH와 LH의 분비를 억제하며, 배란전방출 조절중추에 대한 정의 피드백기전으로 LH의 배란전 급증을 유발한다(본 장의 제2절. 성선자극호르몬 방출호르몬 항목 참조).

④ **난포발육의 촉진과 황체기능의 유지** : 발달중에 있는 난포에서 분비되는 에스트로겐은 자가분비기전이나 인접분비기전으로 난포의 발달을 자극한다(제4장 제1절. 난포발달

의 내분비적 조절 항목 참조). 한편, 토끼에서는 황체의 주위에 위치하는 다수의 미발육 난포로부터 분비되는 소량의 에스트로겐이 황체의 형태적 성장을 자극하고, 프로게스테론의 분비도 촉진한다.

⑤ **생식기관이외의 신체에 대한 작용** : 암컷에서 에스트로겐의 신체에 대한 작용은 ① 단백질동화효과로 신체의 성장을 촉진하고, ② 암컷 특유의 지방침착을 유발하며, ③ 뼈의 칼슘침착과 골화(骨化)를 촉진하고, ④ 골단연골을 완숙시켜 장골(長骨)의 추가성장을 억제하며, ⑤ 유선관계(乳腺管系)의 분화와 발달을 촉진하고, ⑥ 피지선의 분비기능을 촉진하여 피부를 촉촉하게 유지시킨다. 또한, 시상하부의 체온조절중추에 작용하여 체온을 하강시키는데, 사람에서 월경주기의 난포기에 명확히 관찰되는 저체온증은 에스트로겐에 의한 것이다.

⑥ **수컷에 대한 에스트로겐의 작용** : 수컷의 정소에서 미량으로 합성되는 에스트로겐은 안드로겐과 마찬가지로 수컷의 정상적인 번식기능을 영위하는데 필요하다(Hess 등, 1996). 수컷의 정소에서 에스트로겐이 분비되지 않으면 정소가 점진적으로 위축될 뿐만 아니라, 정소상체에 있는 정자의 수·운동성·생존성 등도 감소된다. 또한, 에스트로겐은 정소상체의 두부에서 정자부유액의 흡수를 촉진한다. 따라서, 에스트로겐이 부족되면 정자가 농축되지 않고, 이러한 정자는 수정능력이 없다(Korach, 1994). 한편, 수컷에서도 에스트로겐은 골단의 완숙과 정상적인 뼈의 성장을 조절한다.

4) 프로게스토겐

배반포의 착상에 필요한 자궁의 준비적 변화, 즉 자궁내막의 착상성증식(着床性增殖, progestational proliferation)을 유발하는 호르몬을 총칭하여 프로게스토겐(progestogen)이라 하는데, 생체내에서 생리적 활성을 나타내는 물질은 프로게스테론 뿐이다.

(1) 화학적 구조 : 순환혈액에 함유된 프로게스테론의 대부분은 발정주기의 황체기와 임신기의 난소에 존재하는 황체에서 합성된 것이다 프로게스테론은 21개의 탄소로 구성된 스테로이드호르몬으로서, C_4와 C_5 사이에 이중결합을 가지며, C_3와 C_{20}에 케톤기(=O)가 부착된 구조적 특징을 가진다. 프로게스테론도 혈액중에서는 결합단백질과 결합된 형태로 운반된다. 결합단백질 가운데 프로게스테론-결합글로불린(PBG)은 특이적으로 강력하게 결합하며, 알부민은 결합력이 약하지만, 결합량은 많다.

(3) 생리작용 : 프로게스테론의 주된 생리작용은 수정란의 착상과 임신의 유지에 적합하도록 자성생식도관의 기능발현을 조절하는 것이다. 그러나, 프로게스테론의 생리작용은 에스트로겐의 선행작용이 있거나, 에스트로겐과 공존할 때 증강되는 경우가 많다.

① **부생식기관의 발달과 기능발현의 촉진** : 프로게스테론의 자궁에 대한 생리작용은 ① 자궁내막의 착상성증식을 유발하며, ② 자궁근의 탈분극 억제, 옥시토신에 대한 감수성의 저하, 에스트로겐-수용체 수의 감소 등을 유발하여 자궁근의 수축을 억제하고, ③ 자궁

선을 발달시켜 자궁액의 분비를 촉진하며, ④ 자궁조직에서 교원질(collagen)의 합성을 촉진하는 프로토콜라겐 수산화효소(protocollagen hydroxylase)의 활성을 증대시켜 자궁의 성장에 필요한 교원질을 공급하고, ⑤ 자궁경관의 벽을 두껍게 증식시키고, 점액의 점조성을 높여서 자궁경관을 폐쇄시키는 등의 생리작용을 발현하여 임신을 유지시킨다. 또한, 난관도 수정란의 수송에 적합하도록 성장·발달을 유도하지만, 운동성을 억제하여 난관내에서 초기의 난할과정이 이루어질 수 있도록 시간적 여유를 확보하여 준다. 질상피에 대하여는 세포의 층수를 감소시키고, 에스트로겐에 의하여 유발되는 각질화(角質化)도 억제한다.

② **중추신경계와 뇌하수체에 대한 작용** : 어느 동물종에서는 프로게스테론이 중추신경계에 작용하여 성행동을 개시시킨다. 예를 들면, 설치류의 일부는 성의 수용성(性受容性, sexual receptivity)을 증가시키며, 조류에서는 영소활성(營巢活性, nest-building activity)과 취소행동(就巢行動, brooding behavior)을 유기한다. 한편, 프로게스테론은 부의 피드백기전으로 시상하부의 GnRH 분비를 억제함으로써 뇌하수체의 FSH 및 LH 분비를 억제한다.

③ **발정의 유기에 대한 작용** : 일반적으로, 프로게스테론은 에스트로겐의 발정유기작용에 대하여 길항한다. 그러나, 소·면양·개 등에서는 정상적인 발정의 발현과 수컷의 허용에 프로게스테론의 작용이 필요하다. 면양과 소에서는 전회의 배란으로 형성된 황체에서 분비된 프로게스테론이 선행작용을 하지 않으면 발정징후를 나타내지 않으면서 배란이 일어난다. 개에서는 난포가 발달하여 다량의 에스트로겐이 분비되면 수캐에 대하여 흥미를 나타내지만, 프로게스테론의 작용이 없으면 교미를 허용하지 않는다. 이 때, 필요한 프로게스테론은 배란 직후에 형성된 황체에서 분비된다. 따라서, 암캐는 황체형성에 소요되는 시간이 필요함으로 다른 동물종에 비하여 발정기가 길다.

④ **생식기관 이외의 신체에 대한 작용** : 프로게스테론은 신체의 기초대사율을 높여 열생산활성을 증대시키며, 이에 따라 체온이 상승된다. 유선에 대하여는 에스트로겐의 작용으로 발달된 유선관계(乳腺管系)의 말단에 부착되어 유즙을 합성하는 유선포계(乳腺胞系)의 발달을 촉진한다. 따라서, 임신말기가 되면 비유가 가능할 정도로 유선이 발달된다.

2. 성선의 단백질계 호르몬

성선에서는 스테로이드호르몬 외에도 분만과정에 관여하는 릴랙신, 그리고 FSH의 분비에 조절하는 인히빈과 액티빈이 분비된다. 또한, 난소의 난포에서는 난모세포의 성숙과정을 조절하는 난포내 조절펩티드가 합성된다.

1) 릴 랙 신

릴랙신(relaxin)은 임신한 암컷에서 분비되는 펩티드호르몬으로서, 합성장소는 동물의 종

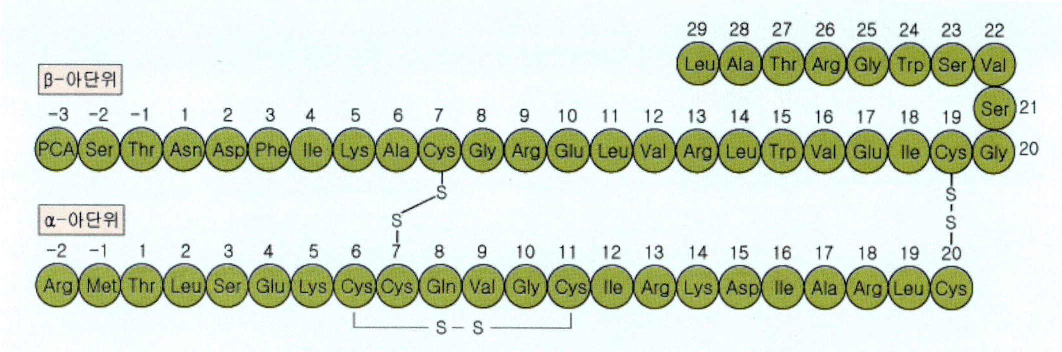

그림 2-16. 돼지 릴랙신의 일차구조

에 따라 다르다. 돼지·래트·마우스 등과 같이 전 임신기간에 걸쳐 기능황체가 유지되는 동물은 임신황체에서 분비되지만, 임신기간중에 황체가 퇴행되는 동물은 분비조직이 달라서, 사람은 황체, 말은 태반, 귀니아피그는 자궁에서 분비된다(Sherwood, 1988).

(1) 화학적 구조 : 릴랙신은 각각이 20개와 29개의 아미노산 잔기로 구성된 α-아단위와 β-아단위가 두개의 이황화결합으로 연결된 펩티드호르몬이며, 분자량은 5,700이다(Hafez 등, 2000). 사람을 비롯한 여러 종의 동물에서 일차구조가 결정되었지만, 이황화결합의 위치가 확인된 것은 돼지의 릴랙신 뿐이다(그림 2-16; Schwabe & McDonald, 1977).

(2) 생리작용 : 릴랙신은 임신기간의 경과와 더불어 분비량이 급격히 증가되어 임신말기에 최고 수준에 이르고, 분만 후에는 급속히 감소되면서 임신과 분만에 중요한 역할을 한다. 임신기간 중의 릴랙신은 ① 프로게스테론과 함께 자궁근의 수축운동을 억제하여 임신을 유지시키며, ② 원숭이에서는 자궁내막혈관의 증식을 촉진하여 태아로 가는 혈류량을 증가시켜서 태아의 성장에 필요한 영양소의 공급을 원활하게 하고, ③ 래트에서는 질의 성장을 촉진하고, 유선과 유두의 발달을 자극한다. 한편, 분만기에는 자궁경관과 질을 확장시키고, 골반인대(특히 천좌인대)를 연화시켜서 산도(産道, birth canal)를 넓게하여 분만을 용이하게 한다. 또한, 귀니아피그와 같이 태아의 크기가 산도에 대하여 상대적으로 큰 동물에서는 치골결합(pubic symphysis)을 유연한 치골간인대로 재구축하여 태아의 골반강 통과를 용이하게 하지만, 다른 동물에서는 이러한 작용이 없다.

2) 인 히 빈

인히빈(inhibin)은 수컷에서는 정소의 지지세포(Sertoli cell), 암컷에서는 포상난포의 과립막세포에서 분비되며, 뇌하수체의 FSH에 의하여 분비가 자극된다. 정소에서 인히빈의 농도는 정소정맥에서 보다는 정소의 림프나 조직액에서 높고, 난소에서도 같은 양상을 보이며, 수종의 동물에서는 난포액에서도 단리되었다(Knight, 1996; Mather 등, 1997).

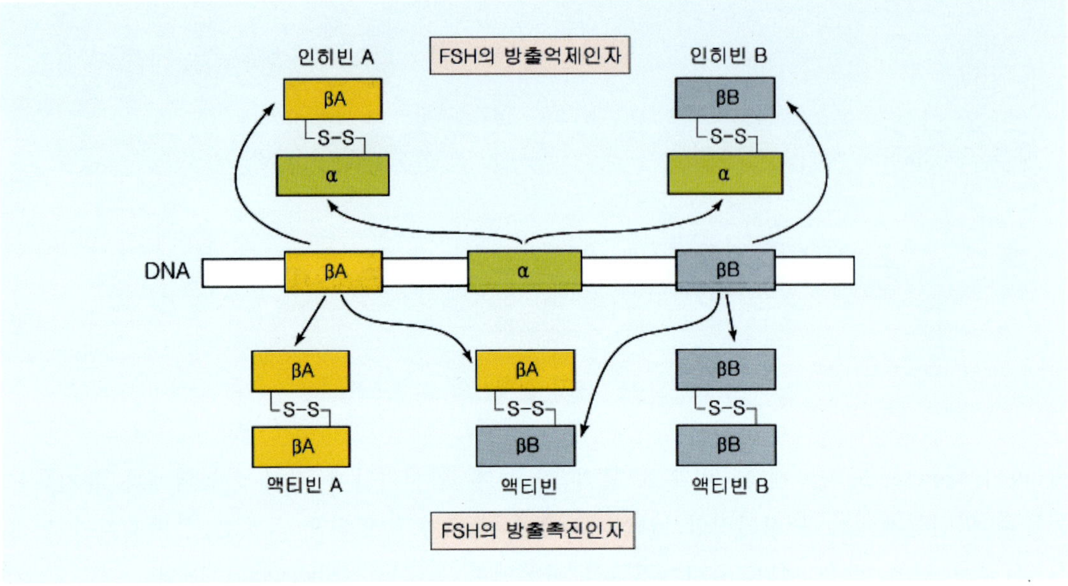

그림 2-17. 인히빈과 액티빈의 구조적 상관

(1) 화학적 구조 : 인히빈은 서로 다른 두개의 아단위, 즉 α-아단위와 β-아단위가 이황화결합으로 연결된 당단백질호르몬이다(그림 2-17). α-아단위는 134개의 아미노산 잔기로 구성된 폴리펩티드쇄에 탄수화물이 부착된 구조이고, 분자량은 18,000이다. 그러나, β-아단위는 두종류가 있는데, β_A-아단위는 116개, β_B-아단위는 115개의 아미노산 잔기로 구성되고, 분자량은 모두 14,000이다.

(2) 생리작용 : 인히빈은 뇌하수체에서 분비되는 FSH의 자극으로 분비되는 호르몬이지만, 기본적인 생리작용은 시상하부-뇌하수체계에 대한 부의 피드백기전으로 FSH의 분비를 억제하는 것이다. 암컷에서 인히빈은 난포발달과정의 마지막 단계에 다량으로 분비되는데, 이 인히빈은 배란 직전에 FSH의 합성·방출을 억제함으로써 LH에 의한 난포의 배란전 변화를 원활하게 하여 성공적인 배란이 일어나도록 조절한다. 수컷에서는 정자의 형성속도를 조절하는데, 뇌하수체에서 다량의 FSH가 분비되면 정자형성과정의 개시가 촉진되는 동시에, 인히빈의 다량으로 분비되고, 이 인히빈은 FSH의 분비를 저지하여 정자형성과정을 억제하며, 뒤이어 FSH의 분비감소로 인히빈의 분비가 감소되면 FSH가 다시 분비되어 정자형성과정이 재개된다(Edqvist & Stabenfeldt, 1992).

3) 뮐러관 억제물질

뮐러관억제물질(Müllerian inhibiting substance [MIS])은 태아의 정소에서 분비되는데, 최초의 분비세포는 지지세포(Sertoli cell)의 전단계 세포라고 추정되며, 지지세포가 형성된 후부터는 지지세포에서 분비된다. MIS의 분비량은 출생과 동시에 급속히 감소되어 성성숙기에는 기저수준을 나타낸다. 암컷에서는 성성숙기에 한하여 난포의 과립막세포에서 분비된다.

(1) 화학적 구조 : MIS는 분자량이 140kD 정도인 당단백질로서, 순수하게 정제되고, 화학구조적 특징도 명확하게 밝혀지었다(Josso & Picard, 1987; Donahoe 등, 1987).

(2) 생리작용 : MIS는 수컷 태아의 성분화에 중요하게 작용한다. 즉, 암컷 태아에서 난관·자궁·질의 상반부 등으로 분화되는 부중신관(뮐러관)을 억제하여 수컷 생식기관의 정상적인 분화·발달을 유도한다. 한편, 암컷에서는 난포내에 있는 난모세포의 감수분열을 억제하고, 난핵포(卵核胞, germinal vesicle)의 자발적 붕괴를 저지한다(Hafez, 1993).

4) 난포내 조절펩티드

포유동물의 난소에 위치하는 포상난포의 난포강에 함유되어 있는 난포액에서 몇 종류의 펩티드가 단리되었는데, 이것들은 호르몬과 유사한 작용기전으로 난포내에 위치하고 있는 난모세포의 성숙과정을 조절한다.

(1) 난모세포성숙억제인자 : 포상난포내에 있는 제1차난모세포의 감수분열을 억제하여 휴지상태를 지속시키는 인자를 난모세포성숙억제인자(oocyte maturation inhibitor [OMI]) 라고 한다. OMI는 분자량 2,000 이하의 펩티드로서, 난포의 과립막세포에서 생산된 다음, 난구세포를 통하여 제1차난모세포로 전달되어 제1감수분열을 억제한다. 과립막세포에서 OMI가 생산되는 것은 FSH의 지배하에 있는 포상난포에서 FSH의 자극으로 과립막세포의 방향족화효소(aromatase) 활성이 증대되어 내협막세포에서 합성된 안드로겐을 에스트로겐으로 전환시킴으로써, OMI생산에 억제적으로 작동하는 안드로겐의 수준이 낮게 유지되기 때문이다. 그러나, 배란기에는 급증된 LH의 작용으로 내협막세포에서 안드로겐이 다량으로 합성되고, FSH의 분비량이 감소되어 안드로겐이 에스트로겐으로 전환되는 것도 저지되기 때문에 안드로겐의 수준이 높게 유지된다. 이에 따라 OMI의 생산이 저지되면 제1감수분열이 재개되어 제1차난모세포가 제2차난모세포와 제1극체로 분열된다(Anderson 등, 1985).

(2) 액티빈 : 난포액에서 인히빈을 추출할 때 발견된 물질로서, 액티빈(activin)은 인히빈의 β-아단위 두개가 이황화결합을 한 펩티드이다(그림 2-18. 참조). 액티빈은 인히빈과는 반대로 FSH의 분비를 촉진한다. 액티빈의 FSH 방출촉진작용은 인히빈의 방출억제작용에 비하여 약하기 때문에 두 호르몬이 함께 있을 경우에는 액티빈의 작용이 발현되기 어렵다.

(3) 폴리스타틴 : 돼지의 난포액에서 분자량이 각각 31,000, 35,000 및 39,000인 단일폴리펩티드쇄를 검출하고, 이것들이 뇌하수체의 FSH 분비를 억제한다는 사실에 근거하여 폴리스타틴(follistatin)이라 명명하였다. 폴리스타틴은 액티빈 1분자에 2분자가 결합하는 액티빈-결합단백질로서, 액티빈과 결합하면 액티빈의 활성이 억제된다. 그러나, 폴리스타틴이 FSH의 방출을 억제하는 역가는 인히빈의 1/3~1/10에 불과하다.

제 4 절 태반 호르몬

포유동물 태반의 일차적 기능은 태아와 모체간에 일어나는 물질교환을 매개하는 것이다. 그러나, 다양한 스테로이드호르몬과 펩티드호르몬을 분비하여 임신의 유지와 분만의 개시에 중요한 역할을 한다. 태반호르몬은 배반포의 영양막에서 분화된 세포영양막과 합포체영양막에서 합성·분비된다.

1. 태반의 스테로이드 호르몬

태반에서는 프로게스테론과 에스트로겐을 합성·분비한다. 태반과 태아는 각각이 스테로이드호르몬의 합성에 필요한 효소 모두를 갖추고 있지는 않다. 그러나, 어느 한편에 없는 효소를 다른 한편이 갖추고 있음으로 양측이 하나의 기능단위로 작동하여 호르몬을 합성한다. 이와 같은 구조적 기능단위를 태아-태반단위(feto-placental unit)라고 한다.

1) 태반 프로게스테론

프로게스테론은 임신의 유지를 위하여 전 임신기간에 걸쳐 필요한 호르몬이지만, 일부의 동물종에서는 임신기간의 어느 시기에 임신황체가 퇴행되고, 태반이 프로게스테론의 분비기능을 이어 받는다. 그 시기는 임신기간의 시작으로부터 벵골원숭이는 21일, 사람과 면양은 50일이다. 말은 70일경부터 부황체에서 분비되고, 임신기간의 마지막 2개월은 태반에서 분비된다. 태반의 합포체영양막과 세포영양막에는 프로게스테론을 합성하는데 필요한 콜레스테롤 측쇄절단효소(CYP11A1)와 3β-수산화스테로이드 탈수소효소(3β-HSD) 모두를 가지고 있음으로 황체에서와 같은 경로를 통하여 독자적으로 프로게스테론을 합성할 수 있다(그림 2-14 참조). 태반에서 합성·방출된 프로게스테론도 모체의 순환계로 이행되어 황체에서 분비되는 프로게스테론과 동일한 생리작용을 발현한다(본 장의 제3절. 프로게스토겐 항목 참조).

2) 태반 에스트로겐

태반은 프레그네놀론이나 프로게스테론의 C_{17}에 부착된 측쇄를 제거하여 C-19스테로이드를 합성하는 CYP17효소(17α-hydroxylase/17-20 lyase)가 결여되어 있어 에스트로겐의 중간전구물질로 이용되는 안드로겐을 합성할 수 없다(안드로겐의 합성과정은 본장의 제3절. 안드로겐 항목 참조). 따라서, 태반이 에스트로겐을 합성하려면 안드로겐의 합성과정을 CYP17효소를 가지고 있는 태아의 부신에 의존하고, 태반이 태아의 부신에서 합성된 안드

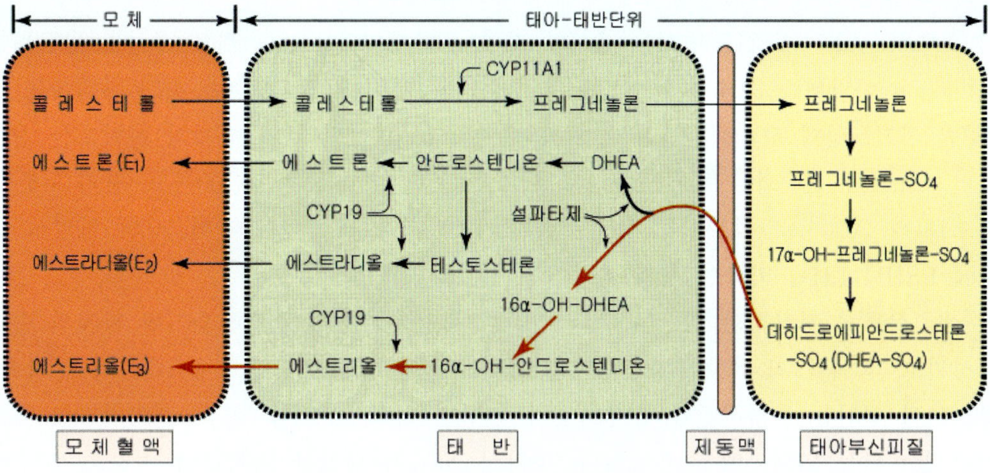

그림 2-18. 태반의 에스트로겐 합성과정

로겐을 받아서 에스트로겐으로 전환시킨다(그림 2-18; Lee, 2002a). 태반에서 임신말기에 대량으로 합성·분비된 에스트로겐은 분만과정과 유선의 발달에 대하여 중요한 역할을 한다. 에스트로겐은 ① 자궁근섬유의 막전위(膜電位)를 낮추는 수단을 통하여 자궁근의 흥분성을 증가시키며, ② 프로스타글란딘 합성효소(PG synthetase)의 활성을 증대시켜 $PGF_{2\alpha}$의 합성을 촉진하고, ③ 신경뇌하수체를 자극하여 옥시토신의 분비를 자극하며, ④ 자궁근층과 자궁내막에서 옥시토신-수용체의 수를 증가시킨다. 이러한 일련의 작용을 통하여 자궁근층의 수축활성을 증대시켜 분만을 유기한다. 한편, 유선에서 유선관계(乳腺管系)의 발달을 촉진하고, 프롤락틴의 분비를 자극하여 비유를 유기한다.

2. 태반의 단백질계 호르몬

포유동물의 태반에서는 동물종에 따른 임신생리학적 특성에 따라 다양한 단백질계 호르몬을 분비하여 임신의 유지와 태아의 발달이 원활히 이루어질 수 있도록 조절한다. 이 호르몬에는 융모성 성선자극호르몬·임마융모성 성선자극호르몬·태반성 락토겐 등이 있다.

1) 융모성 성선자극호르몬

융모성 성선자극호르몬(chorionic gonadotropin [CG])은 영장류의 태아측 태반을 구성하는 합포체영양막세포(合胞體營養膜細胞, syncytiotrophoblastic cell)에서 합성되며, 임신한 암컷의 혈액이나 오줌에서 검출된다. 사람에서 hCG는 배란 약 8일 후, 즉 배가 착상된 1일 후부터 검출되기 시작하며, 그 후 급속도로 증가되어 최초로 월경이 발견되지 않은 시각으로부터 약 30일 후에 최고치를 보이다가 급속히 감소된다.

(1) **화학적 구조** : hCG는 FSH나 LH와 같이 α-아단위와 β-아단위로 구성된 당단백질호르몬이다. α-아단위는 92개의 아미노산 잔기로 구성된 폴리펩티드쇄로서, 분자내에는 52번과 78번 아미노산에 탄수화물측쇄가 부착되어 있다. β-아단위는 145개의 아미노산 잔기로 구성되고, 6개의 탄수화물측쇄를 가지고 있다. hCG의 분자량은 36,700이고, 분자내에 중량기준으로 약 30%의 당성분이 함유되어 있다(Birken, 1984). 이와 같이, 당의 함량이 높기 때문에 FSH나 LH에 비하여 생리적 반감기가 훨씬 길다.

(2) **생리작용** : 정상적인 임신과정을 거치는 여자에서 hCG는 임신초기에 황체의 수명을 연장시키고, 황체를 자극하여 자궁내막의 유지·발달에 필요한 프로게스테론의 분비를 자극함으로써 임신을 유지시킨다. 한편, 분리·정제된 hCG는 화학구조와 생리기능이 뇌하수체에서 분비되는 LH와 매우 유사하다. 따라서, hCG는 난포를 자극하여 배란을 유발하고, 난포의 과립막세포를 황체세포로 전환시켜 황체를 형성하며, 황체의 기능적 수명을 유지시키는 생리적 기능을 발현한다. 그러나, hCG는 미약하지만, FSH의 기능도 가지고 있다.

2) 임마 융모성 성선자극호르몬

임마 융모성 성선자극호르몬(eCG)은 임신한 마과동물(*equidae*)의 태반에서 분비되는 성선자극호르몬으로서, 임신한 말의 혈청에서 최초로 단리되어 임마 혈청성 성선자극호르몬(pregnant mare serum gonadotropin [PMSG])이라고 명명되었기 때문에 오늘날에도 관용석으로 PMSG라는 병칭을 사용하고 있다. eCG는 임신한 마과동물 태반의 자궁내막배(子宮內膜杯, endometrial cup)에서 분비된다. 임신한 말에서 eCG는 임신 40일경부터 모체의 혈액에서 검출되기 시작하며, 임신 55~65일에 최고치를 나타내다가 그 후로는 계속 감소되는데, 임신 120~130일까지는 매우 낮은 수준으로 검출된다.

(1) **화학적 구조** : eCG는 96개의 아미노산 잔기로 구성된 α-아단위와 145개의 아미노산잔기로 구성된 β-아단위가 비공유결합으로 결합된 당단백질호르몬이다. eCG분자에는 분자량 기준으로 약 43%의 당이 함유되어 있는데, 각 아단위의 당함량은 β-아단위(50%)가 α-아단위(21%)에 비하여 훨씬 높다. 이와 같이, 당의 함량이 높아서 반감기가 약 6일로 길다. eCG는 분자량이 45,000~65,000으로 크기 때문에 오줌으로는 거의 배설되지 않는다.

(2) **생리작용** : 임신한 말에서 분비되는 eCG는 난소에 작용하여 다수의 난포를 발육시킨다. 발육된 난포가운데 소수는 배란되고, 나머지는 폐쇄되는데, 이것들이 부황체로 전환된 다음, 프로게스테론을 분비하여 임신을 유지시킨다. 여기에서 난포를 발육시키는 작용은 FSH와 유사한 생리작용이고, 배란과 부황체를 형성시키는 작용은 LH와 유사한 생리작용이다. 한편, 분리·정제된 eCG는 FSH와 LH의 생리작용을 겸비하고 있기 때문에 FSH와 같이 난포를 발육시키고, 혈중 에스트라디올-17β의 농도를 증가시키며, LH와 같이 배

란과 황체형성을 유도한다. 그러나, eCG는 LH의 작용에 비하여 FSH의 작용을 더 강하게 나타내는 생리적 특성이 있다. eCG는 임신한 말에서 쉽게 분리·정제할 수 있고, FSH의 생리작용이 강하기 때문에 인공적으로 배란을 유기할 때 난포발달의 촉진제로 이용된다.

3) 태반성 락토겐

포유동물의 태반에서 프롤락틴과 같이 유선조직을 자극하는 물질을 추출하고, 이것을 태반성 락토겐(placental lactogen [PL])이라 명명하였다. PL은 사람·원숭이·소·면양·햄스터·래트·마우스 등의 태반조직에서는 검출되었지만, 말·개·돼지 등에서는 보고된 바가 없다. PL의 분비는 임신말기로 갈수록 증가되는데, 면양의 혈액에서는 임신기간의 마지막 1/3 기간에서만 검출된다.

(1) 화학적 구조 : 사람의 PL은 191개의 아미노산 잔기로 구성된 단일폴리펩티드쇄로서, 53번과 165번, 182번과 189번 아미노산(cysteine) 상호간에 2개의 이황화결합을 가지고 있으며, 아미노산 배열로 결정한 분자량은 22,279이다. hPL의 아미노산 배열순서는 hGH와 96%, hPRL과 67%의 상동성을 나타낸다. 면양의 PL은 192개의 아미노산 잔기로 구성되었고, 분자량은 22,000~23,000이며, 등전점은 6.8~9.0이다.

(2) 생리작용 : PL은 화학적 구조가 GH와 PRL의 구조와 매우 유사함으로 생리적 기능도 이들 호르몬의 작용을 공유한다. PL이 가지는 GH로서의 기능은 모체의 중간대사와 태아의 성장을 조절하는 것이다. 사람에서는 PL이 태아의 성장과 발달을 직접적으로 자극하지는 못하고, 모체의 대사작용(탄수화물·지방·단백질의 대사)을 조절하여 태아의 성장에 필요한 영양소를 공급하는 간접경로를 통하여 태아의 성장·발달을 촉진한다. 그러나, 면양에서는 PL이 배 및 태아의 발달을 직접적으로 자극한다. 한편, PL은 임신기간 동안의 유선에서 일어나는 분비상피세포의 증식을 자극하고, 유즙을 합성하는 과정도 일정부분 자극한다. 소에서 PL의 수준을 보면 젖소는 고기소에 비하여 2배정도 높으며, 젖의 분비능력이 높은 소가 낮은 소에 비하여 높은 경향을 나타내는데, 이것은 PL이 젖의 합성·분비에 중요한 역할을 한다는 것을 의미한다.

제 5 절 기타의 생식관련 호르몬

포유동물의 생식기능은 주로 시상하부-뇌하수체-성선으로 이어지는 내분비적 조절기전에 의하여 영위되지만, 국소 호르몬으로 작동하는 프로스타글란딘과 광주기에 동조되어 분비되는 멜라토닌도 생식기능의 발현에 일정한 역할을 수행한다. 또한, 각종 생식기능이 정교하게 조절되고, 발현되는 과정은 다양한 성장인자에 의하여 조율된다.

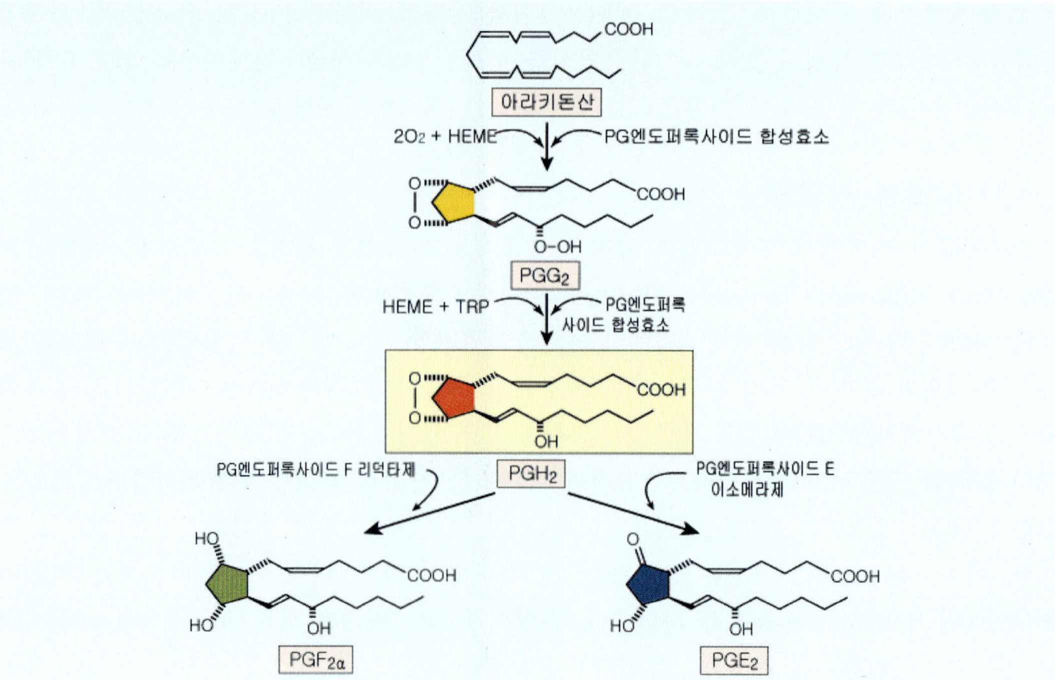

그림 2-19. 프로스타글란딘 $F_{2\alpha}$와 E_2의 합성과정

1. 프로스타글란딘

프로스타글란딘(prostaglandin [PG])은 신체의 거의 모든 조직에서 합성·분비되지만, 화학구조적으로 불안전하여 생산된 장소에서 국소적으로 생리작용을 발현하고, 곧바로 대사되어 불활성 물질로 전환되기 때문에 혈액에서는 검출하기가 어렵다. PG가운데 생식생리 분야에서 응용가치가 큰 것은 $PGF_{2\alpha}$이며, 많이 이용되는 합성제제로는 Lutalyse(Upjon, 미국)와 Estrumate(ICI, 영국)가 있다.

1) 화학적 구조와 합성과정

모든 PG는 5탄소환을 포함하는 20개의 탄소원자로 구성된 불포화수산화지방산으로서, 아라키돈산(arachidonic acid)을 원료로 합성된다. 아라키돈산은 사이클로옥시게나제(cyclo-oxygenase)의 작용으로 산화되어 C_8~C_{12}가 5탄소환으로 구성된 환상엔도퍼록사이드(cyclic endoperoxide)를 형성하는데, 이것에는 C_{15}자체가 카르복실기(-COOH)의 형태로 된 PGG_2와 C_{15}에 수산기(-OH)가 부착된 PGH_2가 있다. 이것들 중에서 PGH_2는 각각의 PG분비세포가 가지는 효소의 특성에 따라 여러 종류의 PG로 전환된다. 다양한 PG가운데 생식기능의 조절에 가장 밀접한 관계가 있는 $PGF_{2\alpha}$와 PGE_2는 각각 PG 엔도퍼록사이드 환원효소(PG endoperoxide reductase)와 PG 엔도퍼록사이드 이성화효소(PG endoperoxide isomerase)의 촉매로 PGH_2로부터 합성되며, 특히 난포(Le Marie 등, 1973) · 자궁(Horton & Poyser, 1976) · 뇌(Wolf & Coceani, 1979) 등에서 많이 합성된다(그림 2-19; Lee, 2002b).

2) 생리작용

PG는 신체의 거의 모든 조직과 기관에서 합성되어 매우 다양한 생리작용을 발현한다. 일반적으로, PG는 표적세포의 원형질막에 위치하는 수용체와 결합하여 아데닐레이트 사이클라제(adenylate cyclase)를 활성화시키고, 이것의 작용으로 생성된 제2전달물질(cAMP · cGMP)의 매개로 강력하고, 다양한 생리작용을 발현한다(본 장의 제1절. 원형질막수용체를 통한 호르몬의 작용기전 항목 참조). 그러나, PG는 전형적인 호르몬과는 달리 자기분비기전이나 인접분비기전을 영위하는 국소호르몬으로 작동한다. PG의 다양한 생리작용가운데 생식기능과 관련된 작용만을 골라서 기술하였다.

(1) 생식도관의 수축에 대한 작용 : 정액에 함유된 PG는 사정시 웅성생식도관을 수축시킬 뿐만 아니라, 암컷의 생식도관도 수축시켜 교배시 정자의 수송을 촉진한다. 사람의 정액에는 고농도의 PG가 함유되어 있는데, PG의 농도가 낮으면 정자의 수송이 장애를 받아 웅성불임의 한 원인이 된다. 또한, 수컷에서 음경의 발기를 촉진한다.

(2) 황체의 퇴행에 대한 작용 : 성주기를 반복하는 동물에서 자궁은 $PGF_{2\alpha}$를 분비하여 황체의 수명을 조절한다. 즉, 임신이 인지되지 않으면 자궁에서 분비된 $PGF_{2\alpha}$가 황체를 퇴행시킴으로써 프로게스테론의 분비가 저지되며, 이에 따라 발정주기가 개시된다. 자궁내막은 프로게스테론에 일단 노출된 다음에 에스트로겐의 자극을 받으면 $PGF_{2\alpha}$를 분비한다(Knickbocker 등, 1988). 자궁내막에서 합성된 $PGF_{2\alpha}$는 자궁의 정맥혈로부터 특수구조를 가진 순환경로를 통하여 곧바로 난소동맥으로 이행되기 때문에 대사되지 않고 황체로 전달되어 효과적으로 황체를 퇴행시킨다. 황체를 퇴행시키는 기전은 $PGF_{2\alpha}$가 혈관수축제로 작동하여 황체에 대한 혈액공급을 억제하고, 이에 따라 황체세포에서 산소결핍증이 유발되어 퇴행된다.

(3) 배란에 대한 작용 : 배란 직전에 있는 난포의 과립막세포에서 분비되는 PG는 배란과정에 관여하며, 면양과 소에서 PG의 합성을 억제하는 인도메타신(indomethacin)을 투여하면 배란장애가 일어난다(De Silva & Reeves, 1985). 분비된 $PGF_{2\alpha}$는 난포의 정점을 구성하는 배상피세포의 세포질에 위치하는 리소솜(lysosome)을 파괴시켜 배상피세포 자체를 용해시킬 뿐만 아니라, 난소를 수축시켜 난포의 파열을 유도한다. 한편, PGE_2는 플라스미노겐활성제(plasminogen activator)를 활성화시켜 플라스미노겐을 플라스민으로 전환시킨다. 플라스민은 조직세포를 이동시키는 작용을 가지는데, 난포벽의 조직세포를 이동시켜 배란반(排卵斑, stigma)을 형성함으로써 난포가 파열될 수 있는 조건을 만들어 준다.

(4) 분만에 대한 작용 : 분만기의 태반에서 다량으로 합성된 에스트로겐은 자궁내막을 자극하여 다량의 $PGF_{2\alpha}$를 분비시킨다. 분비된 $PGF_{2\alpha}$는 황체를 퇴행시키고, 자궁근의 수축을 자극하여 분만을 유도한다. 따라서, 진통기에는 $PGF_{2\alpha}$가 왕성하게 분비됨으로 혈장중에 $PGF_{2\alpha}$의 대사산물(13,14-dihydro-15-keto-$PGF_{2\alpha}$) 농도가 평상시에 비하여 10~20배나 증가된다. 한편, 분만시에 다량으로 방출된 옥시토신은 $PGF_{2\alpha}$의 합성·분비를 자극하며, 분비된 $PGF_{2\alpha}$는 신경뇌하수체의 옥시토신 분비를 자극한다. 이와 같이, 옥시토신과 $PGF_{2\alpha}$는 서로의 분비기능을 자극하는 상승효과를 나타내기 때문에 분만기에 자궁수축을 유발하는 이들 두 호르몬이 충분하게 분비된다.

2. 멜 라 토 닌

멜라토닌(melatonin)은 송과선(松果腺, pineal gland)에서 합성·분비되는 인돌아민(indole-amine)이며, 조류에서는 눈의 망막에서도 합성된다. 송과선에서 멜라토닌의 합성과 분비는 빛의 정보를 반영하는 명암주기(明暗週期)와 밀접한 관계가 있어서 암기에는 다량이 방출되고, 명기에는 기저수준을 유지한다.

1) 화학적 구조와 합성과정

멜라토닌의 화학적 본태는 인돌아민이며, 송과선의 송과선세포에서 광주기에 반응하여 합성·분비된다. 멜라토닌이 송과선세포에서 합성되는 생화학적 과정은 명확하게 밝혀졌다(Klein 등, 1997). 포유동물에서 광주기의 정보를 내분비적 출력으로 번역하는 광주기반응계(photoperiod response system)의 구성은 ① 눈의 망막에서 감지된 광자극이 망막로를 통하여 시상하부의 시교차상핵(SCN)에 수용되고, ② 이에 따라 시상교차상핵에서 발생된 신경신호가 흉부 척수를 통하여 상경신경절(supracervical ganglion)로 전달되며, ③ 전달된 신경신호가 암기의 신경신호이면 상경신경절에서 뻗어난 교감신경의 절후섬유에서 다량의 노르에피네프린이 방출되고, ④ 이 노르에피네프린은 송과선세포의 원형질막에 위치하는 β-아드레날린수용체와 결합하여 자극함으로써 세포내의 cAMP 수준을 증가시키며, ⑤ 상승된 cAMP는 멜라토닌 합성효소인 N-아세틸전이효소(N-acetyltransferase)의 생산을 촉진하고, ⑥ 이 효소의 작용으로 멜라토닌의 합성이 개시된다(그림 2-20의 좌반부).

멜라토닌은 아미노산인 트립토판(tryptophan)을 원료로 이용하여 여러 단계의 합성과정을 거치면서 합성되는데, 각 단계마다 서로 다른 별도의 효소가 반응을 촉매한다. 그러나, 트립토판이 5-수산화트립타민(5-hydroxytryptamine; serotonin)으로 전환되는 과정까지는 명기(明期)에서만 이루어지며, 이것은 경우에 따라 혈관으로 유입되어 신경전달물질로도 작동한다(그림 2-20의 우반부).

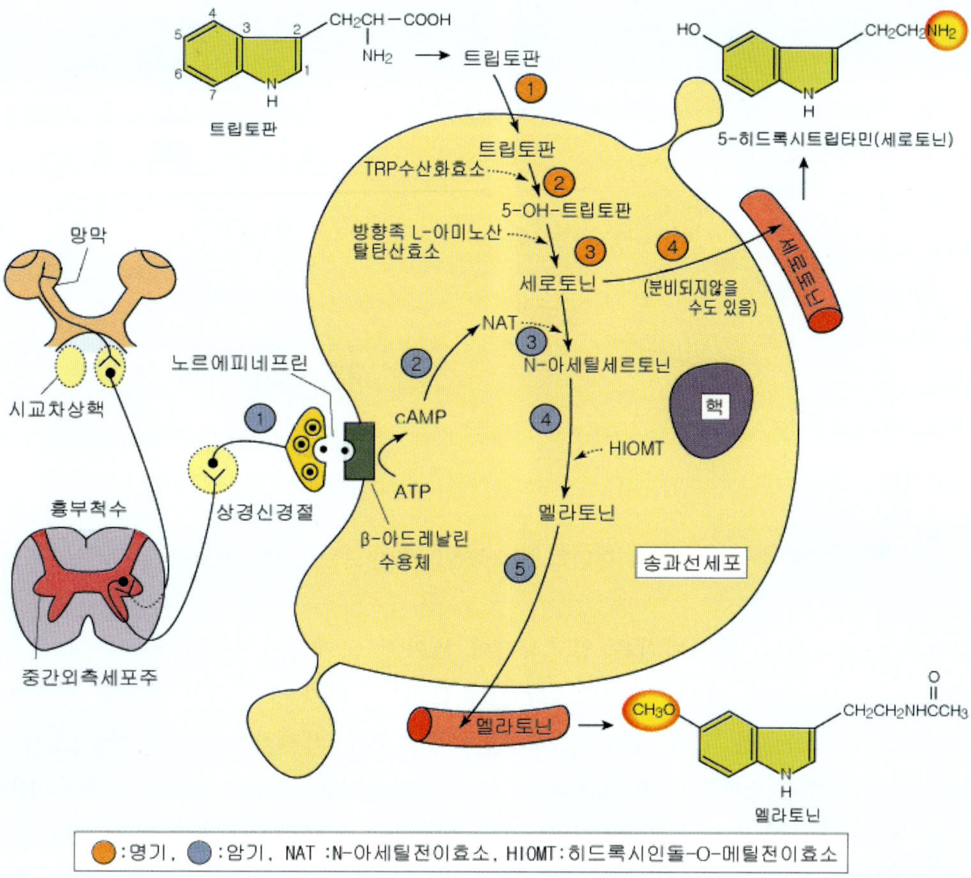

그림 2-20. 멜라토닌의 합성을 조절하는 신경경로와 합성과정

2) 생리작용

송과선은 시각계(視覺界, visual system)의 최종기관으로서, 광주기(光週期, photoperiod)에 따른 시각신호를 화학신호로 변환시킨다. 따라서, 송과선의 본질은 외부의 광주기와 내부환경 사이를 연결하는 매개체이며, 명암의 정보를 화학전달물질(멜라토닌)로 변환시키는 장소이다. 멜라토닌은 암기에서만 분비됨으로 어두움의 화학적 표현이다(Reiter, 1993). 포유동물에서 멜라토닌은 광주기의 변화에 수반하여 발현되는 생리작용을 조절하는데, 일상생활에서 보이는 개일성(概日性)리듬(circadion rhythm)이나 일주기(日週期)리듬(diurnal rhythm)을 포함하는 생명리듬(life rhythm)의 발현을 지배할 뿐만 아니라, 계절에 따른 생식활성의 변화도 지배한다.

(1) 계절적 번식활성의 조절 : 수명이 길고, 체격이 큰 포유동물의 일부는 자연환경가운데 변이의 폭이 가장 적은 광주기에 의존하여 매년 일정한 계절에만 생식활성이 발현되는

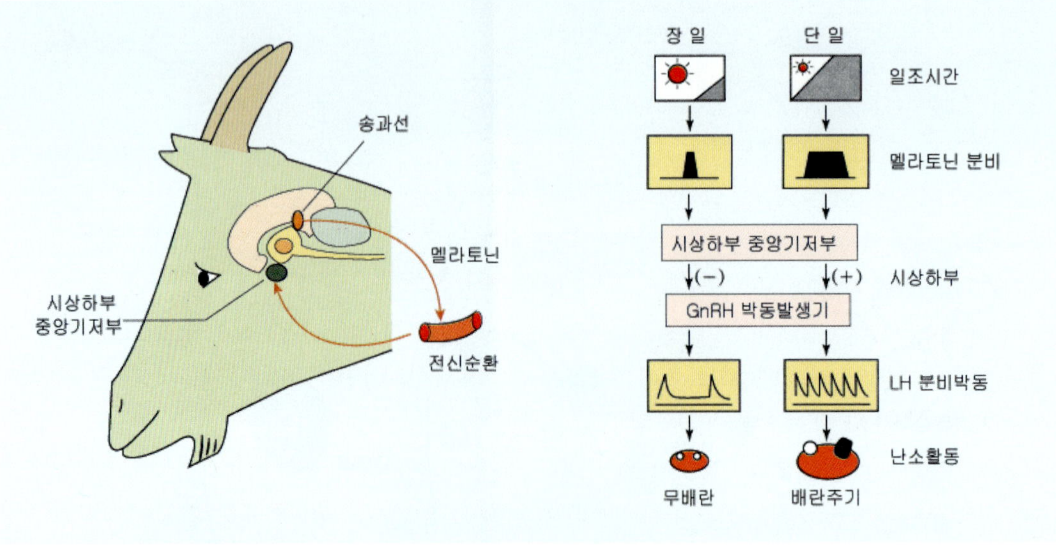

그림 2-21. 산양과 면양의 번식계절이 발현되는 신경내분비적 기전

계절번식을 영위한다. 계절번식은 일조시간이 짧아지는 계절에 다량으로 분비되는 멜라토닌에 의하여 시상하부-뇌하수체계의 GnRH와 GTH 분비가 조절되는 기전을 통하여 발현된다. 면양이나 산양과 같은 단일성 계절번식동물에서 비번식계절에는 장일(長日)자극에 의하여 멜라토닌의 분비가 감소되는데, 감소된 멜라토닌은 GnRH-분비뉴론의 GnRH 박동빈도를 억제하고, 이에 따라 FSH와 LH의 분비가 저지되어 무배란상태를 유지시킨다. 그러나, 번식계절이 도래하면 단일(短日)자극으로 많이 분비된 멜라토닌의 작용으로 GnRH의 박동빈도가 증가되고, 이에 따라 LH와 FSH의 분비가 촉진되어 성선이 활성화된다(그림 2-21; Tsubota, 1999). 반면에, 말과 같은 장일성 계절번식동물에서는 멜라토닌의 농도감소가 단일성 계절번식동물과 반대되는 기전으로 시상하부에 포착되어 GnRH 박동발생기를 활성화시킨다. 따라서, 장일성 계절번식동물에서는 장일자극으로 소량으로 분비되는 멜라토닌이 시상하부의 GnRH 분비박동을 증가시키고, 이에 따라 LH와 FSH의 방출이 촉진되어 성선이 활성화된다(Tsuboda, 1999).

(2) 성선기능의 저하작용 : 다량으로 분비된 멜라토닌은 시상하부-뇌하수체-성선축을 억제하여 번식기능을 장해한다. 따라서, 송과선을 제거하면 번식기능이 항진된다. 멜라토닌은 시상하부에서 일어나는 GnRH의 박동빈도를 발생시키는 역할을 하는 발진기(發振器, generator)의 발화율을 변경시켜 GnRH의 박동적 분비를 장해하며, 이에 따라 뇌하수체에서 FSH와 LH의 분비가 저지되고, 이어서 성선의 스테로이드호르몬 분비가 억제되는 등, 생식에 관련된 모든 호르몬의 분비가 순차적으로 억제된다. 이러한 내분비작용의 변동으로 성성숙·발정·배란 등과 같은 각종 생식작용이 억제된다.

3. 성 장 인 자

성장인자(成長因子, growth factor)는 동물체에 항상 존재하는 성분은 아니면서 필요에 따라 신체의 국소부위에서 신생되어 분비세포 자신이나 인접한 세포의 성장·증식·분화는 물론이고, 운동까지도 촉진하는 기능을 가진 물질을 말한다. 성장인자는 호르몬과 유사한 구조를 가진 폴리펩티드 또는 단백질로서, 주로 인접분비기전이나 자가분비기전으로 국소적인 조직의 증식과 재구축(remodeling)을 위한 유사분열활성을 발현한다. 각종의 생식기능이 정교하게 조정되고, 발현되기 위해서는 다양한 성장인자의 역할이 필수적이다.

1) 성장인자의 종류와 특성

동물체의 조직세포에서는 세포의 유사분열을 촉진하는 다양한 성장인자를 합성·방출한다. 성장인자는 ① 신경성장인자·표피성장인자·인슐린-양 성장인자 등과 같이 조직의 발생과 발달을 촉진하는 인자, ② 대식세포나 림프구에서 생산되어 면역계의 조절에 중요한 역할을 하는 사이토카인(cytokine), ③ 콜로니자극인자와 같이 적혈구나 백혈구의 증식과 성숙을 조절하는 인자 등의 3부류로 구분한다. 이러한 성장인자 가운데 생식현상의 발현과 조절에 관계가 깊은 성장인자만을 골라서 기술하였다.

(1) 인슐린-양 성장인자 : 소마토메딘(somatomedin)이라고도 부르는 인슐린-양 성장인자(insulin-like growth factor [IGF])는 뇌하수체에서 분비되는 GH의 자극을 받은 간장에서 주로 합성·방출된다. IGF는 IGF-1과 IGF-2의 2형이 존재하는데, 각각이 70개와 67개의 아미노산 잔기로 구성된 폴리펩티드쇄로서, 삼차구조를 포함하는 구조적 특징이 프로인슐린(proinsulin)과 매우 유사하다. IGF는 연골세포의 분화·증식을 촉진하고, 근육의 단백질 합성을 자극하며, 지방세포의 분열·성장을 촉진하여 체성장을 유도한다. 한편, IGF-1은 유사분열촉진인자로서, 스테로이드호르몬과 밀접한 연관관계를 가지면서 생식기능에도 중요한 역할을 수행한다. 즉, 난포의 과립막세포에서 분비되는 에스트로겐은 자가분비기전으로 과립막세포 자체의 IGF-1 분비를 자극하고, 이 IGF-1은 과립막세포의 유사분열을 촉진하여 난포의 형태적 성장을 유발하며, 이에 따라 에스트로겐의 분비도 증가된다. 또한, 임신 4~16일, 즉 발정주기의 황체기에 해당하는 시기의 자궁조직에서는 프로게스테론의 지배하에 IGF-1을 분비하여 자궁내막의 유사분열을 촉진한다. 닭의 배아에서는 섬유아세포의 증식을 촉진하다.

(2) 표피성장인자 : 마우스의 악하선에서 최초로 추출·정제된 표피성장인자(epidermal growth factor [EGF])는 53개의 아미노산 잔기로 구성된 직쇄상의 폴리펩티드이다. EGF가 발현하는 모든 생리작용은 표적세포의 증식을 자극하는 기능에 기반을 두고 있다. EGF에 의하여 증식되는 것이 증명된 조직세포는 섬유아세포(사람, 래트)·신경교세포(사람)·각막

세포(사람)·양막유래세포(사람, 소)·평활근세포(사람, 소)·난포의 과립막세포(소, 돼지, 사람)·각막내피세포(소)·혈관내피세포(사람)·자궁경부상피세포(사람)·유선상피세포(래트, 사람) 등이다. 이와 같이, 각종의 조직세포를 증식시키는 수단을 통하여 다양한 생리작용을 발현하지만, 생식과 관련된 기능은 ① 난포의 과립막세포를 자극하여 난포발달을 촉진하고, ② 배란 후에 파괴된 난소의 표면을 재생시키며, ③ 유선에서 분비상피세포의 증식을 촉진한다.

(3) 섬유아세포성장인자 : 섬유아세포성장인자(纖維芽細胞成長因子, fibroblast growth factor [FGF])는 소의 뇌하수체에서 최초로 발견된 염기성 단일폴리펩티드쇄로서, SDS겔 전기영동법으로 산정한 분자량이 13,300이다. FGF는 *in vitro* 실험에서 중배엽과 신경외배엽에서 분화된 세포들인 섬유아세포·혈관내피세포·연골아세포·골아세포·근아세포·교세포 등의 분열·증식을 촉진하는 기능을 나타낸다. 그러나, 생체내에서의 생리적 의미는 배반포의 착상과 배의 발달과정에서 요구되는 여러 종류의 세포에 대한 증식을 자극하는 것으로 알려져 있으며, 소의 난소에서는 황체세포를 자극한다.

(4) 신경성장인자 : 마우스의 악하선에서 최초로 단리된 신경성장인자(神經成長因子, nerve growth factor [NGF])는 700개의 아미노산 잔기로 구성된 단백질로서, 서로 다른 3종류의 폴리펩티드쇄, 즉 α-, β- 및 γ-아단위 각각이 쌍을 이루어 구성된다. NGF는 귀니아피그의 전립선·소의 정액·사람의 태반에서도 검출되고, 특히 뇌의 신피질·해마·후구에서도 합성되며, 이들 부위로부터 투사되는 클린작동성신경에 의하여 뇌의 다른 부위로 이행된다는 사실도 증명되었다. 따라서, 콜린작동성신경의 변성이 원이이 되어 발병되는 알츠하이머치매(Alzheimer's disease)의 치료제로 NGF가 이용될 가능성도 있다(Theonen, 1995). NGF는 교감신경세포를 성장·유지시킬 뿐만 아니라, 중추신경계에 대하여도 신경자극인자로서의 기능을 수행한다..

(5) 혈소판-유래 성장인자 : 혈소판에 존재하다가 혈청중으로 이행되어 세포의 증식을 촉진하는 인자를 혈소판-유래 성장인자(血小板由來成長因子, platelet-derived growth factor [PDGF])라고 한다. PDGF는 오직 한종류의 분자형 뿐이며, 사람의 것은 분자량이 18,000인 A쇄와 16,000인 B쇄가 몇개의 이황화결합으로 결합된 단백질이다(Norman & Litwack, 1987). PDGF의 일반적 생리작용은 혈관에 상처가 생겨서 혈소판이 트롬빈이나 콜라겐과 접촉하게 되면 세포질내에 저장된 PDGF가 방출되고, 이 PDGF는 백혈구를 상처부위로 유인하여 염증발생을 억제하며, 혈관의 재생에 필요한 평활근세포와 섬유아세포의 유사분열을 촉진하여 상처를 치유한다. 생식기능계에서 PDGF는 프로게스테론의 생산을 증가시키고, 배반포의 부화와 성장을 촉진한다.

(6) 트란스포밍(형질변환) 성장인자 : 정상세포를 악성종양세포로 전환시키는 작용을 가진 인자로 발견된 트란스포밍성장인자(transforming growth factor [TGF])는 종양세포 뿐

만 아니라, 정상조직과 태아에서도 합성·방출된다. TGF는 서로 다른 두종류의 분자, 즉 TGF-α와 TGF-β가 정제되었고, 이것들의 아미노산 배열순서도 결정되었다(Centrella 등, 1994). TGF-α는 50개의 아미노산 잔기로 구성된 펩티드로서, EGF와 상동성을 나타내며, EGF-수용체와 결합하여 EGF와 유사한 생리작용을 나타낸다. TGF-β는 112개의 아미노산 잔기로 구성된 펩티드쇄 두개가 결합된 동형이량체(homodimer)로서, 난포의 과립막세포와 협막세포, 그리고 난모세포에서도 합성되고, 강력한 성장억제활성을 나타낸다.

(7) **혈관내피성장인자** : 혈관의 신생을 자극하는 인자를 혈관내피성장인자(血管內皮成長因子, vascular endothelial growth factor [VEGF])라고 한다. 암컷의 생식기관은 생식주기에 따라 성장과 퇴행을 반복하며, 이에 비례하여 생식기관을 흐르는 혈액의 양도 변화된다. 이러한 혈액의 흐름을 원활하게 하기 위하여 성숙조직에서도 혈관신생(angiogenesis)이 계속된다. 난소의 난포와 황체에서 혈관신생인자(angiogenic factor)를 합성·방출하는데, 이 인자에는 FGF에 속하는 단백질과 VEGF에 속하는 단백질이 있다. VEGF는 소의 황체에서 최초로 검출되었고, 그 후에 면양의 황체에서도 검출되었다. VEGF는 황체의 형성과 퇴행이 반복되는 주기적 변화과정에서 황체가 성장할 때 새로운 혈관의 신생을 자극하여 황체에 대한 혈액공급이 원활이 일어날 수 있도록 한다(Redmer 등, 1996).

(8) **혈소판활성화인자** : 혈소판활성화인자(血小板活性化因子, platelet-activating factor [PAF])는 중호성백혈구·대식세포·내피세포·착상전의 배(胚) 등과 같은 수종류의 세포형에서 생산되는 인지질매개체(phospholipid mediator)이다. PAF는 혈소판의 응집, 모세혈관의 투과성, 그리고 과민증(anaphylaxis) 등에 관련된 다양한 생리적 및 약리적 반응을 유기한다. 한편, 생식과정에서도 일정한 역할을 수행하는데(Harper, 1989), 정자에서 생산된 PAF는 정자의 운동성을 증강시키고, 정자와 난자를 공배양(coincubation)할 때 체외수정률을 높인다. 또한, 사람의 배반포에서 분비되어 자가분비기전으로 착상을 돕고, 임신기에는 황체의 퇴행을 억제할 뿐만 아니라, 황체를 자극하는 기능도 있다.

(9) **종양괴사인자-α** : 종양괴사인자(腫瘍壞死因子, tumor necrosis factor [TNF])-α는 어느 종류의 종양에 대하여 출혈성괴사를 유발하는 인자이며, 대식세포 등에서 분비되는 사이토카인(cytokine)의 한 종류이다. TNF-α는 기본적으로 염증과 관계가 있지만, 암컷의 생식기능에도 관계가 깊어서 배우자의 발달, 자궁의 주기적 변화, 태반의 성숙 및 배의 발달에 관여한다(Hunt, 1993). 또한, 혈중 TNF-α의 농도가 상승되면 GnRH 박동발생기(pulse generator)의 활동을 억제한다. 세균감염에 속발하는 내독성(內毒性) 쇼크가 발생되었을 경우에 대식세포에서 다량의 TNF-α가 혈액으로 방출되고, 이것이 GnRH의 분비에 장애를 일으켜 일시적인 성선기능저하증을 유발하는 경우도 있다(Hashegawa, 1999). 한편, 면역조직화학적기법으로 난자의 세포질·퇴행난포의 과립막세포와 협막세포·난소의 간질조직 등에서도 TNF-α가 검출되었다. TNF-α는 FSH가 가지는 방향족화효소(aromatase)

의 활성화 기능을 억제하여 에스트로겐의 분비를 방해하고, LH의 프로게스테론 분비촉진 작용을 증강시킨다(Hashegawa, 1999).

(10) **릴랙신-양 인자** : 릴랙신-양 인자(relaxin-like factor [RLF])는 인슐린-양 성장인자(IGF) 족에 속하는 성장인자이며, 정소의 간질세포(Leydig cell)에서 다량으로 검출된다. 더욱이, 수종의 동물종에서는 난포의 협막세포와 발정황체 및 임신황체에서도 합성·방출된다(Ivell, 1997). 소에서는 RLF가 릴랙신과 유사하게 자궁경관과 치골결합을 이완시켜 산도를 넓히는 생리작용을 발현한다(Bathgate 등, 1996).

2) 성장인자와 생식기능

포유동물의 생식기능은 시상하부-뇌하수체-성선으로 이어지는 내분비적 조적축에 의하여 분비가 조절되는 FSH와 LH를 중심으로 영위되고 조절된다. 그러나, 난포의 발달· 배란난포와 폐쇄난포의 선택·난모세포의 성숙 등을 비롯한 많은 생식과정이 영위되는 기전은 FSH와 LH 수준의 주기적 변화만으로는 설명할 수 없다. 이에 따라 과거 20여년간 동물체의 국소부위에서 신생되어 자가분비기전이나 인접분비기전을 영위하여 표적세포의 FSH와 LH에 대한 반응성을 조절하는 성장인자에 대한 연구가 수행되어 왔다. 생식기능의 발현에 관여하는 성장인자들이 가지는 기능을 요약하면 표 2-7(Hafez 등, 2000)과 같다.

(1) **난소내의 성장인자** : 난소에서 난포의 발달은 기본적으로 뇌하수체에서 분비되는 FSH와 LH의 자극으로 이루어진다. 그러나, 세부적 난포발달과정을 보면 초기성장기의 난포에서는 매우 빠른 속도로 난포세포의 증식이 일어나고, 또한 난소에 존재하는 수 많은 난포 가운데 특정한 난포만이 발육이 개시된다. 이러한 현상은 FSH와 LH의 혈중농도와는 독립적으로 작동하는 성장인자에 의하여 이루어진다. *In vitro* 실험에서 난포의 협막세포에 대한 LH의 반응성과 과립막세포에 대한 FSH 및 LH의 반응성에 관여하는 수 많은 성장인자와 사이토카인이 확인되었는데, 액티빈·인히빈·IGF-1·EGF·FGF·TGF-α·TGF-β·β-NGF·TNF-α·인터류킨-1·인터페론-γ·엔도테린(endothelin) 등이 여기에 속한다(Findlay 등, 1986). 그러나, 이들 인자가 *in vivo*에서도 모두 효과를 나타내는 것은 아니며, 일부만이 활성을 나타낸다. IGF-1은 난포의 과립막세포에서 분비되는 에스트로겐의 자극으로 분비되는 인자로서, 자가분비기전으로 난포의 형태적 성장을 자극하며, 이에 따라 에스트로겐의 분비도 증강된다(Campbell, 1995). 그리고, 난소내의 많은 난포중에서 배란되기 위하여 급속히 성장할 난포의 선정은 난포조절단백질(follicle regulatory protein [FRP]) 및 선택유발단백질(selection inducing protein [SIP])과 같은 난포내조절단백질에 의하여 이루어지는 것으로 보인다(Foxcroft, 1992). 한편, 난포가 발달되면 그 속에 들어있는 난모세포는 세포질은 성숙하지만, 핵의 성숙분열은 과립막세포에서 분비되는 난모세포성숙억제인자(OMI)에 의하여 저지된다. 또한, 포상난포의 과립막세포에서 합성·방출되는 TNF-α는 난

표 2-7. 배발달과 난소의 기능에 영향을 미치는 성장인자

성 장 인 자	증명된 기능	연 구 자
EGF	나화 난모세포의 성숙에 대한 촉진효과	Lonergan 등 (1997)
EGF+IGF-1	체외배양 소 난모세포의 난구세포분산, 핵성숙, 수정란의 난활 등을 자극	Rieger 등 (1998)
EGF+IGF-1	두 성장인자가 단독 또는 공동으로 난구세포분산과 핵성숙을 자극	Lorenzo 등 (1994)
EGF, TGF	수정란의 배반포 발달률 증가	Kobayashi 등 (1994)
PDGF	배발달과정의 자극	Thibodeaux 등 (1993)
EGF	돼지난포에서 최소한 4종류의 EGF-관련펩티드 검출	Hammond 등 (1993)
VEGF	면양의 황체조직에서 검출되고, 황체의 급속성장을 자극	Redmer 등(1996)
TGF-α	PDGF와 공동으로 임신말기 황체의 프로게스테론 분비 자극	Liebermann 등 (1996)
GM-CSF	무혈청 배양액에서 배반포 발달률 증가	De Moraes 등 (1997)
IGF-1	발정기 소의 혈청 및 과립막세포와 조합된 고농도의 IGF-1은 배발달 촉진	Palma 등 (1997)
IGF-1, Insulin	공동처리로 소의 배발달률 증진	Matsui 등 (1995)
Interferon	소에서 자궁내막의 PG분비 감소	Danet-Denoyers 등 (1994)
Inhibin, Activin, IFG-1	난포에서 공동작용으로 FSH의 분비를 조절하여 우세난포를 선정	Mihn 등 (1997)
IGF+IGFBPs	소의 배란전난포에서 IGFBPs가 없으면 난모세포성숙과 배란에 중요한 IGF-1의 이용성 증가	Funston 등 (1995)
IGF-1+ IGFBPs	소에서 소량의 IGFBP-2와 증가된 협막세포의 hCG/LH 결합장소는 제 1난포발육파의 우세난포 성숙을 자극	Stewart 등 (1996)
IGF-1	소에서 난포발달과정중의 협막세포 유사분열과 LH-유기 스테로이드 합성에 있어서 상이한 역할	Stewart 등 (1995)
IGF-1	소에서 비배란난포 성숙의 최후단계에서 과립막의 증식능력 향상	Bao 등 (1995)
IGF-1	소의 난포에서 방향족화효소활성의 조절	Echternkamp 등 (1994)
IGF-1	조기이유시킨 암소에서 LH-분비박동의 증가	Bishop 등 (1994)

포의 협막세포에서 프로게스테론이 합성되는 것을 자극하고, 과립막세포에서의 프로게스테론 합성을 억제한다(Hafez, 1993). 난소에서 배란이 일어날 때 난포가 파열되는 데는 플라스미노겐활성제(plasminogen activator)의 작용으로 조직세포의 이동에 관여하는 플라스민의 합성이 필요하고, 배란시에 파괴된 난소의 배상피는 EGF의 작용으로 재생된다(Foxcroft, 1992). 난소에 존재하는 성장인자들의 주요기능을 요약하면, ① 난포발달에 관여하는 FSH와 LH의 활성을 증폭시키고, ② 난포의 발달을 완성시키며, ③ 배란될 난포를 선정하여 급속하게 발달시키고, ④ 나머지 난포의 성장을 억제하는 작용이다.

(2) 자궁내의 성장인자 : 자궁에서는 수 많은 종류의 성장인자를 합성・방출하여 임신과 분만에 따른 자궁의 성장과 수축을 조절한다. 자궁조직에서는 EGF를 분비하여 자궁내막세포의 원형질막에 에스터(ester)상태로 결합되어 있는 아라키돈산(arachidonic acid)을 방출시킨다. 이것은 프로스타글란딘으로 전환되어 자궁근의 수축을 자극한다. 또한, 자궁내막과

자궁근층에는 EGF-수용체를 가지고 있어서 EGF의 생리작용이 발현되는데, EGF-수용체의 수는 에스트로겐의 농도에 따라 조절됨으로 에스트로겐의 농도가 높을 때 신경계가 자극되어 자궁수축이 강력하게 일어난다. 한편, 임신 14~16일, 즉 발정주기의 황체기에 해당하는 시기에 자궁조직에서 프로게스테론의 지배하에 IGF-1을 분비하여 자궁내막의 유사분열을 촉진한다.

(3) 착상과 임신에 관여하는 성장인자 : 사람을 비롯한 수종의 동물에서는 접합체(接合體, zygote)에서 PAF를 분비한다(O'Neill, 1987). 이 인자는 수정란에서도 분비된다는 것이 밝혀짐에 따라 수태산물(受胎産物, conceptus)에서 최초로 분비되는 물질이라고 생각된다. 또한, 소에서 인공수정 7~16일 후에 혈소판감소증(thrombocytopenia)이 유발되는 점으로 볼 때, 이 기간에 많은 PAF가 분비된다는 것을 알 수 있다(Hansel 등, 1989). PAF는 자가분비기전과 인접분비기전으로 배와 모체에 모두 영향을 미치는데, 생리적 의미는 배아가 모체에 임신을 인지하도록 보내는 최초의 신호이다(King & Thatcher, 1992). 한편, 임신한 사람 · 마우스 · 면양 · 소 · 돼지의 혈장에서 임신-의존 단백질인 조기임신인자(early pregnant factor [EPF])가 검출된다(Koch, 1986). EPF의 분비는 수정란이 작은 분자량의 신호물질을 방출하여 난관에서 EPF-A의 생산을 자극하고, 이 EPF-A는 난소로 운반되어 EPF-B의 합성을 활성화시킨 다음, 이 두 아단위가 난소에서 결합하여 완전한 EPF 분자가 된다. 이와 같이, EPF는 수태산물이 보내는 신호에 의하여 난소에서 합성되는 관계로 볼 때, 모체의 임신인지에 중요하게 작동하는 것으로 보인다(King & Thatcher, 1992). 또한, EPF는 *in vitro* 실험에서 면역억제기능을 가지고 있음이 밝혀짐에 따라 착상기에 배를 거부하는 모체의 면역반응을 억제하는 기능을 수행하는 것으로 추정된다. 면양의 수태산물에서는 영양배엽단백질-1(營養胚葉蛋白質, trophoblastin, ovine trophoblastic protein-1 [oTP-1])을 분비하여 황체의 퇴행과 $PGF_{2\alpha}$의 활성을 억제(antiluteolytic-anti-$PGF_{2\alpha}$)하여 프로게스테론의 분비를 원활하게 한다. OTP-1은 오늘날에는 ϑ-인터페론으로 분류하는 분자량 19,000의 산성단백질이며, 임신 12일부터 21일까지의 사이에 분비된다(Vallet 등, 1988). 소의 수태산물에서도 oTP-1과 유사한 생리작용을 가진 bTP-1을 분비하여 황체의 퇴행을 방지한다. 한편, PDGF · IGF-1 · TGF-α · TGF-β 등은 접합체 · 상실배 · 배반포 등과 같은 배에서 유사분열을 촉진하여 성장 · 발달을 유도한다.

(4) 정소내의 성장인자 : 정소에서는 난소와는 달리 FSH나 LH의 생리작용을 매개하는 성장인자가 많지는 않으며, 다만 간질세포의 테스토스테론 분비를 조절하는 몇 종류의 성장인자는 분비된다. 정소의 간질세포에서는 POMC-유래 펩티드(proopiomelanocortin [POMC]-derived peptide)가 분비되는데(Bardin 등, 1984), 이것은 자가분비기전과 인접분비기전을 영위하여 간질세포의 테스토스테론 분비를 자극하고, 정소내 혈관의 투과성도 조절한다. 또한, β-엔도르핀(β-endorpin)도 간질세포에서 분비되어 자가분비기전으로 테스토스테론의 분비를

조절한다. 정소의 지지세포에서도 LHRH-양 물질(LHRH-like substance)을 비롯한 여러 종류의 단백질을 분비하여 인접분비기전으로 간질세포의 분비기능을 조절한다(Sharpe, 1982 ; Benahmed 등, 1985).

◈ 참 고 문 헌 ◈

1) Anderson, L. D., et al. 1985. Influence of hormones on the inhibitory activity of oocyte maturition present in conditioned media of porcine granulosa cells. Gamate Res. 12:119.
2) Argetsinger, L. S., et al. 1995. Growth hormone, interferon-gamma, and leukemia inhibitory factor promoted tyrosyl phosphorylation of insulin receptor substrate-1. J. Biol. Chem. 270:14685.
3) Barker, S. 1997. Mechanism of action of peptide hormones. In molecular endocrinology(G. Rumsby & S. M. Farrow eds.). BIOS Scientific Pub. p.47.
4) Bao, B., et al. 1995. Steroidgenic activity, insulin-like growth factor 1 production, and proliferation of granulosa and theca cells obtained the bovine estrous cycle: effects of low-density and high-density lipoproteins. Biol. Reprod. 53:1271.
5) Bardin, C. W., et al. 1984. Identification and possible function of proopiomelanocortin-derived peptide in the testis. Ann. New York Academy of Sci. 438:346.
6) Bathgate, R., et al., 1996. Relaxin-like factor gene is highly expressed in the bovine ovary of the cycle and pregnancy: sequence and messenger ribonucleic acid analysis. Biol. Reprod. 55:1452.
7) Benahmed, M., et al. 1985. FSH regulates cultured Leydig cell function via Sertoli cell proteins: an *in vitro* study. Biochem. Biophy. Res. Commun. 132:729.
8) Berridge, M. J. 1993. Inositol triphosphate and calcium signalling. Nature. 361:315.
9) Birken, S. 1984. Chemistry of human choriogonadotropin. Ann. Endocr. 45:297
10) Bishop, B., et al. 1994. Body energy reserves influence the onset of luteal activity after early weaning of beef cows. J. Anim. Sci. 72:2703
11) Bousfield, G. R., et al. 1994. Gonadotropins: chemistry and biosynthesis. In the physiology of reproduction(E. Knobil & J. D. Neill. eds.). Raven Press. p.1749.
12) Campbell, B. K. 1995. Control of antral follicle development and selection in sheep and cattle. J. Reprod. Fertil. Suppl. 49:334.
13) Centrella, M., et al. 1994. Transforming growth factor-B gene family members and bone. Endocr. Rev.15:27.
14) Chaterjee, V. K. K., et al. 1997. The steroid hormone superfamily of receptors. In molecular endocrinology(G. Rumsby & S. M. Farrow eds.). BIOS Scientific Publishers. p.77.
15) Cosman, D., et al. 1990. A new cytokine receptor superfamily. Trends Biochem. Sci. 15:265.
16) Danet-Desnoyers, G., et al. 1994. Natural and recombinant interferon T regulate basal and oxytocin induced secretion of prostaglandin F2α and E2 by epithelial cells and stromal cells in the epithelium. Reprod. Fertil. Dev. 6:193
17) de Moraes, A. A. and P. J. Hansen. 1997. Granulocyte-macrophage colony-stimulating factor promotes development of *in vitro* produced bovine embryos. Biol. Reprod. 57:1060.
18) DeSilva, M. and J. J. Reeves. 1985. Ovulation blockage by intrafollicular injection of indomethacin in the cow. J. Anim. Sci. 75:547.
19) Donahoe, P. K., et al. 1987. Müllerian inhibiting substance: gene structure and mechanism of action of fetal regressor. Recent Prog. Horm. Res. 43:431.
20) Echternkamp, S. E., et al. 1994. Relationships among concentrations of steroids, insulin-like growth factor 1, and insulin-like growth factor binding proteins in ovarian follicular fluid of beef cattle. Biol. Reprod. 51:971
21) Edqvist, L. E. and G. E. Stabenfeldt. 1992. Hormones of reproduction. In world animal science B. reproduction in domesticated animals(G. J. King ed.). Elsevier. p.55.
22) Evans, J. J. 1997. Oxytocin in the human-regulation of derivations and destination. Eur. J. Endocr. 137:559.

23) Findlay, J. K., et al. 1986. Intragonadal regulation of the follicular development and ovulation. Anim Reprod. Sci. 42:321.
24) Foxcroft, G. R. 1992. Aspects of ovarian function in non-pregnant females: female reproduction. In world animal science B. reproduction in domesticated animals(G. J. King ed.). Elsevier. p.132.
25) Funston, R. N., et al. 1995. Insulin-like growth factor-1(IGF-1) and IGF-binding proteins in bovine sera and pituitaries at different stages of the estrous cycle. Endocr. 136:62.
26) Hadley, M. E. 2000. Pituitary hormones. In endocrinology. 5th ed. Prentice Hall. p.90.
27) Hafez, E. S. E. 1993. Hormones, growth factors, and reproduction, In reproduction in farm animals. 6th ed.(E. S. E. Hafez ed.). Lea & Febiger. p.59.
28) Hafez, E. S. E., et al. 2000. Hormones, growth factors, and reproduction. In reproduction in farm animals. 7th ed.(E. S. E Hafez & B. Hafez eds.). Lippincott Williams & Wilkins. p.33.
29) Hammond, J. M., et al. 1993. The role of insulin-like growth factors and epidermal growth factor-related peptides in intraovarian regulation in the pig ovary. J. Reprod. Fertil. Suppl. 48:117.
30) Hamer, D. H., et al. 1993. A linkage between DNA markers on the X chromosome and male sexual orientation. Science. 261:321.
31) Hansel, W., et al. 1989. Low molecular weight lipid-soluble luteotropic factor produced by conceptuses in cows. J. Reprod. Fertil. Suppl. 37:11.
32) Harper, M. J. K. 1989. Platelet-activating factor: a paracrine factor in preimplantation stages of reproduction. Biol. Reprod. 40:907.
33) Hashegawa, H. 1999. Actions of growth factor/cytokine: control of reproductive function. In reproductive biology of mammals(Y. Takahashi ed.). Gakushou Pub. p.141.
34) Hashimoto, H. 1999. Biosynthesis and secretion of steroid hormones: control system of reproductive function. in reproductive biology of mammals(Y. Takahasi ed.). Gakushou Pub. p.126.
35) Hess, R. A., et al. 1997. A role for estrogen in the male reproductive system. Nature. 390:509.
36) Hillier, S. G., et al. 1994. Follicular oestrogen synthesis: the "two-cell, two-gonadotropin" model revisited. Mol. Cell. Endocr. 100:51.
37) Hillier, S. G., et al. 1995. Gonadotropin control of follicular function. Horm. Res. 43:216.
38) Imperato-McGinley, J. and W. J. Canovatchel. 1992. Complete androgen insensitivity: pathophysiology, diagnosis and management. TEM. 3:75.
39) Ivell, R. 1997. Biology of the relaxin-like factor(RLF). Rev. Reprod. 2:133.
40) Josso, N. and J. Y. Picard. 1986. Anti-Müllerian hormone. Physiol. Rev. 66:1038.
41) King, J. A. and R. P. Millar. 1995. Evolutionary aspects of gonadotropin-releasing hormone and its receptor. Cell. Mol. Neurobiol. 15:5.
42) Knickbocker, J. J., et al. 1988. Mechanisms of luteolysis in domestic livestock. Domes. Anim. Endocr. 5:91.
43) Knight, P. G. 1996. Role of inhibins, activins, and follistatin in the female reproductive system. Front. Neuroendocr. 17:476.
44) Kobayashi, K., et al. 1994. Influence of epidermal growth factor and transforming growth factor-alpha on *in vitro* maturation of cumulus cell-enclosed bovine oocyte in a defined medium. J. Reprod. Fertil.100:439.
45) Koch, E. 1986. Early pregnancy factor: it's significance as an indicator of fertilization and embryonic mortality. In embryonic mortality in farm animals(J. M. Sreenan & M. G. Diskin eds.). Martinus Nijihoff p.74.
46) Korach, K. S. 1994. Insights from the study of animals lacking functional estrogen receptor. Science. 266:1524.
47) Latronico, A. C., et al. 1995. A novel mutation of the luteinizing hormone receptor gene causing male gonadotropin-independent precocious puberty. J. Clin. Endocr. Metab. 80:2490.
48) Lechman, R. M., et al. 1986. Thyrotropin-releasing hormone precursor: characterization in rat brain. Science. 231:159.
49) Lee, K. S. 2002a. Placental hormones. In general endocrinology. Sunjin Pub. p.401.
50) Lee, K. S. 2002b. Prostaglandins. In general endocrinology. Sunjin Pub. p.435.
51) Lee, K. S., et al. 1968. Changes of thyroid function by large amount of radio-active iodine-131

and effects of the changes of adrenal gland, hypopysis and sexual cycle in mice. Korean J. Anim. Sci. 10:17.
52) Le Marie, W. J., et al. 1973. Preovulatory changes in the concentration of prostaglandins in rabbit Graafian follicles. Prostaglandins. 3:367.
53) Liebermann, J., et al. 1996. Effects of local growth factors on the secretory function of bovine corpus luteum during the oestrous cycle and prgnancy *in vitro*. Reprod. Fertil. Dev. 8:1003.
54) Loewi, O. 1921. Uebertragbarkeit der Herznervenwirkung. Pflüger's Arch. ges Physiol. 189:239.
55) Lonergan, P., et al. 1997. Bovine blastocyst production in vitro after inhibition of oocyte meiotic resumption for 24h. J. Reprod. Fertil. 109:355.
56) Lorenzo, P. L., et al. 1994. Enhansment of cumulus expansion and nuclear maturation during bovine oocyte maturation in vitro by the addition of epidermal growth factor and insulin-like growth factor 1. J. Reprod. Fertil. 100:697.
57) Mather, J. P., et al. 1997. Activins, inhibins, and follistatins: further thoughts on a growing family of regulators. Soc. Exp. Biol. Med. 215:209.
58) Matsui, M., et al. 1995. Insulin and insulin-like growth factor-1 stimulate the development of bovine embryos fertilized *in vitro*. J. Vet. Med. Sci. 57:1109.
59) Mihm, M., et al. 1997. Decline in serum follicle-stimulating hormone concentrations alters key intrafollicular factors involved in selection in dominant follicle in hifers. Biol. Reprod. 57:1328.
60) Meyer, D. J., et al. 1994. Growth hormone induces a DNA binding factor related to the interferon-stimulated 91KDa transcription factor. J. Biol. Chem. 269:4701.
61) Norman, A. W. and G. Litwack. 1987. Cell growth factor: platelet-derived growth factor. In hormones. Academic Press. p.729
62) O'Neill, C. O. 1987. Embryo-derived platelet activating factor: a preimplantation embryo mediator of maternal recognition of pregnancy. Domes. Anim. Endocr. 4:69.
63) Palma, G. L., et al. 1997. Effect of insulin-like growth factor 1 at high concentrations on blastocyst development of bovine embryos produced *in vitro*. Fertil. 100:347.
64) Pool, R. 1993. Evidence for homosexuality gene. Science. 26:291.
65) Pratt, W. B. 1993. The role of heat shock proteins in the regulating the function, folding and trafficking of the glucocorticoid receptor. J. Biol. Chem. 268:21455.
66) Reiter, R. J. 1993. The melatonin rhythm: both a clock and a calendar. Experientia. 49:654.
67) Rieger, D., et al. 1998. The effect of epidermal growth factor and insulin-like growth factor 1 on the metabolic activity, nuclear maturation and subsequent development of cattle oocytes. J. Reprod. Fertil. 112:123.
68) Shwabe, C. and J. K. McDonald. 1977. Relaxin: a disulfide homology of insulin. Science. 197:914.
69) Setchell, B. P. 1978. Endocrinology of testis. In the mammalian testis. Paul Eleck. p.109.
70) Sherwood, O. D. and W. H. McShan. 1977. Gonadotropins. In reproduction in domestic animals(H. H. cole & P. T. Cupps eds.). Academic Press. p.17.
71) Sherwood, O. D. 1988. Relaxin. In the physiology of reproduction(E. Knobil & J. D. Neill eds.). Raven Press. p.585.
72) Shimada, K., et al. 1986. Arginine vasotocin(AVT) release in relation to uterine contractibility in the hen. Gen Comp. Endocr. 64:362.
73) Simmoni, M., et al. 1997. The follicle-stimulating hormone receptor: biochemistry, molecular biology, physiology and pathophysiology. Endocr. Rev. p.739.
74) Spaulding, S. W. 1993. The ways in which hormones change adenosine 3'5'-monophosphate-protein kinase subunits, and how such changes affect behavior. Endocr. Rev. 14:632.
75) Stanczyk, F. Z. 1991. Steroid hormones. In infertility, contraception and reproductive endocrinology (D. R. Mishell et al., eds.). Blackwell Scientific Pub. p.483.
76) Stewart, R. E., et al. 1995. Effects of insulin-like growth factor 1 and insulin on proliferation and on basal and luteinizing hormone-induced steroidgenesis of bovine thecal cell: involvement of glucose and receptors for insulin-like growth factor 1 and luteinizing hormone. J. Anim. Sci. 73:3719.
77) Stewart, R. E. 1996. Insulin-like growth factor-1(IGF-1) binding proteins, luteinizing hormone and

IGF-1 receptors, and steroids in dominant follicles during the first follicular wave in cattle exhibiting regular estrous cycles. Endocr. 137:2842.

78) Tenover, J. L. 1997. Testosterone and the aging male. J. Androl. 19:323.

79) Theonen, H. 1995. Neurotropins and neuronal plasticity. Science. 270:593.

80) Thibodeaux, J. K., et al. 1993. Role of platelet-derived growth factor in development of *in vitro* matured and *in vitro* fertilized bovine embryos J. Reprod. Fertil. 98:61.

81) Thotakura, N. R. and D. L. Blithe. 1995. Glycoprotein hormones: glycobiology of gonadotropins, thyrotropin and free α-subunit. Glycobiol. 5:3.

82) Tsubota, T. 1999. Seasonal breeding: reproductive cycle. In reproductive biology of mammals(Y. Takahashi ed.). Gakushou Pub. p.48.

83) Vallet, J. L., et al. 1988. Effect of ovine conceptus secretory proteins and purified ovine trophoblast protein-1 on interestrus interval and plasma concentrations of prostaglandin $F_{2\alpha}$ and E and of 13,14-dihydro-15-keto prostaglandin $F_{2\alpha}$ in cyclic ewes. J. Reprod. Fertil. 84:493.

84) VanderKuur, J. A., et al. 1995. Growth hormone-promoted tyrosyl phosphorylation of SHC proteins with Grb2. J. Biol. Chem. 270:7587.

85) Wall, M. A., et al. 1995. The structure of the G protein heterotrimer $Gi\alpha_1\beta_1\gamma_2$. Cell. 83:1047.

86) Weigel, N. C. 1996. Steroid hormone receptors and their regulation by phosphorylation. Biochem. J. 319:657.

87) Wolf, L. S. and F. Coceani. 1979. The role of prostaglandins in the central nervous system. Annu. Rev. Physiol. 41:669.

88) Zimmerman, G. A., et al. 1993. Juxtacrine intercellular signalling: another way to do it. Amer. J. Respir. Cell Mol. Biol. 9:573.

제 3 장

정액의 구성과 인공수정

인공수정(人工授精, artificial insemination)은 인류가 최소한 600년 전부터 시도한 생식공학기술로서, 종모축(種牡畜, sire)으로부터 정액을 채취하여 체외에서 일정한 처리를 한 다음, 수태(受胎, fecundation)를 목적으로 종빈축(種牝畜, dam)의 생식기관내로 주입하는 기술적 과정을 말한다. 따라서, 인공수정은 암컷의 생식기관내에서 정자와 난자가 만나서 합체되는 과정을 말하는 수정(受精, fertilization)과는 구별되는 용어이다. 자연교배(自然交配, natural mating)의 경우에는 암컷과 수컷이 교미를 하는 것으로서 정액의 주입에 필요한 모든 과정이 끝나지만, 인공수정의 경우에는 사람이 이 과정을 대행하기 때문에 정액의 ① 채취, ② 검사, ③ 희석, ④ 보존, ⑤ 주입 등과 같은 여러 단계의 기술적 과정이 필요하다.

제 1 절 개 설

인공수정은 고전적 생식공학기술이지만, 단일기술로는 가축의 유전적 개량에 가장 큰 공헌을 하였다. 즉, 유전적 능력을 검증받은 종모축 한 마리는 인공수정을 통하여 연간 수만 마리의 자손을 얻을 수 있기 때문에 가축집단 전체의 유전적 능력을 크게 향상시킬수 있다. 반면에, 암컷에서는 배이식기법을 동원하여도 얻을 수 있는 자손의 수가 적어서 가축집단의 유전적 개량에 대한 공헌도가 제한적일 수 밖에 없다.

1. 인공수정의 역사

인공수정에 관한 최초의 기록은 1320년경 아라비아에서 암말의 생식기내에 솜을 삽입한 후에 자연교미를 시키고, 정액을 흡수한 솜을 꺼내어 원거리로 수송한 다음, 다른 암말의

이용빈 박사　　김영묵 박사　　김선환 박사

그림 3-1. 우리나라의 인공수정 발전에 공헌한 분들

생식기내에 넣어 수태를 성공시켰다는 것이지만, 포유동물의 번식에 과학적인 인공수정을 최초로 도입한 사람은 이탈리아의 생리학자 Spallanzani이다. 그는 1780년에 30두의 암캐에 인공수정을 시술하여 18두에서 임신을 성공시켰다. 그러나, 인공수정을 가축의 개량과 생식기질병의 전파를 방지하기 위한 수단으로 응용하여 큰 성과를 얻음으로써 오늘날에 시술되는 인공수정의 기초를 확립한 사람은 러시아의 Ivanov(1907)이다. 그는 말을 중심으로 인공수정의 연구를 시작하였지만, 1930년경부터는 공동연구자들과 함께 소나 면양의 인공수정에 관한 연구도 수행하였다. 이들의 연구는 가축에 대한 정액의 채취·보존·주입 등과 같은 실용적 기술을 크게 발전시켰다. 더욱이, Ivanov는 인공수정기술자의 양성에도 힘을 기울여 자기나라 뿐만 아니라, 세계 각국에서 온 연구생들에게도 인공수정기술을 습득시켜 인공수정이 전 세계적으로 확산되는 계기를 마련하였다. 그러나, 1900년대 초반까지는 주로 정액의 취급과 주입을 위주로 한 연구가 수행되었으며, 1900년대 중반부터 정액의 채취를 위한 인공질이 개발되고, 시트르산나트륨(sodium citrate)과 글리세롤을 사용하여 정액의 액상 및 동결 보존이 가능해짐에 따라 인공수정기술이 획기적으로 발전되었다. 또한, 이 기간에 가축의 번식프로그램에 인공수정기술을 도입하게 되고, 상업적인 인공수정센터가 설립되기에 이르렀다. 덴마크에서 1936년에 인공수정협회가 창립되어 젖소의 인공수정과 전염병의 방지에 진력하였으며, 미국에서도 1937년에 Perry의 노력으로 뉴-저지주에서 최초로 협동적 인공수정협회(cooperative artificial breeding association)가 설립되었다. 오늘날에는 세계의 모든 나라에서 인공수정을 관장하는 조직이 운영되어 가축의 번식에 대한 다양한 서비스를 제공하고 있다.

한편, 우리나라에서는 서울대학교의 이용빈(李用斌)교수(1915~2001)와 충남대학교의 김영묵(金榮默)교수(1917~　)가 거의 같은 시기에 일본에서 인공수정기술을 습득하고 귀국하여

1940년대 초반에 최초로 소개하였다. 그 후, 김영묵교수는 1953년부터 미국 위스콘신대학에서, 이용빈교수는 1954년부터 미네소타대학에서 수정생리와 인공수정을 연구하고 돌아와 생식생리에 관한 기초적 연구를 수행하는 동시에, 인공수정기술의 연구와 보급에도 진력하였다. 이를 기초로 하여 많은 연구자들이 인공수정에 관한 다양한 연구를 수행하여 우리나라의 인공수정기술도 크게 발전되었다. 그러나, 인공수정이 본격적으로 보급되기 시작한 것은 오스트리아에서 수학하고 귀국한 김선환(金善煥)박사(1926~ ?)가 1962년 농업협동조합 중앙회에 가축인공수정소를 설치하고, 전국적인 조직망을 구축한 후부터이다. 현재에는 농업협동조합 중앙회 산하의 가축개량사업소가 젖소와 한우의 정액을 생산·보급하면서 전국적인 인공수정사업을 관장하고 있다.

2. 인공수정의 의의

인공수정을 시술하는 주 목적은 가축의 번식프로그램에 적용하여 가축집단의 유전적 능력을 향상시키는데 있지만, 부수적으로 수 많은 경제적 이득도 얻을 수 있다. 즉, 가축의 번식에 인공수정을 도입하여 얻을 수 있는 이점은, ① 한 마리의 종모축에서 1회에 채취한 정액을 희석하여 다수의 암컷(젖소의 경우 300~1,200두)에 수정할 수 있음으로 종모축의 이용효율을 극대화시킬 수 있고, ② 따라서 종모축의 사양관리에 필요한 경비와 노력을 절감할 수 있으며, ③ 한 마리의 종모축에서 채취한 정액으로 단시간내에 다수의 암컷에 수정하여 얻은 새끼로 후대검정(後代檢定, progeny test)을 조기에 끝낼 수 있음으로 유전적 능력이 검증된 종모축을 번식에 공용하여 가축집단의 유전적 개량을 가속화할 수 있고, ④ 자연교배에 의하여 전염될 수 있는 트리코모나스증(trichomoniasis)·비브리오증(vibriosis)·브루셀라병(brucellosis)·렙토스피라병(leptospirosis)·질염(vaginitis) 등과 같은 전염병은 물론이고, 피부병이나 외부기생충의 감염도 예방할 수 있으며, ⑤ 정액성상을 검사하여 질이 좋은 정액을 암컷의 생식기내에 깊게 주입함으로써 수태율을 향상시킬 수 있고, ⑥ 유전적 능력은 뛰어나지만, 자연교배가 불가능한 개체도 번식에 공용할 수 있으며, ⑦ 정액의 원거리 수송이 가능하게 되어 정액의 국제간 무역이 활성화되고, ⑧ 동결정액을 이용하면 종모축이 죽은 후에도 그 후손을 생산할 수 있으며, ⑨ 생식생리학분야의 학문연구에 하나의 수단으로 이용될 수도 있다.

이와 같이, 인공수정은 많은 이점이 있는 반면에, 단점도 있다. 즉, ① 종모축이 잘못 선발되어 불량한 유전형질을 가지고 있을 경우에는 자연교배에 비하여 피해의 범위가 넓을 뿐만 아니라, 수습하는데 오랜 기간이 소요되고, ② 기구나 정액을 비위생적으로 취급하면 오히려 생식기질병을 만연시킬 우려가 있으며, ③ 숙련된 기술자와 시설이 필요하고, ④ 한번의 교배를 위하여 소요되는 시간이 자연교배에 비하여 길며, ⑤ 방목을 하는 가축에서

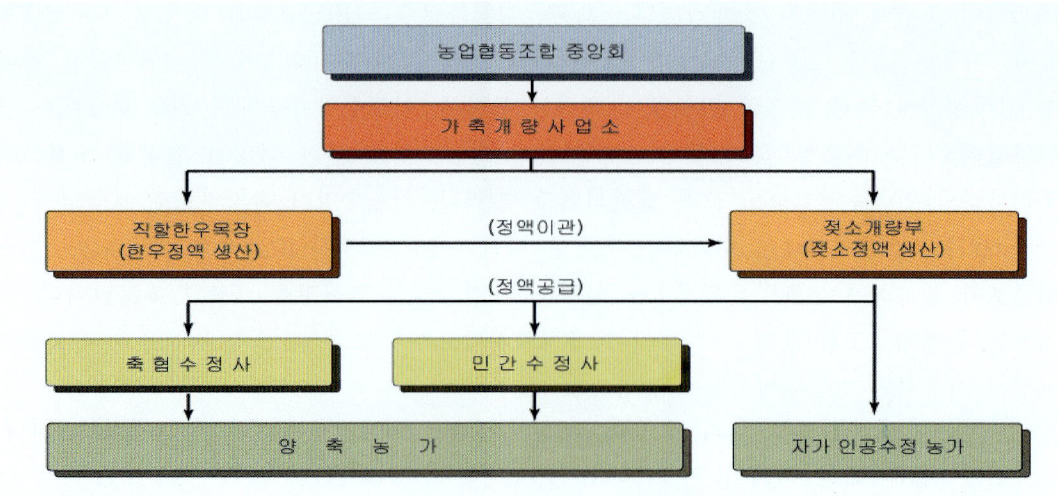

그림 3-2. 우리나라의 인공수정 조직

는 인공수정의 시술이 어렵다. 그러나, 이러한 단점들은 인공수정기술을 연마하고, 기구와 정액의 취급에 세심한 주의를 기울이면 극복할 수 있는 문제이기 때문에 인공수정의 시술과 보급에 본질적인 장애는 되지 않는다.

3. 우리나라의 인공수정조직

우리나라의 인공수정조직은 1962년 1월 17일에 농업협동조합중앙회 산하의 가축인공수정소로 출발하였으며, 1976년 12월 31일 농업협동조합에서 축산업부분이 분리되어 축산진흥회로 독립됨에 따라 축산진흥회 산하의 가축개량사업소로 개편되었고, 1981년 1월 1일 축산진흥회가 축산업협동조합으로 확대·개편됨에 따라 축산업협동조합중앙회 산하의 가축개량사업소가 되었으며, 이후 유우개량사업소와 한우개량사업소로 분화되었고, 1996년 1월에는 유우 및 한우 개량사업소가 축산업협동조합중앙회 산하 가축개량본부의 유우개량부와 한우개량부로 확대·개편되었다. 그러나, 2000년 7월에 축산업협동조합과 농업협동조합이 통합됨에 따라 가축개량본부가 농업협동조합중앙회의 가축개량사업소로 개편되었다. 가축개량사업소(충청남도 서산시 운산면 소재)는 직접 관할하는 목장에서 후대검정을 마친 한우 종모우를 사육하면서 한우동결액을 생산하는 한편, 그 산하에 젖소개량부(경기도 고양시 원당구 소재)를 두어 젖소동결정액을 생산한다. 그러나, 동결정액의 공급은 젖소개량부로 일원화되어 있어 가축개량사업소가 직할하는 목장에서 생산한 한우동결정액을 젖소개량부로 이관한다. 젖소개량부에서는 한우정액과 젖소정액을 모두 보관하면서 전국의 축협인공수정소와 민간수정소, 그리고 자가수정농가에 냉동정액과 액체질소를 정기적으로 공급하여 준다. 따라서, 축협 및 민간 수정소에서는 동결정액을 액체질소통에 보관하면서 양축농가의 요청에 따라 출장하여 인공수정을 시술하며, 다두사육농가에서는 자가 소유의 액체질소통에 공급받은 냉동정액을 보관하면서 사육하고 있는 소의 개량에 적합한 정액을 골라서 자기가 직접 인공수정을 시술하고 있다(그림 3-2).

4. 인공수정의 과제

인공수정기술의 개발에 선구자적 역할을 수행한 러시아의 Ivanov가 1912년에 소의 정액을 로크용액(Loke's solution)으로 희석하여 냉장온도(+2℃)에 보존하면서 인공수정에 성공한 이래(Gordon, 1996), 정액의 장기보존에 대한 연구가 끊임없이 수행되어 왔다. 그러나, 정액보존방법에 대한 획기적 연구성과는 1950년대에 글리세롤을 동해방지제로 사용하여 소의 정액을 동결보존하는 방법이 개발된 것이다(Polge & Rowson, 1952). 더욱이, 동결정액은 보존성이 뛰어나 1957년에 동결보존된 소의 정액이 37년이 경과한 1994년까지도 운동성과 수정능이 손상되지 않았다(Leibo 등, 1994). 또한, 1970년에는 소 정액의 동결에 미니스트로(mini-straw; 0.25㎖)가 사용되어 0.5㎖ 스트로에 비하여 수태율이 저하되지 않으면서도 정액의 이용효율을 높일 수 있고, 하나의 용기에 다량의 정액을 쉽게 보존할 수 있는 길이 열리게 되었다(Johnson 등, 1995). 이와 같이, 소 정액의 동결보존법이 개발됨에 따라 소의 증식과 개량에 인공수정기술이 크게 기여하였고, 이를 기반으로 말・돼지・면양・산양・닭 등에서도 번식프로그램에 인공수정기술이 적용되고 있으며, 앞으로는 애완동물이나 특수동물에 대하여도 보급될 것으로 기대된다.

인공수정기술은 가축의 개량・증식 뿐만 아니라, 사람의 불임증치료에도 매우 유용하게 이용되고 있지만, 앞으로 연구・개발하여야 할 분야도 많이 남아 있다. 첫째, 인공수정의 시술이 편리하고, 노력을 최소화할 수 있도록 기구나 기계의 개량과 개발이 필요하다. 예를 들면, 정액의 채취에 가장 광범위하게 이용되고 있는 인공질의 고무내통을 폴리에틸렌 필름(polyethylene film)으로 대체하면 동결-융해 후의 정자생존성이 오히려 좋아졌다는 결과(Woo 등, 1994)를 보면, 여러 모로 편리한 일회용 내통을 개발하는 것이 가능하다고 생각된다. 둘째, 정자의 수정능력을 손상시키지 않으면서도 정액을 더욱 간편하게 보존할 수 있는 방법이 개발되어야 한다. 소 정액의 동결보존방법이 개발된지 50년이 경과된 지금까지도 동결-융해과정에서의 생존률이 50%에도 미치지 못한다는 사실을 감안하면(Foote & Parks, 1993), 동결정액의 제조시에 사용되는 희석액이나 동해방지제, 그리고 동결방법 등을 종합적으로 검토하여 융해 후의 생존성을 높임으로써 정액의 이용효율을 증대시킬 수 있는 방안을 탐색하는 것이 필요하다. 또한, 현재까지 정액의 보존에 주로 이용되는 동결보존 이외에 새로운 보존방법도 개발되어야 한다. 예를 들면, 정자를 동결건조(Bhowmick

등, 2003)・열풍건조(McGinnis 등, 2005)・가열건조(Lee, 2006) 등의 방법을 이용하여 건조시키거나, 고삼투성배지(high-osmolarity medium; van Thuan 등, 2005)에 침지하여 탈수시켜 보존하면서 이 정자를 난세포질내에 직접 주입하는 방법도 개발되고 있다. 셋째, 오늘날의 인공수정은 단순히 수태를 목적으로 정액을 조작하거나 주입하는 기술의 개발을 위주로 연구되고 있는데, 이러한 기술의 범위를 넘어서 다양하게 개발되고 있는 생명공학기술과 복합적으로 이용하여 가축의 증식과 개량에 더욱 공헌할 수 있는 기술로 발전시키는 것이 요구된다. 즉, X-정자와 Y-정자를 분리하는 기술과 조합하여 산자의 성을 인위적으로 조절하는 기술체계를 확립하고, 다배란처리기술로 생산된 배나 동결보존된 배, 그리고 다양한 방법으로 성이 판별된 초기배를 인공수정기술을 원용하여 비외과적으로 이식하는 기술체계를 확립하는 것도 필요하다. 더욱이, 인공수정기술을 초기배의 미세조작기법이나 유전공학기법과 조합하면 앞으로 중요하게 이용될 가능성이 매우 높은 복제동물과 형질전환동물의 생산에도 크게 기여할 수 있을 것으로 기대된다.

제 2 절 정액의 구성과 생리

정액(精液, semen)은 성적으로 흥분한 수컷의 생식기관에서 생식을 목적으로 사출되는 체액으로서, 정소의 곡세정관에서 생산된 정자(精子, spermatozoon, -zoa [pl])가 부성선(정낭선・전립선・구요도선)에서 분비되는 정장(精漿, seminal plasma)에 부유된 혼합물이다.

표 3-1. 주요가축 정액의 특성과 이화학적 조성

구성요소	소	면 양	돼 지	말	닭
1회사정량(ml)	5-8	0.8-1.2	150-200	60-100	0.2-0.5
정자농도(천만/ml)	80-200	200-300	20-30	15-30	300-700
1회사정 정자수(10억)	5-15	1.6-3.6	30-60	5-14	0.06-3.5
운동정자율(%)	40-75	60-80	50-80	40-75	60-80
형태적 정상정자율(%)	65-95	80-95	70-90	60-90	85-90
pH	6.4-7.8	5.9-7.3	7.3-7.8	7.2-7.8	7.2-7.6
단백질(g/100ml)	6.8	5.0	3.7	1.0	1.8-2.8
프럭토오스	460-600	250	9	2	4
소르비톨	10-140	26-170	6-18	20-60	0-10
시트르산(구연산)	620-806	110-260	173	8-53	전혀 없음
이노시톨	25-46	7-14	380-630	20-47	16-20
글리세릴포스포릴콜린	100-500	1100-2100	110-240	40-100	0-40
에르고티오네인	0	0	17	40-110	0-2
나트륨	225±13	178±11	587	267	352
칼륨	155±6	89±4	197	103	61
칼슘	40±2	6±2	6	26	10
마그네슘	8±0.3	6±0.8	5-14	9	14
염소	174-320	86	260-430	448	147

단위가 없는 것은 mg/100ml±S.E

정액에 함유된 정자는 고도로 분화되고 농축된 세포로서, 성장이나 분열은 하지 못한다. 또한, 자신을 만든 동물체의 생리에 대하여는 하등의 영향을 미치지 못하고, 오직 부계의 유전정보를 난자에 전하여 새로운 개체를 탄생시키는 일에만 관여한다. 인공수정은 수컷에서 정액을 채취하여 수태를 목적으로 암컷의 생식기내로 주입하는 기술적 과정임으로 정액의 구성과 생리를 정확하게 이해하는 것이 높은 수태율을 얻을 수 있는 인공수정을 시술하는데 기초가 된다. 주요가축에서 체외로 사정된 정액의 특성과 이화학적 조성은 표 3-1(Garner & Hafez, 2000)과 같다.

1. 정자의 형성

정자는 정소의 세정관상피에서 정자형성(精子形成, spermatogenesis)이라는 연속적 세포분열과정을 통하여 발생된다. 정자형성과정은 정원세포로부터 정자세포까지의 분열과정을 말하는 정자세포발생(精子細胞發生, spermatocytogenesis)과 둥근모양의 정자세포가 두부와 편모(미부)로 구성된 정자로 형태가 변화되는 과정을 말하는 정자완성(精子完成, spermiogenesis)으로 구분한다. 세정관상피의 지지세포(Sertoli cell)에 부착된 상태에서 형성된 정자는 정자유리(精子遊離, spermiation) 과정을 통하여 곡세정관강으로 방출된다. 정자형성과정의 초기단계는 뇌하수체에서 분비되는 난포자극호르몬(FSH)에 의하여 자극되지만, 감수분열이 개시된 이후부터의 발생은 정소의 간질세포(Leydig cell)에서 분비되는 테스토스테론이 자극한다.

1) 정자세포의 발생

발생초기의 정원세포는 곡세정관의 기저막쪽에 위치하면서 유사분열(有絲分裂, mitosis)을 반복하여 그 수를 증가시킬 뿐만 아니라, 정자형성의 줄기세포(stem cell)인 Ao형정원세포를 반복적으로 생산함으로써 정자형성과정이 계속적으로 유지된다. 또한, 정모세포는 두번에 걸친 감수분열(減數分裂, meiosis)을 하여 반수체(n)의 정자세포가 된다(그림 3-3).

(1) 정원세포의 증식 : 태생기에 분화된 원시생식세포(原始生殖細胞, primordial germ cell)는 배아세포(胚芽細胞, gonocyte)를 거쳐서 정자형성의 줄기세포가 되는 Ao형정원세포(type Ao spermatogonium)로 분화되는데, 이것은 성성숙과정에 맞추어서 활동성의 A_1형정원세포로 분화된다. A_1형정원세포는 편평한 작은 세포로서, 세정관상피의 기저구획속에 위치하면서 단계적으로 유사분열을 반복하여 A_2형 · A_3형 · A_4형 정원세포가 된다. A_4형정원세포는 중간형정원세포로, 중간형정원세포는 B형정원세포로 각각 유사분열을 한다. 이러한 분열과정중에서 A_2형정원세포가 분열하여 형성된 정원세포의 한편은 정자형성궤도로 들어가 정자로 분화되지만, 다른 한편은 A_1형정원세포의 줄기세포인 Ao형정원세포가 되어 곡

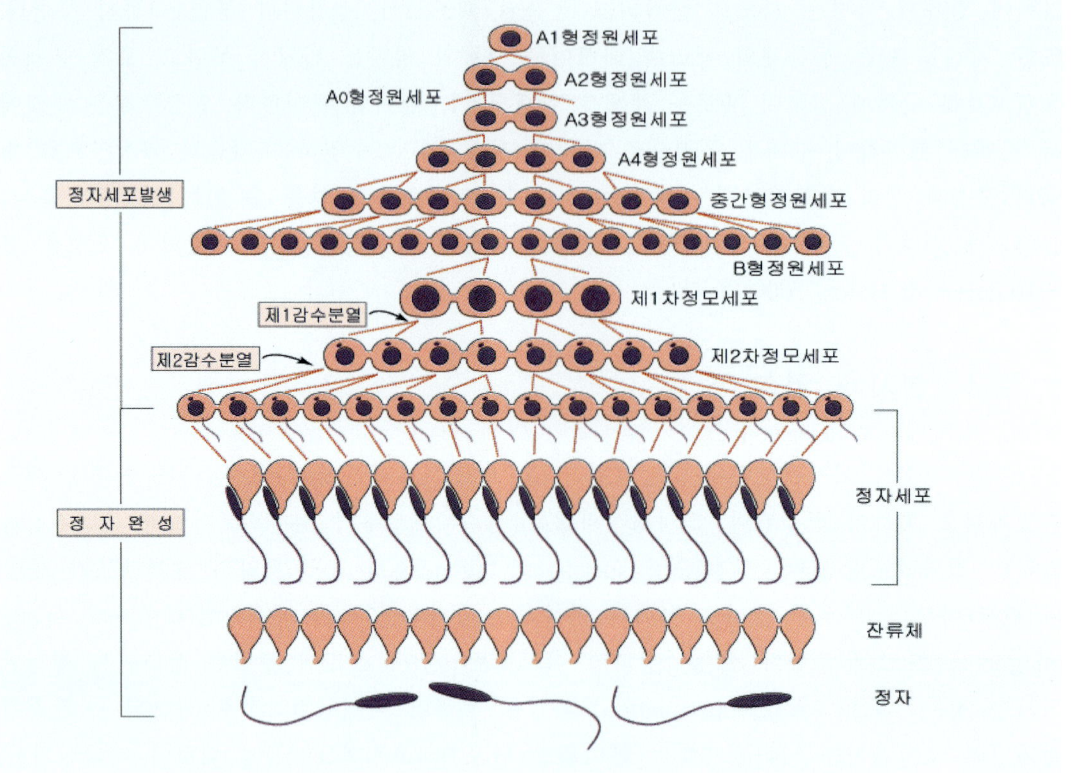

그림 3-3. 정자의 형성과정

세정관의 기저구획에 위치한다. 이와 같이, Ao형정원세포가 계속 보충됨으로 계속적인 정자발생이 가능하다(Garner & Hafez, 2000). B형정원세포는 최소한 한번, 대개는 두번의 분열을 하여 제1차정모세포(primary spermatocyte)가 된다.

(2) **감수분열** : B형정원세포가 분열하여 형성된 제1차정모세포는 두번의 감수분열을 하여 염색체의 수가 반수체(haploid, n)인 정자가 된다. 즉, 제1차정모세포는 제1감수분열을 통하여 제2차정모세포(secondary spermatocyte)가 되는데, 분열의 과정은 전기I(prophase Ⅰ)·중기I(metaphase Ⅰ)·후기I(anaphase Ⅰ) 및 말기I(telophase Ⅰ)로 구분한다. 이러한 제1감수분열과정은 전기가 길고, 염색체에서도 특징적인 변화가 일어나는데, 전기의 태사기에서 각각의 상동염색체가 갈라져 2개씩의 염색분체로 나누어져 4분체(四分體, tetrad)의 염색체가 형성된다. 제1성숙분열의 전기에서 각각이 2가염색체(bivalent chromosome)로 구성된 상동염색체는 방추사에 붙어서 적도판에 배열된 다음(중기I), 양쪽 극으로 나누어져 이동하는데, 유사분열과는 달리 중심립이 분열되지 않음으로 각 염색체는 2가염색체의 상태를 유지한다(후기I). 이어서 양쪽 극으로 이동된 염색체 주위에 핵소체와 핵막이 형성되어 2개의 낭핵(娘核)이 형성되고, 세포질이 불완전분열을 하여 제1감수분열이 완료된다(말

기I). 이러한 분열과정을 통하여 형성된 제2차정모세포의 핵은 반수의 염색체를 가지며, 성염색체도 X-염색체나 Y-염색체가운데 한쪽만을 가지고 있다. 그러나, 각 염색체가 두개의 염색분체로 구성되었기 때문에 DNA의 양은 배수체의 분량이다.

한편, 제1감수분열에 의하여 형성된 제2차정모세포는 제2감수분열에 의하여 정자세포(精子細胞)가 되는데, 제2감수분열도 전기Ⅱ·중기Ⅱ·후기Ⅱ 및 말기Ⅱ의 과정을 거친다. 그러나, 제2차정모세포는 제1감수분열의 결과로 2가염색체를 가지고 있으며, 제2감수분열에서는 각 염색체를 구성하는 두개의 염색분체가 하나씩 나누어짐으로 염색체의 수에는 변화가 없지만, DNA의 양은 반수체의 분량으로 감소된다. 따라서, 배수(2n)의 염색체를 가지는 제1차정모세포는 두번의 감수분열을 통하여 반수(n)의 염색체와 DNA분량을 가지는 4개의 정자세포로 분화된다.

2) 정자의 완성

두번의 감수분열로 형성된 반수체(n)의 정자세포는 염색체의 변화는 없이 형태가 변화되어 두부와 편모(미부)로 구성된 정자가 된다. 형태변화과정에서는 ① 핵의 신장과 더불어 염색질이 농축되며, ② 첨체가 출현되고, ③ 미부가 형성된다(그림 3-4; Oko & Clermont. 1998). 정자완성과정은 편의상 골지기(Golgi phase)·두모기(頭帽期, cap phase)·첨체기(尖體期, acrosomal phase)·성숙기(成熟期, maturation phase) 등의 4단계로 구분할 수 있다.

(1) 골지기 : 정자세포의 핵에 밀착되어 위치하는 골지장치에서 당단백질이 풍부하여 PAS양성반응을 나타내는 조그만 2~3개의 전첨체과립(前尖體顆粒, proacrosomal granule)이 합성되고, 이것들이 합체되어 하나의 첨체과립(acrosomal granule)을 형성한 다음, 정자세포의 핵막에 부착된다. 이 시기에 정자미부의 축사를 구성하는 미세관의 다발이 중심소체(中心小體, centriole)에 연결되어 핵쪽으로 끌려가는데, 근위중심소체가 첨체과립이 부착된 반대쪽의 핵막에 평행하게 배치된다. 이와 같이, 세포질의 범위를 초월하여 길게 신장된 축사가 근위 및 원위 중심소체에 이끌려 핵막쪽으로 이동하게 됨에 따라 축사의 주변에서 정자세포의 원형질막도 함께 끌려들어가 함몰된다. 또한, 골지장치의 주변에 위치하던 염색질성소체(染色質性小體, chromatid body)는 근위중심소체를 향하여 이동한다(그림 3-4의 Ⅰ·Ⅱ·Ⅲ).

(2) 두모기 : 골지기에 정자세포의 핵막에 접착된 첨체과립이 정자세포핵의 앞쪽 1/2~2/3 정도가 얇은 이중막으로 덮여질 때까지 신장되어 두모를 형성한다. 이와 동시에 축사를 이끌고 이동되어 온 근위중심소체가 핵막에 부착된다. 이 때의 축사길이는 형성이 완료된 축사길이와 거의 같아서 50㎛ 정도에 이른다. 근위중심소체 부근까지 이동된 염색질성소체는 단백질 성분을 방출하고, 방출된 성분이 근위중심소체의 부근까지 함몰되어 온 정자세포의 원형질막에 부착되어 종륜(終輪, annulus)을 형성한다(그림 3-4의 Ⅲ·Ⅳ).

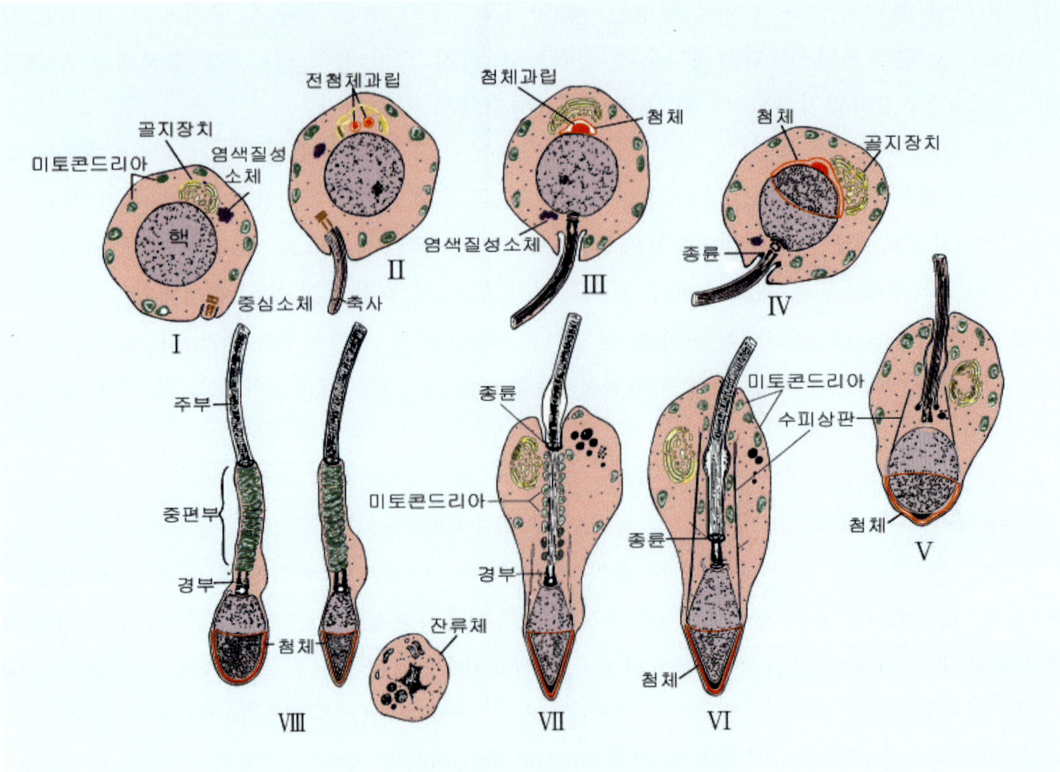

그림 3-4 정자세포의 형태변화 과정

(3) 첨체기 : 발달중인 정자세포의 핵과 첨체, 그리고 미부에서 특징적인 변화가 일어나는 단계이다. 모든 정자세포는 방향을 전환하여 첨체가 곡세정관의 기저막쪽을 향하고, 미부는 곡세정관의 관강(管腔)을 향하게 된다. 핵은 세포질의 중심에서 주변으로 이동하는데, 둥근 모양이던 핵이 길어지고 편평해지며, 염색질은 농축되어 과립상(顆粒狀)으로 된다. 또한, 핵과 밀착되어 위치하는 첨체도 핵의 형태변화에 수반하여 길어지고 농축된다. 핵과 첨체가 변화할 때 세포질은 핵의 뒤쪽으로 밀려나며, 이에 따라 첨체에 둘러싸인 핵이 정자세포의 원형질막과 밀착되고, 지지세포(Sertoli cell)에 직접 싸이게 된다. 이와 동시에 당단백질(효소성분)을 첨체로 이행시키던 골지장치가 핵막에서 이탈된다(그림 3-4의 Ⅳ · Ⅴ).

한편, 핵의 뒤쪽으로 밀려난 세포질은 미부의 근위부를 감싸는데, 이곳의 세포질내에 들어있는 미세관들이 모여서 수피상판(袖皮狀瓣, manchette)이라고 부르는 원통형의 미초(尾鞘, tail sheath)를 만들어 이미 형성되어 있는 축사의 외측을 느슨하게 둘러싼다. 두모기에 근위중심소체 부근에서 형성된 종륜은 미부를 따라 아래쪽으로 6~7㎛ 정도 이동하고, 이 사이에 미토콘드리아가 집결하여 미토콘드리아초를 형성한다(그림 3-4의 Ⅵ · Ⅶ).

(4) 성숙기 : 첨체기를 거치는 동안에 길게 신장된 정자세포가 곡세정관강으로 유리될

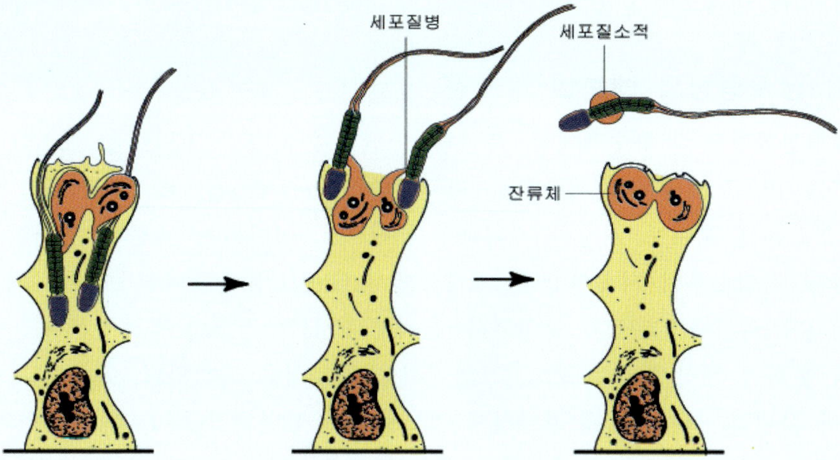

그림 3-5. 지지세포로부터 정자가 유리되는 과정

수 있도록 형태가 바뀌는 단계이다. 이 기간에는 첨체기에 개시된 핵과 첨체의 변형이 계속되어 각 동물종 특유의 정자두부 형태가 완성된다. 핵내에서는 염색질과립이 계속적으로 농축되고, 이에 따라 정자의 핵은 치밀하고 균일한 염색질로 충만된다. 동시에, 미부에서는 9본의 치밀섬유가 축사를 둘러싸면서 형성되고, 아울러 미부의 주부에서는 치밀섬유의 바깥쪽에 섬유초가 형성된다(그림 3-4의 Ⅷ). 정자완성과정이 완료되기 직전에는 수피상관이 소실되며, 정자세포가 가늘고 길어진 후에 남는 세포질은 잔류체(殘留體, residual body)라고 부르는 세포질덩어리가 된다. 잔류체는 정자가 지지세포(Sertoli cell)에서 유리되기 전까지는 세포질병(細胞質柄, cytoplasmic stalk)에 의하여 정자로 유리될 부분의 경부와 연결되어 있지만, 세포질병이 절단되어 정자가 방출되면, 지지세포의 세포질내에 남게된다.

3) 정자의 유리

정자완성과정을 거치면서 형태변화를 완료한 정자세포가 지지세포(Sertoli cell)에 잔류체를 남겨두고 떨어져 나와 곡세정관강으로 방출되는 현상을 정자유리라 한다. 곡세정관강으로 유리된 시점부터는 정자라고 부른다. 정자완성과정에서 형태변화를 완료한 정자세포의 군집은 점차적으로 곡세정관강쪽으로 밀려나오고, 이어서 세포질부분과 정자로 유리될 부분을 연결하는 세포질병이 절단되면 여분의 세포질은 잔류체가 되어 지지세포내에 남게되고, 정자만이 곡세정관강으로 유리된다. 세포질병이 절단될 때 약간의 세포질성분이 정자의 경부에 부착되어 남게 되는데, 이것을 세포질소적(細胞質小滴, cytoplasmic droplet)이라 한다(그림 3-5; Garner & Hafez, 1993). 잔류체는 지지세포에 의하여 신속하게 분해・처리되며, 세포질소적은 정자가 정소상체관을 통과하면서 성숙되는 과정에서 미부중편부의 말단을 향하여 계속 내려오다가 종국에는 소실된다. 세포질소적이 부착된 정자는 수정력이 없다.

4) 정자형성의 내분비적 조절

정자형성과정은 뇌하수체에서 분비되는 난포자극호르몬(FSH)과 정소의 간질세포에서 분비되는 테스토스테론의 작용으로 자극된다(Spiteri-Grech & Nieschlag, 1993). 그러나, 이들 호르몬의 분비는 시상하부-뇌하수체-정소로 이어지는 내분비적 조절기전에 의하여 조절된다. 시상하부의 지속성방출조절중추에서 GnRH가 방출되면, 이것의 자극으로 뇌하수체에서 FSH와 LH(ICSH)가 분비된다. 분비된 FSH는 정소의 곡세정관내에 있는 정자형성세포의 분화를 개시시키고, 정모세포까지의 발생과정을 촉진하며, 정자의 유리과정을 지배할 뿐만 아니라, 지지세포를 자극하여 안드로겐-결합단백질(ABP)과 인히빈의 분비를 촉진한다. 한편, LH는 정소의 간질세포를 자극하여 테스토스테론의 분비를 자극하는데, 분비된 테스토스테론은 곡세정관내로 유입되어 감수분열과정의 후반기 이후에 있는 정모세포의 발달을 자극하여 정자로 분화되는 것을 자극한다. 이 때, 테스토스테론이 지지세포에서 합성된 ABP와 결합하여 곡세정관내의 테스토스테론 농도가 높게 유지되어 정자형성세포가 테스토스테론에 의하여 충분히 자극받을 수 있는 조건이 충족된다. 정자형성과정이 FSH와 테스토스테론의 작용으로 자극되어 적정량의 정자가 형성되면, 테스토스테론이 부의 피드백기전으로 시상하부-뇌하수체계의 GnRH와 LH의 분비를 억제하고, 이에 따라 테스토스테론의 분비가 저하되어 정자형성과정의 후반단계가 억제된다. 또한, 지지세포에서 FSH의 자극으로 분비된 인히빈도 부의 피드백기전으로 GnRH와 FSH의 분비를 억제함으로써 정자형성과정의 개시를 저지한다. 뒤이어, FSH의 분비가 저하됨에 따라 인히빈의 분비가 저하되면 FSH가 다시 분비되고, 테스토스테론의 분비가 저하되어 부의 피드백기전이 해제되면 LH와 테스토스테론이 다시 분비되어 정자형성과정이 재개된다.

2. 정자의 구조

정자의 외관은 동물의 종에 따라 다소의 차이는 있지만, 기본적 구조는 큰 차이가 없어서 모든 동물종의 정자가 부계의 유전물질을 함유하고 있는 두부와 운동기구인 편모(미부)로 구성되고, 정자 전체가 원형질막으로 싸여 있다(그림 3-6; Garner & Hafez, 2000). 포유동물 정자의 전체길이는 대체적으로 50~70㎛의 범위이지만, 마우스와 래트의 정자는 특별히 길어서 각각이 130㎛와 190㎛에 이른다(Millette, 1998).

1) 정자의 두부

포유동물 정자의 두부(頭部, head)는 핵과 첨체가 대부분을 차지하며, 세포골격과 극소량

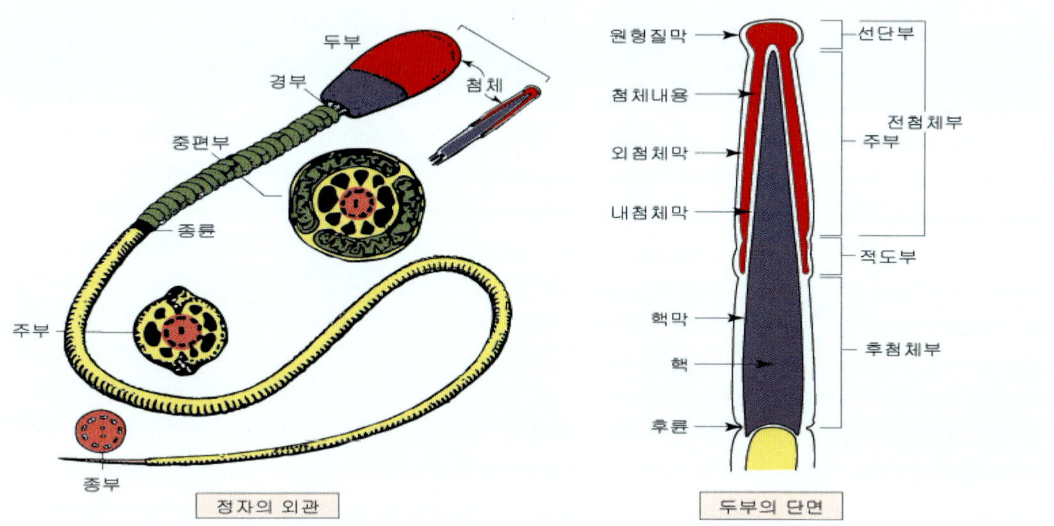

그림 3-6. 소 정자의 외관과 두부의 구조

의 세포질성분도 있다. 정자두부의 외관과 미세구조는 동물의 종에 따라 각각의 특징을 나타내지만, 대부분의 포유동물에서는 두께가 얇은 편평한 난원형의 모양을 나타내며, 설치류에서는 갈고리형이고, 조류에서는 긴 막대 모양이다.

(1) 정자핵 : 정자의 핵(核, nucleus)은 체세포의 핵과는 달라서 크기가 작고, 염색질(染色質, chromatin)도 고도로 농축되어 치밀한 과립상을 나타낸다. 더욱이, 염색질을 구성하는 DNA(deoxyribonucleic acid)의 함량은 두번에 걸친 감수분열의 결과로 체세포의 절반이다. 정자핵의 염색질은 DNA와 특수단백질인 프로타민(protamine)이 결합된 구조이다(Grimes, Jr., 1986). 배수체(2n)의 생식세포에서 DNA와 결합하는 히스톤(histone)이 프로타민으로 대체되는 시기는 세정관상피에서 정자가 방출되기 직전이다. 프로타민에는 다수의 시스테인(cysteine)이 함유되어 있는데, 이것들 상호간에 형성되어 있는 이황화결합에 의하여 염색질이 더욱 농축되고, 안정화된다(Eddy, 1988). 염색질을 둘러싸고 있는 핵막(核膜, nuclear envelope)은 두겹의 지방질막으로 구성되어 있지만, 체세포의 핵막과는 크게 달라서, 내·외측 핵막의 간격이 7~10nm(체세포 40~60nm)에 불과하고, 체세포의 핵막에 있는 핵막소공(核膜小孔, nuclear pore)이 없어서 무공막(無孔膜, nonporous envelope)이다.

(2) 첨 체 : 정자두부의 전반부(1/2~2/3)를 모자처럼 덮고 있는 첨체(尖體, acrosome)는 이중막으로 구성되고, 그 속에 첨체내용물이 함유되어 있는데, 원형질막과 접하는 바깥쪽의 막을 외첨체막(outer acrosomal membrane), 핵막과 접하는 안쪽의 막을 내(inner)첨체막이라 한다. 첨체는 첨체의 대부분을 차지하는 전첨체부(前尖體部, anterior acrosomal region)와 적도부(赤道部, equatorial segment)로 구분한다. 전첨체부는 다량의 첨체내용물

표 3-2. 정자의 첨체에 함유된 효소의 종류

효 소 명	효 소 명
Hyaluronidase	Calpain II
Acrosin	Cathepsin-D-like protease
β-N-Acetylglucosaminidase	Collagenase-like peptidase
Acid phosphatase	Esterases, nonspecific
Arylamidase	β-Glucuronidase
Arylsulfatase A	Neuraminidase
Aspartylamidase	Phospholipase A

이 들어있는 부분이고, 적도부는 첨체의 끝부분에서 첨체내용물이 감소되어 내·외 첨체막의 간격이 좁아져 첨체 자체의 두께가 얇아진 부분이며, 수정시 난모세포의 원형질막과 최초로 융합되는 부위이다. 첨체의 내용물에는 ① 수정과정에서 난모세포를 싸고 있는 난구세포를 분산시키고, 투명대에 정자의 통로를 만드는 가수분해효소는 물론이고, ② 정자와 난자의 원형질막이 융합되는데 관여하는 효소, ③ 수정과정에서 다정자침입을 방지하는데 중요한 역할을 하는 난모세포의 표층과립(表層顆粒, cortical granule)에서 그 내용물이 방출되는 것을 돕는 효소 등이 함유되어 있다(표 3-2; Millette, 1998). 정자와 난자가 만나서 수정이 될 때에는 첨체반응(尖體反應, acrosome reaction)이 일어나 첨체내에 저장된 각종 효소가 첨체밖으로 방출된다. 그러나, 적도부에서는 첨체반응이 일어나지 않는다.

(3) 세포골격 : 정자의 두부에는 구조와 위치가 서로 다른 여러 종류의 세포골격(細胞骨格, cytoskeleton)이 존재하는데, 분자량이 8,000에서부터 80,000에 이르는 다양한 단백질로 구성되어 있으며, 대표적인 세포골격에는 첨체하(subacrosomal)세포골격·첨체후(postacrosomal)세포골격·방첨체(paraacrosomal)세포골격 등이 있다. 첨체하세포골격은 첨체의 안쪽 경계막인 내첨체막과 핵막의 사이에 위치하며, 갈고리 모양을 가진 설치류의 정자두부에서는 매우 넓게 분포하지만, 일반포유동물에서는 중요한 구조물이 아니다. 설치류의 첨체하세포골격은 수정시 난자에 기계적으로 구멍을 뚫어 정자의 침투통로를 만드는 천공체(穿孔體, perforatorium)로서의 역할을 한다. 첨체후세포골격은 정자두부의 후첨체부에서 두부의 원형질막과 핵막 사이에 위치하는데, 단순히 정자두부의 모양을 결정하는 역할을 하며, 천공체로서의 기능은 하지 않는다. 방첨체세포골격은 햄스터 정자두부의 갈고리형을 나타내는 부위에서 외첨체막과 원형질막의 사이에 위치하면서 천공체로서의 역할을 한다.

2) 정자의 미부

정자의 운동기구인 미부는 형태학적으로 명확하게 구분되는 4부위, 즉 경부(頸部, neck)·중편부(中片部, middle piece)·주부(主部, principal piece)·종부(終部, end piece)로 구성되

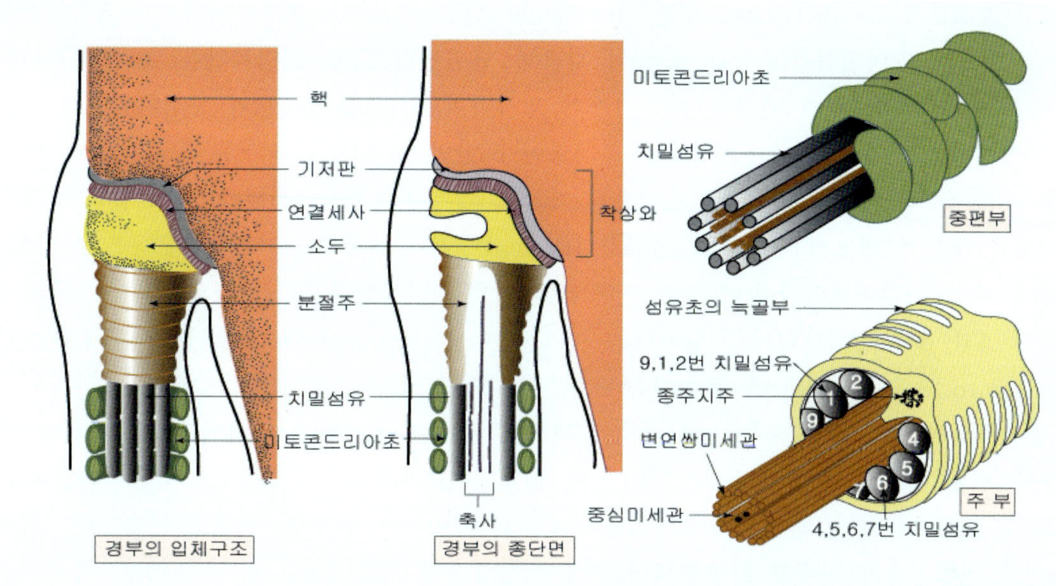

그림 3-7. 정자미부 각 부위의 미세구조

어 있다(그림 3-6 참조). 이러한 미부는 축사·치밀섬유·미토콘드리아초·섬유초 등과 같은 구조물들의 조합으로 구성되는데, 미부 각 부위가 가지는 구성요소는 약간씩 다르다. 즉, 축사는 경부에서 기시되어 미부 전체의 중심을 차지하며, 치밀섬유는 축사의 외측에 위치하는 섬유로서, 중편부와 주부에만 있다. 미토콘드리아초는 중편부에 미토콘드리아가 나선상으로 배열된 구조물이고, 섬유초는 주부를 밖에서 둘러싸고 있다. 정자 미부의 모든 부위도 두부와 같이 원형질막이 밖을 싸고 있다(그림 3-7; Setchell, 1982).

(1) 경 부 : 경부는 소두(小頭, capitulum)와 분절주(分節柱, segmented column)로 구성된다. 경부의 소두는 두부의 착상와(着床窩, implantation fossa)에 깊게 끼워져 정자의 두부와 미부를 연결하는데, 착상와의 표면을 구성하는 기저판(基底板, basal plate)과 경부의 소두 사이를 기원이 밝혀지지 않은 세사(細絲, filament)가 연결한다. 분절주는 소두의 선단에서부터 9개가 후방으로 뻗어나는데, 이것들 각각은 치밀섬유와 연결된다. 분절주 각각의 분절은 옆의 분절과 연결되어 9~10개의 옆으로 뻗어난 띠 모양의 구조물을 형성한다. 또한, 근위 및 원위 중심소체가 소두의 속으로 침하되어 축사의 기시부가 된다. 이와 같이, 경부는 정자의 두부와 미부를 연결하는 부위인 동시에 미부의 중심구조물인 축사와 치밀섬유의 기시점이 되는 부위이다.

(2) 축 사 : 정자의 경부에서 기시되어 종부에 이르는 전체 미부의 중심부분을 차지하는 축사(軸絲, axoneme)는 일반세포의 섬모나 편모의 기본구조와 같이 2본의 중심미세관(中心微細管, central microtubule)과 중심미세관을 동일한 간격으로 둘러싸는 9본의 변연쌍미

세관(邊緣雙微細管, peripheral diplomicrotubule)으로 구성된다. 변연쌍미세관의 A미세관에서는 2개의 다이네인팔(dynein arm)이 다음번 변연쌍미세관의 B미세관을 향하여 뻗어나고, 또한 멈춤대로서의 역할을 하는 1개의 방사바퀴살(radial spoke)이 중심미세관을 향하여 뻗어 있다. 축사의 다이네인팔은 분자량이 56만인 다이네인단백질로 구성되는데, 이것은 ATP가수분해효소(ATPase)의 작용을 가지고 있어서 ATP를 분해하고, 그 결과로 정자미부의 운동에 필요한 에너지를 생산한다(Vale 등, 1985). 정자미부의 편모운동은 A미세관에서 뻗어난 다이네인팔이 인접된 변연쌍미세관의 B미세관과 일시적으로 연결·고정함으로써 A와 B미세관 사이에서 일어나는 미끄럼운동(sliding movement)을 굴곡운동(bending movement)으로 전환시킴에 따라 유발된다.

(3) 치밀섬유 : 경부 소두(小頭)의 선단에서 출발하는 분절주에서 기시되어 중편부와 주부에 걸쳐 축사의 변연쌍미세관 바깥쪽에 배치된 9본의 굵은 섬유를 치밀섬유(緻密纖維, dense fiber)라 한다. 중편부에서는 9본의 치밀섬유가 모두 있지만, 주부로 이행되면 3번과 8번의 치밀섬유가 섬유초에 포함되어 각각이 섬유초의 배측(背側) 및 복측(腹側) 종주지주(縱走支柱, longitudinal column)를 형성함으로 7본의 치밀섬유만이 남게된다. 따라서, 주부의 횡단면은 양측의 종주지주를 경계로 하여 4·5·6·7번의 치밀섬유가 위치하는 대분획과 9·1·2번의 치밀섬유로 구성된 소분획으로 구분된다(그림 3-7의 주부구조 참조). 치밀섬유는 축사와 함께 9(치밀섬유)+9(변연쌍미세관)+2(중심미세관)의 축섬유속(軸纖維束, axial fibrillar bundle)을 구축하여 정자미부의 운동을 영위한다. 치밀섬유는 축사에 의하여 발현되는 굴곡운동에 저항하여 정자미부의 운동을 안정화시킨다.

(4) 미토콘드리아초 : 정자미부 중편부의 치밀섬유밖을 미토콘드리아가 나선상으로 둘러싸고 있는 미토콘드리아초(—鞘, mitochondrial sheath)는 정자세포의 세포질내에 산재되어 있던 미토콘드리아가 가늘고 길게 신장되어 일정한 폭을 유지하면서 서로 연접되어 동물 종별로 일정한 수의 나선(螺旋, helix)을 만들고, 이 나선들이 오른쪽 방향으로 평행으로 달리면서 중편부를 둘러싼다. 그러나, 동물의 종에 따라 ① 중편부의 길이, ② 평행나선의 수, ③ 중편부를 감아도는 미토콘드리아 나선의 회전수 등이 다르다. 마우스는 각각이 21㎛·2개·87바퀴, 소는 12㎛·3개·64바퀴, 토끼는 8.5㎛·4~5개·40바퀴, 붉은털원숭이는 10㎛·1~2개·40바퀴이다(Eddy, 1988). 미토콘드리아초는 체세포의 미토콘드리아와 같이 정자의 에너지대사에 중요한 역할을 함으로 이것이 비정상적으로 형성된 정자는 운동성에 결함이 있어 수정능력이 없다.

(5) 섬유초 : 정자미부의 주부에서 치밀섬유의 바깥쪽을 둘러싸는 구조물인 섬유초(纖維鞘, fibrous sheath)는 3번과 8번의 치밀섬유가 수용되어 형성되는 종주지주가 주부의 양쪽에 배치되고, 두 종주지주의 사이를 늑골(肋骨)모양을 나타내는 섬유가 연결하는 구조이다. 섬유초는 미부의 운동을 영위하는 축섬유속을 한 묶음으로 피복하여 안정화시키고, 늑골 모

양의 구조는 주부의 굴곡운동이 저항을 받지 않고, 자유롭게 일어날 수 있도록 한다.

3) 정자의 원형질막

두부의 선단에서부터 미부의 종부까지 정자 전체의 표면을 둘러싸고 있는 원형질막(原形質膜, plasma membrane)은 정자와 정자가 접하게 되는 외부환경 사이에서 일어나는 세포학적 상호작용을 조절한다. 정자의 원형질막은 고도로 특성화되어 체세포의 원형질막과는 여러 면에서 매우 다르다. 정자 원형질막의 표면은 정자의 부위에 따라 국소적 영역(regional domain)으로 나누어지는데, 이들 영역에는 정자의 생리와 기능을 특수하게 조절하는 단백질과 지질이 부착되어 있다. 따라서, 각 영역은 매우 특성화된 기능을 발현한다. 예를 들면, 중편부를 둘러싸는 원형질막영역에는 미토콘드리아초의 ATP생산과 축사의 미세관에서 일어나는 미끄럼운동의 조정에 필요한 단백질이 부착되어 있고, 두부의 원형질막영역에는 수정과정에서 일어나는 세포(난자)의 인식과 원형질막의 융합에 중요하게 작용하는 특수한 단백질과 지질이 부착되어 있다(Millette, 1998). 한편, 정자가 정소상체관을 통과하고, 자성생식도관을 상행하는 기간에 원형질막의 성분이 유의적으로 변화된다. 이것은 성공적인 수정과정을 성취시키기 위한 변화임에는 틀림이 없지만, 세부적인 작용기전은 아직까지 명확하게 밝혀지지 않았다(Millette, 1998)

3. 정 장

사정과정을 통하여 체외로 배출된 정액에서 정자를 제외한 액상부분을 정장(精漿, seminal plasma)이라 한다. 정장은 정소와 정소상체의 분비물도 소량이 포함되지만, 대부분은 부성선(정낭선・전립선・구요도선 등)의 분비물이다. 그러나, 부성선의 구성・크기・분비기능이 동물의 종에 따라 매우 다르기 때문에 정장의 분비량과 성분, 그리고 전체 정장에서 차지하는 각 부성선 분비액의 비율도 동물종에 따라 다르다. 특히, 동물의 종에 따라 크게 다른 정액의 총량과 정자농도는 정장의 분비량에 의하여 결정된다(표 3-1 참조).

1) 정장의 화학적 조성

포유동물의 정장에는 각각이 특수한 기능을 나타내는 다양한 화학물질이 함유되어 있다. 그러나, 정장의 대부분을 분비하는 부성선의 구성과 분비기능이 동물의 종에 따라 다르기 때문에 정장의 화학적 조성도 이에 수반하여 다르다. 정장은 혈장성분이 그대로 이행된 성분과 부성선・정소・정소상체 등에서 합성된 성분의 혼합물이다.

(1) 당 류 : 정장에는 정자의 에너지원으로 이용되는 대사기질이 함유되어 있는데, 주로 정낭선에서 분비된다. 그러나, 분비되는 대사기질의 종류는 동물의 종에 따라 달라서, 반추

동물에서는 프럭토오스(fructose)와 시트르산(citric acid), 말의 경우는 시트르산만이 검출되며, 돼지의 경우는 소량의 프럭토오스와 다량의 에르고티오네인(ergothioneine) 및 이노시톨(inositol)이 함유되어 있다. 정장에는 피루브산염(pyruvate)도 함유되어 있지만, 이것은 정자에 의하여 곧바로 대사되어 급속히 감소된다. 반면에, 젖산염(lactate)은 정자에 의한 해당작용의 대사산물로서, 사정 후 시간경과에 따라 계속적으로 증가된다. 정장에 함유된 당류는 정자의 대사기질로 이용됨으로 지나치게 부족되면 정자무력증(精子無力症, asthenozoospermia)이 유발되어 수정률이 저하될 수도 있다.

(2) 지 질 : 정장에는 다량의 인지질과 콜레스테롤, 그리고 여러 종류의 유리지방산이 함유되어 있다. 정장에 함유된 지질은 정자 원형질막에 단백질과 함께 부착되어 정자의 부위별로 특수한 단백질-지질환경을 만들어 각 부위의 생리작용 발현에 중요하게 작용한다(Prins, 1998). 또한, 포화지방산가운데 팔미트산(palmitic acid)은 정자의 중요한 에너지원이며, 불포화지방산인 리놀산(linoleic acid)은 프로스타글란딘(PG) 합성의 원료로 이용된다. PG는 정낭선에서 합성되는데, PGA · PGB · PGE · PGF 등 다양한 형이 있으며, 사정 직후의 사람정액에는 500~600μg/mℓ가 함유되어 있다. 정액에 함유된 PG는 교배 후에 자성생식도관의 수축을 촉진하여 정자가 수정장소로 상행되는 것을 촉진한다. 따라서, 정액중의 PG함량이 낮으면 정자의 수송이 장해를 받아 웅성불임의 한 원인이 된다.

(3) 단백질 : 정장에는 혈장성분에서 이행된 알부민 · 글로불린 · 트란스페린 · 당단백질 · 면역글로불린 등과 같은 단백질과 부성선에서 합성된 특수한 단백질들이 함유되어 있다. 혈장성분에서 이행된 알부민과 글로불린은 정장의 삼투압을 일정하게 유지시키는 역할을 수행함으로 정자의 생존에 필수적이다. 구요도선에서는 정액중의 세균을 제어하는 기능을 가진 면역글로불린A가 합성되며, 사람의 정낭선에서는 체외로 사정된 정액을 응고시키는 피브리노겐-양 당단백질(fibrinogen-like glycoprotein)도 합성한다. 정소상체에서 분비되는 특수한 당단백질은 수정능파괴인자(受精能破壞因子, decapacitation factor)로 작동하며, 이것은 사출정자의 표면을 피복하기 때문에 정자피복항원(精子被覆抗原, sperm coating antigen)이라고도 부른다.

한편, 정장에는 다양한 효소단백질들이 함유되어 정자의 생존과 생리작용의 발현에 중요하게 작용한다. 즉, acid phosphatase · kallikrein · γ-glutamyltranspeptidase · acetylcholinesterase · creatine phosphokinase 등이 다른 체액에서 보다 높은 농도로 함유되어 있는데, 이들 효소는 정장내에서도 각각이 가지는 특수한 생리적 기능을 발현한다(Prins, 1998). 또한, seminin · urokinase · aminopeptidase · metalloproteinase 등은 정장에 함유된 단백질의 분해활성을 나타내며, β-glucuronidase · α-mannosidase · β-galactosidase · β-N-acetylglucosaminidase · α- 및 β-glucosidase 등은 배당체분해효소(glycosidase)로서, 복합당류의 배당결합을 절단하여 정자의 에너지대사에 필요한 기질을 공급한다. 배당체분해효소는 정소상체의 분비액에 가장 높은 농도로 함유되어 있고, 강력한 당류 분해활성을 나타낸다.

(4) 이온과 전해질 : 정장에는 생리적 등장액(等張液, isotonic solution)을 유지하는 역할을 하는 다양한 이온과 전해질이 함유되어 있다. 칼슘(Ca^{2+})은 정자가 정상적인 기능을 발현하는데 필수적인 이온임으로 정자와 정장에 균형을 이루면서 존재하며, 사람의 경우 정장중의 농도가 혈장농도에 비하여 3배나 높다. 반면에, 정장중의 NaCl 농도는 혈장농도에 비하여 훨씬 낮다. 정장에는 전립선에서 유래된 아연(Zn^{2+})이 혈장에 비하여 훨씬 높은 농도로 함유되어 있는데, 이것의 대부분은 아연결합단백질과 복합체를 형성하여 존재하면서 정액중의 세균증식을 억제하는 정균작용(靜菌作用, bacteriostasis)을 한다. 정액에는 락토페린(lactoferrin)과 느슨하게 결합된 철(Fe)도 함유되어 있고, 칼륨(K^{+})은 정장에 비하여 정자내에 높은 농도로 함유되어 있다.

(5) 저분자량 분자 : 정장에는 특수한 기능을 수행하는 분자량이 낮은 물질들도 함유되어 있다. 정장중에 높은 농도로 함유된 시트르산(citric acid)은 정자의 대사과정에서 TCA회로에 들어가 대사기질로도 이용되지만, 칼슘의 강력한 착염제(錯鹽劑, chelator)로 작동하여 칼슘을 흡착함으로써 정자가 받을 수 있는 칼슘의 해독을 억제한다. 포유동물의 정장에는 정소상체에서 합성·방출된 다량의 글리세릴포스포릴콜린(grycerylphosphorylcholine)이 함유되어 있는데, 이것은 자성생식도관으로 주입된 후에는 자궁에서 분비된 디에스테라제(diesterase)의 작용으로 유리콜린(free choline)을 분리해 내고, 포스포글리세롤(phosphoglycerol)이 되어 정자의 에너지대사에 기질로 이용된다. 또한, 정장중에는 높은 농도로 함유된 글루탐산·글리신·아르기닌·세린·알라닌·아스파라트산 등과 같은 유리아미노산은 독성을 가진 중금속의 착염제로 작동하고, 정액의 pH를 일정하게 유지시키는 완충제(buffering agent)가 되며, 정자의 대사기질로 이용되고, 정자의 운동성을 자극한다.

(6) 호르몬 : 정장에는 다양한 종류의 스테로이드호르몬과 단백질호르몬이 함유되어 있다. 스테로이드호르몬은 모두 정소의 간질세포에서 합성된 테스토스테론에서 유래된 것이다. 합성된 테스토스테론의 일부는 곡세정관으로 유입된 다음, 정소액에 포함되어 정소상체관으로 이행된다. 또한, 일부의 테스토스테론은 혈장으로 이행되고, 이것이 부성선을 통하여 정장으로 들어오는데, 이 과정에서 대사되어 테스토스테론의 대사산물인 디히드로테스토스테론·데히드로에피안드로스테론·에스트로겐(estradiol-17β·estrone) 등이 신생된다. 모든 스테로이드 호르몬은 정자의 운동성과 기능발현에 영향을 미치는데, 에스트로겐은 자극적으로 작용하여 정자를 활성화시키는 반면에, 테스토스테론은 억제적으로 작용하여 정자의 수명을 연장시킨다. 한편, 정장에 함유된 단백질호르몬은 모두 혈장에서 이행된 호르몬이다. 프롤락틴은 혈장농도에 비하여 약간 높은 농도로 정장에 함유되어 있으면서 정자의 운동성을 자극하고, 수명을 연장시킨다. 이외에도 LH·FSH·hCG·성장호르몬·인슐린·글루카곤·릴랙신 등과 같은 다양한 호르몬들이 함유되어 있다.

2) 정장의 기능

높은 배율로 희석한 정액이나 정소상체에서 채취한 정자로 인공수정을 하여도 수태가 성립되는 사실을 보면, 정장이 정자의 수정생리에 필수적 요소는 아니다. 그러나, 자연교배 시에는 중요한 생리적 의미를 가진다. 정장은 정자가 웅성생식도관은 통과하여 체외로 배출되는 사정과정과 자성생식기관으로 주입되는 과정에서 액상운반매체로 작용한다. 정장에는 정자의 에너지대사에 이용되는 다양한 대사기질이 함유되어 있어서 결과적으로 정자의 운동성을 항진시킨다. 또한, 정장의 pH는 약알칼리성을 나타낼 뿐만 아니라, 완충능(緩衝能, buffering capacity)도 뛰어나기 때문에 정자의 대사결과로 생성된 유기산을 중화시킨다. 더욱이, 질에 정액을 사정하는 동물에서는 질에 상주하는 젖산균의 작용으로 생성된 젖산에 의하여 유발된 질의 산성환경을 개선시킨다. 이와 같이, 정자가 산성환경에 노출되는 것을 방지함으로써 정자의 운동성을 증대시킨다. 또한, 정장에 함유된 수정능파괴인자와 단백질분해효소억제제는 정자의 표면을 피복함으로써 수정이 될 때까지 정자를 보호하고, IgA와 아연은 정액에서 세균이 증식되는 것을 억제한다. 전립선에서 분비되는 항응집단백질(antiagglutination protein)은 정자의 자가응집반응(autoagglutination)을 억제하여 개개의 정자가 수정과정에 참여할 수 있도록 유도한다(Prins, 1998).

4. 사출정자의 생리

정소의 세정관상피에서 형성된 정자는 지지세포(Sertoli cell)에서 방출된 다음에는 자신을 만든 동물체와는 생리적 연관관계를 단절하고, 오직 정자 자체가 접하는 외부환경의 지배하에 독립적인 생리작용을 영위한다. 그러나, 사출정자가 발현하는 모든 생리작용은 난자와 만나서 수정을 성취하려는 준비적 과정이다.

1) 정자의 대사

정자는 생존과 운동에 필요한 에너지를 얻기 위하여 해당(解糖, glycolysis, fructolysis)과 호흡(呼吸, respiration)을 한다. 정자의 대사능력에 관한 모든 지식은 주로 사출정자를 이용한 *in vitro* 실험에서 얻었다.

(1) 해 당 : 정자는 산소(O_2)가 없는 혐기적 조건에서도 글루코오스나 프럭토오스와 같은 6탄당을 젖산으로 분해하는 해당과정을 통하여 에너지를 얻는다. 해당과정은 엠덴-마이어호프경로(Embden-Meyerhof pathway)를 통하여 이루어지며, 1분자의 프럭토오스나 글루코오스가 2분자의 젖산으로 분해되는 과정에서 2분자의 ATP가 생성된다. 소·면양·산양·돼지 등의 정장에는 프럭토오스가 함유되어 있는데, 사출정자가 이것을 분해하여 얻어

지는 에너지(ATP)를 이용하여 운동을 한다. 정자는 글루코오스나 만노오스와 같은 6탄당도 대사기질로 이용하여 에너지를 생산할 수 있다. 그러나, 슈크로오스·갈락토오스·락토오스·글리코겐 등은 이용할 수 없다. 정자의 해당과정에서 생성된 젖산은 호기적 조건하에서는 크렙스회로(Krebs cycle, TCA cycle)를 경유하여 산화되어 최종대사산물로 이산화탄소(CO_2)와 물(H_2O)을 생성한다. 그러나, 정액에서는 젖산이 대사경로로 진입되지 않고, 그대로 축적되는 경향이 있다. 따라서, 신선정액을 그대로 방치하면 젖산이 축적되어 점차적으로 정액의 pH가 산성쪽으로 내려간다.

(2) 호 흡 : 정자는 호기적 조건하에서 호흡작용으로 대사기질을 산화시켜 에너지를 생산한다. 정자가 호흡작용의 기질로 이용할 수 있는 정장의 성분은 해당작용으로 생성된 젖산을 비롯하여 피루브산·아세트산·소르비톨·글리세롤·지방산·아미노산 등인데, 이용되는 대시기질은 동물의 종에 따른 정자의 특성에 따라 차이가 있다. 또한, 정자를 세척하여 정장에 함유된 대사기질을 제거하여도 호기적 조건하에서는 정자의 원형질막에 부착되어 있는 인지질을 호흡기질로 이용하여 에너지를 생산한다. 정자가 호흡작용으로 에너지를 생산하는 주요경로는 크렙스회로와 산화적 인산화반응(oxidative phosphorylation)이다. 즉, 호흡기질이 크렙스회로를 통하여 대사되는 과정에서 유리된 수소원자(H)는 수소전달단백질(NADPH·$NADH_2$·$FADH_2$)을 거쳐 최종적으로 산소(O_2)와 결합하여 물(H_2O)을 생산하고, 이 반응의 결과로 생성된 에너지를 고에너지화합물인 ATP의 형태로 축적한다. 이러한 반응은 정자미부 중편부의 미토콘드리아초에서 일어난다. 프럭토오스 1분자의 대사로 생성되는 ATP분자의 수는 해당으로 2분자, 호흡으로 36분자이다.

2) 정자의 운동성

정자의 운동성(運動性, motility)은 수정능 및 생존성과 깊은 관계가 있다. 일반적으로, 운동성이 없는 정자는 난자로 접근하기가 어려울 뿐만 아니라, 난자내로 침투할 수도 없기 때문에 수정과정에 참여할 수 없다. 그러나, 정자의 운동성이 활발할 경우에는 노화가 촉진되어 생존성이 나빠진다. 정액의 동결보존은 정자의 운동성을 억제하여 생존성을 연장시키는 수단이다. 따라서, 정자의 운동성은 정액성상의 검사에 반드시 필요한 항목이다.

(1) 운동성의 획득과 운동양식 : 세정관상피에서 유리된 직후의 정자는 운동성이 없으며, 정소상체의 체부로 이송된 후부터 운동성이 발현된다. 정자가 정소상체의 체부에서 운동성은 획득하였지만, 미부에서 운동성을 극도로 억제하여 생존성을 증대시키면서 사정될 때까지 저장함으로 정소상체관내에서는 운동성이 발현되지 않는다. 그러나, 체외로 배출된 정자는 정소상체에서 획득한 잠재적 운동성을 발휘하여 전진운동을 개시한다. 즉, 사정 직후의 정자 대부분은 미부를 파형(波形)으로 움직이고, 정자의 장축을 회전축으로 하여 스스로 회전하는 자전운동(自轉運動)을 하면서 활발하게 전진한다. 그러나, 사정후 시간의 경과

에 비례하여 활발한 전진운동(前進運動, progressive movement)이 완만한 전진운동으로 변경되고, 이어서 선회운동(旋回運動, rotary movement)이나 진자운동(振子運動, pendular movement)을 하다가 급기야는 운동을 정지하고 만다. 이러한 정자의 운동은 미부에 구축되어 있는 9+9+2의 축섬유속(軸纖維束, axial fibrillar bundle)에 의하여 영위된다. 정자의 운동을 위한 미부의 파동은 동물의 종에 따라 차이는 있지만, 37℃의 온도조건에서는 1초당 10~20회이다. 이에 따른 정자의 전진속도는 매초당 소 94~123㎛, 말 90㎛, 면양 50~60㎛, 개 45㎛, 사람 35~50㎛ 정도이다. 정자의 운동성은 온도・광선・삼투압・점조도・pH・가스(O_2; CO_2)・이온・호르몬・항생제 등과 같은 다양한 요인에 의하여 영향을 받는다. 따라서, 이것들은 인공수정용 정액을 희석하거나 보존하는 경우에 중요하게 고려하여야 할 요인이다.

(2) 정자운동의 주성 : 자유운동능력을 가진 세포나 생물이 외부로부터의 자극에 반응하여 일정한 방향으로 운동이 조절되는 현상을 주성(走性, taxis)이라 하는데, 정자도 다양한 주성에 의하여 운동성이 변경된다. 정자는 자기를 부유하고 있는 정장에서 흐름이 일어나면 두부를 흐름의 반대방향으로 향하고 전진하는 주류성(走流性, rheotaxis)을 나타낸다. 정자는 주촉성(走觸性, thigmotaxis)도 있어서 정액중에 혼재된 고형물이나 생식기관의 벽면에 두부를 접촉시키고, 그 면을 따라 운동한다. 또한, 정자는 특정한 화학물질의 농도차에 의하여 일정한 방향으로 전진하는 주화성(走化性, chemotaxis)을 나타내는데, 이것은 주로 수정과 관련이 있다. 수정시 정자가 난자의 주위로 모이는 것은 난자에서 분비되는 물질에 대하여 정자가 주화성을 나타내기 때문이다. 이와 같은 주성 외에도 전기적 성질에 따라 모여드는 주전성(走電性, galvanotaxis)이나 중력에 따라 이동하는 주중력성(走重力性, geo-taxis)을 비롯하여 주산소성(走酸素性, aerotaxis)・주삼압성(走滲壓性, osmotaxis)・주온성(走溫性, thermotaxis) 등도 정자의 운동성에 영향을 미친다.

3) 정자의 생존성

정소의 세정관상피에서 형성된 정자는 정소상체관으로 진입된 후에는 운동성이 극도로 억제되어 생존성(生存性, viability)을 유지하면서 사정될 때까지 정소상체 미부에 저장된다. 정상적인 성생활을 하는 수컷에서 정자가 웅성생식도관내에 체류되는 기간은 동물의 종에 따라 달라서 소 6~11일, 면양 9~14일, 돼지 14일, 닭 2~4일 정도이다. 그러나, 사정의 빈도가 높으면 체류기간이 짧아지고, 금욕생활을 하면 체류기간이 길어지면서 퇴화・소실되거나 정관을 통하여 배출된다. 또한, 정소상체 미부의 양쪽을 결찰하면 그 속에 저장된 정자는 최고 60일까지 생존할 수 있다는 것이 소・토끼・귀니아피그 등을 이용한 실험에서 밝혀졌다. 정소상체관에서 정자가 오랫동안 생존할 수 있는 가장 큰 이유는 정자의 운동성과 대사작용이 극도로 억제되어 노화(老化)가 지연되기 때문이다.

(1) 사출정자의 생존성 : 정소상체의 미부에 저장되었다가 체외로 사출된 정자는 사출 직후에는 운동성과 생존율이 높다. 그러나, 사출정자는 활발한 대사와 운동을 하게됨으로 에너지의 소모가 증가되어 급속한 속도로 노화·사멸된다. 따라서, 사출정자의 생존성을 연장시키려면 정자의 대사와 운동을 억제하여 에너지의 소모를 최소화시켜야 한다. 정자를 동결보존하여 대사와 운동을 극도로 억제하면 반영구적으로 생존성을 연장시킬 수 있다.

(2) 자성생식도관에서의 생존성 : 자성생식도관으로 주입된 정자의 생존성은 자성생식도관의 부위에 따라 다르다. 일반적으로, 질내에서는 생존시간이 짧고, 자궁경부에서 가장 길다. 정자의 생존성이 질내에서 낮은 이유는 질내에 상주하는 젖산균의 대사산물로 생성된 젖산에 의하여 질액의 pH가 정자의 생존에 적합하지 않은 산성으로 되기 때문이다. 또한, 교미시에 질점막을 통하여 질액으로 유출된 백혈구도 정자의 생존성을 저하시킨다. 한편, 자성생식도관내에서 정자의 생존성은 발정주기의 단계에 따라 다르다. 일반적으로 황체기에는 생존성이 낮고, 발정기에는 높다. 발정기에 다량으로 분비되는 난관액·자궁액·자궁경관액 등은 정자의 생존성에 유리한 환경을 조성한다. 특히, 소와 말의 정자는 질에서의 생존성이 황체기에는 10여분으로 짧지만, 발정기에는 2~3시간으로 길게 연장된다. 이것은 발정기에 다량으로 분비된 각 생식도관의 분비액이 질로 누출되어 질의 산성상태를 개선시키기 때문이다. 또한, 질점막상피의 아래에 위치하는 형질세포(形質細胞, plasma cell)는 세균의 감염을 방지하는 면역글로블린 A와 G 뿐만 아니라, 정자에 대한 면역글로블린도 방출하는데, 이것은 정자의 생존성에 나쁘게 작용한다.

4) 정자의 수정능

정소상체의 미부에 저장된 정자나 사정된 정자는 모두 인공수정을 하면 수태가 되지만, 체외수정을 하면 수정이 되지 않는다. 그러나, 암컷의 생식도관에서 수시간 동안 머물게 한 정자는 체외수정이 된다. 이 사실은 정소상체정자와 사출정자 모두가 잠재적 수정능(受精能, fertilizing ability)을 가지고 있지만, 실제적 수정능은 정자가 암컷의 생식도관내에서 일정한 변화과정을 거쳐야만 획득된다는 것을 의미한다. 이와 같이, 암컷의 생식도관내에서 정자가 수정능을 획득하는 변화를 수정능획득(capacitation)이라 한다. 수정능이 획득된 정자는 첨체에서 수정에 관련된 효소를 방출하기 위한 첨체반응(acrosome reaction)이 일어난다.

(1) 수정능획득 : 정소상체정자나 사출정자가 곧바로 수정되지 못하는 원인은 당단백질의 일종인 수정능파괴인자(정자피복항원)가 정자를 보호하기 위하여 표면을 피복하고 있기 때문이다. 수정능파괴인자는 정자의 원형질막에 강력하게 접착되어 있어서 간단한 세척만으로는 제거되지 않는다. 그러나, 정장을 105,000g에서 3시간 동안 원심분리하면 작은 덩어리로 침전되는데, 이것을 크로마토그라피로 분석하면 분자량 170,000의 당단백질 분획으로 단리된다(Eddy, 1988). 정장에 함유된 수정능파괴인자는 정소상체에서 합성되며, 동결이나

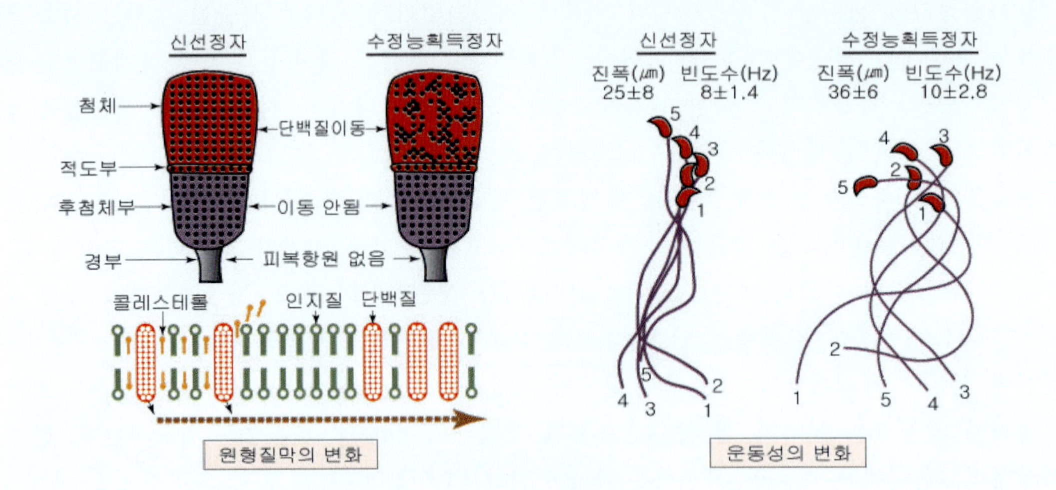

그림 3-8. 수정능획득과정에서 원형질막의 변화와 운동성의 변화

65℃ 정도의 열처리로는 활성을 잃지 않는다. 수정능획득은 정자의 원형질막에서 수정능파괴인자가 제거되는 과정에서부터 시작된다.

정자의 수정능획득은 자궁에서 개시되지만, 완성되는 주 장소는 난관, 특히 협부이다. 그러나, 질에 사정하는 동물종에서는 자궁경관에서부터 개시된다. 수정능이 획득되는 과정은 ① 수정능파괴인자가 함유된 정장이 정자의 주위에서 제거되고, ② 정자 원형질막의 표면에 부착된 당단백질(수정능파괴인자)이 분리된 다음, ③ 원형질막이 변환된다. 그러나, 수정능파괴인자의 제거는 오직 수정능획득과정의 준비단계에 불과하며, 진정한 수정능획득은 정자 원형질막의 성분변화에 의하여 이룩된다. 즉, 자성생식도관 분비액의 작용으로 정자의 원형질막에서 ① 당잔기(glycosyl residue)가 제거되고, ② 인지질이 메틸화되며, ③ 스테롤/인지질의 비율이 감소되고, ④ 지질과 단백질의 이동성이 증가되는 등의 변화가 유발된다. 이러한 변화에 따라 원형질막의 분자량이 감소되고, 최종 단계에서는 첨체가 위치하는 부위의 원형질막에서 막내단백질입자(intramembraneous protein particle)가 이동되어 단백질입자가 존재하는 부위와 존재하지 않는 부위를 형성한다(그림 3-8의 좌측; Suzuki & Yanagimachi, 1989). 이 때, 단백질입자가 존재하지 않는 부위에서 첨체반응을 위한 원형질막과 외첨체막의 융합이 시작된다. 수정능이 획득된 정자는 원형질막의 성상이 변화되는데 따라 투과성이 개선됨으로 호흡능력이 증대되어 운동성이 향상된다. 즉, 정자미부 특히 중편부의 유연성이 증대되어 미부의 운동진폭(beating amplitude)이 증대되며, 따라서 두부는 미부의 반대방향으로 약간 돌아가고, 두부의 자전운동이 정지된다(그림 3-8의 우측). 한편, 수정능획득 여부의 판정은 정자가 수정능을 획득하기 전에 원형질막에 부착된 당단백질(수정능파괴인자)이 제거된다는데 근거하여 이 당단백질의 제거 여부로 판정하는 방법이 이용된

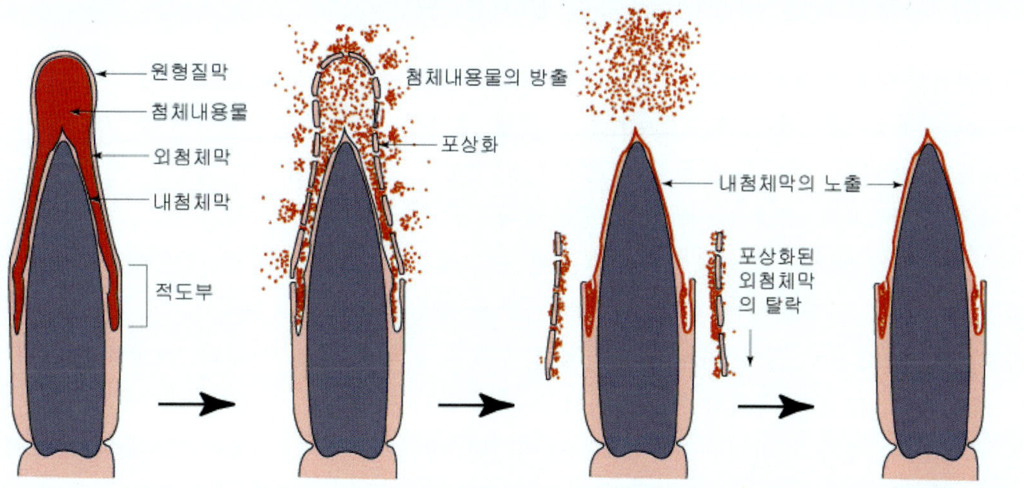

그림 3-9. 포유동물 정자의 첨체반응

다. 그러나, 당단백질은 그대로는 관찰되지 않음으로 염산테트라사이클린(tetracycline-HCl)으로 염색한 다음, 형광현미경으로 관찰하여 형광을 나타내지 않으면 당단백질이 제거되어 수정능이 획득된 것으로 판정한다.

(2) **첨체반응** : 수정능이 획득된 정자가 난자의 투명대를 통과하여 난자내로 진입하려면 첨체에서 형태적인 변화가 일어나 첨체효소가 방출되어야만 하는데, 이러한 첨체의 형태적 변화를 첨체반응이라 한다(그림 3-9; Eddy, 1988). 첨체반응은 수정능획득정자의 원형질막에서 단백질입자가 없는 부분과 알부민의 영향을 받아 유동성이 증가된 외첨체막이 융합되어 포상화(胞狀化, vesiculation)됨으로써 첨체내로 통하는 구멍이 만들어진다. 이 구멍을 통하여 히알루로니다제가 첨체외로 방출되는 동시에, 칼슘이온(Ca^{2+})이 첨체내로 유입되어 프로아크로신을 아크로신으로 활성화시킨다. 이어서 첨체의 적도부를 제외한 전첨체부의 외첨체막이 모두 탈락되어 아크로신이 부착되어 있는 내첨체막이 노출된다.

첨체에서 가장 먼저 유출되는 히알루로니다제는 난자를 둘러싸고 있는 난구(卵丘)의 세포간질인 히알루론산(hyaluronic acid)을 용해시켜 난구세포를 분산시킨다. 아크로신은 트립신과 유사한 단백질분해효소로서, 투명대를 연화시켜서 정자의 침투통로를 만든다. 한편, 정자와 난자가 만나서 수정이 일어나는 난관팽대부에서 난자를 둘러싸고 있는 난구세포와 접촉되지 않은 정자의 대부분은 첨체반응이 일어나지 않았고, 난구세포층내에서는 첨체반응이 일어나지 않은 정자와 일어난 정자가 혼재되어 있으며, 투명대의 표면에 도달된 정자는 거의 대부분에서 첨체반응이 완료되었다. 이 사실은 투명대가 첨체반응을 유기하는 하나의 요인으로 작동한다는 것을 의미한다(Fournier-Delpech & Thibault, 1993).

5) 사출정자의 생리에 영향을 미치는 요인

세정관상피에서 유리된 정자는 자신을 만든 동물체와는 생리적 관계를 단절하고, 독자적인 생리작용을 영위한다. 특히, 체외로 사출된 정자는 다양한 외부환경의 변화에 민감하게 반응한다. 따라서, 정자의 운동성과 생존성에 영향을 미치는 다양한 요인을 이해하는 것은 정액을 합리적으로 취급하는데 매우 중요하다.

(1) 온 도 : 정자의 대사활성과 운동성은 온도에 따라 크게 영향을 받는다. 정자가 정상적인 생리작용을 발현하는 온도는 체온과 같은 37℃ 전후이다. 그러나, 이 온도에서는 정자의 활발한 대사로 정자 자체가 노화되어 수명이 단축될 뿐만 아니라, 정장에서 대사기질이 소모되고, 젖산이 축적됨에 따라 pH가 저하되며, 세균이 증식되어 정자에 유해한 환경이 조성된다. 정자의 환경온도가 10℃ 높아지면 대사율은 2배로 증가되는데, 대사율의 증가에 비례하여 수명은 단축된다. 온도가 50℃로 상승되면 정자의 운동성은 비가역적으로 되고, 54~56℃가 되면 순간적으로 광적인 운동을 하다가 사멸된다. 반면에, 정자의 환경온도가 낮아지면 대사활성과 운동성이 억제되어 생존성이 증대되며, 저온에서 다시 적정온도로 가온하면 운동성이 가역적으로 회복된다. 그러나, 정자를 저온에 급격히 노출시키면 운동성과 생존성이 급격히 저하되는 저온충격(cold shock)을 받는다. 이러한 저온충격을 방지하려면 정자의 생존성에 위험한 온도역(溫度域)인 15~0℃에서 서서히 냉각하고, 정액희석액에 동해방지제를 첨가한다. 오늘날에는 다양한 동해방지제를 첨가한 희석액을 이용하여 정자를 -79℃(드라이아이스)나 -196℃(액체질소)에서 반영구적으로 동결보존한다.

(2) pH : 정자가 운동성을 나타낼 수 있는 pH의 범위는 5.8~10.0이다. 그러나, 정자는 중성(pH 7.0) 또는 약알칼리성 환경에서 가장 활발하게 운동한다. 정자가 산성환경에 노출되면 운동성과 대사율이 감소되는 반면에, 생존성은 다소 증가된다. 이와는 반대로 알칼리성 환경에서는 운동성은 증가되지만, 대사기질을 빨리 소모하여 생존성이 저하된다. 그러나, pH 8.0 이상의 환경에서는 운동성이 급격히 저하된다. 운동성을 유지할 수 있는 pH의 범위를 벗어나 운동성을 잃은 정자라도 다시 pH 7.0의 환경에 노출시키면 가역적으로 운동성이 회복된다. 정자는 정장중에 함유된 대사기질을 분해하여 젖산을 생산함으로 정액의 pH가 점차적으로 낮아진다. 따라서, 정액의 희석액이나 보존액에는 인산염·중탄산염·시트르산염·트리스 등과 같은 완충제를 첨가하는 것이 필요하다.

(3) 삼투압 : 정자는 동물체의 생리적 삼투압과 같은 등장액(isotonic solution)에서 가장 오랫동안 운동성을 나타낸다. 생리적 삼투압의 50~150% 범위에서는 정자가 손상을 크게 받지는 않는다. 일반적으로, 고장액(hypertonic solution) 보다는 저장액(hypotonic solution)이 정자의 운동성과 생존성에 대하여 유리하다. 그러나, 극도로 불균형한 삼투압은 정자의 운동성과 생존성을 저해한다. 특히, 매우 낮은 삼투압을 가진 저장액에 정자를 부유하면 처

음에는 운동성이 증가되지만, 곧이어 비정상적인 운동을 하다가 마침내는 운동이 정지된다.

(4) 전해질과 비전해질 : 전해질가운데 마그네슘이온(Mg^{2+})은 정자의 해당작용과 호흡작용을 촉진하여 운동성을 유지시킨다. 칼륨이온(K^{+})은 4~5mM 수준에서는 해당 및 호흡작용을 촉진하지만, 이보다 높은 수준에서는 운동성을 저하시킨다. 칼슘이온(Ca^{2+})과 고농도의 인산이온(PO_4^{2-})은 정자의 호흡작용과 운동성을 억제한다. 나트륨이온(Na^{+})은 정장의 삼투압을 유지시키는데 필요하며, 염화이온(Cl^{-})은 비전해질과 치환되면서 정자의 생존성을 증가시키는 경우가 있다. 구리이온(Cu^{2+})이나 철이온(Fe^{2+})과 같은 중금속이온은 정자의 운동성과 생존성에 유해하게 작용한다. 한편, 프럭토오스나 글루코오스와 같은 비전해질은 적정량이면 정자의 대사기질로 유효하게 이용되지만, 그 양이 너무 많으면 정자의 대사작용이 지나치게 활성화되고, 이에따라 운동성이 항진되는 반면에, 생존성은 저해된다.

(5) 가 스 : 정자는 낮은 산소분압에서도 정상적으로 호흡할 수 있다. 소·면양·닭 등의 정자는 산소분압이 4~5mmHg 정도만 되면 정상적인 호흡과 운동이 가능하다. 그러나, 높은 분압의 산소는 정자의 대사를 촉진하여 수명을 단축시킨다. 한편, 저분압의 이산화탄소는 정자의 대사를 촉진하지만, 분압이 높은 경우에는 대사를 억제한다. 질소가스는 정자의 운동성과 생존성에 하등의 영향을 미치지 못한다. 다만, 높은 분압의 질소가스는 산소의 공급을 차단하여 정자의 대사를 억제한다.

제 3 절 정액의 채취

정액의 채취(semen collection)는 인위적으로 종모축의 사정중추를 흥분시켜 사정을 유도하는 수단을 통하여 정액을 얻는 일련의 과정을 말한다. 인공수정의 첫번째 단계는 정액을 채취하는 단계이다. 따라서, 정액채취가 제대로 이루어지지 않으면 인공수정 그 자체가 성립될 수 없다. 정액을 채취할 때에는 ① 종모축의 건강을 해치지 않으면서도, ② 다량의 정액을 병원미생물이나 이물질이 함유되지 않도록 청결하게 위생적으로 채취할 수 있어야 하고, ③ 채취된 정액에는 활력이 왕성하고, 체외에서의 생존성과 보존성이 좋은 정자가 높은 농도로 함유되어야 하며, ④ 정자에 나쁜 충격을 주지 않는 방법으로 채취하여야 한다.

1. 사정이 일어나는 기전

성적으로 흥분한 수컷의 음경은 발기와 더불어 교미가 가능하도록 포피밖으로 돌출되고, 교미에 의하여 암컷의 질내로 삽입된 음경이 받는 자극이 척수에 위치하는 사정중추에 전달되면 반사적으로 부생식기와 그 주변의 근육이 율동적으로 수축하여 사정이 일어난다.

1) 음경의 발기와 돌출

성적자극을 받은 수컷의 음경이 팽창되고 경화되는 것을 발기(勃起, erection)라 하며, 발기된 음경이 암컷의 생식기내로 진입될 수 있도록 포피구밖으로 빠져 나오는 현상을 돌출(突出, protrusion)이라 한다. 발기는 음경해면체의 해면체강에 혈액이 유입되어 확장되고, 해면체를 싸고 있는 강인한 백막이 극도로 긴장되어 음경이 경화되는 현상으로서, 척수(脊髓)에 중추를 가지고 있는 자율신경계의 반사작용에 의하여 유발된다. 발기중추(erection center)는 척수의 천골부에 위치하며, 이것은 뇌수(腦髓)에 있는 상위중추에 의하여 촉진적 또는 억제적으로 지배를 받는다. 동물이 성적 자극을 받아 흥분하면 음경수축근이 이완되고, 아울러 음경에 분포하는 동맥혈관이 이완됨에 따라 직경이 확대되면서 직선상으로 신장되어 음경해면체로 다량의 혈액이 유입되기 때문에 음경이 발기된다. 음경의 발기와 동시에 음경정맥을 둘러싸고 있는 구해면체근과 좌골해면체근이 수축되어 음경정맥을 압박함으로써 해면체내로 유입된 혈액이 배출되는 것을 제한하여 발기를 지속시킨다.

한편, 음경의 발기양상은 음경의 구성형태에 따라 다르다. 근해면체형(musclocavernous type)의 음경(말・개・사람 등)은 음경해면체가 잘 발달되어 있어서 현저하게 팽창되기 때문에 음경이 자연적으로 교미가 가능하도록 포피구밖으로 돌출된다. 반면에, 섬유탄성형(fibroelastic type)의 음경(소・면양・산양・돼지 등)은 해면체강(腔)의 발달이 미약하여 발기시에 음경의 굵기나 길이가 별로 증가되지 않는다. 그러나, 발기에 따라 음경의 경도가 증가되는 동시에, 음경을 뒤로 잡아 당기는 음경후인근이 이완되어 음경의 S형만곡부가 펴짐에 따라 포피구밖으로 돌출되어 교미가 가능하게 된다.

2) 정액의 사출과 사정

정소상체의 미부에 저장되어 있는 정자는 사출(射出, emission)과 사정(射精, ejaculation)이라는 두 과정을 통하여 체외로 배출된다. 사출은 정자가 정자부유액에 포함되어 정관을 통과하는 과정으로서, 정관근육층의 연동운동에 의하여 정관팽대부를 향하여 이동된다. 이 연동운동은 하복신경(hypogastric nerve)으로부터 유래되는 골반신경총(pelvic plexus)에서 뻗어 나온 교감신경의 지배를 받는다(Klug 등, 1982). 사출은 성적활동이 없을 때에도 느린 속도로 계속되어 정자가 정관팽대부에서 골반부요도로 누출되는데, 이것은 정소상체미부의 정자수를 일정하게 유지시키는 주기적 과정이다. 그러나, 성적으로 흥분하거나 사정이 일어날 때에는 정관과 정소상체의 미부가 활발하게 수축하여 사출이 증가된다.

한편, 사정은 정액이 요도를 통하여 체외로 배출되는 생리작용으로서, 성적흥분에 의하여 발기된 음경이 암컷의 질이나 인공질에 삽입됨에 따라 받게 되는 마찰자극이나 온도자극이 지각신경을 통하여 요수(腰髓)에 위치하는 사정중추(ejaculatory center)에 전달되고,

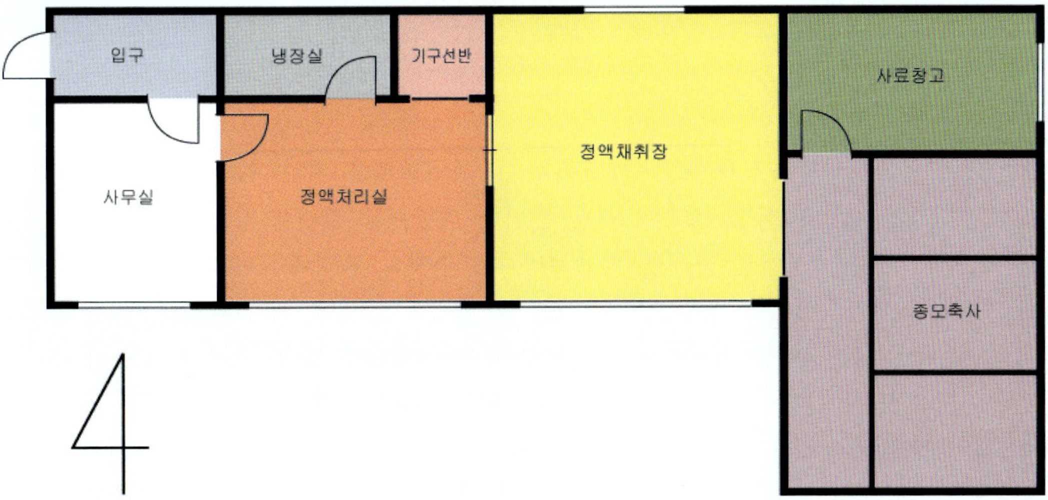

그림 3-10. 정액채취장의 배치 평면도

이에 따라 반사적으로 부성선과 그 주변의 근육이 율동적으로 수축하여 정자와 부성선의 분비액이 압출되는 일련의 과정이다. 이 때, 사정중추에서 기시되어 사정반사를 지배하는 신경경로는 두 종류가 있는데, 그 하나는 장골신경총(iliac plexus)을 경유하여 부성선 분비액의 방출을 지배하며, 다른 하나는 회음신경(pudendal nerve)을 거쳐 구해면체근을 수축시킴으로써 요도를 통하여 정액이 배출되는 것을 지배한다. 구해면체근의 수축은 음경구(球)를 압박하여 혈액을 음경구에서 요도해면체로 압출하며, 이에 따라 요도의 내압이 증가되어 정액이 빠른 속도로 배출된다. 그러나, 요도해면체는 음경해면체와는 달리 발기시에도 정맥을 통하여 혈액이 유출됨으로 사정시에 유지되는 최고압력도 음경해면체의 발기시 압력에 비하면 현저하게 낮다(Beckett, 1983).

2. 정액채취장

종모축을 다두사육하면서 정액을 주기적으로 채취하는 인공수정소에서는 정액채취장(場)이 필요하다. 정액채취장은 정액의 채취 · 처리 · 보관 등의 과정이 일관작업으로 이루어질 수 있도록 정액처리실과 종모축사의 바로 옆에 위치하도록 배치하여야 한다(그림 3-10). 정액채취장은 건조하고, 환기와 채광이 좋아야 하지만, 직사광선이 직접 비추는 것은 정자에 나쁜 영향을 주게 됨으로 피하는 것이 좋다. 또한, 바닥은 콘크리트로하여 청결을 유지할 수 있도록 하고, 종모축이 승가할 때 뒷발을 디디는 장소는 고무깔판을 깔아서 종모축이 미끄러지거나, 발톱이 손상되는 것을 방지하여야 한다. 겨울철에는 정자가 저온충격을 받지 않도록 난방장치를 하여 실온이 15~20℃ 정도로 유지되도록 하는 것이 필요하다.

3. 정액의 채취방법

정액채취방법의 발달과정을 보면, 옛날에는 ① 자연교배를 시킨 후에 질내의 정액을 흡인하여 채취하는 질내채취법, ② 부드러운 면이나 해면체를 질내에 삽입한 다음, 교배시킨 후에 이것을 꺼내어 정액을 짜내는 해면체법, ③ 수컷의 음경에 콘돔(condom)을 장착한 다음, 자연교배시켜 정액을 채취하는 콘돔법, ④ 암컷의 질내에 페사리(pessary)를 장착한 다음, 자연교배시켜 정액을 채취하는 페사리법 등이 이용되어 왔다. 그러나, 오늘날에는 인공질법·전기자극법·마사아지법 등이 동물의 종에 따라 적절하게 이용된다.

1) 인공질법

인공질법은 암컷의 질을 모방하여 만든 인공질에 사정을 시켜 정액을 채취하는 방법으로서, 가장 자연에 가까운 상태에서 사정이 일어남으로 채취된 정액의 성상도 자연교배시의 성상과 같아서 지금까지 개발된 정액채취방법중에서 가장 이상적인 방법이다. 소·면양·산양·말·토끼 등의 정액채취는 거의 전적으로 인공질법이 이용되고, 돼지에서도 부분적으로 이용된다. 이 방법은 성적으로 흥분한 종모축이 의빈대 또는 대축에 승가하여 음경을 돌출하면 신속하게 인공질로 유도하여 사정시킨다.

(1) **인공질의 구조** : 인공질(人工膣, artificial vagina)은 감촉이나 온도가 암컷의 질과 매우 유사하게 만들어 졌으며, 동물의 종에 따라 모양과 크기가 다른 각종의 인공질이 개발되었다(그림 3-11). 즉, 경질고무·플라스틱·금속 등으로 만들어진 외통(外筒, outer cylinder)과 부드러운 고무로 만들어진 내통(內筒, inner cylinder)으로 구성되고, 내통과 외통의 사이에 온수와 공기를 넣어 온도와 압력을 조절한다. 이러한 인공질의 한쪽에는 정액을 받을 수 있는 고무누두부를 장착하고, 그 끝에 정액을 모으는 정액관(精液管)을 접속시킨다. 소에 사용되는 인공질은 여러 종류가 있으나, 가장 대표적인 것은 고무누두부와 정액관이 외부로 노출된 단형(短型)인공질이다. 단형인공질은 취급하기는 편리하지만, 정자가 저온충격이나 직사광선으로부터 보호되지 않는 단점이 있기 때문에 이를 보완하기 위하여 고무누두부와 정액관을 37~38℃의 온수가 들어 있는 비닐커버로 싸서 이용한다. 면양과 산양의 인공질은 소의 인공질에 비하여 크기가 작을 뿐이고, 구조는 같다. 말의 인공질은 기본적으로 소의 인공질과 유사하지만, 크기가 크고, 외통에 손잡이가 달려있으며, 정액량이 많기 때문에 정액관 대신에 큰 고무주머니가 장착되어 있고, 음경의 귀두부가 접촉되는 인공질 말단부의 외통과 내통 사이에 스폰지로 만든 링(ring)을 끼워서 귀두부가 마찰자극을 강하게 받도록 되어 있다. 한편, 돼지는 음경이 받는 온도자극보다는 압박자극에 의하여

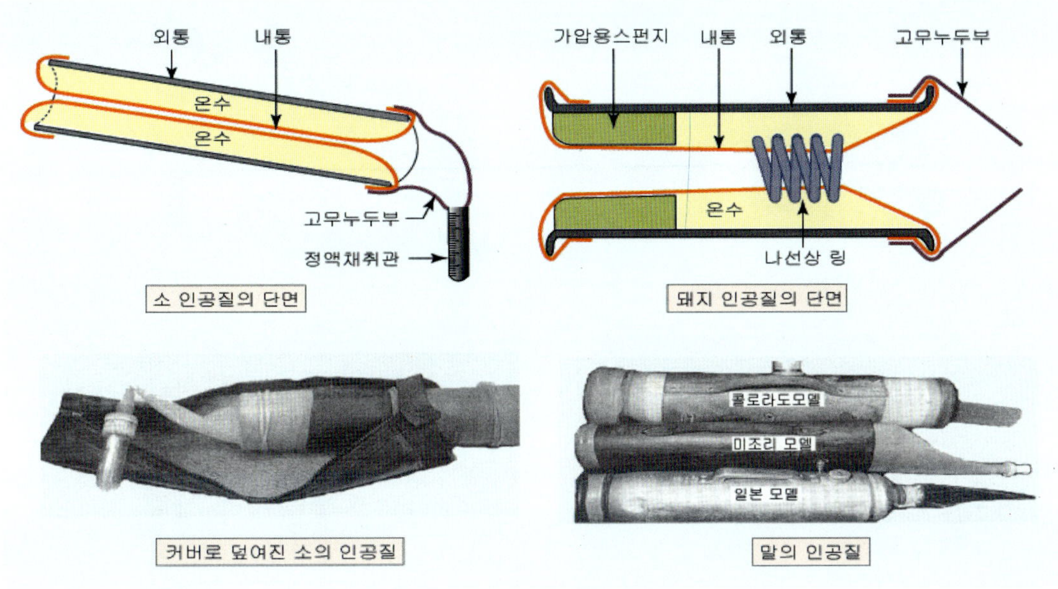

그림 3-11. 인공질의 구조

사정이 유발됨으로 인공질도 음경에 압력을 가할 수 있는 구조로 고안되었는데, 인공질의 입구에는 가압용 스폰지가 장착되고, 음경의 선단부에 압력을 가할 수 있도록 외통과 내통 사이에 나선상의 링이 장착되어 있다.

(2) 인공질의 취급과 소독 : 인공질은 정액을 신속하게 채취하고, 생식기질병의 전염을 방지하기 위하여 개체별로 사용하는 것이 원칙임으로 종모축별로 사용할 수 있도록 충분한 수를 확보하여야 한다. 인공질의 조립은 고무내통을 외통 속으로 넣고, 양단을 외통의 밖으로 뒤집어서 씌운 다음, 고무밴드로 묶는다. 이 때, 고무내통에 주름이 가지 않아야 하며, 너무 팽팽하지 않게 다소 여유를 가지도록 장착한다. 조립된 인공질의 한쪽 끝에는 동물의 종에 따라 정액관이나 정액주머니가 장착된 고무누두부를 접속시킨다. 이어서, 동물의 질과 유사한 조건이 되도록 인공질의 온수주입구를 통하여 적정량의 온수를 주입한다. 인공질을 이용하여 정액을 채취할 때에는 인공질의 온도와 압력이 매우 중요하다. 온도는 음경이 받는 온도자극에 의하여 사정이 유발되는 소·면양·산양 등에서 특히 중요한데, 인공질의 온도는 소 45℃, 면양 42~46℃ 정도가 적당하다(Ax 등, 2000). 또한, 사용 직전에는 인공질의 안쪽에 정자의 생존에 나쁜 영향을 미치지 않는 윤활제를 도포하여 음경이 손상되는 것을 방지하여야 한다.

한편, 정액채취에 사용한 인공질은 세척·소독하여 다음번의 정액채취에 즉시 사용할 수 있도록 준비해 두어야 한다. 초자나 금속으로 된 부품은 건열멸균(乾熱滅菌)을 하고, 고무나 플라스틱으로 된 것은 자비소독(煮沸消毒)을 하거나 알코올소독을 한다. 고무내통은 사

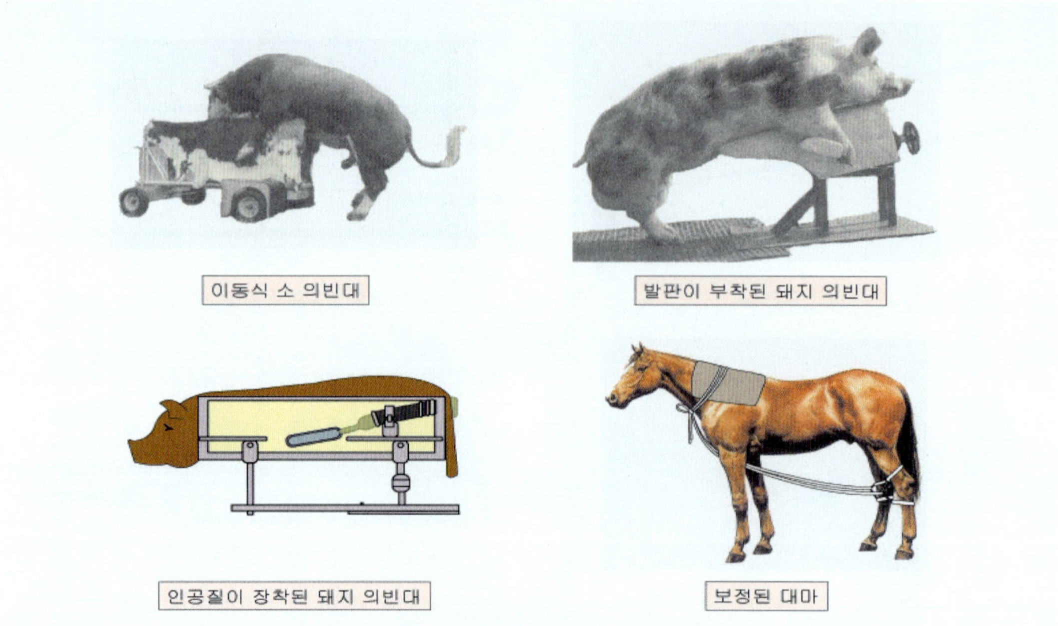

그림 3-12. 의빈대의 종류와 보정된 대마

용한 즉시 외통에 장착된 채로 세척한 후에 분리하여 내면이 노출되도록 뒤집어서 70%의 알코올에 12~24시간 동안 침지하여 소독하고, 이어서 멸균증류수로 세척하여 건조시킨 다음, 인공질보관상에 보관한다. 고무내통을 장기간 보관하였다가 사용할 경우에는 사용 직전에 자비소독을 한 후에 외통에 장착하고, 이어서 그 내면을 멸균된 생리적식염수·10% 슈크로오스용액·6% 글루코오스용액 등으로 세척하여 수분을 제거한 다음에 사용한다. 인공질을 비롯한 인공수정용기구를 소독할 때, 소독제를 잘못 선택하면 정자의 생존성에 유해함으로 주의하여야 한다. 따라서, 독성이 강한 소독제는 사용할 수 없으며, 알코올로 소독했을 경우에도 알코올 성분이 완전히 휘발된 다음에 사용하여야 한다. 또한, 자비소독은 안전하고 간편하지만, 고무제품인 경우에는 수명을 단축시키는 단점이 있다.

(3) 의빈대와 대축 : 인공질을 사용하여 정액을 채취하려면 의빈대(擬牝臺, dummy)나 대축(臺畜, mount animal)에 종모축을 승가(乘駕, mounting)시켜 음경이 돌출되면 신속히 인공질로 유도하여야 한다. 의빈대는 암컷의 모양을 본따서 만든 교미대이며, 옛날에는 나무로 만들어 천이나 동물의 가죽을 덮어 사용하였지만, 현재에는 대개 금속제품으로서, 조작이 간편하게 제작되었다. 즉, 의빈대의 높이와 경사도를 종모축의 체격에 따라 자유롭게 조절할 수 있으며, 종모축이 승가하였을 때 앞발을 얹을 수 있는 발판이 부착되어 있는 것도 있고, 사정동작에 따라 진동할 수 있도록 설계된 것도 있으며, 이동이 용이하도록 바퀴가 달린 것도 있다. 돼지의 의빈대중에는 인공질을 의빈대에 장착할 수 있도록 제작된

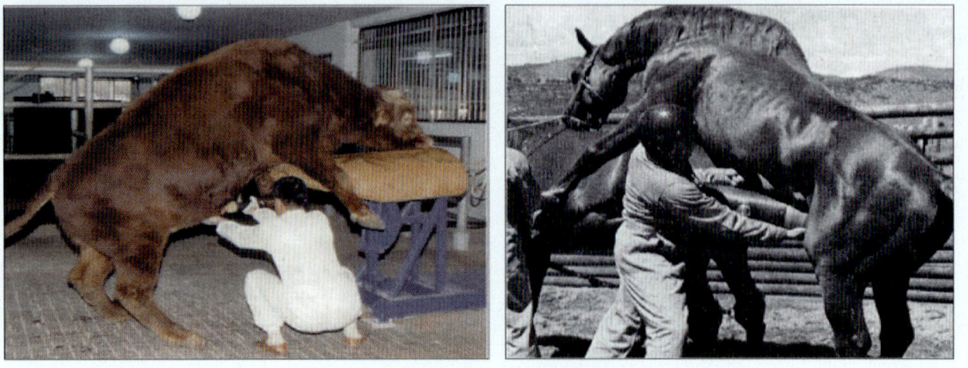

그림 3-13. 인공질에 의한 정액의 채취

것도 있다(그림 3-12). 한편, 의빈대가 없거나, 종모축이 의빈대에 승가하는 것을 거부할 경우에는 다른 가축을 보정하여 의빈대를 대신하는 대축으로 사용할 수 있다. 특히, 말은 의빈대에 승가하는 것을 기피하는 개체가 많음으로 대마(臺馬)를 사용하는 것이 일반적인 관행이다. 이 경우에 종모마가 승가할 때, 대마가 뒷발질로 찰 위험성이 있음으로 대마의 뒷다리를 보정하여 종모마가 다치는 것을 예방하여야 한다.

(4) 인공질에 의한 축종별 정액채취 : 성적으로 흥분한 종모축이 의빈대나 대축에 승가하여 음경을 돌출하면 신속히 인공질로 유도하는 시각을 맞추는 것이 정액채취의 비결이다. 이것이 잘못되면 인공질에 음경이 삽입되었다 하더라도 사정이 일어나지 않는 경우가 많다. 인공질에 의한 정액채취는 모든 가축에서 기본원리는 같지만, 사정양식이나 정액량에 따라 약간씩 다른 부분도 있다(그림 3-13).

① 소 : 정액을 채취하기 전에 종모우의 포피(包皮)와 그 주변부를 깨끗이 세척하여야 한다. 포피를 세척할 때는 포피내에 호스를 넣어서 강한 수압으로 일차 씻어낸 다음에 생리적 식염수로 2~3회 재차 세척한다. 세척액은 30℃ 전후로 가온하여 사용한다. 세척이 끝난 후에는 깨끗한 거즈로 물기를 완전히 제거한다. 수분이 남아서 정액에 혼입되면 정액의 성상을 나쁘게 한다. 포피를 세척하면 정액중의 세균수를 현저하게 감소시킬 수 있다. 정액을 채취할 준비가 끝난 종모우는 의빈대나 대축의 후면에 서서히 접근시켜 승가를 유도한다. 그러나, 승가한 종모우의 음경을 곧바로 인공질로 유도하지 말고, 3~5회의 가승가(假乘駕, false mounting)를 시킨다. 이어서 정액을 채취하는데, 시술자는 의빈대의 오른쪽에 서서 인공질을 오른손으로 잡고 대기하고 있다가 종모우가 승가하여 음경을 돌출하면 포피개구부의 바로 뒤쪽에서 포피속의 음경을 왼손으로 잡아 인공질로 유도한다. 인공질은 발기·돌출되는 음경의 각도에 맞추기 위하여 개구부를 아래로 하여 35° 정도의 경사를 유지한다. 사정할 때, 종모우는 전방으로 돌진운동을 함으로 인공질도 이에 맞추어 약간

후퇴시킨다. 종모우는 순간적으로 사정함으로 음경을 인공질로 유도하는 시각을 맞추는 것이 매우 중요하다. 사정이 끝나면 즉시 인공질의 개구부를 위쪽으로 하고, 인공질의 온수를 배출시켜 정액이 정액관으로 흘러 내리도록 한다.

② **면양과 산양** : 면양과 산양의 사정양식과 음경의 구조는 소의 그것과 매우 유사하기 때문에, 인공질의 구조도 소의 것에 비하여 크기만 작을 뿐이고, 나머지는 모두 같다. 따라서, 정액채취방법도 소의 경우와 비슷하다. 면양과 산양은 간단한 목제의빈대나 대축을 사용하면 쉽게 승가함으로 별다른 어려움 없이 정액을 채취할 수 있다. 다만, 비번식계절에는 성욕이 현저히 감퇴되어 비발정 암양과 동거시켜도 승가를 하지 않는 경우가 많다. 그러나, 비번식계절에도 조정기능(造精機能)이 휴지되는 것은 아니다.

③ **말** : 말의 음경은 근해면체형으로서, 발기시에 굵게 팽창되기 때문에 인공질의 크기가 소의 그것에 비하여 현저하게 크며, 내통과 외통사이에 주입하는 온수(41℃ 정도)도 인공질 용량의 1/2~1/3 정도(3,500~4,500㎖)만 채운다. 인공질의 고무내통은 조립하기 전에 당용액으로 적신 후에 내통의 깊숙한 곳까지 윤활제를 바른다., 윤활제로는 적당량의 전분을 10%의 슈크로오스용액에 용해시켜 사용한다. 정액을 채취할 준비가 끝나면 종모마를 대마의 후면으로 접근시키는데, 곧바로 승가시키지 말고, 음경이 충분히 발기된 것을 확인한 다음에 승가시킨다. 이 때, 시술자는 대마의 오른쪽에 위치하여 인공질을 오른손으로 잡고, 개구부를 아래로 하여 35°의 각도를 유지시키면서 음경을 인공질로 유도한 다음, 왼손으로 음경근부(陰莖根部)를 가볍게 받쳐준다. 사정은 미부의 돌진운동이나 요도의 연동운동을 감지하여 알 수 있다. 사정이 끝나서 음경이 유연해지기 시작하면 인공질의 끝부분을 아래로 내려 개구부로부터 정액이 누출되는 것을 방지한다. 종모마가 대축에서 하강하여 정액채취가 끝나면 인공질의 개구부를 위쪽으로 하여 사출된 정액을 정액주머니에 모은 후에 정액주머니를 분리시킨다. 채취 직후의 정액은 필터로 교양물질을 여과한다.

④ **돼 지** : 의빈대에 수퇘지를 접근시키면 쉽게 승가하여 곧바로 음경을 신장·돌출시키면서 교미동작을 시작한다. 이 때, 돌출된 음경을 생리적식염수로 세척하고, 교미동작을 수회 반복하면 음경을 인공질로 유도한다. 인공질에 음경이 삽입되면 적당한 압박감과 온감을 느끼게 되어 음경이 자궁경에 해당되는 인공질의 링을 향하여 회전하면서 신장된다. 음경의 선단이 나선형의 링 속에 삽입되면 강한 압박감으로 성적 자극이 강화되어 사정을 시작한다. 돼지는 다른 가축에 비하여 정액량이 많음으로 사정시간이 길며, 사정을 하는 시간대에 따라 정자농도가 높은 분획과 낮은 분획을 사정한다. 따라서, 분리채취(fractional collection)를 하면 정자의 농도가 높은 분획을 얻을 수 있다.

2) 전기자극법

직장내에 전극(電極, electrode)을 삽입하고, 통전(通電)시켜 사정중추를 자극함으로써 사

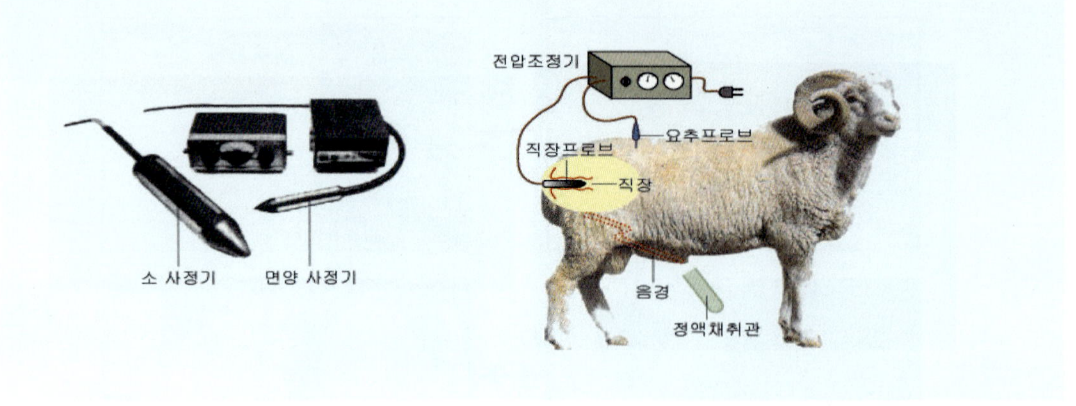

그림 3-14. 전기사정기와 전기자극법에 의한 면양의 정액채취

정을 유도하여 정액을 채취하는 방법을 전기자극법(electrical stimulation method)이라 한다. 통전자극은 전압을 다르게 조절할 수 있는 여러개의 단자(端子)가 둥글게 배열된 환상다극식(環狀多極式)의 전기사정기(electroejaculator)를 이용한다(그림 3-14). 전기자극법은 면양과 산양의 정액채취에는 자주 이용되지만, 소에서는 극히 제한된 경우에 한하여 이용된다. 돼지의 경우에는 피하지방층이 두꺼워 전기의 전도가 잘되지 않음으로 전압을 높여야 하는 단점이 있기 때문에 거의 이용하지 않는다.

(1) 소 : 소는 인공질법으로 정액을 채취하는 것이 일반적이지만, 노령이나 후구의 질환 등으로 승가가 불가능하거나, 교미욕이 결여되어 인공질법으로 정액채취가 불가능한 개체에 한하여 전기자극법이 이용되고 있다. 채취방법은 먼저 종모우를 보정틀에 보정하고, 하복부와 포피내부를 물과 생리적식염수로 깨끗이 세척한 다음, 물기를 제거한다. 이어서 직장내의 분을 제거하고, 전극프로브(electrode probe)를 직장내에 삽입시킨 다음, 직장의 하부에 밀착시킨다. 통전자극은 처음에는 3~5V의 낮은 전압으로 몇번 통전시키다가 전압을 단계적으로 높여서 5~6회째에 10~15V에 도달되게 한다. 이 전압에서 3~5초 동안 통전시키고, 15초씩 쉬는 것을 반복하면 사정이 일어난다. 이 방법으로 채취한 정액은 사정량은 많지만, 정자농도가 낮은 경향이 있다. 그러나, 사정시간의 경과에 따라 분리채취를 하면 정자의 농도가 매우 높은 분획을 얻을 수 있다.

(2) 면양과 산양 : 면양과 산양의 정액채취에서는 전기자극법이 자주 이용된다. 종모양은 정액을 채취하기 전에 관장(灌腸)을 하여 숙분을 제거하고, 포피내부와 하복부를 깨끗이 세척한다. 이어서 옆으로 눕혀 보정하고, 전기사정기의 요추프로브를 제 4~5요추의 측방피하에 꽂고, 직장프로브를 직장내로 10cm 정도 밀어 넣은 다음, 25~30V의 전압에서 100A의 전류를 5초씩 수회에 걸쳐 통전하면, 사지를 뻗고 전신이 경직되면서 통전을 멈추었을 때 사정이 일어난다. 이 때, 음경과 포피를 마사아지하면서 정액을 받는다. 종모양은

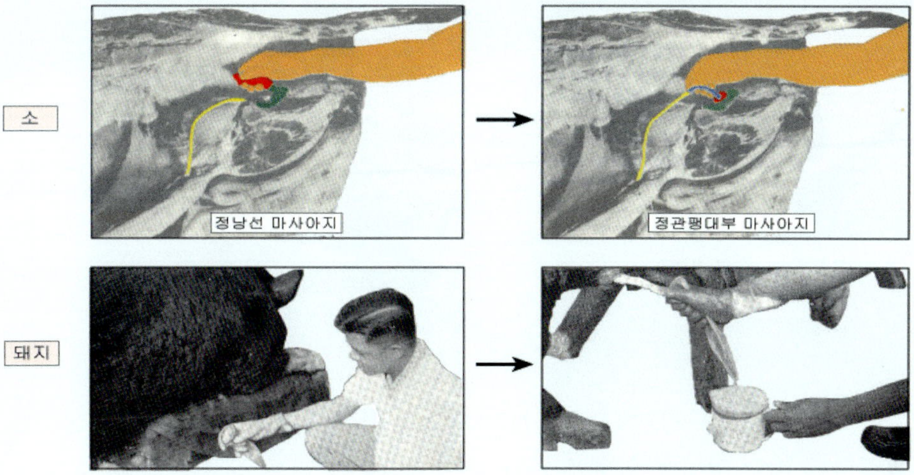

그림 3-15. 마사아지법에 의한 정액의 채취

통전을 멈추었을 때, 약간 움직임으로 보정에 주의가 필요하다.

(3) 돼 지 : 돼지는 피하에 두껍게 위치하는 지방층이 전류의 흐름을 방해하는 절연효과(insulating effect)를 나타내기 때문에 소나 면양에 비하여 높은 전압이 필요하다. 전기자극에 의하여 정액을 채취하려면 높은 전압을 생식도관으로 전달하기 위하여 특수하게 제작된 전극프로브를 이용하여야 한다. 높은 전압은 종모돈에 큰 불쾌감을 주게 됨으로 적당한 마취제나 안정제의 투여가 필요하다. 이것이 전기자극으로 돼지의 정액을 채취하는데 있어서의 제약요건이 된다. 따라서, 돼지에서 전기자극법은 일반적으로 사용하는 정액채취 방법이 아니다. 전기자극법으로 채취한 정액은 정자의 운동성·수정력·농도 등은 양호하지만, 정액량은 현저하게 적다.

3) 마사아지법

종모축의 신체 일부를 마사아지하는 수단으로 사정중추를 흥분시켜 사정을 유도하는 정액채취법을 마사아지법(massage method)이라 한다. 소와 같이 체격이 큰 동물은 직장에 손을 넣어 정관팽대부를 마사아지하며, 개의 경우는 음경을 직접 마사아지하고, 돼지는 음경의 선단을 강하게 압박하여 정액을 채취한다(그림 3-15).

(1) 소 : 부상이나 교미욕결여로 승가가 곤란한 종모우에 대하여 직장에 손을 넣어 정관팽대부를 마사아지하여 정액을 채취하는 방법을 정관마사아지법이라 한다. 시술방법은 먼저 포피구부위의 털을 절단하고, 생리적식염수로 포피내를 깨끗이 씻어낸다. 이어서 직장내의 분을 제거한 다음, 직장내로 고무관을 넣어서 정낭선과 정관팽대부가 위치하는 부위에 대고, 44~45℃의 온수를 주입하여 따뜻하게 가온한다. 이 부위를 충분히 가온하면 마

사아지를 하지 않아도 포피구에서 정낭선분비액이 누출되며, 곧이어 정낭선을 엄지와 인지로 가볍게 잡고 마사아지를 하면 투명한 분비액이 다량으로 누출된다. 이러한 정낭선 마사아지를 1~2분 동안 계속한 후에 같은 방법으로 정관팽대부를 잡고 후방을 향하여 마사아지하면 1~2분내에 정액이 누출되기 시작하는데, 이 정액을 조수가 채취병에 받는다. 이 방법으로 1회에 3~10㎖의 정액을 얻을 수 있다.

(2) 돼 지 : 돼지의 경우에는 인공질을 사용하지 않고도 음경의 선단을 손으로 압박하는 수압법(手壓法)으로 쉽게 정액을 채취할 수 있다. 즉, 종모돈이 발정암퇘지나 의빈대에 승가하여 음경을 돌출하면 고무장갑을 낀 손으로 음경의 선단을 잡는다. 이 때, 새끼손가락으로 음경의 나선상 귀두부를 손톱이 하얗게 될 정도로 강하게 압박하고, 약지와 중지는 조금 약하게 압력을 가한다. 음경에 가하는 압력은 음경의 발기상태에 따라 조절하는데, 음경의 경도가 증가될 때는 압력을 힘있게 가하고, 부드러워질 때는 압력을 줄여 준다. 이와 같이, 음경에 가하는 압력을 민첩하게 조절하면 종모돈은 음경을 길게 돌출하면서 사정을 시작하는데, 다른 손으로 정액채취용기를 잡고 정액을 받는다. 일단 사정을 시작하면 압력을 줄여 가볍게 쥐고 있어도 사정을 계속한다. 종모돈은 사정시간이 3~10분으로 길고, 한 사정기에 최소한 3분획으로 나누어 사정한다. 최초의 분획은 약간의 교양물질을 함유하는 맑은 액체이고, 두번째 분획은 정자가 풍부하게 함유된 유백색의 분획으로 약간의 교양물질이 함유되어 있고, 마지막 분획은 다량의 교양물질이 함유된 맑은 액체이다. 따라서, 수압법으로 정액을 채취할 때는 정자농도가 높은 두번째 분획의 정액만을 분리채취할 수 있다.

4. 정액의 채취빈도

어린 수컷을 양호한 조건으로 사양・관리하면 소는 12개월, 면양・산양・돼지 등은 7~8개월, 말은 24개월 후부터 정액의 채취가 가능하다. 정액의 채취빈도는 단위기간당 정액을 채취하는 회수를 말하는데, 일반적으로 1주일을 기준으로 하는 경우가 많다.

1) 채취빈도의 기준

정액의 채취빈도를 높게하면 단위기간당의 총 정자수는 증가하지만, 정자농도가 저하되어 1회 사정당 정자수는 현저하게 감소된다. 반면에, 채취간격을 지나치게 연장시키면 정자가 오줌을 통하여 배출되거나 생식기내에서 퇴화・소실되어 정액의 이용효율이 떨어진다. 따라서, 정액의 채취빈도는 주당 생산되는 정자수를 고려하여 사출이 가능한 정자의 대부분을 채취하면서도 일정한 정자농도를 유지할 수 있는 선에서 결정되어야 한다. 또한, 종모축의 조정능력(造精能力)은 축종・개체・연령・계절・사육환경・영양・건강상태 등에 따라 달라짐으로 이들 요인도 채취빈도를 결정하는데 중요하게 고려하여야 한다.

2) 축종별 채취빈도

정액의 사정량이나 정자농도는 동물의 종에 따라 매우 다르다. 따라서, 정액의 채취빈도도 축종에 따라 다를 수 밖에 없다. 일반적으로, 사정량이 많은 축종의 채취빈도가 낮다.

(1) 소 : 소의 정소에서는 매일 10억 전후의 정자가 생산되며, 생식기내에 약 730억의 정자가 저장되어 있고, 한번의 사정에 약 60억 정도의 정자가 사출된다. 정액의 채취빈도는 종모우의 연령·개체·영양·환경조건 등에 따라 달라질 수 있지만, 대체적으로 1주당 2~3회, 매회 두번 연속채취하는 것이 일반적이다. 그러나, 무더운 여름철에는 1주에 2회 이상을 채취하면 정액성상이 나빠지는 개체가 있다. 이러한 개체는 종모우의 건강상태와 정액성상을 고려하여 적당기간의 휴식이 필요하다.

(2) 면양과 산양 : 면양과 산양은 정소상체내에 저장된 정자수가 많고, 사정량도 적기 때문에 다른 가축에 비하여 상당히 높은 빈도로 장기간에 걸쳐 정액을 채취하는 것이 가능하다. 그러나, 건강을 해치지 않고, 정상적인 성욕을 유지하면서 양호한 정액을 얻을 수 있는 채취빈도는 2일에 1회가 적당하며, 필요에 따라서는 1일 1~2회의 채취도 가능하다.

(3) 말 : 말은 한번에 사정하는 정액량과 정자수가 많음으로 채취빈도가 높으면 정자농도가 현저하게 감소된다. 따라서, 실용적인 채취빈도는 1주당 2회가 적당하지만, 정액의 수요가 많은 번식계절에는 1일 1회의 채취도 무방하다. 그러나, 1일 1회의 채취를 8일 정도 계속하면 정자수가 절반 이하로 줄어든다. 계속적인 정액채취로 종모마가 피로한 기색을 보이면 도중에 하루쯤 휴식을 시켜야만 한다.

(4) 돼 지 : 돼지는 다른 가축에 비하여 정액량이 현저히 많기 때문에 채취빈도가 정액의 성상에 크게 영향을 미친다. 즉, 20일 동안에 5회·10회·20회의 정액을 채취하면 사정당 평균 정자수가 각각 55×10^9·44×10^9·23.7×10^9으로서, 사정빈도가 높을수록 사출되는 정자수가 감소된다(Gerritts 등, 1962). 따라서, 이상적인 채취간격은 5~6일이며, 형편에 따라서는 3일 간격으로 채취하여도 가끔 휴식만 시킨다면 별다른 지장은 없다. 그러나, 돼지의 경우는 소나 면양과는 달리 과도하게 정액을 채취하면 건강이 극도로 나빠져서 폐축(廢畜)하게 됨으로 이점에 유념해야 한다. 특히, 젊은 수퇘지는 어떠한 경우에도 주당 2회 이상을 채취하여서는 안된다(Hughes & Varley, 1980).

제 4 절 정액의 평가

정액의 성상은 다양한 원인에 의하여 채취시 마다 다르게 마련이다. 따라서, 채취된 정액은 곧바로 양과 질을 평가하고, 이 자료를 기초로 하여 그 정액의 사용 여부를 판단하는

표 3-3. 정액의 성상을 나타내는 용어

검사항목	검사기준	용어
정액량(volume)	없음	무정액증(aspermia)
	감소	정액감소증(hypospermia)
	증가	정액증가증(hyperspermia)
정자농도(concentration)	없음	무정자증(azoospermia)
	정상	정상정자증(normozoospermia)
	감소	정자과소증(oligozoopermia)
	증가	정자과다증(polyzoospermia)
정자운동성(motility)	감소	정자무력증(asthenozoospermia)
정자생존성(viability)	사멸	정자사멸증(necrozoospermia)
비정상정자(abnormal sperm)	높은비율	기형정자증(teratozoospermia)

동시에, 희석배율 등과 같은 정액의 처리방법을 결정한다. 정액의 평가는 육안적 평가와 현미경적 평가로 대별한다. 채취 직후의 정액은 육안으로 양과 색깔 등을 평가하는 동시에, 냄새 · pH · 점조도 · 삼투압 등을 조사한다. 이어서 현미경을 이용하여 정자의 농도 · 활력 · 형태 등을 관찰한다. 인공수정용으로 장기간 동안 보존하려는 경우에는 정자의 생존능력이나 수정능력을 판단하기 위하여 추가적으로 정자의 대사능력이나 강도를 검사하는 경우도 있다. 최근에는 난자를 이용하여 정자의 수정능력을 직접 평가하거나, 전자현미경을 이용하여 정자의 미세구조를 조사하는 수단을 통하여 정액의 질을 평가하기도 한다. 정액의 성상을 표현하는데 이용되는 각종 용어는 표 3-3과 같다.

1. 정액의 육안적 평가

정액의 성상을 평가할 때 육안적 평가는 현미경을 사용하지 않고, 눈으로 보고 판정하는 것으로서, 평가자의 주관적 판단이 기초가 되는 경우가 많음으로 경험이 부족할 경우에는 잘못 판단할 위험성이 있다. 육안적 평가로는 정액의 외관 · 투명도 · 색깔 · 냄새 · 양 · pH · 비중 · 삼투압 등을 조사한다.

1) 정액의 외관

정액의 외관은 투명도 · 색깔 · 점조도 등을 종합하여 평가하며, 정액의 성상을 판정하는데 유력한 참고자료가 된다. 채취 직후의 정액에서 정자농도가 높으면 균일하면서도 불투명한 외관을 나타내지만, 정자농도가 낮으면 농도에 반비례하여 투명도가 증가된다. 돼지의 정액을 분리채취한 경우에 첫번째와 세번째의 분획은 투명도가 높지만, 정자의 농도가 높은 두번째의 분획은 투명도가 낮아서 불투명하게 보임으로 쉽게 구분된다. 정액의 색깔은 보통 유백색 내지 회백색을 나타내는데, 정자농도가 높을수록 흰색이 강하다. 그러나,

소와 산양의 정액은 녹색을 띠는 풀사료중에 함유된 카로틴(carotene)이나 정낭선에서 분비된 리보플라빈(riboflavin)의 영향으로 황색을 띠는 경우가 있는데, 정액의 성상에는 영향이 없다. 또한, 정액중에 혈액·오줌·고름 등과 같은 이물질이 혼입되면, 각각 붉은색·누런색·녹색을 나타내며, 이러한 정액은 폐기하여야 한다. 한편, 가축의 신선한 정액은 거의 냄새가 없으며, 약간의 웅취(雄臭)를 발산할 뿐이지만, 혈액·오줌·고름 등이 혼입되면 이것들에 의하여 다른 냄새를 발산한다. 그러나, 사람을 비롯한 수종의 동물종에서는 전립선에서 스퍼민(spermine)이 높은 농도로 분비되고, 이것이 디아민산화효소(diamine oxidase)에 의하여 산화되면 밤꽃냄새와 같은 특유의 냄새를 발산한다. 일반적으로, 정자농도가 높은 면양·산양·소의 정액은 색깔이 짙고, 불투명한데 비하여 정자농도가 낮은 말과 돼지의 정액은 색깔이 엷고, 투명도가 높다.

2) 정액의 양

사정된 정액의 양은 각 동물종에서 나타내는 사정량에 따라 눈금이 있는 피펫(가금류)·정액채취관(소·면양·산양)·메스실린더(말·돼지) 등으로 쉽게 측정할 수 있다. 정액의 양은 동물의 종에 따라 매우 다른 것은 물론이고, 같은 종내에서도 품종·연령·채취방법·채취빈도 등에 따라 서로 다르다.

(1) 소 : 소의 평균 사정량은 5~8㎖ 정도이지만, 어린 개체나 체격이 작은 개체의 사정량은 적다. 또한, 정액의 채취빈도가 높으면 사정량이 적고, 2회 연속 채취할 경우 두번째에 채취된 정액량이 적다. 정액량이 적더라도 수정률에 직접적으로 영향을 미치지는 않지만, 이용할 수 있는 정자수가 제한되기 때문에 사정량이 적은 종모우는 바람직하지 않다.

(2) 면양과 산양 : 면양과 산양의 정액량은 채취방법에 따라 달라서 전기자극법이 인공질법에 비하여 많은 정액을 얻을 수 있다. 사정량은 계절·종모양의 연령과 상태·채취자의 숙련도·채취빈도 등에 따라 크게 다르다. 인공질로 정액을 채취할 때 가승가를 시키면 정액량이 증가된다. 면양의 평균 사정량은 성숙한 것은 0.5~2.0㎖이고, 어린 것은 0.5~0.7㎖이다. 산양의 사정량은 0.5~1.2㎖ 범위로서, 평균 1.0㎖ 정도이다

(3) 말 : 말의 사정량은 60~100㎖ 정도이다. 정액의 양과 질은 채취 직후에 곧바로 평가하여야 한다. 말의 정액을 채취하기 전에 인공질에 필터를 장착하지 않았을 경우에는 채취 직후에 필터가 장착된 주사기로 흡인하여 교양물질을 제거하고, 교양물질이 제거된 정액도 여과하여 포피구(包皮垢, smegma)·털·오물 등과 같은 이물질을 제거한다. 이러한 처리로 교양물질을 완전히 제거한 정액(gel-free semen)의 양을 측정한다. 정액량은 사정 전의 성적 자극에 의하여 증가되지만, 총 정자수에는 변화가 없다.

(4) 돼 지 : 돼지의 정액은 최소한 3번의 분획으로 채취할 수 있다. 첫번째 분획과 세번째 분획은 두번째 분획(sperm-rich fraction)에 비하여 투명하고, 정자의 농도가 낮지만, 정액

의 총량을 산정할 때는 이들 분획 모두를 포함시킨다. 종모돈이 1회에 사정하는 정액성분의 구성비와 정액량의 기대치는 총량의 20%가 교양물질, 20~30%는 정자, 나머지는 정장으로 구성된 정액 240~250㎖이다(Ax 등, 2000).

3) 정액의 pH

정액의 pH가 정상범위를 벗어나면 정자의 활력과 생존성이 저하되는데, 부성선의 분비액에 이상이 있거나 이물질이 혼입되었을 때는 pH가 변동된다. 또한, 대사활성이 높은 정자를 함유하고 있는 양질의 정액을 높은 온도에서 방치하면 정자의 대사산물인 젖산이 축적되어 pH가 빠르게 저하된다. 따라서, 정액의 pH는 채취 직후에 곧바로 측정하여야만 한다. 신선한 정액의 pH는 소 6.4~6.8, 말 7.2~7.8, 면양과 산양 6.2~6.8, 돼지 7.3~7.8 정도이다. 정액의 pH 측정은 pH미터를 이용하는 것이 정확하지만, 실용적으로는 간편하게 지시지(指示紙, indication paper)를 이용하여 측정하는 경우가 더 많다.

(1) pH미터법 : 정액의 pH를 정확하게 측정하고자 할 때에는 정액을 작은 용기에 넣고, 이곳에 pH미터의 전극을 침지하여 측정한다. 과거에는 전극을 침지하기 위하여 3~4㎖의 정액이 필요하였지만, 최근에는 0.3㎖의 정액으로도 pH를 측정할 수 있는 전극이 개발되었다.

(2) 지시지법 : 지시지법은 pH에 따라 색깔이 분류되어 있는 표준색조표(標準色調表)의 색깔과 지시지에 정액을 묻혔을 때 변하는 색깔을 비교하여 pH를 읽는 방법이다. 이 방법은 아주 간편하고, 어느 곳에서나 소량의 정액으로 단시간내에 측정할 수 있다는 장점은 있지만, 정확도가 떨어져 개략적인 측정수단으로 이용되고 있다. pH의 측정에 이용되는 지시지는 직사각형으로 작게 절단하여 밀폐된 용기에 넣어 빛이 통하지 않는 곳에 보관하면서 필요에 따라 꺼내어 쓴다. 측정방법은 지시지 절편의 한쪽 끝을 핀셋으로 잡고, 다른 쪽 끝을 정액에 담근 후에 꺼내어 나타나는 색깔을 표준색조표에 대조하여 서로 일치하는 색깔의 숫자를 읽는다. 냉각된 정액은 온도를 가급적 실온으로 올린 다음에 측정하면 정확도를 높일 수 있다.

4) 삼투압·점조도·비중

정액의 삼투압(滲透壓, osmotic pressure)은 삼투압 측정기나 빙점강하도 측정장치를 이용하여 측정한다. 정액의 삼투압은 280~310mOsm의 범위이고, 빙점강하도는 -0.54~-0.73℃의 범위로서, 혈장의 삼투압과 비슷하다. 정액의 삼투압이 정상보다 낮으면 정장의 수분이 정자내로 흡수되어 정자가 팽윤되고, 반대의 경우는 정자에서 수분이 빠져 나와 정자 자체가 농축된다. 정액의 점조도(粘稠度, viscosity)는 정자농도와 정장의 조성에 의하여 결정되는데, 정자농도가 높으면 점조도가 높고, 반대의 경우에는 낮다. 정자농도가 높은 면양과 산양 정액의 점조도는 매우 높아서 각각 45.7과 47.5이지만, 소·돼지·말 정액의 점조도는

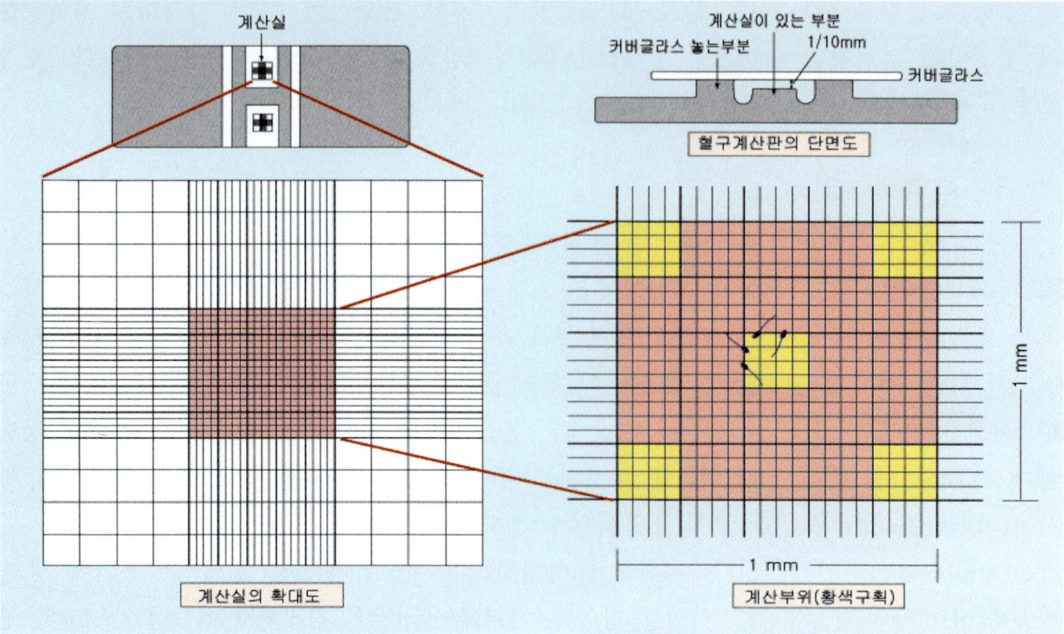

그림 3-16. 혈구계산판의 단면과 계산실의 구획

각각 4.1 · 2.7 · 1.9를 나타낼 뿐이다. 정액의 비중(比重, specific gravity)도 정자농도에 따라 결정되는데, 정자농도가 높은 면양과 산양의 정액은 1.079로 높고, 소 · 돼지 · 말의 정액은 각각 1.034 · 1.016 · 1.014로 현저히 낮다.

2. 정액의 현미경적 평가

육안적으로 이상이 없는 정액이라도 현미경으로 보면 그 성상이 불량한 경우도 있다. 예를 들면, 외관상으로 농후한 유백색을 나타내어 정자농도가 높은 것 같이 보여도 현미경으로 검사하여 보면 활력과 생존률이 낮거나 형태적으로 기형을 나타내는 정자가 많아서 인공수정에 이용할 수 없는 경우가 있다. 따라서, 인공수정용 정액을 검사할 때에는 현미경적 검사가 필요하며, 검사항목에는 정자의 농도 · 운동성 · 생존률 · 기형률 등이 포함된다.

1) 정자농도의 측정

정자농도(精子濃度, sperm concentration)는 정액의 단위용적에 함유되어 있는 정자수를 나타내는 것으로서, 통상 정액 1㎖에 함유된 정자수(정자수/㎖)로 표기한다. 정자농도는 정액의 희석배율을 결정하는데 가장 중요한 요인이다. 정자농도의 산정을 위한 정자수는 혈구계산기(hemocytometer)나 입자계수기(particle counter)로 계산하는 것이 정확하다. 그러나, 다수의 정액을 동시에 검사할 수 밖에 없는 인공수정소에서는 분광광도계(spectrophotometer)로 단시간내에 간단하게 측정한다.

(1) **혈구계산기에 의한 계산** : 이 방법은 혈구계산기를 이용하여 혈구수를 계산하는 요령에 따라 정자수를 계산하고, 이것을 근거로 정자농도를 산출하는 방법이다. 혈구계산기는 혈구계산판(hemocytometer slide)과 희석용 피펫(dilution pipette)으로 구성된다. 혈구계산판의 계산실은 한변의 길이가 1mm인 정사각형으로서, 각 변이 이중선으로 5등분되어 모두 25개의 이중선으로 된 정사각형을 가지며, 이중선의 정사각형은 다시 단선으로 된 16개의 작은 정사각형으로 나누어져 있다. 또한, 계산판의 계산실이 있는 부위는 커버글라스를 덮는 부위에 비하여 1/10mm가 낮으며, 따라서 $1mm^2$의 계산실 위에 $1/10mm^3$의 공간이 생긴다(그림 3-16). 희석용 피펫은 2개가 있는데, 대형(적혈구 희석용)은 100배와 200배, 소형(백혈구 희석용)은 10배와 20배로 정액을 희석하는데 사용한다. 면양이나 소의 정액과 같이 정자농도가 높은 정액은 대형 피펫을, 말이나 돼지의 정액과 같이 정자농도가 낮은 정액은 소형 피펫을 사용하여 희석한다.

혈구계산기로 정자수를 측정하려면 먼저 희석용 피펫을 이용하여 가축별로 적정한 희석배율로 정액을 희석하여야 한다. 희석액으로는 보통 3%의 식염수를 사용하는데, 그 이유는 정자를 사멸시켜 계산실내에서 움직이지 못하게 하기 위한 것이다. 정자수의 측정은 먼저 혈구계산판에 커버글라스를 덮고, 희석한 정액을 피펫으로 $1/10mm^3$의 공간에 채운 다음, 계산실내의 정자를 센다. 이 때, 25개의 정사각형 모두에서 세지 않고, 구석 4개와 중앙 1개의 5개 칸만을 센다. 정자를 셀 때에는 정자의 두부가 계산실내에 있는 것과 계산실의 4변중 2변의 선상에 있는 것을 계산에 포함시킨다. 5개의 칸에서 계산한 정자수를 5로 곱하면 25칸의 정자수, 즉 $1/10mm^3$의 희석정액에 함유된 정자수가 계산된다. 이 실측치에 희석배율과 10($1/10mm^3$를 $1mm^3$로 환산)을 차례로 곱하면 원정액 $1mm^3$에 함유된 정자수가 나오고, 여기에 1,000을 곱하면 정액 1mℓ에 들어있는 정자수, 즉 정자농도가 계산된다. 예를 들어, 200배로 희석된 정액에서 계산판 5칸의 정자가 80이라면, 정액 1mℓ에 들어 있는 정자수는 80×5×200×10×1,000=8억이 된다. 따라서, 이 정액의 정자농도는 8억/mℓ이다.

(2) **전자식 입자계수기에 의한 계산** : 희석정액에 함유된 정자를 계산하는데 전자식 입자계수기(electronic particle counter [EPC])를 이용하면 분광광도계는 물론이고, 혈구계산기를 이용하는 경우에 비하여도 훨씬 정확하다. EPC를 정자수의 계산에 이용하려면 측정 가능한 입자의 크기를 정자두부의 크기에 맞추어야 한다. 희석정액을 EPC에 장착된 모세관으로 흘려 보내면 두 전극 사이를 정자가 중첩되지 않고, 하나씩 일렬로 통과하면서 차례로 계수된다. 측정된 정자수를 가지고 혈구계산기로 측정한 정자수를 이용하여 정자농도를 산출할 때와 같은 방법으로 계산하여 정자농도를 산출한다. 이 방법은 다른 방법에 비하여 매우 정확하지만, 입자계수기가 고가이고, 측정에 시간이 많이 걸리는 단점이 있다.

(3) 분광광도계에 의한 계산 : 희석한 정액에서 정자농도가 높으면 분광광도계의 흡광도가 그 만큼 커진다. 이 원리를 이용하여 정자농도를 측정할 수 있는데, 그 방법은 먼저 혈구계산기나 전자식 입자계수기로 정자를 계산하여 단계적 정자농도를 가진 표준정액을 만들고, 이것들의 흡광도를 측정하여 정자농도와 흡광도를 양축으로 하는 표준선을 만든 다음, 정자농도를 측정하려고 하는 정액의 흡광도를 측정하고, 이것을 표준선에 대비시켜 정자농도를 산정한다. 이 때, 이용되는 단계적 표준희석정액은 2.9%의 시트르산나트륨용액을 계산된 양만큼 분광광도계용 바이알(vial)에 넣고, 여기에 일정량의 정액을 첨가한 후에, 2~3회 거꾸로 뒤집어 혼합한 다음, 곧바로 분광광도계에 넣어 흡광도를 측정한다.

(4) 축종별 정자농도 : 인공수정용으로 정액을 채취하는 종모축의 정자농도는 높은 것이 좋으며, 최소한 정상범위내에는 있어야 한다. 소의 경우, 어린 것은 2×10^8/㎖ 정도인데 대하여 성숙된 종모우는 1.8×10^9/㎖로 훨씬 높다. 면양에서는 정자농도의 범위가 3.5~6.0×10^9/㎖ 이며, 2.5×10^9/㎖ 이하인 정액은 인공수정용으로 사용할 수 없다. 산양의 정자농도는 면양에 비하여 낮아서 2.5~5.0×10^9/㎖의 범위내에 있으며, 말의 정자농도는 100~150×10^6/㎖이다. 돼지의 경우에는 정액을 분리채취하여 정자농도가 높은 분획(sperm-rich fraction)은 6~10×10^8/㎖로 높지만, 분리채취를 하지 않으면 정자농도가 낮은 분획(pre- and post-sperm fraction)이 포함됨으로 정자농도가 훨씬 낮아진다.

2) 정자 운동성의 평가

정자의 운동은 그 형태에 따라 전진운동(前進運動, progressive motion)·선회운동(旋回運動, rotary motion)·진자운동(振子運動, oscillatory motion)·이상운동(異狀運動, abnormal motion) 등으로 구분한다. 채취 직후의 신선한 정자는 그 대부분이 활발한 전진운동을 하지만, 보존기간의 경과와 더불어 선회운동이나 진자운동으로 변화되고, 급기야는 운동을 정지하고 만다. 정자의 운동성(motility)은 정자가 가지는 운동력의 강도를 의미하지만, 인공수정용 정액을 평가할 때는 정자의 운동성과 생존성(viability)을 종합적으로 평가하는 정자활력(sperm activity)으로 나타내는 경우가 많다. 정자활력의 검사는 슬라이드 가온기(slide warmer) 위에서 가온된 정액성상검사판(그림 3-17)의 정액도말부위(커버글라스를 놓는 부위에 비하여 50㎛가 낮음)에 백금이로 정액을 바르고, 커버글라스를 덮은 다음, 200~400배의 현미경으로 전체의 시야를 보면서 운동성과 생존성을 종합적으로 판단한다. 이 때의 검사시료는 원정액이나 희석정액 모두를 사용할 수 있지만, 원정액은 정자가 밀집되어 있기 때문에 정자 각각의 운동양상을 관찰하기가 어렵다. 따라서, 정자농도가 25×10^6/㎖가 되도록 희석한 정액을 이용하는 것이 좋은 검사결과를 얻을 수 있다(Varner 등, 1991). 인공수정용 정액의 장자활력에 대하여 관용적으로 이용하는 평가방법으로는 구미에서 주로 사용하는 5단계평가법과 일본에서 주로 사용하는 생존지수평가법이 있다. 그러나, 최근에

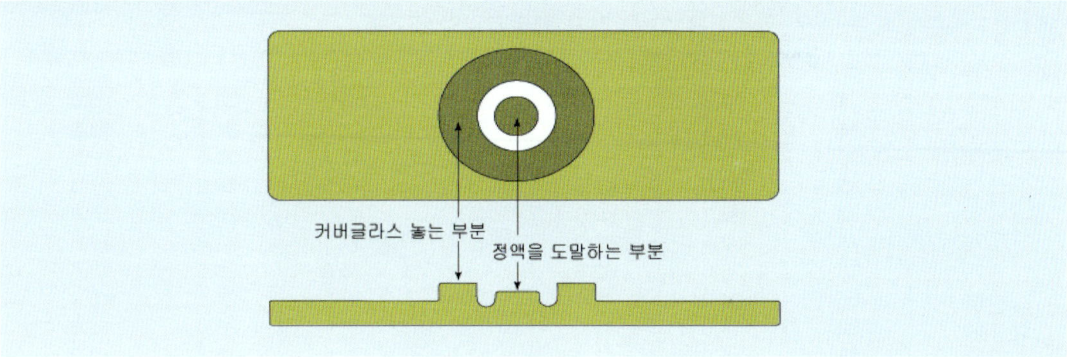

그림 3-17. 정액성상 검사판

는 정자운동성의 평가에 ① 시간경과 현미경사진술(time-lapse photomicrography), ② 비디오현미경사진술(frame-by-frame playback videomicrography), ③ 분광광도법(spectrophotometry), ④ 컴퓨터정자운동성분석기(computerized sperm motiliy analyer [CSMA])를 이용하는 방법들이 개발되었다. 이 가운데 CSMA는 실험실에서 정자의 운동성을 평가할 때 아주 유용하게 사용한다(Holt, 1996).

(1) 5단계평가법 : 이 방법은 정액에 함유된 모든 정자가 운동성을 나타내지 못하는 것을 0으로 표기하고, 운동력이 있는 정자를 함유한 정액에서는 운동성을 가진 정자의 비율과 운동형태를 종합하여 5단계의 수치로 표기한다. 즉, ① 제1단계(개별적 빈약한 운동) : 30% 이하의 생존률로 전진운동은 없고, 진자운동을 하는것, ② 제2단계(매우 느린 운동) : 20%~50%의 정자가 매우 약한 전진운동을 하지만, 파상운동이나 소용돌이는 생기지 않는 것, ③ 제3단계(진폭이 낮은 파상운동) : 50~70%의 정자가 전진운동을 하지만, 운동진폭이 낮은 것, ④ 제4단계(빠른 파상운동) : 70~80%의 정자가 빠른 파상운동으로 전진하는 것, ⑤ 제5단계(최상의 파상운동) : 80% 이상의 정자가 매우 빠른 파상운동으로 전진하는 것으로 구분한다. 2단계 이하의 정액은 인공수정에 사용할 수 없다.

(2) 생존지수평가법 : 일본에서는 정자의 운동력을 부호로, 생존률은 %로 산출하여 이것을 동시에 표기한다. 정자의 운동력은 4단계의 부호, 즉 ① ⧻ : 가장 활발한 전진운동, ② ⧺ : 활발한 전진운동, ③ + : 완만한 전진운동, ④ ± : 선회 또는 진자운동 등으로 구분하여 표기한다. 정자의 생존률은 현미경의 시야에 나타나는 총 정자중에서 운동하고 있는 정자의 비율(운동정자율)로 표시한다. 따라서, 정액을 검사할 때 50%의 정자가 살아서 활발한 전진운동을 한다면 50⧺로 표기한다. 또한, 정자운동성의 정도를 나타내는 부호에 일정한 계수를 부여하여 정자의 생존지수(生存指數, viability index [VI])를 계산하고, 이것으로 정액의 질을 평가하는 방법도 이용된다. 생존지수의 계산은 운동성을 나타내는 부호 ⧻·⧺·+·±에 각각 100·75·50·25의 계수를 주고, 이 계수를 각 부호에 해당하는 생존률과

표 3-4. 정자 생존지수의 조견표

%	⧻	⧺ ~ ⧻	⧺	+ ~ ⧺	+	± ~ +	±
100	100	83.3	75.0	58.3	50.0	33.3	25.0
95	95	79.2	71.3	55.4	47.5	31.7	23.8
90	90	75.0	67.5	52.5	45.0	30.0	22.5
85	85	70.8	63.8	49.6	42.5	28.3	21.3
80	80	66.7	60.0	46.7	40.0	26.7	20.0
75	75	62.5	56.3	43.7	37.5	25.0	18.8
70	70	58.3	52.5	40.8	35.0	23.3	17.5
65	65	54.2	48.8	37.9	32.5	21.7	16.3
60	60	50.0	45.0	35.0	30.0	20.0	15.0
55	55	45.8	41.3	32.1	27.5	18.3	13.8
50	50	41.7	37.5	29.2	25.0	16.7	12.5
45	45	37.5	33.8	26.2	22.5	15.0	11.3
40	40	33.3	30.0	23.3	20.0	13.3	10.0
35	35	29.2	26.3	20.4	17.5	11.7	8.8
30	30	25.0	22.5	17.5	15.0	10.0	7.5
25	25	20.8	18.8	14.6	12.5	8.3	6.3
20	20	16.7	15.0	11.7	10.0	6.7	5.0
15	15	12.5	11.3	8.7	7.5	5.0	3.8
10	10	8.3	7.5	5.8	5.0	3.3	2.5
5	5	4.2	3.8	2.9	2.5	1.7	1.3

곱한 수치를 합하여 100으로 나눈다. 예를 들면, 50⧻, 10⧺, 10+의 활력을 나타내는 정액의 생존지수는 (50×100+10×75+10×50)/100=62.5이다. 정자의 생존지수를 운동정자율과 운동강도를 양변으로 하는 조견표로 정리하면 매번 계산하지 않고도 쉽게 찾아 볼 수 있다(표 3-4). 예를 들어, 정액의 운동정자율과 운동강도가 50⧺로 평가된 정액의 생존지수를 조견표에서 찾아보면 37.5이다.

3) 정자 생존률의 산정

정자의 생존률은 현미경하에서 육안으로 검사하거나, 정자를 염색하여 판정할 수 있다. 육안적 평가는 정자의 운동성도 함께 관찰할 수 있는 장점이 있지만, 개인에 의한 주관적 오차도 피하기 어렵다. 그러나, 정자를 염색하여 판정하면 비교적 정확한 판정률을 얻을 수 있다. 사멸정자와 생존정자를 구분하는 생사염색법(生死染色法)은 사멸정자는 원형질막의 투과성이 증가되어 색소에 염색이 잘 되지만, 생존정자는 염색이 되지 않는다는 원리를 이용하고 있다.

정자의 생사염색법에서 사용되는 색소들은 모두 2.9%의 시트르산나트륨용액에 용해시켜 염색액을 제조한다. 정자의 염색액으로는 1%의 에오신(eosin) 용액이 사용되고, 배경색 염색액으로는 2%의 패스트그린(fast green) · 4%의 아닐린블루(aniline blue) · 5%의 니그로신(nigrosin) 용액을 사용한다. 정자의 생사염색에는 에오신용액과 한 종류의 배경색 염색액을 혼합하여 사용한다. 슬라이드 글라스에 도말하는 방법은 정자의 형태를 검사할 때 도말하는 방법과 같지만(정자 형태의 검사 항목 참조), 형태검사를 위한 도말에서 사용하는 시트르산나트륨용액 대신에 염색액을 사용한다. 염색액을 이용하여 도말이 끝난 슬라이드 글라스는 55~60℃의 가열판 위에서 선풍기로 바람을 불어 가면서 급속하게 건조시킨다. 건조를 느리게 하면 건조되는 과정에서 일부의 정자가 죽고, 이것이 염색되어 산 정자의 비율이 감소된다. 제작이 완료된 표본을 현미경으로 보면 사멸정자는 두부가 붉게 염색되고, 생존정자는 염색되지 않는데, 300~500개의 정자에 대하여 염색여부를 조사하여 생존률을 산정한다. 이 때, 생존정자의 두부가 염색되지 않아도 배경색에 의하여 윤곽이 들어남으로 명확하게 보이며, 두부가 부분적으로 염색된 정자는 사멸정자에 포함시킨다.

4) 정자 형태의 검사

정자를 형태학적으로 검사하면 어느 동물종에서나 사정된 정액내에 기형정자(畸形精子, malformed spermatozoa)가 함유되어 있다. 기형정자는 수정능력(fertilizing ability)이 없기 때문에 기형률이 20~30%를 넘으면 정자농도가 높아도 수태율이 현격하게 저하된다. 정자의 기형은 ① 정자형성과정에서 발생되는 일차적 기형으로서, 두부기형(과대·과소·협소·중복 등)과 경부 및 중편부의 기형, ② 정상적으로 형성된 후에 정소상체·정관·요도 등을 통과하는 과정에서 이차적으로 발생되는 미부기형(만곡·굴절·단소·선회·결손 등), ③ 정액을 채취한 후에 가열·온도충격·이물(오줌·물·소독약 등)의 혼입에 의하여 일어나는 인위적 기형 등으로 구분할 수 있다(그림 3-18).

(1) 정자형태와 수태율 : 정자의 형태와 수태율간의 상관관계는 다양한 각도에서 연구되어 왔지만, 수태율에 영향을 미치는 요인이 매우 많기 때문에 수태율을 저하시키는 기형정자의 비율을 정확하게 산정하는 것은 매우 어렵다. 그러나, 가축별로 정액에 함유된 정자의 기형률과 수태율에 영향을 미치는 기형률의 범위는 대체적으로 조사되었다. 정상적인 수정능력을 가진 소 정액의 정자기형률은 일차기형이 3~10%, 이차기형이 1~8% 정도이며, 기형률이 20%를 넘으면 수태율이 현저하게 감소된다. 면양에서 정상정액의 정자기형률은 5~10% 정도이며, 기형률이 30%인 정액의 수태율은 20% 정도이고, 50%의 정자가 기형인 정액은 불임이 된다. 돼지 정상정액의 정자기형률은 14~17% 이내이지만, 정액의 채취빈도가 높아서 정자의 경부에 세포질소적을 가진 미숙정자가 30%를 넘으면 수태율이 현저하게 저하된다. 말에서는 20% 이상의 정자기형률이 저수태의 지표가 된다.

(2) 정자형태의 검사방법 : 정자의 형태를 검사하여 기형정자의 종류나 기형률은 정확하게 판단하려면 정액을 슬라이드 글라스에 도말(塗抹)·건조(乾燥)시킨 다음, 염색하여 현미경으로 검색한다.

① 정액의 도말·건조 : 정액을 슬라이드 글라스에 도말·건조하여 형태검사용 슬라이

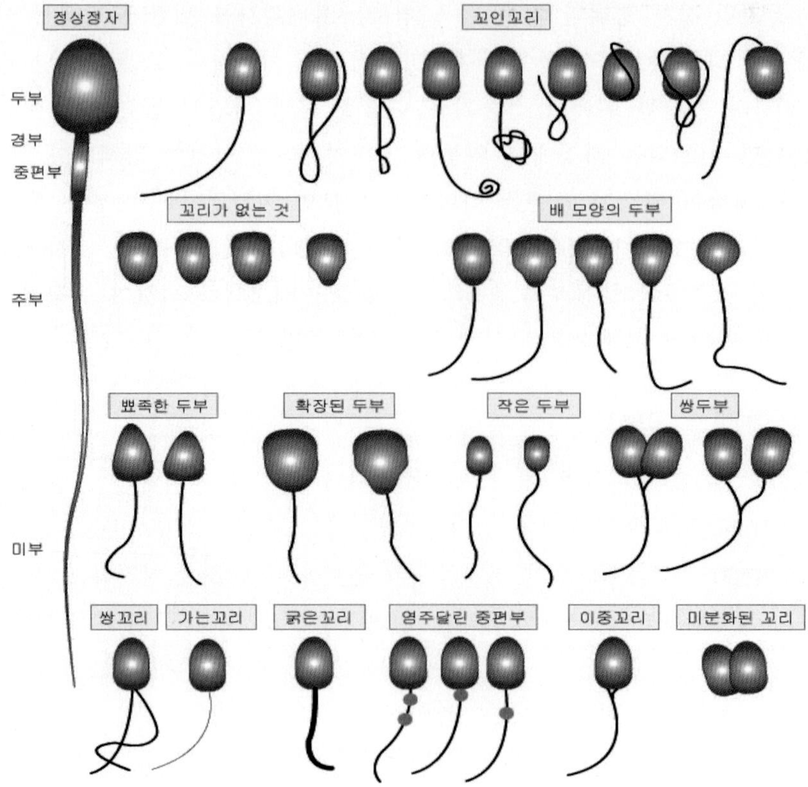

그림 3-18. 정상정자와 기형정자의 형태

드를 준비하는 것은 매우 중요하다. 도말하는 기술이 미숙하면 정자미부의 손상을 초래하여 실제보다 기형정자률이 높게 나타난다. 신선한 채취 직후의 정액을 검사하려면 ① 가온된 슬라이드 글라스위에 2.9% 시트르산나트륨용액의 작은 방울을 떨어 트리고, ② 직경 3 ㎜의 초자봉을 시료정액의 표면에 접촉시킨 후에, ③ 초자봉에 묻은 정액을 슬라이드 글라스 위의 시트르산나트륨용액 방울로 옮겨 주의깊게 섞은 다음, ④ 이 슬라이드 글라스 위에 다른 가온된 슬라이드 글라스를 올려 놓아 정액 방울이 균등하게 퍼지도록 하고, ⑤ 이어서 두개의 슬라이드 글라스를 서로 반대방향으로 밀어서 분리시킨다. 이 때, 시료정액의 양을 충분히 하여 정자가 두 슬라이드 글라스에 눌리어 손상되는 것을 방지하여야 한다. 희석정액도 신성정액과 같은 방법으로 도말한다. 다만, 이 때는 슬라이드 글라스 위에 시트르산나트륨용액을 떨어트리지 않고, 희석정액을 그대로 도말하는데, 정자가 중첩되지 않도록 희석배율에 주의하여야 한다. 시료정액이 도말된 슬라이드 글라스는 슬라이드 가온기 위에 올려 놓아 충분히 건조시켜 수분을 제거함으로써 염색액의 침투를 용이하게 한다.

② 슬라이드의 염색 : 정자의 형태검사를 위한 염색에는 다양한 색소와 방법이 사용되지만, 어느 방법이든 정자를 관찰하여 기형부위나 기형형태를 쉽게 관찰할 수 있어야 한다. 가장 간편하고, 일반적으로 이용되는 염색방법은 정액을 슬라이드 글라스에 도말하는 과정에서 함께 염색하는 방법이다. 이 때, 정자를 염색하는 색소로는 에오신이 사용되며, 배경색으로는 니그로신·오팔블루·패스트그린 등이 사용된다.(정자 생존률의 산정 항목 참조). 에오신은 사멸정자의 두부에는 염색되지만, 생존정자의 두부에는 염색되지 않는다. 그러나, 생존정자의 두부도 배경색에 의하여 쉽게 관찰할 수 있다. 배경색으로 이용되는 니그로신은 난황이 함유된 희석액으로 희석된 정액의 염색에 오팔블루나 패스트그린에 비하여 효과적이다. 다른 염색방법으로는 Carbol-Fuchsin염색법·Rose-bengal염색법·Fontana 도은(鍍銀)염색법 등이 있다.

③ 슬라이드의 경검 : 염색이 끝난 슬라이드는 400배 정도의 배율로 조정된 현미경으로 경검한다. 슬라이드 1매당 임의로 100개 정도의 정자를 관찰하여 기형정자를 분류한다. 그러나, 정확도가 요구될 때에는 더 많은 정자의 관찰이 필요하다. 경검할 때 미부가 굴곡된 정자나 두부에서 절단된 미부가 많이 발견된 경우는 도말하는 과정이 잘못되어 정자가 손상된 경우이고, 정자의 미부가 동일한 방향으로 굴곡된 것은 도말할 때 시트르산나트륨용액이 부족하여 정자가 압박을 받은데 따른 결과이다. 이러한 경우에는 평가결과를 신뢰할 수 없으며, 다시 슬라이드를 제작하여 검사하여야 한다. 한편, 위상차현미경을 이용하면 정자를 고정하거나 염색하지 않고도 정자의 형태를 평가할 수 있으며, 전자현미경으로 검색하면 정자의 미세구조도 확인할 수 있다.

3. 정자 강도의 평가

정자의 농도·운동성·생존성 등을 검사한 결과만으로는 정자의 장기적 생존능력이나 수정능력을 판정하기가 어렵다. 따라서, 정액을 장기간 동안 보존할 경우에는 추가적으로 정자가 수정능력을 보유하면서 장기간의 보존에 견딜 수 있는지를 판정하는데 기준이 되는 강도감사(强度檢査)를 한다.

1) 온도충격시험

인공수정용으로 채취된 정액은 희석·보존하는 과정에서 온도의 변화에 따른 충격을 받게 되어 생존능력이나 수정능력이 저하된다. 따라서, 온도충격에 대한 저항성이 강한 정자가 함유된 정액이 인공수정용으로 적합한 정액이다. 온도충격은 저온충격과 고온충격으로 구분할 수 있다.

(1) 저온충격시험 : 저온충격은 정자가 상해를 받는 급속한 온도의 저하를 말하는 것으

로서, 저온충격에 대하여 저항성이 강한 정자를 함유한 정액은 동결보존할 경우에도 정자의 손상이 최소화된다. 저온충격에 대한 정자의 저항성은 동물의 종에 따라 매우 다르고, 개체에 따라서도 차이가 있다. 조사방법은 정자에 저온충격을 가한 다음의 생존성을 조사하여 판정한다. 즉, 저온충격을 가하기 전에 먼저 38℃에서 생존률을 조사한 다음, 정액의 일부를 시험관에 취하여 38℃로부터 0℃의 얼음물에 급속히 침지하여 10분간 방치한 후, 이것을 꺼내어 다시 38℃로 가온한 다음, 생존률을 조사하여 저온충격을 주기 전의 생존률과 비교한다. 저온충격을 받기 전과 후의 정자생존률에 차이가 적을수록 저온에 대한 저항성이 강한 정액이다. 이러한 정액이 동결보존용으로 적합한 정액이다.

(2) **고온충격시험** : 정자를 고온에서 배양하는 방법으로도 정자의 강도를 판정할 수 있다. 정자는 고온조건하에서는 대사작용이 활발하여 단시간내에 운동성이 소실됨으로 약한 정자는 일찍 사멸하고, 강한 정자는 오랫동안 생존한다는 원리를 이용하여 정자의 강도를 평가할 수 있다. 정자의 고온배양시험은 46.5℃에서 1시간, 47℃에서 45분, 47.5℃에서 30분 동안 배양하는 방법이 이용된다. 소 정액의 검사방법을 예로 들면, 난황-시트르산나트륨 희석액으로 희석한 정액 0.1㎖씩을 3본의 시험관에 넣고, 상기 3가지의 온도로 유지된 항온수조에 정치하여 두고서 10~15분 간격으로 정자의 활력을 측정하여 활력이 유지되는 시간에 따라 정액의 질을 평가한다. 빠른 시간내에 운동이 정지되는 정자일수록 5℃에서의 보존능력도 나쁘다.

2) 대사능력시험

정자는 운동에 필요한 에너지를 얻기 위하여 해당작용과 호흡작용을 한다. 이러한 정자의 대사능력을 조사하여 정액의 질을 평가할 수 있는데, 주로 해당지수(解糖指數, fructolysis index)와 산소소모량을 측정하는 방법이 이용된다.

(1) **해당지수** : 프럭토오스는 정자의 대사기질로 이용되는 중요한 당류이다. 활력이 높은 정자가 함유된 정액은 정자의 대사작용이 활발하기 때문에 시간의 경과에 비례하여 프럭토오스의 함량이 감소되는데, 이 감소율로 정액의 질을 추정할 수 있다. 해당지수는 1억의 정자가 1시간 동안에 분해하는 프럭토오스의 mg 수로 표시하는데, 정상적인 정액의 해당지수는 1.4~2.0mg/hr이다.

(2) **산소소모량** : 정자의 호흡은 산소를 이용하여 대사기질을 산화하면서 ATP를 얻고, 분해산물로서 물(H_2O)과 이산화탄소(CO_2)를 생산하는 일련의 생리작용이다. 따라서, 운동성이 활발한 정자가 함유된 정액에서 산소의 소모량이 많다. 정자의 산소소모량은 희석액·희석배율·pH·온도·가스·화학물질 등과 같은 다양한 요인에 의하여 영향을 받지만, 정자농도와 온도가 가장 큰 영향을 미친다. 따라서, 산소소모량은 37℃의 조건하에서 1억의 정자가 1시간 동안에 소비하는 산소량을 ㎕ 단위로 나타내며, 대략 5~20의 범위이다.

3) pH변화의 조사

정자는 혐기적 조건하에서 해당작용을 하여 대사산물로서 젖산을 생산하는데, 이것은 호기적 조건이 갖추어지면 크렙스회로(TCA cycle)를 경유하여 산화됨으로써 최종대사산물인 이산화탄소와 물을 생산한다. 그러나, 정액에서는 젖산이 대사경로로 진입되지 않고, 그대로 축적되는 경향이 있다. 따라서, 신선정액을 비교적 높은 온도에서 그대로 방치하면 젖산이 축적되어 정액의 pH가 산성쪽으로 내려간다. 이와 같은 pH의 변화를 시간경과에 따라 측정하여 비교하면 정자의 대사능력을 간접적으로 추정할 수 있는데, 같은 조건하에서 pH의 변화폭이 큰 정액은 대사능력이 왕성한 정자를 함유하고 있다고 할 수 있다. 검사방법은 정액을 37℃에서 1시간 동안 정치한 다음에 pH를 측정하고, 이것을 정치하기 전의 pH와 비교한다. pH가 저하되는 폭이 큰 정액일수록 대사활성이 강한 정자를 많이 함유하고 있다고 판단한다.

4) 메틸렌블루환원시험

정액에 메틸렌블루용액을 첨가하면 정자에 존재하는 탈수소효소(dehydrogenase)의 작용으로 메틸렌블루가 환원되어 탈색된다. 정자가 색소를 완전히 탈색시키는데 소요되는 시간은 정자의 농도·운동성·대사능력 등의 강도에 비례함으로 탈색될 때까지의 시간을 측정하여 정액의 질을 평가할 수 있는데, 이것을 메틸렌블루환원시험(methylene blue reduction test [MRT])이라고 한다. MRT의 측정과정은 ① 증류수 100㎖에 메틸렌블루 50mg과 시트르산나트륨(sodium citrate) 3.6g을 용해시켜 메틸렌블루용액을 제조하고, ② 10㎖의 시험관에 0.2㎖의 신선정액과 0.8㎖의 난황-시트르산나트륨 희석액을 혼합하여 정액시료를 만든 다음, ③ 정액시료에 메틸렌블루용액 0.1㎖를 첨가하고, 그 위에 유동파라핀(liquid paraffin)을 1cm 두께로 부어 공기와의 접촉을 차단한 후에, ④ 42~46℃의 수조에 정치하여 탈색될 때까지의 시간을 측정한다. 소 정액의 경우, 양호한 정액은 3~6분 이내에 탈색이 완료되며, 9분 이내에 탈색되지 않는 정액은 인공수정에 이용할 수 없다. 한편, 메틸렌블루 대신에 레사주린(resazurin) 색소를 사용하여 같은 방법으로 환원시험을 할 수도 있다.

제 5 절 정액의 희석

종모축으로부터 채취된 정액은 평가과정을 통하여 인공수정용 정액으로서의 적합성 여부를 판정하고, 적합한 정액은 정자의 생존성과 운동성을 저해하지 않으면서 생식기질병의 전파를 방지할 수 있도록 제조된 희석액을 첨가하여 희석한다. 정자는 외부환경의 변화에 매우 민감하게 반응함으로 정액을 희석하는 과정에서 어느 단계라도 잘못되면 정자의 생존성·운동성·수정능력 등에 치명적인 결과를 초래하여 정액을 폐기하는 경우도 있음으로 모든 희석과정은 매우 정교하고 조심스럽게 수행하여야 한다.

정액을 희석하는 목적은 ① 정액의 양을 증가시켜서 적은 양의 정액으로도 다수의 암컷에 주입할 수 있도록 하고, ② 정자의 생존에 불리하게 작용하는 정장의 조건을 개선시켜서 정자의 생존기간을 연장시키며, ③ 정자에 필요한 대사기질을 공급하고, ④ 정자의 대사에 의하여 정액의 pH가 내려가는 것을 억제하며, ⑤ 정액내에 세균이 증식되는 것을 제어하고, ⑥ 동결보존시 저온충격으로부터 정자를 보호하는 등의 효과를 얻는데 있다.

1. 정액희석액

엄밀한 의미에서 보면 정액의 희석액(稀釋液, diluent, diluter)은 정액의 증량을 주목적으로 사용하는 용액이고, 보존액(保存液, preservation solution)은 정자의 유효생존기간을 연장시키는 것을 주목적으로 사용하는 용액이다. 그러나, 보존액은 희석액으로도 이용할 수 있음으로 엄밀하게 구분하지는 않는다. 정액의 증량만을 주목적으로 사용하는 희석액으로는 5~6%의 글루코오스용액·10%의 슈크로오스용액·링거액·생리적 식염수 등이 있다. 이것들은 보존액으로서의 기능이 매우 미약하여 정자의 관찰 등과 같은 실험목적을 위한 단기간의 희석에는 유효하지만, 인공수정용 정액을 희석하는데는 매우 부적합하다. 따라서, 인공수정용 정액을 희석·보존하기 위한 희석액이 동물종마다 여러 종류씩 개발되어 있다.

1) 정액희석액의 중요성과 구비조건

인공수정은 희석액의 개발에 의존하여 발전되어 왔다. 특히, 정자농도는 높지만, 사정량이 적은 소·면양·산양 등의 인공수정에서는 정액희석의 중요성이 더욱 크다. 예를 들면, 소의 1회 평균 사정량 6㎖에는 200~300마리의 암소에 주입하는데 충분한 정자수가 함유되어 있지만, 6㎖의 정액량으로는 많은 수의 단위용량으로 나누는 것이 불가능하다. 그러나, 정액을 희석하면 얼마든지 나누는 것이 가능함으로 인공수정의 효율을 높일 수 있다. 더욱이, 희석하지 않은 원정액에서는 정자의 수명이 매우 짧고, 정액의 온도를 매우 느린 속도로 5℃까지 냉각시킬 경우에도 많은 수의 정자가 사멸된다. 이와 같이, 희석액은 정액량의 증량은 물론이고, 냉각기 동안의 정자를 보호하고, 정자의 수명을 연장시키는 등의 중요한 기능을 가진다.

정액의 희석액은 희석목적을 달성할 수 있도록 여러 가지의 구비조건을 갖추어야 한다. 희석액의 구비조건을 보면, ① 희석액에 당류를 비롯한 여러 종류의 유기물질을 넣어 정자의 생존성에 불리하게 작용하는 정장의 유해작용을 완화시키고, ② 희석액의 삼투압을 정장의 그것과 등장(等張)이 되도록 조정하며, ③ 각종 완충제(buffering agent)를 첨가하여 정자의 대사작용으로 생성된 젖산을 중화시켜 pH가 저하되는 것을 저지하고, ④ 정액을 체온에서부터 5℃까지 냉각시킬 때 저온충격을 받아 정자가 손상되는 것을 방지하기 위하여 저온충격을 완화시키는 작용을 가진 레시틴(lecithin)이나 지단백질(lipoprotein)이 함유된 난황이나 우유를 첨가하고, ⑤ 정자의 대사에 필요한 영양소가 적당량 함유되도록 조정하며, ⑥ 정액중의 미생물을 제어하기 위하여 항생물질을 첨가하고, ⑦ 동결정액을 만들 때에는 동해방지제(凍害防止劑, cryoprotectant)를 첨가하여야 한다.

이러한 구비조건들을 감안하여 인공수정용 정액을 희석·보존하기 위한 희석액이 동물의 종마다 여러 종류씩 개발되어 있는데, 주성분은 당류·단백질·완충제이고, 삼투압은 정장의 그것과 등장이거나 약간 높고, pH는 중성 내지 약산성이다. 희석액에 포함된 글루코오스와 같은 당류는 정자의 에너지원이 되고, 동해방지제로서의 역할도 한다. 완충제로는 시트르산염·인산염·트리스 등이 주로 사용된다. 난황과 우유에 함유된 단백질, 특히 지단백질은 정자를 보호할 뿐만 아니라, 동해방지제로도 유효하다. 또한, 세균을 억제하기 위하여 페니실린이나 스트렙토마이신 등과 같은 항생물질도 첨가한다. 한편, 정액의 희석액은 액상보존용과 동결보존용으로 구분한다. 액상보존용 희석액에는 수 종류의 염류가 함유되어 있는 것이 좋지만, 동결시에는 염류가 정자에 상해를 주게 됨으로 동결보존용 희석액에는 되도록이면 염류가 함유되지 않은 것이 좋다. 동해방지제로서 글리세롤(glycerol)·티메틸설폭사이드(dimethyl sulfoxide [DMSO])·다가알코올(polyhydric alcohol) 등이 첨가된다.

2) 정액의 희석액에 사용되는 완충용액

완충용액(緩衝溶液, buffer solution)은 산 또는 염기의 증감에 따라 야기되는 pH의 변화를 최소한으로 줄이거나 견디어 낼 수 있는 능력을 가진 용액을 의미한다. 생물체에 있어서 완충용액의 생리적 의미는 산·염기의 생성이 불균형한 대사과정, 또는 수소이온(H^+) 농도의 변화를 수반하는 환경변화에 대응하여 세포내액이나 체액의 변화를 안정화시키는 기능을 수행한다는데 있다. 일반적으로 완충용액은 두가지의 성분으로 구성된다. 즉, 산성완충용액의 경우에는 약산(弱酸)과 그 염(鹽), 염기성완충용액의 경우에는 약염기(弱鹽基)와 그 염으로 구성되며, 이것들은 H^+ 또는 OH^- 이온을 부분적으로 흡수할 수 있음으로 pH의 급격한 변화를 억제한다.

정액희석액은 완충용액을 기본으로 하고, 이것에 다른 여러 가지의 물질을 첨가하여 제조하는데, 그 이유는 ① 완충용액이 정자의 대사활성에 의하여 생성된 젖산을 중화시켜 pH의 급격한 변화를 방지하며, ② 완충제로 사용하는 염의 고유농도는 희석액의 삼투압을 정장의 그것과 등장이 되도록 조절하는 중요한 기능을 수행하기 때문이다. 정액희석액을 위한 완충용액의 제조에는 인산염·시트르산염·트리스 등과 같은 염류가 사용되며, 이것들은 정장과 등장성(等張性, isotonicity)을 유지하는데 적합한 농도에서는 정자에 아무런 해독을 끼치지 않는다. 정액희석액의 제조에 사용되는 완충용액은 다음과 같다.

(1) 인산염완충용액 : 인산염완충용액은 정액희석액의 기본구성분으로 1939년에 개발된 용액으로서, 2.0g의 제2인산나트륨($Na_2HPO_4 \cdot 12H_2O$)과 0.2g의 제2인산칼륨(KH_2PO_4)을 총량이 100㎖가 되도록 증류수에 용해시킨 용액이다. 그러나, 인산염완충용액은 난황을 첨가하면 인산염이 난황의 지방구와 반응하여 불투명하게 되어 정자의 관찰이 어려워짐으로 다른 완충용액이 개발된 후에는 사용되지 않고 있다.

(2) 시트르산염완충용액 : 시트르산염완충용액이 정액의 희석액 제조에 유효하다는 것이 1941년에 밝혀졌다. 시트르산염완충용액은 2.9g의 시트르산나트륨(sodium citrate, $2H_2O$)을 총량이 100㎖가 되도록 증류수를 부어 용해시켜 제조하거나, 시트르산나트륨 2.12g과 시트르산(citric acid, monohydrate) 0.183g을 함께 증류수에 100㎖가 되도록 용해시켜 제조한다. 시트르산염완충용액은 빛이 잘 투과되어 개개의 정자를 쉽게 관찰할 수 있어서 개발된 직후부터 인산염완충용액을 대체하여 오늘날까지 사용되고 있다.

(3) 트리스완충용액 : 트리스(tris[hydroxymethyl]aminomethane)는 1963년부터 돼지 정액의 완충용액 제조에 사용되어 왔다. 트리스완충용액은 실온·5℃·-196℃에서 정자의 수명을 연장시키는 것으로 보이며, 다양한 몰농도(molarity)와 pH 수준에서 효능이 검토되었다. 소의 정액에서는 0.2M농도의 트리스와 pH 6.5에서 1%의 프럭토오스를 첨가한 완충용액이 가장 좋은 결과를 나타낸다. 제조방법은 ① 200㎖ 용량의 비커에 3.028g의 트리스와 1.0g의 프럭토오스를 넣고, 약 75㎖의 증류수를 부어 교반한 다음, ② 이 용액의 pH가 6.5 이하로 내려가도록 약 10% 정도의 시트르산을 pH를 확인하면서 첨가하고, ③ 100㎖ 용량의 눈금이 있는 플라스크에 옮긴 다음, 증류수를 부어 총량이 100㎖가 되로록 한다. 또 하나의 제조방법은 2.42g의 트리스·1.38g의 시트르산·1g의 프럭토오스를 총량이 100㎖가 되도록 증류수를 부어 용해시킨다.

(4) 우 유 : 우유는 앞에 기술된 3종류의 염류용액 외에 정액희석액으로 사용할 수 있는 유일한 완충용액이다. 우유는 전유(whole milk)나 탈지유(skim milk) 모두를 사용할 수 있지만, 90~95℃에서 10분간 가열하여 정자에 유해한 락테닌(lactenin)을 불활성화시켜야 한다.

3) 정액희석액과 항생제

정액의 미생물오염(microbial contamination)에 대한 문제점은 1941년부터 제기되어 왔다(Bearden & Fuquay, 2000a). 정액 ㎖당의 미생물 수는 정액에 따라 검출되지 않는 경우도 있지만, 수백만의 미생물이 검출되는 것도 있어 변이의 폭이 매우 크다. 정액채취 전에 포피부위를 철저히 세척하고, 정액의 채취·희석·보존 등에 사용하는 모든 기구를 멸균소독하면 미생물의 오염을 현저하게 줄일 수 있다. 다행하게도 상업적 인공수정소에서 생식기

표 3-5. 정액희석액에 대한 항생제의 첨가효과

항 생 제	인공수정 후 60~90일에서 발정불재귀율(NR)의 증가율	
	저수태 종모우	고수태 종모우
무 첨 가	58% (기준)	65% (기준)
Sulfanilamide	+ 3	+1
Penicillin	+10	+6
Streptomycin	+11	+4
Polymyxin	+ 3	+2
모두 첨가	+15	+3

질병을 철저하게 제거하여 정액에서 병원성 미생물은 거의 검출되지 않지만, 정액을 위생적으로 처리하여도 수 많은 종류의 비병원성 미생물이 검출된다. 더욱이, 정액을 채취하는 과정이나 채취된 정액을 취급하는 과정에서 알지 못하는 경로를 통하여 병원성 및 비병원성 미생물이 오염될 가능성은 상존한다. 정액애 함유된 미생물은 자신의 생존과 증식을 위하여 영양소의 사용을 정자와 경합하고, 대사산물을 축적시켜 정자의 수명을 단축시킨다.

정액희석액에 항생물질(抗生物質, antibotics)을 첨가하면 정액에 혼입된 미생물이 제어되어 많은 이득을 얻을 수 있다는 사실이 1946년에 밝혀졌다. 정액희석액에 여러 종류의 항생제를 첨가하고, 이 정액으로 인공수정을 시술한 후에 발정이 재귀되지 않는 암컷(수태우)의 비율(不再歸率, non-return rate [NR])을 조사한 결과, 저수태 종모우나 고수태 종모우 모두에서 확실한 개선효과를 나태냈다(표 3-5). 더욱이 불재귀율은 고수태 종모우에서도 개선되었지만, 저수태 종모우에서 더욱 개선되었는데, 이 사실은 저수태 종모우의 정액에 미생물이 더 많이 함유되어 항생물질의 첨가효과가 더 크게 나타나기 때문이다. 이러한 결과에 기초하여 수태율을 저하시키는 미생물을 제어하기 위하여 다양한 항생물질과 항진균제(抗眞菌劑, fungicidal agent)를 이용하는 실험이 계속되어 왔다. 그러나, 여러 종류의 항생물질, 특히 수종의 항진균제는 정자에 대하여 매우 강력한 독성작용을 나타낸다는 사실이 밝혀짐에 따라 정자에 대하여 최소한의 독성을 가지면서 감염된 미생물을 제어할 수 있는 항생물질을 계속 탐색하여 왔다. 1940년대부터 오늘날까지 정액중의 병원성 및 비병원성 세균을 제어하기 위하여 페니실린(1,000IU/희석액㎖)과 스트렙토마이신(1,000㎍/희석액㎖)이 사용되고 있다. 그러나, 전통적 항생물질로는 제어되지 않는 병원성 미생물(bovine mycoplasma · ureaplasma · haemophilus somnus 등의 원인미생물)을 제어하기 위한 항생물질을 탐색하는 연구도 수행되고 있다. 소에 대하여 이들 질병의 제어를 목적으로 희석되지 않은 정액이나 글리세롤이 첨가되기 전의 희석액 ㎖당, 500㎍의 겐타마이신(gentamycin) · 100㎍의 타이로신(tylosin) · 300/600㎍의 린코-스펙틴(Linco-Spectin; 300㎍의 lincomycin과 600㎍의 spectinomycin)을 첨가하는 것을 미국가축번식협회가 권장하고 있다.

표 3-6. 소 정액의 희석액

성 분	난황-시트르산염 희석액		난황-트리스 희석액		균 질 유
	1	2	1	2	
Buffer(g/distilled water, to 100㎖)					
Sodium citrate, dihydrate	2.90	2.12			
Tris(hydroxymethyl) aminomethane			3.028	2.42	
Cirtic acid, monohydrate		0.183	1.678	1.38	
Fructose			1.0	1.0	
Gentamycin(㎍/㎖)	500	500	500	500	500
Tylosin(㎍/㎖)	100	100	100	100	100
Linco-Spectin(㎍/㎖)	300/600	300/600	300/600	300/600	300/600
Milk(㎖)					100
Egg yolk(%, v/v)	20	20	20	20	
Buffer(%, v/v)	80	80	80	80	
Glycerol(%, v/v)	14	14	14	14	14

4) 축종별 정액희석액의 종류

동물의 종에 따라 정자농도와 정액의 이화학적 성상이 다르기 때문에 정액희석액의 종류도 다르게 마련이다. 그러나, 정액의 양은 적지만, 정자농도가 높은 특성을 가진 소·면양·산양 등의 정액희석액은 공통되는 부분이 많은 반면에, 정자농도가 낮은 다량의 정액을 사정하는 돼지와 말의 정액희석액과는 다른 점이 많다.

(1) 소 정액의 희석액 : 소 정액의 희석에는 각종 완충용액(앞에 기술된 완충용액 참조)에 난황을 첨가하여 조제한 난황희석액(egg yolk diluent)이 주로 사용되지만, 우유희석액(milk diluent)을 사용할 수도 있다(표 3-6). 난황희석액에는 완충용액의 제조에 사용되는 염의 종류(인산염·시트르산염·트리스)에 따라 3종류가 있다.

난황-인산염 희석액(yolk-phosphate diluent)은 인산염완충용액에 같은 양(v/v)의 신선한 난황을 첨가하여 제조한다. 그러나, 인산염이온이 난황의 지방구에 반응하여 희석액을 불투명한 상태로 변화시켜 개개의 정자를 관찰할 수 없게 하기 때문에 비록 정자의 운동성과 수정력은 양호한 편이지만, 오늘날에는 사용하지 않는다.

난황-시트르산염 희석액(yolk-citrate diluent)은 시트르산염완충용액에 신선한 난황을 첨가하여 조제하는데, 난황의 첨가비율은 희석액의 사용목적에 따라 다르다. 즉, 동결정액을 채택하기 전에는 완충용액과 난황의 혼합비율이 1 : 1이었지만, 정액을 동결보존 하는 오늘날에는 용량비(v/v)로 완충용액 80%와 난황 20%를 혼합한다. 난황-시트르산염 희석액은 새로운 희석액을 개발했을 때, 그 효능을 확인하기 위한 표준희석액으로 이용된다.

난황-트리스 희석액(yolk-tris diluent)은 트리스완충용액 80%에 20%(v/v)의 난황을 혼합한다. 일반적으로, 정액을 희석할 때는 동해방지제인 글리세롤이 첨가되지 않은 희석액

표 3-7. 면양 정액의 희석액

난황-트리스-프럭토오스		난황-글루코오스-시트르산염		가 열 유	
Tris(hydroxymethyl) aminomethane	3.634g	Na citrate($2H_2O$)	2.37g	Homogenized milk	100㎖
Fructose	0.50g	Glucose	0.80g	Skim milk	100㎖
Cirtic acid($1H_2O$)	1.99g	Egg yolk	20㎖		
Egg yolk	14㎖	Distilled water to make	100㎖		
Distilled water to make	100㎖				

희석액 ㎖당 페니실린 1,000IU, 스트렙토마이신 1mg, 린코마이신 300㎍, 스펙티노마이신 600㎍을 첨가

을 사용하고, 동결 직전의 희석정액에 글리세롤을 첨가하는 것이 원칙이다. 그러나, 난황-트리스 희석액에서는 동결정액을 제조할 때 첨가하는 글리세롤 총량의 절반(7%)을 정액을 희석하기 전에 미리 첨가하고, 나머지 7%의 글리세롤을 희석정액에 첨가하는 경우도 있다. 동결정액 제조시 글리세롤의 평형시간은 다른 희석액에 비하여 그렇게 중요하지는 않다.

균질처리를 한 전유(whole milk)나 탈지유(skim milk)도 정액희석액으로 이용할 수 있다. 그러나, 우유에는 살정자제(殺精子劑, spermicide)로 작용하는 락테닌(lactenin)이 함유되어 있는데, 이것은 일반적인 우유 살균온도에서는 불활성화되지 않음으로 90~95℃에서 10분간 가열하여 불활성화 시킨다. 가열처리로 락테닌을 불활성화시킨 우유에 세균을 제어하기 위한 항생물질을 첨가하여 희석액으로 사용하며, 동결정액을 제조할 때는 14%(v/v)의 글리세롤을 첨가한다. 균질처리를 하지 않은 우유로 희석액을 제조하면 지방구에 의한 빛의 굴절로 현미경하에서 정자를 관찰하기가 어렵다.

(2) 면양과 산양 정액의 희석액 : 면양과 산양의 정액은 정자농도가 매우 높은 반면에, 1회의 사정량은 매우 적다. 이러한 정액의 특성은 소의 정액과 유사함으로 정액희석액도 소의 희석액을 그대로 사용하거나, 약간 변형하여 사용한다. 일반적으로 사용되는 희석액은 인산염·시트르산염·트리스 등을 증류수에 용해시킨 완충용액에 난황을 첨가하여 제조한 난황희석액이다. 또한, 90~95℃에서 10분간 가열한 균질유 및 탈지유에 항생물질을 첨가한 우유희석액도 사용된다(표 3-7). 그러나, 면양의 동결정액 제조에 TES·HEPES·PIPES 등과 같은 양극성(兩極性) 완충용액(zwitterion buffer)을 NaOH 또는 트리스를 이용하여 pH 7.0으로 조정한 다음, 13.5%의 난황을 첨가하여 조제한 희석액을 이용하면 트리스-시트르산염 완충용액을 이용한 희석액에 비하여 융해 후의 정자운동성과 정상첨체율에서 좋은 결과를 보인다(Molinia 등, 1994b). 또한, 트리스완충용액을 기본으로 하는 희석액을 사용하여 정액을 동결할 때는 희석액에 첨가하는 단당류 또는 이당류의 농도 범위가 매우 중요하게 작용한다(Molinia 등, 1994a).

한편, 오래 전부터 프랑스의 연구자들은 산양의 정액에 구요도선에서 분비되는 포스파티다제(phosphatidase)가 함유되어 있고, 이 효소는 난황에 함유된 레시틴(lecithin)을 지방산과

표 3-8. 말 정액의 액상보존용 희석액

탈지유-클루코오스 희석액		크림-젤라틴 희석액*	
Skim milk	2.4g	Knox gelatin unflavored	1.3g
Glucose	4.9g	Distilled water	to make 10mℓ
Penicillin	150,000IU	Half & half cream	1pint
Streptomycin	150,000IU	Penicillin	100,000IU
Distilled water	to make 100mℓ	Streptomycin	100,000μg

* 젤라틴: 물에 용해후 멸균. 크림: 이중보일러에서 90~95℃로 2~4분간 가열한 후 냉각.
혼합: 10mℓ의 젤라틴 용액을 90mℓ의 크림과 혼합하고, 항생제 첨가

정자에 독성물질로 작용하는 라이소레시틴(lysolecithin)으로 분해하기 때문에 난황이 함유된 희석액은 동결보존을 위한 정액희석액으로 사용하는 것이 적합하지 않으며, 난황희석액으로 희석·보존한 정액으로 인공수정을 할 경우에는 수태율의 변이 폭이 매우 크다고 하였다(Corteel. 1977). 그러나, 이 후의 연구에서 난황희석액으로 희석한 직후의 정액과 동결보존한 후에 융해한 정액에서 난황의 주요 인지질인 포스파티딜 콜린(phosphatidyl choline)과 포스파티딜 에타놀라민(phosphatidyl ethanolamine)의 함량을 조사한 결과 차이가 없었고(Chauhan & Anand, 1990), 또한 정장을 제거한 후 난황희석액으로 희석한 정액과 원정액을 그대로 난황희석액으로 희석한 정액을 인공수정했을 때 수태율에 차이가 없었다는 사실을 보면, 정장에 함유된 효소에 의한 난황성분의 가수분해는 인정되지 않는 것 같다(Reitar, 1993). 그러나, 산양정액을 희석할 때는 희석 전에 정자를 세척하여 정장을 제거한 다음, 우유희석액이나 난황희석액으로 희석하는 것이 일반적인 관행이다. 인공수정 후의 수태율은 난황희석액에 비하여 우유희석액이 더 높다(Corteel, 1974; 1992; Corteel & Paquignon, 1984).

(3) 말 정액의 희석액 : 말 정액의 정장은 다른 가축에 비하여 화학적 조성이 특이하고, 정자의 생존성을 급속하게 저하시키는 성질을 가지고 있음으로 희석액도 소·면양·산양 등의 희석액과는 다르다. 말의 정액을 액상상태로 4~5℃의 저온에서 짧은 기간 동안 보존하기 위하여 다양한 희석액이 사용되고 있다. 말의 정액을 크림-젤라틴 희석액(cream-gelatin diluent)으로 희석하면 3일 정도 수정력을 유지시킬 수 있다. 그러나, 말 정액의 희석액으로서 우유성분을 기본으로 하는 희석액이 당-난황 성분을 기초로 한 희석액에 비하여 더 효과적이라는 사실이 밝혀짐에 따라 탈지유-글루코오스 희석액(Kenney's diluent)이 개발되었는데, 이 희석액이 말 정액을 액상보존할 때 사용하는 희석액의 표준이 되고 있다(표 3-8). 또한, 탈지유-글루코오스 희석액에 칼륨(K) 농도가 높은 타이로드용액(Tyrode's solution)을 첨가하면 정자의 운동성이 72시간 이상 유지되었으며(Padilla & Foote, 1991), 5℃에서 보존할 때 희석액이 정자를 보호하는 능력이 향상되었다(Webb & Arns, 1996). 한편, 말정액의 동결보존용 희석액으로서 젖당-EDTA-난황 희석액(Cochran 등, 1984; Cristanelli 등, 1985)

표 3-9. 말 정액의 탈지유희석액(SM)과 콜로라도희석액(CO_3)의 화학적 조성과 제조과정

시약과 제조방법			중 량
SKIM-MILK DILUENT			
A	Glucose		5g
	Sodium citrate dihygrate		0.05g
	Lactose		0.2g
	Raffinose		0.3g
	Potassium citrate		0.082g
	Deionized sterile water to make 100㎖		
B	Dry skim milk		9.46g
	Glucose		0.5g
	Deionized sterile water to make 100㎖		
SM	Obtained by mixing A and B at a 1 : 1 ratio		
COLORADO DILUENT			
CO_1	Stallion Tyrodes	NaCl	0.216g
		KCl	0.075g
		KH_2PO_4	0.016g
		$NaHCO_3$	0.3g
		$MgSO_4(7H2O)$	0.029g
		$CaCl_2(2H_2O)$	0.025g
		Hepes	0.24g
	Stallion Talp	Fructose	1.52g
		Glucose	0.1g
		Na pyruvate	0.002g
		Na lactate	0.37㎖
		BSA	0.3g
	Deionized sterile water to make 100㎖		
CO_2	Dry skim milk		9.46g
	Glucose		0.5g
	Deionized sterile water to achieve an osmolality of $360mOsm^{-1}$(around 90㎖)		
CO_3	Obtained by mixing CO_1 and CO_2 at a 1 : 1 ratio		

과 글리신-난황 희석액(Papa 등, 1993)이 개발되었으며, 특히 콜로라도 실험실에서는 말정액의 저장과 동결에 매우 유용한 희석액을 개발하였다(표 3-9; Bedford 등 1995).

(4) 돼지 정액의 희석액 : 돼지의 정자는 온도에 대한 특성이 매우 특이하여 1950년대까지는 정액의 보존이 매우 어려웠고, 1960년대에 정액을 액상보존할 수 있는 희석액이 개발되어 정액을 15℃에서 2~4일 동안 보존하면서 인공수정에 사용하는 방법이 양돈산업에서 상업적으로 광범위하게 이용되고 있다(Watson, 1990). 1980년대부터는 액상정액의 보존 목표를 정자의 수정능력이 저하되지 않으면서 15℃에서 3일 이상 생존성을 유지시키는 것에 두고 있다(Weitze, 1990; 1991). 돼지 정액의 희석액은 ① 온도와 pH의 변화에 대하여 정자를 보호하고, ② 정액의 양을 증가시키며, ③ 정자에 에너지원을 공급하고, ④ 미생물을 제어하는데 중점을 두고 개발되었다. 돼지정액의 희석액에서 pH의 변화를 제어하는 완충제

표 3-10. 돼지정액의 액상보존용 희석액

시 약	BTS	Guelph	Kiev	IVT	Modena	Androheph	BL_1
Glucose	37.15	60.00	60.00	3.00	25.00	26.00	29.70
Sodium Bicarbonate	1.25	1.20	1.20	2.40	1.00	1.20	2.00
EDTA	1.25	3.70	3.70	-	2.25	2.40	-
Sodium citrate	6.00	3.70	3.70	24.28	6.90	8.00	10.00
Patassium chloride	0.75	-	-	0.30	-	-	0.30
TRIS	-	-	-	-	5.65	-	-
Citric acid	-	-	-	-	2.00	-	-
BSA	-	-	-	-	3.00	2.50	-
Cysteine	-	-	-	-	0.05	-	-
HEPES	-	-	-	-	-	9.50	-
pH	7.24	-	-	-	7.24	6.8	-
삼투압(mOsm)	308	-	308	290	300	309	-

로는 중탄산나트륨과 시트르산나트륨이 주로 사용되고, 미생물을 제어하기 위한 항생제로는 페니실린·스트렙토마이신·겐타마이신 등이 이용되며, 에너지원으로는 글루코오스가 첨가된다. 상업적 인공수정에 이용되는 다수의 액상정액용 희석액에서는 EDTA(ethylene-diamine tetraacetate)를 기본적으로 첨가한다(표 3-10). 또한, 90~95°에서 10분간 가열처리한 균질유나 탈지유도 항생물질을 첨가하여 돼지 정액의 액상보존용 희석액으로 이용한다. 한편, 돼지 정액의 동결보존용 희석액으로는 Beltsville F5 희석액(BF5)에 2%의 글리세롤을 첨가하여 사용한다(표 3-11; Pursel & Johnson, 1975).

표 3-11. 돼지 정액의 동결보존용 벨스빌 F5 희석액과 융해용액의 조성

성 분	희석액*	융해용액**
Tes-N-Tris(hydroxymethyl)methyl 2 aminoethane sulfonic acid	1.2g	
Tris(hydroxymethyl)aminomethane	0.2g	
Dextrose, anhydrous	3.2g	3.7g
Egg yolk	20㎖	
Orvus ES Paste	0.5㎖	
Sodium citrate, dihydrate		0.6g
Sodium bicarbonate		0.125g
Sodium ethylenedianninetetraacetate		0.125g
Potassium choloride		0.075g

* 총량이 100㎖가 되도록 증류수에 시약을 용해하고, 12,000g에서 10분간 원심분리함.
**총량이 100㎖가 되도록 증류수에 시약을 용해함.

2. 정액의 희석방법

정액의 양을 증가시켜 적은 양의 정액으로도 다수의 암컷에 인공수정을 시술하는 것을 주 목적으로 하는 정액의 희석은 처리과정의 어느 단계에서나 오류가 발생되면 정자의 운동성·생존성·수정능 등에 매우 나쁜 영향을 미치게 된다. 따라서, 모든 희석과정은 매우 정교하고, 조심스럽게 수행되어야 한다.

1) 정액희석의 기본사항

인공수정을 위한 정액의 희석에 사용되는 희석액은 정자의 생존과 보존에 유효한 물질들이 함유되도록 조제되었지만, 정자의 입장에서 보면 이물질에 불과하기 때문에 정자에 해로운 작용이 일어나지 않도록 세심한 주의를 기울이면서 희석하여야 한다.

(1) 채취후 즉시 희석 : 자연상태에서 사정된 직후의 정자는 정장에 함유된 대사기질을 이용하여 활발한 대사활성을 나타내면서 운동성이 급속하게 증대된다. 이러한 운동성의 증대는 정자가 난자와 만나서 수정을 성립시키는데 있어서 필수적인 생리작용이다. 이와 같이, 원정액 상태에서는 정자의 대사작용이 활발하게 일어남으로 대사산물인 젖산이 급속하게 축적된다. 이에 따라 정액의 pH가 내려가고, 활성화된 운동의 결과로 정자가 노화되어 생존성과 운동성이 급격하게 저하된다. 따라서, 정액을 채취한 직후에 곧바로 희석하여 정장의 조건을 개선시켜 정액의 pH가 저하되는 것을 방지하는 동시에, 정자의 운동성을 억제함으로써 정자의 생존성과 수정능을 최대한으로 유지시켜야 한다.

(2) 정액과 희석액의 온도는 같게 : 정자의 운동성과 생존성은 온도의 변화에 매우 민감하게 반응한다. 특히, 급격하게 저온상태에 놓이게 되면 저온충격(cold shock)을 받아 생존성이 저하된다. 따라서, 정자가 급격한 온도변화에 의한 충격을 받지 않도록 정액과 희석액의 온도가 같은 상태에서 희석하여야 한다. 정액과 희석액의 온도를 같은 온도로 맞추는 방법은 채취한 정액을 실온에 정치하여 실온에서 보관중인 희석액의 온도와 같게 하거나, 채취 직후의 정액병을 같은 온도의 물이 담긴 용기에 넣은 다음, 5℃의 냉장고에 넣어 온도를 서서히 하강시켜서 냉장고에 보관된 희석액의 온도와 같게하는 방법이 있다.

(3) 정액에 희석액을 첨가 : 정액의 정장과 희석액은 그 성격이 다르다. 즉, 정장은 정자의 운동성이 최대로 발휘될 수 있는 조성을 가지고 있지만, 희석액은 정자의 운동성과 생존성을 오랫동안 유지시켜 보존기간을 증대시키는 용액이다. 또한, pH·삼투압·전해질의 농도 등도 서로 정확하게 일치되지는 않는다. 이와 같이, 정장과 희석액이 서로 다른 점이 많음으로 정액을 다량의 희석액에 넣어버리면 정자가 희석액에 적응하는 것이 어려워 희석충격(dilution shock)을 받게 되고, 이에 따라 생존성이 급격하게 저하된다. 따라서, 희석액에 정액을 첨가하는 것은 절대로 피하여야 하고, 정액에 희석액을 조금씩 여러번에 걸쳐

첨가하면서 충분히 혼합하여야 한다. 특히, 소·면양·산양 등과 같이 정자농도가 높아서 고배율로 희석할 필요가 있을 경우에는 시간간격을 두고 몇 단계로 나누어 희석액을 첨가하는 방법으로 최종적인 희석배율로 맞추어 나가면서 희석충격을 최소화하여야 한다.

2) 축종별 정액희석의 방법과 배율

자연교배에서 정액의 생존정자농도와 수태율간에는 상관관계가 있지만, 인공수정에서 수태에 필요한 적정수 이상의 정자를 주입하여도 수태율은 향상되지 않는다. 따라서, 정액의 희석배율은 정액을 낭비하지 않으면서도 높은 수태율을 얻는데 필요한 수의 정자를 확보하는 선에서 결정되어야 한다.

(1) 소 : 소의 정액은 정자농도가 높기 때문에 두단계로 나누어 희석한다. 첫번째 단계는 실온에서 동해방지제가 첨가되지 않은 일차희석액으로 4~5배로 희석하고, 이것을 3~4시간에 걸쳐 4~5℃까지 냉각한 다음, 두번째 단계로 동해방지제가 첨가된 4~5℃의 이차희석액으로 목표하는 희석배율까지 희석한다. 정액의 희석배율을 결정하는 기준은 인공수정을 시술할 때 최적의 수태율을 유지할 수 있는 정자수를 산정하는 것이다. 소에서 인공수정시 10×10^6(1천만)의 운동정자를 주입하면 수태율이 저하되지 않는다는 것이 일반적인 정설이다. 따라서, 액상정액의 형태로 인공수정에 이용할 정액을 희석할 때는 정액의 총량·정자농도·운동정자율을 조사한 다음, 이것들을 기초로 계산하면 1회에 사정된 정액에 함유된 운동정자의 총수가 산출되고, 이것을 1회의 인공수정에서 주입하여야 할 정자수 10×10^6에 대입하면 희석배율이 쉽게 계산된다. 그러나, 정액을 동결보존하면 정자의 생존성이 현저하게 감소됨으로 융해 후의 1회 주입정액에 10×10^6의 운동정자가 함유되도록 하려면 동결전의 운동정자수가 최소한 15×10^6이 되도록 희석배율을 결정하여야 한다. 예를 들어, 정액량이 9㎖, 정자농도가 1.25×10^9/㎖, 운동정자율이 60%인 소 정액을 동결·융해 후의 운동정자가 0.5㎖ 스트로당 10×10^6씩 함유되도록 희석하기 위하여 소요되는 일차 및 이차 희석액의 양을 계산하여 보면, ① 먼저 사정된 정액에 함유된 총정자수를 계산하고(9㎖$\times 1.25 \times 10^9 = 11.25 \times 10^9$), ② 이것을 운동정자율 60%(0.6)로 곱하면 희석하기 전의 정액에 함유된 운동정자수가 산출되며($11.25 \times 10^9 \times 0.6 = 6.75 \times 10^9$), ③ 동결·융해 후의 스트로당 목표 운동정자수인 10×10^6을 충족시키기 위하여, 동결·융해시의 사멸정자를 감안하여 총 운동정자수를 15×10^6으로 나누면 총 스트로의 개수가 산출되며($6.75 \times 10^9 / 15 \times 10^6 = 450$ 스트로), ④ 스트로의 개수에 1개의 스트로용량(0.5㎖)을 곱하면 희석액의 총량이 계산되고(450×0.5㎖=225㎖), ⑤ 이것을 2등분하면 일차 및 이차 희석액의 양이 계산된다. 정액을 희석·분주하는 과정에서 수㎖의 희석액이나 희석정액이 초자기구에 부착되어 소실되기 때문에 희석액의 양을 산정할 때 원정액의 양은 계산에 포함시키지 않는다.

한편, 정상적인 수태율을 얻기 위하여 스트로에 함유되어야 할 운동정자수의 기준은 대략 10×10⁶이지만, 수태율이 높은 종모우의 경우에는 7~8×10⁶으로도 충분한 반면에, 수태율이 낮은 종모우에서는 15×10⁶의 운동정자가 필요하다. 따라서, 종모우별로 수태율이 저하되지 않는 운동정자수를 산정하여 두면 정액의 이용효율을 극대화시킬 수 있다. 그러나, 실용적인 견지에서 운동정자수를 계산하지 않고, 총 정자수를 기준으로 희석할 때는 스트로당 20×10⁶의 정자가 함유되도록 희석하는 경우가 많으며, 융해 후에 많은 수의 생존정자를 희망하거나 수태율을 높이려고 할 경우에는 스트로당 30×10⁶ 또는 40×10⁶의 정자가 함유되도록 희석하는 경우도 있다.

(2) 면양과 산양 : 면양은 정자농도가 매우 높은 소량의 정액을 사정함으로 정액 단위량당 정자의 수가 매우 많아서 저온충격을 받기 쉽고, 대사기질이 고갈되면서 젖산이 급속하게 축적되어 정액의 질이 저하될 수 있기 때문에 채취한 원정액은 가급적 빨리 희석하는 것이 바람직하다. 산양의 정액은 채취한 직후에는 원정액의 상태로 인공수정에 사용할 수 있지만, 희석·보존할 경우에는 정장에 정자를 응집시키는 효소가 있음으로 정액을 원심분리하여 정장을 제거하고, 정자를 희석액으로 세척한 후에 이용한다. 면양과 산양의 정액은 소의 정액과 성상이 비교적 유사함으로 소에서와 같은 방법으로 희석한다. 그러나, 면양과 산양은 쌍태율이 높을 뿐만 아니라, 생식기관의 해부학적 특성상 자궁경관의 심부나 자궁에 다량의 정액을 주입하는 것이 곤란하다. 따라서, 희석배율을 소와 같이 높게 할 수 없으며, 대체적으로 3~5배가 적당하다.

(3) 말 : 말의 정자는 원정액의 상태로 보존하면 응집반응이 일어나는데, 시간이 경과할수록 그 정도가 증가되며, 정장의 화학적 조성도 특이하여 정자의 수명을 극단적으로 단축시킨다. 따라서, 정액을 보존하려면 정장의 양이 적고, 정자의 농도가 높은 분획의 정액만을 취하거나, 원심분리로 정장의 대부분을 제거한 정액을 희석하는 것이 일반적이다. 정액의 희석기준은 인공수정시 1회에 주입하는 정액량인 10~30㎖에 전진운동을 활발하게 하는 5억의 정자가 함유되도록 희석하는 것이다(Klug, 1992). 그러나, 희석정액을 동결보존한 경우에 정자농도에 따른 융해 후의 운동성을 조사한 결과를 보면, 활발한 전진운동을 하는 정자의 농도를 2천 5백만/㎖로 희석하여 동결한 정액이 1억/㎖·1억5천/㎖·2억/㎖를 기준으로 희석하여 동결한 정액에 비하여 융해 후의 운동정자율이 높고, 정자의 농도가 높을수록 운동정자율이 낮았다(Webb 등, 1993). 이 결과를 보면, 말의 동결정액을 제조할 경우에 융해 후의 운동정자율만을 고려한다면 정액의 희석배율을 높이는 것이 좋지만, 희석배율이 높으면 희석정액의 양이 많아지는 단점이 있다. 따라서, 정액을 보존할 경우나 수송할 때의 부피를 고려하여 1억/㎖의 농도를 기준으로 희석배율을 산정하는 것이 일반적인 관행이다(Gordon, 1997a).

(4) 돼 지 : 돼지의 정액에는 구요도선에서 생산·분비되는 다량의 교양물질(膠樣物質, gel-like component)이 함유되어 있다. 교양물질은 자연교배시에는 정액이 질쪽으로 흘러

나오는 것을 방지하고, 수분을 흡수하여 정자농도를 높여주는 역할을 수행하지만, 인공수정시에는 정자의 수정능력에 영향을 미치지 못하면서 정액의 취급에 불편을 초래함으로 정액을 희석하기 전에 여과하여 제거하여야 한다. 돼지의 정액은 사정량은 많지만, 정자농도가 희박하기 때문에 원심분리로 정장을 제거한 정액이나 정자농도가 높은 분획을 분리채취하여 희석·보존하는 경우가 있는데, 이 방법은 동결정액의 제조에 주로 이용된다. 돼지는 자성생식도관의 길이가 매우 길고, 산자수도 월등히 많아서 인공수정시 주입하는 정액량과 정자수가 다른 동물종에 비하여 훨씬 많아야 한다. 따라서, 돼지의 인공수정에는 20억~30억의 운동정자가 함유된 70㎖의 희석정액을 주입하는 것이 일반적으로 통용되는 관행이기 때문에 이 범위를 기준으로 정액의 희석배율을 산정하는 것이 원칙이다(Gordon, 1997b). 그러나, 실용적으로 정액을 희석할 때는 정액량·정자농도·운동정자율 등을 고려하여 결정하는데, 정자가 받는 환경변화를 최소화할 목적으로 정액과 희석액의 비율을 1 : 1로 하는 경우도 있다. 그러나, 정액의 성상이 매우 좋고, 수정하여야 할 암퇘지의 수가 많을 경우에는 희석배율을 1 : 10으로 하는 것도 가능하다.

제 6 절 정액의 보존

정자의 생존성과 운동성에 유리하게 작용하도록 조제된 희석액을 이용하여 희석한 정액은 체외에서 장기간 동안 보존하면서 인공수정에 사용한다. 정자의 생존성과 운동성은 역(逆)의 상관관계가 있으며, 운동성은 환경온도의 변화에 민감하게 반응한다. 따라서, 정액의 보존은 정자의 보존온도를 낮게 유지시켜 운동성을 제한함으로써 정자의 수명을 연장시키는 일련의 조작과정을 의미하는 것이다. 정액의 보존방법은 액체상태로 보존하는 액상보존(液狀保存, preservation of liquid semen)과 극저온상태에서 보존하는 동결보존(凍結保存, cryopreservation)으로 구분한다.

1. 정액의 액상보존

희석정액을 동결하지 않고, 액체상태로 동결점(凍結點, freezing point) 이상의 온도에서 보존하는 것을 말한다. 액상보존은 정자의 운동성을 철저하게 제어하지 못함으로 보존기간이 동결보존에 비하여 짧을 수 밖에 없다. 따라서, 액상보존은 정액을 수일내에 인공수정에 이용하거나, 실험목적에 사용할 경우에 제한적으로 이용되는 보존방법이다. 그러나, 정자의 내동성이 나빠서 동결보존이 어려운 돼지나 말의 정액보존에는 유용하게 이용될 수 있다. 액상보존은 정액을 희석한 다음, 가축의 종에 따른 적합한 보존온도까지 정자가 저온충격을 받지 않는 방법으로 냉각한 후에 저온상태에서 보관한다.

1) 정액의 냉각

채취 직후의 정액을 35℃ 정도로 가온된 희석액으로 희석하여 정액용기에 담고, 이것을 같은 온도의 물이 들어 있는 용기에 넣어 냉장고(냉장실)에 옮겨 5℃(돼지는 예외)까지 냉각시킨다. 이 때, 정액용기를 담그는 온수의 양으로 희석정액의 냉각속도를 조절하는데, 온수의 양이 많을수록 온도의 하강속도가 느리다. 희석정액은 냉각과정에서 정자가 받게 되는 저온충격을 최소화하여 주입 직전에 37℃로 가온하였을 때 최대의 운동정자율을 얻기 위하여 가급적 서서히 냉각시켜야 한다. 소의 경우, 2~4시간에 걸쳐 느린 속도로 냉각한 희석정액이 융해 후에 높은 운동정자율을 나타낸다(Bearden & Fuquay, 2000b). 그러나, 저온충격에 의하여 감소되는 운동정자율을 감안하여 희석정액의 정자농도를 높여주면 빠른 속도로 냉각하여도 수태율은 저하되지 않지만, 항생물질이 작용하는 시간이 짧아져 정액의 보존에 나쁜 영향을 미친다. 미국의 CSS(Certified Semen Services)에 따르면, 희석정액에 첨가된 항생제가 작용하려면 정자가 최소한 2시간 동안 항생제와 접촉하여야 하며, 이 시간을 충족시키기 위하여 2시간 이상의 냉각시간이 필요하다.

2) 축종별 정액의 액상보존

정액의 양과 정자농도는 물론이고, 저온충격에 대한 정자의 강도도 가축의 종에 따라 매우 다르기 때문에 정액을 액상으로 보존하는 방법과 온도도 서로 다를 수 밖에 없다.

(1) 소 : 소의 정액은 사정량이 적고, 정자농도가 매우 높을 뿐만 아니라, 정자의 내동성도 뛰어나 희석정액을 0.25㎖ 또는 0.5㎖ 용량의 스트로에 봉입하여 동결보존하는 것이 일반적이다. 그러나, 항생물질이 충분히 작용할 수 있도록 2시간 이상에 걸쳐 5℃까지 서서히 냉각시킨 후에 이 온도조건에서 보존하면 20일까지도 생존정자가 발견되지만, 48시간 이내에 사용하는 것이 일반적이다.

(2) 면양과 산양 : 37℃로 가온된 희석액으로 희석한 면양의 정액을 30℃로 가온된 500㎖의 물이 들어 있는 용기에 침지한 다음, 5℃의 냉장고에 넣으면 2시간 이내에 보존온도인 4~5℃로 냉각된다. 이 상태에서 액상보존한 희석정액은 4~5일이 경과되면 수태율이 현저하게 저하된다. 한편, 채취 직후의 산양정액은 원심분리하여 정장을 제거한 다음, 면양에서와 같은 방법으로 희석·보존하면 5~6일 동안은 수태가 가능하다. 그러나, 수정능력이 유지되는 기간이 수컷 개체에 따라 차이가 크기 때문에 24~48시간 이내에 사용한다.

(3) 말 : 말의 정액을 탈지유가 함유된 희석액으로 희석한 후에 4~5℃에서 보존하면 3일 동안은 수정능력이 유지된다(Gordon, 1997a). 그러나, 난황이 함유된 희석액은 우유희석액에 비하여 첨체의 손상률이 높아서 정액의 보존기간이 짧은 편이다. 탈지유-글루코오스

희석액을 이용하여 제조한 희석정액은 48시간을 보존할 수 있다(Hueck, 1990). 또한, 정자농도가 높은 분획을 취하여 탈지유-글루코오스 희석액으로 희석한 다음, 낮은 냉각속도로 냉각시키면 5~7℃에서 80시간을 보존한 후에도 수정력이 유지된다(Heiskanen 등, 1994).

(4) 돼 지 : 돼지의 정액은 그 양이 많고, 정자농도가 낮을 뿐만 아니라, 정자의 저온충격에 대한 저항성도 매우 약하기 때문에 희석·보존 과정에 세심한 주의가 필요하다. 채취된 정액은 거즈로 여과하여 교양물질을 제거한 다음, 체온과 비슷한 온도조건하에서 정액성상을 검사하여 희석배율을 결정한다. 이어서 인공수정시에 주입하는 정자수가 충분히 확보되도록 정액을 나누어 플라스틱제의 정액주입병(plastic inseminating squeeze bottle)에 넣고, 각각의 병에 희석액을 병의 벽면을 따라 서서히 흘려 넣으면서 교반하여 희석정액의 양이 1회 주입량인 80~100㎖가 되도록 희석한다. 이 때, 정액과 희석액의 온도차는 1℃가 넘지 않아야 하며, 희석배율이 1 : 3 이상일 경우에는 희석액을 2등분하여 먼저 절반의 희석액으로 희석한 후에 10분 정도를 기다렸다가 나머지 절반의 희석액으로 희석한다. 그러나, 정액주입병에 정액을 분주하여 희석하지 않고, 전체의 정액을 큰병이나 플라스크에 넣어 희석한 다음, 정액주입병에 나누어 보존하는 방법도 이용된다.

희석정액의 냉각과정은 먼저 실온이 22℃인 냉장실의 어두운 곳에 2시간 정도 정치하면 정액의 온도가 22℃가 되며, 이 희석정액을 2시간당 1℃의 냉각속도로 15~18℃까지 냉각시키고, 이 온도에서 보존한다. 보존된 정액은 하루에 1~2회씩 조심스럽게 흔들어 정자의 두부가 서로 접착되는 것을 방지하여야 한다. 희석액의 종류에 따라 희석정액의 보존기간이 다르기는 하지만, 일반적으로 7일까지는 보존이 가능하다. 그러나, 높은 수태율을 얻으려면 3일 이내에 사용하는 것이 바람직하다. 액상보존된 정액으로 인공수정을 하였을 때의 수태율은 자연교배시의 수태율과 같거나 오히려 좋다. 특히, 한 발정기에 보존기간이 2일 이내인 정액을 2회에 걸쳐 주입하면 더욱 높은 수태율을 얻을 수 있다.

2. 정액의 동결보존

동결보존은 세포를 드라이아이스-알코올(dry ice-alcohol)로 하강시킬 수 있는 초저온역(域)에서 동결된 상태로 보존하는 것을 말하는데, 생식생리분야에서는 정액과 초기배의 장기보존에 이용된다. 정액의 동결보존은 Polge와 Rowson(1952)이 동해방지제로 글리세롤을 사용하여 소 정액의 동결보존에 성공한 이래, 희석액과 희석방법, 동해방지제의 종류와 농도, 냉각속도, 보존온도 및 융해방법 등이 개선됨에 따라 동결정액을 이용하여 높은 수태율을 얻을 수 있게 되었다. 그러나, 동물의 종에 따라 정자의 내동성(耐凍性, freezability)이 다를 뿐만 아니라, 사정량이나 정자농도도 달라서 동결보존의 이용정도가 다를 수 밖에 없으며, 현시점에서는 소정액의 보존에 가장 효과적으로 이용되고 있다. 오늘날에는 동결정액을 그 온도가 -196℃인 액체질소에 침지하여 보존하는 것이 일반적인데, 이 상태를 유지하면 반영구적인 보존이 가능하다.

동결정액을 이용하면, ① 1두의 종모축에서 채취한 정액으로 교배시킬 수 있는 암컷의 수가 비약적으로 증가되고, ② 종모축이 사망한 후에도 그 종모축의 정액을 이용할 수 있으며, ③ 후대검정으로 능력이 확인된 종모축의 정액을 장기간에 걸쳐 이용할 수 있기 때문에 가축의 개량에 기여하고, ④ 정액성상이 좋은 계절에 채취된 정액을 보존하였다가 여름철에 이용함으로써 하계불임(summer sterility)의 폐해를 줄일 수 있으며, ⑤ 수십두의 동결정액도 같은 장소에 간단하게 보관할 수 있음으로 필요에 따라 선택적 교배가 가능하고, ⑥ 전염병이 만연하는 시기에도 번식이 가능하며, ⑦ 정액의 수송비가 절감되는 등의 이익을 얻을 수 있다.

1) 온도의 변화에 따른 정자의 반응

정자가 처하게 되는 환경온도는 정자의 생리현상에 중요한 영향을 미친다. 정자는 20~39℃의 온도역에서는 정상적인 생리작용을 수행하지만, 40℃ 이상이 되면 대사와 운동이 급격히 증가되어 정장에 함유되어 있는 에너지원이 고갈되며, 54~56℃에서는 원형질막이 응고되고, 효소단백질이 변성되어 정자 자체가 사멸된다. 한편, 환경온도가 20℃ 이하로 낮아지면 대사활성이 감소되기 시작하며, 10℃ 이하에서는 저온충격을 받아 해당작용과 호흡작용이 저하되고, 생존성과 수정능력이 감퇴되며, 각종 이온의 능동수송능력이 상실되어 생화학적 조성이 변경되고, 첨체도 손상된다. 환경온도가 0℃ 이하(정자의 유해온도역)로 낮아지면 정자의 생존성이 급격히 저하되고, -15~-25℃(정자의 위해온도역)에서는 정자가 동해를 받아 사멸하게 된다. 이와 같이, 높은 온도나 낮은 온도 모두에서 정자의 생존성이 손상을 받지만, 낮은 온도에서는 정자가 받는 저온충격을 제어하면 운동성이 억제되는 반면에, 수명은 연장된다. 따라서, 정자의 동결보존은 정자가 저온충격에 의하여 손상되는 것을 방지하면서 저온조건에 보존하는 수단을 통하여 운동성을 억제함으로써 수명을 연장시킬 수 있다는데 근거를 두고 있다.

2) 동결의 기본원리

세포의 동결보존에 일반적으로 사용되는 용액은 그 온도가 동결점까지 하강하더라도 곧바로 얼지 않고, 훨씬 낮은 온도까지 냉각되는 과냉각현상이 나타난다. 과냉각상태의 용액에서 자발적 동결이 일어날 때에는 용액중에 빙정핵이 형성되고, 이것에 주위의 수분이 끌려와 동결되어 크기가 커지면서 결국 전체의 용액이 동결하게 된다. 세포를 동결보존용액을 이용하여 동결할 때, 세포에서 수분이 빠져 나오는 탈수가 충분히 진행되지 않은 상태에서 동결자극이 전파되면, 세포내에서 급속히 빙정핵이 형성되고, 이것이 성장하여 세포를 물리적으로 파괴시키기 때문에 세포 자체가 사멸하게 된다. 따라서, 정액을 동결보존하려면 용액이 동결되는 과정에서 일어나는 다양한 이화학적 현상을 이해하여야 한다.

(1) **동결점** : 정자의 동결점(凍結點, freezing point)은 정자내에 있는 수분을 동결시키는 온도를 말한다. 그러나, 액체중에 부유되어 있는 미세한 정자의 동결점을 정확하게 측정하는 것은 쉽지 않다. 1기압에서 물이 동결되는 온도는 0℃이지만, 이물질(용질)이 용해된 수용액에서는 용질의 몰농도(molality)가 높아짐에 따라 동결점이 강하되며(빙점강하), 용액의 삼투압도 용질의 몰농도에 비례하여 변화된다. 따라서, 용액의 빙점강하도는 삼투압과 밀접한 관계가 있다. 정액의 경우, 정자에 포함된 세포내액과 정장(세포외액)의 삼투압이 같기 때문에 양자의 동결점은 거의 같다. 정장의 동결점은 동물종 · 개체 · 정액채취의 회차수 등에 따라 다르다. 정액을 냉각하면 먼저 정장중의 수분이 동결되기 시작하며, 수분이 동결되어 용질이 농축되면 정장의 삼투압이 높아지고, 이에 따라 정자내의 수분이 세포외로 빠져 나와 세포내의 용질이 농축되기 때문에 정자내의 동결점은 정장의 동결점에 비하여 매우 낮아진다.

(2) **과냉각과 식빙** : 액체나 증기(蒸氣)가 각각 고체나 액체로 변화되는 것을 말하는 상전이(相轉移)를 유발하는 온도 이하로 냉각하여도 상전이가 일어나지 않고, 원래의 상(相)을 유지하고 있는 상태를 과냉각(過冷却, supercooling)이라 한다. 과냉각은 오염되지 않은 용기에 순수한 액체나 증기를 조용히 정치한 상태에서 천천히 냉각하는 경우에 발생된다. 예를 들면, 1기압에서 0℃의 동결점을 가지는 순수한 물이 -12℃까지 얼음으로 변화되지 않고, 과냉각상태를 나타낼 수 있다. 정자나 난자는 세포 내 · 외의 환경중에 늘 물이 함유되어 있음으로 이것들을 동결하는 경우에는 과냉각상태를 경과하게 되는데, 희석액이나 보존액의 조성에 따라 과냉각의 온도가 달라진다. 가축의 난자나 초기배를 동결보존할 때, 동해방지제를 함유한 보존액은 냉각온도가 동결점을 통과하여도 좀처럼 얼지 않고, 그대로 냉각이 계속되어 강한 과냉각상태가 된다. 이와 같은 강한 과냉각상태가 경과된 다음에는 다수의 빙정핵이 형성되고, 이에 따라 온도의 반발상승이 급격하게 일어난다. 이러한 조건에서는 빙정핵이 매우 빠르게 성장하며, 커진 빙정은 물리적으로 난자나 초기배를 손상시킨다. 이러한 물리적 손상을 피하려면 과냉각상태를 빨리 해소시킬 필요가 있는데, 이를 위해서는 통상적으로 식빙(植氷, ice seeding)을 한다. 식빙은 동결점의 직전온도에서 동결보존액의 빙정형성을 인위적으로 유도하여 세포내동결을 억제함으로써 난자나 초기배가 손상되는 것을 방지한다. 그 방법은 과냉각상태에 있는 동결용액의 표면에 -80℃로 냉각된 공기를 불어 넣거나, 액체질소에 담가서 냉각시킨 핀셋으로 동결용기(스트로 등)의 표면을 집어서 인위적으로 동결용액의 표층에 빙정이 형성되도록 유도한다. 그러나, 컴퓨터로 냉각온도를 조절하는 세포동결기는 자동적으로 식빙이 일어나도록 설계되어 있다.

(3) **빙정핵의 형성** : 수분이나 수용액이 동결될 때에는 0℃이하의 특정온도에서 과냉각

상태가 파괴되면서 주로 혼합되어 있는 이물질을 중심으로 미세한 수분의 결정화가 일어나는데, 이것을 빙정핵형성(氷晶核形成, nucleation)이라 한다. 순수한 물과 같이 이물질이 거의 없는 상태에서는 온도가 저하되더라도 빙정핵이 형성되기 어렵다. 그러나, 다량의 이물질이 함유된 수용액에서는 과냉각이 해소되면서 일시에 다수의 빙정핵이 형성되고, 이것에 주위의 수분이 끌려와서 점차적으로 빙정의 크기가 커진다.

(4) **빙정의 성장** : 액체상태에서의 물분자는 자유롭게 움직이면서 회전하지만, 동결되면 규칙적으로 배열된다. 동결은 극히 미소한 빙정핵을 중심으로 시작되고, 여기에 물분자가 붙어서 점차 크기가 커지는데, 이러한 현상을 빙정성장(氷晶成長, crystal growth)이라 한다. 빙정핵의 생성은 온도가 낮을수록 촉진되고, 빙정의 성장은 이와는 반대로 온도가 높을수록 촉진된다. 따라서, 높은 온도영역에서는 생성되는 빙정핵의 수는 적지만, 빙정의 성장이 빠른 반면에, 낮은 온도영역에서는 다수의 빙정핵이 생성되지만, 빙정의 성장속도는 늦다. 또한, 용질로서 고분자화합물이 존재하고, 그 농도가 높을 때에는 빙정의 성장속도가 크게 억제되는 반면에, 빙정핵의 생성 자체는 촉진된다. 이러한 동결특성에 따라 완만냉각에서는 소수의 대형빙정이, 급속냉각에서는 다수의 소형빙정이 형성된다. 빙정의 성장과 생성된 결정의 형태는 과냉각의 정도, 냉각속도 및 용질의 성질과 농도 등에 따라 서로 다르다. 한번 생성된 빙정은 반드시 안정된 것만은 아니다. 예를 들면, 이동재결정현상(移動再結晶現象)에 의하여 작은 빙정이 큰 빙정에 흡수되어 대형화되기도 한다. 이러한 현상은 동결세포를 융점(融點, melting point)에 가까운 온도영역에 보존하거나 융해시에 그 온도영역을 완만하게 통과시킬 때에 발생된다. 일반적으로, 세포내에 빙정이 생기면 세포 자체를 기계적으로 손상시켜 치명적 영향을 미치지만, 극히 미소한 빙정이라면 그것이 대형화되지 않는 한 치명적으로 작용하지는 않는다. 특히, 저농도의 동해방지제를 첨가한 보존액에서 급속하게 냉각된 세포내에는 다수의 미소한 빙정이 형성되는데, 이 빙정은 -80℃에서도 불완전하기 때문에 온도가 훨씬 낮은 액체질소에 보관하면 문제가 되지 않는다. 따라서, 급속하게 동결된 정액을 융해할 경우에는 빙정성장을 야기할 수 있는 온도영역을 급속하게 통과시켜야 하며, 액체질소에 보관중인 정액이라도 대기중에 노출시켜 온도가 서서히 상승되는 것을 절대적으로 피해야 한다.

3) 동해방지제

세포를 동결보존할 때 동해로부터 세포를 보호할 목적으로 희석보존액에 첨가하는 물질을 동해방지제(凍害防止劑, cryoprotectant)라 한다. 동해방지제는 비전해질로서 물에 용해되지 않고, pH가 중성이며, 세포에 대한 독성이 없어야 하는데, 세포막에 대한 투과성에 기초하여 세포내 동해방지제(intracellular cryophylactic agent)와 세포외(extracellular) 동해방지제로 구분하는 경우가 많다. 동해방지제는 세포가 동결되는 과정에서 나타나는 전해질의 농축, 삼투압의 상승, 세포 내・외의 빙정핵형성, 빙정성장 등과 같이 세포의 생존에 불리하게 작용하는 요인들을 완화시키거나 조절하는 작용을 함으로써 세포가 동해를 받는 것을 저지하여 융해 후의 생존성을 향상시킨다.

(1) **세포내 동해방지제** : 정자・난자・초기배 등의 동결보존에 사용되는 세포내 동해방지제는 글리세롤(glycerol)・1,2-프로판디올(propandiol)・에틸렌글리콜(ethyleneglycol) 등과 같은 다가(多價)알코올(polyhydric alcohol)과 DMSO(dimethyl sulfoxide)가 있다. 이것들은 분자량이 150 이하로 작고, 세포막의 투과성이 높아서 단기간내에 세포내로 침투하여 세포 내・외의 농도차가 없어짐으로 서서히 첨가하면 삼투압의 변화에 따른 나쁜 영향이 매우 적다. 따라서, 등장(等張)의 희석보존액에 첨가하여 사용할 수 있다. 대부분의 동물종에서 정자의 동결보존에 글리세롤이 매우 효과적으로 사용되는 동해방지제이다. 그러나, 돼지의 정자는 글리세롤에 의하여 수정능력이 손상됨으로 2% 이하의 저농도로 사용하는 것이 일반적이고, 토끼의 정자는 글리세롤 대신에 DMSO가 적합하다. 또한, 난자나 초기배의 동결보존에도 글리세롤과 DMSO가 사용되는데, 보존액에 첨가되는 최종농도는 글리세롤이 1.0M 농도, DMSO는 1.2~1.5M 농도이다.

(2) **세포외 동해방지제** : 분자량이 커서 세포막을 투과할 수 없기 때문에 희석보존액내에서만 작용하는 세포외 동해방지제에는 PVP(polyvinylpirrolidone)와 같은 고분자화합물과 덱스트란・라피노스・슈크로오스・난황・혈청알부민 등이 있다. 이것들은 세포내로 침투하지 못함으로 세포 자체의 동결특성을 직접적으로 변경시키지는 못하지만, 보존액의 동결특성을 변경시킴으로써 세포내액과 세포외액의 동결에 대한 상호작용을 조절하여 동해를 방지한다. 그러나, 동해방지효과는 세포내 동해방지제에 비하여 떨어지며, 난자나 초기배의 동결보존에는 부분적으로 이용되지만, 정자의 동결보존에는 전혀 이용되지 않는다.

(3) **글리세롤의 첨가와 평형** : 정액을 동결보존할 때는 정자에 대한 동해를 방지하기 위하여 희석액에 반드시 글리세롤을 첨가하여야 한다. 글리세롤은 분자량이 92인 3가알코올(trihydric alcohol)로서 세포에 대한 독성이 적고, 세포내로의 침투성이 강하여 세포 내・외액에서 농도차이가 거의 없는 대표적인 세포내 동해방지제이다. 글리세롤은 용액중의 수분과 결합하고, 동결점을 낮출 뿐만 아니라, 어느 온도조건하에서도 빙정의 형성과 성장을 감소시킨다. 따라서, 빙정으로 수분이 결집되어 세포 내・외액 모두에서 용질이 농축되는데 따라 나타나는 모든 해독작용을 억제하고, 빙정성장의 결과로 유발되는 정자에 대한 기계적 손상을 최소화한다.

글리세롤의 첨가농도는 희석액의 구성성분에 따라 다르다. 소 정액을 동결보존할 경우에 난황-시트로산염 희석액・난황-트리스 희석액・전유희석액 등으로 희석을 완료했을 때 글리세롤의 최종농도는 7%가 되어야 하며, 탈지유희석액에서는 10%의 최종농도에서 정자의 생존률이 우수하다. 소의 정액을 희석할 때는 글리세롤이 첨가되지 않은 희석액으로 일차

희석을 하고, 이것을 5℃까지 냉각시킨 다음에 5℃로 냉각된 글리세롤 함유희석액으로 최종적인 정자농도를 맞춘다. 이 때, 5℃로 냉각된 희석정액에 글리세롤을 첨가하는 것이 동결·융해 후의 정자생존성에 중요하게 작용한다. 일차희석정액을 글리세롤이 함유된 이차희석액으로 재차 희석하는 방법에는 두종류가 있다. 그 하나는 일차희석정액이 담겨진 용기 위에 이차희석액이 담겨진 플라스틱주머니를 장치하고, 플라스틱주머니 밑에 위치하는 구멍을 통하여 이차희석액을 일차희석정액 위로 떨어뜨리는 방법으로 희석한다. 희석시간은 플라스틱주머니의 구멍 크기로 조절하는데, 최단 30분, 최장 1시간이 소요된다. 다른 방법은 이차희석액을 같은 양으로 3등분하여 10~15분 간격으로 제1차희석정액에 첨가하거나, 이차희석액을 10%·20%·30%·40%의 양으로 나누고, 이것을 순차적으로 10~15분 간격을 유지하면서 첨가한다.

글리세롤이 첨가된 희석액으로 희석한 정액은 글리세롤이 정자내로 침투하여 정자내와 희석액 사이에 평형(平衡, equilibration)이 이루어지도록 충분한 시간을 준 다음에 동결하여야 한다. 그러나, 적합한 평형시간은 정액제조회사에 따라 다르다. 미국에서 5개의 회사에 대하여 평형시간을 조사한 결과, 최소 2시간이 2개사, 최소 3시간이 1개사, 최소 4시간이 1개사, 최소 10시간이 1개사이었고, 이들 모두는 20시간 이상의 긴 시간을 평형시켜도 정자에는 해가 없다고 하였다.(Bearden & Fuquay, 2000b). 이러한 사실을 종합하면, 소의 동결정액을 제조할 때는 최소한 2~4시간의 글리세롤 평형시간이 필요한 것으로 보인다.

4) 정액의 포장

인공수정을 시술할 때, 소·면양·산양 등과 같이 정자농도가 높은 소량의 정액을 주입하는 동물은 희석이 끝난 정액을 1회의 주입에 필요한 분량만큼씩 나누어 포장한 다음에 동결하여 보관한다. 소의 희석정액은 0.25㎖나 0.5㎖의 스트로에 분주하는데, 유럽에서는 0.25㎖, 우리나라와 미국에서는 0.5㎖의 스트로를 사용한다. 0.5㎖의 스트로는 길이가 113mm이고, 직경은 2.8mm이다. 면양과 산양의 정액은 0.25㎖의 스트로에 분주·포장한다. 정액을 포장하는 스트로의 한쪽 끝은 밀봉분말(polyvinyl alcohol powder)을 중앙에 두고, 그 양쪽에 면전(綿栓, cotton plug)이 배열된 3층의 마개로 막혀있다. 이 마개가 있는 쪽에서 흡인하여 희석정액을 스트로에 채우고, 흡인된 쪽의 구멍을 밀봉분말이나 초음파 밀봉기로 밀봉한다. 면전의 중앙에 있는 밀봉분말은 건조한 상태에서는 공기를 통과시키지만, 정액과 접촉된 후에는 밀봉분말이 접착되어 통기성이 소실된다. 희석정액이 충전된 스트로는 스트로 인쇄기를 이용하여 정액에 관한 모든 정보를 표시한다.

한편, 돼지나 말과 같이 다량의 정액을 주입하는 동물의 희석정액은 스트로에 충전할 수 없으며, 1회에 주입할 정액을 소량씩 나누어 정제화동결(錠劑化凍結, pellet freezing)하고, 이것을 모아서 보관용기에 담아 액체질소에 침지하여 보관한다. 정제화동결정액은 취급하는 과정에서 미생물에 오염될 위험성이 상존하기 때문에 세심하게 주의할 필요가 있다.

5) 정액의 동결

스트로에 봉입된 희석정액은 다양한 방법으로 동결하는데, 일반적으로 냉각속도에 따라 완만동결(slow freezing)과 급속동결(rapid freezing)로 구분한다. 정액을 동결할 때 주어지는 냉각속도에 따라 빙정의 형성과 용질의 농축 정도가 서로 달라서 융해 후의 생존성도 다를 수 밖에 없다. 정자는 난자나 초기배와는 달리 세포 자체의 크기가 작고, 세포내액의 양도 적기 때문에 급속동결법으로 동결하는 것이 일반적이다.

(1) **완만동결법** : 정자도 난자나 초기배와 같이 냉각속도를 자유로이 조절할 수 있는 자동세포동결기를 이용하여 동결할 수 있다. 냉각속도를 보면 +5℃에서부터 -15℃까지는 1~2℃/min의 속도로 냉각하고, -15℃에서부터 -79℃까지는 3~5℃/min의 속도로 온도를 내린 다음, 곧바로 액체질소에 침지하여 동결·보존한다. 정자는 -75℃ 이하에서는 빙정의 상태가 안정화됨으로 그대로 액체질소에 침지하여도 동해를 받지 않는다.

(2) **급속동결법** : 정액의 희석과정을 통하여 5℃의 상태를 유지하면서 글리세롤이 첨가된 희석액으로 희석된 정액을 스트로에 분주한 다음에 급속동결할 때는 다양한 냉각속도로 동결할 수 있다. 그러나, 표준과정은 5℃로 냉각된 스트로를 액체질소통에 저장된 액체질소의 표면으로부터 5.5cm 위에 10분간 정치시켜 액체질소의 증기속에서 예비동결한 다음, 그대로 액체질소에 침지하여 동결·보존하는 방법이다. 액체질소의 표면으로부터 5.5cm 위의 액체질소증기에 스트로를 접촉시킬 때 최적의 냉각속도를 얻을 수 있으며, 대략 2분 후에는 스트로의 온도가 액체질소증기의 온도와 같게 된다. 액체질소증기로 정액을 급속동결시킬 때는 냉각속도가 126℃/min에서부터 7℃/min으로 점차적으로 감소되는 범위에 있을 때에서 가장 좋은 결과를 보인다.(Bearden & Fuquay, 2000b).

6) 동결정액의 저장

동결정액은 반드시 -75℃ 이하에서 저장되어야 한다. 그러나, 이 온도와 비슷한 드라이아이스(-79℃)에서 6개월 동안 저장한 정액은 1~2개월 저장한 정액에 비하여 융해 후 정자의 생존성과 운동성이 나빠서 인공수정시의 발정불재귀율(non-return rate)이 13% 정도 낮았다. 더욱이, 드라이아이스에 저장한 정액은 취급 및 운반 과정에서 온도가 -75℃이상으로 상승될 위험성이 있고, 드라이아이스를 자주 보충하여야 하는 단점이 있다. 그러나, 온도가 -196℃인 액체질소통에 정액을 보관하면 어느 경우에도 보관온도의 임계온도인 -75℃ 이상으로는 상승되지 않기 때문에 보존기간이 반영구적이다. 따라서, 오늘날에는 정액을 액체질소에 침지하여 보관하는 것이 일반적이다. 그러나, 이 때에도 세심한 주의를 기울여 관리하여야 한다. 첫째, 저장된 정액은 항상 액체질소에 잠겨 있어야 한다. 정액이 액체질소의 증기에 노출되거나 액체질소 밖으로 나오게 되면 정액의 온도가 -130℃ 이상으로 상승되어 빙정이 불안정해지기 때문에 정자의 수명이 단축된다. 둘째, 액체질소통은 뚜껑을 닫아 두어도 액체질소가 조금씩 증발함으로 액체질소의 양을 정기적으로 점검하여 보충하여야 한다. 셋째, 정액을 꺼낼 때 증기가 올라와 정액의 표지가 보이지 않아서 부득이 정액을 액체질소통 밖으로 꺼낼 경우가 있는데, 이것은 정자의 생존에 나쁜 영향을 줌으로 체계적으로 보관하여 필요한 정액만 꺼낼 수 있도록 하여야 한다.

7) 정액의 수송

인공수정이 가지는 이점의 하나는 가축을 이동시키는 대신에 정액을 수송하여 암컷에 주입할 수 있다는 것이다. 오늘날에는 정액보존기술의 발달과 더불어 정액의 국제간 수송이 용이하게 되어 정액의 수출입이 활발하게 이루어 지고 있다. 액상정액을 수송할 때에는 정액의 보존적온인 4~5℃(돼지 15~18℃)의 물을 정액수송용 보온병에 적당량 채우고, 이곳에 정액이 들어있는 정액관을 침지하여 수송하는데, 이 방법으로는 4~5시간에 걸친 수송이 가능하다. 한편, 동결정액은 -196℃의 액체질소가 채워진 액체질소통에 넣어서 수송한다. 동결정액을 다른 액체질소통으로 옮길 때에는 정액의 온도가 -75℃이상으로 상승되지 않도록 신속하게 옮겨야 한다. 순간적이라도 정액온도가 -75℃이상으로 상승되면 빙정이 재형성되어 정자의 생존성과 융해 후의 활력이 급격히 저하된다. 이러한 위험성을 피하려면 0.5㎖ 스트로의 경우 2~3초 이상을 대기 중에 노출시키면 안된다. 액체질소통에 의한 수송이 불가능할 경우에는 아이스박스에 드라이아이스 가루를 넣고, 그속에 동결정액을 묻어 수송할 수도 있는데, 드라이아이스의 온도에서는 동결정액의 빙정상태가 불안정하게 되어 정자에 손상을 줄 위험성이 있기 때문에 수송시간이 24시간을 넘어서는 안된다.

3. 축종별 동결정액 제조공정의 요약

모든 가축의 동결정액은 온도가 -196℃인 액체질소에 침지하여 보존하는 것이 일반적인 관행이다. 그러나, 1회에 사정되는 정액의 양과 정자농도, 그리고 저온충격에 대한 저항성(내동성)이 가축의 종(種)에 따라 매우 다르기 때문에 동결정액을 제조하는 과정이 약간씩 다를 수 밖에 없다. 이 항목에서는 앞에 기술된 정액의 희석・냉각・동결・보관 등과 같은 동결정액 제조공정의 전과정을 축종별로 요약하여 일목요연하게 기술하였다.

1) 소 동결정액의 제조공정

소는 정자농도가 높은 소량의 정액을 사정함으로 높은 배율로 희석한 다음, 용량이 적은 스트로(0.25㎖ 또는 0.5㎖)에 봉입하여 동결한 다음, 액체질소에 그대로 침지하여 보관한다.

(1) **희석액의 준비** : 정액을 채취하기 전에 적합한 희석액(제5절에 기술된 소 정액의 희석액 항목 참조)의 종류를 결정하여 조제한다. 조제된 희석액을 일차희석액과 이차희석액으로 2등분하고, 제1차희석액에는 mℓ당 겐타마이신(gentamycin) 500μg, 타이로신(tyrosin) 100μg, 린코-스펙틴(linco-spectin) 300/600μg을 첨가하고, 제2차희석액에는 14%(v/v)의 글리세롤을 첨가한다.

(2) **정액의 채취** : 정액을 채취하기 전에 냉장보관된 제1차희석액 약 25mℓ를 항온수조에 넣어 35℃로 가온한다. 희석액의 가온상태를 확인한 다음, 종모우의 상태에 따라 적합한 방법으로 정액을 채취한다. 채취된 정액은 정액채취장으로부터 정액처리실로 옮기는 동안 반드시 35℃를 유지하여야 한다.

(3) **신선정액의 항생물질처리** : 채취 직후의 정액관을 35℃의 항온수조에 정치한 다음, 일차희석액 mℓ당의 함량으로 제시된 양의 항생물질을 신성정액의 양에 따라 첨가한 후, 정액관을 거꾸로 뒤집어 교반한 다음, 3～5분간 배양하여 항생물질을 반응시킨다. 이 기간 동안에 정액의 질을 평가하여 정액의 사용여부와 희석배율을 결정한다.

(4) **제1차희석(예비희석)** : 항생물질이 첨가된 35℃의 일차희석액으로 최종 희석배율의 절반을 목표로 희석하는데, 신선정액 mℓ당 대략 3～4mℓ 정도의 희석액이 필요하다.

(5) **냉 각** : 일차희석이 끝난 정액을 담은 정액관을 30～35℃의 온수가 들어 있는 용기에 담그고, 이것을 5℃의 저온실(냉장고)에 옮겨 냉각시킨다. 이 때, 온수의 양은 희석정액이 최소한 2시간 후에 5℃로 냉각되는데 필요한 양으로 하는데, 대략 400～500mℓ 정도가 된다.

(6) **제2차희석(최종희석)** : 냉각이 끝난 일차희석정액의 양이 최종 목표량의 절반에 미치지 못하면 5℃로 냉각된 일차희석액으로 맞추고, 이어서 글리세롤이 첨가된 이차희석액으로 재차 희석하여 최종적으로 목표하는 정액량을 맞춘다. 이 때, 글리세롤이 정자에 충격을 주지 않도록 이차희석액을 1시간에 걸쳐 4회로 나누어 첨가한다.

(7) **글리세롤의 평형** : 글리세롤이 함유된 이차희석액으로 최종희석이 완료된 정액은 글리세롤이 정자의 원형질막을 통과하여 정자내와 보존액의 글리세롤 농도가 같아지는 평형이 이루어질 수 있도록 5℃에서 최소한 4시간을 정치한다.

(8) **정액의 포장** : 희석과 글리세롤의 평형이 완료된 희석정액은 0.25mℓ 또는 0.5mℓ의 스트로에 주입한 다음에 밀봉한다. 그러나, 이차희석을 완료한 직후 또는 글리세롤을 평형시키는 기간 동안에 스트로에 주입·밀봉할 수도 있다. 정액이 밀봉된 스트로의 표면에는 정액에 관한 정보를 반드시 표기하여야 한다.

(9) **예비동결** : 희석정액이 분주·밀봉된 스트로는 망상으로 된 쟁반(screen mesh bottom)에 한층으로 깔아 액체질소통으로 옮겨 액체질소 표면의 약 5.5㎝ 위에 10분간 정치하여 기화되는 액체질소로 예비동결을 한다. 액체질소 위에 정치한 스트로의 온도가 액체질소증기의 온도와 같게 되기까지는 약 2분이 소요된다.

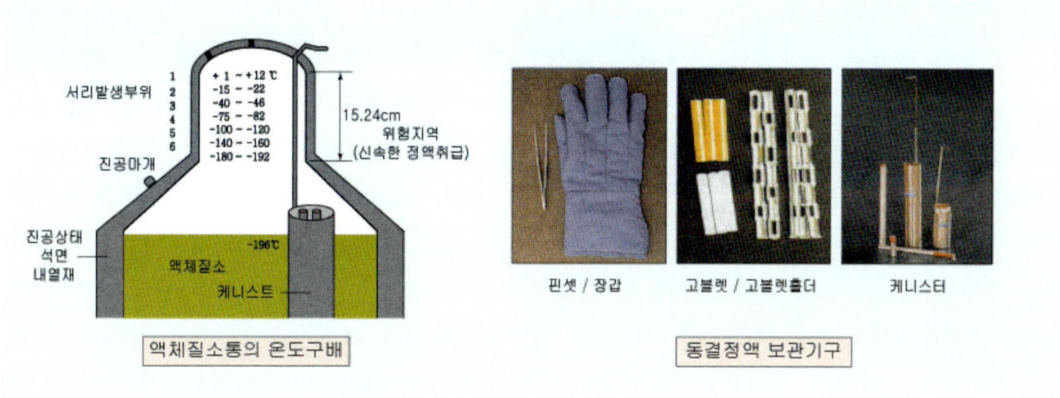

그림 3-19. 액체질소통의 내부온도와 동결정액 보관에 필요한 기구

(10) 완전동결과 보관 : 액체질소증기로 예비동결한 스트로를 5개씩 모아 고블렛(goblet)에 넣고, 이것을 2개씩 고블렛홀더에 장착하여 캐니스터(canister)에 넣은 다음, 액체질소통에 침지하여 완전히 동결시키면서 그대로 보관한다(그림 3-19).

2) 면양 동결정액의 제조공정

면양의 정액은 소의 정액에 비하여 1회 사정량(0.75∼1.5㎖)이 현저하게 적고, 정자농도($1.5 \sim 3.0 \times 10^9$/㎖)는 훨씬 높지만, 정액의 성상과 정자의 특성이 소의 그것과 유사하여 정액의 동결보존방법도 유사하다. 그러나, 면양 정액의 희석은 소와는 달리, 30℃에서 최종용량 되도록 글리세롤이 함유된 희석액을 서서히 첨가하면서 한번에 희석한다. 이 때, 주로 사용되는 희석액의 조성은 ① 트리스 24.2g, ② 시트르산(구연산) 13.6g, ③ 프럭토오스 10.0g, ④ 글리세롤 64㎖, ⑤ 난황 200㎖를 증류수에 총량이 1ℓ가 되도록 용해시켜 제조한다. 희석한 정액은 0.25㎖ 또는 0,5㎖의 스트로에 봉입한 다음, 2시간 이상에 걸쳐 5℃로 냉각한다. 희석정액이 냉각되는 기간에 글리세롤의 평형이 완료됨으로 별도의 평형시간은 필요하지 않다. 정액을 스트로에 분주·밀봉하는 과정, 동결과정, 보존방법 등은 소 정액과 같은 방법으로 한다. 다만, 면양 정액은 드라이아이스 위에 작은방울로 떨어트려 펠렛형태로 동결하여 액체질소에 침지·보존하는 방법도 함께 이용한다(돼지 동결정액의 제조공정 참조).

3) 산양 동결정액의 제조공정

산양의 정액도 사정량이 적고, 정자농도가 높다는 점은 면양의 정액과 같지만, 1회의 인공수정에 주입하는 정액의 양은 0.25㎖ 이하, 운동정자수는 100×10^6 이상이어야 함으로 이 기준에 적합하도록 희석·보존한다.

(1) 희 석 : 산양의 정장에는 포스파티다제(phosphatidase)가 함유되어 있고, 이것은 난황

과 반응하여 정자를 사멸시키는 라이소레시틴(lysolecithin)을 생성함으로 산양의 정액희석에는 난황이 함유된 희석액은 사용하지 않는 것이 일반적이며, 가능하면 정자를 세척하여 정장을 제거하는 것이 좋다(제5절에 기술된 면양과 산양 정액의 희석액 항목 참조). 정자의 세척은 원정액과 같은 온도의 링거액(Ringer solution) 20배 용량을 원정액에 넣고, 1,000g에서 10분간 원심분리하여 상징액(上澄液, supernatant)을 버린다. 이 과정을 반복한 후에 링거액 1㎖에 다시 부유시켜 희석・동결한다. 산양 정액의 희석액으로는 95℃에서 10분간 가열한 우유희석액이 주로 이용된다. 글리세롤은 일차희석액에는 첨가하지 않으며, 이차희석액에만 7%를 첨가한다. 따라서, 최종 희석된 정액의 글리세롤 함량은 3.5%가 된다. 일차희석액에는 각종의 미생물을 제어하기 위하여 페니실린과 스트렙토마이신을 희석액 ㎖당 2,000~4,000 IU씩 첨가한다. 희석방법은 소에서와 같이 글리세롤이 첨가되지 않은 일차희석액으로 최종 정자농도의 2배가 되로록 희석한 다음, 5℃까지 2시간에 걸쳐 서서히 냉각하고, 5℃로 냉각된 제1차희석정액에 글리세롤이 첨가된 5℃의 제2차희석액을 서서히 첨가하여 최종목표의 정자농도로 희석한다.

(2) 글리세롤 평형과 동결 : 희석이 완료된 정액은 0.25㎖의 스트로에 분주하고, 동결 전에 5℃에서 4시간 이상을 정치하여 글리세롤의 평형을 유도한다. 산양의 정액은 소의 정액에 비하여 느린 냉각속도로 동결하는 것이 융해 후의 수태율이 좋다. 따라서, 산양 정액의 동결에는 액체질소를 이용하는 동결법 보다는 동결속도가 느린 드라이아이스-알코올을 이용하는 것이 일반적이다. 드라이아이스-알코올에서 온도가 하강되는 단계와 그에 소요되는 시간은 ① 5℃ → 0℃: 30분, ② 0℃ → -5℃: 10분(1/2℃/min), ③ -5℃ → -10℃: 5분(1℃/min), ④ -10℃ → -17℃: 3분(2℃/min), ⑤ -17℃ → -79℃: 3분(4℃/min)이다. 정액의 온도가 -79℃에 이르면 그대로 액체질소에 침지하여 보관한다.

4) 말 동결정액의 제조공정

말의 정액은 소의 정액과는 달리 사정량이 많고, 정자농도가 낮을 뿐만 아니라, 겔(gel)이 함유되어 있다. 따라서, 동결정액의 제조방법도 소의 경우와는 차이가 있다.

표 3-12. 말 동결정액의 제조를 위한 원심분리용 및 동결보존용 희석액

원심분리용 희석액(Merk I 희석액)		동결보존용 희석액	
D-glucose	60.0g	D-lactose solution (11%)	50.0㎖
Trisodium citrate($2H_2O$)	3.7g	Centrifugation medium	25.0㎖
Disodium ethylenediamine-tetraacetic acid	3.7g	Egg yolk	20.0㎖
Sodium bicarbonate	1.2g	Glycerol	5.0㎖
Dihydrostreptomycin	0.8g	Equex	0.8㎖
Sodium penicillin G	500,000IU		
Distilled water	to make 1,000㎖		

(1) **희 석** : 채취 직후의 정액을 2~5분 이내에 원심분리용 희석액(표 3-12)을 사용하여 1 : 2의 비율로 희석한 다음, 50㎖ 용량의 원침관(遠沈管)에 넣고, 25℃ 전후의 실온에서 온도평형이 되도록 10분간 정치한 후에 1,000g으로 5분간 원심분리한다. 그러나, 원심분리의 조건은 400~1,000g과 5~15분의 사이에서 다양한 연구가 수행되었다. 원심분리한 후에 상징액을 흡인기로 제거하고, 남은 정자페렛(sperm pellet)에 10~40㎖의 동결보존용 희석액(표 3-12)을 넣고, 조용히 흔들어서 정자를 부유시키는데, 이 때 사용되는 희석액의 양은 페렛에 함유된 정자수에 따라 결정한다.

(2) **희석배율의 결정** : 정액을 희석하기 전에 정자를 세척하기 위하여 원심분리한 후에 버리는 상징액에 약간의 정자가 포함되어 버려짐으로 동결보존용 희석액에 부유된 정액은 다시 총 정자수를 계산한다. 계산된 총 정자수를 스트로 1개에 함유되어야 할 정자수인 600×10^6으로 나누면 스트로의 총수가 나오고, 각 스트로의 용량 5㎖를 곱하면 필요한 동결보존액의 양이 계산된다. 스트로에 함유되는 정자수 600×10^6은 융해 후의 정액에 200×10^6의 운동정자가 함유되는데 필요한 최소한의 정자수이다. 희석이 완료된 정액은 동결과정이 시작되기 전에 20분 동안 평형시킨다.

(3) **포장과 냉각** : 희석이 완료된 정액은 5㎖(5×280mm) 용량의 스트로에 분주·봉인한 다음, 소 정액의 냉각방법과 같은 방법으로 2시간에 걸쳐 5℃까지 냉각시킨다.

(4) **동결과 보관** : 공기방울이 스트로의 중앙에 오도록 하고, 수평을 유지하면서 액체질소 1cm 위에 정확하게 위치시켜 20분 동안 예비동결한 다음, 액체질소에 침지하여 완전동결시키면서 그대로 보관한다. 액체질소통에 보관하는 방법은 소에서와 같다. 한편, 말정액의 동결에는 펠렛형태로 동결하는 방법도 이용되는데, 그 방법은 돼지에서와 같다. 그러나, 글리세롤의 농도를 조절하고, 펠렛의 형태를 둥근모양에서 길게 신장된 형태로 바꾸면 펠렛의 크기를 0.1㎖에서 0.5㎖나 1.0㎖로 증가시켜도 정자의 운동성이 떨어지지 않는다.

5) 돼지 동결정액의 제조공정

돼지는 정자농도(2억~3억/㎖)가 매우 낮은 다량(150~300㎖)의 정액을 사정할 뿐만 아니라, 인공수정시 1회에 주입하는 정액의 양도 70~80㎖에 이르기 때문에 다른 가축과 같이 희석정액을 스트로에 봉입하여 동결·보존하는 것이 불가능하다. 따라서, 돼지에서는 정액을 원심분리하여 정장을 제거함으로써 그 양을 줄이고, 이것을 펠렛의 형태로 동결하여 보존하며, 주입시에는 융해액으로 정액량을 증가시킨 다음에 주입한다. 돼지정액의 동결과 융해과정은 미국 벨스빌농업시험소(Beltsville agricultural experiment station)의 연구자들에 의하여 확립되었다. 그러나, 돼지의 동결정액은 현재까지도 그 이용성이 극히 제한되는데, 그 이유는 ① 다른 가축에 비하여 단위 수태당 많은 수의 정자가 필요하며, ② 동결정액의 검사결과가 수정능력을 반영하는 정도가 매우 낮고, ③ 종모돈 개체에 따라 정자의 내동성이 크게 다르며, ④ 정액의 동결과정이 복잡하고, ⑤ 시간도 많이 소요되며, ⑥ 동결정액으로 인공수정을 할 경우에는 수정적기를 맞추는 것이 더욱 어렵고, ⑦ 액상보존 정액에 비하여 수태율과 산자수가 낮기 때문이다.

(1) 정장의 제거 : 채취 직후의 정액을 20℃의 실온에 2시간 동안 정치하여 온도평형을 유기한 다음, 함유되는 정자수가 6×10^9이 되도록 정액을 원침관에 균분하고, 이것들을 300g에서 10분간 원심분리한다. 원심분리 후에 상층에 있는 정장을 제거하고, 아래층에 위치하는 정자펠렛을 5㎖의 벨스빌 F5 희석액(BF5; 표 3-10 참조)에 부유시킨다.

(2) 정액의 냉각과 동결 : 5㎖의 BF5 희석액에 부유시킨 정액을 2시간에 걸쳐 5℃로 냉각시키고, 이것에 5℃로 냉각된 글리세롤함유 희석액(BF5+2% 글리세롤) 5㎖를 추가로 넣어 총 10㎖의 용량으로 희석한 다음에 곧바로 동결한다. 동결방법은 평판(平板)의 드라이아이스에 그 용적이 0.10~0.15㎖되는 다수의 구멍을 파고, 이 구멍에 피펫으로 희석정액을 부어 동결시킴으로써 용적이 0.10~0.15㎖가 되는 다수의 정액펠렛을 만든다. 1회의 인공수정에 필요한 6×10^9의 정자가 함유된 10㎖의 희석정액으로 만든 다수의 펠렛을 하나의 보존용기에 담아서 액체질소에 침지하여 보관한다.

제 7 절 정액의 융해와 주입

액체질소통에 동결보존된 정액은 인공수정을 시술할 때마다 꺼내어 적합한 방법으로 융해하여 암컷의 생식기내로 주입한다. 정액의 주입은 자연교미를 대신하여 사람이 정액을 암컷의 생식기내로 주입하는 인공수정의 마지막 단계이다. 인공수정의 모든 과정이 고도로 조직화된 오늘날에는 인공수정사의 가장 중요한 임무가 바로 정액의 주입이며, 주입기술의 우열은 그대로 수태율로 반영된다. 수태율을 높이려면 암컷의 발정상태를 면밀히 관찰하여 주입적기를 알아내고, 적합한 주입방법을 택하여 신속하게 주입하여야만 한다.

1. 정액의 융해와 주입에 사용되는 기구

정액을 융해하려면 동결정액융해기가 필요하고, 정액의 주입에는 정액주입기가 필요하지만, 이것들을 모두 인공수정기구세트상자에 넣어서 보관하며, 인공수정을 시술할 때는 이 상자만 들고 가면 되기 때문에 기구의 이동이 매우 편리하다(그림 3-20).

1) 동결정액융해기

정자는 체온에 비하여 높은 온도에서는 급격히 사멸하며, 낮은 온도에서도 생존성이 감

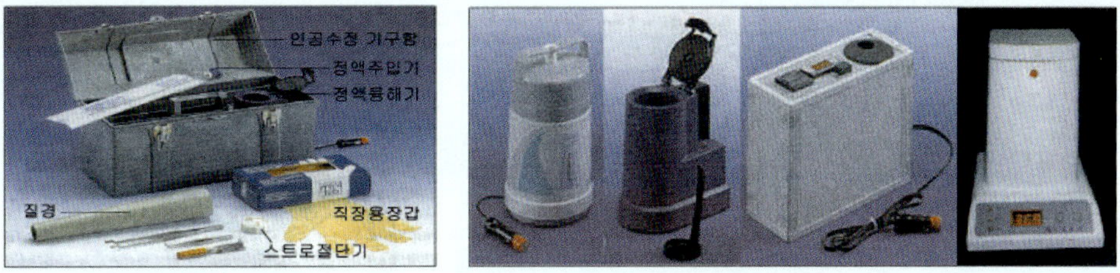

인공수정기구세트　　동결정액 융해기

그림 3-20. 소의 인공수정기구세트와 동결정액융해기

소되고, 적정온도라 하더라도 장시간 방치하면 정자가 노화되어 운동성이 급격히 저하된다. 따라서, 동결정액을 융해할 때에는 융해온도를 정확하게 유지하는 것이 필수적이다. 그러나, 동결정액은 동물의 종에 따라 스트로에 봉입되어 제조되거나, 펠렛의 형태로 제조되는데, 이것들의 융해방법이 서로 다르기 때문에 융해에 이용되는 기구도 다르다. 펠렛형태의 동결정액을 융해할 때에는 주로 항온수조가 이용되며, 스트로동결정액의 융해에는 스트로정액융해기가 주로 이용된다. 스트로정액융해기는 전열을 이용하여 32~35℃로 가온하고, 이곳에 스트로를 넣어 융해시키도록 고안되었다. 또한, 스트로정액의 융해에 32~35℃로 가온한 물을 넣은 스트로융해용 보온병도 이용된다.

2) 인공수정기구세트

인공수정기구세트에는 정액주입기는 물론이고, 액체질소통에서 정액을 꺼낼 때 사용되는 핀셋, 정액을 주입기에 장착하기 전에 스트로의 밀봉부위를 절단하는 스트로커터, 정액을 주입할 때 직장으로 손을 넣는데 필요한 비닐장갑, 질의 상태를 확인하는데 사용되는 질경 등이 포함되어 있다. 그러나, 인공수정용 기구를 세척한 후에 소독하는데 필요한 소독제는 휘발하여 인공수정기구를 오염시켜 정자에 손상을 줄 위험성이 있음으로 절대로 인공수정기구세트내에 넣어 두어서는 안된다.

2. 동결정액의 융해

동결정액을 주입하려면 반드시 융해(融解, thawing)하여 액상정액으로 만들어야 한다. 그러나, 동결정액은 가축의 종에 따른 정액의 특성에 따라 동결방법이 다르기 때문에 그 보존형태와 융해방법이 다를 수 밖에 없다. 동결정액을 융해하는 온도나 시간에 따라 정자의 생존률·운동성·정상첨체율·대사기능 등이 매우 다르다. 따라서, 각 가축별로 정자의 생존성과 운동성을 최대로 유지시킬 수 있는 방법으로 융해하여야 한다.

1) 동결정액의 융해방법

스트로동결정액과 펠렛동결정액은 기본적으로 포장단위당 정액량이 현격하게 다르기 때문에 외부에서 가하는 온도가 정액으로 전달되는 양상도 다를 수 밖에 없다. 따라서, 동결정액의 형태별로 융해하는 방법이 별도로 확립되어 있다.

(1) **스트로동결정액의 융해방법** : 스트로동결정액의 포장단위를 보면, 소의 경우 유럽에서는 0.25㎖, 우리나라와 미국에서는 0.5㎖의 스트로가 주로 사용되며, 면양의 경우에는 0.25㎖ 또는 0.5㎖, 산양에서는 0.25㎖의 스트로가 일반적으로 사용된다. 스트로동결정액은 32~35℃의 온수에 침지하여 융해하는데, 스트로정액융해기·스트로정액융해용 보온병·항온수조 등이 이용된다. 융해방법은 먼저 32~35℃의 온수를 준비하고, 이어서 정액스트로를 액체질소통에서 꺼내어 대기중에 3~5초 동안 노출시켜 스트로의 표면에 묻어 있는 액체질소를 기화시킨 다음, 온수에 침지하여 융해시킨다. 32~35℃의 온수에 12~15초 동안 침지하면 정액의 온도가 5℃까지 상승하지만, 40초 동안 융해하는 것이 더 좋은 결과를 나타낸다. 농가에서 인공수정을 시술할 때 온수를 준비하기 어려운 경우에 얼음물(5℃)이나 수도물(15℃)에서 융해하는 경우도 있지만, 정자의 운동성에 나쁜 결과를 초래한다. 한편, 융해 후의 스트로를 5℃이하의 대기온도에 노출시키면 정자가 저온충격을 받게 된다. 따라서, 온수에서 꺼낸 스트로는 종이타올로 표면의 수분을 제거하고, 스트로를 따뜻한 장소에서 취급하는 것이 좋으며, 스트로건(straw gun)을 최소한 25℃로 가온한 후에 스트로를 장착하는 것이 좋다.

(2) **펠렛동결정액의 융해방법** : 펠렛의 형태로 동결된 돼지정액의 융해는 ① 10㎖의 희석정액을 펠렛형태로 동결하여 보존한 동결정액을 액체질소통에서 꺼낸 다음, ② 깨끗한 스틸로폼 상자에 쏟아 약 3분 동안 정치하여 동결과정에서 정액펠렛에 묻은 드라이아이스를 기화시키고, ③ 이것을 항온수조에서 50℃로 가열한 25㎖의 벨스빌 융해용액(표 3-10 참조)에 붓고, ④ 조용히 교반하여 융해시킨 정액을 정액주입병에 담고, ⑤ 15㎖의 융해액으로 펠렛을 융해한 용기를 씻어서 다시 정액주입병에 부은 다음, ⑥ 융해액을 첨가하여 융해정액의 총량이 50㎖가 되게 조정하고, ⑦ 이 융해정액을 곧바로 주입한다(Bearden & Fuquay, 2000b). 한편, 펠렛동결정액을 스틸로폼 상자에 쏟아 펠렛정액이 약간 녹기 시작할 때, 항온수조에서 42℃로 가열된 융해액 70㎖가 들어 있는 용기에 부어 융해시킨 다음, 정액주입병에 넣어 가능한 한 빨리 암퇘지에 주입하는 방법도 이용된다.

2) 동결-융해에 의한 정자의 손상

정자를 동결-융해하는 과정에서 세포내액과 세포외액의 조성이 변화되고, 급변하는 온도의 충격에 의하여 정자에서 형태학적 및 생화학적 변화가 유발된다. 이에 따라, 정자의 생존성 · 운동성 · 대사능력 등이 변동되어 수정능력에 나쁜 영향을 주는 경우가 많다.

(1) 정자의 형태변화 : 정자를 동결-융해할 때 빙정의 형성 및 성장 과정이 잘못되면 정자는 물리적으로 손상을 받게 되는데, 특히 첨체가 크게 손상된다. 첨체의 손상은 그 정도에 따라 ① 첨체의 팽창, ② 정자두부에서 첨체의 부분 탈락, ③ 첨체의 완전 탈락 등의 3단계로 구분한다. 이러한 첨체의 손상과 운동성의 상실은 동결온도가 -10℃에서 -40℃로 하강하는 과정에서 주로 발생된다.

(2) 전해질의 출입 : 정자와 희석액이 동결되거나 융해되는 과정에서 수분의 함량이 변동되면서 전해질이 정자와 희석액으로 상호 이동되는데, 이동되는 전해질의 양은 동물의 종에 따라 상당한 차이가 있으며, 소의 정자에서는 K^+과 Mg^{2+}이 정자에서 방출되고, Na^+과 Ca^{2+}은 정자내로 유입된다.

(3) 정자에서 지질의 유출 : 동결-융해의 부작용으로 정자로부터 여러 종류의 인지질이 희석액으로 유출된다. 소 정자의 경우에는 콜린플라스말로겐(choline plasmalogen) · 레시틴(lecithin) · 스핑고마이엘린(sphingomyelin) 등이 많이 유출되는데, 이것들이 유출되면 정자의 원형질막이 손상된다. 또한, 이들 인지질은 정자의 대사기질로 이용됨으로 결과적으로 대사기질이 감소되는 결과가 초래된다.

(4) 정자에서 효소의 누출 : 희석액에서 빙정이 형성되어 희석액의 삼투압이 정자에 비하여 높아지면 정자로부터 hyaluronidase · lactic dehydrogenase(LDH) · glutamic-oxaloacetic transaminase(GOT) · alkaline phosphatase 등과 같은 효소가 누출된다. 특히, GOT의 누출량이 가장 많아서 정자의 손상정도를 나타내는 지표로 GOT의 누출량을 이용한다. 또한, GOT는 정자의 생존성 및 수태성적과도 깊은 관계가 있다.

(5) 생존성과 대사능력의 저하 : 글리세롤을 첨가한 희석액으로 희석한 다음, 최적의 조건하에서 동결하여도 융해 후에 관찰하면 30～50%의 정자가 사멸되어 있다. 또한, 생존정자중에서도 운동성과 대사기능이 현저하게 저하된 정자가 많다. 동결에 의한 대사기능의 저하는 주로 정자의 해당작용이 억제되는데 그 원인이 있다.

3. 정액의 주입

정액의 주입(注入, insemination)은 인공수정의 최종단계로서, 정자의 생존성과 운동성을 유지하는 상태로 보존된 정액을 수태를 성립시키는데 가장 적합한 시기에 자성생식기관의 심부에 넣어 주는 일련의 과정이다.

1) 정액의 주입적기

정액의 주입적기는 인공수정을 시술할 때, 수태를 성립시키는데 가장 적합한 정액의 주

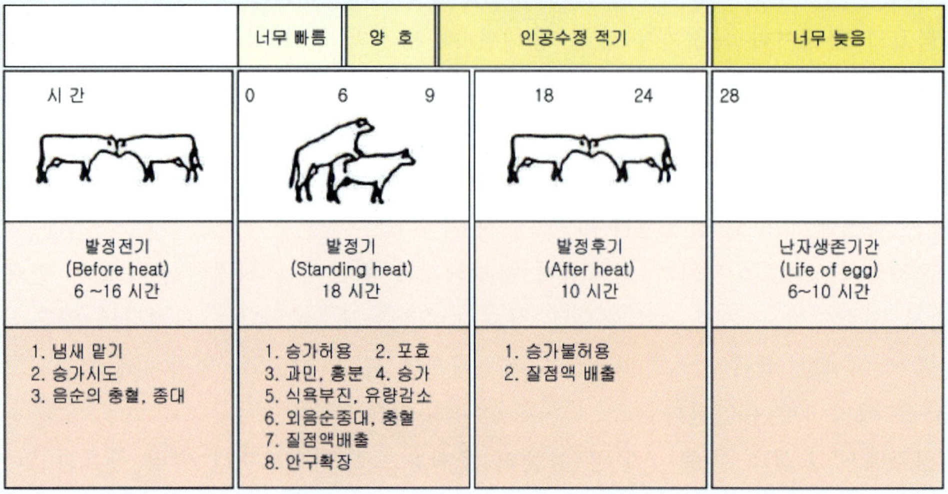

그림 3-21. 소의 정액주입적기

입시기를 말하는 것으로서, 자연교배시의 교배적기와 같은 의미를 가진다. 주입적기는 ① 배란시기와 난자의 수정능 보유시간, ② 정자가 수정부위에 도달되는데 필요한 시간, ③ 정자의 수정능획득에 소요되는 시간, ④ 정자의 수정능 보유시간 등에 의하여 결정된다. 그러나, 실제적으로는 배란시각을 아는 것이 가장 중요한데, 배란시각의 예측은 시정(試情, teasing)을 하거나, 발정징후를 관찰하여 추정하며, 소와 말에서는 직장검사로 난포의 발육상태를 확인하여 판정한다. 일반적으로, 정액의 주입적기는 배란 수시간 전부터 10여시간의 사이에 있는데, 발정징후를 기준으로 하면 발정의 최성기가 막 지난 시점에 해당된다. 그러나, 가축의 종(種)에 따라 발정지속시간이 다르고, 발정을 기준으로 한 배란시각도 서로 달라서 주입적기를 일률적으로 지정할 수는 없다. 따라서, 각 가축별로 정확한 주입적기를 숙지하는 것이 매우 중요하다.

(1) 소 : 소의 발정지속시간은 18~20시간 정도이며, 배란은 발정개시로부터 29~32시간, 즉 발정종료 후 8~11시간에 일어난다. 배란된 난자가 난관내에서 수정능을 유지하는 시간은 18~20시간 정도이지만, 5~6시간이 지나면 수정능이 현저하게 감소됨으로 수정률을 높이려면 배란 후 5~6시간 이내에 정자와 난자가 만나서 수정이 될 수 있도록 정액을 주입하는 것이 필요하다. 그러나, 정자가 수정장소에 도달되기까지는 일정한 시간이 소요됨으로 정액의 주입은 배란이 일어나기 전에 이루어져야 한다. 따라서, 소의 정액주입적기는 발정종료 1시간 전부터 발정종료 3시간 후까지의 사이이다(그림 3-21). 한편, 하루에 오전과 오후 2회에 걸쳐 발정을 관찰하는 농가에서는 오전에 발정이 관찰된 소는 같은 날 오후에, 오후에 발정이 관찰된 소는 다음날 오전에 인공수정을 하면 위에 기술된 수정적기와

대체로 일치 된다. 이러한 인공수정시스템을 오전/오후 시스템(a.m./p.m. system)이라 하는데, 이 시스템에 따라 인공수정을 하여도 수태율은 나쁘지 않다(Nebel 등, 1994).

(2) 면 양 : 면양의 발정지속시간은 32~40시간이며, 배란은 발정지속시간의 말기에 해당하는 발정개시 후 24~30시간에 일어난다. 배란된 난자가 수정능을 유지할 수 있는 기간은 5~10시간 전후이며, 수정에 필요한 다수의 정자가 수정장소인 난관팽대부에 도달하는데 소요되는 시간은 6시간 정도이다. 이러한 요인들을 고려할 때, 면양의 주입적기는 발정개시 후 20~25시간 전후이다. 따라서, 실용적으로 인공수정을 시술할 때는 발정기의 중기나 후기에 정액을 주입한다.

(3) 산 양 : 산양의 발정지속시간은 24~48시간이며, 배란은 발정개시 후 24~36시간에 일어난다. 산양의 주입적기는 발정개시로부터 25~30시간이다. 그러나, 산양은 발정지속시간의 변이 폭이 커서 인공수정을 시술한 후에도 발정상태가 지속되는 개체가 많다. 이러한 개체에는 다음날 한번 더 인공수정을 시술하면 수태율이 높아진다.

(4) 말 : 말은 발정지속시간이 상당히 길어서 5~9일이나 되며, 배란시기는 발정종료 전 1~2일, 즉 발정개시 후 5~6일경이다. 말의 주입적기는 배란이 일어나기 수시간 전이지만, 발정지속시간이 길기 때문에 주입적기를 맞추는 것이 매우 어렵다. 따라서, 주입적기를 정확하게 판단하려면 직장검사를 통하여 난포의 발육상태를 확인하는 것이 필요하다. 즉, 배란 직전의 난포는 직경이 4~5cm로 크며, 앞으로 난포가 파열될 부위인 배란반이 형성되어 있고, 이곳에서 난포의 수축으로 파동이 감지되는데, 이 시기가 정액을 주입하는 최적기이다. 말의 수태율을 높이려면 한 발정기에 일정한 간격을 두고, 2~3회에 걸쳐 정액을 주입하는 것이 바람직하다.

(5) 돼 지 : 돼지의 발정지속시간은 48~72시간이고, 배란은 발정개시 35~45시간 후에 일어나며, 전체의 난자가 배란되기까지는 약 2시간이 소요된다. 돼지의 배란시각을 초음파 장치를 이용하여 실시간으로 확인하면서 정액의 주입적기를 조사한 결과, 신선정액은 배란전 12~0시간, 동결정액은 배란전 4~0시간에 주입하는 것이 좋다고 하였고(Waberski 등, 1994), 신선정액을 배란전 0~24시간 사이에 주입하면 수정률이 높았다는 보고(Soede 등, 1995)도 있다. 이러한 요인들을 종합하여 볼 때, 돼지의 주입적기는 수퇘지를 허용하기 시작한 시점으로부터 10~25시간 사이이며, 이 기간에 2회의 인공수정을 시술하면 수태율을 훨씬 높일 수 있다.(그림 3-22; Glossop, 1991).

2) 정액의 주입부위와 주입량

정액의 주입부위에 따라 수태율에 차이가 있다. 수태율을 높이려면 가급적 자성생식기의 심부에 주입하는 것이 필요하다. 질에 정액을 주입하면 질내의 산성환경에 의하여 정자의 활력이 저하되어 수태율이 떨어지고, 정액의 손실도 커서 비경제적이다. 반면에, 자궁내주

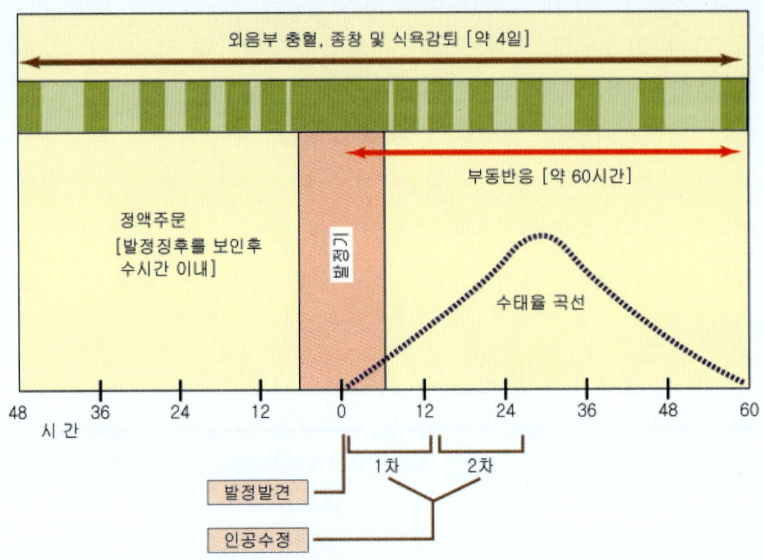

그림 3-22. 돼지에서 높은 수태율을 얻기 위한 정액주입적기

입은 수태율은 높지만, 주입하는데 어려움이 따른다. 따라서, 오늘날에는 자궁경관내에 주입하는 방법이 일반화되어 있다.

한편, 인공수정시 주입하는 정액량은 동물의 생식 특성에 따라 매우 다르다. 오늘날에는 1회에 주입하는 정액량을 단위로 하여 동결보존하기 때문에 이것을 융해하여 그대로 주입하면 된다. 그러나, 주입하는 정액의 기준은 5천만~1억/mℓ의 정자농도로 희석된 정액을 소 0.25~0.5mℓ, 면양과 산양 0.1~0.5mℓ, 말 25~30mℓ, 돼지 50mℓ 이상이다.

3) 축종별 정액의 주입방법

정액의 주입적기가 결정되면 적정량의 정액을 정액주입기에 장착하여 자성생식기내로 주입하는데, 축종에 따라 다양한 주입방법이 제시되고 있다(그림 3-23; Ax 등, 2000).

(1) 소 : 인공수정의 초기에는 질내주입법(vaginal insemination)이 이용되었지만, 정액의 손실이 많고, 수태율도 떨어져 현재에는 이용되지 않는다. 오늘날에는 세계 어느나라에서나 소의 정액주입에 직장질법(直腸膣法, recto-vaginal method)이 주로 이용된다. 이 방법은 한쪽 손을 직장에 넣어 자궁경을 움켜쥐고, 다른 손으로 정액주입기를 질내로 삽입하여 자궁경관의 심부로 밀어 넣은 다음, 정액을 주입한다. 직장질법으로 정액을 주입할 때, 미리 정액주입기를 질내에 삽입하여 두고, 이어서 직장내에 손을 넣어 자궁경을 붙잡는 순서로 진행하는 경우와 먼저 직장내에 손을 삽입하여 자궁경을 붙잡고, 이어서 질내로 정액주입기를 삽입하는 경우가 있다. 어느 경우에도 수태율에는 큰 차이가 없지만, 전자의 방법

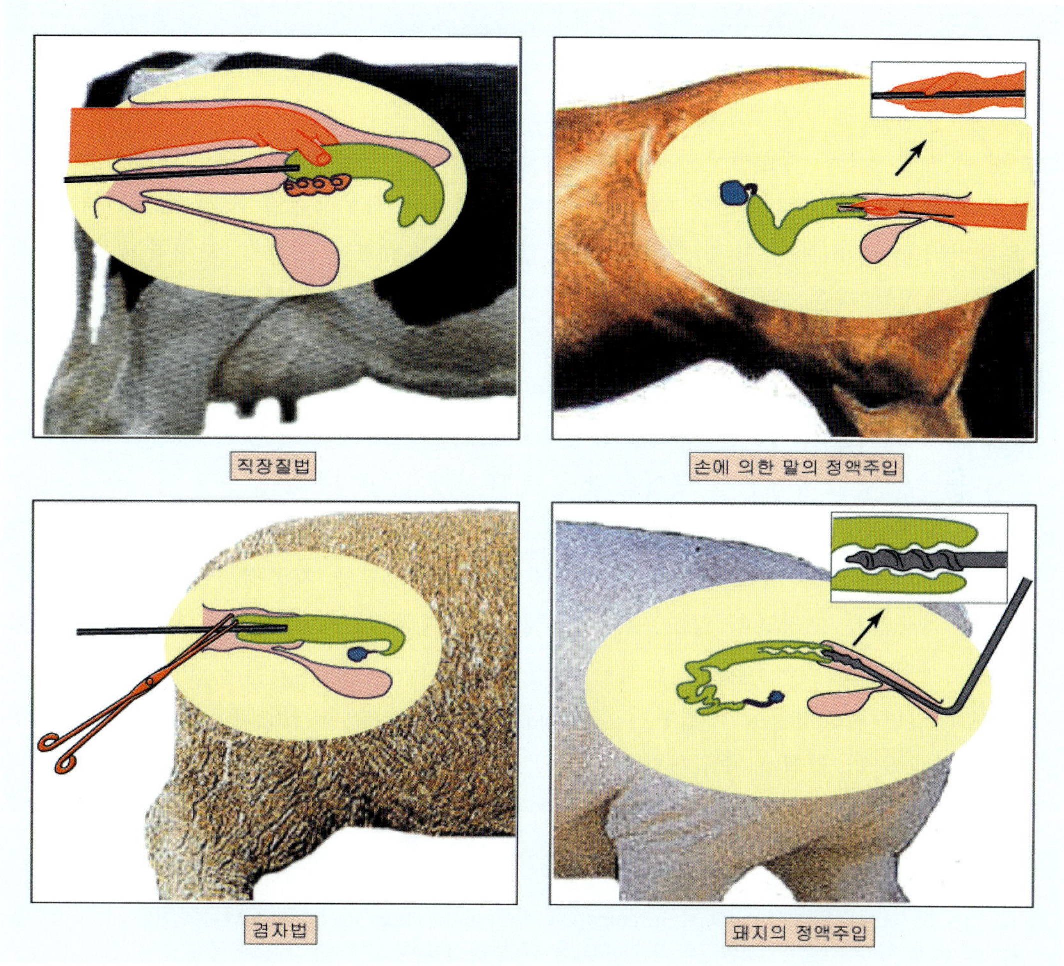

그림 3-23. 정액을 주입하는 각종방법

으로 주입하면 정자가 온도충격을 받는 시간이 짧아진다는 이점은 있다. 직장질법으로 정액을 주입하면 자궁경에 가해지는 기계적 자극으로 자궁경의 운동성이 항진되어 정자의 상행(上行)을 도울 뿐만 아니라, 깊게 주입됨으로 수태율도 높다. 소의 인공수정에서도 경우에 따라 질경법이나 겸자법도 이용된다.

(2) 면양과 산양 : 직장질법으로 정액을 주입할 수 없는 면양과 산양의 정액주입에는 질경법(膣鏡法, vaginal speculum method)이나 겸자법(鉗子法, forceps method)이 주로 이용된다. 질경법은 질경으로 질을 벌리고, 반사경으로 질내를 비추어보면서 외자궁구를 확인한 다음, 주입기를 자궁경관내로 삽입하여 정액을 주입하는 방법이다. 이 방법은 자궁경을 고정하지 못함으로 자궁경관의 심부에 정액을 주입하는 것이 어렵다는 단점이 있다. 겸자법은 질경을 사용하여 질을 벌려 놓고, 겸자로 자궁경의 외자궁구 위쪽을 집어서 음문에

가까운 곳까지 끌어내어 고정한 다음, 정액주입기를 자궁경관의 심부까지 삽입하여 정액을 주입하는 방업이다. 이 방법으로 주입하면 수태율은 양호하지만, 자궁경관을 겸자로 집어서 끌어낼 때 상처를 입히게 되는 단점이 있다.

(3) 말 : 일반적으로 질경법으로 정액을 주입한다. 말의 자궁경관은 다른 동물종에 비하여 구조가 복잡하지 않기 때문에 질경법으로도 주입기가 자궁경관에 쉽게 삽입되며, 외자궁구로부터 10~15cm의 깊이에 주입한다. 또한, 발정이 발현된 암말을 보정하고, 손과 팔을 깨끗이 세척한 다음, 손으로 정액주입기의 선단을 쥔채 질내로 삽입하여 외자궁구를 촉지하고, 이어서 손가락으로 정액주입기를 자궁경관속으로 유도하여 자궁경관의 심부에 이르게 한 다음, 정액을 주입하는 방법도 자주 이용된다.

(4) 돼 지 : 돼지는 주입하는 정액량이 많음으로 주입기의 구조가 소나 면양의 주입기와는 달리 정액을 담는 주사통과 주입관(管)으로 구성되고, 주입관의 선단은 굴곡된 자궁경관에 쉽게 삽입될 수 있도록 나선상의 구조로 되어 있다. 돼지의 질과 자궁경관의 경계부는 소나 면양과는 달리 질의 선단부가 좁아지면서 자연스럽게 자궁경관에 연결된 구조이기 때문에 자궁경을 고정하지 않고도 주입관이 쉽게 자궁경관으로 삽입된다. 따라서, 주입관을 질에 삽입하고, 밀어 넣으면 주입관의 선단이 외자궁구에 도달되고, 이어서 주입관을 좀 더 세게 밀면 자궁경관에 주입관이 삽입되는 감촉을 느낄 수 있는데, 이때 주사통의 피스톤을 서서히 눌러 정액을 주입한다.

◈ 참 고 문 헌 ◈

1) Ax, R. L., et al. 2000. Artificial insemnation. In reproduction in farm animals. 7th ed.(E. S. E. Hafez & B. Hafez eds.). Lipincott Williams & Wilkins. p.376.

2) Bearden, H. J. and J. W. Fuquay. 2000a. Antimicrobial agents for semen diluters. In applied animal reproduction. 5th ed. Prentice Hall. p.186.

3) Bearden, H. J. and J. H. Fuquay. 2000b. Cooling semen: semen proceesing, storage and handling. In applied animal reproduction. 5th ed. Prentice Hall. p.191.

4) Beckett, S. D. 1983. Circulation to male reproductive organs. In handbook of physiology the cardiovascular system Ⅲ(S. T. Shepherd & F. M. Aboud eds.). American physiological Society.

5) Bedford, S. J., et al. 1995. Use of two freezing extenders to cool stallion spermatozoa to 5℃ with and without seminal plasma. Theriogenol. 43:939.

6) Bhowmick, S., et al. 2003. Desiccation tolerance of spermatozoa dried at ambient temperature: production of fetal mice. Biol. Reprod. 68:1779.

7) Chauhan, M. S. and S. R. Anand. 1990. Effects of egg yolk lipids on the freezing of goat semen. Theriogenol. 34:1003.

8) Cocharan, J. D., et al. 1984. Effects of centrifugation, glycerol level, cooling to 5℃, freezing rate and thawing rate on the post-thaw motility of equine sperm. Theriogenol. 22:25.

9) Corteel, J. M. 1977. Production, storage and insemination of goat semen. In management of reproduction in sheep and goats. Sheep Industry Development Program Symposium. p.41.

10) Corteel, J. M. 1992. Involvement of seminal plasma in goat sperm preservation. Proceedings of the 5th International Conference on Goats(New Delhi). 2(2):290.

11) Corteel, J. M. and M. Paquignon. 1984. Preservation of the male gamete(ram, buck, boar).

Proceedings of the 10th International Congress Animal Reproduction and Artificial Insemination (Illinois). II:20.
12) Cristanelli, M. L., et al. 1985. Effects of egg yolk and glycerol levels in lactose-EDTA-egg yolk extender and of freezing rate on the motility of frozen-thawed stallion spermatozoa. Theriogenol. 24:681.
13) Eddy, S. R. Jr. 1988. Spermatozoon. In physiology of reproduction. vol. 1(E. Knobil & J. D. Neill eds.). Academic Press. p.45.
14) Foote, R. H. and J. E. Parks. 1993. Factors affecting preservation and fertility of bull sperm: a brief review. Reprod. Fertil. Dev. 5:665.
15) Fournier-Delpech, S. and C. Thibault. 1993. Epididymal maturation, accessory gland and capacitation: acquisition of sperm freezing ability. In reproduction in mammals and man. Ellipses. p.270.
16) Garner, D. L. and E. S. E. Hafez. 1993. Spermiation: spermatozoa and seminal plasma. In reproduction in farm animals. 6th ed.(E. S. E. Hafez ed.). Lea & Febiger. p.173.
17) Garner, D. L. and E. S. E. Hafez. 2000. spermatozoa and seminal plasma. In reproduction in farm animals. 7th ed.(E. S. E. Hafez & B. Hafez eds.). p.96.
18) Gerritts, R. J., et al. 1962. Effect of collection interval on the characterization of the ejaculate in the boar. J. Anim. Sci. 2:1002.
19) Glossop, C. E. 1991. Pig artificial insemination re-assessed. In Practice. 13(5):191.
20) Gordon, I. 1996. Development in cattle AI technology. In controlled reproduction in cattle and buffaloes. CAB Int'l. p.46.
21) Gordon, I. 1997a. Semen diluents: artificial insemination as the breeding method. In controlled reproduction in horse, deer and camelids. CAB Int'l. p.29.
22) Gordon, I. 1997b. Semen diluents: artificial insemination in pigs. In controlled reproduction in pigs. CAB Int'l. p.38.
23) Grimes, S. R. Jr. 1986. Nuclear proteins in spermatogenesis. Comp. Biochem. Physiol. D. 83:495.
24) Heiskanen, M. L., et al. 1994. Insemination results with slow-cooled stallion semen stored for aproximately 40 hours. Acta Veterinaria Scandinavica. 35:257.
25) Holt, W. V., et al. 1996. Can we predict fertility rates? Making sense of sperm motility. In reproduction in domestic animals(D. Rath, et al. eds.). Blackwell Scieince. 3:37.
26) Hueck, C. 1990. Investigations on the storage of fresh stallion semen, using different cooling and transport systems. Thesis, Tierärztliche Hochschule Hannover.
27) Hughes, P. E. and M. A. Varley. 1980. Artificial insemination. In reproduction in pig. Butterworths. p.187.
28) Johnson, L. A., et al. 1989. Sex preselection in rabbits: live birth from X and Y sperm separated by DNA and cell sorting. Biol. Reprod. 41:199.
29) Johnson, M. S., et al. 1995. Fertility of bull semen packaged in .25- and .5-milliliter French straws. J. Anim. Sci. 73:1914.
30) Klug, E. 1992. Routine AI application in the Hannoverian sport horse breeding association. Anim. Reprod. Sci. 28:39.
31) Klug, E., et al. 1982. Effect of adrenergic neurotransmitters upon the ejaculatory process in the stallion. Reprod. Fertil. Suppl. 32:31.
32) Lee, K. B. 2006. Studies on fertilization of mammalian oocytes following intracytoplasmic injection of heat-dried sperm heads. Ph. D. thesis. The graduate school of natural science and technology. Okayama University.
33) Leibo, S. P., et al. 1994. *In vitro* fertilization of oocytes by 37-year-old crypreserved bovine spermatozoa. Theriogenol. 42:1257.
34) McGinnis, L. K., et al. 2005. Mouse sperm deciccated and stored in trehalose medium without freeezing. Biol. Reprod. 73:627.
35) Millette, C. F. 1998. Spermatozoa. In encyclopedia of reproduction. vol. 4(E. Knobil & J. D. Neill eds.). Ancademic Press. p.586.

36) Molinia, F. C. et al., 1994a. Effects of monosaccharides and disaccharides in tris-based diluents on motility, acrosome integrity and fertility of pellet frozen ram spermatozoa. Anim. Reprod. Sci. 36:113.
37) Molinia, F. C. et al., 1994b. *In vitro* evaluation of zwitterion buffers in diluents for freezing ram spermatozoa. Reprod. Nutrit. Dev. 34:491.
38) Nebel, R. L., et al. 1994. Timing of artificial insemination of dairy cows: fixed time once dairy versus morning and afternoon. J. Dairy Sci. 77:3185.
39) Oko, R. and Y. Clermont. 1998. Spermiogenesis. In encyclopedia of reproduction. vol. 4(E. Knobil & J. D. Neil eds.). Academic Press. p.602.
40) Padilla, A. W. and R. H. Foote. 1991. Extender and centrifugation effects of the motility patterns of slow cooled stallion spermatozoa. J. Anim. Sci. 69:3308.
41) Papa, F. O., et al. 1993. A proposal for a new glycine-egg yolk diluent for the freezing of stallion semen. Proceedings of the 5th international Symposium on Animal Reproduction(Portugal). 2:377.
42) Polge, C. and L. E. A. Rowson. 1952. Results with bull semen stored at -79℃. Veterinary Record. 64:851.
43) Prins, G. S. 1998. Semen. In encyclopedia of reproduction. vol. 4(E. Knobil & J. D. Neill eds.). Academic Press. p.360.
44) Pursel, V. G. and L. A. Johnson. 1975. Freezing of boar spermatozoa: fertilizing capacity with concentrated semen and a new thawing procedure. J. Anim. Sci. 40:99.
45) Reitar, A. J. 1993. Control fo ovulvation, storage of semen and artificial insemination of fibre-producing goats in Australia: a review. Australian J. Exp. Agri. 33:807.
46) Setchell, B. P. 1982. Seminiferous tubles and spermatogenesis. In reproduction in mammals. Ⅰ. germ cell and fertilization(C. R. Austin & R. V. Short eds.). Cambrige Univ. Press. p.85.
47) Soede, N. M., et al. 1995. Effects of time of insemination relative of ovulation, as determined by ultrasonography, on fertilization rate and accessory sperm count in sows. J. Reprod. Fertil. 104:99.
48) Spiteri-Grech, J. and E. Nieschlag. 1993. Paracrine factors relevant to the regulation of spermatogenesis-a review. J. Reprod. Fertil. 98:1.
49) Vale, R. D., et al. 1985. Identification fo a novel force generating protein, kinesin, involved in microtubule-based motility. Cell. 42:39.
50) Van Thuan, N., et al. 2005. New perservation methods for mouse spermatozoa without freezing. Biol. Reprod. 72:444.
51) Varner, D. D., et al. 1991. Diseases and management of breeding stallions. Mosby Year Books.
52) Waberski, D., et al. 1994. Effect of time of insemination relative of ovulation on fertility with liquid and frozen boar semen. Theriogenol. 42:831.
53) Watson, P. F. 1990. Artificial insemination and the preservation of semen. In Marshall's physiology of reproduction. 4th ed. vol. 2(G. E. Lamming ed.). Churchill Livingstone. p.747.
54) Webb, G. W. and M. J. Arns. 1996. Influence of Na+/K+ ratios on cold-stored equine spermatozoa. Theriogenol. 45:312.
55) Webb, J. W. 1993. Sperm concentration influences recovery of progressively motile spermatozoa and number of inseminations shipped in conventional containers. J. Equine Vet. Sci. 13:486.
56) Weitze, K. F., et al. 1990. Advancement of ovulation in the sow related to seminal plasma application before insemination. Reprod. Domestic Anim. 25:61.
57) Weitze, K. F. et al. 1991. Fertility of frozen boar semen: influence of packaging, number of inseminations and seminal plasma. Proceeding of the 2nd International Conference on Boar Semen Preservation(Beltsville). p.139.
58) Woo, J. S., et al. 1994. Effect of artificial vagina liner collection cone material and glycerol concentration on the viability of post-thawing Korean native bull spermatozoa. RDA. J. Agri. Sci.(Livestock). 36:511.

제 4 장

발정과 배란의 인위적 조절

1950년대에 뇌하수체의 성선자극호르몬(FSH와 LH) 분비가 시상하부에서 분비되는 신경호르몬인 성선자극호르몬 방출호르몬(GnRH)에 의하여 조절되며, 또한 각종 호르몬이 생리작용을 발현하려면 표적기관에 위치하는 조직특이적 수용체와 결합하여야 한다는 사실이 밝혀졌다. 더욱이, 1960~1970년대에 걸쳐 가축의 모든 생식과정을 지배·조절하는 기능을 가진 펩티드호르몬·스테로이드호르몬·신경호르몬·성장인자 등을 경시적(經時的)으로 피코그람(10^{-12}g)의 단위까지 정량할 수 있는 방사면역분석법(radioimmunoassay [RIA])과 효소면역분석법(enzyme immunoassay [EIA])이 개발됨에 따라 발정과 배란 현상은 물론이고, 성성숙·번식계절·수정·착상·임신 등과 같은 생식주기의 모든 단계를 내분비학적으로 해명할 수 있게 되었다. 이러한 기술적 발전에 힘입어 오늘날에는 생식주기의 각 단계가 발현되는 과정을 인위적으로 조절하여 번식효율을 높이려는 다양한 기술들이 개발되고 있다.

제 1 절 발정과 배란의 발현기전

성성숙이 완료된 암컷에서 임신이 성립되지 않으면 임신의 기회를 얻기 위하여 그 동물종 특유의 주기를 가지고 발정현상이 반복되며, 발정기의 특정한 시기에 배란이 일어난다. 발정은 배란 직전의 성숙난포에서 다량으로 분비되는 에스트로겐의 작용으로 발현됨으로 발정이 발현된 후에는 곧 이어 배란이 일어나기 마련이다. 이러한 시간적 간격이 자성생식기관내에서 정자와 난자가 만나는 시각을 일치시키는 생리적 의미를 가진다.

1. 발정과 발정주기

발정(發情, estrus)은 암컷이 수컷에 대한 성적 수용성(性的受容性, sexual receptivity)을

표 4-1. 발정주기의 길이와 각 단계의 기간

구 분	소	면 양	돼 지	말
발정주기(일)	21	17	20	22
발정기(시간)	12~18	24~36	48~72	4~8일
발정후기(일)	3~4	2~3	2~3	2~3
발정휴지기(일)	10~14	10~12	11~13	10~12
발정전기(일)	3~4	2~3	3~4	2~3
난포기(일)	4(2~5)	2(2~3)	6	7(4~15)
황체기(일)	17(15~19)	15(14~16)	14	14(12~15)

나타내는 현상을 말하며, 임신이 성립되지 않은 암컷은 발정을 일정한 주기를 가지고 반복하는데, 이러한 생식활동의 주기를 발정주기(發情週期, estrous cycle)라고 한다. 그러나, 일년 동안에 발현되는 발정의 반복수는 동물의 종에 따라 매우 다르다. 즉, 곰·늑대·여우 등은 일년에 단 한번만 발정이 발현되는 단발정동물(monoestrous animal)이지만, 가축을 비롯한 대부분의 포유동물은 일년에 여러번의 발정을 반복하는 다발정동물(polyestrous animal)이다. 한편, 완전발정주기를 반복하는 동물에서는 발정주기의 기준시점이 되는 발정발현일로부터 다음발정이 개시될 때까지의 기간을 순서대로 발정기(estrus)·발정후기(metestrus)·발정휴지기(diestrus)·발정전기(proestrus)의 4단계로 구분한다. 또한, 한 발정주기 동안에 난소에서는 난포가 성장·발육하는 기간과 황체가 형성되어 기능을 발휘하다가 퇴행되는 기간이 교호적으로 나타나는데, 배란시점을 경계로 하여 전자를 난포기(卵胞期, follicular phase), 후자를 황체기(黃體期, luteal phase)라고 한다(표 4-1).

1) 발정주기의 형태

포유동물의 발정주기는 배란의 형태와 배란 후의 난소에 형성된 황체가 기능을 발현하는 양상에 따라 3종류의 기본형으로 구분한다.

(1) **완전발정주기** : 한 주기에 난포발육·배란·황체형성·황체활동·황체퇴행의 모든 과정이 포함되는 발정주기이다. 소나 돼지와 같은 주년(週年)번식동물은 물론이고, 계절번식을 하는 말·면양·산양도 번식계절에는 완전발정주기를 반복한다. 완전발정주기를 영위하는 동물은 배란후에 형성된 황체에서 프로게스테론을 분비하여 난포의 발육을 억제하기 때문에 다음 발정주기가 시작되려면 3~4주의 긴 시간이 필요하다. 늑대나 여우와 같은 단발정동물의 생식활동도 이 형에 포함되지만, 황체의 활동기간이 길어서 발정주기가 종료될 때는 번식계절을 벗어남으로 1년에 한번의 발정주기가 인정될 뿐이다.

(2) **불완전발정주기** : 마우스·래트·햄스터 등과 같은 동물에서 볼 수 있는 발정주기의 형태로서, 난포발육·배란·황체형성이 반복되는 점은 완전발정주기와 같지만, 교미자극이

없으면 형성된 황체의 프로게스테론 분비기능이 발현되지 않아서 황체기가 결여된다. 따라서, 난포기만이 4~5일 간격으로 반복된다. 이러한 동물에서 교미는 되었으나 임신이 성립되지 않았을 경우에는 황체가 활성화되어 임신기간 보다는 짧은 황체기를 보이는데(마우스: 10~12일; 래트: 12~14일; 햄스터: 9~10일), 이를 위임신(僞妊娠, pseudopregnancy)이라 하며, 이 기간은 완전발정주기의 황체기에 해당된다.

(3) **교미배란** : 토끼와 같은 동물은 난소에 항상 일정한 수의 성숙난포를 가지고 있어서 발정상태가 지속되기 때문에 발정발현의 주기성이 나타나지 않는다. 그러나, 교미자극이 가해지면 중추신경계를 경유하여 시상하부의 배란전방출조절중추가 자극되어 GnRH의 급격한 방출이 일어나고, 이에 따라 LH-급증이 유발되어 배란이 일어난다. 교미후에 임신이 성립되지 않으면 불완전발정주기를 영위하는 동물과 같이 위임신기간을 가진다.

2) 발정주기의 발현기전

포유동물의 발정주기는 기본적으로 시상하부-뇌하수체-난소로 이어지는 내분비적 조절축에 의하여 영위된다. 또한, 난소와 자궁의 상호작용도 발정주기의 조절에 중요하게 작용하는데, 자궁에서 분비되는 $PGF_{2\alpha}$는 난소로 이행되어 황체를 퇴행시키고, 이에 따라 프로게스테론의 분비가 종료되면 발정이 개시된다.

(1) **시상하부-뇌하수체-난소축에 의한 발정주기의 발현** : 임신이 성립되지 않으면 발정휴지기의 말기에 자궁에서 $PGF_{2\alpha}$가 분비되어 기능황체를 퇴행시키고, 그 결과로 프로게스테론의 혈중농도가 급격히 저하된다. 이에 따라 프로게스테론에 의하여 시상하부-뇌하수체계에 걸려 있는 부(-)의 피드백기전이 해제되어 시상하부에서 GnRH가 박동적으로 분비된다. 이 GnRH는 시상하부-뇌하수체문맥을 통하여 뇌하수체전엽으로 전달되어 성선자극호르몬(FSH와 LH)의 분비를 촉진한다. 분비된 FSH는 다수의 난포를 자극하여 발육을 촉진하는 동시에, 발육이 개시된 난포의 과립막세포를 자극하여 인히빈을 분비시킨다. 이 인히빈은 뇌하수체에 대한 부의 피드백기전으로 FSH의 분비를 억제하지만, LH의 분비에는 영향을 미치지 못한다. 인히빈의 작용으로 뇌하수체에서 FSH의 분비가 저하되면 발육이 개시된 다수의 난포가운데 발육이 지연된 난포는 FSH-수용체를 적게 가지고 있음으로 더 이상 FSH의 자극을 받을 수가 없기 때문에 발육이 정지되어 퇴행된다. 그러나, 발육이 앞선 난포는 계속 발육하여 앞으로 배란될 우세난포로 성장된다. 이와 같이, 인히빈의 작용으로 발육을 계속하는 난포의 수가 제한되어 동물종 고유의 배란수가 결정된다.

우세난포는 FSH와 LH의 공동작용으로 배란이 가능한 그라아프난포까지 성장한다. 발육난포의 내협막세포에서는 LH의 자극으로 테스토스테론이 합성되고, 이 테스토스테론은 과립막세포로 이행된 다음, FSH의 자극으로 에스트라디올-17β로 전환된다. 따라서, 성숙난포의 과립막세포에서는 다량의 에스트라디올-17β가 합성・방출된다. 최고의 분비수준에

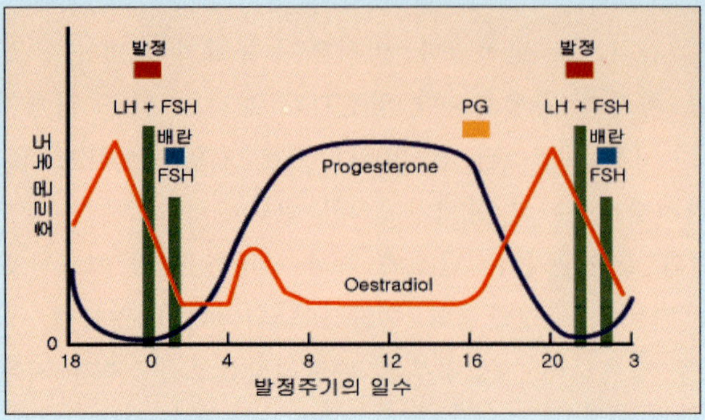

그림 4-1. 소의 발정주기에 따른 호르몬농도의 변화

도달된 에스트라디올-17β는 중추신경계에 작용하여 발정을 유발하는 동시에, 시상하부에 대한 정(+)의 피드백기전으로 LH의 배란전 급증을 유발하여 배란을 일으킨다. 배란된 파열난포는 LH의 자극으로 황체로 전환되어 프로게스테론을 분비하고, 이 프로게스테론은 시상하부-뇌하수체계에 대한 부의 피드백기전으로 FSH와 LH의 분비를 억제함으로써 발정휴지기에 들어간다.

한편, 불완전발정주기의 발현기전은 완전발정주기의 그것과 다르다. 교미자극이나 그와 유사한 자극이 없으면 황체가 활성화되지 않음으로 프로게스테론이 분비되지 않는다. 따라서, 프로게스테론에 의하여 영위되는 시상하부-뇌하수체계에 대한 부의 피드백기전이 발현되지 않기 때문에 곧바로 FSH와 LH가 분비되어 4~5일 간격으로 발정과 배란이 반복된다. 발정기에 교미자극을 받고도 임신이 성립되지 않은 경우에는 황체가 활성화되어 발정휴지기를 나타내는데, 이 기간은 완전발정주기의 황체기에 해당된다.

(2) 발정주기중의 호르몬분비 동태 : 완전발정주기를 나타내는 소에서 발정주기에 따른 호르몬의 농도변화는 그림 4-1과 같다. 혈중 LH의 농도는 난포기의 마지막에 에스트라디올-17β에 의한 정(+)의 피드백기전으로 분비되어 배란을 유발하는 LH-급증(LH-surge)이 일어난 시기를 제외하고는 전 발정주기를 통하여 기저수준을 유지한다. 그러나, FSH는 LH-급증과 같은 시기에 높은 농도(제1급증)를 나타내고, 배란 후에도 명확한 분비정점(제2급증)을 보인다. 이러한 FSH의 제2급증이 일어나는 이유는 인히빈의 분비원인 난포가 배란되어 혈중 인히빈의 농도가 저하되고, 따라서 인희빈에 의하여 FSH의 방출이 억제되는 것이 해제되기 때문이다. 한편, 혈중 에스트라디올-17β의 농도는 배란될 난포가 최대로 성장했을 때 최고치를 나타내며, 배란 후에는 급격히 감소된다. 그러나, FSH의 제2급증에 의하여 난포가 성장하는 것을 반영하여 에스트라디올-17β의 농도도 상승한다. 프로게스테론은 배란 후에 형성된 황체에서 분비되는데, 임신이 성립되지 않았을 경우에는 자궁에서 분

비되는 프로스타글란딘($PGF_{2\alpha}$)의 작용으로 황체가 퇴행되기 때문에 급속하게 감소된다.

한편, 불완전발정주기를 영위하는 마우스·래트·햄스터 등의 호르몬 분비동태는 거의 같은 양상을 나타낸다. 4일의 발정주기를 반복하는 래트에서 혈중 LH의 농도는 발정전기(발정주기의 4일)에서 급증되고, 기타의 기간에는 기저수준을 나타낸다. 그러나, FSH의 혈중농도는 LH-급증과 동반하여 발현되는 제1급증, 그리고 배란후의 첫째날인 발정기(발정주기의 1일)에 인히빈의 분비원인 난포가 배란되어 인히빈의 농도가 저하된데 부응하여 발현된 제2급증으로 명확하게 구분된다. 인히빈의 농도는 FSH의 농도변화와 거의 역상관(逆相關)의 관계를 나타낸다. 에스트라디올-17β는 FSH에 의하여 발달되는 난포의 상태를 반영하는 분비양상을 나타내고, 프로게스테론은 황체가 활성화되지 않아서 지속적으로 분비되지 않는다.

3) 발정의 징후

포유동물의 암컷에서 발정기에만 보이는 특징적인 행동이나 신체의 변화를 발정징후(發情徵候, estrous sign)라 하는데, 발정행동(發情行動, estrous behavior)과 유사한 의미로 사용된다. 발정징후는 육안으로 관찰할 수 있는 외부적 발정징후와 직장검사 또는 질검사를 통하여 알 수 있는 내부적 발정징후로 구분한다. 이 가운데 외부적 발정징후는 동물종간에 유사한 점이 많지만, 성적 거동은 동물종·품종·개체·사육조건 등에 따라 다소의 차이가 있다. 그러나, 모든 동물종에서 공통적으로 발현되는 외부적 발정징후는 ① 정서적으로 매우 흥분된 상태를 나타내고, ② 식욕이 감퇴되며, ③ 외음부가 종창(腫脹)되고, ④ 승가(乘駕, mounting)와 교미(交尾, mating)를 허용하는 것이다.

(1) 소 : 발정이 발현된 소는 거동이 불안하여 보행수가 평상시보다 2~4배나 많아지고, 때로는 울기도 하며, 식욕이 감퇴되는 동시에 반추(反芻)가 줄어들거나 거의 중단되기도 하고, 착유우의 경우는 유량이 크게 감소된다. 외음부가 붉게 종창되고, 맑은 점액이 흘러나와 미근부 주위에 묻기도 한다. 가장 특징적인 발정징후는 수소나 다른 암소의 승가를 허용하며, 수컷의 구애(求愛, courtship)에 대하여 교미자세를 취하는데, 이러한 상태의 발정을 용모자세발정(容牡姿勢發情, standing estrus)이라 한다. 소의 발정행동은 오후에 비하여 오전에 활발하게 표현된다.

(2) 면양과 산양 : 발정이 발현된 암면양은 긴장된 상태로 수면양을 찾아 울타리 주변을 배회하면서 운다. 그러나, 수면양이 보이지 않을 때에는 뚜렷한 발정징후를 나타내지 않는 것이 보통이다. 수면양을 만나면 접근하여 구애동작을 하며, 꼬리를 좌우로 흔들면서 교미를 허용한다. 외음부는 눈에 띠게 충혈되거나 종창되지는 않으며, 점액도 거의 누출되지 않는다. 산양의 발정징후도 면양과 거의 비슷하나, 꼬리를 좌우로 흔드는 것이 면양보다 더 심하다. 스스로 수산양에게 접근하며, 다른 산양에 승가하기도 한다. 외음부는 담홍색을

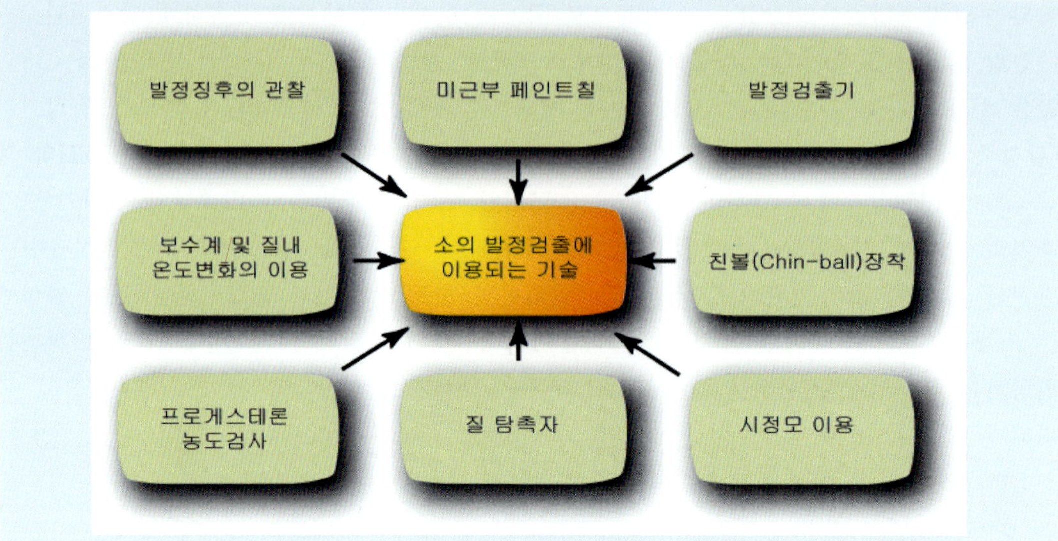

그림 4-2. 소에서 이용되는 발정검출법

띠면서 붓고, 때로는 혈액이 섞인 분비물이 나오는 경우도 있다.

(3) 말 : 발정한 말은 흥분하고, 사료를 먹지 않는다. 수말에 대하여 관심을 보이면서 따라 다니지만, 교미허용시간에 이르기 전에는 수말의 접근을 허용하지 않는다. 그러나, 시간이 흐르면 수말에 접근하여 승가를 유도하며, 꼬리를 들어 올리고 배뇨자세(urinary stance)를 취하면서 자주 오줌을 눈다. 동시에, 종창된 음순을 개폐하면서 음핵을 노출시키는 라이트닝(lightening)을 주기적으로 반복하다가 수말을 허용한다. 외음부는 적황색 또는 등황색을 띠면서 습윤·윤택해지며, 질점막은 충혈되고, 질내강에는 수양성의 점액이 저류되어 교미시 음경의 삽입을 용이하게 한다.

(4) 돼 지 : 암퇘지는 발정이 시작되면 주위에 대하여 아주 민감해지고, 수퇘지를 찾아다니면서 계속 울어대고, 사료에는 거의 관심을 보이지 않는다. 발정이 발현된 암퇘지는 관리자가 허리를 누르면 수컷의 교미를 허용하는 자세, 즉 부동반응(immobile response)을 나타낸다. 또한, 다른 발정징후에 앞서서 외음부가 충혈·종창되는데, 외음부의 색깔이 수일간 밝은 분홍빛을 나타낸다. 이러한 징후는 경산돈에 비하여 미경산돈에서 더욱 현저하다.

4) 발정의 발견방법

발정이 발현된 암컷을 적시에 발견하여 교배적기를 맞추는 것은 그리 쉬운 일이 아니다. 인공수정을 시술할 때 수태율이 낮아지는 원인중의 하나가 발정발견(estrus detection)이 정확하지 못하기 때문이다. 따라서, 발정을 적기에 발견하는 것은 번식효율을 높이는데 유용한 기술이라고 할 수 있다. 정상적으로 발정주기를 반복하는 비임신동물에서는 발정발견

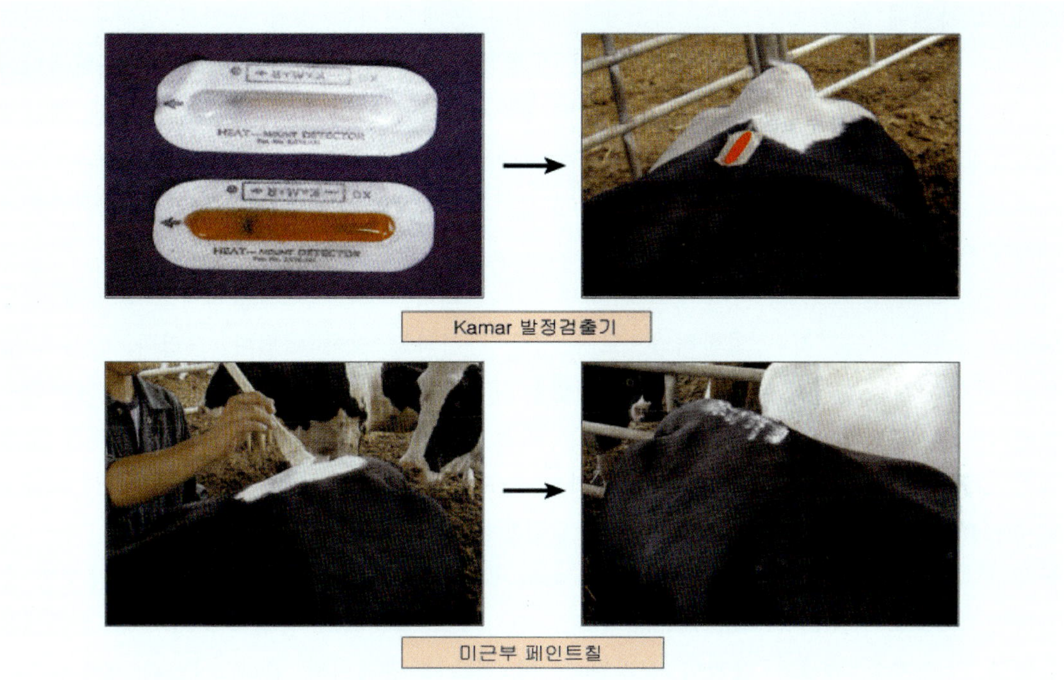

그림 4-3. 발정검출기의 장착과 미근부페인트칠 방법

이 비교적 용이하지만, 성성숙기에 있는 암컷, 방목중인 암컷, 그리고 분만후 발정을 보이지 않는 암컷 등에서는 발정발견이 어렵다.

(1) 소 : 소는 발정지속시간이 16~18시간 정도로서 다른 가축에 비하여 짧고, 방목을 위주로 사육하는 경우가 많음으로 발정을 적기에 발견하기가 쉽지 않기 때문에 다양한 검출방법이 이용된다(그림 4-2; Gordon, 1996). 발정발견의 가장 기초적 방법은 숙달된 관리자가 하루에 2회(오전과 오후)씩 앞에 기술된 발정징후를 기준으로 확인하는 것인데, 우리나라에서와 같은 사육형태에서는 효과적이다. 그러나, 방목을 위주로 다두사육하는 경우에는 보조적으로 다양한 발정검출법이 이용되는데, 여기에는 ① 발정검출기(estrous detector)를 이용하는 방법, ② 미근부에 페인트를 칠하는 방법, ③ 친-볼(chin-ball)과 시정모(試精牡, teaser)를 이용하는 방법, ④ 질탐촉자(vaginal probe)를 이용하여 질액이 가지는 전기적 저항(electrical resistance)의 변화를 측정하는 방법, ⑤ 젖소에서 유즙중의 프로게스테론 농도를 측정하는 방법, ⑥ 발정기에는 질의 온도가 증가함으로 이를 연속적으로 측정하여 발정을 검출하는 방법, ⑦ 발정이 발현된 소는 보행수가 많아진다는데 근거하여 보수계(步數計, pedometer)를 이용하는 방법 등이 있다. 이러한 방법들 가운데 가장 대표적인 것이 발정검출기를 이용하는 방법인데, 'Kamar Heat-mount Detecter'라는 상품명으로 시판되는 발정검출기를 암소의 둔부 상부에 부착시키고, 다른 소가 승가하면 발정검출기가 압박을

받아 그 자체에 들어 있는 붉은 색소가 누출되어 붉게 변하는 것을 근거로 발정을 발견한다. 그러나, 때로는 발정이 발현된 암소가 비발정암소를 승가하여 발정검출기를 변색시키는 경우도 있어서 잘못 판단할 가능성이 큰 것이 단점이다. 또한, 암소의 미근부에 에나멜 페인트나 수성페인트를 길이 20㎝, 폭 5~6㎝ 정도의 넓이로 롤러를 이용하여 바르는 방법도 이용되는데, 승가에 따라 페인트칠이 벗겨지는 것으로 발정을 확인하며, 그 검출률은 94%에 이른다(그림 4-3; Ball 등, 1983).

(2) 면양과 산양 : 면양은 수컷이나 시정모가 존재하지 않으면 발정기에도 특별한 행동양식을 보이지 않는 것이 일반적임으로 발정을 발견하는 것이 어렵다. 그러나, 발정이 발현된 암면양은 오줌냄새를 발산하여 수면양을 유인하는데, 이 냄새는 발정후 4일째부터는 검출되지 않는다. 따라서, 암면양의 배뇨는 방목상태에서 자신의 발정상태를 신체적 접촉없이 효과적으로 수면양에 전달하여 교미를 유도하는 중요한 신호이다. 수면양은 오줌의 냄새(pheromone)를 감지하고, 이에 따라 윗입술을 걷어 올리는 폴레멘(flehmen)이라는 행동을 한다. 발정이 발현된 산양의 행동은 소의 발정징후와 매우 유사하고, 다른 암컷에 승가하는 점도 같다(Katz & McDonald, 1992). 산양에서 암컷의 오줌냄새가 수컷의 플레멘을 유발하고, 수컷의 냄새에 암컷이 끌리는데, 이 점은 면양에서와 같다. 산양의 발정발견에 일반적으로 이용되는 방법은 수산양의 체취선(體臭腺, scent gland)을 헝겊으로 문지르고, 이것을 작고 밀폐된 용기에 담아 매일 암산양에게 냄새를 맡게하면 발정이 발현된 개체는 매우 큰 흥미를 나타내며, 흥미의 정도로 발정의 강도를 판별한다(Smith, 1986).

(3) 말 : 성(性)이 성숙된 암말은 번식계절 동안 개개의 수말에 대하여 특정한 호감을 나타내는데, 이 호감은 발정주기의 단계에 따라 크게 다르기 때문에 호감의 정도로 발정상태를 확인할 수 있다. 발정기에 있는 암말은 수말의 발성(發聲)에 호감을 나타냄으로 수말의 소리를 녹음한 테이프를 발정검출에 보조적으로 이용한다(McCall, 1991). 또한, 말은 다른 가축에 비하여 발정지속시간이 월등히 길기 때문에 교배가 가능한 발정을 검출하는데 시정마(試精馬, teaser stallion)를 이용하면 매우 효과적이다. 시정마는 암말에 동화스테로이드(anabolic steroid)를 투여하여 웅성화(雄性化, androgenization)을 유도한 후에 사용한다. 예를 들면, 암말에 단백질동화효과를 나타내는 운데실렌산볼데논(boldenone undecylenate) 0.55mg/kg을 주당 1회씩 12주간 주사하면 주사 2주 후부터 종모마행동을 개시하는데, 호르몬제를 투여하는 12주 동안은 물론이고, 투여를 종료한 10주 후까지도 이 행동이 계속된다(McDonnell 등, 1986). 따라서, 웅성화된 암말은 방목을 하는 말에 대한 발정검출에 매우 유용하게 이용된다.

(4) 돼 지 : 돼지에서 발정을 검출하는 가장 확실한 방법은 매일 성욕이 왕성한 수퇘지와 접촉시키는 것이다. 그러나, 수퇘지의 존재하에서도 돈군의 크기와 사육밀도가 발정검출의 효율성에 영향을 미치기 때문에 군사를 하는 암퇘지에서는 최적의 사회적 및 공간적

조건을 만들어 주는 것이 필요하다. 수퇘지를 사육하는 돈사는 발정의 확인과 교배의 수월성을 위하여 반드시 암퇘지의 돈사에 가까운 곳에 위치시켜야 한다. 한편, 수퇘지가 없는 상태에서도 수퇘지가 발산하는 성적자극을 가하면 발정발현에 도움이 된다. 즉, 수컷이 교미시에 나타내는 울음소리(mating song)를 녹음하여 들려 주거나, 타액 및 포피선에서 발산되는 성페로몬(sex pheromone)을 채집하여 냄새를 맡게 하면 발정의 발현에 효과가 있다(Dorries 등, 1995).

2. 난포의 발달과 폐쇄

난소가 수행하는 가장 중요한 생리기능인 난자의 생산과 성선스테로이드호르몬의 분비는 난소의 피질에 매몰되어 위치하는 난포에서 이루어진다. 즉, 수정이 가능한 난모세포는 난포의 발달에 수반하여 주기적으로 생산되며, 에스트로겐은 난포의 성장과 더불어 분비가 증가되고, 프로게스테론은 배란된 난포에서 형성된 황체에서 분비된다. 이와 같이, 암컷의 생식기능은 기본적으로 난포의 성장·발달에 의존적으로 발현된다.

1) 난포발달의 양상

난포(卵胞, ovarian follicle)는 하나의 제1차난모세포(primary oocyte)를 과립막과 협막이 둘러싸고 있는 포상체(胞狀體)로서, 태생기의 난소에서 원시난포(primordial follicle)의 형태로 형성되고, 이것이 동물체의 생식수명이 끝날 때까지 계속적으로 성숙과정에 편입되어 발달하면서 배란에 이른다. 난포는 발달단계에 따라 ① 원시난포, ② 제1차난포, ③ 제2차난포, ④ 포상난포(제3차난포), ⑤ 그라아프난포로 구분한다.

(1) 난포의 발달과정 : 원시난포가 성숙과정에 편입되면, ① 제1차난모세포의 성숙과정이 진행되고, ② 과립막세포가 분열·증식되며, ③ 투명대와 협막이 형성되고, ④ 난포강이 신생되는 등의 과정을 경과하면서 최종적으로는 배란직전의 난포인 그라아프난포(Graafian follicle)로 발달된다(그림 4-4, van Voorhis, 1998). 원시난포는 제1차난모세포의 성장과 보조를 맞추어 난포세포(follicular cell)의 높이가 증가되어 입방상 또는 원주상의 세포로 변형되는데, 이러한 난포를 제1차난포(primary follicle)라 한다. 제1차난포는 그속에 위치하는 제1차난모세포의 발육과 더불어 난포세포가 분열·증식을 반복하면서 과립층(顆粒層, granulosa layer)을 형성하여 제2차난포(secondary follicle)가 된다. 제2차난포에서는 제1차난모세포가 히알루론산(hyaluronic acid)이 다량으로 함유된 당단백질을 분비하여 난모세포 자체를 둘러싸는 투명대(透明帶, zona pellucida)를 형성하고, 아울러 난소의 기질에 위치하는 간질세포와 교원섬유가 협막(莢膜, theca folliculi)을 형성하여 과립층을 밖에서 둘러싼다. 협막에는 모세혈관이 분포되어 있기 때문에 제2차난포에서부터는 순환혈액에 함유된

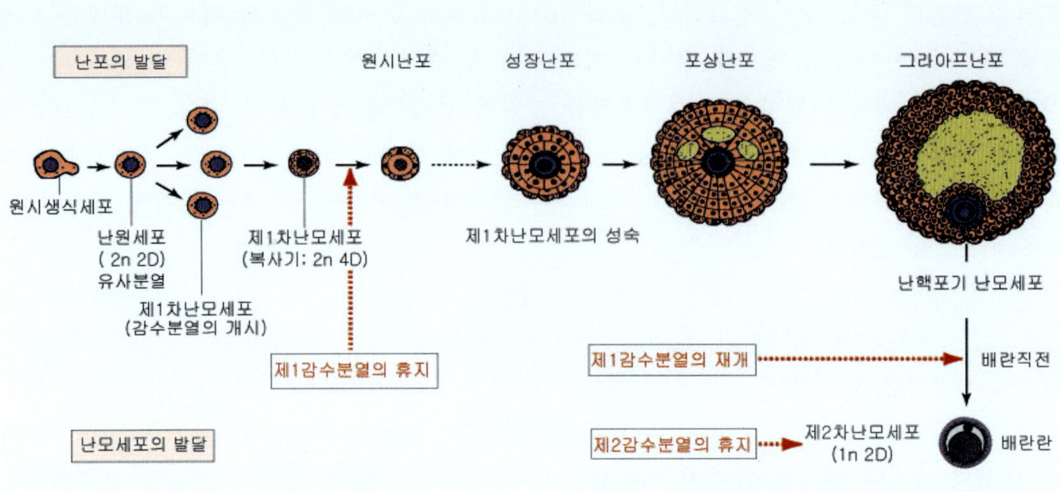

그림 4-4. 난포발달과 난자발생의 시기적 상호관계

다양한 난포발육촉진인자의 자극을 받아 급속하게 발육된다. 제2차난포가 발육을 계속하면 주로 말초혈액에서 유래된 난포액이 과립층세포 사이에 축적됨에 따라 난포강(卵胞腔, antrum)이 형성되고, 협막은 내협막(theca interna)과 외협막(theca externa)으로 분화되는데, 이러한 난포를 포상난포(vesicular follicle), 또는 제3차난포(tertiary follicle)라 한다. 포상난포의 난포강에 난포액의 저류량이 증가되면 과립층이 마치 막(膜)과 같이 늘어나면서 난포 자체의 크기가 커져서 난소의 표면으로 돌출되며, 난모세포는 과립층세포에 싸인채로 한쪽으로 편재되는 난구(卵丘, cumulus oophorous)를 형성하여 난포강내로 돌출되는데, 이러한 난포를 그라아프난포라 한다. 그라아프난포에서는 포상난포에서의 과립층을 과립막이라 하고 과립층세포를 과립막세포라고 부른다.

(2) 난포의 발달속도 : 발달이 개시된 난포는 시간경과에 비례하여 균일하게 직선적으로 성장하지는 않는다. 난포의 발육과정은 난포강형성전 성장기(preantral growth phase)·지속성 성장기(tonic growth phase)·급속성 성장기(exponential growth phase)의 3단계로 구분한다. 난포강형성전 성장기는 원시난포의 난포세포가 분열활성을 나타내면서 제1차난포로 전환되는 시점으로부터 난포강형성전난포(제2차난포)까지의 성장기로서, 난포의 성장은 매우 느린 속도로 진행되며, 사람의 경우 수개월이 소요된다. 지속성 성장기는 제2차난포가 발육하여 소형포상난포(직경 2~5㎜정도)로 성장하는 기간으로서, 사람의 경우 약 2개월이 걸린다. 이러한 소형포상난포는 급속성 성장기로 들어가 배란이 가능한 성숙난포로 성장되는데, 이 기간은 매우 빠르게 진행되어 사람에서 약 21일이 소요될 뿐이다. 이 기간의 초기 10일 사이에 앞으로 배란될 우세난포(優勢卵胞, dominant follicle)가 선정되고, 나머지의 기간에 우세난포가 급속히 성장하여 배란에 이른다. 그러나, 우세난포로 선정되지 못한 난포는 폐쇄

된다. 가축에서도 각 단계의 절대적 성장기간은 사람에 비하여 짧지만, 성장하는 양상은 사람의 경우와 같아서 초기난포의 성장기간은 길고, 발달이 진행된 난포일수록 발달속도가 빠르다. 이와 같은 난포의 발달은 뇌하수체에서 분비되는 FSH와 LH의 자극으로 발정주기에 동조되어 일어나는데, 배란을 위하여 성장을 개시하는 난포의 수는 배란된 난자수에 비하여 훨씬 많고, 난포의 발달양상은 동물의 종에 따라 매우 다르다.

2) 난포발달의 내분비적 조절

태생기에 무수하게 형성된 원시난포는 전생애를 통하여 원시난포가 소진될 때까지 계속적으로 성장하면서 배란에 이르거나 폐쇄된다. 난포의 발달은 난모세포·과립막세포·협막세포 등과 같은 난포의 구성세포에서 일어나는 일련의 세포학적 및 분자생물학적 변화에 의하여 이루어진다. 이러한 변화는 기본적으로 뇌하수체전엽에서 분비되는 성선자극호르몬(GTH)의 자극에 의하여 유기되지만, 초기의 난포에서는 GTH보다는 오히려 난소내조절인자(intraovarian regulating factor)의 영향을 크게 받는다.

(1) 성선자극호르몬에 의한 조절 : 난포발달을 자극하는 가장 중요한 호르몬은 두종류의 GTH, 즉 FSH와 LH이다. 그러나, 난포의 발육단계에 따라 GTH의 자극에 대한 반응성이 다르고, 더욱이 FSH와 LH의 상대적 중요도도 다르다. FSH나 LH가 난포발육을 자극하려면 난포구성세포의 원형질막에 위치하는 각각의 수용체에 축합되어야만 한다. 그러나, 모든 난포구성세포에서 FSH-수용체와 LH-수용체 모두를 가지고 있지는 않으며, 기본적으로 FSH-수용체는 과립막세포, LH-수용체는 협막세포에만 있다. 다만, 배란직전에 있는 성숙난포의 과립막세포에서는 FSH와 에스트로겐의 협동작용으로 LH-수용체가 형성된다. 난포에서 FSH-수용체는 제2차난포에서부터 검출되지만, 이것의 밀도는 난포강이 형성되지 않는 난포에 비하여 난포강이 형성된 난포에서 높다. 이 사실은 FSH에 대한 반응성이 초기난포에 비하여 후기난포에서 높다는 것을 의미한다. LH-수용체는 협막세포에서는 모든 발달단계의 난포에서 다 검출되지만, 과립막세포에서는 배란 직전의 난포에서만 검출된다. 협막세포에 위치하는 LH-수용체는 안드로겐의 합성을 촉진하여 에스트로겐의 합성원료를 공급하며, 과립막세포에 위치하는 LH-수용체는 과립막세포의 황체화를 촉진하고, 배란을 유발한다. 이러한 사실들은 FSH가 난포발달의 주 자극호르몬이고, LH는 협막세포에 작용하여 난포발달에 대한 FSH의 작용에 상승효과를 나타내는 에스트로겐의 합성원료인 안드로겐을 공급하는 간접경로로 난포발달을 촉진한다는 것을 증명한다.

한편, 난포의 성장에 대한 FSH의 자극효과는 난포의 발달단계에 따라 다르다. 원시난포가 제1차난포로 발달되는 과정은 FSH에 의하여 자극되지 않고, 난모세포가 원시난포의 전구과립막세포(progranulosa cell)로 보내는 신호에 따라 자극되지만, 난모세포가 원시난포를 활성화시키는 신호물질의 본태는 아직까지 분명하지 않다. 그러나, 확실한 것은 난모세포가 난핵포(卵核胞, germinal vesicle) 상태의 핵을 가지고 있으면서 그 직경이 최소한 20 ㎛까지 성장하지 못하면 원시난포를 제1차난포로 변화시키지 못한다는 사실이다. 성장을 개시한 제1차난포가 제2차난포로 발달되는 과정은 기저수준의 FSH가 필요한 것으로 추정되지만, 부정적 견해도 많다. 그러나, FSH는 과립막세포의 유사분열과 난포액의 분비를 자극하여 포상난포의 형성을 촉진한다. 포상난포는 성장과정이 진행될수록 FSH에 의하여 강력하게 자극되어 급속한 성장을 계속한다. 난포가 배란직전의 단계까지 성장하면 FSH와 에스트로겐의 공동작용으로 과립막세포에 형성된 LH-수용체에 LH가 축합되어 배란과 황체형성이 일어난다.

(2) 에스트로겐에 의한 조절 : 난포는 FSH의 자극으로 에스트로겐을 분비하는데, 난포의 성장단계에 비례적으로 분비량이 증가된다. 난포에서 분비된 에스트로겐은 자가분비기전(autocrine mechanism)으로 과립막세포를 자극하여 난포강형성전난포의 성장을 촉진한다. 에스트로겐은 ① 과립막세포의 분열·증식과 성장을 촉진하고, ② 스테로이드합성효소의 합성을 지배하는 유전자의 발현을 자극하며, ③ FSH와 협동작용으로 과립막세포의 원형질막에 LH-수용체의 형성을 자극하고, ④ 난포의 폐쇄를 방지한다. 더욱이, 에스트로겐수용체 녹아웃(knock-out) 마우스를 이용한 최근의 연구에서 에스트로겐이 난포발달에 대하여 자극적으로 작동하는 중요한 난소내조절인자라는 것이 확인되었다(van Voorhis, 1998).

(3) 난소내조절인자에 의한 조절 : 난포의 발달은 기본적으로 GTH(FSH와 LH)와 성선스테로이드호르몬에 의하여 조절되지만, 오늘날에는 성장인자나 사이토카인과 같은 난소내조절인자도 난포발달에 중요하게 작용한다는 것이 증명되고 있다. 난포는 매우 복잡하고 정교한 조절기전을 통하여 성장·발달한다. 특히, 난포의 발달과정에서 발현되는 ① 난모세포 감수분열의 개시와 휴지, ② 초기난포의 성장개시, ③ 난포의 급속한 성장, ④ 우세난포의 선정 등과 같은 과정은 매우 정교하게 조절된다. 이러한 난포의 발달과정에는 GTH의 작용 뿐만 아니라, 난소내조절인자에 의한 제어도 필수적이다. 다양한 성장인자와 사이토카인은 난포발달과정에서 세부적이고 미세한 발달과정을 조율(tuning)한다. 난소내조절인자는 난포내에서 국소적으로 생산되고, 자신을 생산한 세포나 인접한 세포의 원형질막에 위치하는 수용체와 결합하여 생리작용을 발현하는 자가분비기전이나 인접분비기전을 영위한다. 포유동물의 난포에서는 다양한 성장인자를 합성·방출하여 난포의 발달을 조절한다. 또한, 난포에서는 인히빈·액티빈·폴리스타틴 등과 같은 난포내조절펩티드(intrafollicular regulating peptide)도 합성하는데, 이것들은 FSH의 분비를 조절하거나 생리작용의 발현을 제어하는 수단을 통하여 난포의 발달을 조절한다.

3) 발정주기중의 난포발육

임신이 성립되지 않은 동물에서 발정주기중에 발현되는 가장 중요한 생리기능은 난포의

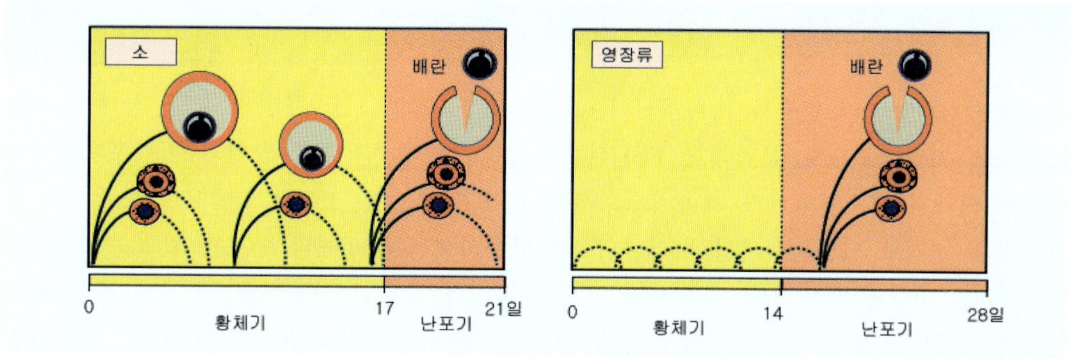

그림 4-5. 소와 영장류에서 성주기중의 난포발육파

발달에 수반하여 일어나는 배란이다. 그러나, 배란을 위하여 발달을 개시하는 난포의 수는 배란되는 난자의 수에 비하여 훨씬 많고, 난포의 발달양상도 동물의 종에 따라 다르다. 성장을 개시한 난포의 일부는 배란되지만, 배란되지 못한 다수의 난포는 폐쇄된다. 한편, 발정주기중에 일어나는 난포발달의 양상에 따라 동물을 두 부류로 구분할 수 있는데, 그 하나는 난포의 발달이 발정주기의 발정기에만 한정되지 않고, 황체기를 포함하는 전 발정주기를 통하여 어느 시점에서나 배란 또는 배란에 가까운 크기의 난포까지 발달하는 동물이고, 다른 하나는 발정주기의 난포기를 제외하고는 배란 직전에 있는 크기의 난포로 발달되는 것이 억제되는 동물이다(Fortune, 1994)

(1) **발정주기의 전기간에 걸쳐 난포가 발육되는 동물** : 소·면양·산양 등과 같은 초식동물은 모두 완전발정주기를 반복하면서 동일한 난포발육양식을 나타낸다. 이러한 동물들의 난포발육은 매 발정주기마다 2~3회의 난포발육파(卵胞發育波, follicular growth wave)가 황체기에서 단계적으로 발현되어 발육난포를 계속 보충한다. 각각의 난포발육파에서는 여러개의 소형 및 중형난포가 동시에 발육을 시작하지만, 그 가운데 1개 또는 2개의 난포만이 우세난포(優勢卵胞, dominant follicle)로 선정되어 발육이 계속되고, 차석난포부터는 발육이 정지되어 폐쇄된다(Sirois & Fortune, 1990). 그러나, 마지막 난포발육파에서 형성된 우세난포만이 배란에 이르고, 먼저 진행된 난포발육파의 우세난포는 폐쇄된다(그림 4-5). 1~2번째의 난포발육파에서 형성된 우세난포가 폐쇄되는 이유는 이들 난포가 발육되는 시기에는 앞의 발정주기에서 배란된 후에 형성된 황체로부터 프로게스테론의 분비가 활발하게 일어나고, 이것이 시상하부에 대한 부(-)의 피드백기전으로 GnRH의 박동적 분비를 억제하여 난포발육을 자극하기에 충분한 FSH가 분비되지 않기 때문이다. 따라서, $PGF_{2\alpha}$의 처리로 황체를 퇴행시키면, 먼저 발달이 진행된 우세난포도 배란에 이르게 된다.

① **소의 난포발육** : 소는 발정주기의 황체기에 뇌하수체에서 분비되는 FSH와 난포에서 FSH의 자극으로 분비되는 인히빈의 상호조절작용에 의하여 난포발육파가 나타나지만, 황

체가 존속되는 기간에는 프로게스테론에 의한 부의 피드백기전으로 배란에 이르지 못하고 폐쇄되기 때문에 새로운 난포발육파가 시작된다. 따라서, 황체기가 긴 경우에는 3회, 짧은 경우에는 2회의 난포발육파가 나타난다. 또한, 성성숙전・임신・무발정 등의 상태에 있는 소에서도 기저수준으로 분비되는 FSH의 작용으로 발정주기중에 발현되는 난포발육파와 유사한 형태의 난포발육파가 계속적으로 나타난다(Evans 등, 1992). 소에서는 황체기에 대략 7일을 주기로 난포발육파가 나타나며, 각 발육파에서 5~6개의 난포가 발달하여 그 직경이 5mm 이상에 이르지만, 황체가 퇴행되기 직전에 발현된 난포발육파에서만 배란이 일어난다. 한편, 소에서 발정주기의 조절을 위하여 발정휴지기의 초기에 $PGF_{2\alpha}$를 투여하면 첫번째 난포발육파의 우세난포도 폐쇄되지 않고, 발육하여 배란에 이른다. 더욱이 배이식을 위한 다배란처리를 위하여 다량의 FSH를 처리하면 난포발육파의 우세난포 뿐만 아니라, 차석난포를 비롯한 하위난포들도 함께 발육하며, 이 후에 $PGF_{2\alpha}$의 처리로 황체를 퇴행시키면 다수의 난자가 동시에 배란된다.

② 면양과 산양의 난포발육 : 면양도 번식계절에는 소에서와 같이 발정주기당 2~3회의 난포발육파가 나타나는데, 발정주기가 17일인 정상면양의 대부분(약 80%)은 3회의 난포발육파를 가진다(Leyva 등, 1995). 또한, Suffolk종 면양에서는 발정주기의 황체기에 2회, 난포기에 1회의 난포발육파를 보이면서 난포의 발달과 퇴행이 반복되며, 비발정기에도 매우 비슷한 양상의 난포발육파가 계속된다(Noel 등, 1993). 성숙한 암면양에서 에스트라디올-17β의 분비양상을 조사한 결과, 언제나 4~5일 간격으로 파상(波狀, wave-like pattern)의 분비정점을 나타내는데, 이것은 번식계절이나 비번식계절에 관계없이 생식기능을 유지하고 있는 한 난포발육파가 계속된다는 것을 의미한다(Souza 등, 1995). 한편, 산양의 난포발육파는 면양의 그것과 매우 유사하다. 그러나, 면양에 비하여 발정주기의 길이(20일)가 길기 때문에 매 발정주기마다 4회의 난포발육파가 나타나고, 한 난포발육파에서 2개의 우세난포가 발육하는 경우가 많다(Ginther & Kot, 1994).

③ 말의 난포발육 : 1980년대 이래로 초음파진단장치를 이용하여 실시간으로 말의 난포발육과정을 관찰한 연구결과는 매우 많다. 말은 한 발정주기중에 10~12일 간격으로 2회의 난포발육파가 나타나는데, 발정기의 후기나 발정휴지기의 초기에 난포의 성장이 개시되는 첫번째의 난포발육파에서 형성된 우세난포는 폐쇄되거나 발정휴지기의 중기에 배란이 되며, 발정휴지기의 중기(발정주기의 13일경)에서 시작되는 두번째의 난포발육파에서 형성된 우세난포는 발정의 발현시기에 동조되어 배란된다.

(2) **발정주기의 난포기에 난포가 발육되는 동물** : 돼지・래트・마우스 등과 영장류에 속하는 동물들은 난소에 활동성 황체가 존재하는 경우에는 난포가 배란기나 배란 직전의 크기로 성장하지 못한다. 따라서, 이러한 동물들은 초식동물(소・면양・말 등)과는 달리 발정주기의 황체기에는 난포발육파가 출현되지 않는다.

① 돼지의 난포발육 : 돼지에서는 발정주기의 난포기를 제외하고는 난포가 배란시의 크기로 성장되는 것이 억제되고, 앞으로 배란될 난포의 선정은 발정주기의 14~16일 사이에 이루어진다(Foxcroft, 1987). 이와 같이, 임신돈과 비임신돈 모두의 난포발육과정에서 난포발육파는 인정되지 않는데, 발정주기를 유지하는 돼지의 난소에서 발정 4일째부터 20일째까지의 총 난포수가 같다는 사실은 이를 입증한다(Ryan 등, 1994). 발정주기를 발현하는 돼지에서 발정주기의 15일까지는 난포의 크기가 변화되지 않지만, 15일부터 20일까지의 사이에 작은 난포집단으로부터 앞으로 배란될 난포의 성장이 개시된다. 그 이유는 발정주기의 12~16일 사이에 자궁에서 분비되는 $PGF_{2\alpha}$의 작용으로 황체가 퇴행되고, 이에 따라 시상하부-뇌하수체계의 성선자극호르몬 분비를 억제하는 프로게스테론의 피드백기전이 해제되어 난포가 FSH의 자극을 받기 때문이다. 돼지의 경우, 발정주기의 황체기에는 직경이 3~6mm되는 40~50개의 난포가 난소의 표면으로 돌출되지만, 이것의 50%는 폐쇄된다. 난소의 난포집단을 구성하는 난포의 수는 난포세포의 증식과 세포소멸과정을 통한 사멸 사이의 생리적 평형에 의하여 유지된다(Guthrie 등, 1995).

② 래트와 마우스의 난포발육 : 래트·마우스·햄스터 등과 같은 동물은 교미자극이 없으면 배란후에 형성된 황체가 분비기능을 발현하지 못함으로 황체기가 결여되고, 이에 따라 난포기가 4~5일 간격으로 반복되면서 배란이 일어난다. 이러한 동물의 유형에서는 인히빈을 분비하여 FSH의 분비를 억제하는 기능을 수행하는 성숙난포가 배란에 의하여 소실됨으로 배란 직후에 FSH의 대량방출(제2급증)이 일어나고, 이에 따라 제1난포군의 발육이 개시된다. 그러나, FSH의 제2급증으로 발육된 제1난포군은 다음 발정주기의 전일까지 발육을 정지하여 퇴행된다. 배란에 이르는 난포군은 발정휴지기의 제1일로부터 발육이 개시된 제2난포군으로서, 발육난포에서 분비되는 에스트로겐에 의한 정(+)의 피드백기전으로 발정전기에 대량으로 방출된 LH의 자극을 받아 배란에 이른다.

③ 영장류의 난포발육 : 사람·원숭이·침팬지·오랑우탄 등과 같은 영장류에서는 완전성주기를 나타내지만, 난포의 발육양상은 초식동물과는 달라서 배란이 일어나는 난포발육파에 앞서서 황체기에 발현되는 잠재적 난포발육파는 출현되지 않는다. 이러한 유형의 난포발육을 하는 동물에서는 황체가 퇴행되는 시기와 일치하여 혈중 FSH의 농도가 상승되고, 이 FSH에 의하여 난포의 발육이 개시된다. 난포발육의 초기에는 다수의 난포가 발육을 시작하지만, 비교적 조기에 선정된 우세난포가 발육을 계속하여 배란에 이른다.

4) 난포의 폐쇄

태생기의 난소에서 무수하게 형성된 난포는 계속적으로 성장·발육하면서 일부는 배란이 되지만, 대부분은 폐쇄(閉鎖, atresia)된다. 출생시에 난소에 있던 난포의 99% 이상이 폐쇄되며, 1% 이하의 난포만이 성장하여 배란에 이른다. 난포는 발달과정의 어느 단계에서나 폐쇄되지만, 모든 단계에서 같은 비율로 폐쇄되는 것은 아니다. 대부분의 동물종에서 발육초기의 난포는 폐쇄되는 비율이 낮으며, 난포발달의 최종단계 직전에서 가장 높은 폐쇄율을 나타낸다(van Voorhis, 1998).

(1) 폐쇄난포의 특성 : 폐쇄난포는 형태학적으로 ① 난포의 윤곽이 비정상적인 모양으로 변형되고, ② 제1차난모세포가 퇴화되며, ③ 과립막세포의 핵이 농축되면서 세포 상호간의 간격이 넓어지고, ④ 협막층에 분포된 혈관이 감소된다. 난포의 폐쇄는 난포액의 안드로겐 농도와 깊은 관계가 있다. 건강한 성장난포의 난포액은 에스트로겐에 대한 안드로겐의 비율이 낮고, 과립막세포는 안드로겐을 에스트로겐으로 변화시키는 방향족화효소의 활성이 높다. 반면에, 폐쇄난포의 난포액은 에스트로겐에 대한 안드로겐의 비율이 높고, 과립막세포는 방향족화효소의 활성이 매우 약하거나 없으며, FSH의 자극에 대한 반응성을 잃는다.

(2) 세포소멸과정에 따른 난포의 폐쇄 : 오늘날에는 난포의 폐쇄를 세포가 유전적으로 프로그램된 과정에 따라 사멸하는 것을 지칭하는 세포소멸(細胞消滅, apoptosis) 기전으로 설명하고 있다(van Voorhis, 1998). 세포소멸은 각종세포의 염색체에서 유전물질의 일부가 소실되는 결실(缺失, deletion)을 허용하는 에너지-요구적 과정으로서, 동물체에서 발현되는 생리적 과정의 다양한 영역에서 중요한 역할을 한다. 세포소멸과정에 있는 세포에서 보이는 특징적인 형태학적 변화는 핵의 염색질이 농축되고, 이어서 게놈DNA가 Ca^{2+}/Mg^{2+}의존적 엔도뉴클레아제의 작용으로 뉴클레오솜과합체(nucleosomal oligomer)로 분절화되는 것이다. 세포소멸과정에서 나타나는 세포의 형태학적 변화는 폐쇄난포에서도 확연하게 나타나는데, 이 사실은 난포의 폐쇄도 세포소멸과정을 통하여 일어난다는 것을 의미한다. 폐쇄난포의 세포소멸과정은 FSH에 의하여 현저하게 억제된다. 따라서, FSH의 농도가 충분하지 못한 조건하에서는 난포의 폐쇄가 현저하게 증가된다. 한편, 발육중인 난포에서 세포소멸과정을 유발하는 가장 중요한 요인은 산화스트레스(oxidative stress)이다. 산화스트레스(산화적 자유결합기; oxidative free radical)는 세포호흡대사의 결과로 발생되며, 과립막세포의 세포소멸을 유발하여 난포를 폐쇄시킨다. 따라서, 난포를 배양할 때 배양액에 산화적 자유결합기의 활성을 제거하는 기능을 가진 카탈라제(catalase)·과산화물 분자변위보효소(superoxide dismutase)·아스코르브산(ascorbic acid) 등을 첨가하면 난포의 세포소멸을 억제할 수 있다.

3. 배 란

난소의 난포가 성장·발달을 완료하면 수정능력을 가진 난자를 방출하는데, 이것을 배란(排卵, ovulation)이라 하며, 한 배란기에 좌·우 한쌍의 난소에서 배란된 난자의 총수를 배란률(排卵率, ovulation rate)이라 한다. 배란은 성숙이 완료된 배란전 난포를 급증된 LH가 자극하여 유발된다. 포유류와 조류에서는 제2차난모세포의 상태로 배란된다.

1) 배란현상의 내분비적 조절

배란은 뇌하수체에서 분비되는 GTH, 특히 LH의 작용으로 유도된다. 그러나, 포유동물에서 배란의 유기에 필요한 LH의 급증이 발현되는 기전은 두 종류의 형태가 있으며, 이에 근거하여 배란을 자연배란(spontaneous ovulation)과 교미배란(copulatory ovulation)으로 구분한다. 자연배란은 가축을 비롯한 대부분의 동물에서 보이는 배란형태로서, 발정주기의 반복을 위한 시상하부-뇌하수체-난소축의 내분비적 상호작용에 의하여 발현되는데, 가장 중심적 요소는 시상하부-뇌하수체계에서 연속적으로 분비되는 GnRH와 FSH의 자극으로 성장한 난포에서 다량으로 분비된 에스트로겐이 시상하부에 대한 정(+)의 피드백기전으로 GnRH를 분비시키고, 이것이 LH의 배란전급증(LH-surge)을 유도하는 것이다. 반면에, 교미배란에서는 교미에 의하여 자궁경관에 가해진 신경자극이나 성적감동이 지각신경을 통하여 시상하부에 전달되고, 이에 따라 시상하부에서 GnRH의 박동적 분비가 일어나며, 이 GnRH의 작용으로 뇌하수체에서 배란에 필요한 다량의 LH가 방출된다. 이와 같이, 배란에 필요한 LH-급증이 유발되는 기전은 자연배란과 교미배란 사이에 근본적으로 차이가 있지만, LH-급증에 따라 일어나는 난소에서의 배란기전에는 차이가 없다.

2) 난포가 파열되는 기전

자연배란과 교미배란 모두에서 배란 직전에 급증된 LH는 난포의 내분비기능을 변조시키고, 이에 따라 난포내에서 생화학적 변화가 일어나 난포가 파열될 수 있도록 조직의 성상이 변경된다. 또한, 난소의 기질에 분포된 평활근섬유와 난포의 외협막에 분포된 협막신경근육계는 수축하여 조직성상이 변경된 난포를 파열시킨다.

(1) **생화학적 기전** : 배란직전에 급증된 LH는 난포의 스테로이드호르몬 합성양상을 변경시킨다. 과립막세포에서 다량으로 분비되는 에스트라디올-17β는 하향조절(down regulation) 기전에 의하여 방향족화효소(aromatase; CYP19; $P_{450arom}$)의 유전자를 억제하여 이 효소의 합성을 장해하는 수단을 통하여 에스트라디올-17β의 합성을 감소시킨다. 그러나, LH-급증은 협막세포와 과립막세포에서 콜레스테롤측쇄절단효소(CYP11A1; P_{450scc})의 합성을 지배하는 유전자의 발현을 촉진하여 콜레스테롤측쇄절단효소의 합성을 증대시키고, 이 효소는 프로게스테론의 합성을 촉진한다. 이와 같이, 에스트라디올-17β의 분비가 감소되고, 프로게스테론의 분비가 증가됨에 따라 에스트라디올-17β와 프로게스테론의 비율이 역전된다. 증가된 프로게스테론은 콜라게나제(collagenase)의 분비와 활성화를 촉진하여 난포의 백막과 협막의 구성분인 교원질을 분해시켜 협막의 부종(浮腫, edema)을 유발하고, 투과성도 증대시킨다. 또한, 프로게스테론은 두 종류의 프로스타글란딘합성효소(PG synthetase) 유전자를 난포의 서로 다른 부위에서 발현시켜 두종류의 PG합성효소가 합성되며, 이에 따라 난포의

PG분비가 조절된다. PG합성효소-1은 난포의 협막세포와 황체세포에서 합성되어 통상적인 PG의 합성 · 분비를 지배하지만, PG합성효소-2는 배란이 예정된 난포의 과립막세포에서 합성되어 배란현상을 조절하는 PG를 합성한다. 배란직전의 난포에서는 배란반응이 개시되지 않은 난포에 비하여 50~100배의 PGE_2와 $PGF_{2\alpha}$를 합성 · 분비한다. 다량으로 방출된 PGE_2는 플라스미노겐활성제(plasminogen activator)의 생산을 자극하여 플라스미노겐을 활성물질인 플라스민으로 전환시킨다. 플라스민은 조직세포의 이동을 촉진하는데, 난포정점의 상피세포를 이동시켜 조직을 얇게 만들어 쉽게 파열될 수 있도록 만들 뿐만 아니라, 배란후에 황체가 형성될 때에는 내협막황체세포와 과립막황체세포를 혼합시킨다. 또한, $PGF_{2\alpha}$는 난포정점에 있는 상피세포의 세포질에 위치하는 리소솜(lysosome)을 파괴시키며, 이에 따라 리소솜에 함유된 가수분해효소가 방출되어 상피세포 자체와 백막 및 외협막을 용해시킨다. 이와 같이, PGE_2와 $PGF_{2\alpha}$의 작용으로 난포정점의 조직세포가 이동되면서 용해되어 앞으로 파열될 배란반(排卵斑, stigma)이 형성된다.

(2) **신경근육학적 기전** : 난포의 외협막과 공동중심을 가진 바깥층(concentric layer)에는 자율신경말단이 풍부하게 분포된 평활근세포가 있다. 이들 평활근세포는 배란 전에는 수축하지 않고 안정된 상태를 유지하지만, 배란기에는 강력한 자발적 수축을 한다. 이러한 평활근세포의 자발적 수축은 배란시의 난포에서 다량으로 합성된 $PGF_{2\alpha}$에 의하여 자극된다. 생화학적 기전에 의하여 난포정점에 배란반이 형성된 상태에서 평활근세포가 수축하면 난포가 파열되고, 그 속에 들어 있는 난모세포가 난포밖으로 배출된다.

제 2 절 발정의 인위적 조절

발정이 발현되는 시기를 인위적으로 조절하는 것은 번식의 효율성을 높이는데 매우 유용하게 이용할 수 있는 기술이다. 가축에서 발정은 뇌하수체에서 분비되는 성선자극호르몬(FSH와 LH)의 자극으로 성장 · 발달한 난포에서 다량으로 분비된 에스트로겐의 작용으로 발현된다. 따라서, 발정을 인위적으로 조절하려면 필요한 시기에 성선자극호르몬이 분비되어 난포의 발달을 자극하도록 유도하여야 한다. 성선자극호르몬의 분비는 기본적으로 황체에서 분비되는 프로게스테론이 유발하는 부(-)의 피드백기전에 의하여 억제적으로 조절되기 때문에 황체의 수명을 조절하는 수단을 통하여 발정을 조절할 수 있다. 또한, 모든 가축에서 배란 직전의 성숙난포에서 다량으로 분비되는 에스트로겐은 발정현상을 직접 발현시킬 뿐만 아니라, 시상하부-뇌하수체계에 대한 정(+)의 피드백기전으로 LH-급증을 유도하여 배란을 일으킨다. 따라서, 발정의 발현시기를 인위적으로 조절하면 배란시각도 함께 조절됨으로 발정과 배란의 인위적 조절을 분리하여 생각할 수 없다. 한편, 발정주기가 서로 다른 암컷에 대하여 같은 시기에 인위적으로 발정을 유기하면 모든 개체의 발정이 같은 시기에 발현되는데, 이것을 발정동기화(發情同期化, estrous synchronization)라고 한다. 오늘날에는 발정의 동기화율을 더욱 높이기 위하여 황체의 기능을 조절하는 호르몬 제제와 함께 직접 발정현상을 지배하는 에스트로겐이나 난포의 발달을 자극하는 GnRH 및 FSH를 병용투여(竝用投與)하는 경우가 많다.

1. 개 설

성성숙이 완료된 가축에 대하여 황체의 기능을 조절하는 수단을 기반으로 발정과 배란을 인위적으로 조절할 수 있는 기술체계가 확립되었고, 이 기술을 근간으로 하여 여러 마리의 암컷이 동시에 발정이 발현되도록 유도하는 발정동기화기술이 개발되었다. 이 기술은 배이식기술의 근간이 될 뿐만 아니라, 번식효율의 증진을 위한 수단으로도 이용된다.

1) 발정조절의 효과

발정을 인위적으로 조절하는 기술, 특히 여러 마리의 암컷에 대하여 동시에 발정을 유도하는 발정동기화기술은 번식기술체계의 여러 분야에서 매우 유용하게 이용되고 있다.

(1) **인공수정 시술노력의 최소화** : 발정을 인위적으로 조절하면 발정시기가 예견됨으로 발정의 관찰이 쉬울 뿐만 아니라, 수정적기도 정확하게 판단할 수 있다. 특히, 발정동기화로 여러 마리의 암컷에 대하여 동시에 발정을 유도하면 인공수정에 소요되는 노력을 크게 줄일 수 있고, 발정기를 정확하게 판정할 수 있음으로 수태율도 향상된다.

(2) **분만관리와 자축관리의 편리화** : 발정동기화로 여러 마리의 암컷을 동시에 임신시키면 임신축을 모아서 별도로 관리할 수 있으며, 더욱이 분만시기가 거의 비슷함으로 분만관리와 자축관리에 만전을 기할 수 있다. 즉, 임신축의 사양관리・분만시의 조산(助産)・자축의 포유와 이유 후의 사육・자축의 질병관리 등을 집중적으로 할 수 있게 되어 자축의 균일한 성장을 기대할 수 있으며, 폐사율도 크게 낮출 수 있다.

(3) **계획번식으로 자축의 생산조절이 가능** : 발정동기화기술을 이용하여 발정의 발현일을 인위적으로 조절하면 새끼의 생산과 육성, 그리고 생산된 축산물의 판매가 유리한 시기에 맞추어 출산이 이루어질 수 있도록 번식계획을 수립하여 새끼의 생산을 조절할 수 있음으로 축산물을 높은 가격으로 판매하는 것이 가능하게 되어 경제적 이득을 얻을 수 있다.

(4) **가축의 개량과 배이식기술의 활성화에 기여** : 소와 같은 단태동물은 새끼의 출산수가 적기 때문에 종모우의 후대검정에 긴 기간이 소요된다. 그러나, 발정동기화기술로 여러 마리의 암컷을 동시에 임신시키면 후대검정에 필요한 다수의 새끼를 한꺼번에 얻을 수 있음으로 후대검정을 빠른 시일내에 끝낼 수 있다. 또한, 능력이 우수하다고 판단된 개체라

도 자연번식으로는 얻을 수 있는 자손의 수가 제한되지만, 발정동기화기술과 배이식기술을 접목시키면 능력이 우수한 자손을 효과적으로 증식시키는 것이 가능하다.

(5) 생명공학의 발전에 기여 : 모든 생명공학기술은 번식기술에 기반을 두고 있다. 즉, 사람이 목적하는 형질을 가진 동물을 작출하였다 하더라도 효과적으로 증식시키지 못하면 소기의 목적을 달성할 수 없다. 그러나, 발정동기화기술을 적용하면 번식효율을 높여서 개발된 생명공학기술의 판정과 보급을 신속하게 진행시킬 수 있다.

(6) 발정조절의 단점 : 발정을 인위적으로 조절하는 기술은 많은 이점이 있지만, ① 약품비와 인건비가 많이 들고, ② 호르몬제의 처리에 따른 부작용의 발생을 감수하여야 하며, ③ 전문지식을 가진 숙련된 기술자가 필요하다는 등의 단점도 있다.

2) 발정조절기술의 발달과정

발정의 인위적 조절에 대한 연구는 1950년대에 미국 위스콘신대학의 Casida교수와 공동연구자들에 의하여 최초로 시도되었는데, 그들은 천연프로게스테론을 사용하여 발정과 배란을 어느 정도까지 인위적으로 조절할 수 있었지만, 초회의 인공수정으로 얻을 수 있는 수태율이 기대치에 미치지 못하였고, 더욱이 천연프로게스테론은 생리적 반감기가 매우 짧아서 투여방법에도 문제점이 많아 크게 진전을 보지 못하였다. 그러나, 1960년대에 소화관을 통과하면서도 파괴되지 않고, 흡수도 용이한 합성프로게스토겐(synthetic progestogen)이 다양하게 개발됨에 따라 사료에 섞어 간단하게 경구투여(經口投與)할 수 있게 되어 발정의 인위적 조절을 간편하게 시술할 수 있게 되었다. 즉, 여러 마리의 암컷에 합성프로게스토겐을 일정기간 동안 경구투여하면 모든 암컷의 난소에서 황체는 퇴행되지만, 투여된 프로게스토겐에 의하여 발정이 억제되다가 투여를 중지하면 2~3일 이내에 모든 암컷에서 발정이 발현된다. 그러나, 합성프로게스토겐의 경구투여법은 대상동물을 개체별로 관리하면 효과적으로 발정을 조절할 수 있지만, 다두사육할 경우에는 개체별 사료섭취량에 따라 프로게스토겐의 섭취량이 일정하지 못하여 발정조절의 성공률이 낮아지는 단점이 있다. 이러한 투여방법상의 단점은 1970년대에 이르러 합성프로게스토겐을 개체별로 피하에 이식하거나, 질내에 삽입하는 방법이 개발됨에 따라 자연스럽게 해결되었다. 더욱이, 황체를 퇴행시키는 기능을 가진 $PGF_{2\alpha}$도 발정의 조절에 이용하는 방법도 개발되었다. 이와 같이, 1970년대부터 합성프로게스토겐과 $PGF_{2\alpha}$를 이용하여 발정을 인위적으로 조절할 수 있는 기술이 개발되고, 발정동기화의 기술체계도 확립되어 농가수준에서도 다양한 목적으로 광범위하게 이용할 수 있게 되었다.

3) 발정조절기술의 이론적 배경

정상발정주기를 반복하는 동물에서 황체기에는 황체에서 분비되는 프로게스테론이 시상

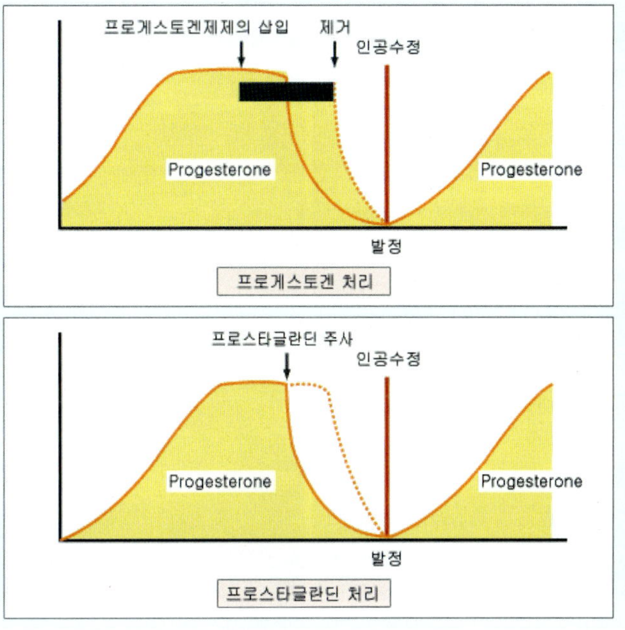

그림 4-6. 발정의 인위적 조절에 이용되는 두 종류의 방법

하부-뇌하수체계에 대하여 부(-)의 피드백기전으로 GnRH · FSH · LH 등의 합성 · 방출을 차례로 억제함으로 난포가 발달되지 못하여 발정과 배란이 일어나지 않는다. 그러나, 황체가 퇴행되면 시상하부-뇌하수체계에 대한 프로게스테론의 피드백기전이 해제되어 발정이 발현되면서 배란도 일어난다(본 장 제1절. 발정과 발정주기 항목 참조). 따라서, 발정의 인위적 조절은 프로게스테론을 분비하는 황체의 분비기능을 조절하는 수단을 통하여 유도할 수 있는데, 그 방법은 생리학적으로 크게 두가지로 구분된다(그림 4-6). 첫번째 방법은 난포의 발육과 성숙을 인위적으로 억제하여 모든 암컷의 난포발육 정도를 같은 상태로 만든 다음, 동시에 억제를 해제함으로써 발정과 배란이 동시에 집중적으로 발현되게 하는 방법이다. 즉, 여러 마리의 암컷에 발정 · 배란을 억제하는 생리작용을 가진 프로게스테론 제제(製劑)를 계속적으로 투여하면 각 암컷이 가지는 발정주기의 단계에 따라 난소에서 황체는 퇴행되지만, 투여된 프로게스테론 제제의 작용으로 발정 · 배란이 억제되다가 동시에 프로게스테론 제제의 투여를 중지하면 프로게스테론 제제에 의한 부의 피드백기전이 해제되어 모든 암컷에서 동시에 발정과 배란이 유발된다. 두번째 방법은 모든 암컷에서 수명이 서로 다른 황체를 동시에 퇴행시켜 프로게스테론이 시상하부-뇌하수체계에 작용하고 있는 부의 피드백기전을 동시에 해제시킴으로써 발정과 배란이 같은 시기에 오도록 하는 방법이다. 여기에는 황체퇴행효과를 나타내는 $PGF_{2\alpha}$와 그 유연물질이 사용된다. 이와 같이, 발정동기화에는 프로게스테론 제제와 $PGF_{2\alpha}$ 제제가 주로 이용되지만, 발정과 배란의 발현률을 더

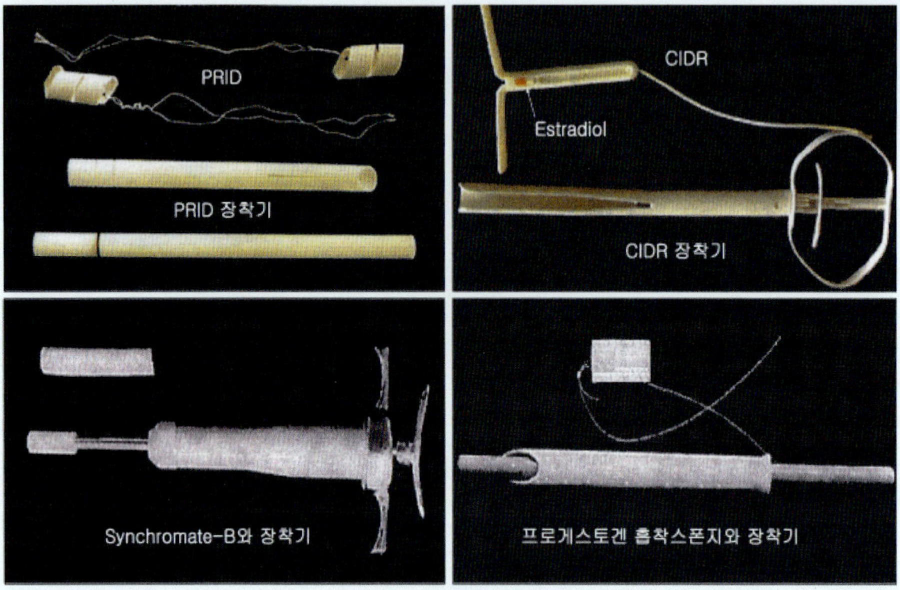

그림 4-7. 발정의 인위적 조절에 이용되는 프로게스테론 제제

욱 높이고, 수태율을 향상시키기 위하여 에스트로겐 · GnRH · FSH · LH 등을 병용투여하는 경우도 많다.

2. 소에 대한 발정의 인위적 조절

소는 임신기간이 비교적 길고, 산자수가 적을 뿐만 아니라, 연중번식이 가능함으로 인공수정이나 배이식기술을 이용하면 번식효율을 효과적으로 높일 수 있는데, 이러한 기술들을 시술하려면 발정이 원하는 시기에 발현될 수 있도록 인위적으로 조절하는 것이 필수적이다. 소의 발정조절은 프로게스테론 제제나 $PGF_{2\alpha}$ 제제를 이용하여 발정주기의 황체기를 연장시키거나 단축시키는 방법이 이용되지만, 여기에 다양한 호르몬들을 병용투여하여 효과를 높이는 방법도 개발되었다.

1) 프로게스테론 제제를 이용한 발정의 조절

프로게스테론 제제를 이용하는 발정의 인위적 조절은 발정주기의 단계에 관계없이 어느 때나 처리할 수 있다는 장점이 있다. 과거에는 소의 발정조절에 프로게스테론을 직접주사하거나, 합성프로게스테론 제제인 MGA(melengestrol acetate) · MAP(methylacetoxy progesterone) · CAP(chlormadinone acetate) · DHPA(dihydroprogesterone acetate) · FGA(fluoro-

표 4-2. 소의 발정조절에 이용되는 프로게스테론 제제의 특성

Progesterone 제제		투여부위	처리기간(일)	처리종료후 발정까지의 일수
PRID	1.55g progesterone+ 10㎎ estradiol	질내삽입장치	10~12	2~3
CIDR	1.9g progesterone+ 10㎎ estradiol	질내삽입장치	9~10	2~3
Crestar	3㎎ norgestomet+ 6㎎ estradiol	미근부 피하이식	10-12	2~3

gestone acetate) 등을 사료에 첨가하여 투여하는 방법이 이용되었지만, 투여하는 방법이 번거롭고, 정확한 양을 투여하는 것이 어려워 투여에 따른 반응이 개체에 따라 다르기 때문에 오늘날에는 거의 이용되지 않는다. 현재에는 프로게스테론 제제를 피하에 이식하는 Synchromate-B와 질내에 장착하는 PRID(progesterone releasing intravaginal device) 및 CIDR(controlled internal drug divice)가 개발되어 간편하게 발정의 인위적 조절을 유도할 수 있게 되었다(그림 4-7; Jainudeen 등, 2000). 이들 제제의 처리기간은 9~12일이고, 처리를 종료한 후 2~3일 이내에 발정이 발현된다(표 4-2).

(1) 피하이식용 프로게스테론 제제의 이용 : 이근부(耳根部)의 피하에 이식하여 발정을 조절하는 프로게스테론 제제는 Synchromate-B(Ceva Laboratories)와 Crestar(Intervet Ltd)의 두 종류가 있다. Synchromate-B는 6mg, Crestar는 3mg의 노르게스토메트(norgestomet)가 함유된 펠렛(pellet)으로서, 발정주기의 어느 단계에서나 이용이 가능하다. 소에 대한 사용방법은 펠렛 이식기로 이근부의 피하에 매몰하고, 동시에 5mg의 발레르산에스트라디올(estradiol valerate)과 3mg의 노르게스토메트를 근육주사로 병용투여한다. 처리후 9일째에 이근부에 매몰된 프로게스테론 제제를 제거하면 2~3일 후에 발정이 발현된다. 따라서, 수태를 성공시키려면 프로게스테론 제제를 제거한 후, 48시간째와 60시간째, 또는 48시간째와 72시간째에 두번의 인공수정을 시술한다. 그러나, Synchromate-B를 처리한 경우에는 Crestar에 비하여 수태율이 낮은 경향을 보이는데, 그 이유는 Symchromate-B에 다량(6㎎)의 노르게스토메트가 함유되어 수태시의 자궁내막에 적합한 프로게스테론 비율이 맞지 않기 때문이다(Tregaskes 등, 1994). 또한, 노르게스토메트 이식체를 처리한 후의 수태율은 처리시의 난소에 황체를 가진 소가 갖지 않은 소에 비하여 높다(Sanchez 등, 1993).

(2) 질내장착용 프로게스테론 제제의 이용 : 발정의 인위적 조절을 위하여 프로게스테론 제제를 질내에 삽입·장착하는 방법가운데 최초로 개발된 방법은 프로게스테론 제제를 흡착시킨 스폰지를 질내에 장착하는 질내스폰지페사리법(intravaginal sponge pessary method)이다. 이 방법은 1960년대에 면양을 대상으로 개발되었고, 1970년대부터 소에 적용하여 상당한 효과를 거두었다. 질내에 삽입하는 스폰지에는 3g의 천연프로게스테론이나 200mg의

아세트산플루오로게스톤(fluorogestone acetate)를 흡착시키며, 스폰지를 질내에 장착하는 기간은 9~10일 정도이다. 그러나, 오늘날에는 PRID와 CIDR가 개발되어 더 이상 상업적으로는 사용하지 않는다.

PRID는 1.55g의 프로게스테론이 흡착된 실리콘엘라스토머(silicone elastomer)로 나선상의 금속선을 피복한 장치로서, 10mg의 벤조산에스트라디올(estadiol benzoate)이 들어 있는 젤라틴캡슐(gelatin capsule)이 부착되어 있다. PRID를 질내에 장착하면 서서히 방출되는 프로게스테론이 질벽을 통하여 흡수되고, 이에 따라 발정이 억제된다. 또한, 에스트라디올 캡슐이 신속히 용해되어 에스트라디올도 질벽을 통하여 흡수된다. 이 에스트라디올은 PRID가 질내에 있는 동안은 높은 농도의 프로게스테론에 의한 억제작용으로 발정을 유기하지 못하지만, $PGF_{2α}$의 분비를 촉진하여 난소의 황체를 퇴행시키며, PRID를 제거한 후에는 발정의 집중도를 높게 한다. PRID를 삽입한 후 10~12일 째에 질에서 제거하면 2~3일 후에 발정이 발현된다. 발정의 발현률을 높이고, 발현시기를 일정하게 하기 위하여 황체퇴행작용을 가진 $PGF_{2α}$를 병용처리 하는 경우도 있는데, PRID를 질에서 꺼내기 2일 전에 주사한다.

CIDR는 뉴질랜드에서 PRID의 단점을 보완한 질내삽입장치로서, 자연교배나 인공수정으로 번식 시킬 때 프로게스테론을 목적대로 주입할 수 있도록 고안되었으며(MacMillan & Peterson, 1993), 특히 배이식을 시술할 때 수배우의 발정을 동기화할 경우에 매우 효과적으로 사용된다(Broadbent 등 1993). CIDR는 길이가 15cm 정도되는 Y자 모양의 나일론 장치에, 2주일간에 걸쳐 서서히 방출될 수 있는 프로게스테론이 함유된 실리콘엘라스토머가 피복되어 있다. CIDR를 질에 삽입할 때는 PRID에서와 같은 방법으로 젤리틴캡슐을 통하여 에스트라디올을 투여한다. CIDR의 삽입기간과 발정발현일은 PRID의 경우와 같다. 그러나, CIDR는 인공수정을 정해진 시각에 고정(fixed-time AI)하여 시술할 경우에 이용되는데, CIDR을 제거한 후 48~58시간에 무조건 인공수정을 시술한다.

한편, PRID와 CIDR는 정확히 삽입된 경우에는 모두 유실률(loss rate)이 5%를 넘지 않지만, 사사(舍飼)하는 소에서는 유실률이 모두 10%를 넘는다. 그 이유는 함께 사육되는 소들 상호간의 신체접촉에 의하여 질내삽입장치가 제거되기 때문이다(Broadbent 등, 1991). 또한, PRID와 CIDR의 장착 후 잔류율(retention rate)을 비교하면 CIDR에서 높은 잔류율을 나타내고, 질염(膣炎, vaginitis)의 발생률이 낮아서 PRID제거 후 나타나는 농(膿)의 배출도 적다(Broadbent 등, 1993). 그러나, Holstein종 미경산우에 CIDR를 장착하면 85%의 잔류율을 나타낼 뿐인데, 이것은 CIDR의 크기가 미경산우의 질에 비하여 크기 때문이며, 따라서 동물체의 체격과 CIDR의 규격을 조화시키는 연구가 필요하다(Vargas 등, 1994).

2) 프로스타글란딘 제제를 이용한 발정의 조절

정상발정주기중의 황체퇴행기에는 자궁에서 $PGF_{2α}$가 분비되어 난소의 황체를 퇴행시킨다. 이러한 $PGF_{2\alpha}$의 생리적 기능을 이용하여 발정을 인위적으로 조절할 수 있다는 사실이 증명된 이래, $PGF_{2\alpha}$와 그 유연물질(類緣物質, analogue)이 발정조절에 많이 이용되고 있다. 소의 발정조절에 보편적으로 이용되는 $PGF_{2\alpha}$의 유연물질은 상품명으로 Estrumate(Pitman-Moore Ltd)·Prosolvin(Intervet Ltd)·Lutalyse(Upjon Ltd) 등이 있다. 일반적으로, $PGF_{2\alpha}$의 유연물질은 천연$PGF_{2\alpha}$에 비하여 생리적 역가는 크지만, 부수적으로 발현되는 생리효과가 서로 다른 부분이 많다. 예를 들면, 유연물질의 일종인 클로프로스테놀(cloprostenol)이나 펜프로스탈렌(fenprostalen)은 천연$PGF_{2\alpha}$에 비하여 반감기가 길어서 생리적 역가는 오래 지속되지만, 평활근의 수축에 대한 활성은 약하다.

(1) 프로스타글란딘 제제의 투여시기 : $PGF_{2\alpha}$ 제제는 난소에 위치하는 황체를 퇴행시켜 프로게스테론의 혈중농도를 감소시키고, 이에 따라 프로게스테론에 의하여 유지되는 시상하부-뇌하수체계에 대한 부(-)의 피드백기전이 해제되어 발정과 배란이 유발된다. 따라서, 난소에 기능황체가 존재하지 않는 경우에는 효과가 없으며, 임신축에 투여하면 임신황체가 퇴행되어 유산을 일으킬 수도 있음으로 주의하여야 한다. 소의 발정주기 21일중에서 난소에 기능황체가 존재하여 프로게스테론을 분비하는 기간은 발정주기의 5~16일 사이임으로 이 시기에 $PGF_{2\alpha}$ 제제를 투여하면 황체가 퇴행되며, 투여 후 2~3일 사이에 발정이 발현된다. 이와 같이, $PGF_{2\alpha}$ 제제를 처리할 수 있는 기간이 황체기로 제한됨으로 약 40%의 소에 대하여만 처리할 수 있다. 따라서, 정상적인 발정주기를 반복하는 한 무리의 모든 소에 대하여 발정주기의 단계나 황체의 존재여부를 확인하지 않고, 발정의 동기화를 유도하려고 할 경우에는 10~12일 간격으로 2회에 걸쳐 $PGF_{2\alpha}$ 제제를 주사하는 방법이 이용되는데, 이차주사 후 2~3일 사이에 모든 소에서 발정이 발현된다. 수태를 위해서는 이차주사 후 72시간째와 90시간째에 2회에 걸쳐 인공수정을 시술한다. $PGF_{2\alpha}$ 제제를 2회 투여하여 발정을 조절하는 원리는 일차주사를 할 때 황체기가 아닌 소의 경우에도 3~5일이내에 발정기를 거쳐 황체기가 되고, 황체기에 있는 소는 10~12일 사이에 황체가 용해된 다음, 새로운 황체가 형성됨으로 이차주사를 하기 전에 모든 소가 황체기에 있게 된다. 따라서, 이차주사로 투여된 $PGF_{2\alpha}$ 제제에 의하여 모든 소의 황체가 같은 시각에 퇴행됨으로 황체의 퇴행에 의하여 유도되는 발정도 동시에 발현되기 마련이다.

(2) 프로스타글란딘 제제의 투여량과 투여경로 : $PGF_{2\alpha}$ 제제는 난소의 황체로 이행되어 작용하지만, 생체내에서의 안정성이 매우 약하기 때문에 투여장소와 투여량을 신중히 결정하여야 한다. $PGF_{2\alpha}$ 제제의 투여로 발정을 조절하는 초기의 연구에서는 2일에 걸쳐 소량(0.5~1.0mg/일)의 $PGF_{2\alpha}$ 제제를 기능황체가 위치하는 난소와 같은 쪽의 자궁내에 주입하여 황체의 퇴행을 유도함으로써 마치 자연발정이 발현될 때의 황체퇴행조건을 만들려고 노력하였다. 자궁내투여법은 $PGF_{2\alpha}$ 제제의 투여량이 매우 적은 장점은 있지만, 기술과 경험이 필요하고, 자궁내감염의 위험성도 있어서 오늘날에는 거의 이용되지 않는다. 한편, 외

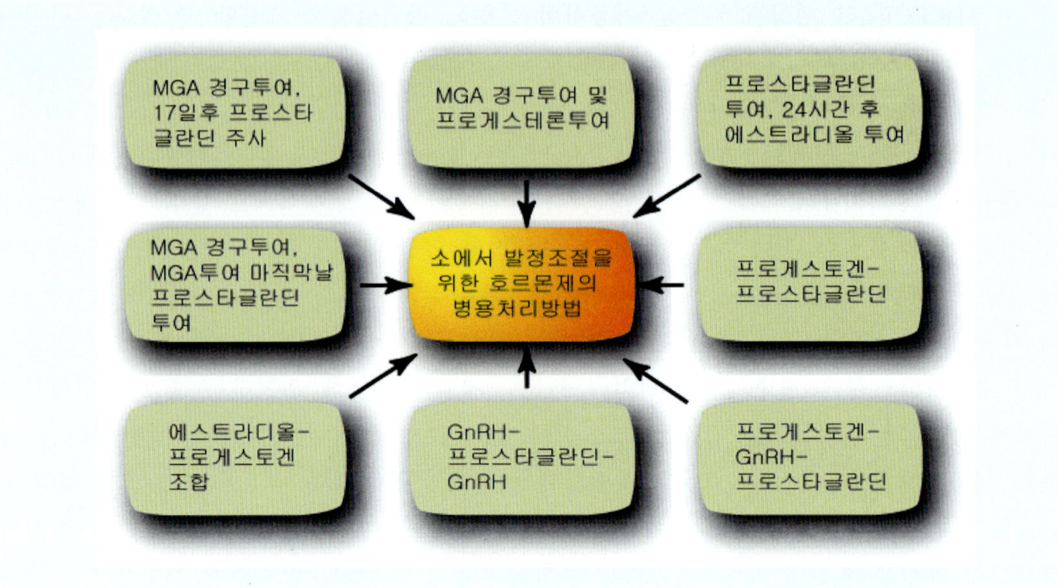

그림 4-8. 소의 발정조절에 이용되는 호르몬 제제의 병용처리방법

음부내주사법은 자궁내에 주입하지 않고도 소량의 $PGF_{2\alpha}$ 제제로 발정을 조절할 수 있다. 즉, 클로프로스테놀을 자궁내에 주입할 경우에는 500㎍이 필요하지만, 외음부에 125㎍의 소량을 주사한 경우에도 71%에서 발정반응을 보였고(Alvarez 등, 1988), 자궁경관이나 음순내에 5㎎의 $PGF_{2\alpha}$를 주사하면 25㎎용량을 근육주사한 경우와 같은 결과를 나타낸다는 보고(Galina & Arthur, 1990)를 볼 때, 외음부나 질에 $PGF_{2\alpha}$ 제제를 투여할 경우에는 소량으로도 발정을 유도할 수 있다. 그러나, 1970년대 이후부터는 근육주사법이 발정의 조절이나 동기화에 주로 이용되는데, 20~30㎎의 $PGF_{2\alpha}$, 또는 이와 동등한 역가를 가진 $PGF_{2\alpha}$ 유연물질을 근육내에 1회 주사하면 황체의 형태적 및 기능적 퇴행이 급속하게 일어나고, 이에 따라 발정이 유발된다. $PGF_{2\alpha}$ 제제를 정맥에 주사하여도 황체가 퇴행되는 과정과 속도, 그리고 발정 및 배란의 동기화율이 근육주사에 비하여 좋아지지는 않는다(Stevens 등, 1995). 따라서, $PGF_{2\alpha}$ 제제의 투여에는 비록 $PGF_{2\alpha}$ 제제의 소비량이 많아 처리비용은 많이 소요되지만, 투여하기가 간편한 근육주사법이 주로 이용된다.

3) 호르몬 제제의 병용처리에 의한 발정의 조절

다양한 $PGF_{2\alpha}$의 유연물질과 프로게스토겐(progestogen) 제제가 개발됨에 따라 이를 이용하여 발정과 배란의 인위적 조절이 가능하게 되었으며, 이들 호르몬 제제 각각을 단용(單用)처리하는 연구가 많았다. 그러나, 현재에는 이들 호르몬 제제 외에 난포발달과 발정발현에 유효하게 작동하는 다양한 호르몬 제제를 병용처리하여 난포발육파의 발생을 조절

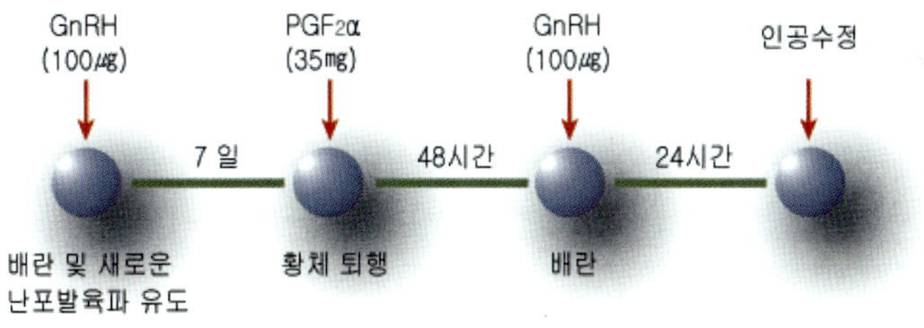

그림 4-9. 젖소의 배란동기화를 위한 호르몬 제제의 처리시간표

함으로써 발정과 배란의 정확도와 집중도를 높이려는 다양한 방법들이 개발되었는데(그림 4-8; Gordon, 1996), 오늘날 중요하게 이용되는 방법은 다음과 같다.

(1) 프로게스토겐 - 프로스타글란딘 조합 : 배란에 이어지는 황체기의 초기, 즉 형성중에 있는 황체는 $PGF_{2\alpha}$ 제제의 작용에 반응하지 않는다. 따라서, $PGF_{2\alpha}$ 제제를 이용하여 발정을 조절하려면 이 기간을 피하여 $PGF_{2\alpha}$ 제제를 투여하거나, $PGF_{2\alpha}$ 제제를 투여하기 전 최소한 5일 동안 프로게스토겐을 투여하는 방법이 이용된다. 실제로, 소에서 7~10일 동안 PRID/CIDR 또는 Synchromate-B 등과 같은 프로게스토겐을 처리하고, 이것들을 제거하기 2일 전에 황체를 용해시킬 수 있는 용량의 $PGF_{2\alpha}$ 제제를 처리하면 프로게스토겐을 제거한 후 5일 이내에 90%의 소에서 발정이 발현된다(Broadbent 등, 1993). 그러나, 이 방법은 프로게스토겐이나 $PGF_{2\alpha}$ 제제 각각을 단독처리하여 발정을 조절하는 방법에 비하여 호르몬 값과 노동력이 많이 소요되는 단점이 있다.

(2) GnRH - $PGF_{2\alpha}$ - GnRH 조합 : 이 처리조합은 여러 마리의 암소에 대하여 GnRH의 처리로 발정주기의 황체기에 새로운 난포의 발달을 유도하여 난포발육파를 동기화시키고, 이어서 모든 소에 $PGF_{2\alpha}$ 제제를 투여하여 황체를 퇴행시킴으로서 배란의 동기화(ovulation synchronization [Ov-Synch])를 유도할 수 있다는데 근거를 두고 있다(본 장의 제1절. 발정주기중의 난포발육 항목 참조). 따라서, 인공수정을 위한 발정의 검출은 필요하지 않고, 지정된 시간(fixed-time)에 그대로 인공수정을 시술하면 된다(Zeroual 등, 1995).

Ov-Synch법은 임신되지 않은 소에 대하여 ① 100㎍의 GnRH를 투여하여 뇌하수체의 FSH 분비를 자극함으로써 새로운 난포발육파를 유도하고, ② 7일 후에 35㎎의 $PGF_{2\alpha}$를 근육주사하여 황체를 퇴행시킨 다음, ③ 48시간 후에 다시 100㎍의 GnRH를 투여하여 배란에 필요한 LH-급증을 유도하고, ④ 24시간 후에 인공수정을 시술한다(그림 4-9; Pursley 등, 1995). Co-Synch법은 호르몬 제제의 처리과정은 Ov-Synch법과 같지만, 인공수정을 마지막 GnRH 처리와 동시에 시술하는 방법으로서, 노동력은 절감할 수 있지만, 수태율은 3~7%가 저하된다(Geary, 2001). Select-Synch법도 호르몬 제제의 처리과정은 Ov-Synch

법과 같으며, 다만 마지막 GnRH 처리 후 24시간 동안 발정을 관찰하여 발정이 확실한 개체에 인공수정을 시술하는 방법인데, 노동력은 더 소요되지만, 수태율은 개선시킬 수 있다.

한편, 우리나라의 축산연구소에서는 한우사육농가에서 이용하기에 적합한 일괄수태법을 개발하였다. 일관수태법은 14개월령 이상의 미경산우, 분만 후 35일이 경과한 경산우 및 장기공태우 모두를 대상으로 하여 Ov-Synch법과 동일한 방법으로 호르몬 제제를 처리한 후에 인공수정을 시술하는데, 인공수정을 시술하는 시점이 Ov-Synch법과는 달라서 마지막 GnRH투여 후 16~20시간에 시술한다. 이 방법으로 처리한 소의 수태율은 65.3%로서, Ov-Synch법 54.7%에 비하여 높다. 그러나, 발정증상을 보이지 않는 소도 있는데, 이러한 소도 자궁경관 외자궁구의 색상은 적색으로 변화되고, 점액의 전기적 저항성도 증가되는 등 발정의 내부적 특징이 동반되며, 개체에 따라서는 정액주입기가 자궁경관의 제2추벽까지 진입될 수 있도록 이완된다.

(3) CIDR + GnRH - $PGF_{2\alpha}$ - GnRH 조합 : Ov-Synch법에 의한 호르몬 제제의 처리에 CIDR를 추가적으로 처리하여 모든 소가 확실하게 황체기를 가지게 함으로써 발정과 배란의 집중도를 높이려는 호르몬 제제의 처리조합이다. 즉, 임신을 시키고자 하는 암소에 대하여 ① 100㎍의 GnRH를 주사함과 동시에 CIDR을 질내에 삽입하고, ② CIDR의 제거와 함께 35㎎의 $PGF_{2\alpha}$를 근육주사한 다음, ③ 48시간 후에 다시 GnRH 100㎎을 주사하고, ④ GnRH 주사로부터 16~24시간 사이에 발정의 확인없이 그대로 인공수정을 시술하여 수태를 유도한다. 이 방법은 육우와 젖소 모두에서 널리 활용되고 있다.

4) 각종 발정조절기술의 효과 비교

성성숙이 완료된 암소는 임신이 성립되지 않으면 21일을 주기로 발정을 반복하는데, 매일 발정을 관찰하여 적기에 인공수정을 시술하여야 한다. 그러나, 근래에는 사료의 질은 좋아졌지만, 운동량이 부족하고, 체지방의 축적량이 과다하여 미약발정을 보이는 개체가 증가됨에 따라 우군 전체의 발정발견이 쉽지 않다. 따라서, 발정의 인위적조절이 번식효율을 높이는데 중요한 수단으로 이용되고 있으며, 더욱이 배이식기술이 개발됨에 따라 그 중요도가 날로 증가되고 있다. 그러나, 지금까지 개발된 발정조절기술들의 효율은 서로 다르다. 따라서, 안전하면서도 높은 동기화율을 나타내는 새로운 방법을 탐색하는 연구를 수행할 필요가 있다.

(1) 발정조절방법에 따른 발정발현률 : 지금까지 개발된 발정조절기술들의 발정발현률을 보면, PRID가 71.4%, CIDR는 86.8%로 비교적 높은 성적을 보였지만, $PGF_{2\alpha}$는 68.1%로 가장 낮았다. 그러나, $PGF_{2\alpha}$와 GnRH를 병용투여하는 Ov-Synch법(GnRH-$PGF_{2\alpha}$-GnRH)은 발정발현률이 93%로 가장 높았다(표 4-3).

(2) 발정조절방법에 따른 수태율 : 발정조절방법에 따른 수태율을 보면, 프로게스토겐인

표 4-3. 소의 발정조절방법에 따른 발정발현율과 수태율

구 분	PRID	CIDR	$PGF_{2\alpha}$	Ov-Synch
발정동기화율	15/20 (71.44%)	33/38 (86.8%)	141/207(68.1%)	216/232 (93.1%)
수 태 율	30/37 (81.0%)	26/29 (89.6%)	87/116 (75.0%)	93/102 (91.1%)
1회수정 수태율	20/37 (54.0%)	17/29 (58.6%)	64/116 (55.1%)	60/102 (58.8%)
2회수정 수태율	9.75%	14.7%	31.9%	6.9%

PRID와 CIDR는 각각 81.0%와 89.6%인데 대하여, $PGF_{2\alpha}$는 75.0%로서 프로게스토겐에 비하여 낮은 수태율을 보였다. 그러나, Ov-Synch법은 91.1%로서 가장 수태율이 높았고, 더욱이 실패율이 가장 낮아서 효율적인 방법이라는 것이 증명되었다(표 4-3).

3. 면양에 대한 발정의 인위적 조절

면양은 발정주기중의 난포발육양상이 소와 매우 유사하기 때문에 발정의 발현기전도 유사하다. 따라서, 발정의 조절을 위한 호르몬 제제의 처리방법도 비슷하여 프로게스테론 제제나 $PGF_{2\alpha}$ 제제를 이용하여 발정주기의 황체기를 연장시키거나, 단축시키는 방법이 이용된다.

1) 프로게스테론 제제를 이용한 발정의 조절

발정주기의 황체기에는 황체에서 분비되는 프로게스테론에 의하여 발정과 배란이 억제되지만, 황체가 퇴행되면 프로게스테론에 의한 부(-)의 피드백기전이 해제되어 곧바로 발정과 배란이 일어난다. 따라서, 프로게스테론 제제의 투여로 발정을 억제하다가 발정이 발현되어야 할 시기에 프로게스테론 제제의 투여를 중지하면 곧이어 발정이 발현된다. 프로게스테론 제제의 투여방법에는 사료에 섞어 투여하는 경구투여법, 피하에 이식하는 방법, 그리고 질에 장착하는 방법 등이 있다.

(1) 경구투여에 의한 프로게스테론 제제의 이용 : 합성프로게스테론 제제를 이용하여 발정을 인위적으로 조절하는 기술이 개발되기 시작한 1960~1970년대에는 프로게스테론 제제를 사료에 혼합하여 경구적으로 투여하는 방법이 주로 이용되었다. 즉, 일당 40~80mg의 MAP를 발정주기를 반복하는 면양에 대하여 16일에 걸쳐 투여한 다음, 투여를 중지하면 58%의 면양에서 발정이 발현되며(Lindsay 등, 1967), 또한 일당 50mg의 MAP를 10일동안 투여한 후에는 6일 이내에 89%의 면양에서 발정이 발현되고, 이것들의 74%에서 임신이 성립되었다(Velle & Helle, 1979). 이와 같이, 프로게스테론 제제의 경구투여에 의하

표 4-4. 면양에서 프로게스테론제제 스폰지 페사리의 효과 비교

구 분	Medroxyprogesterone acetate (60mg)	Cronolone (30mg)	Progesterone (500mg)	Progesterone (1,000mg)
공시두수	181	176	175	184
페사리 탈락수	-	1	-	11
페사리 탈락율(%)	-	0.56	-	5.9
교배두수	171	172	161	158
교배두수율(%)	94.5	98.3	92.0	91.3
분만두수	129	125	109	113
분만율(%)	75.4	72.3	67.7	71.5
출산 자양수	210	197	175	161
분만당 자양수	1.63	1.58	1.60	1.42

여 발정을 조절할 수는 있지만, 면양은 방목을 위주로 사육하기 때문에 프로게스테론 제제의 투여에 시간과 비용, 그리고 노동력이 많이 소요되어 실용적으로 이용하기는 어렵다. 그러나, 면양산업에서 인공수정의 시술이 매우 어려운 현실을 감안할 때 프로게스테론 제제와 성선자극호르몬을 병용투여하면 계절적 무발정상태에 있는 면양에 대하여 효과적으로 발정과 배란을 조절할 수 있다. 이 때에 사용되는 성선자극호르몬은 돼지에 사용하기 위하여 개발된 eCG(PMSG) 제제(PG-600)로서, PG-600 5mℓ에는 eCG 400IU와 hCG 200IU가 함유되어 있다. 합성프로게스테론 제제와 PG-600을 사용하여 발정·배란을 조절하는 방법은 먼저 일당 0.3mg/kg의 MGA를 10일간 경구투여한 후에 5mℓ의 PG-600을 주사한다.

(2) 피하이식용 프로게스테론 제제의 이용 : 면양에서 발정조절을 위한 프로게스테론 제제의 투여방법으로 실리콘고무(silicone rubber)에 프로게스테론을 흡착시킨 것을 피하에 이식하는 방법이 개발되었다(Dziuk & Cook, 1966). 초기의 피하이식체는 375mg의 프로게스테론이 흡착된 실리콘고무로서 'Sil-Estrus'라고 부르면서 1970년대에는 미국을 비롯한 여러나라에서 사용되었지만, 이식하는 속도와 간결성이 질내스폰지법(intravaginal sponge technique)에 비하여 나빴다. 이 후에 크기가 더욱 작고, 이근부의 피하에 이식할 수 있으면서 강력한 생리활성을 나타내는 3mg의 노르게스토메트가 함유된 이식체가 개발되어 질내스폰지법과 함께 사용할 수 있게 되었다. 3mg의 노르게스토메트 이식체는 이근부의 피하에 이식하는데, 펠렛의 이식과 동시에 1회에 한하여 에스트로겐/프로게스테론(estadiol valerate 0.5mg + norgestomet 1.5mg)을 주사하고, 10일 후에 이근부에 이식한 노르게스토메트 이식체를 제거하면 6일 이내에 95%의 면양에서 발정이 발현되고, 전체 처리두수의 62%가 임신하는 결과를 얻었다(Spitzer & Carpenter, 1979). 한편, 소의 발정조절에 이용되는 Synchromate-B(6mg의 노르게스토메트 펠렛)의 이식으로도 비번식계절에 있는 면양의 발정을 유도할 수 있다(Carpenter & Spitzer, 1981).

(3) 질내장착용 프로게스테론 제제의 이용 : 면양의 발정을 조절하는데는 프로게스테론

표 4-5. 면양에서 프로게스테론제제의 질내삽입 처리에 따른 발정발현률과 출산률의 비교

구 분	비번식계절(anestrus)				번식계절(cyclic)			
	FGA	MAP	PROG	CIDR	FGA	MAP	PROG	CIDR
처리두수	61	62	62	62	25	25	25	25
교배율(%)	98	97	92	95	100	92	84	88
출산율(%)	70	68	10	80	88	80	68	56
복당 산자수	1.63	1.91	1.71	1.71	2.05	1.70	1.59	1.71

제제를 흡착시킨 스폰지를 질내에 삽입·장착하는 질내스폰지페사리법(intravaginal sponge pessary method)이 광범위하게 이용된다. 스폰지에 흡착시키는 프로게스테론 제제의 양은 호르몬 제제의 종류와 나라에 따라 다르다. 면양의 발정동기화를 위하여 스폰지에 흡착시키는 FGA의 양은 20~40mg의 범위이고, MAP는 30~60mg의 용량을 흡착시키며, 프로게스테론은 500mg 또는 1,000mg을 흡착시킨다. 이와 같은 각종의 스폰지페사리를 12~14일 동안 질에 장착하여 발정을 억제하다가 이것을 제거하면 발정이 발현되는데, 각 프로게스테론 제제의 효능을 비교해 보면 큰 차이가 없다(표 4-4). 질내스폰지페사리법으로 발정을 조절할 때 발정의 집중도와 배란률을 높이려는 목적으로 스폰지페사리의 제거와 동시에 500~750IU의 eCG를 처리하는 방법이 이용된다. 한편, 면양의 발정조절에도 소에서와 같이 CIDR가 이용되며, 그 효과는 비발정상태에 있는 면양과 발정주기를 반복하는 면양 모두에서 스폰지페사리를 이용하는 방법의 결과와 큰 차이가 없었으며, 처리기간도 12~14일의 범위로 스폰지페사리법과 같다(표 4-5).

2) 프로스타글린딘 제제를 이용한 발정의 조절

면양에서도 $PGF_{2\alpha}$의 황체퇴행작용을 이용하여 발정을 인위적으로 조절할 수 있다. 즉, 발정주기의 4일째부터 14일째까지의 사이에서 10~15mg의 $PGF_{2\alpha}$나 100~150μg의 클로프로스테놀(cloprostenol; 생리적 역가가 강한 $PGF_{2\alpha}$ 유연물질)을 근육주사하면 투여 40시간 후에 발정이 발현되고, 약 70시간 후에 배란이 일어난다. 한편, 발정주기의 단계와 관계없이 발정을 조절하기 위하여 13~14일 간격으로 2회에 걸쳐 $PGF_{2\alpha}$ 제제를 투여하면 두번째 투여 후 48시간 이내에 발정이 발현된다(Fairnie 등, 1977). 그러나, $PGF_{2\alpha}$ 제제에 의한 발정의 조절은 소에 비하여 효용성이 떨어지며, 특히 무발정기간에서는 더욱 나쁘다. 또한, 외부에서 투여된 $PGF_{2\alpha}$ 제제는 정상발정주기중에 생체내에서 분비되는 $PGF_{2\alpha}$에 비하여 매우 빠른 속도로 황체를 퇴행시켜 프로게스테론의 농도를 급속히 감소시킨다. 따라서, 프로게스테론에 의한 부의 피드백기전이 너무 빨리 제거되어 FSH의 분비가 촉진됨으로 황체기에 발생되는 난포발육파에서 난포의 발달이 지나치게 촉진되어 발정·배란의 조절률과 수태율이 저하되는 경향이 있다(Boland 등 1978).

4. 산양에 대한 발정의 인위적 조절

산양의 발정주기중 난포발육양상과 발정이 발현되는 기전은 면양이나 소의 그것과 매우 유사하다. 따라서, 발정을 인위적으로 조절하는 방법도 매우 유사하여 프로게스테론 제제와 $PGF_{2\alpha}$ 제제를 주로 이용하고, 난포발육촉진제로서 eCG를 병용처리하는 경우가 많다.

1) 프로게스테론 제제를 이용한 발정의 조절

산양에서도 면양에서와 같이 프로게스테론 제제를 피하에 이식하는 방법과 질내에 장착하는 방법이 주로 이용된다. 피하에 이식하는 방법은 3mg의 노르게스토메트가 함유된 펠렛을 12일 동안 이근부의 피하에 이식한 후에 이것의 제거와 동시에 PG-600(400IU eCG + 200IU hCG)을 근육주사하면 50%의 산양에서 3개 정도의 난자가 배란된다(Wildeus & Moore, 1995). 또한, 45mg의 FGA를 흡착시킨 스폰지를 질내에 19~21일 동안 장착시킨 후에 이것의 제거와 동시에 400IU의 eCG를 주사하면 24시간 이내에 50%의 산양, 48시간 이내에 95%의 산양에서 발정이 발현된다(El-Amrawi 등, 1993b).

한편, 산양에서도 CIDR로 발정을 조절할 수 있는데, Cashmere종 산양에서 CIDR를 장착한 18~21일 후에 CIDR의 제거와 함께 200IU의 eCG를 주사하면 FGA스폰지를 장착했을 경우와 동등한 효과를 나타낸다(Ritar 등, 1990). 또한, 프로게스테론 제제와 hCG 및 $PGF_{2\alpha}$ 제제를 병용처리하여 발정을 조절할 수도 있다. 예를 들면, MAP를 흡착시킨 스폰지를 10일간 질에 장착시키고, 스폰지를 제거하기 48시간 전에 300IU의 hCG와 100㎍의 클로프로스테놀($PGF_{2\alpha}$ 유연물질)을 투여하면 스폰지 제거 후 48시간 이내에 발정이 발현되는데, 발정의 적기에 인공수정을 하면 73%, 스폰지를 제거한 50시간 후에 발정의 상태와 관계없이 인공수정한 경우에는 38%의 수태율을 나타낸다(Ritar 등, 1990).

2) 프로스타글란딘 제제를 이용한 발정의 조절

$PGF_{2\alpha}$와 그 유연물질의 투여로 황체를 퇴행시키는 수단을 통하여 산양의 발정을 조절할 수 있는데, 처리방법은 ① 발정주기의 4일 후부터 기능황체가 존속하는 기간 동안에, ② 1.25mg(체격이 작은 산양) 또는 2.5mg(체중 65kg이상의 산양)의 $PGF_{2\alpha}$ 제제를 1회 주사하면, ③ 대부분의 개체가 50시간 후에 발정이 발현된다. 한편, 2회의 $PGF_{2\alpha}$처리로 발정주기의 단계에 관계없이 발정을 유도할 수 있다. 예를 들면, Saanen종 유산양에 대하여 11일 간격으로 8mg씩의 $PGF_{2\alpha}$를 2회 주사하면 100%의 개체가 48시간 이내에 발정이 발현되고, 80%의 개체에서 수태가 성공되었다(El-Amrawi 등, 1993a). 또한, $PGF_{2\alpha}$의 유연물질인 클로프로스테놀도 2회주사로 산양의 발정조절에 유효하게 이용되는데, 각각 100㎍씩의 클로프로스테놀을 10일 간격으로 2회에 걸쳐 주사한 후, 60·72·82 시간에 인공수정을 시술한

표 4-6. 말에서 운동장 조명장치를 이용한 번식계절의 유도

구 분	최초 배란까지의 일수	배 란 날 자
운동장 조명장치구 (n=8)	33.4 ± 9.3	2월 2일*
대 조 구 (n=6)	82.8 ± 14.2	3월 24일

* $p \leq 0.01$

결과, 각각 10% · 44.7% · 24.4%의 출산률을 보였다(Simplicio & Machado, 1991).

5. 말에 대한 발정의 인위적 조절

말은 장일성 계절번식동물(long-day seasonal breeder)로서, 봄-여름에 한하여 발정이 발현된다. 따라서, 일년중 이른 봄철에 교배나 인공수정을 시술하기 위하여 발정과 배란을 조절하는 것이 일반적인 관행이다. 그러나, 오늘날에는 배이식의 필요성이 증대되고, 영구황체(persistent corpus luteum)와 같은 난소의 비정상적 상태를 해소하기 위하여 발정과 배란을 인위적으로 조절할 필요성이 점차적으로 증대되고 있다.

1) 번식계절의 조기개시를 위한 발정의 유도

말은 일조시간의 증가에 비례하여 배란이 일어나는 개체의 비율이 증가될 뿐만 아니라, 다른 모든 요인을 고정한 상태에서 일조시간을 변경시키는 수단으로 번식의 계절성을 조절할 수 있다는 사실을 보면, 일조시간이 말의 번식계절에 영향을 미치는 가장 중요한 환경인자라는 것을 알 수 있다. 말을 포함하는 계절번식동물은 눈의 망막에서 빛의 정보를 감지한 다음, 이 정보가 송과선(松果腺, pineal gland)으로 전달되어 멜라토닌(melatonin)의 분비를 자극하고, 분비된 멜라토닌이 시상하부-뇌하수체계의 분비활성을 변경시켜 GnRH와 GTH의 분비가 조절되는 기전에 따라 번식계절이 영위된다.

(1) 일조시간의 변경에 의한 발정의 유도 : 말은 일조시간이 짧은 계절에는 발정이 발현되지 않기 때문에 비번식계절에 발정을 유도하려면 번식계절의 일조시간을 유지시키는 것이 필요하다. 북반구에서 일조시간의 조절은 비처리 말에 비하여 1~3개월이 앞선 2월에 난소의 활성이 개시되도록 10월 중순부터 12월 중순까지의 기간에 시작하는 것이 일반적이다. 이 때, 일조시간은 16시간이 되도록 증가시키는데, 점진적으로 16시간까지 증가시키는 방법과 한번에 16시간으로 증가시키는 방법이 있으며, 두 방법은 비슷한 효과를 나타낸다. 일조시간을 연장시키기 위한 빛의 조사는 자연조명과 인공조명을 병용하는데, 일몰 후에 인공조명으로 빛의 조사시간을 연장시키는 방법이 이용된다. 40W의 형광등이나 200W의 백열전구를 마방(馬房)의 천장에 매달아 명기(明期)와 암기(暗期))의 비율을 16시간 : 8

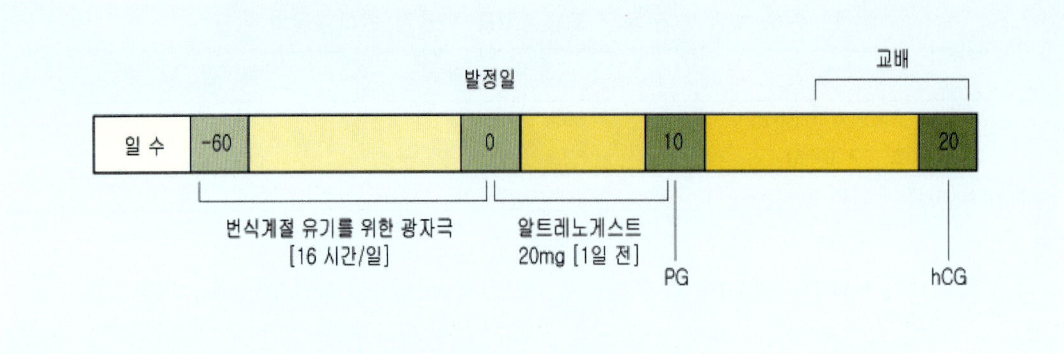

그림 4-10. 광자극의 조절과 알트레노게스트의 처리에 의한 말의 발정과 배란의 조절

시간으로 조절하면 번식계절의 개시가 훨씬 앞당겨 진다(Camillo 등, 1993). 그러나, 조명을 마방에서 개체별로 하려면 노동력과 전기료가 많이 들어 비경제적임으로 여러 마리의 말을 운동장에 공동수용하고, 일몰과 동시에 자동적으로 조명이 되게 하는 방법이 효과적이다. 이 방법을 이용하면 최소의 비용으로 번식계절을 유의하게 앞당길 수 있다(표 4-6).

(2) 조명과 프로게스테론 제제의 조합에 의한 발정의 유도 : 조랑말에 대하여 2개월간 조명처리를 한 후에 1일 10mg의 알트레노게스트를 10일간 사료에 섞어 급여하면 번식계절이 도달되기 전인 2월이나 3월에 발정과 배란이 유발된다(Palmer, 1979). 이 때, 프로게스테론 제제의 투여 전에 최소한 60일의 광자극이 필요하며, 프로게스테론 제제의 투여를 종료할 때 $PGF_{2\alpha}$를 처리하고, 이어서 hCG를 주사하면 더욱 정교하게 발정과 배란을 조절할 수 있다(그림 4-10; Brisrol, 1986). 또한, 노르게스토메트 펠렛도 미리 조명처리를 한 말의 발정조절에 이용할 수 있는데, 조랑말의 이근부에 펠렛을 이식하고, 7일째에 $PGF_{2\alpha}$를 주사한 다음, 10일째에 펠렛을 제거하면 초봄에 발정이 유도된다(Scheffrahn 등, 1980).

2) 번식계절 기간중의 발정조절

말도 번식계절 동안에는 21~22일을 주기로 발정과 배란을 반복한다. 따라서, 발정주기를 반복하는 말에 대하여 프로게스테론 제제 또는 $PGF_{2\alpha}$ 제제를 투여하여 황체의 수명을 연장시키거나 단축시키는 처리를 이용하여 발정과 배란을 인위적으로 조절할 수 있으며, 여러 마리의 말에 대하여 같은 처리를 하면 발정의 동기화를 유도할 수 있다.

(1) 프로게스테론 제제를 이용한 발정의 조절 : 프로게스테론 제제에 의한 발정의 인위적 조절은 프로게스테론이 발정과 배란을 효과적으로 억제하다가 혈중농도가 낮아지면 다시 발정과 배란이 재귀된다는 원리에 근거를 두고 있다. 발정조절을 위한 프로게스테론 제제의 투여기간은 발정주기의 길이와 거의 같은 장기간(18~20일)과 단기간(8~12일)으로 구분하는데, 단기간의 투여에서는 황체의 퇴행을 유도하기 위하여 프로게스테론 처리 마지막

날에 $PGF_{2\alpha}$를 주사하는 것이 필요하다. 프로게스테론을 조랑말은 50㎎, 체격이 큰 말은 100㎎의 용량씩 매일 근육주사하거나, 체중 kg당 0.3㎎의 용량을 매일 주사하면, 최종주사 후 3~7일 이내에 발정이 발현된다. 경구투여하는 합성프로게스테론 제제도 말의 발정조절에 이용되는데, MAP는 반추동물에서와 같은 효과를 나타내지 못한다. 반면에, 알트레노게스트는 체중 kg당 0.176~0.44mg을 매일 경구투여하면 효과적으로 발정과 배란을 억제함으로 발정의 조절에 유효하게 이용할 수 있다. 그러나, 번식계절의 개시기에 투여할 경우에는 분열발정(split estrus)이나 무배란성 발정(anovulatory estrus)과 같은 이상발정이 나타나는 경우가 많은데, 일조시간의 조절과 조합하여 처리하면 이상발정이 나타나는 것을 감소시킬 수 있다(Squires 등, 1979). 말의 발정조절에도 스폰지페사리・PRID・CIDR와 같은 프로게스테론 제제의 질내삽입장치를 이용할 수 있다. 즉, 노르게스토메트 500~1,000mg이 흡착된 스폰지를 질내에 20일간 장착한 다음, 이것의 제거와 동시에 $PGF_{2\alpha}$를 주사하여 발정을 유도한 후에, 매 48시간 간격으로 교배시키면 71%의 수태율을 보인다(Palmer, 1979). 또한, 1.9g의 프로게스테론이 흡착된 스폰지를 12일간 질내에 삽입하고, 스폰지 제거와 동시에 $PGF_{2\alpha}$를 주사하여도 발정이 발현된다(Klug 등, 1992). 프랑스와 네덜란드에서는 PRID도 말의 발정조절에 이용하는데, 스폰지에 비하여 질내 장착률이 높다. 오스트리아와 독일에서는 1.9g의 프로게스테론이 함유된 CIDR을 장착하고, 이것을 제거하는 날에 $PGF_{2\alpha}$를 주사하는 방법으로 말의 발정을 유도한다.

한편, 말에서 프로게스테론 제제를 이용하여 발정을 조절할 경우에는 황체의 퇴행과 배란의 조절을 정확하게 하기 위하여 $PGF_{2\alpha}$・GnRH・hCG 등을 병용처리하는 방법이 많이 이용된다. 예를 들면, 알테레노게스트 500mg이 흡착된 스폰지를 8~12일 동안 질내에 장착하다가 제거와 동시에 $PGF_{2\alpha}$를 투여하고, 이어서 5~7일 후에 2,500IU의 hCG를 주사하면 대부분의 말에서 스폰지 제거 2~5일 사이에 발정이 발현되고, 배란시각도 4일 이내로 집중된다(Bristol, 1986). 프로게스테론과 에스트라디올을 병용처리하면 프로게스테론을 단독처리한 경우에 비하여 난포발달의 변이성(變異性)이 현저하게 감소된다. 실제로, 1일 용량 150mg의 프로게스테론과 10mg의 에스트라디올을 단기간(10일) 동안 함께 주사하고, 처리 마지막 날에 $PGF_{2\alpha}$를 병용처리하면 대부분의 말에서 처리를 종료한 후 10~12일 사이에 배란이 일어난다(Loy 등, 1982). 이와 같이, 프로게스테론과 에스트로겐의 병용투여가 발정과 배란의 조절에 효과적이지만, 매일 주사하여야 하는 단점이 있기 때문에 한번의 주사로 투여를 완료하는 생분해성의 미소구체(微小球體, microsphere)가 개발되었는데, Fleury 등(1993)은 1.25g의 프로게스테론과 여러 용량의 에스트라디올이 12~14일 동안 조절된 속도로 방출될 수 있도록 설계된 미소구체를, Burns 등(1993)은 1.5g의 프르게스테론과 100㎎의 에스트라디올이 함유된 미소구체를 작성하였다. 이들 미소구체를 한번만 주사하였을 경우의 발정 및 배란의 동기화율과 임신률은 프로게스테론-에스트라디올을 10일 동안에 결쳐 매일 주사한 성적과 차이가 없기 때문에 실용적으로 이용할 가치가 매우 크다.

(2) 프로스타글란딘 제제를 이용한 발정의 조절 : 발정주기의 황체기에 있는 말에 대하여 $PGF_{2\alpha}$ 제제를 투여하면 황체가 퇴행되어 프로게스테론의 분비가 저하됨에 따라 뇌하수체에서 성선자극호르몬(FSH와 LH)이 분비되어 난포가 발달되고, 이어서 발정과 배란이 유발된다. 더욱이, 말은 소와는 달라서 자궁에서 합성된 $PGF_{2\alpha}$가 국소적 순환경로를 통하지 않고, 체순환경로를 통하여 황체로 직접 전달됨으로 신체의 어느 부위에 주사하여도 황체로 신속하게 이행되며, 적은 용량의 $PGF_{2\alpha}$ 제제로도 황체를 퇴행시킬 수 있다.

말의 발정조절에 1970년대 초반에는 10mg의 천연$PGF_{2\alpha}$를 발정주기 5일째 이후의 황체기에 어느 시점에서나 1회 투여하는 방법이 주로 이용되었으며, 24시간 간격으로 2회 주사하여도 1회주사에 비하여 좋은 효과를 얻지는 못하였다(Squires 등, 1992). 이와 같이, 천연$PGF_{2\alpha}$는 황체퇴행효과가 뛰어나지만, 황체를 퇴행시킬 수 있는 용량을 말에 주사하면 땀을 흘리고, 소화관의 과다운동이 유발되는 단점이 있다. 그러나, Equimate(ICI-81008)는 이러한 단점이 없기 때문에 보편적으로 이용되는 $PGF_{2\alpha}$제제이며, 투여용량은 250㎍이다. 한편, $PGF_{2\alpha}$제제의 투여로 발정을 조절할 경우에는 투여 2~5일 후에 발정이 발현되는 것이 보통이지만, 말은 다른 동물에 비하여 $PGF_{2\alpha}$ 투여시각으로부터 발정발현까지의 기간에 변이의 폭이 크다. 따라서, 발정의 집중도를 높이기 위하여 배란촉진제(hCG 등)를 투여한다. 예를 들어, 발정주기의 단계에 관계없이 여러 마리 말의 발정을 동기화시키려면, Equimate와 hCG를 두번씩 투여하는 방법이 이용된다. 즉, 모든 말에 대하여 250㎍의 Equimate를 일차주사하는 날을 0일로 하고, 6~7일에 1,500IU의 hCG를 일차주사하면 발정과 배란이 일어나 14일에는 모든 말들이 발정주기의 4일째부터 15일째까지의 사이(황체가 활동중인 배란휴지기)에 놓이게 된다. 이와 같이, 모든 말들이 발정휴지기에 놓이게 되는 14일에 Equimate를 이차주사한 다음, 20일이나 21일에 hCG를 이차주사하고, 곧바로 자연교배를 시키거나 인공수정을 시술한다.

6. 돼지에 대한 발정의 인위적 조절

돼지에 대한 발정과 배란의 조절을 위하여 1950년대에는 프로게스테론과 MAP나 CAP를 주로 이용하였지만, 1960년대에는 뇌하수체의 성선자극호르몬(GTH) 분비를 효과적으로 억제하는 메탈리부레(metallibure, ICI-33828, AIMAX)가 개발되어 매우 효과적으로 이용되었다. 즉, 매일 100mg의 메탈리부레를 18~20일 동안 경구투여하다가 투여를 중지하면, 5~7일 이내에 대부분의 돼지에서 발정이 발현된다. 그러나, 메탈리부레가 배(胚)의 기형발생을 초래한다는 사실이 밝혀짐에 따라 현재에는 일부의 동유럽국가들을 제외하고는 사용되지 않는다. 따라서, 오늘날에는 돼지의 발정조절에 합성프로게스테론 제제인 알트레노게

표 4-7. 알트레노게스트의 경구투여 용량에 따른 돼지의 발정발현률

1일 투여량	처 리 두 수	발정발현률	처리로부터 발정까지의 일수
10.0	65	78	6.2 ± 1.3
12.5	65	97	6.9 ± 1.2
15.0	65	89	7.0 ± 1.0
12.5	25	80	4.9 ± 1.0
15.0	60	97	5.6 ± 0.8
10.0	23	82	4.3 ± 0.2
20.0	24	100	4.6 ± 0.2
40.0	24	100	6.1 ± 0.2
45.0	81	98	5.4 ± 0.1
45.0	77	100	5.3 ± 0.1

스트(altrenogest)와 노르게스토메트(norgestomet)가 주로 이용된다. 그러나, $PGF_{2\alpha}$ 제제는 돼지의 황체가 발정주기의 12일까지는 $PGF_{2\alpha}$에 반응하지 않아서 퇴행되지 않기 때문에 소를 비롯한 초식가축에서와 같이 효과적으로 이용하기는 어렵다.

1) 프로게스테론 제제를 이용한 발정의 조절

합성프로게스테론제제인 알트레노게스트를 1일 10~15mg씩 18일 동안 사료에 섞어 경구투여한 다음, 투여를 중지하면 대부분의 돼지(78~100%)에서 5~7일 이내에 발정이 발현된다(표 4-7). 또한, 다양한 수준(1일 투여량: 5·10·15·20mg)의 알트레노게스트를 18일간 투여한 결과를 보면, 5mg의 투여에서는 효과가 없었으며, 10~20mg의 용량을 발정전기(발정주기의 19일째)와 발정기(발정주기의 3일째)에 투여를 시작하였을 때의 발정발현률은 각각 93.8%와 95.2%로 유의적인 차이가 없고, 배란률과 수정률에서도 차이가 없다(Itoh 등, 1992). 알트레노게스트를 15일간 투여하면서 투여 9일째에 강정사양(强精飼養, flushing)을 시작하면 알트레노게스트만을 처리한 경우에 비하여 배란률이 유의하게 높고(Rhodes, 1991), 15mg의 알트레노게스트를 처리하여 발정을 유도한 돼지와 정상발정돼지의 수태율은 초산돈과 경산돈 모두에서 차이가 없다(Wood 등, 1992).

한편, 형질전환돼지와 같이 특정목적에 사용하는 돼지를 생산하기 위한 발정과 배란의 조절에는 프로게스테론 제제의 투여량과 투여기간(제거 시기)을 명확하게 설정하는 것이 필요하다. 그러나, 알트레노게스트를 사료에 섞어 경구투여하는 방법은 사료의 섭취량에 따라 투여량이 달라질 수 있고, 정확하게 투여를 중지하는 것도 어려우며, 더욱이 투여에 정확을 기하려면 개별사양을 하여야 함으로 경비가 많이 소요된다. 이러한 단점을 극복하기 위하여 미국에서는 소와 면양에서 이근부에 이식하는 느르게스토메트 이식체를 이용하여 군사(group-feeding)하는 돼지의 발정동기화를 유도하는데, 발정동기화율은 알트레노게

스트를 경구투여하는 방법에 비하여 나쁘지 않다(Selgrath & Ebert, 1993). 다만, 돼지는 피하지방층이 두껍기 때문에 소에서와 같이 피부의 바로 아래에 이식할 수 없으며, 피하지방층을 관통하도록 약 2.5cm 깊이에 이식하여야 한다.

2) 프로스타글란딘 제제를 이용한 발정의 조절

돼지는 다태동물로서 난포의 발육양상과 호르몬의 분비동태 뿐만 아니라, 배란 후에 형성된 황체의 분비기능도 초식동물(소·면양·산양 등)의 그것과 다른 점이 많다(본 장의 제1절. 발정주기중의 난포발육 항목 참조). 돼지의 난포에서도 다른 동물종에서와 같이 협막세포에서 안드로겐을 합성하고, 이 안드로겐이 과립막세포로 전이된 다음, 방향족화효소의 작용으로 에스트로겐으로 전환된다. 대부분의 동물종에서는 배란된 난포의 협막세포와 과립막세포 모두가 황체세포로 전환된 다음에는 프로게스테론만을 분비하지만, 돼지에서는 황체가 형성된 후에도 난포기의 분비기능이 유지되어 프로게스테론과 함께 에스트로겐도 분비하며, 황체기가 진행될수록 에스트로겐의 분비량이 증가되는데, 이 에스트로겐은 황체자극작용(luteotropic effect)을 나타내어 황체의 퇴행을 저지한다(Gregoraszczuk, 1992). 그러나, 돼지의 정상적 황체퇴행과정에서는 황체세포가 종양괴사인자(tumor necrosis factor [TNF])를 생산하는 대식세포(macrophage)에 의하여 침식되는데, 이것은 TNF가 황체의 에스트로겐 생산을 저지한다는 것을 의미한다(Wuttke 등, 1995). 따라서, 돼지의 황체퇴행은 TNF와 $PGF_{2\alpha}$가 협동적으로 작용하는 것이 필수적이다. 이와 같이, 돼지의 황체는 형성된 후에 퇴행을 저지하는 기전이 영위되기 때문에 $PGF_{2\alpha}$나 그 유연물질의 작용에 대하여 긴 불응기(不應期, reflactory period)를 가지게 되어 발정주기의 12일경까지는 반응하지 않는다. 따라서, 돼지는 초식동물과 같이 $PGF_{2\alpha}$ 제제로 발정과 배란을 조절하는 것이 어렵고, 이것이 $PGF_{2\alpha}$ 제제에 의한 돼지의 발정조절을 상업적으로 이용할 수 없게 하는 요인이 된다. 그러나, 실험적으로는 황체기의 초기에 $PGF_{2\alpha}$ 제제를 반복투여하면 미성숙황체의 퇴행을 앞당길 수는 있다. 즉, 발정주기의 5~10일에 매 12시간마다 12.5mg의 $PGF_{2\alpha}$ 제제(dinoprost tromethamine)를 투여하면 황체퇴행일이 발정주기의 13.3일(정상돼지의 퇴행일 19.8일)로 단축된다. 황체의 수명이 단축되는 원인은 여러번에 걸쳐 투여된 $PGF_{2\alpha}$가 상향조절기전(up-regulation)으로 자신의 수용체(PG receptor)를 증가시키기 때문이라는 연구결과가 있는 반면에(Estill 등, 1993), $PGF_{2\alpha}$에 의한 미성숙황체의 퇴행이 $PGF_{2\alpha}$-수용체 농도의 증가에 의한 것이 아니고, $PGF_{2\alpha}$가 미성숙황체의 기능적 및 구조적 퇴행을 직접적으로 유발하기 때문이라는 보고도 있다(Estill 등, 1995).

3) 고정시간 인공수정을 위한 발정조절

돼지는 소·면양·산양 등과 같은 반추가축에 비하여 발정지속시간이 길고(48~72시간),

수퇘지에서 발산하는 페로몬을 흡입하지 못하면 발정증상을 명확하게 나타내지 않는 개체와 과비(過肥)되는 개체가 많기 때문에 교배적기를 정확하게 판정하는 것이 쉽지 않다. 따라서, 다두사육하는 농장을 중심으로 발정의 동기화를 유도하는 호르몬 제제와 함께 eCG·hCG·GnRH 등과 같은 배란촉진제를 병용처리한 다음, 발정상태를 관찰하지 않고, 고정된 시간(fixed-time)에 인공수정을 시술하는 번식체계가 확립되었다. 고정된 시간에 인공수정을 시술하기 위한 발정동기화는 메탈리불레를 이용하는 방법이 최초로 개발되었다. 대표적인 방법은 ① 1일 20mg의 메탈리부레를 15일간 경구투여하고, ② 15일의 오전 8시에 1,000IU의 eCG를 주사한 다음, ③ 오후 3시에 500IU의 hCG, 또는 50㎍의 GnRH를 주사하면 16일의 오전 6시 전에 배란이 시작되는데, ④ hCG 또는 GnRH를 주사한 후 24시간과 48시간에 발정상태를 확인하지 않고, 인공수정을 시술한 결과, ⑤ 90% 이상의 수태율을 보였다(Huhn 등, 1991). 그러나, 메탈리부레가 일부의 동유럽국가를 제외한 나라에서는 사용되지 않기 때문에 알트레노게스트를 이용하는 방법이 개발되었다. 즉, ① 1일 20mg의 알트레노게스트를 15일 동안 경구투여하고, ② 알트레노게스트 마지막 투여 24시간 후에 500IU의 eCG를 주사한 다음, ③ eCG투여 76~78시간 후에 300IU의 hCG 또는 300IU의 GnRH를 투여하고, ④ 24시간 후에 인공수정을 하면, ⑤ 메탈리부레를 처리한 경우에 비하여 수태율과 산자수가 떨어지지 않는다(Busch 등, 1992).

제 3 절 다배란의 유기

포유동물은 매 발정주기마다 동물종 특유의 생식특성에 따라 지정된 수의 난자를 배란한다. 그러나, 난소에서 발육을 개시하는 난포의 수는 배란되는 난자의 수에 비하여 훨씬 많기 때문에 발정주기중의 적절한 시기에 성선자극호르몬(eCG·FSH)을 다량으로 투여하면 발육을 개시한 다수의 난포가 폐쇄되지 않고, 발육을 계속하여 그에 상응하는 난자가 배란된다. 이와 같이, 인위적 처리에 의하여 한 발정주기에 비정상적으로 많은 수의 난자가 배란되는 현상을 다배란(多排卵, superovulation)이라 한다. 다배란된 난자는 인공수정으로 주입된 정자와 만나서 수정이 되고, 이어서 배(胚, embryo)로 발달된다. 따라서, 다배란의 유기는 배이식에 사용되는 배를 생산하는 가장 중요한 수단이다.

1. 다배란유기의 이론적 배경

발정주기의 배란기를 제외한 기간중에는 높은 농도로 유지되는 프로게스테론에 의한 부의 피드백기전으로 FSH의 분비와 LH의 급증이 억제되어 배란이 일어나지 않는다. 그러나, 배란기 이외의 기간에도 기저수준으로 분비되는 FSH의 자극으로 다수의 난포가 배란에는 이르지 못하지만, 발육을 개시한다. 그러나, 난포의 발육양상은 동물의 종에 따라 매우 다르다(본 장의 제1절. 발정주기중의 난포발육 항목 참조). 소·말·면양·산양 등과 같은 초식동물들은 동일한 난포발육양상을 나타내며, 매 발정주기의 황체기에 2~3회의 난포발육파가 단계적으로 발현되어 발육난포를 계속적으로 보충한다. 각각의 난포발육파에서는 다수의 소형 및 중형 난포가 동시에 발육을 개시하지만, 발육난포의 과립막세포에서 분비되는 인히빈의 작용으로 FSH의 분비가 저지되면 발육단계가 빠른 하나의 난포만이 우세난포로 선정되고, 발육단계가 늦은 차석난포부터는 FSH의 자극을 받지 못하여 폐쇄된다. 그러나, 먼저 진행된 난포발육파의 우세난포는 전번 배란의 결과로 형성된 황체에서 분비된 프로게스테론에 의한 부의 피드백기전으로 LH-급증이 억제되어 배란에 이르지 못하고 폐쇄되는 반면에, 마지막 난포발육파의 우세난포는 황체가 퇴행되어 프로게스테론에 의한 부의 피드백이 해제되기 때문에 배란에 이른다. 따라서, 발정주기의 황체기에 FSH나 eCG(PMSG)를 다량으로 투여하여 성장을 개시한 다수 난포의 성장을 지속시켜 모두 우세난포로 발달되도록 유도하면서 $PGF_{2α}$를 투여하여 황체를 퇴행시키면, 프로게스테론에 의한 부의 피드백기전이 해제되어 다배란이 유기된다(본 장의 제1절. 난포발달의 내분비적 조절 항목 참조). 한편, 돼지와 영장류에 속하는 동물들은 난소에 활동성 황체가 존재하면 난포가 배란기의 크기로 발육하지 못함으로 초식동물들과는 달리 발정주기의 황체기에 난포발육파가 출현되지 않으며, 황체가 퇴행된 후에 다수의 난포가 동시에 발육을 개시하여 배란에 이른다. 따라서, 이러한 동물들은 난소에서 황체가 퇴행되는 발정전기(돼지의 경우 발정주기의 14~16)에 FSH나 eCG를 다량으로 투여하면 다배란이 유기된다. 따라서, 황체의 퇴행을 위한 $PGF_{2α}$의 투여는 필요하지 않다. 더욱이, 래트와 마우스는 교미자극이 없으면 배란 후에 형성된 황체가 프로게스테론의 분비기능을 발현하지 못하기 때문에 황체기가 결여되고, 난포기가 4~5일 간격으로 반복되면서 배란이 일어남으로 FSH나 eCG의 투여로 매우 용이하게 다배란을 유도할 수 있다.

2. 다배란의 유기방법

어느 동물종에서나 FSH 또는 eCG의 투여로 다배란을 유기하지만, 발정주기중의 난포발육양상과 배란시기가 서로 다르기 때문에 FSH나 eCG의 투여시기와 투여량도 동물의 종에 따라 다를 수 밖에 없다.

1) 소의 다배란 유기

소는 발정주기의 황체기에 2~3회의 난포발육파가 나타나는데, 이들 난포발육파에서 발

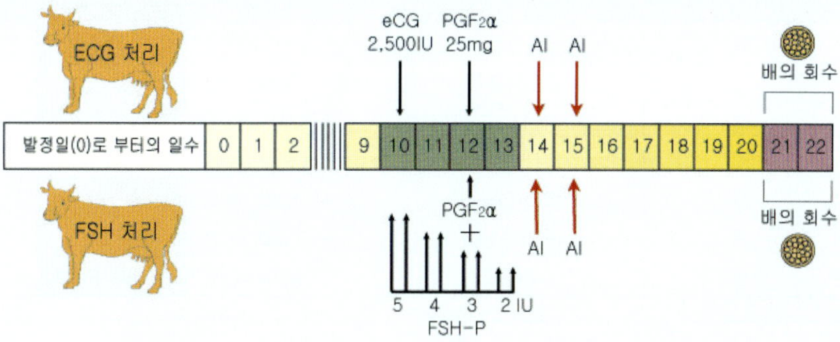

그림 4-11. 소의 다배란유기를 위한 eCG와 FSH의 처리방법

육이 개시된 다수의 난포에 대하여 FSH나 eCG를 투여하여 발달을 촉진시키고, $PGF_{2α}$를 투여하여 황체를 퇴행시켜 프로게스테론에 의하여 영위되는 시상하부-뇌하수체계에 대한 부(-)의 피트백기전을 제거하면 다배란이 유기된다(그림 4-11; Jainudeen 등, 2000). 소의 경우, 자연배란시에는 1~2개의 난자가 배란될 뿐이지만, 다배란처리를 하면 10개 정도의 난자가 배란되고, 이중 6개 정도가 이식이 가능한 배로 회수된다.

(1) eCG에 의한 다배란의 유기 : eCG(PMSG)는 임신한 말의 태반에 위치하는 자궁내막배에서 합성·분비되는 분자량 45,000~65,000의 당단백질호르몬으로서, FSH와 LH의 생리작용을 함께 가지고 있다. 다배란유기를 위한 eCG의 처리시기는 첫번째 난포발육파의 우세난포가 퇴행되기 시작한 시점에서부터 두번째의 난포발육파가 출현하는 시점의 사이인데, 이 시기는 발정발현일을 0일로 할 때 9~13일째이며, eCG의 투여용량은 2,000~2,500IU이다(Jainudeen, 2000). eCG의 처리 48시간 후에 황체의 퇴행을 유도하기 위하여 $PGF_{2α}$ 25~30mg을 투여한다. 이러한 조건들을 감안하여 eCG의 처리로 다배란을 유기하려면, ① 발정이 발현된 날(0일)로부터 10일째에 2,500IU의 eCG를 1회 주사하고, ② 48시간 후(12일째)에 $PGF_{2α}$ 25~30mg을 주사하여 황체의 퇴행을 유도한 다음, ③ 14일째와 15일째에 2회의 인공수정을 시술하고, ④ 21~22일째에 이식이 가능한 단계로 발달된 배를 회수한다.

한편, eCG는 투여방법이 간편하고, 가격도 저렴하다는 장점이 있다. 그러나, 분자량이 크기 때문에 오줌으로 거의 배설되지 않고, 생리적 반감기도 길어서 배를 채취한 후에도 난포의 발달을 자극하여 난소의 낭종화(囊腫化)를 유발하고, 난관내에서의 수정란 이동과 수정란의 정상적인 발달을 장해하며, 착유우의 경우에는 유량이 감소되는 등의 부작용을 초래한다. 이를 해결하기 위하여 항-eCG혈청(anti-eCG serum)을 투여하여 여분의 eCG를 제거하려는 연구가 수행되고 있다. 즉, 배란전 LH-급증이 일어난 5~6시간 후에 항-eCG 혈청을 투여하여 eCG를 중화시키면 eCG에 의한 모든 부작용을 제어할 수 있다(Alfuraiji

표 4-8. 다배란의 유기에 이용되는 FSH 제제

추 출 원	상 품 명	제 조 회 사
돼 지	FSH-P	Schering, 미국
돼 지	FOLLTROPIN	Vetrepharm, 캐나다
돼 지	STIMUFOL	Phône-Mérieux, 프랑스
돼 지	SUPER-OV	Ausa International, 미국
면 양	EMBRYO-S	Embryo Plus, 호주
면 양	OVAGEN	Immuno-Chemicals Products, 뉴질랜드

등, 1993). 그러나, LH-급증이 일어나는 시점을 정확히 파악한다는 것은 쉬운 일이 아니기 때문에 항-eCG혈청을 지정된 시간(fixed-time)에 투여하는 방법의 개발이 필요한데, eCG 투여 48시간 후에 투여하는 $PGF_{2\alpha}$를 투여한 다음, 48~60시간 후에 LH-급증이나 발정상태와 관계없이 항-eCG혈청을 투여하면 효과가 있다(Gonzalez 등, 1994). 이와 같이, 항-eCG 혈청의 처리가 eCG의 해독을 제거한다는 사실은 대부분의 연구자가 동의하지만, 투여시기나 작용기전 등에서 미진한 점이 남아 있어 상용화에 어려움을 주고 있다.

(2) FSH에 의한 다배란의 유기 : 1970년대까지 가축의 다배란유기에 주로 이용되어 왔던 eCG는 반감기가 길어서 다양한 부작용을 초래하기 때문에 현재에는 거의 이용되지 않는다. 그 대신에 반감기가 짧은 FSH 제제를 많이 이용하고 있다. 그러나, FSH 제제는 배란반응은 좋지만, 반감기가 짧아서 투여회수가 많아지고, 값이 비싸다는 단점이 있다.

① 다배란유기에 이용되는 FSH 제제 : 가축의 다배란유기에 이용되는 FSH 제제는 주로 가축의 뇌하수체에서 추출한다(표 4-8). 그러나, 소의 다배란유기에는 돼지의 뇌하수체에서 추출한 FSH-P와 Folltropin이 주로 이용되고, 폐경기 후의 여자 뇌하수체에서 분비되는 폐경기성 성선자극호르몬(human menopausal gonadotropin [hMG])도 이용된다. 이와 같이, 화학적 조성이 약간씩 다른 이종동물의 FSH로 다배란을 유기하면 생산된 배의 질이 저하될 수 있다는 문제점이 제기되었지만, 시판되고 있는 5종류의 FSH 제제(FSH-P; Folltropin; Laborclin; Antrin; Folitropina)가 나타내는 다배란반응을 Holstein종 젖소를 대상으로 비교한 결과, 서로 유사한 성적을 보였는데, 이 사실은 FSH 제제에 따른 배란반응에 차이가 없다는 것을 의미한다(Larocca 등, 1995). 한편, 배란반응은 FSH와 LH의 상대적 비율(FSH : LH ratio)에 따라 영향을 받지만, 시판되는 모든 FSH 제제는 가축(특히 돼지)의 뇌하수체 추출물임으로 채취하는 동물의 발정주기 단계에 따라 LH의 양이 일정하지 않을 뿐만 아니라, 배란시에 추출되는 것이 아님으로 배란시에 필요한 LH의 농도에 비하여 낮게 마련이다. 그러나, LH의 농도가 정상배란시 농도에 비하여 낮은 FSH : LH 비율에서 질이 좋은 배가 생산된다. 따라서, 다배란처리의 결과에 영향을 미치는 FSH : LH 비

율을 일정하게 유지시키는 방법이 시도되고 있는데, LH함량의 최대 허용수준은 15~20% 사이이다(Mapletoft & Pierson, 1993). 한편, 재조합DNA기술에 의하여 순도가 높은 소의 FSH를 생산할 수 있는데(Looney & Bondioli, 1988), 이것도 육우에서 FSH-P를 비롯한 FSH 제제에 비하여 손색이 없는 다배란 유기효과를 나타낸다(Wilson 등, 1993).

② 배란반응에 대한 우세난포의 영향 : 다배란을 유기할 때 난포발육파의 상태가 다배란반응에 매우 큰 영향을 미친다. 초음파진단장치로 난포의 발달상태를 관찰하면서 FSH의 처리에 따른 배란반응을 조사한 결과, 난소에 우세난포(dominant follicle)가 존재하는 상태에서 FSH의 처리를 개시하면 우세난포가 없을 때 처리를 개시한 경우에 비하여 배란반응이 40~50% 정도 감소될 뿐만 아니라, 이식이 가능한 배의 수도 절반으로 감소된다(Huhtinen 등 1992). 따라서, 다배란 처리를 하기 전에 초음파진단기로 우세난포의 존재여부를 확인하거나, 우세난포의 발달을 저지하는 방법을 이용하여 난소에 우세난포가 없는 상태에서 다배란처리를 개시하면 채란효율을 높일 수 있다. 초음파진단기로 난소상태를 관찰하여 다배란처리 38~46시간 전에 우세난포를 흡인하면 배의 생산수가 9.1개로 대조군 6.7개에 비하여 유의하게 증가된다(De Ruigh 등, 1996). 또한, GnRH나 에스트라디올-17β를 투여하여 난포발육파의 동기화를 유도한 후에 다배란처리를 하는 방법도 이용된다. 즉, 발정주기의 단계나 난포발육파의 상태와 관계없이 GnRH를 투여하여 새로운 난포발육파를 출현시키고, GnRH투여 4일 후에 우세난포를 제거한 다음, FSH 제제를 투여하여 다배란을 유도한다(Kohram 등, 1996). 또한, 프로게스테론 제제의 투여로 발정을 조절하는 소에 대하여 프로게스테론 제제의 투여를 시작한 1일 후에 에스트라디올-17β를 투여하면 4일 후에 새로운 난포발육파가 출현됨으로 이 때부터 다배란의 유기를 위한 FSH처리를 개시한다(Bo 등, 1995).

③ FSH투여의 시기와 방법 : FSH 제제의 투여로 다배란을 유기할 경우에도 투여를 시작하는 시기는 eCG의 투여시기와 같이 난소에 우세난포가 없는 발정주기의 9~13일 사이의 적당한 시점이다. 그러나, FSH는 반감기가 짧아서 총 투여량을 4일 동안에 걸쳐 하루 2회씩 12시간 간격으로 8회에 나누어 투여한다(표 4-9). 그러나, FSH 제제의 투여량과 투여방법은 두 종류의 방법이 있는데, 그 하나는 총 28mg의 FSH를 투여일의 경과에 따라 감량하면서 투여하는 방법이고, 다른 하나는 총 40mg의 FSH를 등량(等量)으로 나누어 8회에 걸쳐 투여하는 방법이다. FSH의 투여를 개시한 후 3일째(48시간 후)에 25~30mg의 $PGF_{2\alpha}$를 투여하면 투여 후 2일째에 발정이 발현되고, 곧이어 배란이 일어난다. 한편, FSH의 처리를 개시하는 표준시점인 발정주기의 9~13일이 아닌 이른 시기(발정 후 1~4일), 즉 우세난포가 형성되기 전에 다배란처리를 시작하면 배란률은 정상이지만, 수정률과 배의 생산수는 낮다(Roberts & Echternkamp, 1992). 그러나, 발정주기의 초기단계(2~6일)와 중기단계(10~11일)에 다배란처리를 개시하였을 때의 이식가능한 배의 생산수를 보면 초기단계에 개시한 경우가 8.0개로 중기단계에서 개시한 경우의 5.4개보다 높았다는 보고도 있다

표 4-9. 소의 다배란유기를 위한 호르몬제의 투여과정

발정일(0)	시간	eCG 1회투여	FSH 감량투여	FSH 등량투여
10	오전	2,500IU eCG	5mg FSH	5mg FSH
	오후		5mg FSH	5mg FSH
11	오전		4mg FSH	5mg FSH
	오후	수란축에 $PGF_{2\alpha}$ 주사	4mg FSH	5mg FSH
12	오전	공란축에 $PGF_{2\alpha}$ 주사	3mg FSH	5mg FSH
	오후		3mg FSH	5mg FSH
13	오전		2mg FSH	5mg FSH
	오후		2mg FSH	5mg FSH
14	오전			
	오후	인공수정	인공수정	인공수정
15	오전	인공수정	인공수정	인공수정
	오후	인공수정	인공수정	인공수정

(Roberts 등, 1994). 또한, 관용적으로 이용되는 FSH 투여방법은 투여회수가 많아서 공란축에 스트레스를 주게 되고, 투여량 및 투여시간에 오류를 범할 위험성이 있음으로 FSH를 PVP(polyvinylpyrrolidone)와 같은 고분자물질에 용해시켜 근육에 1회 주사하는 방법이 일본에서 개발되었다(Yamamoto 등, 1995). 이 방법은 주사된 FSH가 PVP에서 서서히 방출됨으로 FSH의 혈중 지속시간이 길게 유지되고, 이에 따라 FSH를 분할투여하는 것과 같은 효과를 나타낸다.

2) 면양의 다배란 유기

면양도 소와 같이 발정주기중의 황체기에 난포발육파를 나타내면서 성장난포가 형성됨으로 다배란의 유기방법도 기본적으로는 소에서와 같다. 그러나, 면양은 발정주기의 길이(17일)가 소의 그것(21일)에 비하여 짧기 때문에 소와는 달리 발정주기의 말기(11~13일)에 나타나는 난포발육파를 대상으로 다배란을 유도한다. 면양에서도 실시간 초음파진단기를 이용하여 난포의 발육상태를 확인하면서 다배란처리를 하면 좋을 결과를 얻을 수 있다.

(1) eCG에 의한 다배란의 유기 : 발정주기를 반복하는 면양에 대하여 발정주기의 12/13일째에 eCG를 1회 주사하여 다배란을 유기하는데, 그 투여량을 700IU로부터 1,300IU까지 증가시키면 평균배란수도 eCG의 투여량에 비례하여 2.8개에서 9.1개까지 증가된다(Averill, 1958). 그러나, eCG의 농도가 너무 높으면 파열되지 못하는 대형난포의 수가 증가되어 오히려 배란수가 감소됨으로 eCG의 투여량은 최대 2,000IU를 넘기지 않아야 한다. 또한, 소에서는 eCG의 처리에 병행하여 황체의 퇴행을 목적으로 $PGF_{2}\alpha$를 투여하지만, 면양에서는 $PGF_{2}\alpha$를 투여하면 다배란 후에 형성된 미성숙황체가 퇴행되기 때문에 $PGF_{2}\alpha$를 투여하지

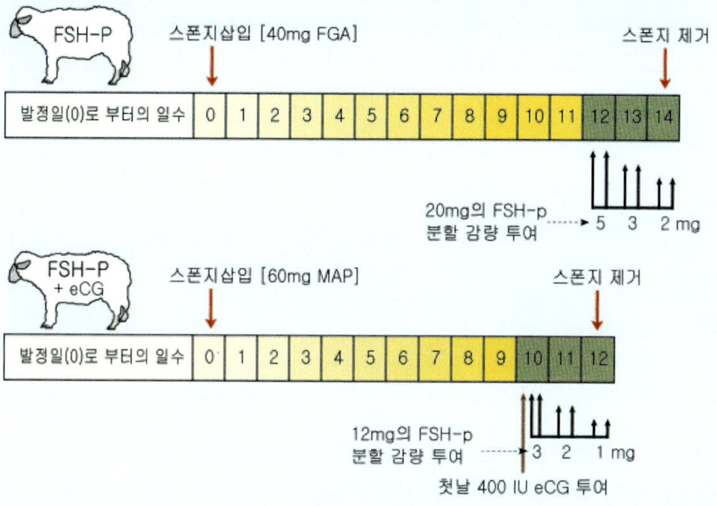

그림 4-12. 면양에서 프로게스테론 제제와 FSH-P의 처리에 의한 다배란의 유기

않는 것이 좋다. 한편, eCG는 생리적 반감기가 길어서 다배란이 유도된 후에도 잔류되어 배란 후에 난포발육파(postovulatory wave)를 형성하며, 이에 따라 스테로이드호르몬의 분비수준이 높아져 다양한 해독작용이 나타난다. 따라서, eCG에 의하여 난포의 자극이 개시된 후에는 항-eCG혈청을 투여하여 여분의 eCG를 중화시켜야 한다(Jabbour & Evans, 1991). 항-eCG혈청의 투여시기는 실시간 초음파진단장치로 난포의 발육상태를 관찰하면서 결정하는 것이 바람직하지만, 실제적으로는 다배란처리에 의한 발정이 개시된 12~24시간 후를 고정시간(fixed-time)으로 하여 주사하는 것이 일반적이다(Martemucci 등, 1995).

(2) FSH에 의한 다배란의 유기 : 다배란의 유기에 사용되는 FSH 제제는 동물의 뇌하수체에서 추출하는데(표 4-8 참조), 면양의 다배란유기에는 돼지의 뇌하수체에서 추출한 FSH-P나 Folltropin 등에 비하여 면양의 뇌하수체에서 추출한 Ovagen이 더욱 효과적이다(Fernie 등, 1994). 번식계절에 발정주기를 반복하는 면양의 다배란유기를 위한 FSH 제제의 처리방법은 발정주기의 12/13일째부터 총량 20mg의 FSH 제제를 3일 동안에 걸쳐 감량투여하는데, 다배란처리를 하는 발정주기의 발정발현일(0일)에 프로게스테론 제제를 질내에 장착하면 더욱 효과적이다(그림 4-12; Jainudeen 등, 2000). 면양의 배란반응은 FSH 제제의 투여량에 비례하여 증가되지만, 투여량이 20mg을 넘으면 배란수와 회수되는 배의 수가 오히려 감소된다(표 4-10). 면양에서도 폐경기성 성선자극호르몬(hMG)을 다배란유기에 이용하며, 그 효능은 FSH-P와 유사하거나 오히려 좋다고 하였다(Stefani 등, 1991).

(3) FSH와 eCG의 병용투여에 의한 다배란의 유기 : 배란촉진제로서 FSH 제제는 반감기가 짧아서 배란반응이 떨어지는 반면에, eCG는 배란반응은 확실하지만, 반감기가 길어서

표 4-10. 면양에 대한 FSH-P의 투여량이 배란수와 회수되는 배의 수에 미치는 영향

FSH (mg Armour)	배란수	회수되는 배의 수
0	1.9 ± 2.5	1.1 ± 2.5
12.0	6.7 ± 3.8	1.3 ± 3.9
14.5	6.7 ± 3.8	4.3 ± 3.9
17.0	8.4 ± 1.7	5.9 ± 1.7
19.5	12.1 ± 1.6	7.7 ± 1.6
22.0	14.4 ± 1.6	8.8 ± 1.6
30.0	10.7 ± 1.7	7.9 ± 1.7

잔류효과를 나타내는 단점이 있다. 따라서, 서로의 단점을 보완하기 위하여 두 호르몬 제제를 병용처리하는 방법이 개발되었다. 즉, FSH-P의 투여량을 12mg으로 줄이고, 3일 동안 감량투여하는 동시에, FSH-P 투여 첫날에 400IU의 eCG를 함께 투여하면, 15.8개의 난자가 배란되어 20mg의 FSH-P를 단독 투여한 경우의 11.8개에 비하여 높은 배란률을 나타낸다(Jabbour 등, 1991).

(4) 프로게스테론 제제와 FSH 및 eCG에 의한 다배란의 유기 : 면양에서는 프로게스테론 제제를 이용하여 발정을 조절하면서 다배란을 유기하는 경우가 많다. 특히, 비번식계절에는 발정이 발현되지 않음으로 FSH나 eCG를 처리하기 전에 프로게스테론 제제를 흡착시킨 스폰지를 질내에 12~14일 동안 삽입하고, 이것을 제거하기 2일 전부터 FSH-P나 eCG를 투여하는데, 투여방법은 앞에 기술된 방법과 같다(그림 4-12). 이 때, 사용되는 프로게스테론 제제는 40mg의 FGA나 60mg의 MAP를 스폰지에 흡착시킨 질내페사리이다.

3) 산양의 다배란 유기

산양의 다배란을 유기할 때 가장 큰 문제점은 동일한 용량과 방법으로 호르몬을 처리하여도 배란반응이 개체간에 매우 다르다는 점이다. 이와 같이, 개체간 변이의 폭이 큰 이유는 ① 유전적 요인, ② 공배산양의 연령, ③ 다배란처리를 할 때의 발정주기의 단계, ④ 호르몬의 종류와 용량에 따른 배란반응의 정도 등이 서로 다르기 때문이다.

(1) eCG와 FSH의 다배란유기 효과 : 소와 면양에서는 eCG의 투여에 따른 배란반응이 양호하여 다배란처리를 계속적으로 하지 않거나, 항-eCG혈청으로 여분의 eCG를 중화시키면 배란촉진제로 유용하게 이용할 수 있다. 그러나, 산양에서는 배란반응이 나쁘고, 이식가능한 배의 생산수도 적다. 예를 들면, FSH를 투여하였을 경우에는 배란수가 9.6개로서, eCG 투여시의 5.7개에 비하여 유의하게 많으며(Eiamvitayakorn 등, 1988), 다배란처리 후 난소에 형성된 황체의 수도 FSH처리에서는 16.55개인데 대하여 eCG처리에서는 11.70개로 훨

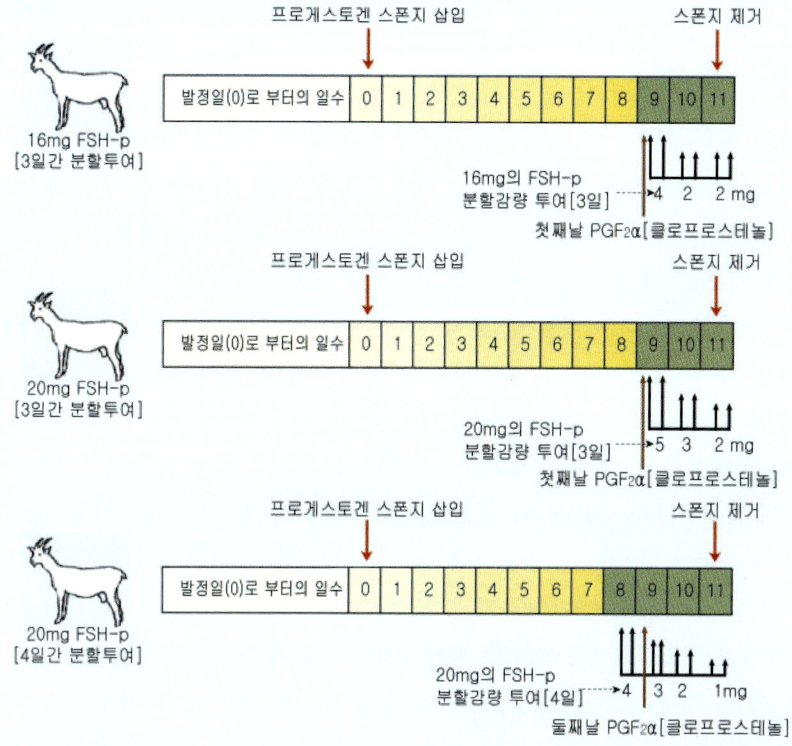

그림 4-13. 프로게스테론 제제 - FSH - $PGF_{2\alpha}$ 병용처리에 의한 산양의 다배란 유기

씬 적다(Mahmood 등, 1991). 또한, FSH-P 21mg, 또는 eCG 1,200IU를 처리하였을 때 각각의 배란수는 12.5개와 3.3개로서, FSH-P의 처리에서 유의하게 높은 배란수를 보였다(Pampoukidou 등, 1992). 이와 같이, 산양에서는 FSH를 처리하였을 경우에 배란수와 배의 생산수가 eCG를 처리한 경우에 비하여 월등히 많기 때문에 산양의 다배란 유기에는 eCG를 이용하지 않고, FSH를 이용하는 것이 일반적이다. 산양의 다배란유기에는 돼지의 뇌하수체에서 추출한 FSH-P가 주로 이용되며, FSH : LH 비율은 면양의 그것보다 높아서 약 40%의 LH-P가 함유될 때에 가장 좋은 배란률을 나타낸다(Nowshari 등, 1995).

(2) 프로게스테론 제제와 FSH에 의한 다배란의 유기 : 산양의 다배란유기에는 번식계절과 무발정기 모두에서 프로게스테론 제제와 FSH-P를 투여하는 방법이 가장 효과적이다. 프로게스테론 제제는 FGA 40mg을 흡착시킨 스폰지를 질내에 삽입하는 방법으로 투여하며, FSH-P는 16mg 또는 20mg을 투여한다. 모든 처리방법에서 FGA 스폰지는 11일 동안 질내에 삽입하며, FSH-P는 FGA 스폰지를 제거하기 2일 전(FGA 질내삽입 9일째)부터 3일 동안에 걸쳐 감량투여하고, FSH-P 투여 첫째날에 $PGF_{2\alpha}$ 유연물질인 클로프로스테놀을

함께 투여한다. 또한, FGA 스폰지를 질내에 삽입날로부터 8일째부터 4일 동안 FSH-P를 감량투여하는 방법도 이용된다(그림 4-13).

4) 말의 다배란 유기

말에 대하여 뇌하수체에서 추출한 FSH 제제를 투여할 때의 배란반응은 매우 나빠서 배란수와 이식이 가능한 배의 생산수가 적으며, 특히 무발정기에 있는 말에서는 더욱 나쁘다. 따라서, 소나 면양에서 배이식에 필요한 배를 생산하는데 효과적으로 이용되는 다배란 유기기술을 말에서는 제한적으로 이용할 수 밖에 없다. 더욱이, 말은 전세계적으로 사육두수가 적을 뿐만 아니라, 산업동물로 보다는 스포츠나 레저 동물로 사육하기 때문에 자연번식을 선호하는 경향이 있어서 다배란유기나 배이식에 필요한 기술들이 다른 동물종의 경우에 비하여 개발되지 못한 실정이다.

(1) 뇌하수체 추출물에 의한 다배란의 유기 : 1970년대에 미국에서는 말의 뇌하수체 조추출물(粗抽出物, crude extract)을 비발정기의 말이나, 발정주기를 반복하는 말에 투여하여 다배란을 유도하는 실험이 수행되어 왔지만, 체계적인 말의 다배란유기법은 Douglas(1979)에 의하여 제시되었다. 그는 발정주기의 13일째부터 7일 동안 매일 뇌하수체 추출물을 투여한 후에 20일째에 hCG를 투여하여 평균 2.3개의 난자를 얻었다.

(2) FSH에 의한 다배란의 유기 : 말의 다배란유기에 돼지의 뇌하수체에서 추출한 FSH 제제인 Folltropin이나 FSH-P가 많이 이용된다. 말은 난소에 기능황체가 없고, 난포발육파의 개시기(우세난포가 형성되기 전)인 발성주기의 초기에 다배란처리를 하는 경우에 배란률이 높다. 발정주기의 초기인 5일째에 Folltropin 8~16mg을 하루 2회 주사한 다음, $PGF_{2\alpha}$를 투여하면 2개의 난자를 얻을 수 있다(Fortune & Kimmich, 1992).

5) 돼지의 다배란 유기

돼지는 한번에 다수의 새끼를 출산하는 다태동물임으로 배이식에 필요한 난자를 얻기 위하여 다배란 처리를 할 필요성은 적지만, 복제돼지나 형질전환돼지의 생산에 필요한 난모세포를 얻으려면 다배란 처리과정이 필수적이다. 돼지는 초식동물과는 달라서 발정주기중의 황체기에는 난포가 발육되지 않으며, 황체가 퇴행된 후에 난포발육이 개시되기 때문에 발정주기의 말기에 한하여 다배란처리가 가능하다(본 장 제1절. 발정주기중의 난포발육 항목 참조). 또한, 돼지는 한 배란기에 다수의 난포가 동시에 발육을 개시하고, 단시간내에 발육을 완료함으로 강력한 자극이 필요하다. 따라서, 반감기가 길고, 난포에 대한 자극효과가 뛰어난 eCG를 사용하여 다배란을 유기하는 방법이 일반적으로 이용된다.

(1) 성숙돈의 다배란의 유기 : 발정주기를 반복하는 성숙돈에 대한 다배란 처리는 발정주기의 난포기가 개시되는 발정주기의 15~16일째에 1,000IU의 eCG를 1회 투여한다. 이 때,

표 4-11. 미성숙 돼지에서 eCG의 투여량에 따른 배란반응

eCG	hCG	평균 배란수
250	500	7.2
500	500	12.5
1000	500	19.6
2000	500	45.8

투여하는 eCG의 용량과 배란수는 정의 상관관계가 있으며, eCG 100IU당 황체수 1.89 ± 0.5의 회귀계수를 보인다(Hunter, 1964). 일반적으로, 다배란처리를 한 경우에는 발정주기가 약 1일 정도 짧아지고, 발정기는 약간 길어진다.

한편, 배란시각을 명확하게 하기 위하여 eCG와 hCG를 병용투여하는 경우도 있다. 즉, 발정주기의 15~16일째에 1,000IU의 eCG를 투여하고, 72시간 후에 500IU의 hCG를 주사한 다음, 4~6일째에 배를 회수하는데, 4·5·6일에 회수되는 배의 평균수는 각각 13개·17.1개·12.7개 이다(Kim 등, 1990). 또한, 발정주기를 반복하는 미경산돈에 대하여 발정주기의 16일째에 1,000IU의 eCG를 투여하고, 3일 후에 500IU의 hCG를 투여한 다음, 매일 발정상태를 관찰하여 발정을 발견하면 그날에 인공수정을 시술하고, 이이서 24시간 간격으로 추가적 인공수정을 시술하는 방법도 이용된다(Galvin 등, 1994). 한편, 발정주기의 조절에 이용되는 프로게스테론 제제도 다배란처리에 함께 이용한다.

(2) 미성숙돈의 다배란의 유기 : 미성숙돈은 비교적 저렴한 가격으로 구입할 수 있고, 필요에 따라 임의로 처리하기가 간편하기 때문에 배의 생산에 이용하는 경우가 많다. 더욱이, 미성숙돈은 발정이 발현되지 않음으로 발정주기의 단계와 관계없이 어느 때나 다배란처리를 할 수 있다는 장점도 있다. 미성숙돈의 다배란처리는 eCG를 기본으로 하고, 배란시각을 확실하게 하기 위하여 hCG를 병용투여하는 방법이 일반적으로 이용된다. 미성숙돈에도 eCG의 투여용량에 비례하여 배란수가 증가된다(표 4-11). 체중이 80kg 이하인 미성숙돈에 대하여 1,000IU의 eCG를 주사하고, 72시간 후에 500IU의 hCG를 투여한 다음, 24시간 후에 교배나 인공수정을 하면, 90%의 개체에서 배란이 일어나는데, 평균 25개 정도의 난자가 배란되고, 이것의 약 62%가 수정란으로 회수된다(Baker, 1979). 그러나, 미성숙돈에서 eCG의 투여에 따른 배란반응이 계절에 따라 큰 차이가 있으며, 봄이 다른 계절에 비하여 2배 정도 좋은 결과를 나타낸다(Day, 1979). 또한, 성성숙 전의 미성숙돼지에 1,500IU의 eCG를 투여하고, 72시간 후에 750IU의 hCG를 투여한 다음, hCG투여 24시간과 36시간 후에 자연교배 또는 인공수정을 하는 방법도 제시되었다(Reichenbach 등, 1993). 한편, 미성숙돈에 대하여 eCG와 hCG의 투여로 다배란을 유기할 때의 배란률과 생산된 배의 질은

① 돼지의 체중, ② eCG의 투여량, ③ 처리계절(월), ④ 발현된 발정의 질(質), ⑤ 교배에 사용된 종모돈의 능력 등에 따라 크게 영향을 받는다.

3. 다배란유기의 문제점과 영향을 미치는 요인

배이식기술을 가축의 증식·개량에 이용하기 위해서는 다배란을 유기하는 것이 필수적인 과정이다. 따라서, 오래 전부터 다배란유기에 대한 기술체계를 확립하기 위하여 다양한 각도에서 연구가 수행되어 왔으며, 오늘날에는 각 가축별로 이용되는 다배란 처리기술들이 많이 개발되었다. 그러나, 아직까지도 다배란 처리에 따른 난소의 반응이 개체간에 차이가 있을 뿐만 아니라, 난소의 배란반응에 영향을 미치는 수 많은 요인들도 명확하게 구명되지 못한 부분이 많이 남아 있는 실정이다.

1) 다배란유기의 문제점

다배란처리로 이식용 배를 생산할 경우에 투여된 호르몬에 대한 난소의 반응이 개체간에 차이가 매우 크다. 소를 예로 들면, 같은 호르몬 제제를 같은 방법으로 투여하여도 배란률의 변이(0~수십개)가 클 뿐만 아니라, 배의 정상발달률과 생존률도 낮아서 이식이 가능한 배의 두당 생산수도 5~6개 정도에 불과하다. 그러나, 다배란처리를 할 때의 배란반응은 동물의 상태(품종·연령·영양 등)와 호르몬의 상태(종류·투여량·투여시기 등)는 물론이고, 환경(계절·온도 등) 등을 포함하는 복합적 요인에 의하여 영향을 받기 때문에 배란반응을 일정하게 유지하는 것이 매우 어렵다. 또한, 회수된 배가운데 이식이 가능한 배의 비율이 낮은데, 그 이유로는 ① 인위적 성선자극호르몬의 투여로 체내호르몬들의 불균형이 초래되면서 내분비계가 혼란되고, ② 이에 따라 난포의 발달이 정상적으로 이루어지지 않으며, ③ 난포의 스테로이드호르몬 생산도 비정상적으로 되고, ④ 난자의 핵이 제대로 성숙되지 않으며, ⑤ 수정과정과 난할과정에서 이상이 발생된다는 것 등을 들 수 있지만, 아직까지도 결정적 원인을 찾아내지 못하고 있으며, 따라서 해결책도 없는 실정이다.

한편, 성선자극호르몬의 투여로 다배란처리를 반복하면 처리횟수가 증가될수록 배란률이 나빠진다. 이것은 투여된 성선자극호르몬이 다배란을 유기한 후에도 생리적 활성을 지속하여 난포의 발달을 자극함으로써 다음번의 다배란처리에서 난포의 정상적 발달을 장해하는데 그 원인이 있다. 이러한 현상은 반감기가 긴 eCG로 다배란처리를 하였을 경우에 더욱 뚜렷하게 나타나는데, 이를 해결하기 위하여 성선자극호르몬을 중화시킬 수 있는 항혈청을 투여하는 방법이 부분적으로 시도되고 있다. 예를 들면, 항-eCG혈청을 eCG의 투여로 유기된 발정이 개시된 후의 일정시간에 투여함으로써 이 시점에서 남아 있는 eCG를 중화시키는 방법이 개발되었다. 유럽과 미국에서는 면양을 이용하여 만든 항-eCG혈청이 시판되고 있으며, 소의 다배란유기에 이용하여 효과를 인정하는 연구결과도 많다. 같은 원리로 항-LH혈청을 이용하는 연구도 광범위하게 수행되고 있다.

2) 다배란처리시 난소의 반응에 영향을 미치는 요인

성선자극호르몬을 투여하여 다배란을 유기하였을 때, 난소에서 일어나는 배란반응은 ① 동물의 종·품종·개체, ② 호르몬 제제의 종류·투여시기·투여방법, ③ 계절·기후·온도 등의 환경요인, ④ 동물의 영양·나이·건강상태 등과 같은 다양한 요인들에 의하여 영향을 받는다. 이와 같이, 다배란반응에 영향을 미치는 요인이 많기 때문에 다배란처리방법을 일정하게 설정하는 것이 매우 어렵다.

(1) 동물의 종 · 품종 · 개체 : 동물은 종에 따라 발정주기의 발현양상과 난포의 발육양상이 서로 다르기 때문에 성선자극호르몬의 투여에 따른 배란반응이 다를 수 밖에 없다. 더욱이, 인접한 종 사이에도 배란반응이 서로 달라서, Zebu는 *Bos taurus*나 *Bos indicus*에 속하는 소에 비하여 다배란처리 후에 회수되는 배의 수가 유의하게 많다. 또한, 품종에 따라서도 배란반응이 서로 다른데, Simmental종은 Angus종·Charolais종·Hereford종 등과 비교할 때, 성선자극호르몬에 대한 난소의 반응이 더욱 민감하여 이식이 가능한 배의 생산수가 가장 많다(Breuel 등, 1991). 개체에 따른 배란반응도 서로 크게 차이가 나기 때문에 배란반응이 우수한 개체를 선발하는 방법을 개발하려는 연구가 수행되고 있다. 예를 들면, 젖소에서 우유로 이행되는 프로게스테론의 농도를 측정하여 우수한 공배우(供胚牛)을 선발하려고 시도하였는데, 프로게스테론의 우유중 농도가 표준치(10.5㎍/㎖)보다 낮은 젖소는 배란 후에 형성된 황체수가 유의하게 적었다(Herrler 등, 1990).

(2) 분만후의 경과기간 : 분만 후에 경과되는 기간의 길이에 따라 난소의 배란반응이 다르다. 육우에서 실시간 초음파진단장치로 난소를 관찰한 결과, 분만 후 92일에서 직경이 4mm이상되는 난포의 수가 현격하게 감소되고(Sahara 등, 1994), Holstein-Friesian종 젖소에서도 분만 후 100일경에서 다배란처리에 대한 난소의 반응성이 다른 시기에 비하여 나쁘다(Kruip 등, 1995). 이러한 사실들을 종합하여 보면, 소에서 분만 후 기간의 경과에 따른 난소의 배란반응은 50~70일에서 좋다가 90~110일 사이에서 나빠지고, 110일 이후에 정상으로 회복된다는 것을 알 수 있다.

(3) 연 령 : 모든 동물종에서 난포는 태생기의 난소발생과정에서 원시난포의 형태로 발생된 다음, 연령의 증가에 비례하여 계속적으로 폐쇄된다. 따라서, 출생시의 난소에서 가장 많은 수(래트: 4만·소: 10만·돼지: 21만·사람: 100만)의 난포가 존재하며, 난소의 기능이 폐지될 때까지 점차적으로 감소된다. 이와 같이, 난포의 수는 연령에 비례하여 감소되지만, 배란반응은 난포의 수와는 관계없이 생식수명(reproductive life span)이 지속되는 한 유지된다. 그러나, 배란반응의 감도는 생식기능이 최대로 발휘되는 연령까지는 증가되지만, 그

후로는 계속적으로 감퇴된다. Holstein종 젖소에서는 5.6세에서 다배란처리에 대한 반응성이 가장 높고, 이 후로는 감소된다.

(4) 호르몬제의 종류 · 투여시기 · 투여량 : 기본적으로 난소에서의 난포발달은 뇌하수체에서 분비되는 성선자극호르몬(FSH와 LH)에 의하여 자극된다. 그러나, 난소에서의 난포발육양상이 동물의 종에 따라 다르기 때문에 호르몬 제제의 처리방법도 다르다. 발정주기의 황체기에 난포발육파가 나타나는 초식동물(소 · 면양 · 산양 등)의 다배란처리에는 FSH 제제가 주로 이용되지만, 난포기에 난포의 발달이 개시되고, 다수의 난자가 배란되는 돼지의 경우에는 강력한 생리적 활성을 나타내는 eCG가 이용된다. 호르몬 제제의 투여시기는 동물종별로 난포발달이 개시되는 시기에 맞추는 것이 높은 배란률을 얻을 수 있고, 투여량은 한 발정기에 발달하는 난포수나 동물의 체격 등에 비례하여 결정된다.

(5) 영 양 : 정상적인 발정주기에서 난소에 있는 포상난포의 수는 에너지수준에 영향을 받는 것으로 알려져 있지만, 다배란을 처리할 때의 난소반응과 영양수준 사이에는 상호관계가 크지 않다. 그러나, 산유량이 높은 젖소에서 분만초 2~3주간은 에너지수준이 불균형하게 되고, 이것이 제1차난포의 질을 나쁘게 하며, 이 난포가 배란되는 시기인 분만 후 100일경의 수태율을 나쁘게 한다(Kruip 등, 1995). 한편, 비유중인 Holstein종 젖소에서 제1위-분해성단백질(rumen-degradable protein)을 과다하게 급여하면 수정률과 초기배의 퇴화율이 증가된다는 보고가 있지만(Blanchard 등, 1990), 조단백질의 초과급여가 부정적 영향을 나타내지 않는다는 보고도 있다(Garcia-Bojalil 등, 1994). 또한, 고지방사료로 미경산우를 사양하면 난포발달은 증강되지만, 같은 사양조건에서 FSH를 처리힐 때는 새로운 난포의 보충 · 배란률 · 배의 생산수 등이 떨어지기 때문에 피하지방층이 두꺼운 소는 그렇지 않은 소에 비하여 이식가능한 배의 생산수가 유의하게 감소된다(Bielanski & Yadav, 1990).

(6) 계 절 : 계절번식동물에서는 배란반응의 계절성이 인정되지만, 주년번식동물에서는 계절과 환경(온도 · 습도 · 대기압 등) 및 영양 등이 복합적으로 작용하기 때문에 배란반응에 대한 계절의 효과를 정확하게 계량하는 것이 어렵다. 브라질에서 발정주기를 반복하는 Zebu(Nelore) 암소는 계절이 미수정란의 출현비율에 크게 영향을 미치는데, 봄이 21.2%로서 여름 · 가을 · 겨울 각각의 7.1% · 10.8% · 10.2%에 비하여 유의하게 높았다(De Moraes 등, 1992). 인도에서는 Holstein 잡종소를 고온-건조 · 고온-다습 · 겨울 등의 계절에 다배란처리를 한 결과, 겨울철에서 가장 높은 배란률과 배의 생산률을 얻었다(Agarwal 등, 1993).

◈ 참 고 문 헌 ◈

1) Agarwal, S. K., et al. 1993. Effect of season on superovulation response, recovery rate, and quality of embryos in crossbred cattle. Indian J. Anim. Sci. 63:505.

2) Alfuraiji, M. M., et al. 1993. Superovulation in cattle using PMSG followed by PMSG-monoclonal antibodies. Anim. Reprod. Sci. 33:99.

3) Alvarez, R. H., et al. 1988. Induction of oestrus and luteolysis in cows injected intramuscularly with a small dose of cloprostenol. Revista do Centro de Ciencias Rurais. Suppl. 18:41.
4) Averill, R. L. W. 1958. The production of living sheep eggs. J. Agric. Sci. 50:17.
5) Baker, R. D. 1979. Embryo recovery from prepubertal gilts. Theriogenol. 11:91.
6) Bielanski, A. and B. R. Yadav. 1990. A note on fertilization and embryo production in superovulated cattle with various levels of subcutaneous fat tissue. Anim. Produc. 51:426.
7) Boland, M. P., et al. 1978. Comparison of lambing outcome in ewes after synchronization of oestrus by progestagen or prostaglandin treatment. J. Agri. Sci. 91:765.
8) Breuel, K. F., et al. 1991. Effects of breed, age of donor and dosage of follicle stimulating hormone on the superovulatory respone of beef cows. Theriogenol. 36:241.
9) Bristol, F. 1986. Estrous synchronization in mares. In current therapy in theriogenology(D. A. Morrow ed.). W. B. Saunders. p.661.
10) Broadbent, P. J., et al. 1991. Recipient management and embryo transfer. Theriogenol. 35:125.
11) Burns, P. J., et al. 1993. Evaluation of biodegradable microspheres for the controlled release of progesterone and estradiol in an ovulation control program for cycling mares. J. Equine Vet. Sci. 13:521.
12) Busch, W., et al. 1992. Investigations on oestrus synchronization in sows by means of altrenogest (Regumate). Monatshefte fur Veterinarmedizin. 47:307.
13) Camillo, F., et al. 1993. Advancement of seasonal ovarian activity in the horse using an artificial photoperiod. Ipplogia. 4:29.
14) Day, B. N. 1979. Embryo transfer in swine. Theriogenol. 11:27.
15) De Moraes, G. V., et al. 1992. Seasonal effect on embryo production in cattle. Revista UNIMAR 14(1):49.
16) De Ruigh, L., et al. 1996. The effect of removal of the dominant follicle prior to superovulation on embryo yield. Theriogenol. 45:363.
17) Dorries, K. M., et al. 1995. Olfactory sensitivity to the pheromone, androsterone, is sexually dimorphic in the pig. Physiol. & Behav. 57:255.
18) Douglas, R. H. 1979. Review of induction of superovulation and embryo transfer in the eqine. Theriogenol. 11:33.
19) Eiamvitayakorn, J., et al. 1988. Superovulatory treatment in goats(*Capra hircus*). Thai J. Vet. Med. 18:251.
20) El-Amrawi, G. A., et al. 1993a. Fertility of Saanen goats following induction of oestrus using $PGF_{2\alpha}$. Assiut Veterinary Medical J. 29:241.
21) El-Amrawi, G. A., et al., 1993b. Oestrus synchronization and kidding rate in does treated with vaginal sponge. Assiut Veterinary Medical J. 29:249.
22) Estill, C. T., et al. 1993. Repeated administration of prostaglandin $F_{2\alpha}$ during the early luteral phase causes premature luteolysis in the pig. Biol. Reprod. 49:181.
23) Estill, C. T., et al. 1995. Doses increased $PGF_{2\alpha}$ recepter concentration mediate $PGF_{2\alpha}$-induced luteolysis during early diestrus in the pig? Prostaglandins. 49:255.
24) Evans, A. C. O., et al. 1992. Follicular waves and gonadotropins in 36 week old heifers. Biol. Reprod. Suppl. 100:187.
25) Fairnie, I. J., et al. 1977. Time of ovulation, fertilization rate and blastocyst formation in ewes following treatment with prostaglandin analogue(ICI 80996). Theriogenol. 8:183.
26) Ferni, K., et al. 1994. Superovulation in the ewe: the effects of source of gonadotropin, season, breed and age. Proceeding of the British Society of Animal Production(winter meeting). Paper Number. 59.
27) Fleury, J. J., et al. 1993. Regulation of estrus and ovulation in cyclic mares with progesterone and estradiol biodegradable microspheres: effect of different doses of estradiol. J. Equine Vet. Sci. 13:525.
28) Fortune, J. E. 1994. Ovarian follicular growth and development in mammals. Biol. Reprod. 50:225.
29) Fortune, J. E. and J. L. Kimmich. 1992. Increased rate of double ovulations in mares injected with

FSH early in cycle. Proceedings of the 3rd International Symposium of Eqine ET(Buenos Aires). p.24.
30) Foxcroft, G. R. and M. G. Hunter. 1985. Basic physiology of follicular maturation in the pig. J. Reprod. Fertil. Suppl. 33:1.
31) Galina, C. S. and G. H. Arthur. 1990. Review on cattle reproduction in the tropics. Part 4. Oestrous cycle. Animal Breeding Abstracts. 58(8):697.
32) Galvin, J. M., et al. 1994. A procedure for successful nonsurgical embryo trasnfer in swine. Theriogenol. 41:1279.
33) Garcia-Bojalil, C. M., et al. 1994. Protein intake and development of ovarian follicles and embryos of superovulated nonlactating dairy cows. J. Dairy. Sci. 77:2537.
34) Geary, J. W., et al. 2001. Calf removal improves conception rates to the Ov-Synch and Co-Synch protocol. J. Anim. Sci. 79:1.
35) Ginther, O. J. and K. Kot. 1994. Follicular dynamic during the ovulatory season in goats. Theriogenol. 42:987.
36) Gonzalez, A., et al. 1994. Superovulation in the cow with pregnant mare serum gonadotropin: effect of dose and antipregnant mare serum gonadotropin serum. Canadian Vet. J. 35(3):158.
37) Gordon, I. 1996. Oestrus in the cow and techniques used its detection. In controlled reproduction in cattle and buffaloes. CAB Int'l. p.63.
38) Gordon, I. 1996. Combined treatment in oestrus control: artificial control of oestrus and ovulation. In controlled reproduction in cattle and buffaloes. CAB Int'l. p.155.
39) Gregoraszczuk, E. L. 1992. Interrelationship between steroid hormone secretion and morphological change of porcine corpora lutea at various periods of luteal phase. Endocrine Regulators. 26:189.
40) Guthrie, H. D., et al. 1995. Follicular atresia in pig: measurement and physiology. J. Anim. Sci. 73:2834.
41) Herrler, A., et al. 1990. Rapid milk progesterone assay as a tool for the selection of potential donor cows prior to superovulation. Theriogenol. 33:415.
42) Huhn, U., et al. 1991. pregnancy rate in gilts after oestrus synchronization and fixed-time insemination; results of one-year field experiments. Reproduction in Domestic Animals. 26:126.
43) Huhtinen, M., et al. 1992. Increased ovarian responses in the absence of a dominant follicle in superovulated cows. Theriogenol. 37:457.
44) Hunter, R. H. F. 1964. Superovulation and fertility in the pig. Animal Production. 6:189.
45) Itoh, Y., et al. 1992. Oestrous synchronization in pigs by oral administration of altrenogest from proestrus or estrus. Japanese J. Swine Sci. 29:152.
46) Jabbour, H. N. and G. Evans. 1991. Ovarian and endocrine responses of Merino ews following treatment with PMSG and GnRH or PMSG antiserum. Anim. Reprod. Sci. 24:259.
47) Jabbour, H. N., et al. Effects of season, GnRH administration and lupin supplementation on the ovarian and endocrine response of Merino ewes treated with PMSG and FSH-P to induce superovulation. Reprod. Fertil. Dev. 3:699.
48) Jainudeen, M. R., et al. 2000. Ovulation induction, embryo production and transfer. In reproduction in farm animals. 7th ed.(E. S. E. Hafez & B. Hafez eds.). Lipincott Williams & Wilkins. p.405.
49) Katz, L. S. and T. J. McDonald. 1992. Sexual behavior of farm animals. Theriogenol. 38:239.
50) Kim, H. S., et al. 1990. Studies on embryo transfer in the pig. I. effect of days and repeat collection on embryo production. Korean J. Anim. Sci. 32:9.
51) Kohram, H., et al. 1995. Exogenous control of follicular wave emergence in cattle. Theriogenol. 43:31.
52) Kruip, T. A. M., et al. 1995. Quality of bovine oocytes in dairy cows post partum: concequences for embryo production *in vivo* and *in vitro*. Proceeding of the 11th Meeting of the European Embryo Transfer Association(Hanover). p.113.
53) Kuvicova, E. et al. 1993. Superovulation of gilts with Folligon. J. Farm Anim. Sci. 26:17
54) Larocca, C. E., et al. 1995. The efficiency of different gonadotropin preparations on the superovulatory responses of Holstein cows. Theriogenol. 43:261.

55) Leyva, V., et al. 1995. Ultrasound examination on ovarian activity and ovulation regulated by exogenous progesterone in cycling ewes. J. Anim. Sci. Suppl. 79:226.
56) Lindsay, D. R., et al. 1967. The evaluation of synchronization of oestrus in the entire cyclic Merino ewe. In control of the ovarian cycle in the sheel(T. J. Robinson ed.). Sydney Univ. Press. p.155.
57) MacMillan, K. L. and A. J. Peterson. 1993. A new intravaginal progesterone releasing device for cattle(CIDR-B) for estrous synchronization, increasing pregnancy rates and the treatment of post-partum anestrus. Anim. Reprod. Sci. 33:1.
58) Mahmood, S., et al. 1991. Comparative efficacy of FSH-P and PMSG on superovulation in Pashmina goats. Theriogenol. 35:1191.
59) Mapletoft, R. J. and R. A. Pierson. 1993. Factors affecting superovulation in the cow: practical considerations. E. T. Newsletter. 11(3):15.
60) Martemucci, W. M. C., et al. 1995. Embryo production and endocrine response, with or without monoclonal anti-PMSG administered at different times. Theriogenol. 44:691.
61) McCall, C. A. 1991. Utilizing taped stallion vocalizations as a practical and in estrus detection in mares. Applied. Anim. behav. Sci. 28:305.
62) McDonnell, S. M., et al. 1986. Evaluation of androgenized mares as an estrus detection aid. Theriogenol. 26:261.
63) Noel, B., et al. 1993. Ovarian follicular dynamics in Suffolk ewes at different period of the year. J. Reprod. Fertil. 99:695.
64) Nowshati, M. A., et al. 1995. Superovulation of goats with purified pFSH supplemented with defined amounts of pLH. Theriogenol. 43:797.
65) Palmer, E. 1979. Reproductive management of mares without detection of oestrus. J. Reprod. Fertil. Suppl. 27:263.
66) Pampoukidou, A., et al. 1992. Superovulation and embryo transfer in goats by using PMSG or FSH. Proceedings of the 8th Meeting European Embryo Transfer Association(Lyon). p.198.
67) Pursley, J. R., et al. 1995. Synchronization of ovulation in dairy cow using PGF_2-alpha and GnRH. Theriogenol. 44:915.
68) Reichenbath, H. D., et al. 1993. Piglets born after transcervical transfer of embryos into recipient gilts. Veterinary Record. 133:36.
69) Rhodes, M. T., et al. 1991. Flushing and altrenogest affect litter traits in gilts. J. Anim. Sci. 69:34.
70) Ritar, A. J., et al. 1990. Artificial insemination of Cashmere goat: effects on fertility and fecundity of intravaginal treatment, method and time of insemenation, semen freezing process, number of motile spermatozoa and age of females. Reprod. Fertil. Dev. 2:377.
71) Robert, A. J. and S. E. Echternkamp. 1992. Embryo production by cows treated with FSH during the early luteal phase. J. Anim. Sci. Suppl. 70:75.
72) Robert, A. J., et al. 1994. Follicular development and superovulation response in cows administered multiple FSH injections early in the estrous cycle. Theriogenol. 42:917.
73) Ryan, D. P., et al. 1994. Follicular development during early pregnancy and the estrus cycle of the sow. Theriogenol. 42:623.
74) Sahara, H., et al. 1996. Superovulatory response during the period of diestrus in the number of ultrasonogrophically identified follicles in postpartum beef cows. J. Reprod. Dev. 40:337.
75) Sanchez, T., et al. 1993. Pregnancy rate is greater when the corpus luteum is present during the period of progestin treatment to synchronize time of estrus in cows and heifers. Biol. Reprod. 49:1102.
76) Scaramuzzi, R. J. and J. F. Murray. 1994. The nutrient requirement for the optimum production of gametes in assisted reproduction in ruminant animals. In Proceeding of the 10th Meeting of the European Embryo Transfer Association(Lyon). p.85.
77) Scheffrahn, N. S., et al. 1980. Ovulation using progestins, PGF_{2a}, hCG and GnRH. J. Anim. Sci. Suppl.(1). 51:325.
78) Selgrath, J. P. and K. M. Ebert. 1993. Synchronization of swine with norgestomet implants.

Theriogenol. 39:306.
79) Simplicio, A. A. and R. Machado. 1991. Fertility of goats inseminated with frozen semen during spontaneous oestrus or synchronized with MGA, hCG and cloprostenol. Proceeding of the Congress of the Animal Reproduction(Brazil). 2. p.363.
80) Sirois, J. and J. E. Fortune. 1990. Lengthening the bovine oestrous cycle with low levels of exogenous progesterone: a model for studying ovarian follicular dominance. Endocrinol. 127:916.
81) Smith, M. C. 1986. The reproductive anatomy and physiology of the female goats. In current therapy in theriogenology(D. A. Morrow ed.). W. B. Saunders. p.577.
82) Souza, C. J. H., et al. 1995. Dynamics of sheep follicular growth during anoestrus. J. Reprod. Fertil. Abst. 15:13.
83) Spitzer, J. C. and R. H. Carpenter. 1979. Synchronized breeding of cyclic ewes to produce fetuses of known gestational age. Lab. Ani. Sci. 29:755.
84) Squires, E. L., et al. 1992. Effect of frequency of prostaglandin F2α injection on induction of estrus in mares. Equine Practice 14(3)8:11.
85) Squires, E. L., et al. 1979. Effect of induction of estrus in mares. Equine Practice. 14(3)8:11.
86) Stefani, J. S., et al. 1991. Ovine superovulation response to hMG. Proceeding of the 7th Meeting of the European Embryo Transfer Association. p.210.
87) Stevens, R. D., et al. 1995. Evaluation of the effects of route of administration of cloprostenol on synchronization of estrus in diestrous dairy cattle. J. Amer. Vet. Med. Assoc. 207:214.
88) Tregaskes, L. D., et al. 1994. Evaluation of Crestar, a synthetic progestogen regime, for synchronizing oestrus in maiden heifers used as recipients of embryo transfers. Veterinary Record. 134:92.
89) Van Voorhis, B. J. 1998. Follicular development. In encyclopedia of reproduction. Vol. 2(E. Knobil & J. D. Neill eds.). Academic Press. p.376.
90) Vargus, R. B., et al. 1994. Estrus synchronization using CIDR in heifers. J. Reprod. Dev. 40:59.
91) Velle, W. and O. Helle. 1979. Experience with estrus synchronization in sheep over a twelve-year period. J. Anim. Sci. 48:1015.
92) Wildeus, S. and G. A. Moore. 1995. Age and gonadotropin effects on the estrus and ovulation response to norgestomet synchronization in Spanish does. J. Anim. Sci. Suppl. 73:252.
93) Wilson, J, M., et al. 1993. Superovulation of cattle with a recombinant DNA bovine follicle stimulating hormone. Anim. Reprod. Sci. 33:71.
94) Wood, C. M., et al. 1992. Efficacy of altrenogest in synchronizing estrus in two swine breeding programs and effects on subsequent reproductive performance of sows. J. Anim. Sci. 70:1357.
95) Wuttke, W., et al. 1995. Interractions between TNF to induce luteolysis in porcine corpora lutea. Biol. Reprod. Suppl. 1. 52:64.
96) Yamamoto, M., et al. 1995. Dose response to a single intramuscular injection of FSH dissolved in polyvinylpirrolidone for superovulation in cows. J. Reprod. Dev. 41:93.
97) Zeroual, A., et al. 1995. Fixed-time insemination after prostaglandin-induced luteolysis in beef cattle pretreated with GnRH. J. Anim. Sci. Suppl. 73:224.

제 5 장

초기배의 발생과 배이식

생체내(*in vivo*) 또는 생체외(*in vitro*)에서 만들어진 배(수정란)를 같은 동물종내에서 동품종 또는 이품종의 개체에 이식하여 착상 · 임신 · 분만을 유도하는 일련의 기술적 과정을 배이식(胚移植, embryo transfer [ET])이라 하는데, 통상적으로 착상전의 배를 수정란이라고도 함으로 수정란이식이라는 용어도 함께 사용한다. 배이식의 주목적은 우수한 유전적 능력을 가진 암컷으로부터 일시에 다수의 배를 생산하여 유전적 능력이 떨어지는 암컷에 이식하여 우수한 암컷의 자손을 신속하게 증식시킴으로써 가축의 유전적 개량을 가속화시키는데 있다. 모든 동물에서 암컷의 난소에는 무수하게 많은 난모세포를 가지고 있지만, 자연번식으로 출산하는 자손의 수는 극히 제한적이다. 따라서, 능력이 아무리 우수한 개체라 하더라도 가축집단 전체의 유전적 능력을 개량하는데 대한 기여도가 제한적일 수 밖에 없는데, 배이식기술을 활용하면 이러한 제한적 요인을 상당히 완화시킬 수 있다. 더욱이, 수컷의 유전적 능력을 기초로 하여 가축의 개량에 공헌하는 인공수정기술과 함께 개량프로그램에 적용하면 가축집단 전체의 개량속도를 현저하게 증대시킬 수 있다. 그러나, 돼지는 한번에 많은 수의 새끼를 낳고, 임신기간이 짧기 때문에 개량 · 증식이라는 측면에서 보면 배이식의 중요도가 떨어지고, 말 · 면양 · 산양 등에서도 산업적 활용도가 낮아서 학문적 목적을 제외하면 배이식기술의 의의가 매우 적다. 반면에, 소는 번식간격이 길고, 산자수도 적어서 배이식기술의 활용도가 매우 높기 때문에 이에 대한 연구가 활발하게 수행되어 실용화된 기술로 정착되는 단계에 이르렀으며, 산업화도 급속하게 확대되고 있는 실정이다.

제 1 절　개　　설

오늘날에 시술되는 배이식기술은 토끼의 배이식을 성공(Heape, 1890)한 이래, 오랜 기간

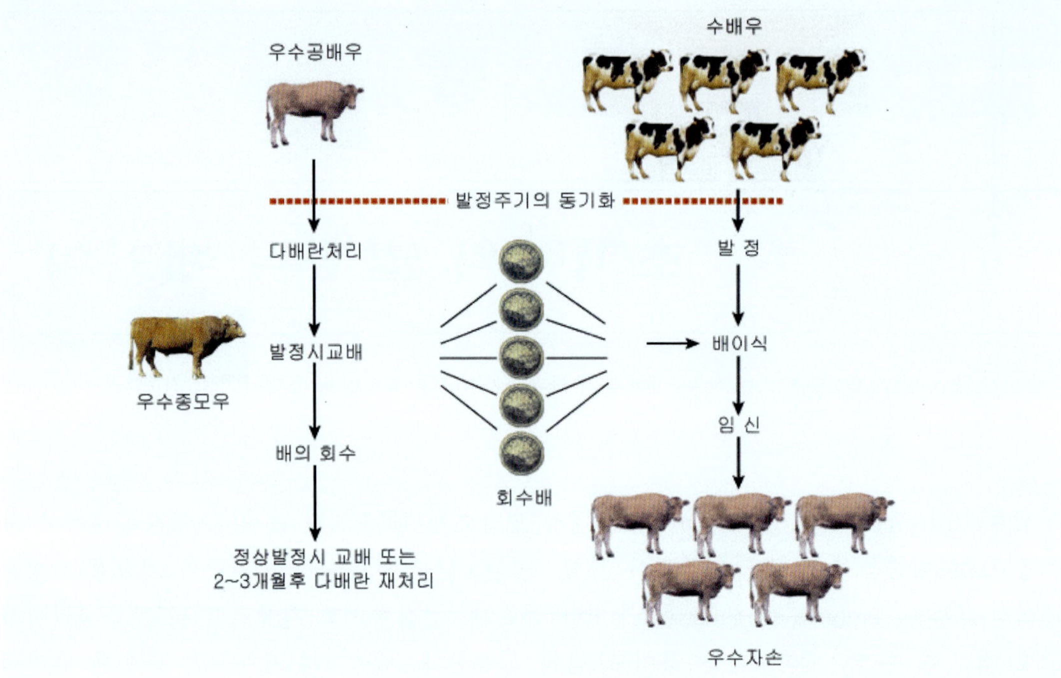

그림 5-1. 배이식과정의 단계

에 걸쳐 축적된 지식과 개발된 기술을 기반으로 하여 확립된 기술체계로서, 유전적 능력이 우수한 암컷의 자손을 신속하게 증식시켜서 가축집단의 유전적 개량을 도모하는데 유용하게 이용될 수 있는 기술이다. 더욱이, 분자생물학과 발생공학의 발전에 힘입어 개발된 복제동물이나 형질전환동물의 생산에는 배이식기술이 절대적으로 필요하다. 그러나, 아직까지도 배이식을 시술하는 단계가 매우 복잡할 뿐만 아니라, 해결하여야 할 과제도 많이 남아 있는 실정이어서 보편적으로 적용할 수 있는 실용적 기술로 정착시키려면 더 많은 연구와 기술의 개발이 필요하다.

1. 배이식기술의 체계

배이식기술은 우수한 유전적 능력을 가진 공배동물(供胚動物, donor)로부터 다수의 배를 생산하고, 이것을 여러 마리의 수배동물(受胚動物, recipient)에 이식하여 한꺼번에 능력이 우수한 다수의 자손을 얻는 기술이다. 배이식은 ① 공배동물로부터 이식할 다수의 배를 생산하고, ② 이것을 회수한 다음, ③ 검사하여 이식여부를 판정하고, ④ 이식에 적합한 배는 곧바로 이식하거나, 체외에서 동결보존하며, ⑤ 배의 이식을 위하여 공배동물과 수배동물의 발정을 동기화시킨 후에, ⑥ 수배동물의 생식기관내에 배를 주입하는 등의 기술적 과정

표 5-1. 동물종별 배이식의 성공년도

동 물 종	성공년도	연 구 자	동 물 종	성공년도	연 구 자
토 끼	1890	Heape	마우스	1942	Fekete & Little
산 양	1932	Warwick & Berry	돼 지	1951	Kvansnicki
래 트	1933	Nicholas	말	1974	Oguri & Tsutsumi
면 양	1933	Warwick, et al.	사 람	1978	Steptoe & Edwards

으로 진행된다(그림 5-1). 이식용 배의 생산은 기본적으로 다배란(多排卵, superovulation)을 유도하는 기술에 의존하지만, 초식동물에서는 발정주기의 황체기나 임신초기의 난소에서 발현되는 2~3회의 난포발육파(follicular wave)에 따라 성장하는 난포로부터 직접 흡인하는 방법(ovum pick-up)도 이용된다. 배의 회수와 주입 과정을 과거에는 외과적 방법에 의존하였지만, 오늘날에는 비외과적 방법이 개발되어 매우 간편하게 시술할 수 있게 되었다. 그러나, 중·소형 동물에서는 아직까지도 외과적 방법을 이용하고 있다. 또한, 공배동물과 수배동물의 발정을 동기화시키는 과정도 그리 쉬운 일이 아니다. 그러나, 동결보존된 배를 융해·이식하여 자손을 얻는 기술이 개발됨에 따라(Whittingham, 1971; Wilmut & Rowson, 1973) 공배동물에서 배를 회수하는 발정주기의 단계에 맞는 수배동물을 선택하여 동결보존된 배를 융해하여 이식하면 발정을 동기화시키는 과정을 생략할 수 있다. 더욱이, 배를 동결보존하면 필요에 따라 적절한 시기에 번식을 유도할 수 있고, 배의 장거리 수송도 가능하게 된다. 따라서, 배의 동결보존기술이 배이식기술을 보편적 실용기술로 정착시키는 전기를 마련한 기술이라고 평가된다.

2. 배이식기술의 발달과정

포유동물에서 배이식을 최초로 성공한 사람은 영국의 Heape(1890)로서, 그는 Angora종 토끼로부터 4세포기 배를 회수한 다음, Belgian종 토끼에 이식하여 2두의 새끼를 생산하였다. 그 후, 40여년 동안 진전을 보이지 못하다가, 1930년대에 산양·면양·래트 등에서 배이식에 의한 새끼가 태어났고, 1951년에는 소와 돼지, 1974년에 말, 그리고 1978년에는 사람에서 배이식에 의한 산자가 출생되었다(표 5-1). 이러한 성공사례를 기반으로 하여 제2차 세계대전 후에 몇 나라의 학자들이 소의 번식 프로그램에 배이식기술의 적용 가능성을 검토하기 시작하였다. 1949년에는 미국의 텍사스에서 최초의 수정란이식 학술회의(egg transfer conference)가 개최되었는데, 이 회의에서 그 때까지의 연구성과를 바탕으로 배이식기술을 가축에 적용하는 문제를 논의하였지만, 배의 생존성과 임신률이 매우 낮아서 적용하기가 어렵다는 결론에 도달하였다. 더욱이, 이 때까지의 시술이 외과적 방법에 의존하고 있어서 상업적 이용에 어려움을 주고 있었기 때문에 인공수정과 같이 비외과적 방법을 개발하는 것이 절실히 요구되었다. 이러한 난제들을 어느 정도 해결하기까지는 약 25년이 소요되었으며, 1970년대에 이르러 비로서 배이식기술의 상업적 이용이 시도되기 시작하였다. 소에 대한 배이식기술의 상업적 이용은 1970년대에 북아메리카에서 외국에서 수입된 육우품종을 증식시키기 위한 수단으로 시작되었다. 1970년대의 초기에는 공배우를 할로탄(halothane)으로 마취시키고, 중복부 개복술(midventral laparotomy)을 이용하여 배를 회수하였는데, 개복술을 시술하는 위치가 젖소에서는 부적합하여 젖소의 배이식은 한계가 있을 수 밖에 없었다. 그러나, 1970년대 중반에 비외과적으로 배를 회수하는 방법이 개발되었다. 또한, 배를 이식하는 방법도 국소마취하에서 겸부(膁部, flank)를 절개하는 방법을 거쳐서 인공수정에 이용하는 정액주입기(Cassou gun)를 기초로 제작된 이식기를 이용하는 비외과적 이식방법이 개발되었다. 이와 같이, 1970년대 종반까지 비외과적 채란방법과 이식방법의 개발이 완료됨에 따라 소의 배이식을 저렴한 비용으로 시술할 수 있게 되어 상업적 이용이 전세계적으로 확산되는 전기를 맞이하게 되었다. 1970년대에 미국과 캐나다에서 개발된 소의 비외과적 배이식기술은 1980년대에 서유럽 국가에서 더욱 개량된 기술로 발전되었다(Thibier, 1992; Seregi, 1993). 구미를 제외한 국가에서는 인도와 중국이 비교적 이른 시기에 소의 배이식기술을 시술하였고, 일본에서는 Suzuki(1993)에 의하여 소의 배이식에 관한 이용실태가 종설로 보고되었다. 배이식기술이 개발됨에 따라 세계 각국에서 소의 배이식기술을 보급하기 위한 회사가 설립되기에 이르렀다. 한편, 면양·산양·돼지에 대한 배이식도 오래 전에 성공되었지만, 상업적으로 가치가 적고, 비외과적 방법으로 이식하는 것이 쉽지 않아서 소에서와 같이 활성화되지 못하고 있는 실정이다. 특히, 노르웨이 농업부는 동물복지 차원에서 면양·산양·돼지의 배이식을 안정적인 비외과적 방법이 개발될 때까지 법률로서 허용하지 않고 있다(Anon, 1994).

우리나라에서는 1952년 이후부터 학회지 등에 종설의 형태로 배이식에 대한 내용이 게재되기 시작하였지만, 모든 여건이 미비하여 실제적인 연구는 수행되지 못하였다. 그러나, 1970년대 초부터 배이식에 관한 연구가 시작되어 토끼에서 배이식에 의한 새끼가 출산되었으며(Jeon, 1971), 1980년대 초반부터는 여러 연구팀에 의하여 소의 다배란유기에 대한 난소의 반응, 비외과적 방법에 의한 배의 회수와 이식에 관한 시험이 본격적으로 수행되어 배이식에 의한 송아지가 탄생되기에 이르렀다(Goh 등, 1981; Chung 등, 1983; Seok 등, 1984). 또한, 1980년대 중반부터는 초기배의 동결보존에 대한 시험이 이루어지고, 동결-융해된 배를 이식하여 송아지가 생산되기 시작하였다. 더욱이, 1980년대 말부터는 배이식기술을 이용하여 복제동물이나 형질전환동물을 생산·이용하려는 다양한 기술들이 개발되고 있으며, 우리나라의 배이식기술도 급속하게 발전하고 있다.

3. 배이식기술의 의의

배이식을 시술하는 일차적 목적은 가축집단의 유전적 능력을 향상시키는데 있다. 가축의 유전적 개량에 지나간 40~50년 동안은 후대검정을 마친 종모축에서 채취한 정액을 이용한 인공수정이 지대한 공헌을 하였지만, 배이식의 기술체계가 확립된 오늘날에는 인공수정기술과 배이식기술을 조합하여 가축의 개량속도를 가속화시킬 수 있게 되었다. 배이식기술을 가축의 번식프로그램에 적용하면, ① 가축의 유전적 능력을 효과적으로 향상시키는 것은 물론이고, ② 가축의 개량기간을 단축하여 능력이 우수한 축군(畜群)을 빠르게 조성할 수 있으며, ③ 생식공학기술을 비롯한 생식생리학 분야의 연구에 기여하고, ④ 초기배의 동결보존기술을 이용하여 유전자원을 보존할 수 있으며, ⑤ 분자생물학이나 발생공학을 기초로 하는 복제동물이나 형질전환동물의 생산도 용이하게 하고, ⑥ 분자유전학적 기법과 조합하면 유용한 유전자가 함유된 개체를 생산할 수 있으며, ⑦ 멸종될 위기에 있는 동물종의 증식을 빠르게 하고, ⑧ 동물 자체를 운반하는 대신 동결보존된 초기배를 간편하게 운반함으로써 동물의 국제간 무역을 활성화시키는 등의 효과를 얻을 수 있다.

배이식기술을 동물의 번식프로그램에 적용하면 수 많은 이득을 얻을 수 있는 반면에, 단점도 많다. 즉, ① 복잡하고 어려운 여러 단계의 기술이 필요하고, ② 숙련되 시술자의 양성에 많은 시간과 경비가 소요되며, ③ 공배동물과 수배동물의 확보와 관리, 그리고 시술에 필요한 약품(호르몬제 등)의 구입 등에 많은 경비가 소요되고, ④ 시대적 기호도에 따라 특정 품종에 편중된 번식이 이루어질 수 있으며, ⑤ 다배란처리시 투여하는 호르몬제에 대한 항체가 생산되어 공배동물의 활용기간이 단축될 수 있고, ⑥ 수술에 의한 손상이나 난산이 초래될 위험성이 있으며, ⑦ 자연번식에 비하여 수태율이 낮아지는 등의 단점이 있다. 그러나, 배이식기술이 동물의 증식·개량과 다양한 생명공학기술의 발전에 공헌할 기대치를 감안하면, 이러한 단점들을 차례로 극복하면서 좀더 효율적으로 이용할 수 있는 기술로 발전·정착시키려는 노력이 앞으로도 계속되어야 한다.

4. 배이식기술의 과제

오늘날에 시술되는 배이식의 기본적 과정(다배란·배회수·동결보존·이식)은 정립되었지만, 아직까지도 배이식과정의 각 단계에서 개선할 부분이 많이 남아 있다. 따라서, 배이식기술을 보편적으로 시술할 수 있는 상업적 기술로 정착시키기 위한 연구가 필요하다.

1) 배생산의 효율성 제고

배이식과정에서 가장 중요한 단계는 이식이 가능한 배의 두당 생산수를 높이는 것이다.

그러나, 다배란처리에 대한 난소의 반응은 동물의 종·품종·개체·연령·영양상태 등은 물론이고, 처리하는 호르몬제의 종류·투여시기·투여기간·투여량 등에 따라 매우 다르다. 이와 같이, 배란반응에 영향을 미치는 요인이 매우 많기 때문에 배생산의 효율성을 높이려면 다양한 연구를 수행하여 효과가 좋은 새로운 방법을 개발하여야 한다. 지난 20~30년 동안 다배란처리기술이 많이 진전되었지만, 아직까지도 만족할 만한 수준은 아니다. 예를 들면, 소에서 이식가능한 배의 두당 생산수가 3~7개 정도에 불과하고(Broadbent 등, 1995), 공배우의 배란반응이 개체에 따라 매우 다르다. 따라서, 다배란처리에 대한 난소의 반응이 좋은 공배축을 선발하는데 기준이 되는 지표를 개발하면 배란률을 높이는데 유용하게 이용할 수 있을 것이다. 또한, 초식동물에서는 발정주기의 황체기에 발육을 개시하는 난포발육파를 성산자극호르몬(FSH-P; eCG)으로 자극하여 다배란을 유기하는데, 난포발육파에 우세난포가 형성되어 있으면 배란률이 매우 나쁘다. 따라서, 우세난포의 형성 여부를 알아내고, 이것을 간편하게 제거하는 방법을 개발하는 것도 필요하다. 다배란을 유도하기 위하여 공배동물에 FSH·eCG·hCG 등을 다량으로 투여하면 배란이 유기된 후에도 잔류량이 남아 있어 다음번의 배란반응을 나쁘게 함으로 다배란처리 간격을 상당기간에 걸쳐 길게 유지할 수 밖에 없다. 그러나, 잔류하는 호르몬을 중화(제거)시키면 다배란처리 간격을 단축시키고, 배란률도 높일 수 있는데, 중화제로 항혈청(抗血淸, anti-serum)이 개발되었지만, 그 효과가 만족스럽지 못한 실정이다(Gonzalez 등, 1994). 따라서, 항혈청을 비롯하여 잔류호르몬을 효과적으로 제거할 수 있는 중화제에 대한 연구가 필요하다. 또한, FSH를 이용하여 다배란을 유기할 경우에는 3~4일 동안 1일 2회씩 투여함으로 노동력이 많이 소요되고, 정확한 투여시기를 맞추는 것도 쉽지 않다. 그러나, PVP와 같은 고분자물질에 FSH를 흡착시키면 1회의 투여로도 다배란을 유기할 수 있다는 결과를 보면(Yamamoto 등, 1995), 간편하게 FSH를 투여하는 방법도 개발될 수 있을 것으로 기대된다. 한편, 난소내 난자채취법(ovum pick-up [OPU])이나 도축된 가축의 난소에서 채취하는 난포란의 효율적으로 이용할 수 있는 방법도 더욱 발전시켜야 할 필요가 있다.

2) 배 동결보존방법의 개선

배이식의 산업화가 더욱 활성화되려면 동결배의 이용이 확대되어야 한다. 배를 동결하는 방법으로 완만동결법·급속동결법·초자화동결법 등이 개발되었지만, 아직까지도 동결배의 수태율은 신선배의 수태율에 비하여 훨씬 낮다. 예를 들면, 소에서 신선배의 수태율은 65~80%의 범위인 반면에, 동결배의 수태율은 55~70% 정도로서, 약 10% 정도가 낮다. 따라서, 배의 동결에 사용되는 동결보존액의 종류와 조성, 동해방지제의 종류와 첨가량, 동결속도 등과 같이 배의 생존에 영향을 미치는 모든 요인을 면밀히 검토하여 동결배의 생존률을 높일 수 있는 동결방법의 개발이 시급히 이루어져야 한다.

3) 배의 회수 및 이식방법의 개선

과거에는 배의 회수와 이식에 외과적 방법을 이용하여 불편이 많았지만, 오늘날에는 비외과적 방법이 개발되어 대동물에서는 매우 유용하게 이용되고 있다. 그러나, 비외과적 방법으로 시술할 경우에도 자궁에 상처를 주어 자궁조직이 유착되거나, 세균의 감염으로 자궁내막염 등과 같은 질병이 발생될 위험성이 있다. 따라서, 보다 안전한 시술방법을 개발하고, 기구의 개선에도 노력하여야 한다. 더욱이, 중소가축의 경우에는 오늘날까지도 배의 회수와 이식에 외과적 방법을 주로 이용하고 있다, 중소동물의 배이식을 활성화시키려면 보다 간편하고, 비외과적으로 시술할 수 있는 배의 회수 및 이식 방법을 개발하는 것이 절실히 요구된다.

4) 배의 미생물오염 방지

배이식은 인공수정에 비하여 질병을 전파시킬 위험성은 낮지만, 적절한 위생처리를 하지 않으면 병원성 세균이나 바이러스를 전파시킬 가능성은 잠재되어 있다. 질병의 전파를 방지하기 위한 방법의 예로써, 배를 0.25%의 트립신(trypsin) 용액에 60~90초간 침지한 다음, 2%의 혈청이 첨가된 D-PBS용액으로 5회 이상 세척하는 방법이 있지만, 보다 광범위하고, 근본적인 접근이 필요하다. 따라서, 배이식에 따라 전염될 수 있는 질병을 찾아내고, 이것을 제어할 수 있는 항생제의 종류와 처리방법을 개발하는 것이 필요하다.

제 2 절 난자와 초기배의 발생

배이식은 유전적 능력이 뛰어난 암컷에 대하여 다배란처리로 다수의 난자를 배란시키고, 이어서 후대검정을 마친 수컷에서 채취한 정액으로 인공수정을 시술하여 배발생을 유도한 다음, 초기배를 회수하여 다른 암컷에 이식함으로써 유전적 능력이 우수한 자손을 얻는 기술적 과정이다. 따라서, 배이식기술을 발전시키려면 난자와 초기배의 발생과정과 생리를 명확하게 이해하는 것이 매우 중요하다.

1. 난자의 형성

난원세포로부터 성숙난자가 발생되는 과정을 말하는 난자형성(卵子形成, oogenesis) 과정에서 난원세포와 초기의 난모세포는 태생기에 발생중인 난소의 제2차성삭에 위치하면서 발달되지만, 그 후의 난모세포는 난소의 난포에 포함된 상태에서 난포의 성장과정과 보조

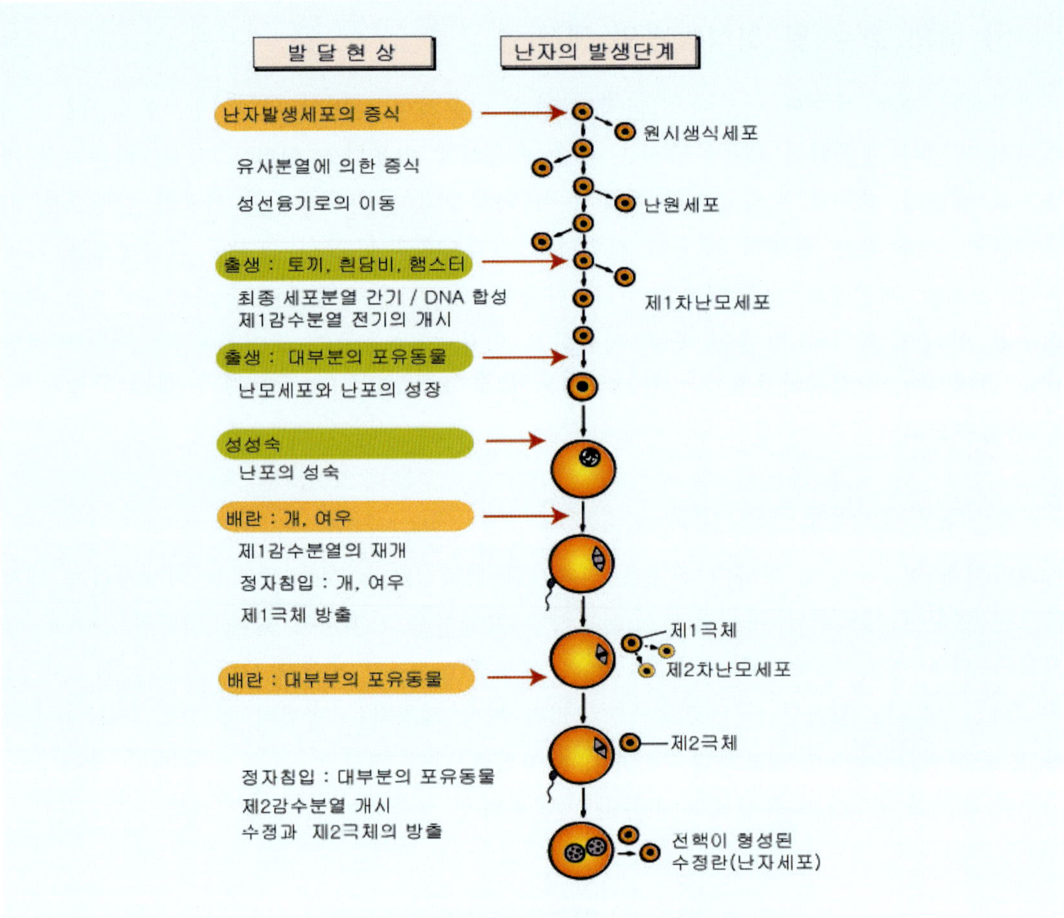

그림 5-2. 포유동물의 난자형성과정

를 맞추어 가면서 발달하고(제4장 제1절. 난포의 발달과 폐쇄 항목 참조), 최종적인 발달은 배란된 후에 일어나는 수정과정에서 완료된다(Picton & Gosden, 1998; 그림 4-4 참조).

1) 난자형성의 단계

난자(卵子, ovum, ova [pl])는 태생초기에 분화된 원시생식세포로부터 여러 단계의 세포분열과정과 성숙과정을 통하여 형성된다(그림 5-2). 난자형성과정에서 일어나는 두번의 감수분열은 분열이 개시된 후에 계속적으로 진행되지 못하고, 휴지기를 가지게 되는데, 특별한 자극이 없으면 감수분열이 재개되지 않는다.

(1) 원시생식세포의 발생 : 원시생식세포(primordial germ cell)는 태생초기에 형성되며, 난황낭의 상피에서 최초로 발견되는데, 기원세포·발생장소·발생시기 등은 아직까지도 명확하지 않다(Picton & Gosden, 1998). 난황낭에 상피에 위치하는 원시생식세포는 피동적

수송에 의하여 후장(後腸)의 내배엽성 상피로 이동되고, 곧이어 아메바운동으로 등쪽 장간막을 따라 성선융기에 도달된 다음, 성삭(性索)에 수용된다(제1장 제1절. 난소의 분화와 발달 항목 참조). 원시생식세포는 소수가 형성되지만, 성선융기로 이동하는 과정과 이동된 후에 유사분열을 반복하여 그 수가 급격하게 증가된다.

(2) 원시생식세포 → 난원세포 : 성삭에 수용된 원시생식세포는 운동력을 잃고, 소수의 세포소기관을 가진 둥근 모양의 세포로 형태변화를 하는데, 이 세포를 난원세포라 하며, 난자발생의 줄기세포(stem cell)가 된다. 난원세포는 출생 직전까지 유사분열을 반복하여 일생 동안 사용할 난원세포의 형성을 완료한다.

(3) 난원세포 → 미발육난모세포 : 난원세포의 유사분열과정이 종료되면 제1감수분열이 개시되는데, 이 때부터는 제1차난모세포라고 한다. 감수분열이 개시된 제1차난모세포는 제1감수분열 전기의 복사기에서 감수분열과정이 정지(휴지)된다. 이러한 상태의 제1차난모세포는 체세포(성선융기의 배상피세포)에서 유래된 한층의 난포세포에 둘러싸여 원시난포를 구성한다(그림 4-4 참조).

(4) 미발육난모세포 → 발육난모세포 : 제1감수분열의 복사기에서 휴지된 제1차난모세포는 난포의 발달과정에 보조를 맞추어 성숙된다. 그러나, 난모세포의 성숙은 난포에서 난포강이 형성되기 직전까지 완료되며, 배란될 때까지 이러한 발달상태가 유지된다. 따라서, 난포강이 형성된 이후의 난포는 난모세포의 성숙에 영향을 미치지 않는 것으로 보인다.

(5) 발육난모세포 → 난자 : 발육이 완료된 제1차난모세포는 배란 직전에 이르면 제1감수분열 전기의 복사기에서 정지되었던 감수분열이 재개되어 제2차난모세포를 형성한다. 그러나, 제1감수분열은 현저한 부등분열(不等分裂, unequal division)로서, 세포질의 대부분이 제2차난모세포로 이행되고, 다른 하나의 세포는 핵과 극소량의 세포질만을 가지게 되는데, 이것을 제1극체라고 한다. 제2차난모세포는 제1감수분열의 결과로 반수(n)의 염색체를 가지지만, 각염색체가 2개의 염색분체로 구성되어 있기 때문에 DNA의 함량은 2n의 분량이다. 제2차난모세포는 곧바로 제2감수분열을 개시하지만, 분열중기(metaphase Ⅱ)에서 휴지되고, 대부분의 포유동물에서는 이 상태에서 그대로 배란된다. 배란된 제2차난모세포는 수정과정에서 정자의 침입자극으로 제2감수분열이 재개되어 제2극체를 방출하고, 난자세포가 된다. 제2감수분열에서는 각 염색체를 구성하는 염색분체가 하나씩 나누어짐으로 DNA의 함량은 절반으로 줄지만, 반수의 염색체수에는 변화가 없다. 한편, 개나 여우와 같은 동물은 대부분의 포유동물과는 달리 제1감수분열이 완료되지 않은 제1차난모세포의 상태에서 배란되며, 배란후에 제1극체가 방출되면서 제2차난모세포가 된다.

2) 난모세포의 발육

제1감수분열 전기의 복사기에서 휴지된 다수의 제1차난모세포는 발육이 개시되지 않은 것과 발육이 개시된 것이 존재하면서 동물체의 생식수명이 계속되는 한 배란이 가능한 난모세포를 계속적으로 보충한다. 난소에 저장된 무수한 난모세포중에서 완전히 발육된 난모세포만이 매 발정주기마다 배란된다. 미발육난모세포는 수정능이 없지만, 발육과정을 통하여 핵과 난세포질이 성숙되면 수정과 난할이 가능하게 된다.

(1) **발육과정에서의 세포학적 변화** : 난모세포가 발육기에 들어가면 미토콘드리아·골지장치·내형질세망(소포체)·리보솜 등과 같은 세포소기관의 수가 현저히 증가되고, 이것들의 기능도 활성화된다. 그러나, 중심소체는 난모세포가 발육되는 기간 중에 소실되며, 따라서 수정에 의하여 정자의 중심소체가 진입될 때까지는 보이지 않는다. 이와 같이, 세포소기관들의 기능이 활발하게 발현되면 난세포질내에 수분·전해질·지질 등이 축적되고, 단백질의 합성률과 함량도 증가되어 세포의 용적이 크게 증대된다. 예를 들면, 마우스의 난모세포는 직경이 15㎛에서 80㎛ 이상으로 발육되며, 사람의 난모세포는 35㎛의 크기에서 발육이 개시되고, 최종 크기는 120㎛에 이른다. 난모세포의 발육은 난포의 과립막세포가 2층일 때부터 시작되어 난포강이 형성되기 직전까지 완료된다. 난모세포의 발육에 소요되는 기간은 마우스와 같이 체격이 작은 동물에서는 2~3주로 매우 짧은 반면에, 사람이나 가축과 같이 체격이 큰 동물에서는 6개월 이상의 긴 기간이 소요된다.

(2) **발육과정에서 RNA의 생산과 저장** : 발육중인 포유동물의 제1차난모세포는 RNA를 활발하게 합성·축적하다가 제1감수분열이 재개되어 DNA에 변화가 생기면 합성을 멈춘다. 합성된 RNA는 매우 안정적이기 때문에 ~75%가 10~20일간 유지·저장되며, 난모세포에 저장된 RNA는 배아게놈(embryonal genome)의 활성이 발현될 때까지(마우스: 2-세포기; 돼지: 4-세포기; 사람: 4-~8-세포기; 소: 8-~16-세포기) 배의 발달에 필요한 물질을 합성한다(Picton & Gosden, 1998).

(3) **발육과정에서 단백질의 합성과 저장** : 발육중인 난모세포는 핵 및 미토콘드리아의 DNA에서 전사된 유전정보(mRNA)에 따라 활발하게 단백질을 합성한다. 예를 들면, 쥐과동물의 난모세포 1개당 단백질 합성률이 1pg/hr에서 40pg/hr까지 증가된다. 그러나, 난모세포에서 난핵포가 붕괴되면, 단백질의 합성이 감소된다. 난모세포에 저장된 단백질은 초기난할과정에 필요한 아미노산의 공급원이 되고, 아미노산 에너지의 저장고가 되며, 더욱이 난황의 단백질로 이용된다. 이 외에도 특수한 역할을 하는 다양한 단백질들도 합성되는데, ① 미토콘드리아 게놈의 지배하에 합성되는 수종의 단백질은 난모세포의 발육과정에서 나타나는 미토콘드리아의 형태적 변형에 이용되고, ② 발육중인 난모세포에서 합성되는 서로 다른 3종류의 단백질(ZP1·ZP2·ZP3)은 투명대를 만들며, ③ 핵의 염색질을 구성하는데 필요한 단백질인 히스톤(histone)과 방추사의 형성에 관여하는 튜불린(tubulin)도 합성되고, ④ 난모세포의 대사에 관여하는 젖산염탈수소효소(lactate dehydrogenase)와 글루코오스-6-인산 탈수소효소(glucose-6-phosphate dehydrogenase)와 같은 효소단백질도 합성된다.

(4) **감수분열성숙** : 포유동물의 난모세포는 난자형성과정에서 두번의 감수분열를 하여 반수체의 난자를 생산한다. 그러나, 감수분열과정에서 핵의 분열이 정지되는 휴지기를 가지게 되는데, 제1감수분열에서는 전기의 복사기(이 때의 핵을 난핵포라함), 제2감수분열에서는 중기에서 분열이 정지된다. 이와 같이, 분열이 정지된 상태에 있는 난모세포의 핵에서 감수분열이 재개되는 능력을 획득하는 것을 감수분열성숙(meiotic maturation)이라 한다. 발육중인 난모세포의 감수분열이 휴지되는 기전은 성성숙 전이나 발정주기의 황체기에 기저수준으로 분비되는 성선자극호르몬(FSH와 LH)이 난포의 과립막세포-난구세포를 자극하여 cAMP의 생산을 유도하고, 이cAMP가 난모세포로 전달되어 단백질키나제 A(PKA)를 활성화시키며, 활성화된 PKA는 감수분열성숙을 억제하는 표적단백질을 인산화시키는 수단을 통하여 난모세포의 감수분열을 억제한다. 그러나, 배란직전의 난포기에 다량으로 분비되는 LH와 FSH의 수준은 ① 난구세포-과립막세포의 포스포리파제 C(PLC)를 활성화시키고, ② 이 PLC는 PIP_2를 두종류의 제2전달물질, 즉 IP_3 와 DAG로 가수분해하며, ③ 이들 제2전달물질은 세포질내의 Ca^{2+}농도를 상승시키고, ④ 상승된 Ca^{2+}은 포스포디에스트라제(phosphodiestrase [PDE])를 활성화시키며, ⑤ 활성화된 PDE는 난모세포로 전달되어 cAMP를 분해·제거하고, ⑥ 이에 따라 감수분열이 재개되는 다단계반응이 개시된다(제2장 제1절. 원형질막수용체를 통한 호르몬의 작용기전 항목 참조). 또한, 배란직전에 급증된 LH는 과립막세포를 자극하여 프로게스테론의 분비를 자극하고, 이 프로게스테론은 난구세포-과립막세포를 자극하여 히알루론산(hyaluronic acid)의 합성·방출을 자극하며, 이것이 난구세포-과립막세포의 간질에 축적되어 난구세포와 난모세포를 연결하는 간극결합을 절단한다. 이러한 과정으로 간극결합이 절단되면 난모세포 성숙억제인자(OMI)가 난모세포로 전달되는 경로가 차단됨으로 최종적인 감수분열성숙이 완성된다(Picton & Gosden, 1998).

2. 난자의 구조

난자는 하나의 세포가 완전한 생명체로 분화될 수 있는 능력을 가지고 있기 때문에 구조적으로 체세포와 매우 다르고, 특수하게 발현되는 생리기능도 많다. 더욱이, 두번의 감수분열은 부등분열이고, 난모세포의 성숙과정에서 세포소기관들이 변형·증가되며, 난세포질내에 다양한 물질들이 축적되기 때문에 난자의 크기가 체세포에 비하여 월등히 크다. 완전히 성숙된 난자의 직경은 가축에서 100~150㎛, 소형동물에서는 70~80㎛ 정도이다.

1) 난자의 외피구조물

배란된 난자는 난모세포의 발육과정에서 형성된 투명대에 의하여 보호되며, 투명대의 외측에는 여러 층의 난구세포가 부착되어 있다(그림 5-3; Hafez & Hafez, 2000a).

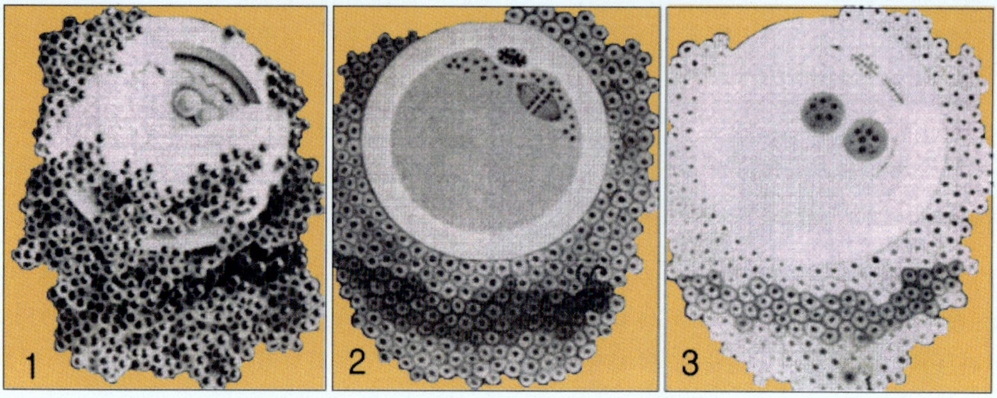

그림 5-3. 난구세포와 투명대에 의하여 피복된 난자

(1) 난구세포 : 난포가 발육하여 그라아프난포가 되면, 투명대에 피복된 난모세포는 그 주변에 있는 난구세포(卵丘細胞, cumulus cell)에 둘러싸여 난포강의 한쪽으로 밀려나게 되는데, 투명대와 직접 접촉하는 가장 안쪽의 난구세포층을 방사관(放射冠, corona radiata)이라 하고, 개개의 세포를 방사관세포(corona cell)라 한다. 방사관세포는 세포질돌기가 뻗어나고, 이것이 투명대를 관통하여 난모세포와 접착되어 간극결합(間隙結合, gap junction)을 형성하여 직접 물질교환을 영위할 수 있는 통도를 구축한다(그림 5-4의 좌측; Hafez & Hafez, 2000). 또한, 난구세포 상호간과 과립막세포 상호간에도 간극결합이 형성된다. 산극결합은 난포내에서 난모세포가 발육할 때 영양공급의 통로가 될 뿐만 아니라, 과립막세포에서 생산되어 난모세포의 감수분열과정을 제어(휴지 · 재개)하는 다양한 인자의 통로로도 작동한다. 그러나, 난모세포가 배란되기 직전에는 LH와 프로게스테론의 작용으로 간극결합이 소실되고, 이에 따라 감수분열과정이 재개된다(난모세포의 발육[감수분열성숙] 항목 참조). 난구세포는 배란 후에도 난모세포에 부착된 상태를 유지하지만, 시간의 경과와 더불어 난모세포에서 탈락되는데, 이것을 난모세포의 나화(裸化, denudation)라 한다.

(2) 투명대 : 난모세포를 밖에서 둘러싸고 있는 투명대(透明帶, zona pellucida)는 난모세포에서 분비되는 섬유성 당단백질(fibillilar glycoprotein)인 투명대 단백질(zona protein [ZP])로 구성되는데, ZP에는 분자량이 서로 다른 ZP1 · ZP2 · ZP3의 단백질 분자가 있다. 이들 단백질 가운데 ZP2와 ZP3는 교호적으로 연결되어 긴 섬유를 만들고, 이 섬유들을 ZP1이 옆으로 연결하여 망상구조를 가진 투명대를 만든다(그림 5-4의 우측; Wassarman, 1987). 투명대의 두께는 마우스 5μm, 햄스터 8μm, 사람 13μm, 면양 15μm, 돼지 16μm, 소 27μm 정도이다. 투명대는 수정과정에서 정자가 부착되며, 수정 후에는 투명대반응(zona reation)이 일어나 추가적인 정자의 침입을 방지한다.

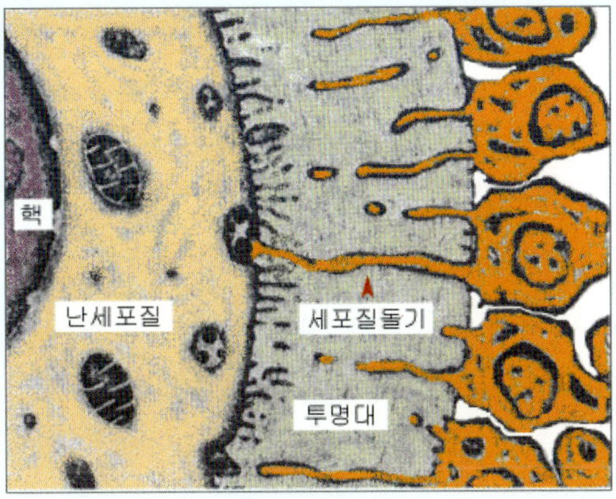

투명대를 관통한 방사관세포의 세포질돌기

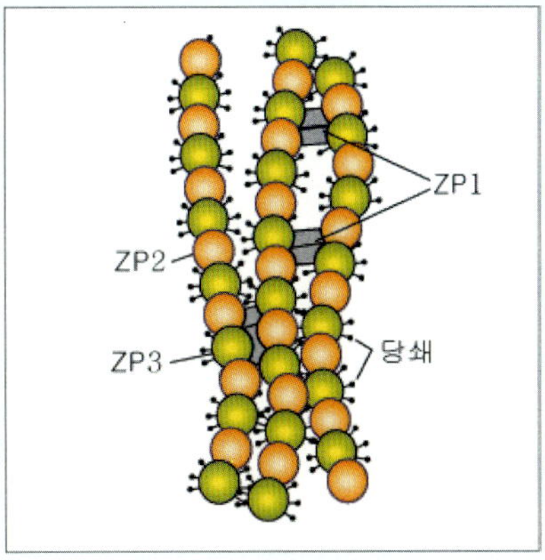

분자구조

그림 5-4. 방사관세포와 난모세포의 간극결합 및 투명대의 분자구조

(3) 난세포막 : 난자의 원형질막을 난세포막(oolemma)또는 난황막(vitelline membrane)이라 한다. 난세포막은 난모세포의 표층이 분화된 막으로서, 표면에 미세융모가 밀생되어 있고, 포음작용(捕陰作用, pinocytosis)으로 영양물질을 흡수하는 함요(陷凹)가 있다. 수정시에는 난세포막 바로 아래의 난세포질에 위치하는 표층과립에서 방출된 효소들이 난세포막의 성질은 변화시키는 난황차단(vitelline block)이 일어나 다정자침입을 방지한다.

2) 난세포질

난자의 세포질을 난세포질(卵細胞質, ooplasm)이라 하는데, 일반 체세포의 세포질과 같이 투명질속에 각종의 세포소기관과 세포봉입물이 혼재되어 있다. 난세포질내에 봉입된 물질은 일반 체세포에 비하여 종류가 다양하고, 양도 많다.

(1) 세포소기관 : 난세포질내에도 일반 체세포가 가지는 모든 세포소기관이 있지만, 특히 중요한 것은 미토콘드리아·골지장치·내형질세망(소포체) 등이다. 이것들은 초기의 난모세포에서는 핵의 주변에 밀집되어 위치하다가, 난모세포의 발육과 더불어 난세포질내에 분산되며, 그 수도 증가되고, 기능도 활성화된다.

(2) 난 황 : 난황(卵黃, egg-yolk)은 난세포질에 가장 많이 함유된 세포봉입물로서, 배발달에 이용되는 저장영양소이다. 난황은 소구상(小球狀)의 난황과립(yolk granule)으로 난세포질내에 분산되어 저장된다. 난황과립은 단백질과 탄수화물로 구성된 혼성난황구와 인지질과 중성지방으로 구성된 지방난황구(지방소적이라고도 함)로 구분한다. 그러나, 난세포질내에 함유된 이것들의 비율은 동물의 종에 따라 다르다. 즉, 소·말·면양·산양·돼지·개·고양이 등의 난자에는 다수의 지방난황구가 함유되어 있는 반면에, 래트·마우스·햄스터

등의 난자에는 혼성난황구가 주로 함유되어 있다. 특히, 소·돼지·개의 난세포질에는 굴절성이 매우 강한 지방난황구가 많이 함유되어 있어서 현미경으로 보면 난세포질 자체가 매우 검게 보이고, 그 속에 들어 있는 핵도 잘 보이지 않는다. 이러한 동물에서는 핵이식을 할 때, 핵을 제거하는 탈핵(脫核)을 하는 것이 혼성난황구를 가진 동물종에 비하여 어렵다. 난황구는 제2차난포가 형성될 무렵의 난모세포에서 핵의 주변부에서부터 축적되기 시작하여 난모세포의 발육과정에 따라 축적량이 증가되면서 난세포질 전체로 분산된다.

(3) 표층과립 : 난모세포의 난세포막 바로 아래에 한층으로 배열된 직경 0.2~0.5㎛의 어둡고 작은 입자를 표층과립(表層顆粒, cortical granule) 또는 피질과립이라고 한다. 표층과립은 난모세포의 표층에 위치하는 골지장치에서 형성되며, 대개는 이중막으로 싸여 있고, 내부는 높은 전자밀도를 나타낸다. 난원세포에서는 수개의 표층과립만이 출현될 뿐이지만, 제1차난모세포를 거쳐 제2차난모세포로 발달하는 과정에서 그 수가 증가되며, 특히 배란후의 제2차난모세포는 상당히 많은 수의 표층과립을 가지고 있다. 표층과립의 내용물에는 프로테아제(protease)·레시틴(lecithin)·점질다당류(mucopolysaccharide) 등이 함유되어 있다. 수정과정에서 정자와 난자가 융합되면 난세포막 바로 아래에 있는 표층과립이 난세포막 쪽으로 이동하여 난세포막과 결합하고, 이어서 표층과립과 결합된 부위의 난세포막이 붕괴되어 그 내용물이 위란강내로 방출되는데, 이것을 표층과립반응(cortical granule reaction)이라 한다. 따라서, 수정후의 난자에서는 표층과립이 소실된다. 표층과립반응에 의하여 위란강내로 방출된 물질들은 투명대에 접착되어 투명대반응, 난세포막과 반응하여 난황차단을 유발함으로써 수정시 다정자침입(多精子侵入. polyspermy)을 방지한다.

3) 난 자 핵

난원세포의 핵은 세포의 대부분을 차지하며, 모양이 둥글고, 핵막소공이 비교적 많은 핵막에 의하여 피복되어 있다. 또한, 핵질은 균질하지 않으면서 미세한 과립이 불규칙적으로 모여 있으며, 핵소체는 전자밀도가 높은 끈 모양의 구조를 나타낸다. 난원세포로부터 형성된 초기난모세포의 핵은 세포의 중앙에 위치하면서 크고 둥글며, 전자밀도가 높은 하나 내지 수개의 핵소체를 가지고 있고, 염색체는 탈응축(脫凝縮, decondensation)되어 난핵포(卵核胞, germinal vesicle [GV])가 된다. 이러한 난핵포상태의 핵은 난모세포의 발육과정에 동반하여 일어나는 두번에 걸친 감수분열의 단계에 따라 다양한 핵의 상태를 나타낸다.

4) 난자의 구조적 기형

난자의 구조적 기형으로는 왜소·거대·난형·편편형·거대극체·투명대의 파열·난황의 공포화 등이 있다. 이러한 이상은 난모세포의 성숙과정에서 발육이 비정상적이고 불충분하여 발생되는데, 유전적 요인과 환경적 스트레스가 기형란 발생의 주요 원인이다. 난자의 성숙이 충분하지 못하면 극체를 방출하지 못함으로 여러 쌍의 염색체를 가지는 다배수성(多倍數性)을 나타낸다. 형태적 이상란의 발생률은 동물체의 노화에 비례하여 증가된다.

3. 초기배의 발생

반수(n)의 염색체를 가진 암・수 각각의 배우자인 난자와 정자는 수정과정을 통하여 접합체(接合體, zygote)를 형성함으로써 양친의 유전형질을 이어갈 새로운 개체로의 발생이 개시된다. 자・웅 전핵의 융합으로 형성된 수정란은 배발생을 개시하여 세포분열을 반복함으로써 미분화상태를 유지하는 다수의 배세포(胚細胞, embryonic cell)를 형성한다.

1) 난 할

배(胚, embryo)의 초기 발생과정에서 세포분열과정을 보면, 핵의 분열은 체세포의 유사분열과 같지만, 세포질은 모세포의 크기로 성장하지 않고, 기존의 세포질을 나누어 가지기 때문에 분열 회수가 증가될수록 세포의 크기가 작아지는데, 이러한 수정란의 세포분열을 난할(卵割, cleavage)이라 한다. 난할의 결과로 형성된 각각의 배세포를 분할구(分割球, blastomere) 또는 할구라 하고, 난할시에 분할되는 면을 난할면(卵割面, cleavage plane)이라 한다. 난할은 핵과 세포질 비율이 체세포의 그것과 같아질 때까지 계속되며, 이 후로는 체세포와 같이 세포질의 증가를 동반하는 유사분열을 반복하여 배발생을 계속한다. 난할과정의 세포주기(細胞週期, cell cycle)는 체세포의 분열과정에 비하여 매우 빠르게 진행된다.

(1) 난할형식 : 동물의 난자는 수정이 이루어지기 전부터 극성(極性, polarity)과 대칭축(對稱軸, axis of symmetry)이 인정된다. 난자의 위치에 따라 극성이 나누어지는데, 핵과 세포소기관이 밀집되어 난자의 활성을 주도하는 부위를 동물극(動物極, animal pole)이라 하고, 주로 난황이 축적되어 있는 부위를 식물극(植物極, vegetal pole)이라 한다. 그러나, 난황량이 적은 포유동물의 난자는 극성이 분명하지는 않지만, 핵이 위치하여 극체가 방출되는 부위를 동물극, 그 반대쪽을 식물극이라 한다. 또한, 난자는 양쪽이 같은 구조를 가지도록 나눌 수 있는데, 이 분할면을 대칭축이라 한다. 모든 동물종에서 제1난할의 난할면은 동물극과 식물극을 연결하는 면에서 대칭을 이루도록 형성되는데, 난할의 형식은 동물의 종에 따라 매우 다르다(그림 5-5; Gilbert, 1994). 난자내에 다량의 난황이 축적되어 있는 조류・어류・파충류 등의 수정란은 난할면이 식물극(난황)속으로 진입되지 못하여 동물극 부위에서만 난할이 이루어지는 부분난할(部分卵割, meloblastic cleavage)을 하며, 포유류와 양서류의 수정란은 난할면이 전체 수정란을 관통하여 양분(兩分)된 분할구를 형성하는 전난할(全卵割, holoblastic cleavage)을 한다. 전난할을 영위하는 동물종에서도 포유류의 경우는 난할의 결과로 형성된 분할구의 크기가 같지만, 양서류의 경우는 난황량이 많은 식물

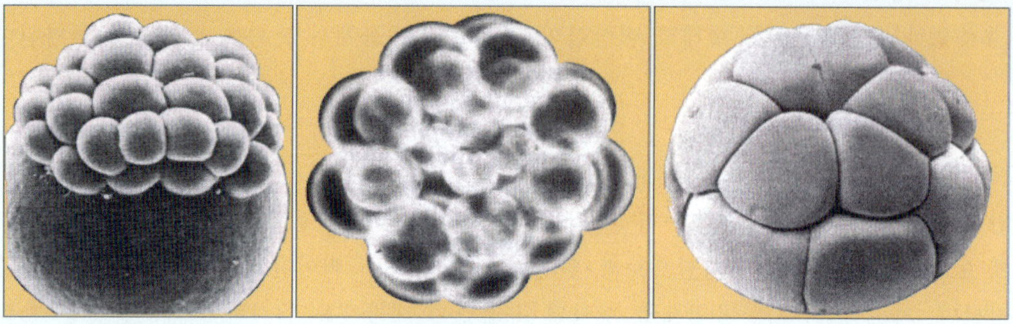

그림 5-5. 난세포질에 저장된 난황량에 따른 난할형식

극쪽에서 형성된 분할구가 동물극쪽의 분할구에 비하여 큰데, 전자를 균등난할(均等卵割, equal cleavage), 후자를 불균등난할(不均等卵割, unequal cleavage)이라 한다.

(2) 포유동물 수정란의 난할단계 : 포유동물 수정란의 제1난할은 수정란의 동물극과 식물극을 연결하고, 양측 분할구의 구조가 같도록 대칭을 이루는 면에서 이루어지며, 이 난할면을 경선면(經線面, meridional plane)이라 하고, 이 때의 배를 2-세포기(2-cell stage) 배라 한다. 그러나, 제2난할은 포유동물을 제외한 다른 동물종에서 보이는 방사(放射) 전난할의 난할양식과는 달라서, 각각의 분할구가 서로 다른 난할면에서 분열하는데, 하나의 분할구는 제1난할면과 종(縱)으로 직각을 이루는 경선면에서 분열하며, 다른 하나의 분할구는 제1난할면과 횡(橫)으로 직각을 이루는 난할면인 적도면(赤道面, equatorial plane)에서 분열하여 4-세포기 배가 된다(그림 5-6; Gulyas, 1975). 제3난할은 제2난할의 난할면과 직각방향으로 분열하여 8세포기 배를 형성한다. 이와 같이, 포유동물의 난할은 제2난할과정에서 각각의 분할구가 서로 다른 난할면에서 분열하고, 제3난할부터의 난할면은 직전 난할의 난할면과 직각방향으로 형성되기 때문에 배 전체에서 나타나는 난할면의 방향은 제1난할면을 축으로 하여 선회하는데 이러한 난할을 회선난할(回旋卵割, rotational cleavage)이라고 한다.

한편, 포유동물의 난할과정을 하등동물과 비교해 보면, ① 난할속도가 하등동물에 비하여 매우 느리고, ② 전난할을 하는 동물중에서 포유동물만이 회선난할을 하며, ③ 하등동물과는 달리 날할시기가 동기화되지 않는다(Gilbert, 1994). 따라서, 포유동물에서는 같은 발달단계에 있는 분할구의 난할시기가 서로 다를 수 있기 때문에 배의 발달이 2-·4-·8-세포기와 같이 규칙적으로 되지 않고, 3-세포기나 6-세포기와 같은 배도 출현된다.

2) 배의 치밀화와 상실배의 형성

투명대에 싸인채로 난할을 계속하는 배는 8-세포기가 되면, 분할구 상호간이 치밀하게

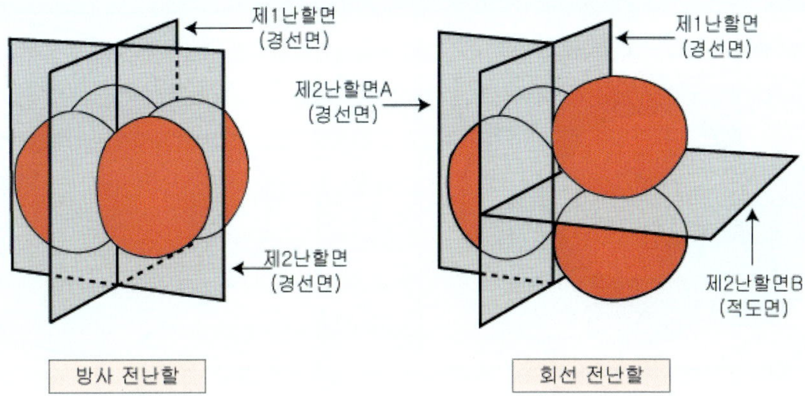

그림 5-6. 방사난할과 회선난할의 난할면

결집되어 전체 배의 모양이 공 모양으로 둥글게 된다. 이러한 배가 난할을 계속하면 마치 뽕나무 열매와 같은 모양을 나타내는데, 이것을 상실배(桑實胚, morula)라 한다.

(1) 배의 치밀화 : 포유동물의 배가 8-세포기로 발달된 직후까지는 분할구 개개의 모양이 둥글고, 상호간이 느슨하게 접착되어 분할구 사이의 공극이 크다. 그러나, 제3난할이 시작될 때부터 분할구의 상호간이 치밀하게 밀착되어 하나의 세포괴를 형성하는데, 이러한 현상을 배의 치밀화(compaction)라 한다(그림 5-7; Gilbert, 1994). 그러나, 포유동물을 제외한 다른 동물종의 배는 치밀화되지 않는다. 포유동물의 배가 2-세포기가 되면 E-카드헤린(cadherin)이라고 부르는 분자량 120kDa의 접착성 당단백질을 분비하여 각 분할구의 원형질막 표면을 균일하게 피복한다. 배가 8-세포기가 되면 각 분할구의 원형질막에서 분극이 일어나 원형질막의 표면에 부착된 E-카드헤린이 이동되어 분할구괴(塊)의 중심에서 가장 먼쪽 극(표면쪽)의 원형질막에 부착되고, 중심을 향하고 있는 극(안쪽)에는 부착되지 않는다(Winkel 등, 1990). 따라서, 분할구괴의 표면쪽은 E-카드헤린에 의하여 인접한 할구 상호간이 긴밀하게 접착되지만, 안쪽은 접착되지 않는다. 또한, 분할구의 표면에 밀생되어 있는 미세융모에 Ca^{2+}의 자극이 가해지면 액틴미세사(actin filament)가 중합되어 길이가 길어지며, 길어진 미세융모가 인접한 분할구의 미세융모와 서로 얽혀지고, 미세융모 사이에 접착성이 강한 E-카드헤린이 채워져 분할구의 접착을 더욱 견고하게 한다.

(2) 상실배의 형성 : 8-세포기의 배에서 난할이 반복되면 분할구의 수가 증가되면서 분할구 상호간이 치밀하게 밀착되어 상실배가 된다. 그러나, 상실배로 분류하는 배의 분할구 수는 일정한 기준이 없으며, 일반적으로 16-세포기로부터 64-세포기까지의 배를 상실배에 포함시킨다. 포유동물의 수정란은 회선난할을 함으로 형성된 상실배는 안쪽에 소수의 내부세포가 위치하고, 그 밖을 다수의 외부세포가 둘러싸는 구조를 가진다. 내부세포와 외부세

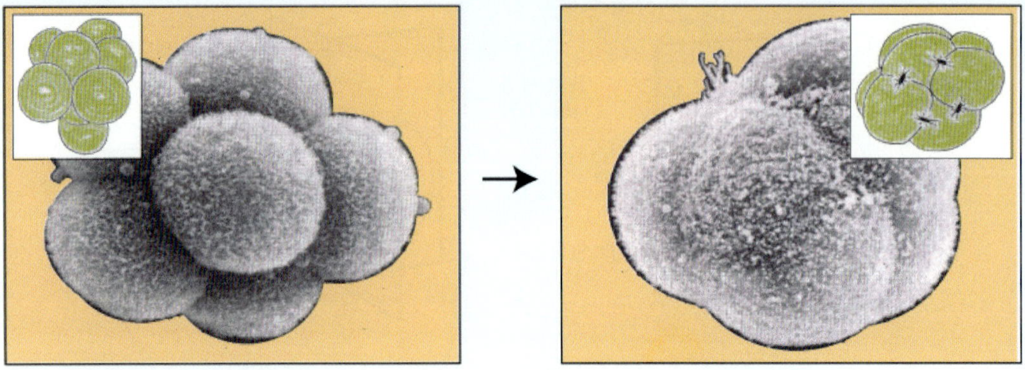

그림 5-7. 마우스 8-세포기 배의 치밀화

포가 분화되면 각 분할구의 기능도 분화되어 2-~8-세포기 배의 분할구가 가지고 있던 전능성(全能性)이 소실되면서 내부세포는 배아배엽(胚芽胚葉, embryoblast), 외부세포는 영양외배엽(營養外胚葉, trophoectoderm)으로 서로 다르게 분화된다(그림 5-8). 상실배는 후기(치밀상실배)에 이르면, 동결 등과 같은 외인적 자극에 대하여 저항성이 커지고, 이식 후의 수태성도 향상되며, 대사활성도 증대된다. 따라서, 배를 이식할 때는 치밀상실배 이후의 발달단계에 있는 배를 이식하는 것이 수태율을 높이는데 효과적이다.

3) 배반포의 형성과 발달

상실배는 내부에 액체가 축적되어 주머니 모양의 배로 발달되는데, 이것을 배반포(胚盤胞, blastocyst)라고 한다. 배반포는 발달과정의 진행과 더불어 배반포강에 축적되는 액체의 양이 증가되면서 확장배반포가 되고, 이어서 투명대로부터 탈출되어 탈출배반포가 된

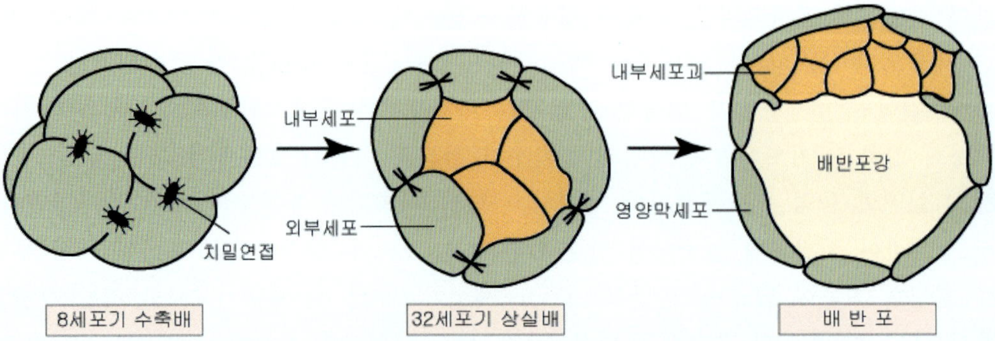

그림 5-8. 치밀화된 배로부터 배반포까지의 형성과정

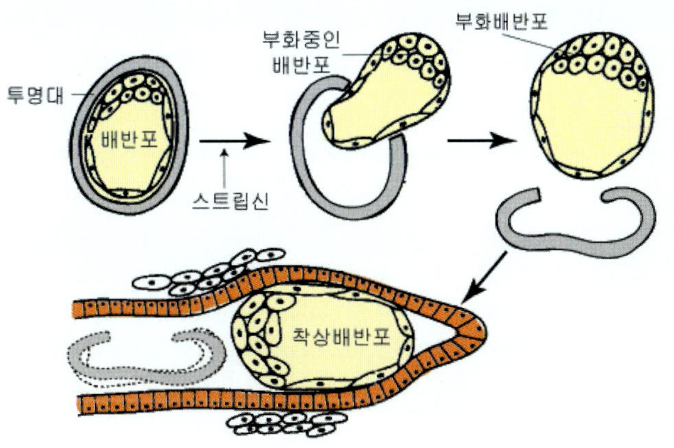

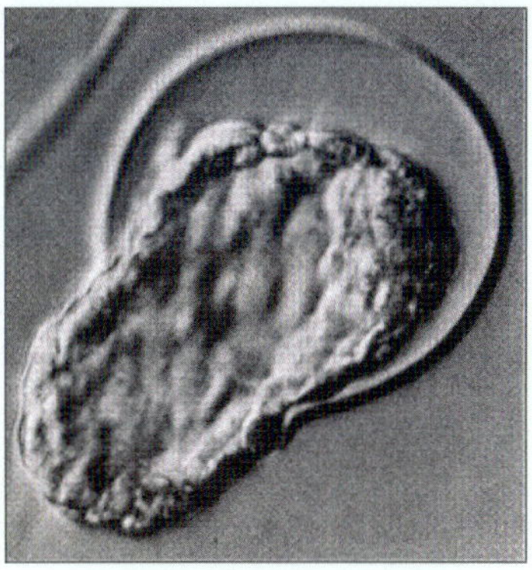
부화중인 마우스 배반포

그림 5-9. 마우스 배반포의 부화과정

다. 탈출배반포는 모체의 자궁내막과 직접 접촉되어 착상과정으로 들어간다.

(1) 배반포의 형성 : 포유동물의 상실배가 발달을 계속하면 내부에 액체가 고이는 내강이 형성되고, 상실배기에 이미 분화된 외부세포는 입방형으로 변형되면서 인접세포와 치밀하게 결합하여 배의 내강(배반포강)을 둘러싸는 영양막(營養膜, trophoblast)으로 분화되는 반면에, 내부세포는 분열을 반복하여 내강의 한쪽에 위치하는 내부세포괴(內部細胞塊, inner cell mass [ICM])로 분화된다. 배반포의 영양막세포는 영양소를 선택적으로 흡수하여 배의 영양대사에 관여하며, 배의 발달 과정에 맞추어 태막(胎膜, fetal membrane)으로 발달된다. 내부세포괴는 배반포가 장배(腸胚, gastrula)로 발달되는 과정에서 외배엽·중배엽·내배엽으로 분화되고, 이어서 태아로 발달된다.

(2) 배반포의 확장 : 배반포가 형성된 후에는 영양막세포의 원형질막에서 나트륨-펌프(sodium-pump; Na+/K+ ATPase)가 작동되어 배반포강내로 수분이 이동되어 배반포 자체가 커지면서 낭포상(囊胞狀)이 되고, 투명대도 늘어나 현저하게 얇아지는데, 이러한 배반포를 확장배반포(expanded blastocyst)라고 한다.

(3) 배반포의 투명대 탈출 : 확장배반포는 점차적으로 커지면서 투명대에서 탈출되는데, 이러한 배반포를 부화배반포(hatched blastocyst) 또는 탈출배반포라고 한다. 배반포가 투명대로부터 탈출되는 기전에는 내압의 증가되어 투명대가 파열되고, 이곳을 통하여 배반포가 탈출하는 부화기전과 배반포의 영양막에서 분비되는 단백질분해효소에 의하여 투명대가 용해·소실되는 용해기전이 있다. 대부분의 가축과 래트 및 마우스는 부화기전에 의하여 배반포가 투명대에서 탈출되는데, 그 과정은 ① 배반포의 영양막세포에서 트립신과 유사한 기능을 가진 스트립신(strypsin)을 합성·방출하고, ② 이것이 투명대의 원섬유기질(fibrillar matrix)을 용해하여 작은 구멍을 만들며, ③ 이 구멍을 통하여 배반포강의 증가된

표 5-2. 배란 후의 시간경과(일수)에 따른 배의 발달단계

배의 발육단계	소	말	면 양	산 양	돼 지	토 끼
1-세포기	0~1	0~1	0~1	0~1	0~1	0~1
2-세포기	0~2	0~2	0~1	0~1	0~1	0~1
4-세포기	1~2	1~2	1~2	1~2	2~3	1
8-세포기	2~4	2~3	2~3	2~3	3~4	1
초기상실배	3~5	2~4	2~4	2~4	3~4	2
상실배	4~6	4~5	4~5	4~5	4~5	2
초기배반포	6~7	5~6	5~6	5~6	4~5	3
배반포	6~8	6~7	6~7	6~7	5~6	3
확장배반포	7~9	7~8	7~8	7~8	5~7	4~6
부화배반포	8~10	8~9	8~9	7~9	6~8	7

내압의 힘으로 확장배반포가 빠져 나온다(그림 5-9; Mark 등, 1985). 한편, 말・토끼・햄스터 등은 용해기전에 의하여 배반포가 탈출되는데, 프로게스테론이 영양막세포의 단백질분해효소 합성을 자극하여 투명대의 용해를 촉진한다.

(4) 배반포의 신장 : 돼지・산양・소 등과 같은 유제류(有蹄類)의 부화배반포는 투명대에서 탈출된 직후에는 둥근 모양이지만, 배발달과정이 진행되면 배아배엽을 중앙에 두고, 영양막이 양쪽으로 늘어나 럭비공처럼 되고, 이것이 계속적으로 가늘게 신장(伸長)되어 긴 관상(管狀)의 끈 모양으로 된다(그림 5-9; Giesert & Malayer, 2000). 배반포의 신장은 착상에 앞서서 시작되며, 착상시나 착상 후에도 일정기간 계속된다. 말은 유제류에 속하는 동물이지만, 다른 유제류 동물과는 달리 배반포가 신장되지 않는다. 그러나, 1일에 2~3㎜의 속도로 직경이 증가되는데, 임신 17~19일까지는 구형을 유지하며, 그 후로는 자궁내강의 형태에 따라 모양이 변경된다.

4) 초기배 발달의 시간적 과정

포유동물 수정란의 배발달과정은 다른 동물종에 비하여 현저하게 늦은 속도로 진행되며, 같은 포유동물에서도 임신기간이 짧은 소동물의 배발달속도가 체격이 큰 동물의 그것에 비하여 빠른 경향이 있다(표 5-2). 그러나, *in vitro*에서 배양하면 *in vivo*에서 발육하는 배에 비하여 발육속도가 늦어진다. 소에서 배발육단계의 시간적 과정과 발육단계별로 자성생식도관을 통과하는 부위는 그림 5-10과 같다. 가축에서 수정란이 배반포로 발달되는 과정은 축종에 따라 달라서 돼지는 배란후 4~5일이고, 말・면양・산양은 6~7일, 소는 7~8일이다. 또한, 투명대에서 배반포가 탈출되는 시기를 보면, 소는 배란 후 8~9일에 개시되어 10~11일에 완료되며, 산양은 발정종료 후 8~9일, 돼지는 8일째에 투명대가 제거된다. 임

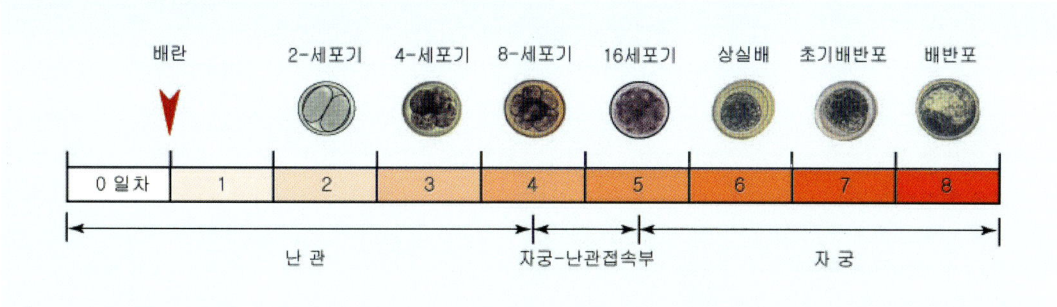

그림 5-10. 소에서 배발달단계의 시간적 과정과 자성생식도관내의 위치

신기간이 짧은 실험동물의 경우는 투명대 탈출시기가 임신기간이 긴 가축에 비하여 빨라서 마우스는 임신 4일째, 래트는 5일째에 탈출된다.

제 3 절　이식용 배의 생산

이식용 배를 생산하는 과정은 배이식의 첫번째 단계로서, 이 단계가 잘못되면 배이식 자체가 성립될 수 없다. 배를 생산하는 일반적 방법은 경제적 능력이 우수한 공배동물(供胚動物, donor)에 성선자극호르몬을 투여하여 다배란을 유기하고, 이어서 인공수정을 시술하여 배의 발생을 개시시킨 다음, 일정한 발달단계에 이른 배를 회수하는 방법이다. 그러나, 오늘날에는 살아있는 동물의 난소에서 난포를 천자(穿刺)하여 얻은 난포란이나 도축된 동물의 난소에 위치하는 난포를 흡인하여 얻은 난포란을 체외에서 성숙시키고, 이어서 체외수정과 체외발달을 유도하여 배를 생산하는 방법도 이용된다.

1. 공배동물의 선정과 관리

배이식으로 태어난 개체가 발현하는 경제형질은 이식된 배에 함유된 유전적 형질에 의하여 결정됨으로 공배동물은 생산능력이 우수하게 표현되는 유전적 형질을 가지고 있어야 할 뿐만 아니라, 다배란처리에 대한 반응성도 좋아서 다수의 배를 생산할 수 있어야 한다.

1) 공배동물의 선정기준

공배동물은 최우선적으로 경제형질에 대한 유전능력, 예를 들면 유용동물은 산유능력, 육용동물은 산육능력이 우수한 개체이어야 한다. 이러한 경제형질 외에도 ① 유전적 질병이 없고, ② 내병성이 강한 유전적 능력을 가지고 있으며, ③ 외모·체격·모색·신체적

표 5-3. 건강우와 불임우의 다배란처리 효과

구 분	건 강 우	불 임 우
채란두수(두)	666	318
총 회수란수(개)	6,828	1,943
평균 채란수(개/두)	10.3	6.1
평균 난할란수(개/두)	6.7	2.6
평균 수정란수(개/두)	6.4	2.4
수정률(%)	66	42
회수란이 없는 공란우(%)	4	21
수정란이 회수 안 된 공란우(%)	14	51
이식 수정란수(개)	3,707	604
수태율(%)	68	58

균형 등이 개체의 시장가치를 높일 수 있는 방향으로 구성되고, ④ 형질발현에 대한 환경효과가 충분히 발현될 수 있는 소질을 가지고 있으며, ⑤ 전염성질병이 없으면서 강건한 체질을 갖추고 있는 개체이어야 한다. 그러나, 유전적으로 우수한 능력을 갖추고 있는 개체라 하더라도 다배란처리에 대한 배란반응이 우수하지 못하면 공배동물로 사용할 수 없기 때문에 유전적 능력에 더하여 생식능력도 함께 우수하여야 한다. 즉, ① 신체의 발달이 충실하여 정상적 연령에 성성숙에 도달되고, ② 발정주기가 규칙적으로 반복되며, ③ 번식내력(產歷)이 명확하고, ④ 배란반응에 장애가 되는 난소질환(황체낭종 · 난포낭종 · 난소위축 등)이 없으며, ⑤ 배의 회수에 장애를 주는 난관 및 자궁의 질환(난관염 · 난관폐쇄 · 자궁내막염 · 자궁축농증 등)도 없는 개체를 선발하여 공배동물로 공용하여야 한다. 일반적으로, 다배란처리에 대한 난소의 반응은 공배동물의 품종 · 연령 · 분만 후의 일수 · 발정주기의 단계, 호르몬제의 종류 · 투여량 · 투여시기, 그리고 계절 · 온도와 같은 환경요인 등에 따라 크게 영향을 받는다. 따라서, 선정된 공배동물에 다배란처리를 할 경우에는 이러한 요인들을 충분히 고려하여 이식용 배를 최대한으로 회수할 수 있는 조건을 충족시켜야 한다. 특히, 노령의 공배동물은 호르몬제의 투여에 대한 난소의 반응성이 나쁘기 때문에 되도록이면 젊은 개체를 공배동물로 이용하는 것이 좋다. 또한, 발정휴지기를 지속하는 불임개체의 경우는 발정을 반복하는 정상개체에 비하여 배란률이 현저하게 나쁘다(표 5-3).

2) 공배동물의 관리

공배동물로부터 이식이 가능한 배를 많이 얻으려면 공배동물의 영양상태를 정상적으로 유지시키는 것이 필수적이다. 따라서, 단백질 · 지방 · 탄수화물은 물론이고, 비타민이나 광물질과 같은 미량영양소도 결핍되지 않도록 세심한 주의가 필요하다. 공배동물은 양호한 영양상태하에서는 배란과 발정이 정상적으로 이루어지지만, 사료가 부족하거나 과다하게 공급되면 마르거나 과비(過肥)가 되고, 이러한 영양상태는 내분비계의 조절기전을 교란시켜 발정과 배란의 발현을 장해한다. 특히, 소・면양・산양 등과 같은 초식동물은 양질의 조사료를 충분히 공급하여 비타민과 광물질이 부족되지 않도록 하고, 청초의 공급이 곤란한 겨울철에는 더욱 세심한 주의를 기울여야 한다. 또한, 지나친 고온환경이나 저온환경은 난소의 배란반응을 나쁘게 한다. 저온환경은 체온의 유지를 위하여 대사작용이 증가됨으로 이에 맞추어 사료를 급여하면 난소의 배란반응은 장해를 받지 않는다. 그러나, 고온환경은 발정주기의 황체기에 기저수준으로 유지되는 성선자극호르몬(FSH와 LH)의 분비를 억제하여 난포발육파의 발생을 억제하기 때문에 다배란처리에 대한 난소의 반응을 나쁘게 한다. 따라서, 더운계절에는 고온스트레스를 받지 않도록 환경을 개선하고, 시원한 물을 충분히 공급하여야 한다.

2. 배의 체내생산

배이식에 사용될 배의 체내생산은 공배동물에 성선자극호르몬을 투여하여 다배란을 유도하고, 이어서 인공수정을 시술하여 배발생을 유도한 다음, 발생중인 초기배를 외과적 또는 비외과적 방법으로 회수하는 과정으로 진행된다. 소와 같은 대동물에서는 배의 회수에 과거에는 외과적 방법을 이용하였지만, 오늘날에는 비외과적 방법을 이용하는 것이 일반화되었다. 그러나, 중소동물의 배 회수에는 아직까지도 외과적 방법이 주로 이용된다.

1) 다배란의 유기

자연상태하에서는 한 발정주기에 배란되는 난자의 수가 동물종 특유의 생식특성에 따라 극히 제한적이다. 그러나, 발정주기중의 적절한 시기에 성선자극호르몬을 다량으로 투여하면 다수의 난포가 동시에 발육되면서 그에 상응하는 수의 난자가 배란된다. 이와 같이, 인위적 처리에 의하여 한 발정주기에 비정상적으로 많은 수의 난자가 배란되는 현상을 다배란(多排卵, superovulation)이라 한다. 다배란된 난자는 인공수정기법으로 주입된 정자와 만나서 수정이 되고, 이어서 배로 발달된다. 따라서, 다배란의 유기는 배이식에 사용되는 배를 생산하는 가장 중요한 수단이다. 다배란의 유기방법은 제4장 제3절 다배란의 유기 항목에서 각 축종별로 상세히 기술하였음으로 여기에서는 축종별로 대표적으로 통용되는 관행적 방법만을 개략적으로 기술하였다.

(1) 소의 다배란 유기 : 소는 발정주기의 황체기에 2~3회 난포발육파가 나타나 다수의 난포가 동시에 발육을 개시하지만, FSH와 인히빈의 상호작용으로 각 발육파에서 우세난포(dominant follicle)가 선정되어 발육을 계속하고, 차석난포부터는 폐쇄된다. 따라서, 우세난

포가 형성되지 않은 상태에서 다량의 성선자극호르몬을 투여하면 난포발육파의 모든 난포가 성장하여 배란에 이른다. 이러한 난포발육의 특성에 따라 소의 다배란처리는 제1난포발육파의 우세난포가 퇴행되기 시작한 다음부터 제2난포발육파의 우세난포가 나타나기 직전까지의 기간인 발정개시일(0일)로부터 9~13일 사이의 적당한 시점에서부터 다배란처리를 시작한다. 다배란처리를 위한 성선자극호르몬으로는 FSH 제제와 eCG(PMSG)가 이용되는데, eCG는 반감기가 길어서 배를 채취한 후에도 난포의 발달을 자극하여 낭종화(囊腫化)를 유발하고, 채란성적을 나쁘게 하는 부작용이 있어서 오늘날에는 거의 이용하지 않는다. FSH 제제나 eCG의 처리로 다배란을 유기할 때에는 LH의 급증을 억제하여 배란을 저지하는 프로게스테론의 농도를 감소시키기 위하여 $PGF_{2\alpha}$나 그 유연물질의 처리로 황체를 퇴행시키는 과정이 필요하다.

소에 대하여 FSH 제제의 투여로 다배란을 유기하는 예를 보면, 발정주기(발정개시일을 0일)의 10일째부터 4일 동안 하루 2회씩 12시간 간격으로 총 8회에 걸쳐서 FSH 제제를 투여하는데, 투여방법은 총 28mg의 FSH 제제를 매일 감량하면서 분할 투여하는 방법([5+5] + [4+4] + [3+3] + [2+2])과 총 40mg의 FSH 제제를 5mg씩 8등분하여 투여하는 방법이 있다. FSH 제제의 투여를 시작한 48시간 후에 황체퇴행 용량의 $PGF_{2\alpha}$ 제제를 투여하면 투여 후 2일째에 발정이 발현되고, 곧이어 배란이 일어난다. eCG의 처리로 다배란을 유기할 경우에는 공배우의 체중에 따라 2,000~3,000IU의 eCG를 FSH 제제의 투여와 같은 시기(투여 첫째날)에 1회 주사하고, 48시간 후에 $PGF_{2\alpha}$제제를 투여하여 발정·배란을 유기한다. 또한, 소의 다배란유기에 GnRH를 비롯한 여러 종류의 호르몬 제제를 병용투여하는 방법도 개발되었다(제4장 제3절. 소의 다배란 유기 항목 참조).

한편, 발정단계가 확인되지 않은 다수의 공배우에 대하여 동시에 다배란처리를 하고자 할 경우에는 발정동기화를 유도한 다음, 다배란처리를 하는 방법을 이용한다. 즉, 프로게스테론 제제인 PRID·CIDR·Synchromate-B 등을 10~12일 동안 처리하여 모든 공배우를 황체기의 상태로 만들고, 이어서 다배란유기를 위한 FSH제제의 투여를 앞에 기술된 방법에 따라 시작한다. FSH 제제의 투여 후 3일째에 프로게스테론 제제를 제거하는 동시에, $PGF_{2\alpha}$ 제제를 투여하여 발정과 배란을 유도한다. 이 방법은 발정주기의 단계에 구애받지 않으면서도 다수의 공배우에 대하여 동시에 다배란처리를 할 수 있다는 장점은 있지만, 처리의 개시로부터 배의 회수까지 19~22일의 긴 기간이 소요되어 그 만큼 세심한 주의가 필요하다는 단점도 있다.

(2) 면양과 산양의 다배란 유기 : 면양도 소와 같이 발정주기의 황체기에 2~3회의 난포발육파가 나타남으로 다배란처리 방법도 기본적으로는 소의 그것과 같다. 번식계절중에 정상적으로 발정주기를 반복하는 면양에서는 발정주기의 11~13일부터 3일 동안 12시간 간격으로 6회에 걸쳐 20mg의 FSH 제제를 감량투여하거나, FSH 제제의 투여량을 12mg으로

줄이고, FSH 제제 투여 첫날에 400IU eCG를 함께 투여하는 방법이 이용된다. 그러나, 발정주기를 반복하지 않는 비번식계절에는 프로게스테론 제제와 FSH 제제를 병용처리하는 방법으로 다배란을 유기한다(그림 4-12 참조).

한편, 산양은 다배란처리에 대한 반응이 개체에 따라 매우 다르다. 이러한 변이는 유전적 요인, 공배산양의 연령, 다배란처리시의 발정주기 단계, 호르몬제의 종류 등에 따라 크게 영향을 받는다. 산양에서 다배란을 유기할 때는 이러한 변이를 최소화하기 위하여 프로게스테론 제제의 스폰지를 질내에 삽입하여 발정을 조절하면서 FSH제제를 투여하는 방법이 주로 이용된다. 즉, 프로게스테론제제 스폰지를 질내에 삽입하고(0일), 9일째에 $PGF_{2\alpha}$제제를 투여하는 동시에 FSH-P의 투여를 시작한다. FSH-P의 투여는 9~11일 사이의 3일 동안에 12시간 간격으로 총량 16~20mg의 FHS-P를 감량투여하며, 마지막 투여 직전에 프로게스테론제제 스폰지를 질에서 제거한다(그림 4-13 참조).

(3) 말의 다배란 유기 : 말은 다배란처리에 대한 난소의 반응이 소나 면양에 비하여 나쁘다. 말은 돼지의 뇌하수체에서 추출한 FSH-P를 처리한 경우의 배란률이 1.25개에 불과하여 말의 뇌하수체 조추출물(crude extract)을 투여한 경우의 배란률 3.35개에 비하여 매우 나쁘다(Gordon, 1997b). 이와 같이, 말은 FSH-P의 처리에 따른 배란률이 나쁘고, 뇌하수체의 추출물도 말의 사육두수가 적어서 얻기가 어려울 뿐만 아니라, 다배란처리에 의하여 얻을 수 있는 난자의 수도 적다. 이러한 것들이 말의 배이식을 제한하는 요인이 된다(제4장 제3절. 말의 다배란 유기 항목 참조).

(4) 돼지의 다배란 유기 : 돼지는 발정주기중의 난포발육양상이 소·면양·산양 등과 같은 초식동물과는 달라서 발정주기의 황체기에는 난포발육파가 나타나지 않음으로 발정주기의 난포기가 개시되는 15~16일째에 다배란처리를 한다. 따라서, 황체의 퇴행을 위한 $PGF_{2\alpha}$제제의 투여는 필요하지 않다. 또한, 돼지는 많은 수의 난자가 배란되기 때문에 성선자극호르몬의 강력한 자극이 필요하다. 따라서, FSH제제보다는 eCG를 처리하는 경우가 많다. eCG의 투여량과 배란수는 직선적 상관관계가 성립되는데, eCG 100IU당 1.89 ± 0.5개의 황체수를 나타내는 회귀계수(regression coefficient)가 성립된다(Hunter, 1964). 돼지에서는 성성숙이 완료되어 발정주기가 발복되는 돼지와 성성숙 전의 돼지 모두에 대하여 다배란처리를 할 수 있다(제4장 제3절. 돼지의 다배란 유기 항목 참조). 예를 들면, 발정주기를 반복하는 돼지에 대하여 발정주기의 15~16일째에 1,000IU의 eCG를 1회 투여하고, 3일 후에 500IU의 hCG를 투여한 다음, 매일 발정을 관찰하여 발정이 발현된 날과 24시간 간격으로 최소한 2회 이상 인공수정을 시술한다(Galvin 등, 1994). 또한, 발정주기가 반복되지 않는 성성숙전의 돼지(체중 80kg 이하)에 대하여도 난포발달 촉진제로서 1,000IU의 eCG를 투여한 다음, 72시간 후에 배란촉진 호르몬인 500IU의 hCG를 투여하면 90% 이상의 돼지에서 배란이 유도된다(Baker, 1979).

2) 다배란처리동물에 대한 인공수정

다배란처리를 시술한 공배동물에 대하여 발정의 발현상태를 확인하고, 수정률을 높일 수 있는 적기에 인공수정을 시술하여 이식용 배를 생산한다. 그러나, 다배란처리로 유도된 발정은 일반 발정주기에서 나타나는 발정과 다른 점이 있다. 즉, 발정징후는 강력하게 발현되지만, 발정에 수반하여 분비되는 점액량이 현저하게 많고, 프로게스테론의 농도가 감소되는 수준이 일정하지 않으며, 발정에 이어서 배란되는 난자의 수도 현저하게 많다. 따라서, 수정적기를 판단하는 것이 정상 발정의 경우에 비하여 어렵고, 점액의 양이 많아서 정자가 수정장소로 이동되는 것이 장해를 받을 수 있으며, 다수 난자의 배란시각이 서로 다르기 때문에 인공수정을 정확하게 시술하지 않으면 미수정란의 발생률이 높아진다. 미수정란의 발생을 최소화하려면 인공수정을 2회 이상 시술하는 것이 바람직하다. 또한, 인공수정을 시술할 때에는 자궁내에 세균이 감염되지 않도록 주의하여야 한다. 자궁내 감염이 일어나면 배의 발육이 저해될 뿐만 아니라, 배의 회수율도 감소된다.

인공수정의 적기는 동물종에 따른 발정발현의 양상, 다배란처리의 시기와 호르몬제의 종류에 따라 다르다. 소의 경우는 다배란처리과정에서 $PGF_{2\alpha}$제제를 투여한 2~3일 후에 발정이 발현되는데, 발정개시로부터 6시간과 12시간이 경과된 시점에서 2회의 인공수정을 시술하는 것이 관행적으로 이용되는 방법이다. 축종별 인공수정의 적기는 제3장 제7절 정액의 주입적기 항목과 제4장 제2절 발정의 인위적 조절 항목에서 자세히 기술하였다.

3) 배의 회수

다배란처리와 인공수정에 의하여 형성된 수정란은 난관을 하강하면서 난할과정을 거쳐 배로 발달되는데, 이것을 적합한 시기에 회수하여 배이식에 사용한다. 소와 같은 대동물에서는 주로 비외과적 방법인 자궁관류법(子宮灌流法)으로 배를 회수하지만, 돼지나 면양과 같은 중소동물은 외과적 방법에 의한 개복수술로 배를 회수한다.

(1) 배의 회수시기 : 수정란이 난할을 계속하여 후기상실배(치밀상실배)에 이르면 동결등과 같은 외인적 자극에 대한 저항성이 커지고, 수태성도 향상되며, 대사활정도 증대된다. 이러한 배의 특성을 감안하여 배의 회수는 후기상실배와 배반포를 최대로 회수할 수 있는 시기에 하는 것이 일반적이다. 그러나, 동물의 종에 따라 배발달의 시간적 과정이 약간씩 다르기 때문에 배의 회수시기도 다르게 마련이다(표 5-2 참조). 소의 경우에는 배가 자궁으로 하강한 시기인 인공수정 후 4~5일부터 회수할 수 있지만, 배가 후기상실배로부터 배반포까지 발달한 인공수정 후 6~8일에 회수하는 것이 일반적이다. 그러나, 중소동물에서는 배를 회수하려는 생식기관의 부위와 이식에 사용하려는 배의 발달단계에 따라 회수시기가 다를 수 밖에 없다.

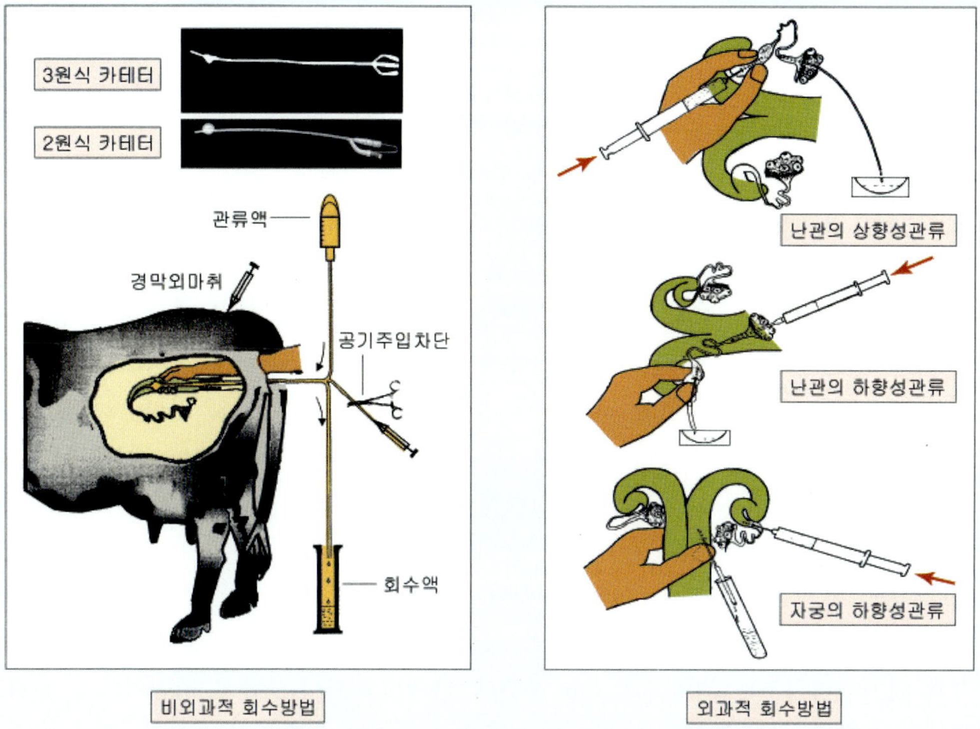

그림 5-11. 배의 비외과적 및 외과적 회수방법

(2) 외과적 방법에 의한 배의 회수 : 다배란처리를 한 공란우에서 이식용 배를 회수하는데 초기에는 전신마취를 시킨 후에 하복부의 정중선을 절개하여 난관과 자궁을 노출시킨 다음, 난관의 복강쪽 구멍(난관복강구)으로 관류액을 서서히 주입하여 난관과 자궁을 관류하는 외과적 회수방법을 이용하였다(Rowson 등, 1969). 그러나, 이 방법은 수술과정이 간단하지 않고, 더욱이 젖소에서는 수술전 절식(切食)에 따라 케톤증(ketosis)이 발병될 위험성이 크다는 단점이 있다. 이 후에 국소마취하에 겸부를 절개하는 방법이 개발되었지만, 비외과적 관류방법이 개발된 오늘날에는 거의 이용되지 않는다.

한편, 면양·산양·돼지 등과 같은 중형동물에서는 체구가 작고, 자궁경관으로 카테터를 삽입하는 것이 쉽지 않아서 비외과적 관류방법으로 배를 회수하는 것이 어렵기 때문에 아직까지도 외과적 방법을 이용하여 배를 회수한다. 그 과정은 ① 수술전 24시간 동안을 절식시킨 다음, ② 앙와보정(仰臥保定: 복부가 하늘을 향하여 누운 상태)을 하고, ③ 전신마취를 시킨 후에, ④ 하복부의 유방 앞쪽 정중선에서 10~15cm를 절개한 다음, ⑤ 난관과 자궁을 체외로 꺼낸 후에 관류하여 배를 회수한다. 이 동물들에서는 수정 후 5일이 경과하면 배의 대부분이 자궁각에 하강되어 있음으로 자궁-난관 접속부에서 관류액을 주입하고,

자궁경쪽에서 관류액을 받는 하향성(下向性) 관류로 배를 회수한다. 그러나, 수정 후 5일 이전에는 배가 난관내에 위치하고 있음으로 난관을 관류하여 배를 회수하는데, 이 때의 관류방법은 자궁-난관접속부에서 난관채쪽으로 관류하는 상향성(上向性)관류와 이와 반대의 방향으로 관류하는 하향성 관류가 있다(그림 5-11의 우측). 또한, 이들 동물에서는 복강경수술법(laparoscopy)으로도 배를 회수할 수 있다(Besenfelder 등, 1997).

(3) 비외과적 방법에 의한 배의 회수 : 소나 말과 같은 대동물은 카테터(catheter)를 자궁경을 경유하여 자궁강내로 삽입하고, 관류액을 주입하여 자궁을 씻어내는 비외과적 방법으로 배를 회수한다(그림 5-11의 좌측). 소에서는 배를 회수하기 전에 후구보다 전구가 약 20cm 정도 높게 위치하도록 보정하여 관류액의 회수가 용이하게 한다. 보정된 공배우는 직장내의 분을 제거한 다음, 외음부를 물로 깨끗이 씻고, 종이타올로 닦아 오염을 방지한다. 이어서 2%의 리도카인(ledocaine)이나 프로카인(procaine) 5~10㎖를 제1미추와 제2미추사이의 경막외에 주입하는 경막외마취(硬膜外痲醉, epidual anesthesia)로 질과 직장의 수축을 억제한다. 이 때, 마취제의 투여량이 너무 많으면 뒷다리의 힘이 풀려 주저앉는 경우가 있음으로 주의하여야 한다. 준비가 끝난 공배우의 직장에 손을 넣어 자궁경을 붙잡고, 삽입이 용이하도록 철심(鐵芯, stylet)을 넣은 배회수용 카테터를 자궁내로 삽입하는데, 자궁각의 분기점에서부터 위쪽으로 5cm 부위에 카테터의 풍선부분이 위치하도록 한다. 카테터에는 두종류가 있는데, 그 하나는 관류액의 주입관과 회수관이 별도로 되어 있고, 여기에 공기주입관이 있는 3원식 카테터(3-way cathcter)이며, 다른 하나는 관류액의 주입과 회수를 하나의 관을 교대로 이용하도록 제작된 2원식 카테터이다. 카테터의 삽입이 끝나면 공기주입관으로 공기를 주입하여 카테터의 풍선부분을 팽창시킴으로써 카테터를 자궁강내에 고정시키는 동시에, 관류액이 질쪽으로 유출되는 것을 방지하는데, 이 때에 주입하는 공기의 양은 미경산우는 14~16㎖, 경산우는 18~25㎖, 한우는 8~12㎖가 적당하다. 공기가 주입되어 카테터가 자궁에 고정되면 철심을 제거하고, 공기주입관을 폐쇄시킨 다음, 관류액수송관으로 관류액을 주입하여 자궁을 씻어내고, 이것을 회수관을 통하여 실린더에 모은다. 관류액으로는 D-PBS 용액에 5~10%의 소 태아혈청(FCS)과 항생제를 첨가한 것이 일반적으로 사용된다. 자궁을 관류할 때는 37℃로 가온된 관류액을 담은 용기를 소의 등에서 120cm 이상 높게 유지시켜 관류액이 자궁으로 쉽게 유입되도록 한다. 관류액의 자궁내 주입은 처음에는 20~30㎖의 적은 양으로부터 시작하여 점차적으로 주입량을 늘려가면서 8~10회 정도 관류하는데, 총 1,000㎖ 정도의 관류액이 소요된다. 자궁을 관류한 용액은 회수할 때마다 회수관을 통하여 실린더에 모두 모은다. 자궁을 관류할 때에는 직장내로 손을 넣어 자궁-난관 접속부로부터 자궁경쪽으로 마사아지를 하여 관류액이 쉽게 회수되도록 한다.

말에서도 소와 유사한 방법으로 자궁을 관류하여 배를 회수한다. 카테터는 소에서 사용하는 카테터를 그대로 사용하거나, 풍선부분이 30㎖ 용량으로 크고, 구조는 소의 그것과 유사한 카테터를 사용한다. 카테터를 자궁에 삽입한 다음, 15~50㎖의 공기를 주입하여 풍선부분을 부풀려 자궁내에 고정시킨 다음, 관류액으로 여러 차례 자궁을 씻어내어 배를 회수한다. 이 때 소요되는 관류액의 양은 조랑말은 400㎖, 일반말은 1,000㎖ 정도이다 (Douglas, 1979). 또한, 75㎖ 용량의 풍선부분을 가진 기본 카테터(Gibbon catheter)에 60㎖의 공기를 주입하여 자궁경관의 자궁쪽 구멍(내자궁구)의 바로 앞에 카테터를 고정한 다음, 1,000㎖의 관류액으로 자궁을 마사아지하면서 연속적으로 씻어내면 62%의 말에서 배를 회수할 수 있다(Wade 등, 1989). 한편, 면양에서도 비외과적으로 배를 회수하려는 연구가 시도되었는데, 먼저 $PGF_{2\alpha}$를 단독 또는 에스트로겐과 함께 자궁경관에 주입하여 이완시키고, 카테터를 삽입하여 배를 회수하는 방법이 시도되었다. 그러나, 카테터의 자궁경관 삽입률이 경산면양에서는 46%, 처녀면양에서는 5%에 불과하여 보편적으로 이용하기는 어렵다(Mylne 등, 1992). 따라서, 자궁경관을 용이하게 확장시키는 방법이 개발될 때까지는 면양에서 비외과적 방법에 의한 배의 회수를 상업화하기는 어렵다.

(4) 배회수 후의 $PGF_{2\alpha}$처리 : 다배란처리 후에는 난소에 다수의 황체가 형성되고, 이에 따라 황체의 퇴행이 지연될 뿐만 아니라, 다량의 프로게스테론이 분비되어 발정휴지기가 연장된다. 더욱이, 배가 모두 회수되지 못하면 임신이 성립된다. 이러한 경우에는 다음번 다배란 처리까지의 기간이 길게 연장되어 이식용 배의 생산효율이 현저하게 저하된다. 따라서, 배를 회수한 후에 $PGF_{2\alpha}$ 제제를 투여하여 난소의 황체를 퇴행시킬 필요가 있다. 또한, 배의 회수과정에서 반복되는 관류에 의하여 자궁내막이 손상될 수 있기 때문에 배를 회수한 후에는 자궁내막염의 방지를 위하여 항생제를 자궁강내로 주입하는 것이 좋다.

4) 배의 검색과 세척

자궁을 관류한 용액속에 들어 있는 배는 실체현미경하에서 곧바로 찾아내고, 이것을 세척하여 불순물과 병원성 미생물이 부착되어 있지 않은 깨끗한 배를 수집하여야 한다.

(1) 배의 검색 : 다량의 자궁관류액에 들어있는 배를 찾아내는 방법은 정치법과 여과법이 있다. 정치법은 배의 회수시에 자궁을 관류한 1,000㎖의 관류액을 실온에서 25~30분간 정치하여 배를 침전시킨 후에 바닥에서 100~150㎖의 관류액만을 남기고, 상징액(上澄液)을 버린 다음, 이것을 검색하기 쉽도록 적정량으로 나누어 배양접시에 옮기고, 실체현미경하에서 배를 찾아낸다. 이 방법은 여과필터가 필요하지 않다는 장점은 있지만, 관류액을 정치하는 시간이 길어서 배의 생존에 지장을 줄 수 있음으로 오늘날에는 많이 사용되지 않는다. 여과필터를 이용하는 여과법으로 배를 회수할 경우에는 대부분의 회수액이 44~100㎛의 구멍을 가진 여과필터를 통과하여 제거되고, 약 20㎖ 내외의 관류액만이 남게 되는데, 이 관류액을 배양접시에 옮겨 배를 찾아낸다. 이 때, 배가 자궁점액과 함께 필터에 붙어 있는 경우가 있음으로 신선한 관류액으로 여과필터를 닦아내어 모든 배가 배양접시로

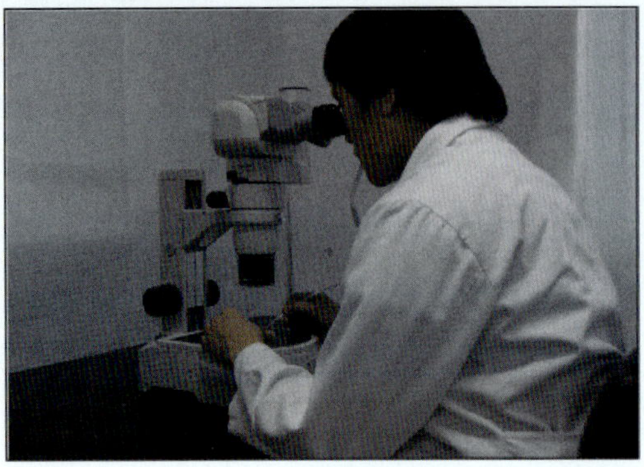
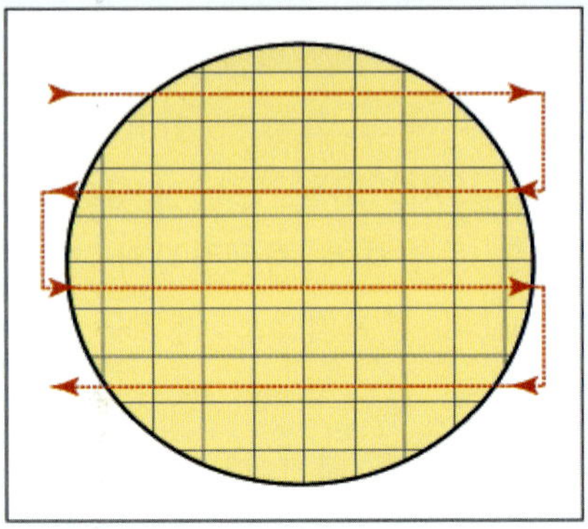

그림 5-12. 관류액에서 배를 회수하는 방법

옮겨가게 한다. 배양접시에 옮겨진 관류액을 10~15배의 배율로 조정된 실체현미경하에서 누락되는 배가 없도록 조심스럽게 찾아 미세피펫으로 흡인한다(그림 5-12). 이 방법은 배를 빠르고 쉽게 찾을 수 있기 때문에 현재 널리 이용되고 있다.

(2) 배의 세척 : 관류액에서 찾아낸 배는 투명대에 부착된 점액·세균·세포부스러기 등을 제거하기 위하여 곧바로 세척하여야 한다. 세척과정은 먼저 최소 50배의 배율하에서 투명대가 완전한 배만을 골라낸 다음, D-PBS용액으로 10개 내외의 배를 한꺼번에 10회 이상 세척한다. 배를 국제적으로 무역할 경우에는 바이러스 등의 오염을 방지하기 위하여 트립신(trysin) 용액으로 처리하는데, 그 과정은 먼저 D-PBS용액으로 5회 세척한 후에, 0.25%의 트립신용액에 60~90초간 침지한 다음, 2%의 혈청이 첨가된 D-PBS용액으로 5회 세척한다. 세척이 끝난 배는 검사를 하여 우수한 배만을 골라 배이식에 사용하거나, 동결보존한다.

3. 배의 체외생산

미성숙 난모세포를 체외에서 성숙시키는 배양기술과 체외수정기술이 개발됨에 따라 도축된 동물의 난소에서 채취한 난포란이나 살아 있는 동물의 난소에서 난포를 천자하여 얻은 난포란을 이용하여 배를 생산할 수 있는 기술체계가 확립되었다(그림 5-13; Jainudeen 등, 2000). 배의 체외생산기술은 복제동물이나 형질전환동물의 생산에 유용하게 이용될 뿐만 아니라, 사람에서는 불임증의 치료에 매우 중요한 수단이 된다.

1) 미성숙 난모세포의 채취

자연 생식주기를 영위하는 동물에서 배란될 때의 난모세포는 제2감수분열의 중기에서 분열과정이 휴지된 제2차난모세포이다. 그러나, 난포에 위치하는 난모세포는 제1감수분열

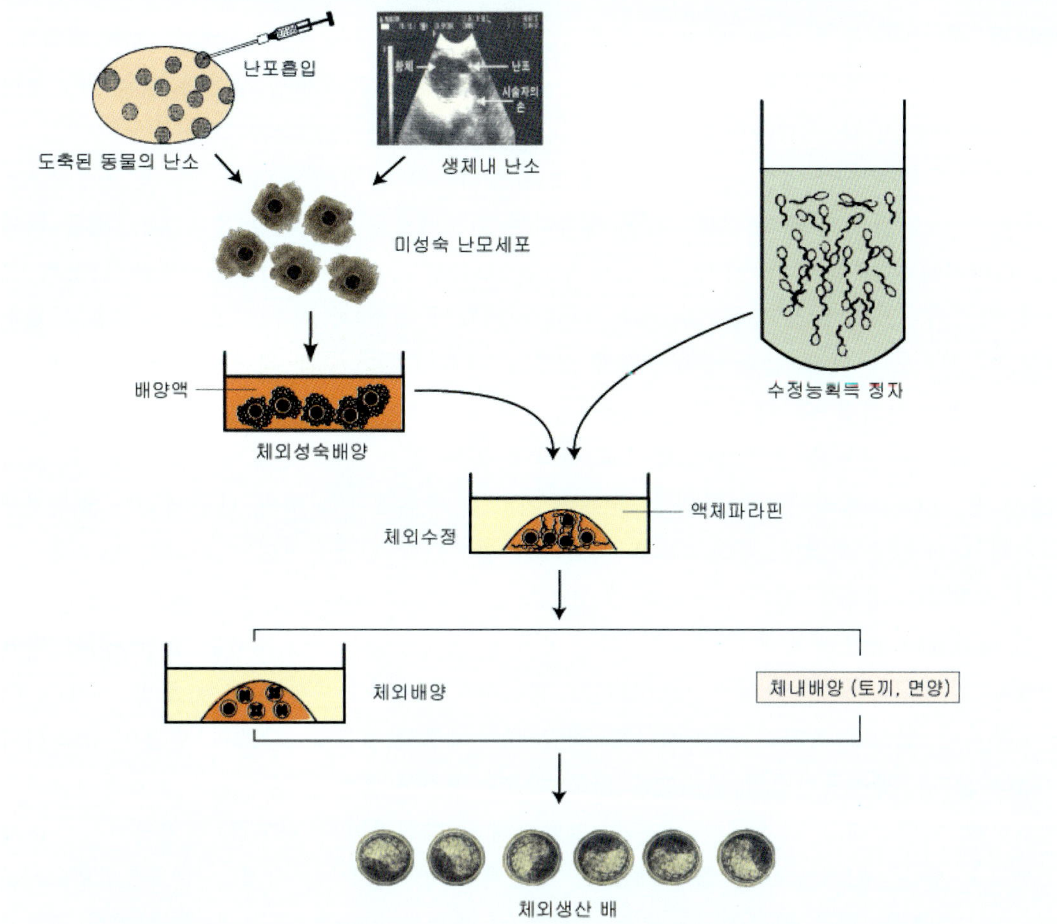

그림 5-13. 이식용 배의 채외생산과정

전기의 복사기에서 분열과정이 휴지된 제1차난모세포이다. 따라서, 난소의 난포에서 채취하는 난모세포는 분열과정이 휴지된 제1차난모세포의 상태이다. 미성숙 난모세포의 채취방법에는 도축된 동물의 난소에서 난포를 천자하여 얻는 방법과 살아있는 동물의 난소에서 초음파진단기를 이용하여 난모세포를 채취하는 방법이 있다.

(1) 도축된 동물의 난소에서 채취 : 도축된 동물의 난소를 이용하여 배를 생산하는 것은 유전적으로 우수하지만, 노령이나 질병으로 인하여 번식에 사용할 수 없는 개체에서도 후손을 얻을 수 있고, 더욱이 복제동물이나 형질전환동물의 생산에 수요가 많은 수핵란(受核卵)을 확보하는데 이용할 수 있다. 과거 30년 동안 도축된 동물에서 적출한 난소에서 채취한 제1차난모세포를 체외에서 성숙시킨 다음, 체외수정으로 수정란을 만들고, 이것을 체내배양 또는 체외배양으로 배반포까지 발달시키는 기술체계(*in vitro* maturation, fertilization

and culture [IVMFC])가 확립되었다. 도축된 소의 난소에서 두당 4.6개의 동결배를 생산하였는데, 이 수는 정상 소에 대한 다배란처리로 얻은 동결배의 수에 비하여 적지 않다(Lu & Polge, 1992). 체외수정으로 작성된 신선배의 생존률은 체내에서 생산된 배의 생존률에 비하여 떨어지지 않는다(Penny 등, 1995).

도축된 동물의 난소에서 난모세포의 채취는 주사기로 직경 2~3mm 정도의 포상난포를 천자하여 난포액과 함께 흡인한 다음, 정치하여 난모세포를 침전시킨 후에, 상징액을 버리고, 나머지를 실체현미경하에 옮겨 난모세포를 찾아낸다. 이러한 난포흡입법은 난소의 표면에 다수의 발육난포가 돌출되어 있는 다태동물(특히 돼지)의 경우에는 매우 유효한 채취 방법이지만, 소나 말과 같은 단태동물의 경우는 발육난포의 수가 적어서 채취되는 난모세포의 수가 제한적일 수 밖에 없다. 따라서, 소와 말에서는 난소를 얇은 절편(切片)으로 잘라서 채취하면 난포를 흡인하는 방법에 비하여 훨씬 많은 수의 난모세포를 얻을 수 있다(Choi 등, 1993). 그러나, 이 방법은 난소를 자르는 과정에서 난포의 난구세포가 떨어져서 완전히 나화(裸化)되거나, 부분적으로 나화되어 앞으로의 발생능력이 저하되는 난모세포가 많이 채취되는 단점이 있다(Vazquez 등, 1993).

(2) 생체내의 난소에서 채취 : 소나 말을 비롯한 초식동물의 난소에서는 발정주기의 황체기에도 2~3회의 난포발육파가 나타나면서 계속적으로 발육난포를 보충할 뿐만 아니라, 어린동물이나 임신한 동물의 난소에서도 배란에는 이르지 못하는 난포의 발달이 계속된다(제4장 제1절. 발정주기중의 난포발육 항목 참조). 이러한 동물을 대상으로 초음파진난기를 이용하여 자연상태의 난소에서 난포의 발육상태를 확인하면서 난포를 천자하여 그 속에 매몰되어 있는 제1차난모세포를 채취하는 방법이 개발되었는데, 이것을 난자흡입법(ovum pick-up [OPU])이라고 한다(Pieterse 등, 1988). 이 방법의 시술은 ① 초음파진단기의 탐촉자(probe)를 질에 최대한 깊숙이 삽입하고, ② 직장으로 손을 넣어 난소를 자궁경 부근까지 끌어내어 난소와 탐촉자를 밀착시킨 다음, ③ 초음파진단기의 모니터로 난소의 난포를 확인하고, ④ 채취바늘(18~21 guage)로 질벽을 관통하여 난포를 천자한 후에, ⑤ 미세한 진공펌프를 작동시켜 난포액과 함께 난모세포를 흡인한다(그림 5-14; Jainudeen 등, 2000). 이와 같이, 초음파진단기를 이용하여 비외과적으로 난소의 난포에서 난모세포를 흡인하는 방법은 소의 경우에는 실용적인 기술로 정착되는 단계에 있으며, 말에서도 이용이 가능하다. 그러나, 돼지·면양·산양 등과 같이 체격이 작은 동물에서는 이 방법을 그대로 적용할 수 없으며, 복강경검사법(laparoscopy)이나 내시경검사법(endoscopy)으로 난소를 관찰하면서 난포를 흡인하여 난모세포를 채취한다. 이 기술을 이용하면, ① 다배란처리에 대한 배란반응이 나쁜 개체에서도 난모세포를 얻을 수 있고, ② 소의 경우 4~7일 간격으로 반복 채취가 가능하며, ③ 임신초기에 있는 소에서도 3개월 까지는 주당 2회의 채취가 가능하고, ④ 성성숙 전의 육성우(6~11개월령)에서도 난모세포를 채취할 수 있으며, ⑤ 공배동물에

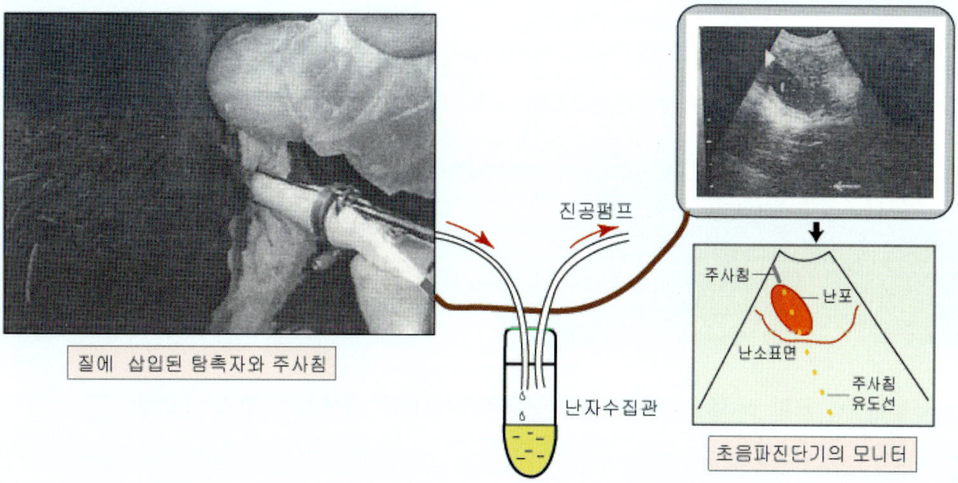

5-14. 생체내의 난소에서 난모세포를 흡인 · 채취하는 방법

대한 신체적 손상이 최소화된다는 등의 효과를 얻을 수 있다. 따라서, 이 기술을 체외수정 기술과 조합하여 이용하면 다배란처리를 대체할 수 있는 기술로 정착될 것으로 기대된다. 최근에는 이 기술이 몇 나라, 특히 미국과 네덜란드에서 급속히 산업화되고 있으며, 괄목할 만한 성과도 거두고 있다.

2) 미성숙 난모세포의 체외성숙

포유동물 난포에 함유되어 있는 난모세포는 제1감수분열 전기의 복사기에서 휴지된 제1차난모세포이며, 이 세포의 휴지된 핵을 난핵포(卵核胞, germinal vesicle [GV])라 한다. 이러한 제1차난모세포는 배란직전에 제1감수분열이 재개되어 난핵포가 붕괴(GVBD)되면서 핵이 분열하여 제1극체를 방출하고, 제2차난모세포가 된다. 제2차난모세포는 곧바로 제2감수분열을 개시하지만, 분열중기(metaphase Ⅱ)에서 분열과정이 휴지된다. 따라서, 정상적으로 배란된 난모세포는 제2감수분열의 중기에서 분열과정이 휴지된 제2차난모세포의 상태이다(본 장 제2절. 난자의 형성 항목 참조). 이와 같이, 배란된 난모세포는 제2감수분열의 중기상태이지만, 난포에서 채취한 난모세포는 난핵포기의 제1차난모세포임으로 이것을 체외에서 배양하여 제2감수분열의 중기까지 성숙시켜야만 수정이 가능해지고, 이어서 이식용 배로 발달시킬 수 있다.

소의 난모세포를 체외성숙(*in vitro* maturation [IVM])시키려면 18~24시간 동안 CO_2 배양기내에서 체외성숙용 배양액으로 배양하는데, 배양액으로는 TCM-199과 Ham's F-10이 주로 사용된다. 배양액에는 혈청이나 알부민을 첨가하며, 실험실에 따라서는 FSH · LH ·

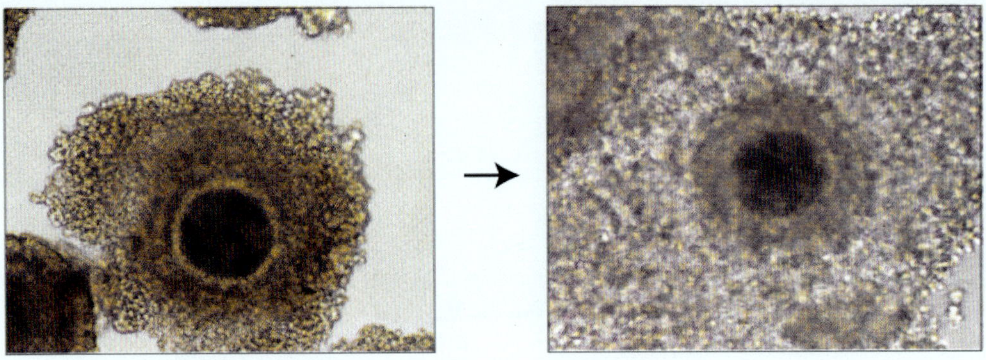

그림 5-15. 소에서 채취 직후의 난포란과 체외성숙 후의 난포란

Estradiol-17β 등과 같은 호르몬제를 첨가하는 경우도 있다. 채취 직후의 난포란은 난구세포가 치밀하게 부착되어 있지만, 체외성숙의 완료된 난포란은 난구세포 상호간의 결합이 느슨해지면서 분산되어 쉽게 구분된다(그림 5-15). 말의 경우에는 TCM-199 배양액에 발정이 발현된 말이나 소의 혈청을 첨가하여 배양하면 높은 체외성숙률(82% : 87.5%)을 나타낸다(Dell'Aquila 등, 1996). 제2감수분열 중기에 도달되는 시간은 소나 돼지에 비하여 길고, 연구자에 따라서도 달라서 32시간(Hinrichs 등, 1993)에서부터 40~44시간(Mlodawska 등, 1991)까지의 범위에 있다. 돼지의 경우에는 체외성숙이 잘 이루어지지만, 성숙배양액에 성선자극호르몬(eCG + hCG)과 에스트라디올-17β를 첨가하여 20시간을 배양하면 웅성전핵 형성률이 높아지고(Funahashi & Day, 1993), 표피성장인자(EGF)를 첨가하여 배양하면 난핵포의 붕괴가 유의하게 증가된다(Singh 등, 1993).

3) 체외수정

체외에서 배양하여 제2감수분열의 중기에 도달된 제2차 난모세포는 정자와 만나서 수정이 이루어져야만 발생능력을 얻게 되어 배로 발달된다. 체외의 CO_2 배양기내에서 인위적으로 정자와 난자를 만나게 하여 수정을 유도하는 체외수정(體外受精, *in vitro* fertilization [IVF])을 이용하면 체외성숙된 난모세포의 배발생과정을 개시시킬 수 있다. 정자는 수정능 획득과 첨체반응이라는 특이적 변화과정을 차례로 거쳐야만 난자와 결합하여 수정 할 수 있다(제3장 제2절. 정자의 수정능 항목 참조). 정자의 수정능을 인위적으로 획득시키는 방법은 카페인(caffeine; Niwa & Ohgada, 1988), 헤파린(heparin; Parrish 등, 1988), Ca^{2+}운반체(Ca^{2+}-ionophore; Takahashi & Hanada, 1984) 등이 함유된 배양액에서 약 15분 동안 배양하는 방법이 주로 이용된다.

수정능이 획득된 정자와 제2감수분열 중기까지 성숙된 제2차난모세포를 서로 만나게 하여

표 5-4. 배아게놈의 전사가 개시되는 배발달의 단계와 완성되는 단계

동 물 종	개시되는 배발달의 단계	완성되는 배발달의 단계
마 우 스	1세포기	2세포기
토 끼	2세포기	8세포기
돼 지	4세포기	8세포기
소	4세포기	8~16세포기
면 양	8세포기	16세포기
사 람	4세포기	8세포기

수정을 유도하는데, 그 방법에는 적당한 농도로 희석된 정자부유액에 난자를 넣는 방법과 난자가 먼저 들어 있는 배양액에 정자부유액을 소량씩 첨가하는 방법이 있다. 소의 경우를 예로 들면, 체외수정배양액(수정-TALP 배양액 또는 BO 배양액)으로 정자농도가 1~2×10^6/㎖가 되도록 희석하고, 이러한 배양액 100㎕ 소적(小滴)에 10~15개의 성숙난모세포를 넣고, 24시간 동안 CO_2 배양기에서 배양하여 체외수정을 유도하는데, 배양 6시간 후부터 수정현상이 발견되지만, 배양 18~24시간 후에 가장 높은 수정률을 나타낸다(Younis & Brackett, 1991). 체외수정의 과정은 제7장 제1절 체외수정 항목에서 자세히 기술하였다.

4) 체외수정란의 배양

체외수정이 완료된 수정란은 다른 동물의 난관에 주입하여 발달을 유도하거나, 배양액으로 옮겨 체외배양(*in vitro* culture [IVC])을 하는 수단을 통하여 이식이 가능한 발달단계의 배로 발달시킨다. 그러나, 포유동물의 초기배를 체외에서 배양하면 특정한 발달단계에서 배발육이 정지되는 현상(cell block)이 나타나는데, 그 단계는 동물의 종에 따라 다르다(표 5-4). 이러한 발육정지현상이 일어나는 이유는 배의 초기발달은 모체게놈(maternal genome)에 의하여 합성된 세포질성분에 의하여 조절되지만, 모체게놈이 배아게놈(embryonic genome)으로 이행되는 시기는 세포질성분의 합성이 일시적으로 원활하게 일어나지 못하기 때문이다. 그러나, *in vivo*에서는 난관에서 분비되는 물질을 배가 흡수하고, 이것을 이용하여 배의 발달이 계속된다. 따라서, *in vitro*에서 배를 배양할 경우에 난관상피세포나 난구세포와 같은 체세포와 공배양(共培養, co-culture)을 하면 배의 발육정지현상을 현저하게 억제할 수 있다. 배양액에 EDTA를 첨가하거나, 배양액의 삼투압을 조절하여도 발육정지현상이 억제된다. 또한, 체외수정란을 다른 동물의 난관에 주입하여 발달시키면 발육정지현상이 나타나지 않는다.

(1) 체외수정란의 배양방법 : 체외수정란을 발달시키는 방법은 ① 다른 동물종(면양·토끼 등)의 난관을 결찰하고, 그 속에 체외수정란을 넣어 4~5일 동안 발육시키는 방법, ②

수정란을 TCM-199을 비롯한 배양액에 체세포(난관상피세포 · 과립막세포 등)와 공배양하는 방법, ③합성난관액(synthetic oviductal fluid [SOF]; Walker 등, 1994)과 같이 초기배의 발육정지를 유발하지 않는 배양액에 그대로 배양하는 방법 등이 있다. 포유동물의 난관은 배의 발달에 대하여 종(種) 특이성이 없기 때문에 이종동물의 배를 주입하여도 발달이 정지되지 않는다. 예를 들면, 돼지의 초기배(1-~8-세포기)를 마우스의 난관내에 주입하여 기관배양을 하여도 상실배나 배반포로 발달되며(Krisher 등, 1989), 소의 배도 같은 방법으로 면양이나 토끼의 난관에 주입하여 발달을 유도할 수 있다(Westhusin, 1989). 이 방법은 초기배에서 발육정지현상이 잘 나타나는 돼지와 말에서 자주 이용된다.

한편, 배의 발육이 정지되는 현상을 저지하는 방법이 개발된 오늘날에는 각종 배양액을 이용하는 체외배양체계가 확립되었는데, 특히 소에서 매우 유용하게 이용된다. 배양액을 이용한 체외수정란의 배양방법은 ① 배양접시에 배양액을 작은 방울(microdrop)로 떨어뜨리고, ② 그 위에 액체파라핀(liquid paraffin)을 부어 공기와 직접 접촉되는 것을 차단한 후에, ③ CO_2 배양기에 넣어 pH와 온도가 일정하게 되도록 완충시킨 다음, ④ 배양액속에 체외수정란을 넣고, ⑤ 산소농도를 낮추기 위하여 5% CO_2, 5% O_2, 90% N_2의 혼합공기나 5%의 CO_2가 함유된 공기를 공급하는 CO_2 배양기에 넣은 다음, ⑥ 39℃의 온도조건하에서 배양한다.

(2) 체외수정란의 배양액 : 난소에서 직접 채취한 제1차난모세포를 이용하여 IVMFC 배(*in vitro* maturation, fertilization and culture embryo)를 작성하려면 다양한 종류의 생리용액이 사용되는데, 일반적으로 사용되는 생리용액에는 D-PBS(Dulbecco's phosphate-buffered saline) · TCM-199(tissue culture medium-199) · m-KRB(modified Krebs-Ringer's bicarbonate) · Whitten's medium · Earl's MEM(modified minimum essential medium with earl's salts) 등이 있다(표 5-5).

배양액에는 배양액의 표면장력을 감소시켜서 배가 배양액의 상층으로 뜨는 것과 배양용기에 부착되는 것을 방지하기 위하여 소 혈청알부민(BSA)이나 56℃에서 30분간 불활성화시킨 소 태아혈청(FCS)과 같은 분자량이 큰 단백질을 첨가하는 경우가 있다. BSA는 일반적으로 0.3~1.0%를 첨가하지만, 경우에 따라서는 0.1%에서부터 50%까지도 이용된다(Jainudeen 등, 2000). 그러나, 단백질의 첨가가 배의 배양에 부정적 영향도 미친다는 사실이 밝혀짐에 따라 오늘날에는 무혈청배양액을 이용하는 경우도 많다(Semple 등, 1995). 또한, 배를 미세조작할 경우에는 세균의 감염을 방지하기 위하여 50mg/ℓ의 스트렙도마이신과 100,000IU/ℓ의 페니실린G를 첨가한다. 한편, 모든 배양액은 사용 전에 0.45㎛ 또는 그 이하의 필터로 여과하여 세균을 제거하여야 하며, D-PBS와 중탄산염 완충용액(bicarbonate-buffered solution)을 제외한 배양액은 사용 전에 5%의 CO_2가 공급되는 배양기내에 정치하여 고유의 pH가 유지되도록 완충시켜야 한다. 배양액의 pH는 7.2~7.6, 삼투압은 270~300mOsm

표 5-5. 난자와 초기배의 취급과 배양에 사용되는 생리용액

D-PBS [10 L]		
$CaCl_2 \cdot 2H_2O$	1.32 g	a
$MgSO_4 \cdot 7H_2O$	1.21 g	a
NaCl	80 g	b
KCl	2 g	b
Na_2HPO_4	11.5 g	b
KH_2PO_4	2 g	b
Glucose	10 g	b
Streptomycin sulfate	0.5 g	b
Na pyruvate	0.36 g	b
Na penicillin G	1백만단위	b

* D-PBS 제조방법 :
  1. b의 성분들을 탈이온증류수에 용해시켜 8L의 용액을 만든다.
  2. a의 성분들을 탈이온증류수에 용해시켜 2L의 용액을 만든다.
  3. b용액에 a용액을 넣은 후 교반기로 혼합한다. (이 방법을 사용하지 않을 경우, 간혹 납 침전물이 형성될 수 있음)

Baker's solution [100ml]	
Glucose	3 g
Na_2HPO_4	0.6 g
KH_2PO_4	0.01 g
NaCl	0.2 g

Scott's solution	
$NaHCO_3$	3.5 g
$MgSO_4$	20.0 g
증류수	1 L

Locke's solution [100ml]	
$CaCl_2$	0.24 g
KCl	0.42 g
$NaHCO_3$	0.1 g
NaCl	9.0 g

Modified Ringer's buffer solution	
NaCl	120mM
KCl	5mM
KH_2PO_4	10mM
$MgSO_4 \cdot 7H_2O$	5mM
Tris HCl	1mM

Ringer-Locke's solution	
NaCl	9.5 g
KCl	0.075 g
$CaCl_2$	0.1~0.2 g
$NaHCO_3$	0.1~0.2 g
Glucose (선택)	1.0 g
증류수	1 L

Ringer-Tyroid's solution	
NaCl	8.0 g
KCl	0.2 g
$CaCl_2$	0.2 g
$MgSO_4$	0.1~0.2 g
$NaHCO_3$	0.5~1.0 g
Glucose (선택)	1.0 g
증류수	1 L

의 범위내에 있어야 한다.

(3) 축종별 체외수정란의 배양 : 포유동물의 난자는 생리적 특성이 동물의 종에 따라 서로 다르기 때문에 체외배양을 할 경우에 배양액의 종류나 배양방법이 다를 수 있다. 따라서, 각 동물종별로 적합한 배양체계가 개발되고 있다.

① 소 : 소 체외수정란의 배양에는 중탄산염이온(HCO_3^-)으로 pH를 완충시킨 TCM-199이 널리 이용되는데, 이 경우에는 체세포와의 공배양이 필수적이다. 그러나, SOF · CR1 · HECM · CZB 등과 같이 체세포와 공배양을 하지 않아도 배의 발육이 정지되지 않는 배양액들이 개발되어 실험실에 따라 다양하게 이용되고 있다. 체외수정란을 배양액을 바꾸어 주면서 7~8일간 배양하면 대부분의 배가 초기배반포나 확장배반포에 도달되며, 이것들을

표 5-6. 무혈청배양액과 혈청첨가배양액의 효과 비교

배 양 액		배반포 세포수		동결융해후 생존률 (%)		
		공시배반포	평균세포수	공시배반포	24시간후 배반포	72시간후 부화배반포
무혈청	IVMD101	23	173.2±59.2	49	47 (95.8)	41 (83.7)
	IVD101	17	169.7±47.3	37	35 (94.5)	29 (78.4)
혈 청	TCM199 + 10%FBS	12	123.5±46.7	25	13 (52.5)	8 (32.0)

검사하여 정상적으로 발육된 배만을 골라서 이식하거나, 동결보존한다. 한편, 배양액에 동물혈청을 첨가하는 경우가 있지만, 동물의 혈청은 채취할 때마다 그 성분이 다르고, 알지 못하는 성분도 포함되어 있기 때문에 배의 생산효율이 다를 뿐만 아니라, 배에 병원체를 오염시킬 위험성도 있다. 따라서, 오늘날에는 혈청을 첨가하지 않는 배양액이 개발되었으며, 그 배양성적도 우수하다(표 5-6). 소에서도 배를 면양의 난관에 주입하여 발달시킨 배반포를 이식하면 60~70%의 임신률을 얻을 수 있다(Galli & Lazzari, 1995).

② **면양과 산양** : 면양이나 산양의 체외수정란에 대한 배양조건이나 배양방법은 소의 그것과 유사하지만, 배양성적은 소에 비하여 나쁘다. 면양의 체외수정란을 TCM-199에 난관상피세포와 함께 배양한 결과, 31.5%의 배만이 배반포로 발달되었다(Wahid 등, 1991). 산양의 경우에는 SOF에 아미노산과 혈청을 첨가한 배양액으로 5% CO_2, 95% 공기, 39℃의 조건에서 체외수정란을 배양하여 61%의 배반포 발달률을 얻었다(Poulin 등, 1996).

③ **말** : 말은 다베란치리로 얻을 수 있는 난자의 수가 2~3개에 불과할 뿐만 아니라(제4장 제3절. 말의 다배란유기 항목 참조), 말의 사육두수도 적고, 매 발정주기마다 난소에서 발육되는 난포의 수도 적어서 다수의 난포란을 얻는 것이 쉽지 않다. 따라서, 체외에서 이식용 배를 생산하는 것이 다른 동물종에 비하여 어렵다. 이러한 단점을 보완하기 위한 수단으로 생체내의 난소에서 난포를 흡인하여 얻은 난자를 체외에서 성숙시킨 다음, 곧바로 외과적 방법으로 난관내에 이식하는 방법(gamate intrafallopian transfer [GIFT])이 개발되었다. 이 방법은 수배마에 체외성숙란을 이식하기 12시간 전에 인공수정을 시술한 다음, 체외성숙란을 이식하여 수정과 배의 발달을 유도함으로써 체외수정과 체외배양 과정을 생략할 수 있다(Carnevale & Ginther, 1994). 실제로, 난포흡입방법으로 채취한 난모세포를 체외에서 성숙시키고, 이것을 8마리의 말에 GIFT기법으로 이식한 결과 2마리의 말이 임신하였다(Ray 등, 1994).

④ **돼지** : 돼지의 수정란을 체외에서 배양하면 4-세포기에서 발육정지현상이 나타나는데, m-KRB 배양액에 글루코오스·젖산염·피루브산염·BSA를 첨가하여 배양할 경우에는 24시간이 지나면 배의 생존률이 현격히 저하되며, 48시간을 넘으면 생존률이 20~30%

에 불과하다(Polge, 1982). 오늘날에는 0.4%의 BSA를 첨가한 NCSU(North Carolina State University) 23 배양액이 개발되어 발육정지현상을 현저하게 줄일 수 있다. 즉, 배양접시에 20$\mu\ell$씩 분주한 NCSU 23 배양액 방울에 체외수정란을 20개 정도 넣고, 5% CO_2, 95% 공기 조건의 배양기에서 39℃의 온도조건으로 144시간 동안 배양하여 얻은 배반포를 9마리의 수배돈에 이식한 결과, 5마리가 임신을 하였고, 총 18마리의 생존 산자를 얻었다(Wang 등, 1998). 또한, Witten 배양액의 NaCl 농도를 낮추면 4-세포기 배에서 일어나는 발육정지현상이 억제되며, NaCl에 의하여 발생되는 발육정지는 배양액에 글루타민(Glutamine)을 첨가하면 해소된다(Galvin 등, 1993). 한편, 체외수정란을 돼지의 난관상피세포와 공배양하면 4-세포기의 발육정지현상을 현저하게 억제할 수 있다. 예를 들어, BSA나 FCS가 첨가된 BMOC 배양액에서 돼지의 체외수정란을 난관상피세포와 공배양하면 다른 배양액(Ham's F-10; Ham's F-12; Witten's medium)에 배양하는 경우에 비하여 배발달률이 현저하게 높다(Pipkin 등, 1991). 또한, 난관액을 배양액에 첨가하여도 배의 발육정지현상이 억제된다(Archibong 등, 1989).

제 4 절 이식용 배의 검사와 보존

다배란처리와 교배에 의하여 체내에서 생산한 배, 그리고 살아 있는 동물 또는 도축된 동물의 난소에 위치하는 난포에서 흡인한 난모세포를 체외성숙·체외수정·체외발달을 유도하여 생산한 배는 발달상태를 검사하여 이식이 가능한 상태의 배만을 선별한다. 선별된 배는 곧바로 이식하거나, 앞으로의 이식을 위하여 동결보존한다.

1. 배의 검사

배이식에 있어서 수태율을 결정하는 중요한 요인의 하나는 이식용 배의 질이다. 따라서, 체내 및 체외에서 생산된 모든 배는 경시적(經時的) 발달단계와 형태학적 구조를 근거로 현미경하에서 검사하여 이식이 가능한 배인지를 평가하여야 한다. 이러한 배의 평가방법은 국가 또는 실험실에 따라 다소의 차이가 있지만, 본 절에서는 국제배이식학회(International Embryo Transfer Society [IETS]에서 소의 배를 대상으로 표준화한 검사방법을 중심으로 기술하였다.

1) 배의 발달단계

수정란은 난할과정을 반복하면서 분할구(分割球, blastomere)의 수가 증가되어 2-·4-·

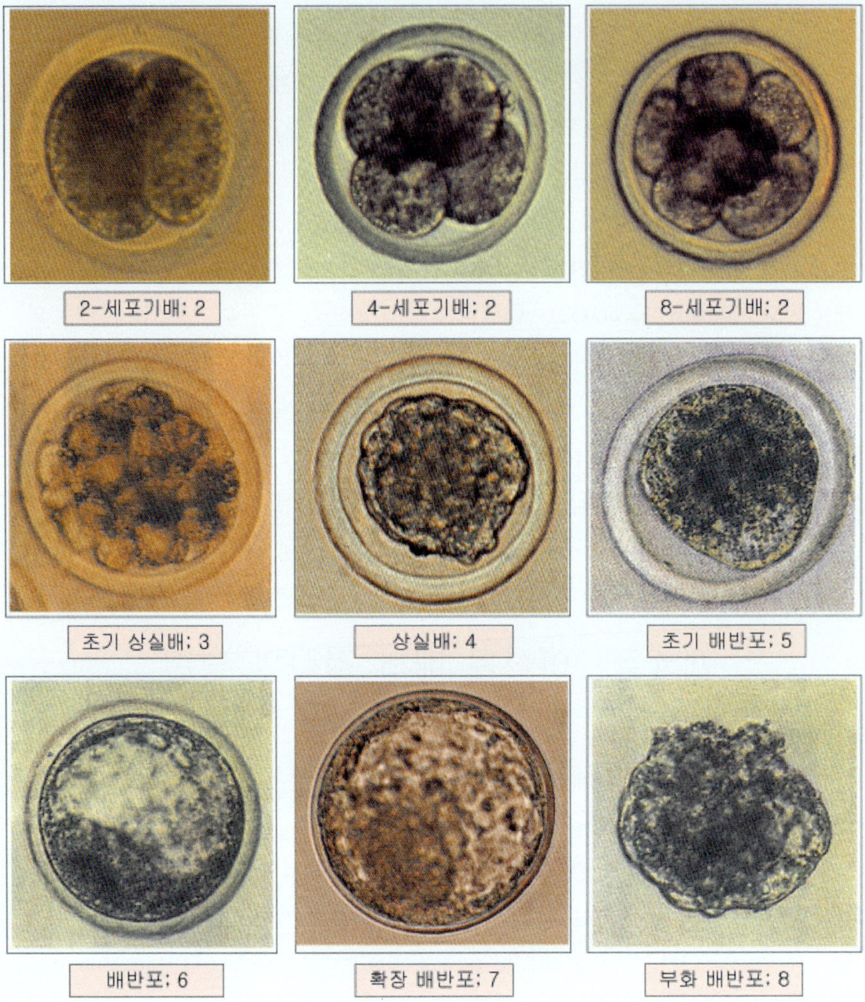

그림 5-16. 소 초기배의 발육단계에 대한 IETS 표준화 코드

8-·16-세포기의 배로 발달되는데, 포유동물의 난할에서는 같은 발달단계의 분할구가 동시에 분열하는 것은 아니어서 분할구의 수가 반드시 기하급수적으로 증가되는 것은 아니다. 난할의 횟수가 반복되면 분할구의 수가 증가되면서 분할구 상호간이 치밀하게 결집되어 상실배가 된다. 상실배의 난할이 더욱 진행되면 분할구 자체의 크기가 작아지고, 분할구 상호간이 더욱 치밀하게 결집되어 배 자체의 크기가 작아지는데, 이러한 배를 치밀상실배 또는 수축상실배라 한다. 포유동물의 난할은 회선난할(回旋卵割, rotational cleavage)을 함으로 상실배는 소수의 내부세포와 다수의 외부세포로 구성된다. 이러한 상실배가 발달을 계속하면 배의 중앙에 배반포강이 생기고, 내부세포가 내부세포괴(inner cell mass), 외부세포가 영양막(trophoblast)으로 분화되어 배반포가 된다. 배반포는 시간경과에 비례하여

표 5-7. 소 배의 평가에 이용되는 형태학적 기준

발 달 단 계	형태학적 식별기준
상 실 배	• 개개 분할구들의 분별이 어렵고, 세포괴가 투명대 내부의 대부분을 채우고 있음.
치밀상실배	• 각각의 분할구들이 결집되어 1개의 치밀한 세포괴를 형성하고 있으며, 세포괴가 투명대 내부를 60~70% 정도 채우고 있음.
초기배반포	• 배반포강이 형성되어 있고, 내부세포괴와 영양막의 구분이 가능하며, 세포괴가 투명대 내부의 70~80% 채우고 있음.
배 반 포	• 짙어지고 치밀해진 내부세포괴와 바깥쪽의 영양막이 뚜렷이 구분되고, 배반포강이 확장되어 투명대 내부를 거의 채우고 있음.
확장배반포	• 배반포의 외부직경이 1.2~1.5배로 증가되고, 투명대의 두께가 약 1/3 정도로 얇아짐.
부화배반포	• 배반포가 부화, 즉 투명대를 탈출하는 과정중이거나 완전히 탈출된 상태.
부화확장배반포	• 배반포강이 매우 큰 재확장배반포로서, 초기에는 둥글고 매우 연약한 외관을 보이지만, 점차적으로 신장된 형태를 나타냄.

배반포강내에 액체의 저류량이 증가되어 배반포 자체가 점차적으로 거치면서 확장배반포가 되고, 이것은 착상 직전에 투명대에서 탈출하여 부화배반포가 된다(본장 제1절. 배의 발달과정 항목 참조). 이러한 배의 발달단계를 IETS에서는 숫자로 코드화하여 구분하는데, 1: 미수정란(unfertilized ovum), 2: 2-~12-세포기 배(2-~12-cell stage embryo), 3: 초기상실배(early morula), 4: 상실배(morula), 5: 초기배반포(early blastocyst), 6: 배반포(blastocyst), 7: 확장배반포(expanded blastocyst), 8: 부화배반포(hatched blastocyst), 9: 확장부화배반포(expanded hatehed blastocyst)로 표기한다.

한편, 시간경과에 따른 배의 발달단계는 동물의 종에 따라 다르다. 일반적으로, 체격이 크고 임신기간이 긴 동물종의 난할은 체격이 작고 임신기간이 짧은 동물종에 비하여 늦은 속도로 진행된다. 그러나, 수정 후 배의 각 발육단계에 이르는 경과일수는 각각의 동물종 내에서는 비교적 일정하다(표 5-2 참조). 발달과정이 일정한 기준치에서 지나치게 늦거나 빠른 배는 수태성이 현저하게 나빠진다. 소 배발달의 시간적 과정을 보면 배란 6일째에 상실배가 되며, 배반포로 발달되는 시기는 7~8일째이다(그림 5-16). 돼지는 배란 후 4~5일, 말·면양·산양은 6~7일에 배반포로 발달된다.

2) 배의 형태

수정 후에 발생된 초기배는 동물종 특유의 크기와 색조를 나타낸다. 포유동물의 난할과정을 보면, 분할구의 수는 난할이 반복되는 횟수에 따라 증가되지만, 개개의 분할구는 점차적으로 작아지기 때문에 확장배반포로 발달되기 전까지는 배 전체의 크기가 커지지 않

표 5-8. 형태학적 특징에 기초한 소 배의 등급기준

등 급	품 질	배의 형태학적 특징
1 등급	우 수	• 분할구의 밀도가 양호하고, 배의 윤곽이 뚜렷하며, 돌출분할구가 없는 완벽한 형태의 배로서, 목표단계까지 발달될 것이 유력시 되는 배.
2 등급	양 호	• 분할구의 밀도가 양호하고, 배의 윤곽이 뚜렷하지만, 수 개의 분할구가 돌출되어 있고, 수 개의 작은 분할구가 퇴행되고 있는 배.
3 등급	보 통	• 배아가 분할구의 돌출, 수포 및 수 개의 퇴행분할구를 가지고 있으며, 부분적으로 흩어진 배의 윤곽을 나타내지만, 대체로 완전한 형태를 나타내는 배.
4 등급	불 량	• 다수의 분할구가 돌출되고 퇴행되어 배를 구성하는 분할구 전체의 모양이 과립상을 나타내지 못하며, 배 자체의 윤곽도 명료하지 않은 배.
5 등급	퇴 행	• 배의 정확한 발달단계를 구별할 수 없을 정도로 퇴행되어 형태가 비정상적으로 관찰되는 배.

는다. 소의 배는 직경이 150~190μm 정도이고, 투명대의 두께는 12~15μm 정도이며, 색깔은 갈색을 나타낸다. 면양·돼지·말 등의 배는 직경이 각각 140~185μm·120~170μm·120~180μm 정도이고, 색깔은 면양과 돼지에서는 갈색이지만, 말에서는 흑색이다.

초기상실배까지의 배에서는 각각의 분할구가 구형을 유지하고 있어서 쉽게 구분되지만, 상실배(치밀상실배)가 되면 각각의 분할구들이 결집되어 하나의 세포괴(塊)가 되면서 배 자체의 크기가 작아지기 때문에 투명대 내부의 60~70% 정도만 채우게 된다. 상실배가 발달하여 배반포강이 형성되면서 초기배반포가 되면 내부세포괴와 영양막을 구분할 수 있으며, 배가 투명대 내부의 70~80% 정도를 차지한다. 이어서 배반포가 되면 배반포강이 확장되어 투명대 내부를 거의 꽉 채우고, 내부세포괴는 색깔이 짙어지면서 더욱 치밀한 세포덩어리로 된다. 확장배반포는 배반포강이 더욱 확장되어 배 전체의 크기가 1.2~1.5배로 증가되고, 투명대도 늘어나 그 두께가 1/3정도로 얇아진다. 부화배반포는 배반포 자체가 투명대에서 탈출하여 영양막과 내부세포괴가 노출된 배반포로서, 착상 직전의 배반포이다. 한편, 소에서 수정 후 6~8일째에 회수되는 상실배로부터 부화확장배반포까지의 발달단계에 있는 배의 평가에 이용되는 형태학적 기준은 표 5-7과 같다.

3) 배의 평가

이식용으로 생산된 배는 ① 배 전체의 윤곽과 색깔, ② 분할구의 수와 치밀도, ③ 전체 세포괴에서 밖으로 돌출되거나 변성된 세포의 수, ④ 위란강의 크기, ⑤ 배내에 형성된 수

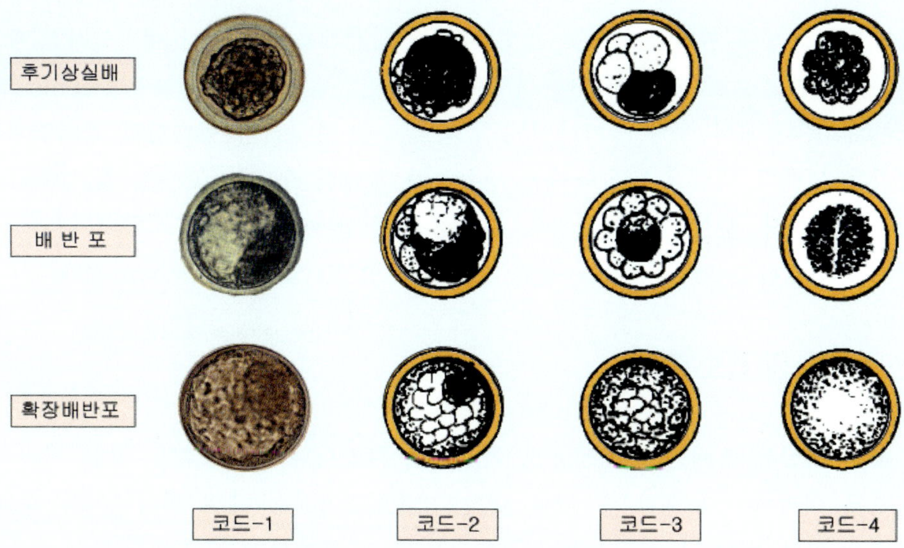

그림 5-17. 소 배의 IETS 등급기준

포(水疱)의 수와 크기 등과 같은 형태학적 특징에 기초하여 평가한다. 또한, 배의 발육단계가 수정 후의 경과일수와 일치하는지의 여부도 중요한 평가기준이 된다. 이러한 기준으로 평가된 배의 질은 수태율과 상당히 높은 상관관계가 있다. 그러나, 평가결과가 평가자의 주관적 판단에 크게 영향을 받기 때문에 평가자의 높은 숙련도가 요구된다.

미국에서 형태학적 특징에 기초하여 소의 배를 분류하는 기준이 제시되었는데(Linder & Wright, 1983), 그들은 배를 우수(excellent)·양호(good)·보통(fair)·불량(poor)의 4단계로 분류하고, 각 등급의 배를 수배우에 이식하였을 때의 수태율이 각각 45%·44%·27%·20%였으며, 같은 시기에 아일랜드에서는 소의 배를 5등급으로 분류하는 기준이 마련되었다(표 5-8; Kennedy 등, 1983).

한편, IETS에서는 배의 평가를 4단계로 코드화하고 있는데, 1: 우수한 배 2: 보통의 배, 3: 불량한 배, 4: 사멸 또는 퇴행된 배로 구분하여 표기한다(그림 5-17; Suzuki, 1999). 코드 1의 배는 배의 윤곽이 명료하며, 색깔과 분할구의 밀도가 양호하고, 발육단계가 수정 후의 경과일수와 일치하며, 최소한 85% 이상의 분할구들이 세포괴에서 돌출되지 않고, 수포도 거의 출현되지 않은 배를 말한다. 코드 2의 배는 배의 윤곽·색깔·분할구의 밀도 등은 정상에 가깝지만, 일부의 분할구가 돌출되고, 분할구의 변성률이 10~20% 정도되는 배를 의미한다. 코드 3의 배는 배의 윤곽이 명료하지 않으며, 배의 색깔과 분할구의 수·크기·치밀도 등에 이상이 있고, 수포가 많으며, 분할구의 변성률이 30~50% 정도되는 배이다. 코드 4의 배는 퇴행배·사멸배·미수정란 등을 말한다. 이러한 등급가운데 코드 1과 코드

2의 배는 이식에 사용할 수 있지만, 국제간에는 코드 1의 배만이 거래되고 있다.

배를 형태학적 특성에 따라 분류하는 방법 외에도 염색체를 분석하여 비정상적인 배를 선별·제외하는 방법도 개발되었다(King 등,1995). 또한, 컴퓨터영상분석방법(computerized image analysis)을 통하여 배의 크기나 분할구의 밀도를 측정하여 형태학적 평가결과와 조합하여 평가하면 배의 정상적 발달능력을 정확하게 판단할 수 있다(Casey 등, 1989). 그리고, 배의 호흡과 대사, 분할구 원형질막의 완전성 등을 *in vitro*에서 조사하여 배의 생존성을 종합적으로 판정하면 배의 평가를 훨씬 정확하게 할 수 있다(Overstrom, 1996).

2. 배의 단기보존

이식용 배를 생산한 후에는 수배동물에 이식하는 과정이나 동결보존을 위한 처리과정에서 일시적으로 체외에서 보존할 수 밖에 없다. 더욱이, 이식용 배의 발달단계와 수배동물의 발정상태를 일치시키려면 보존기간이 길어지는 것이 불가피할 경우가 많다.

1) 배의 단기보존용 배양액

배를 회수하거나 단기보존할 때는 TCM-199이나 Ham's F-10과 같은 복합배양액 또는 D-PBS와 같은 단일배양액에 다양한 농도의 혈청 제제(製劑)를 첨가하여 사용한다. 1980년대의 초반부터는 Ham's F-10을 주로 사용하여 왔는데, F-10에 Hepes를 첨가하여 대기중에서 완충능(buffering capacity)을 향상시키면 보존기간중 배의 성장·생존·부화 등의 능력이 향상된다(Smith 등, 1986). 농가수준에서 배이식을 할 경우에는 미량의 항생물질(penicillin/streptomycin)을 첨가한 D-PBS를 사용하는데, 배의 회수에는 2%, 이식 전의 단기보존에는 10~20%의 FCS를 첨가하여 사용한다. 그러나, 보존기간이 12시간을 넘기려면 배양액을 바꾸어 주면서 보존하여야 한다.

2) 소 배의 단기보존

소의 배를 아주 짧은 기간 동안만 보존할 경우에는 상온(대기온)에서 보존하지만, 냉장온도에서 보존하면 배의 생존기간이 연장된다.

(1) 상온에서의 보존 : 공배우에서 회수한 배는 이식 또는 동결보존을 위한 준비과정에서 필연적으로 상온에 노출될 수 밖에 없다. 혈청이 첨가된 D-PBS에 보존된 소의 배는 12시간 후부터 생존성이 급격히 저하된다. 배를 회수한 시각으로부터 3시간 이내에 동결보존한 배와 3시간 이후에 동결보존한 배를 융해하여 이식한 경우의 수태율은 각각 63%와 43%를 나타내어 회수로부터 짧은 시간내에 동결한 배의 수태율이 높았다(Aoyagi 등, 1990). 이와 같이, 배의 체외보존시간이 길어지면 수태성적이 나빠짐으로 공배우에서 회수한 배는 가급

적 빠른 시간내에 이식하거나, 동결보존하여야 한다. 일반적으로, 배의 체외보존시간과 수태율 사이에는 역(逆)의 상관관계가 있다.(Pettit, 1985)

(2) **냉장온에서의 보존** : 배의 발달단계에 따라 저온처리에 대한 저항성이 다르다. 초기배반포는 냉각이나 동결에 대한 저장성이 커서 생존성이 높지만, 배반포기 이전의 발달단계에 있는 배는 저항성이 낮아서 생존성이 나쁘다(Richards 등, 1988). 따라서, 초기배반포로 발달된 배는 0~4°C의 냉장온도에서 24시간 또는 그 이상을 보존할 수 있다. 배의 냉장보존방법은 이식용 배를 이웃나라 또는 국내의 타지역으로 수송하는데 유용하게 이용된다.

3) 면양과 산양 배의 단기보존

면양과 산양의 이식용 배는 주로 난관에서 외과적 방법으로 회수하기 때문에 회수된 배는 체외에서 이식이 가능한 배의 발달단계로 발달시키면서 보존하는 방법이 일반적으로 이용된다. 1950년대 중반에 영국의 캠브리지 연구팀에 의하여 초기단계의 난할과정에 있는 면양의 배를 토끼의 난관에 주입하여 배발달을 유도하면서 수일간 보존하다가 발달된 배를 회수하여 수배면양에 이식하는 수단을 통하여 산자를 얻는 방법이 개발되었다(Averill 등, 1955). 이 방법을 이용하여 면양의 배를 영국에서 남아프리카, 호주에서 뉴질랜드로 수송하는데 성공하였다. 이 후에 캠브리지 연구팀에서 초기 난할단계에 있는 면양의 배를 토끼의 난관에 주입하여 발달시키는 기술체계가 확립되었으며, 토끼의 난관은 5일 이상을 면양의 배발달에 적합한 환경을 제공한다(Lawson 등, 1972).

(1) **배양보존** : 다양한 배양액이 개발됨에 따라 면양의 난관을 관류하여 얻은 난할단계에 있는 배를 배양하여 배발달을 유도하면서 보존하는 방법이 개발되었다. 1970년대에는 난관액의 화학적 조성에 근거한 합성난관액(synthetic oviductal fluid [SOF])이 개발되고, 이것에 면양의 배를 부유시켜 저분압의 산소 상태에서 배양하면서 보존하는 방법이 개발되었다(Tervit 등, 1972). 1980년대에는 TCM-199과 같은 배양액으로 초기배를 난관상피세포와 공배양하여 발달을 유도하였다(Gandolfi & moore, 1987). 산양의 배도 면양에서와 같은 방법으로 배양하면서 보존하는 방법이 이용된다.

(2) **저온보존** : 배가 저온상태에 놓이게 되면 난할과정이 억제됨으로 배의 저온보존기간을 조절하여 공배면양과 수배면양의 발정을 동기화시키는 효과를 얻을 수있다. 면양의 배도 소의 배와 같이 초기 난할단계의 배(2-~16-세포기)는 상실배에 비하여 온도를 0℃까지 하강시킬 때에 민감하게 반응하여 생존성이 나쁘다. 그러나, 초기배를 0°C~13°C 사이의 다양한 온도역에서 수일 동안 보존하는 다양한 연구결과들이 오래 전부터 제시되어 왔으며, 이 결과들을 이용하여 초기배를 저온에서 보존하는 것이 가능하다. 한편, 산양의 이식용 배도 냉장보존 할 수 있는데, 8~16-세포기의 배를 5°C의 온도조건에서 보존하면 4일 이상을 생존할 수 있다. 더욱이, 느린 냉각속도로 냉각하여 보존한 배를 보존 2일 후에 배양하여

배발달을 유도한 다음, 수배산양에 이식하면 수태율을 높일 수 있다(Ryot & Vadnere, 1989).

4) 말 배의 단기보존

말의 배도 이식시의 발단단계를 맞추거나, 장거리 수송시의 보존조건을 맞추기 위하여 배양하면서 보존하는 방법과 저온에서 보존하는 방법이 개발되었다. 이 때, 배양액으로는 Ham's F-10(Wiemer 등, 1989)과 TCM-199(Hochi 등, 1994)이 주로 사용된다.

(1) 배양보존 : 말의 배를 단기간 동안 보존하는 방법으로 소 태아의 자궁 조직에서 유래된 단층세포(monolayer cell) 위에서 공배양하는 방법이 개발되었는데, 장거리 수송 후의 수태율이 동결보존된 배에 비하여 높았다.(Wiemer 등, 1989). 한편, 말의 배도 토끼의 난관에 주입하여 보존하는 방법이 이용되는데, 48시간의 보존이 가능하다.

(2) 저온보존 : 말의 배를 Ham's F-10 배양액에서 5°C로 냉각하여 단기간 동안 보존하면 수태율은 저하되지 않는다(Cook 등, 1989). 또한, FCS 10%를 첨가한 Ham's F-10 배양액에서 5°C의 온도조건과 5% CO_2 · 5% O_2 · 90% N_2의 공기조건에서 보존한 배는 이식 50일 후의 임신률이 68%로서, 신선배를 이식한 경우의 임신률 66%에 비하여 근소하게 높았다(Squires 등, 1993).

5) 돼지 배의 단기보존

돼지의 배이식과정에서 배의 발달단계와 수배(受胚)돼지의 발정상태가 일치되지 않았을 경우에 이를 일치시키거나, 배를 멀리 수송하려면 배의 보존이 필수적이다. 그러나, 돼지의 배는 저온에 대한 저항성이 매우 약하여 다른 동물종과 같이 저온 또는 냉동보존이 어렵다. 따라서, 돼지 배의 보존에는 신선배의 상태로 보존하는 단기보존법에 의존하는 경우가 많은데, 그 방법에는 ① 비교적 높은 온도에서 보존하는 방법, ② 배양하면서 보존하는 방법, ③ 다른 동물의 난관에 이식하여 보존하는 방법 등이 있다.

(1) 높은 온도에서의 보존 : 돼지의 배를 국제적으로 수송할 때는 비교적 높은 온도를 유지하는 항온기를 이용하여 수송한다. 즉, 상실배로 발달된 배를 다량의 혈청이 함유된 배양액과 함께 0.25㎖의 플라스틱 스토로에 충전하고, 이것을 36.5°C가 유지되는 항온콘데이너(thermos container)에 넣어 수송하면 30～34시간이 경과된 후에도 대부분의 배가 생존상태를 유지하였고, 또한 같은 조건에서 스트로를 항온플라스크(thermos flask)에 넣어 19～23시간을 수송한 후에도 95.3%의 배가 형태학적으로 정상이었으며, 이것들을 이식하여 다수의 정상 새끼를 얻을 수 있었다(Niemann, 1989). 한편, 돼지의 배는 체외에서의 생존성이 나쁘기 때문에 체외보존기간을 최소화하여야 하고, 보존온도도 위험온도역(+15°C에서 사멸)을 상회하는 높은 온도역에서 설정되어야 하지만, 4-세포기 배는 배양액의 조건을 충족시키면 20°C에서 24시간을 보존할 수 있다.

(2) 배양보존 : 돼지는 한 배란기에 다수의 난자를 배란함으로 배란시기가 서로 달라서 배의 발달단계가 일치되지 않는다. 따라서, 발달단계가 늦은 배는 체외배양으로 이식에 적합한 상태까지 발달시키는 과정이 필요하다. 그러나, 돼지의 배를 체외에서 배양할 경우에는 4-세포기에서 발달정지현상이 나타나 발육이 정지된다(Schoenbeck 등, 1993). 이러한 발달정지현상은 돼지난관상피세포와 공배양을 하면 상당부분 해소할 수 있다.(White 등, 1989). 실제로, FCS나 BSA를 첨가한 EMOC 배양액에서 배를 난관상피세포와 공배양하면 다른 배양액(Ham's F-10 · Ham's F-12 · Witten's medium)에서 배양할 경우에 비하여 좋은 성적을 얻을 수 있으며, 배양액에 난관액을 첨가하여도 발달정지현상이 억제된다.

(3) 다른 동물의 난관내 보존 : 돼지의 초기배를 토끼나 면양의 난관에 주입하여 배양하면 배발달이 계속되고, 이것을 이식하면 산자를 얻을 수 있다. 특히, 위임신을 유도한 토끼의 난관내에서 2일 동안 배양한 배의 생존률은 90%에 이른다. 또한, 마우스의 난관에서 돼지의 1-세포기 수정란을 배양하면 배반포기까지 발달된다(Krisher 등, 1989).

3. 배의 동결보존

동물의 개량 · 증식이라는 측면에서 보면 배의 동결보존기술은 정액의 동결보존기술과 같은 의미를 가지는 기술로서, 배이식기술의 실용화를 앞당기는데 크게 기여한 기술이다. 배의 동결보존기술을 활용하면 ① 배를 자유롭게 운송할 수 있어서 배의 국제간 교역이 가능하며, ② 적당한 수배동물만 있다면 시기에 구애받지 않고, 언제나 이식이 가능함으로 유전적으로 우수한 능력을 보유한 자손을 쉽게 생산할 수 있고, ③ 배이식기술의 보급을 가속화시킬 수 있으며, ④ 희귀동물종이나 유전적으로 특이한 동물의 게놈(genome)을 반영구적으로 보존하는 것도 가능하다.

1) 배동결의 원리

마우스의 배를 -196∼-296°C에서 동결보존한 결과, 높은 생존성이 유지되었으며, 보존된 배를 융해 · 이식하여 산자를 얻었다는 결과가 보고된 이래, 소나 면양을 비롯한 다양한 동물종의 초기배도 동결보존에 성공하였다(Wilmut & Rowson, 1973; Willadsen 등, 1976). 그러나, 포유동물의 배는 정자나 다른 체세포와는 달리 세포질의 양이 매우 많고, 그 성분도 다양하기 때문에 동결점(凍結點, freezing point) · 과냉각(過冷却, supercooling) · 식빙(食氷, ice-seeding) · 빙정핵형성(氷晶核型成, nucleation) · 빙정성장(氷晶成長, crystal growth) 등과 같은 동결양상이 매우 복잡하여 동결하는 과정에서 동해(凍害)를 받을 위험성이 매우 높다(제3장 제6절. 동결의 기본원리 항목 참조). 따라서, 배를 동결보존하는 기본은 동결과정에서 배가 받게되는 동해를 최소화함으로써 융해 후에도 생존성이 유지되면서 발달을

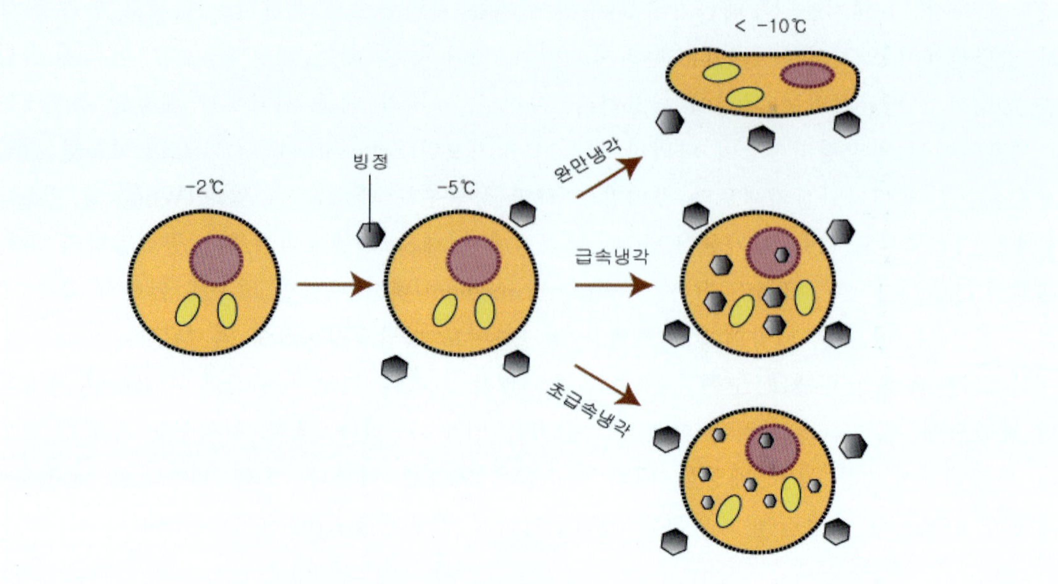

그림 5-18. 배의 동결시 냉각속도와 빙정형성의 상호관계

계속할 수 있도록 동결하는 것이다. 포유동물의 배를 급속하게 냉각하면 세포질내와 동결보존액 모두에서 빙정이 급속히 성장하여 세포질내에 큰 빙정을 가지게됨으로 세포질과 세포막에 손상을 주게 된다. 그러나, 완만한 속도로 냉각하면 동결보존액에서 먼저 빙정이 형성되고, 이에 따라 세포질에서 수분이 빠져나와 동결보존액의 빙정을 성장시키는데, 이러한 세포질의 탈수는 세포질의 변형을 유발한다(그림 5-18). 또한, 동결보존액은 0°C 이하에서도 빙정이 형성되지 않는 과냉각 상태를 나타내며, 따라서 외부자극이 없으면 아주 낮은 온도까지 내려간 후에 빙정이 형성된다. 이러한 빙정이 형성될 때 액체상태에서 고체상태로 상(相)이 변환되면서 매우 높은 잠열(潛熱, freezing exotherm)이 발산되는데, 이 잠열에 의하여 동결보존액의 온도가 급상승되어 배에 큰 손상을 주게 된다. 이와 같은 배의 동결특성을 고려할 때, 배를 동결보존하려면 적합한 동결속도를 유지하고, 동결보존액에 동해방지제(cryoprotectant)를 첨가하여야 하며, 잠열에 의하여 배가 손상되는 것을 방지하기 위하여 식빙을 하여야 한다.

동해방지제는 배가 동결되는 과정중에 배내에서 발생되는 전해질의 농축·삼투압의 상승·배내와 배외의 빙정형성 등과 같이 배의 생존에 불리하게 작동하는 현상을 완화시키거나, 조절하는 작용을 한다. 동해방지제는 세포내 동해방지제와 세포외 동해방지제로 구분하는데, 전자에는 glycerol·1,2-propandiol·ethylene glycol 등과 같은 다가알코올(polyhydric alcohol)과 dimethyl sulfoxide(DMSO)가 있고, 후자에는 sucrose·raffinose·dextran·polyvinylpyrrolidone(PVP) 등이 있다(제3장 제6절. 동해방지제 항목 참조). 세포내

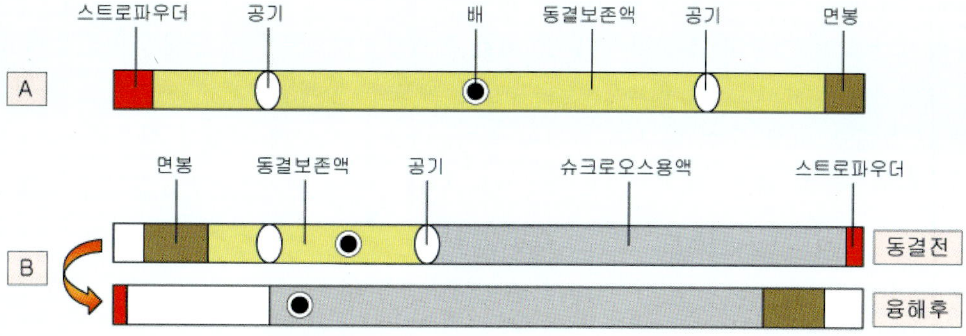

그림 5-19. 동결용 배가 봉입된 스트로의 단면

동해방지제는 ① 분자량이 150 이하이며, ② 친수성이 강하고, ③ 세포질내의 전해질이나 유기산의 용매가 되며, ④ 세포막을 자유롭게 통과하여 강한 염류완충작용을 나타낸다. 이들 동해방지제는 물분자와 강력하게 결합하여 빙정으로 이동되어 가는 세포내 수분의 비율을 낮추어서 세포질내의 용질이 농축되는 것을 최소화한다. 이에 따라 동결점이 저하되어 세포내 수분이 공정점에 이르면 그대로 얼게 된다. 이러한 성질은 글리세롤과 DMSO에서 현저하게 나타나는데, 초기배를 동결할 때 글리세롤은 1.0~15M, DMSO는 1.5~2.0M 농도의 용액이 사용된다. 한편, 세포외 동해방지제는 분자량이 크기 때문에 세포막을 투과할 수 없으며, 동해방지효과도 세포내 동해방지제에 비하여 현저히 떨어지지만, 세포외액(동결보존액)의 동결특성을 개선시켜 배를 보호한다.

2) 배의 동결전 처리와 포장

배의 동결보존액으로는 가열처리로 불활성화시킨 혈청이나 혈청알부민을 첨가한 D-PBS 용액이 주로 이용된다. 이 기본용액에 동해방지제를 첨가하여 동결보존액으로 이용하는데, 동해방지제의 최종농도는 완만동결의 경우에는 1~2M, 급속동결의 경우에는 3~4M이다. 배를 동결보존액에 침지할 때는 동해방지제가 배의 세포질내로 충분히 침투하여 삼투압의 변화에 따른 충격을 줄일 수 있도록 낮은 농도의 동해방지제가 함유된 동결보존액으로부터 최종농도의 동해방지제가 함유된 동결보존액까지 4~5단계의 동결보존액에 옮겨가면서 침지하는데, 각 단계마다 5~10분 정도의 평형시간을 준다.

한편, 배의 동결을 위한 포장용기로는 0.25㎖의 비닐스트로가 주로 이용되는데, 동해방제의 평형이 끝난 배를 동결보존액과 함께 실제현미경하에서 흡인하는 방법으로 스트로내에 봉입한다(그림 5-19의 A). 그러나, 배의 융해와 이식을 편리하게 하기 위하여 스트로의 한쪽에 동해방지제가 함유되지 않은 배양액이나 슈크로오스용액을 넣고, 다른 한쪽에 동결보존액과 함께 배를 넣는 경우가 많다(그림 5-19의 B). 이러한 방법으로 포장한 경우에는 융해 후에 스트로를 거꾸로 뒤집어 흔들면 배가 동결보존액으로부터 동해방지제가 함유되지 않은 배양액이나 슈크로오스용액으로 옮겨가기 때문에 동해방지제를 제거하는 조작을 하지 않고, 그대로 이식할 수 있다는 장점이 있다. 배를 스트로에 봉입한 다음에는 스트로의 표면에 공배동물의 품종·등록번호·배의 발육단계·배의 평가결과·동결일자 등을 표기한다.

3) 소 배의 동결보존

소의 배는 다른 동물종의 배에 비하여 내동성이 양호하기 때문에 배의 보존에 동결보존방법을 주로 이용하며, 이것이 소의 배이식을 활성화하는데 기초가 되었다. 배를 동결하는 방법은 동결속도에 따라 완만동결법·급속동결법·초급속동결법(초자화동결법) 등이 있는데, 일반적으로 완만동결법이 많이 이용된다.

(1) **완만동결법** : 난자나 초기배를 글리세롤이나 DMSO가 함유된 동결보존액에서 평형시킨 다음, 완만한 속도(0.2～1.0°C/min)로 냉각·동결하여 액체질소통에 침지·보존하는 방법을 완만동결법이라 하며, 동결된 배의 융해도 완만한 속도(4～25°C/min)로 한다. 완만동결에 이용되는 동결보존액은 FCS 15% 또는 BSA 4㎎/㎖를 첨가한 D-PBS 용액에 동해방지제로서 글리세롤을 첨가하여 사용하는데, 글리세롤의 농도가 각각 0M·0.4M·0.8M·1.4M인 용액을 제조한다. 제조된 동결보존액은 0.22㎛의 필터로 여과하여 일회 사용량 만큼씩 나누어 -20℃의 냉동고에 보관한다. 융해한 다음에는 냉장고에 3～4일간 보관하면서 사용할 수 있지만, 일단 융해된 것을 다시 냉동·보관하여서는 안된다.

배의 감사과정을 통하여 이식이 가능한 배를 선별한 다음, 글리세롤의 농도가 점차적으로 높은 동결보존액(0M→ 0.4M→ 0.8M→ 1.4M)으로 옮겨가면서 각 단계마다 10분간씩 정치하여 글리세롤이 배로 충분히 침투할 수 있도록 평형시키고, 스트로에 봉입한다. 스트로에 봉입된 배를 동결할 때, 완만한 속도의 냉각이 필요한 위험온도영역은 식빙온도인 -5～-7℃에서부터 -35～-40℃까지이며, 융해할 때의 위험온도영역은 -70～-20℃이다. 따라서, 배를 완만한 냉각속도로 동결보존할 경우에는 냉각온도와 냉각속도를 자유롭게 조절할 수 있는 세포동결기를 이용하는데, 실온에서부터 식빙온도(-5～-7°C)까지는 1℃/min의 빠른 속도로 냉각하고, 이 온도에서 2분간 정치한 후에 식빙을 한 다음, 식빙온도에서 8분간 정치한 후에 -35℃까지 0.1～0.5°C/min의 속도로 냉각하고, 이것을 그대로 액체질소에 침지하여 보존한다. 그러나, -35℃까지의 냉각속도를 1970년대에는 0.3℃/ min을 기준으로 하였지만, 그 후의 연구에서 글리세롤의 최종농도를 1.5M로 조정하고, 0.6℃/min의 냉각속도로 동결하는 방법이 개발되었다(Leibo, 1988).

한편, 배의 동결보존에서 생존성을 저하시키는 가장 큰 원인은 세포내의 자유수가 빙정을 형성하여 세포소기관을 물리적으로 파괴시키는 것이다. 그러나, 완만동결을 하면 배가 서서히 냉각되면서 세포내의 자유수가 세포외에 먼저 형성된 빙정으로 이동되는 탈수현상이 일어나기 때문에 세포내의 염류농도가 높아져 미세한 빙정이 형성됨으로 동해가 최소화된다. 배를 동결할 때의 냉각속도가 5℃/min 이상이 되면 세포내에 빙정이 크게 형성된다. 이 경우에는 배를 융해할 때에 먼저 융해된 동결보존액의 수분이 세포내 빙정에 흡착되어 빙정이 성장되기 때문에 배가 파열될 위험성이 있다. 일반적으로, 배의 분할구는 대형세포임으로 세포의 단위용적 당 표면적이 적다. 따라서, 세포내의 자유수가 세포외로 이동하여 동결에 따른 상해를 받지 않는 상태가 되기 까지는 긴 시간이 필요하다. 이러한 이유로 배의 동결에 완만동결법을 이용하는 경우가 많다.

(2) **급속동결법** : 일반적으로 통용되는 급소동결의 의미는 5분 이내에 초저온역(-79℃)까지 하강시킬 수 있는 냉각속도로 동결하는 것을 말하지만, 냉각속도의 범위를 규정하고 있지는 않다. 그러나, 난자와 초기배는 5분 이내에 초저온역까지 하강시키는 냉각속도로 동결하면 생존성에 심대하게 나쁜 영향을 미친다. 따라서, 배의 동결에서 급속동결은 완만동결에 비하여는 빠른 냉각속도로 동결한다는 상대적 의미를 가지고 있다. 배의 급속동결에서는 세포내와 세포외에서 모두 빙정이 형성되지만, 세포내 빙정이 미소하게 형성되어 빙정의 성장이 발생되지 않도록 동결하여야만 한다. 따라서, 급속동결의 경우에는 세포내로 투과할 수 있는 세포내 동해방지제와 투과할 수 없는 세포외 동해방지제를 혼합하여 사용한다. 세포내 동해방지제는 세포내로 신속히 침투되어 수분과 대체되고, 세포외 동해방지제는 세포의 탈수(脫水)를 유도함으로써 세포내에 미소한 빙점이 형성되도록 유도한다. 소배의 급속동결에 사용되는 동결보존액은 20%의 FCS가 첨가된 D-PBS 용액에 세포내 동해방지제로서 1.8M 농도의 에틸렌글리콜, 세포외 동해방지제로서 0.1M 농도의 슈크로오스를 혼합하여 제조한다. 소의 배를 급속동결하는 과정은 ① 배를 동결보존액에 침지하여 동해방지제를 충분히 평형시킨 다음, ② 실온으로부터 그대로 식빙온도에 넣어 온도를 하강시킨 후에 식빙을 실시하고, ③ 1~2℃/min의 냉각속도로 -35℃~-50℃까지 냉각시킨 다음, ④ 액체질소에 침지하여 완전히 동결시키면서 그대로 보존한다.

(3) **초자화동결법** : 액체를 냉각시킬 때 빙정을 형성하지 않으면서 유리모양으로 고체화되는 현상을 초자화(硝子化, vitrification)라고 하는데, 이 원리를 이용하여 배를 동결하는 방법을 초자화동결법이라 한다. 빙정의 생성에는 일정한 온도범위(0℃~-30℃)와 시간이 필요하기 때문에 이 온도영역을 빠른 냉각속도(100~200℃/sec)로 통과시키면 세포내에 빙정이 형성되지 않는 초자화상태에서 세포가 생존할 수 있게 된다. 배의 초자화동결은 여러 종류의 세포내 및 세포외 동해방지제를 고농도로 함유한 초자화동결보존액에 배를 침지하여 세포내 용질의 농축과 동해방지제의 세포내 침투를 유도한 다음, 곧바로 액체질소에 침지하여 초급속 냉각으로 동결한다. 초자화동결보존액에는 DMSO · propylene glycol ·

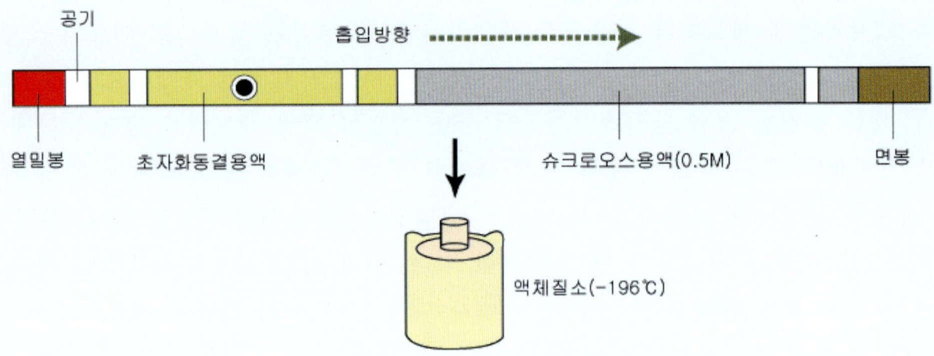

그림 5-20 소 배의 초자화동결법

acetamide 등과 같은 침투성 동해방지제와 polyethylene glycol과 같은 거대분자의 동해방지제를 혼합하여 사용한다. 초자화동결법은 마우스 배의 동결에서 최초로 성공된 이래(Rall & Fahy, 1985), 다양한 동물종에서 배의 동결에 이용하여 왔으며, 소의 상실배와 배반포의 동결에도 적용되었다(Massip 등, 1986; 1989). 소 배의 초자화동결은 ① 먼저 배를 평형배지(10% 글리세롤과 25% 프로필렌글리콜)에 20℃의 온도조건에서 7분간 침지하여 탈수를 유도한 다음, ② 초자화동결보존액(25% 글리세롤과 25% 프로필렌글리콜)와 함께 스트로(0.25㎖)에 봉입하고, ③ 이것을 1분 이내에 액체질소에 그대로 침지하여 동결한다. 또한, 초자화동결보존액에서 평형시킨 소의 배를 배양액과 함께 작은 방울(0.06㎕)로 만들어 그대로 액체질소에 떨어트려 동결하는 방법도 개발되었다. 한편, 실용적으로 소의 배를 초자화동결하는 방법의 예를 보면, 배를 초자화동결보존액에서 충분히 평형시킨 다음, 0.25㎖의 스트로에 슈크로오스용액→공기→초자화동결보존액과 배→공기의 순서로 흡인한 후에 밀봉하고, 이것을 그대로 액체질소에 침지하여 동결한다(그림 5-20; Jainudeen 등, 2000). 이 방법으로 동결한 스트로는 융해한 후에 슈크로오스용액이 위쪽으로 오게 들고, 손가락으로 퉁기면 배가 슈크로오스용액 속으로 옮겨가 동해방지제가 제거됨으로 그대로 배이식기에 장착하여 이식한다(그림 5-19의 B).

4) 면양 배의 동결보존

면양 배의 동결보존은 소의 경우와는 달라서 상업적으로는 거의 이용되지 않는다. 그러나, 면양의 생식특성이 소와 매우 유사하고, 저렴한 가격으로 실험을 수행할 수 있음으로 소 배의 동결-융해방법을 개발하는데 있어서의 기초적 실험으로 많이 이용된다. 면양 배의 동결보존은 캠브리지의 Willadsen 등(1974)에 의하여 최초로 성공되었다.

(1) 관행적 동결방법 : 면양 배의 동결보존에는 D-PBS를 기본보존액으로 사용하고, 동

해방지제로서 DMSO · 글리세롤 · 에틸렌글리콜 등을 첨가하며, 동결과정은 소 배의 동결보존방법과 같다(소 배의 동결보존 항목 참조). 면양의 동결보존액에 첨가되는 DMSO의 농도는 1.5M(Willadsen 등, 1976) 또는 1.0~2.0M(Bilton & Moore, 1976)이고, 글리세롤은 최종농도가 1.4M이다. 배를 동해방지제에 평형시키는 방법은 동해방지제의 최종농도까지 3단계로 농도를 높여 가면서 평형시키는 방법과 최종농도의 동해방지제가 함유된 동결보존액에서 1단계로 평형시키는 방법이 있는데, 글리세롤의 경우에는 두 방법 사이에 융해 후의 생존성이 차이가 없다(Smith 등, 1994). 한편, 에틸렌글리콜은 면양 배의 동결보존에 동해방지제로서의 효과가 탁월하여 D-PBS에 20%의 FCS와 1.5M의 에틸렌글리콜이 함유된 동결보존액으로 동결한 면양 배의 융해 후 생존률은 85~90%에 이르고, 이것을 수배면양에 이식한 후의 임신률은 65%에 달한다(Brebion 등, 1992). 다른 연구에서도 동해방지제로 에틸렌글리콜 · 프로필렌글리콜 · DMSO를 사용하여 동결보존한 배를 융해한 다음, *in vitro*에서 부화배반포까지의 발달률을 조사한 결과, 각각 76.9% · 62.5% · 55.6%를 나타내어 에틸렌글리콜의 성적이 가장 우수하다는 것이 입증되었다(Songasen 등, 1995).

(2) 초자화동결법 : 면양의 배도 소의 배와 같이 높은 농도의 동해방지제가 함유된 동결보존액에서 동해방지제가 배로 침투할 수 있도록 충분히 평형시킨 다음, 액체질소에 그대로 침지하여 동결하는 초자화동결법을 이용하여 배를 보존할 수 있다. 면양의 배를 25%의 글리세롤과 25%의 프로필렌글리콜이 함유된 초자화동결보존액으로 동결할 경우에 후기상실배는 36%, 후기배반포는 70%의 생존률을 나타냈으며. 이것을 이식하여 산자를 얻었다. 또한, 3.5M의 글리세롤과 3.5M의 프로필렌글리콜이 함유된 초자화동결보존액으로 동결보존한 배의 생존률은 복잡한 동결과정을 거치는 다른 관행적 동결방법으로 동결한 배의 생존률에 비하여 나쁘지 않다(Szell & Windsor, 1994). 그러나, 면양배의 초자화동결에는 동해방지제로서 에틸렌글리콜이 우수하며(Ali & Shelton, 1993), 글리세롤과 에틸렌글리콜을 이용하여 초자화동결한 배를 이식하여 높은 임신률을 얻었다(Naitana 등, 1994).

5) 산양 배의 동결보존

동결보존된 산양의 배를 융해하여 이식한 후의 임신률을 보면, 상실배를 이식한 경우에는 11%에 불과하지만, 배반포를 이식한 경우에는 90%로 매우 높다(Puls-Kleingeld 등, 1992). 따라서, 산양의 경우에는 배반포기까지 발달된 배를 골라서 동결보존하는 것이 이식 후의 수태율을 높이는 지름길이다. 배반포기에 도달되지 못한 배는 체외에서 배양하여 배반포기까지 발달을 유도하고, 이것을 동결보존하는 것이 좋다(Nowshari & Holtz, 1995).

(1) 관행적 동결방법 : 산양 배의 동결에는 혈청이 첨가된 D-PBS에 동해방지제를 첨가한 동결보존액을 사용한다. 동해방지제로는 글리세롤 · 에틸렌글리콜 · DMSO 등이 사용되지만, 산양 배의 동결보존에는 에틸렌글리콜과 DMSO의 효과가 글리세롤에 비하여 좋다

표 5-9. 산양 배의 동결에서 동해방지제의 효과 비교

동해방지제의 종류	상실배		배반포		합계	
	생존수/동결수	생존률(%)	생존수/동결수	생존률(%)	생존수/동결수	생존률(%)
글리세롤	2/84	2.4	4/43	9.3	6/127	4.7
에틸렌글리콜	15/93	16.1	19/35	54.3	34/128	26.6
DMSO	9/104	8.6	21/51	41.2	30/155	19.3
합계	26/281	9.2	44/129	34.1	70/410	17.0

(표 5-9; Fieni 등, 1990). 산양 배의 관행적 동결방법은 단계적 농도의 동해방지제를 D-PBS에 첨가하여 제조한 동결보존액에 배를 동해방지제 농도의 순서에 따라 옮겨가면서 평형(글리세롤: 5%[0.7M] 및 10%[1.4M]에서 각 10분)시킨 다음, 최종농도의 동해방지제가 첨가된 동결보존액과 함께 0.25㎖의 스트로에 봉입한다. 스트로에 봉입된 배는 ① 1℃/min의 냉각 속도로 -7℃까지 냉각시킨 후에, 이 온도에서 식빙을 하고, ② 식빙온도로부터 -35℃까지 0.3℃/min의 속도로 냉각시킨 다음, ③ -35℃에서 15분간 정치한 후에 액체질소에 침지하여 보존한다. 이러한 방법으로 동결보존된 배는 37℃의 항온수조에 침지하여 융해하며, 융해된 배는 글리세롤의 농도가 점차적으로 낮은 배양액에 침지(7.5%→5%→2.5%→0%)하여 글리세롤의 제거와 동시에, 수분이 다시 배로 들어가게 한 다음, 이식에 사용한다.

(2) 초자화동결법 : 산양 배의 초자화동결에 이용되는 관행적 방법은 ① 10%의 글리세롤과 20%의 프로판디올을 m-PBS에 첨가하여 제조한 동결보존액에 산양의 배를 10분 동안 침지하여 평형시키고, ② 평형이 완료된 배를 25%의 글리세롤과 25%의 프로판디올을 m-PBS에 첨가한 동결보존액과 함께 0.25㎖의 스트로에 봉입하는데, ③ 배가 포함된 0.04㎖의 동결보존액을 스토로의 한쪽에 흡인하고, 공기방울을 경계로 다른 한쪽에는 1.0M의 슈크로오스용액 0.2㎖를 흡인한 후에 밀봉한 다음, ④ 액체질소에 침지하여 동결한다(그림 5-20 참조). 이 방법으로 동결하면 융해 후에 슈크로오스용액에 의하여 동결보존액이 희석되기 때문에 별도로 동해방지제를 제거하는 과정을 거치지 않고, 곧바로 이식할 수 있다는 장점이 있다.

6) 말 배의 동결보존

말의 배를 동결보존하는 기술은 아직까지도 그 성과가 만족하지 못하여 배이식산업에 이용하지 못하고 있는 실정이다. 더욱이, 말의 배는 소의 배에 비하여 저온자극에 민감하게 반응하여 동결성이 매우 나쁘고, 다배란 처리에 따른 배란수도 2~3개 정도로 매우 적다. 이것이 말 배의 동결보존이나 배이식을 제한하는 요인이 된다.

(1) **관행적 동결방법** : 말 배의 동결에는 주로 소의 배를 동결하는 기술체계에 기초를 두고, 이것을 약간씩 변형하는 방법을 이용하고 있으며, 말의 배를 동결보존하는 독자적 기술체계는 아직까지도 확립되어 있지 않다. 말에서 동결보존된 배를 융해·이식하여 새끼가 생산되었지만(Yamanoto 등, 1982), 그들의 성적은 11개의 생존배를 이식하여 오직 한마리의 새끼를 얻었을 뿐이다. 일반적으로, 동결-융해 배의 이식에 따른 임신률은 동결하는 배의 일령과 크기, 융해 후의 형태에 따라 결정되는데, 평균적 임신률은 20%에도 미치지 못한다(Bruyas 등, 1993). 말의 배를 동결할 때, 직경이 170~220㎛인 배가 이 보다 크기가 작은 배에 비하여 융해 후의 생존성이 높다(Rieger 등,1991). 동결-융해시에 동해방지제로 글리세롤을 사용하면 다른 동물의 배와는 달리 배의 세포가 손상된다. 따라서, 말 배의 동결보존에 적합한 새로운 동해방지제를 탐색하는 것이 필요하다(Bruyas 등,1993).

(2) **초자화동결법** : 말의 배를 초자화동결하는 연구는 많지 않으며, 따라서 이용할 만한 정보도 거의 축적되어 있지 않다. 다만, 12개의 배를 초자화동결하고, 이것을 융해하여 이식한 결과 모두 임신이 되지 않았으며(Kot 등,1991), 직경이 200㎛ 이하인 배반포가 300㎛ 이상인 배반포에 비하여 동결-융해 후의 발달능력이 양호하였다는 보고(Hochi 등, 1995)와 같은 부분적 연구가 있을 뿐이다.

7) 돼지 배의 동결보존

일반적으로, 대부분의 축종에서 배의 동결보존은 마우스 배의 동결방법을 원용하지만, 돼지의 배는 냉각에 대한 반응이 매우 민감하여 이 방법을 응용할 수가 없다. 돼지에서 상실배기까지의 배는 보존온도가 15℃ 이하로 내려가면 사멸하게 되는데, 저온자극이 배를 치사시키는 원인은 명확하게 밝혀지지 않았다. 그러나, 배에 다량으로 함유된 지질이 배의 냉각과 동결에 대한 저항성을 나쁘게 한다는 사실은 명확하다(Plante 등, 1993). 따라서, 돼지 배의 동결에는 ① 초기배에서 세포질내의 지질을 제거한 후에, 동결하는 방법, ② 체내 및 체외에서 부화배반포까지 발달시킨 후에 동결하는 방법, ③ 위험한 냉각온도영역을 급속하게 통과시켜서 저온충격을 최소화하는 초자화동결법 등이 이용된다.

(1) **지질제거 후 동결** : 난할과정에 있는 돼지의 초기배도 냉각에 대한 저항성을 나쁘게 하는 세포질내 지질적(脂質滴)을 원심분리방법을 이용하여 제거한 다음에, 부화배반포를 동결하는 방법과 같은 방법으로 동결하면 생존할 수 있으며, 이것을 융해하여 이식하면 외관·체중·품종의 특징 등이 정상적인 새끼를 얻을 수 있다(Nagashima 등, 1995a; 1995b). 그러나, 지질을 제거한 배와 부화배반포는 투명대가 제거되었기 때문에 병원성 미생물에 감염될 위험성이 매우 높다. 이러한 이유로 투명대가 제거된 동결보존배의 반입을 금지하는 국가가 많아서 국제간 무역에 어려움이 따른다.

(2) **부화배반포의 동결** : 배반포가 부화된 후에는 세포질내 지질적의 크기가 미소하게

되어 냉각자극에 대한 충격을 훨씬 적게 받게 됨으로 부화배반포를 동결보존하면 발달단계가 앞에 있는 배에 비하여 융해 후의 생존성이 높다(Nagashima 등, 1994). 따라서, 발달단계가 앞선 배는 *in vitro*에서 배양하여 부화배반포까지 발달시킨 다음에 동결보존하는 경우가 많다. 돼지 부화배반포의 동결보존액은 BSA가 첨가된 배양액(Whittingham's M-16 · Whitten's medium · m-KRB 등)에 동해방지제를 넣어 제조한다. 동해방지제로서 글리세롤은 1.5M 농도를 첨가하는 것이 유효한 것으로 알려져 있지만, 글리세롤과 프로필렌글리콜은 에틸렌글리콜에 비하여 배의 발달률이 나쁘다는 보고도 있다(Weber & Youngs, 1994). 동결은 관용적으로 이용되는 완만동결법(-7℃에서 식빙; -7℃에서 -35℃까지 0.3℃/min)으로 하고, 융해는 35~37℃의 온수로 급속하게 시행한다. 그러나, 돼지의 동결보존된 부화배반포를 융해하여 이식한 결과는 매우 나빠서 66개를 이식하여 겨우 4마리의 자돈을 얻었다(Nagashima 등, 1995a; 1995b). 따라서, 돼지의 배를 상업적으로 동결보존하려면 돼지 배의 냉각특성 · 동해방지제 · 동결보존액 · 냉각속도 등을 종합적으로 검토하여 새로운 동결보존체계를 확립하는 것이 필요할 것으로 보인다.

(3) **초자화동결법** : 돼지의 난핵포기에 있는 난모세포나 상실배기까지의 배는 15℃ 또는 그 이하의 온도로 냉각하면 생존할 수 없기 때문에 이것들의 동결보존에 초자화동결법을 이용하려는 방안이 대두되었다(Arav 등, 1993; Nagashima 등, 1996). 초자화동결은 빙정이 형성되는 온도역(0℃~-30℃)을 매우 빠른 냉각속도(100~200℃/sec)로 통과하기 때문에 세포질내에 빙정이 형성되지 않음으로 난모세포나 초기배가 빙정의 성장에 의하여 유발되는 물리적 손상이 최소화된다. 초자화동결보존액에는 높은 농도의 혼합동해방지제가 첨가된다. 그러나 효능이 높은 별도의 동해방지제를 탐색하려는 연구도 다각적으로 시도되고 있다. 예를 들면, 남극해의 물고기에서 추출한 항-동결 당단백질(anti-freeze glycoprotein)을 동결보존액에 첨가하면 이것이 배의 세포막에 부착되어 항-동결효과를 발현하여 배를 보호한다(Gordon, 1997a). 또한, 배란 후 5 · 6 · 7일째의 돼지 배를 초자화동결하는 과정에서 발생되는 손상은 주로 핵과 세포골격(cytoskeleton)에서 일어나기 때문에 세포골격의 손상정도를 관찰하면 배의 생존 여부를 판정할 수 있다. 따라서, 이 방법을 이용하면 배를 이식하지 않고도 쉽게 초자화동결의 결과를 알 수 있기 때문에 새로운 동결보존액이나 동해방지제를 개발할 때, 배의 생존성 판정에 유용하게 이용할 수 있다(Dobrinsky 등, 1994).

한편, 돼지의 2-~4-세포기 배를 원심분리하여 지질적을 제거한 다음에 초자화동결법으로 보존하는 방법이 개발되었으며, 보존된 배를 융해 · 배양하면 배반포기의 배로 발달된다(Nagashima 등, 1966). 또한, 미국의 USDA에서는 배란 후 6일째 되는 돼지의 배를 초자화동결방법으로 동결하여 생존시키는데 성공하였다(Dobrinsky, 1993). 이와 같이, 돼지배의 초자화동결보존방법이 부분적으로 성공을 거두고 있지만, 보편적 기술로 활용되려면 더 많은 연구가 필요한 실정이다.

4. 동결보존 배의 융해

액체질소통에 동결보존한 배는 융해한 후에 이식하는데, 융해할 때 일어날 수 있는 빙정의 재형성과 성장을 방지하기 위하여 위험온도영역(-30℃→0℃)을 급속한 속도로 통과시키는 융해방법이 일반적으로 이용된다. 즉, 0.25㎖의 스트로에 동결된 배는 액체질소통에서 꺼낸 후에, 15초간 대기중에서 흔들어 스트로에 묻은 액체질소를 증발시킨 다음, 곧바로 37℃의 온수에 20초간 침지하여 완전히 융해시킨다. 그러나, 0.5㎖의 스트로에 동결된 배는 대기중에서의 융해시간을 20초로 연장한다. 스트로를 대기중에 노출시키면 투명대가 먼저 융해되어 유연성이 회복되기 때문에 배가 손상되는 것이 방지된다. 융해된 스트로는 표면을 멸균된 거즈로 깨끗이 닦고, 스트로커터로 밀봉부위를 자른 다음, 멸균된 배양접시로 배를 옮긴다. 이어서 동해방지제를 제거하고, 다시 수분을 재흡수(rehydration)시키기 위하여 동결시 평형시킬 때와는 반대로 동해방지제의 농도가 높은 동결보존액에서 낮은 동결보존액으로 3~4단계(글리세롤의 경우 0.8M→0.4M→0M)에 걸쳐 차례로 5~10분간씩 정치한 다음, 마지막으로 동해방지제가 없는 보존액(D-PBS+20% 혈청)으로 충분히 세척한다. 융해과정이 완료된 배는 스트로에 배양액과 함께 다시 주입하여 이식한다. 이러한 융해과정은 단계가 많고, 시간이 많이 걸리는 단점은 있지만, 융해 후에 일어나는 수분의 재흡수과정을 관찰하여 생존배만을 골라서 이식할 수 있다는 장점이 있다. 그러나, 오늘날에는 스트로의 한쪽에 공기방울을 경계로 동해방지제가 없는 배양액이나 슈크로오스용액(0.5~1.0M)을 충분히 넣어 동결하고(그림 5-19와 그림 5-20 참조), 융해 후에 스트로를 동해방지제가 없는 배양액이나 슈크로오스용액이 위쪽으로 오게 들고, 손가락으로 퉁겨서 배가 동해방지제가 없는 배양액으로 떠오르게 한 다음, 배이식기에 장착하여 그대로 이식하는 방법이 많이 이용된다.

제 5 절 배의 이식과정

배이식 기술의 최종단계는 공배동물에 대하여 다배란처리를 한 다음, 배발달을 유도하여 체내(*in vivo*)에서 생산된 배 또는 도축된 동물의 난소나 살아 있는 동물의 난소에서 채취한 난모세포를 체외성숙 · 체외수정 · 체외배양 과정을 통하여 체외(*in vitro*)에서 생산된 배를 수배동물(受胚動物, recipient)의 생식기내에 주입하는 과정으로서, ① 이식에 적합한 수배동물을 선정한 다음, ② 배의 발육상태와 수배동물의 생식기상태(발정상태)가 일치되는지의 여부를 확인하고, ③ 수배동물의 생식기관에 손상을 주지 않으면서 착상이 쉽게 이루어지는 부위에, ④ 노력을 최소화할 수 있는 방법으로 주입하는 것이 중요하다.

1. 수배동물의 선발과 관리

수배동물은 배를 이식받아 임신을 성립시키고, 분만과정을 통하여 새끼를 출산한 후에 포유·육성하는 역할을 수행함으로 배이식의 성공 여부를 결정하는 가장 중요한 요소가 된다. 따라서, 수배동물은 수태능력과 새끼의 육성능력을 기준으로 선발하고, 선발된 수배동물은 임신·분만·비유 등의 생식과정을 충실히 수행할 수 있도록 관리하여야 한다.

1) 수배동물의 선정기준

수배동물은 산육능력이나 산유능력과 같은 경제형질의 유전적 능력이 우수할 필요는 없지만, 번식능력과 새끼의 육성능력은 뛰어난 개체이어야 한다. 이러한 관점에서 수배동물의 일반적 선정기준은, ① 건강하면서 임신과 관련된 질병이 없어야 하고, ② 정상적으로 발정주기를 반복하면서 발정징후를 명확하게 나타내어야 하며, ③ 분만된 새끼의 포유능력과 육성능력이 좋아야 하고, ④ 체격이 적당하여 임신과 분만에 지장이 없는 개체이어야 한다. 이러한 개체라 하더라도 배를 이식하였을 때 연속적으로 수태가 되지 않은 경험이 있는 개체는 배이식에 공용하지 않는 것이 원칙이다. 한편, 배를 이식할 때 배의 발육단계와 수배동물의 자궁상태(발정일로부터의 경과일수)가 일치되어야만 높은 수태율을 얻을 수 있다. 따라서, 배를 이식할 때는 수배동물의 후보군중에서 ① 발정의 발현강도와 경과일수, ② 황체의 발달정도, ③ 혈액이나 유즙중의 프로게스테론 농도, ④ 이식용 배에서 발생된 태아의 크기를 감당할 수 있는 체격을 갖추고 있는지의 여부 등을 종합적으로 검토하여 배를 이식할 개체를 선정한다.

2) 동물종별 시술대상 수배동물의 선정

동물의 종에 따라 생식특성과 체격의 크기가 다르기 때문에 수배동물의 후보군에서 배를 직접 이식할 개체를 선정하는 기준과 방법도 동물종에 따라 다를 수 밖에 없다. 따라서, 배를 이식할 때는 동물종별로 확립된 선정기준에 따라 수배동물을 선정함으로써 수배동물에 의한 수태율의 저하를 최소화하는 것이 필요하다.

(1) 소 : 수배우는 미경산 처녀우를 이용하는 것이 전통적 관행인데, 그 이유는 ① 전번의 임신에서 발생될 수 있는 생식기관의 문제점을 배제할 수 있고, ② 비슷한 조건의 수배우를 다량으로 확보할 수 있으며, ③ 경산우에 비하여 저렴한 가격으로 구입할 수 있다는 장점이 있기 때문이다(Broadbent) 등, 1991). 그러나, 처녀소의 10%는 자궁경관의 폐쇄정도가 심하여 자궁경관을 경유한 비외과적 배이식이 불가능하다는 단점이 있다(Coulthard, 1991). 또한, 이식할 배의 품종과 수배우의 품종도 중요하게 고려하여야 할 사항이다. 즉, 체격이 작은 육우품종의 처녀수배우에 체격이 큰 유우품종이나 육우품종의 배를 이식하면

분만시 태아가 모체의 산도를 통과하기 어려울 정도로 성장하여 난산을 유발하기 때문이다. 일반적으로, 동물산업의 후진국에서는 우수한 유전적 능력을 가진 소의 배를 수입하여 자국의 재래종 수배우에 이식하여 증식하는 방법을 이용하는데, 이 때 두 품종간의 체격차를 충분히 고려하여 수배우를 선정하여야 한다. 이식하는 배와 수배동물의 품종에 따른 체격의 차이에 의한 난산을 극복하기 위하여 수배동물로 경산우를 이용하는 경우가 있는데, 경산우는 처녀소에 비하여 난산의 위험성은 적지만, 임신률이 낮기 때문에 송아지의 생산측면에서만 보면 경산우와 처녀소간에 차이가 없다(Callesen 등, 1994).

한편, 황체에서 분비되는 프로게스테론은 자궁의 생리상태를 조절하는 호르몬임으로 수배우를 선정할 때 중요하게 고려하여야 할 사항이다. 그러나, 소는 개체에 따라 프로게스테론 농도의 절대치에 변이의 폭이 크고, 혈중 프로게스테론의 농도와 이식 후 배의 생존성 사이의 상호관계도 명확하지 않다. 다만, 프로게스테론의 수준이 낮으면 강력한 황체퇴행효과를 나타냄으로 배를 이식할 때 프로게스테론의 분비수준이 높은 수배우를 선정하는 것은 바람직하다(Lamming & Mann, 1993). 또한, 직장검사(rectal palpation)나 초음파진단장치로 황체의 상태를 직접 검사하여 수배우의 선정에 기초자료로 활용하는 방법도 광범위하게 이용된다. 직장검사로 황체의 상태를 검사한 후에 배를 이식한 결과, 황체의 발달이 양호한 수배우와 빈약한 수배우의 임신률이 각각 58%와 14%를 나타내어 직장검사로 수배우의 황체상태를 확인하는 것이 임신률을 높이는 하나의 수단이 된다는 것이 증명되었다(Geim, 1990). 실시간초음파로 황체의 위치와 크기를 조사하여 수배우를 선별하는 방법은 직장검사로 황체를 확인하는 방법에 비하여 효율성이 떨어진다(Scott, 1993). 이와 같이, 황체의 기능이 배이식 후의 임신률에 크게 영향을 미치지만, 황체의 기능을 조사하는 방법의 효과는 연구자에 따라 달라서 프로게스테론의 혈중농도를 발정당일부터 4일간 조사하여 수배우를 선정하는 것이 정확하다는 보고가 있는 반면에(Britt & Holt, 1988), 프로게스테론의 혈중농도와 임신률 사이에 상관관계가 낮다는 보고도 있다(Chagas e Silva 등, 1993). 따라서, 우리나라의 현실에서는 특별한 장비와 시약이 필요하지 않고, 간편하게 시행할 수 있으면서도 효과가 좋은 직장검사로 황체의 발달상태를 면밀히 조사하여 수배우를 선정하는 것이 바람직한 것으로 보인다.

(2) 면양과 산양 : 수배면양의 상태에 따라 임신률이 현저하게 달라짐으로 수배면양의 후보군에서 배를 이식할 면양 개체를 선정하는 것은 배이식의 성패를 좌우하는 매우 중요한 사항이다. 면양에서도 황체의 발달상태에 따라 임신률이 크게 달라진다. 그러나, 면양은 체격이 작아서 소와는 달리 직장검사로 황체의 상태를 확인할 수 없기 때문에 혈액중의 프로게스테론 농도를 분석하여 황체의 발달상태를 추정할 수 밖에 없다. 즉, 수배면양의 발정발현일로부터 4일 동안 혈청중의 프로게스테론 농도를 측정하고, 이것을 기초로 수배면양을 선정하는데, 프로게스테론의 혈중농도가 3ng/㎖일 때 가장 높은 임신률을 나타낸다

(Ivkov 등, 1995). 수배산양도 발정상태를 관찰하면서 면양과 같은 방법으로 선정한다.

(3) 말 : 말도 수배동물의 선정기준에 따라 선발된 수배마군에서 소에서와 같이 직장검사방법으로 배란 후에 형성된 황체의 크기와 발달상태 등을 확인한 결과를 기초로 수배마 개체를 선정하여 배를 이식한다. 그러나, 말의 배는 보존성이 매우 나빠서 공배마의 다배란 유기와 함께 발정동기화를 유도한 수배마에 배를 이식할 수 밖에 없는 한계가 있다.

(4) 돼 지 : 돼지의 배를 구성하는 세포의 세포질에는 지질적이 다량으로 함유되어 있어서 배의 동결보존이나 냉장보존이 어렵기 때문에 체외에서의 보존기간을 최소화하는 것이 일반적이며, 가능하면 회수된 직후의 신선배를 이식하는 것이 수태율을 높일 수 있는 방법이다. 따라서, 돼지에서는 수배동물의 선정기준에 따라 선정된 수배돈군에 대하여 발정동기화를 유도한 다음, 발정상태를 관찰하면서 신선배나 단기보존된 배를 이식한다.

3) 수배동물의 관리

수배동물은 가능한 한 스트레스를 받지 않도록 관리하는 것이 중요하다. 기생충의 제거나 발굽의 손질 등과 같은 관행적 관리는 최소한 이식 3주전까지는 완료하여야 하며, 이식 전후로 3~4주간은 급여사료나 관리방법을 변경하여서도 안된다. 배이식 12시간 전부터 절식·절수하여 배이식의 시술을 용이하게 한다. 배이식 당일에는 수배동물을 보정하기 용이한 장소로 옮기고, 조용한 환경을 만들어 안정을 취하도록 관리한다. 배를 이식한 후에는 과도한 운동을 하지 않도록 하여야 한다.

2. 공배동물과 수배동물의 발정동기화

배이식과정에서 공배동물과 수배동물의 발정시기와 배란시각을 동기화시킴으로써 임신생리의 발현과정이 같은 시기에 영위되도록 조절하는 것은 가장 중요하고, 기본적인 과정이다. 동결보존된 배를 이식할 경우에는 발정이 발현된 수배동물의 발정경과 일수와 배의 발달 일수를 맞추어서 이식하면 되지만, 동결하지 않은 신선한 배를 이식할 경우에는 공배동물과 수배동물 여러 마리의 발정을 동기화시키는 과정이 반드시 필요하다. 배의 동결보존이 어려워 회수된 신선란이나 단기보존된 배를 주로 이식하는 돼지와 말에서는 발정동기화 과정이 더욱 중요하다.

1) 발정의 동기화방법

정상발정주기를 반복하는 동물에서 황체기(luteal phase)에는 황체에서 분비되는 프로게스테론이 시상하부-뇌하수체계에 대하여 부의 피드백기전으로 GnRH·FSH·LH 등의 합성·방출을 억제함으로 난포가 발달되지 않아서 발정과 배란이 일어나지 않는다. 그러나,

황체가 퇴행되면 시상하부-뇌하수체계에 대한 프로게스테론의 피드백기전이 해제되어 발정이 발현되면서 배란도 일어난다(제4장 제1절. 발정과 배란의 발현기전 항목 참조). 따라서, 발정의 동기화는 프로게스테론을 분비하는 황체의 분비기능을 조절하는 수단을 통하여 유도할 수 있는데, 그 방법은 생리학적으로 크게 두종류로 구분된다. 그 하나는 여러 마리의 암컷에 프로게스테론 제제(製劑)를 계속적으로 투여하여 각각의 암컷이 발정주기의 단계에 따라 난소에서 황체는 퇴행되지만, 투여된 프로게스테론의 작용으로 발정과 배란이 억제되다가 동시에 프로게스테론 제제의 투여를 중지하여 모든 암컷에서 발정과 배란이 발현되게 하는 방법이다. 다른 하나는 모든 암컷에 대하여 황체를 퇴행시키는 생리작용을 가진 $PGF_{2α}$나 그 유연물질을 투여하여 각각의 개체가 가지고 있는 수명이 서로 다른 황체를 동시에 퇴행시킴으로써 발정과 배란을 동기화시키는 방법이다. 그러나, $PGF_{2α}$ 제제를 이용하는 방법은 난소에 반드시 활동성 황체가 존재하는 경우에 한하여 시술할 수 있으며, 특히 돼지의 황체는 발정주기의 12일까지는 $PGF_{2α}$ 제제에 대하여 반응하지 않기 때문에 거의 이용할 수 없다. 이와 같이, 발정의 동기화에는 프로게스테론 제제와 $PGF_{2α}$ 제제가 주로 이용되지만, 발정과 배란의 발현률과 집중도를 높이고, 수태율을 향상시키기 위하여 에스트로겐 · GnRH · FSH · LH 들을 병용투여하는 경우도 많다. 한편, 발정의 인위적 조절 방법은 제4장 제2절 발정의 인위적 조절 항목에서 각 축종별로 상세하게 기술하였다.

2) 배이식이 가능한 발정발현일 차이의 범위

배란된 난자가 난관에서 정자와 만나 수정이 되고, 이어서 난할과정을 통하여 발생된 초기배가 자궁으로 내려와 착상 · 임신되려면 배에서 보내는 신호물질(소 · 면양 · 말: 인테페론-τ; 돼지: 에스트로겐)을 모체의 자궁내막이 감지하여 $PGF_{2α}$의 분비가 저지되고, 이에 따라 황체가 퇴행되지 않으면서, 프로게스테론을 계속적으로 분비하여야만 한다. 이와 같이, 배가 보내는 신호물질을 모체가 감지하여 프로게스테론을 계속적으로 분비함으로써 착상과 임신이 유지되는 현상을 모체의 임신인지(recognition of pregnancy)라고 한다. 만약에, 배가 적당한 시기에 신호물질을 분비하지 못하면 자궁내막에서 $PGF_{2α}$가 분비되어 황체를 퇴행시키기 때문에 임신이 유지되지 못한다. 따라서, 배를 이식하려면 배와 모체 사이의 신호전달체계가 완벽하게 작동할 수 있도록 공배동물과 수배동물의 발정상태가 일치(동기화)되어야 한다. 동결보존된 배를 이식할 경우에는 공배동물에서 배란된 후에 보존된 배의 단계로 발달되는데 소요되는 일수(배의 일령)와 수배동물의 배란 후 일수가 같아야 한다. 그러나, 발정이 발현된 시각으로부터 배란이 일어나는 시각까지 소요되는 기간이 개체에 따라 차이가 있을 뿐만 아니라, 돼지와 같은 다태동물은 동복(同腹)에서도 배의 발달단계가 다르다. 이와 같이, 일령이 약간 다른 배도 모체는 인지하여 착상 · 임신을 성립시킨다. 따라서, 배를 이식할 때, 배의 발달일령과 수배동물의 발정발현일로부터의 일수가 일정한 범위내에서는 약간 틀려도 임신이 인지된다. 그러나, 이 범위를 넘으면 임신인지가 되지 않고, 이에 따라 임신도 성립되지 않는다.

(1) 소 : 공배우에서 배를 회수하여 신선배의 상태로 즉시 이식하려면 공배우와 같은 날에 발정이 발현된 수배우를 골라서 직장검사로 배란시각과 황체의 발달상태를 확인한 후에 이식하면 높은 수태율을 얻을 수 있다. 그러나, 수배우의 발정발현일이 공배우의 발정발현일(0)에 비하여 앞서거나(-) 늦어지면(+), 일수의 차이가 클수록 수태율이 떨어지는데, 수배우의 발정일이 공배우의 발정일과 -2・-1・0・+1・+2일의 차이가 날 때의 임신률은 각각 23.8%・52.2%・58.2%・49.5%・44.0%를 나타냈다(Janowitz, 1994). 이 결과를 보면 수배우의 발정일이 공배우의 발정일에 비하여 1일이 앞서거나 늦어져도 임신률이 크게 떨어지지 않는다. 따라서, 공배우와 수배우의 발정발현일의 차이가 ±1일 이내의 범위에 있으면 이식이 가능하다. 한편, 동결보존된 배를 자연발정이 발현된 수배우에 이식할 경우에는 공배우의 발정발현일과 배의 일령 및 발달단계 등을 고려하여 수배우의 발정발현일로부터의 일수에 맞추어 이식한다.

(2) 면양과 산양 : 면양에서는 공배면양과 수배면양의 발정발현일 차이가 ±2일 이내의 범위에 있으면 배를 이식할 수 있지만, ±12시간 이내일 경우에서 가장 높은 임신률(75%)을 나타낸다(Rowson & Moore, 1966). 그러나, 차이가 +3일이 되면 임신율이 8%로 매우 낮아 지는데, 이것은 이식된 배의 발달단계와 수배면양의 자궁상태가 경시적으로 조화를 이루지 못하여 임신이 인지되지 못하고, 이에 따라 수배면양의 난소에서 황체가 퇴행되기 때문이다. 면양에서 배를 이식 할 때 수태율을 지배하는 가장 중요한 요인은 발정동기화의 일치 정도이다(Alabart 등, 1995). 산양에서도 면양과 유사하게 발정발현일이 차이가 ±2일의 범위내에 있으면 배를 이식할 수 있다.

(3) 말 : 말은 소나 면양과는 달리 공배마의 발정 1일전(-1)부터 3일 후(+3)까지의 사이에서 발정이 발현된 수배마에 배를 이식하면 수태를 성립시킬 수는 있다(McKimmon 등, 1988). 그러나, 공배마에서 배란이 일어난 후에 발정이 발현된 수배마에 이식하는 것이 높은 수태율을 나타낸다(Squires 1989).

(4) 돼 지 : 돼지는 소나 면양에 비하여 발정지속 시간이 길고, 한번에 다수의 난자가 배란되기 때문에 배란시각이 서로 달라서 배의 발달단계도 서로 다르게 마련이다. 그러나, 돼지의 배도 발정이 동기화되지 않은 수배돈의 자궁에 이식하면 발달이 정지된다. 따라서, 공배돈의 발정주기와 완전히 일치되게 발정이 발현된 수배돈에 이식하는 것이 바람직하다. 그러나, 수배돈의 발정발현일에 비하여 1~2일이 앞서거나 1일이 뒤진 날자에 발정이 발현된 공배돈에서 회수한 배를 이식하면 수태가 성립되는데(Webel 등, 1970), 공배돈의 발정발현일이 수배돈의 발정발현일에 비하여 1일이 앞선 경우에는 임신률이 저하되지 않는 반면에, 1일 보다 더 앞서면 앞선 날자의 증가에 비례하여 임신률이 감소된다(Polge, 1982).

표 5-10. 소에서 이식배의 수에 따른 임신률

	1 그룹	2 그룹	3 그룹
이식배의 수	1/2(반분배)	1	2
수배우의 수	20	36	22
이식 21일 후의 추정임신률(%)	10 (50.0)	24 (66.6)	17 (77.2)
이식 45일 후의 임신률(%)	6 (30.0)	18 (50.0)	16 (72.7)
이식 60일 후의 임신률(%)	5 (25.0)	17 (47.2)	15 (68.2)
이식 90일 후의 임신률(%)	4 (20.0)	16 (44.4)	14 (63.6)

최근에는 발정의 동기화율을 높이기 위하여 임신 35~53일이 경과된 모돈에 합성프로스타글라딘 제제를 투여하여 유산을 유도하고, 곧이어 다배란처리를 하는 방법도 이용되고 있는데, 이것은 윤리적 및 동물복지적 측면에서 바람직한 방법은 아니다.

3. 이식용 배의 발달단계와 이식부위

배를 이식할 때는 공배동물에서 배를 회수하는 생식기관의 부위와 배의 발달단계를 일치시키는 조건에서 수배동물에 이식하는 것이 원칙이다. 그러나, 배의 회수방법과 회수된 배의 체외 생존성이 동물종에 따라 다르기 때문에 이식하는 배의 발달단계와 이식부위도 다를 수 밖에 없다.

1) 소

공배우에서 회수된 소의 배는 체외에서의 보존성이 뛰어나며, 특히 발달단계가 치밀상실배에 이르면 동결 등과 같은 외적 자극에 대한 저항성이 증대되어 동결보존도 용이하다. 따라서, 상실배기 이후의 배를 비외과적 방법으로 이식하는 것이 일반적인 관행이다.

(1) 배의 발달단계와 이식부위 : 소의 배가 치밀상실배에 이르면 이식 후의 수태성이 향상되며, 대사활성도 증대됨으로 배를 이식할 때는 치밀상실배 이후의 발달단계에 있는 배를 이식하는 것이 수태율을 높이는데 효과적이다. 소에서 상실배로 발달된 배는 이미 자궁강으로 하강되어 있음으로 공배우의 자궁각을 비외과적 방법으로 관류하여 배를 회수한다. 따라서, 소에서의 배이식은 상실배기 이후의 배를 자궁각의 선단에 이식하는 것이 일반적인 관행이다. 그러나, 배의 발달단계에 따라 이식시기를 조절하여 배의 발달상태와 수배우의 자궁상태를 일치시켜야 하는데, 그 시기는 수배우의 발정발현일로부터 상실배는 6일째, 배반포는 7일째, 확장배반포는 8일째이다. 또한, 수배우에 배를 이식하기 전에 직장검사로

황체의 상태와 위치를 확인하여 배이식 여부와 이식할 자궁각을 결정하는 것이 필요하다.

(2) 이식배의 수 : 소는 단태동물로서, 보통 1마리의 송아지를 출산하지만, 1개의 배를 이식하는 경우에 비하여 2개의 배를 이식하면 임신률이 유의하게 높아진다. 반분배(半分胚, demiembryo)를 이식한 경우에는 완전한 배를 이식할 때에 비하여 임신률이 유의하게 낮아진다(표 5-10; Heyman & Chesne, 1984).

2) 면양과 산양

면양과 산양의 배는 생리적 특성과 발달단계의 과정이 소의 배와 유사하기 때문에 이식하는 배의 발달단계와 이식하는 부위의 기준을 소의 경우를 기본으로 한다. 그러나, 면양과 산양의 배는 외과적 방법으로 난관에서 회수하는 경우가 많다. 이 경우에는 공배 면·산양과 발정주가기 동기화된 수배 면·산양의 난관내에 그대로 이식하거나, 배를 체외에서 배양하여 상실배나 배반포로 발달시킨 후에 배의 일령에 동기화된 수배 면·산양의 자궁각에 이식한다. 한편, 면양과 산양은 기본적으로 소에 비하여 쌍태율이 높기 때문에 양측 자궁각에 1개씩 2개의 배를 이식하는 것이 일반적이다.

3) 돼 지

돼지의 배는 소나 면양의 배와는 달리 체외에서의 생존성과 내동성(耐凍性)이 나빠서 체외보존이 어려울 뿐만 아니라, 배의 발달단계가 진행될수록 생존성도 떨어진다. 더욱이, 배를 회수하는 과정이 외과적 방법에 의존하는 경우가 많아서 회수된 배의 발달단계도 소에 비하여는 앞설 수 밖에 없다. 따라서, 돼지의 배이식은 발달단계가 덜 진행된 배를 외과적 방법으로 생식기관의 상부에 이식하는 것이 일반적이다.

(1) 배의 발달단계와 이식부위 : 돼지의 수정란이나 2-세포기 배는 가늘게 뽑은 유리피펫으로 소량의 이식용 배양액(TCM-199·D-PBS)과 함께 흡인하여 수배동물의 난관복강구(난관채쪽 구멍)를 통하여 난관팽대부의 하반부에 이식하며(Pope 등, 1972), 4-세포기 이후의 배는 미세피펫에 흡인한 다음, 자궁각의 선단(先端)에 주사침으로 작은 구멍을 뚫고, 그 구멍으로 미세피펫을 삽입하여 주입한다. 그러나, 이 방법은 출혈이 일어나 배의 생존성을 나쁘게 할 위험성이 있기 때문에 난관의 말단부에 주사침으로 구멍을 뚫고, 배가 흡인된 미세피펫을 이 구멍으로 삽입한 다음, 자궁-난관접속부(UTJ)를 통과시켜 자궁각의 선단에 이르게 하여 주입하는 방법이 개발되어 좋은 결과를 얻고 있다(Polge, 1982). 돼지의 배는 자궁강내를 자유롭게 이동하여 양쪽 자궁각에 균등하게 착상함으로 한쪽 자궁각에 배의 전부를 이식하면 된다. 이와 같이, 어느 발달단계에 있는 배라도 이식할 수는 있지만, 돼지의 배이식에서는 4-세포기 또는 8-세포기의 배를 이식하는 것이 일반적이다. 그 이유는 배가 8-세포기를 넘으면 치밀화되어 개개의 분할구를 확인 하는 것이 어려워서 배

의 정상적 발달여부를 판정하기가 어렵기 때문이다(Day, 1979). 한편, 6일령이 지난 배를 이식하면 임신률이 현저히 저하되는 것으로 알려져 있지만(Webel 등, 1970), 자궁에 상처를 내지 않고, 자궁-난관접속부를 경유하는 방법으로 이식할 경우에는 3~7일령의 배로도 75%의 임신률을 얻을 수 있는 반면에, 8~9일령의 배는 임신률이 현저하게 저하된다(Polge, 1983). 이러한 이식방법은 동결-융해배의 이식에도 적용할 수 있다.

(2) 이식배의 수 : 돼지는 최소한 4개의 배가 자궁내에 도달되어야만 임신이 인지됨으로 4개 이상의 배를 이식하는 것은 필수적이다. 그러나 4- 및 8-세포기의 배를 이식하는 경우에는 배의 생존률을 60~65%로 보고, 16개의 배를 이식한다. 그러나, 발달단계가 더욱 진행된 배를 이식할 경우에는 이식하는 배의 수가 생존성에 유의하게 영향을 주는데, 12~15개의 배를 이식한 때는 64%, 16~20개를 이식한 경우에는 45%의 생존률을 나타낸다(Brussow, 1990). 또한, 52마리의 수배돈에 682개의 배를 이식한 결과, 58%의 임신률과 8.9마리의 복당산자수를 얻었다(Kosarcic 등, 1992). 그러나, 최근에 활발하게 연구되고 있는 형질전환돼지 또는 복제돼지의 생산을 위하여 핵이 이식된 배를 이식할 경우에는 배의 발달률이 매우 낮아서 200개 이상을 이식하는 경우도 있다.

4. 배의 이식방법

체내 또는 체외에서 생산한 이식용 배를 수배동물의 생식기관내로 이식하는 방법은 인공수정을 시술하는 방법과 같이 자궁경관을 경유하여 자궁강내로 주입하는 비외과적 이식방법(non-surgical transfer)과 개복수술을 하여 수배동물의 생식기관을 노출시킨 다음에 주입하는 외과적 이식방법(surgical transfer)이 있다. 일반적으로, 소나 말과 같이 체격이 큰 동물은 비외과적 이식방법을 주로 이용하지만, 면양·산양·돼지 등과 같이 체격이 작은 동물은 외과적 이식방법을 주로 이용하여 배를 이식한다.

1) 비외과적 이식방법

배를 비외과적으로 이식하는 방법은 수배동물에 상처를 주지 않고, 인공수정과 같은 방법으로 이식함으로 일반농가와 야외에서 쉽게 시술할 수 있다는 장점이 있다.

(1) 소 : 소에서 비외과적 이식방법의 시술과정은 ① 수배우를 보정틀에 보정하고, 2%의 리도카인 5~7㎖를 미추 경막외에 주사하여 자궁경과 자궁을 마취시키고, ② 직장내의 분을 제거한 후에 외음부를 세척·소독한 다음, ③ 인공수정을 시술할 때의 직장질법과 같이 직장으로 손을 넣어 자궁경을 보정하고, ④ 배가 들어 있는 스트로를 정착한 배이식기를 자궁경관을 경우하여 황체가 있는 쪽의 자궁각 선단까지 깊숙이 삽인한 다음, ⑤ 배를 서서히 주입한다. 배이식기는 정액주입기(Cassou gun)를 개량하여 제작되었는데, 부드러운

표 5-11. 돼지 배의 자궁내 주입부위에 따른 임신률의 차이

	자궁각의 중앙	자궁각의 후반 1/4부위	자궁체
수배돈의 수	16	16	17
임신률(%)	88	81	12
임신당 태아수	8.2±2.4	5.6±2.7	4~5
태아수의 범위	7~14	1~9	4~5
태아 생존률(%)	41	28	3

플라스틱 외피(plastic outer sheath)가 장착되어 있다(Coulthard, 1991). 이 외피는 배이식기가 질을 통과할 때까지는 배이식기의 외부를 싸고 있어서 질내의 세균이 배이식기에 오염되는 것을 방지하지만, 자궁경관부터는 배이식기만이 삽입되도록 한다. 한편, 미경산 수배우의 약 10%는 자궁경관이 좁고, 폐쇄되어 있어서 배이식기의 통과가 이려운데, 이 경우에는 멸균된 자궁경관 확장봉으로 자궁경관을 확장시킨 다음에 배이식기를 삽입한다.

(2) 면양과 산양 : 면양이나 산양과 같은 중형동물은 자궁경관의 직경이 좁아서 배이식기의 통과가 어려운 해부학적 구조를 가지고 있을 뿐만 아니라, 배이식을 시술하는 시기가 황체기임으로 프로게스테론의 작용으로 자궁경관이 철저하게 폐쇄되어 더욱 어렵다. 그러나, 면양에서 인공수정에 사용되는 정액주입기를 이용하여 7일령의 배를 평균 3.17분 동안에 자궁경관을 경유하여 자궁각에 성공적으로 이식하였다는 보고는 있지만, 아직까지 기술체계가 확립되었다고는 볼 수 없다. 따라서, 앞으로 면양과 산양의 배이식에 보편적으로 이용될 수 있는 비외과적 이식기술을 개발하는 것이 필요한 실정이다.

(3) 말 : 말도 소에서와 같이 비외과적 방법으로 배를 이식할 수 있는데, 무균상태의 정액주입 카테터를 멸균된 비닐커버로 피복하여 질을 통과시키고, 이어서 이식기만이 자궁경관을 경유하여 자궁에 깊게 삽입되도록 밀어 넣은 다음, 배를 주입한다. 그러나, 이식 후의 임신률은 연구자에 따라 42%(Oguri & Tsutsumi, 1980)에서부터 71%(Allen & Rowson, 1975)까지의 범위를 나타내어 큰 차이를 보인다. 말의 배를 이식할 때 이식용 배양액에 따라 임신률이 크게 차이가 나는데, TCM-199(0두/12두)에 비하여 PBS(6두/10두)가 양호한 성적을 보였으며(Douglas, 1980), 이식부위에 따라서는 자궁각에 깊숙이 이식하는 것이 자궁체에 이식한 경우에 비하여 높은 임신률을 나타낸다(Squires & Tarr, 1991).

(4) 돼 지 : 면양이나 산양의 자궁경관과 같이 돼지의 자궁경관도 그 내경이 매우 좁고, 굴곡되어 있어서 배를 자궁경관을 통과하여 비외과적으로 이식하기가 어렵다. 특히, 돼지의 자궁경관은 환상륜(cirvical ring)의 내경이 매우 좁을 뿐만 아니라, 자궁경관의 후반부에서는 환상륜의 구멍이 한쪽으로 편재되어 있어서 전반부의 위치와 다르기 때문에 카테

터의 통과가 더욱 어렵다. 돼지의 배는 자궁각에 깊숙이 주입하여야 높은 임신률을 얻을 수 있는데(표 5-11 ; Wallenhorst & Holtz, 1995), 자궁각에 깊숙이 주입하는 것을 어렵게 하는 자궁경관의 해부학적 구조가 배의 비외과적 이식을 제한하는 가장 중요한 요인이다. 따라서, 배를 자궁각의 깊숙한 부위에 이식할 수 있도록 인공수정용 카테터를 배이식기로 개량하였다. 개량형 배이식기는 자궁경관의 통과가 용이하도록 인공수정용 카테터의 선단에 스테인레스강으로 만들어진 나선상의 구조물이 장착되고, 그 앞에는 이식기가 자궁각의 분기점에 도달되는 것을 확인하는데 필요한 쇠막대가 부착된 구조이다.

돼지의 비외과적 배이식은 Polge와 Day(1968)에 의하여 최초로 성공(1두/32두)된 이래, 많은 연구자들에 의하여 배이식기가 개량되고, 이식방법도 개선되었지만, 1990년대 까지도 임신률이 21.7%(Galvin 등, 1994)에서부터 43%(Modl, 1994)까지의 수준에 머물고 있는 실정이다. 따라서, 돼지에서 비외과적 배이식기술을 상업적으로 이용하려면 배이식기를 더욱 개량하고, 자궁각의 심부에 배를 이식할 수 있는 방법을 개발하는 것은 물론이고, 배의 보존방법과 발달단계에 따른 이식부위, 이식용 배양액의 종류·조성·사용량 등을 종합적으로 검토하여 새로운 기술체계를 확립하여야 할 것으로 보인다.

2) 외과적 이식방법

외과적 이식방법은 수술로 개복하고, 난관이나 자궁각에 배를 이식하는 방법으로서, 전신마취를 하고, 복부를 정중선에서 절개하는 방법과 국소마취로 후구를 마취시킨 후에, 겸부(膁部)를 절개하는 방법이 있다. 외과적 이식방법은 수술과정은 복잡하지만, 황체의 상태를 정확히 관찰할 수 있고, 난관이나 자궁각을 관찰하면서 정확한 위치에 배를 이식함으로 임신률을 높일 수 있다는 장점이 있다.

(1) 소 : 캠브리지의 Rowson 등(1969)이 전신마취를 하고, 유방 앞쪽의 복부정중선을 절개한 다음, 난소의 황체를 확인한 후에, 황체가 있는 쪽의 자궁각을 주사침으로 천자(穿刺)하여 조그만 구멍을 내고, 이 구멍을 통하여 미세피펫으로 배를 이식하여 높은 수태율은 얻음으로써, 소에서의 배이식을 상용화하는 전기를 마련하였다. 그러나, 복정중선절개법은 노력과 비용이 많이 소요될 뿐만 아니라, 젖소에서는 유방이 커서 수술부위를 확보하는 것이 어려워 수술 자체가 곤란하고, 더욱이 농가 현장에서의 시술이 어렵기 때문에 보급에 한계가 있을 수 밖에 없었다. 이러한 단점을 보완하기 위하여 겸부를 절개하는 방법이 개발되었다. 소에서 겸부절개법에 의한 배이식의 과정은 ① 수배우를 보정틀에 압박보정하고, ② 직장검사로 황체가 있는 난소(배란 난소)를 확인한 다음, ③ 황체가 있는 난소쪽 겸부의 털을 깍은 후에, ④ 2%의 프로카인이나 리도카인을 미추 경막외에 주사하여 마취시키고, ⑤ 겸부 삼각형 부분의 후방쪽에서 근육층이 두꺼운 부위를 피하면서 피부·근육·복막을 차례로 절개하여 15~20㎝ 정도의 절개구(切開口)를 만든 다음, ⑥ 난소의 황체를

눈으로 재확인하여 황체가 있는 쪽의 자궁각을 찾아내고, ⑦ 이 자궁각을 절개구를 통하여 노출시킨 후에, ⑧ 자궁-난관접속부에서 3~5㎝ 아래의 자궁각 선단부에 16~18G의 주사침으로 구멍을 내고, ⑨ 이 구멍을 통하여 미세피펫으로 정확하게 배를 이식한다. 배를 이식한 후에는 생식기관을 원래의 위치로 환원시키고, 복막·근육·피부를 차례로 봉합한 다음, 항생제를 투여하여 세균의 감염을 방지한다. 외과적 이식방법은 비외과적 이식방법에 비하여 비용과 시간이 많이 소요되어 상업적으로는 거의 이용하지 않지만, 임신률은 비외과적 이식방법에 비하여 10% 정도 높다(Coulthard, 1991).

(2) 면양과 산양 : 면양과 산양의 배이식은 주로 외과적 이식방법으로 시술한다. 수배양에 대하여 티오펜탈나트륨(sodium thiopental; 8㎎/㎏)이나 펜토바비탈(pentobarbital; 13㎎/㎏)을 정맥주사하여 전신마취를 시키고, 앙와보정(仰臥保定)한 다음, 복부정중선을 절개한다. 면양과 산양은 돼지나 소와는 달리 성질이 온순하고, 체격의 크기가 적당하여 수술하기가 쉬울 뿐만 아니라, 피하지방이나 복부지방이 적어서 절개부위를 최소화하여도 생식기관으로의 접근성이 매우 좋다. 따라서, 생식기관의 전체 부위를 쉽게 관찰할 수 있기 때문에 생식기관 어느 부위에나 배를 이식하는 것이 가능함으로 이식할 배의 발달단계에 따라 이식부위를 선택하여 이식한다. 예를 들면, 미수정 난모세포는 발정기에 있는 수배양을 교배시킨 후에 난관팽대부에 배를 이식하여 임신을 유도할 수 있다. 또한, 면양에서 배가 신장(伸長)배반포까지 발달되었다면 발정주기의 12일째에 자궁각의 중간부위에 이식하면 된다. 그러나, 배이식을 위하여 공배 면양과 산양에서 배를 회수할 때는 자궁각의 선단에 이식하기에 적합한 발달단계의 배를 회수하기 때문에 회수된 배는 주로 자궁각의 선단에 이식한다. 배를 이식할 때는 면양과 산양 모두에서 2개의 배를 각각의 자궁각에 1개씩 이식하는 것이 일반적이며, 2개를 이식하면 1개를 이식한 경우에 비하여 임신률이 높다. 그러나 1개의 배를 이식할 경우에는 황체가 위치하는 난소쪽의 자궁각에 이식한다. 한편, 면양과 산양의 배이식에는 내시경술(內視境術, endoseopy)도 이용할 수 있는데, 복부에 2㎝ 내외의 작은 구멍을 뚫고, 이 구멍으로 내시경을 넣은 다음, 초기발달단계에 있는 배를 난관내로 주입하는데, 5분 이내에 시술이 가능하다. 면양과 산양에서 외과적으로 배를 이식하면 높은 임신률을 얻을 수 있으며, 산양의 경우 신선배는 88%의 임신률과 70%의 출산률을 얻었고, 동결-융해배는 각각이 75%와 55%이다(Krogh, 1991).

(3) 말 : 말에서도 소에서와 유사한 방법으로 복정중선을 따라 유방 앞쪽의 복벽을 절개하거나, 난소에 황체가 있는 쪽의 겸부를 절개하는 방법으로 생식기관을 노출시키고, 소에서와 같은 방법으로 배를 이식한다. 또한, 말에서도 다양한 복강경이식법이 시도되고 있다. 이식용 배를 배란 후 2일 이내에 회수하여 발달단계가 2-~8-세포기인 배는 소량의 이식용 배양액과 함께 미세피펫에 흡입하여 난소쪽에서 난관속으로 주입하고, 상실배나 초기배반포는 자궁각의 선단에 주입한다. 말의 초기배는 수배마의 임신인지를 유도하기 위하여

하루에 10~13회씩 양측 자궁각을 왕래하면서 자궁내막을 자극하기 때문에 소에서와 같이 황체를 가진 난소가 있는 쪽의 자궁각에 반드시 배를 주입할 필요는 없다. 말의 배이식에는 외과적 이식방법이 많이 이용되고 있지만, 이식 50일 후의 임신률은 67%(172두/257두) 정도이다(Woods & Steiner, 1986).

(4) 돼 지 : 돼지는 소나 면양과 같은 초식동물과는 달리 자궁경관의 길이가 길고, 구조도 복잡하여 자궁경관을 경유하는 비외과적 이식방법으로 배를 이식하는 것이 매우 어렵다. 또한, 돼지배의 특성도 체외에서의 동결보존이 어려워 신선배나 단기보존배를 이식하는 경우가 많다. 이러한 초기배(2-~4-세포기 배)나 복제돼지 및 형질전환돼지의 생산을 위하여 체외에서 작성한 초기배는 난관내에 이식할 필요성이 높다. 이와 같은 이유로 비록 경비와 시간이 많이 소요되는 단점은 있지만, 주로 개복수술에 의한 외과적 방법을 이용하여 배를 이식한다. 외과적 이식방법은 먼저 수배돈을 앙와보정하고, 전신마취를 시킨 다음, 수술부위를 소독하고, 복정중선에서 중복부를 절개한 후, 난관이나 자궁을 노출시켜 배를 주입하는데, 배를 주입하는 생식기관의 부위는 배의 발달단계에 따라 다르다. 즉, 4-세포기까지의 초기배는 소량의 이식용 배양액(0.5mℓ 정도)과 함께 미세피펫으로 흡인한 다음, 미세피펫을 난관복강구(난관의 난소쪽 구멍)를 경유하여 난관누두부와 난관팽대부의 경계부에 삽입한 다음 서서히 주입한다. 그러나, 8-세포기부터의 배는 자궁각의 선단부에 주입하는데, 그 방법은 먼저 난관의 말단부에 주사침으로 작은 구멍을 만들고, 이 구멍을 통하여 미세피펫을 삽입한 후에, 자궁-난관접속부를 경유하여 자궁각이 선단에 이르게 한 다음, 배를 서서히 주입한다. 이 방법은 자궁각의 선단에 구멍을 뚫는 방법에 비하여 출혈에 의한 임신률의 감소를 현저하게 줄일 수 있다. 돼지에서도 복강경을 이용하여 배를 이식할 수 있는데, 복부에 2㎝ 내외의 구멍을 내고, 복강경을 삽입하여 자궁을 찾아낸 다음, 긴 겸자(鉗子, forceps)를 이용하여 자궁을 끌어내어 자궁각에 구멍을 내고, 이 구멍을 통하여 카테타를 자궁각의 선단까지 밀어 넣은 다음, 배를 서서히 주입한다. 또한, 복부에 4㎝ 정도의 작은 구멍을 내고, 이 구멍으로 인지와 중지를 넣어 자궁각을 끌어낸 다음, 배를 주입하는 최소절개법으로도 배를 주입한다. 돼지에서 3~7일령의 배를 비외과적 방법으로 이식하였을 때의 임신률은 75%이고(Polge, 1982), 5일령과 6일령의 배를 자궁각의 선단에 이식한 후의 임신률은 각각 66.7%와 100%이다(Kim & Oguri, 1990).

◈ 참 고 문 헌 ◈

1) Alabart, J. L., et al. 1995. Screening of some variable influencing the results of embryo transfer in the ewe: I. five-day-old embryos. Theriogenol. 44:1011.
2) Allen, W. R. and L. E. A. Rowson. 1975. Surgical and non-surgical egg transfer in horses. J. Reprod. Fertil. Suppl. 23:525.
3) Anon, L. 1994. Embryo transfer in small ruminants. Norsk Veterinaertidsskrift. 106:750.
4) Aoyagi. Y., et al. 1990. Effects of interval to seeding and temperature to removing glycerol on conception

of frozen embryos of Holstein cows. Japanese J. Anim. Reprod. 36:245.
5) Arab, A. 1992. Vitrification of oocytes and embryos. In embryonic development and manipulation in animal production(A. Lauria & F. Gandolfi eds.). Portland Press. p.255.
6) Arav. A., et al. 1993. Cryogenic protection of oocyte with antifreeze proteins. Mol. Reprod. Dev. 36:488,
7) Archibong, A. E., et al. 1989. Development of porcine embryos from one- and two-cell stages to blastocysts in culture medium supplemented with porcine oviductal fluid. Biol. Reprod. 41:1076.
8) Averill, R. L. W. 1955. Transfer of mammalian ova between species. Nature. 176:167.
9) Baker, R. D. 1979. Embryo recovery from prepubertal gilts. Theriogenol. 11:91.
medium. Theriogenol. 39:611.
10) Besenfelder, U., et al. 1997. Endoscopic embryo collection and embryo transfer into the oviduct and the uterus of pigs. Theriogenol. 47:1051.
11) Bilton, R. J. and N. W. Moore. 1976. Effects of ice seeding and of freezing and thawing rate on the development of sheep embryos stored at -196°C. Theriogenol. 6:635.
12) Brebion, P., et al. 1992. Embryo transfer in sheep and goats. Annales de Zootechine. 41:331.
13) Britt, J. H. and L. C. Holt. 1988. Endocrinological screening of embryo donors and embryo transfer recipients: a review of research with cattle. Theriogenol. 29:189.
14) Broadbent, P. J., et al. 1991. Recipient mangement and embryo transfer. Theriogenol. 35:125.
15) Broadbent, P. J., et al. 1995. Superovulatory responses in cattle pre-treated with estradiol and progestagen. Theriogenol. 43:176.
16) Brussow, K. P. 1990. Results of embryo transfer into the oviduct or uterus in pigs. Mantshefte fur Veterinarmedizin. 45:562.
17) Bruyas, J. F., et al. 1993. Quantitative analysis of morphological modifications of day 6.5 horse embryos after cryopreservation: differential effects on inner cell mass and trophoblast cells. J. Reprod. Fertil. 99:15.
18) Callesen, H., et al. 1994. Embryo recipients: dairy cows or heifers. Prodeeding of the 10th Meeting of the European Embryo Transfer Association. p.125.
19) Carnevale, E. M. and O. J. Ginther. 1994. Defective oocytes as a cause of subfertility in old mares. Proceedings of the 6th International Symposium on Equine Reproduction. p.51.
20) Casey, P. L., et al. 1989. Evaluating bovine embryo quality by computerized image analysis. Theriogenol. 31:181.
21) Chagas e silva, J. N., et al. 1993. Selection of Friesian cows as recipients of fresh and frozen embryos on the basis of blood progesterone concentration. Proceeding of the 5th International Symposium on Animal Reproduction. Vol. 2. p.67.
22) Choi, Y. H., et al. 1993. *In vitro* maturation of equine oocytes collected by follicle aspiration and by slicing of ovaries. Theriogenol. 40:959.
23) Chung, K. S., et al. 1983. Twin induction by embryo transfer in cattle: IV. calving rate following non-surgical transfer of fresh and frozen embryos. Korean J. Anim. Sci. 25:424.
24) Cook, V. M., et al. 1989. Pregnancy rates of cooled, transported equine embryos. Equine Vet. J. Suppl. 8:80.
25) Coulthard, H. 1991. On farm embryo transfer in cattle. Practice. 13:16.
26) Day, B. N. 1979. Embryo transfer in swine. Theriogenol. 11:27.
27) Dell'Aquila, M. E., et al. 1996, *In vitro* maturation and fertilization of equine oocytes recorved during the breeding season. Theriogenol. 45:547.
28) Dobrinsky, J. R., et al. 1993. Cryopreservation of porcine embryos: current status and prospectives. Embryo Transfer Newsletter. 11:13.
29) Dobrinsky, J. R., et al. 1994. Cytoskeletal analysis of vitrified procine embryos. J. Anim. Sci. 72:82.
30) Douglas, R. H. 1979. Review of induction of superovulation and embryo transfer in the equine. Theriogenol. 11:33
31) Douglas, R. H. 1980. Pregnancy rates following non-surgical embryo transfer in the equine. J. Anim. Sci. Suppl. 1. 51:272.
32) Feini, F., et al. 1990. Comparison of the efficiency of three cryoprotectants for freezing goat

embryos. Proceeding of the 6th Meeting of the European Embryo Transfer Association. p.144.

33) Funahashi, H. and B. N. Day. 1993. Effects of the duration of exposure to supplemental hormones on cytoplasmic maturation of pig oocytes *in vitro*. J. Reprod. Fertil. 98:177.

34) Galli, C. and G. Lazzari. 1995. Granulosa cell supplementation during oocyte maturation improves the development of IVM-IVF bovine oocytes cultured in the sheep oviduct. Theriogenol. 43:216.

35) Galvin, J. M., et al. 1993. Higher sodium chloride concentration can induce a four-cell block in porcine embryos. Theriogenol. 39:224.

36) Galvin, J. M., et al. 1994. A procedure for successful nonsurgical embryo transfer in swine. Theriogenol. 41:1279.

37) Gandolfi, F. and R. M. Moore. 1987. Stimulation of early embryonic development in sheep by co-culture with oviduct epithelial cells. J. Reprod. Fertil. 81:23.

38) Giesert, R. D. and J. R. Malayer. 2000. Implantation. In reproduction in farm animals. 7th ed.(E.S.E. Hafez & B. Hafez eds.). Lippincott Williams & Wilkins. p.126.

39) Gilbert, S. F. 1994. Cleavage, creating multicellularity. In developmental biology. 4th ed. Sinauer. p.164.

40) Goh, G. D., et al. 1981. studies in egg transfer in Korean native cattle: III. non-surgical egg transfer following superovulation an egg transfer. Korean J. Anim. Sci. 23:321.

41) Gonzalez, A., et al. 1994. Superovulation in the cow with pregnant mare serum gonadotropin: effects of dose and antipregnant mare serum gonadotropin serum. Canadian Vet. J. 35:158.

42) Gordon, I, 1997a. Vitrification: storage and cryopreservation of pig embryos. In controlled reproduction in pigs. CAB Int'l. p.196.

43) Gordon, I. 1997b. Superovulating and breeding the mare. In controlled reproduction in horse, deer and camelids. CAB Int'l. p.143.

44) Gulyas, B. J. 1975. A reexamination of the cleavage patterns in eutherian mammalian eggs: rotation of the blastomere pairs during second cleavage in rabbit. J. Exp. Zool. 193:235.

45) Hafez, E. S. E. and B. Hafez. 2000. Folliculogenesis, egg maturation, and ovulation. In reproduction in farm animals. 7th ed.(E. S. E. Hafez & B. Hafez eds.). Lippincott Williams & Wilkins. p.68.

46) Heape, W. 1890. Preliminary note on the transplantation and growth of mammalian ova within a uterine foster mother. Proceedings of the Royal Society(London). 48:457.

47) Heyman, Y. and P. Chesne. 1984. Freezing bovine embryos: survival after cervical transfer of one, one-half, one or two blastosysts frozen in straws. Theriogenol. 21:240.

48) Hinrichs, K., et al. 1990. Aspiration of oocytes from mature and immature preovulatory follicles in the mare. Theriogenol. 34:107.

49) Hochi, S., et al. 1994. Influence of sera on *in vitro* hatching of equine blastocysts. J. Reprod. Dev. 40:13.

50) Hochi, S., et al. 1995. Large equine blastocysts are damaged by vitrification procedures. Reprod. Fertil. Dev. 7:113.

51) Hunter, R. H. F. 1964. Superovulation and fertility in the pig. Animal Production. 6:189

52) Ivcov, V., et al. 1995. Levels of serum progesterone in recipient ewes before embryo transfer as an indication of subsequent fertility. Proceeding of the 11th Meeting of the European Embryo Trnasfer Association. p.192.

53) Jainudeen, M. R., et al. 2000. Ovulation induction, embryo production and transfer. In reproduction in farm animals. 7th ed.(E. S. E. Hafez & B. Hafez eds.). Lippincott Williams & Wilkins. p.405.

54) Janowitz, U, 1994. Studies on factors affecting embryos results in cattle. Anim. breeding Abst. 63:402.

55) Jeon, C. K. 1971. Studies on the influence of sex hormones on ovulation, speed of cell division and descending speed of ova in rabbits. Ph. D. thesis. Graduate School. Chungnam National University.

56) Kennedy, L. G., et al. 1983. The effect of embryo quality at freezing on subsequent development of thawed cow embryos. Theriogenol. 19:823.

57) Kim, H. S. and N. Oguri. 1990. Studies on embryo trnasfer in pigs: II. factors affecting pregnancy rate and litter size. Korean J. Anim. Sci. 32:125.

58) Kosarcic, D., et al. 1992. Embryo transfer in pigs in Vojvodina. Veterinarski Glasnik. 46:409.

59) Kot, K., et al. 1991. The effect of freezing on the survival of horse embryos. Medycyna Weterynaryjna. 47:371.
60) Krisher, R. L., et al. 1989. Effects of oviductal condition on the development of one-cell embryos in mouse or rat oviducts maintained in organ culture. Theriogenol. 32:885.
61) Krogh, K,, et al. 1991. Ova transfer in sheep and goats. Dansk Fareavl. 56:4.
62) Lamming, G. E. and G. E. Mann. 1993. Progesterone concentration affects the development of the luteolytic mechanism in the cows. J. Reprod. Fertil. Abst. 11:30.
63) Lawson, R. A. S., et al. 1972. The development of sheep eggs in the rabbit oviduct and their viavility after re-transfer to ewes. J. Reprod. Fertil. 29:105.
64) Leibo, S. P. 1988. Cryopreservation of embryos. Proceeding of the 11th International Congress on Animal Reproduction and AI. Vol. 5. p.370.
65) Linder, G. M. and R. W. Wright Jr. 1983. Bovine embryo morphology and evaluation. Theriogenol. 20:407.
66) Lu, K. H. and C. Polge. 1992. A summary of two years' results in large-scale *in vitro* bovine embryo production. In Proceedings of the 12th International Congress on Animal Production(The Hague). Vol. 3. p.1315.
67) Mark, W. H., et al. 1985. An inserted mutation in a transgenic mouse line results in developmental arrest at the day of gestation. Cold Spring Harbor Symp. Quant Biol. 50:453.
68) Massip, A., et al. 1986. Pregnancies following transfer of cattle embryos preserved by vitrification. Cryo-Letters. 7:270.
69) Massip, A., et al. 1989. Some significant steps in the cryopreservation of mammalian embryos with a note on a vitrification procedure. Anim. Reprod. Sci. 19:117.
70) McKinnon, A. D., et al. 1988. Factors affecting equine embryo transfer rates. Proceeding of the 11th International Congress on Animal Reproduction and AI. Vol. 2. p.177.
71) Mlodawska, W., et al. 1991. Recovery of equine oocytes, their developmental stage in relationship to ovarian size, and their maturation *in vitro*. Acta Agraria et Silvestria Series Zootechnica. 29:59.
72) Modl, J. 1994. Investigation on oestrus synchronization, superovulation, embryo freezing and non-surgical embryo transfer in pigs. Theses. Ludwig-Maximillians Univesitat. Germany. p.128.
73) Mylene, M. J. A., et al. 1992. Use of a transcervical technique for embryo recovery in sheep. Vet. Record. 130:450
74) Nagashima, H., et al .1994. Recent advances in cryopreservation of porcine embryos. Theriogenol. 41:113.
75) Nagashima, H., et al. 1995a. Cryopreservation of porcine embryos. Nature. 374:416.
76) Nagashima, H., et al. 1995b. Improved survival of porcine hatched blastocysts cryopreserved with glycerol and sucrose. J. Reprod. Dev. 41:165.
77) Nagashima, H., et al., 1996. Vitrification of porcine early cleavage stage embryos and oocytes after removal of cytoplasmic lipid droplets. Theriogenol. 45:180.
78) Naitana, S., et al. 1994. High viability rate of vitrified ovine embryos. Preceeding of the 10th Meeting of the European Embryo Transfer Association. p.224
79) Niemann, H. 1989. To South America in a thermos flask: first experiences of international transportation of pig embryos. Tierzuchter. 41:336.
80) Niwa, K. and O. Ohgada. 1988. Synergistic effect of caffeine and heparin on *in vitro* fertilization of cattle oocytes matured in culture. Theriogenol. 30:733.
81) Nowshari, M. A. and W. Holtz. 1995. *In vitro* culture of goat morulae to blastocysts before freezing. Theriogenol. 43:797.
82) Oguri, N. and Y. Tsutsumi. 1974. Non-surgical egg transfer in mares. J. Reprod. Fertil. 41:313.
83) Oguri, N. and Y. Tsutsumi. 1980. Non-surgical transfer of equine embryos. Archives of Andrology. 5:108.
84) Overstrom, E. W. 1996. *In vitro* assessment of embryo viability. Theriogenol. 45:3.
85) Parrish, J. J., et al. 1988. Capacitation of bovine sperm by heparin. Biol. Reprod. 38:1171.
86) Penny, C. D., et al. 1995. Management aspects of induces twinning in beef suckler cows using *in vitro* fertilized embryos. Vet. Record. 136:506.

87) Pettit, W. H. 1985. Commercial freezing of bovine embryos in glass ampoules. Theriogenol. 23:13.
88) Picton, H. M. and R. G. Gosden. 1998. Oogenesis, in mammals. In encyclopedia of reproduction. Vol. 3(E. Knobil & J. D. Neill eds.). Academic Press. P.489
89) Pieterse, M. C., et al. 1988. Aspiration of bovine oocytes during transvaginal ultrasound scanning of the ovaries. Theriogenol. 33:751.
90) Pipkin, J. L., et al. 1991. Culture and co-culture of porcine embryos. J.Anim. Sci. Suppl. 69:417.
91) Plante, C,, et al. 1993. Chilling sensitivity of porcine morulae. Theriogenol. 39:285.
92) Plus-Kleingeld, M., et al. 1992. Cryopreservation of goat embryos by the one-step or three-step equilibration procedure. In recent advances in goat production(R. R. Lokeshwar ed.). p.1388.
93) Polge, C. 1982. How does embryo manipulation fit into present and future pig production? J. Reprod. Fertil. Suppl. 33:93.
94) Polge, C. and B. N. Day. 1968. Pregnancy following non-surgical egg transfer in pigs. Vet. Record. 82:712.
95) Pope, G. E., et al. 1972. Effect of number of embryos on embryonic survival in recipient gilts. J. Anim. Sci. 35:805.
96) Poulin, N., et al. 1996. *In vitro* production of goat embryos: heparin in IVF medium affects development ability. Proceeding of the International Conference on Goats(Beijing). Vol. 2. p.838.
97) Rall, W. F. and G. M. Fahy. 1985. Ice-free cryopreservation of mouse embryos at -196°C by vitrification. Nature. 313:573.
98) Ray, B. S., et al. 1994. Pregnancy following gamate intrafallopian transfer in the mare. J. Equine Vet. Sci. 14:27.
99) Richards, D. W., et al. 1988. Non-surgical transfer and survival of frozen-thawed bovine embryos supplemented with raffinose. Theriogenol. 21:138.
100) Rieger, D., et al. 1991. The effect of cryopreservation on the metabolic activity of day-6.5 horse embryos. J. Reprod. Fertil. Suppl. 44:411.
101) Rowson, L. E. A. and R. M. Moore. 1966. Embryo transfer in the sheep: the significance of synchronizing oestrus in donor and recipient animal. J. Reprod. Fertil. 11:207.
102) Rowson, L. E. A., et al. 1969. Fertility following egg transfer in the cow: effect of method, medium and synchronization of oestrus. J. Reprod. Fertil. 18:517.
103) Ryot, K. D. and S. V. Vadnere. 1989. Preservation of goat embryos by slow and rapid methods of cooling. Indian Vet. J. 66:1086.
104) Semple, M. E., et al. 1995. Cryopreservation of *in vitro* derived bovine embryos produced in a serum-free culture system. Theriogenol. 43:320.
105) Seok, H. B., et al. 1984. Influences of frozen embryos conception in catlle: III. effects of surgical transfer of ova rehydrated by five-steps for glycerol elimination. Korean J. Anim. Sci. 26:429.
106) Seregi, J. 1993. Embryo transfer and its techniques as means of developing methods of animal husbandry. Hungarian Agricultural Research. 2:18.
107) Singh, B., et al., 1993. Factors influencing resumption of meiotic maturation and cumulus expansion of porcine oocyte-cummulus cell complexes *in vitro*. Mol. Reprod. Dev. 36:113.
108) Smith, B. J., et al. 1986. Bovine embryo development in Dulbecco's phosphate buffered saline and Ham's F-10 medium with Hepes buffer. Theriogenol. 25:199.
109) Smith, C, L., et al. 1994. Effects of stepwise cryodilution prior to freezing and stepwise post-thaw rehydration on viavility of ovine embryos. Theriogenol. 41:1267.
110) Songasen, N., et al. 1995. *In vitro* and *in vivo* survival of cryopreserved embryos. Cryobiol. 32:78.
111) Squires, E. L. 1989. Commercial equine embryo transfer: synopsis of panel discussion. Equine Vet. J. Suppl. 8:75.
112) Squires, E. L. and S. F. Tarr. 1991. Advances in the transfer and manipulation of equine embryos. Vet. Med. 86:626.
113) Squires, E. L., et al. 1993. Pregnancy rates after collection and shipment of equine embryos. Proceedings of the 38th Annual Convention of the American Association of Equine Practitioners. p.609.
114) Suzuki, K. 1999. Embryo transfer. In reproductive biology of mammals(Y. Takahashi ed.). Gakushou

Pub. p.231.
115) Suzuki, T. 1993. Recent techniques of embryo transfer of cattle in Japan. In Dairy Farming in Asia: 1988 APO Study Meeting(Tokyo). p. 41.
116) Szell, A. Z. and D. P. Windsor. 1994. Survival of vitrified sheep embryos *in virto* and *in vivo.* Theriogenol. 42:881.
117) Takahashi, Y. and A. Hanada. 1984. Penetration of zona-free hamster eggs *in vitro* by ejaculated bull sperm after treatment with ionophore A23187. J. Anim. Reprod. 31:30.
118) Tervit, H. R., et al. 1972. Successful culture *in vitro* of sheep and cattle ova. J. Reprod. Fertil. 30:493.
119) Thibier, M. 1992. Tentative prospective and health regulations of the bovine embryo transfer industry. In embryonic development and manipulation in animal production(A. Lauria & F. Gandolf eds.). Portland Press. p.265.
120) Vazquez, J. C., et al. 1993. Evaluation of three technique(follicular aspiration, follicular aspiration and flushing and slicing of ovaries) for recovery of equine oocytes from excised ovaries. J. Equine Vet. Sci. 13:483.
121) Wade, J. M., et al. 1989. Equine embryo transfer in Ireland: from research into commercial practice. Equine Vet. J. Suppel. 8:76.
122) Wahid, H., et al. 1991. Development of ovine blastocysts following maturation, fertilization and culture of oocytes *in vitro.* Proceeding of the 7th Meeting of the European Transfer Association(Cambridge). p.214.
123) Walker, S. K., et al . 1994. Improving the rate of production of sheep embryos using *in vitro* maturation and fertilization. Theriogenol. 41:330.
124) Wallenhorst. S. and W. Holtz, 1995. Transfer of pig embryos to different uterus sites. Proceeding of the 11th Meeting of the European Embryo Transfer Association. p.256.
125) Wang, W. H., et al. 1998. Morphologic comparison of ovulated and *in vitro* matured porcine oocytes, with particular reference to polyspermy after *in vitro* fertilization. Mol. Reprod. Dev. 49:308.
126) Warwick, B. L., et al. 1984. Results of mating rams to angora female goats. Proceeding of the 27th Annual Meeting of the Anerical Society of Animal Production. p.225.
127) Wassarman, P. M. 1987. The biology and chemistry of fertilization. Science. 235:553.
128) Webel, S. K., et al. 1970. Synchronous and asymchronous transfer of embryos in the pig. J. Anim. Sci. 30:565.
129) Weber, P. K. and C. R. Young. 1994. Investigation of cryoprotectant toxicity to porcine embryos. Theriogenol. 41:1291.
130) Westhusin, M. E., et al. 1989. Culture of agar-embedded one and two cell bovine embryos and embryos produced by nuclear transfer in the sheep and rabbit oviduct. Theriogenol. 31:271.
131) Whittingham, D. G. 1971. Survival of mouse embryos after feezing and thawing. Nature. 233:125.
132) Wiemer, K. E., et al. 1989. Pregnancies following 24-hour co-culture of equine embryos on fetal bovine uterine monolayer cells. Equine Vet. J. Suppl. 8:117.
133) Wikel, G. K., et al. 1990. Activation of protein kinase C triggers premature compaction in the 4-cell stage mouse embryo. Dev. Biol. 138:1
134) Willadsen, S. M., et al. 1974. Preservation of sheep embryos in liquid nitrogen. Cryobiol. 11:560.
135) Willadsen, S. M., et al. 1976. Deep freezing of sheep embryos. J. Reprod. Fertil. 46:151.
136) Wilmut, I. and L. E. A. Rowson. 1973. Experiments on the low-temperature preservation of cow embryos. Vet. Record. 92:686.
137) Woods, G. L. and J. V. Steiner. 1986. Embryo trnasfer from mares in athletic competition. Cornell Veterinarian. 76:149.
138) Yamamoto, M., et al. 1995. Dose response to a single intramuscular injection of FSH dissolved in polyvinylpyrrolidone for superovulation in cows. J. Reprod. Dev. 41:93
139) Yamamoto, Y., et al. 1982. Experiments in the freezing and storage of equine embryos. J. Reprod. Fertil. Suppl. 32:299.
140) Younis, A. I. and B. G. Brackett. 1991. Importance of cumulus cells and insemination intervals for development of bovine oocytes into molurae and blastocystes *in vitro.* Theriogenol. 36:11.

제 6 장

임신과 분만의 인위적 조절

동물산업은 생산물(축산물)을 최소의 노력과 비용을 투입하여 효율적으로 생산하여야 함으로 그 수의 증식을 유도하는 번식기술에 기반을 두고 영위되는 산업이라고 할 수 있다. 따라서, 번식효율(繁殖効率, reproductive efficiency)을 높이기 위한 다양한 기술들이 개발·이용되고 있는데, 이 가운데 중요한 하나의 분야가 임신과 분만을 인위적으로 조절하는 기술이다. 즉, ① 한 번식기에 그 동물종의 평균 산자수에 비하여 많은 수의 새끼가 출산될 수 있도록 다태임신을 유도하고, ② 임신 여부를 조기에 판정함으로써 공태기간을 단축하여 분만간격을 짧게 하며, ③ 분만시기를 인위적으로 조절하여 어미와 새끼의 관리에 소요되는 노력을 최소화 하는 등의 기술은 임신기와 분만기에서 동물산업의 생산성을 높이는데 매우 유용하게 이용되는 기술이다.

제 1 절 임신과 분만의 생리

포유동물의 수정란은 난관내에서 초기의 난할과정을 거친 후에 자궁강으로 하강된 다음, 특수한 물질을 분비하고, 이 물질이 모체의 자궁내막에서 $PGF_{2\alpha}$가 분비되는 것을 억제하여 황체의 퇴행을 저지함으로써 프로게스테론의 분비가 지속되어 임신이 유지된다. 이에 따라 배가 모체의 자궁내막에 착상되고, 이어서 태반이 형성되면서 임신과정이 진행되어 태아로 발달된다. 태아의 발달이 완료되면 태아가 보내는 내분비적 신호에 의하여 유도되는 분만과정을 통하여 태아와 태반이 차례로 모체의 밖으로 만출(娩出)된다.

1. 임 신 생 리

난관에서 난할과정이 진행된 배가 자궁강내로 들어오면 모체는 임신을 인지하고, 이에 따라 착상과정과 임신과정이 연속적으로 진행된다. 임신이 성립된 모체는 태아의 성장과 발달에 적합하도록 내분비기능과 생리상태가 조절된다.

1) 모체의 임신인지

발정주기중에 배란된 난포의 과립막세포와 내협막세포가 황체세포로 전환되어 형성된 황체는 수태(受胎, fecundation)가 성립되지 않으면 자궁내막에서 분비되는 $PGF_{2\alpha}$의 작용으로 퇴행되고, 이에 따라 프로게스테론의 분비가 저지된다. 그러나, 수태가 성립되면 수태산물(受胎産物, conceptus)이 보내는 신호를 모체가 감지하여 자궁내막에서 $PGF_{2\alpha}$가 분비되는 것을 저지하기 때문에 황체가 퇴행되지 않고, 프로게스테론을 계속 분비하여 임신을 유지시킨다. 이와 같이, 수태산물이 보내는 신호를 모체가 감지하여 프로게스테론을 분비함으로써 임신이 유지되는 현상을 모체의 임신인지(妊娠認知, maternal recognition of pregnancy)라고 한다. 수태산물에서 분비되어 모체의 황체퇴행을 저지하는 신호물질의 화학적 본태는 성장인자에 속하는 단백질성 물질(interferon-τ; 소 · 면양 · 말)이거나, 에스트로겐(돼지)이다. 이것들은 인접분비기전이나 자가분비기전으로 생리작용을 발현한다.

(1) 면양과 산양의 임신인지 : 정상적으로 발정주기가 반복되는 비임신면양에서 발정후기와 발정휴지기에 해당하는 발정 후 3일에서부터 14일까지는 황체에서 다량의 프로게스테론이 분비되는 반면에, 에스트로겐은 우세난포가 배란되고, 황체기에 나타나는 난포발육파에서 발육하던 난포도 폐쇄됨에 따라 기저수준을 유지한다(제 3장 제1절. 발정주기중의 호르몬 분비 동태 및 발성주기중의 난포발육 항목 참조). 그러나, 자궁내막에 분포된 프로게스테론과 에스트로겐의 수용체 수는 발정주기의 12일까지 높게 유지된다. 이 기간에는 황체에서 다량으로 분비되는 프로게스테론의 작용으로 자궁내막의 $PGF_{2\alpha}$ 분비가 최소화되고, 에스트로겐과 옥시토신의 자극에 대한 자궁내막의 반응성도 감소된다. 그러나, 자궁내막에 대한 프로게스테론의 자극이 장기간에 걸쳐 지속되면 하향조절(下向調節, down regulation) 현상이 일어나 프로게스테론-수용체 수가 감소되며, 이에 따라 프로게스테론에 의한 억제작용이 해제되어 에스트로겐-수용체가 증가된다. 에스트로겐-수용체 수가 증가되면 에스트로겐의 자극을 받은 자궁내막에서 옥시토신-수용체의 수가 증가되며, 이에 따라 자궁내막은 옥시토신에 대한 반응성이 증대된다. 자궁내막이 옥시토신-수용체를 통하여 옥시토신의 자극을 받으면 단백질키나제 C(PKC)가 활성화되고, 활성화된 PKC는 아라키돈산(arachidonic acid)을 $PGF_{2\alpha}$로 전환시킨다. 이러한 과정을 통하여 발정주기의 14~16일에 급속하게 방출된 $PGF_{2\alpha}$는 황체를 용해시켜 프로게스테론의 분비를 저지함으로써 다음 발정주기가 재개된다. 그러나, $PGF_{2\alpha}$가 황체를 용해시키려면 24시간에 5회 이상의 분비박동을 나타내면서 분비되어야 한다((McCraken등 1984).

한편, 면양에서 임신이 성립되면 비임신면양에서 황체가 퇴행되는 기간인 임신 12~21일 사이에 수태산물에서 영양막단백질-1(trophoblast protein-1 [oTP-1])을 분비하고, 이것이 인접분비기전으로 자궁내막에 전달되어 $PGF_{2\alpha}$의 분비를 저지함으로써 프로게스테론의 분비를 원활하게 하여 임신을 유지시킨다. oTP-1은 분자량이 19,000인 산성단백질로서, 오늘날에는 인터페론-타우(interferon-tau [IFN-τ])라고 부르는 것이 일반적 관행이다(Bazer 등, 1977). IFN-τ는 에스트로겐-수용체의 발현을 억제하며, 이에 따라 자궁내막에서 옥시토신-수용체 수가 증가되는 것이 억제되고, 황체에서의 옥시토신 방출도 저지된다. 이와 같이, 옥시토신의 수용체 수와 방출량이 증가되지 못하면 $PGF_{2\alpha}$의 분비박동이 황체를 퇴행시킬 수 있는 역치에 미치지 못하는 5박동 이하로 유지되고, 이에 따라 황체의 퇴행이 저지되어 임신이 유지된다. 산양도 면양과 같은 기전으로 모체가 임신을 인지한다.

(2) 소의 임신인지 : 소에서는 임신 16~19일에 모체가 임신을 인지하는데, 임신을 인지하는 기전은 면양의 그것과 매우 유사하다(Thatcher & Meyer, 1995). 소의 수태산물도 면양에서와 같이 영양막단백질-1(bTP-1, bIFN-τ)을 분비하고, 이것이 자궁내막의 $PGF_{2\alpha}$ 분비를 저지하여 황체를 존속시킨다. 또한, 임신한 소의 자궁내막에서는 $PGF_{2\alpha}$ 합성억제제(endometrial $PGF_{2\alpha}$ synthesis inhibitor [EPSI])를 합성·방출하여 $PGF_{2\alpha}$의 합성을 특이적으로 억제하는데, 이것의 화학적 본태는 리놀산(linoleic acid)인 것으로 추정된다(Helmer 등, 1989). $PGF_{2\alpha}$의 전구물질인 아라키돈산에 대한 리놀산의 비율이 임신우와 비임신우에서 서로 다른데, 이것은 소에서 모체의 임신인지가 자궁조직의 지질환경과 밀접한 관계를 가지고 발현된다는 것을 시사한다(Staples 등, 1998).

(3) 말의 임신인지 : 말의 수태산물은 임신 10일부터 16일까지의 사이에 하루 10~13회씩 양쪽 자궁각을 왕래하면서 자궁내막의 $PGF_{2\alpha}$ 합성을 저지하여 임신을 유지시킨다. 그러나, 수태산물에서 합성·분비되어 자궁내막의 $PGF_{2\alpha}$ 합성기능을 억제하는 물질의 본태는 아직까지 명확하지 않다. 다만, 임신 8~20일 사이에 있는 수태산물에서 에스트로겐과 분자량이 25,000~65,000인 수 종류의 단백질이 합성·방출된다(McDowell 등, 1990). 수태산물에서 생산되는 에스트로겐과 단백질이 모체의 임신인지에 관여하는 기전은 명확하지 않다. 그러나, 에스트로겐은 임신 16일 후에 수태산물을 자궁강의 일정한 위치에 고정시키는 작용을 하는 것으로 보이며, 단백질들은 직접적 또는 간접적 경로를 통하여 자궁내막의 $PGF_{2\alpha}$ 합성을 억제하여 황체의 퇴행을 방지하는 것으로 보인다(Geisert & Malayer, 2000).

(4) 돼지의 임신인지 : 돼지의 수태산물에서도 IFN-τ를 합성하지만, 이것은 면양이나 소의 경우와는 달리 황체의 수명을 연장시키지 못한다(Geisert & Malayer, 2000). 돼지의 수태산물에서는 임신 11~12일과 임신 14~30일의 두번에 걸쳐 에스트로겐을 분비하는데, 이 에스트로겐은 모체의 자궁내막에서 분비되는 $PGF_{2\alpha}$의 방출경로를 변경시키는 수단을 통하여 황체의 퇴행을 방지함으로써 임신을 유지시킨다. 즉, 수태산물이 방출하는 에스트로겐은 자궁내막에서 합성된 $PGF_{2\alpha}$가 혈류중으로 유입되지 못하게 저지하고, 자궁강내로 방출시켜

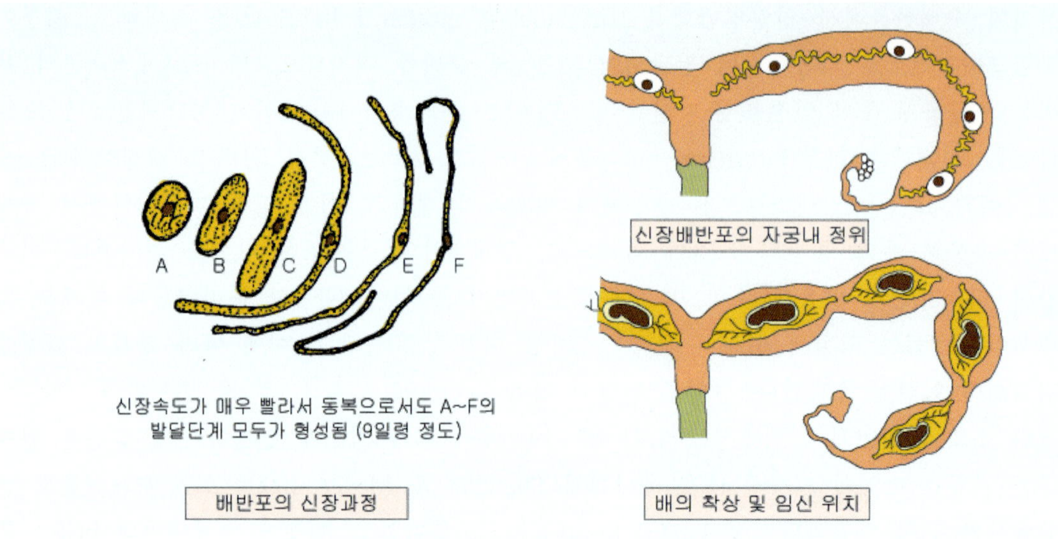

그림 6-1. 돼지 배의 자궁내 정위와 착상위치

서 황체의 퇴행을 저지한다. 수태산물에서 합성된 에스트로겐이 모체의 자궁내막에서 합성된 $PGF_{2\alpha}$를 자궁강내로 방출시키는 기전은 먼저 에스트로겐이 모체의 자궁내막에 위치하는 에스트로겐-수용체와 결합하여 활성화시키며, 활성화된 에스트로겐-수용체는 ① 자궁내막세포내에 위치하는 PG 운반체(PG transporter)를 재배치시켜서 $PGF_{2\alpha}$를 자궁강내로 방출시키고, ② 자궁내막세포에서 $PGF_{2\alpha}$의 방출을 촉진하는 기능을 가진 Ca^{2+}을 내형질세망(소포체)에서 방출시켜 Ca^{2+}의 농도를 높여줌으로써 $PGF_{2\alpha}$가 자궁강내로 원활히 방출되도록 하며, ③ 자궁내막세포의 원형질막에 Ca^{2+}의 세포내 유입을 자극하는 기능을 가진 프롤락틴-수용체의 수를 증가시켜 Ca^{2+}의 농도를 증가시키는 등의 작용으로 $PGF_{2\alpha}$를 효과적으로 자궁강내로 방출시킴으로써 $PGF_{2\alpha}$가 황체를 퇴행시키는 것을 저지한다(Geisert & Malayer, 2000).

2) 배의 착상

착상(着床, implantation)은 태반을 형성하여 태아와 모체간에 물질교환을 영위하는 진태동물(眞胎動物)에서 배가 모체의 자궁내막과 접착되는 현상을 말한다. 포유동물의 경우에는 투명대가 박리된 부화배반포의 영양막이 착상성증식이 일어난 모체의 자궁내막에 접착된다.

(1) 배의 자궁내 이동과 착상위치 : 난관팽대부에서 수정이 완료된 수정란은 배발생과정을 진행하면서 착상장소인 자궁강내로 이송된 다음, 떠돌아 다니면서 착상될 위치를 결정한다. 다태동물에서 배의 자궁내 이동과 배 상호간의 등거리분포(等距離分布, equidistant spacing)는 모체와 태아간의 태반결합에 필요한 자궁내막의 면적을 결정하는 요소임으로 배의 생존에 매우 중요하다(그림 6-1). 돼지의 배는 발정개시 후 5~6일경에는 자궁각의 선단부에 모

표 6-1. 배란일로부터 착상까지의 일수와 배의 발달단계

동 물 종	착상까지의 일수	배발달단계	동 물 종	착상까지의 일수	배발달단계
영 장 류			육 식 류		
사 람	6 ~ 7	배 반 포	개	11 ~ 12	이층성배반포
침 팬 치	6 ~ 7	배 반 포	고 양 이	13 ~ 14	이층성배반포
붉은털 원숭이	8 ~ 9	배 반 포	흰 담 비	~ 12	이층성배반포
설 치 류			유 제 류		
래 트	5	배 반 포	돼 지	18	신장배반포
햄 스 터	4 ~ 5	배 반 포	면 양	16	신장배반포
귀니아피그	6	단층성배반포	소	18 ~ 22	신장배반포
토 끼	7	이층성배반포	말	36 ~ 40	배아소포

여 있지만, 곧이어 자궁체쪽으로 이송되고, 9일경까지는 반대측 자궁각까지도 이송되며, 12일경까지는 배 상호간의 분포간격이 비교적 일정하게 조정된다. 발달중인 배는 히스타민·에스트로겐·프로스타글란딘 등을 생산하여 자궁근층의 연동운동을 촉진하여 배의 이동을 원활하게 한다. 돼지에서 임신이 유지되려면 양쪽 자궁각에 최소한 4개 배가 착상되어야 한다.

소·면양·산양 등은 1개의 난자를 배란한 경우나 양쪽 난소에서 1개씩의 난자를 배란한 경우에는 배란된 난소쪽의 자궁각에 착상된다. 그러나, 한쪽 난소에서 2개의 난자가 배란된 경우에는 배에서 분비되는 에스트로겐과 프로스타글란딘의 자극으로 유발되는 자궁근층의 국소적 수축에 의하여 배가 이동되어 각각의 자궁각에 하나씩 착상된다. 말은 쌍태율이 매우 낮은 동물이지만, 배의 자궁내 이동은 매우 활발하여 하루에 10~13회씩 양측 자궁각을 왕래하면서 모체의 임신인지를 유도하는데, 이러한 이동은 배에서 분비되는 PGE_2의 작용으로 자궁근층이 수축되는데 따른 것이다. 말의 배는 자궁내로 진입된 다음에 탈출배반포가 되면 자궁분비물에서 유래된 무세포성피막에 의하여 피복되는데, 이 피막은 수주 동안 유지되면서 배가 자궁내막에 부착되는 것을 방지하고, 자궁내 이동이 원활히 이루어지도록 한다.

(2) 배의 착상형식 : 배반포가 자궁내에 도달된 다음, 탈출배반포로 발달되면 착상이 개시되는데, 배반포의 발달양상이 동물의 종에 따라 다르기 때문에 배반포의 영양막과 자궁내막의 상피가 접착되는 부위와 형식이 서로 다르다. 유제류(소·면양·산양·말·돼지 등)와 개·고양이·토끼 등의 탈출배반포는 그 크기가 확장되어 자궁내강의 중심에 위치하면서 영양막의 표면 거의 전체가 자궁내막상피와 접착되는데, 이러한 형식의 착상을 중심착상(中心着床, central implantation)이라 한다. 그러나, 설치류(래트·마우스 등)의 탈출배반포는 크게 확장되지 않기 때문에 자궁내강을 꽉 채울 수가 없다. 따라서, 자궁내강의 한쪽(자궁간막의 반대측)에 착상하는 편심착상(偏心着床, eccentric implantation)을 한다. 한편, 영장류·두더

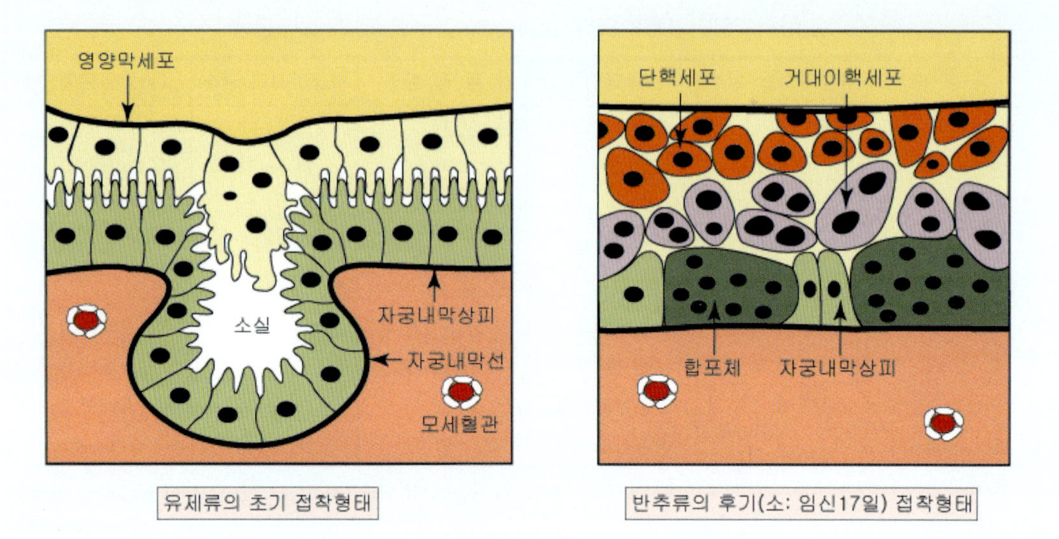

그림 6-2. 돼지와 소에서 착상의 조직학적 형태

지・귀니아피그 등은 자궁내막의 상피와 점막고유층을 용해시키면서 배반포 자체가 자궁내막상피의 아래로 침입・매몰되는 벽내착상(壁內着床, interstitial implantation)을 한다.

(3) 배의 착상과정 : 자궁내막의 상피에 확장배반포의 영양막이 부착되는 시점부터 착상과정이 개시되지만, 자궁내막상피와 영양막의 결합정도, 그리고 착상시기와 착상시 배의 발달단계 등은 동물의 종에 따라 다르다(표 6-1). 착상 전의 자궁내막상피는 접착성이 강한 뮤신성 당단백질층으로 두껍게 피복되어 있다. 이러한 피복단백질층은 미생물과 각종 분해효소의 작용으로 자궁내막상피가 손상되는 것을 방지하는 동시에, 자궁내막상피에 배반포가 접착되는 것도 억제한다. 따라서, 착상이 이루어지려면 피복단백질층이 제거되는 과정이 필수적이다. 소・면양・산양・돼지 등과 같은 유제류에서 착상과정이 개시되기 전까지는 Muc-1이라고 부르는 당단백질이 자궁내막상피를 피복하여 배반포의 영양막이 부착되는 것을 저지한다(Burgdardt 등 1997). Muc-1은 배란후에 급속히 증가된 프로게스테론이 자궁내막상피세포의 핵수용체와 결합하여 자극함으로써 합성된다. 그러나, 자궁내막상피가 프로게스테론에 노출된 후 8~10일이 지나면 프로게스테론의 자극에 대한 하향조절현상이 일어나 Muc-1의 합성・방출이 저지된다. 따라서, 착상이 개시되는 시기는 자궁내막이 프로게스테론의 자극에 노출되는 시간의 길이에 따라 결정된다(Geisert & Malayer, 2000). 자궁내막상피에서 Muc-1이 제거되면 자궁내막상피의 접착-촉진분자(adhesion-promoting molecule)가 노출되고, 이것과 영양막의 접착분자(adhesion molecule) 상호간이 치밀하게 접착되어 착상과정이 개시된다.

유제류에 속하는 동물들은 자궁내막상피와 영양막이 접착된 그대로의 상태에서 착상과정

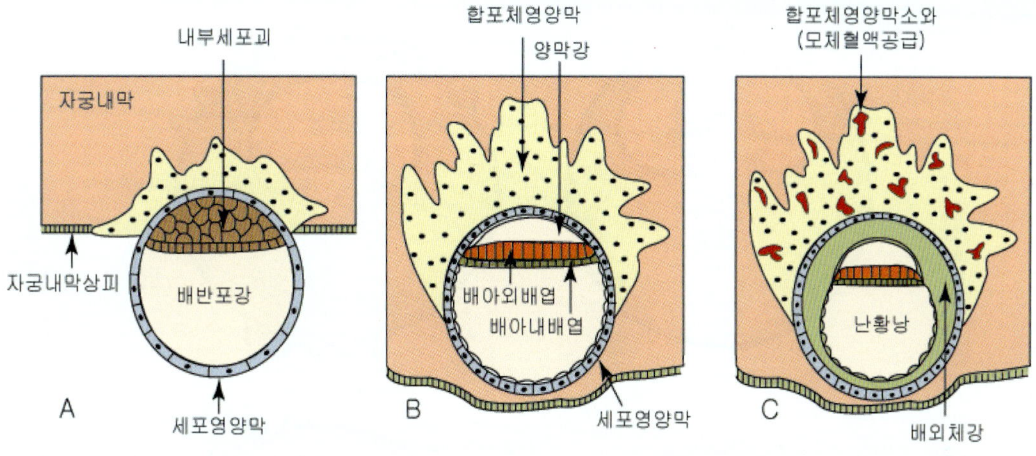

그림 6-3. 사람의 착상과정

이 완료되고, 이어서 태반이 형성된다. 돼지의 배반포는 임신 8일경에 투명대가 제거되고, 13일경에 자궁내막상피에 접착되기 시작하여 18~24일경에 착상이 완료된다. 배반포의 초기부착은 자궁내막상피세포와 영양막세포의 표면에 무수하게 돌출된 미세융모가 양쪽 손을 깍지끼듯이 결합하는 상호교대감입교합(相互交代嵌入咬合, interdigitation)에 의하여 이루어지며, 자궁내막선이 위치하는 부위에서는 영양막이 자궁내막선의 개구부를 젖꼭지처럼 밀고 들어가 자궁내막액을 흡수한다(그림 6-2의 좌측). 소를 비롯한 반추동물도 착상의 초기과정은 돼지와 같지만, 임신 17일경에는 단핵(單核)영양막세포가 2개씩 결합하여 거대이핵영양막세포(giant binucleate trophoblastic cell)로 분화되고, 이것이 자궁내막상피세포와 합체되어 다수의 핵을 가진 합포체(合胞體, syncytium)를 형성함으로써 착상과정이 완료된다(그림 6-2의 우측). 말에서도 초기의 접착은 상호교대감입교합에 의하여 이루어 지지만, 임신 20~40일까지는 착상되지 않는다. 그러나, 임신 25일이 되면 융모막에서 띠모양으로 융모막대(絨毛膜帶, chorionic girdle)가 형성되고, 이곳의 세포는 임신 38일경에 융모막에서 탈락된 다음, 자궁내막상피를 뚫고 들어가 자궁내막배(子宮內膜杯, endometrial cup)를 형성하여 임마 융모성 성선자극호르몬(eCG; PMSG)을 분비한다. 한편, 영장류와 설치류의 배반포는 자궁내막상피에 접착된 다음, 상피의 아래로 침투하고, 이어서 자궁내막의 기질속으로 이동되어 매몰된다(그림 6-3; Burdsal, 1998). 자궁내막상피에 접착이 완료된 영양막세포는 자궁내막을 침투하는 과정과 보조를 맞추어 가면서 분열·증식을 반복하는데, 최내층세포는 단핵세포로서, 세포영양막(cytotrophoblast)을 구성하여 내부세포괴와 배반포강을 둘러싸고 있지만, 바깥층의 세포는 분열·증식을 반복하면서 자궁내막을 뚫고 들어가 세포 상호간이 합체하여 다수의 핵을 가진 합포체영양막(syncytiotrophoblast)을 형성한다.

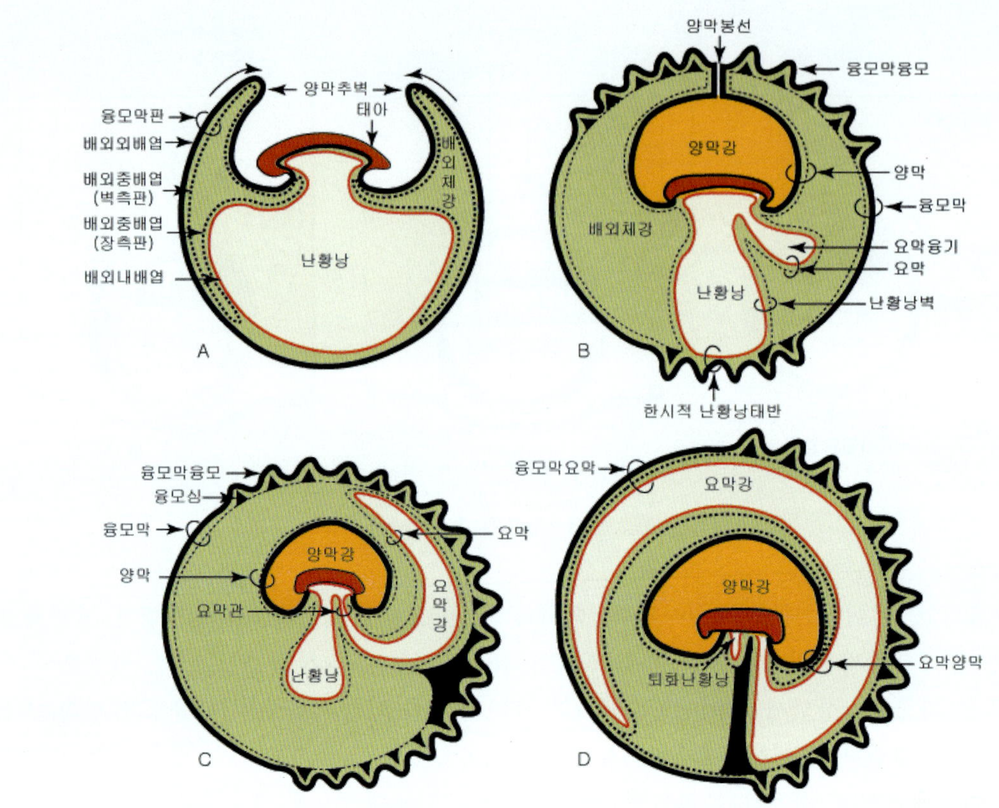

그림 6-4. 태막의 발생과정

3) 태반의 형성과 기능

포유동물의 개체발생은 임신이라는 생리적과정을 통하여 모체로부터 영양소를 공급받아 가면서 이루어지는데, 태아와 모체간에 물질교환을 매개하는 구조물을 태반(胎盤, placenta)이라 한다. 태반은 태아를 밖에서 싸고 있는 태막과 모체의 자궁내막이 접착되어 형성된다. 태반은 해부학적으로 분리되어 있는 태아순환계와 모체순환계 사이에 물질교환을 영위함으로써 태아에 필요한 모든 물질을 공급하고, 태아에서 생성된 노폐물을 배설한다. 또한, 태반은 여러 종류의 호르몬을 분비하여 임신을 유지시킬 뿐만 아니라, 태반장벽을 구축하여 모체의 견지에서 보면 이식체에 불과한 태아를 모체의 면역학적 거부반응으로부터 보호한다.

(1) 태막의 형성 : 내부세포괴와 영양막으로 구성된 배반포는 착상이 완료된 상태에서 장배(腸胚, gastrula)로 발달되는 과정에서 배엽(胚葉, blastoderm)의 분화가 일어나 외배엽(ectoderm)·중배엽(mesoderm)·내배엽(endoderm)이 형성된다. 이들 각 배엽은 태아로 발달되는 배성배엽(embryonic blastoderm)과 배성배엽에 연결되어 주머니 모양으로 전개된 배외배엽(extraembryonic blastoderm)으로 분화되는데, 배외배엽에서 태막(胎膜, fetal membrane)

표 6-2. 융모막요막태반의 분류

자궁내막과 융모막융모의 접착정도	융모막융모의 분포양식	태반장벽의 구조	동 물 종
무탈락막태반	산재성태반	상피융모성태반	반추류를 제외한 우제목(偶蹄目; 돼지 등) 기제목(奇蹄目; 마과동물)
	궁부성태반	합포체상피융모성태반	돼지과와 낙타과를 제외한 우제목 (소 · 면양 · 산양 등의 반추류)
탈락막태반	대상태반	내피융모성태반	육식목(肉食目; 개 · 고양이 등)
	원반상태반	혈액융모성태반	영장목(靈長目; 사람 · 원숭이 등) 설치목(齧齒目; 래트 · 마우스 등)

이 형성된다. 태막은 협의로는 태아를 밖에서 둘러싸고 있는 양막(羊膜, amnion)과 융모막(絨毛膜, chorion)을 자칭하지만, 광의로는 태아 부속기관인 요막(尿膜, allantois)과 난황낭(卵黃囊, yolk sac)을 포함시킨다. 난황낭은 배외내배엽의 바깥쪽에 배외중배엽의 장측판이 배접되어 형성되고, 요막은 난황낭이 후장(後場, hind gut)에서 주머니 모양으로 돌출되는 요막융기(尿膜隆起, torus allantoidis)가 부풀어 올라 형성되며, 후장과는 요막관(尿膜管, urachus)으로 연결된다. 양막과 융모막은 같은 발생원기에서 동시에 발생된다. 즉, 배반포의 영양막에서 분화된 배외외배엽의 안쪽에 배외중배엽의 장측판이 배접되어 형성된 영양막외배엽(trophoectoderm)이 태아로 발달되는 배성배엽의 주변부에서 융기되어 양막추벽(amniotic fold)을 형성하고, 이것이 점차적으로 위쪽으로 확대되어 정중(正中)에서 연접 · 융합된 다음, 융합된 부위의 격벽이 소실되어 주머니 모양의 양막이 되는데, 양막강에는 양수(amniotic fluid)로 가득 채워져 있으며, 그 속에 태아가 부유되어 있다. 한편, 영양막외배엽에서 양막이 형성된 나머지의 부분은 융모막으로 발달되며, 융모막의 표면에는 무수하게 많은 융모막융모(chorionic villi)가 밀생되어 있다.

(2) 태반의 형성 : 태막이 모체의 자궁내막과 연접하거나 결합하여 태반을 형성하는데, 태반형성에 관여하는 태막의 종류에 따라 ① 난황낭태반, ② 융모막요막태반, ③ 융모막태반으로 구분한다. 난황낭태반(yolk sac placenta)을 융모막의 안쪽에 넓게 전개된 난황낭이 융모막과 결합한 다음, 모체의 자궁내막과 연접되어 형성된다. 이 태반은 융모막과 자궁내막의 결합정도가 긴밀하지 않기 때문에 태아에 발달에 충분한 영양을 공급할 수 없다. 따라서, 유대류와 같이 임신기간이 짧은 동물(캥거루의 경우 39일)에서 볼 수 있는 태반이지만, 일반가축에서도 요막이 발생되기 전까지는 한시적으로 난황낭태반을 형성한다(그림 6-4의 B). 융모막요막태반(chorioallantoic placenta)은 요막이 발달한 다음, 융모막과 결합하여 융모막요막이 되고, 융모막에 무수하게 분포하는 융모의 상피와 자궁내막이 접착되어 형성되는 태반으로서, 자궁내막과의 접착면적이 극대화되어 모체와 태아간에 효과적으로 물질교

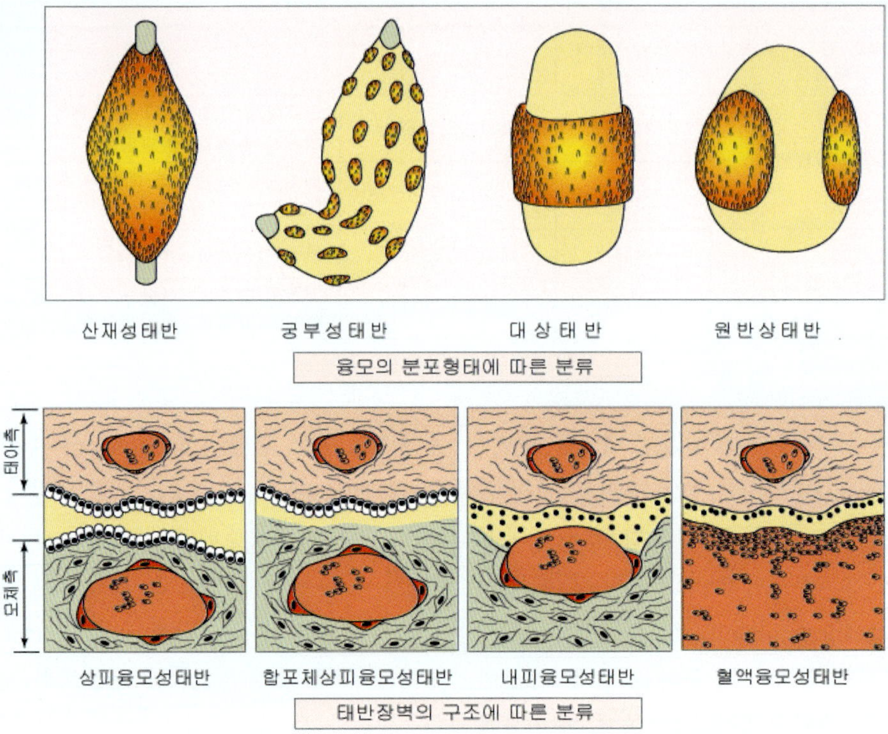

그림 6-5. 태반의 형태학적 특징

환을 영위할 수 있으며, 가축 대부분의 태반이 여기에 속한다(그림 6-4의 D). 한편, 융모막요막태반을 형성하는 동물중에서 영장류와 설치류는 태반이 형성된 후에 요막이 급속하게 퇴행되어 융모막만 남게 되는데, 이러한 태반을 융모막태반(chorionic placenta)이라고 한다.

(3) 태반의 분류 : 융모막요막태반을 형성하는 포유동물의 태반은 표 6-2와 그림 6-5에서 보는 바와 같이 ① 융모막융모와 자궁내막의 접착정도, ② 융모막융모의 분포범위와 분포윤곽의 형태학적 특징, ③ 모체순환계와 태아순환계 사이에 형성되는 태반장벽의 특징 등에 따라 다양하게 분류한다.

(4) 태반의 기능 : 태반은 태아의 성장·발달과 생존에 필요한 각종 영양소를 모체로부터 흡수하고, 대사의 결과로 생성된 노폐물을 모체로 전달하는 역할을 한다. 따라서, 태반은 태아의 위장관·폐·간장·신장·내분비선 등의 기능을 대행한다고 볼 수 있다. 태반에서의 물질교환은 확산·능동수송·세포흡수작용 등의 기전을 통하여 이루어지는데, 이들 기전은 교환되는 물질들의 화학구조적 특성에 따라 적절하게 발동된다. 또한, 태반은 모체와 태아를 격리시켜 모체의 신체적 변화와는 관계가 없이 태아가 독립적으로 발달되도록 하고, 각종 호르몬도 합성하며, 모체의 면역계로부터 태아를 보호하는 기능도 수행한다.

표 6-3. 축종별 배아기 및 태아기의 발달단계(일)

발 생 단 계	소	말	면양	돼지
상실배	4~7	4~5	3~4	3.5
배반포	7~12	6~8	4~10	4.75
배엽의 분화	14	13~14	10~14	7~8
융모막낭의 신장	16	50~60	13~14	9~12
원시선조의 형성	18	14	14	9~12
신경관의 개구	20	–	15~21	13
체절의 분화	20	18	17	14
요막융기의 형성(닻 모양)	18	–	17	16
비인각으로 융모막의 진입	20	–	14	–
심박동의 개시	21~22	24	20	16
신경관의 폐쇄	22~23	–	21~28	16
전지아의 출현	25	24	28~35	17~18
후지아의 출현	27~28	24	28~35	17~19
발의 분화	30~45	50	35~42	28
입술 · 눈의 분화	30~45	40	42~49	21~28
요막이 배외체강의 점유를 시작	32	–	21~28	–
착상의 개시	19~21	36~38	12~16	13~16
요막이 전체 배외체강을 점유	36~37	–	–	25~28
안검의 폐쇄	60	60	49~56	36~49
모낭의 출현	90	38	42~49	28
치아의 맹출	110	–	98~105	–
눈과 비경 주위에 발모	150	160	98~105	–
전체 체표면에 발모	230	220	119~126	–
분 만	280	340	147~155	112

4) 태아의 발달

포유동물의 수정란은 임신기간 동안에 일어나는 개체발생(個體發生, ontogeny) 과정을 통하여 양친의 유전형질을 이어갈 새로운 개체로 분화·발달된다.

(1) 태아의 발달과정 : 임신기간중에 일어나는 개체발생과정은 ① 난자기(ovum period), ② 배아기(embryonic period), ③ 태아기(fetal period) 등의 3단계로 구분한다. 난자기는 수정란이 난할을 반복하여 상실배로 분화되고, 이어서 배반포에 이른 다음, 모체의 자궁내막에 착상을 개시할 때까지의 기간을 말한다. 이 기간은 배엽의 분화가 일어나지 않은 상태이고, 배내순환계(intraembryonic circulatory system)도 형성되기 전이다. 그러나, 발생학적 견지에서 보면, 수정란이 제1난할을 완료한 다음부터는 이미 배에 도달되었음으로 난자기라고 하는 것이 부적절하다고 생각할 수도 있지만, 임신의 중요한 경계점인 착상을 기준으로 하여 착상 전에는 난자, 착상 후에는 배라고 부르는 것이 일반적이다. 따라서, 수정란이식(transfer of fertilized ovum)과 배이식(embryo transfer)이라는 용어를 함께 사용하고 있

다. 배아기는 배반포가 장배로 발달되는 과정에서 3층의 배엽(胚葉, blastoderm), 즉 외・중・내 배엽이 분화되고, 이것들로부터 각종의 기관이 분화・발생되는 기간이다. 분화된 외배엽에서는 피부・피모・발굽・뇌척수・안구의 망막과 수정체・감각상피・부신수질・신경뇌하수체 등이 발생되고, 중배엽에서는 뼈・근육・심장・혈관・골수・비장・부신피질・생식기관・신장 등이 분화되며, 내배엽에서는 소화관・간장・호흡기 등이 분화된다. 배아기의 기간은 배의 발달속도에 따라 차이가 있지만, 일반적으로 소는 임신 15일부터 45일까지이고, 면양은 임신 12일부터 34일까지이며, 말은 임신12일부터 60일까지이다(Jainudeen & Hafez, 2000). 태아기는 배아기에 분화된 기관들이 성장・발달하여 각 동물종 특유의 특징을 나타내는 체구가 완성되는 기간으로서, 소는 임신 45일, 면양은 임신 34일, 말은 임신 60일부터 분만까지의 기간이다. 주요가축의 배아기 및 태아기에서 보이는 개체발생의 시간적 과정은 표6-3(Hinoki, 1999)과 같다.

(2) 태아의 성장 : 둥근 모양을 가진 수정란이 임신기간을 경과하면서 출생직전의 태아로 발달되는 과정에서 배 및 태아는 크기와 무게가 증가될 뿐만 아니라, 그 형태도 크게 변화되어 동물종 특유의 체형을 갖추게 된다. 태아의 성장률은 단위기간당 체중 및 체격이 증가되는 비율(%)을 나타내는 상대적 성장률(relative growth rate)과 단위기간당 증가되는 절대량을 나타내는 절대적 성장률(absolute growth rate)로 표시한다. 상대적 성장률은 임신초기에 높고, 절대적 성장률은 임신말기로 갈수록 높아진다. 따라서, 임신초기에는 체중이 2배로 증가되는데 소요되는 기간이 짧은 반면에, 임신말기에는 체중의 절대량이 급격히 증가된다. 임신과정에서 나타나는 조직별 성장속도를 보면, 중추신경계가 가장 빠르고, 그 다음으로 골격계와 근육계의 순서이다. 태아의 신체부위별 성장은 두부가 가장 빠르고, 그 다음이 사지(四肢)이며, 근육의 발달이 가장 늦다.

5) 임신기의 호르몬 분비

포유동물에서 배가 자궁강내에 도달되어 모체가 임신을 인지하면, 자궁내막에서 $PGF_{2\alpha}$의 분비가 저지되고, 이에 따라 프로게스테론의 분비가 계속되어 임신이 유지된다. 또한, 에스트로겐도 착상 및 임신 과정에 필요하며, 특히 분만기에 중요하게 작용한다. 따라서, 임신말기로 갈수록 에스트로겐의 혈중농도가 높아진다(제2장 제4절. 태반호르몬 항목 참조).

(1) 프로게스테론의 농도 : 포유동물에서 프로게스테론은 임신의 성립과 유지에 필수적인 호르몬임으로 전 임신기간에 걸쳐 높은 농도로 유지된다. 모든 동물종에서 임신초기의 프로게스테론은 임신황체에서 분비되지만, 임신기간이 경과되면서 프로게스테론의 주 분비장소가 변경되는 동물종도 많다. 산양・돼지・소・마우스・래트・토끼・개 등은 전 임신기간에 걸쳐 임신황체가 유지되면서 프로게스테론을 분비하기 때문에 임신중에 난소를 적출하면 유산이 된다. 그러나, 일부의 동물종에서는 임신기간의 어느 시기에 임신황체가 퇴행되

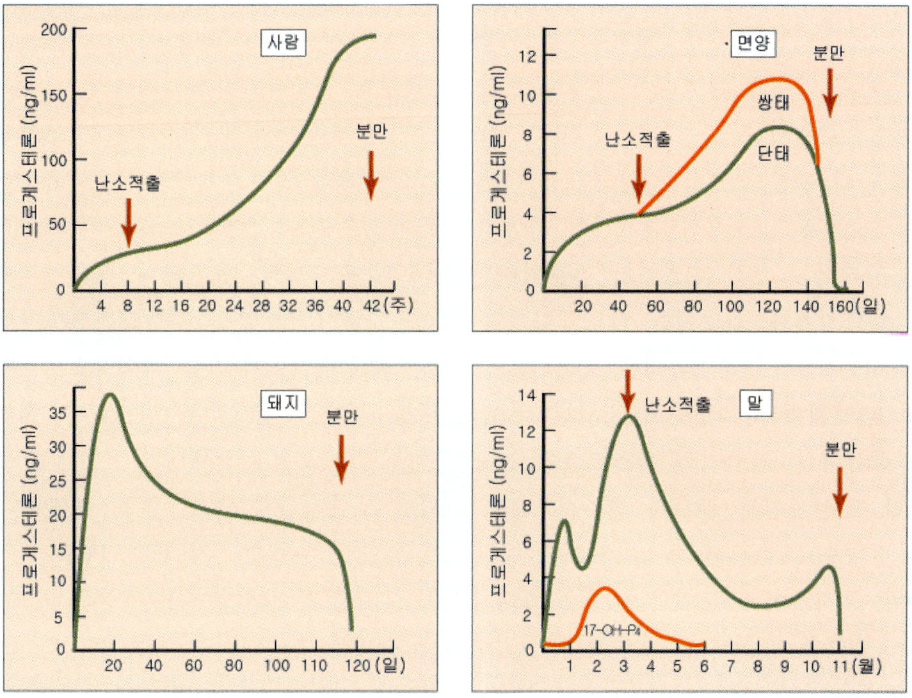

그림 6-6. 동물종에 따른 임신기 프로게스테론의 혈장수준

고, 태반이 프로게스테론의 분비기능을 이어 받는데, 그 시기는 임신을 성립시킨 교배일로부터 뱅골원숭이는 21일이고, 면양·고양이·사람 등은 50일이다. 이러한 동물들은 이 기간이 지나면 난소를 적출하여도 임신이 유지된다.

임신기간중에는 모든 동물종에서 프로게스테론의 혈중농도가 높게 유지되지만, 기간의 경과에 따른 농도변화는 동물의 종에 따라 매우 다르다(그림 6-6; Levasseur, 1983). 소는 임신 70일 까지 증가된 다음, 비교적 일정하게 높은 수준을 유지하다가 임신 250일부터 급속하게 감소되기 시작하여 분만직전에는 소진된다. 면양은 임신기간의 경과에 비례하여 점차적으로 증가되어 임신 125~130일에 최고수준을 나타내고, 그 후로는 감소된다. 돼지는 다른 동물종과는 달리 임신초기에 높은 수준을 유지한다. 말에서는 임신황체가 임신초기에 퇴행되고, 임신 35~40일에 태반에서 분비되는 eCG(PMSG)의 작용으로 형성된 부황체에서 임신 160~180일까지 프로게스테론을 분비하는데, 임신 70~120일에 최고수준을 나타내며, 임신 180일 후로는 태반이 프로게스테론의 주 분비원이 된다. 한편, 임신의 유지를 위한 프로게스테론의 절대적 농도도 동물의 종에 따라 매우 다르다. 예를 들면, 래트·귀니아피그·사람 등은 각각 100~150ng/mℓ·250~300ng/mℓ·50~200ng/mℓ로 높은 수준을 유지하는 반면에, 대형가축에서는 10~40ng/mℓ로 낮은 수준을 유지한다. 임신기에도 태반에서 에스트로겐이 분비되는데, 이것은 자궁근의 수축을 유발하면서 프로게스테론의 작용을 억제하는 기능을 나타낸다. 따라서, 임신기에 에스트로겐의 혈중농도가 높은 동물종에서는 에스트로겐의 작용을 제어하기 위하여 프로게스테론의 농도가 높게 유지된다.

(2) **에스트로겐의 농도** : 임신에 따른 에스트로겐의 분비양상과 혈중농도는 동물의 종에 따라 매우 다르다. 소에서는 임신기의 대부분에서 비교적 일정하게 낮은 수준을 유지하다가 임신 250일부터 급격히 증가되어 분만직전에 최고수준을 나타내고, 분만과 더불어 소진된다. 면양에서는 임신 80일부터 검출되지만, 매우 낮은 수준을 유지하며, 분만 2일전에 급증하여 분만직전에 최고치를 나타낸다. 돼지에서는 임신 100일부터 분만직전까지 급증한다. 말에서는 임신 3개월까지는 낮은 수준을 유지하지만, 그 후로는 계속적으로 증가되어 임신 9~11개월에 최고수준에 도달되고, 이어서 분만기까지 급속하게 감소된다. 이러한 사실들을 종합하면, 임신기의 에스트로겐 농도는 대부분의 동물종에서 임신초기에는 낮게 유지되지만, 임신후기로 갈수록 점차적으로 증가되어 분만직전에 최고수준을 나태낸다. 임신말기에 다량으로 분비된 에스트로겐은 자궁근의 자발적 수축을 촉진하고, $PGF_{2\alpha}$의 합성을 촉진하며, 옥시토신의 분비와 활성을 증대시키는 경로를 통하여 분만을 유기한다. 또한, 유선관계(乳腺管系)의 발달을 촉진하며, 프로락틴의 분비를 자극하여 비유를 유기한다.

2. 분 만 생 리

정상적인 임신기간이 경과된 다음에 모체에서 발현되는 만출력(娩出力, expulsive force)에 의하여 태아와 태반이 산도(產道, birth canal)을 통과하여 모체밖으로 배출되는 생리적 과정을 분만(分娩, parturition)이라 한다. 분만은 발생이 완료된 태아가 보내는 내분비적 신호를 모체가 감지하여 개시되며, 분만과정은 진통(陣痛, labor)의 진행상황과 보조를 맞추어 가면서 태아와 태반이 차례로 만출된다.

1) 분만징후

동물이 분만에 가까워지면 특징적인 신체적 변화가 유발되어 분만을 예견할 수 있는데, 이것을 분만징후(分娩徵候, sign of approaching parturition)라 한다. 분만징후는 분만기에 급격하게 방출되는 에스트로겐과 릴랙신의 작용으로 골반인대·외음부·유방 등이 변화되는데 따라 나타나는 현상이다. 골반인대, 특히 천좌인대(薦坐靭帶, sacroischiatic ligament)는 분만기에 가까워지면 다량으로 분비되는 에스트로겐과 릴랙신의 작용으로 이완되며, 이에 따라 양측 좌골단(坐骨端)의 간격이 넓어지고, 미근부(尾根部)가 올라가면서 그 주위의 인대와 근육이 함몰된다. 이러한 미근부의 함몰은 소에서는 분만 2~3일 전에 현저하게 나타나지만, 말을 비롯한 다른 동물종에서는 뚜렷하게 함몰되지는 않는다. 외음부는 충혈·

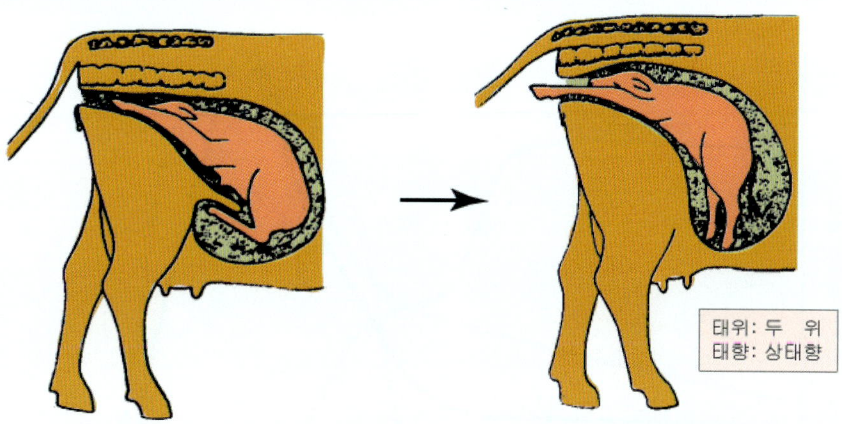

그림 6-7. 정상분만중인 송아지의 태위와 태향

종창되어 부종상태(浮腫狀態)를 나타내면서 유연해지고, 크기도 커져서 태아가 만출될 때 충분히 늘어날 수 있는 조건을 충족시킨다. 또한, 임신말기가 되면 폐쇄되었던 자궁경관이 이완되면서 무색투명한 점액이 외음부를 통하여 유출된다. 유방도 분만기에 가까워지면 크게 종대(腫大)되어 부종상태를 나타내며, 분만 직전에는 유두도 부풀어 오르고, 젖을 짜보면 유즙이 배출된다.

모든 동물은 분만이 임박하면 식욕이 감퇴되며, 불안해 하면서 이리저리 돌아다니고, 꼬리를 흔들기도 하며, 소변을 자주보고, 누었다 일어서기를 반복하는 등의 모습을 보인다. 다태동물은 분만이 가까워지면 깔짚을 물어다가 새끼의 보금자리를 만드는 영소(營巢, nest building)활동을 한다. 그러나, 돼지의 경우 현재와 같은 사육체계하에서는 영소활동을 보이지 않는다. 방목중인 소와 면양은 분만 직전에 무리에서 떨어져 나와 조용하고 방해를 받지 않는 조건이 갖추어진 장소에서 홀로 분만을 준비한다.

2) 태위와 태향

분만시의 태아는 골반골의 내강을 지칭하는 골부산도(骨部産道, bony birth canal)를 용이하게 통과하기 위하여 분만 직전이 되면 동물종 특유의 태위(胎位, fetal presentation)와 태향(胎向, fetal position)을 취하게 된다(그림 6-7). 태위는 분만 직전에 있는 태아의 체종축(體縱軸; 머리와 꼬리를 잇는 체축)과 모체의 체종축 상호간의 배치 형태를 나타내는 용어로서, 두 종류로 구분한다. 그 하나는 태아와 모체의 체종축이 서로 평행하게 위치하는 종위(縱位)이고, 다른 하나는 체종축이 평행하지 못하고 서로 교차하는 횡위(橫位)이다. 종위에서는 태아의 머리가 골반입구를 향하고 있는 것을 두위(頭位), 엉덩이가 골반입구를 향하고 있는 것을 미위(尾位)라 한다. 소 · 말 · 면양 · 산양 등의 분만시 태위는 95% 이상

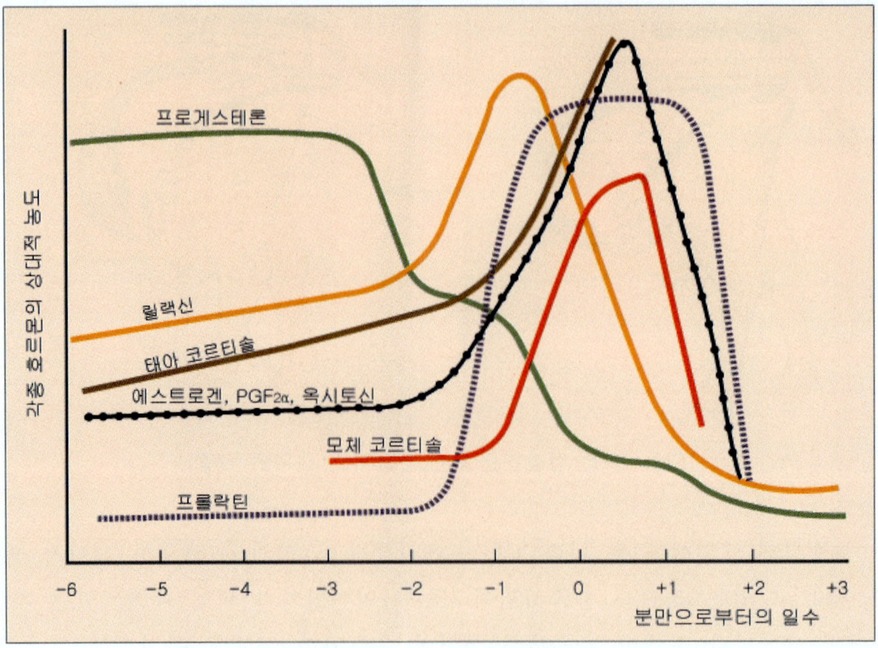

그림 6-8. 분만기에 있어서 각종 호르몬의 농도 변화

이 정상분만의 태위인 두위이고, 돼지·개·고양이 등과 같은 다태동물의 태위는 두위와 미위가 반반이다. 다태동물은 모체의 크기에 비하여 태아의 크기가 작기 때문에 미위라 하더라도 난산이 되는 것은 아니다. 태향은 태아의 등(背)이 어머니 배쪽(腹側)을 향하고 있는 것을 하태향(下胎向), 어미의 등쪽(背側)을 향하고 있는 것을 상태향(上胎向)이라 한다. 정상분만시의 태향은 상태향이며, 하태향은 분만시에 태아가 골부산도를 통과할 때 태아의 허리가 골부산도의 구조에 적합하도록 굽혀지는 것이 어려워 난산의 비율이 높다.

3) 분만이 개시되는 내분비적 기전

분만의 개시기에는 분만을 저지하면서 임신을 유지시키는 프로게스테론의 혈중농도가 급속히 저하되는 반면에, 자궁근의 수축을 유발하여 분만을 유기하는 호르몬인 에스트로겐·$PGF_{2\alpha}$·옥시토신·릴랙신 등의 혈중농도로는 현저하게 증가된다(그림 6-8; Bearden & Fuquay, 2000). 이러한 호르몬의 농도변화는 태아의 부신에서 분비되는 코르티솔(cortisol)에 의하여 유발된다. 따라서, 분만의 개시는 태아 부신계의 활성화에 의존적으로 발현된다.

(1) 태아 부신계의 활성화 : 면양에서 태아의 시상하부-뇌하수체-부신축의 활성화에 근거한 분만 개시기전이 확립되었으며(그림 6-9; Thorburn, 1991), 이 후의 연구에서 소·산양·돼지 등에서도 부분적으로 다른 점은 있지만, 기본적으로는 이 기전에 의하여 분만이

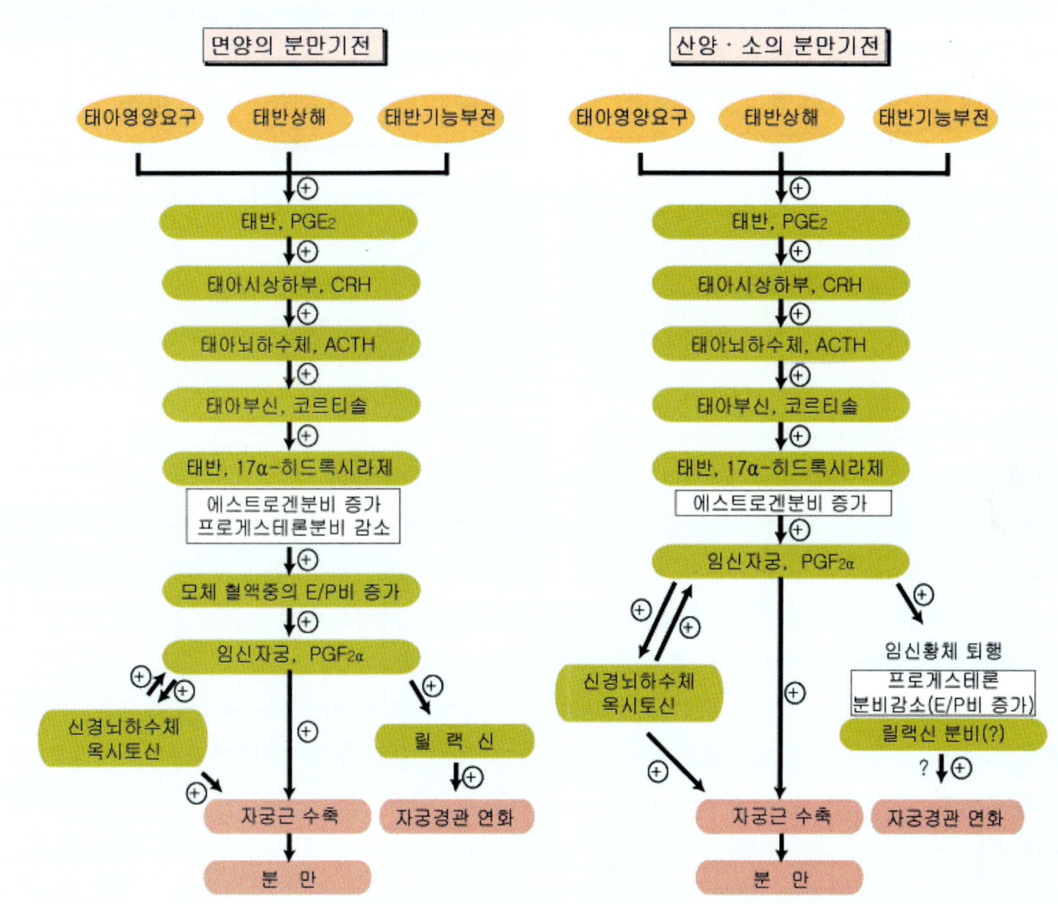

그림 6-9. 면양과 소에서 분만이 개시되는 기전

개시된다는 사실이 증명되었다(Liggins, 1994). 면양에서 분만개시 기전의 중심적 요소는 태아의 부신이 성숙되어 코르티솔의 분비기능을 획득하는 과정이다. 그 과정은 ① 임신말기가 되어 태아의 영양소 요구량이 태반이 감당하기 어려울 정도로 많아지고, 태반자체도 분만에 대비하여 손상되거나 기능부전상태가 되면, 이들 자극에 의하여 태반에서 PGE_2가 합성되고, ② 분비된 PGE_2는 태아의 시상하부를 자극하여 CRH의 방출을 촉진하며, ③ 방출된 CRH는 태아 뇌하수체의 ACTH 분비를 자극하고, ④ ATCH는 태아의 부신피질을 자극하여 코르티솔의 합성·방출을 급격하게 증가시킨다(Norman 등, 1985). 이러한 경로를 통하여 태아의 부신에서 다량으로 분비된 코르티솔은 태반 및 모체에서 분비되는 분만관련 호르몬의 합성·방출을 유도하고, 이에 따라 분만이 개시된다. 따라서, 태아의 부신에서 코르티솔이 분비되는 것은 태아가 모체의 밖에서 생존할 수 있는 상태로 성장·발달되었다는 것을 모체에 알리는 최초의 정보라고 할 수 있다(Hinoki, 1999).

(2) 태아 코르티솔에 의한 분만의 개시 : 태아의 부신에서 분비된 코르티솔은 태반으로 이행된 다음, 스테로이드호르몬 합성의 초기과정을 촉매하는 17_{α}-히드록시라제를 활성화시켜 태반의 에스트로겐 합성과정을 개시시킨다(표 2-6과 그림 2-13 참조). 이에 따라 합성·분비된 에스트로겐은 모체의 자궁내막을 자극하여 $PGF_{2\alpha}$의 합성·방출을 유도한다. 또한, 에스트로겐이 다량으로 방출되는 시기에 맞추어 프로게스테론의 분비가 급속히 감소되어 에스트로겐/프로게스테론 비율(E/P 비)이 높아진다. 이 때, 프로게스테론의 농도가 감소되는 원인은 두 종류의 기전이 있다. 그 하나는 임신후반기에 프로게스테론을 태반에서 분비하는 동물(면양)의 경우로서, 태반에서 프로게스테론이 에스트로겐의 합성원료로 사용되어 그 농도가 감소된다. 다른 하나는 임신황체가 전 임신기간 동안 유지되면서 프로게스테론을 분비하는 동물(산양·소)의 경우로서 에스트로겐의 자극으로 분비된 $PGF_{2\alpha}$가 황체를 퇴행시키고, 이에 따라 프로게스테론의 농도가 급속히 감소된다.

이와 같은 과정을 통하여 분만을 저지하는 프로게스테론의 농도가 급속히 감소되고, 자궁근의 수축을 유발하는 $PGF_{2\alpha}$와 에스트로겐의 농도가 증가되면 분만이 개시된다. $PGF_{2\alpha}$는 강력한 자궁근의 수축을 유발하는 동시에, 모체의 신경뇌하수체를 자극하여 강력한 자궁수축활성을 가진 옥시토신의 분비를 촉진한다. 더욱이, 분비된 옥시토신은 자궁내막의 $PGF_{2\alpha}$ 분비를 자극하여 두 호르몬의 분비량이 상승적으로 증가된다. 에스트로겐은 자궁근의 옥시토신-수용체를 증가시킴으로써 $PGF_{2\alpha}$의 작용과 태아가 산도에 가하는 기계적 자극으로 분비된 옥시토신의 자궁수축기능을 증대시킨다. 이와 같이, 분만의 개시는 태아의 부신에서 분비된 코르티솔의 작용으로 발현되는 연속적 조절기전에 의존적으로 분비된 에스트로겐·$PGF_{2\alpha}$·옥시토신 등의 상호작용에 의하여 유발된다.

(3) 분만개시기전의 동물종간 차이 : 말에서는 혈중 프로게스테론의 농도가 임신 250일 후부터는 검출이 불가능할 정도로 감소되고, 에스트로겐도 분만에 가까운 시기에 감소되며, E/P 비도 증가되지 않는 등, 호르몬의 분비동태가 다른 동물종과 다르다. 그러나, 분만개시기에는 $PGF_{2\alpha}$가 높은 농도로 분비된다(Tsumagari, 1999). 이러한 사실들을 보면, 말은 태아의 뇌하수체-부신계에 의하여 유발되는 내분비적기전에 의하여 분만이 개시되는 것이 아니고, 모체의 자궁에서 명확하지 않은 기전으로 분비되는 $PGF_{2\alpha}$와 산도에 가해지는 기계적 자극으로 신경뇌하수체에서 분비되는 옥시토신이 공동으로 작용하여 분만이 개시되는 것으로 보인다. 한편, 사람을 비롯한 영장류에서는 태반에서 분비되는 CRH에 의하여 분만이 개시된다. 따라서, 태아측의 작용으로 분만이 개시되는 동물과는 달리 모체에 의하여 분만이 개시된다. 태반에서 분비된 CRH는 태아 뇌하수체의 ACTH 분비를 자극하고, ACTH는 태아의 부신을 자극하여 코르티솔과 데히드로에피안드로스테론(dehydroepiandrosterone [DHEA])의 합성을 자극하며, DHEA는 태반으로 운반되어 에스트로겐의 일종인 에스트리올(estriol)로 전환된다(그림 2-18 참조). 태반에서 에스트리올이 다량으로 합성되면 E/P 비가 증가되고,

표 6-4. 축종별 각 분만단계의 소요시간

동 물 종	자궁경관확장기(시간)	태아만출기(시간)	태반만출기(시간)
말	1~4	0.2~0.5	1
소	2~6	0.5~1.0	6~12
면 양	2~6	0.5~2.0	0.5~8
돼 지	2~12	2.5~3.0	1~4

이 후부터는 일반동물과 같은 연속적과정을 통하여 분만이 개시된다(Smith 등, 1998).

4) 분만과정

분만과정은 진통의 개시로부터 태반의 배출로 끝나는 연속적 과정이지만, 분만을 유발하는 원동력이 되는 진통의 단계에 따라 ① 자궁경관확장기(dilation of cervix), ② 태아만출기(expulsion of fetus), ③ 태반만출기(expulsion of placenta)의 3단계로 구분하는데, 이것들 각각을 제1기 · 제2기 · 제3기라고도 한다. 각 분만단계에 소요되는 시간은 동물종에 따라 다르며, 단태동물의 경우는 태아만출기가 가장 짧다(표 6-4; Jainudeen & Hafez, 2000).

(1) 자궁경관확장기 : 자궁근의 규칙적인 수축이 개시되고, 자궁경관이 확장되어 자궁과 질이 서로 연결된 하나의 원동형으로 될 때까지의 기간을 말한다. 이 기간의 진통은 초기에는 15분 전후의 간격으로 20초간 지속되는 주기로 반복되지만, 시간의 경과와 더불어 수축빈도와 수축력이 증가되어 확장기의 마지막 단계에서는 3~5분 간격으로 진통이 반복된다. 이와 같은 자궁의 수축운동은 태수(胎水, fetal fluid)를 담고 있는 태막을 자궁경관 쪽으로 밀어붙여 자궁경관의 확장을 조장한다. 또한, 이시기의 진통은 태아가 분만시의 태위와 태향을 취하도록 유도하고, 태막이 확장된 자궁경관을 통과하여 질내로 들어오도록 한다. 질내의 태막은 질의 강력한 수축으로 파열되어 요수(尿水, allantoic fluid)가 유출되는데, 이것을 제1파수(第一破水, first rupture of bag)라고 한다.

(2) 태아만출기 : 태아만출기는 자궁경관이 완전하게 열린 시기로부터 태아의 만출이 완료될 때까지의 기간이다. 이 기간에는 진통이 점차적으로 강해지면서 간격도 짧아지고, 이에 따라 태아는 양막에 싸인채로 골반입구를 통과하여 후방으로 밀려 나오게 된다. 밀려 나오는 태아가 골반에 신경자극을 가하면 횡격막과 복근이 수축되어 복압이 증가되고, 이에 따라 더욱 밀려 나오게 되면서 양막에 둘러싸인 태아의 앞발이 족포(足胞, foot sac)를 형성하면서 외음부의 밖으로 노출된다. 곧이어 양막이 파열되는 제2파수가 일어나면 양수(羊水, amniotic fluid)가 분출되며, 분출된 양수는 산도를 미끄럽게 하고, 자궁과 질의 반사적 수축을 유발한다. 이러한 수축작용으로 태아의 머리가 질에 진입되면 질이 크게 확장되는데, 이때 질벽이 받게 되는 기계적 자극이 지각신경을 통하여 신경뇌하수체로 전달되면 다량의 옥

시토신이 분비되어 자궁과 질을 더욱 격렬하게 수축시킨다. 이와 같은 경로를 통하여 유발된 자궁과 질의 수축력과 횡격막 및 복근의 수축력이 합세하여 태아를 일거에 만출시킨다.

(3) 태반만출기 : 이 기는 태아가 만출된 후에 자궁내막에서 태반이 박리되어 외부로 배출되는 기간이다. 태반도 자궁근의 수축에 의하여 만출되는데, 자궁각의 정점에서 시작되는 연동수축은 융모막요막을 반전시킴으로써 만출을 용이하게 한다. 막 태어난 신생자가 젖을 빠는 자극은 신경뇌하수체로부터 옥시토신의 방출을 촉진함으로 자궁근의 수축을 유발하여 태반을 만출시키는 하나의 요인이 된다. 그러나, 유산·난산·조기출산 등과 같은 질병상태에서는 태반의 만출이 현저하게 지연되거나, 배출되지 않는 경우가 많은데, 이것을 태반정체(胎盤停滯, retention of placenta)라고 한다.

5) 산욕생리

임신과 분만의 과정에서 발생된 생식기관의 변화가 정상적 비임신상태로 회복되어 다시 임신할 수 있는 능력을 획득하는 것을 산욕(産褥, puerperium)이라 하고, 이 회복기간을 산욕기라 한다. 분만을 완료한 동물은 산욕기 동안에 ① 손상되었던 자궁내막이 재생되고, ② 자궁이 비임신상태의 크기로 축소되며, ③ 난소의 기능이 활성화되어 발정주기가 재귀된다. 또한, 산욕기에는 모든 동물종에서 정도의 차이는 있지만, 자궁분비액·혈액·태아태막 및 자궁내막의 파편 등으로 구성된 오로(惡露, lochia)가 배출된다.

(1) 자궁내막의 재생 : 태아측의 융모막융모와 모체측의 자궁내막이 결합하여 형성된 태반에서 분만에 따라 태아측 태반이 떨어져 나가면 모체의 자궁내막은 손상을 받게 된다. 손상된 자궁내막은 빠른 속도로 재생되는데, 태반의 형태에 따라 자궁내막의 손상 정도가 다르기 때문에 재생에 소요되는 기간도 다르다. 산재성태반을 형성하는 말과 돼지에서는 분만에 따른 자궁내막의 손상정도가 경미하여 빠른 기간내에 재생되는데, 말의 경우는 분만 후 5~8일경까지는 거의 재생이 완료되며, 돼지의 경우는 분만 후 7일경부터 재생되기 시작하여 21일경에는 완전하게 재생된다. 그러나, 궁부성태반을 형성하는 반추동물은 모체측의 자궁소구상피와 태아측의 융모상피가 합포체를 형성하여 태반결합을 하기 때문에 분만 후의 자궁소구는 이 합포체가 피복하고 있다(그림 6-2와 그림 6-5 참조). 이 합포체는 분만 후의 시간경과에 비례하여 용해·탈락되고, 주변의 상피가 증식 되어 자궁소구를 피복한다. 소의 경우, 분만 후 12일까지는 자궁소구를 싸고 있던 합포체가 탈락되고, 12~14일부터 자궁소구 주변의 상피가 증식되기 시작하여 30일까지는 상피가 완전히 재생된다.

(2) 자궁의 퇴축 : 임신기에 크게 확장되었던 자궁이 분만 후에 정상적인 비임신상태로 환원되는 것을 자궁퇴축(子宮退縮, uterine involution) 또는 자궁정복(子宮整復)이라 한다. 자궁은 분만이 완료된 후에도 분만기에 급증된 에스트로겐의 자극으로 일정기간 동안 $PGF_{2\alpha}$를 분비하고, 이에 따라 자궁근이 수축된다. 이러한 자궁근의 수축은 자궁근섬유의

긴장상태를 유지시켜 길이를 짧게 만들 뿐만 아니라, 조직액을 짜내어 자궁벽의 조직을 치밀하게 재구축함으로써 자궁전체의 크기를 급속하게 감퇴시킨다. 자궁퇴축에 소요되는 기간은 소 30~45일, 면양·산양·돼지는 3~4주, 개는 5~6주 정도이다. 말은 분만 후에 곧바로 임신을 하는 생식특성을 가지고 있어서 자궁도 신속하게 퇴축되지만, 분만 후의 첫번째 발정이 나타나는 분만 후 8일경까지는 완전하게 퇴축되지 않는다.

(3) 발정주기의 재귀 : 포유동물은 분만 후에 비유를 계속하면서 일정기간 동안 무발정상태를 지속하다가 어느 시기에 이르면 내분비계가 임신 이전의 정상상태로 복귀되어 발정주기가 재귀된다. 분만 후의 비유기에는 비유자극이 시상하부-뇌하수체-난소축의 활성화를 억세하여 GnRH·FSH·LH의 분비를 저지하기 때문에 발정과 배란이 억제된다. 이것은 비유와 임신이 동시에 진행되어 모체와 태아 모두의 건강을 해치는 것을 저지하려는 포유동물의 적응(adaptation)이다. 그러나, 가축에서는 선발을 통한 육종, 그리고 영양관리와 이유방법의 개선 등으로 비유의 발정억제효과가 부분적 또는 전면적으로 제거되어 축종에 따라 발정이 억제되는 정도가 매우 다르다.

3. 신생자의 생리

태아는 태반을 통하여 가스의 교환·영양소의 흡수·노폐물의 배설 등과 같은 생리기능을 수행한다. 그러나, 분만을 통하여 자궁밖으로 만출된 신생자(新生仔, neonate)는 독자적 생리작용으로 살아가야 함으로 신체에서 구조적 및 생리적 변화가 일어난다.

1) 태아기관의 성숙

태아는 출생후의 독자적 생존에 대비하기 위하여 임신말기부터 수종류의 기관에서 성숙변화가 일어난다. 이러한 성숙변화는 주로 태아의 부신에서 분비되는 코르티솔에 의하여 지배·조절된다(Liggins, 1994).

(1) 폐의 성숙 : 출생과 더불어 태반을 통한 가스교환이 단절됨으로 신생자는 생존을 위하여 폐에서의 가스교환체계가 신속하게 확립되어야 한다. 폐의 성숙은 기체(폐포내의 공기)와 액체(폐포내의 점액과 폐포모세혈관의 혈액) 사이에서 일어나는 가스교환을 장해하는 높은 표면장력(表面張力, surface tension)을 감소시키는 과정이다. 임신말기에 있는 태아의 폐포(肺胞, alveolus)를 구성하는 상피세포에서는 부신에서 분비된 코르티솔의 작용으로 폐포내의 표면장력을 감소시켜 주는 기능을 가진 계면활성제(界面活性劑, surfactant)를 생산한다. 신생자가 모체의 밖에서 최초로 호흡을 하여 폐포가 확장되면, 이 자극으로 계면활성제가 폐포의 상피세포에서 폐포내로 방출되어 표면장력을 감소시키고, 이에 따라 신생자의 혈액과 폐포공기 사이에서 가스교환이 원활하게 이루어 진다. 이와 같이, 태아의

부신기능이 폐의 성숙을 지배함으로 면양 태아를 임신 125~130일에 제왕절개로 분만시키면 호흡기능이 불완전하지만, 같은 시기에 태아내로 글루코코르티코이드를 투여하여 조기분만을 유도한 경우에는 폐에서 계면활성제가 생산되어 정상적인 호흡이 가능하다.

(2) 혈액순환계의 변화 : 태아기 동안에는 태반이 태아의 호흡기능을 대행하기 때문에 폐순환(肺循環, pulmonary circulation)은 생리적으로 아무런 의미가 없다. 그러나, 태아가 출산된 후에는 태아와 태반 사이의 혈액순환을 영위하는 제순환(臍循環, umbilical circulation)이 단절됨으로 체순환(體循環, systemic circulation)을 통하여 신체를 순환한 정맥혈은 반드시 폐를 통과하여 O_2를 공급받고, CO_2를 배출하여야 한다. 이와 같이, 태아의 혈액순환경로가 출생 후에 성동물의 순환경로로 변경되려면, 태아순환을 위한 맥관계의 구조물들이 퇴화·소실되어야 한다. 분만후에 신생자의 폐가 성숙되어 폐에 분포된 혈관의 말초저항이 감소되면 폐동맥의 혈압이 감소되고, 이에 따라 폐동맥과 대동맥을 연결하는 동맥관이 수축·폐쇄된다. 동맥관이 폐쇄되면 심장의 우심실에서 배출된 혈액의 전부가 폐동맥을 통하여 폐로 유입되고, 폐에서 가스를 교환한 동맥혈은 폐정맥을 통하여 좌심방으로 유입된다. 동맥관이 폐쇄되고, 분만에 따라 제순환계가 정지되면, 우심방의 혈압이 급격히 감소되면서 좌심방의 혈압이 증가됨에 따라 양측 심방사이에 위치하는 난원공이 폐쇄된다. 제순환이 정지되면 제정맥으로 혈액이 유입되지 않음으로 정맥관도 폐쇄되어 인대화되고, 이어서 문맥순환이 활성화되어 신생자의 소화관에서 영양소를 흡수하게 된다. 분만에 따라 제순환이 정지됨으로 제동맥과 제정맥도 폐쇄되면서 인대화된다.

(3) 에너지대사와 체온조절기능 : 신생자가 대사기질로 이용되는 글루코오스를 흡유한 젖을 소화하여 얻을 때까지는 임신후반기에 태아의 간장·근육·심근 등에 저장된 글리코겐을 글루코오스로 분해하거나, 저장된 갈색지방조직(brown adipose tissue)을 이용하여 글루코오스를 합성하는 당신생(糖新生, glyconeogenesis) 과정을 통하여 얻게 된다. 따라서, 간장의 글리코겐 함량은 출생 후에 급격하게 감소되지만, 혈당수준은 비교적 일정하게 유지된다. 한편, 임신기의 자궁내 환경은 태아가 일정한 체온을 유지하는데 적합하고, 체온조절에 필요한 영양소도 태반을 통하여 충분히 공급받을 수 있어서 태아의 체온조절에는 문제가 없다. 그러나, 출생후의 신생자는 자체의 대사작용으로 환경온도의 변화에 대응하는 체온조절기능을 갖추어야만 생존할 수 있다. 출생 직후의 신생자는 갑상선에서 트리요오드티로닌(triiodothyronine), 부신수질에서 카테콜라민(catecholamine)을 합성·방출하여 대사율을 급격히 상승시켜 저온환경에 대응하는 체온조절을 한다. 따라서, 신생자의 체온조절효율은 출생시의 태아조직내에 저장된 글리코겐이나 갈색지방의 양에 따라 결정된다. 돼지와 면양의 신생자는 저온환경에 특히 약하여 출생후에 체온이 급격히 떨어지는데, 생후 1시간이 경과된 후의 직장온도(直腸溫度, rectal temperature)가 자양은 2~3℃, 자돈은 2~5℃나 떨어진다. 또한, 신생자는 저온환경 뿐만 아니라, 고온환경에 대한 적응성도 떨어지는데,

면양과 소의 신생자가 특히 약하다. 예를 들면, 생후 2~7일의 자양은 38℃에서 2시간을 살지 못하며, 직사광선하에서는 체온이 급격히 상승하여 3시간 이상을 생존하지 못한다.

2) 신생자의 면역획득

어미의 자궁내에서 성장·발육하고 있는 태아는 면역글로불린(immunoglobulin)을 생산하지 못하며, 생산한다 하더라도 그 양은 극히 미미하다. 따라서, 신생자는 모체의 면역글로불린을 전달받는 피동면역(被動免疫, passive immunity)에 의존하여 면역기능을 획득한다. 그러나, 모체에서 태아 또는 신생자로 면역글로불린이 전달되는 경로는 태반장벽의 층수에 따라 다르다. 혈액융모성태반을 형성하는 마우스·래트·사람 등은 모체의 혈액순환계와 태아의 혈액순화계를 격리시키는 태반장벽의 조직층 수가 적어서 모체의 면역글로불린이 태반을 쉽게 통과한다. 따라서, 이들 동물은 태아가 자궁내에 위치할 때부터 모체의 면역글로불린을 전달받는다. 그러나, 대부분의 가축은 태반장벽의 조직층 수가 많은 상피융모성태반을 형성함으로 모체의 면역글로불린이 태반을 통과할 수 없다. 이러한 동물들은 모체의 유선에서 면역글로불린을 분비하며, 신생자는 초유(初乳, colostrum)를 먹음으로써 모체로부터 면역글로불린을 전달받아 면역능력을 획득한다. 신생자의 소장(小腸)은 한시적으로 화학적 본태가 당단백질인 면역글로불린을 완전한 분자상태로 흡수할 수 있다 그러나, 면역글로불린의 흡수능력은 분만후 시간경과에 비례하여 급속히 저하되며, 그 한계시간은 출생후 24~36시간 정도이다. 따라서, 신생자의 면역능력을 신속하게 획득시키기 위하여 출생 후 가급적 빠른 시간내에 초유를 먹이는 것이 매우 중요하다.

제 2절 다태임신의 유기

다태임신(多胎妊娠, multiple pregnancy)이라 함은 기본적으로 단태동물(單胎動物, monotocous animal)이 한번에 두마리 이상의 태아를 임신한 경우를 말하는 것이지만, 넓은 의미에서는 면양이나 산양은 물론이고, 돼지·개·토끼 등과 같은 다태동물(多胎動物, polytocous animal)에서도 정상수준에 비하여 월등히 많은 수의 태아를 임신한 경우를 나타낼 때도 사용하는 경우가 있다. 자연상태에서는 단태동물의 다태임신 출현률이 매우 낮지만, 성성자극호르몬(GTH)을 투여하거나, 배이식기술을 이용하여 인위적으로 다태임신을 유도할 수 있다.

1. 소에 대한 쌍태임신의 유기

소나 말과 같은 동물은 임신기간이 길고, 보통 한마리의 새끼를 출산하는 번식특성을 가

표 6-5. 소의 쌍태분만과 일란성쌍태의 빈도

발 표 자	총산자수	총쌍태수	동성쌍태수	일란성쌍태		
				수	비율(%)	동성쌍태비율(%)
Johansson과 Venge	247,408	5,975	3,172	369	0.15	11.63
Battacharya 등	22,949	46	25	4	0.02	16.00
Meadow와 Lush	10,885	317	166	15	0.14	9.04
Erb와 Morrison	7,387	336	182	28	0.38	15.38
Bowman 등	2,862	219	120	21	0.73	17.50
Johansson 등	4,022,563	117,597	63,343	9,089	0.23	14.35
Novy 등	349,950	5,511	2,776	41	0.01	1.48
합 계	4,664,004	130,001	69,784	9,567	0.21	13.71

문헌은 Gatica(1988)의 자료를 인용하였음

지고 있기 때문에 자연상태에서는 번식효율이 낮을 수 밖에 없다. 이러한 문제점을 해결하기 위하여 오래 전부터 인위적으로 쌍태임신을 유도하려는 연구가 시도되어 왔다. 일반적으로, 단태동물이 다태임신을 하면 유산(流産)되기가 쉽지만, 쌍태(雙胎, twins)까지는 유산률이 비교적 낮기 때문에 쌍태를 유기하여 번식효율을 높일 수 있다. 실제로, 소의 경우는 쌍태를 임신하여도 유산률이 매우 낮기 때문에 쌍태임신을 번식효율을 높이는데 이용(특히 육우)할 수 있다. 그러나, 말에서는 자궁의 구조를 비롯한 임신생리학적 특성이 쌍태임신을 유지하는데 부적합하여 유산되는 경우가 많아서 이용하기가 어렵다.

1) 쌍태의 종류와 특성

쌍태는 발생원인에 따라 일란성쌍태(monozygotic twins, identical twins)와 이란성쌍태(dizygotic twins, fraternal twins)로 구분한다. 일란성쌍태는 하나의 수정란이 둘로 갈라져 발생되는 쌍태이고, 이란성쌍태는 한 배란기에 두개의 난자가 배란되어 발생되는 쌍태이다.

(1) 일란성쌍태 : 일란성쌍태는 하나의 수정란이 배발생과정에서 둘로 갈라지고, 이것들 각각이 태아로 발달되는 임신을 말한다. 이와 같이 일란성쌍태는 하나의 수정란에서 발생되었기 때문에 유전적 조성이 동일함으로 비유능력이나 산육능력과 같은 경제형질에 영향을 미치는 환경적 요인을 연구하는 실험재료로 이용가치가 크다. 일란성쌍태는 모든 동물종에서 발생될 가능성은 있지만, 다태동물에서는 확인하기가 어려워 실상이 알려지지 않았으며, 소와 같은 단태동물에서도 매우 드물게 나타난다(표 6-5; Gatica, 1988). 오늘날에는 발생공학기술이 진보되어 분할구를 분리하거나, 초기배를 절단하여 인위적으로 일란성쌍태를 유기하는 방법이 개발되었다.

일란성쌍태가 발생되는 기전은 명확히 해명되지 않았지만, 어떠한 원인에 의하여 초기배

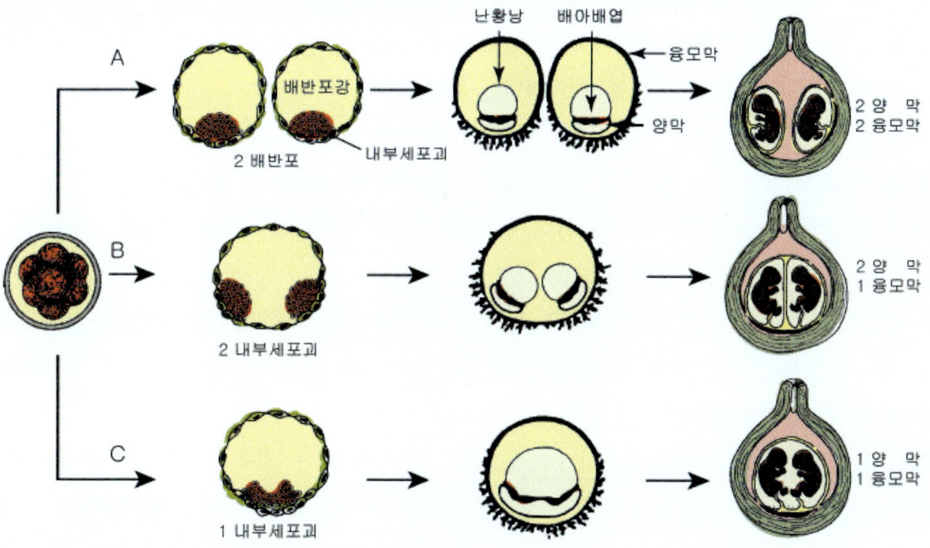

그림 6-10. 일란성쌍태의 발생과 배외막의 형성

의 분할구가 나누어져 각각이 태아로 발달되거나, 또는 하나의 배반포내에서 내부세포괴에서 두개의 원시선조(原始線條, primitive streak)가 발생되고, 이것들 각각이 태아로 발달되는 것으로 보인다(Hafez & Hafez, 2000). 그러나, 일란성쌍태의 발생을 위하여 배가 갈라지는 시기에 따라 태막(胎膜, fetal membrane)의 발달상태가 다르다. 즉, 배의 영양막이 형성되지 않은 이른 시기에 배가 분리되면, 분리된 분할구 각각이 별도의 배반포를 형성하고, 이에 따라 양막(羊膜, amnion)과 융모막(絨毛膜, chorion)이 별도로 형성된다(그림 6-10의 A). 반면에, 배반포의 영양막이 형성된 다음에 내부세포괴가 분할되어 발생되는 쌍태는 융모막을 공유한다. 그러나, 이경우에는 내부세포괴가 분할되는 시기에 따라 두 종류로 구분된다. 그 하나는 내부세포괴가 양막이 분화되기 전의 빠른 시기에 분할 되는 경우로서, 융모막은 공유하지만, 양막은 태아별로 형성된다(그림 6-10의 B). 다른 하나는 양막과 융모막의 분화가 완료된 늦은 시기에 내부세포괴가 분할되어 양막과 융모막 모두를 공유하는 쌍태로서, 태아 상호간이 유착될 위험성이 매우 크다(그림 6-10의 C). 한편, 소에서는 대부분의 경우 배가 착상된 후에 발생되기 때문에 융모막을 공유하지만, 극히 일부의 배에서는 착상되기 전에 분할되어 태아별로 융모막과 양막을 가지는 경우도 있다.

(2) 이란성쌍태 : 단태동물에서 한 발정기에 두개의 난자가 배란되고, 이것들 각각이 별개의 정자와 수정되어 이란성쌍태가 발생된다. 이 경우의 쌍둥이는 일란성 쌍둥이와는 달리 유전적 구성이 서로 다르기 때문에 유전적 측면에서 보면 보통의 형제자매와 같다. 발생률은 동물의 종에 따라 매우 다르며, 같은 종내에서도 품종이나 환경에 따라 서로 다르

다. 특히, 말은 쌍태를 임신하면 하나 또는 두 태아 모두가 사망하거나 유산이 되는 경우가 대부분이며, 정상적으로 분만되는 경우는 1% 정도에 불과하다. 분만된 망아지도 허약체질로 태어나 생후 1개월 이내에 사망하는 것이 많다. 이와 같이, 쌍태로 임신된 말의 태아가 사망하는 것은 자궁의 해부학적 구조가 쌍태의 태반을 형성하기에 충분한 자궁내막의 면적을 확보할 수 없는 구조로 되어 있기 때문이다. 실제로, 쌍태를 임신하였을 때 양측 태반의 총면적은 단태의 태반에 비하여 약간 클 뿐이다(Hafez & Hafez, 2000).

소의 평균 쌍태발생률은 유우가 3.5% 정도인 반면에, 육우는 1.0% 이하로 낮다. 소에서 쌍태를 임신하면 대개는 한쪽의 자궁각에 하나의 태아가 착상함으로 태반을 형성하기 위한 자궁내막의 면적이 충분히 확보되기 때문에 태아의 생존이 다른 태아의 방해를 받지 않는다. 따라서, 쌍태발생률은 전체의 소 가운데 두개의 난자를 배란하는 소의 비율에 따라 결정된다. 그러나, 소에서 이란성쌍태를 임신한 경우에는 양쪽 태아의 태반을 형성하는 융모막이 유합(癒合)되면서 융모막혈관도 문합(吻合)되어 양측 태아간에 혈액이 교환된다. 이러한 경우에도 두 태아의 성이 같으면 문제가 없지만, 성이 다른 경우에는 암컷 태아가 절대적 불임을 나타내는 프리마아틴(freemartin)이 된다.

2) 쌍태임신의 유기방법

소는 말과는 달리 쌍태로 임신된 태아가 사망하지 않고, 발달하여 쌍둥이를 분만함으로 번식효율을 높일 목적으로 인위적으로 쌍태를 유기하는 방법이 이용된다. 쌍태를 유기하는 방법으로는 ① 뇌하수체성 성선자극호르몬(FSH와 LH)이나 태반 융모성 성선자극호르몬(eCG와 hCG)을 이용하여 다배란을 유도함으로써 쌍태를 임신시키는 방법, ② 난포발육파에서 배란에 이르는 성숙난포의 수를 제한하는 인히빈을 면역학적 기법으로 제거하여 배란수를 증가시켜 쌍태를 유기하는 방법, ③ 정상적인 교배에 의하여 임신이 성립된 소에 대하여 추가적으로 배를 이식하여 쌍태를 임신시키는 방법, ④ 체외 또는 체내에서 생산된 두개의 배를 양측 자궁각에 하나씩 이식하여 쌍태를 유도하는 방법 등이 있다. 그러나, 쌍태를 임신시키는 모든 방법에서 이성쌍태를 임신한 경우에는 암컷 태아에서 프리마이틴이 발생될 위험성은 배제할 수 없다.

(1) 성선자극호르몬의 투여에 의한 쌍태의 유기 : 영국의 'Milk Marketing Board'에서 1959~1961에 걸쳐 발정주기의 16 또는 17일째에 eCG(PMSG)를 투여하여 다배란을 유도함으로써 쌍태를 임신시키려는 연구를 시도하였다(Gordon, 1996a). 이 후의 연구에서 배이식을 위한 배의 생산에 관한 기술체계는 확립되었지만, 이것을 쌍태의 유기에 이용하기에는 문제점이 많다. 즉, eCG 또는 FSH를 투여하여 육우(Davis & Bishop, 1992)와 유우(Isogai 등, 1991)를 대상으로 다배란을 유기하여 쌍태를 임신시키려고 시도하였지만, 다배란된 난자가 수정되어 형성된 다수의 수정란이 착상되어 삼태(triplets)·사태(quardruplets)·오태

(quintuplets) 등의 임신이 성립되어 높은 유산률(流産率, abortion rate)을 나타내는 심각한 문제가 야기되었다. 미국 네브라스카의 'Clay Center'에서 소의 적정 태아수를 구명하기 위하여 379마리를 대상으로 FSH-P를 투여하여 다배란을 유도한 다음, 다태임신을 성립시킨 결과, 일부의 소에서는 한쪽 자궁각에 3마리, 양측 자궁각에 5마리의 태아가 임신되었지만 (Echternkamp, 1992), 실용적인 견지에서는 한쪽 자궁각에 하나씩 두개의 태아가 임신되는 것이 바람직하다는 결론을 얻었다. 따라서, 정상적인 쌍태를 유기하려면 짧은 기간의 프로게스토겐 처리에 이어서 적은 용량의 eCG나 FSH를 처리하여야 한다. 예를 들면, 10일 동안 노르게스토메트 피하이식체를 처리한 다음, 750IU(다배란 처리시 2,000~2,500IU)의 eCG를 처리한다(Holdas 등, 1987). 그러나, 이 때의 쌍태 임신률은 처리군에 따라 40~60%에서부터 11~13%를 나타내어 변이의 폭이 매우 크다. 이와 같이, 성선자극호르몬의 투여로 쌍태를 유기하는 방법은 다태임신이 되어 유산이 일어날 위험성이 상존할 뿐만 아니라, 임신률의 변이 폭이 크기 때문에 실용적이고 보편적으로 이용할 수 있는 기술로 정착되려면 더 많은 연구가 수행되어야 할 것으로 보인다.

(2) 면역기법에 의한 쌍태의 유기 : 소의 난소에서 난포의 발달은 성선자극호르몬(FSH와 LH)에 의하여 자극되는데, 성선자극호르몬의 분비는 성선과 난포의 과립막세포에서 각각 합성·방출되는 스테로이드호르몬과 인히빈의 작용으로 영위되는 부(-)의 피드백기전에 의하여 조절된다(제4장 제1절. 발정주기의 발현기전 항목 참조). 특히, 소와 같은 초식동물은 발정주기의 황체기·성성숙전·임신기 등에서도 기저수준으로 분비되는 FSH의 자극으로 난포발육파가 나타나면서 5~6개의 난포가 발육되지만, 우세난포를 제외하고는 인히빈의 작용으로 폐쇄된다(제4장 제1절. 발정주기중의 난포발육 항목 참조). 따라서, 면역학적 기법으로 스테로이드호르몬이나 인히빈을 중화시키면 다배란을 유도할 수 있다. 실제로, 미경산우를 대상으로 수 종류의 스테로이드호르몬과 이것들의 전구물질을 면역처리하면 두개 이상의 난자를 배란하는 소의 비율이 약 30%로 현저하게 증가되고(Sreenan 등, 1987), 면양의 테스토스테론 항-혈청(anti-serum)으로 피동면역(passive immunization)을 유도한 소에서도 효과가 있다(Morris 등, 1988). 한편, 인히빈은 α-아단위와 β-아단위로 구성된 당단백질로서, 난포발육파에서 FSH의 자극으로 성장을 개시한 난포의 과립막세포에서 분비된 다음, 부의 피드백기전으로 FSH의 분비를 저지하여 우세난포를 제외한 차석난포로부터 하위에 있는 모든 난포를 폐쇄시킨다. 따라서, 인히빈을 면역학적으로 제거하여 배란수를 증대시키는 수단으로 쌍태를 유도하려는 다양한 연구가 수행되었으며, 면역반응을 유도하기 위한 인히빈의 분절(分節, fragment)도 합성되었다(Glencross 등, 1994; Morris 등,1995). 그러나, 인히빈에 대한 면역처리 후에 두개 이상의 난자가 배란되는 반응이 일정하지 못하여 쌍태의 유기에 이용하기가 어렵다(Bleach 등, 1995).

(3) 임신우에 대한 추가적 배이식에 의한 쌍태의 유기 : 정상적으로 임신한 암소에 대하

표 6-6. 임신우에 추가적 배를 이식한 경우의 임신률

다배란처리 공배우 마리당 회수란의 평균 수	12.08
공배우 마리당 회수배의 평균 수	9.32
총 회수란에 대한 회수배의 비율	70.4%
공배우 마리당 이식이 가능한 배의 평균 수	4.81
총 이식배의 수	7185
1차이식에 의한 임신 수	4124
수배우의 임신률	57.4%
분만 수배우의 수	3077
쌍태분만 수	1487(48.3%)
단태분만 수	1590
총 송아지 생산 수	4571
분만당 송아지 수	1.49

여 추가적으로 하나의 배를 더 이식하여 쌍태를 유도할 수 있다. 즉, 인공수정을 시술하여 임신이 성립된 암소에 대하여 배가 착상된 반대측의 자궁각에 발달과정이 동기화된 배를 이식하면, 약 40~50%의 암소에서 쌍태가 임신된다(표 6-6; Riha & Petelikova, 1990). 이때, 배를 이식받는 임신우는 발정주기가 정확히 반복되면서 발정이 명확하게 발현되었을 때 수태성이 높은 종모우의 정액으로 인공수정을 시술하여 1차 인공수정으로 수태를 성립시키는 것이 쌍태유기의 성공 여부를 결정하는 중요한 요소이다. 소는 배란된 쪽의 자궁각에 배가 착상되는 것이 일반적임으로 황체가 있는 반대쪽의 자궁각에 인공수정 후 7일째에 7일령의 배(배반포기의 배)를 이식한다.

(4) 두개의 배 이식에 의한 쌍태의 유기 : 배이식기법을 이용하여 두개의 배를 발정이 조절된 수배우의 양측 자궁각에 하나씩 이식하면 쌍태임신을 유도할 수 있다. 그러나, 신선배를 이식할 경우에는 59%의 임신률과 38%의 쌍태율을 얻은 반면에, 동결보존된 배의 경우에는 각각이 35%와 12%로서, 매우 낮다(Sakakibara 등, 1995). 그러나, 체외에서 생산된 배(IVMFC embryo)로도 높은 임신률(77%)과 쌍태율(65%)을 얻었다는 결과를 보면(Lu & Polge, 1991), 체외생산배를 이용하여 쌍태를 유기하는 기술이 실용적으로 넓게 이용될 수 있을 것으로 기대된다.

3) 배이식에 의한 쌍태의 유기에 영향을 미치는 요인

배이식에 의하여 쌍태를 유기할 때 고려하여야 할 요인은 많지만, 중요하게 고려할 사항은 ① 이식하는 배의 수, ② 배가 이식되는 생식기관의 부위, ③ 수배우의 출산경험 등이다.

(1) 이식하는 배의 수 : 배이식에 의하여 쌍태를 유기하는 방법은 이미 임신이 성립된 수배우에 하나의 배를 추가적으로 이식하는 방법과 발정이 조절된 비임신 수배우에 발정의

표 6-7. eCG처리에 따른 2배란에서 배란난소별 쌍태율

구 분	왼쪽 난소 2배란	각 난소 1배란	오른쪽 난소 2배란
임신 6주령 소의 수	7	39	20
쌍태를 가진 소의 수	2	23	3
임신유지율	28.3%	59.0%	15.0%

경과 일수와 발달단계가 동기화된 두개의 배를 이식하는 방법이 있는데, 전자의 경우에는 67%의 임신률을 나다내는 반면에, 후자의 경우에는 42%의 임신률을 나타낼 뿐이다(Jhonson 등, 1989). 이와 같이, 임신된 수배우에 하나의 배를 이식할 때 쌍태의 발생률이 높은 이유는 수배우가 자궁내에 자신의 배를 이미 임신하고 있어서 자궁의 상태가 이식된 배의 생존과 착상에 적합한 조건을 갖추고 있기 때문이다(Suzuki 등, 1994).

(2) 배가 이식되는 자궁각 : 자연상태에서 배란되는 난소에 따른 쌍태의 발생률을 보면, 양측 난소에서 하나씩의 난자가 배란된 경우가 한쪽 난소에서 두개의 난자가 배란된 경우에 비하여 훨씬 높다(표 6-7; Gordon 등, 1962). 이러한 결과는 배를 이식할 경우에도 동일한 경향을 보여서 양측 자궁각 각각에 하나씩의 배를 이식한 경우가 한쪽의 자궁각에 두개의 배를 이식한 경우에 비하여 배의 생존률과 쌍태의 발생률이 높고, 유산률·사산률·이상태위 등의 발생률이 훨씬 낮다(Penny 등, 1995). 또한, 한쪽 자궁각에 두개의 태아가 임신되면 자궁소구와 융모총이 결합되어 형성되는 태반분엽(胎盤分葉, placentome)의 수도 양측 자궁각에 임신되었을 경우에 비하여 훨씬 적어서 태아에 영양공급을 충분히 할 수 없는 조건이 된다.

(3) 수배우의 출산경험 : 쌍태를 유기하는 실험에서 미경산우를 수배우로 이용하는 경우가 많지만, 미경산우는 생식기관, 특히 자궁의 발달이 미숙하여 임신기간이 경과될수록 쌍태를 수용할 용적이 부족하고, 태반형성에 필요한 자궁내막의 면적을 확보하는 것도 어렵기 때문에 임신기간중의 태아 손실률이 높다(Vandeplassche 등, 1979). 실제로, 임신 50일과 출생시에서 쌍태임신의 실패율을 보면, 경산우는 8%인데 대하여 미경산우는 15%로서, 약 두배 정도 높다. 따라서, 쌍태를 유기할 때 수배우로 경산우를 사용하는 것이 바람직하다.

4) 프리마아틴

소에서 이란성쌍태를 임신한 경우에 양측 태아의 성이 같으면 문제가 없지만, 이성쌍태를 임신한 경우에는 암컷 태아의 생식기관이 비정상적으로 발달되어 절대적 불임을 나타내는 프리마아틴(freemartin)이 된다. 그러나, 프리마아틴은 정상적으로 성장하며, 도체의 품질도 양호하기 때문에 육우산업에서는 문제가 되지 않는다(Gregory 등, 1995).

(1) 프리마아틴의 발생원인 : 소는 다른 반추동물과는 달리 이란성쌍태를 임신한 경우에는 양쪽 태아의 태반을 형성하는 융모막-요막이 유합(癒合)되면서 융모막혈관도 문합(吻合)되어 양측 태아간에 혈액이 교환된다. 이러한 경우에도 두 태아의 성이 같으면 문제가 없지만, 성이 다를 경우에는 수컷 태아의 태생기 정소에서 합성되는 조직적합성 Y항원(histocompatibility Y antigen [H-Y antigen])이 혈액을 타고 암컷 태아로 이행된다. 암컷 태아의 미분화 성선에서 H-Y항원이 일정한 역치(閾値, threshold)에 도달되면 난소의 발생을 저지하면서 정소화(精巢化)시킨다. 또한, 정소화된 난소에서 다량의 테스토스테론과 뮐러관억제물질이 분비되어 자성생식도관의 발생원기인 부중신관(뮐러관)의 발달을 억제하는 동시에, 웅성생식도관의 발생원기인 중신관(볼프관)의 발달을 촉진하여 부생식도관이 기형적으로 발생된다. 이란성쌍태의 수컷 태아에서는 약 40일령에 정소가 분화되고, 이에 따라 50일경부터는 암컷 태아의 생식기관발생이 억제되며, 75일경부터는 웅성화(雄性化, masculinization)가 진행된다. 그러나, 사람에서는 융모막의 혈관이 광범위하게 문합되고, 웅성태아의 정소에서 H-Y항원이 생산될 것으로 추정되지만, 자성태아의 난소발생이 장애를 받지는 않는다.

(2) 프리마아틴의 검출 : 배이식에 의하여 쌍태를 유기하였을 경우에 이성 쌍둥이가 태어나면 조기에 프리마아틴 여부를 판정하는 것이 중요하다. 프리마아틴이라 하더라도 육우의 경우에는 육성·비육하여 그대로 시장에 출하하면 되지만, 유우의 경우에는 반드시 조기에 판정하여 후보우에서 제외시켜야 한다. 간혹 시장에서 착유우로 육성할 후보우를 구입하는 경우에 프리마아틴인 소를 구입하여 피해를 보는 사례가 있다. 프리마아틴의 검출에는 다양한 방법들이 이용된다. 1940~1950년대부터 생식기관의 해부학적 특징에 기초하여 프리마아틴을 판정하였는데, 프리마아틴인 소는 모든 생식기관의 크기와 형태가 정상에 비하여 매우 다르다(Khan & Foley, 1994). 특히, 수컷의 음경과 상동기관인 음핵이 크게 발달되며, 외음부가 작고, 질의 길이가 짧다. 실용적으로는 3~6주령에 질의 상태를 검사하여 판정하는데, 질쪽에서 관찰할 때 자궁경의 외자궁구가 없고, 질의 길이가 5㎝ 이하이면 프리마아틴이다(Long, 1990). 또한, 윤활유를 바른 시험관(15×3㎝)을 질에 삽입하는 방법도 이용하는데, 프리마아틴인 소는 시험관의 1/3 정도만이 삽입된다. 해부학적 검출법 외에 ① 백혈구를 배양하여 성염색체의 구성을 분석하는 세포유전학적 검사법(cytogenetic test; Sarkhel & Katpatal, 1994), ② PCR(polymerase chain reaction)로 유전자를 증폭시켜 키메라현상(chimerism)을 확인하는 방법(Fujishiro 등, 1995), ③ 중호성 백혈구에서 성 염색질(sex chromatin)을 검사하는 방법(Sekine 등, 1992) 등도 이용된다.

2. 면양에 대한 다태임신의 유기

다른 축종에서와 마찬가지로 면양에서도 다태임신을 유도하여 생산성을 높이려는 연구가 다각적으로 시도되어 왔다. 면양은 소에 비하여는 쌍태율이 높은 편이지만, 품종에 따라 달라서 20~40%의 범위를 나타낸다. 그러나, 면양에서는 배이식을 시술하는 것이 보편적 기술로 정착되지 않아서 배이식기술을 이용하여 다태임신을 유도하는 것이 어렵다(제5장 제1절. 배이식기술의 발달과정 항목 참조). 따라서, 면양의 다태임신을 유도하려면 번식형질에 대한 잠재적 유전능력이 최대로 발휘되도록 환경조건 및 영양조건을 충족시켜 주거나, 성선자극호르몬을 투여하여 배란률을 높여주는 수단을 이용할 수 밖에 없다. 배란된 난자가 모두 착상하여 태아로 발달되는 것은 아니지만, 배란수가 많으면 다태임신을 하는 비율이 높아진다.

1) 환경과 영양의 개선을 통한 다태임신의 유도

배란률은 외부환경과 영양상태에 따라 매우 다르며, 특히 계절번식동물인 면양에서는 더욱 그러하다. 따라서, 최적의 배란률이 발현될 수 있는 조건을 만들어 주면 임신률과 산자수를 증가시킬 수 있다.

(1) 계 절 : 면양의 배란률은 번식계절의 개시로부터 기간의 경과에 비례적으로 증가되다가 번식계절이 종료되는 시점에 가까워질수록 감소되는 특성을 나타내며, 이러한 배란특성은 산자수로 이어진다(Mitchell 등, 1996). 따라서, 번식계절의 개시기와 종료기에 번식을 시키면 배란률이 감소되고, 이를 반영하여 평균산자수도 현저하게 감소된다. 이러한 계절적 번식특성을 고려하여 실용적으로 다태임신을 유도하려면 번식계절의 개시기와 종료기를 피하여 번식시키는 것이 바람직하다.

(2) 영 양 : 다수의 동물종에서 영양상태가 난포의 발달에 크게 영향을 미친다. 면양의 영양상태는 시상하부-뇌하수체계의 활성을 자극하여 성선자극호르몬(FSH와 LH)의 분비를 촉진하는 경로와 난포에 대한 성선자극호르몬의 작용을 매개하는 경로로 난포의 발달을 자극한다(Smith, 1988). 면양에서 배란에 대한 영양효과의 예를 보면, 발정주기의 후반단계에서 5일 동안 측지를 가진 아미노산(branched chain amino acid)을 주입하면 배란률이 유의하게 증가되며(Downing등, 1990), 또한 인슐린에 의하여 매개되는 글루코오스의 섭취는 난포발육파에서 하위난포의 발육을 저지하는 역할을 하는 우세난포(dominant follicle)의 활성을 감소시켜 하위난포들이 동시에 발달되게 함으로써 배란률을 유의하게 증가시킨다(Scaramuzzi, 1994; 제4장 제1절. 발정주기중의 난포발육 항목 참조). 영양상태가 면양의 배란률에 영향을 미친다는 사실이 알려진 19세기부터 강정사양(强精飼養, flushing)이 면양산업에 적용되어 왔지만, 아직까지도 성숙체격·지방침착·단백질축적 등이 면양의 신경 및 내분비적 기전에 영향을 미치는 자세한 경로가 분명하지 않은 점이 많다. 그러나, 면양 사료의 특정성분이 체중의 변화를 최소화하면서도 배란률에 크게 영향을 미친다는 사실은 분명하다(Smith 등, 1979). 따라서, 초지 및 첨가물의 질이 양에 비하여 중요하게 고려하여

표 6-8. 면양에서 eCG의 투여량에 따른 복당산자수

ECG투여량 (IU)	처 리 구		대 조 구		문 헌
	면양 수	복당산자수	면양 수	복당산자수	
500	15	1.67	15	1.47	Robinson(1951)
500	131	1.38	132	1.17	Wallace 등(1954)
1000	94	1.76	103	1.07	
500	20	1.80	20	1.15	Palsson(1956)
750	20	2.05	20	1.20	
250~500	452	1.71	435	1.52	Gordon(1958)
750~1000	595	1.89	562	1.49	
500	614	1.78	475	1.16	Palsson(1962)
5IU, 체중 lb 당	57	1.95	59	1.25	Gordon(1967)

문헌은 Gatica(1988)의 자료를 인용하였음

야 할 사항이다. 실제로, 면양을 교배시키기 전에 3주 동안 양질의 초지에서 최소의 강정사양(minimum flushing)을 하면 초회의 교배에서 약 20%의 산자수를 더 얻을 수 있다(Smith 등, 1983). 한편, 짧은 기간 동안(6~9일) 고단백질성 곡류인 루핀(lupin)을 사료에 첨가하여 급여하면 발정주기의 황체기에 FSH의 분비를 증가시켜 난포의 발달을 촉진함으로써 배란률이 25~30% 정도 증가되며, 산자수도 증가된다(Leury 등, 1990).

2) 호르몬 제제의 투여에 의한 다태임신의 유기

배이식을 시술하는데 다양한 제약조건이 따르는 면양에서는 다태임신의 유기에 각종 호르몬제를 이용한 다배란유기에 의존하는 것이 가장 보편적인 방법이다. 면양에 대한 다배란의 유기방법은 제4장 제3절 면양의 다배란 유기 항목에서 자세히 기술하였다.

(1) eCG와 FSH의 이용 : 면양의 다배란유기에는 주로 eCG(PMSG)나 FSH를 이용한다. eCG를 발정주기의 난포기에 250IU에서부터 1,000IU까지의 용량으로 처리할 경우의 복당산자수는 1.38~2.05두로서, 대조구의 1.07~1.52두에 비하여 훨씬 높다(표 6-8). eCG에 처리에 의한 다태임신의 유도는 1950~1960년대에 구 소련에서 자양을 도살하여 모피로 이용하는 Karakul종 면양의 증식에 이용하여 왔으며(Amarbaev, 1964), 세계 여러나라에서 수태성이 낮은 품종의 번식에 이용하여 왔다. 그러나, eCG는 생리적 반감기가 길어서 잔류량에 의한 해독이 나타나는 단점이 있다. 한편, FSH 제제도 면양의 다배란처리에 유효하게 이용하는데, 돼지의 뇌하수체에서 추출한 FSH-P나 Folltropin에 비하여 면양의 뇌하수체에서 추출한 Ovagen이 더욱 효과적이다(Ferni 등, 1994). 처리방법은 발정주기의 12/13일째부터 3일 동안에 걸쳐 총량 20㎎의 FSH 제제를 감량투여한다. FSH 제제의 투여량이 많으면 배란수가 너무 많아서 지나치게 많은 태아를 임신할 수 있음으로 실용적으로

다태임신을 유도할 경우에는 FSH 제제의 투여량이 배이식을 위한 다배란처리를 유도할 경우에 비하여 적은 것이 일반적이다.

(2) 프로게스테론 제제와 ECG 및 FSH의 이용 : 면양에서는 프로게스테론 제제를 이용하여 발정을 조절하면서 다배란을 유도하는 경우가 많다. 즉, 40㎎의 FGA나 60㎎의 MAP를 흡착시킨 질내페사리를 12~13일동안 삽입하고, 이것을 제거하기 2일 전부터 앞에 기술된 용량과 방법으로 FSH나 eCG를 투여한다(그림 4-12 참조).

3. 돼지에 대한 동복자돈수의 증대

어느 동물종에서나 분만되는 태아의 수는 중요하지만, 육용동물인 돼지에서는 더욱 중요하여 동복자돈수(同腹子豚數, litter size)를 증대시키는 것이 양돈산업의 성공 여부를 결정하는 중요한 요소가 된다. 동복자돈수는 기본적으로 배란되는 난자의 수를 초과할 수 없음으로 배란률에 따라 크게 영향을 받지만, 수정률과 배 및 태아의 자궁내 사망률(mortality)도 커다란 영향을 미친다. 특히, 자궁내에서 나타나는 배 및 태아의 사망은 태반을 형성하는데 필요한 자궁내막의 면적을 확보하지 못하거나, 배의 발달단계와 자궁내막의 상태가 동조화되지 못하여 일어난다. 따라서, 배 및 태아의 사망률을 최소화하려면 자궁의 크기가 태아를 수용하기에 충분하여야 하고, 난자가 배란되는 시기도 집중되어야 한다. 돼지는 한 배란기에 다수의 난자가 배란됨으로 배란시기가 서로 다르게 마련인데, 배란시기가 집중되지 않으면 자궁의 상태와 동조되지 않는 발달단계에 있는 배가 발생되어 사망률이 높아지고, 이에 따라 동복자돈수가 적어진다(Dziuk, 1992). 돼지의 자궁에 최대로 수용할 수 있는 태아의 수는 한쪽 자궁각에 7개씩, 총 14개 정도이며, 동복자돈수는 배란수보다는 오히려 자궁각의 길이에 따라 결정된다(Wu 등, 1987).

1) 동복자돈수에 영향을 미치는 요인의 개선

돼지의 번식성적을 평가하는 가장 기본적 항목은 동복자돈수와 이유 후의 생존자돈수이다. 정상적으로 이유시킨 후의 복당 생존자돈수는 경산돈의 경우 11~12두, 초산돈의 경우는 9~10두를 목표로 하고 있다. 그러나, 돼지의 복당산자수와 이유 후의 생존자돈수는 영향을 미치는 요인이 매우 많아서 변이의 폭이 매우 크다. 따라서, 이들 요인들을 최대의 생존자돈수를 얻을 수 있는 방향으로 개선·이용하는 것이 양돈산업에서 매우 중요하다.

(1) 품 종 : 돼지의 배란률은 높은 유전력을 나타내기 때문에 선발을 통하여 높일 수 있지만, 배란률이 높으면 배 및 태아의 사망률이 높아진다. 따라서, 동복자돈수를 높이려면 배란수와 함께 배 및 태아의 사망률이 함께 개선되어야 한다. 돼지의 동복자돈수는 중국의 Meishan종(梅山豚)과 같이 다른 품종에 비하여 월등히 높은 품종도 있지만, 현재 사육되고

있는 품종에서는 품종간 차이에 못지 않게 동일 품종내의 개체간에도 변이의 폭이 크다. 그러나, 동복자돈수는 배란률과는 달리 그 유전력이 매우 낮아서 선발에 의한 개량을 기대할 수 없다. 반면에, 잡종교배를 하면 동복자돈수를 비롯한 번식형질이 5~25% 정도 개선된다. 따라서, 많은 나라의 양돈산업현장에서는 적합한 품종간 잡종교배조합을 이용하고 있다. 한편, 동복자돈수의 낮은 유전력을 개량하기 위하여 BLUP(best linear unbiased prediction)와 인공수정 기법을 동원하여 핵돈군(large nucleus population)을 조성하는 GNBS(group nucleus breeding scheme)사업이 수행되어 매년 0.2두의 생존동복자돈수를 증가시키는 성과를 얻은 경우도 있다(Webb, 1995). 이 때, 번식돈을 선발하는 기준은 복강경기술을 이용하여 배란률·배 생존률·자궁의 크기 등을 측정한 결과로 판정한다.

(2) 영 양 : 돼지의 배란률은 발정이 발현되기 전에 섭취하는 사료의 총량, 특히 에너지 섭취량의 증가에 따라 높아지며, 낮은 수준의 섭취는 배란률을 감소시킨다. 이에 근거하여 돼지의 번식에 강정사양을 이용하는데, 미경산돈에서는 발정주기의 난포기에 강정사양을 하면 배란률이 현저하게 증가되지만, 경산돈에서는 효과가 뚜렷하지 않다(Rhodes 등, 1991). 강정사양에 의하여 증강된 영양상태는 시상하부-뇌하수체계를 직접 자극하여 LH의 박동빈도를 급격하게 증가시키며, 또한 에너지의 섭취량이 증가되는데 따라 방출된 인슐린은 인슐린-양 성장인자-1(IGF-1)의 방출을 자극한다. 이러한 경로를 통하여 분비된 LH와 IGF-1이 공동작용으로 배란률을 증가시킨다(Beltranena, 1991).

(3) 연령과 산차 : 일반적으로, 돼지는 특정 시기까지는 연령이나 산차(産次, parity)의 증가에 비례하여 배란률과 산자수가 증가하다가, 그 후로는 감소된다. 특히, 산차가 증가되면 배란률은 높아지지만, 자궁의 기능이 악화되어 태아의 사망률이 높아진다. 돼지의 동복자돈수는 초산에서 가장 적고, 4산차까지는 증가되어 최고치를 나타내고, 그 후로는 비교적 균일한 수준을 유지하다가 8산차부터는 사산(死産, stillbirth)하는 자돈수가 증가되면서 동복자돈수가 감소되며, 연령에 따라서는 4.5세부터 산자수가 현격하게 감소된다(Clark & Leman, 1986).

(4) 포유기간 : 돼지의 포유기간을 단축시키면 단축되는 기간의 길이에 비례하여 차기 분만시의 복당자돈수가 감소된다. 포유기간을 짧게하여 이유시키면 배의 생존률이 감소되는데, 이것은 배의 생존에 적합한 자궁상태를 유지시키기 위한 프로게스테론과 에스트로겐이 적정수준으로 분비되지 못하기 때문이다(Varley, 1982).

2) 배란률의 증가를 위한 호르몬의 처리

돼지에서도 성선자극호르몬(eCG와 FSH)을 투여하면 다배란이 유기된다. 그러나, 다배란의 유기는 배이식과 그에 관련된 기술을 시술하는데 필요한 난자를 얻기 위한 수단일 뿐이고, 복당자돈수를 증가시키기 위한 목적으로는 이용되지 않는다. 돼지는 기본적으로 다태동물로서 배란수가 매우 많을 뿐만 아니라, 산자수가 배란수에 따라 결정되기 보다는 주로 자궁의 용적 및 상태에 따라 발현되는 배 및 태아의 사망률에 따라 결정되기 때문에 배란률을 증가시켜도 산자수가 증가되지 않는다. 더욱이, 다배란처리를 하면 잔류호르몬의 작용으로 자궁의 상태가 배의 생존에 불리한 환경을 조성하여 산자수가 감소되는 경우가 많다.

제 3절 임신의 진단

모체의 자궁내에서 배가 발날을 계속하면 모체는 임신을 인지하며(본 장 제1절. 모체의 임신인지 항목 참조), 이에 따라 모체의 생리상태가 변경되면서 다양한 임신징후(妊娠徵候, pregnancy sign)를 나타낸다. 이러한 임신징후를 확인하여 임신여부를 판정하는 것을 임신진단(妊娠診斷, pregnancy diagonosis)이라 한다. 임신징후는 태아나 그 부속물의 존재를 나타내는 확징(確徵)과 태아나 그 부속물의 존재에 따라 일어나는 이차적 변화에 의하여 나타나는 반확징(半確徵)으로 구분한다. 물론, 임신의 근거로서는 확징이 신뢰도가 높으며, 반확징은 유사한 변화가 임신이 아닌 경우에도 일어날 수 있음으로 오진의 가능성이 높다. 임신의 확징을 얻기 위한 진단법으로는 직장검사법·복부촉진법·방사선진단법·초음파진단법 등이 있으며, 반확징을 얻기 위한 진단방법으로는 논-리턴법·질점막검사법·프로게스테론 분석법·에스트로겐 분석법·면역학적 검사법 등이 있다. 이와 같이, 다양한 방법으로 임신을 진단할 수 있지만, 동물종의 임신생리학적 및 해부학적 특성에 따라 적합한 방법을 선택하여 임신여부를 판정한다.

임신진단방법의 실용적 조건으로는 ① 조기에 진단이 가능하고, ② 적중률이 높으며, ③ 방법이 간편하여 신속하게 진단할 수 있고, ④ 소요경비가 저렴하며, ⑤ 태아와 모체에 나쁜 영향을 주지 않아야 한다. 그러나, 너무 이른 시기에 임신을 진단하면 진단 후에 일어날 수도 있는 배사망에 의하여 진단결과의 신뢰도가 떨어질 수 있다. 따라서, 실용적 측면에서는 배사망이 자주 일어나는 시기를 지난 다음에 진단하는 것이 좋다. 임신을 조기에 진단하면 공태기간(空胎期間)을 단축하여 번식효율을 높일 수 있을 뿐만 아니라, 임신축을 구분하여 사양관리함으로써 발육이 충실한 새끼를 얻을 수 있고, 새끼의 생산과 관리에 소요되는 경비도 절감할 수 있다.

1. 소의 임신진단

소에서 분만간격(calving interval [CI])을 1년 이내로 유지하려면 인공수정 후로부터 50일까지는 임신여부를 명확하게 판정하여야 한다(Alexander 등, 1995). 따라서, 임신의 확인

표 6-9. 소에서 임신진단방법의 이용시기

임 신 일 령	임 신 진 단 방 법
18~24일령	논-리턴법 및 황체의 상태
22~26일령	우유 또는 혈액중 프로게스테론 농도의 분석
30~65일령	양막낭 촉진
35~90일령	자궁각 크기의 비대칭성 및 자궁 내용물의 파동감
35~90일령	태막 스립의 촉진
70일령부터	자궁소구(태반분엽)의 촉진
90일령부터	착상 자궁각측 중자궁동맥의 굵기 촉진
105일령부터	우유중 황산에스트론 농도의 분석
150일령부터	비착상 자궁각측 중자궁동맥의 굵기 촉진

은 가능한 한 빠른 것이 좋지만, 너무 일찍 검사하면 검사 후에 배사망이 발생되는 경우도 있어서 진단의 정확도가 떨어지는 단점이 있다. 소에서 이용되는 각종의 임신진단방법은 이용할 수 있는 시기와 정확도가 서로 다르기 때문에 여러 방법을 병용하여 종합적으로 판단하는 것이 바람직하다(표 6-9; Noakes, 1985).

1) 논-리턴법

소를 비롯한 모든 축종에서 임신이 성립된 암컷은 다음 주기의 발정발현이 중지되는데(不再歸, non-return), 이것을 근거로 임신을 판정하는 것을 논-리턴법이라 하며, 임신을 추정하는 가장 기본적인 방법이다. 소에서는 인공수정을 시술한 후 18~24일 사이에 발정이 발현되지 않으면 일단 임신으로 판정하지만, 그 신뢰도는 발정검출의 정확도에 따라 결정된다. 그러나, 발정의 불재귀가 임신 이외의 원인에 의하여 발생되는 경우도 많기 때문에 정확도가 매우 낮다. 따라서, 이 방법은 기초적 판단자료로만 이용하고, 임신의 확징을 위해서는 직장검사와 같은 임신진단법을 추가적으로 이용하여 판정하는 것이 필요하다. 더욱이, 임신중인 소의 3~5%는 임신 3개월 이내에 발정이 발현되는데, 이러한 소의 임신진단을 논-리턴법에만 의존한다면 임신우에 대하여 재차 인공수정을 하게 되어 이미 임신된 태아가 유산되거나, 월령이 다른 두마리의 태아를 임신하는 중복임신(superfetation)이 일어날 위험성이 있다. 그러나, 가축의 집단에서 교배 후 특정기간내에 발정이 재귀되지 않는 개체의 백분율을 나타내는 불재귀율(non-return rate [NR])은 가축집단 전체의 번식효율을 판정하거나, 인공수정에 공용된 종모축의 수정능력을 판정하는데 중요한 지표로 이용된다.

2) 직장검사법

직장검사(直腸檢査, rectal palpation)는 직장을 관장하여 분을 제거하고, 손을 넣은 다음,

표 6-10. 직장검사법에 의한 소의 임신진단시 태아의 크기와 주요소견

임신일령	태아체중	태아체장	주 요 소 견
30	0.28 (g)	12 (mm)	• 한쪽 자궁각이 약간 확장되고 엷어짐. 배아낭은 공기돌 크기임. 자궁은 비임신시와 비슷한 위치. 태아태막은 30~90일령간에는 손가락에서 삐어져 나감.
45	3.5~7.1	25~32	• 자궁각이 다소 확장되고, 더 엷어지며, 부풀어 오름. 배아낭은 달걀 크기임.
60	7.1~14.1	64	• 자궁각은 바나나 크기임. 태액이 충만되고, 골반연을 지나 체강으로 당겨져 있음. 태아는 생쥐 크기. 태아두부는 공기돌 크기임.
90	85~170	127~152	• 양측 자궁각이 부풀어 오르고, 직경이 75~90mm로 체강에 깊숙이 끌려들어가 있어서 촉지하기 어려움. 태아는 래트 크기. 태아두부는 탁구공 크기임. 중자궁동맥의 직경은 3~4mm. 궁부는 너비가 25~25mm 정도임.
120	0.453~0.907 (kg)	0.25~0.30 (cm)	• 90일령과 비슷하나 태아촉진이 보다 용이함. 태아는 작은 고양이, 그 두부는 레몬 크기임. 중자궁동맥의 직경은 5mm 정도이고, 궁부는 더욱 쉽게 촉지되며, 그 길이는 25~40mm 정도임.
150	2~3	30~40	• 태아촉지 곤란. 자궁각은 체강에 깊숙이 빠져 있음. 태아는 큰 고양이, 그 두부는 야구공 크기임. 자궁각의 직경은 150~200mm, 중자궁동맥은 5~10mm, 궁부는 50~65mm의 직경을 가짐.
180	4~7	50~61	• 태아와 자궁이 체강을 가득 체우고, 태아는 작은 개의 크기, 그 두부는 오렌지 크기임. 중자궁동맥은 10~12mm. 궁부는 더욱 확대. 6개월령 이후에는 태아의 발, 다리 및 코를 잡으면 움직임을 확인할 수 있음.
210	9~14	61~81	• 7개월령 이후에는 태아를 촉지할 수 있음.
240	18~27	71~91	• 태아크기로써 월령을 추정하기는 어려움.
270	27~45	71~96	• 중자궁동맥의 직경은 210일: 12mm, 240일: 12~15mm, 270일: 12~20mm 임.

직장벽을 통하여 골반강내의 장기를 촉진하는 수단으로 각 장기의 기능상태나 질환의 유무를 진단하는 방법이다. 특히, 소나 말과 같은 대형동물에서는 직장내로 손을 넣는 것이 용이하고, 난소·난관·자궁 등과 같은 내부생식기관의 상태를 신속·정확하게 촉진할 수 있기 때문에 번식분야의 기본적 진단법으로 매우 중요하며, 임신을 진단할 경우에도 유용하게 이용된다. 직장검사법으로 소의 임신을 진단할 때 지표가 되는 태아의 크기와 주요소견은 표 6-10과 같다.

(1) 촉진 대상 장기와 판단기준 : 직장검사로 임신을 진단할 경우에는 ① 임신황체의 상태, ② 자궁각의 비대층성과 파동감, ③ 태막과 태아의 존재여부와 상태, ④ 중자궁동맥(middle uterine artery)의 굵기 및 파동 정도 등을 지표로 하여 종합적으로 판정한다. 그러나, 자궁축농증(子宮蓄膿症, pyometra)·자궁내막염(子宮內膜炎, endometritis)·태아의 미이라변성(mumminification) 등과 같은 질병이 있을 경우에도 자궁이 확장되기 때문에 오진할 수 있음으로 세심한 주의가 필요하다.

① 황체의 상태 : 인공수정 1~2주 후에는 임신황체와 발정황체를 구분하는 것이 불가능하다. 그러나, 인공수정 후 3주가 지나면 임신이 성립되었을 경우에는 황체가 임신황체

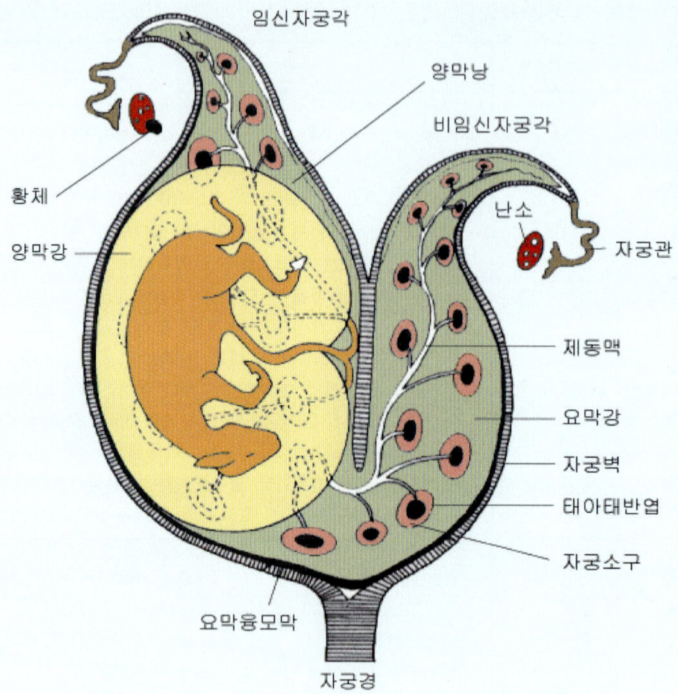

그림 6-11. 임신우에서 수태산물의 발달 양상

의 크기로 발달되는 반면에, 임신이 성립되지 않았을 경우에는 퇴행하게 됨으로 인공수정 3주 후부터는 황체의 상태를 촉진하여 임신여부를 추정할 수 있다.

② 자궁각 크기의 비대칭성 : 소의 수태산물(受胎産物, conceptus)은 태아 · 태막 · 태수 등으로 구성된다(그림 6-11). 이러한 수태산물의 발달과정에서 임신초기에는 요수(尿水, allantoic fluid)가 요막강에 축적되어 요막융모막(allantochorion)이 늘어나고, 이에 따라 임신 자궁각이 확장된다. 소에서 임신 30~35일이 되면 황체가 존재하는 쪽의 자궁각이 확대되어 양측 자궁각의 크기가 달라져 비대칭적으로 되고, 임신자궁각의 벽이 얇아지면서 요수가 촉진되어 파동감을 나타낸다. 양측 자궁각에 하나씩의 태아가 임신된 쌍태의 경우에는 양측 자궁각 모두가 확장되고, 양측 난소에 하나씩의 임신황체가 촉진된다.

③ 태막의 스립(slip) : 임신 35~40일이 되면 자궁내막과 결합하여 태반을 형성하는 요막융모막을 촉진할 수 있다. 그러나, 소를 비롯하여 궁부성태반을 형성하는 동물은 모체의 자궁내막과 요막융모막이 결합하여 태반을 형성할 때 융모막의 표면에 돌출된 융모총(絨毛叢, cotyledon)과 자궁내막의 자궁소구(子宮小丘, caruncle) 사이에서만 태반결합이 일어남으로 요막융모막에서 융모총이 없는 부위는 자궁내막과 유리되어 있다. 따라서, 자궁벽과 요막융모막을 함께 잡아서 당기면 태반결합이 이루어지지 않은 부위의 요막융모막이 미끄러지면

서 빠져 나가는 감촉을 느낄 수 있는데, 이것을 기준으로 임신여부를 판정한다(Noakes, 1985).

④ 태아와 태반분엽의 촉진 : 임신 약 65일경이 되면 요막낭의 팽창정도가 감소되어 태아를 직접 촉진할 수 있다. 그러나, 경산우에서는 임신 3개월, 초산우에서는 임신 5개월이 경과되면 태아의 크기와 무게가 증가되어 자궁각이 골반강을 벗어나 복강으로 침하되어 태아 및 자궁각을 촉진하는 것이 불가능하다. 이 때부터는 자궁의 위치가 변화되고, 자궁경이 당겨져 긴장성이 증가된 것을 지표로 임신을 진단한다. 한편, 융모막의 융모총과 자궁내막의 자궁소구가 결합되어 형성된 태반분엽(胎盤分葉, placentome)은 임신 70~80일경부터 자궁체부위와 임신자궁각의 기저부에서 촉진되는데, 이것을 근거로 임신여부를 판정한다. 태반분엽의 수는 임신자궁각에서 37~63개, 비임신자궁각에서 26~49개가 형성된다(Wahid 등, 1991).

⑤ 중자궁동맥의 굵기 : 중(中)자궁동맥은 자궁의 선단부와 말단부를 제외한 대부분의 부위에 혈액을 공급하는 굵은 동맥이다. 임신을 하면 자궁으로 유입되는 혈류량이 증대됨으로 중자궁동맥이 굵어진다. 따라서, 직장으로 손을 넣어 중자궁동맥을 촉진할 수 있는데, 동맥의 굵기와 혈류의 흐름에 따른 진동을 감지하여 임신여부를 판정할 수 있다.

(2) 직장검사의 적기 : 임신여부를 조기에 아는 것은 분만간격을 단축시키는데 매우 유용하게 이용된다. 그러나, 너무 이른 시기에 임신을 감정하면 임신이 성립된 후에 사망하는 배의 비율이 높기 때문에 오히려 공태기간이 연장되는 결과를 초래한다. 따라서, 임신이 완전하게 성립된 다음에 직장검사를 하는 것이 바람직하다. 소에서 직장검사는 교배 후 35일경부터 할 수 있지만, 일반적으로 발정주기가 2회 반복하는 기간(21일×2회=42일; 6주)이 지나간 후에 조심스럽게 실시하는 경우가 많다. 그러나, 배의 사망률을 고려한 직장검사의 시기에 대하여는 논란이 있는데, 배의 사망이 임신 35~70일 사이에 일어남으로 이 기간을 경과한 다음에 검사하는 것이 바람직하다는 견해가 있는 반면에, 수정 후 30~60일 사이에 일어나는 배사망률이 5%에 불과함으로 41~45일 사이에 하는 것이 좋다는 견해도 있다. 실제로, 인공수정 30~45일 후에 태막의 스립을 근거로 진단한 결과가 60일 후에 진단한 결과와 차이가 없다는 사실을 보면, 경제적 및 관리적 측면에서 인공수정 후 40~50일 전후에 진단하는 것이 바람직하다(Alexander 등, 1995).

3) 초음파 진단법

초음파(超音波, ultrasound)는 사람이 들을 수 있는 가청주파수(30~10,000Hz)를 초과하는 높은 주파수의 음(音)으로서, 의학진단 영역에서 사용하는 초음파영역은 1~20MHz이다. 초음파는 직진하는 성질이 있고, 밀도가 다른 매질의 경계면에서 일부는 반사하고, 일부는 투과하기 때문에 그 반사파를 취하여 기록하는 방법으로 진단에 이용할 수 있다. 초음파진단기술은 살아 있는 동물의 내부기관이나 조직을 검사하는데 매우 광범위하게 이용되는 기술로서, 임신진단에도 유용하게 이용된다. 초음파진단장치는 표시법(表示法)에 따라

A-모드(mode) · B-모드 · M-모드 등으로 분류한다.

(1) 초음파 도플러법 : 이 방법은 초음파의 도플러효과(Doppler effect)를 응용하는 진단방법으로서 A-모드로 표시한다. 일정한 주파수의 초음파를 연속적 또는 맥동적(pulse wave)으로 동물체의 내부를 향하여 발사할 때, 정지하고 있는 장기에 부딪칠 경우에는 입사파(入射波)와 같은 반사파(反射波)가 나오지만, 운동하고 있는 장기와 부딪칠 경우에는 입사파와 다른 주파수를 가진 반사파가 나온다. 입사파와 반사파를 합성하여 정류(整流)하면 두 파 사이에 차이가 나는 주파수, 즉 진동주파수(beat frequency)를 얻을 수 있다. 이 진동주파수의 신호를 도플러분석기(Doppler analyser)로 들을 수 있는 신호로 변환시켜 청취하거나, 진폭심도분석기(amplitude depth analyser)를 이용하여 전류(電流)로 변환시켜 기록지에 파형(波形)을 기록하여 진단에 이용한다. 도플러진단장치는 2.5~5.0MHz의 탐촉자를 임신우의 체표면이나 직장내에 삽입하여 이용한다. 도플러분석기를 이용하여 태아의 심장박동이나 제동맥혈류의 소리를 들어 임신을 진단하는데, 질탐촉자를 이용하면 임신 6~7주 후에 태아의 심장박동을 감지할 수 있다(Noakes, 1985). 초음파 진폭심도분석기로 진동주파수의 파형을 분석하면 인공수정 40일 후부터 임신을 감정할 수 있지만, 임신 55일에서의 정확도는 90% 이상이다(Bartlett & Sorensen, 1980).

(2) 실시간초음파에 의한 주사(走査)법 : 이 방법(scanning by real-time ultrasonics)은 일정한 주기를 가지고 탐촉자에서 단속적으로 나오는 간헐초음파를 이용하여 B-모드 표시법에 따라 실시간으로 모니터에 이차원의 단층화상(斷層畵像)으로 전개시키고, 이 화상을 판독하여 진단하는 방법이다. 실시간 초음파진단법은 말의 조기임신진단에 최초로 사용하였지만, 소를 비롯한 다른 동물종의 임신진단방법으로도 빠르게 확산되었다(Kahn, 1992). 실시간 초음파진단장치는 초기에는 3.5MHz의 낮은 주파수를 발생하는 탐촉자를 체표면에 밀착시켜 진단하도록 설계된 것을 사용하였는데, 낮은 주파수는 조직속으로 깊게 침투되지만, 화상의 해상도가 나쁘다. 따라서, 오늘날에는 해상도가 좋은 높은 주파수(7.5MHz 이상)의 탐촉자를 직장속으로 삽입하여 검사한다. 이 방법을 이용하면 매우 빠른 시기에 임신을 감정할 수 있다. 즉, 7.5MHz의 탐촉자를 이용하여 인공수정 후 20일 이내에 임신을 진단할 수 있으며, 임신 27~31일 사이에서의 정확도는 94%(1379두/1452두) 정도이다(Jones 등, 1990). 또한, 태아의 사망률도 산정할 수 있으며, 임신 42일 전과 후에서 일어나는 태아 사망률은 초산우의 경우는 각각 8%와 7%, 경산우에서는 각각이 12%와 7%이다(Hanzen & Laurent, 1991). 태아의 성도 판별할 수 있는데, 실용적으로는 임신 70일경부터 가능하다(Curran, 1992). 그러나, 이 방법으로 조기에 임신을 진단하였을 경우, 진단 후에 배가 사망할 수도 있음으로 임신 60~70일 후에 다시 조사하여 임신여부를 확인하는 절차가 반드시 필요하다. 검사속도는 단순임신진단의 경우 시간당 60두, 태아의 상태(성별 · 연령 등)까지를 확인하려면 시간당 40두를 진단할 수 있다.

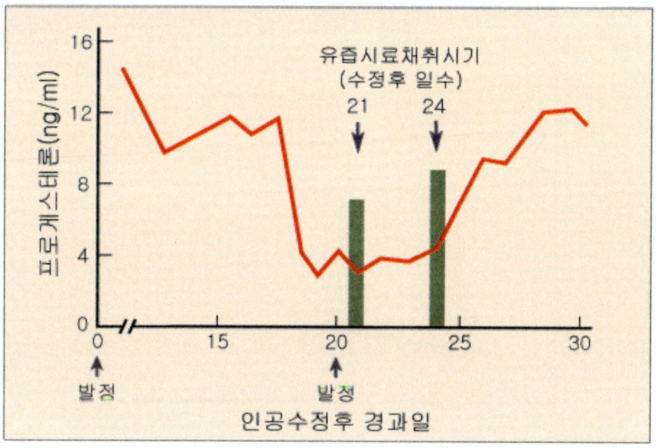

그림 6-12. 젖소에서 임신진단용 유즙시료의 채취시기

4) 프로게스테론 분석법

혈액중의 프로게스테론 농도는 발정주기의 난포기에는 매우 낮은 수준을 나타내지만, 황체기에는 높은 수준을 나타낸다. 더욱이, 임신을 하면 임신의 유지를 위하여 임신황체에서 프로게스테론이 높은 수준으로 계속 분비된다(그림 6-6 참조). 따라서, 수정 후 발정주기의 난포기에 해당하는 시기에 프로게스테론의 수준이 높으면 임신이 성립된 것으로 판정하고, 난포기의 수준으로 낮으면 불임으로 판정한다. 특히, 젖소에서는 프로게스테론이 유즙중으로 이행됨으로 유즙에 함유된 프로게스테론의 농도를 측정하여 임신여부를 판정할 수 있다. 젖소에서 임신진단을 위하여 우유시료를 채취하는 시기는 인공수정 후 21~24일 사이이다. 그 이유는 이 시기가 임신이 성립되지 않았을 경우에 프로게스테론의 수준이 가장 낮은 시기(발정주기의 난포기)이기 때문이다(그림 6-12). 영국에서는 'Milk Marketing Board'에서 우유의 수집이나 인공수정의 시술과 더불어 유즙중의 프로게스테론을 분석하여 임신을 진단하여 주고, 인공수정 6~8주 후에 직장검사방법으로 임신을 확인하여 줌으로써 낙농가에 많은 경제적 이득을 주고 있다(Booth, 1987). 영국 이외의 여러 나라에서도 우유중의 프로게스테론 분석기법을 젖소의 조기임신진단에 이용하고 있다. 임신진단을 목적으로 하는 프로게스테론의 분석은 전문지식과 특수한 장비 및 시설이 필요한 방사면역분석법(radioimmunoassay [RIA])을 대체하여 상업적으로 간편하게 이용할 수 있는 ELISA분석법(enzyme-linked immunosorbent assay)이 주로 이용된다(Nobel. 1985). ELISA분석을 위한 키트(Kit)는 색상의 변화나 응집반응으로 임신여부를 판정할 수 있도록 다양하게 개발되었다.(Tainturier 등, 1990; Romagnolo & Nevel, 1993). 이들 키트를 이용하여 임신을 진단할 때 정확도는 89~99%에 이르지만(Nevel 등, 1989), 농가에서 보편적으로 이용되기 위해서는 키트의 생산원가를 더욱 절감하는 것이 필요하다(Booth, 1987).

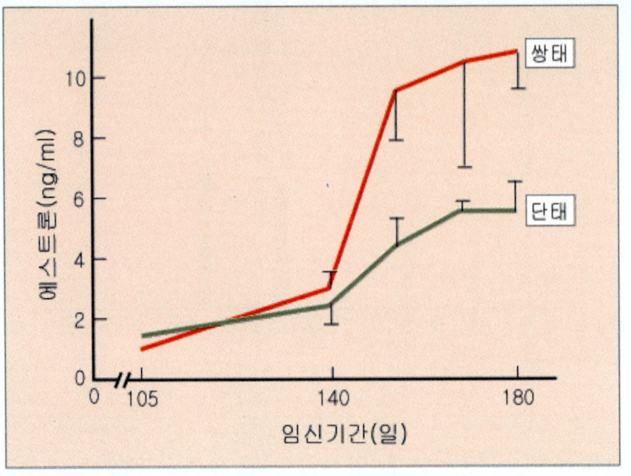

그림 6-13. 단태 및 쌍태를 임신한 소에서 에스트로겐의 혈중 농도차

5) 기타의 임신진단법

소의 임신진단에는 논-리턴법을 기본으로 하고, 직장검사법이나 프로게스테론 분석법으로 정확하게 확인하는 방법이 매우 유용하게 이용되지만, 다른 진단방법들도 많이 이용된다.

(1) 에스트로겐 분석법 : 혈액이나 유즙 중에 함유되어 있는 황산에스트론(estrone sulfate)이나 총 에스트로겐의 농도를 추정하여 임신을 진단하는 방법도 개발되었다. 젖소에서 유즙 중의 황산에스트론 농도는 임신초기에는 30pg/mℓ의 수준이지만, 임신 41~60일 사이에서 151pg/mℓ 수준으로 높아지고, 이후로는 임신기간의 경과에 비례하여 점차적으로 증가되어 임신 220~240일에는 1,000pg/mℓ에 이른다. 이러한 측정결과를 볼 때, 임신 100일이 경과하지 않으면 황산에스트론의 농도가 너무 낮아서 임신을 감정할 수 없다(Gordon, 1996b). 한편, 임신한 소에서 황산에스트론은 태아의 부신에서 합성된 황산데히드론에피안드로스테론(dehydroepiandrosterone sulfate [DHEA-SO_4])을 전구물질로 사용하여 태반에서 합성되기 때문에 태아의 존재를 확실하게 반영한다(제2장 제4절. 태반 에스트로겐 항목과 그림 2-18 참조). 따라서, 태아의 발달이 상당히 진행된 후가 아니면 황산에스트론을 측정하는 방법으로 임신을 진단하기가 어렵다. 황산에스트론의 농도를 RIA로 측정하여 임신의 진단이 가능한 시기는 교배로부터 110일(Prakash & Madan, 1993), 또는 120일(Henderson 등, 1992) 이후부터이다. 이 후에 색깔의 농도변화에 기초하여 황산에스트론의 농도를 측정하는 EIA방법이 개발되었는데(Henderson, 1993), 이 기술을 이용하여 소의 임신을 최종적으로 확인하는 것이 가능하다. 또한, 황산에스트론은 태아의 부신에서 합성된 DHEA-$S0_4$를 전구물질로 이용하여 합성되기 때문에 쌍태를 임신한 경우에는 다량이 합성되며(그림 6-13; MacDonnell 등, 1993), 이것을 이용하여 쌍태임신을 구별할 수 있다.

(2) 임신-특수단백질 B의 검출법 : 소 태반의 거대이핵영양막세포에서는 임신-특수단백질 B(pregnant-specific protein B [PSPB])라고 부르는 당단백질을 분비한다(Sasser 등 1989). 액체크로마토그라피(HPLC)로 정제한 PSPB의 분자량은 61,000이고, 등전점은 5.1~5.5이며, 당의 함량이 높아서 반감기는 7.8일이나 된다(Camous 등, 1988). RIA를 이용하여 임신한 소의 혈청과 우유에서 PSPB를 검출하였는데, 혈청에서는 대부분의 소에서 임신 3주 후부터 임신 끝까지 검출된다(Sasser 등. 1986). PSPB는 면양・산양・사슴・엘크 등과 같은 반추동물의 혈청에서도 검출된다. PSPB의 생리작용은 명확하지는 않지만, 임신이 이루어지면 태반에서 분비되는 PSPB가 황체로 전달되어 퇴행을 방지하여 임신을 유지시키는 것으로 보인다. 소에서 임신초기에 RIA방법으로 PSPB를 검출할 수 있음으로 이것의 검출여부로 임신을 진단할 수 있는데, 인공수정 후 24일에서는 86.2%, 30~35일에서는 90% 이상의 정확도를 나타낸다(Humbolt 등, 1988). 한편, 소 태반의 융모총에서 임신-관련 당단백질을 분리・정제하였는데(Zoli 등, 1991), 임신 30일 후부터는 말초혈액에서도 검출된다(Zoli 등, 1992). 이것을 RIA방법으로 분석하여 육우의 임신감정을 할 수 있는데, 임신 42일 후부터 이용이 가능하며, 특히 융모총이 태아측에서 발생된 것이기 때문에 태아의 일령을 예견하는데 유용하게 이용된다(Sinclair 등, 1995). 또한, 소의 융모총에서 분자량 60kDa의 임신혈청단백질 60(pregnancy serum protein 60 [PSP 60])도 검출되었는데, 이것의 검출여부로 수유중인 육우에 대하여 인공수정 28일 후부터 임신진단을 하면 임신 22일에 직장검사법으로 진단한 결과와 유사한 정확도를 나타낸다(Mialon 등, 1994).

(3) 유즙배출시험 : 인공수정을 시술한 후 기능황체가 유지되고 있는 소에 황체퇴행을 유기할 수 없는 용량의 $PGF_{2\alpha}$를 정맥내에 주사하면 황체에서 옥시토신이 방출되어 유즙이 배출되지만, 난소에 기능황체가 없으면 옥시토신이 방출되지 못함으로 유즙이 배출되지 않는데, 이러한 차이를 이용하여 임신을 진단한다(Labussiere 등, 1992). 시험방법은 인공수정 후 18~22일이 경과된 소에 대하여 시험 3시간 전에 좌측 전유두에 누관을 삽입하여 유두조를 깨끗이 비운 다음, 소량의 프로스타글란딘 유연문질(250μg의 dinolytic)을 주사하면 기능황체를 가진 소에서는 1분 이내에 유즙이 배출되고, 기능황체가 없는 소에서는 유즙이 배출되지 않는데, 전자는 임신우, 후자는 비임신우로 판정한다. 이 방법은 비용이 적게 들고, 매우 신속하게 임신을 진단할 수 있다는 장점이 있다.

6) 쌍태임신의 판정

쌍태를 임신하면 육우나 유우 모두에서 단태를 임신한 소에 비하여 에너지요구량이 현저하게 많아지는데, 임신말기 2개월 동안은 더욱 그러하다. 따라서, 쌍태를 판정하여 적절하게 에너지를 공급하는 것은 건강한 쌍둥이 송아지를 얻는데 매우 중요하다. 쌍태임신의 판정은 송아지에 의하여 유발되는 내분비적 현상을 조사하여 판정하는 방법과 실시간 초음파진단장치로 확인하는 방법이 이용된다.

(1) 호르몬 분석에 의한 방법 : 임신시 태아에 기인하여 분비되는 호르몬중에서 단태 또는 쌍태를 임신했을 때 차이가 나는 호르몬의 농도차에 근거하여 쌍태임신을 판정할 수 있다.

① 에스트라디올 및 에스트론의 농도차 : 임신한 소의 혈중 총 에스트로겐의 농도는 쌍태임신의 경우는 9.8ng/㎖로서, 단태임신의 경우 5.0ng/㎖에 비하여 월등히 높은데, 이를 근거로 쌍태임신을 판정할 수 있으며(MacDonell 등, 1993), 황산에스트론도 같은 결과를 보인다(Dobson 등, 1993). 더욱이, 임신기간의 마지막 1/3기간에는 혈중 에스트론과 에스트라디올의 농도가 쌍태를 임신한 소에서 단태를 임신한 소에 비하여 유의하게 높기 때문에 쉽게 판정할 수 있다.(Patel 등, 1995).

② 임신-특수단백질 B의 검출 : 임신-특수단백질 B(PSPB)는 태반의 거대이핵영양막세포에서 분비되는 당단백질로서, 임신감정에 유효하게 이용된다. 특히, PSPB는 임신 150에서부터 250일까지의 사이에서는 쌍태를 임신한 소가 단태를 임신한 소에 비하여 두배 정도 높은 농도로 검출되기 때문에 임신 후반단계에 쌍태를 확인할 수 있다(Vasques 등, 1995).

③ 태반성 락토겐의 검출 : 태반성 락토겐은 태반조직에서 분비되는 단순단백질 호르몬으로서, 성장호르몬과 프롤락틴의 작용을 겸비하고 있어서 태아의 발달에 필수적인 호르몬이다. 이러한 태반성 락토겐은 단태를 임신한 경우에 비하여 쌍태를 임신한 경우에서 두배 정도 분비되기 때문에 이 농도차를 근거로 쌍태를 검출한다(Bolacder, 1977).

(2) 실시간초음파진단에 의한 방법 : B-모드에 의한 실시간 초음파진단으로 모니터에 나타나는 초음파 화상을 이용하여 쌍태를 판단한다(Davis & Haibel, 1993). 초음파검사는 임신 50~60일 후부터 실시하며, 80일이 지나서 자궁의 크기가 커지면 태아의 정확한 수를 판단하는 것이 어렵다(Echternkamp & Gregory, 1993).

2. 면양의 임신진단

어느 동물종에서나 임신이 성립되면 발정의 발현이 휴지됨으로 발정이 재귀되지 않는 것이 임신을 예측하는 가장 기본적인 방법다. 그러나, 면양은 수면양이 없을 경우에는 발정징후를 명확하게 표현하지 않는 것이 일반적임으로 논-리턴법(NR)으로 임신을 예측하는 것이 어렵다. 면양의 임신진단에는 방사선진단법·초음파진단법·호르몬분석법 등을 비롯한 다양한 진단법이 이용된다.

1) 방사선 진단법

면양의 임신진단에 방사선사진술(radiography)을 이용할 수 있는데, X-선으로 태아의 골격을 확인하여 임신여부를 판정한다. 면양은 계절번식동물임으로 조기에 임신을 진단하는 것이 큰 의미가 없으며, 오히려 임신 후반기에 정확하게 임신을 진단하여 임신된 면양을 별도로 사양관리함으로써 사료의 이용성을 높일 수 있으며, 쌍태를 임신한 경우에는 어미양과 새끼양의 건강과 정상적 발달을 유도하기 위한 사양관리를 철저하게 할 수 있다. 면양에서 X-선진단으로 교배 후 55일경부터 임신여부를 확인할 수 있다. 호주에서는 농가수준에서 편리하게 이용할 수 있는 X-선진단기가 개발되었으며, 임신 100~120일에 검사하여 태아수를 확인한 다음, 사양관리의 자료로 활용하는 방법이 상업적으로 이용되는데, 임신판정의 정확도는 90% 이상이며, 1일에 400~600두의 임신을 감정할 수 있다(Rizzoli 등, 1976). 뉴질랜드에서도 X-선진단기를 이용하는데, 그 정확도는 94.3~99.6%이며, 시간당 250두를 진단할 수 있다(Grace 등, 1989).

2) 초음파 진단법

면양에서도 소에서와 같이 초음파 도플러법으로 면양 태아의 심음을 청취하거나 진폭심도 분석기로 진동주파수의 파형을 분석하여 임신을 확인할 수 있는데, 질탐촉자(rectal probe)를 이용할 경우에 임신 31~40일 · 41~60일 · 61~80일 · 81~100일 · 101~120일 후의 진단률은 각각 58% · 80% · 88% · 96% · 97%를 나타내어 임신기간이 경과될수록 정확도가 높아진다(Deas, 1977). 또한, 실시간 초음파진단법으로 임신여부는 물론이고, 태아의 수도 확인할 수 있는데, 그 정확도는 임신중반기에는 84%이고, 임신말기에는 96.1~100%이다(Grace 등, 1989).

3) 호르몬 분석법

면양도 임신기의 호르몬 농도변화에 근거하여 임신을 진단할 수 있다. 임신진단에는 프로게스테론 · 에스트로겐 · 태반성 락토겐 등의 농도를 측정한 결과로 임신여부를 판정한다.

(1) 프로게스테론 분석법 : 면양의 발정주기는 17일임으로 임신이 성립되지 않으면 교배 후 15~18일 사이에 프로게스테론의 농도가 급속히 감소되면서 다음 주기의 발정이 발현된다. 따라서, 이 기간에 프로게스테론의 혈중농도를 측정하여 그 수치가 낮아지지 않았으면 임신으로 판정한다. 실제로, 교배 18일 후에 프로게스테론의 농도를 측정하여 임신을 진단하면 84%의 정확도를 나타낸다(Thimonier 등, 1977). RIA방법으로 교배 후 15~17일에 프로게스테론을 분석하여 임신 및 비임신 면양을 판정할 때 그 정확도는 각각 85%와 86%이고, 교배 16일 후에 EIA방법으로 분석한 프로게스테론 농도가 3.10ng/㎖ 이상이면 임신으로 판정한다(Rao 등, 1990). 그러나, 교배 15~18일 후에 프로게스테론의 농도를 측정하여 임신을 진단한 결과는 임신감정 후에 일어나는 배의 사망률에 의하여 정확도가 떨어진다. 유용면양에서는 젖소에서와 같이 유즙중의 프로게스테론을 분석하여 임신을 감정할 수 있는데, 혈장중의 농도를 분석한 경우에 비하여 정확도가 높아서 번식계절에서는 92~100%의 정확도를 나타낸다(Shemesh 등, 1979). 한편, 면양에서는 임신 50일경부터 임

신황체가 퇴행되고 태반이 프로게스테론의 분비기능을 이어 받는다. 따라서, 임신말기에 가면 다태를 임신한 경우에는 태반의 총면적이 단태를 임신한 경우에 비하여 넓기 때문에 프로게스테론의 분비량이 많아진다. 이를 근거로 다태임신을 확인하려고 시도하였는데, 임신 91일과 105일 사이에서 프로게스테론 농도를 측정하여 판정한 결과, 그 정확도가 65%에 불과하여 실용적으로 이용하기는 어렵다(Gadsby 등, 1972).

(2) **에스트로겐 분석법** : 면양의 태반에서는 임신기간의 경과에 비례하여 에스트로겐이 합성되어 모체의 순환혈액으로 이행되는데, 특히 임신말기에 다량으로 분비된다(본 장의 제1절. 임신기의 호르몬 분비 항목 참조). 이와 같이, 증가된 에스트로겐의 농도를 측정하여 임신을 감정할 수 있는데, 임신 110~111일의 에스트로겐 농도로 임신을 판정하면 99%의 정확도를 나타낸다(Thimonier 등, 1977). 또한, 황산에스트론(estrone sulfate)은 임신면양의 말초혈액에서 검출되는 에스트로겐으로서, 교배 후 70일경부터 급속하게 증가됨으로 임신진단에 유용하게 이용할 수 있다. 더욱이, 황산에스트론의 수준은 생존태아의 수에 비례하여 증가되기 때문에 다태임신을 판정하는 기준으로 이용하려는 시도가 많았지만, 개체간의 농도차이가 매우 커서 만족할 만한 결과를 얻을 수는 없다(Worsfold 등, 1986).

(3) **태반성 락토겐 분석법** : 면양의 태반에서는 태반성 락토겐(oPL)을 분비하는데, 임신말기에서 다량으로 분비된다(제2장 제4절. 태반성 락토겐 항목 참조). oPL은 태반에서 분비되기 때문에 이것이 검출되면 임신이 성립되었다는 것을 의미함으로 임신진단에 유효하게 이용할 수 있는데, 임신 55일 이후부터는 그 정확도가 매우 높다(Robertson 등, 1980). 더욱이, oPL은 태아수에 비례하여 그 농도가 높아짐으로 다태임신을 확인할 수는 있지만, oPL의 분비정점이 임신 130~139일에 나타남으로 실용적으로 이용하기에는 그 시기가 너무 늦다.

4) 기타의 임신진단법

면양에서 실용적으로 이용가치가 큰 임신진단법으로는 방사선진단법·초음파진단법·프로게스테론분석법 등이 있지만, 보조적으로 다양한 방법들이 이용된다.

(1) **복부촉진법** : 복부를 촉진(abdominal palpation)하여 임신을 진단하는 방법은 토끼·개·고양이 등과 같은 다태동물에서 주로 이용되지만, 임신 후반기에 있는 면양에서도 이용할 수 있다. 면양에서 임신 90~130일 사이에 검사하면 80~95%의 정확도를 나타낸다(Pratt & Hopkins, 1975). 방법은 검사면양을 24시간 동안 절식·절수시킨 후에 앉은 자세로 보정한 다음, 한쪽 손으로 좌측 복부를 넓게 누르고 반대쪽에서 손가락끝으로 촉진하면 수태산물의 파동감을 감지할 수 있다. 이 방법은 매우 간편하고, 빠르게(시간당 200두 이상) 임신을 진단할 수 있다(Plant, 1980). 한편, 다태동물에서의 복부촉진법을 보면, 시술자가 검사대상동물의 하복부에 손을 대고, 위로 밀어 올리면서 손가락으로 세심하게 만져보면 발달중인 수태산물이 마치 염주(念珠)와 같이 팽윤된 것을 촉지할 수 있는데, 개는 임

신 24~30일, 고양이는 임신 20~30일, 토끼는 임신 12~16일부터 확진이 가능하다.

(2) 질점막생검법 : 이 방법은 임신에 따른 질점막상피의 조직학적 변화를 생검법(vaginal biopsy)으로 검사하여 임신을 판정하는 방법이다. 면양에서 질점막상피의 세포층 수는 임신을 하지 않았을 경우에는 12층인데 대하여 임신을 하게 되면 5층으로 감소되고, 상피세포의 형태도 일정하게 입방형으로 된다. 이러한 조직학적 차이에 의하여 임신을 진단하는데, 임신 40일 이후의 정확도는 95%에 이른다.

(3) 임신-특수단백질 B의 검출법 : 면양의 태반에서도 소의 태반과 같이 임신-특수단백질 B(PSPB)가 합성·방출되는데, 이것을 검출하는 방법으로 임신 30일부터 진단이 가능하다(앞에 기술된 소의 임신진단 항목 참고). 한편, PSPB는 태반에서 합성됨으로 쌍태를 임신한 경우에는 태반의 총 면적이 넓어서 PSPB의 혈중농도가 높다. 이 사실에 근거하여 쌍태임신을 확인할 수 있는데, 교배 60~120일 사이에서는 78%의 정확도를 나타낸다(Willard 등, 1995).

3. 산양의 임신진단

산양과 면양은 모두 중형반추동물로서, 모든 생리현상이 유사하며, 생식현상도 유사한 점이 매우 많다. 그러나, 발정주기의 길이가 면양(17일)에 비하여 21일로 길고, 임신유지를 위한 프로게스테론의 분비원이 서로 달라서 면양은 임신 50일경부터 태반에서 프로게스테론이 분비되지만, 산양은 전 임신기간에 걸쳐 임신황체에서 분비된다. 이와 같이, 발정주기의 길이와 내분비적 특성에 차이가 있기 때문에 정확도가 높은 임신진단의 시기나 호르몬의 농도 등에서는 다소의 차이가 있지만, 실용적으로는 면양의 임신진단방법과 같은 방법으로 진단한다. 더욱이, 다태임신의 확인도 면양에서와 같은 방법으로 진단한다.

1) 논-리턴법

산양은 면양에 비하여 발정징후를 명확히 나타냄으로 발정이 재귀되지 않는 것, 즉 'non-return'으로 임신을 추정하는 것이 가능하다. 그러나, 산양은 계절번식동물이기 때문에 번식계절의 말기에 이르면 모든 개체에서 발정이 발현되지 않는데, 이것이 임신에 의한 것인지 또는 비임신개체가 무발정기에 들어가 나타나는 현상인지를 구분할 수 없다. 또한, 산양의 상당수는 임신기간 동안에도 발정에 관한 일부의 증상이 발현된다(Restall 등, 1990). 따라서, 산양에서 논-리턴법으로 임신을 진단하는 것은 정확도를 기대하기가 어렵기 때문에 참고자료로만 이용하는 것이 바람직하다.

2) 초음파 진단법

산양에서도 면양에서 사용하는 초음파진단장치로 임신을 진단할 수 있다. 초음파의 도플러효과를 이용하여 진단하는 초음파도플러법으로는 수정 후 25~30일에 진단이 가능하지만, 35~40일이 되어야만 태아에서 발생되는 혈류의 소리가 모체의 그것에 비하여 빠른 것을 명확히 감지하여 진단의 정확도를 높일 수 있다(Williams, 1986). 또한, 진폭심도분석기를 이용하여 진동주파수의 파형을 분석하는 초음파에코법(ultrasonic echo method)으로는 교배 후 65~100일에서 진단하는 것이 정확하다. 실시간 초음파단층법으로는 5.0MHz의 탐촉자를 사용할 경우에 교배 후 25일부터 진단이 가능하다. 그러나, 진단의 정확도를 높이려면 교배 후 5~7주에 진단하는 것이 좋으며, 이 때의 적중률은 100%이다(Dawson 등, 1994). 또한, 이들의 연구에서 단태·쌍태·삼태의 진단률은 5주에서 각각 44%·73%·67% 이고, 7주에서는 각각 83%·89%·100%이다. 반면에, 7.5MHz의 탐촉자를 사용하면 교배 후 24일에 100%의 정확도로 임신을 판정할 수 있고, 30일에 100%의 정확도로 다태임신을 진단할 수 있다(Santiago 등, 1995).

3) 호르몬 분석법

산양의 임신진단에도 프로게스테론과 에스트로겐을 분석하는 방법이 이용된다. 프로게스테론은 교배 19~22일의 혈장농도가 임신산양에서는 1.4ng/㎖ 이상이지만, 비임신산양의 경우에는 1ng/㎖ 이하로 낮다는데 근거하여 임신여부를 판정하며, 유즙중의 농도는 1.5ng/㎖ 이하이면 비임신으로 간주한다(BonDurant, 1981). 영국에서는 1980년부터 'Milk Marketing Board'에서 교배 24일 후에 채취한 유즙시료에 프로게스테론의 항-혈청(anti-serum)을 반응시켜 임신을 진단하는 방법을 개발하였으며, 혈장 및 유즙중의 프로게스테론을 ELISA분석법에 기초하여 간편하게 판정할 수 있는 키트(kit)를 개발하여 상업적으로 매우 유용하게 이용하고 있다. 한편, 산양은 소(임신 250일부터)나 면양(임신 80일부터)에 비하여 이른 시기인 임신 50일부터 다량의 에스트로겐이 분비된다. 따라서, 임신 50일부터는 산양의 혈청이나 유즙중의 황산에스트론을 분석하여 임신을 진단할 수 있는데, 그 정확도는 100%에 이른다(Davis & Chaplin, 1983). 또한, ELISA분석법으로 유즙중의 황산에스트론을 검출하는 방법도 이용된다.

4) 기타의 임신진단법

산양의 임신진단에도 면양에서와 같이 임신-특수단백질 B(PSPB)를 검출하는 방법으로 교배 후 24일부터 분만직전까지 임신을 진단할 수 있다. 그러나, 배의 사망률이 높은 시기를 지난 다음에 진단하면 정확도를 높일 수 있다(Humbolt 등, 1990). 또한, 복부촉진법으로도 임신을 진단하는데, 임신 51~60일에서는 70%, 61~70일에서는 90.3%, 71~80일에서는 95.4%의 정확도를 얻을 수 있다(Goel & Agrawal, 1990). 복강경검사법(laparotomy)도 임신진단에 이용하는데, 교배 후 40~49일에서 91.9%의 임신률을 얻었고, 임신으로 판정된

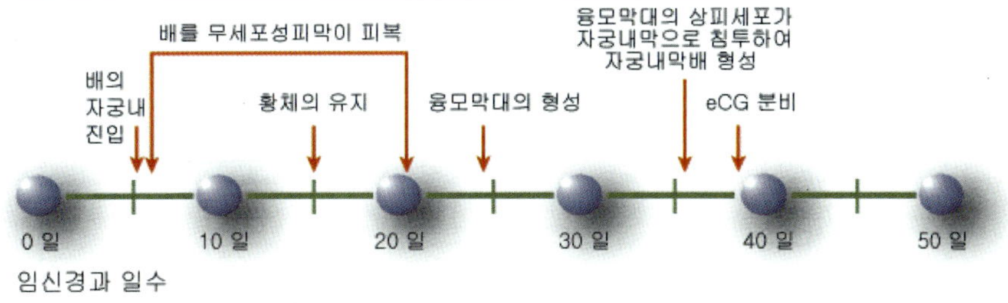

그림 6-14. 말에서 임신 50일까지의 임신생리 특성

산양의 100%가 자양을 분만하였다(Espechit 등, 1990).

4. 말의 임신진단

말은 임신생리학적 특성이 소나 면양과는 다른 점이 많다. 말의 배반포는 부화된 직후에 신장(伸長)되지 않고, 무세포성피막(acellular capsule)에 둘러싸인채로 자궁강내를 이동하면서 모체의 임신인지를 유도하며, 배반포의 영양막에서 형성된 융모막의 일부 표면에서 띠 모양의 융모막대(絨毛膜帶, chorionic girdle)가 형성되고, 이곳의 상피세포가 모체의 자궁내막으로 침투된 다음, 탈락되어 자궁내막배(子宮內膜杯, endometrial cup)을 형성하여 임마융모성 성선자극호르몬(eCG; PMSG)을 분비한다. 말의 임신황체는 임신초기에 퇴행되고, 임신 35~40일에 태반에서 분비되는 eCG의 작용으로 형성된 부황체가 프로게스테론의 분비기능을 이어 받는다(그림 6-14). 이와 같이, 독특한 임신생리학적 특성을 가지기 때문에 이에 기초하여 임신을 진단하는데, 특히 내분비학적으로 임신진단을 할 경우에는 호르몬의 종류와 농도, 그리고 호르몬을 분석하는 시기 등을 고려하여 진단하는 것이 필요하다.

1) 직장검사법

직장검사법은 말의 임신진단에 이용되는 가장 기초적이고, 보편적인 방법으로서, 정확도도 매우 높으며, 숙련된 시술자는 교배 후 20~30일에 정확한 임신진단이 가능하다. 임신의 초기에는 자궁과 자궁경의 긴장상태(緊張狀態)를 기초로 하여 진단하는데, 배란 16~21일 후에서 임신자궁은 자궁벽의 두께가 3배로 증가되는 반면에, 비임신자궁은 다음 발정이 발현될 때까지 두께가 계속 감소된다(Elmore, 1988). 이와 같이, 직장검사법으로 말의 임신을 조기에 진단하는 것이 가능하지만, 배의 조기사망이 대부분 임신 25~31일 사이에서 일어나기 때문에 이 기간을 지나서 진단하는 것이 바람직하다. 그러나, 임신 35일경에 진단하면 정확도와 안전성에 아무런 지장이 없다(Mackay, 1979). 말은 쌍태임신이 되는 경우가

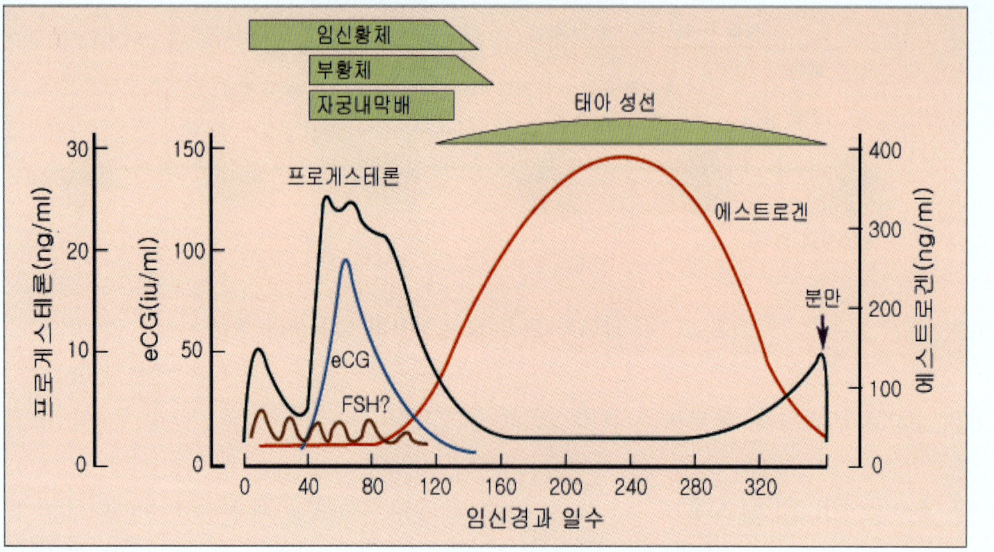

그림 6-15. 말의 임신기 호르몬분비 동태

적지만, 수태 60일경에 직장검사로 쌍태를 확인할 수 있으며, 60일이 지나면 양측의 태낭(fetal sac)이 하나로 연접되어 각각의 태낭을 구분하기가 어려워서 쌍태를 진단할 수 없다.

2) 초음파 진단법

말의 임신진단에도 초음파 진단법이 유용하게 이용되는데, 주파수 1.0~7.5MHz의 초음파를 발사하여 A-모드 또는 B-모드로 전개시켜 임신을 감정한다. A-모드는 도플러효과에 의하여 발생되는 진동주파수를 소리 또는 파형(波形)으로 변형시켜 진단하는 방법이고, B-모드는 일정한 주기를 가지고 탐촉자에서 단속적으로 나오는 간헐주파수를 이차원의 화상으로 전개시켜 진단하는 방법이다. 초음파진단기의 탐촉자를 직장내에 삽입하여 태아의 심장에서 혈액이 흐르는 소리를 듣는 방법을 이용하면 교배 후 56일부터 진단이 가능하며, 태아의 생존도 확인할 수 있다. 실시간초음파진단장치를 이용하여 수태산물의 상태를 화상으로 전개시키는 방법은 임신 14일에 92%의 정확도로 진단할 수 있다(Palmer & Driancourt, 1980). 또한, 이 방법으로 태아의 성을 판별하는 것도 가능한데, 임신 5~6개월에서 진단하면 90% 이상의 정확도를 나타낸다(Curran & Ginther, 1993).

3) 호르몬 분석법

말은 소나 면양과 같은 반추동물과는 달리 임신중의 호르몬 분비양상이 복잡하다. 특히, 임신의 유지에 중요하게 작동하는 프로게스테론의 분비장소가 임신황체 · 부황체 · 태반의 순서로 변경되고, 임신초기의 태반에서 eCG(PMSG)를 분비하여 임신중의 난소에서 난포의 발달을 촉진한다(그림 6-15). 따라서, 임신진단을 위하여 분석하는 호르몬의 종류와 분석시기가 다른 동물에 비하여 다른 점이 많다.

(1) **eCG 분석법** : 임신한 말의 혈액중에는 태반의 자궁내막배에서 분비되는 eCG가 임신 50~120일 사이에 높은 농도로 함유되어 있는데, 이것을 면역학적 기법으로 검출하는 면역학적임신감정(mare immunological pregnancy test [MIPT])으로 말의 임신을 진단할 수 있다. 혈액중에 eCG가 없는 말(비임신마)의 혈청에 eCG에 대한 감수성을 가진 면양의 적혈구와 항(抗)-eCG를 혼합하면 적혈구가 항-eCG의 작용으로 응집된다. 그러나, 임신을 하여 혈액중에 eCG가 존재하면 eCG와 항-eCG가 먼저 결합하여 면양의 적혈구는 응집되지 않는데, 이를 근거로 임신여부를 판정한다. 이 진단법은 eCG의 혈중농도가 높게 유지되는 임신 50~100일 사이에 정확도가 높지만, 혈중 eCG의 수준이 개체에 따라 차이가 크기 때문에 진단결과가 틀리는 수도 있다. 또한, eCG의 농도를 ELISA방법으로 정량하여 임신을 진단할 수 있는데, 교배 50~80일 후에서 정확도가 높다(Collins & Buckley, 1993). 그러나, eCG를 분석하여 임신을 진단하는 경우에 유산(流産)한 말에서도 모체의 자궁내막에 남아있는 자궁내막배에서 eCG가 분비되어 임신한 말로 진단될 위험성이 있다.

(2) **프로게스테론 분석법** : 말은 다른 동물종과는 달리 임신기간중의 프로게스테론 분비양상이 매우 복잡하다. 즉, 임신초기에는 임신황체에서 프로게스테론이 분비되다가 임신 40일경부터는 eCG의 자극으로 형성된 부황체에서 분비되는데, 임신 100일경부터는 기저수준을 유지하며, 임신 마지막 2개월 동안은 태반에서 분비된다(그림 6-17 참조). 따라서, 말에서 임신진단을 위한 프로게스테론의 분석적기는 프로게스테론이 안정적으로 분비되는 발정개시일로부터 17~22일 사이이다. 임신감정에는 프로게스테론의 농도를 간편하게 측정할 수 있는 키트(kit)가 사용 되는데, ELISA키트와 EIA키트가 주로 이용된다. EIA키트를 이용하여 임신을 진단할 때는 최종교배 후 16~18일에 프로게스테론의 농도가 1ng/㎖ 이하일 경우를 비임신으로 판정하는데, 정확도는 임신의 경우는 91%, 비임신의 경우는 100%이다(Osaki 등, 1987).

(3) **에스트로겐 분석법** : 비임신마와 임신마 모두에서 오줌중의 에스트로겐 대사산물의 농도는 에스트로겐의 합성·방출을 반영한다(Lasley 등, 1990). 임신마에서 에스트로겐의 대사산물인 황산에스트론(estrone sulfate)의 오줌중 농도는 임신 33일에 증가되기 시작하여 38~40일에 정점을 나타내는데, 이것은 모체의 난소에서 분비된 에스트로겐의 대사산물이다. 이어서 태아태반에서 분비된 에스트로겐의 대사산물이 임신 45일부터 검출되기 시작하여 80일 후부터는 급격하게 증가된다(Hyland & Langsford, 1990). 따라서, 임신 80일부터 급격하게 증가하는 오줌중의 에스트로겐 대사산물의 농도를 측정하여 임신여부를 판정하는데(Cuboni test), 그 정확도는 임신 100일에서 90%, 임신 150일에서는 100%이다. 또한, 혈장중의 황산에스트론을 분석하는 방법으로도 임신 85일 후부터 진단이 가능하다.

5. 돼지의 임신진단

돼지는 체격의 크기가 직장검사법으로 임신을 진단하기가 부적합할 뿐만 아니라, 피하지방층을 포함하는 복벽의 두께가 두꺼워서 외관적 변화도 임신기간이 상당히 경과된 후가 아니면 감지하기가 어렵다. 따라서, 돼지의 임신진단에는 초음파진단법이 매우 유용하게 이용되고, 다른 여러 방법들이 보조적 진단법으로 이용된다.

1) 초음파 진단법

돼지의 임신진단에 초음파를 이용하는 방법이 1960년대부터 이용되기 시작하였는데, 처음에는 초음파의 도플러효과를 이용하는 진단법이 개발되었고, 수년 후에는 진폭심도분석기법(A-mode, A-scope, A-scan)이 개발되었으며, 마지막으로 실시간 초음파진단방법이 개발되어 광범위하게 이용되고 있다. 초음파의 도플러효과를 이용하여 돼지의 임신을 진단하는 방법은 돼지태아의 심장박동이나 제동맥혈류의 흐름을 감지한 결과로 진단하는데, 교배 후 21일부터 진단이 가능하지만, 30일 이상을 경과한 후부터 높은 정확도를 기대할 수 있다. 진폭심도분석기법은 모돈의 체내로 발사된 입자파가 태수(胎水, fetal fluid)에 도달되어 반사하는 반사파를 A-모드로 전개시켜 임신양성을 판정하는 방법이다. 이 진단기는 비교적 저렴하게 구입할 수 있고, 소형이어서 돈사에서 사용하기가 편리하기 때문에 매우 유용하게 이용된다. 임신돈의 자궁내에서 요수(尿水)는 임신 23일부터 60~65일까지 급속하게 증가하며, 양수(羊水)는 임신 30일부터 80일까지 비교적 일정한 속도록 증가된다. 따라서, 임신 30일부터 90일까지의 사이에서는 100%의 정확도로 임신을 진단할 수 있다. 진단방법은 2MHz의 탐촉자를 서있는 모돈의 하겸부(lower flank)에 밀착시킨 다음, 반사파에 의하여 오실로스코프(oscilloscope)에 나타난 파형으로 임신여부를 판정한다. 실시간 초음파진단법은 B-모드 표시법에 따라 실시간으로 모니터에 전개된 단층화상에 근거하여 임신을 진단하는 방법으로서, 매우 높은 정확도를 나타낸다. 인공수정 후 18~90일 사이에서의 평균 정확도는 93.2%을 나타내지만, 21일 이전의 정확도는 96.6%로서, 21일 이후의 정확도 99.6%에 비하여 낮다(Botero 등, 1984). 또한, 5MHz의 탐촉자를 이용한 진단에서 임신 24~26일에 97.6%의 임신양성률을 나타내고(Matteuzzi 등, 1989), 3.5MHz의 탐촉자로 임신 22일에 진단할 경우에는 경산돈 및 초산돈 모두에서 90% 이상의 정확도를 나타낸다(Woodard 등 1995).

2) 호르몬 분석법

돼지에서 임신기 동안에 큰 폭으로 농도가 변화되는 에스트로겐과 프로게스테론을 임신기간의 경과에 따른 변화의 폭을 조사하여 임신의 진단에 이용한다.

(1) 에스트로겐 분석법 : 돼지에서 임신초기에는 황산에스트론(estrone sulfate)과 같은

접합에스트로겐(conjugated estrogen)이 다량으로 검출되는데, 이것을 이용하여 임신을 진단한다. 임신돈에서 황산에스트론의 혈중농도는 임신 16일경부터 급격하게 증가되기 시작하여 25~30일에 2ng/㎖로 정점을 나타내고, 그 후로 급속히 감소되어 40일경에는 0.2ng/㎖ 이하를 나타낸다(Hattersley 등, 1980). 이러한 황산에스트론의 농도변화에 근거하여 임신을 조기에 진단할 수 있는데, 임신 22~28일 사이에 분석한 결과로 판정하면 매우 높은 정확도를 나타낸다(Cunningham 등, 1983). 한편, 임신 22~29일의 황산에스트론 농도와 분만시의 복당자돈수 사이에는 높은 상관관계가 있어서 황산에스트론의 분석치로 복당자돈수를 추정할 수 있는데, 그 정확도는 73%에 이른다(Moenter 등, 1992)

(2) 프로게스테론 분석법 : 혈장중의 프로게스테론 농도를 측정하여, 임신여부를 판정할 수 있는데, 교배 후 18일의 혈장프로게스테론 농도가 5ng/㎖ 이상인 것을 기준으로 임신을 판정하면 97%의 정확도를 얻을 수 있지만, 5ng/㎖ 이하인 돼지를 비임신돈으로 판정할 경우에는 정확도가 훨씬 떨어진다(Willamson 등, 1980). 실용적으로 농가수준에서 프로게스테론을 쉽게 검출할 수 있는 키트가 개발되었는데, 'Ovucheck Sowside'는 교배 후 17~20일에 이정맥에서 란세트(lancet)를 이용하여 채취한 혈액시료에 반응시켜 임신여부를 판정한다(Glossop 등, 1989). 또한, 대만에서 개발된 'Blood Paper Method'는 교배 후 17~21일의 돼지에서 혈액을 재취하여 프로게스테론의 농도에 따른 양성 및 음성반응으로 임신을 진단하는 방법으로서, 교배 후 17~21일에서 양성반응(임신)의 정확도는 90.1%이고, 음성반응(비임신)의 정확도는 100%이다(Lin 등, 1988).

3) 기타의 임신진단법

돼지의 체격은 직장검사법으로 임신을 진단하기에는 너무 작지만, 체중이 150kg 이상되는 경산돈에서는 사료를 먹는 중에 보정을 하지 않은 상태에서 직장에 손을 넣을 수가 있다. 직장에 손을 넣고, 골반강의 위쪽 부분을 만지면 임신자궁에 혈액을 공급하는 중자궁동맥(middle uterine artery)을 촉지할 수 있는데, 이것의 굵기와 혈액의 흐름에 따른 진동을 감지하는 방법으로 교배 후 30일부터 진단이 가능하다. 한편, 질의 점막상피는 다른 생식도관과는 달리 중층편평상피로 구성되어 있는데, 상피의 세포층수는 에스트로겐에 의하여 증가되고, 프로게스테론에 의하여 감소된다. 따라서, 발정기에는 세포의 층수가 16층이지만, 발정휴지기에는 4~5층으로 감소되고, 임신기에는 불과 2~3층으로 기저막에 평행하게 배열되어 있다. 이와 같은 질상피의 조직학적 변화로 임신진단을 할 수 있는데, 교배 후 21일에서 95%의 정확도를 나타낸다. 그러나, 이 방법은 조직표본의 제작과 현미경검사에 숙련이 필요할 뿐만 아니라, 검사시간도 많이 소요되어 실용적인 진단방법은 아니다. 또한, 복강경수술(laparoscopy)로도 황체의 퇴행여부를 확인(교배 12일 후)하거나, 자궁벽의 비대정도(임신 15일 후)를 확인하여 조기에 임신을 진단하는 것이 가능하다(Wildt 등, 1975).

제 4절 분만의 인위적 조절

분만이 일어나는 생리적 기전이 밝혀짐에 따라 인위적으로 분만시기를 조절하는 것이 가능하게 되었다. 이론적으로는 분만시기의 조절을 통하여 인신기간을 연장시키거나, 단축시키는 것이 모두 가능하다. 그러나, 임신기간이 연장되면 태아가 지나치게 성장하여 난산이 될 위험성이 있을 뿐만 아니라, 양수의 삼투압이 증가되어 태아에서 탈수가 일어날 가능성이 있고, 태반의 기능이 저하되어 태아가 손상될 위험성도 있다. 따라서, 분만시기의 조절은 정상적인 분만이 일어나기 전에 인위적으로 분만을 유도하는 것이 일반적인데, 이것을 분만유기(分娩誘起, induction of parturition)라 한다. 소나 말과 같이 임신기간이 긴 동물은 임신기간을 몇일 단축하여도 별다른 문제가 없지만, 돼지와 같이 임신기간이 짧은 동물은 2~3일만 단축하여도 태아의 성장에 지장을 초래할 수 있음으로 주의가 필요하다.

1. 분만조절의 의의와 원리

분만시기를 인위적으로 조절하는 기본 목적은 분만관리와 자축의 포유 및 육성에 소요되는 노력을 최소화 하는데 있다. 분만시기의 조절은 분만에 관여하는 호르몬제인 글루코코르티코이드나 $PGF_{2\alpha}$를 투여하여 유기한다.

1) 분만조절의 의의

동물산업에서 분만을 조절하는 기술은 다양한 목적으로 이용된다. 첫째, 유기분만으로 난산을 예방할 수 있다. 유기분만으로 임신기간을 몇일 단축하면 태아의 성장이 제한되어 체중과 체격이 작은 새끼를 출산하게 됨으로 모체의 산도를 용이하게 통과할 수 있기 때문에 난산이 방지된다. 일반적으로, 동물산업의 후진국에서는 선진국의 체격이 큰 개량품종의 정액을 수입한 다음, 자국의 체격이 작은 재래종 암컷에 주입하여 잡종자축을 생산하는 경우가 많은데, 이 때 자축의 체중은 양친의 중간 정도가 됨으로 난산을 유발할 수 있지만, 유기분만으로 임신기간을 몇일간만 단축하면 이러한 폐해를 줄일 수 있다. 또한, 초산(初産)을 하는 동물은 모체의 체격이 완전히 성숙되지 않은 상태에서 분만을 하게 됨으로 난산이 되는 경우가 많은데, 이것도 예방할 수 있다. 둘째, 태막수종과 같은 질병상태나 장기재태와 같은 태아의 기형으로 정상적인 분만을 기대할 수 없을 경우에는 모체의 생존을 위하여 분만을 유도한다. 셋째, 번식관리와 자축의 관리에 소요되는 노력을 최소화하기 위하여 분만의 동기화가 필요한 경우에 분만을 유기한다. 예를 들면, 다두사육하는 돼지농장에서 자연분만에 의존한다면 매일 24시간 동안을 분만관리와 자돈관리에 많은 노력을 투입하여야 하지만, 계획교배와 분만유기를 병행하면 분만을 집중적으로 유도할 수 있기 때문에 분만관리에 소요되는 노력을 최소화 할 수 있고, 자돈수가 많은 모돈에서 일부의 자돈을 분리하여 자돈수가 적은 모돈에 양자를 보내는 것도 쉽게 할 수 있다. 또한, 소에서도 분만을 동기화시키면 송아지를 모아서 관리할 수 있기 때문에 관리노력을 최소화할 수 있을 뿐만 아니라, 방목시기를 비롯한 사양관리체계를 동기화시키는 것도 가능하다. 젖소에서는 분만을 동기화시킴으로써 분만 후의 사양관리와 착유관리를 동기화 시킬 수 있게 되어 관리에 소요되는 노력과 비용을 최소화 할 수 있다.

2) 분만조절의 원리

자연분만은 태아의 시상하부-뇌하수체-부신계가 활성화되어 분비되는 코르티솔의 작용에 의하여 임신유지에 필수적인 프로게스테론의 분비가 저하되는 동시에, 에스트로겐·$PGF_{2\alpha}$·릴랙신·옥시토신 등과 같은 분만관련 호르몬이 연속적으로 분비되고, 이것들이 협동적으로 작용하여 발현된다(본 장의 제1절. 분만개시의 내분비적 기전 항목 참조). 따라서, 분만을 일으키는 이들 호르몬제를 이용하여 인위적으로 분만을 유기할 수 있다. 그러나, 분만을 저지하고, 임신을 유지시키는 작용을 하는 프로게스테론의 분비장소가 동물의 종에 따라 임신황체 또는 태반으로 다르기 때문에 분만을 유발하는 내분비적 기전도 동물의 종에 따라 부분적으로 다르다. 따라서, 인위적으로 분만을 유기할 경우에는 각 동물종의 분만기전에 부합되는 호르몬제를 선택하여 이용하는 것이 효과적이다. 분만의 유기에는 부신피질호르몬제인 합성글루코코르티코이드(dexamethasone·flumethasone·betamethasone 등), 그리고 $PGF_{2\alpha}$와 그 유연물질이 주로 사용되지만, 부신피질자극호르몬(ACTH)·옥시토신·에스트라디올-17β 등도 부분적 또는 보조적으로 사용된다.

2. 축종별 분만조절방법

축종에 따라 분만이 일어나는 내분비적 기전에 약간씩의 차이가 있다. 특히, 말의 분만기전은 다른 축종의 그것과 상당히 다르다. 이러한 분만기전의 차이점을 감안하여 각각의 축종별로 적합한 분만유기방법이 개발되었다.

1) 소의 분만유기

이론적으로는 분만관련 호르몬인 글루코코르티코이드·에스트로겐·$PGF_{2\alpha}$·옥시토신 모두를 이용하여 소의 분만을 유도할 수 있다. 그러나, 소의 정상분만에서 에스트로겐의 혈중농도는 분만 수개월 전부터 증가되기 시작하여 분만 1개월 전에 10배로 급격히 증가되는 양상을 감안하면 에스트로겐을 분만유기에 이용하는 것이 어렵다. 또한, 옥시토신은 분만기의 마지막 단계에 분비되어 강력한 자궁수축활성을 나타내는 호르몬임으로 자궁경관이 충분히 이완되지 않은 상태에서 투여량이 많을 경우에는 자궁이 파열될 위험성이 있다. 따라서, 소의 분만유기에는 글루코코르티코이드와 $PGF_{2\alpha}$가 주로 이용되고, 프로게스테론의 길항제(拮抗劑, antagonist)인 RU 486도 이용된다. 그러나, 소에서는 어느 방법으로 분만을 유기하여도 태아의 만출은 정상적으로 일어나지만, 자궁소구와 융모총(궁부)의 분리가 잘 일어나지 않아서 태반정체(胎盤停滯, retention of placenta)의 발생률이 높고, 최고유량 도달일수도 지연되어 경제적 손실을 가져올 위험성이 있다.

(1) 글루코코르티코이드에 의한 분만유기 : 외부에서 투여된 글루코코르티코이드는 태반모체부를 통하여 태반태아부로 이송된 다음, 프로게스테론의 합성을 저지하고, 17α-히드록시라제(17α-hydroxylase)를 활성화시켜 에스트로겐의 분비를 증가시키며, 증가된 에스트로겐은 내분비적 연쇄반응을 일으켜 분만을 유도한다(그림 6-9 참조). 글루코코르티코이드를 임신 255일 이후에 주사할 경우에는 효과적으로 분만이 유기되지만, 임신 135일 이전에 투여하면 분만을 유기하지 못한다. 따라서, 글루코코르티코이드는 임신기의 마지막 2~3주 동안에 투여하여 분만을 유기하는 것이 일반적인 관행이다. 투여하는 글루코코르티코이드는 단시간 내에 효과가 발현될 수 있도록 유리 알코올(free alcohol) 또는 용해성 에스터(soluble ester)의 형태로 주사하는 속효성 글루코코르티코이드(short-acting glucocorticoid)와 효과가 장기간에 걸쳐 나타나도록 에스터화(esterification)된 형태로 주사하는 지효성 글루코코르티코이드(long-acting glucocorticoid)로 구분한다. 속효성의 것은 주사 2일경부터 분만이 유도되지만, 지효성인 것은 주사 후 수주일까지도 효과가 정확하지 않다. 속효성의 제제로 만들어진 덱사메타손을 분만예정일 2주 전의 Holstein 종 젖소에 체중 100kg 당 7.5㎎의 용량으로 1회 주사하면 대부분의 소가 72시간 이내에 분만한다(Peters & Pool, 1992). 또한, 플루메타손을 12시간 간격으로 5mg씩 2회에 걸쳐 주사하면 평균 43시간 후에 분만이 일어나고, 두당 40㎎의 베타메타손을 주사한 경우에는 평균 51시간 후에 72%의 분만률을 나타낸다. 한편, 분만률을 높이기 위하여 속효성 및 지효성의 글루코코르티코이드를 병용처리하는 방법도 이용된다. 예를 들면, 임신 274일째에 지효성 글루코코르티코이드를 주사하고, 5일 후에 속효성 글루코코르티코이드를 주사하면 80시간 이내에 90%의 소가 정상분만을 하고, 유방의 발달도 충실하다(Diskin 등, 1989). 글루코코르티코이드를 사용하여 임신기간 종료 2주일 이전에 분만을 유기하면 후산정체의 발생률이 높고, 차기의 번식에서 임신률이 낮아지는 단점이 있다.

(2) 프로스타글란딘에 의한 분만유기 : $PGF_{2\alpha}$나 그 유연물질을 주사하여 황체의 퇴행을 유도하는 방법으로도 분만을 유기할 수 있다. $PGF_{2\alpha}$의 유연물질인 클로프로스테놀(cloprostenol) 500㎍을 분만예정일 14일 전에 주사하면 주사 2~3일 후에 분만이 일어난다(Day 1977). 또한, $PGF_{2\alpha}$에 비하여 반감기가 긴 유연물질인 펜프로스탈렌(fenprostalene)을 황체

퇴행용량의 5배를 24시간 간격으로 주사하여도 정상적인 분만이 일어나는 사실을 보면, $PGF_{2α}$ 제제는 안전성이 보장된 분만유기제이며, 이것을 임신 272일째에 투여하면 평균 35시간 후에 정상적인 분만이 일어난다(Herschler & Lawrence, 1986). 펜프로스탈렌은 분만의 유기제일 뿐만 아니라, 후산정체의 치료제로도 유용하게 사용된다(Herschler & Lawrence, 1984). 한편, $PGF_{2α}$와 글루코코르티코이드를 병용투여하는 방법으로 분만시기를 동기화시킬 수 있는데, 분만예정일 5~10일 사이에 있는 육우집단에 대하여 $PGF_{2α}$ 또는 펜프로스탈렌과 글루코코르티코이드인 덱사메타손을 동시에 투여하면 모든 소가 48시간 이내에 분만하며, 이 때의 태반정체율은 18%로서, 글루코코르티코이드나 $PGF_{2α}$를 단독투여한 경우에 비하여 낮다(Echternkamp 등, 1989). 또한, Holstein-Friesian 젖소에 대하여 지효성 글루코코르티코이드(dexamethasone isocortinate)를 임신 274일에 투여하고, 임신 278일에 $PGF_{2α}$ 유연물질(cloprostenol)을 투여하면 임신 280~281일에 분만이 일어나지만, 태반정체 문제는 해결되지 않는다(Nakao 등, 1994).

(3) 프로게스테론 길항제 RU 486에 의한 분만유기 : 소에서 임신기에는 프로게스테론의 농도가 높게 유지되어 자궁의 수축운동이 철저하게 억제되기 때문에 임신이 유지되지만, 프로게스테론의 길항제인 RU 486은 프로게스테론을 생리적으로 불활성화시켜서 분만을 유기한다. RU 486은 프로게스테론-수용체와 친화력이 매우 높은 19-노르스테로이드(norsteroid)로서, 생체내로 투여되면 프로게스테론의 표적조직에 위치하는 프로게스테론-수용체와 먼저 결합하여 프로게스테론의 생리작용이 발현되는 것을 저지한다. 이러한 성질을 가진 RU 486을 단독 또는 릴랙신과 함께 투여하는 방법으로 육우의 분만을 유기할 수 있다. 임신 277~278일에 있는 육우에 RU 486을 투여하면 53~55시간 후에 분만이 유기되는데, 난산·태반정체·분만 후 불임 등의 발생률이 다른 분만유기방법에 비하여 낮다(Li 등, 1991). 더욱이, RU 486은 사람에서도 안전성이 입증되었다(Lebeau & Baulieu, 1994).

2) 면양의 분만유기

면양에서는 분만유기를 위하여 주로 합성글루코코르티코이드를 사용하는데, 덱사메타손·플루메타손·베타메타손 등과 같은 다양한 유연물질이 유효한 분만유기제이며, 이것들 15~20mg을 주사하면 대부분의 면양이 주사 24~72시간 후에 분만한다(Harrison, 1982). 한편, 면양과 같이 임신 50일경부터 임신황체가 퇴행되고, 태반에서 프로게스테론을 분비하는 동물은 분만개시기에 태아부신에서 분비되는 코르티솔의 작용으로 프로게스테론의 농도가 감소되고, 에스트로겐의 농도가 급속히 증가되며, 이 때 분비된 에스트로겐이 분만과정에 관여하는 호르몬들의 연속적 분비를 유도한다(그림 6-9 참조). 따라서, 에스트로겐을 높은 농도로 처리하여도 분만이 유도된다. 면양에 대하여 20mg의 벤조산에스트라디올(estradiol benzoate)을 단독투여하거나, 덱사메타손과 병용투여하면 대부분의 면양(125두/

128두)이 72시간 이내에 분만한다(Bosc 등, 1977). 그러나, $PGF_{2\alpha}$는 분만을 유기하는 효과가 글루코코르티코이드에 비하여 현저히 낮다. 즉, 임신 141일째에 20mg의 플루메타손을 투여한 경우에는 89%의 면양이 분만하지만, 15mg의 $PGF_{2\alpha}$(황체용체 용량)을 투여한 경우에는 33%의 면양만이 분만한다(Harman & Slyter, 1980).

3) 산양의 분만유기

산양은 면양과는 달리 임신말기까지 황체에서 프로게스테론을 분비하여 임신을 유지시킨다. 따라서, 산양의 분만유기를 위한 호르몬제로는 $PGF_{2\alpha}$와 그 유연물질이 주로 사용된다. 임신 144일째의 산양에 대하여 07:00~08:00시에 $PGF_{2\alpha}$ 5~10mg이나, $PGF_{2\alpha}$의 유연물질(cloprostenol) 62.5~125㎍을 주사하면 다음날 오후에 분만하는데, 이른 개체는 27시간 후, 대부분의 개체는 30~35시간 후에 분만한다(Williams, 1986). 또한, 임신 135~140일의 산양에 $PGF_{2\alpha}$를 투여하면 평균 27시간 후에 분만이 일어나며, 유기분만이 태반반출과 신생자의 생시체중 및 생존률에 나쁜 영향을 미치지 않는다(Thakur & Verma, 1990a). 또한, 합성글루코크르티코이드도 산양의 분만유기에 사용할 수 있다. 덱사메타손 10mg을 임신 135~140일의 산양에 주사하면 약 48시간 후에 분만한다(Thakur & Verma, 1990b). 한편, $PGF_{2\alpha}$와 글루코코르티코이드의 산양에 대한 분만유기효과를 비교하기 위하여 분만예정일 10일 전에 $PGF_{2\alpha}$와 덱사메타손을 주사한 결과, $PGF_{2\alpha}$는 주사 38.5시간 후, 덱사메타손은 54.7시간 후에 분만하여 $PGF_{2\alpha}$의 분만유기효과가 좋다(Jain & Madan, 1989).

4) 말의 분만유기

말의 분만유기에는 합성글루코코르티코이드인 플루메타손과 덱사메타손, 그리고 $PGF_{2\alpha}$와 그 유연물질이 주로 사용되고, 옥시토신도 분만유기 호르몬으로 이용된다. 임신 321일째의 조랑말에 1일 100mg의 덱사메타손을 3~4일간 주사하면 임신기간이 약 12일 단축되어 분만이 유기되며(First & Alm, 1977), 플루메타손 100㎎을 투여하여도 높은 비율로 분만이 유기된다(Gordon, 1997). 또한, $PGF_{2\alpha}$ 2.5㎎을 임신말기에 12시간 간격으로 4회 주사하면 주사종료 후 38.6시간에 분만이 유기되며, 이 때의 분만징후도 정상분만시의 징후와 같다(Douglas 등, 1974). 한편, 임신말기의 말에 소량의 옥시토신(1~5IU)을 투여하면 $PGF_{2\alpha}$의 분비량이 증가되면서 분만이 유기되며, 높은 농도의 옥시토신(60~120IU)을 투여하면 자궁파열의 위험성이 따르고, 40~60IU의 옥시토신을 단독투여한 경우에는 90분 이내에 분만이 일어난다(Camillo 등, 1991).

5) 돼지의 분만유기

돼지는 분만직전까지 임신황체에서 프로게스테론을 분비하는 동물로서, 면양이나 소와는 달리 합성글루코이드의 처리로는 분만이 유기되지 않는다. 돼지에서 임신 후 100일까지는 글루코코르티코이드를 처리하여도 분만에 관한 반응이 전혀 나타나지 않으며, 이 후의 특정한 기간에 대용량을 주사하면 분만이 유기되는 경우도 있다(Coggins & First, 1973). 따라서, 돼지의 분만유기에는 글루코코르티코이드를 사용하지 않는 것이 일반적이며, 실용적으로는 주로 $PGF_{2\alpha}$와 그 유연물질이 이용된다. 임신 108~110일에 $PGF_{2\alpha}$나 그 유연물질을 주사하면 주사 24~27시간 후에 분만이 유기된다(Itoh 등, 1994).

◈ 참 고 문 헌 ◈

1) Alexander, B. M., et al. 1995. Embryonic loss from 30 to 60 days breeding and the effect of palpation per rectum on pregnancy. Theriogenol. 43:551.
2) Amarbaev, A. M. 1964. It is necessary to simplify PMS treatment of ewes. Ovcevodstvo. 9:29.
3) Bartlett, D. C. and A. M. Sorensen, Jr. 1980. Pregnancy detection in the bovine by ultrasonics. J. Anim. Sci. Suppl. 57:18.
4) Bazer, F. W., et al. 1977. Interferon tau: a novel pregnancy recognition signal. Am. J. Reprod. Iummunol. 37:412.
5) Bearden, H. J. and J. W. Fuquay. 2000. Parturition: hormonal initiation. In applied animal reproduction. 5th ed. Prentice Hall. p.113.
6) Beltranena, E., et al. 1991. Endocrinology of nutritional flushing in gilts. Canadian J. Anim. Sci. 71:1063.
7) Bleach, E. C. L., et al. 1995. Effect of inhibin immunisation using different synthetic peptide fragments of the bovine alpha-C subunit on plasma anti-inhibin titres, plasma FSH and incidence of multiple ovulations in heifers. J. Reprod. Fertil. Abstract Series. 15:21
8) Bolander, F. F. 1977. The purification and characterization of bovine and rabbit placental lactogen. Dissertation Abstracts International. 37B. p.5990.
9) BonDurant, R. H. 1981. Reproductive physiology in the goat. In Mordern veterinary Practice. p.525.
10) Booth, J. M. 1987. pregnancy testing today. British Vet. J. 143:385.
11) Bosc, M. J. 1972. The induction of synchronization of lambing with the aid of dexamethasone. J. Reprod. Fertil. 28:347.
12) Botero, O., et al. 1984. Diagnostic precoce de gestation par echographie J. de la Recherche Porcine en France. 16:181.
13) Burdsal, C. A. 1998. Embryogenesis, mammalian. In encyclopedia of reproduction. vol. 1(E. Knobil & J. D. Neill eds.). Academic Press. p.1029.
14) Burgdardt, R. D., et al. 1997. Extracellular matrix and the implantation cascade in pigs. J. Reprod. Fertil. Suppl. 52:121.
15) Camillo, F., et al. 1991. Daytime induction of foaling with small dose of oxytocin. In 17eme Fournee de la Recherche Chevaline(Paris). p.37.
16) Camous, S., et al. 1988. Purification of one bovine pregnancy-specific protein by high performance liquid chromatography(HPLC). A Bard Workshop on Maternal Recognition of Pregnancy and Maintenance of the Corpus Luteum(Jerusalem, Israel). Abst. p.59.
17) Coggins, E. G. and N. L. First. 1973. Response of swine and rabbits to dexamethasone at different stages of gestation. J. Anim. Sci. 37:305.
18) Cunningham, N. F., et al. 1983. Pregnancy diagnosis in sows based on serum oestrone sulphate concentration. Vet. Record. 113:220.
19) Curran, S. 1992. Fetal sex determination in cattle and horses by ultrasonography. Theriogenol. 37:17.
20) Curran, S. and O. J. Ginther. 1993. Ultrasonic fetal gender diagnosis during months 5 to 11 in mares. Theriogenol. 40:1127.
21) Davis, J. and V. M. Chaplin. 1983. A caprine pregnancy test based upon measurement of oestrone sulfate in milk. Proceedings of the 3rd International Symposium, World Association of Veterinary

Laboratory Diagnosticians. Vol. 1. p.225.
22) Davis, M. E. and G. K. Haibel. 1993. Use of real-time ultrasound to identify multiple fetuses in beef cattle. Theriogenol. 40:373.
23) Davis, M. E. and M. D. Bishop. 1992. Induction of multiple births with FSH: calving rate and subsequent performance. Livestock Prod. Sci. 32:41.
24) Dawson, L. J., et al. 1994. Determination of fetal numbers in Alpine does by real-time ultrasonography. Small Ruminant Research. 14:225.
25) Day, A. M. 1977. Cloprostenol for termination of pregnancy in cattle. (a) induction of parturition. New Zealand Vet. J. 25:136.
26) Deas, D. W. 1977. Pregnancy diagnosis in the ewe by an ultrasonic rectal probe. Vet. Record. 101:113.
27) Diskin, M. G., et al. 1989. Induction of parturition in heifers. Farm and Food Research. 20:4.
28) Douglas, R. H., et al. 1974. Induction of abortion in mares with prostaglandin F_{2a}. J. Anim. Sci. 39:404.
29) Dovson, H., et al. 1993. Assessment of fetal number and fetal and placental viability throughout pregnancy in cattle. Theriogenol. 40:421.
30) Downing, J. A., et al. 1990. Infusion of branched chain amino acids will increase ovulation rate in the ewe. Proceedings Australian Society Animal Production. 18:472.
31) Dziuk, P. J. 1992. Embryonic development and fetal growth. Anim. Reprod. Sci. 28:299.
32) Echternkamp, S. E. 1992. Fetal development in cattle with multiple ovulations. J. Anim. Sci. 70:2309.
33) Echternkamp, S. E. and K. E. Gregory. 1993. Identification of twin pregnancies in cattle by ultrasonography to improve neonatal calf survival. J. Anim. Sci. Suppl. 71:73.
34) Echternkamp, S. E., et al. 1987. Synchronization of parturition in beef cattle with prostaglandin and dexamethasone. Therigenol. 28:337.
35) Elmore, R. G. 1988. Pregnancy diagnosis and parturition. In fertility and infertility in veterinary practice(J. A. Laing, et al. eds). Bailliere Tindall. p.65.
36) Espechit, C. J. B., et al. 1990. Pregnancy diagnosis and determination of the number of foetuses in goats by means laparotomy. Revista da Sociedade Brasileira de Zootecnia. 19:72.
37) Ferni, K., et al. 1994. Superovulation in the ewe: the effects of source of gonadotropin, season, breed and age. Proceeding of the British Society of Animal Production(Winter Meeting). Paper Number. 59.
38) First, N. L. and C. Alm. 1977. Dexamethasine induced parturition in pony mares. J. Anim. Sci. 44:1072.
39) Fujishiro, A., et al. 1995. A fast, convenient diagnosis of the bovine freemartin syndrome using polymerase chain reaction. Theriogenol. 43:883.
40) Gadsby, J. E., et al. 1972. Diagnosis of pregnancy and of the number of fetuses in sheep from plasma progesterone concentration. Vet. Record. 90:339.
41) Gatica, R. 1988. Studies on the micromanipulation of farm animal embryos. Ph. D. Thesis, Nat'l Univ. of Ireland.
42) Geisert, R. D. and J. R. Malayer. 2000. Implantation. In reproduction in farm animals. 7th ed.(E. S. E. Hafez & B. Hafez eds.). Lippincott Williams & Wilkins. p.126.
43) Glencross, R. G., et al. 1994. Active immunization of heifers against inhibin: effects on plasma concentrations of gonadotropins, steroids and ovarian follicular dynamics during prostaglandin-synchronize cycles. J. Reprod. Fertil. 100:599
44) Glossop, C. E., et al. 1989. Use of an on-farm progesterone assay kit to determine pregnancy in sows. Vet. Record. 124:115.
45) Goel, A. K. and K. P. Agrawal. 1990. Pregnancy diagnosis in goats. Indian Vet. Med. J. 14:77.
46) Gordon, I. 1983. Controlled breeding in farm animals. Pergamon Press. p.181.
47) Gordon, I. 1996a. Induction of twin births in cattle. In controlled reproduction in cattle and buffaloes CAB Int'l. p.372.
48) Gordon, I. 1996b. Oestrogen for positive pregnancy diagnosis. In controlled reproduction in cattle and buffaloes. CAB Int'l. p.179.
49) Gordon, I. 1997. Control of foaling: induction by corticosteroid. In controlled reproduction in horses, deer and camelids. CAB Int'l. p.132.
50) Gordon, I., et al. 1996. The use of PMS in the induction of twin preganacy in cow. J. Agri. Sci. 59:143.

51) Grace, N. D., et al. 1989. Multiple pregnancy diagnosis of using real time ultrasonic body scanner and video-fluoroscopy systems. Proceedings of the New Zealand Society of Animal Production. 49:107.
52) Gregory, K. E., et al. 1995. Effects of freemartin sex condition on growth and careass traits of cattle. J. Anim. Sci. Suppl. 73:167.
53) Hafez, E. S. E. and B. Hafez. 2000. Fertilization and cleavage. In reproduction in farm animals. 7th ed.(E. S. E. Hafez & B. Hafez eds.). Lippincott Williams & Wilkins. p.110.
54) Hanzen, C. and Y. Laurent. 1991. Application of ultrasonography in pregnancy diagnosis and evaluation of embryonic mortality rate in cattle. Annales de Médecine Vétérinaire. 135:481.
55) Harman, E. L. and A. L. Slyter. 1980. Induction of parturition in the ewe. J. Anim. Sci. 50:391.
56) Harrison, F. A. 1982. Dexamethasone-induced parturition in sheep. British Vet J. 138:402.
57) Hattersley, J. P., et al. 1980. Estimation of oestrone sulphate in the serum of pregnant sows. J. Reprod. Fertil. 58:71.
58) Helmer, S. D., et al. 1989. Bovine trophoblast protein-1 complex alters endometrial protein and prostaglandin secretion and induces an intracellular inhibitor of prostaglandin synthesis *in vitro*. J. Reprod. Fertil. 87:421.
59) Henderson, K. M., et al. 1992. Concentration of oestrone sulfate in milk during pregnancy in dairy cows. Proceedings of the New Zealand Society of Animal Production. 52:17.
60) Henderson, K. M., et al. 1993. An enzyme immunoassay to measure oestrone sulphate in cow's milk. Proceeding of the New Zealand Society of Animal Production. 53:271.
61) Herschler, R. C. and J. R. Lawrence, 1986. Studying the safety of prostaglandin-induced parturition in dairy cows. Vet. Med. 81:674.
62) Herschler, R. C. and J. R. Lawrence. 1984. A prostaglandin analogue for therapy of retained placentae. Vet. Med. 79:822.
63) Hinoki, Y. 1999. Function of placenta and growth of fetus. In reproductive biology of mammals(Y. Takahashi ed.). Gakshou Pub. p.184.
64) Holdas, S., et al. 1987. Induction of twinnng in beef cattle. Allattenyesztes es Takarmanyozas. 36:227.
65) Humbolt, P., et al. 1988. Diagnosis of pregnancy by radionimmunoassay of a pregnancy-specific protein in the plasma of dairy cows. Theriogenol. 30:257.
66) Humbolt, P., et al. 1990. Pregnancy-specific protein B and progesterone concentrations in French Alpine goats troughout gestation. J. Reprod. Fertil. 89:205.
67) Hyland, H. J. and D. A. Lansford. 1990. Changes in urinary plasma oestrone sulfate concentrations after induction of foetal death in mares at the 45 days of gestation. Australian Vet. J. 67:349.
68) Isogai, T., et al. 1991. Twin pregnancy and births in cattle induced by FSH and PGF or PGF-analogue treatment. Japanese J. Anim. Reprod. 37:105.
69) Itoh, S., et al. 1994. Induction of parturition in pig with prostaglandin $F_{2\alpha}$ analogue(fenprostalene). Anim. Sci. Tech. 65:834.
70) Jain, G. C. and M. L Madan. 1989. Plasma prostaglandin F, oestradiol-17β, cortisol and progesterone in induced parturient goat. Int'l. J. Anim. Sci. 4:152
71) Jainudeen, M. R. and E. S. E. Hafez. 2000. Gestation, prenatal physiology and parturition. In reproduction in farm animals. 7th ed.(E. S. E. Hafez & B. Hafez eds.). Lippincott Williams & Wilkins. p.140.
72) Jhonson, W. H., et al. 1989. The production of twins in beef cattle utilizing embryo transfer technology. Theriogenol. 31:206.
73) Jones. A. L., et al. 1990. The use of ultrasonography to increase recipient efficiency through early pregnancy diagnosis. Therigenol. 33:259.
74) Kahn, W. 1992. Ultrasonography as a diagnostic tool in female animal reproduction. Anim. Reprod, Sci. 28:1.
75) Khan, M. Z. and G. L. Foley. 1994. Retrospective studies on the measurements, karyotyping and pathology of reproductive organs of bovine freemartins. J. Comparative Pathology. 110:25.
76) Labussiere, J., et al. 1992. Early diagnosis of pregnancy in cows as assessed by milk ejection induced by luteal oxytocin. Reprod. Nutrit. Dev. 32:191.
77) Lasley, B., et al. 1990. Estrogen conjugate concentrations in plasma and urine reflect estrogen

secretion in the non-pregnant and pregnant mare: a review. J. Equine Vet. Sci. 10:444.
78) Lebeau, M. C. and E. E. Baulieu. 1994. Steroid antagonists and receptor-associated proteins. Human Reprod. 9:437.
79) Leury, B. J., et al. 1990. Effect of nutrition on the response in ovulation rate in Merino ewes following short-term lupin supplementation and insulin administration. Australian J. Agric. Res. 41:751.
80) Levasseur, M. C. 1983. Utero-ovarian relationships in placental mammals: role of uterus and embryo in the regulation of progesterone secretion by the corpus luteum. Reprod. Natr. Dev. 23:793.
81) Li, Y., et al. 1991. Anti-progesterone, RU 486, facilitates parturition in cattle. Endocr. 129:765.
82) Liggins, G. C. 1994. The role of cortisol in preparing the fetus for birth. Reprod. Fertil. Dev. 6:141.
83) Lin, J. H., et al. 1988. Early pregnancy diagnosis in sows by progesterone assay with blood paper method. British Vet. J. 144:64.
84) Long, S. E. 1990. Development and diagnosis of freemartinism in cattle. In Practice. 12:208.
85) Lu, K. H. and C. Polge. 1991. pregnancy and twinning rates after transfer of IVF embryos to the bred recipient In Proceeding of the 7th Meeting of the European Embryo Transfer Association. p.164.
86) MacDonnell, H. F., et al. 1993. Foetal progress and onset of parturition monitored by plasma oestrogen levels in the cow. Irish J. Medi. Sci. 162:108.
87) Mackay, R. C. J. 1979. Pregnancy tests for mares-challenge. New Zealand Vet. J. 27:32.
88) Matteuzzi, A., et al. 1989. Ultrasonography in pregnancy diagnosis in sows: recent results. Selezione Veterinaria. 30:1649.
89) McCraken, J., et al. 1984. Hormone receptor control of pulsatile secretion of PGF_{2a} from the ovine uterus during luteolysis and its abrogation in early pregnancy. Anim. Reprod. Sci. 7:31.
90) McDowell, K. J., et al. 1990. Two-dimensional polyacrylamide gel eletrophoresis of proteins synthesized and released by conceptuses and endometria from pony mares. J. Reprod. Fertil. 89:107.
91) Mialon, M. M., et al. 1994. Detection of pregnancy by radioimmuoassay of a pregnancy serum protein(psp60) in cattle. Reprod. Nutrit. Dev. 34:65.
92) Mitchell, L. M., et al. 1996. Effect of mating season and body condition on ovulation, fertilization and pregnancy rates in crossbred ewes. Theriogenol. 45:293.
93) Moenter, S. M., et al. 1992. Pregnancy detection and litter size classification by estrone sulfate measurements in swine under farm conditions. Anim. Reprod. Sci. 27:161.
94) Morris, B. A., et al. 1988. Passive immunization of cows with ovine testosterone anti-serum to increase ovulation rate. In proceedings of the 11th International Congress of Animal Reproduction and AI. Vol. 4. p.498.
95) Morris, D. G., et al. 1995. Effect of immunization against synthetic peptide sequences of bovine inhibin alpha-subunit on gonadotropin concentration in heifers. Anim. Reprod. Sci. 38:63.
96) Nakao, T., et al. 1994. Control of parturition in dairy cattle by a combined administration of long-acting corticosteroids and cloprostenol. J. Dairy Sci. Suppl. 77:286.
97) Nevel, R. L. 1985. Detect pregnancy in 20 to 24 days. Dairy Herd Management. 22:14.
98) Nevel. R. L. 1989. Comparisons of eight commercial on-farm milk progesterone tests. Theriogenol. 31:753.
99) Noakes, D. 1985. Pregnancy diagnosis in cattle. In Practice. p.46.
100) Norman, L. J., et al. 1985. Change in pituitary responses to synthetic ovine corticotropin releasing factor in fetal sheep. Can. J. Physiol. Pharmacol. 63:1398.
101) Osaki, K., et al. 1989. Use of an EIA kit(Preg-Test) for determination of progesterone concentrations in mare serum. Japanese J. Anim. Reprod. 35:204.
102) Palmer, E. and M. A. Driancourt. 1980. Use of ultasonic echography in equine genecology. Theriogenol. 13:203.
103) Patel, O. V., et al. 1995. Estrone and estradiol concentrations throughout gestation in cows with singleton and twin pregnancies. J. Reprod. Dev. 41:29.
104) Penny, C. D., et al. 1995. Management aspects of induced twinning in beef suckler cows using *in vitro* fetilized embryos. Vet. Record. 136:506.
105) Peters, A. R. and D. A. Poole. 1992. Induction of parturition in dairy cows with dexamethasone. Vet. Record. 131:576.

106) Plant, J. W. 1980. Pregnancy diagnosis in the ewe. World Animal Review. 36:44.
107) Prakash, B. S. and M. L. Madan, 1993. Influence of gestation on oestrone sulphate concentration in milk of zebu and cross-bred cows and Murrah buffaloes. Tropical Animal Health and Production. 25:94.
108) Pratt, M. S. and P. S. Hopkins. 1975. The diagnosis of pregnancy in sheep by abdominal palpation. Australian Vet. J. 49:378.
109) Rao, K. M., et al. 1990. Early pregnancy diagnosis in the ewes based on plasma progesterone level. Pakistan Vet. J. 10:76.
110) Restall, B. J., et al. 1990. Pregnancy diagnosis in Thai native goats. Theriogenol. 34:113.
111) Rhodes, M. T., et al. 1991. Flushing and altrenogest affect litter traits in gilts. J. Anim. Sci. 69:34.
112) Riha, J. and J. Petelikova. 1990. Some experience with induced twinning in the Czech Republic. Nas Chov. 50:489.
113) Rizzoli, D. J., et al. 1976. Diagnosis of multiple pregnancy in ewes on a field scale. J. Agric. Sci. 87:67
114) Robertson, H. A., et al. 1980. The use of a pregnancy-specific antigen, chorionic somatomammotrophin, as an indicator of pregnancy in sheep J. Reprod. Fertil. 59:279.
115) Robinson, T. J. 1980. programmed year-round sheep breeding. Australian J. of Experimental Agriculture and Animal Husbandry. 20:667.
116) Romagnolo, D. and R. L. Nevel. 1993. The accuracy of enzyme-linked immunosorbent assay and latex aggulutination progesterone test for the validation of estrus and early pregnancy diagnosis in dairy cattle. Theriogenol. 39:1121.
117) Santiago, M. J., et al. 1995. Early pregnancy diagnosis and determination of the number of embryos by transrectal ultrasonics in goats. ITEA Production Animal. 91:37.
118) Sarkhel, B. C. and B. G Katpatal. 1994. Chromosomal chimerism and gross reproductive abnormalities in freemartin cattle. Indian J. Anim. Reprod. 15:115.
119) Sasser, R. G., et al. 1986. Detection of pregnancy by radioimmunoassay of novel pregnancy-specific protein in serum of cows and profile of serum concentrations during gestation. Biol. Reprod. 26:936.
120) Sasser, R. G., et al. 1989. Characteristics of pregnancy-specific protein B in cattle. J. Reprod. Fertil. Suppl. 37:109.
121) Scaramuzzi, R. J., et al. 1993. The reproductive performance of Border Leicester × Merino ewes immunized against testosterone and cortisol. Anim. Reprod. Sci. 34:55.
122) Sekine, J., et al. 1992. Evaluation of the sex chromatin in neutrophil leucocytes of calves as a diagonostic tool for bovine freemartinism at their early life. World Review of Animal Production. 27:85.
123) Shemesh, M., et al. 1979. Early pregnancy dignosis in the ewe, based on milk progesterone levels. J. Reprod. Fertil. 56:301.
124) Sinclair, K. D., et al. 1995. Pregnancy dignosis using bovine pregnancy associated glycoprotein in purebred beef heifers mated at a first or second synchronized oestrus. Processiding of the British Society of Animal Science(Winter Meeting). Paper. 139.
125) Skahibara, H., et al. 1995. Induction of twins in cattle by ipsilateral transfer of fresh or frozen *in vitro* fertilized embryos. J. Japan. Vet. Med. Assoc. 48:239.
126) Smith, J. F. 1979. Coumestans in lucerne and ovulation in the ewes. New Zealand J. Agric. Res. 22:411.
127) Smith, J. F. 1988. Nutrition and ovulation rate in the ewe. Australian J. Biological Sci. 41:27.
128) Smith, J. F., et al. 1983. The effect of duration and timing of flushing on the ovulation rate of ewes. Proceedings of the New Zealand Society of Animal Production. 43:13.
129) Smith, R. S., et al. 1998. CRH directly and preferentially stimulates DHEAS secretion by human fetal adrenal cortical cells. J. Clin. Endocr. Metab. 83:2916.
130) Sreenan, J. M., et al. 1987. Manipulation of the immune system to increase ovulation rate in the cow. In follicular growth and ovulation rate in the cow(J. F. Roche & D. O'Callaghan eds.). Martinus Nijhoff. p.73.
131) Staples, C. R., et al. 1998. Influence of supplemental fats on reproductive tissues and performance of lactating cows. J. Dairy Sci. 81:856.
132) Suzuki, O., et al. 1994. Effects of method of embryo production and transfer on pregnancy rate, embryo survival rate, abortion and calf production in beef cows. Theriogenol. 41:309.

133) Tainturier, D., et al. 1990. Early diagnosis of non-pregnancy in cows by milk progesterone assay using the RPT(rapid ELISA) Revue de m'edicine V'et'erinaire. 141:375.
134) Thakur, M. S. and S. K. Verma, 1990a. Induction of parturition in goats with prostaglandin $F_{2\alpha}$. Indian J. Anim. Reprod. 11:148.
135) Thakur, M. S. and S. K. Verma. 1990b. Use of dexamethasone for induction of parturition in goats. Archiv fur Experimentelle Veterinarmedizin. 44:459.
136) Thatcher, W. W. and M. D. Meyer. 1995. Maternal recognition of pregnancy. J. Reprod. Fertil. Suppl. 49:15
137) Thimonier, J., et al. 1977. Hormonal diagnosis of pregnancy and number of foetuses in sheep and goats. In management of reproduction in sheep and goats. Sheep Industry Development Program Symposium(Madison). p.79.
138) Thorburn, G. D. 1991. The placenta, prostaglandins and parturition: a review. Reprod. Fertil. Dev. 3:277.
139) Tsumagari, S. 1999. Parturition. In reproductive biology of mammals(Y. Takahashi ed.). Gakshou Pub. p.192.
140) Vandeplassche, M., et al. 1979. The twin capacity of the uterus in heifers and cows. Deutsche Tierarztliche Wochenschrift. 86:470.
141) Varley, M. A. 1982. The time of weaning and its deffects on reproductive function. In control of pig reproduction(D. J .A. Cole & G. R. Foxcroft eds.). Butterworths. p.459.
142) Vasques, M. I., et al. 1995. Levels of bPSPB throughout single and twin pregnancies after AI or IVM/IVF cattle embryos. Anim. Reprod. Sci. 38:279.
143) Wahid, M. M., et al. 1991. Reproduction in Native Egyptian Cows: caruncles and placentomes. Domestic Anim. Reprod. 26:42.
144) Webb, A. J. 1995. Future challenges in pig genetics. Anim. breeding Abst. 63:731.
145) Wildt, D. E., et al. 1975. Laparoscopic pregnancy diagnosis and uterine fluid recovery in swine. J. Reprod. Fertil. 44:301.
146) Willard, J. M., et al. 1995. Detection of fetal twins in sheep using a radioimmunoassay for pregnancy-specific protein B. J. Anim. Sci. 73:960.
147) Williams, C. S. F. 1986. Practical management of induced parturition. In current therapy in theriogenology(D. A. Morrows ed.). Saunders. p.588.
148) Williams, C. S. F. 1986. Pregnancy diagnosis. In current therapy in theriogenology(D. A. Morrow ed.). W. B. Saunders. p.587.
149) Williamson, P., et al. 1980. The use of progesterone and oestrogen concentrations in the diagnosis of pregnancy and in the study of seasonal infertility in sows. Australian J. Agric. Res. 31:223.
150) Woodard, T. O., et al. 1995. Use of real-time ultrasound for pregnancy diagnosis in sows and gilts. J. Anim. Sci. Suppl. 73:2510
151) Worsfold, A. I., et al. 1986. Measurement of oestrone sulfate in sheep plasma as a possible indicator of pregnancy and the number of viable fetuses present. British Vet. J. 142:195.
152) Wu, M. C., et al. 1987. Relationships between uterine length and number of fetuses and prenatal mortality in pigs. J. Anim. Sci. 65:767.
153) Zoli, A. P., et al. 1991. Purification and characterization of bovine pregnancy-associated glycoprotein. Biol. Reprod. 45:1.
154) Zoli. A. P., et al. 1992. Radioimmunoassay of a bovine pregnancy-associated glycoprotein in serum: its application for pregnancy diagnosis. Biol. Reprod. 46:83

제 7 장

생식세포와 초기배의 미세조작

포유동물의 생식세포와 초기배에 각종 인위적 조작을 가하고, 이것을 체외에서 어느 단계까지 발생시킨 다음, 생체내에 이식하여 새로운 개체를 창출하려는 연구가 활발하게 진행되고 있다. 이러한 연구의 결과로 포유동물의 발생기전과 분화기전이 해명될 수 있을 뿐만 아니라, 암세포의 증식 등과 같은 이상발생(異常發生)의 기전을 구명하는데에도 큰 도움이 되고, 더욱이 생명공학에서 가장 어려운 과제로 인식되고 있는 유전자의 발현과 그 조절기전도 해명될 수 있다. 이러한 기초지식은 생물학·의학·수의학·농수축산학 등과 같은 관련학문분야의 발전에도 크게 기여하고 있다.

포유동물의 생식세포와 초기배를 대상으로 하는 각종 미세조작기술(微細操作技術, micro-manipulation technology)이 추구하는 최우선적 목표는 유전기전을 해명하고, 이것을 기초로 하여 유전자가 발현되는 양상을 인위적으로 조절하여 인류가 필요로 하는 동물을 작출하는 것이다. 더욱이, 어느 한 개체의 유전자 전체를 조작하려면 발생과정의 초기단계에 있는 배를 이용하지 않을 수 없다는 점에서 이 기술의 가치가 인정된다. 따라서, 생식세포나 초기배에 대한 미세조작은 분자수준에서의 유전자조작을 그 내용으로 하는 유전공학(遺傳工學, genetic engineering)이나, 세포수준에서의 유전자조작을 주된 목표로 하는 세포공학(細胞工學, cell engineering)과는 구별되어야 한다. 미세조작기술이 추구하는 목표를 달성하기 위하여 수행되는 개개의 미세조작기술에는 ① 세포의 일부(세포질·핵·전핵 등)를 제거하거나, 배의 일부(분할구·내부세포괴·영양막 등)를 떼어내는 제거조작, ② 세포의 세포질이나 핵, 그리고 배의 위란강이나 배반포강 등에 세포구성성분(DNA·RNA·단백질·세포추출물·핵·세포질 등)이나 색소, 그리고 세포자체를 주입하는 주입조작, ③ 초기배의 분할구를 분리하거나, 배 자체를 절단하는 분리·절단조작, ④ 복수의 상이한 세포나 분할구 등을 집합시켜 융합체를 작성하는 집합조작 등이 포함된다. 이러한 미세조작기법을 이용하면, 구조적 및 기능적으로 불완전한 정자로도 수정을 성립시킬 수 있으며, 수정란의 성을 판별할 수 있고, 복제동물·키메라동물·형질전환동물 등을 생산하는 것도 가능하다.

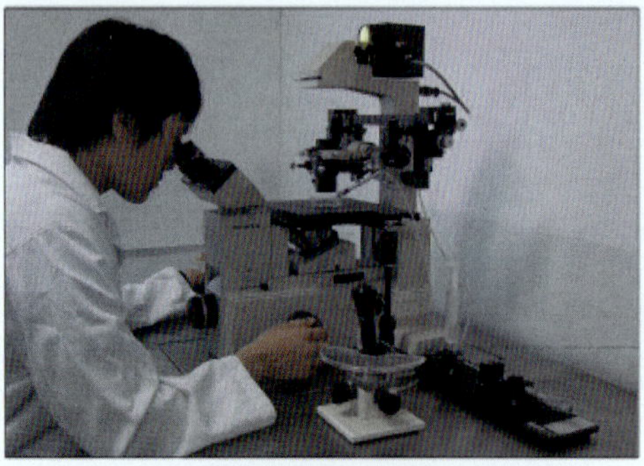

유압식(나리시게)

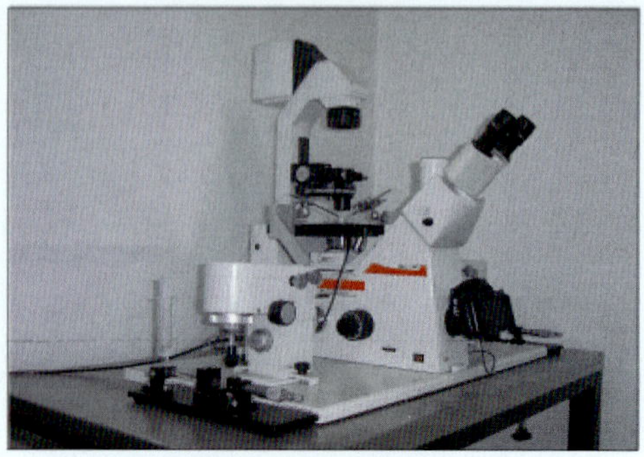

락피니온기어식

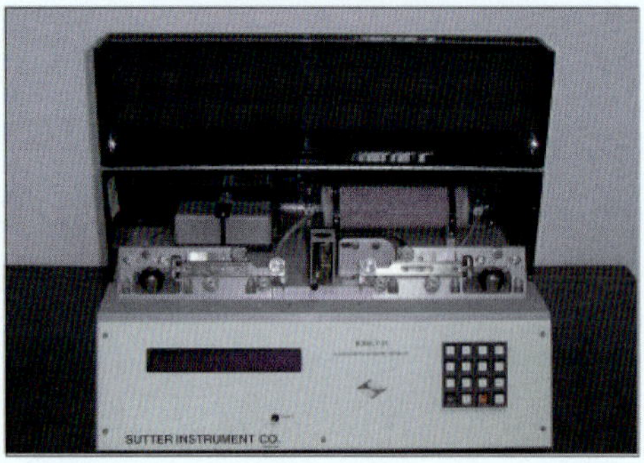

풀 러

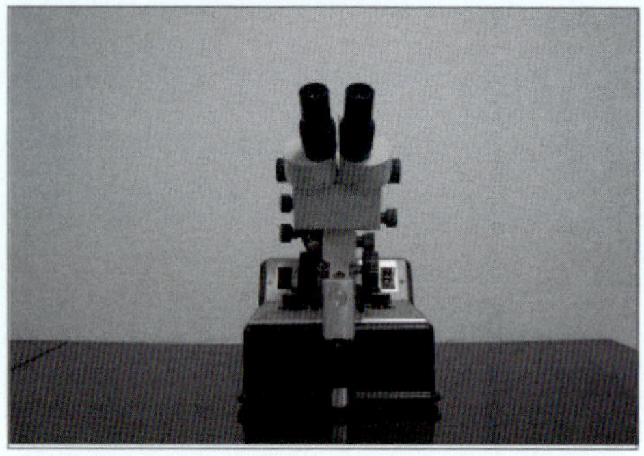

마이크로포지

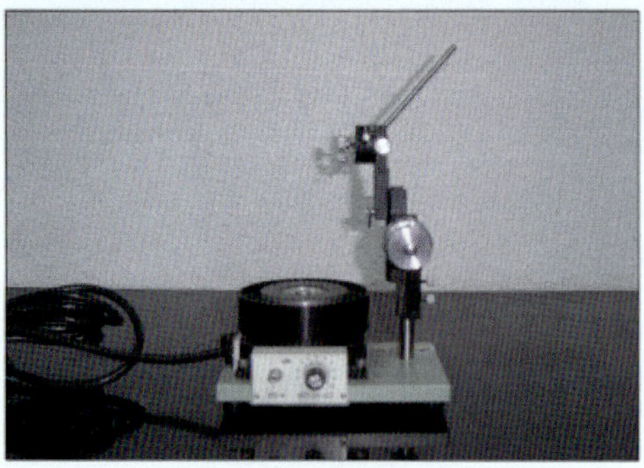

피펫연마기

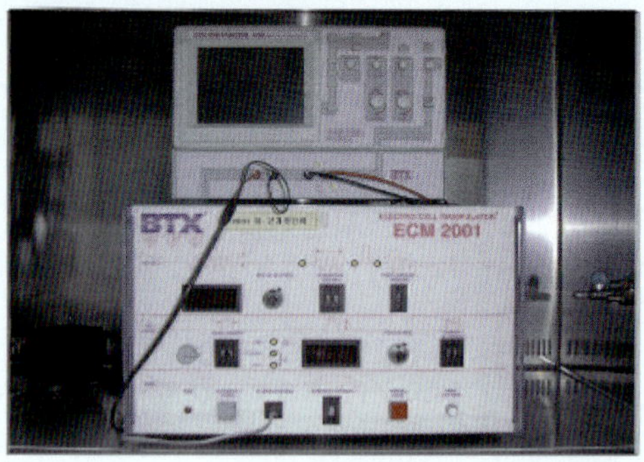

전기세포융합기

그림 7-1. 미세조작에 사용되는 기계 기구

제 1 절 미세조작에 필요한 기구와 생리용액

포유동물의 생식세포와 초기배는 크기가 매우 작기 때문에 이것들을 대상으로 미세조작을 하려면 정교하게 제어되는 특수한 기구와 장치가 필요하다. 또한, 미세조작과정이 생리용액내에서 이루어지기 때문에 적합한 생리용액을 선택하여 사용하는 것이 매우 중요하다.

1. 미세조작에 사용되는 기계기구

미세조작을 하려면, ① 현미경, ② 미세조작기(micromanipulator), ③ 액체나 기체를 흡인하거나 분배할 수 있도록 음압(陰壓)과 양압(陽壓)을 미세하게 조절할 수 있는 시스템, ④ 미세조작기에 부착하여 사용하는 미세침(micro-needle)·미세칼(micro-knife)·미세후크(micro-hook)·미세피펫(micro-pipette) 등을 제작하는 기구와 장치가 필요하다(그림 7-1).

1) 미세조작기

미세조작기는 미세피펫·미세침·미세칼 등과 같은 도구를 부착하여 각종의 세포나 초기배를 조작하는 장치로서, 재물대 위에 넓은 공간이 확보되는 도립현미경(倒立顯微鏡, inverted microscope)에 장착하여 사용한다. 미세조작기는 레버를 조작하여 작동시키는 기종이 널리 사용되고 있는데, 작동되는 원리에 따라 유압식(油壓式)과 락피니온기어식(racpinion gear type)으로 대별된다. 유압식은 나리시게(Narishige) 미세조작기가 대표적인 기종으로서, 미세조작기가 부착된 작동부분과 손으로 작동부분을 조작하는 조종레버사이를 합성수지로 만들어진 세개의 관이 연결하고 있다. 이 미세조작기는 하나의 조종레버로 수평면의 이차원동작에 상·하 방향을 합친 삼차원동작으로 조절할 수 있으며, 또한 원격조정장치이기 때문에 레버조작에 의한 진동이 현미경으로 전달되지 않는다. 한편, 락피나온기어식의 기종으로는 라이쯔(Leiz)에서 제작된 미세조작기가 대표적이며, 미세한 조작까지 원활하게 이루어지도록 제작되었을 뿐만 아니라, 견고하기 때문에 가장 많이 사용되는 기종이다. 현미경을 포함하는 미세조작기 전체를 진동제거장치가 있는 실험대 위에 설치하여 사용하면, 조작을 정교하게 하는데 편리하다.

2) 피펫의 제작에 필요한 기구

미세조작에 필요한 피펫이나 침은 풀러(puller)로 뽑아낸다. 풀러는 유리관에 필라멘트로 열을 가하고, 이것을 당겨서 피펫을 만드는데, 피펫을 뽑을 때의 온도를 읽을 수도 있고, 컴퓨터가 내장되어 온도와 장력을 조절할 수 있다. 풀러로 피펫을 뽑을 때, 열이 높고 장력이 강할수록 미세한 피펫이 만들어지고, 열이 낮고 장력이 약할수록 굵은 피펫이 만들어진다. 따라서, 열과 장력을 조절하여 원하는 굵기의 피펫을 뽑아낼 수 있다. 뽑아낸 피펫은 마이크로포지(microforge)를 이용하여, 자르거나, 구부리고, 표면을 다듬어 원하는 모양의 피펫을 만든다. 뽑아낸 피펫을 절단할 경우에는 열을 발산하는 필라멘트에 피펫을 수평으로 근접시킨 다음, 필라멘트가 가열되면 팽창되면서 피펫에 접촉되고, 접촉된 부분의 피펫이 녹는데, 적당히 녹았을때 필라멘트의 열을 차단하면 피펫이 굳어지면서 수축되고, 필라멘트도 수축되는데, 이때의 힘으로 피펫이 절단된다. 피펫을 구부릴 때에도 필라멘트에 평

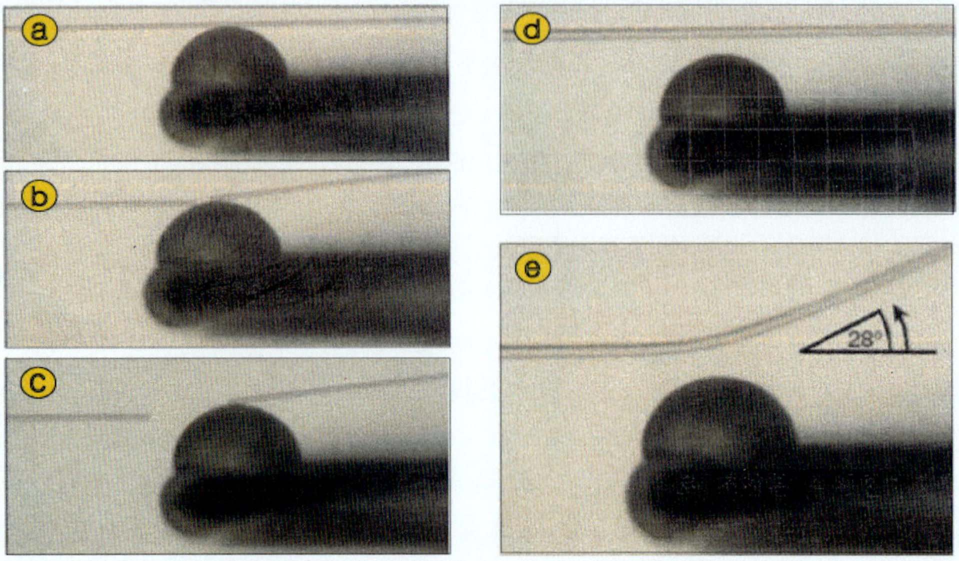

그림 7-2. 미세조작용 피펫의 가공

행으로 배열하여 녹인 다음, 원하는 각도로 구부린다(그림 7-2). 피펫의 자른 단면은 필라멘트와 수직으로 배열하여 녹이면서 원하는 모양과 직경으로 가공한다. 또한, 피펫연마기(grinder)로 피펫의 끝을 날카롭게 갈아서 사용하기도 한다.

3) 세포융합기

전기파동(electric pulse)을 가하여 세포막을 불안정화시키는 수단을 통하여 세포의 융합을 유도하는 전기세포융합기는 융합실과 융합실에 전기파동을 공급하는 장치로 구성된다. 융합실에는 두개의 전극이 나와 있는데, 이 전극 사이에 융합하려는 세포를 놓고, 먼저 교류전기를 통전(通電)하면 두 세포의 세포막이 접착되며, 이어서 직류전기를 통전하면 접촉된 부위의 세포막에서 균열이 일어나면서 두 세포가 융합된다.

2. 미세조작용 피펫

물리적인 방법으로 배에 특수한 처리를 가하는 미세조작에서는 ① 배를 움직이지 못하게 일정한 위치에 고정하는 고정피펫(holding pipette), ② 배에서 분할구를 분리하여 빼낼 때 사용하는 분리피펫(biopsy pipette), ③ 배에 특수한 물질을 주입할 때 사용하는 끝이 날카로운 주입피펫(injecting pipette) 등이 모두 필요하다. 이 외에도 투명대를 절개할 때 사용하는 미세침과 배를 절단할 때 사용하는 미세칼도 준비하여야 한다. 고정피펫의 직경은 동물의 종이나 배의 발달단계에 따른 크기에 따라 결정된다. 마우스 8-세포기 배의 고정피펫은 외부 및 내부 직경이 각각 30㎛와 13㎛가 적당하며, 토끼의 2-세포기 배는 그 외부를 점액층(mucin coat)이 피복하고 있기 때문에 외부직경은 180~280㎛, 내부직경은 40~50㎛가 되도록 크게 만들고, 소의 배반포를 고정할 때는 피펫의 외부 및 내부 직경이 각각 250㎛와 50㎛가 되도록 제작한다. 한편, 분리피펫을 만들 때는 가늘게 뽑은 모세관에서 두께가 적당한 부분을 절단하여 그대로 사용하기도 하고, 끝을 연마기로 갈아서 각도를 주기도 한다. 분리피펫으로 배에서 분할구를 분리할 때에는 투명대를 천공하여야 할 경우도 있는데, 연마기로 관벽의 두께를 얇게 갈면 투명대의 통과가 용이하다. 마우스의 8-세포기 배에서는 직경이 20㎛, 토끼의 2-세포기 배는 20~30㎛, 소의 초기배는 30㎛의 피펫을 사용한다. 그러나, 투명대의 일부를 미세침으로 절개한 다음, 이 구멍을 통하여 끝이 무딘 피펫으로 분리해 내는 방법도 있고, 미세침으로 투명대의 3/4정도를 절개하여 모든 분할구를 함께 꺼내어 배양액으로 옮긴 다음에 개개의 세포를 분리하는 방법을 이용하는 경우도 있다. 난자에서 탈핵(脫核)을 할 경우에는 직경 30㎛ 정도의 끝이 날카로운 피펫이 사용된다.

3. 생 리 용 액

생식세포나 초기배는 외부환경의 변화에 매우 민감하게 반응하기 때문에 체외에서 조작할 경우에는 생리용액속에 침지한 상태에서 조작하는 것이 원칙이다. 생리용액이 개발되기 전에는 주로 혈청이 사용되었지만, 오늘날에는 다양한 생리용액이 개발되어 배의 상태나 실험목적에 따라 적합한 생리용액을 사용하는데, 주로 인산완충용액(PBS · D-PBS)과 Tyrode용액이 사용된다. 생리용액의 pH와 삼투압은 생식세포나 초기배의 생존성에 매우 중요하게 작용함으로 적합한 범위를 벗어나지 않아야 한다. 또한, 실험목적에 따라 특정 성분을 생리용액에 첨가하여 사용하는 경우가 많다. 예를 들면, 세포질내의 미세사(微細絲, microfilament) 활동을 억제하여 미세조작을 수월하게 하려는 목적으로 미세사의 활성을 저해하는 사이토칼라신(cytochalasin) B를 용액에 첨가하는 경우도 있다. 생리용액에 관한 내용은 제5장 제3절 체외수정란의 배양액 항목에서 기술하였다(표 5-5 참조).

제 2 절 체외수정과 미세조작수정

반수의 염색체를 가진 암 · 수 각각의 배우자인 난자와 정자는 수정과정을 통하여 배수체인 접합체를 형성함으로써 양친의 유전형질을 이어갈 새로운 개체로의 발생이 개시된다.

수정과정은 포유동물과 같이 암컷의 체내에서 정자와 난자가 결합하는 체내수정(intermal ferilization)과 어류와 같이 정자와 난자 모두가 체외로 방출된 다음에 합체하는 체외수정(external fertilization)으로 구분한다. 그러나, 포유동물에서 인위적으로 정자와 난자를 채취하여 배양액내에서 수정을 시키는 것도 체외수정이라고 하는데, 이 경우 영문으로는 '*in vitro* fertilization'이라 하여 'external fertilization'과는 구별한다. 포유동물의 체외수정은 도축된 동물의 난소나 살아있는 동물의 난소에서 채취한 난포란을 이용하여 배를 작성할 때 반드시 이용되는 기술로서, 복제동물이나 형질전환동물을 생산할 때에도 매우 중요하게 이용된다. 또한, 수정력이 없는 정자도 미세조작기술을 응용하면 수정을 성립시킬 수 있다.

1. 수정의 원리

수정(受精, fertilization)은 정자가 난자내로 진입된 다음, 두 배우자의 핵이 하나로 융합되어 단일세포인 접합체(接合體, zygote)를 형성하는 생리적 과정이다. 수정이 가지는 생리적 의미는 난자가 발생능력을 얻어서 난할과정이 개시되고, 양친의 유전자를 함께 포함하고 있는 핵(수정핵)을 가지게 됨으로써 양친의 유전형질을 이어갈 새로운 개체의 창출이 개시된다는 것이다. 수정을 위하여 정자와 난자는 완전히 성숙되고, 활성화되어야 한다.

1) 수정을 위한 생식세포의 준비과정

정소와 난소에서 각각 형성된 정자와 난자는 생식도관을 경유하여 수정부위로 이송되는 과정에서 성숙과정이 완료되어 수정능력을 획득하는 동시에, 수정과정에 필요한 특징적 생리기능도 발현된다.

(1) 정자의 준비과정 : 곡세정관의 상피에서 형성·방출된 정자가 성숙난모세포와 만나서 수정하려면, ① 정소에서 미성숙 상태로 방출된 정자가 정소상체관을 10~15일간에 걸쳐 통과하면서 완전하게 성숙되어 운동력과 수정력을 획득하야 하고, ② 이어서 정자의 원형질막 표면에 수정능파괴인자가 부착되어 수정과정에 참여하기 전까지의 정자가 보호되며, ③ 교배에 의하여 사정된 정자는 자체의 운동력과 자성생식도관의 수축력에 의존하여 수정장소인 난관팽대부까지 수송되고, ④ 정자가 수송되는 과정에서 자성생식도관 분비액의 작용으로 수정능을 획득한 다음, ⑤ 첨체반응이 일어나 첨체효소가 방출되는 등의 생리적 과정이 연속적으로 발현되어야만 한다. 특히, 정자의 수정능획득과 첨체반응은 수정과정에서 필수적인 것이며, 이것이 일어나지 않은 정자는 수정과정에 참여할 수 없다. 수정능획득과정은 자궁에서 개시되지만, 난관의 협부에서 완성된다. 수정능이 획득된 정자는 원형질막의 성분이 변화되어 첨체반응이 일어나고, 이에 따라 수정에 관여하는 첨체효소가 방출된다(제3장 제2절. 정자의 수정능 항목 참조).

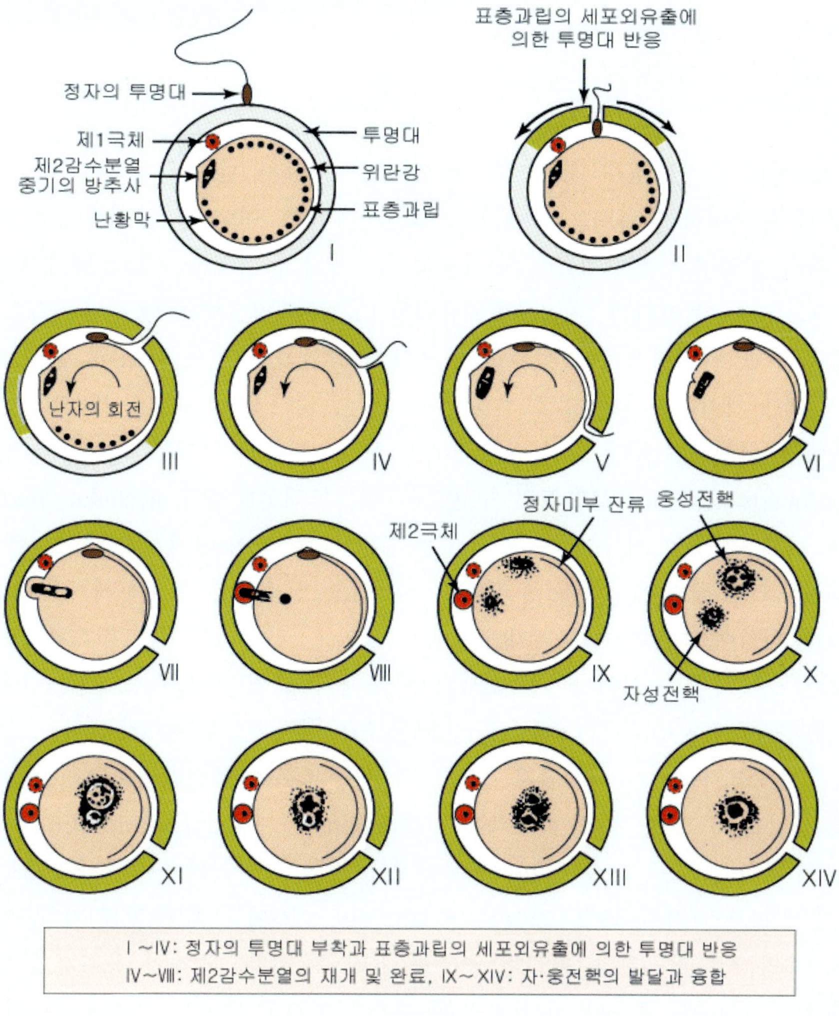

그림 7-3. 마우스 난자의 수정과정

(2) 난자의 준비과정 : 난자의 형성과정에서는 두번의 감수분열을 하는데, 각각의 분열과정에서 휴지기를 가진다. 즉, 제1감수분열과정은 분열전기의 복사기에서 휴지되는데, 배란 직전에 분열이 재개되어 제1감수분열이 완료되고, 곧바로 제2감수분열이 개시되지만, 분열 중기(metaphase II)에서 휴지된다. 따라서, 배란된 때의 난자는 제2감수분열의 중기에서 분열과정이 휴지된 제2차난모세포이다. 한편, 난모세포는 수정에 의하여 정자를 받아들여 배수체(2n)가 되면, 새로운 생명체로 발달되기 때문에 기본적으로 일반체세포에 비하여 크다. 난모세포가 발육기에 들어가면 세포소기관들의 기능이 활발해지면서 난세포질에 수분·전해질·지질 등이 축적되고, 단백질의 합성량이 증가되어 세포의 용적이 크게 증대된다. 난

모세포는 성숙기에 핵과 난세포질이 모두 충분하게 성숙되어야만 비로소 수정과 배발달 과정이 원활하게 진행된다(제5장 제2절. 난자의 형성 항목 참조).

2) 수 정 과 정

포유동물에서의 수정과정은 ① 수정능을 획득한 정자가 난자에 접근하여 외피구조물인 난구세포층과 투명대를 통과하는 과정으로부터 시작되며, 이어서 ② 정자와 난자의 원형질막이 융합되어 정자가 난세포질내로 진입되고, ③ 정자의 침입자극으로 난자가 활성화되어 최초의 세포주기가 개시되며, ④ 난세포질내로 진입된 정자핵이 웅성전핵으로 전환되고, ⑤ 웅성전핵이 난자의 핵에서 형성된 자성전핵과 융합하여 이배체(2n)의 접합체를 형성한 다음, ⑥ 난할이 개시되는 과정으로 진행된다(그림 7-3; Yanagimachi, 1988).

(1) 정자의 난구세포층 통과 : 포유동물에서 배란 직후의 난자는 여러층의 난구세포(卵丘 細胞, cumulus cell)와 세포간질인 무세포성기질(無細胞性基質, acellular matrix)로 피복되어 있다. 특히, 점성이 매우 강한 히알루론산(hyaluronic acid)을 포함하는 탄수화물성분과 단백질성분으로 구성된 무세포성기질은 난구세포 상호간을 치밀하게 접착시킨다. 정상적인 교배에 의하여 이루어지는 체내수정에서 정자가 난구세포층을 통과하려면 수정능획득과 첨체반응이 차례로 일어나야만 한다(그림 3-8과 그림 3-9 참조). 첨체반응에 의하여 첨체에서 방출된 히알루로니다제(hyaluronidase)를 비롯한 가수분해효소는 히알루론산을 포함하는 무세포성기실의 구성성분을 분해하여 난구세포를 분산시킴으로써 정자가 투명대의 표면에 도달할 수 있는 통로가 구축된다(Cummins & Yanagimachi, 1986).

(2) 정자의 투명대 통과 : 투명대는 난모세포를 밖에서 둘러싸는 외피구조물로서, 세종류의 서로 다른 단백질(ZP1 · ZP2 · ZP3)로 구성되는데, ZP3에는 당쇄(糖鎖)가 부착되어 있고, 이것이 정자수용체로 작용한다. 이러한 구조를 가진 투명대를 정자가 통과하려면 먼저 투명대에 정자가 부착되어야 하는데, 원형질막의 구조가 완전한 정자는 투명대 ZP3의 당쇄와 원형질막에 부착된 단백질이 결합되고, 첨체반응이 완성되어 내첨체막이 노출된 정자는 투명대의 ZP2와 내첨체막이 결합된다(Rankin 등, 1996; 1998). 이와 같이, 정자가 투명대단백질의 ZP3 또는 ZP2와 결합한 다음에는 모든 정자가 첨체반응이 완료되어 점체내막이 노출되는데, 첨체내막에는 acrosin · hyaluronidase · nonacrosin proteinase · arylsulfatase · glucosulfatase · N-acetylhexosaminidase 등과 같은 다양한 효소가 부착되어 있다(Yanagimachi, 1988). 이들 효소의 작용으로 투명대가 변화되어 정자가 침투할 수 있는 조건이 만들어지는데, 아크로신이 주로 작용하고, 다른 여러 종류의 효소는 보조적으로 작용한다. 한편, 투명대에 부착된 정자는 원형질막의 투과성이 증대되고, 이에 따라 대사기질이 정자로 유입되어 운동성이 항진되는데, 이 운동력으로 연화된 투명대를 통과하여 위란강내로 진입한다.

(3) 정자의 난자의 융합 : 투명대를 통과하여 위란강내로 진입된 정자는 난자의 원형질

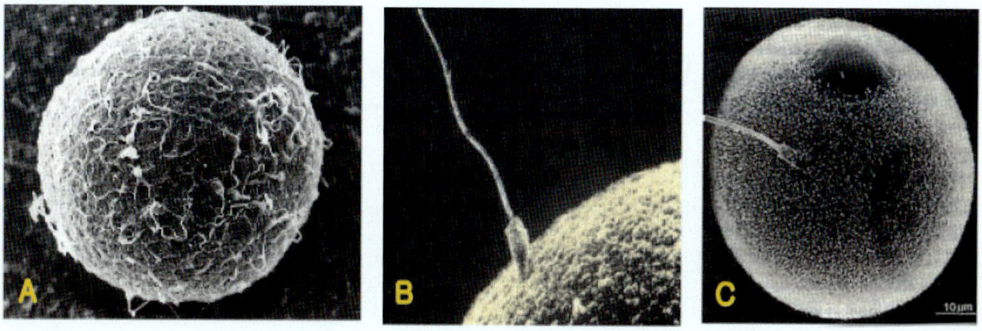

그림 7-4. 수정 직전의 난자표면(A)과 정자의 결합중인 사람(B) 및 마우스(C)의 난자

막(난황막)에 무수하게 돋아난 미세융모(microvilli) 위에 놓이게 된다. 이어서 정자의 원형질막과 난자의 원형질막이 결합하는데, 진수류(眞獸類)에서는 첨체의 적도부를 피복하는 원형질막만이 난자의 원형질막과 결합하기 시작한다(Niwa, 1999). 이어서 정자의 두부 전체가 위란강내로 진입되면 첨체의 적도부를 피복하고 있는 원형질막이 난자의 미세융모 표면을 피복하는 원형질막과 견고하게 결합한다(그림 7-4; Rabe 등, 2000). 원형질막이 융합된 다음에는 이미 활성화된 정자의 추진운동으로 난자를 밀어 회전시키고, 이에 따라 정자의 미부까지 위란강내로 진입되며, 진입이 완료된 후에는 미부의 추진운동이 급속히 둔화된다(그림 7-3의 Ⅲ · Ⅳ · Ⅴ). 위란강으로 진입이 완료된 정자는 정자와 난자의 원형질막이 융합된 부위를 지칭하는 세포질교(細胞質橋, cytoplasmic bridge)를 통하여 정자의 두부(핵)와 미부가 차례로 난세포질내로 진입되어 하나의 세포로 합체된다(그림 7-3의 Ⅴ · Ⅵ · Ⅶ). 이러한 과정을 통하여 하나의 정자가 난세포질내로 진입된 다음에는 난자의 투명대와 원형질막(난황막)의 성질이 변경되는 투명대반응과 난황차단이 차례로 일어나 추가적인 정자의 침입을 저지한다.

(4) 난자의 활성화 : 휴지상태에 있던 난자(제2차난모세포)에 정자가 융합되면, 생화학적 및 형태학적 변화가 연속적으로 유발되는데, 이것을 난자의 활성화(活性化, activation)라고 한다. 난자에 정자의 침입자극이 가해지면 난자의 원형질막에 위치하는 G-단백질이 활성화되고, 이에 따라 포스포리파제 C(PLC)가 활성화되어 난세포질내의 Ca^{2+}농도를 급격하게 상승시킨다(제2장 제1절. 호르몬의 작용기전 항목과 그림 2-4 참조). 난세포질내에 Ca^{2+}농도가 상승되면, 이 Ca^{2+}의 자극으로 표층과립이 개열되어 그 속에 들어있던 가수분해효소가 방출되고, 이것이 투명대와 원형질막의 성질을 변경시켜서 투명대반응과 난황차단을 유도한다(그림 7-3의 Ⅱ · Ⅲ · Ⅳ). 또한, 증가된 Ca^{2+}은 제2감수분열의 중기(MⅡ)에서 휴지되었던 감수분열과정을 재개시키는데, 이에 따라 제2극체가 방출되고, 이에 따라 반수체(n)

의 핵이 형성되면서 새로운 세포주기가 개시된다(그림 7-3의 Ⅶ · Ⅷ · Ⅸ).

(5) 전핵의 형성과 융합 : 수정의 마지막 단계에서는 자성전핵(female pronucleus)과 웅성전핵(male pronucleus)이 형성되고, 이것들이 융합(融合, singamy)되어 수정과정이 완료된다. 난자내로 진입된 정자핵은 핵막이 붕괴되면서 염색질이 탈응축(脫凝縮, decondensation)된 다음에 구조가 변경되고, 이어서 재응축(recondensation)되면서 핵막이 재형성되어 웅성전핵이 된다. 한편, 난자는 정자의 침입자극으로 제2감수분열과정의 중기(MⅡ)에서 휴지되었던 감수분열이 재개되어 제2극체를 방출하고, 난자내에 남아있는 반수체의 핵은 자성전핵으로 발달된다(그림 7-3의 Ⅸ～ⅩⅢ). 형성된 직후의 전핵에서는 곧바로 염색체의 복제가 시작되어 양 전핵이 융합할 때에는 각각이 2n의 염색체를 가지며, 곧이어 각 전핵이 있는 염색체 한벌씩을 교환하여 2n의 염색체를 가지는 두개의 세포(2-세포기)로 분열하면서 수정과정이 완료된다. 형성된 직후의 전핵에서는 DNA의 원할한 복제를 위하여 염색질이 매우 빠른 속도로 탈응축되는데, 한번 탈응축 되었다가 다시 재응축된 웅성전핵에 비하여 자성전핵의 염색질이 더 농축되어 있기 때문에 탈응축이 개시된 수시간 동안은 자성전핵이 웅성전핵에 비하여 작다. 이러한 크기의 차이로 양 전핵을 쉽게 구분할 수 있다(그림 7-3의 Ⅹ). 수정에 소요되는 시간을 동물의 종에 따라 차이가 있으며, 사람의 경우는 수정을 유도한 후 16～18시간이 지나면 전핵의 관찰이 가능하지만, 24～26시간 후에는 전핵이 관찰되지 않는다(Scott & Smith, 1998).

2. 체 외 수 정

체외수정(體外受精, *in vitro* fertilization [IVF])는 기본적으로 성숙된 난모세포와 정자를 체외의 CO_2배양기내에서 인위적으로 만나게 하여 수정을 유도하는 일련의 기술적 과정을 말한다. 체외수정기술은 사람의 불임증을 치료하는 수단으로 연구·개발되어 왔지만, 오늘날에는 동물산업분야에서도 매우 중요한 기술이다. 즉, 복제동물이나 형질전환동물의 생산에 많은 수의 수정란이 필요하지만, 자연배란이나 다배란처리로 얻을 수 있는 수정란의 수에는 한계가 있을 수 밖에 없다. 따라서, 도축된 동물의 난소나 살아있는 동물의 난소에 있는 다수의 난포를 천자·흡인하는 방법으로 미성숙 난모세포를 채취하여 체외에서 성숙시킨 다음, 체외수정을 유도하고, 이것을 체외에서 배양하여 이식이 가능한 단계의 배로 발달시키는 체외성숙(IVM)-체외수정(IVF)-체외배양(IVC)의 기술체계(IVMFC)가 확립되어 필요한 배(수정란)을 확보할 수 있는 길이 열리게 되었다. 한편, 사람에서는 난관의 이상 또는 결손으로 인한 불임증 환자에게도 자손을 가지게 할 목적으로 개발되었지만, 오늘날에는 다양한 생식관련 응용기술의 발전에 기초적 수단으로 이용되어 생식의학(生殖醫學, reproductive medicine) 또는 보조생식기술(補助生殖技術, assisted reproductive technology)

표 7-1. 난모세포의 성숙단계에 따른 핵성숙의 평가기준

핵의 성숙단계	난자의 상태
미성숙(제1감수분열 전기; P I)	극체의 방출이 없고, 난세포질내에서 난핵포가 관찰됨.
중간성숙(제1감수분열 중기; M I)	극체의 방출이 없고, 난세포질내에서 난핵포가 관찰 안됨.
성숙(제2감수분열 중기; M II)	제1극체의 방출이 관찰됨.

이라는 새로운 학문분야를 태동시켰다(Anderson 등, 2005).

1) 미성숙 난모세포의 채취·성숙배양·평가

포유동물에서 자연배란되는 난모세포는 제2성숙분열과정의 중기(metaphase II)에서 핵의 분열이 정지된 제2차난모세포이다. 그러나, 체외배를 생산하기 위하여 난포에서 채취하는 난모세포는 제1감수분열 전기의 복사기에서 핵분열과정이 휴지된 제1차난모세포의 상태이다. 따라서, 채취된 제1차난모세포를 체외에서 배양하여 제2감수분열의 중기까지 성숙시켜야만 체외수정을 유도할 수 있다. 난모세포의 채취방법과 체외에서의 성숙배양방법은 제5장 제3절 배의 체외생산 항목에서 상세하게 기술하였다.

한편, 성숙배양이 끝난 난모세포는 체외수정을 유도하기 전에 실체현미경하에서 성숙여부를 판정하는 동시에, 난모세포의 질을 평가하여야 한다. 평가할 때에는 ① 난모세포-난구세포 복합체(oocyte-cumulus complex)의 충실도, ② 난모세포의 상태, ③투명대의 상태 등을 면밀히 관찰하여 종합적으로 판단한다(Eppig 등, 1994). 난구세포는 난모세포를 밖에서 둘러싸고 있는 세포로서, 난모세포가 난포내에 위치하고 있을 때에는 난모세포와 간극결합(gap junction)으로 연결되어 있으면서 난모세포의 대사에 관여하고, 난모세포성숙억제인자(OMI)를 합성하여 난모세포로 전달함으로써 제1감수분열을 저지한다. 그러나, LH-급증이 일어나 배란과정이 개시되면 간극결합이 절단됨에 따라 제1감수분열이 재개되어 제2차난모세포가 된다. 이러한 기능을 하는 난구세포는 미성숙난모세포에서는 조밀하게 부착되어 있지만, 난모세포가 성숙하면서 난구 상호간에 유지되던 세극결합이 절단되어 분산되고, 이에 따라 난구세포 사이로 난모세포의 상태를 관찰할 수 있다(Herrler & Beier, 2000). 한편, 난모세포는 성숙과정에 따라 난핵포가 붕괴되면서 제1극체를 방출하고, 제2감수분열 중기(MII) 상태의 핵을 가진다. 그러나 소·돼지·말·면양·산양 등과 같은 동물에서는 난모세포의 세포질에 굴절성이 매우 강한 지방구가 다량으로 함유되어 있어 세포질의 관찰이 어렵다. 성숙과정 중에 있는 난모세포의 발달단계에 따른 핵의 성숙단계와 질의 평가기준은 각각 표7-1 및 7-2와 같다. 투명대의 두께는 동물의 종에 따라 매우 달라

표 7-2. 난모세포의 성숙단계에 따른 질의 평가기준

단 계	특 징
1 단계 : 미성숙 난자, 전기 I	· 난구세포가 난자주위로 촘촘히 밀집되어 있는 상태. · 현미경 하에서 난핵포가 난자 중심에서 관찰됨. · 극체는 없음.
2 단계 : 성숙 직전, 중기 I	· 난구세포는 넓게 확장되지만, 방사관세포는 투명대 가까이에 병치됨. · 극체는 없고, 난핵포는 붕괴됨. · 난세포질이 약하게 착색되어 있고, 일부 과립이 관찰됨. · 난구세포복합체의 지름이 약 400~600㎛
3단계 : 성숙/배란전, 중기 II	· 난구세포가 솜털 모양으로 넓게 잘 퍼져 있는 상태. · 방사관세포가 투명대 주위에서 관찰되나, 일부 느슨하게 뭉쳐 있음. · 극체 방출됨(일부 육안 관찰 불가), 핵 없음. · 난형질이 밝고, 과립이 고르게 분포되어 있음.
4 단계 : 성숙 후	· 난구세포는 덩어리지고, 때로는 관찰되지 않음. · 방사관세포는 최대한 확장되고, 일부는 보이지 않거나 덩어리 형태를 나타냄. · 극체는 원래대로 있거나 또는 분열됨. · 난형질은 약간 어두운 색을 띠며, 많은 과립이 관찰됨. · 난자는 둥글고, 윤곽이 뚜렷한 형태를 보임.
5 단계 : 폐쇄 · 사멸	· 난구세포는 사라짐. · 방사관세포는 존재하지만 덩어리 또는 불규칙한 형태. · 극체와 핵은 퇴화됨. · 난형질은 어두운 색을 띠며 액포를 형성. · 난자의 표면은 고르지 못하고, 모양도 불규칙함. · 위란강이 뚜렷이 관찰됨. · 투명대가 뚜렷하며, 어두운 색을 보임.

서 마우스는 5㎛ 정도에 불과하지만, 가축에서는 면양(15㎛) · 돼지(16㎛) · 소(27㎛)의 순이다. 투명대의 두께와 수정률 사이의 관계는 명확하지 않지만, 육안으로 관찰할 때 너무 두껍거나 경화된 투명대는 수정률과 배반포의 부화율을 저하시키는 원인이 된다(de Vos & van Steirteghem, 2000). 정상적으로 성숙된 난모세포의 구조적 특징은 제5장 제2절 난자의 구조 항목에서 자세히 기술하였다.

2) 정자의 준비와 수정능획득

체외수정에서는 동결정액을 융해하여 사용하거나, 신선정액을 그대로 사용하는데, 동결보존액이나 정장에는 수정과정에 나쁜 영향을 미치는 물질(수정능파괴인자 · 동해방지제 등)들이 함유되어 있고, 또한 기형정자나 사멸정자도 많이 포함되어 있다. 따라서, 체외수정을 성공하려면 반드시 정장성분이 제거되고, 활발한 운동성을 가진 정상형태의 정자만을 선별한 다음, 수정능을 획득시킨 후에 사용하여야 한다. 운동정자를 선별하는데는 swim-up법과 퍼콜밀도구배법이 이용되고, 수정능획득은 수정능을 유기하는 물질이 첨가된 배양액에서 정자를 배양하는 방법으로 유도한다.

(1) **Swim-up법** : 정자를 TALP배양액(Tyrode/albumin/sodium lactate/sodium pyruvate)에 부유시키면 운동성이 있는 정자는 배양액의 상층으로 헤엄쳐 올라오는 원리를 이용하여 생존정자를 분리하는 방법이다. 먼저 정장성분을 제거하기 위하여 정액량의 1~2배 정도되는 배양액을 첨가·혼합한 다음, 1,800rpm으로 5분간 원심분리하여 정자를 침전시킨 후에 상징액(上澄液)을 버리고, 같은 방법으로 다시 한번 원심분리한다. 정장이 제거된 정사 넝어리(sperm pellet)를 0.4㎖의 배양액에 부유시킨 다음, 39℃의 배양기에 비스듬이 정치시켜 30~60분 동안 배양하면서 swim-up을 유도한 후에, 상층부에 부유된 정자를 회수한다. 동결정액은 스트로를 액체질소통에서 꺼낸 후에, 대기 중에서 5초 동안 흔들어 스토로에 묻어 있는 액체질소를 기화시키고, 37℃의 항온수조에 침지하여 융해시킨 후에, 4㎖의 배양액을 첨가하여 희석한 다음, 앞에 기술된 방법으로 세척·부유시켜 운동정자를 선별한다. 이 방법은 운동성이 있는 정자를 간편하게 분리할 수 있다는 장점은 있지만, 분리하는데 많은 양의 정액이 필요하고, 높은 정자농도로 분리하기가 어렵다는 단점이 있다.

(2) **퍼콜밀도구배법** : 10배로 농축시킨 Ham's F-10 배양액에 퍼콜(percoll; 교질성 cilica를 PVP로 피복한 15~30㎚의 입자로서, 점조도가 높음)을 첨가하여 40%와 90%의 퍼콜용액을 만든 다음, 원침관에 먼저 90%용액 1.5㎖를 붓고, 그 위에 40%용액 1.5㎖를 부어 불연속밀도구배(discontinuous density gradient) 퍼콜중층용액을 만든다. 이 위에 정장을 제거한 정자부유액을 넣고, 3,000rpm에서 15분간 원심분리한 다음, 아래에 침전된 정자덩어리를 취하여 부유액에 다시 부유시키고, 퍼콜중충용액에서 18,000rpm으로 원심분리를 두번 반복한다. 이러한 방법으로 원심분리하면 양질의 정자는 저질의 정자에 비하여 밀도가 높기 때문에 고농도의 퍼콜용액까지 침전됨으로 90%의 용액에서 정자를 취하면 운동성이 높은 정자를 얻을 수 있다. 그러나, 퍼콜의 농도구배를 30%와 40%, 또는 30%와 45%로 하는 경우도 있고, 퍼콜용액 대신에 소 혈청알부민용액을 이용하는 경우도 있다. 퍼콜밀도구배법은 Swim-up법에 비하여 높은 농도로 운동정자를 채취할 수 있다는 장점은 있지만, 퍼콜입자가 정자의 표면에 미세한 손상을 초래한다는 사실이 밝혀져 2000년 이후부터는 사람의 시험관아기시술에 사용되지 않는다.

(3) **정자의 수정능획득 방법** : 정자는 수정능획득과 첨체반응이라는 특이적 변화과정을 차례로 거쳐야만 난자와 결합하여 수정이 이루어질 수 있다. 자연교배에서는 정자가 자성생식도관을 경유하여 상행하는 과정에서 자연적으로 수정능이 획득되지만, 체외수정의 경우에는 인위적으로 수정능획득반응을 유도하여야 한다. 수정능을 획득시키는 방법에는 380mOsm정도의 고장액(高張液, hypertonic solution)이나 난관액을 첨가한 배양액에서 배양

표 7-3. 실험동물에서 사용되는 체외수정용 배양액의 예

성분 \ 동물종	토끼	기니픽	마우스	래트
NaCl	112.00 mM	95.59 mM	119.37 mM	94.60 mM
KCl	4.02	4.78	4.78	4.78
$CaCl_2$	2.25	1.71	1.71	1.71
KH_2PO_4	-	1.19	1.19	1.19
NaH_2PO_4	0.83	-	-	-
$MgSO_4$	-	1.19	1.19	1.19
$MgCl_2$	0.52	-	-	-
$NaHCO_3$	37.00	25.07	25.07	25.07
Glucose	13.90	5.56	5.56	5.56
Na pyruvate	-	0.25	1.00	0.55
Na lactate	-	21.58	20.00	21.58
BSA(mg/mℓ)	3	3	10	4
Penicillin(μg/mℓ)	31	100	75	75
Streptomycin(μg/mℓ)	-	-	50	50
pH	7.8	7.4~7.5	7.4~7.5	7.4~7.6
연구자	Brackett & Williams (1975)	Biggers, Whitten & Whittingham (1971)	Toyoda, Yokoyama & Hoshi (1971)	Toyoda & Chang (1974)

하는 방법도 있지만, 카페인(caffeine; Niwa & Ohgata, 1988), 헤파린(heparin; Parrish 등, 1988), Ca^{2+}-운반체(Ca^{2+}-ionophore; Takahashi & Hanada, 1984) 등이 함유된 배양액에서 15분 동안 배양하는 방법이 주로 이용된다.

3) 매정(수정)방법

수정능이 획득된 정자와 제2감수분열의 중기(MⅡ)까지 성숙된 난자를 서로 만나게 하여 수정을 유도하는 것을 매정(媒精)이라 한다. 매정방법은 적당한 농도로 희석된 정자부유액 내에 난자를 집어넣는 방법과 난자가 먼저 들어있는 배양액내에 정자부유액을 소량씩 첨가하는 방법이 있다. 이 때, 정자농도가 너무 낮으면 수정률이 낮아지고, 너무 높으면 다정자침입(polyspermy)의 발생률이 높아짐으로 동물종에 따라 적정한 정자농도를 유지하는 것이 매우 중요하다. 체외수정에 이용되는 배양액은 동물의 종과 연구자에 따라 매우 다양하게 개발되었는데, 실험동물에서 사용되는 배양액의 조성은 표 7-3과 같다. 소의 매정에는 수정-TALP배양액(Parrish 등, 1986)과 BO배양액(Brackett & Oliphant, 1975)이 가장 널리 사용되고 있다. 체외수정용 배양액에 함유되는 정자농도는 $1 \sim 2 \times 10^6$/mℓ이며, 이러한 배양액 100μℓ 소적(小滴)에 10~15개의 난자를 넣고, 24시간 동안 CO_2배양기에서 배양하여 체외수정을 유도한다. 소에서는 배양 6시간부터 수정현상이 관찰되지만, 배양 18~24시간

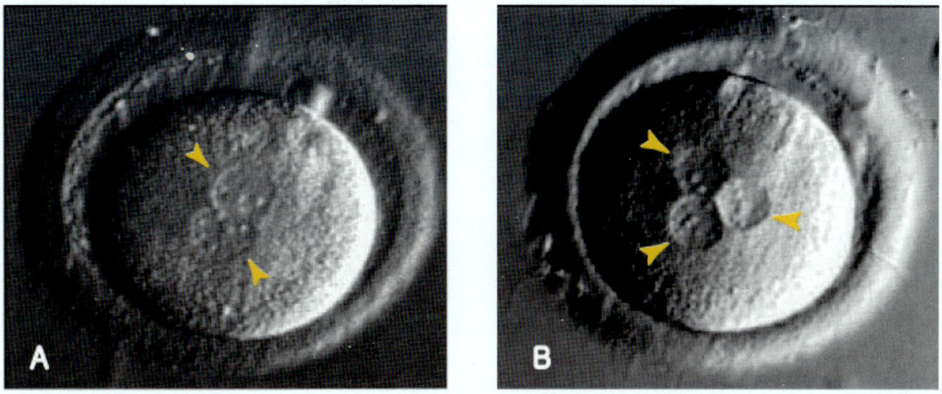

그림 7-5. 정상수정란(좌)과 비정상수정란(우)의 전핵

후에 가장 높은 수정률을 나타낸다(Younis & Brackett, 1991). 그러나, 그 이상의 시간에서는 사멸되는 정자가 많기 때문에 매정시간을 연장하려면 빨리 새로운 배양액으로 옮기는 것이 바람직하다. 돼지의 매정에는 m-TBM배양액(modified tris buffer medium)에 2.5mM의 카페인(caffeine sodium benzoate)과 4㎎/㎖의 BSA가 첨가된 체외수정용 배양액으로 성숙난자를 세척한 다음, CO_2배양기에서 평형시킨 48㎕의 배양액 소적에 넣고, 이 소적에 5×10^5/㎖의 농도로 희석한 정자부유액 2㎕를 첨가하여 39℃의 CO_2배양기에서 6시간 동안 배양하면 체외수정이 유도된다.(Abeydeera & Day, 1997).

4) 수정의 판정

정자가 난자내로 침입하면 정자의 핵은 탈응축(decondensation)되면서 웅성전핵으로 발달되고, 난자의 핵은 제2감수분열이 재개되어 제2극체를 방출하면서 자성전핵을 형성한다. 수정자극에 의하여 난자가 활성화되면 염색체가 복제되는 과정에서 난세포질의 균일성이 변경되고, 전핵이 형성되면 그 주변부에 어두운 그늘이 링(ring) 모양으로 출현된다. 또한, 수정시에는 정자의 미부도 난세포질내로 진입되며, 수정 후에도 상당 기간 남아있다. 이러한 모든 변화를 종합적으로 검토하여 수정여부를 판정한다. 전핵의 형성을 관찰하여 수정을 판정하는 것은 체외수정을 유도한 시간으로부터 설치류는 6~8시간, 가축의 경우는 12~20시간, 사람은 16~18시간에 가능하다. 그러나, 전핵의 형성여부로 수정을 판정하는 것은 난세포질내에 지방구가 적은 설치류와 사람에서는 매우 유용한 방법이지만(그림 7-5; Rabe 등, 2000), 다량의 지방구가 난세포질내에 존재하는 소·돼지·말 등의 경우에는 지방구가 빛을 굴절시켜서 전핵을 실체현미경으로 관찰하는 것은 불가능하며, 간섭현미경이나 위상차현미경을 이용하여야만 관찰이 가능하다. 또한, 수정자극으로 미수정란이 활성화되어 난자에서 유래되는 전핵 두개가 형성되는 단위발생(parthenogenesis)이 일어날 경우도 있기 때문에 전핵을 확인할 때는 난세포질내로 진입된 정자의 미부를 함께 확인하는 것이 정확한 판정결과를 얻을 수 있다. 그러나, 가장 확실한 방법은 수정란을 배양하여 난할여부를 확인하는 것이고, 오늘날에는 이 방법으로 수정여부를 판정하는 것이 일반적이다.

3. 미세조작수정

현미경하에서 미세조작기를 이용하여 정자와 난자의 수정을 인위적으로 유도하는 기술을 미세조작수정(微細操作受精, micromanipulation-assisted fertilization)이라 한다. 미세조작수정은 처음에는 수정과정에서 발현되는 정자와 난자의 상호작용을 체외에서 연구하기 위한 수단으로 이용되었다. 그러나, 최근에는 사람의 불임치료를 위한 체외수정기술과 배이식 프로그램이 확립됨에 따라 미세조작수정을 남성불임의 치료수단으로 이용하게 되었다. 따라서, 임상적 측면에서도 매우 중요한 의미를 가지는 기술로 정착되었다. 특히, 산업동물에서는 미세조작수정기법을 이용하여 경제형질의 유전적 능력은 우수하지만, 수정능력이 떨어지는 정자를 생산하는 수컷도 번식에 이용할 수 있게 되었으며, 성이 판별된 소수의 정자만으로도 성비를 조절할 수 있는 길이 열리게 되었다.

1) 미세조작수정의 이론적 배경

수정과정을 연구한 다수의 결과들을 종합하면, 정자와 난자의 융합이 전핵형성을 위한 전제조건이 아닐 뿐만 아니라, 정자의 수정능획득도 전핵형성에 반드시 요구되는 과정이 아니라는 것이 밝혀졌다. 더욱이, 기계적으로 꼬리를 제거한 정자의 두부나 운동성이 없는 정자를 난세포질내에 주입하여도 정상적인 수정이 유도된다. 이러한 사실들은 수정과정에서 발현되는 정자와 난자의 상호작용이 정상적인 수정을 위한 필수요건은 아니며, 정자를 난세포질내에 적접 주입하여도 정상적인 수정이 이루어진다는 것을 증명한다. 이러한 원리에 기반을 두고, 다양한 미세조작수정기법이 개발되었다.

2) 미세조작수정의 기법

미세조작수정기법은 투명대천공법(zona pellucida drilling) · 투명대부분절개법(partial zona dissection [PZD]) · 위란강내정자주입법(subzonal insemination [SUZI]) · 난세포질내정자주입법(intracytoplasmic sperm injection [ICSI]) 등이 순차적으로 개발되었지만, 오늘날 가장 널리 이용되고 있는 방법은 1976년에 Uehara와 Yanagimachi에 의하여 개발된 난세포질내정자주입법이다(그림 7-6).

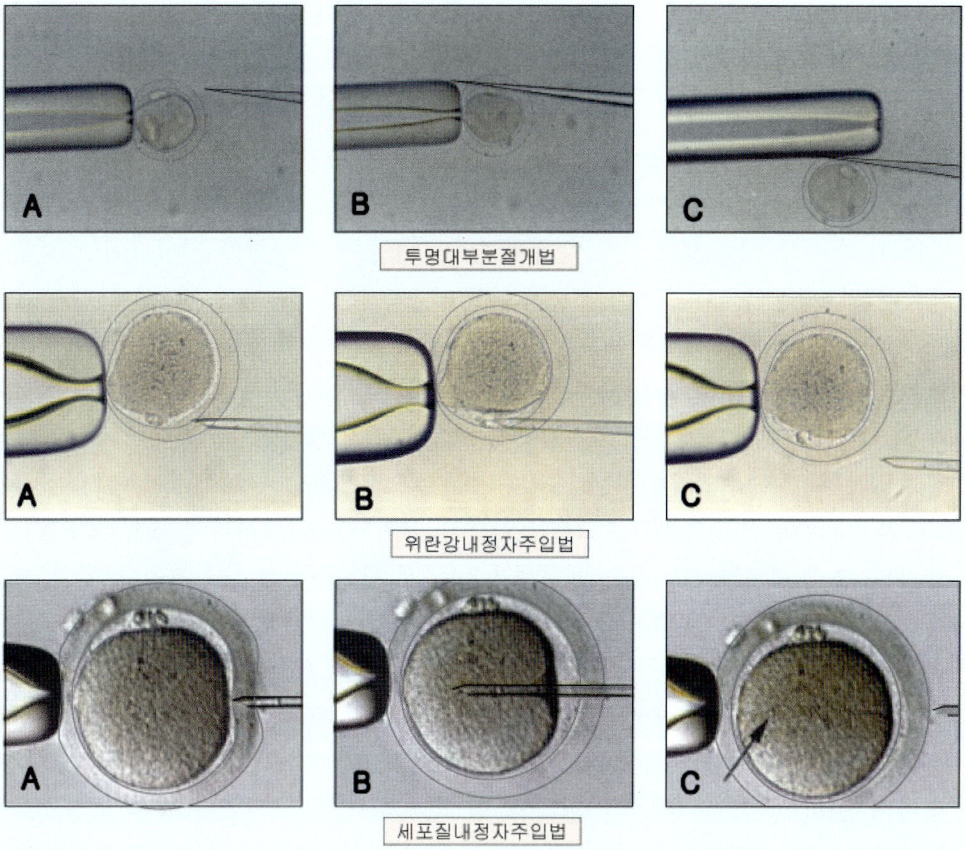

그림 7-6. 미세조작수정방법의 종류

(1) **투명대천공법** : 미세조작기로 미세피펫을 난자의 투명대에 접근시킨 다음, 산성(pH 2.0)의 Tyrode용액이나 PBS용액을 분사하여 투명대에 작은 구멍을 뚫어 정자의 투명대 통과를 용이하게 하는 방법이다. 이 방법을 이용하려면 정자의 수정능획득과 첨체반응이 선행되어야 하며, 정자의 운동성도 양호하여야 하기 때문에 수정방법으로는 의미가 없다.

(2) **투명대절개법** : 투명대의 10~20% 정도를 미세한 유리침을 이용하여 절개한 배를 정자와 공배양하여 수정을 유도하는 방법이다. 이 방법도 정자의 수정능획득과 첨체반응이 필수적인 조건이며, 이식된 배가 외부의 압력에 의하여 투명대에서 탈출될 위험성도 있어서 좋은 방법이라고 할 수는 없다.

(3) **위란강내 정자주입법** : 투명대와 난세포막 사이의 공간인 위란강에 3~5개의 정자를 주입하는 방법으로서, 정자가 자체의 능력으로 투명대를 통과하는 과정이 생략됨으로 운동능력이 미약한 정자도 수정에 이용할 수 있다. 그러나, 정자가 난자의 세포막과 융합되어

야 함으로 반드시 수정능획득과 첨체반응이 유기된 정자를 주입하여야만 한다. 또한, 너무 많은 수의 정자를 주입하면 다정자침입이 일어날 수도 있다.

(4) 난세포질내 정자주입법 : 미세조작기를 이용하여 미세피펫으로 정자를 난자의 세포질내에 직접 주입하는 방법으로서, 가장 효과적이고 확실한 방법이다. 이 방법을 이용하면 ① 미부가 절단된 정자, ② 운동성이 없는 정자, ③ 사멸한 정자, ④ 구조적으로 기형인 정자 등도 수정에 이용할 수 있을 뿐만 아니라, 정자의 수정능획득과 첨체반응도 유기시킬 필요가 없다. 따라서, 사람에서 정자가 정상적이지 못하여 웅성불임을 나타내는 경우에 매우 유효하게 이용된다.

① 미세피펫의 제작 : 미세조작에 사용하는 피펫은 외경이 0.97㎜이고, 길이가 78㎜인 유리관을 풀러로 가늘게 뽑아서 만든다. ICSI용으로 사용되는 피펫에서 난자를 고정하는 용도로 사용되는 고정피펫은 외부와 내부의 직경이 각각 60~100㎛와 20~30㎛가 되도록 제작한다. 정자를 난자내로 주입하는 주입피펫은 외경과 내경이 각각 7㎛와 5㎛가 되도록 가늘게 뽑고, 그 끝을 피펫연마기로 30°의 각도가 유지되도록 뾰족하게 연마한다.

② 난자의 준비 : 체외성숙 또는 체내성숙으로 제2감수분열의 중기까지 발달한 제2차난모세포를 50~80IU/㎖의 히알루로니다제(hyaluronidase)가 첨가된 HEPES완충용액에 침지하여 난자의 주위에 부착된 난구세포를 제거하고, 현미경하에서 제1극체가 방출되었지를 확인한 다음, 극체가 방출된 성숙난자만을 골라서 ICSI를 한다. 이 때, 높은 농도의 히알루로니다제용액으로 처리하면 미수정란이 자발적으로 발생하는 단위발생의 빈도가 높아진다.

③ 정자의 준비 : 사출된 정액을 이용할 때는 체외수정을 할 때와 같은 방법으로 준비하지만, 정자농도가 매우 낮거나, 기형정자율이 높은 경우에는 정액을 원심분리하여 농축한 다음에 사용한다(Casper 등, 1996). 한편, 웅성불임증을 나타내는 환자에서는 MESA(microsurgical epididymal sperm aspiration; Temple-Smith 등, 1985), PESA(percutaneous epididymal sperm aspiration; Craft 등, 1995), TESE(testicular sperm extraction; Tesarik 등, 1995) 등의 방법으로 채취한 정자를 이용한다.

④ 주입방법 : 주입할 정자는 운동성을 억제하고, 주입피펫에 부착되는 것을 방지하기 위하여 PVP용액(PVP-K 90, 분자량 360,000)에 부유시킨다. 부유된 정자 중에서 정상적인 형태를 가진 정자 1개를 현미경하에서 선택한 다음, 미부의 중편부 부위를 주입피펫으로 압착하여 운동성을 정지시킨 후에, 정자의 두부가 주입피펫의 선단쪽에 위치하도록 흡인한다. 난자를 고정용피펫으로 9시 방향에서 고정시킨 다음, 정자를 흡인한 주입피펫을 3시 방향에서 난자에 접근시킨 후에, 조심스럽게 투명대와 난세포막을 관통시킨 다음, 세포질내로 정자를 주입하고, 주입피펫을 서서히 빼낸다. 이 때, 난자의 활성화를 유도하기 위하여 주입피펫으로 조심스럽게 난세포질의 흡입과 배출을 반복하는데, 이것은 수정과 배발생을 유도하는 중요한 과정이다. 난세포질내로 주입된 정자는 약 30분이 경과되면 염색질의

탈응축이 개시되며, 난자는 정자가 주입된 직후에 표층과립의 세포외유출(exocytosis)이 일어나 투명대반응과 난황차단이 유기되면서 활성화 된다. 정자의 주입이 완료된 난자는 체외배양용 배양액으로 옮겨 배발생을 유도한다(van Steirteghem, 2000).

제 3 절 성의 인위적 조절

포유동물에서 수정시의 성비(性比, sex ratio)는 이론적으로 1 : 1이 되는데, 이 비율을 인위적으로 암컷 또는 수컷 어느 한쪽의 성으로 편재되게 조작하는 것을 성조절(sex control) 또는 성지배라 한다. 성의 인위적 조절은 원하는 성의 배(胚)가 착상·임신될 수 있도록 모체의 생리상태를 조절하는 방법으로도 가능할 수는 있지만, 신뢰도가 높고 가장 간편한 방법은 정액중에 혼재되어 있는 X-정자와 Y-정자를 분리하여 필요에 따라 수정시키는 방법이다. 또한, 이미 성이 결정되어 있는 초기배의 성을 판별한 다음, 필요로 하는 성을 가진 배를 이식하는 수단으로 산자의 성을 조절하는 방법도 매우 유용하게 이용된다.

1. 자연번식에서 성비의 조절

인류는 선사시대부터 자신들이 원하는 성을 가진 후손을 얻으려는 염원을 가지고 있었을 것이다. 모계사회를 유지하였던 시대에서는 여아의 출산을 선호하였을 것이고, 집단적 사회생활이 시작된 이후부터는 외부의 침입으로부터 자기 집단을 방어하기 위하여 남아를 필요로 하였을 것이다. 오늘날에도 남아를 선호하는 성향은 정도의 차이는 있지만, 전세계의 어느 곳에서나 계속되고 있다. 성을 조절하려는 욕구를 충족시키기 위하여 고대에는 미신이나 신화를 근거로 하는 방법들이 시행되었을 것으로 추정된다. 그러나, 동물의 성비가 생태적 및 환경적 요인들에 따라 변경된다는 사실이 알려진 오늘날에는 이들 요인들을 찾아내어 과학적으로 분석함으로써 자연번식과정에서도 성비를 조절하려고 시도하고 있다.

1) 자연번식과정에서 성비에 영향을 주는 요인

포유동물의 성비에 대한 유전적 변이는 존재하지 않지만, 표현되는 성비는 다양한 생태적 및 환경적 요인에 의하여 영향을 받는다. 예를 들면, 일부다처(一夫多妻, polygyny)를 영위하는 동물종 에서는 수컷자손의 비율이 현저하게 낮게 유지되며(Trivers & Willard, 1973), 영양상태에 따라서도 후대의 성비가 변경된다.(Rosenfeld & Roberts, 2004). 따라서, 후대의 성비에 영향을 미치는 요인들을 검토하고, 이 요인들을 이용하여 성비를 조절하는 방안을 탐색하는 것은 매우 중요한 일이다.

(1) 정자가 주입되는 시기 : 여러 종의 포유동물에서 가임기의 단계에 따른 정자의 주입이 후대의 성비에 영향을 미친다는 증거는 많다. 사람에서 가임기의 초기와 말기에 정자가 주입되었을 경우에 남아의 출생률이 현저하게 높고, 가임기의 중기에 주입되면 여아의 출생률이 높다(James, 2000). 이 결과는 가임기의 중기, 즉 성선자극호르몬의 분비가 급증될 때, 정자를 주입하면 여아의 성비를 높일 수 있다는 사실을 시사한다. 또한, 토끼·마우스·돼지 등과 같은 동물종에서는 개개의 난자가 배란되는 시각이 서로 다르게 마련임으로 각각의 난자가 정자와 만나서 수정될 때, 모체의 호르몬 분비상태가 서로 다르기 때문에 한배새끼의 성비가 산차 또는 개체에 따라 다르게 나타난다(James, 1996). 한편, 소에서 제1극체를 방출한 직후의 난자를 대상으로 체외수정을 유도하면 성염색체의 조합이 XX인 배가 XY인 배에 비하여 많이 생산되었으며, 제1극체를 방출한 8시간 후에 체외수정을 하면 XY-배와 XX-배의 비율이 1.67 : 1.00을 나타내낸다. 면양에서는 배란이 일어나기 5시간 전에 인공수정을 하면 암컷의 출생비율이 높고, 배란 5시간 후에 수정한 경우에는 수컷의 비율이 높다(Gutierrez-Adan 등, 1999). 이러한 사실들은 X-정자 또는 Y-정자가 주입되는 시기 또는 난자의 성숙도에 따라 수정능력에 차이가 있다는 사실을 나타낸다.

(2) 교배횟수 : 출산되는 새끼의 성비가 정자의 주입시기와 관련이 있다는 사실을 전제로 하면 후대의 성비가 교배횟수와도 관련이 있을 수 있다(Roberts, 1978). 일반적으로, 말·토끼·래트·마우스·바다표범에서는 수태가 성립된 발정기에 교배횟수가 증가할수록 수컷의 비율이 증가되고(James, 1996), 사람에서도 같은 양상의 결과가 제시되었다(James, 1995). 이와 같이, 교배횟수가 증가되면 수컷의 출생비율이 높아지는데, 그 이유는 교배횟수 자체보다는 X-정자와 Y-정자가 가지는 수정생리학적 특성에 기인하는 것으로 보인다. 포유동물의 질은 젖산균이 상주하고 있기 때문에 젖산에 의하여 산성상태가 지속되는데, 이러한 환경은 정자의 생존성과 운동성에 매우 유해하게 작용한다. 그러나, 교배에 의하여 정액이 질내로 주입되면 정액의 완충계(緩衝系, buffering system)가 작동하여 산성상태를 완화시켜 유해환경을 개선시킨다. 따라서, 교배횟수가 증가되면 질에 주입되는 정액량이 많아져서 질의 상태를 빠르게 알칼리성 쪽으로 변경시키고, 이에 따라 정자의 운동성이 항진되는데, 특히 운동성이 활발한 특성을 가진 Y-정자가 신속하게 수송되어 수정됨으로써 수컷의 성비가 높아지는 것으로 생각된다. 또한, 빈번한 교미자극으로 전정선(vestibular gland)의 분비가 활발하게 되어 질의 산성상태를 개선시키는데 도움을 주고, 질이 강력하게 수축하는 것도 수컷의 성비를 높이는 하나의 요인이 되는 것으로 보인다.

(3) 임신기간 : 임신기간과 성비의 관계는 매우 홍미로운 관심사이다. 분만을 개시시키는 요인으로 태아의 성이 제시되어 왔는데, 사람에서 임신 38~40주 사이에 분만한 아이에서는 남아의 비율이 현저히 낮으며, 40주 이후에 분만한 경우에는 남아의 비율이 높고, 여아의 비율이 낮다(Divon 등, 2002).

(4) 배란되는 난소의 방향 : 오래전부터 오른쪽 난소에서 배란된 경우에는 남아일 확률이 높고, 상대적으로 왼쪽 난소에서 배란된 경우에는 여아일 확률이 높을 것이라는 믿음이 전해지고 있다. 실제로, 오른쪽 난소에서 배란된 경우가 왼쪽 난소에서 배란된 경우에 비하여 혈중 에스트라디올과 테스토스테론의 농도가 더 높다는 흥미로운 보고(Fukuda 등, 2000)를 보면, 위의 믿음이 사실인지도 모르겠다.

(5) 모체의 영양상태 : 일부다처성 동물종에서는 후대의 성비가 불균형을 이루는데, 이러한 현상을 Trivers와 Willard(1973)는 성의 분배가설(sex allocation hypothesis)로 설명하였다. 즉, 최상의 신체조건(영양상태)을 가지면서 사회적 서열이 높은 암컷은 수컷새끼를 더 많이 낳고, 이 수컷새끼는 서열이 높은 어미의 보호하에 앞으로 번식할 기회를 가지게 되는 엘리트 수컷으로 성장한다. 반면에, 신체조건이 좋지 못한 어미는 암컷새끼를 더 많이 낳는 경향이 있다. 이러한 생식특성에 따라 강력한 체력을 가진 수컷이 육성되고, 이 수컷은 다수의 암컷을 거느리는 하렘(harem)을 형성한다.

일반적으로, 다양한 동물종에서 어미의 영양상태는 그 후손의 성비에 영향을 미친다. 예를 들면, 우제류(偶蹄類, artiodactyla)에 속하는 레드디어(red deer; kruuk 등, 1999)·면양(Kent, 1995)·돼지(Meikle 등, 1996) 등에서 모체의 신체상태가 양호한 개체에서 수컷자손이 더 많이 태어난다. 초산우를 제외한 젖소에서도 높은 수준의 영양수준은 낮은 영양수준에 비하여 비례적으로 수컷을 출산하는 비율이 높아진다(King 등, 1985). 또한, 마우스에 대하여 포화지방을 높은 수준으로 급여하면 한배새끼중에서 수컷새끼가 현저하게 많은 반면에, 낮은 수준의 포화지방을 급여하면 암컷새끼의 수가 훨씬 많아진다(Rosenfeld 등, 2003). 한편, 조류의 난자는 포유류의 정자와 마찬가지로 성을 결정하는 성염색체(Z 또는 W)를 가지고 있는데, 비둘기에서 제한급이를 시행한 군에서 낳은 알은 대부분 암컷으로 부화되었고, 자유급이를 시행한 경우에는 반대의 결과를 보였다(Pike, 2005). 모체의 염양상태가 성비를 조절하는 기전은 염양상태가 모체의 성호르몬 분비를 조절하고, 이에 따라 성비가 변경되는 것으로 보인다. 더욱이, 사람을 비롯한 포유동물에서 모체의 호르몬 분비 동태는 음식의 기호성이나 섭식성향을 변화시킬 수 있으며, 태아에서 분비되는 성호르몬은 모체로 이행되어 모체의 행동을 변화시킬 수 있다(Moles 등, 2003).

(6) 화학물질의 효과 : 쓰레기 소각장·화학물질 취급조 ·천연가스의 누출지역 등에서 태어난 아기들의 성비에 대한 조사결과를 보면, 성비의 균형이 파괴 되었다는 보고와 보존되었다는 보고가 있어 애매한 점이 많다. 그러나, 화학물질에 노출된 부모는 성비의 불균형을 초래하는 경우가 있다. 즉, 디옥신(dioxin)에 노출된 남성에서는 후대에 딸의 비율이 현저하게 높은 반면에, 같은 조건의 여성에서는 아들의 비율이 높다(Mocarelli 등, 2000). 또한 전쟁용 및 농업용 화학물질은 여아의 출생비율을 증가 시키는데, 그 이유는 유해화학물질이 남성의 테스토스테론 분비수준을 감소시키기 때문에 여아의 출생빈도가 높아지는

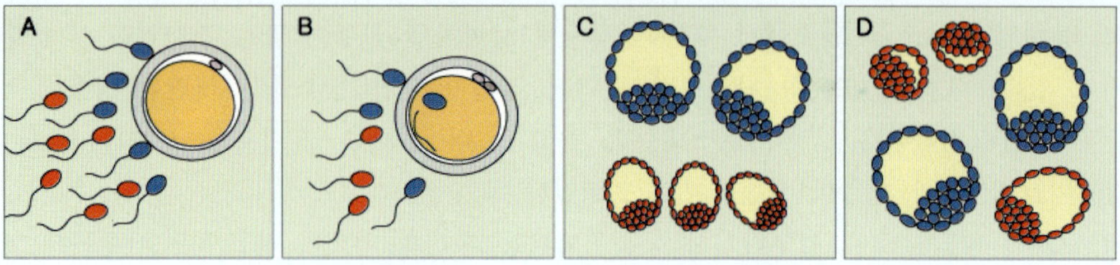

A : X-정자와 Y-정자의 운동성과 운반성 차이, B : X-정자와 Y-정자의 수정능력 차이
C : XX-배와 XY-배의 발달속도 차이, D : XX-배와 XY-배의 생존성 차이

그림 7-7. 성비조절의 이론적 기전

것으로 설명하고 있다(Garry 등, 2003). 한편, 최근에 문제가 되고 있는 내분비교란물질(환경호르몬; endocrime disruptor)은 에스트로겐 또는 안드로겐과 유사한 작용을 가지고 있기 때문에 부모의 호르몬 분비동태를 변화시키는 수단을 통하여 후대의 성비에 영향을 미칠 수 있다(Karmaus 등, 2002). 이러한 현상의 직접적 증거로서, 영장류에서 배란전 에스트로겐의 수준이 낮아지면 후대에 암컷의 성비가 증가되는 경향을 보인다(Perret, 2005).

(7) 스트레스 : 설치류에 대하여 스트레스를 줄 경우 한배새끼중 암컷의 비율이 높아지는 경향이 있다(Karackow, 1997; Pratt & Lisk, 1990). 즉, 임신한 마우스를 좁은 케이지에 많은 수의 마우스와 함께 수용하거나, 사회적 계급이 낮은 햄스터를 계급이 높은 햄스터와 함께 키울 경우에 이러한 현상이 나타난다(Karackow, 1997; Pratt & Lisk, 1989). 비둘기는 알이 없어졌을 때 다시 알을 낳아 보상하려는 생리적 특성이 있는데, 이러한 특성을 이용하여 낳은 알을 계속 제거하는 스트레스를 주면 낳은 알의 대부분이 암컷으로 부화된다(Pike, 2005). 이와 같이, 스트레스가 수컷태아의 손실로 이어지는데, 사회적 계급이 하위에 있는 햄스터에게 덱사메타손이나 프로게스테론을 처리하면 수컷태아의 손실이 감소된다(Pratt & Lisk, 1989; 1990). 이 사실은 스트레스에 의한 성비의 불균형이 내분비적 기전으로 초래된다는 것을 의미하는데, 스트레스는 성호르몬의 분비를 저하시키고, 이에 따라 성비의 불균형이 야기되는 것으로 보인다. 또한, 산차·임신연령·신체의 상태·질병 등과 같은 스트레스와 관련된 요인들도 후대의 성비에 영향을 주는 것으로 알려지고 있다.

2) 성비조절의 이론적 기전

앞에 기술된 성비에 영향을 주는 요인들을 고려할 때 후대의 성이 조절되는 착상전 기전은 4종류의 경로로 나누어 생각할 수 있다(그림 7-7; Rosenfeld & Roberts, 2004). 첫번째는 X-정자와 Y-정자중에서 원하는 성을 발현할 수 있는 정자의 운동성이 다른 쪽의 정자에 비하여 활발하게 발현되어, 곧 바로 난자로 접근하게 되는 경로(그림의 A), 두번째는 난자에 접근된 정자중에서 원하는 성의 정자가 수정될 수 있는 조건을 충족시키는 경로(그림의 B), 세번째는 XX-배 또는 XY-배중에서 원하는 성의 배가 모체의 생식도관내에서 더욱 빠르게 발달하여 자궁내에서의 착상위치를 먼저 차지하게 되는 경로(그림의 C), 네번째는 자궁내에 도달된 배중에서 원하는 성의 배가 사멸되는 것을 방지하는 경로(그림의 D) 등 이다.

2. X-정자와 Y-정자의 분리에 의한 성의 조절

포유동물의 성은 정자와 난자가 수정될 때 이것들이 가지고 있는 성염색체(性染色體, sex chromosome)의 조합에 따라 결정된다. 포유동물의 난자는 X-염색체만을 가지지만, 정자는 X-염색체를 가진 것과 Y-염색체를 가진 것이 있다. 이러한 난자와 정자가 수정에 의하여 이배체(二倍體, 2n)를 형성하는 과정에서 성염색체의 조합이 동형(同型, homo, XX)이면 암컷, 이형(異型, hetero, XY)이면 수컷이 된다. 따라서, 성을 인위적으로 조절하는 가장 효과적인 방법은 정액중에 혼재되어 있는 X-정자와 Y-정자를 체외에서 분리한 다음, 함유된 성염색체를 알고 있는 정자(sex preselection sperm)를 이용하여 인공수정을 시술하거나, 체외수정-체외배양(IVF-IVC)기법으로 성이 판별된 배를 생산하여 수배동물에 이식하는 방법이다. 정자의 분리에 의한 성의 조절방법은 간편하게 성을 지배할 수 있고, 다양한 생식공학기술과 조합하여 성조절의 효과를 극대화할 수 있다는 장점이 있다. 그러나, 이 기술이 보편적 실용기술로 정착되려면 X-정자와 Y-정자를 정확하게 분리하는 방법이 개발되어야 하고, 안전성・경제성・용이성・타당성 등이 학보되어야 하며, 더욱이 보조생식기술(assisted reproductive technology)과 함께 이용하는 것도 편리하여야 한다.

X-정자 또는 Y-정자에 의한 수정과정을 통하여 성비를 조절하는 방법을 탐색하는데 있어서 과거에는 암컷의 생식도관내로 진입된 X-정자나 Y-정자의 활력을 변경시키는 각종 요인을 조절하여 성비를 목적하는 방향으로 변경시키려는 연구가 시도되었지만, 성공을 거두지 못하였다. 따라서, 오늘날에는 사출된 정액에서 X-정자와 Y-정자를 분리하여 성을 조절하려는 연구가 수행되고 있다. 즉, ① X-정자와 Y-정자의 대전(帶電) 상태가 다르다는데 근거하여 전기영동(電氣泳動, electrophoresis)으로 분리하는 방법, ② 수컷에서만 특이적으로 발현되는 항원인 조직적합성 Y-항원(histocompatibility Y-antigen, H-Y antigen)을 면역학적으로 검출하여 정자를 분리하는 방법, ③ X-정자와 Y-정자의 크기나 운동성이 다르다는데 근거하여 점조도가 다른 용액에 침지한 후에 나타내는 침강속도(沈降速度, sedimentation rate)의 차이에 따라 분리하는 방법, ④ X-정자와 Y-정자에 함유된 DNA의 함량이 다르기 때문에 이것을 표지인자(marker)로 이용하여 관류(灌流)세포계수기(flow cytometer)로 분리하는 방법 등을 이용하여 X-정자와 Y-정자를 분리하려고 시도하여 왔다. 그러나,

앞의 3가지 방법은 부분적으로 성과가 있었다는 연구결과가 보고되었지만, 수 많은 추시(追試)에서 그 결과가 재현되지 않아서 효용성이 인정되지 못하고 있으며, 관류세포계수기를 이용한 분리방법만이 타당성이 있는 방법으로 공인되고 있다.

1) 관류세포계수기에 의한 분리

생물학 분야에서 일반적으로 사용하는 관류세포계수기는 세포의 크기·모양·구조 등의 차이를 인식하여 세포를 분리하는데, 약~0.1㎛의 직경과 10^{-18}g의 질량까지의 세포를 초당 수천개씩 분리할 수 있다. 이러한 관류세포계수기를 타원형의 형태를 나타내고, 고도로 응축된 DNA를 가진 정자의 분리에 이용하려면 구조적 변형이 요구되는데, 형광염색된 타원형의 정자를 형광감지기가 정확하게 인식할 수 있도록 분사시키는 정자용 노즐(nozzle)이 개발되어 관류세포계수기를 정자의 분리에 이용하게 되었다(Johnson 등, 1989). 관류세포계수기를 이용하여 정자를 분리하는 원리는 X-염색체가 Y-염색체의 비하여 크기 때문에 X-정자에 함유된 DNA의 함량이 Y-정자의 그것에 비하여 더 많다는데 기초를 두고 있다. 즉, 정자에 함유된 DNA를 형광색소(Hoechst 33342)로 염색하면 DNA의 함량이 많은 X-정자가 Y-정자에 비하여 더 짙게 염색되며, 염색된 정자에 레이저광선을 비추면 짙게 염색된 X-정자에서 형광이 더 많이 방출되는데, 방출되는 형광의 정도를 관류세포계수기가 감지하여 X-정자와 Y-정자를 분리한다. 한편, 사멸정자나 손상정자는 세포막을 투과하지 못하는 형광색소(propidium iodide [PI])로 염색하면 PI가 세포막을 투과하여 정자에서 형광을 발산하기 때문에 확인·제거가 가능하다. 그러나, 분리속도를 더욱 높여야 하고, 상업적 이용에 대비하여 투자비용에 대한 경제성도 종합적으로 검토하는 것이 필요하다. 더욱이, 현재까지의 성과를 보면, 고속관류세포분리방법이 도입되었음에도 불구하고 관행적 인공수정에 충분한 분리정자를 얻는 것이 쉽지 않다. 따라서, 소수의 정자를 난관 또는 자궁각에 주입하는 방법이나, 체외수정과 같은 보조생식기술을 활용함으로써 이 분리방법의 효용성을 높이려고 시도하고 있다. 이러한 기술적 발전에 근거하여 상업적으로 이용하려고 하지만, 보편적으로 통용되는 상업적 기술로 정착되려면 더 많은 연구가 수행되어야 할 것으로 보인다.

(1) X-정자 및 Y-정자의 DNA 함량과 두부 크기의 차이 : 포유동물의 X-염색체는 Y-염색체에 비하여 크다. 따라서, 정자의 두부에 함유된 DNA의 함량이 Y-정자에 비하여 X-정자가 많다. 그러나, X-정자와 Y-정자의 DNA함량 차이는 동물의 종에 따라 매우 달라서 친칠라는 7.5%에 달하는 반면에, 사람은 2.8%에 불과하여 매우 적다(표 7-4; Johnson, 2000; Maxwell 등, 2004; Garner, 2001). 또한, 같은 동물종내에서도 정자핵의 크기가 달라서 DNA함량의 차이도 다르다. 예를 들면, 소는 유럽 품종(*Bos taurus*)이 아시아 품종(*Bos indicus*)에 비하여 X-정자와 Y-정자에 함유된 DNA 양의 차이가 큰데, 그 이유는

표 7-4. X-정자와 Y-정자의 DNA 함량 차이

동 물 종	함량차이(%)	동 물 종	함량차이(%)	동 물 종	함량차이(%)
친 칠 라*	7.5	소 (전체)*	3.80	마 우 스	3.6
기 린	4.4	Jersey	4.22	돼 지*	3.6
가 젤	4.3	Angus	4.07	들 소	3.6
개코원숭이	4.2	Holstein	4.01	야 크	3.6
면 양	4.2	Hereford	3.98	코 끼 리	3.4
고 양 이	4.2	Brahman	3.70	낙 타	3.3
명주원숭이	4.1	엘 크*	3.8	토 끼*	3.0
돌 고 래	4.1	하 마	3.7	사 람*	2.8
개	3.9	말*	3.7	고 릴 라	2.6

* 분리된 정자를 이용하여 새끼가 출산된 동물종

유럽품종의 Y-염색체 크기가 아시아 품종의 그것에 비하여 작기 때문이다(Garner, 2006). 관류세포계수기로 X-정자와 Y-정자를 분류할 때, 이론상으로는 X-염색체와 Y-염색체의 DNA함량 차이가 크면 클수록 더욱 효과적으로 분리할 수 있다.

한편, 정자의 성분리에 DNA함량의 차이가 중요한 요소이지만, 정자두부의 모양도 세포계수기의 통과와 감지에 영향을 미치기 때문에 성분리의 효율성을 결정하는 중요한 요인이 된다. 설치류와 단공류를 제외한 포유동물의 정자두부는 편평한 난원형을 나타내는데, 이러한 구조는 편평하지 않으면서 둥글고 각이 진 정자에 비하여 세포계수기에서 분사될 때 비춰지는 레이저 광선을 쉽게 받아들여 분리의 효율성이 높다. 정자두부의 편평한 면으로 레이저 광선이 조사되면 X- 및 Y-염색체를 가진 정자의 DNA함량을 정확하게 반영할 수 있다. 따라서, 정자의 DNA함량과 함께 정자의 넓은 쪽 면적도 성분리에 크게 영향을 미친다. 관류세포계수기로 정자의 분리할 때, 효율성을 판정하는 지표로 정자두부의 면적과 DNA함량의 차이를 곱하여 산출하는 분리지수(sorting index)를 이용할 수 있다. 예를 들면, 소의 분리자수는 $34.5\mu m^2 \times 3.8\%=131$이지만, 사람의 분리자수는 $10.8\mu m^2 \times 2.8\%=31$로서, 소의 경우가 사람의 경우에 비하여 4배 정도 용이하게 분리할 수 있다(표 7-5; Garner, 2006). 또한, Hoechst 33342 색소에 대한 생존정자 DNA의 염색성이 동물의 종에 따라 다를 뿐만 아니라, X-정자와 Y-정자의 DNA함량 차이가 크지 않기 때문에 X-정자와 Y-정자를 구분되게 염색하는 것이 쉽지않다. 따라서, 동물종에 따라 DNA함량을 정확하게 반영할 수 있는 최적의 방법으로 염색하여야 한다(Hollinshead 등, 2004a).

(2) X-정자와 Y-정자의 분리 : 형광색소(hoechst 33342)로 염색된 정자를 노즐(nozzle)을 통하여 분사하면서 레이저광선을 조사하면 정자에 함유된 DNA를 염색시킨 형광색소에 의하여 빛이 발산되고, 이 빛의 정보를 분석하여 X-정자와 Y-정자를 분리한다(그림 7-8; Garner, 2001). 따라서, 정자를 분사하는 노즐의 성능이 분리효율에 매우 중요하게 영향을

표 7-5. 정자두부의 면적, DNA의 함량차 및 분리지수

동 물 종	두부길이(㎛)	두부폭(㎛)	두부면적(㎛^{2})	DNA함량차(%)	분리지수*
소	9.1	4.7	34.5	3.8	131
돼 지	9.0	5.0	37.5	3.6	115
면 양	8.1	4.0	26.6	4.2	112
토 끼	7.7	4.5	28.0	3.0	84
개	7.0	3.5	20.9	3.9	82
고 양 이	7.7	3.2	19.0	4.2	80
말	6.5	3.4	15.2	3.9	59
사 람	4.6	3.2	10.8	2.8	31

* 분리지수 = (정자두부의 면적) × (X-정자와 Y-정자의 DNA 함량차)

미치며, 최근에는 6SX MoFlo®system(Dakocytomation, Fort Collins, USA)의 세라믹노즐(Cytonozzle®)이 개발되어 상업적으로 이용되고 있다. 이 노즐을 분해하면 점점 가늘어 지는 주입바늘(injection neddle)과 세라믹 팁(ceramic tip)으로 구성되어 있는데, 팁의 시상단면(矢狀斷面, sagittal section)은 타원형의 내부구멍이 세로로 배치되면 폭이 가장 좁고, 팁을 90° 로 돌리면 구멍이 옆으로 배치되어 폭이 가장 넓다. 관류세포계수기에 의한 정자의 분리방법은 ① 정자의 DNA에 특이적으로 염색되는 형광색소로 염색한 정자를 일정한 압력을 가하여 관류세포계수기로 주입하여 통과시키면, ② 시료성액이 압(壓)전기 크리스탈 신동기(piexoelectric crystal vibrator)를 통과 할 때 초당 90,000방울이 형성되며, ③ 이 정자방울의 흐름에 UV-레이저가 조사되면, ④ 광증폭기(光增幅器, photomultiplier)에서 정자를 투과하여 탐색된 광신호를 컴퓨터로 보내고, ⑤ 컴퓨터는 이 신호를 분석하여 X-정자와 Y-정자, 그리고 판단불가정자의 3군으로 나누며, ⑥ 음전하(-), 양전하(+), 그리고 비(非)전하의 정보가 시료방울에 적용되고, ⑦ 시료방울이 연속적으로 전하를 띄고 있는 판 사이를 통과하면서, ⑧ X-정자와 Y-정자로 분리된다. 그러나, X-염색체와 Y-염색체에 함유된 DNA의 함량차이가 3~5% 정도에 불과하여 발산하는 형광의 차이도 크지 않으며, 정자의 구조가 편평한 난원형임으로 레이저광선이 조사되는 방향에 따라 형광이 감지되는 정도가 다르기 때문에 X-정자와 Y-정자를 검출하는 것이 쉽지 않다. 이러한 문제점을 해결하기 위하여 0°의 방향으로 레이저 광선을 조사하여 전면 형광을 감지하는 이차감지기를 추가하거나, 쇄기형 팁(tip) 및 경사진 주입바늘을 장착하여 정자의 방향을 교정하는 방법들이 적용되어 왔지만, 방향을 교정하는 비율이 20~40%에 불과하였다. 최근에 개발된 Cytonozzle®을 사용하면 70%의 교정률을 얻을 수 있다. 이와 같이, 다양한 방법들이 개발되었음에도 불구하고, 아직까지도 X-정자와 Y-정자를 100%의 순도로 분리하지는 못한다(Garner, 2006). 예를 들면, Hoechst 33342로 염색한 소의 정자를 Cytonozzle®로 분사하여 분류할 경우에

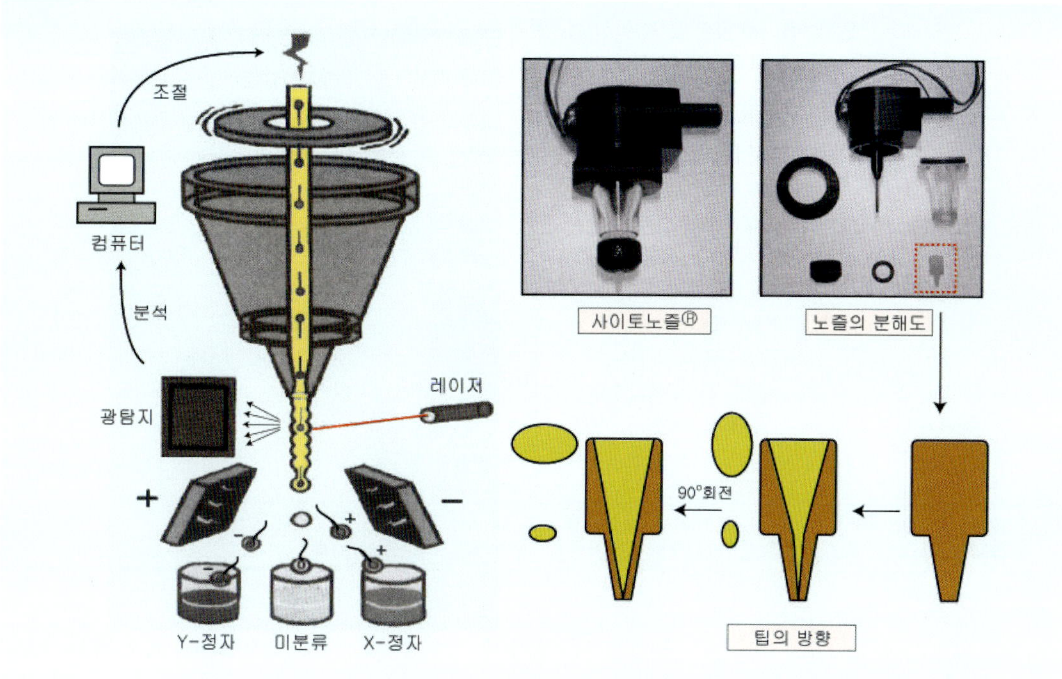

그림 7-8. 관류세포계수기의 정자 분리 시스템

90%의 정확도로 분리되도록 세포계수기의 조건을 설정하면 정자의 2/3는 세포계수기가 감지하지 못하고, 오직 1/3의 정자만이 분리되며, 더욱이 분리된 정자의 20%가 희석액을 제거하거나 포장하는 과정에서 소실되어 정자의 이용률이 매우 나쁘다(Seidel, 2002).

(3) 분리과정중의 정자 손상 : 정자는 분리과정에서 ① 염색되고, ② 레이저광선에 노출되며, ③ 고배율로 희석되고, ④ 분사과정에서 높은 압력을 받게 되며, ⑤ 배양액의 성분변화에 노출되는데, 이러한 요인들이 정자에 손상을 줄 수 있다(Maxwell 등, 1998). 정자를 SYBR-14와 PI로 이중염색을 할 경우에는 원심분리와 세포계수기를 통과하는 과정에서 기계적 자극을 크게 받아서 사멸 또는 손상되는 정자가 18.6%나 증가되지만, Hoechst 33342로 염색한 경우에는 3.6%의 증가에 불과하다(Garner & Suh, 2002). 또한, 레이저광선의 조사(照射)가 정자의 DNA에 손상을 줄 수 있는데, UV-레이저는 정자의 염색체를 비정상적으로 변형시키지만(Libbus 등, 1987), 아르곤-레이저(파장 351과 364㎚)는 X-정자와 Y-정자에 함유된 DNA를 정확하게 구분하면서도 DNA의 구조는 거의 손상시키지 않는다(Johnson, 1989). 정자를 고압으로 분사하는 과정에서도 기계적 손상을 받게 되는데, 분사압력을 50psi에서 40psi로 감소시키면 정자의 손상을 최소화할 수 있지만, 정자두부의 모양이 구형이거나 각이 진 경우에는 분리효율이 낮아진다(Suh & Shenk, 2003). 정자의 희석액도 분리에 영향을 주게 됨으로 정자의 생존성을 나쁘게 하지 않으면서도 노즐을 용이하

표 7-6. 관류세포계수기로 분리한 정자에 의한 산자의 예

동 물 종	수 정 방 법	정자상태	정자수(10^6)	연구자
소 · 토끼	전통적 인공수정	신선정자	5	Morrel 등(1988)
토　끼	외과적 자궁내 주입	신선정자	0.3	Johnson 등(1989)
돼　지	외과적 난관내 주입	신선정자	0.3	Johnson(1991)
소	IVM-IVF-IVC-신선배[1]의 이식	신선정자	1.0$m\ell^{-1}$	Cran 등(1993)
소	IVM-IVF-IVC-신선 및 동결배의 이식	신선정자	0.02/난모세포	Cran 등(1994)
면　양	IVM-ICSI-IVC-배[2]의 이식	신선정자	-	Catt 등(1996)
돼　지	IVM-IVF-배의 이식	신선정자	-	Rath 등(1997)
사　람	IVF-IVC-배의 이식	신선정자	0.0025/0.81$\mu\ell$방울	Levinson 등(1995)
면　양	복강경수술로 자궁체에 주입	신선정자	0.1	Cran 등(1997)
소	자궁체에 주입	동결-융해정자	0.1~2.5	Seidel 등(1997)
사　람	i) 인공수정, ii) IVF-IVC-배의 이식 iii) ICSI-IVC-배의 이식	신선정자 및 동결-융해정자	0.31(인공수정)	Fugger 등(1989)

1) IVM-IVF-IVC-배 : 체외성숙-체외수정-체외배양으로 생산한 배
2) IVM-ICSI-IVC-배 : 체외성숙-난세포질내정자주입-체외배양으로 생산한 배

게 통과할 수 있는 희석액을 각 동물종의 정자가 가지는 특성을 고려하여 개발하는 것도 필요하다. 한편, 성을 분리한 정자를 이용하여 20,000마리 이상의 송아지가 태어났지만 (Seidel, 2003), 아직까지 뚜렷한 표현형적 또는 유전형적 이상을 나타내는 예는 발표되지 않았다. 그러나, 분리된 정자의 생존성과 수정능이 현저하게 감소되는데, 이것은 시급히 극복하여야 할 최우선적 과제이다.

(4) 분리효율과 이용 : 일반적으로, 관류세포계수기를 사용하여 X-정자와 Y-정자를 분리할 때, 최대 85% 정도의 순도(정확도)로 분리하는 것이 가능한데(Maxwell 등, 2004), 분리초기에는 시간당 35만개 정도의 정자만을 분리할 수 있었지만(Johnson & Pinkel, 1986; Johnson 등, 1989), 최근에는 기계와 기술이 발달되어 고속분리가 가능하게됨에 따라 85%

표 7-7. 관류세포계수기로 일회의 인공수정에 필요한 정자의 분리에 소요되는 시간

동 물 종	필요정자수($\times 10^6$)	분리소요시간[1]	주입정액의 형태	임 신 률[2]	연 구 자
소	2	8분	동결정액	10~20% 낮음	Seidel 등(1999)
면　양[3]	20	1시간±20분	동결정액	유사한 결과	Hollinshead 등(2004)
돼　지[3]	50	3시간 20분	액상 및 동결정액	33%와 40~50% 낮음	Rath 등(2003)
말[3]	5 25	20분 1시간 40분	액상정액 동결정액	유사한 결과	Lindsey 등(2002a; b)

1) 분리소요시간을 산출할 때의 분리속도는 15×10^6/h 임.
2) 임신률은 비분류정자로 관행적 인공수정을 시술하였을 때의 임신률과 비교한 결과임.
3) 면양 · 돼지 · 말은 발정동기화를 유도한 후에 인공수정을 시술하였음.

의 순도를 유지하면서 시간당 1억 5천만개의 정자를 분리할 수 있을 정도로 효율성이 증대되었다. 그러나, 관류세포계수기에 의한 정자의 분리로는 관행적 인공수정에 필요한 충분한 수의 정자를 얻는 것이 쉽지 않다. 따라서, 분리된 정자를 자성생식도관의 심부(자궁·난관 등)에 주입하거나, 체외수정기법을 이용하여 배를 생산하는 등의 생식보조기술을 활용하여 최소한의 정자로 다양한 동물에서 산자를 얻었다(표 7-6; Maxwell 등, 2004). 그러나, 분리방법이 점차적으로 개선됨에 따라 분리의 효율성이 증대되어 1회의 인공수정에 필요한 정자를 분리하는데 소요되는 시간이 상당히 단축되었다(표 7-7). 이러한 발전에 힘입어 영국과 미국을 비롯한 일부의 국가에서 상용화를 시도하고 있지만, 경제성이 인정되는 분리효율을 얻으려면 더 많은 연구가 필요한 실정이다.

2) 농도구배 중층용액중에서의 침강속도에 의한 분리

원침관(遠沈管)에 농도가 다른 용액을 차례로 부어서 농도구배를 이루는 용액을 만든다음, 그 위에 정자를 부유시키고, 원심분리를 하면 X-정자와 Y-정자의 침강속도가 다르다는데 근거를 두고 분리하는 방법을 침강법(沈降法, sedimentation method)이라 한다. 침강법은 X-정자가 Y-정자에 비하여 DNA의 함량이 많기 때문에 크고 무겁다는 것과 정자의 운동속도가 X-정자에 비하여 Y-정자가 빠르다는 것을 이용하는 방법으로서, 대표적인 방법은 알부민분리법과 퍼클중층용액원심분리법이 있다.

(1) 알부민분리법 : Y-정자가 X-정자에 비하여 혈청알부민용액내에서 활발하게 운동하여 침강속도가 빠르다는 원리를 근거로 Y-정자와 X-정자를 분리하는 방법이다. 사람의 정액을 혈청알부민컬럼(serum albumin column) 위에 부으면 혈청알부민층에서 Y-정자의 수가 증가된다(그림 7-9; Ericsson, 1998). 분리방법은 ① Tyrode용액과 1 : 1로 희석한 사람정액을 7.5%의 사람혈청알부민(hSA)이 함유된 Tyrode용액이 채워진 유리컬럼(8×75㎜) 위에 붓고, ② 1시간 이상을 정치한 후에 처음 혈청알부민층 위에 부어 넣은 정액층을 제거한 다음, ③ 혈청알부민층만을 2,800~3,200rpm으로 10분간 원심분리한 후에, ④ 컬럼의 아래층에 침전된 정자덩어리를 Tyrode용액에 다시 부유시키고, ⑤ 이것을 20%의 hSA용액과 13%의 hSA용액이 중층으로 주입된 컬럼 위에 부은 다음, 30분이 경과된 후에, ⑥ 13%의 hSA용액을 제거하고, 20%의 HSA용액만을 10분 동안 원심분리하여 침강된 정자덩어리를 취하고, ⑦ 이것을 0.25㎖의 Tyrode용액에 재부유시켜 자궁내에 주입하면 75~80%의 남자아이가 출생된다(Beernink & Ericsson, 1982). 한편, Y-정자를 분리할 때 제거하는 분획을 취하여 원심분리하면 X-정자가 높은 농도로 함유된 분획을 얻을 수 있다. 그러나, 이 방법은 여러 연구자들에 의하여 추시(追試)되었지만, 실험결과가 재현되지 않았으며(Flaherty 등, 1997), 이중형광직접접합법으로 확인한 결과에서도 호용성이 인정되지 않았다(표 7-8; Wang 등, 1994b). 더욱이, 사람에서 배란을 유도한 후에, 이 방법으로 분리한

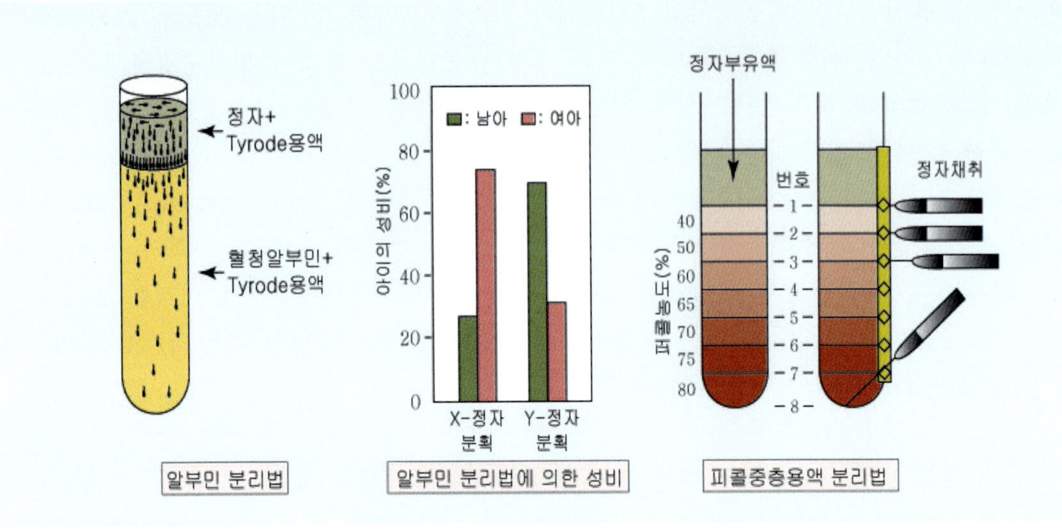

그림 7-9. 침강법에 의한 정자의 분리

정자로 인공수정을 시술한 결과, 오히려 여아의 출산비율이 높았다는 재미있는 결과도 보고되었다(Silverman 등, 2002).

(2) 퍼콜중층용액 원심분리법 : 10배로 농축시킨 Ham's F-10배양액에 퍼콜(percoll; 점조도가 매우 높은 물질)을 첨가하여 다양한 농도의 퍼콜용액을 제조한 다음, 원침관(遠沈管)에 퍼콜의 농도가 높은 용액으로부터 차례로 넣어서 퍼콜중층(重層)용액을 만든다. 이 중층용액의 상부에 세척한 정자의 부유액을 넣은 다음, 원심분리한 후에 각각의 용액층에 분포된 정자를 분리채취한다. 이 방법으로 10분간 원심분리하면 무게가 큰 X-정자의 침강속도가 빨라서 기저층에 X-정자, 중간층에 Y-정자가 위치하게 되는데, 80%의 퍼콜용액층에서 약 94% 순도의 X-정자가 선택적으로 분리되었다(Iizuka 등, 1987). 그러나, 이 후에 수행된 어느 연구에서도 이 결과를 다시 얻지는 못하였다(Wang 등, 1994a). 따라서, 현재까지의 연구결과로는 원심분리방법으로 정자를 분리하는 것은 불가능한 것으로 보인다.

표 7-8. 침강법으로 분리된 정자를 이중형광직접접합법으로 확인한 결과

처 리 구	표지된 정자	X-정자	Y-정자
대 조 구	97.4±0.7	48.8±0.9	48.1±0.8
알부민분리정자	97.9±0.8	50.8±1.8	47.7±1.5
퍼콜분리정자	96.9±1.2	55.1±1.8	41.1±2.9

3. 수정란(초기배)의 성판별에 의한 성의 조절

수정과정에서 이미 결정된 수정란의 성을 판별한 다음, 원하는 성의 수정란을 선택적으로 이식하여 수태를 성공시키는 수단으로도 후대의 성을 조절할 수 있다. 수정란(초기배)의 성판별은 난할과정을 통하여 발생된 다수의 분할구(分割球, blastomere)가운데 한개 또는 수개의 분할구를 분리(생검)한 다음, 분리된 할구를 이용하여 성을 판별하는 기법이다. 사람에서 수정란의 성판별은 성과 연관된 유전질환을 조기에 진단하여 유전적으로 건강한 수정란을 선택적으로 이식할 수 있다는 장점이 있으며, 다양한 산과적 위험을 완화시킬 수도 있다(Pang 등, 1994). 또한, 경제동물과 연관된 산업에서 후대의 성을 인위적으로 조절하는 것은 매우 큰 경제성을 가지고 있다.

수정란을 이용하여 성을 판정하는 기술은 매우 빠르게 발전되고 있으며, 현재에는 6-~8-세포기의 초기배에서 단 하나의 분할구를 분리하여 세포학적 및 분자생물학적 분석방법으로 성을 판별하는 것이 가능하다. 수정란을 이용하여 성을 판별하는 방법은 ① 성염색체를 확인하여 판정하는 세포유전학적방법(Picard 등, 1985), ② 웅성특이항체(H-Y 항체)를 이용하는 면역학적 방법(Brunner 등, 1984; Ramalho, 2004), ③ X-염색체 특이 효소를 측정하는 방법(van Vliet 등, 1989), ④ 중합효소연쇄반응(polymerase chain reaction [PCR])을 이용하는 방법(Hasler, 2002), ⑤ X-/Y-염색체에 특이적인 탐침자(probe)를 이용하는 형광직접접합법(fluorescence *in situ* hybridization [FISH]; van Vliet 등, 1989; Pang 등, 2005; Son & Park, 2007) 등이 있다.

1) 수정란(초기배)의 생검조건

일반적으로, 생검(生檢, biopsy)이라는 용어는 생체검사의 약어로서, 생체로부터 조직편이나 세포, 그리고 체액 등을 채취하여 검사하는 것을 의미하는데, 초기배에서 일부의 분할구를 떼어내어 검사하는 것도 생검이라 한다. 성판별을 위한 초기배의 생검은 초기배의 분할구 또는 배반포의 영양외배엽(trophoectoderm) 모두를 할 수 있지만, 배반포로 발달된 배는 즉시 자궁강내로 이식하여야 하기 때문에 성판별을 위한 시간적 여유가 없다는 단점이 있다(Bolton 등, 1991). 따라서, 성편별에는 초기배의 분할구를 생검하는 방법이 보편적으로 이용된다. 초기배의 분할구는 전능성(全能性, totipotency)이 있기 때문에 각각의 분할구를 분리하여 발생시켜도 별도의 개체로 발달됨으로 일부의 분할구를 생검하여 성을 판별하여도 개체의 발생에는 지장이 없다. 그러나, 성판별의 효율성과 정확성을 높이려면 생검을 한 후에도 배발달이 정상적으로 계속되는 범위내에서 충분한 수의 분할구를 확보하여야 한다. 이러한 관점에서 볼 때, 2- 및 4-세포기의 배는 분할구를 생검하는 것이 적합하지 않다. 그러나, 8-세포기의 배는 한개의 분할구를 생검하여도 배발달에 지장이 없으며,

최대로 세개까지의 분할구를 생검하는 것도 가능하다(Hardy 등, 1990; Krzyminsca 등, 1990). 더욱이, 8-세포기 배는 구조적으로도 견고하여 산성용액으로 투명대를 천공(穿孔)하여도 손상을 적게 받으며, 유사분열지수(mitotic index)도 높아서 생검 후의 발생속도가 빠르기 때문에 충분한 보상발생이 이루어진다(Krzyminska 등, 1990). 따라서, 성판별에는 수정 후 2~4일째에 6-~8-세포기로 발달한 배에서 1~2개의 분할구를 생검하는 것이 가장 적합한 방법이다. 그러나, 하나의 배에서 각각의 분할구가 서로 다른 핵형(核型)을 가지는 모자이크현상(mosaicism)을 나타낼 가능성을 배제하기 위하여 두개 이상의 분할구를 생검하는 것이 바람직하다(Pang 등, 2005).

2) 중합효소연쇄반응(PCR)에 의한 판정

중합효소연쇄반응(polymerase chain reaction [PCR])은 유전정보를 내재하고 있는 DNA 중에서 원하는 염기서열만을 수백만배로 증폭시키는 기술로써, 그 원리는 3단계로 구분되는데, 첫번째 단계는 이중가닥으로 구성된 DNA를 열처리하여 단일가닥으로 분리하는 변성과정(denaturation)이고, 두번째 단계는 단일가닥으로 변성된 DNA와 상보적 염기서열을 가진 프라이머(primer)를 결합시키는 냉각과정(annealing)이며, 세번째 단계는 DNA중합효소(polymerase)의 작용으로 프라이머에 연속되어 새로운 상보적 DNA가닥이 합성되는 신장과정(extension)이다(본 장의 제6절. 중합효소연쇄반응 항목 참조). 이러한 PCR기법을 이용하여 종 특이적·성 특이적·염색체 특이적인 염기서열과 다양한 성결정유전자들을 증폭시키고, 이것들의 존재여부로 성을 판정한다. 소에서 PCR기법을 이용하여 성을 판별하면 95% 이상의 정확도를 얻을 수 있다(Peruda 등, 1991; Schröder 등, 1990).

PCR기법으로 성을 판정하는 과정은 ① 미세조작기로 배의 투명대에 미세피펫을 접근시킨 다음, 산성 Tyrode용액(pH 2.0)을 분사하거나, 끝이 날카로운 미세피펫으로 투명대를 관통하여 구멍을 뚫은 다음, ② 이 구멍을 통하여 배의 발달단계에 따라 2~10개의 분할구를 취하여 DNA를 추출하고, ③ 이것을 성 특이적 탐침자와 반응시킨 다음, ④ 성 특이적 염기서열의 검출이 가능하도록 PCR기법으로 약 30회 정도 증폭시키고, ⑤ 증폭된 반응액 15$\mu\ell$를 취하여 아가로스겔(agerose gel) 위에서 전기영동한 다음, ⑥ UV-램프하에서 증폭된 위치를 확인하여 성을 판별한다. 소에서 Y-염색체 특이적 탐침자를 이용하였을 경우 144bp에서 밴드를 보이는 것은 수컷, 754bp에서 밴드를 보이는 것은 암컷이 될 배이다.

한편, PCR기법은 DNA를 증폭시키는데 소요되는 시간이 길고, DNA를 반응시키거나 증폭시키는 과정에서 오염에 노출되어 위양성(僞陽性, false positive)을 나타낼 수 있다는 단점이 있다. 이러한 문제점을 보완하기 위하여 등온(等溫)에서 빠른 속도로 DNA를 증폭시키는 동시에, DNA반응의 특이성도 높은 고리-매개 등온증폭방법(loop-mediated isothermal amplification [LAMP])이 개발되었고(Mori 등, 2001), 소 초기배의 성판별을 위한 키트

(loopamp, EIKEN chemical Co.)도 시판되고 있다. 이 키트를 이용하여 성을 판별하는 방법은 ① 6$\mu\ell$의 DNA추출용액과 분할구용해액 6$\mu\ell$를 혼합하여 DNA를 추출하고, ② 이 추출액을 웅성특이적으로 반응하는 튜브와 웅성·자성이 동일한 반응을 일으키는 튜브에 5$\mu\ell$씩 동일하게 분주한 다음, ③ 각 튜브에 20$\mu\ell$의 반응혼합액을 넣고, ④ Turbidimeter LA-100기기(Teramecs Co. Japan)를 이용하여 63.5℃에서 40분, 그리고 80℃에서 2분간 DNA를 증폭시킨 후에, 각 튜브의 반응으로 성을 판정하는데, ⑤ 웅성특이반응튜브에서 음성반응(-), 양성반응튜브에서 양성방응(+)의 결과가 나오면 암컷으로 판정하고, 두 튜브의 반응이 모두 양성(+)일 때는 수컷으로 판정한다(Hiroki 등, 2004).

3) 형광직접접합법에 의한 판정

형광직접접합법(fluorescence *in situ* hybridization [FISH])은 특정한염기서열의 단편에 형광물질을 결합시켜 제작한 탐침자(probe)를 염색체내에 위치하는 특정 염기서열에 결합시키는 수단으로 염색체의 존재 유무·위치·수적 이상(aneuploidy) 등을 판단하는 기술로서, 성염색체의 특정 염기서열을 탐침자로 이용하여 성염색체에 직접 접합시킴으로써 성염색체의 존재여부를 판정하는 것은 물론이고, 성염색체의 수적 이상도 판정할 수 있다(그림 7-10 ; Pang 등, 2005; Son & Park, 2007). 소의 초기배에서 생검한 분할구를 이용하여 성을 판정하면 96% 이상의 정확도를 나타낸다(Lee 등, 2004).

형광직접접합법으로 초기배의 성을 판정하는 과정은 ① 초기배로부터 생검한 분할구를 슬라이드글라스 위에 고정한 후에 RNA를 비롯한 세포내 비핵물질을 제거하여 검사시료를 만든 다음, ② RCR이나 유전자클로닝을 통하여 확보한 성특이적 DNA절편을 대상으로 DNA단일가닥절편-번역방법(nick translation)을 실시하여 형광물질과 단백질이 결합되어 있는 UTP(uridine triphoshphate)를 DNA절편에 삽입시켜 탐침자를 제작하고, ③ 준비된 시료와 탐침자를 80℃ 정도의 고온에서 변성시켜 단일가닥DNA를 만든 다음, ④ 37℃ 정도에서 성염색체 특이적 탐침자와 시료의 성염색체 또는 성염색사가 결합되도록 유도하고, ⑤ 모든 접합과정이 종료되면 형광현미경으로 탐침자에서 발산되는 형광신호를 관찰하여 성을 판정한다.

4) 기타의 판정방법

오늘날에는 초기배의 성판정에 PCR과 FISH가 주로 이용되지만, 과거로부터 다양한 방법들이 이용되어 왔는데, 검사의 신뢰도는 떨어진다.

(1) 성염색체검사법 : 수정란이 난할을 반복하여 형성된 배(胚)를 이등분하거나 일부의 분할구를 떼어내어 염색체분석방법으로 성염색체의 조합을 확인하여 성을 판정하는 방법이다. 현미경하에서 제작된 표본의 핵형(核型, karyotype)을 기준으로 판정하기 때문에 판

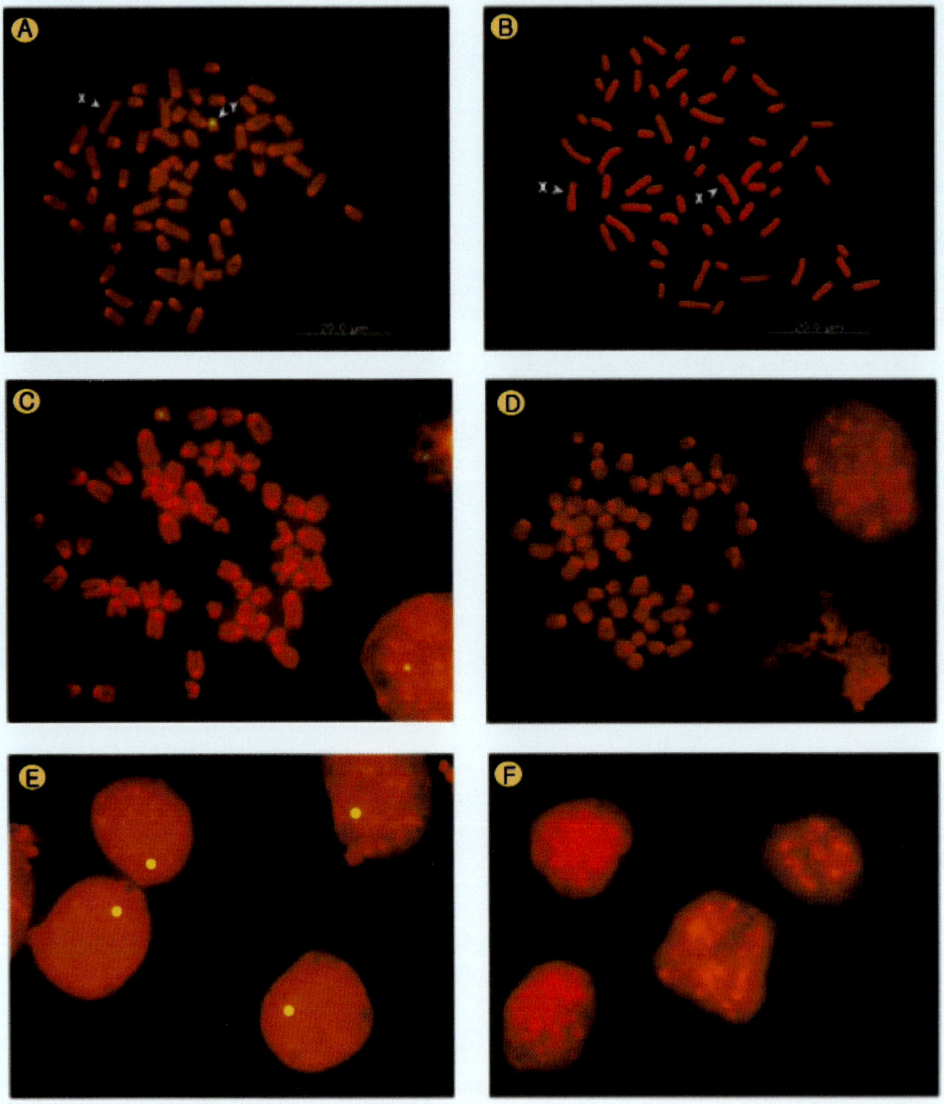

A : 숫소의 림프구(중기), B : 암소의 림프구(중기), C : XY염색체의 소 수정란
D : XX염색체의 소 수정란, E: 수컷 추정 할구(간기), F: 암컷 추정 할구(간기)

그림 7-10 . 형광직접접합법에 의한 초기배의 성판정

정 자체는 가능하지만, 동물종 · 수정란의 발달단계 · 채취세포수 · 표본제작수 등에 따라 정확도에 차이가 많아서 대체로 표본의 판정률은 70%, 산자의 성판별률은 30%에 불과하다. 따라서, 이 방법을 성판별에 이용하려면, 적중률을 높일 수 있는 방법의 개발이 선행되어

야 한다. 한편, 핵을 치환하는 기술을 이용하여 수정란의 성을 판별하는 방법도 개발되었다(Willadsen 등, 1999). 그 과정은 ① 난포란과 같은 미성숙 난자를 체외에서 22~24시간 동안 배양하여 제2감수분열 전기의 단계까지 성숙시킨 다음, 핵을 제거하고, ② 핵이 제거된 난자에 성을 판정하고자 하는 배에서 분리한 1개의 분할구를 주입한 후에 전기자극으로 세포융합을 유도하고, ③ 이것을 분열중기유도물질이 첨가된 배양액에서 3~4시간 동안 배양하여 제2감수분열의 중기에 이르게 한 다음, ④ 김사염색(Giemsa stain)을 하여 현미경으로 성염색체의 조합(XX 또는 XY)을 확인하여 판정한다. 이 방법은 성을 판별하려는 수정란의 손상을 최소화하는 장점은 있지만, 판정률이 20~50%에 불과하여 이를 높일 수 있는 방안을 개발하는 것이 필요한다(Evsikov & Verlinsky, 1999).

(2) X-염색체 특이효소의 측정 : 포유동물에서 성염색체의 조합은 암컷이 XX이고, 수컷은 XY임으로 암컷 수정란이 수컷 수정란에 비하여 X-염색체가 하나 더 많다. 따라서, X-염색체에서만 발현되는 특정효소의 활성을 측정하면, 암컷이 될 수정란에서 수컷이 될 수정란에 비하여 2배의 활성을 나타냄으로 이 측정치에 근거하여 수정란의 성을 판별할 수 있다. 성판별에 이용되는 X-염색체 관련 효소에 ① G-6-PDH(glucose-6-phosphate dihydrogenase), ② HPRT(hypoxanthine guanine transferase), ③ phospho-glycerate kinase, ④ α-galactosidase 등이 있다. 이러한 효소들을 이용한 성판별은 간편하고, 정확도가 높다는 이점이 있지만, 처리과정에서 수정란의 손상이 크다는 단점도 있다. 이 방법을 성판별에 이용하기 위해서는 ① 강한 효소반응과 염색에 의한 수정란의 손상을 최소화하여야하고, ② 암컷이 될 수정란의 경우, 두개의 X-염색체중 하나가 불활성화되기 이전에 성판정이 이루어져야 하는데, 그 시기가 2~16세포기로 동물종에 따라 다름으로 동물종별로 적합한 검사시기가 결정되어야 하며, ③ X-염색체의 활성시점, 즉 DNA의 전사가 이루어지는 시기(마우스: 8세포기, 소: 8~16세포기)도 동물종이나 개체에 따라 다르기 때문에 정확한 판정시기를 포착할 수 있는 방안이 모색되어야 한다.

(3) 웅성특이항체(H-Y황체)의 이용 : 웅성특이항원(H-Y antigen)을 이용하여 H-Y항체를 만든 다음, 이 항체와 보체를 넣은 배양액에서 수정란을 배양하면 수컷이 될 수정란은 발육이 중지되거나, 용해되기 때문에 암컷이 될 수정란을 78~88%의 정확도를 판별할 수 있다. 한편, 형광물질인 FITC(fluorescein isothiocyanate)를 이용하여 형광항체를 만들고, 이것이 수컷이 될 수정란의 표면에 결합된 H-Y항체와 결합할 수 있도록 함께 배양한 다음, 형광현미경하에서 관찰하면 수컷이 될 수정란은 형광을 나타내고, 암컷이 될 수정란은 형광을 나타내지 않는데, 이것을 근거로 하여 암컷이 될 수정란과 수컷이 될 수정란을 판별한다. 이 방법에 의한 성판별의 정확도는 최고 87%까지 보고되고 있지만, H-Y항원은 다른 항원에 비하여 기능이 약할 뿐만 아니라, H-Y항체와 결합하는 형광항체가 세포내의 다른 물질과 결합하는 경우도 있어서 판정에 오차가 발생될 위험성도 있다.

제4절 복 제 동 물

동일한 유전자 구성을 가진 동물을 복제동물(複製動物, cloned animal, clone)이라 하는데, 포유동물의 경우에는 아주 드물게 나타나는 일란성 쌍둥이가 해당되지만, 그 이외의 복제동물은 자연계에 존재하지 않는다(Lee, 1991). 그러나, 포유동물의 초기배를 구성하는 분할구(分割球, blastomere)는 전능성을 가지고 있음으로 일부의 분할구만으로도 완전한 개체로 발생된다. 따라서, 초기배의 분할구를 분리하여 발생시키면 유전적 조성이 동일한 다수의 개체, 즉 복제동물이 탄생된다. 또한 상실배나 초기배반포를 양분하여 배양한 다음, 대리모에 이식하면 일란성 쌍둥이를 얻을 수 있다. 한편, 배의 분할구를 분리한 다음, 각 분할구의 핵을 다른 난자의 핵과 치환하여 발생시키면, 다수의 복제동물을 생산할 수 있으며, 체세포의 핵을 탈핵된 수핵난자에 이식하여 체세포복제수정란을 만들고, 이것을 수배동물에 이식하는 기법으로 체세포복제동물도 생산한다. 복제동물의 생산은 초기배의 분할구가 가지고 있는 전능성에 기반을 두고 있지만, 미세조작기술이 발전되고, 세포주기를 동기화시킬 수 있는 방법이 확립된 오늘날에는 다양한 복제방법이 개발되어 효율적으로 복제동물을 생산할 수 있게 되었다.

1. 분할구의 분리에 의한 복제동물의 생산

초기배의 분할구를 분리하여 각각의 분할구를 독립된 개체로 발생시키는 복제방법으로서, 분할구를 체외배양 또는 체내배양으로 이식이 가능한 단계로 발달시킨 후에 대리모에 이식하여 산자를 얻는다.

1) 분할구의 분리방법

포유동물의 배는 8-세포기가 지나면 분할구 상호간이 치밀하게 밀착되어 하나의 세포괴(塊)를 형성하는 치밀화(緻密化, compaction)현상이 일어나 분할구 상호간의 결속이 굳어진다(그림 5-7 참조). 따라서, 분할구의 분리는 배가 치밀화되기 전인 8세포기까지의 배를 대상으로 하는 것이 편리하다(Hogan 등, 1986). 분할구를 분리하는 전통적 방법은 2-~8-세포기의 정상배를 골라서 0.5%의 프로테아제(protease)용액에 3~5분간 침지하여 투명대를 연화시킨 다음, 피펫팅(pipetting)으로 분리하고, 분리된 분할구를 신선한 배양액으로 2~3회 세척하는 방법이다. 그러나, 오늘날에는 미세조작기를 이용하여 두종류의 방법으로 분리한다. 그 하나는 미세조작기의 고정피펫으로 배를 고정하고, 분리피펫을 투명대속으로 밀어넣어 분할구를 흡인한 다음, 투명대 밖으로 빼낸 후에 그 속에 들어 있는 분할구를 배

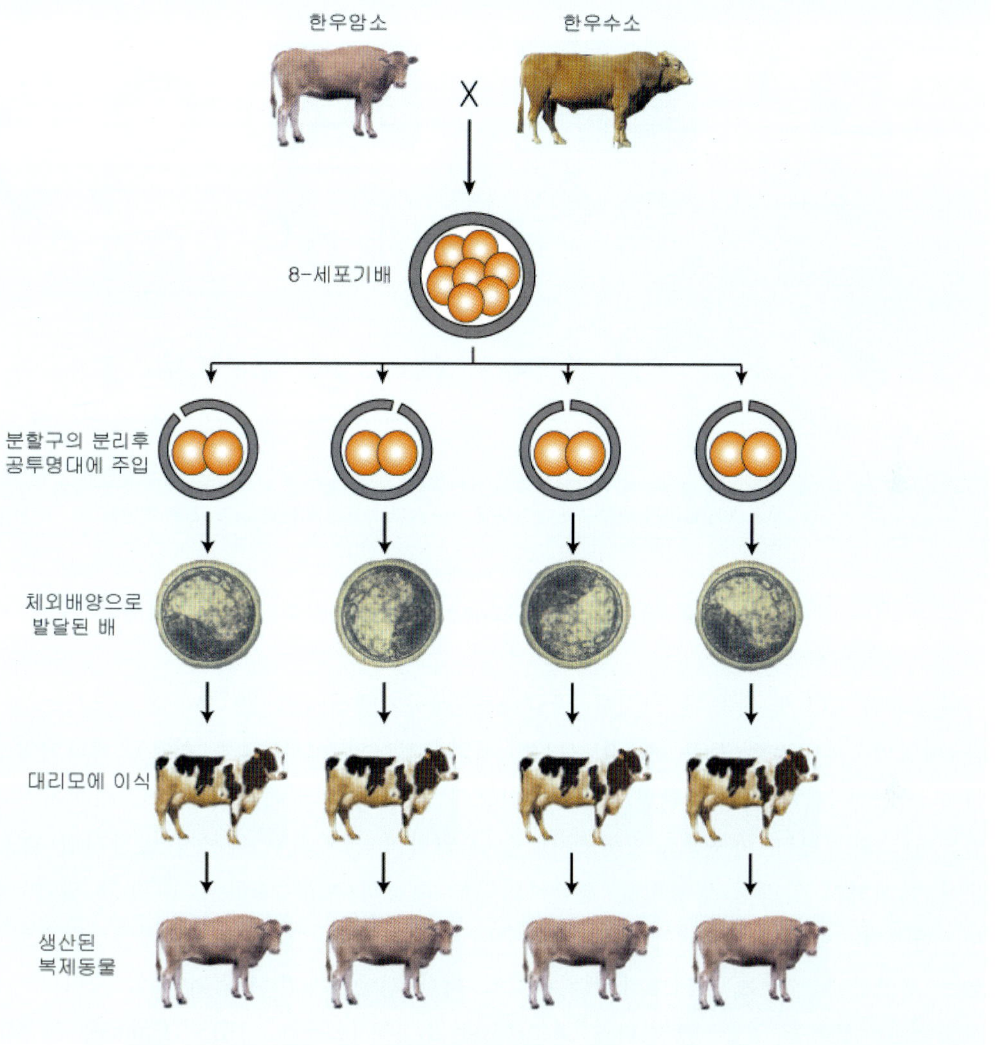

그림 7-11. 분할구의 체외배양에 의한 복제동물의 생산과정

양액내로 밀어내는 방법이다. 다른 하나는 배를 고정피펫으로 고정하고, 예리한 미세침으로 투명대를 절개하여 분할구를 노출시킨 다음, 분리피펫으로 분할구를 흡인하면서 개개의 분할구를 분리하는 방법이다(그림 7-12의 좌측; Willadsen, 1982). 분리된 개개의 분할구는 이식에 적합한 상태로 발달될 때까지 배양액에 넣어 CO_2배양기에서 배양하거나, 다른 동물의 난관에 넣어 배양한다.

2) 체외배양에 의한 복제동물의 생산

분리된 개개의 분할구를 공(空)투명대에 넣은 다음, 5% CO_2, 5% O_2, 90% N_2의 혼합공

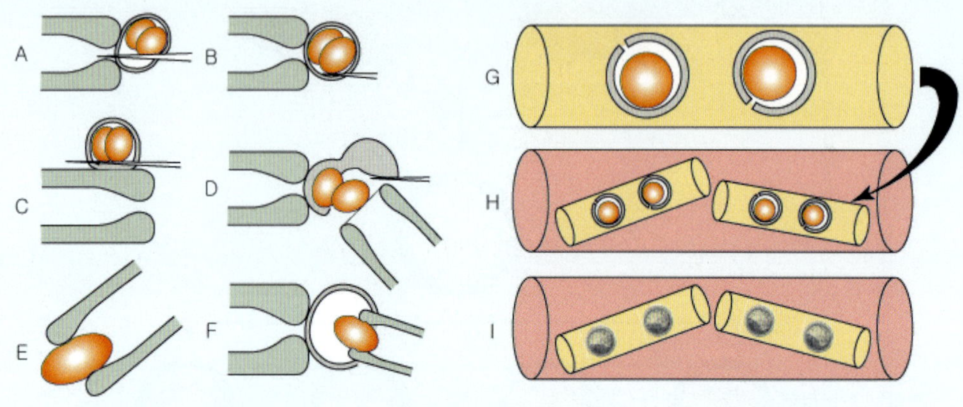

A~D : 배의 투명대 절개과정, E : 분할구의 분리과정, F : 분할구를 공투명대에 삽입하는 과정
G : 투명대에 넣어진 분할구의 아가포매, H~I : 아가포매된 배를 아가-칩으로 만듬

그림 7-12. 미세조작에 의한 분할구의 분리와 아가에 의한 포매

기나 5%의 CO_2가 함유된 공기를 공급하는 배양기에서 37~39℃의 온도조건으로 배양한다.(배양액·배양방법 등은 제5장 제3절. 체외수정란의 배양 항목 참조). 체외배양으로 이식이 가능한 단계까지 발달한 배를 대리모에 통상적인 배이식기법으로 이식하여 산자를 얻는다(그림 7-11). 마우스의 2세포기배를 분리하여 치밀화된 배까지 발달시킨 다음, 대리모에 이식하여 일란성 쌍둥이를 생산하였다는 최초의 보고(Mullen, 1970)가 있은 이래, 토끼·햄스터·소 등을 대상으로 하는 연구도 수행되었다. 그러나, 체외배양방법으로 복제동물을 생산한다는 것은 초기배의 체외배양에 대한 기술체계가 확립되어 있는 마우스에서 조차도 좋은 성적을 얻을 수 없다는 보고(Fiser & Macpherson, 1975; Tsunoda & McLaren, 1983)를 감안할 때, 초기배의 체외배양이 실험동물에 비하여 어려운 가축에서는 더욱 이용하기가 어려울 것으로 보인다.

3) 체내배양에 의한 복제동물의 생산

포유동물의 초기배는 이종동물(異種動物)의 난관내에서도 종특이성이 나타나지 않으면서 배발달을 계속한다. 이러한 생리적 특성을 이용하여 분할구를 이종동물의 난관내에 주입하여 이식이 가능한 단계까지 발달시키고, 이것을 회수하여 대리모에 이식하는 수법으로 복제동물을 생산할 수 있다. 특히, 분할구를 체외에서 배양하여 배발달을 유도하는데 기술적 제약이 따르는 가축에서는 더욱 이용가치가 크다. 분할구를 이종동물의 난관에 넣어 배양할 때는 분할구를 공(空)투명대에 넣고, 투명대의 손상된 부위를 아가(agar)로 포매(包埋,

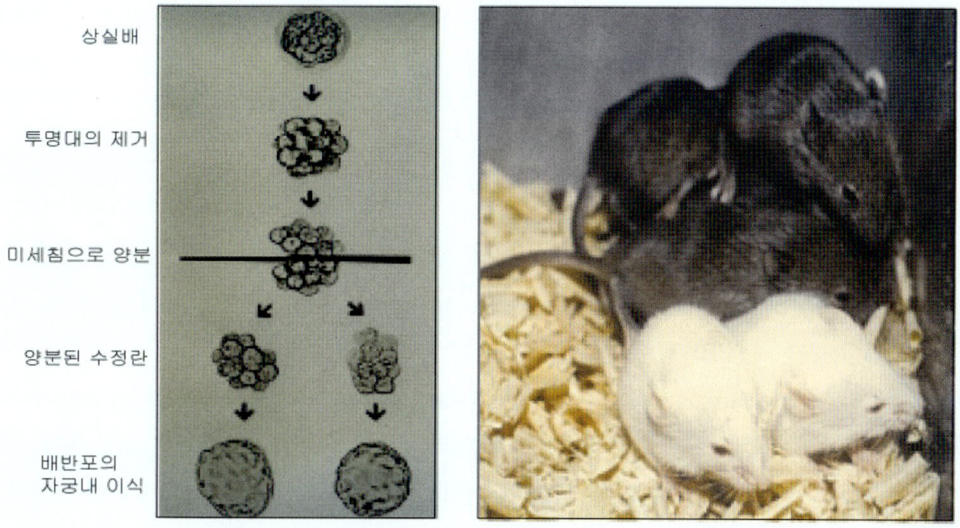

그림 7-13. 마우스 상실배의 양분에 의한 일란성 쌍둥이(백색)의 생산

embedding)한다. 포매방법은 ① 투명대에 넣어진 분할구를 소량의 혈청과 함께 38℃의 아가용액에 넣은 다음, ② 피펫으로 1~2개의 분할구를 아가용액과 함께 흡인하고, ③ 10초 정도 기다려 아가용액이 굳어지면, 피펫에서 뽑아낸 후에 ④ 아가에 피복된 분할구들을 2개씩 모아서 아가에 다시 포매하는 방법으로 아가-칩(agar chip)을 만든다(그림 7-12의 우측; Willadsen, 1982). 만들어진 아가-칩을 이종동물의 난관속에 넣어 이식이 가능한 단계의 배로 발달시킨 후에, 아가를 가열하여 용해시켜 배를 꺼낸 다음, 통상적인 배이식기법으로 배의 발달단계에 상응하는 대리모의 생식도관에 이식하여 태아로 발달시킨다. 면양의 2세포기 배를 분리하여 토끼의 난관에서 배양한 후에 이식하는 방법으로 일란성 쌍둥이가 탄생되었으며(Willadsen, 1980), 4-세포기 배를 분리한 4개의 분할구에서 일란성 세쌍둥이를, 8-세포기 배의 분할구 2개씩을 조립하여 일란성 네쌍둥이를 생산하였다(Willadsen, 1981). 소에서 8-세포기 배의 분할구를 2개씩 조합하여 면양의 난관에서 배양한 4개의 배는 임신후반기로 갈수록 생존률을 떨어지지만, 일란성 세쌍둥이를 얻었고(Willadsen & Palae, 1981), 말에서는 2-~8-세포기의 배로부터 일란성 쌍둥이를 생산하였다(Allen & Pashen, 1984).

2. 배의 절단에 의한 복제동물의 생산

8-세포기 이상으로 발달한 포유동물 배의 분할구를 분리·배양하여 개체로 발달시킨다는 것은 실질적으로 불가능하다. 그러나, 상실배기 이후의 발달단계에 있는 배는 투명대가

손상되어도 자궁내의 환경하에서 생존이 가능하다(Hoppe & Bavister, 1983). 이러한 배의 특성을 고려하여 상실배와 배반포로 일란성 쌍둥이를 얻고자 할 때에는 배를 절단하는 방법이 이용된다. 배의 절단방법은 효소처리로 투명대를 연화시킨 후에 배를 양분(兩分)하는 방법과 신선배를 미세조작기로 절단하는 방법이 이용된다.

1) 투명대연화 후 절단법

투명대를 연화시킨 후에 절단하는 방법은 형태적으로 정상적인 상실배를 선별하여 0.5%의 프로테아제가 함유된 배양액에 3~5분간 노출시켜 투명대를 연화시킨 다음, Ca^{2+}과 Mg^{2+}이 제거된 신선한 PBS용액에서 약 20분간 배양하여 치밀화된 할구의 결합이 풀어지도록 탈(脫)치밀화(decompaction)를 유도한 후에, 실체현미경하에서 직경 8~10㎛의 미세한 유리침으로 상실배의 위로부터 좌·우로 가볍게 움직이면서 눌러서 양분한다. 이러한 방법으로 마우스의 상실배를 양분하여 체외에서 배반포까지 발달시킨 다음, 대리모에 이식하여 일란성 쌍둥이를 얻었는데, 이식한 배의 44%가 유전적 및 형태적으로 정상적인 개체로 발생되었다(그림 7-13; Lee 등, 1986).

2) 미세조작기에 의한 절단법

상실배기 이후의 발달단계에 있는 배는 주로 미세조작기를 이용하여 절단한다. 절단방법은 ① 배를 고정피펫으로 흡인·고정한 다음, ② 두 개의 미세침으로 투명대를 절개하고, ③ 절개된 구멍을 통하여 흡인피펫으로 배를 꺼낸 다음, ④ 미세칼로 배를 절단하여 양분하고, ⑤ 절단된 반분배(半分胚, demiembryo)를 흡인피펫으로 흡인하여 공(空)투명대에 넣는다(그림 7-14; Ozil, 1982). 또한, 가늘게 뽑은 피펫을 투명대내로 밀어 넣어 투명대내에 있는 배를 그대로 절단하여 두 개의 반분배가 서로 영양배엽만 마주댄 상태로 발달하게 하는 방법도 고안되었다(Fehilly & Willadsen, 1986). 배를 절단할 때 상실배는 분할구의 수가 거의 같게 절단하면 되지만, 배반포의 경우는 내부세포괴와 영양막이 균등하게 나누어질 수 있는 면(面)에서 절단하여야 한다. 공투명대에 넣어진 반분배는 즉시 대리모에 이식하거나, *in vitro*에서 2~4시간 동안 배양한 후에 이식한다. 절단한 반분배를 이용하여 마우스·산양·소 등에서 일란성 쌍둥이가 탄생되었는데, 소의 경우는 반분배의 62.1~73.9%가 정상적인 상실배로 발달하였으며, 발달된 상실배의 40.9~75.0%가 태아로 발달하였고, 일란성 쌍둥이도 출생되었다(Ozil 등, 1982; Lambeth 등; 1982; Williams 등, 1982). 그러나, 소에서 초기배반포를 절단하여 이식한 것이 상실배를 절단하여 이식한 경우에 비하여 수태율이 높았다(Williams 등, 1984). 산양에서도 반분배를 이식하여 일란성 쌍둥이를 생산하였는데, 상실배를 절단·이식한 경우에는 새끼를 생산하지 못하였고, 배반포를 절단·이식한 경우에만 새끼를 얻었다(Tsunoda, 1984; 1985). 말(Slade 등, 1984)과 돼지(Rorie 등, 1985)에서도 반분배

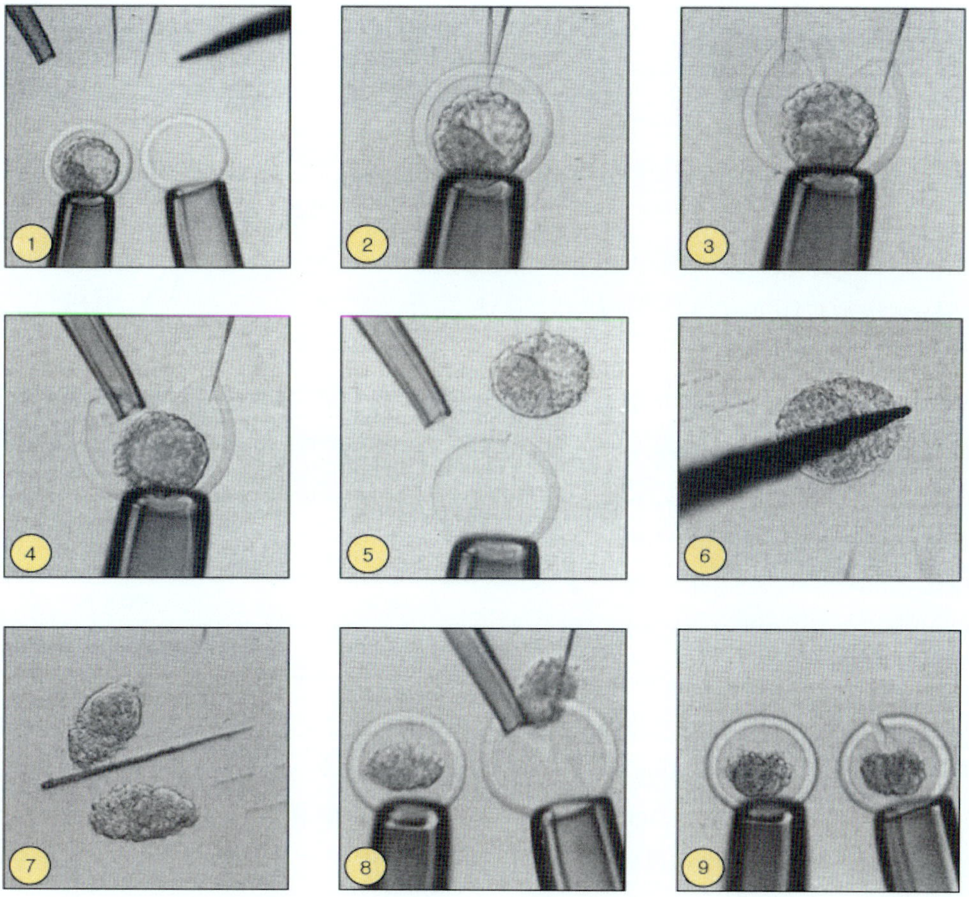

그림 7-14. 배의 절단과정

를 이식하여 산자를 얻었다. 한편, 배란후 5일째에 채란한 소의 상실배를 4등분하여 면양의 난관내에서 배반포로 발달시킨 다음, 미경산우에 이식하였는데, 수란우의 45%에서 임신이 성립되었고, 4등분배의 41%가 정상적인 산자로 출생되었다(Willadsen 등, 1982). 소의 배를 양분하여 이식하는데 소요되는 시간은 불과 10여분에 불과하고, 배를 절단한 후에 특별한 배양과정을 거치지 않고, 그대로 이식할 수 있기 때문에 보다 많은 송아지를 얻기 위한 수단으로 미국과 캐나다에서는 전문회사가 설립되어 상업적으로 이용되고 있다.

3. 핵이식에 의한 복제동물의 생산

다양한 세포로부터 핵을 뽑아내어서 핵이 제거된 다른 세포에 이식하는 기법을 핵이식

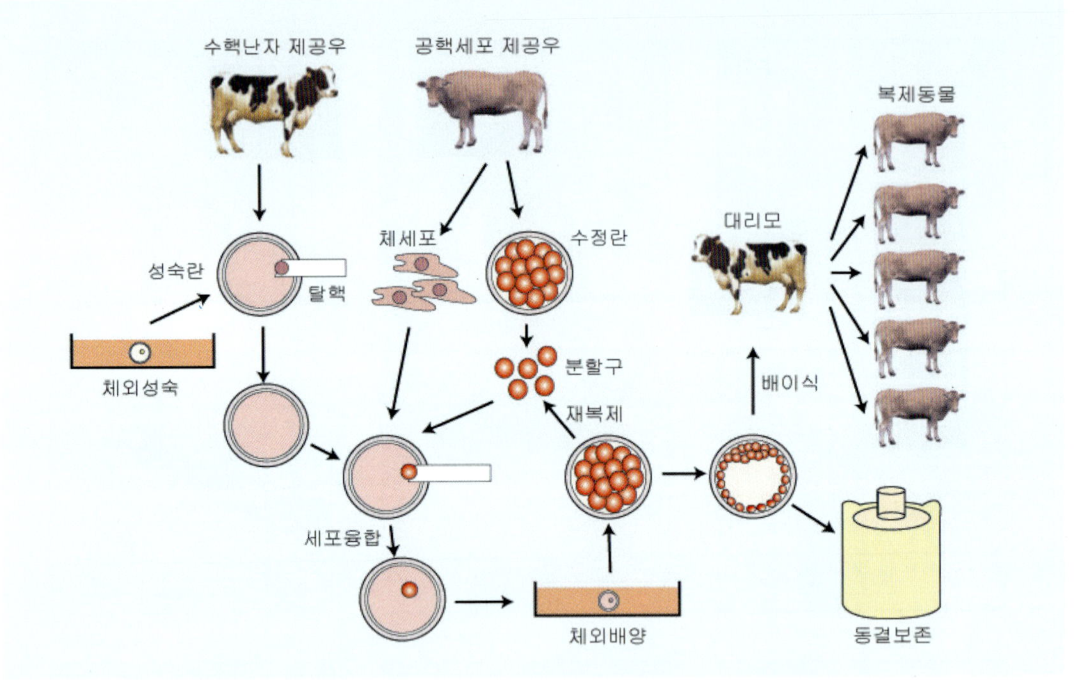

그림 7-15. 분할구 및 체세포의 핵이식에 의한 복제동물의 생산개요

(核移植, nuclear transplantation)이라 한다. 포유동물에서는 초기배에서 분리한 분할구 또는 체세포의 핵을 탈핵(脫核, enucleation)한 다른 난자에 이식하여 복제동물을 생산하는 방법이 주목을 받고 있다. 특히, 가축에서는 핵이식기법을 이용하면 단기간내에 우수한 유전형질을 가진 다수의 개체를 생산할 수 있음으로 가축집단의 개량과 증식을 위한 유효한 수단이 될 뿐만 아니라, 각종 실험에 유전적 조성이 동일한 다수의 동물을 제공할 수도 있다. 핵이식과정은 수핵난자와 공핵세포로 이용하는 분할구나 체세포를 준비한 다음, 수핵난자는 탈핵하고, 탈핵된 수핵난자와 공핵세포를 융합시켜 핵이식란을 작성한 다음, 이것을 체외에서 배양하여 이식이 가능한 배의 단계로 발달시킨 후에 대리모에 이식하여 산자를 생산한다(그림 7-15; Smith, 1992). 포유동물에서 분할구를 이용한 복제동물의 생산은 면양・소・산양・돼지・토끼・래트・마우스 등과 같은 다양한 동물중에서 성공을 거두었지만, 얻을 수 있는 분할구의 수에 한계가 있기 때문에 실용화된 산업기술로 발전・정착시키기에는 다소의 문제점이 있다. 따라서, 최근에는 무제한으로 확보할 수 있는 체세포의 핵을 탈핵된 수핵난자에 이식하여 체세포복제수정란을 만들고, 이것을 대리모에 이식하여 체세포복제동물을 생산하는 연구가 활발히 수행되고 있다. 즉, 면양의 유선세포를 이용하여 처음으로 체세포핵을 이용한 복제면양이 탄생된 이래(Wilmut, 1997), 소・돼지・산양・토끼・고양이・마우스 등과 같은 다양한 동물종에서도 체세포복제동물이 탄생되었다(표 7-9).

표 7-9. 체세포 핵의 이식에 의한 복제동물의 생산 예

년도	동 물 종	핵 공여세포	참고문헌
1996	면양	배아	Campell 등, 1996
1997	면양	태아	Wilmut 등, 1997
	면양	성체	
1997	원숭이	배아	Meng 등, 1997
1998	소	태아	Cibelli 등, 1998
	소	성체	Kato 등, 1998
	마우스	성체	Wakayama 등, 1998
1999	마우스	배아	Wakayama 등, 1999
	산양	배아	Baguisi 등, 1999
2000	돼지	성체	Polejaeva 등, 2000
	야생들소	성체	Lanza 등, 2000
2001	야생산양	성체	Loi 등, 2001
2002	고양이	성체	Shin 등, 2002
	토끼	성체	Chesne 등, 2002
	관상어	배아	Lee 등, 2002
2003	래트	태아	Zhou 등, 2003
	노새	태아	Woods 등, 2003
	말	성체	Galli 등, 2003
2005	개	성체	Lee 등, 2005
2006	족제비	성체	Li 등, 2006

1) 핵이식에 의한 복제동물의 생산방법

핵이식에 의하여 복제동물을 생산하는 과정은 수핵난자에 공핵세포의 핵을 이식하여 복제수정란을 만들고, 이것을 배양하여 발달시킨 다음, 대리모에 이식하여 산자를 얻는 순서로 진행된다.

(1) 수핵난자의 준비 : 수핵난자(受核卵子, recipient oocyte)로 배란된 난자를 이용할 경우에는 난자를 제공하는 동물에 다배란처리를 하고, 외과적 수술로 난관을 관류하여 난자를 회수한다. 그러나, 수핵난자로 체외에서 성숙시킨 난포란을 이용하는 것이 다수의 난자를 동시에 얻을 수 있을 뿐만 아니라, 여러모로 편리한 점이 많다. 난포란을 이용할 경우에는 도축된 동물의 난소에서 난포를 천자하여 난모세포를 채취한 다음, 체외성숙배양액속에서 배양하여 제2감수분열 중기(metaphase Ⅱ)의 상태로 성숙시킨 다음, 제1극체가 방출된 난자만을 선별하여 사용한다. 체외성숙배양의 시간은 소 22시간, 면양 22~24시간, 돼지 44시간 정도이다. 수핵난자는 세포질에 모체유래의 핵을 가지고 있음으로 공핵세포의 핵을 받으려면 자신의 핵을 제거하는 탈핵(脫核)을 하여야 한다. 탈핵과정은 먼저 수핵난자를

미세조작기의 고정피펫으로 고정하고, 제1극체가 위치하는 부위의 투명대에 절개공을 만든 다음, 이 구멍을 통하여 직경 20~25㎛정도의 미세피펫을 삽입하여 제1극체와 그 주위의 난세포질을 흡인하는 방법으로 제1극체와 함께 분열중기의 핵(MⅡ 방추)을 제거한다. 핵을 제거한 다음에는 핵의 DNA를 염색하는 5μM의 Hoechst 33342 형광색소가 첨가된 배양액에서 5분간 배양한 후에 난자의 핵이 제거되었는지를 확인하고, 인산완충용액으로 3회 세척한다. 이러한 탈핵과정에서는 필연적으로 투명대와 세포질에 손상을 주게 되는데, 이 손상이 앞으로의 배발달에 지장을 초래할 수 있다는 문제점이 있으며(Wakayama 등, 1998), 최근에는 난자의 손상을 최소화하는 화학적 탈핵방법도 검토되고 있다.

(2) 공핵세포의 준비 : 핵을 제공하는 공핵세포(供核細胞)로는 초기배를 분리하여 작출한 분할구와 다양한 체세포가 이용된다. 분할구를 얻기 위한 공핵배는 다배란처리로 배란된 난자가 난관에서 수정되어 발생중인 것을 난관관류방법으로 회수한다. 회수된 배는 0.25%의 트립신용액으로 투명대를 용해시키거나 미세침으로 투명대를 절개하는 방법으로 투명대를 제거한 다음, 각각의 분할구를 분리하여 공핵분할구로 이용한다. 공핵배로 이용되는 배의 발달단계는 주로 16~32세포기이지만, 발달단계가 이보다 앞서거나 뒤진 배를 이용하는 경우도 많다. 한편, 체세포의 핵을 이식하기 위한 공핵체세포로는 주로 섬유아세포(纖維芽細胞, fibroblast)가 이용되는데, 성체의 피부조직이나 태아의 조직에서 얻는다. 공핵체세포를 분리·보존하는 방법을 돼지태아를 이용하는 방법(Koo 등, 2000)을 예로 들어 설명하면, ① 채취한 몸통조직을 인산완충용액으로 깨끗이 세척하여 외과용 칼로 잘게 절단한 후에, ② 0.25%의 트립신이 함유된 3.65mM의 EDTA용액에 침지하여 38.5℃에서 30분간 처리하는 방법으로 세포간질을 제거한 다음, ③ 이것을 15%의 FBS가 첨가된 DMEM(Dulbecco's modified Eagle medium) 10㎖에 부유시킨 후에, 1,000rpm에서 5분간 원심분리하여 세포를 회수하고, ④ 회수된 세포를 DMEM(15% FBS)배양액으로 2×10^6/㎖의 세포수가 되게 분산시킨 다음, 175㎖용량의 플라스크에 옮기고, ⑤ 5%의 CO_2가 공급되는 CO_2배양기에서 38.5℃의 온도조건으로 배양하여 태아섬유아세포주(株)를 확보한 후에, ⑥ 이것을 계대배양(繼代培養)하여 그 수를 증가시키며, ⑦ 확립된 세포주는 동결보존액(40% FBS·40% DMEM·20% DMSO)을 이용하여 액체질소에 침지하여 보관한다. 액체질소에 보존된 공핵세포주는 필요할 때 마다 융해한 다음, DMEM배양액에서 배양한 후에 핵이식에 사용한다. 한편, 핵이식에 의한 복제동물의 생산에서 효율성을 높이기 위하여 공해세포의 세포주기를 조절하는 방법이 이용된다(Campbell, 1996). 분할구를 이용하여 복제동물을 생산할 때는 분할구의 세포주기를 G_1기에 맞추면 복제수정란의 발달능력이 향상되며, 체세포는 세포주기를 G_0기 또는 G_1기에 맞추어 이용한다.

(3) 핵이식과 세포융합 : 핵을 수핵난자에 주입하는 방법은 공핵세포에서 핵만을 분리하여 수핵난자의 세포질에 직접 주입하는 방법과 공핵세포를 수핵난자의 위란강내에 주입한

다음, 두세포를 융합시키는 방법이 있다. 핵만을 수핵난자의 세포질에 직접 주입하는 방법은 주입과정에서 수핵난자를 기계적으로 자극하고, 핵과 수핵난자 세포질의 접촉을 극대화함으로써, 핵과 세포질 사이의 상호관계가 재구축되는 과정을 촉진시킬 수 있다는 장점은 있지만, 시술과정이 복잡하고, 부작용도 있어서 가축에서는 별로 이용되지 않고, 마우스나 래트와 같은 실험동물에서 주로 이용된다. 가축에서는 주로 세포융합법에 의하여 핵을 이식하는데, 탈핵된 수핵난자의 투명대 절개부위를 통하여 준비된 공핵세포를 미세조작기를 이용하여 위란강내로 주입하는 방법으로 핵이식수정란을 만든다. 이 때, 이식된 분할구 및 체세포의 핵이 수핵난자의 세포질과 융합되어 발생능을 얻으려면 수핵난자와 공핵세포의 원형질막이 서로 융합되어 하나의 세포가 되어야만 한다. 이러한 세포융합을 위하여 초창기에는 공핵세포를 센다이바이러스(sendaivirus; 1%의 propiolactone을 첨가하여 불활성화시킨 바이러스)와 함께 주입하는 융합법(McGrath & Solter, 1983)이 주로 이용되었지만, 현재에는 융합조건 등의 변경이 가능하고, 감염의 위험성도 없는 전기적 세포융합법(Kubiak & Tarkowski, 1985)이 널리 이용되고 있다. 세포융합을 위한 통전(通電)에는 전기융합기가 이용되는데, 전압과 통전시간은 융합기의 종류·전극 사이의 거리·동물종에 따른 난자의 상태 등에 따라 적절하게 조절한다. 예를 들면, 소의 경우는 핵이식란을 융합기의 전극사이에 놓고, 1.5~2.0kV/㎝의 직류전압에서 10~30μsec 동안 통전하는 방법이 일반적으로 이용된다. 융합처리 후에 CO_2배양기에서 0.5~1.0시간을 배양한 다음, 융합여부를 판정한다.

(4) 핵이식란의 활성화 : 정상적으로 이루어지는 체내수정과정에서 난자는 정자의 침입자극을 받으면 활성화(活性化, activation)되어 발생능력을 획득하게 된다. 이러한 활성화는 난자의 성숙과정에서 일시적으로 정지되어 있던 세포주기를 다시 재개시키는 생리적 과정이다. 난자의 활성화는 난세포질내에 Ca^{2+}의 농도가 급격히 증가되어 세포주기를 정지시키는 단백질이 불활성화되고, 새로운 단백질의 합성이 억제되는데 따라 발현되는 현상이다. 이러한 난자의 활성화과정은 핵이식란에서도 필요하다. 핵이식란의 활성화가 유도되려면 세포주기의 정지요소인 난모세포의 성숙촉진인자(maturation promoting factor [MPF])와 MAP키나제(mitogen-activated protein kinase) 등과 같은 세포내 신호전달물질의 활성을 저하시켜야 하는데, 이를 위해서는 핵이식란내에 Ca^{2+}이 증가되는 것이 필수적이다.

핵이식란을 활성화시키는 방법에는 전기적 자극법(electrical activation)과 화학적 자극법(chemical activation)이 있다. 전기적 자극법은 세포융합을 위한 전기자극에 더하여 한번 더 통전시켜 세포질내 칼슘진동(Ca^{2+} oscillation)을 유도하여 외부로부터 세포내로 Ca^{2+}을 유입시켜서 세포질내의 Ca^{2+}농도를 급격하게 증가시키는 방법으로서, 주로 돼지나 산양에서 이용된다(Polejaeva 등, 2000; Baguist 등, 1999). 화학적 자극법은 인산화억제물질인 6-DMAP(6-dimethylaminopurine)나 단백질합성저해제인 사이클로헥사마이드(cyclohexamide)를 Ca^{2+}-운반체(Ca^{2+}-ionophore)인 이노마이신(ionomycin)을 명용처리하는 방법으로, 소나

표 7-10. 체세포핵이식에 의한 복제동물의 생산효율

동 물 종	공핵세포	핵이식방법	난자활성화	복제 동물의 생산 효율	참고문헌
면양	유선상피세포	융합	전기자극	3.4%	Wilmut 등, 1997
	태아섬유아세포			5~20%	Schnieke 등, 1997
소	난구세포	융합	전기자극	50%	Kato 등, 1998
	난관상피세포			33.3%	
	섬유아세포		전기자극	9~20%	Brophy 등, 2003
마우스	난구세포	미세주입	$SrCl_2$	1~3%	Wakayama 등, 1998, 2005
	세르톨리세포			6%	Ogura 등, 2000; Wakayama 등, 2005
	NK T세포			1~2%	Inoue 등, 2005
	B, T세포			0%	Hochedlinger & Jaenisch, 2002
	뉴런			0%	Eggan 등, 2004; Li 등, 2004
	섬유아세포			1%	Wakayama 등, 2005
	섬유아세포	융합	$SrCl_2$	2~3%	Ogura 등, 2000
	배아줄기세포	미세주입	$SrCl_2$	11~23%	Hochedlinger & Jaenish, 2002
산양	태아섬유아 및 상피세포	융합	전기자극	3.5%	Baguisi 등, 1999
돼지	과립막세포	융합	전기자극	1.2%	Polejaeva 등, 2000
	태아섬유아세포	융합	전기자극	4%	
고양이	섬유아세포	융합	전기자극	1.1%	Shin 등, 2002
토끼	난구세포	융합	전기자극	1.6%	Chesne 등, 2002
래트	태아섬유아세포	미세주입	butyroactone	1.7%	Zhou 등, 2003
말	섬유아세포	융합	ionomycin	5.9%	Galli 등, 2003
개	섬유아세포	융합	ionophore	0.2%	Lee 등, 2005
족제비	섬유아세포	융합	전기자극	1%	Li 등, 2006
		미세주입		0%	
	난구세포	융합		1.8%	
		미세주입		1.2%	

면양의 배를 활성화시키는데 주로 이용된다.

(5) 핵이식란의 배양과 이식 : 수핵난자와 공핵세포가 융합된 다음, 활성화된 핵이식란은 핵의 기능이 다시 프로그램되어 접합체(zygote)의 상태가 되며, 이에 따라 염색체의 응축과 팽창이 연속적으로 일어난다. 이러한 핵이식란은 체내 및 체외 배양기법을 이용하여 상실배나 배반포로 발달시켜야 한다. 핵이식란의 배양과정은 복제동물생산의 효율성을 결정하는 중요한 단계로서, 체외수정란을 배양하는 방법이 그대로 이용되어 왔다. 일반적으로 사용되는 기본배양액은 소 CR1aa배양액(Rosenkrans 등, 1993), 돼지 NCSU23배양액(Petters & wells, 1993), 면양 mSOF배양액(Gardner 등, 1994)이다. 상실배나 배반포로 발달된 배는 통상적인 배이식기법으로 대리모의 자궁에 이식하여 산자를 얻는다. 그러나, 돼지의 경우에는 체외에서 생산된 배반포의 질이 현저하게 나쁘기 때문에 100~200개의 배반포를 이식하는 것이 일반적이다.

2) 핵이식의 효율성에 영향을 미치는 요인

핵이식을 이용한 복제동물의 생산에 관한 기술은 많은 발전이 있었지만, 아직까지도 그 효율성이 매우 낮고, 임신과정중에서 유산 및 사산이 되는 개체도 많다(표 7-10). 이와 같이, 생산의 효율성이 낮은 원인은 복제동물을 만드는 각 단계의 조건이 최상의 생존성을 발현하는데 부족하고, 이식된 핵과 세포질의 발달상태가 동조화되지 못하였기 때문이다.

(1) 공핵세포의 종류 : 핵이식에 의한 복제동물의 생산효율은 공핵세포의 종류에 따라 매우 다르다. 예를 들면, 마우스에서 공핵세포로 신경줄기세포나 배아줄기세포를 이용한 경우가 성체신경세포를 이용한 경우에 비하여 생산효율이 높다(Eggan 등, 2004; Li 등, 2004; Blelloch 등, 2006) 더욱이, B-세포와 T-세포는 공핵세포로서의 효율이 매우 저조한 반면에, NK T-세포는 효율성이 매우 높다. 대동물에서도 공핵세포로 배아세포나 배아줄기세포를 이용하는 것이 분화된 체세포를 이용하는 것보다 복제동물의 생산효율이 높다(Inoue 등, 2005)

(2) 수핵난자의 성숙정도 : 난자의 세포질에는 세포분열과 세포주기를 조절하는 다양한 인자들이 함유되어 있다. 따라서, 핵과 세포질의 상태가 동조화되지 않으면 정상적인 세포분열을 기대할 수 없다. 핵이식은 서로 다른 세포에서 기원된 핵과 세포질을 하나의 세포로 재조합하는 것임으로 상호간의 발달상태를 일치시키는 것이 앞으로의 배발달에 매우 중요하다. 이러한 이유로 수핵난자의 성숙정도가 핵이식배의 발달에 커다란 영향을 미치게 된다.

(3) 핵이식란의 활성화 : 정상수정에서는 정자의 침입자극으로 난자가 활성화되어 발생을 개시하지만, 핵이식난자는 인위적 자극을 가하여 난자의 활성화를 유도한다. 핵이식난자의 활성화는 동물의 종에 따라 다소간의 차이는 있지만, 핵이식 1~4시간 후에 전기적 또는 화학적 자극을 가하여 유도하는 것이 일반적인데, 활성화를 유도하는 시기에 따라 난할률과 배반포로의 발달률에 차이가 있다(Koo 등, 2000).

(4) 핵이식란의 체외배양과 이식 : 핵이식란이 배반포로 발달되는 비율은 체외수정란의 발달률과 큰 차이가 없다. 그러나, 배반포를 이식한 후의 산자출생률은 체외수정란에 비하여 낮은데, 그 이유는 착상의 실패, 조기유산, 거대태아의 발생률이 높기 때문이다(Eggan 등, 2004). 또한, 복제동물에서는 순환계질환·태반수종·요수과다증·호흡기계질환 등이 발생되어 동물의 생산효율을 저하시킨다. 최근의 연구에서 체세포의 핵을 이식하여 작성한 수정란에서 초기배의 발생에 필수적인 유전자들의 재활성화가 제대로 일어나지 않는 경우가 자주 발생되는데(Boiani 등, 2002; Bortvin 등, 2003; Kishigami 등, 2006), 이것도 체세포복제동물의 생산효율을 낮게 하는 요인이 될지도 모른다. 한편, 체세포복제동물은 수핵난자의 세포질에 들어있는 미토콘드리아에 함유된 DNA를 그대로 이어받게 됨으로 공핵동물의 형질을 완벽하게 복제하는 것은 아니다. 가축에서 산유능력이나 번식능력과 같은 경제형질은 미토콘드리아의 DNA에 영향을 많이 받는 것으로 알려져 있어 체세포복제기술

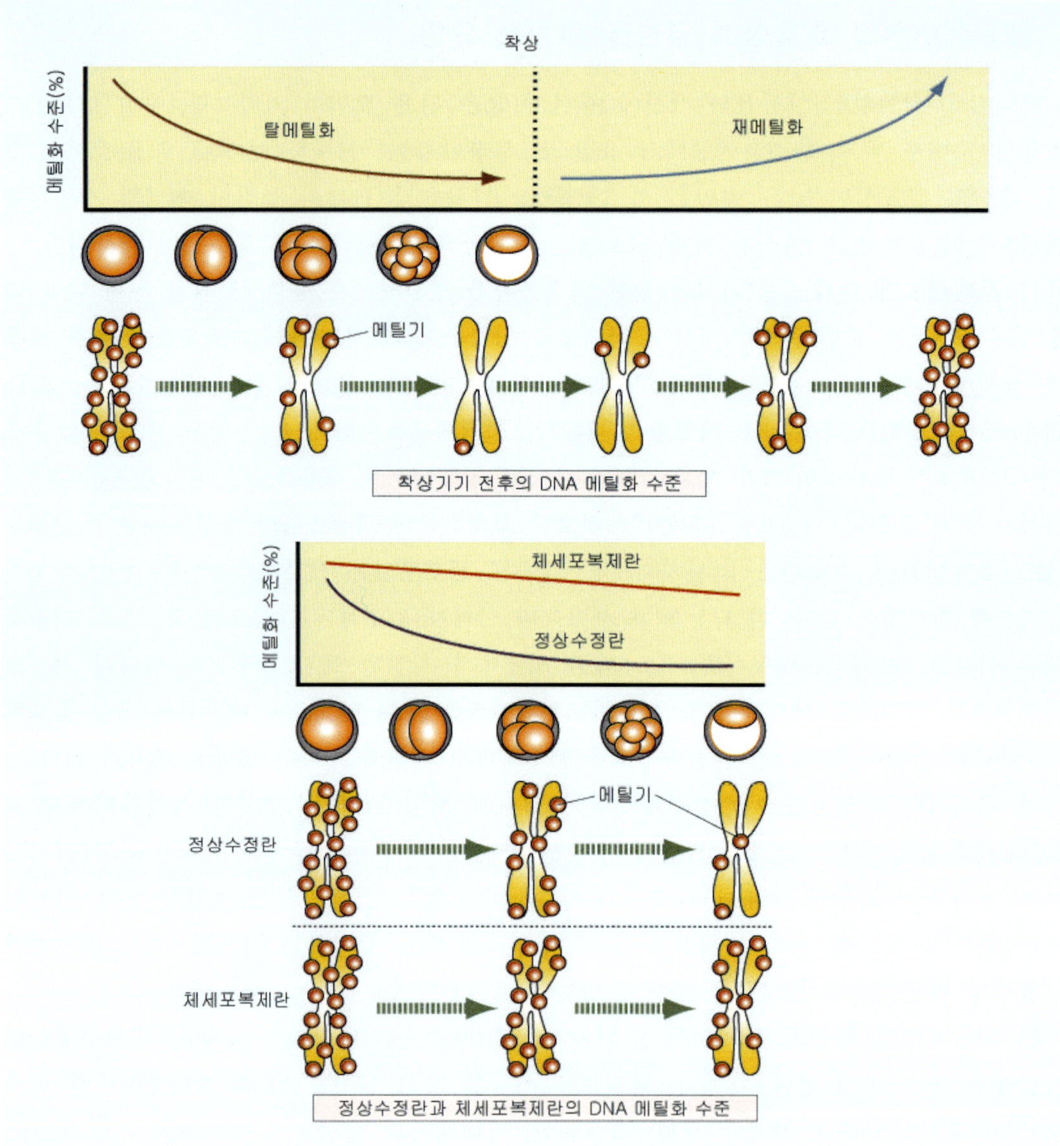

그림 7-16. 착상기 전후의 DNA 메틸화 수준

로 이들 형질을 개량하는데는 한계가 있다.

(5) 공핵세포 게놈의 재프로그래밍 : 핵이식기법으로 복제동물을 생산할 때 나타나는 다양한 문제점가운데 중요한 하나의 문제점은 핵이식란에서 일어나는 부적절한 DNA의 재프로그램(reprogramming)이다. 즉, DNA의 재프로그램과정에 필요한 탈메틸화(demethylation) 현상이 핵이식란에서는 잘 일어나지 않고, 이것이 체세포복제동물의 생산에서 중요한 실패원인이 된다. 유전자의 메틸화(methylation)는 유전자가 고유의 기능을 수행하는데는 필요하지만, 모

계유전자와 부계유전자가 합쳐져 만들어진 수정란의 유전자가 활성화(embryonic genome activation)되려면 모계 및 부계 유전자 사이에서 일어나는 유전자각인(genomic implintion)이 필수적인데, 이 과정에서는 유전자가 반드시 탈메틸화되어야 한다. 따라서, 핵이식란에서 탈메틸화가 제대로 이루어지지 않는다는 것은 DNA의 재프로그램과정을 장해하여 유전자가 활성화되지 않는다는 것을 의미한다. 정상적인 수정란에서는 착상 전까지는 탈메틸화가 활발히 일어나고, 착상 후부터는 다시 메틸화가 일어난다. 그러나, 체세포복제란에서는 탈메틸화가 일어나지 않아서 정상수정란에 비하여 높은 메틸화수준을 나타낸다(그림 7-16; Kang 등, 2001; 2002). 체세포복제란에서 DNA의 메틸화 양상이 비정상적으로 발현된다는 사실은 많은 연구(Dean 등, 1988; 2001; Bolurchis 등, 2001; Kang 등, 2001; 2002; Ohgane 등, 2001)에서 확인되었지만, 메틸화 양상이 빈번하게 일어나는 원인은 아직까지도 분명하지 않다. 다만, 핵을 제공하는 체세포와 핵을 받아들이는 수핵란의 발달상태가 달라서 체세포의 핵이 수핵란의 세포질에 틀리게 반응하여 DNA의 메틸화 양상이 다르게 나타나고, 이것이 배를 치사시키거나, 비정상적인 표현형으로 나타나게 하는 것으로 보인다.

4. 초기배 분할구의 응집에 의한 일란성다태의 생산

동물의 난할은 난할과정이 진행될수록 분할구의 크기가 작아지고, 더욱이 포유동물에서는 같은 분열단계에 있는 분할구의 난할시기가 일치되지 않아서 난할단계가 앞서거나 뒤지는 분할구가 나타나게 마련이고, 난할면이 제1난할면을 축으로 회전하는 회선난할(回旋卵割, rotational cleavage)을 한다(제5장 제2절. 난할 항목 참조). 따라서, 배가 상실배로 발달되면 난할단계가 앞선 작은 분할구가 상실배의 안쪽에 위치하여 내부세포가 되고, 난할단계가 늦은 큰 분할구는 외부세포가 되어 상실배의 외부를 둘러싼다. 이어서 상실배가 배반포로 발달되면 내부세포는 내부세포괴(內部細胞塊, inner cell mass [ICM])로 분화되고, 외부세포는 영양외배엽(營養外胚葉, trophoectoderm [TE])으로 발달되는데, 배반포가 발달을 계속하면 ICM은 태아로, TE는 태막으로 분화된다. 이와 같이, 발달단계가 앞서면서 크기가 작은 분할구가 태아로 발달될 가능성이 높다는 원리를 이용하여 난할단계가 앞선 배의 분할구를 분리하여 난할단계가 늦은 배에 융합시켜서 복합동물(chimera)을 만들면, 엄밀한 의미에서는 복제동물이 아니지만, 난할단계가 앞선 배와 유전적 동질성을 나타내는 다수의 산자를 얻는 것이 가능하다(Seidel, 1983; Willadsen & Fehilly, 1983).

1) 단위발생배와 분할구의 응집

단위발생배(單位發生胚, parthenogenic embryo)는 발생초기에 사멸하는 것이 일반적이지만, 수정란과 응집시켜 발생시키면 상당한 키메라현상(chimerism)을 나타내는 개체가 탄생

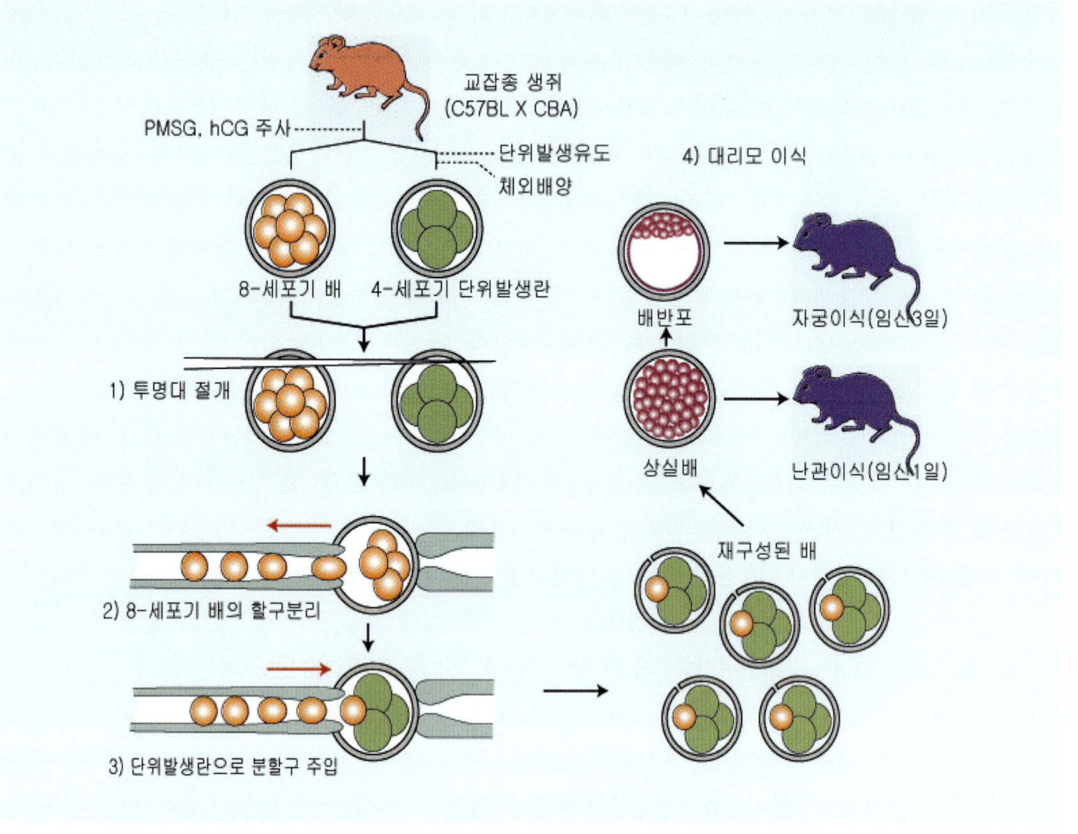

그림 7-17. 마우스에서 단위발생란을 이용한 일란성 다태의 생산

된다(Stevens, 1978). 이러한 단위발생배의 성질을 이용하여 정상적으로 발생과정이 진행되는 배의 분할구를 분리하여 발단단계가 늦은 단위발생배와 응집시키면 분할구가 가지는 유전적 특성과 동질성을 나타내는 다수의 개체를 생산할 수 있다(그림 7-17; Lee 등, 1989). 그 과정은 ① 다태를 생산하고자 하는 개체에서 8-세포기 배를 채취한 다음, 직경 10~15㎛ 두께의 미세피펫으로 투명대를 관통하여 배로부터 차례로 8개의 분할구를 흡인하고, ② 4-세포기 단위발생배의 분할구중에서 하나의 분할구를 미세피펫으로 터트린 다음, ③ 세개의 분할구가 남은 단위발생배에 8-세포기 배의 분할구 하나씩을 미세피펫으로 주입하여 8개의 4-세포기의 재구성배를 만들고, ④ 이것을 체외에서 배양하여 상실배 또는 배반포로 발달시킨 후에, ⑤ 대리모에 이식하여 산자를 얻는다. 실제로, 마우스의 단위발생배에서 하나의 할구를 제거하고, 8-세포기배에서 분리한 1/8 및 2/8의 분할구를 이식하여 작성한 키메라배를 대리모에 이식하여 각각 4마리와 3마리의 산자를 얻었는데, 2/8분할구를 이식하여 작성한 3마리의 새끼는 8-세포기의 배에서 유래된 일란성 세쌍둥이라는 것이 확인되었다(Tsunoda 등, 1987).

2) 8-세포기배의 분할구와 4-세포기배의 응집

단위발생배와 정상적으로 발생된 배의 분할구를 응집시켜 유전적 조성이 동일한 다수의 개체를 얻는 방법과 같은 방법으로 8-세포기배의 분할구를 분리하여 4-세포기배에 주입하여 일란성 다태를 유도할 수 있다. 면양에서 8-세포기배의 분할구를 분리하여 4-세포기배와 응집시켜 키메라배를 작성하고, 이것을 체외에서 발달시킨 다음, 대리모에 이식하는 수단으로 하나의 8-세포기배로부터 다섯마리의 자양을 생산하였다(Willadsen & Fehilly, 1983).

5. 복제동물의 유전학적 의미와 이용분야

복제동물의 생산기술은 동일한 유전적 조성을 가지는 다수의 개체를 효과적으로 얻는 것을 목표로 개발된 기술이지만, 복제방법에 따라 유전적 동일정도가 다르다. 또한, 복제동물의 이용분야는 연관된 생명공학기술이 발전됨에 따라 계속적으로 넓어지고 있다.

1) 복제동물의 유전학적 동질성

일란성 쌍둥이는 하나의 수정란이 이등분되어 각각이 별도의 개체로 발생되었기 때문에 핵은 물론이고, 세포질의 구성도 동일하고, 더욱이 같은 자궁내에서 같은 시기에 자라게 되어 발생환경도 같다. 따라서, 유전적 및 세포학적 동질성이 매우 높아서 거의 완벽한 복제라고 할 수 있다. 그러나, 일란성 쌍둥이도 태어난 직후에 격리되어 서로 다른 환경하에서 생활하게 되면 많은 부분에서 유사한 능력이 발현되기는 하지만, 환경의 영향하에서 발현되는 유전형질이 달라져 약 75%정도만 동일하다고 한다. 인위적으로 복제한 동물중에서 초기배의 분할구를 분리하여 배양하거나, 절단한 배를 배양하는 수단으로 작성된 새끼는 하나의 배로부터 발생되었기 때문에 유전적으로는 일란성 쌍둥이와 같지만, 임신환경이 서로 다르기 때문에 표현형은 일란성 쌍둥이에 비하여 차이가 크다. 한편, 분할구나 체세포의 핵을 탈핵한 난자에 이식하여 작성한 핵이식복제동물은 핵내에 위치하는 유전체만을 본다면 완벽한 복제라고 할 수 있지만, 세포질을 서로 달라서 미토콘드리아DNA를 비롯한 세포질내물질(RNA · 단백질분자 · 세포소기관 등)이 같지 않기 때문에 일란성 쌍둥이에 비하여 유전형질의 동질성이 더욱 떨어진다. 더욱이, 분할구와 단위발생란이나 발달단계가 늦은 배를 응집시켜서 작성한 키메라동물은 유전적 동질성이 크게 떨어진다.

2) 복제동물의 이용분야

동물의 복제기술이 발전되고, 더욱이 체세포의 핵을 이용하는 체세포복제기술이 개발됨에 따라 동물체의 여러 조직으로부터 핵이식에 사용될 체세포주(株)의 확립이 용이하고,

무한정으로 공급할 수 있게 되어 복제동물의 생산효율이 급속하게 발전할 수 있을 것으로 기대된다. 복제동물을 저렴한 가격으로 신속하게 생산할 수 있고, 복제동물에서 나타나는 부정적 현상을 효과적을 제어할 수 있는 기술체계가 확립되면 복제동물을 이용하는 다양한 기술들이 개발되고, 이를 이용하여 커다란 경제적 이득을 얻을 수 있을 것이다. 예를 들면, 유전적으로 우수한 경제형질을 가진 산업동물을 효과적으로 단시간내에 증식시키는 수단으로 이용하여 개량기간을 획기적으로 단축시키 것이 가능하며, 복제기술을 유전자재조합기술을 비롯한 형질전환기술과 조합하면, 사람에게 유용한 물질을 생산하는 형질전환동물을 효과적으로 생산할 수 있게 되고, 사람의 질환모델동물이나 장기이식동물의 개발이 활성화 될 뿐만 아니라, 멸종위기에 있거나 희귀한 동물종의 번식에도 유용하게 이용될 것이다. 궁극적으로, 인류의 생활을 풍요롭게 하는데 크게 기여할 것으로 기대된다.

제 5 절 키메라 동물

키메라(chimera)의 어원은 그리스 신화에서 비롯된 것으로서, 사자의 머리에 양의 몸통과 용의 꼬리를 가진 형상을 하고, 불을 토해내는 짐승을 의미한다. 그러나, 생물학적으로는 하나의 개체내에 유전적으로 서로 다른 두개체 이상에서 유래된 조직·세포·핵·염색체 등이 혼재되어 있는 복합동물(複合動物, chimeric animal)을 의미한다. 키메라는 초기배·핵·염색체·유전자 등을 집합시키는 다양한 방법으로 작출할 수 있지만, 두개체에서 유래된 초기배를 집합시키거나, 배반포강내에 다른 배의 분할구를 주입하는 방법이 주로 이용되어 왔다. 최근에는 다능성 배아줄기세포(pluripotential emabryonic stem cell)를 8-세포기의 배에 집합시키거나, 배반포강내에 주입하여 키메라를 작출하는 방법이 많이 이용된다. 두종류의 계통간 또는 종간의 키메라는 각각의 기호를 '↔'로 연결하여 표시한다. 예를 들면, C57BL/6마우스와 BALB/C마우스로 작성한 키메라마우스는 C57BL/6↔BALB/C로 표기한다. 키메라는 포유동물 배의 발생과정에서 나타나는 세포의 발달과 분화, 그리고 유전자의 발현기전을 해석하는데 중요한 표본으로 이용할 수 있다. 또한, 자연적으로는 탄생되지 않는 이종간잡종(異種間雜種)의 작성과 형질전환동물의 개발에도 매우 유용한 수단으로 이용될 뿐만 아니라, 새로운 인체질환모델동물을 개발하고, 나아가 치료기술을 개발하는데에도 이용할 수 있을 것이다.

1. 초기배를 이용한 키메라의 작성

2-~8-세포기의 초기배를 응집시키거나, 배반포의 배반포강에 다른 배에서 유래된 분할

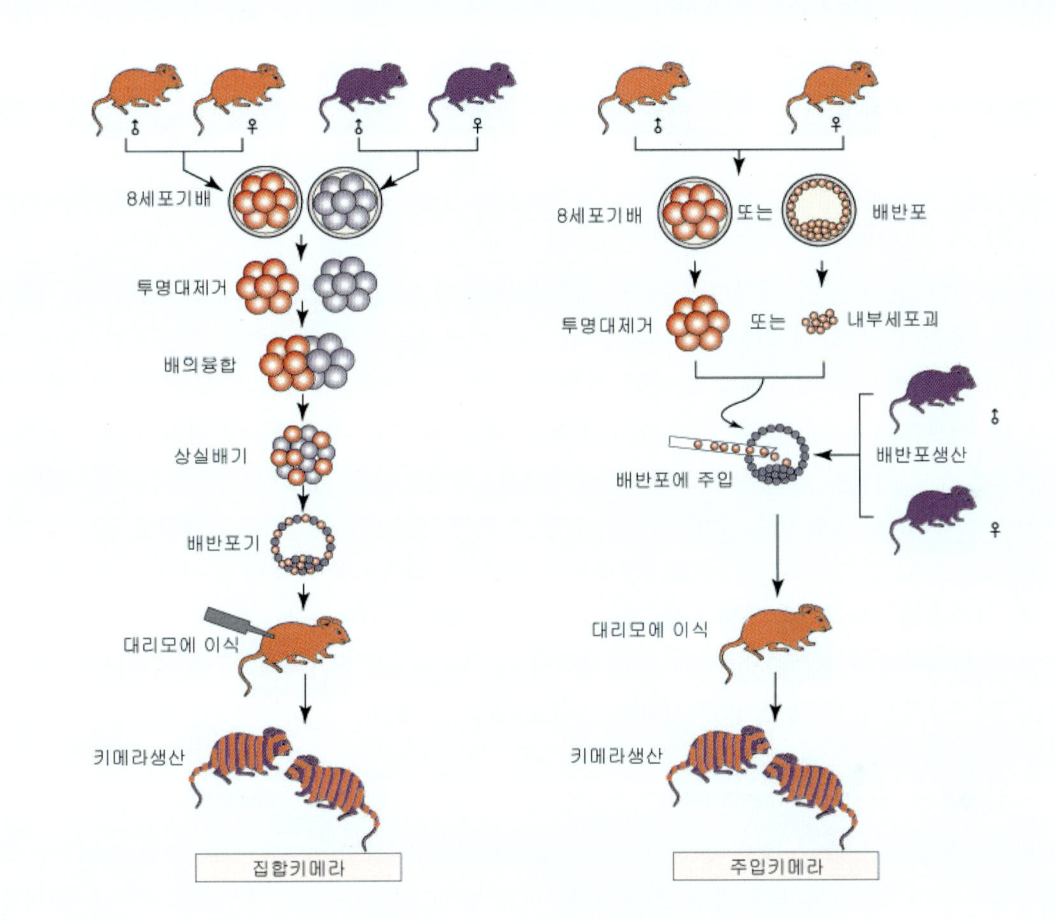

그림 7-18 초기배를 이용한 키메라의 작성방법

구를 주입하는 방법으로 키메라를 작성할 수 있는데, 전자를 집합키메라(aggregation chimera), 후자를 주입키메라(injection chimera)라고 한다(그림 7-18).

1) 집합키메라

응집(凝集)키메라라고도 하며, 동종(同種)의 서로 다른 개체에서 얻어진 2-~8-세포기 배의 투명대를 제거하여 나화시킨 다음, 이들 배를 상호응집시키고, 이것을 체외에서 배반포까지 발달시킨 다음, 대리모에 이식하여 산자를 얻는다. 이 때, 투명대의 제거는 0.2~0.5%의 프로나제(pronase)용액에 3분 정도 침지하여 용해시키는 방법이 많이 이용된다. 투명대가 제거된 배의 응집은 배양액내에서 두개의 배를 미세침을 이용하여 붙여 놓고, 그 위에 유동파라핀(liquid paraffin)을 부은 다음, 배양액을 제거한 후, 5~30분 동안 정치하여 파라핀의 압력으로 배가 응집되게 하거나(Tarkowski, 1961), 식물성적혈구응집소-P(phytohemagglutinin-P

[PHA])와 같은 응집항체를 사용하여 응집을 유도하는 방법(Mintz 등, 1973)이 이용된다. PHA를 이용하는 방법은 조작이 간편하며, 발생단계가 다른 배도 접합시킬 수 있고, 분리된 분할구를 임의로 조합할 수도 있기 때문에 응용범위가 매우 넓다. 이 방법으로 흑색·백색·황색의 피모를 가진 3계통의 키메라마우스가 생산되었다(markert & Petters, 1978).

2) 주입키메라

주입키메라는 하나의 개체에서 얻은 배를 배반포까지 발달시킨 다음, 이 배반포의 배반포강에 동종의 다른 개체에서 유래된 분할구를 미세조작기로 주입하여 일정기간 동안 배양한 후에 대리모에 이식하여 산자를 얻는 방법이다. 이 때, 주입하는 분할구는 2-세포기로부터 배반포기에 이르기까지 어느 단계의 배에서 분리된 것이라도 무방하다. 이 방법은 미세조작기가 반드시 필요하다는 단점이 있지만, 돌연변이를 유기한 다분화능세포나 외래유전자를 도입한 분할구를 주입하여 특수한 목적에 이용할 수 있는 키메라를 작성할 수 있다는 이점도 있다. 최초의 주입키메라는 마우스의 배반포에서 분리한 내부세포괴세포를 다른 마우스의 배반포에 주입하여 작성되었으며(Gadner, 1968), 그 후에 다분화능을 가진 마우스의 배아종양세포(embryonic carcinoma [EC] cell)를 초기배에 미세주입하는 방법으로도 키메라마우스가 생산되었다(Mintz & Illmensee, 1975).

3) 이종(異種)키메라

이종동물에서 유래된 배를 융합시켜서 이종키메라를 생산할 수 있는데, 집합키메라와 주입키메라 모두를 작성하는 것이 가능하다. 마우스(*Mus caroli)*의 내부세포괴에서 분리한 세포를 집쥐(*Mus musculus)*의 배반포강에 주입하여 이종키메라를 작성하였으며(Rossant & Freles, 1980), 면양의 4-세포기배와 산양의 8-세포기배에서 각각 하나씩의 분할구를 분리한 다음, 이것들을 응집시켜 이종접합키메라를 생산하였고(Fehilly 등, 1984), 소에서도 *Bos taurus*의 내부세포괴에서 분리한 배세포를 *Bos indicus*의 배반포강에 주입하는 기법으로 *Bos taurus*↔*Bos indicus*키메라를 작성하였다.(Summers 등, 1983).

2. 배아줄기세포를 이용한 키메라 작성

배아줄기세포(Embryonic stem [ES] cell)는 마우스의 배반포에서 최초로 작성되었는데, 배양조건하에서 미분화상태를 유지하며, 생식세포를 비롯한 대부분의 정상세포로 분화될 수 있는 능력을 가지고 있다. 따라서 ES세포는 키메라동물을 만들었을 때, 각 조직으로 분화되는 기여율이 높고, 특히 생식세포로 분화되는 비율도 매우 높아서 키메라동물의 생산효율이 다른 방법에 비하여 높다. 더욱이, ES세포에 외래유전자를 도입하여 키메라동물을

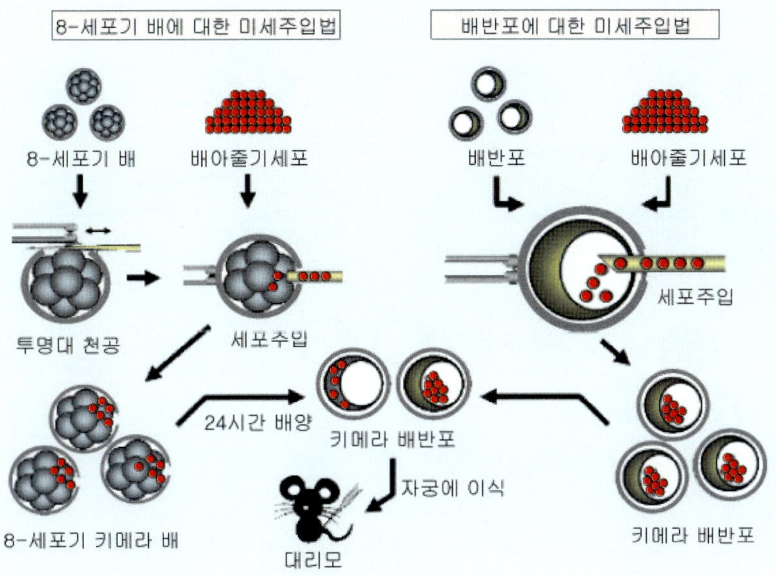

그림 7-19. 배아줄기세포의 주입에 의한 키메라동물의 생산방법

작성하는 방법으로 형질전환동물을 생산할 수도 있다(본장의 제6절. 형질전환동물의 작성법중에서 배아줄기세포와 배아생식세포 이용법 항목 참조). ES세포를 이용하여 키메라동물을 생산하는 방법에는 8-세포기배의 위란강이나 배반포의 배반포강에 ES세포를 주입하는 방법과 초기배와 ES세포를 공배양하여 융합을 유도하는 방법이 있다.

1) 배아줄기세포의 주입에 의한 키메라의 생산

ES세포의 덩어리인 클로니(colony)를 트립신으로 처리하여 개개의 ES세포를 분리한 다음, 8-세포기배나 배반포에 주입하여 융합을 유도한다(그림 7-19; Saburi 등, 1997; Kim 등, 2004). 8-세포기배에 대하여 ES세포를 주입하는 방법은 ① 고정피펫으로 배를 고정한 다음, 가늘게 뽑은 미세침으로 투명대를 관통한 후에, 고정피펫을 이동하여 미세침으로 관통된 투명대부위를 문질러 구멍을 뚫고, ② 다시 고정피펫으로 고정한 다음, 투명대의 구멍을 통하여 주입피펫으로 1~5개의 ES세포를 배의 위란강내로 주입한 후에, ③ 24시간 동안 체외에서 배양하여 ES세포가 융합된 배반포로 발달시킨 다음, ④ 대리모의 자궁에 8~12개의 융합배반포를 이식하고, ⑤ 출생 1주일 후에 모색으로 키메라 여부를 판정한다. 8-세포기의 배는 치밀화되기 전이고, 모든 분할구가 투명대와 접촉된 상태임으로 위란강내로 ES세포를 주입하여도 각각의 분할구세포와 충분히 접촉될 수 있다. 한편, 배반포에 ES세포를 주입하는 방법은 배반포를 고정피펫으로 내부세포괴가 있는 쪽에서 고정하고, 주입

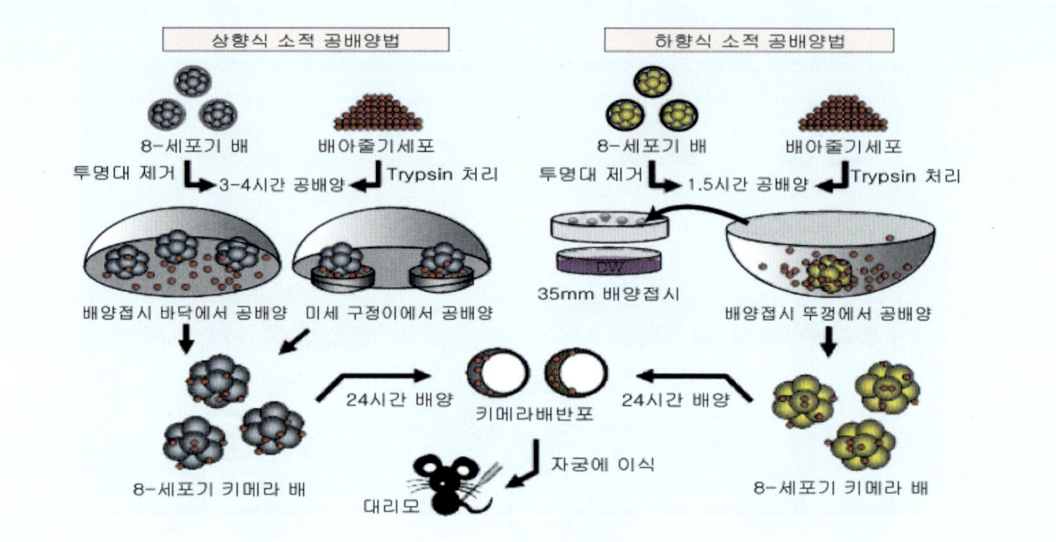

그림 7-20. 배아줄기세포와 8-세포기 배의 공배양에 의한 키메라 동물의 생산방법

피펫으로 10~15개의 ES세포를 흡인한 다음, 투명대를 관통하고, 이어서 영양막세포상호간의 간극을 통하여 배반포강에 이르게 한 후에, 배반포의 내부세포괴 위로 ES세포를 주입한다. ES세포의 주입이 완료된 배를 대리모의 자궁에 8~12개씩 이식하여 산자를 얻는다.

2) 배아줄기세포와 배의 공배양에 의한 키메라의 생산

ES세포를 이용한 키메라마우스의 생산에 미세주입법이 이용되어 왔지만, ES세포와 배를 공배양하여 융합시키는 방법이 개발되었는데, 이 방법이 훨씬 효율적이어서 최근에는 많이 이용된다(Wood 등, 1993). ES세포와 공배양하여 키메라동물을 생산하는 배는 주로 8-세포기배가 이용되며, 공배양방법에는 배양접시의 바닥에 위치시킨 배양액의 작은 방울(小滴)속에 ES세포와 배를 넣어 배양하는 상향식 소적 공배양법(upward drop coculture method)과 배양접시의 뚜껑에 배양액의 소적을 매달고, ES세포와 배를 넣어 공배양하는 하향식 소적 공배양법(hanging drop coculture method)이 있다(그림 7-10; Kim 등, 2004).

(1) 상향식 소적 공배양법 : 배아줄기세포의 콜로니를 트립린으로 처리하여 개개의 세포로 분리한 다음, 세포농도가 0.5~1.0×10^6/㎖가 되도록 세포부유액을 만들고, 이 세포부유액의 작은 방울(20~50$\mu\ell$)을 35㎜ 또는 60㎜ 배양접시의 바닥에 여러 개를 떨어트린 다음, 그 위에 미너랄오일을 부어 공기와 차단시킨다. 또한, 8-세포기배를 0.2~0.5%의 프로나제용액이나 Tyrode용액(pH2.0)에 침지하여 투명대를 용해시킨 후에, 분할구가 떨어지지 않도록 주의하면서 이미 준비된 ES세포부유액의 작은 방울에 3~5개씩 옮겨 넣는다. 이와 같이, ES세포와 8-세포기배를 접촉시킨 상태에서 3~4시간 동안 공배양하여 응집을 유도한

후에, 세포가 과도하게 붙어 있는 경우는 5~10개 정도의 세포만 남겨두고, 여분의 세포는 피펫으로 제거하면서 회수한다. 회수된 배는 20~50$\mu\ell$의 배양액 방울에 한개씩 넣고, 그 위를 미네랄오일로 덮은 다음, 24시간 동안 배양하여 배반포로 발달시킨다. 배양이 완료된 키메라배반포 8~12개를 대리모에 이식하여 키메라동물의 출산을 유도한다.

(2) 하향식 소적 공배양법 : ES세포의 농도를 1~5×10^5/㎖로 조정한 세포부유액의 작은 방울을 35㎜ 또는 60㎜ 배양접시의 뚜껑에 여러개 만든다. 각각의 ES세포부유액방울에 투명대를 제거한 8-세포기배를 넣은 다음, 배양접시의 뚜껑을 뒤집어서 배양하는데, 배양과정에서 ES세포부유액방울이 증발되는 것을 억제하기 위하여 배양접시의 바닥에 2~3㎖의 물을 넣는다. 이 상태에서 1.5시간 동안 배양하여 배아줄기세포와 8-세포기 배의 응집을 유도한다. 이 후의 과정은 상향식 소적 공배양법과 같다.

제 6 절 형질전환동물

형질전환동물(形質轉換動物, transgenic animal)은 외래유전자를 인위적으로 수정란의 핵속에 주입하여 염색체상에 삽입시킴으로써 동물이 본래부터 가지고 있던 유전적 형질의 일부를 변형시킨 동물로서, 외래유전자를 안정적으로 게놈(genome)에 가지고 있으면서 발현하고, 후대에도 물려주어야 한다. 형질전환동물의 생산은 1980년대 Gordon 등이 마우스의 전핵기 수정란에 클로닝된 DNA조각(herpes simple virus의 tymidine kinase)을 미세주입법으로 주입하여 형질전환 마우스를 생산한 것이 최초의 성공사례이다. 더욱이, Palmiter 등(1982)이 래트의 성장호르몬 유전자를 마우스의 수정란에 미세주입하는 방법으로 정상마우스에 비하여 빠르게 성장하여 체중이 두배나 되는 형질전환 거대마우스를 생산하여 주목의 대상이 되었으며, 현재에는 토끼·돼지·면양·소·닭 등과 같은 다양한 동물 종에서도 형질전환동물이 생산되었다. 형질전환동물의 생산과 이용에 관한 기술은 농축산·의료·의약품·환경 등의 분야에서 새로운 가치를 창출하는데 크게 기여할 것으로 기대되어 세계 어느 나라에서나 국가의 성장동력산업으로 육성하기 위한 연구가 활발히 수행되고 있다. 한편, 형질전환동물의 생산에는 유전자와 유전자조작에 관한 지식이 기초가 되며, 이 기반 위에서 이용가치가 큰 이식유전자가 작성되고, 이것을 다양한 방법으로 수정란의 DNA에 삽입·정착시켜서 형질전환동물을 생산하는 기술체계가 확립되어 가고 있다.

1. 동물유전자와 유전체

20세기 초반에 핵속에 위치하는 염색체에 유전물질이 내포되어 있고, 이 유전물질의 본

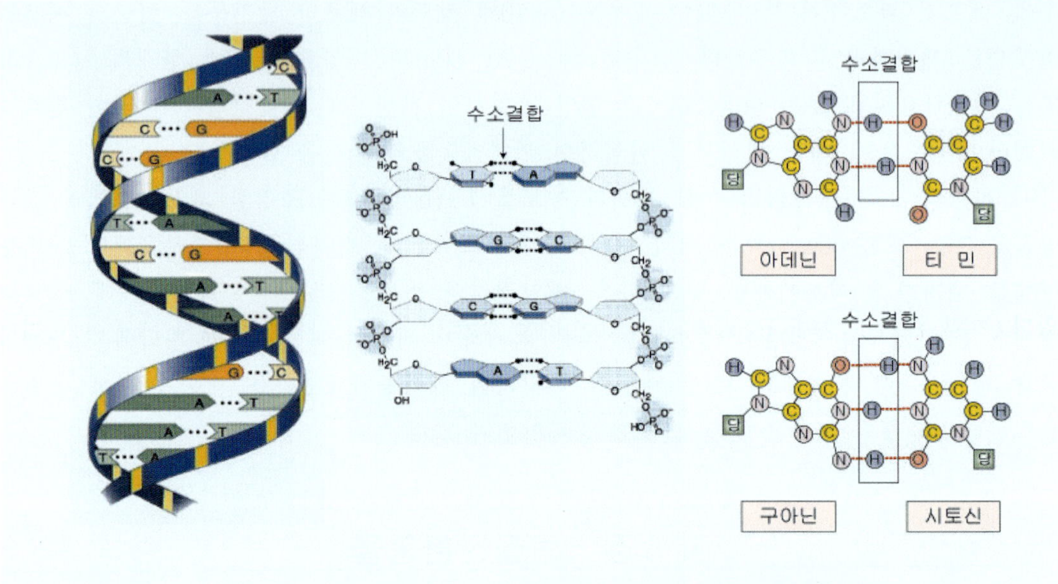

그림 7-21. DNA의 이중나선구조

태가 DNA라는 사실이 밝혀졌다. DNA의 정확한 구조는 1953년 Watson과 Click에 의하여 이중나선(二重螺旋, double helix) 모형으로 발표되었다. 이 모형에 따르면 DNA는 당-인산(糖-燐酸)으로 구성된 두가닥의 긴 사슬이 같은 축을 중심으로 역(逆)방향으로 달려 이중나선을 형성하고, 이 이중나선의 사이에 염기(塩基, base)가 배열되어 있는데, 한쪽 사슬에 배열된 염기가 다른쪽 사슬에 배열된 염기와 수소결합으로 서로 마주보면서 결합된 구조이다. 이러한 DNA의 염기서열에 생물체의 모든 유전정보가 포함되어 있고, 이 정보에 따라 생명유지에 필요한 다양한 물질들이 합성된다. 따라서, 형질전환동물을 작성·이용하려면 유전물질인 DNA와 유전정보의 최소단위인 유전자의 구조와 기능은 물론이고, 유전자를 재조합하는 기술과 탐색하는 기술을 이해하는 것이 필요하다.

1) 데옥시리보핵산

생물의 유전정보(genetic information)를 관장하는 기본단위인 유전자(遺傳子, gene)의 본체가 되는 핵산을 데옥시리보핵산(deoxyribonucleic acid [DNA])이라 한다. 바이러스의 일부를 제외한 모든 생물은 DNA를 가지고 있는데, 진핵(眞核)생물의 경우에는 주로 핵속에 있지만, 미토콘드리아나 엽록체에도 존재한다. DNA는 2′-데옥시-D-리보오스(2′-deoxy-D-ribose)·인산·염기로 구성된 뉴클레오티드(nucleotide)를 기본단위로 하고, 이것들이 인산디에스테르결합(phosphodiester bond)으로 연결된 폴리뉴클레오티드(polynucleotide)로서, 그 길이는 뉴클레오티드의 수에 따라 결정된다. 유전자의 구성요소가 되는 염기에는 피리미딘(pyrimidine) 염기인 티민(thymine [T])과 시토신(cytosine [C]), 그리고 퓨린(purine) 염기인 아데닌(adenine [A])과 구아닌(guanine [G])의 4종류가 있다. 이중나선의 구조를 가진 DNA는 두 가닥의 폴리뉴클레오티드사슬이 마주보고 있는 상태에서 당-인산골격이 나선구조의 바깥쪽에 위치하고, 두 사슬의 염기 상호간이 수소결합을 하여 쌍을 이루는데, 아데닌은 항상 티민과 쌍을 이루고, 구아닌은 항상 시토신과 쌍을 이룬다. 이와 같은 A-T · T-A · C-G · G-C의 결합을 상보적 염기쌍(complementary base pair)이라 한다. 따라서, 한쪽 사슬의 염기배열순서를 알면 상대사슬의 염기배열순서를 자동적으로 결정할 수 있다.(그림 7-21). 한편, RNA는 당이 리보오스(ribose)이고, 염기는 DNA의 티민이 우라실(uracil[U])로 대체되어 있다.

2) DNA의 복제

DNA의 복제는 두가닥DNA가 풀어져서 두개의 한가닥DNA가 되고, 이것들 각각을 주형(鑄型, template)으로 하여 각각에 상보적인 모노뉴클레오티드(mononucleotide; A · T · G · C)가 대합(對合)되어 새로운 DNA분자가 합성되는 과정을 통하여 이루어진다. 이 때, 새로 합성되는 DNA가닥이 주형DNA와 상보적으로 합성되기 때문에 새로 합성된 DNA분자는 모체DNA분자와 완전히 일치되는 염기배열을 가지게 된다. 이러한 과정으로 합성된 DNA 분자는 이중나선의 한쪽 가닥은 새로 합성된 것이지만, 다른 한 가닥은 모체 DNA의 것임으로 이 복제과정을 반보존적 복제(半保存的複製, semiconservative replication)라 한다(그림 7-22; Meselson & Stahl, 1958). 두가닥DNA에서 상보적 염기사이의 수소결합이 절단되면 이중나선이 분리되어 복제갈래(replication fork)가 형성되면서 한가닥DNA를 주형으로 하여 DNA중합효소(DNA polymerase)의 작용으로 새로운 DNA가닥이 합성된다. DNA의 합성은 RNA프라이머의 합성부위에서 개시되는데, DNA중합효소의 작용으로 4종류의 데옥시리보뉴클레오시드-5′-삼인산(deoxyribonucleoside-5′-triphosphate [dNTP]), 즉 dATP · dGTP · dCTP · dTTP를 기질로 이용하여 주형DNA의 염기배열에 상보적인 DNA사슬을 만드는데, DNA사슬의 중합(polymerization)은 5′→3′ 방향으로 진행된다. DNA가 합성될 때 복제갈래가 합성되는 방향과 같은 방향으로 복제되어 연속적으로 만들어지는 가닥을 선도사슬(leading strand)이라 하고, 반대편에서 불연속적으로 복제되는 가닥을 지연사슬(lagging strand)이라고 한다. 지연사슬에서의 DNA합성은 RNA프라이머에서 시작되며, 새로 합성된 짧은 DNA단편들을 오자키단편(Ozaki fragment)이라고 하는데, 이것들은 DNA리가제(ligase)에 의하여 연결된다. 전자현미경으로 관찰하면 DNA의 복제가 시작될 때에 방울과 같은 구조를 이루고, 염색체상의 종결부위에서 복제가 종결된다. DNA의 복제에는 DNA중합효소 외에도 RNAprimase · DNAligase · helicase · topoisomerase · single-strand binding protein(SSB) 등의 작용이 필요하다.

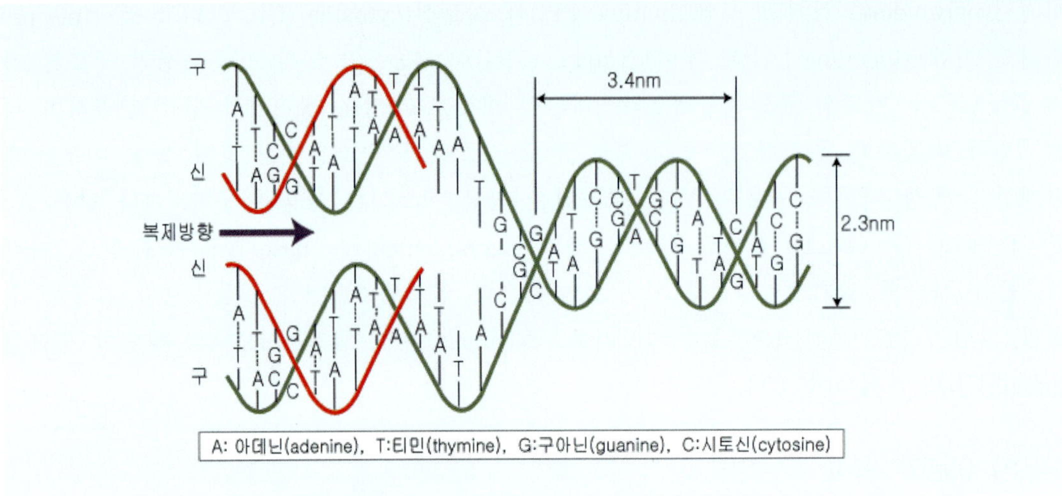

그림 7-22. DNA의 반보존적 복제

3) 동물유전자의 발현

살아 있는 생물체는 자신의 DNA에 내재되어 있는 유전정보에 따라 세포내에서 필요로 하는 여러 종류의 조절단백질이나 구조단백질을 합성하는데, 이 과정을 유전자 발현(gene expression)이라 한다. 유전자의 발현과정은 DNA에 존재하는 유전정보를 RNA형태로 옮기는 일련의 과정을 말하는 전사(轉寫, transcription)와 RNA의 유전정보를 해독하여 암호(codon)에 대응하는 아미노산을 차례로 결합시켜 단백질을 합성하는 과정을 말하는 번역(飜譯, translation)으로 구분된다. 그러나, RNA를 유전물질로 가지고 있는 RNA바이러스의 경우에는 먼저 RNA가 역전사(逆轉寫, reverse transcription)되어 DNA가 되고, 이것이 RNA로 전사된 다음에 단백질로 번역되는 과정을 거친다.

(1) 전 사 : DNA상에 존재하는 유전정보가 RNA형태로 옮겨지는 전사과정에서 DNA에 존재하는 염기들인 아데닌(A)·구아닌(G)·시토신(C)·티민(T)이 RNA의 염기들로 복사되는데, DNA의 티민만이 우라실(U)로 바꾸어지고, 나머지의 염기는 같다. 전사과정에서 m(messenger)RNA의 합성은 유전자내 프로모터(promoter)라고 부르는 부위에서부터 시작되는데, 일반적으로 동물의 프로모터는 RNA합성이 시작되는 부위의 앞쪽에 위치하고 있다. 프로모터는 TATA박스와 CAAT박스로 이루어지고, 이곳에 여러 종류의 핵내전사인자(nuclear transcription factor)들이 결합되어 전사를 개시시키기 위한 복합체를 형성한다. 예를 들면, TFⅡD라는 핵내전사인자는 TATA박스를 찾아내어 그곳에 결합하고, 그 위에 TFⅡB가 결합하며, 이어서 RNA중합효소Ⅱ(RNA polymerase Ⅱ)가 결합된다. 이와 같이, 프로모터 부위에 전사복합체가 형성되면 RNA중합효소Ⅱ의 작용으로 두가닥 DNA가 풀어지고, DNA에 상보적인 염기배열을 가진 RNA가닥이 5′→3′ 방향으로 합성되어 나간다.

표 7-11. 단백질합성에 관여하는 유전암호

첫번째 염기	두번째 염기				세번째 염기
	U	C	A	G	
U	phe	ser	tyr	cys	U
	phe	ser	tyr	cys	C
	leu	ser	Ter	Ter	A
	leu	ser	Ter	trp	G
C	leu	pro	his	arg	U
	leu	pro	his	arg	C
	leu	pro	gln	arg	A
	leu	pro	gln	arg	G
A	ile	thr	asn	ser	U
	ile	thr	asn	ser	C
	ile	thr	lys	ser	A
	met/f met	thr	asn	ser	G
G	val	ala	asp	gly	U
	val	ala	asp	gly	C
	val	ala	glu	gly	A
	val	ala	glu	gly	G

Ter: 종지코돈, f met: N-formyl methionine

RNA중합효소는 DNA를 따라 이동하면서 두가닥DNA를 한가닥DNA 상태로 만들어 나가며, 동시에 이미 합성된 mRNA는 주형 DNA로부터 분리되고, DNA는 다시 두가닥DNA로 되돌아간다. RNA중합효소가 전사종결점에 도달되면 RNA가닥과 함께 DNA가닥에서 완전히 유리되면서 전사과정이 완료된다. 이러한 과정으로 만들어진 mRNA는 DNA에서 전환된 정보를 기초로 아미노산의 배열을 결정함으로써 단백질로 번역된다. 한편, 전사과정에서 가장 결정적 역할을 하는 것은 전사개시부위이며, 이곳에서 적절한 포로모터와 여러 종류의 조절인자들이 효율적으로 결합되어 복합체를 형성하는 것이 매우 중요하다. 따라서, RNA의 합성을 위한 프로모터의 강약은 복합체를 형성하는 효율성에 따라 결정된다. 또한, 유전자내에는 프로모터 부위의 위쪽에 존재하면서 전사를 조절하는 엔핸서(enhancer)도 있다. 엔핸서는 핵내의 조절인자로 작동하는 특정 단백질과 결합할 수 있는 특정 염기조합으로 구성되어 있는데, 이 엔핸서도 조절인자와 결합하여 전사를 조절한다.

(2) 유전암호 : 단백질의 합성과정에서 폴리펩티드쇄(polypeptide chain)의 길이와 아미노산의 배열위치를 결정하는 유전정보를 담당하는 암호를 유전암호(genetic code)라 하며, 각종의 아미노산을 지정하는 유전암호를 코돈(codon)이라 한다. 각 아미노산의 유전암호는 3염기(nucleotide triplet)로 구성되고, 이것들은 DNA에서 전사된 mRNA상에 위치한다. 세개의 염기로 구성된 각각의 코돈은 하나의 특정한 아미노산만을 지정하지만, 아미노산에 따라서는 두종류 이상의 코돈이 존재하는 경우도 있다. 생체에서는 20종류 이상의 아미노산이 존재하기 때문에 코돈은 폴리펩티드쇄의 합성을 개시시키고, 종지시키는 코돈을 포함하

여 20개 이상이 필요하다. 실제로, RNA에는 4종류의 염기가 있고, 이것들이 세개씩 모여서 코돈을 만들기 때문에 이론적으로 조합되는 코돈의 총수는 4^3=64, 즉 64개가 된다(표 7-11). 64개의 코돈가운데 메티오닌을 지정하는 AUG는 단백질합성의 개시코돈(initiation codon)으로 작동하는데, 대부분의 원핵세포와 진핵세포의 엽록체 및 미토콘드리아에서는 N-포르밀메티오닌(N-formyl methionine)을 단백질 N-말단의 아미노산으로 지정하지만, 진핵세포의 핵에서는 메티오닌으로 읽혀진다. 또한, UGA・UAA・UAG 등은 어느 아미노산에도 대응하지 않고, 단백질합성을 종료시키는 종지코돈(termination codon)으로 작용한다. 단백질합성에 관한 암호의 해독(解讀)은 mRNA상의 개시코돈으로부터 5′→3′ 방향으로 3염기의 단위로 읽어 나가는데, 이 해독과정에서 염기가 중복되는 경우는 없으며, 코돈과 코돈 사이에 여분의 염기가 존재하는 경우도 없다. 이러한 유전암호의 기능은 바이러스로부터 고등생물인 사람에 이르기까지 모든 생물에서 공통적이다.

(3) 번 역 : mRNA가 가지고 있는 유전정보를 해독하여 이 암호(codon)에 대응하는 아미노산을 차례로 결합시켜 단백질을 합성하는 과정을, 염기서열(base sequence)이 가지고 있는 유전정보를 아미노산의 배열순서로 변환시킨다는 의미에서 번역이라고 한다. 세포에서 단백질을 합성하는 세포소기관인 리보솜은 r(ribosomal)RNA와 단백질로 구성되는데, 단백질을 합성할 때에는 크고 작은 두개의 아단위(subunit)가 결합된다. 핵에서 DNA로부터 전사된 mRNA가 세포질로 이동한 후 리보좀의 아단위들이 결합되어 mRNA-리보솜복합체를 형성한다. mRNA-리보솜복합체에서 mRNA상에 위치하는 유전암호에 따라 지정된 아미노산을 운반하여 폴리펩티드로 번역하는 과정은 t(transfer)RNA의 작용으로 이루어진다. tRNA는 약 80여개의 염기로 구성되며, 하나의 아미노산에 대하여 적어도 하나 이상의 tRNA가 존재하기 때문에 그 종류는 30여개가 넘는다. 이러한 tRNA는 3′-말단에 각각의 아미노산과 결합하여 아미노아실(aminoacyl)-tRNA가 되어 아미노산을 운반한다. 아미노아실-tRNA는 각각의 아미노산에 대하여 지정된 안티코돈(anticodon; 코돈과 상보적 염기배열)을 가지고 있기 때문에, 이 안티코돈과 코돈의 식별이 번역의 중심적 반응이라고 할 수 있다. 번역과정에서 가장 결정적인 과정은 번역이 개시되는 과정으로서, 개시코돈(AUG)의 주변 또는 상류(上流)의 염기배열에 여러 종류의 개시인자(initiation factor [IF])가 결합되면서 시작된다. 즉, 개시인자인 eIF-2와 GTP가 결합하여 이차복합체(binary complex)를 만들고, 이어서 이차복합체에 개시tRNA인 메티오닐(methionyl)-tRNA가 붙어서 삼차복합체(tertiary complex)가 되며, 이것이 리보솜의 40S-아단위와 결합하여 개시전복합체(preinitiation complex)를 형성한다. 개시전복합체는 5′-비번역서열(untranslational sequence) 지역에 결합한 다음, mRNA의 염기배열을 따라 내려가다가 개시코돈(AUG)을 만나게 된다. 곧이어, 또 다른 개시인자인 eIF-4A・eIF-4B・eIF-4F 등이 mRNA에 결합되고, 이 eIF들과 리보솜의 60S-아단위가 결합하여 복합체를 형성함으로써 번역이 개시된다. 개시전복합체는

mRNA의 이차 또는 삼차 구조와 mRNA에 내재된 특정한 염기배열에 의하여 조절되는 것으로 생각된다. 모든 유전자에서 AUG코돈으로부터 번역이 개시되는데, 여러 개의 AUG코돈이 존재하는 경우에 개시전복합체가 단백질의 합성이 개시되는 AUG코돈을 인식하는 것은 Kozak의 법칙이 적용되는데, AUG코돈의 인식은 AUG코돈의 전후에 위치하는 염기배열에 따라 결정되고, 실제 번역이 시작되는 곳은 CCA(G)CCAUGG의 서열을 가진 Kozak 염기서열이 중요한 역할을 한다는 것이 밝혀졌다. 리보솜의 아단위(40S 및 60S)들이 mRNA에 붙게 되면 이 mRNA의 코돈에 상보적인 안티코돈을 가진 아미노아실-tRNA가 운반되서 결합하게 된다. 리보솜은 두개의 tRNA를 수용할 수 있으며, 리보솜으로 운반된 아미노산은 펩티드결합(peptide bond)을 한다. 펩티드결합이 완료되면 리보솜은 mRNA를 따라 3염기(코돈)씩 옮겨가면서 아미노산의 펩티드결합이 계속되고, 아미노산을 넘겨준 tRNA는 분리되어 리보솜의 밖으로 나가게 되며, 그 자리에 새로운 코돈에 맞는 아미노산을 지닌 tRNA가 채워진다. 이와 같이, mRNA의 코돈과 tRNA의 안티코돈이 상보적으로 결합하는 특성에 따라 mRNA의 유전암호는 정확하게 아미노산으로 해독되어 폴리펩티드쇄가 합성된다. 합성된 폴리펩티드쇄는 mRNA의 개시코돈(AUG)이 메티오닌을 지정하고 있기 때문에 항상 메티오닌으로부터 시작된다. 한편, 리보솜이 종지코돈(UAA · UGA · UAG)에 도달되면 폴리펩티드의 합성이 종결되는데, 그 이유는 이들 코돈과 결합하는 tRNA가 존재하지 않고, 대신에 tRNA와 구조가 유사한 방출인자(releasing factor)가 결합되기 때문에 합성된 폴리펩티드가 방출된다. 합성된 폴리펩티는 리보솜에서 떨어져 나와 세포질로 방출되며, 방출된 폴리펩티드는 일련의 변화과정을 통하여 기능적 단백질로 전환된다.

4) 동물유전자의 특징

동물유전자는 미생물이나 하등동물의 유전자에 비하여 훨씬 더 복잡한 조절인자들을 가지고 있기 때문에 단백질로 발현되는 과정에서 여러 종류의 조절단계를 거치게 된다. 많은 경우, 조절기능을 하는 부위가 5′-말단의 단백질로 번역되지 않는 부위에 존재하는데, 이를 일컬어 DNA내 조절염기배열(cis-acting sequence)이라고 한다. 또한, DNA의 메틸화(DNA methylation)나 히스톤 아세틸화(histone acetylation)와 같은 핵내의 후성적 변형(後成的變型, epigenetic modification)에 의하여 세포내에서 유전자의 발현이 조절되기도 하는데, 이것은 특정시기에 특정세포에서 단백질의 발현여부를 조절한다. 이러한 유전자 발현의 조절에 대하여 아직까지 정확하게 밝혀지지 않은 부분도 있지만, 분자생물학의 발달로 유전자의 구조와 조절기전이 밝혀지고 있다.

(1) 프로모터와 엔핸서 : DNA재조합기술이 발전됨에 따라 DNA내에 조절염기배열(cis-acting sequence)이 있고, 이 염기배열과 결합하여 유전자의 발현을 조절하는 이동조절인자(trans-acting factor)의 실체가 밝혀졌다. DNA상에 존재하는 조절염기배열중

표 7-12. 전사인자가 결합하는 프로모터내의 요소들

요 소	보존서열	DNA결합영역	전사인자	크기(daltons)	함량/세포	분 포
TATA박스	TATAAAA	~10 bp	TBP	27,000	?	일반세포
GAAT박스	GGCCAATCT	~22 bp	CTF/NFI	60,000	300,000	일반세포
GC박스	GGGCGG	~20 bp	SPI	105,000	60,000	일반세포
Octamer	ATTTGCAT	~20 bp	Oct-1	76,000	?	일반세포
Octamer	ATTTGCAT	~23 bp	Oct-2	52,000	?	림 프 계
kB	GGGACTTTCC	~10 bp	NF-kB	44,000	?	림 프 계
kB	GGGACTTTCC	~10 bp	H2-TF1	?	?	일반세포
ATF	GTGACGT	~20 bp	ATF	?	?	일반세포

에서 RNA중합효소와 특이적으로 결합하여 DNA의 전사를 개시시키는 염기배열을 프로모터(promoter)라 하는데, 이 부위에서 전사가 개시되는 것은 아니며, 일반적으로 전사개시점의 상류(上流, up-stream)에 위치한다. 프로모터의 염기배열은 생물체의 종류에 따라 다르지만, 몇 가지의 공통된 염기배열이 있는데, 이 공통배열이 RNA중합효소로 하여금 DNA의 다른 부위에 결합하지 않고, 이 부위에 특이적으로 결합하게 하는 근원을 제공하는 것으로 보인다(표 7-12). 진핵생물(眞核生物, eukaryote)의 프로모터는 두 개의 영역으로 되어 있는데, 그 중의 하나는 전사개시점의 상류-30염기를 중심으로 위치하는 TATAAAA(TATA box)로서, 전사개시부위의 결정에 관여하며, 다른 하나는 TATA박스의 상류에 위치하는 8~12염기의 배열로서, 이것은 전사효율에 관여하는데, 많은 유전자에서 보이는 것은 GGCCAATCT(CAAT box)이다. 이와 같이, 프로모터가 전사의 개시에 중요하게 작용하기 때문에 세포배양을 이용한 단백질의 발현이나 형질전환동물을 생산할 때는 반드시 유전자내에 필요로 하는 프로모터가 포함되어야 한다.

한편, 동물유전자의 발현에 중요한 역할을 하는 염기배열중에 위치 및 방향과는 무관하게 상당한 거리를 두고 있으면서도 주위에 위치하는 프로모터의 활동을 조절하는 수단을 통하여 유전자의 전사를 조절하는 염기서열을 엔핸서(enhancer)라 하는데, 전사개시점의 상

표 7-13. 전사인자와 반응요소의 결합

조절인자	반응요소	보존서열	DNA결합영역	전사인자	크기(daltons)
열 충 격	열충격반응요소	CNNGAANNTCCNNG	27 bp	HSTF	93,000
Glucocorticoid	Glucocorticoid 반응요소	TGGTACAAATGTTCT	20 bp	Receptor	94,000
Phorbol ester	암촉진물질반응요소	TGACTCA	22 bp	AP1	39,000
혈 청	혈청반응요소	CCATATTAGG	20 bp	SRE	52,000

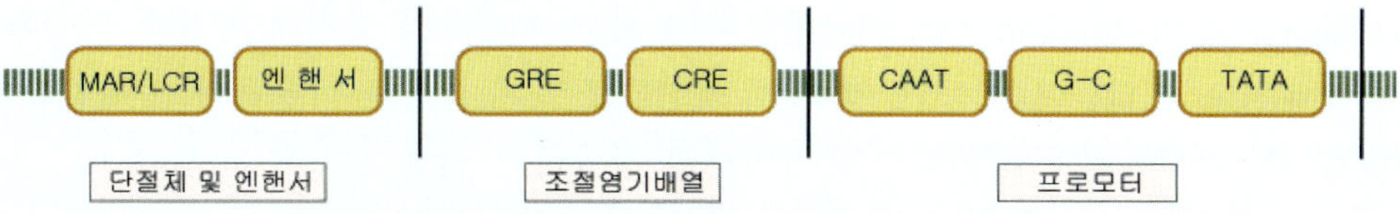

그림 7-23. 전형적인 동물유전자의 발현조절 부위

류에서 수천bp에 걸쳐 존재한다. 엔핸서의 하류에 두개 또는 그 이상의 프로모터가 존재하는 경우에는 가장 가까운 프로모터에서 더 큰 증폭활성을 나타낸다. 실험적으로 엔핸서를 제거하면 연관유전자의 전사효율이 1/100로 감소된다. 또한, 특정한 단백질이나 철이온(Fe^{2+})과 같은 전사조절인자(transcription regulatory factor)를 인식하여 유전자의 발현을 조절하는 염기서열도 있는데, 이것을 반응요소(response element [RE])라 한다(표 7-13). 반응요소에는 글루코코르티코이드(glucocorticoid)반응요소(GRE)·cAMP반응요소(CRE)·열충격(heat shock)반응요소(HRE)·혈청(serum)반응요소(SRE)·금속(metal)반응요소(MRE) 등이 있다. 반응요소들은 짧은 염기서열로 구성되고, 전사개시점으로부터 상류 200bp 이내에 주로 위치한다. 보통 하나의 반응요소만 있어도 유전자의 발현이 조절되지만, 여러 종류의 반응요소가 함께 존재하는 경우도 있다. 반응요소들이 유전자의 발현을 조절하는 기전은 모두 같으며, 반응요소와 특정한 전사인자가 결합되면 RNA중합효소의 전사개시활성을 유도한다. 이외에도 동물유전자에는 기질부착부위서열(matrix attachment region sequence [MAR])이나 좌위조절부위서열(locus control region sequence [LCR])과 같이 주위의 유전자 발현이나 불활성 크로마틴의 영향을 받지 않도록 보호하는 단열체염기배열(insulator sequence)들이 존재한다(그림 7-23).

(2) 캡 · 인트론 · 폴리-A 꼬리 : 진핵세포에서 전사가 개시되면 mRNA 5′-말단부위의 첫번째 뉴클레오티드와 7-메틸구아노신(7-methyl guanosine)이 5′-5′ 방향으로 결합되고, 첫번째와 두번째 뉴클레오티드의 2′-0부위가 메틸화되는 변형($7mGpppN_1mN_2m$)이 일어나는데, 이 구조물을 mRNA의 캡(cap)이라고 한다. 캡은 mRNA의 분해를 방지하면서 세포질로의 이동을 증진시키며, mRNA가 단백질로 번역될 때 리보솜에 결합되는 반응을 원활하게 하는 기능을 수행한다. 진핵생물의 유전자가 가지는 특징중의 하나는 단백질로 번역되는 염기배열(coding sequence)을 지칭하는 엑손(exon)과 단백질로 번역되지 않는 염기배열(non-coding sequence)인 인트론(intron)을 교호적으로 함께 가지고 있다는 것이다. DNA가 mRNA로 전사될 때는 두 염기배열이 모두 전사되지만, 전사된 후에 스플라이싱(splicing) 과정을 통하여 인트론 부분이 제거되고, 엑손부분이 재접합되어 성숙mRNA가 된다. 인트론의 크기는 유전자에 따라 달라서 짧은 것은 수십bp에 불과하지만, 긴 것은 수천bp에 이르며, 유전

자에 따라서는 인트론이 엑손에 비하여 긴 것도 있다. 인트론이 유전자의 발현에 미치는 영향은 알려진 것이 별로 없지만, 최근에는 인트론이 유전자의 발현에 중요한 역할을 하는 것으로 밝혀지고 있다. 예를 들면, 래트의 성장호르몬 유전자를 이용하여 형질전환마우스를 생산할 때, 이식유전자에 인트론을 삽입하면 삽입하지 않은 경우에 비하여 10~100배의 mRNA가 합성된다(Brinster 등, 1985). 따라서, 형질전환동물을 생산할 때, 인트론을 포함시켜 이식유전자를 구축하는 것이 특정단백질을 발현시키는데 중요한 요인이 되는 것으로 보인다. 모든 진핵세포에서 mRNA의 염기서열을 분석하면, 맨 마지막에 여러개의 아데닌 뉴클레오티드가 연결됨으로써 폴리아데닐화(polyadenylation)되어 있는데, 이것을 폴리-A 꼬리(poly-A tail)라고 한다. 폴리-A꼬리는 전사가 끝난 후에 합성되는데, 유전자내의 3′-부위에 위치하는 AATAAA염기배열을 폴리-A중합효소가 인식하여 폴리아데닐화가 일어나는 과정을 통하여 합성된다. 폴리-A꼬리의 기능은 핵산분해효소의 작용으로 mRNA가 분해되는 것을 저지할 뿐만 아니라, mRNA에 안정성을 부여하고, 핵에서 세포질로의 이동과정을 원활하게 한다.

(3) 기 타 : 엔핸서·프로모터·mRNA의 변형 등과 같이 유전자 발현에 관여하는 인자들은 각각이 독립적으로 작용하는 것은 아니다. 세포내에서는 엔핸서-프로모터나 프로모터-인트론-폴리-A꼬리가 서로 잘 조화된 형태를 갖추고 있어야만 유전자의 조직특이적 발현이 정상적으로 이루어질 수 있다. 실제로, 유전자재조합실험에서는 이들 조절인자 조합의 적합성 여부가 이식유진자의 발현에 중요하게 작용한다. 따라서, 형질전환동물을 생산할 경우에도 이식유전자에 이러한 모든 요소들이 잘 갖추어져 있어야 한다. 또한, 이식유전자 DNA의 메틸화상태가 유전자의 발현에 영향을 미치는데, DNA의 메틸화는 유전자의 발현조절에 직접적으로 연관이 있고, 유전자가 조직특이적으로 발현되는 과정에도 관련이 있다. 더욱이, 이식유전자가 세포내 염색체에 정착되는 부위도 이식유전자의 발현여부를 결정하는 중요한 요인이 되는데, 이러한 현상을 위치효과(positional effect)라고 한다. 실제로, DNA를 미세주입하는 방법으로 형질전환동물을 생산하였을 경우에 이식유전자가 염색체의 불활성부위(heterochromatin)에 정착하게 되면 이 이식유전자는 불활성화되어 전사가 저해된다. 한편, 포유동물의 유전체는 모계와 부계로부터 각각 하나씩의 염색체를 이어받아 쌍을 이루는데, 특정유전자는 부모의 성에서 유래된 유전물질에 의하여 영향을 받는 각인(刻印, imprinting) 현상을 나타낸다. 따라서, 어느 특정 유전자나 염색체는 모계 또는 부계의 기원에 따라 그 유전자의 발현양상이 달라진다. 예를 들면, 포유동물의 암컷 수정란에서 부계로부터 전달받은 X-염색체는 초기배반포기의 배에서 태반과 관련된 세포에서 불활성화 되는 현상이 있다. 또한, 모계의 유전물질만을 가진 처녀생식배(parthenogenetic embryo)는 부계에서 유래된 유전물질에 의한 각인이 일어나지 않았기 때문에 조기에 치사(致死, lethality)된다. 실제로, 형질전환동물에서도 종종 각인현상이 나타나는데, 이 경우에 후대에서 이식유전자

의 발현여부는 이식유전자가 기원된 부모에 따라 영향을 받는다.

5) 동물유전체

하나의 동물세포에 있는 DNA의 길이는 1.8m나 된다. 대장균에 함유된 DNA의 길이는 1㎜에 불과하지만, 이것은 대장균 크기의 300배나 되는 길이이다. 동물세포의 반수체를 구성하는 DNA는 약 30억 정도의 염기가 배열되어 있고, 이 DNA에 약 2~4만개의 유전자가 포함되어 있다. 유전자는 다음 세대에 물려줄 형질을 지배하는 기본단위이고, 이것들 전체를 게놈(genome)이라 한다. 게놈이라는 용어는 암・수 한쪽의 배우자(配偶子, gamete)에 함유되어 있는 염색체 또는 유전자의 전체를 호칭하는 용어로서, H. Winkler(1920)가 반수성(haploidy)의 염색체 한벌(一組)을 게놈이라고 부를 것을 제창한 이래, 오늘날에도 광범위하게 사용 되고 있다. 게놈은 유전자 gene과 염색체 chromosome의 합성어로서, 염색체는 형태를 나타내는 용어임으로 게놈을 유전체라고 한다. 각종 동물이 가지고 있는 유전체를 구성하는 염기의 서열을 결정하고, 유전자지도를 작성하면서 유전체에 대한 구조와 기능을 비교분석하는 학문을 유전체학(genomics)이라고 한다. 유전체학은 구조유전체학(structural genomics)과 기능유전체학(functional genomics)으로 구분한다. 구조유전체학은 특정 생물체가 가지고 있는 유전체 전체의 염기서열을 결정하고, 여기에 함유되어 있는 유전자를 탐색하는 학문영역이고, 기능유전체학은 구조유전체학에서 밝혀진 모든 유전자의 기능을 체계적이고, 종합적으로 연구하는 학문영역이다. 유전체학으로 동물게놈의 염기서열이 분석되고, 여기에 함유된 유전정보가 밝혀지면 동물을 개량하고, 산업적으로 활용하는데 크게 기여할 것으로 기대된다. 사람에 대한 인간게놈 프로젝트(human genome project)가 좋은 예이다. 한편, 특정 세포나 조직에 존재하는 mRNA의 종류는 다른 세포나 조직의 그것과 다르게 나타난다. 또한, 발생과정이나 외부자극에 따라 발현되는 유전자의 종류도 변화하게 된다. 어느 종류의 세포에서 특정한 시기에 발현되는 RNA의 총합(總合)을 전사체(transcriptome)라 하고, 전사체로부터 해독된 단백질의 총합을 단백질체(proteome), 단백질체의 활성에 의하여 만들어진 대사산물의 총합을 대사체(metabolome)라고 하는데, 이것들을 연구하는 학문영역을 각각 전사체학(transcriptomics)・단백질체학(proteomics)・대사체학(metabolomics)이라고 한다. 이러한 학문영역을 모두를 포함하여 표현체학(phenomics)이라고 하며, 유전체학과 대등한 수준의 용어이다.

2. 유전공학기술

유전자의 구조가 밝혀진 이래, DNA를 다루는 기술도 발전하여 인위적으로 유전자를 재조합하고, 이를 활용하여 새로운 유전자변형생물을 생산할 수 있게 되었는데, 이것은 유전학분야에서 거둔 혁명적 성과이다. 세균유전자와 재조합시킨 동물유전자를 세균속에 넣은 다음, 세균을 증식시키면 재조합된 유전자도 함께 대량으로 복제된다. 이 기술은 동일한 유전자를 세균을 이용하여 대량으로 복제함으로써 유전자조작을 가능하게 하였는데, 이 성과는 유전자재조합이라는 새로운 유전공학기술의 토대를 마련하는데 크게 기여하였다. 유전공학기술은 DNA를 여러 조각으로 절단한 다음, 새로운 조합으로 결합시키는 유전자재조합기술과 이 재조합유전자를 효과적으로 증식시키고, 발현시키는 기술에 기반을 두고 있다.

1) 유전자 클로닝

목적하는 유전자를 순수하게 추출·분리하여 계속적으로 사용할 수 있도록 DNA벡터(DNA vector)에 옮기는 전 과정을 유전자 클로닝(gene cloning)이라 한다. 고등생물의 경우에는 게놈DNA 클로닝(genomic DNA cloning)과 상보(相補)DNA 클로닝(complementary DNA [cDNA] cloning)이 있다. 게놈DNA 클로닝은 동물세포에서 추출한 DNA분자를 절단하는 기능을 가진 제한효소(restriction enzyme)와 DNA의 절단부위를 연결하는 DNA리가제(ligase)를 이용하여 재조합DNA(recombinant DNA)를 만들고, 이것을 적당한 숙주세로(세균·바이러스 등)에 도입한 다음, 세포의 분열·증식을 이용하여 대량으로 증폭시켜서 재조합DNA와 동일한 염기배열을 가진 클론(clone)을 얻는 방법이다. cDNA 클로닝은 세포에서 생화학적 방법으로 mRNA를 추출하고, 역전사효소(reverse transcriptase)로 주형cDNA를 합성한 다음, DNA중합효소로 두가닥cDNA를 합성한다. 따라서, DNA를 절단하는 제한효소와 절단된 DNA단편을 연결하는 리가제, 그리고 유전자를 운반하는 기능을 가진 벡터 등이 유전자 클로닝을 위한 도구로 사용되며, cDNA 클로닝에서는 역전사효소도 이용된다.

(1) DNA 벡터 : 유전자재조합기술에서 목적하는 DNA절편을 숙주(세균·바이러스)에 옮겨 증식시키기 위한 DNA의 운반체를 벡터라 하는데, 플라스미드벡터(plasmid vector)와 파지벡터(phage vector)가 있다. 대부분의 세균은 핵속에 존재하는 염색체DNA 외에 핵밖에 존재하면서 자율적으로 복제한 고리모양의 DNA를 가지고 있는데, 이것을 플라스미드라고 한다. 이것이 크기는 염색체의 0.1~0.5% 정도이고, 세포내에 한개부터 수십개까지 복제되어 있으며, 세포분열과 함께 모세포에서 딸세포로 전달된다. 이러한 플라스미드의 성질을 이용하여 재조합DNA를 보관·운반·증폭시키는데 사용할 목적으로 인위적으로 조작한 플라스미드를 플라스미드벡터라고 한다. 플라스미드벡터는 숙주세포내에서 안정적으로 다수의 분자가 존재하여야 함으로 자체 복제기능에 필요한 복제기점(origin of replication)이 포함되고, 항생제저항성유전자가 포함되게 조작되어야 한다. 플라스미드벡터는 재조합DNA가 숙주세포에 안정되게 존재하는지에 대한 표지인자로 사용되며, 또한 외래유전자를 쉽게 삽입할 수 있도록 여러 개의 제한효소 인지부위를 가지고 있다. 초기부터 사용되어 온 pBR322 벡터는 테트라사이클린과 앰피실린(ampicillin)에 대하여 내성을 가진 유전자를 함유하고 있

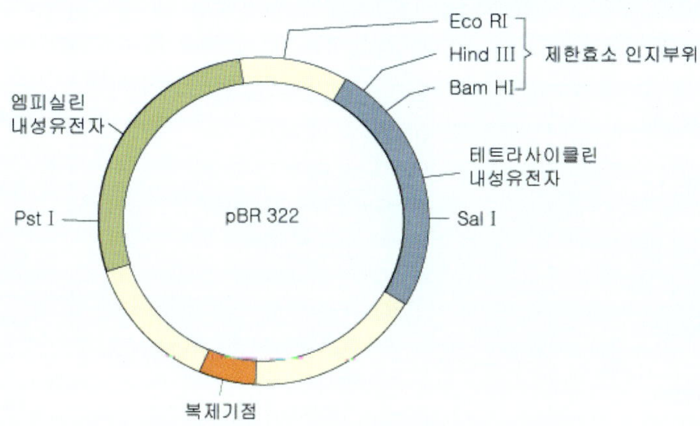

그림 7-24. pBR322 플라스미드벡터의 구조

어서 DNA를 재조합한 후에 숙주세포에 도입한 다음, 배지에 이들 항생제를 첨가하여 배양하면 재조합된 플라스미드만을 가진 숙주세포를 효과적으로 선별할 수 있다(그림 7-24). pBR322벡터 외에도 나중에 보다 발전된 pUC계열의 벡터도 많이 이용된다. 한편, 파지(phage)는 세균에 감염하여 증식하는 바이러스로서, 자기자신은 증식할 능력이 없지만, 세균에 감염된 후에는 세균에 의존하여 자신이 가진 유전정보에 따라 DNA를 복제하고, 단백질을 합성한다. 이러한 파지의 특성을 이용하여 람다(λ)파지를 기본으로 하는 벡터가 작성되었는데, 파지의 증식과 감염에 불필요한 DNA영역을 다른 외래DNA로 치환하는 것이 가능하여 벡터로 이용한다. 그러나, 치환될 수 있는 DNA의 크기가 한정되어서 너무 크거나 작은 DNA는 파지 입자가 형성되지 않는다. 이와 같이, 파지벡터는 클로닝할 수 있는 DNA의 크기가 제한되지만, 숙주와는 별도의 파지입자로 분리되기 때문에 외래유전자가 숙주에 미치는 영향이 적고, DNA의 보존과 정제가 용이하다는 장점이 있다.

(2) 제한효소 : DNA분자의 특정한 염기배열을 인식하고, 인식한 배열내 또는 그 근처의 특정부위에서 두가닥DNA를 절단하는 기능을 가진 균주(菌株) 특이적 효소를 제한효소(制限酵素, restriction enzyme)라고 한다. 제한효소는 세균내로 침입하여 들어오는 바이러스 또는 외래DNA를 절단・제거하는 자기방어기구로 존재하지만, 이것을 분리・정제하여 유전자조작을 위한 DNA의 절단용으로 이용하는데, 현재까지 200종 이상이 분류되었으며, 특이성이 다른 효소만도 50종 이상에 달한다. 제한효소는 염기배열의 특이성을 크게 나타내지 않으면서 임의의 장소를 절단하는 I형과 특정위치의 염기배열을 인식하여 그곳만을 전달하는 II형이 있는데, 활성을 발휘하려면 Mg^{2+}이 필요하다. 제한효소가 인지하는 부위의 대부분은 한쪽의 염기배열을 180° 회전시키면 같은 염기배열을 가지는 회문구조(回文構造, palindrome)로 되어 있고, 식별부위의 염기쌍수는 4~6개인 것이 많다. 또한, 각

표 7-14. 대표적인 제한효소와 그 인식서열

제한효소	절 단 점	절 단 형 태
Eco RI	5′···G∣A-A-T-T-C···3′ 3′···C-T-T-A-A∣G···5′	접착말단(5′-말단 돌출)
Bsm HI	5′···G∣G-A-T-C-C···3′ 3′···C-C-T-A-G∣G···5′	접착말단(5′-말단 돌출)
Pst I	5′···C-T-G-C-A∣G···3′ 3′···G∣A-C-G-T-C···5′	접착말단(3′-말단 돌출)
Sau 3A I	5′··∣G-A-T-C···3′ 3′···C-T-A-G∣··5′	접착말단(5′-말단 돌출)
Pvu II	5′···C-A-G∣C-T-G···3′ 3′···G-T-C∣G-A-C···5′	평활말단 (두가닥DNA말단 일치)
Hpa I	5′···G-T-T∣A-A-C···3′ 3′···C-A-A∣T-T-G···5′	평활말단 (두가닥DNA말단 일치)
Hae III	5′···G-G∣C-C···3′ 3′···C-C∣G-G···5′	평활말단 (두가닥DNA말단 일치)
Hind II	5′···G-T-(T)∣(G)-A-C···3′ 3′···C-A-(A)∣(C)-T-G···5′	평활말단 (두가닥DNA말단 일치)

A : A가 메틸화되어 N^6-메틸아데닌이 되면 절단되지 않음

효소에 의한 두가닥DNA의 절단양식에는 ① 5′-말단이 앞쪽으로 돌출되는 형(*Eco*R I), ② 3′-말단이 돌출되는 형(*Pst* I) ③ 5′-말단과 3′-말단이 일치하는 형(*Pvu*II) 등의 3개형이 있다(표 7-14). 5′-말단이나 3′-말단이 돌출된 형태를 접착말단(cohesive end), 두가닥 DNA의 말단이 일치되는 형태를 평활말단(blunt end)이라 하는데, 접착말단이 DNA리가제에 의한 연결효율이 높다. 두가닥DNA를 제한효소로 절단하면 여러 조각으로 절단되며, 벡터DNA도 같은 제한효소로 절단하게 되면 서로 상보적인 말단부위를 가지게 되어 쉽게 접합될 수 있는 상태가 된다.

(3) DNA 리가제 : DNA사슬의 절단부위를 연결하는 기능을 가진 효소를 DNA리가제(ligase)라고 하는데, 본래는 한가닥의 DNA절단부위에 있는 3′-OH말단과 다른 가닥의 5′-인산말단 사이에 인산디에스테르결합(phosphodiester bond)을 만들어서 끊어진 두가닥의 DNA를 한가닥으로 연결시키는 기능을 한다. 생체내에서는 DNA가닥의 생합성에 관여하며, DNA가닥이 손상되었을 경우에는 손상된 부분을 수복(修復, repair)시키는 기능을 한다. 한편, 재조합DNA를 작성할 때는 제한효소로 절단한 벡터DNA와 목표DNA를 연결시키는 효소로 이용된다.

(4) 게놈DNA 클로닝 : 제한효소로 플라스미드벡터DNA의 고리를 자르는 동시에, DNA분자도 잘라서 단편으로 만든 다음, DNA단편을 플라스미드벡터의 잘라진 부분에 DNA리가제로 연결·삽입하여 재조합DNA를 만들 수 있다(그림 7-25). 이 때, 잘린 부위가 접착말

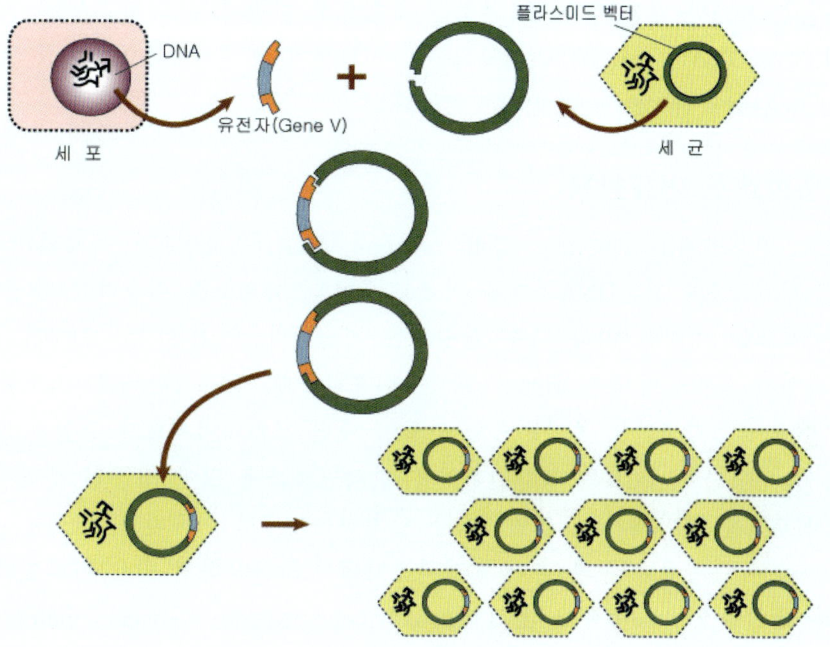

그림 7-25. DNA클로닝의 모식도

단을 형성하는 제한효소를 이용하여 DNA단편을 만드는 것이 일반적인데, 그 이유는 튀어나온 한가닥DNA부분의 염기와 상보적 염기를 가진 상대편DNA의 염기가 수소결합을 하고, 이어서 연결될 DNA단편들의 3′-OH말단과 5′-인산말단이 DNA리가제에 의하여 쉽게 연결될 수 있기 때문이다. 또 다른 연결방법으로는 말단뉴클레오티딜전이효소(terminal nucleotidyl transferase)를 이용하여 한쪽 DNA절편의 한가닥사슬의 끝에는 올리고아데닌(dA), 상대편 사슬의 다른 끝에는 올리고티민(dT)의 꼬리를 달아서 이들 염기들의 상보적 연결을 유도하는 방법이다. 이러한 방법으로 외래DNA를 플라스미드벡터DNA에 연결한 재조합DNA는 숙주세포에 도입하여 증폭시키다. 세균은 염화칼슘($CaCl_2$)으로 처리하면 외래DNA를 쉽게 받아들이며, 대장균을 숙주세포로 사용할 경우에는 Mg^{2+}을 함유한 용액으로 세척하고, 4℃에서 Ca^{2+}용액에 현탁시킨 후에, 재조합DNA를 넣으면 세포내로 받아들인다. 플라스미드벡터를 이용한 재조합DNA의 증폭을 위한 숙주세포로는 대장균이 많이 이용된다.

(5) cDNA 클로닝 : cDNA 클로닝을 위한 cDNA는 mRNA를 주형으로 사용하여 작성한다. 그 방법은 세포에서 mRNA를 추출하고, 추출된 한가닥mRNA의 3′-말단에 위치하는 폴리-A 자리에 올리고(oligo)-dT를 결합시킨 다음, 역전사효소(逆轉寫酵素, reverse transcriptase)와 dNTP(deoxyribonucleoside-5′-triphosphate)를 넣어주면, 역전사효소의 작용으로 mRNA

를 주형으로 하는 한가닥cDNA가 합성된다. 이어서 알칼리처리로 남아있는 mRNA를 제거하면 한가닥cDNA만 남게 되는데, 이것을 주형으로 하여 DNA중합효소로 두가닥cDNA를 합성한다. 게놈DNA가 mRNA로 전사될 때, 인트론이 제거되었음으로 mRNA를 주형으로 합성된 cDNA에는 인트론이 존재하지 않는다.

2) 중합효소 연쇄반응

중합효소 연쇄반응(polymerase chain reaction [PCR])은 DNA가 복제되는 원리를 응용한 기술로서, 소량의 기본DNA가닥을 기초로 DNA중합효소를 이용하여 특정부위의 DNA가닥을 반복되는 주기에 따라 다수 합성하는 기술이다. PCR은 15~20개의 뉴클레오티드 길이로 합성된 프라이머세트(primer set)를 이용하는데, 프라이머가 DNA부위에 결합되는 조건과 DNA의 합성조건을 주기적으로 만들어 주면 프라이머세트가 결합된 DNA부위에서 증폭반응이 일어난다. PCR은 형질전환동물을 식별하는데 많이 사용될 뿐만 아니라, 새로운 유전자DNA를 찾아내거나, 돌연변이를 탐지하는데에도 이용되고, 더욱이 친자확인이나 DNA를 이용한 증거확보 등과 같이 법의학분야에서도 유용하게 활용되고 있다.

(1) DNA 중합효소 : 4종류의 dNTP(deoxyribonucleoside-5′-triphosphate), 즉 dATP · dGTP · dTTP · dCTP를 기질로 사용하여 주형DNA의 염기배열에 상보적인 DAN사슬을 만드는 반응을 촉매하는 효소를 총칭하여 DNA중합효소(DNA polymerase)라고 한다. 이 효소는 이미 존재하는 DNA사슬이나 RNA프라이머의 한쪽 말단인 3′-OH말단에 dNTP를 결합시키는데, 이 때에 dNTP의 피로인산염(pyrophosphate)이 제거되면서 3′-OH말단에서 축합반응이 일어난다. DNA합성과정에서 연속적으로 dNTP가 결합되어 가는데, 결합되는 순서는 주형DNA의 염기서열에 의하여 결정되지만, 극히 드물게는 주형RNA의 염기서열에 의하여 결정되는 경우도 있다. DNA사슬의 중합(重合, polymerization)은 5′→3′방향으로 진행된다. 대장균에서는 세종류의 DNA중합효소(pol Ⅰ · polⅡ · polⅢ)가 분리되었는데, polⅢ가 DNA의 복제를 촉매하고, pol Ⅰ과 polⅡ는 DNA의 수복에 관여한다. 고등진핵세포에서는 α- · β- · γ- · δ- · ε-중합효소가 있으며, 이 가운데에서 α- 및 δ-중합효소가 염색체의 DNA를 복제한다. 한편, PCR에서는 세균에서 유래된 DNA중합효소를 이용하는데, 높은 온도가 유지되는 변성과정에서 효소의 활성이 유지되어 정확하게 상보적인 DNA가 합성되어야 함으로 고온에서 자라는 호열성(好熱性) 세균의 중합효소인 Taq DNA중합효소가 사용된다. 이 효소가 활성을 나타내는 최적온도는 72℃이며, 94℃ 이상에서도 활성이 유지된다. 따라서, 매주기마다 새로이 효소를 첨가할 필요가 없게 되어 PCR을 자동화하는 것이 가능하게 되었다. 즉, 가열과 냉각의 주기를 자동적으로 반복할 수 있는 기계가 개발되었으며, PCR 반응용액을 넣은 튜브를 기계의 가열블록에 꽂아주고, 가열과 냉각의 주기수를 조정하여 주면 자동적으로 DNA가 증폭된다.

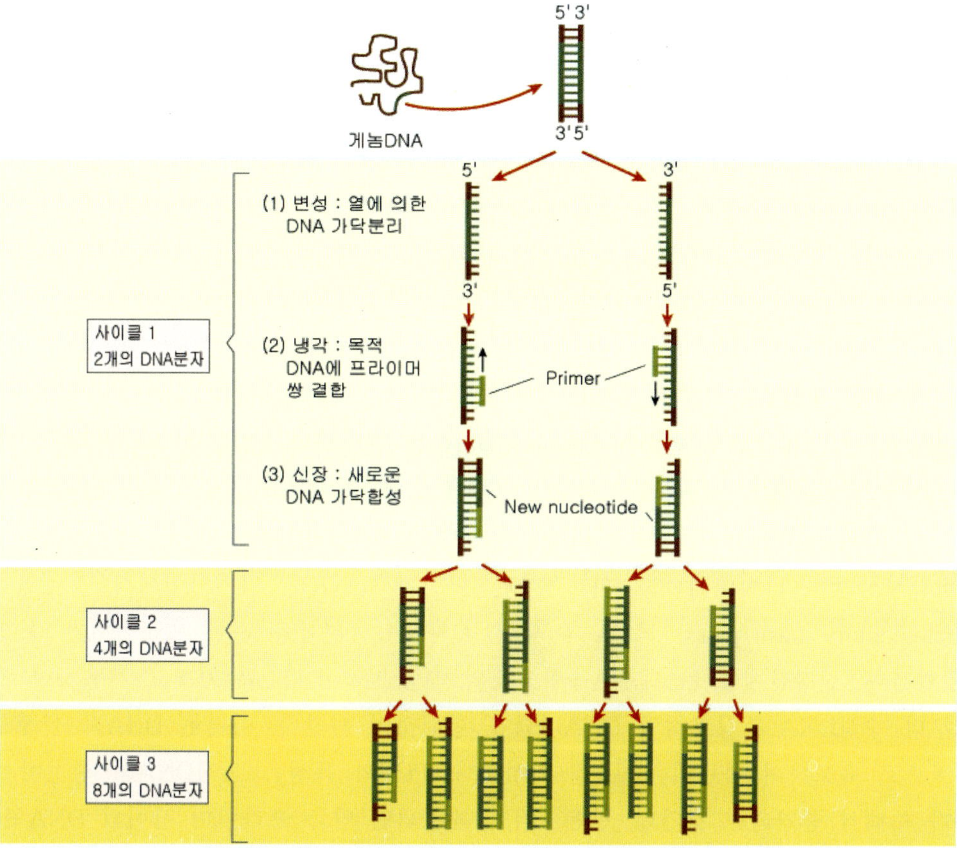

그림 7-26. DNA중합효소 연쇄반응(PCR)의 원리

(2) PCR의 원리 : PCR의 기본원리는 세포내에서 DNA가 복제되는 기전에서 착안된 기술로서, 숙주세포를 이용하지 않고, 시험관에서 DNA를 복제하는 것이다. PCR에서 프라이머의 역할이 매우 중요한데, 증폭하고자 하는 두가닥 DNA에서 각 DNA사슬의 3′-OH말단에 위치하는 염기서열과 상보적인 두종류의 프라이머, 즉, 전방향프라이머(forward primer)와 역방향프라이머(reverse primer)가 필요하며, 약 20뉴클레오티드의 길이로 합성된 것을 사용한다. PCR을 하려면 주형DNA · DNA중합효소 · 반응의 기질로 이용되는 4종류의 dNTP · 두종류의 프라이머 등을 적절한 완충용액에 섞어서 반응혼합물을 만들어야 한다. PCR의 한 주기에는 ① 변성(denaturation), ② 냉각(annealing) ③ 신장(extension) 등의 세과정이 포함된다(그림 7-26). 변성과정에서는 두가닥DNA에 열을 가하여 이중나선구조를 유지해주는 수소결합(hydrogen bond)과 소수(疏水)결합(hydrophobic bond)을 소멸시켜서 두가닥DNA가 주형DNA로 이용되는 한가닥DNA로 풀어지게 한다. DNA의 변성을 융해(melting)라고도

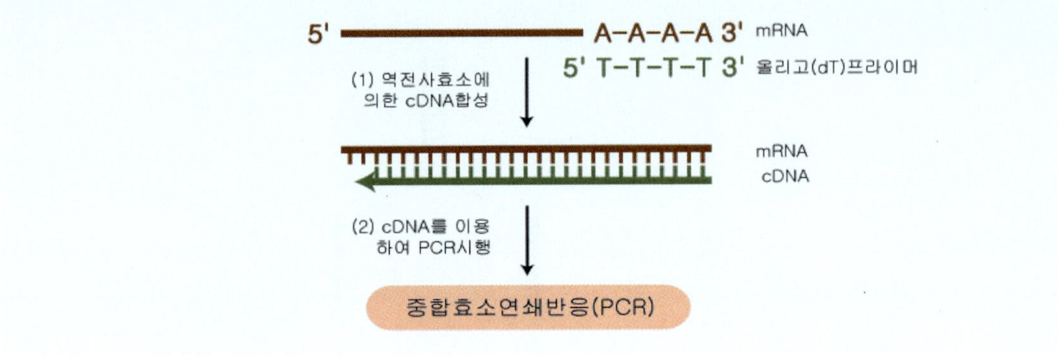

그림 7-27. 역전사효소-중합효소 연쇄반응의 원리

하며, 260nm에서 흡광도의 변화(hyperchromicity)를 측정하여 변성여부를 확인할 수 있다. DNA의 가닥이 완전히 분리되는 온도의 중간점을 융해온도(melting temperature [Tm])라 하며, 이 온도는 DNA의 염기조성과 변성조건에 따라 달라진다. 변성된 DNA가닥을 서서히 냉각시키면 프라이머의 염기와 변성된 단일가닥DNA의 염기사이에서 상보적염기쌍(complementary base pairs), 즉 A-T 및 G-C가 수소 결합을 하여 프라이머가 주형DNA와 결합한다. 신장단계에서는 DNA중합효소의 작용으로 dNTP를 기질로 사용하여 프라이머로부터 주형DNA에 상보적인 DNA가닥을 합성하여 나간다. 이러한 DNA의 합성주기를 반복적으로 유도하여 다량의 DNA를 합성한다. PCR의 특성은 표적DNA의 합성이 매 주기마다 두배씩 증가되는 것인데, 반응주기가 계속되면 양측 프라이머 사이의 DNA만이 기하급수적으로 증폭되어 일정한 길이를 가진 DNA조각들이 대량으로 생산된다. 이론적으로 PCR의 효율을 100%라고 가정할 경우에는 두번째 주기부터 매 주기가 반복될 때마다 DNA가 두배씩 증가됨으로 30주기 후에는 10^9배(2^{30})로 증폭된다. 그러나, 실제적으로 나타나는 PCR반응의 효율은 50～90%정도이며, 따라서 30주기 후에 약 10^6배 정도의 증폭산물을 얻는 것이 일반적이다.

3) 역전사효소-중합효소 연쇄반응

세포내에서 발현된 RNA를 분석하는 방법으로는 노던블로팅(Northern blotting)·단일리보핵산분해효소분석법(S1 nuclease assay)·RNase A 방어분석법(RNase A protection assay)·형광직접접합법(fluorescence *in situ* hybridization) 등이 있지만, 이들 방법은 검사에 다량의 RNA분자가 필요하다는 단점이 있다. 이러한 단점을 극복하기 위하여 역전사 및 PCR기술을 결합하여 역전사효소-중합효소 연쇄반응(reverse transcriptase-polymerase chain reaction [RT-PCR])이라는 새로운 방법이 고안되었다(그림 7-27).

(1) **역전사** : 보통 전사라 하면 DNA의 유전정보가 RNA의 형태로 옮겨지는 과정을 말

하지만, 역전사(逆轉寫, reverse transcription)는 그 말과 같이 RNA의 유전정보를 DNA의 형태로 옮기는 과정이다. 이 반응에 의하여 RNA를 주형으로 하는 DNA가 합성되며, 이 과정은 역전사효소(reverse transcriptase)에 의하여 촉매된다. 역전사효소는 RNA를 주형으로 하여 이것과 상보적인 염기배열을 가진 한가닥DNA를 합성하는 효소이지만, 이 효소 자체는 중합반응을 개시할 수 없다. 따라서, 중합반응이 일어나려면 RNA에서 수소가 결합되고, 3′-OH기를 가지고 있는 올리고뉴클레오티드가 필요한데, 이것을 프리이머라 한다. 진핵세포의 mRNA를 이용하여 DNA를 합성할 때 프라이머를 붙이는 것은 매우 간단한데, 그 이유는 RNA분자가 자연적으로 아데닌(A)이 많은 긴 서열을 가지는 3′-말단에서 끝나기 때문이다. 따라서, 프라이머로 아데닌과 상보적인 결합을 할 수 있는 올리고(T)프리아머를 사용한다.

(2) RT-PCR의 원리와 이용 : 이 방법은 역전사과정을 통하여 mRNA로부터 상보적 염기배열을 가진 cDNA를 얻고, 이것을 PCR로 증폭함으로써 소량의 mRNA라도 발현여부를 쉽게 확인할 수 있을 뿐만 아니라, mRNA의 염기서열도 분석할 수 있다. 또한, 세포내에 발현된 mRNA의 정성분석은 물론이고, 정량분석도 가능하다.

4) DNA의 염기서열 분석

DNA의 염기서열을 결정하는 DNA염기서열분석법(DNA sequencing method)은 특정 DNA부위의 염기배열을 순차적으로 분석(결정)해 내는 기술로서, 화학반응에 기초한 Maxam-Gilbert법과 효소의 중합정지반응에 기초한 Sanger법이 있다. 최근에는 특수한 목적이 아닌 경우에는 Sanger법이 주로 쓰이고 있지만, 아직까지도 분석과정이 복잡하여 시간과 경비가 많이 소요되기 때문에 보다 간편한 개량방법이 개발되고 있다.

(1) Maxam-Gilbert법 : 이 방법은 1977년에 발표되었으며, 화학적 분석에 기초를 두고 있기 때문에 화학분석법이라고도 한다. 분석과정은 먼저 제한효소로 DNA를 절단하여 얻은 DNA절편(切片)의 5′-말단을 [^{32}P]ATP와 폴리뉴클레오티드키나제(polynucleotide kinase)를 이용하여 ^{32}P로 표지한 다음, 두가닥DNA를 분리시키거나, 다른 제한효소로 절단하여 한쪽의 말단만이 표지된 것을 만든다. 이러한 DNA가닥을 염기특이적인 화학분해반응을 이용하여 부분분해한다. 예를 들면, 구아닌에 특이적인 반응을 이용하여 부분분해하면 ^{32}P로 표지된 5′-말단으로부터 구아노신잔기의 위치에서 분해된 것들의 혼합물을 얻을 수 있다. 이어서, 아데닌·시토신·티민 등의 잔기에 대하여도 같은 방법으로 부분분해산물을 얻는다. 이러한 부분분해산물을 폴리아크릴아미드겔 전기연동(polyacrylamide gel electrophoresis)으로 쇄의 길이에 따라 분리한다. 전기영동 후에 자가방사기록법(autoradiography)으로 5′-말단에 ^{32}P를 가진 DNA절편만을 사다리 모양의 밴드(band)로서 검출한다. 5′-말단으로부터 각각의 뉴클레오티드가 출현하는 위치에서 밴드가 검출되기 때문에 이동정도의 차례대

로 밴드를 읽어 나가면 염기서열을 알 수 있다. 5′-말단 대신에 3′-말단을 표지하여 분석하는 방법도 이용된다.

(2) Sanger법 : 이 방법은 중합효소가 가지는 DNA의 복제반응(replication reaction)을 이용하는 방법이기 때문에 효소법이라고도 한다. 분석방법은 먼저 한가닥DNA에 프라이머를 결합시키고, 여기에 DNA중합효소와 4종류의 dNTP(dATP · dGTP · dTTP · dCTP)를 가하여 프라이머의 3′-말단으로부터 DNA의 합성을 유도한다(앞에 기술된 DNA중합효소 항목 참조). 이 때, DNA의 중합저해제(重合沮害制)인 디데옥시뉴클레오시드-5′-삼인산(dideoxyribonucleoside-5′-triphosphate [ddNTP])을 소량씩 첨가하면, 이것이 결합된 장소에서 DNA가닥의 중합(신장)이 정지된다. ddNTP는 무작위(random)로 결합되기 때문에 프라이머로부터 길이가 다른 여러 종류의 DNA가닥이 형성된다. 4종류(ddATP · ddGTP · ddTTP · ddCTP)의 ddNTP를 개별적으로 가하면서 합성시킨 반응생성물을 Maxam-Gilbert법과 같은 방법으로 분석하여 염기서열을 읽는다. 이러한 방법으로 1매의 겔(Gel)로부터 읽을 수 있는 염기서열의 수는 전기영동의 분리능(分離能)에 따라 다르지만, 표준조건하에서는 200쌍 정도의 염기서열을 결정하는 것이 가능하다.

오늘날에는 자동분석장치가 개발되어 염기서열을 신속하게 결정할 수 있게 되었다. 자동분석장치도 ddNTP를 이용하는 방법에 기초를 두고 있지만, 형광색소로 표지된 dNTP(C: 파란색 · A: 검정색 · T: 녹색 · G: 붉은색)나 형광물질을 붙인 ddNTP를 사용함으로써 DNA절편의 밴드를 쉽게 확인할 수 있다. 형광을 띠는 반응생성물은 자동화된 전기영동으로 분리되며, 분리된 밴드들은 형광분석에 의하여 확인된다. 4종류의 염기가 서로 다른 형광색소로 표지됨으로 전기영동상에서 서로 다른 색상으로 나타난다. 최근에 이용되고 있는 ABI373 DNA염기서열분석기는 형광 표지된 DNA절편을 전기영동한 후에, 레이저를 투사하여 4종류의 색깔로 구분하고, 이 자료를 염기서열분석 프로그램으로 분석하여 염기서열을 결정한다. 또한, 모세관전기영동(capillary eletrophoresis)을 이용하는 ABI310 DNA염기서열분석기는 형광 표지된 DNA절편을 모세관을 이용하여 분리한 다음, 레이저를 투사하여 나타나는 각각의 색상으로 염기서열을 분석하는데, ABI373 기종에 비하여 소량의 DNA로도 염기서열의 분석이 가능하고, 전기영동 1시간 후에 결과를 얻을 수 있다는 장점이 있다. 또한, 최근에는 염기서열결정의 단위시간당 분석량을 향상시키기 위한 모세관스캔닝방법이 개발되었는데, 이 방법은 모세관전기영동을 할 때, DNA염기서열의 결정을 위한 반응생성물의 분석을 시간과 공간적으로 분리시키는 것을 특성으로 하고 있어서 염기서열의 결정에 필요한 시간과 비용을 크게 줄일 수 있다.

5) DNA칩에 의한 유전자분석

염기서열을 이미 알고 있는 DNA프로브가 고밀도로 배열된 DNA칩(chip)에 분석하고자

하는 표적DNA절편을 결합시키는 방법으로 유전자를 분석한다.

(1) DNA 프로브 : 유전물질의 집단으로부터 개개의 유전자를 단리(單離)하거나, 동정(同定)할 때, 상보관계에 있는 DNA의 염기배열을 찾기 위하여 사용되는 특이적 DNA절편을 프로브(probe) 또는 탐침자(探針子)라 하는데, 반드시 표지물질을 가지고 있어야 한다. 한 개의 유전자는 전체 게놈DNA중에서 아주 작은 부분을 차지할 뿐이다. 이와 같이, 작은 영역을 동정하려면, 그것과 대단히 특이적인 DNA프로브를 사용하여 전체의 염기배열에서 목적으로 하는 DNA영역을 선별하는 것이 필요하다. DNA의 프로브를 작성하는 방법에는 닉크-번역법(nick-translation)과 멀티프라이머 신장법(mutiprimer elongation)이 있다. 닉크-번역법은 두가닥DNA를 표지하는 방법으로서, DNase I 에 맞는 닉크(두가닥DNA의 한쪽 DNA가닥에서 인접된 뉴클레오티드 사이의 인산디에스테르 결합이 잘린 곳)를 넣은 두가닥DNA에 이 효소를 작용시키면 먼저 5′→3′엑소뉴클레아제(exonuclease)가 한쪽 DNA 가닥에서 닉크된 위치로부터 뉴클레오티드를 분해하여 제거한다. 이어서 대장균 DNA중합효소 I 을 이용하여 잘려나간 부위에서 3′-OH를 프라이머로, 상대측 DNA를 주형으로 하여 DNA를 수복시키는데, 이 때 표지된 기질을 사용하여 DNA상에 표지기질을 삽입시킨다. 한편, 멀티프라이머 신장법은 임의의 헥사뉴클레오티드(hexanucleotide)를 열변성시킨 DNA에 결합시키고, 이것을 프라이머로 이용하여 DNA를 합성하면 그 과정에서 표지기질이 들어간다(앞에 기술된 중합효소연쇄반응 항목 참조).

(2) 유전자분석방법 : 유전자분석에 이용되는 DNA칩(chip)은 이미 염기서열을 알고 있어서 DNA프로브로 이용하는 8~25개의 염기로 구성된 올리고뉴클레오티드(oligonucelotide array) 또는 cDNA(cDNA microarray) 1,000~1,000,000개를 고체표면의 정해진 위치에 따라 고밀도로 부착시켜 배열한 것이다. 이러한 DNA칩에 분석하려는 표적DNA절편을 반응시키면, DNA칩에 위치하는 프로브 DNA와 표적 DNA절편이 가지고 있는 염기서열의 상보성에 따라 결합하여 혼성화 양상을 나타내는데, 이를 광학적 방법으로 분석하여 표적DNA의 유전자형을 해석하거나, 특정 유전자의 발현양상을 분석할 수 있다(그림 7-28). 예를 들면, 동물유전자의 발현을 분석하기 위한 DNA칩에는 각 유전자에 특이적이고, 각각이 유일한 올리고뉴클레오티드인 수많은 프로브DNA를 배열하고 있어서 특정유전자의 발현정도를 정량적으로 측정할 수 있다. 즉, 동물세포에서 수개에서 수천개씩 존재하는 RNA를 검출할 수 있는데, 형광의 밝기는 프로브DNA와 혼성화된 mRNA의 양에 비례하기 때문에 각 mRNA의 종류와 양을 측정할 수 있다. 또한, 조직세포에서 추출한 mRNA를 다른 색깔을 나타내는 형광물질(빨간색: Cy5 또는 녹색: Cy3)이 부착된 염기를 기질로 이용하여 역전사시켜서 합성된 두개의 cDNA를 같은 양으로 섞어서 하나의 cDNA칩에 결합시킨 다음, 결합되지 않는 cDNA를 씻어낸 후에, 레이저 형광스캐너로 읽으면 형광을 발현하는데, 형광발현 정도는 유전자의 mRNA 발현정도를 반영하는 것이다. DNA칩을 이용한 분석기술은

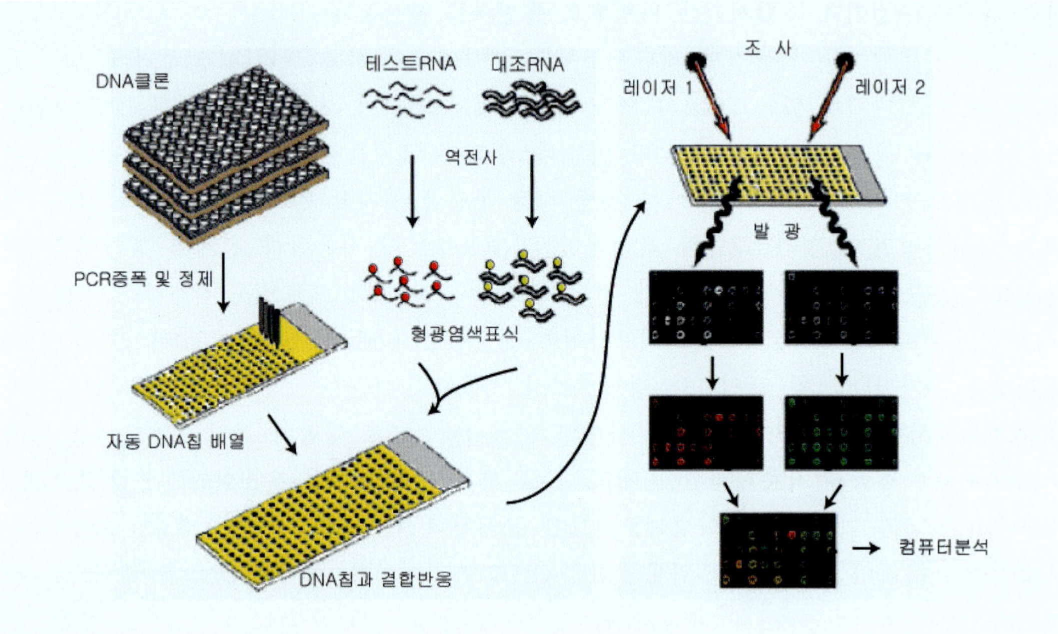

그림 7-28. DNA칩을 이용한 유전자발현의 분석

발현되는 유전정보의 총체적 분석, 어느 개체의 유전자형 분석, 유전체의 다양성을 알기 위한 염기서열의 분석, 암이나 특정 유전성 질병의 진단 등에 광범위하게 이용된다.

3. 형질전환용 이식유전자의 구축

형질전환동물의 생산과정에서 최우선적으로 해결하여야 할 사항은 이식유전자가 효율적으로 발현될 수 있도록 유전자의 발현에 필요한 인자들을 모두 포함시켜서 재조합유전자를 작성하는 것이다. 형질전환을 위하여 이식된 유전자가 세포내에서 단백질로 정확하게 발현되려면, ① 유전자가 효율적으로 전사되고, ② 전사산물이 성숙mRNA로 재구성된 다음, ③ 성숙mRNA가 단백질로 정확히 번역되고, ④ 번역된 단백질이 생리적 활성을 가지도록 변형되는 등의 과정이 안정적으로 진행되어야 한다. 따라서, 이식유전자는 이러한 과정의 발현에 관여하는 모든 인자들이 단백질코딩부위와 함께 적절하게 조합되어 있어야 한다.

1) 형질전환용 유전자의 구성요소

이식유전자가 효율적으로 발현되려면 유전자의 발현에 필요한 인자들을 빠짐없이 포함시켜 재조합유전자를 구축하여야 하는데, 이식유전자에 포함될 인자들은 다음과 같다.

(1) 단절체・프로모터・엔핸서 : 특정조직이나 특정시기에서 전사를 개시시키는 역할을

하는 프로모터를 이식유전자에 결합시켜 이용함으로써 그 이식유전자가 형질전환동물에서 특정조직이나 특정시기에서 발현되도록 유도할 수 있다. 그러나, 이식유전자의 발현이 반드시 프로모터에 의해서만 결정되지는 않는다. 그 이유는 이식유전자가 염색체에 정착된 부위에 따라 영향을 받기 때문인데, 이것을 이식유전자의 위치효과(positional effect)라고 한다. 만약에, 정착된 이식유전자의 주위에 다른 엔핸서나 조절인자로 작동하는 염기서열이 존재하면, 이것들의 영향을 받아서 이식유전자의 발현이 비정상적으로 조절되어 원하지 않는 조직에서 발현될 수도 있는데, 이러한 현상을 이식유전자의 누설발현(leaky expression)이라 한다. 이식유전자를 무작위로 염색체에 정착시키는 방법으로 형질전환동물을 생산하면, 형질전환동물의 계통에 따라 서로 다른 위치효과를 나타내기도 한다. 또한, 이식유전자가 정착된 주위에 억제인자(silencer)가 있으면, 이식유전자의 발현이 억제되는 경우도 있다. 이러한 유전자의 위치효과를 효율적으로 조절하기 위하여 특정 유전자좌(locus) 주위에 엔핸서나 조절인자에 의하여 유전자발현이 영향을 받지 않도록 제어하는 기능을 가진 단절체(insulator)가 존재한다(West 등, 2002). 이러한 단절체에는 β-글로빈 유전자좌의 LCR(locus control region; Bell 등, 2001)과 라이소자임 유전자좌의 MAR(matrix attached region; Tewari 등, 1996)가 있다. 단절체가 함유되도록 구축된 이식유전자를 주입하여 생산된 형질전환동물에서는 이식유전자가 100% 원하는 조직에서 발현되고, 발현량도 증가된다는 것이 입증되었다(Greenberg 등, 1994; McKnight 등, 1996). 각각의 유전자는 자기의 프로모터나 엔핸서를 가지고 발현이 조절되는데, 이것들을 이용하면 이식유전자의 발현을 조직특이적 또는 발생특이적으로 다양하게 조절할 수 있다. 예를 들어, 이식유전자가 췌장에서만 발현되게 하려면 엘라스타제(elastase)·인슐린·췌장아밀라제 유전자의 프로모터를 이용하여 이식유전자를 구축하여야 한다. 또한, 이식유전자가 젖소나 산양의 유선에 발현되도록 하기 위해서는 유즙단백질 유전자의 프로모터를 이용하여야 하는데, 젖소와 산양에서는 α_{S1}-카제인(casein)·β-카제인·β-락토글로불린 유전자의 프로모터를 이용하며, 마우스와 비반추동물에서는 유청단백질(whey acidic protein [WAP]) 유전자의 프로모터가 이용된다(Maga & Murray, 1995). 또한, 형질전환동물에서 이식유전자가 다량으로 발현되도록 조직특이적이면서도 그 조직에서 다량으로 발현되는 유전자의 프로모터를 이용하여야 한다. 일반적으로, RNA중합효소가 결합하는 최소프로모터 부위는 mRNA의 캡위치로부터 200bp 정도의 위쪽에 있다. 유전자의 발현이 원활하게 이루어지려면 프로모터의 활동을 조절하는 기능을 가진 엔핸서도 프로모터와 함께 이식유전자에 포함되어야 한다. 엔핸서는 캡위치에서 수천bp 이상 5′-말단의 위쪽에 존재하기 때문에 경우에 따라서는 프로모터와 함께 5~10kb 부위가 발현벡터의 구축에 이용되기도 한다. 한편, SV40·RNA바이러스·CMV(human cytomegalovirus) 등과 같은 바이러스에 함유된 프로모터들은 조직이나 시기의 특이성이 없이 모든 조직에서 강력하게 이식유전자를 발현시킨다. 이러한 프로모터들은 엔

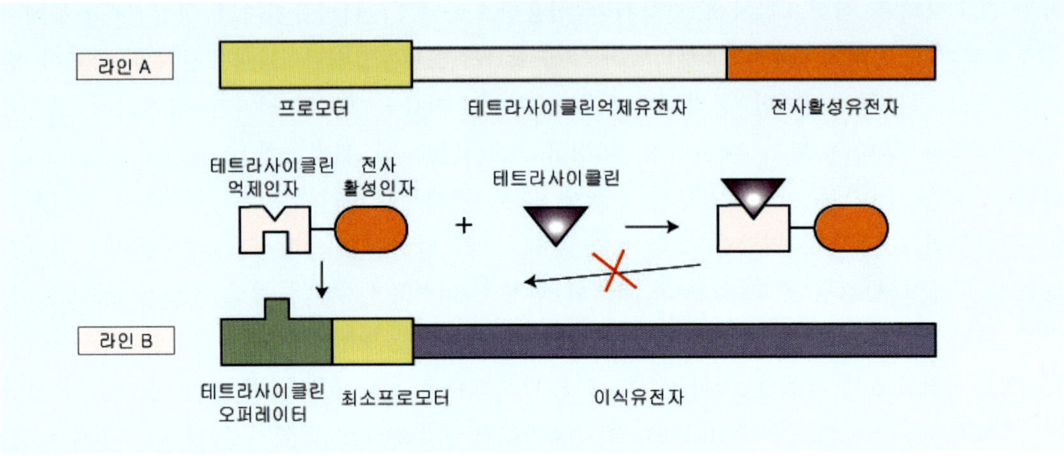

그림 7-29. 테트라사이클린 시스템

했서도 함께 포함되어 있어서 세포의 종류에 관계없이 이식유전자의 전사효율을 높여주기 때문에 어느 조직이나 세포에서 이식유전자의 발현효율을 높이려고 할 때 많이 이용된다. 그러나, 이 프로모터들을 이용하여 생산된 형질전환동물에서는 모든 조직에서 이식유전자가 발현되지 않는 경우도 있고, 발현률의 변이폭이 크기 때문에 이용가치가 상대적으로 적지만, 배양 세포의 유전자이식(transient-transfection experiment)에서는 유용하게 이용된다(Zhan 등, 2000). 한편, 원하는 특정시기에만 이식유전자가 발현되게 하려면 인위적인 외부자극에 의하여 인위적인 전사활동이 유도될 수 있는 프로모터를 이용한다. 이러한 프로모터에는 초기 형질전환동물의 생산에 이용되었던 MT(metallothioneine) 프로모터가 있다(Brinster 등, 1981; Palmiter 등, 1982). MT프로모터를 이용하면 카드미움(Cd^{2+})이나 아연(Zn^{2+})과 같은 중금속, 글루코코르티코이드, 인터페론 등으로 이식유전자의 발현을 조절할 수 있다. 중금속이온은 MT프로모터에 세포내 전사인자들이 결합되는 것을 촉진하여 전사량을 급격히 증가시킨다. 예를 들면, MT모로모터에 래드의 성장호르몬유전자를 융합시킨 이식유전자를 마우스 수정란에 주입하여 작성된 형질전환마우스는 아연이 함유된 사료를 먹였을 때 혈액중의 성장호르몬 농도가 증가되고, 성장속도도 두배 이상 빨라서 거대마우스가 되었다. 그러나, 이 프로모터를 이용할 경우에 투여된 중금속이 동물체에 축적되어 원래의 효과를 저해할 가능성도 있다. 또한, 글루코코르티코이드에 의하여 전사가 촉진되는 프로모터로는 마우스의 유선종양바이러스(MMTV) 유전자의 LTR(long terminal repeat)이 있다. 최근에 테트라사이클린(또는 deoxycycline)을 전사조절물질로 이용하는 형질전환 벡터가 개발되었는데, 이 방법은 형질전환동물에 테트라사이클린이나 이에 상응하는 테트라사이클린의 유도체를 먹일 때에만 이식유전자의 발현이 억제되도록 조절하는 원리이다(그림 7-29. Gossen 등, 1995). 이 방법을 이용하려면 두종류의 유전자가 구축되어야 하는데, 그 하나는 조직특이적 프로모터에 테트라사이클린 억제유전자(repressor gene)와 전사활성화인자(Herpes virus의 VP16 transcription activator)가 함께 융합되어 발현되게 하고, 다른 하나는 실제 발현되기를 원하는 형질전환용 이식유전자와 함께 CMV프로모터의 최소부위(보통 TATA-box가 포함된 주위부위) 및 테트라사이클린 억제유전자가 결합하는 오퍼레이터(operator) 염기서열들을 함께 구축하여 발현되게 하는 것이다. 이러한 유전자를 주입하여 작성된 형질전환동물에서 테트라사이클린이 없을 경우에는 테트라사이클린 억제인자가 두번째 유전자의 최소프로모터 앞에 위치하는 오퍼레이터에 결합하게 되고, 이에 따라 최소유전자에 붙어있는 이식유전자가 강하게 발현된다. 그러나, 테트라사이클린이 있는 상태에서는 테트라사이클린이 테트라사이클린 억제인자에 결합하여 구조를 변경시키기 때문에 이식유전자가 거의 발현되지 못한다. 또한, 돌연변이를 유도한 테트라사이클린 억제인자를 이용하면 이식유전자의 발현을 반대로 조절할 수도 있다.

(2) 인 트 론 : 진핵세포의 DNA에는 유전자가 코딩된 부위인 엑손과 코딩되지 않은 부위인 인트론이 교호적으로 배열되어 있다. 이러한 DNA가 전사된 다음, 성숙mRNA로 변형되는 과정에서 인트론이 제거된다. 형질전환동물을 생산하기 위한 이식유전자를 작성할 때, 대부분의 경우는 mRNA를 역전사시켜 합성한 cDNA를 이용한다. 따라서, 이식유전자에 인트론이 포함되지 않은 경우가 많지만, 인트론을 삽입한 이식유전자를 이용하여 형질전환동물을 작성하면 이식유전자의 발현률이 증가된다(Palmiter 등, 1982). 많은 유전자에서 첫 번째 인트론에는 유전자의 발현조절에 중요하게 작용하는 전사인자가 결합하는 정보를 포함하고 있다. 따라서, 이식유전자를 작성할 때 인위적으로 인트론을 포함시키는데, SV40유전자의 인트론이나, 아데노바이러스(adenovirus) 또는 면역글로불린 유전자의 인트론이 주로 사용된다. 또한, 모든 인트론을 포함하고 있는 게놈DNA를 그대로 이식유전자로 사용하는 경우도 있다.

(3) 전사종결과 폴리아데닐화 신호 : 이식유전자에서 기능적으로 성숙된 mRNA가 합성되도록 하려면 이식유전자내에 전사종결(transcription termination)과 폴리아데닐화(poly-adenylation)를 위한 정보가 포함되어 있어야 한다. 고등생물의 유전자는 3′-말단에 폴리-A신호를 가지고 있기 때문에 DNA가 전사된 RNA로부터 성숙mRNA가 형성될 때 3′-말단부위에 평균 200개 정도의 아데닐기가 중합된다. 실제로, 폴리아데닐화 신호를 제거하면 유전자의 발현이 1/10 이하로 감소된다. 일반적으로, 3′-말단부위의 AAUAAA가 폴리아데닐화를 위한 정보이며, 이것으로부터 10~30bp 밑에서 폴리아데닐화가 일어난다. 또한, 3′-말단부위에 GC가 풍부한 부위가 있는데, 이 부위에서 이차구조가 형성되면서 RNA중합효소Ⅱ가 전사를 종결한다. 따라서, 이식유전자를 구축할 때에는 유전자 자체가 가지고 있는 전사종결 및 폴리-A신호를 이용하거나, SV40유전자 또는 성장호르몬유전자의 3′-말단부위를 많이 이용하는데, 이 3′-말단부위는 mRNA의 안정화에도 기여하여 유전자의 발

현율을 증가시키다.

(4) 번역개시부위 : 핵에서 DNA가 전사된 후에 세포질로 이행된 성숙mRNA의 염기서열이 폴리펩티드로 번역될 때, 가장 중요한 단계는 번역이 개시되는 단계이다. mRNA의 유전정보가 폴리펩티드로 번역될 때, 첫번째의 아미노산을 지정하는 유전암호에는 AUG · GUG · UUG · AUU 등이 있지만, 거의 대부분의 경우 AUG가 개시코돈으로 사용된다. 진핵세포에서는 AUG가 폴리펩티드쇄의 N-말단 아미노산으로 메티오닌을 지정한다. 따라서, 폴리펩티드가 합성될 때 AUG 주변에서 메티오닌-tRNA와 리보솜이 결합하여 개시복합체를 형성한다. 그러나, AUG가 여러개 있을 경우에는 Kozak의 법칙이 적용되는데, 이 때 개시코돈 주위의 염기서열이 중요하며, 대두분의 개시코돈 주위에는 GCCA(G)CCATGG의 염기서열로 되어 있다. 이것들 가운데 중요한 염기는 퓨린염기이고, 마지막G도 중요한 역할을 하기 때문에 이 부위에서 변이가 일어나면 번역효율이 떨어진다. 따라서, 이식유전자를 구축할 때는 번역이 개시되는 부위의 염기서열을 확인하고, 만약 불필요한 염기서열이 있다면 효율이 높은 유전자에서 5′-말단의 번역개시부위를 이용하여야만 한다.

(5) 신호펩티드 : 세포질내에서는 mRNA에 코딩된 유전정보에 따라 단백질이 합성되지만, 합성된 단백질은 세포밖으로 방출되는 것과 세포내에 남아 있는 것이 있다. 이들 단백질가운데 펩티드호르몬과 같이 세포외로 분비되는 단백질은 N-말단에 신호펩티드(signal peptide)라고 부르는 15~30개의 아미노산군이 부착되어 있다. 신호펩티드는 합성된 단백질을 세포밖으로 방출시키는 역할을 하며, 분비된 후에는 생리적 기능을 발현하는 단백질분자에서 떨어져 나간다. 이러한 신호펩티드를 포함하는 단백질을 합성하기 위한 이식유전자를 작성할 경우에는 당연히 신호펩티드의 유전정보를 가지고 있는 염기서열을 포함시켜야 하는데, 이식유전자의 5′-말단의 코딩부위에 신호펩티드의 유전정보를 가진 염기서열을 포함시킨다. 또한, 코딩서열의 3′-말단부위에는 정확하게 단백질합성을 종료시키는 종지코돈이 위치하여야 한다.

2) 이식용 유전자의 작성

수정란이나 동물세포에 도입된 유전자가 적절한 시기에 적절한 세포에서 원하는 수준으로 발현될 수 있도록 각종의 유전정보가 함유된 재조합유전자를 작성하여야 한다.

(1) 이식용 DNA의 준비 : 형질전환동물을 작성하기 위하여 주입하는 DNA는 인트론이 제거되어 크기가 작고, 발현벡터가 잘 개발되어 있는 cDNA가 주로 이용된다. 이식하고자 하는 유전자의 cDNA를 먼저 프로모터에 결합시켜야 하는데, 결합 전에 점검하여야 할 것들이 있다. 즉, ① 클로닝을 위하여 5′-말단에 동형중합서열(homopolymetric sequence)을 이용하였다면 이 부위를 완전히 제거하고, ② 이식유전자의 5′-말단 및 3′-말단 부위에 번역되지 않는 염기서열들도 가능한 한 제거하며, ③ cDNA의 개시코돈 전후에 또 다른 ATG

그림 7-30. 이식유전자의 구성요소.

서열이 있나를 점검하고, 있다면 Kozak의 법칙에 따라 개시코돈 위쪽의 ATG서열을 제거한다. 이러한 과정을 거친 다음, 적당한 제한효소를 이용하여 주입하고자 하는 이식유전자 DNA부위만을 정제한다. 그리고, 이식유전자의 플라스미드벡터 부위를 최소한으로 잘라냄으로써 플라스미드벡터에 있는 염기서열이 형질전환동물에서 유전자발현에 영향을 미칠 수도 있는 위험성을 제거하여야 한다. 또한, 주입하고자 하는 DNA는 단백질·RNA·다른 DNA 등이 함유되어 있지 않은 깨끗한 상태로 만들기 위하여 겔전기영동·유전자정제계(gene purification system)·투석(透析, dialysis) 등의 방법을 이용하여 정제하여야 한다. 실제로 주입하는 DNA의 순도는 형질전환동물의 생산효율에 크게 영향을 미친다. 한편, 재조합유전자에는 이식된 후에 전사과정과 해독과정이 효과적으로 수행될 수 있는 유전정보가 포함되어야 하는 것은 물론이고, 합당한 프로모터·엔핸서·전사종결서열 등이 포함되어야 하며, 경우에 따라서는 인트론서열·단절체서열·3′-말단 비번역서열 등도 있어야 한다(그림 7-30).

(2) 이식용유전자의 검사 : 구축된 이식유전자는 형질전환동물의 생산에 이용하기 전에 적절한 세포주에 도입시켜 시험관에서 유전자의 발현상황을 점검하는 배양세포 DNA이식시험(DNA transient-transfection experiment)을 할 필요가 있다. 이식유전자를 적당한 세포주에 이식한 다음, 48~72시간 후에 전사 및 번역 상태를 점검한다. 전사상태는 RNA를 추출한 다음, 이것을 역전사(逆轉寫) 분석법이나 노던블로팅(Northern blotting)을 이용하여 확인한다. 또한 항체를 이용하여 웨스턴브로팅(Western blotting)을 하거나, 효소결합면역흡착검정(ELISA)을 하여 이식유전자에서 전사된 mRNA가 단백질로 번역되는지의 여부를 확인한다. 검사결과 유전자가 적절하게 발현되지 않으면, 유전자의 구성요소들을 재배열하거나, 더욱 강력한 조절인자들을 첨가하는 것이 필요하다.

4. 형질전환동물의 작성방법

이식유전자를 동물의 게놈DNA에 삽입·정착시켜 형질전환동물을 작성하는 방법에는 미세주입법·레트로바이러스벡터법·배아줄기세포 이용법·체세포 복제에 의한 방법·정자 이용법 등이 있다.

1) 미세주입법

정제된 이식유전자를 미세조작기를 이용하여 수정란이 전핵에 직접 주입하는 방법으로서, 오늘날까지도 형질전환동물의 생산에 가장 보편적으로 이용되는 방법이다. 이 방법은 ① 전핵이 관찰되는 수정란을 채취하고, ② 미세조작기를 이용하여 수정란의 전핵에 재조합된 유전자(DNA)용액을 주입한 다음, ③ 체외배양으로 이식이 가능한 단계의 배로 발달시키고, ④ 이 배를 배이식기술을 이용하여 대리모에 이식하여 임신을 유도하며, ⑤ 출산된 새끼에서 DNA를 추출하여 PCR방법으로 형질전환 여부를 판정하는 과정으로 진행된다(그림 7-31; Hogan 등 1986). 그러나, 미세주입법에 의한 형질전환동물의 생산효율은 매우 낮아서 마우스의 경우는 1~5% 정도이고, 일반가축에서도 1% 이하로 매우 낮다(표 7-15; Brem, 1993). 이와 같이 생산효율이 낮은 이유는 미세주입으로 인한 물리적 충격과 주입된 유전자용액에 의하여 수정란이 손상되기 때문이며, 이것이 가축의 형질전환에 미세주입법을 이용하는 것을 제약하는 하나의 요인이 된다. 주입방법은 전핵기의 수정란을 고정용 피펫으로 흡착·고정한 다음, 선단의 직경이 0.1㎛ 이하인 주입용 미세피펫으로 유전자가 함유된 극미량의 용액을 웅성전핵(male pronucleus)에 주입한다. 웅성전핵이나 자성전핵에 유전자를 주입하였을 때의 성공률을 비교한 보고는 없지만, 웅성전핵에 유전자를 주입하는 이유는 ① 웅성전핵이 자성전핵에 비하여 크고, ② 난황막에 가깝게 위치하여 주입용 미세피펫의 접근이 용이하며, ③ 난자내에서 정자핵의 염색질이 탈응축(脫凝縮)되어 염색질의 치밀도가 낮고, ④ 전핵형성과정에서 염색질의 구조적 및 생화학적 변화가 일어나기 때문에 주입하기가 용이하고, ⑤ 주입된 유전자가 수정란의 게놈DNA에 쉽게 정착될 가능성이 높다는데 있다. 한편, 미세주입되는 DNA의 구조와 농도도 형질전환동물의 생산효율에 영향을 미친다. 주입DNA는 선형(linear) 형태가 코일(supercoiled) 형태에 비하여 5배 이상의 삽입효율을 나타내고, 선형DNA에서도 DNA절편의 양쪽 끝이 평활말단(blunt end)인 경우에 비하여 접착말단(cohesive end)인 경우가 높은 삽입률을 나타낸다. DNA를 용해하는 주입용액으로는 5~10mM의 Tris-HCl(pH7.4)에 0.1~0.25mM의 EDTA를 첨가한 용액이 일반적으로 이용된다. 주입하는 DNA의 농도는 1~3㎍/㎖의 용액이 널리 이용된다. 그러나, 전핵으로 주입되는 DNA용액의 양은 1~2pℓ 정도이고, 여기에 1,000~2,000개 정도의 DNA 분자가 함유되는 것이 가장 효과적이다. 또한, 주입되는 DNA의 순도가 삽입률에 크게 영향을 미치기 때문에 여러 종류의 불필요한 염기는 물론이고, 알코올·페놀·아가로스물질·효소 등과 같이 수정란의 생존에 유해한 이물질을 가급적 완전하게 제거하여야 한다. 재조합유전자의 형태로 주입된 DNA는 수정란의 염색체에 무작위로 정착된다. 대부분의 경우 여러개의 주입된 DNA가 서로 연결된 모양(head to tail)으로 염색체의 부위에 정착되지만, 드물게는 'head to head' 또는 'tail to tail'의 모양으로 정착되기도 하다. 미세주입

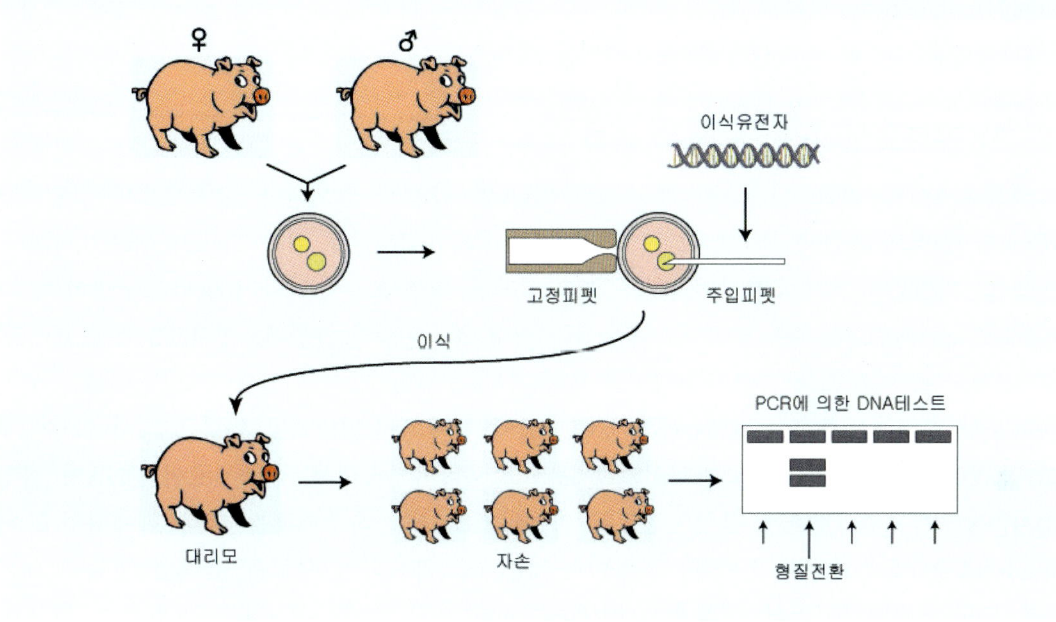

그림 7-31. 미세주입법에 의한 형질전환동물의 생산과정.

된 DNA가 수정란의 염색체에 삽입·정착되는 기전은 잘 알려져 있지 않지만, DNA의 복제나 수복(修復, repair)을 조절하는 효소가 관여하는 것으로 보인다. 미세주입된 유전자가 정착된 DNA에서는 유전자의 재배열(再配列, rearrangement)·결실(缺失, deletion)·돌연변이(突然變異, mutation) 등이 나타나는 것으로 보고되었다. 또한, 주입된 DNA는 진정염색질(眞正染色質, euchromatin)이나 이질염색질(異質染色質, heterochromatin)에 무작위로 정착하는데, 경우에 따라서는 특정유전자내에 정착하여 그 유전자를 파괴하는 경우도 있다. 이와 같이, 주입된 DNA가 유전자를 파괴하는 것을 삽입변이생성(揷入變異生成, inser-

표 7-15. 형질전환동물 생산효율의 비교

구 분	마우스	토 끼	돼 지	면 양	젖 소
다배란처리 후 미세주입에 이용할 수 있는 수정란의 수	15	20	15	4	5
임신율(%)	60	50	40	40	20
수정란 도입 후 새끼생산율(%)	10~20	10	5	15	10
유전자 도입률(%)	15	10	10~15	5~10	5~10
전이한 수정란에서 형질전환동물 생산율(%)	2	1	0.5	1	0.5
형질전환동물 1마리 생산에 필요한 동물의 수	1	5	20	40	80

tional mutagenesis)이라고 하며, 이에 따라 예상하지 않았던 표현형이 나타나거나, 치사변이(致死變異, lethal mutation)을 일으키기도 한다.

2) 레트로바이러스벡터 이용법

레트로바이러스(retrovirus)는 게놈으로 RNA를 가지고 있으면서 숙주세포에 감염되면 RNA를 주형으로 DNA를 합성하여 프로바이러스(provirus)가 된다(Temin, 1987). 비리온(virion; 바이러스 입자로서의 완전한 구조를 가진 형태)은 직경 약 100㎚의 구형이며, 외피(外皮, envelope)로 싸여 있고, 그 내부에는 직경 20~60㎚의 뉴클레오캡시드(nucleocapside)를 가지는데, 이것은 분자량이 3×10^6인 RNA가닥 두개를 가지고 있다. 비리온내에는 역전사효소와 프라이머가 되는 tRNA를 가지고 있어서 바이러스RNA를 주형으로 이용하여 두가닥DNA를 합성하는데, 이 바이러스DNA가 프로바이러스로서, 숙주세포의 DNA에 삽입된다. 숙주세포의 DNA에 삽입·정착된 바이러스DNA는 숙주세포를 따라 복제되기도 하고, RNA중합효소Ⅱ에 의하여 다시 바이러스RNA로 복사되어 새로운 RNA를 만들어 내기도 한다. 프로바이러스의 게놈은 *gag*·*pol*·*env* 등과 같은 유전자를 포함하고 있는데, *gag*유전자는 바이러스의 핵단백질을 합성하고, *pol*유전자는 역전사효소를 합성하며, *env*유전자는 바이러스의 외피를 구성하는 당단백질을 합성한다. 또한, 레트로바이러스 유전자의 양쪽 끝에는 LTR(long terminal repeat)이 있는데, 이곳에는 바이러스의 전사에 필요한 개시신호와 폴리아데닐화신호(polyadenylation signal)를 가지고 있을 뿐만 아니라, 바이러스DNA가 숙주게놈에 정착할 때 필요한 구성요소들도 가지고 있다. 따라서, 주입하고자 하는 유전자(cDNA)를 레트로바이러스의 게놈에 삽입시킨 다음, 수정란에 감염시키면 주입하고자 하는 유전자를 동물의 게놈에 이식하는 것이 가능하며, 이 방법을 이용하여 형질전환동물을 생산할 수 있다(Ronfort 등, 1997). 오늘날에는 레트로바이러스 게놈에서 복제·포장·감염에 필요한 요소들을 분리하여 효율적으로 이용할 수 있는 레트로바이러스벡터를 개발하였다. 목적으로 하는 이식유전자(cDNA)를 바이러스의 *gag*·*pol*·*env* 유전자와 대체시킨 레트로바이러스벡터를 포장세포주(packing cell line)에 주입하여 이식유전자가 함유된 바이러스를 생산한다. 이 때, 포장세포주는 필요한 바이러스 단백질을 공급하게 된다. 이러한 방법으로 작성된 레트로바이러스벡터를 이용하여 형질전환동물을 생산하는 방법은 ① 재조합바이러스벡터를 생산하는 세포주를 투명대제거 후의 착상전 배와 공배양(co-culture)하여 바이러스벡터를 감염시킨 후에, 대리모에 이식하는 방법(Jaenisch, 1976; Rubenstein 등, 1986), ② 재조합바이러스벡터를 생산하는 포장세포주를 배반포강에 직접 주입하는 방법(Jeanisch 등, 1981), ③ 닭에서와 같이 배반엽(胚盤葉, blastoderm)에 포장세포주를 직접 주입하여 바이러스벡터를 감염시키는 방법 등이 있다(그림 7-32; Bosselman 등, 1989). 이러한 방법들 가운데 바이러스벡터를 착상전의 배와 공배양하는 방법이 간편하고, 성공률도

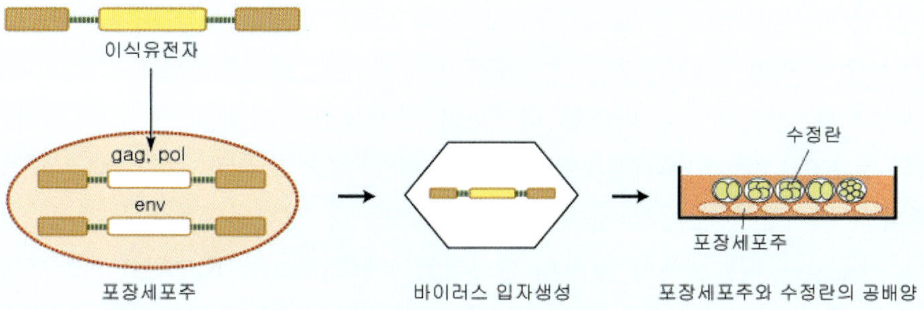

그림 7-32. 레트로바이러스벡터를 이용한 형질전환 동물의 생산

높다. 이 방법으로 생산된 형질전환동물은 모두 이식유전자가 모자이크현상(mosaicism)을 나타내어 다음 세대로 이식유전자가 전달되는 비율이 매우 낮아서 미세주입법에 비하여 효율성이 떨어진다. 그러나, 미세조작기법을 이용하지 않아도 될 뿐만 아니라, 유전자를 이식받는 동물의 게놈DNA에 소수의 특정유전자만을 정착시킬 수 있다는 장점이 있다. 반면에, 이식하고자 하는 유전자의 크기에 한계가 있어서 10kb 이상의 유전자는 이식할 수 없다는 단점도 있다. 레트로바이러스벡터를 이용하여 형질전환동물을 작성하는 방법은 이용하기가 간편하기 때문에 가축을 대상으로 폭 넓게 활용하려는 연구가 활발하게 진행되고 있다. 최근에는 안전하고, 효율성이 높은 레트로바이러스벡터가 개발되었는데, VSV(vesicular somatitis virus)의 G-단백질은 숙주세포의 세포막 구성성분인 인지질을 감지하는 능력을 가지고 있어서 VSV가 효과적으로 숙주세포를 감염시키는데, 이러한 VSV의 성질을 이용하여 이식유전자의 벡터를 함유하고 있는 포장 세포주를 작성할 수 있다. 이 포장세포주를 소와 원숭이 수정란의 투명대와 난황막사이에 주입하여 높은 형질전환동물의 생산률을 얻었다(Chan 등, 1998; 2001). 또한, 레트로바이러스의 일종인 렌티바이러스(lentivirus)는 분열이 정지된 세포에 감염되는 성질을 가지고 있어서 유전자치료(gene therapy)에 유용하게 이용되는데, 이러한 렌티바이러벡터를 수정란에 감염시키는 방법으로 형질전환동물을 효율적으로 생산할 수 있다는 보고도 있다(Lois 등, 2002).

3) 배아줄기세포와 배아생식세포 이용법

포유동물에서 새로운 유전형질을 도입하려는 초기의 시도는 유전적 특성이 서로 다른 동물에서 생산된 초기배를 응집시킨 후에, 개체로의 발생을 유도하여 키메라동물(chimeric animal)을 작성하는 것이었다. 그러나, 키메라동물은 특정형질을 발현하는 유전자만을 도입하는 것이 아니라, 세포수준에서의 단순한 결합이기 때문에 복합형질이 일세대에서만 발현되고, 이종간 응집에도 한계가 있어서 형질전환의 다양성이 결여된다. 따라서, 특정유전만을 도입할 수 있는 방법이 모색되었는데, 현재에는 배아줄기세포(embryonic stem [ES] cell)와 배아생식세포(embryonic germ [EG] cell)를 이용하는 방법이 주로 이용된다.

(1) 줄기세포의 작성 : ES세포는 초기배에서 유래되고, 배양조건하에서 미분화상태를 유지하는 세포로서, 생식세포를 비롯한 대부분의 정상세포로 분화될 수 있는 능력을 갖추고 있다. 따라서, ES세포는 키메라동물을 만들 때, 각 조직으로 분화되는 기여율이 높고, 특히 생식세포의 분화비율이 높아서 유전성 키메라동물이나 형질전환동물의 생산효율도 높다. ES세포는 마우스의 배반포에서 최초로 작성되었는데(Evans & Kaufman, 1981), 그 방법은 ① 마우스의 배반포를 마우스의 태아에서 분리한 섬유아세포(纖維芽細胞, fetal fibroblast)의 단층(單層)위에 놓고, ② 20%의 소 태아혈청이 함유된 DMEM(Dulbecco-modified minimum essential medium) 배지에서 5~6일 동안 배양한 후에, ③ 트립신/EDTA용액을 이용하여 내부세포괴(inner cell mass [ICM])만을 분리한 다음, ④ 분리된 내부세포괴를 조심스럽게 배양액으로 세척한 후에, ⑤ 미토마이신(mitomycin) C의 처리나 방사선의 조사로 세포분열을 멈추게 하고, ⑥ 마우스 섬유아세포의 단층위에서 10%의 소 태아혈청이 함유된 DMEM배양액으로 계대배양(繼代培養)하면 ES세포의 콜로니(colony)가 형성된다. ES세포는 시험관에서 미분화상태를 유지시키면서 계속 배양할 수 있고, 큰 손상이 없이 동결보존할 수도 있다. 한편, 가축에서는 마우스의 ES세포와 같은 특성을 가진 세포가 아직까지 확립되지 않았기 때문에 ES세포의 대안으로 EG세포를 이용하려는 연구가 수행되고 있다(Piedrahita 등, 1998). EG세포의 작성은 성이 분화되기 전의 태아에서 성선의 발생원기인 성선융기(性腺隆起, gonadal ridge)를 적출한 다음, 그 속에 들어있는 원시생식세포(原始生殖細胞, primordial germ cell)를 분리하고, 이것을 ES세포를 작성할 때와 같은 방법으로 배양하여 EG세포를 분리한다. 다만, EG세포의 작성에 이용되는 배양액에는 bFGF · SCF · LIF 등과 같은 성자인자를 첨가하여야 한다.

(2) 이식유전자의 주입과 조작 : ES세포를 이용하여 형질전환동물을 생산하려면 이식유전자를 주입하여야 하는데, 주입방법에는 칼슘침전법 · 전기천공법 · 레트로바이러스매개법 · 미세주입법 등이 있다. 주입하는 이식유전자DNA에 네오마이신(neomycin) 저항성유전자와 같은 표지유전자(marker gene)가 함유되도록 구축함으로써 *in vitro*에서 주입된 이식유전자를 함유하고 있는 ES세포를 쉽게 선별할 수 있다. 한편, 재조합유전자가 도입된 ES세포에서 이식유전자가 염색체상의 특정위치에서 내생유전자(endogenous gene)와 상동성재조합(相同性再組合, homologous recombination)을 하는 현상을 이용하여 유전자가 적중(gene targeting)되거나, 치환(gene replacement)된 ES세포를 만들 수 있다. 이러한 유전자의 상동성재조합을 이용하여 유전자를 적중하는 방법은 ES세포의 HPRT(hypoxanthine phosphoribosyl transferase) 유전자좌를 이용하는 방법이 최초로 보고되었는데(Doetschman 등, 1987; Thomas & Capecchi, 1987), *Hprt*유전자는 X-염색체상에 위치함으로 암컷 또는

수컷으로 발달될 배반포에서 유래된 ES세포는 각각 2개 또는 1개의 X-염색체를 가지며, 이 *Hprt*유전자가 발현되는 세포는 6-티오구아닌(6-thioguanine [6-TG])이 함유된 배양액에서는 살지 못하기 때문에 6-TG를 이용하면 정확하게 *Hprt*유전자가 적중된 ES세포만을 선별할 수 있다. 또한, *Hprt*유전자가 결핍된 ES세포의 *Hprt*유전자좌에 새로운 유전자를 치환시킬 수도 있다. ES세포에 유전자의 상동성재조합기전을 이용하여 특정유전자를 파괴시키는 유전자적중을 하려면, 유전자적중벡터를 이용한다(그림 7-33). 유전자적중벡터에는 네오마이신저항성유전자(neomycin phosphotransferase gene [*Neo′* gene])가 삽입되어 있어서 내생유전자와 상동성재조합이 일어나면 내생유전자에 *Neo′*유전자가 삽입되는 돌연변이(insertional mutation)가 일어난다. *Neo′*유전자를 가진 ES세포의 선별은 네오마이신(G418)이 첨가된 배양액에서 배양하는 방법을 이용하는데, 이 배양조건에서 *Neo′*유전자가 삽입된 세포는 생존하지만, *Neo′*유전자가 없는 세포는 사멸하게 되어 쉽게 선별할 수 있는데, 이를 양(+)의 선발(positive selection)이라 한다. 한편, 유전자적중벡터는 세포내로 들어가 대부분이 무작위로 정착되는데, 벡터가 상동성재조합이 아니고, 무작위로 삽입된 ES세포를 제거하기 위하여 허피스바이러스(Herpes simplex virus)의 티미딘키나제유전자(thymidine kinase gene [HSV-*tk* gene])를 이용한다. HSV의 치료제로 이용되는 간사이클로비어(gancyclovir)를 배양액에 넣으면, HSV-*tk*유전자가 적중된 ES세포는 HSV-*tk*유전자가 분리되어 없어짐으로 생존하지만, HSV-*tk*유전자가 무작위로 삽입·정착된 ES세포는 모두 사멸하기 때문에 유전자가 적중된 ES세포의 선별율을 높일 수 있는데, 이러한 선별방법을 음(-)의 선발(negative selection)이라 한다. 이와 같이, *Neo′*유전자와 HSV-*tk*유전자를 유전자적중벡터로 이용하여 네오마이신과 간사이클로비어에 의한 음-양선발(negative-positive selection)을 하면 특정유전자가 적중(제거)된 ES세포를 효율적으로 얻을 수 있다. 그러나, 유전자가 적중된 ES세포도 PCR이나 서던블로팅 방법으로 유전자가 정확한 위치에서 적중되었가를 확인하여야 한다. 이와 같이, 유전자적중방법으로 특정한 유전자를 제거하는 것을 유전자 녹-아웃(gene knock-out)이라 하는데, 오늘날에는 유전자 녹-아웃동물이 작성되어 각 유전자들이 생체내에서 발현하는 기능을 연구하는데 중요하게 이용되고 있다. 또한, 유전자적중을 이용하여 특정한 기능적 내생유전자를 제거하고, 그 자리에 다른 유전자를 삽입하는 방법으로 삽입돌연변이를 유도할 수 있는데, 이 경우는 새로 삽입된 유전자가 기존의 내생유전자를 대신하여 발현됨으로 유전자의 녹-아웃과는 반대되는 의미로 녹-인(knock-in)이라 한다. 유전자 녹-인방법을 이용하면 주입된 유전자가 내생프로모터를 이용하여 원하는 단백질을 생산할 수 있다(Kolb 등, 1999). 예를 들면, 젖소의 카제인(casein) 유전자좌의 프로모터와 개시코돈까지를 상동유전자로 하고, 이에 대응하는 유전자로 사람 성장호르몬유전자를 사용하여 유전자적중벡터를 구축한 다음, 상동성재조합기법으로 녹-인 형질전환 젖소를 생산하면, 기존의 카제인 모로모터에 사람 성장호르몬유전자가

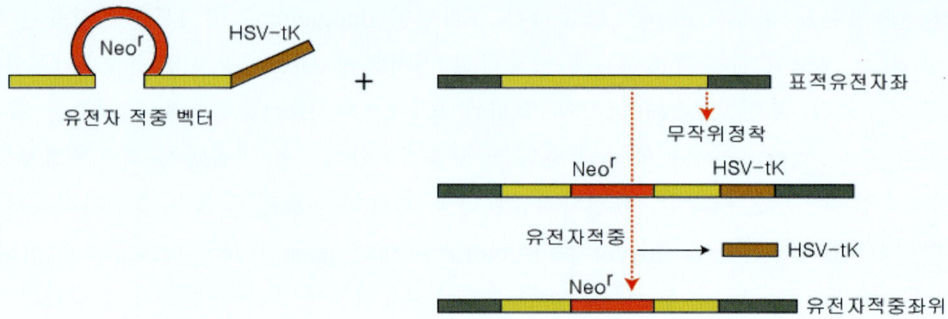

그림 7-33. 유전자적중의 모식도

결합되어 유즙 중으로 사람의 성장호르몬이 분비된다. 한편, 대부분의 유전자들이 상염색체(常染色體)상에 위치하고 있기 때문에 한번의 유전자적중으로는 대부분이 이형접합상태의 ES세포가 되는데, 한번 더 유전자적중을 하거나, 네오마이신 농도를 증가시킨 조건에서 선발하면 동형접합체상태의 ES세포를 얻을 수 있다. 동형접합 ES세포는 *in vitro*에서 유전자의 기능을 밝히는 연구에 유용하게 이용될 수 있으며. 정상초기배와 응집시키는 방법으로 키메라동물을 생산하여 생체에서의 유전자 기능분석에 이용되기도 한다. 이와같이, ES세포를 이용하는 유전자조작방법은 동물산업분야에서도 중요하게 이용될 수 있을 것으로 보이지만, 불행하게도 아직까지 생식세포를 통하여 조작된 유전형질이 다음 세대로 전달될 수 있는 ES세포가 확립되어 있지 않아서 ES세포를 이용한 형질전환가축의 생산은 이루어지지 않고 있는 실정이다. 그러나, 산업동물에서 ES세포나 EG세포를 이용하여 형질전환동물을 생산할 수 있다면, 경제형질을 발현하는 유전자들을 더욱 정교하게 조절하는 길이 열릴 것으로 기대된다. 그러나, 체세포복제에 의한 형질전환동물의 생산과정에서는 체세포를 배양할 때 유전자적중방법을 이용하여 체세포 핵의 유전자를 변형시키는 수단으로 형질전환동물을 생산하는 것이 가능하다(Butler 등, 2002; Lai 등, 2002)

(3) 형질전환동물의 생산 : ES세포를 이용하여 형질전환동물을 생산하면 유전형질을 정교하게 조절할 수 있는 장점이 있지만, 아직까지도 마우스를 제외한 동물에서는 이용가능한 ES세포를 작성하지 못하고 있는 실정이어서 이 방법을 이용한 형질전환가축을 생산하지 못하고 있다. ES세포를 이용하여 형질전환동물을 생산하려면 이식유전자가 주입되거나 유전자가 조작된 ES세포를 정상적으로 발생된 초기배와 융합하여 키메라동물을 작성하여야 한다(그림 7-34). 키메라동물의 작성은 미분화상태의 ES세포를 배반포기로 발달된 숙주배의 배반포강내로 주입하거나, 8-세포기나 상실배기의 배와 융합시키는 방법을 이용한다. ES세포를 배반포강내로 주입하는 방법은 트립신을 처리하여 콜로니로부터 개개의 ES

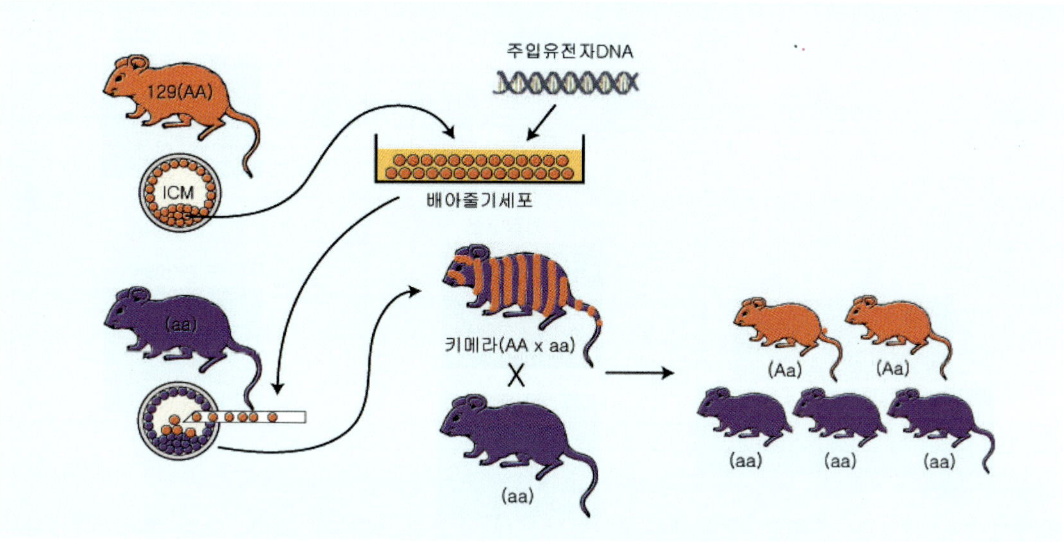

그림 7-34. 배아줄기세포를 이용한 형질전환동물의 생산

세포를 분리한 다음, 미세조작기로 10~15개의 ES세포를 배반포의 내부세포괴 주위에 주입한다. 또한, ES세포를 초기배와 융합시키는 방법은 숙주배의 투명대를 트립신이나 산성 Tyrode용액으로 융해·제거한 다음, 체외에서 배양하여 배반포까지 발달시킨다. 이러한 융합배를 대리모에 이식하여 키메라동물을 생산하고, 이 키메라동물과 정상동물을 교배하여 F_1을 생산한 다음, 형질전환 여부를 판정한다. 키메라동물을 작성할 때에는 털색이나 눈의 색깔을 표지유전자로 이용하는데, 태어난 새끼가 ES세포에서 유래된 조직이나 세포를 가지고 있는지를 털색이나 눈의 색깔을 보고 쉽게 확인할 수 있다. 한편, 주입된 유전자가 게놈DNA에 정착된 ES세포를 초기배와 결합시켜 키메라동물을 생산하고, 키메라동물중에서 생식세포에 주입유전자가 정착된 동물을 교배하여 주입유전자가 자손으로 전달되는 이형접합(heterozygote) 또는 동형접합(homozygote) 형질전환동물을 생산할 수 있다. 또한, 재조합유전자가 염색체상의 특정위치에 상동성재조합을 통하여 삽입된 세포만을 선별하여 형질전환동물의 생산에 이용함으로써 특정한 유전형질이 획득된 형질전환동물 뿐만 아니라, 특정형질이 제거된 동물의 생산도 가능하다(Capech, 1989; Muglia 등, 1996).

4) 체세포복제에 의한 방법

이 방법은 체세포에 원하는 목적유전자를 주입하고, 이것을 탈핵(脫核)한 난자에 넣어 발생시키는 체세포핵이식기법으로 형질전환동물을 작성하는 기법으로서(Denning 등, 2001; Lai 등, 2002), 다른 방법에 비하여는 효율성이 높다(표 7-16). 체세포의 핵을 이식하여 복제한다는 것은 이미 분화가 끝난 체세포를 핵을 사용하여 전능성(全能性, totipotency)을

표 7-16. 형질전환젖소의 개발에서 미세주입법과 체세포복제방법의 효율성 비교

구　　　분	체세포 복제기술	미세주입법
대상세포	체세포	전핵기 수정란
유전자 도입	형질전환 세포주 이용	전핵내 주입
형질전환 빈도	100% 형질전환	태어난 산자 중 10% 미만
삽입형태	100% non-mosaic	대부분 mosaic
성(性)조절	조절가능	임의적
연구개발 소요기간	3~5 년	5~10 년
총 연구기간(대량생산포함)	5~10 년	10~15 년

회복시켜서 새로운 개체로 발달시킬 수 있다는데 중요한 의미가 있다. 핵을 제공하는 체세포로는 유선상피세포·귀(耳)상피세포·태아섬유아세포 등을 이용할 수 있지만, 태아섬유아세포가 가장 많이 이용된다. 그 이유는 섬유아세포가 체외에서의 배양이 용이하고, 전이(轉移, transfection)에 의하여 외래유전자를 주입하는 것이 가능할 뿐만 아니라, 외래유전자의 삽입여부를 확인하는 것이 가능하기 때문이다. 체세포복제(somatic cell cloning)에 의하여 형질전환동물을 생산하는 방법은 ① 태아(소: 40~50일령·면양: 30~40일령)로부터 공핵세포(供核細胞)로 사용될 섬유아세포를 분리하여 4~5일간 배양하면서 세포주기를 G_0나 G_1상태로 유도하고, ② 섬유아세포에 전이 또는 바이러스감염기법으로 목적하는 유전자를 주입하여 형질전환세포주를 만든 다음(Lee 등, 2005), ③ 이 세포주의 핵을 핵이식기법으로 핵이 제거된 난자에 이식하여 발생을 유도하고, ④ 체외에서 배양한 후에, ⑤ 대리모에 이식하여 산자를 얻는다(그림 7-35). 체세포복제에 의한 형질전환동물의 생산은 면양에서 최초로 성공되었는데, 공핵세포로는 β-락토글로불린 프로모터에 사람의 혈액응고인자Ⅸ 유전자를 결합시켜 만든 재조합유전자를 주입하고, 유전자선별기법으로 이 유전자가 정착된 세포만을 선별하여 사용하였다(Schnieke 등, 1997). 태어난 새끼면양은 모두 형질전환면양으로 판명되어 다른 형질전환방법에 비하여 훨씬 높은 생산효율을 나타냈을 뿐만 아니라, 이식유전자의 발현률도 월등히 높았다. 면양의 체세포복제기술을 원용하여 소와 돼지에서도 형질전환자손이 태어났다(Cibelli 등, 1998; Park 등, 2001). 또한, 체세포에서도 배아줄기세포에서 이용되는 유전자적중과 유전자치환을 할 수 있으며, 유전자의 상동성재조합원리를 이용하여 유전자가 적중된 산양과 돼지가 생산되었다(McGreath 등, 2000; Dai 등, 2002; Lai 등, 2002). 이와 같은 유전자조작기술들을 이용하여 형질전환가축을 생산하는 것이 가능하게 되어 다양한 분야에서 그 이용성이 날로 증대되고 있다. 그러나, 체세포복제방법에 의한 형질전환동물의 생산효율이 아직까지는 매우 낮은 편이어서 그 이용에 한계가

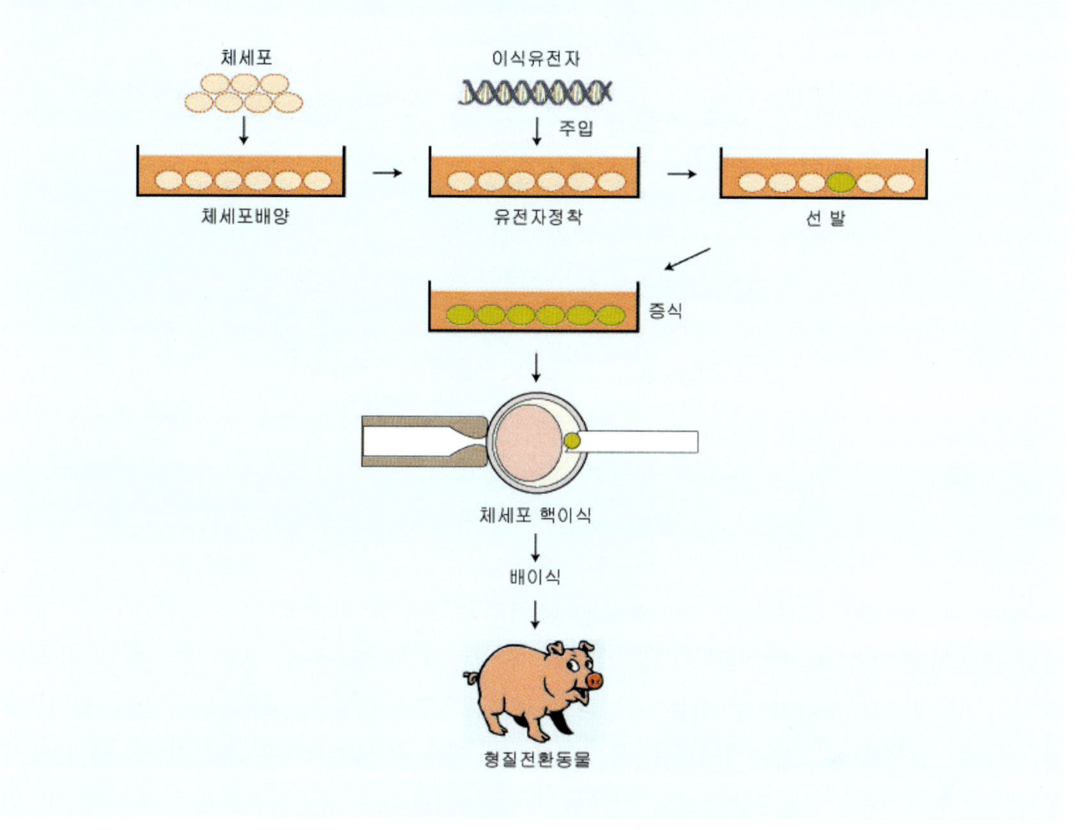

그림 7-35. 체세포복제에 의한 형질전환동물의 생산

있다. 더욱이, 복제동물은 체중이 비정상적으로 되고, 호흡기능이나 대사기능에 이상이 나타나 임신 중의 사산률과 분만 후의 사망률이 높은 문제점이 있다. 이러한 문제는 체세포를 복제하는 각 단계의 기술체계가 완벽하게 확립되지 못하여 주입유전자를 받아들인 체세포핵의 유전적 재프로그램(genetic reprogramming)이 완전하게 구축되지 못하기 때문인 것으로 보인다. 따라서, 체세포복제에 의한 형질전환동물의 생산을 실용화하려면 체세포의 상태·재조합유전자의 구성·핵이식·배이식 등과 같은 각 단계별 기술들을 종합적으로 검토하여 형질전환효율을 높이는 것이 절대적으로 필요하다.

5) 정자매개법

정자 자체를 유전자를 운반하는 벡터(sperm vector)로 사용하여 형질전환동물을 생산하는 기법으로서, 정자를 주입하고자 하는 유전자DNA와 함께 배양한 다음, 체외수정기법을 이용하여 수정란을 생산하고, 이것을 대리모에 이식하여 형질전환된 마우스와 돼지를 생산하였다는 보고(그림 7-36의 위쪽; Lavitrano 등, 1989; Gandolfi 등, 1989)가 있어서 매우 큰 관심

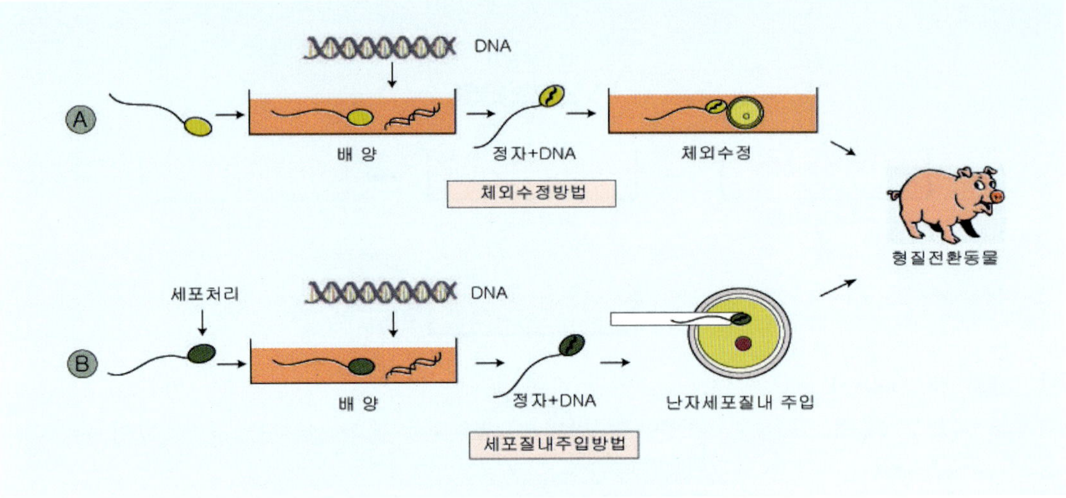

그림 7-36. 정자매개법에 의한 형질전환동물의 생산

을 불러 일으켰지만, 다른 연구자들에 의한 추시에서 성공한 사례가 없기 때문에 많은 문제점을 내포하고 있는 것으로 판단된다. 그러나, 유전자의 이식방법이 매우 단순할 뿐만 아니라, 모든 동물에서 활용될 수 있는 방법이기 때문에 이에 대한 연구가 계속 되고 있다. 특히, 어류와 양서류에서 정자매개법을 이용하여 효율적으로 형질전환을 유도할 수 있다는 사실이 알려짐에 따라 포유동물에서도 정자를 벡터로 사용하여 형질전환동물을 생산할 수 있다는 기대를 가지게 되었다(Habrova 등, 1996; Patil & Khov, 1996). 또한, 정자를 트리톤(triton)과 같은 순한 세제로 세척하거나, 동결-융해방법으로 원형질막의 투과성을 증대시킨 후에 DNA와 배양한 다음, 난자의 세포질에 직접 주입하는 방법으로 형질전환동물을 생산하는 사례도 있다(그림 7-36의 아래쪽; Perry 등, 1999). 한편, 정소의 세정관상피에서 정자가 정자형성과정의 줄기세포인 정원세포로부터 발생된다는 사실에 착안하여 정원세포를 체외로 채취하여 단시간 동안 DNA와 함께 배양하는 수단으로 유전자를 주입한 다음, 이 정원세포를 다시 정소에 이식하여 정자로 발생시킨 후에, 암컷과 자연교미를 시켜 임신을 유도하는 방법으로 형질전환동물을 생산하려고 시도한 연구도 있고(Brinster & Abarbock, 1994; Nagano 등, 2001), DNA를 세정관강이나 정소상체관강에 직접 주입하여 형질전환동물을 생산하려는 연구도 있다(Kim 등, 1997; Sato 등, 2002). 그러나, 정자매개법은 그 방법이 간단하다는 장점은 있지만, 추시에서의 재현률이 매우 낮고, 형질전환률의 변이가 심하여 효율을 증진시킬 수 있는 방법이 개발될 때까지 이용하기가 어렵다.

6) 기타의 방법

리포솜(liposome)은 이중층으로 구성된 지질이 수용성 부분을 둘러싼 입자로서, 그 속에

DNA나 단백질을 포함시킬 수 있다. 이식유전자DNA를 함유하고 있는 리포솜을 동물세포와 융합시키는 수단으로 DNA를 핵속에 정착시킬 수 있다. 세포배양실험에서는 리포솜을 이용하여 DNA를 이식시키는 방법이 많이 이용되고 있는데, 이 방법의 장점은 DNA를 이식하는 것이 단순하고, 주입하고자 하는 세포에 손상을 주지 않는다는 점이다. DNA를 함유한 리포솜을 난자와 융합시키고, 이어서 체외수정으로 수정란을 생산하는 방법과 배반포로 발달한 배의 배반포강에 리포솜을 주입하는 방법으로 형질전환동물을 생산할 가능성은 있다(Carballada 등, 2000). 그러나, 이 방법을 이용하여 형질전환동물을 생산하였다는 보고는 아직까지 없다. 또한, 세포배양실험에서 전기세공법(電氣細孔法, electroporation)으로 DNA를 이식하는 방법이 많이 쓰이고 있는데, DNA와 세포의 전하(電荷)를 연결시킴으로써 DNA가 세포내로 이동되고, 결국 핵내의 염색체에 정착시키는 방법이다. 이 방법을 이용하여 물고기에서는 형질전환이 이루어졌지만, 포유동물에서는 이용할 수 있는 적절한 조건이 개발되지 않고 있다(Hackett, 1993).

5. 형질전환동물의 판별과 발현검정

외래유전자를 주입하여 태어난 새끼는 모두가 형질전환동물이 되는 것이 아니고, 극히 일부의 개체만이 형질전환동물로 태어나기 때문에 태어난 새끼중에서 형질전환동물을 선별하여야 한다. 또한, 형질전환동물로 판별되었다고 하더라도, 모든 개체가 도입된 유전자를 발현하는 것이 아님으로 어느 개체가 유전자를 적절한 세포에서 적절한 수준으로 발현하는지를 검정하여야 한다.

1) 형질전환동물의 판별

태어난 새끼의 게놈DNA에 주입된 DNA가 정확히 삽입되었는지를 알기 위하여 마우스의 경우는 새끼의 꼬리, 가축의 경우는 귀조직·태반조직·혈액 등에서 DNA를 추출하여 서던블로팅(Southern blotting) 또는 중합효소연쇄반응(PCR) 기법으로 검사하는데, PCR기법이 간편하고, 결과의 재현성이 높아서 주로 이용된다.

2) 형질전환동물의 유전자발현 검정

주입된 목적유전자가 발현되어 mRNA를 생산하는지의 여부는 노던블로팅(Northern blottiong)·역전사효소-중합효소 연쇄반응(RT-PCR) 등의 방법으로 검사한다. 목적유전자가 전사된 mRNA가 확인되면 웨스턴블로팅(Western blotting)이나 단백질합성효소의 역가를 측정하는 방법으로 mRNA에 의한 단백질의 합성 여부를 조사할 수 있으며, 세포내에서의 단백질발현양상은 면역세포화학적 방법(immunocytochemistry method)으로 검정할 수 있다.

6. 형질전환동물의 이용

1980년대 초에 형질전환동물의 생산기술이 개발된 이래, 다양한 동물종에서 다양한 유전자가 주입된 무수한 형질전환동물이 태어났다. 동물산업분야에서도 수십종의 형질전환동물이 작성되었을 뿐만 아니라, 이것들을 실용화하는 연구가 활발하게 진행되고 있다. 이러한 기술발전의 결과로 가축의 성장률개선과 고품질의 축산물 생산, 유용한 생리활성물질의 대량생산, 질병에 대한 저항성의 강화, 질환모델동물의 개발 등과 같은 분야에서는 이미 산업화가 시작되고 있으며, 더욱이 이식용장기의 생산을 위한 형질전환동물의 개발에도 많은 노력을 경주하고 있다. 따라서, 형질전환동물의 생산과 이용은 21세기 인류사회의 성장동력으로 자리매김될 것으로 확신한다.

1) 축산물의 생산에 관한 형질의 개량

고전적으로 이용되고 있는 선발과 교배를 통한 가축의 육종은 개량속도에서 이미 한계에 이르고 있다. 그러나, 형질전환기법을 이용하여 경제형질을 지배하는 수많은 유용유전자를 가축에 이식하여 바람직한 표현형을 창출한다면 육종기간의 단축은 물론이고, 성장속도・육량과 육질・산유량과 유질・산모량과 모질・내병성 등에서 우수한 형질을 발현하는 가축을 쉽게 개발할 수도 있을 것이다. 래트의 성장호르몬유전자를 MT(metallothioneine) 프로모터에 결합시켜 재조합된 유전자를 마우스에 이식하여 발현시킴으로써 성장속도와 성숙체중이 일반마우스의 2배에 달하는 거대 마우스(super mouse)가 생산(Palmiter 등, 1982)된 이래, 여러 연구자들에 의하여 성장과 관련된 호르몬들의 생산을 지배하는 유전자가 도입된 형질전환가축이 생산되었다. 즉, 사람의 성장호르몬유전자를 MT프로모터에 결합시킨 재조합유전자를 미세주입법으로 이식하여 형질전환된 토끼・면양・돼지 등이 생산되었는데(Hammer 등, 1985), 이들 동물 모두에서 성장호르몬의 혈중농도가 높은 수준으로 유지되었다. 특히, 형질전환돼지의 경우는 마우스에서 발현된 극적인 증체효과는 보이지 않았으나, 성장률이 10%, 사료효율이 17% 정도 개선되었고, 등지방두께가 현저하게 감소되는 등의 긍정적 결과를 얻었지만, 관절염・소화기관의 내막염・폐렴 등의 질병에 쉽게 감염되고, 성욕이 감퇴되는 등의 부정적 효과도 나타났다. 형질전환돼지에서 이러한 부정적 표현형이 나타나는 원인은 계속적인 성장호르몬의 자극으로 비정상적인 체성장이 이루어졌고, 표적기관에서도 하향조절(下向調節, down-regulation) 현상이 일어나 세포막에 위치하는 성장호르몬의 수용체가 감소되어 성장호르몬이 더 이상의 자극을 주지 못한 때문일 것으로 추정된다. 한편, 사람의 MT프로모터에 돼지의 성장호르몬유전자를 결합시킨 재조합유전자를 이식하여 생산한 형질전환돼지는 특별한 병적 부작용을 나타내지 않으면서 10% 정도의 증체효과와 20% 정도의 지방감소효과를 나타냈고, 이러한 형질이 다음세대로 전달되었다(Nottle 등, 1999). 이 외에도 시상하부에서 분비되어 뇌하수체의 성장호르몬의 분비를 조절하는 성장호르몬 방출호르몬(GHRH)이나 성장호르몬의 생리작용발현을 매개하는 인슐린양성장인자-1(IGF-1)을 주입한 형질전환돼지도 작성되었는데, 증체효과는 나타나지 않았다(Draghia-Akli 등, 1999). 다만, IGF-1이 주입된 돼지에서 10% 정도의 지방감소효과를 보였다(Pursel 등, 1999; 2001). 또한, 근육의 발달을 안정되고 균형되게 조절하는 미오스타틴(myostatin)의 합성을 조절하는 유전자를 유전자적중기법(gene knock-out)으로 제거한 형질전환마우스에서 근육량이 증가된다는 결과를 가축에 적용하여 산육능력을 증가시키려고 시도하였지만, 뚜렷한 결과는 얻지 못하였다(Grobet 등, 1997; McPherron 등, 1997). 최근에는 포화지방산의 함량이 낮고, 불포화지방의 함량이 높은 돈육을 생산하기 위하여 시금치에서 추출한 디새투라제(desatulase; 지방산의 탈포화[脫飽和]를 촉매하는 효소)의 유전자를 동물의 지방세포에서 발현될 수 있도록 지방세포 P2프로모터에 결합시켜 작성한 이식유전자를 수정란에 미세주입하여 생산한 형질전환돼지에서는 불포화지방산의 함량이 20%정도 증가되었다(Saeki 등, 2004). 또한, 오메가-3와 같은 유용지방산의 함량을 증가시킬 목적으로 fat-1(n-3 fatty acid desaturase)유전자를 주입하여 형질전환돼지를 생산하였는데, 돈육에서 오메가-3의 함량이 증가되었다(Lai 등, 2006). 이와 같이, 증체효과가 뛰어나면서 지방의 함량이 낮고, 유용한 생리활성물질을 함유한 축산물을 생산하는 형질전환동물을 생산하기 위하여 식물의 유전자를 포함하는 다양한 유전자를 주입하여 형질전환동물을 생산하는 연구가 계속되고 있지만, 아직까지도 형질전환동물에서 다양한 생리적 장애가 발생될 뿐만 아니라, 발현률이 매우 낮아서 경제성이 확보되지 못하고 있다. 따라서, 형질전환기술을 실용적으로 이용하려면 더욱많은 연구가 필요한 실정이다.

면양에서도 유전자를 조작하여 양모의 생산량을 증대시키고, 품질을 개선하려는 연구들이 수행되고 있다. 케라틴(kelatin)프로모터에 IGF-1유전자를 결합시킨 재조합유전자를 주입하여 작성한 형질전환면양은 양모의 생산량이 증가되었다(Damak 등, 1996). 또한, 양모의 생산에 중요한 아미노산인 시스테인(cysteine)의 함량을 증가시키기 위하여 시스테인의 대사경로에 중요한 역할을 하는 효소의 유전자를 주입한 형질전환면양을 생산하여 양모의 품질과 생산량을 증가시키려는 연구도 수행되고 있다(Ward, 2000). 더욱이, 양모를 생산하는 시기에 표피성장인자(EGF)를 주입하면 양모가 탈락되어 쉽게 회수할 수 있다는 연구결과에 기초하여 EGF유전자와 이것의 발현을 인위적으로 조절할 수 있는 프로모터를 결합시켜 작성한 재조합유전자를 주입하여 형질전환면양을 생산함으로써 양모의 채집에 소요되는 노력을 최소화하려는 연구도 수행되고 있다(Hollis 등, 1983; Powell 등, 1994). 한편, 반추동물에서 아세트산(acetic acid)의 이용률을 높일 목적으로 글리옥실산염 회로(glyoxylate cycle)에 관여하는 효소들의 유전자를 주입하여 형질전환된 소나 면양의 생산도 추진되고 있다. 또한, 양돈산업에서 문제가 되는 인의 배출량을 줄이기 위하여 식물성인이 다량으로 함유된 탄수화물(phytate; phytic acid의 음이온 형)을 분해할 수 있는 능력을 가진 세균 피타제(phytase)의 유전자가 돼지의 침샘에서 발현될 수 있도록 제작된 이식유전자를 주입하여 생산된 형질전환돼지는 인의 배설량이 감소되면서 체내이용률이 높아졌다(Golovan 등, 2001a; 2001b). 유전공학적 기법을 이용하여 섬유소분해효소의 유전자가 발현되는 형질전환동물을 생산하려는 연구가 반추동물 뿐만 아니라, 돼지와 같은 단태동물에서도 활발하게 수행되고 있는데, 이러한 연구가 성공된다면 사료의 이용성을 획기적으로 개선할 수 있기 때문에 그 결과가 매우 주목된다.

2) 성분이 변형된 유즙의 생산

젖소나 젖산양과 같은 유용(乳用)동물에서 형질전환동물을 생산하여 유즙단백질의 성분을 변형시키려는 연구의 방향은 크게 두가지로 나눌 수 있는데, 그 하나는 경제성이 높고, 사람이 이용하기에 적합한 유즙을 분비하는 유용동물을 작출하는 것이고, 다른 하나는 유즙을 통하여 고가의 유용생리활성물질을 생산하는 것이다. 젖의 성분을 변화시켜서 경제성을 높이려는 연구가 다각적으로 수행되고 있다. 예를 들면, 젖소에서 β-카제인과 κ-카제인의 유전자를 이용하여 유단백질의 함량이 높은 우유를 생산함으로써 치즈의 생산량을 증가시키려는 연구가 수행되고 있고(Brophy 등, 2001), 젖당과민증(lactose intolerence)을 가진 사람을 위하여 젖당분해효소가 유선에서 발현되어 젖당이 함유되지 않은 우유를 생산하는 형질전환젖소가 생산되기도 하였다(Jost 등, 1999). 또한, 우유는 사람의 젖과 성분이 달라서 우유를 유아에 먹일 때에는 각종 성분을 사람의 젖과 유사하게 조제하여 이용하는데, 형질전환기술을 이용하여 모유에는 있지만, 우유에는 없는 성분은 분비되고, 반대의 경우에는 분비되지 않는 젖소를 개발하려는 연구도 다각적으로 시도되고 있다. 최근에는 라이소스타핀(lysostaphin; 포도상구균에서 분비되는 항균성효소)의 유전자를 이용하여 유선에서 라이소스타핀이 분비되는 형질전환젖소를 작출하여 유방염에 의한 피해를 최소화시킬 수 있는 가능성도 제시되고 있다(Wall 등, 2005).

한편, 현재까지 개발된 형질전환기술에서 가장 실용적 이용에 근접된 분야는 유선조직에서 특이적으로 발현을 유도하는 프로모터에 생산하려는 물질의 유전자를 연결하여 재조합유전자를 만들고, 이것을 유용동물의 게놈DNA에 삽입하여 형질전환동물을 개발함으로써 젖의 분비와 함께 고품질의 생리활성물질을 저비용으로 생산하려는 분야이다. 실제로, 생리활성물질의 생산에 형질전환동물을 이용하면 미생물이나 세포를 배양하여 생산하는 방법에 비하여 훨씬 효율적으로 생산할 수 있고, 생산된 생리활성물질이 동물체에서 생산됨으로 사람에 대한 생리적 활성도 더욱 강하게 나타낼 수 있다. 이와 같이, 형질전환을 통하여 유용한 생리활성물질을 생산하는 능력을 가진 동물을 동물생체반응기(animal bioreactor)라고 한다. 유선에서 생리활성물질의 유전자가 발현되도록 재조합유전자를 작성할 때 이용되는 프로모테에는 β-카제인 · β-락토글로불린 · 유청단백질 등의 프로모터가 있다. 지금까지 사람의 성장호르몬(hGH) · 락토페린(hLF) · 혈소판신생촉진인자(thrombopoietin [TPO]) · 적혈구신생촉진인자(erythropoietin [EPO]) · 과립백혈구코로니 자극인자(granulocyte colony stimulation factor [GCSF]) · 조직플라스미노겐활성제(tissue plasminogen activator [tPA]) · α1-항(抗)트립신(α1-antitrypsin [hAT]) · 혈액응고인자 Ⅸ(blood clotting factor Ⅸ) · 단백질 C(human protein C [hPC]) · 헤모글로빈(hemoglobin [hHB]) 등의 유전자가 발현되는 형질전환동물의 개발이 완료되었거나 진행되고 있다. 외국에서는 생리활성물질로 작동하는 당단백질의 다량생산체게를 확립하기 위하여 형질전환젖소나 산양을 생산하는 연구를 활발하게 수행하고 있다. 예를 들면, 미국의 GTC사에서는 형질전환산양에서 hAT를 생산하고, 이것을 의약품으로 인정받았다. 우리나라에서도 한국생명공학원에서 hLF · hGH · GCSF · tPA 등을 생산하는 형질전환동물을 개발하고, 이를 산업화하려는 연구가 계속되고 있으며, 축산과학원에서 EPO를 생산하는 형질전환돼지를 생산하고, 산업화를 추진하고 있다. 이 외에 각 대학과 연구소에서도 형질전환동물에 대한 다양한 연구들이 계속되고 있어서 앞으로 연구성과가 기대된다.

3) 질병저항성의 향상

산업동물의 질병은 생산성을 감소시키고, 항생체를 남용하는 원인이 된다. 이러한 질병을 해결하는 방법의 하나로 면역체계에 관여하는 유전자를 이용하여 특정 질병에 대한 저항성을 가지는 형질전환동물을 생산하는 방법이 제시되고 있다(Lewin, 1989). 즉, ① 형질전환기법으로 특정한 생물종만이 가지고 있는 특정 질병의 내병성에 관여하는 유전자를 그 질병이 쉽게 감염되는 동물종에 이식하여 내병성이 획득되게 하는 방법, ② 특정 질병에 대한 항체(抗體, antibody)의 생산을 지배하는 유전자를 이식하여 질병에 대한 면역계를 구축하는 방법, ③ 유전자적중기법으로 질병저항성에 대하여 불리하게 작동하는 유전자를 제거하여 질병에 대한 저항성을 증진시키는 방법 등이 제시되고 있다. 마우스에서 β-인터페론유전자를 이용하여 작성한 형질전환마우스는 바이러스의 감염에 대한 저항성이 증진되었고, 인플루엔자에 대한 저항성을 가진 계통의 마우스에서 밝혀진 MX1유전자는 인플루엔자 바이러스의 감염에 대하여 저항성을 발현시키는데, 이 유전자를 주입하여 생산된 형질전환마우스는 인플루엔자의 감염에 강력한 저항성을 나타낸다(Muller 등, 1992). 이들 유전자를 이용한 형질전환기법으로 산업동물에서도 바이러스질병을 제어할 수 있는 길이 열릴 수도 있을 것이다. 또한, 마우스의 면역글로불린A(IgA)유전자를 주입하여 돼지 · 면양 · 마우스 등의 형질전환동물이 작성되었는데, 형질전환돼지의 혈청에서도 마우스의 IgA가 발현되었고, 다음 세대로도 이행되었다(Lo 등, 1991). 돼지에서 전염성 위장염을 발병시키는 코로나바이러스의 증식을 억제하는 항체의 유전자를 유청산성단백질(WAP)프로모터와 결합시켜 생산된 형질전환마우스의 유즙에서 코로나바이러스에 대한 항체가 강력하게 발현되었는데, 이 방법을 이용하면 전염성 위장염에 저항성을 가진 형질전환돼지를 생산할 수도 있을 것이다(Castilla 등, 1998).

최근에는 체세포 복제기법을 이용한 형질전환방법이 개발되면서 질병저항성에 불리하게 작동하는 유전자를 유전자적중기술로 제거하는 연구가 진행되고 있다. 예를 들면, 반추가축에서 광우병을 유발하는 원인물질로 알려진 프리온(prion)의 유전자를 유전자적중기법으로 제거하면 광우병 문제를 해결할 할 수 있을 것으로 기대된다. 면양과 소에서 태아섬유아세포주의 프리온유전자좌(*Prp*)를 유전자적중기법으로 파괴시킨 후에, 이 세포주를 이용하여 체세포핵이식방법으로 프리온유전자의 기능이 제거된 면양과 소가 생산되었고, 이것들을 대상으로 광우병의 저항성에 대한 연구가 진행되고 있다(Denning 등, 2001; Cyranoski, 2003).

4) 인체질환모델동물의 생산

형질전환동물을 생산하는 기법을 이용하면 사람의 질환을 유발하는 유전적 형질과 유사한 형질을 가진 변이체(모델)를 생산할 수 있기 때문에 질병에 관한 분자유전학적·생화학적·병리학적·발생학적 기전을 구명할 수 있다. 인체질환모델동물은 배아줄기세포주가 확립된 마우스를 대상으로 개발되어 왔으며, 현재 다양한 유전자를 주입하여 작성된 형질전환마우스가 질환모델동물로 이용되고 있다. 예를 들면, 사람이 사망하는 주요 원인이 되고 있는 심장병·폐기종·근무력증·동맥경화증·자가면역증·낭포성섬유증·당뇨병 등과 관련된 유전자가 도입된 다양한 형질전환마우스가 개발되어 이들 질환의 모델동물로 광범위하게 이용하고 있다. 앞으로도 새로운 질병관련유전자가 밝혀지면 그 유전자를 이용하여 새로운 변이체를 만들어 낼 수 있음으로 질환모델로서 형질전환동물의 이용성은 매우 크다.

5) 이식용장기의 생산

사람의 질병치료에 장기이식기술은 중요한 수단이 된다. 그러나, 이식용 장기를 얻기가 어려워 시술에 한계가 있으며, 이를 해결하기 위하여 동물의 장기를 이식하려는 연구가 시도되고 있다. 따라서, 장기를 공급하기 위한 대체동물이 필요한데, 돼지가 가장 적합한 대상동물로 결정되었다. 그 이유는 ① 사람과 돼지 장기의 크기가 비슷하여 호환성이 높고, ② 다산성이기 때문에 대체장기의 대량생산이 가능하며, ③ 무균사육(SPF)이 가능하여 장기이식과정에서 발생될 수도 있는 병원균의 전이를 최소화할 수 있고, ④ 돼지에 대한 복제기술과 형질전환기술이 잘 개발되어 있기 때문이다. 그러나, 현재 사육되고 있는 돼지는 성숙체중이 사람의 체중에 비하여 월등히 크기 때문에 체격을 작게 육종하는 것이 필요하다. 미국에서는 이미 장기이식용 돼지로 성숙체중이 70㎏ 정도 되는 돼지(mimi pig)를 개발하였다. 돼지를 이용하여 이식용장기를 생산하는데 있어서 가장 큰 문제점은 이종장기이식

(異種臟器移植, xenotransplantation)에 따라 나타나는 면역학적 거부반응이다. 면역반응 가운데 우선적으로 해결하여야 할 과제는 초급성거부반응(hyperacute rejection)인데, 이것은 이식된 돼지장기의 혈관내피세포에 위치하는 갈락토오스-α-1,3-갈락토오스(α-1,3-Gal)를 사람의 면역계가 항원(抗原, antigen)으로 인식하여 이식항체(移植抗體, xenoantibody)를 생성하고, 이것들이 결합되어 항원-항체반응(antigen-antibody reaction)을 유발함으로써 이식된 장기에서 출혈과 동시에 혈전(血栓)이 형성되어 수분내지 수시간 이내에 이식장기의 기능을 소실시킨다. 또 다른 초급정거부반응의 문제점은 보체(補體)가 활성화되어 면역반응을 강화시키면서 조직세포를 손상시키는 것이다. 이와 같은 초급정거부반응을 형질전환기법을 이용하여 해결한다고 하더라도 동종이식(同種移植)의 경우에 발생되는 급성혈관성거부반응(acute vascular rejection, delayed xenograft rejection)을 해결하여야 한다. 이종장기를 이식하려면 면역반응 외에도 이종동물간에 차이를 보이는 효소와 성장인자, 장기를 제공하는 동물과 받는 동물의 해부-생라학적 차이, 그리고 이식장기를 제공하는 동물이 가지고 있는 세균과 바이러스에 감염될 위험성 등을 해결하여야 하는 과제를 안고 있다.

초급성거부반응에서 항원으로 작동하는 α-1,3-Gal은 α-1,3-갈락토실전이효소(α-1,3-galactosyltransferase [α-1,3-GT])에 의하여 합성된다. 따라서, 유전자적중기법으로 α-1,3-GT를 합성하는 유전자를 제거하면 α-1,3-Gal이 합성되지 않기 때문에 면역반응이 제어된다. 돼지에서 α-1,3-GT유전자가 적중(knock-out)된 체세포(섬유아세포)를 체세포핵이식기법으로 수핵란에 이식하여 다수의 형질전환돼지가 생산되었다(Phelps 등, 2003; Kolber-sigmonds 등, 2004). 이 돼지의 심장을 개코원숭이(baboon)에 이식하여 2~6개월 동안 생존시켰고, 신장을 이식하여 83일까지 생존시켰다(Kuwaki 등, 2005). 또한, 초급속거부반응에서 보체는 면역세포가 이종세포를 인식하여 면역반응을 강화시키는 작용을 하기 때문에 보체의 활성을 제어하면 면역반응을 상당히 완화시킬 수 있다. 따라서, 이식장기에서 사람의 보체조절단백질을 발현시키면 초급속거부반응을 억제할 수 있다. 실제로, 사람의 보체조절단백질인 CD59를 발현하는 형질전환돼지의 장기를 원숭이에 이식하였을 때 초급성거부반응이 제어된다고 하였고(Byrne 등, 1997), 다른 보체조절단백질인 MCP(membrane cofactor protein)나 DAF(decay accelerating factor)의 유전자를 이용한 형질전환돼지도 생산되어 면역억제 여부에 대한 연구가 진행되고 있다(Zhou 등, 2002). 한편, 형질전환돼지에서 생산된 이식장기를 실용화 하는데 또 하나의 큰 문제는 돼지의 내인성 레트로바이러스(porcine endogenous retrovirus [PERV])이다. PERV는 세포의 핵속에 삽입되어 있으면서 다음 세대로 전달되며, 감염에 의하여도 전달된다. PERV는 장기가 이식된 사람에 감염되어 재조합유전자를 가진 새로운 바이러스로 태어날 수 있기 때문에 인류에게 새로운 질병을 가져다 줄 위험성이 있다(Patience 등, 1997). 따라서, 유전자적중방법이나 RNAi방법을 이용하여 PERV의 발현을 제어하려는 연구가 수행되고 있다(Karlas 등, 2004).

위에서 보는 바와 같이, 대체장기를 생산하는 형질전환돼지의 개발에 관한 연구가 활발하게 진행되고, 부분적인 성과도 거두고 있지만, 2007년 현재까지는 이식이 가능한 대체장기가 개발되지 않았을 뿐만 아니라, 해결하여야 할 문제점도 많이 남아있는 실정이다. 그러나, 이식거부반응에 관여하는 수많은 유전자를 유전자적중기법으로 찾아내어 제거하고, 체세포복제기술을 이용하여 복제돼지를 생산한다면, 대체장기생산용 형질전환돼지가 생산되어 세계적으로 심각하게 부족한 대체장기를 원활하게 공급할 수 있게 되기를 기대한다. 그러나, 대체장기에 관한 연구가 가장 활발하게 수행되고 있는 미국에서도 이종장기이식후의 생존기간에 대한 일차목표를 6개월 정도로 잡고 있는 사실을 감안하면 지나치게 큰 기대를 가지기는 어렵고, 다만 사람의 이식장기를 구할 수 있을 때까지 생명을 연장시키는 수단으로 생각하면 틀림이 없을 것이다.

◈ 참 고 문 헌 ◈

1) Abeydeera, L. R. and B. N. Day. 1997. *In vitro* penetration of pig oocytes in a modified Tris-buffered medium: effect of BSA, caffeine and calcium. Theriogenol. 48:537.
2) Allen, W. R. and R. L. Pashen. 1984. Production of monozygotic(identical) horse twins by embryo micromanipulation J. Reprod. Fertil. 71:607.
3) Anderson, A. N., et al. 2005. The European IVF monitoring programme(EIM), European Society of Human Reproduction and Embryology(ESHRE). Assisted reproductive technology in Europe, 2001. Results generated from European registers by ESHRE. Hum. Reprod. 20:1158.
4) Baguisi, A., et al. 1999. Production of goats by somatic cell nuclear transfer. Nature Biotechnol. 17:456.
5) Beernink, F. J., and R. J. Ericsson. 1982. Male sex preselection through sperm isolation. Fertil. Steril. 38:493.
6) Bell, A. C., et al. 2001. Insulators and boundaries: versatile regulatory elements in the eukaryotic genome. Science. 291:447.
7) Blelloch, R., et al. 2006. Reprogranmming efficiency following somatic cell nuclear transfer is influenced by the differentiation and methylation state of the donor nuclear nucleus. Stem Cells. 24:2007.
8) Boiani, M., et al. 2002. Oct4 distribution and level in mouse clones: consequences for pluripotency. Genes Dev. 16:1209.
9) Bolton, V. N., et al. 1991. Pregnancies after *in vitro* fertilization and transfer of human blastocysts. Fertil. Steril. 55:830.
10) Bortvin, A., et al. 2003. Incomplate reactivation of Oct4-related genes in mouse embryos cloned from somatic nuclei. Development. 130:1673.
11) Bosselman, R. A., et al. 1989. Germline transmission of exogenous genes in the chicken. Sience. 234:533.
12) Bourćhis, D., et al. 2001. Delayed and incomplete reprogramming of chromosome methylation patterns in bovine cloned embryos. Curr. Biol. 11:1542.
13) Brackett, B. G. and G. Oliphant. 1975. Capacitation of rabbit spermatozoa *in vitro*. Biol. Reprod. 12:260.
14) Brem, G., 1993 Transgenic animals. In biotechnology. Vol. 2. 2nd ed. (H. J. Rehm & G. Reed eds). VCH, Weinheim. p. 745.
15) Brinster, R. L. and M. R. Avarbock. 1994. Germline transmission of donor haplotype following spermatogonial transplantation. Proceedings of the National Academy of Sciences USA. 91:11303.
16) Brinster, R. L., et al. 1981. Somatic expression of herpes thymine kinase in mice following injection of a fusion gene into eggs. Cell. 27:223.

17) Brinster, R. L., et al. 1985. Factors affecying the efficiency of introducing foreign DNA into mice by microinjecting the efficiency of introducingforeign DNA into mice by microinjecting eggs. Proc. Natl. Acad. Sci. 82:4438.
18) Brophy, B., et al. 2003. Cloned transgenic cattle produce milk with higher level of β-casein and κ-casein. Nature Biotechnol. 21:157.
19) Brophy, B., et al. 2003. Cloned transgenic cattle produce milk with higher levels of beta-casein and kappa-casein. Nature Biotechnol. 21:157.
20) Brunner, M., et al. 1984. H-Y typing in the ELISA. J. Immunol. Methods. 75:203.
21) Butler, D., et al. 2002. Xenotransplant experts express caution over knockout piglets. Nature. 415:103.
22) Byrne, G. W., et al. 1997. Transgenic pigs expressing human CD59 and decayaccelerating factor produce an intrinsic barrier to complement-mediated damage. Transplantation. 63:149.
23) Campbell, K. H., et al. 1996. Sheep cloned by nuclear transfer from a cultured cell line. Nature. 380:64.
24) Capechi, M. R., 1989. The new mouse genetics: altering the genome by gene targenting. Trends Genet 5:70.
25) Carballada, R., et al. 2000. Transfection of mouse eggs and embryos using DNA combined to cationic liposomes. Mol. Reprod. Dev. 56:360.
26) Casper, R. F., et al. 1996. The hypoosmotic swelling test for selection of viable sperm for intracytoplasmic sperm injection in men with complete asthenospermia. Fertil. Steril. 65:972.
27) Castilla, J., et al. 1998. Engineering passive immunity in transgenic mice secreting virus-neutralizing antibodies in milk. Nature Biotechnol. 16(4):349.
28) Catt, S. L., et al. 1996. Birth of a male lamb derived from *in vitro* matured oocyte fertilized by intracytoplasmic injection of a single "male" sperm. Vet. Record. 139:494.
29) Chan, A. W., et al. 1998. Transgenic cattle produced by reverse-transcribed gene transfer in oocytes. Proc. National Academy of Science USA. 95:14028.
30) Chan, A. W., et al. 2001. Transgenic monkeys produced by retroviral gene transfer into mature oocytes. Science. 291:309.
31) Chesne, P., et al. 2002. Cloned rabbits produced by nuclear thansfer from adult somatic cells. Nature Biotechnol. 20:366.
32) Cibelli, J. B., et al. 1998. Cloned transgenic calves produced from nonquiescent fetal fibroblasts. Science. 280:1256.
33) Cibelli, J. B., et al. 1998. Cloned transgenic calves produced from nonquiescent fetal fibroblasts. Science. 282:2095.
34) Craft, I., et al. 1995. Percutaneous epididymal sperm aspiration and intracytoplasmic sperm injection in the management of infertility due to abstructive azoospermia. Fertil. Steril. 63:1038.
35) Cran, D. G., et al. 1993. Production of bovine calves following separation of X- and Y-bearing sperm and *in vitro* fertilization Vet. Record. 132:40.
36) Cran, D. G., et al. 1997. Production of lambs by low dose intrauterine insemination with flow cytometry sorted and unsorted sperm. Theriogenol. Abst. 47:267.
37) Cran, D. G., et al., 1994. Separation of X- and Y-chromosome bearing bovine sperm by flow cytometry for use in IVF. Theriogenol. Abst. 41:183.
38) Cummins, J. M. and R. Yanagimachi. 1986. Development of ability to penetrate the cumulus oophorus by hamster spermatozoa capacitated *in vitro* in relation to the timing of the acrosome reaction. Gamete Res. 15:187.
39) Cyranoski, D. 2003. Koreans rustle up madness-resistant cows. Nature. 426(6968):743.
40) Dai, C. D., et al. 2002. Targeted disruption of the alpha 1,3-galactosyltransferase gene in cloned pigs. Nature Biotechnol. 20:251.
41) Damak, S., et al. 1996. Improved wool production in transgenic sheep expressing insulin-like growth factor 1. Biotechnol. 14:181.
42) De Vos, A. and A. van Steirteghem. 2000. Zona hardening, zona drilling and assisted hatching-new achievements in assisted reproduction. Cells Tissue Organs. 166:220.
43) Dean, W., et al. 1998. Altered imprinted gene methylation and expression in completely ES cell-derived mouse fetuses: association with aberrant phenotypes. Development. 123:2273.

44) Dean, W., et al. 2001. Conservation of methylation reprogramming in mammalian development: aberrant reprogranmming in cloned embryos. Proc. Natl. Acad. Sci. USA. 98:13734.
45) Denning, C., et al. 2001. Deletion of the alpha(1,3)galactosyltransferase(GGTA1) and the prion protein (PrP) gene in sheep. Nature Biotechnol. 19(6): 559.
46) Divon, M. Y., et al. 2002. Male gender predisposes to prolongation of pregnancy. Am. J. Obstet. Gynecol. 187:1081.
47) Doetschman, T., et al. 1987. Targeted correction of a mutant HPRT gene in mouse embryonic stem cells. Nature. 330:576..
48) Draghia-Akli, R., et al. 1999. Myogenic expression of an injectable protease-resistant growth hormone-releasing hormone augments long-term growth in pigs. Nature Biotechnol. 17(12):1179.
49) Eggan, K., et al. 2004. Mice cloned from olfactory sensory neurons. Nature. 428:44.
50) Eppig, J. J., et al. 1994. Relationship between the developmental programs controlling nuclear and cytoplasmic maturation of mouse oocytes. Dev. Biol. 164:1.
51) Evans, E. J., and M. H. Kaufman. 1981. Establishment in culture of pluripotential cells from mouse embryos. Nature. 292:154.
52) Evsikov, S, and Y. Verlinsky. 1999. Visualization of chromosomes in single human blastomeres. J. Assit. Reprod. Genet. 16:133.
53) Fehilly, C. B. and S. M. Willadsen. 1986. Embryo manipulation in farm animals. 8:376.
54) Fehilly, C. B., et al. 1984. Interspecific chimerism between sheep and goat. Nature. 307:634.
55) Flaherty, S. P., et al. 1997. Albumin gradients do not enrich Y-bearing human spermatozoa. Hum. Reprod. 13:2367.
56) Fugger, E. F., et al. 1998. Births of normal daughers after microsort sperm separation and intrauterine insemination, *in vitro* fertilization, or intracytoplasmic sperm injection. Hum. Reprod. 13:2367.
57) Fukuda, M., et al. 2000. Right-sided ovulation favours pregnancy more than left-sided ovulation. Hum. Reprod. 15:1921.
58) Galli, C., et al. 2003. Pregnancy: a cloned horse born to its dam twin. Nature. 424:635.
59) Gandolfi, F., et al. 1989. The use of sperm-mediated gene transfer for the generation of transgenic pigs. J. Reprod. Fertil. Abst. 4:10.
60) Gardner, D. K., et al. 1994. Enhanced rates of cleavage and development for sheep zygotes cultured to the blastocyst stage *in vitro* in the absence of serum and somatic cells: amino acids, vitamins, and culturing embryos in groups stimulate development. Biol. Reprod. 50:390.
61) Gardner, R. L. 1968. Mouse chimeras obtained by the injection of cells into the blastocyst. Nature. 220:596.
62) Garner, D. L. 2001. Sex-sorting mammalian sperm : concert to application in animals. J. Androl. 22:519.
63) Garner, D. L. 2006. Flow cytometric sexing of mammalian sperm. Theriogenol. 65:943.
64) Garner, D. L. and T. K. Suh. 2002. Effect of hoechst 33342 staining and laser illumination on viability of sex-sorted bovine sperm. Theriogenol. Abst. 57:746.
65) Garry. V. F., et al. 2003. Male reproductive hormones and thyroid function in pesticide applicators in the Red River Valley of Minnesota. J. Toxicol. Environ. Health A. 66:965.
66) Golovan, S. P., et al. 2001b. Pigs expressing salivary phytase preduce low-phosphorus manure. Nature Biotechnol. 19:741.
67) Golovan, S. P., et al. 2001a. Transgenic mice expressing bacterial phytase as a model for phosphorus pollution control. Nature Biotechnol. 19:429.
68) Gordon, J. W., et al. 1980. Genetic transformation of mouse embroys by microinjection of purified DNA. Proc. Natl. Acad. Sci. 77:7380.
69) Gossen, M., et al. 1995. Transcriptional activation by tetracyclines in mammalian cells. Science 268:1766.
70) Greenberg, N. M., et al. 1994. The rat probasin gene promoter directs hormonally and developmentally regulated expression of a heterologous gene specifically to the prostate in transgenic mice. Mol. Endocrinology. 8:230.
71) Grobet, B., et al. 1997. A deletion in the bovine myostatin gene causes the double-muscled phenotype in cattle. Nat. Genet 17:71.
72) Gutierrez-Adan, A., et al. 1999. Relationship between sex ratio and time of insemination according to both time of ovulation and maturational state of oocyte. Zygote. 7:37.

73) Habrova, V., et al. 1996. Association of rous sarcoma virus DNA with *Xenopus laevis* spermatozoa and its transfer to ova through fertilization. Mol. Reprod. Dev. 44:332.
74) Hackett, P. B., 1993. The molecular biology of transgenic fish, in Biochemistry and Molecular Biology of Fishes(P. W. Hochachka & T. P. Mommsen eds.). Elsevier. p.207.
75) Hammer, R. E., et al. 1985. Production of transgenic rabbits, sheep and pigs bymicroinjction. Nature 315:680.
76) Hardy, K., et al. 1990. Human preimplantation development *in vitro* is not adversely affected by biopsy at the 8-cell stage. Hum. Reprod. 5:708.
77) Hasler, J. F. 2003. The current status and future of commercial embryo transfer in cattle. Anim. Reprod. Sci. 79:245.
78) Herrler, A. and H. M. Beier. 2000. Assessment of oocyte and early embryo morphology with regard to embryonic development and the outcome of assisted reproduction. In manual on assisted reproduction. 2nd ed.(T. Rabe et al. eds.). Springer. p.303.
79) Hiroki, H., et al. 2004. Rapid sexing of bovine preimplantation embryos using loop-mediated isothermal amplification. Theriogenol. 62:887.
80) Hochedlinger, K. and R. Jaenisch. 2002. Monoclonal mice generated by nuclear transfer from mature B and T donor cells. Nature. 415:1035.
81) Hogan, B. F. 1986. Manipulating the mouse embryo. Cold spring harbor Lab. p174.
82) Hogan, B. F. 1986. Manipulating the mouse embroys. Cold Spring Habor Lab. p.153.
83) Hollinshead, F. K., et al. 2004a. Assessment of *in vitro* sperm characteristics after flow cytometric sorting of frozen-thawed bull spermatozoa. Theriogenol. 62:958.
84) Hollinshead, F. K., et al. 2004b. Birth of lambs of a predetermined sex after *in vitro* production of embryos using frozen-thawed sex-sorted and re-frozen thawed ram spermatozoa. Reprod. 127:557.
85) Hollis, D., et al. 1983. Morphological changes in the skin and wool fibers of Merino sheep infused with mouse epidermal growth factor. Aust. J. Biol. Sci. 36:419.
86) Hoppe, R. W. and B. D. Bavister. 1983. Effect of removing the zona pellucida on development of hamster and bovine embryo in *in vitro* and *in vivo*. Theriogenol. 19:39.
87) Iizuka, R., et al. 1987. Sexing of human sperm by discontinuous percoll density gradient and its clinical application. Hum. Reprod. 2:573.
88) Inoue, K., et al. 2005. Generation of cloned mice by direct nuclear transfer from natural killer T cells. Curr. Biol. 15:1114.
98) Jaenisch, R,. 1976. Germ line intergration and Mendelian transmission of the exogenous Moloney leukemia virus. Proc. Natl. Acad. Sci. USA. 73:1260.
90) Jaenisch, R., et al. 1981. Chromosomal position and activation of retroviral genomes inserted into the germ line of mice. Cell. 24:519.
91) James, W. H. 1995. What stabilizes the sex ratio. Ann. Hum. Genet. 9:243.
92) James, W. H. 1996. Evidence that mammalian sex ratios at birth are partially controlled by parental hormone levels at the time of conception. J. Theor. Biol. 21:271.
93) James, W. H. 2000. Analysing data on the sex ratio of human births by cycle day of conception. Hum. Reprod. 15:1206.
94) Johnson, L. A. 2000. Sexing mammalian sperm for prodution of offspring: the state of the art. Anim. Reprod. Sci. 61:93
95) Johnson, L. A. and D. Pinkel. 1986. Modification of a laser-based flow cytometer for high resolution DNA analysis of mammalian spermatozoa. Cytometry. 7:268.
96) Johnson, L. A., 1991. Sex selection in swine : altering sex ratios in offspring following surgical insemination with flow sorted X- and Y-bearing sperm. Reprod. Domest. Anim. 26:195.
97) Johnson, L. A., et al. 1989. Sex preselection in rabbits: live births from X and Y sperm separated by DNA and cell sorting. Biol. Reprod. 41:199.
98) Jost, B., et al. 1999. Production of low-lactose milk by ectopic expression of intestinal of lactase in the mouse mammary gland. Nature Biotechnol. 17:160.
99) Kang, Y. K., et al. 2001. Typical demethylation events in cloned pig embryos. Clues on species-specific differences in epigenetic reprogramming of a cloned donor genome. J. Biol. Chem. 276:39980.

100) Kang, Y. K., et al. 2002. Limited demethylation leaves mosaic-type methylation states in cloned bovine pre-implantation embryos. EMBO J. 21:1092.
101) Karackow, S. 1997. Effects of mating dynamics and crowding on sex ratio variances in mice. J. Reprod. Fertil. 110:87.
102) Karlas, A., et al. 2004. Inhibition of porcine endogenous retroviruses by RNA interference: increasing the safety of xenotransplantation. Virology. 325:18.
103) Karmaus, W., et al. 2002. Parental concentration of dichlorodiphenyl dichloroethane and polychlorinated biphenyls in Michigan fish eaters and sex ratio in offspring. J. Occup. Environ. Med. 44:8
104) Kato, Y., et al. 1998. Eight calves cloned from somatic cells of a single. Science. 282. 2095.
105) Kent, J. P. 1995. Birth sex ratios in sheep over nine lambing seasons: years 7-9 and the effects of aging. Behav. Ecol. Sociobiol. 36:101.
106) Kim, J. H., et al. 1997. Development of a positive method for male stem cell-mediated gene transfer in mouse and pig. Mol. Reprod. Dev. 46:515.
107) Kim, S. U., et al. 2004. Effective production of microinjectable blastocysts for germ-line transmission of embryonic stem cells. Exp. Anim. 53:475.
108) King, K. K. Jr., et al. 1985. Bovine embryo transfer pregnancies. I. abortion rates and characteristics of calves. J. Anim. Sci. 61:747.
109) Kishigami, S., et al. 2006. Normal specification of the extraembryonic lineage after somatic nuclear transfer. FEBS Lett. 580:1801.
110) Kolb, A. F., et al. 1999. Insertion of a foreign gene into the beta-casein locus by Cre-mediated site-specific recombinaton. Gene. 227: 21.
111) Kolber-Sigmonds, D., et, al, 2004, Production of alpha-1,3-galactosyltransferase null pigs by means of nuclear transfer with fibroblasts bearing loss of heterozygosity mutations. Proc. Nat'l Acad. Sci. USA. 101:7335.
112) Koo, D. B., et al. 2000. In vitro development of reconstructed porcine oocytes after somatic cell nuclear transfer. Biol. Reprod. 63:986.
113) Kruuk, L. E. B., et al. 1999. Population density affects sex ratio on variation in red deer. Nature. 399:459.
114) Krzyminska, U. B., et al. 1990. Assessment of the viability and pregnancy potential of mouse embryos biopsied at different preimplantation stages of development. Hum. Reprod. 5:203.
115) Kubiak, J. Z. and A. K. Tarkowski. 1985. Electrofusion of mouse blastomeres. Eep. Cell Res. 157:561.
116) Kuwaki, Y., et al. 2005. Heart transplantation in baboons using α1,3-galactosyltransferase knockout pigs by nuclear transfer cloning. Science. 295: 5557.
117) Lai, L., et al. 2002. Production of alpha-1,3-galactosyltransferase knockout pigs by nuclear transfer cloning. Science. 295:1089.
118) Lai, L., et al. 2006. Generation of cloned transgenic pigs rich in omega-3 fatty acids. Nature Biotechnol. 24:435.
119) Lambeth, V. A., et al. 1982. Micromanipulation of bovine morulas to produce identical twin offspring. Proc. 2nd World congress, Embryo Transfer in Mammals.
120) Lanza, R. P., et al. 2000. Cloning of an endangered species (Bos gaurus) using interspecies nuclear transfer. Cloning. 2:79.
121) Lavitrano, M., et al. 1989. Sperm cells as vectors for introducing foreign DNA into eggs: genetic transformation of mice. Cell. 57:717.
122) Lee, B. C., et al. 2005. Dogs cloned from adult somatic cells. Nature. 436:641.
123) Lee, J. H., et al. 2004. Sexing using single blastomere derived from IVF bovine embryos by fluorescence *in situ* hybridization(FISH). Theriogenol. 62:1452.
124) Lee, K. K. 1991. Cloning of the mammarian embryo. The 2nd ARRC Intern. Symp. p59.
125) Lee, K. Y., et al. 2002. Cloned zebrafish by nuclear transfer from long-term-cultured cells. Nature. Biotechnol. 20:795.
126) Lee, S. L., et al. 2005. Efficiency of gene transfection into donor cells fo nuclear transfer of bovine embryos. Mol. Repord. Dev. 72:191.
127) Leonard, M., et al. 1987. Sexing bovine embryos using Y-chromosome specific DNA probes. Theriogenol. 27:248.

128) Levinson, G., et al. 1995. DNA based X-enriched sperm separation as an adjunct prevention of X-linked disease. Hum. Reprod. 10:979.
129) Lewin, H. A. 1989. Disease resistance and immune response gene in cattle: strategies for their detection and evidence of their existsnce. J. Dairy Sci. 72:1334.
130) Li, J., et al. 2004. Odorant receptor gene choice is reset by nuclear transfer from mouse olfactory sensory neurons. Nature. 428:393.
131) Libbus, G. L., et al. 1987. Incidence of chromosome abberations in mammalian sperm stained with Hoechst 33342 and UV-laser irradiated during flow sorting. Mutat. Res. 182:265.
132) Lindsey, A. C., et al. 2002a. Hysteroscopic insemination of low numbers of flow sorted fresh and frozen/thawed satallion spermatozoa. Equine Vet. J. 34:121.
133) Lindsey, A. C., et al. 2002b. Hysteroscopic insemimation of mares with low numbers of nonsorted of flow sorted spermatozoa. Equine Vet. J. 34:128.
134) Lo, D., et al. 1991. Expression of mouse IgA by transgenic mice, pigs and sheep. Eur. J. Immunol. 21(4):1001.
135) Loi, P., et al. 2001. Genetic rescue of an endangered mammal by cross-species nuclear transfer using post-mortem somatic cells. Nature Biotechnol. 19:962.
136) Lois, C., et al. 2002. Germline transmission tissue-specific expression of transgenes delivered by lentiviral vectors. Science. 295:868.
137) Maga, E. A. and Murray, J.D. 1995. Mammary gland expression of transgenes and the potential for altering the properties of milk. Bio/Technology. 13:1452.
138) Markert, C. C. and R. M. Petters. 1978. Manufactued hexaparental mice show that adult are derived from three embryonic cells. Science. 202:56.
139) Maxam, A. M., and Gilbert. 1980. Sequencing end-labeled DNA with base-specific chemical-cleavages. Methods Enzymol. 65:499.
140) Maxwell, W. M. C., et al. 1998. The relationship between menbrane status and fertillty of boar spermatozoa after flow cytometric sorting in the presence or absence of seminal plasma. Reprod. Fertil. Dev. 10:433.
141) Maxwell, W. M. C., et al. 2004. Integration of sperm sexing technology into the art toolbox. Anim. Reprod. Sci. 82-83:79
142) McGrath, J. and D. Solter. 1983. Nuclear transplantation in the mouse embryo by microsurgery and cell fusion. Science. 220:1300.
143) McGreath, K. J., et al. 2000. Production of gene-targeted sheep by nuclear transfer from cultured somatic cells. Nature. 405:1066.
144) McKnight, R. A., et al. 1996. Severe position effects imposed on a 1kb mouse whey acidic protein gene promoter are overcome by heterologous matrix attachment regions. Mol. Reprod. Dev. 44:179.
145) McPherron, A. C., et al. 1997. Regulation of skeletal muscle mass in mice by a new TGF-beta superfamily member. Nature. 387:83.
146) Meikle, D. B., et al. 1996. Dominance rank and parental investment in swine(*Sus scorfa damestieus*). Ecology. 102:969.
147) Meng, L. and D. P. Wolf. 1997. Sperm-induced oocyte activation in the rhesus monkey: nuclear and cytoplasmic changes following intracytoplasmic sperm injection. Hum. Reprod. 12:1062.
148) Meselson, M. and F. W. Stahl. 1958. The replication of DNA in E coli. Proc. Natl. Acad. Sci. USA 44:671.
149) Mintz, B. and K. Illmensee. 1975. Normal genetically mosaic mice produced from malignant teratocarcinoma cells. Proc. Natl. Acad. Sci. USA. 72:3585.
150) Mintz, B., et. al. 1973. Phytohemagglutinin-mediated blastomere aggregation and development of allophenic mice. Dev. Biol. 31:195.
151) Mocarelli, P., et al. 2000. Paternal concentrations of dioxin and sex ratio of offspring. Lancet. 355:1858.
152) Moles, A., et al. 2003. The number of male pups within a litter of NMRI mice is associated with the dam's food preferences late in pregnancy. Psychoneuroendocr. 28:250
153) Mori, Y., et al. Detection of loop-mediated isothermal amplication reaction by turbidity derived from magnesium pyrophosphate formation. Biochem. Biophys. Res. Commun. 289:150.
154) Morrel, J. M., et al. 1988. Sexing of sperm by flow cytometry. Vet. Record. 122:322.
155) Muglia, L., et al. 1996. Production of corticotropin-releasing hormone-deficient mice by targeted

mutation in embryonic stem cells. Ann. NY Acad. Sci. 780:49.
156) Muller, M., et al. 1992. Transgenic pigs carrying cDNA copies encoding the murine Mx1 protein which confers resistance to influenza virus infection. Gene. 121:263.
157) Nagano, M., et al. 2001. Transgenic mice producted by retrovial transduction of male germ-line stem cells. Proc. Natl Acad. Sci. USA. 98:13090.
158) Niwa, K. 1999. Fertilization. In reproductive biology of mammals(Y. Takahashi ed.). Gakushou Pub. p105.
159) Niwa, K. and O. Ohgada. 1988. Sinergistic effect of caffeine and heparin on *in vitro* fertilization of cattle oocytes matured in culture. Theriogenol. 30;733.
160) Nottle, M. B., et al. 1999. Production and analysis of transgenic pigs containing a metallothionein porcine growth hormone gene construct. In transgenic animal in agriculture (G. B. Murray et al. eds). CABI Publishing, p.145.
161) Ogura, A., et al. 2000. Production of male cloned mice from fresh, cultured, and cryopreserved immature Sertoli cells. Biol. Reprod. 62:1579.
162) Ozil, J. P., et al. 1982. Production of momozygotic twins by micromanipulation and cervical transfer in the cow. Vet. Rec. 110:126.
163) Palmiter, R. D., et al. 1982. Dramatic growth of mice that develop from eggs microinjected with a metallothionein-growth hormone fusion gene. Nature. 300:611.
164) Pang, M. G., et al. 1994. Aneuploidy detection for chromosomes. I. X and Y by fluoresence *in situ* hybridization in human sperm from oligoasthenoteratozoospermic patients. Am. J. Hum. Genet. 55:644.
165) Pang, M. G., et al. 2005. Chromosomal constitution of embryos derived from tripronuclear zygotes studied by flurescence *in situ* hybridization using probes from chromosome 4, 13, 18, 21, X and Y. Gynecol. Obstet. Invest. 59:14.
166) Park, K. W., et al. 2001. Production of nuclear transfer-derived swine that express the enhanced green fluorescent protein. Anim. Biotech. 12:173.
167) Parrish, J. J., et al. 1988. Capacitation of bovine sperm by heparin. Biol. Reprod. 38:1171
168) Patience, C. et al. 1997. Infection of human cells by an endogenous retrovirus of pigs. Nat. Med. 3:282.
169) Patil, J. G., and H. W. Khoo. 1996. Nuclear internalization of foreigen DNA by zebrafish spermatozoa and its enhancement by electroporation. J. Exp. Zoo. 274:121.
170) Perret, M. 2005. Relationship between urinary estrogen levels before conception and sex ratio at birth in a primate, the gray mouse lemur. Hum. Reprod. 20:1504.
171) Perry, A. C., et al. 1999. Mammalian transgenesis by intracytoplasmic sperm injection. Science. 284:1180.
172) Peruda, T., et al. 1991. A reliable sex determination assay for bovine preimplantation embryo using polymerase chain reaction. Theriogenol. 35:547.
173) Petters, R. M. and K. D. Wells. 1993. Culture of pig embryos J. Reprod. Fertil. Suppl. 48:61.
174) Phelps C. J., et al 2003. Production of α1.3-galactosyltransferase deficient pigs. Science. 299:411.
175) Picard, L., et al. 1985. Production of sexed calves from frozen-thawed embryos. Vet. Record. 117:603.
176) Piedrahita, J. A., et al. 1998. Generation of transgenic porcine chimera using primordial germ cell-derived colonies. Biol. Reprod. 58:1321.
177) Pike, T. W. 2005. Sex ratio manipulation in response to maternal condition in pigeon: evidence for pre-ovulatory follicle selection. Behav. Ecol. Sociobiol. 58:407.
178) Polejaeva, I. A. and K. H. S. Campbell. 2000. New advances in somatic cell nuclear transfer: Application in transgenesis. Theriogenol. 53:117.
179) Polejaeva, I. A., et al. 2000. Cloned pigs produced by nuclear transfer from adult somatic cells. Nature. 407:86.
180) Powell, B. C., et al. 1994. Transgenic sheep and wool growth: possibilities and current status. Reprod. Fert. Dev. 6:615.
181) Pratt, N. C. and R. D. Lisk. 1989. Effects of social stress during early pregnancy an litter size and sex ratio in the golden hamster(*Mesocricetus auratus*). J. Reprod. Fertil. 87:763
182) Pratt, N. C. and R. D. Lisk. 1990. Dexamethasone can prevent stress-related litter deficits in the golden hamster. Behav. Neural Biol. 54:1
183) Pursel, V. G., et al. 1999. Expression of insulin-like growth factor-I in skeletal muscle of

transgenic pigs. In transgenic animals in agriculture(J. D. Murray et al. eds). CABI Publishing, p.131.
184) Pursel, V. G., et al. 2001. Transgenic research in enhance growth and lean carcass composition in swine. In molecular farming. (J. P. Toutant and E. Balazs eds.). INRA. p.77.
185) Rabe, T., et al. 2000. *In vitro* fertilization. In manual on assisted reproduction. 2nd ed.(T. Rabe, et al. eds.). Springer. p390.
186) Ramalho, M. F. 2004. Sexing of murine and bovine embryos by developmental arrest induced by high-titer H-Y antisera. Theriogenol. 62:1569.
187) Rankin, T., et al. 1996. Mice homozygous for insertional mutation in the Zp2 gene lack a zona pellucida and are infertil. Dev. 122:2903.
188) Rankin, T., et al. 1998. Human Zp3 restores fertility in Zp3 null mice without affecting order-specific sperm binding. Dev. 125:2415.
189) Rath, D., et al. 1997. Production of piglets preselected for sex following *in vitro* fertilization with X- and Y-bearing spermatozoa sorted by flow cytometry. Theriogenol. 47:795
190) Rath, D., et al. 2003. Birth of piglets after intra-uterine insemination employing flow cytometrically sexed boar semen: a case report. Vet. Record. 152:400.
191) Roberts, A. M. 1978. The origin of fluctations in the human secondary sex ratio. J. Biosoc. Sci. 10:169.
192) Ronfort, C. M., et al. 1997. The use of retrovial vectors for gene transfer into bird embryo. In: transgenis animal generation and use(L. M. Houdebine, ed.). Amsterdam Harwood. p.83.
193) Rorie, R. W., et al. 1985. Micromanipulation of day 6 porcine embryos to produce split-embryo piglets. Theriogenol. 23:225.
194) Rosenfeld, C. S. and R. M. Roberts. 2004. Maternal diet and other factors affecting offspring sex ratio: a review. Biol. Reprod. 71:1063.
195) Rosenfeld, C. S., et al. 2003. Striking variation in the sex ratio of pups born to mice according to whether maternal diet is high in fat or carbohydrate. Proc. Nat'l. Acad. Sci. USA. 100:4628.
196) Rosenkrans, C. F. Jr., et al. 1993. Development of bovine embryos in vitro as affected by energy substrates. Biol. Reprod. 49:459.
197) Rossant, J. and W. I. Frels. 1980. Interspecific chimeras in mammals: successful production of live chimeras between Mus musculus and Mus caroli. Science. 208:419.
198) Rubenstein, J. R. et al. 1986. Introduction of genes into preimplantation mouse embroys by use a defective recombinant retrovirus. Proc. Natl. Acad. Sci. USA. 83:366.
199) Saburi, S., et al. 1997. Developmental fate of single embryonic stem cells microinjected into 8-cell-stage mouse embryos. Differentiation. 62:1.
200) Saeki, R. K.. et al. 2004. Primer-directed enzymatic amplification of DNA with a thermostable DNA polymerase. Science. 239:487.
201) Sanger, F. 1981. Determination of nucleotide sequences in DNA. Science. 214:1205.
202) Sato, M., et al. 2002. Direct injection of foreign DNA into mouse testis as a possible in vitro gene transfer system via epididymal spermatozoa. Mol. Reprod. Dev. 61:49.
203) Schnieke, A. E., et al. 1997. Human factor IX transgenic sheep produecd by transfer of nuclei from transfected fetal fibroblasts. Science. 278:2130.
204) Schnieke, A. E., et al., 1997. Human factor IX transgenic sheep produced by transfected fetal fibroblasts. Science. 278:2130.
205) Schröder, A., et al. 1990. Sex determination of bovine embryo using the polymerase chain reaction. Anim. Biotechnol. 1:121.
206) Seidel, G. E. 2003. Economics of selecting for sex: the most important genetic trait. Theriogenol. 59:585.
207) Seidel, G. E. Jr. 1983. Production of genetically identical sets of mammals cloning? J. Exp. Zool. 228:347.
208) Seidel, G. E., et al. 1997. Uterine horn insemination of heifers with very low numbers of non-frozen and sexed spermatozoa. Theriogenol. 48:1255.
209) Seidel, G. E., et al. 1999. Insemination of heifers with sexed frozen or sexed liquid semen. Theriogenol. Abst. 51:400.
210) Seidel, G. E.., et al. 2002. Sexing mammalian sperm by flow cytometry. Reprod. 124:733.
211) Shin, T., et al. 2002. A cat cloned by nuclear transplantation. Nature. 415:859.
212) Silverman, A. Y., et al. 2002. Female sex selection using clomiphene citrate and albumin separation

of human spermatozoa. Hum Reprod. 17:1254.
213) Slade, E. A., et al. 1984. Serum thyroxine and triiodothyronine concentrations in canine pyoderma. 185:216.
214) Smith, L. C. 1992. Production of genetically identical embryos by electrofusion. in guide to electroporation and electrofusion(D. C. Chang, et al. eds.). Academic Press.
215) Son, S. H. and H. S. Park. 2007. Bovine embryo sexing and sexed offspring production with FISH method. Korean J. Embryo Transfer. Suppl. 22(1): 41.
216) Stevens, L. C. 1978. Totipotent cells of parthenogenetic origin a chimaeric mouse. Nature. 276:266.
217) Suh, T. K. and J. L. Shenk. 2003. Pressure during flow sorting of bull sperm affects post-thaw motility characteristics. Theriogenol. Abst. 59:516.
218) Takahashi, Y. and A. Hanada. 1984. Penetration of zona-free hamster eggs *in vitro* by ejaculated bull sperm after treatment with ionophore A23187. J. Anim. Reprod. 31:30.
219) Tarkowski, A. K. 1961. Mouse chimeras developed from fused eggs. Nature. 198:857.
220) Tearle, R. G., et al. 1996. The α-1,3-galactosyltransferase Knockout mouse. Transplantation. 61:13.
221) Temin, H. M., 1987. Retrovirus vector for gene transfer: efficient integration into and expression of exogenous DNA in vertebrate cell genomes. In gene transfer(R. Kuchelapati, ed.). Plenum Press. p.149.
222) Temple-Smith, P. D., et al. 1985. Human pregnancy by *in vitro* fertilization using sperm aspirated from the epididymis. J. *In vitro* Fertil. ET. 2:119.
223) Tesarik, J., et al. 1995. Viable embryos from injection of round spermatid into oocytes. N. Eng. J. Med. 333:525.
224) Thomas, K. R. and M. R. Capecchi. 1987. Site-directed mutagenesis by gene targeting in mouse embryo-derived stem cells. Cell. 51:503.
225) Trivers, R. L. and D. E. Willard. 1973. Natural selection of parental ability to vary the sex ratio of offspring. Science. 179:90.
226) Tsunoda, Y. and T. Sugie. 1984. Production of monozygotic twins in mouse and goats. Jpn. J. Anim. Reprod. 30:18.
227) Tsunoda, Y., et al. 1985. Production of monozygotic twins following the transfer of bisected embryos in the goats. Theriogenol. 24:337.
228) Tsunoda, Y., et al. 1987. Beneficial effect of agar for the frozen storage of bisected embryos. Theriogenol. 28:317.
229) Uehara, T. and R. Yanagimachi. 1976. Microsurgical injection of spermatozoa into hamster eggs with subsequent transformation of sperm nuclei into male pronuclei. Biol. Reprod. 15:467.
230) Van Steirteghem, A., et al. 2000. Microinjection. In manual on assisted reproduction. 2nd ed(T. Rabe, et al. eds.). Springer. p377.
231) Van Vliet, R. A., et al. 1989. Livestock embryo sexing: a review of current methods, with emphasis on Y-specific DNA probes. Theriogenol. 32:421.
232) Wakayama, T., et al. 2005. Establishment of male and female nuclear transfer embryonic stem cell lines from diffenrent mouse strains and tissues. Biol Reprod. 72:932.
233) Wakayama, T., et al 1998. Full-term development of mice from enucleated oocytes injected with cumulus cell nuclei. Nature. 394:369.
234) Wakayama, T., et al. 1999. Mice cloned from embryonic stem cells. Proc. Natl. Acad. Sci. USA. 96:14984.
235) Wall, R. J., et al. 2005. Genetically enhanced cows resist intramammary *Staphylococcus aureus* infection. Nat. Biotechnol. 23:445.
236) Wang, H. X., et al. 1994a. Discontinuous percoll gradients enrich X-bearing human spermatozoa: a study using double-fluorescence *in situ* hybridization. Hum. Reprod. 9:1265.
237) Wang, H. X., et al. 1994b. Assessement of the separation of X- and Y-bearing sperm on albumin gradients using double label fluorescence *in situ* hybridization. Fertil. Steril. 61:720.
238) Ward, K. A., 2000. Transgene mediated modifications to animal biochemistry. Trends in Biotechnol. 19:99.
239) Watson, J. D. and F.H.C. Crick. 1953. Genetic implications of the structure of DNA. Nature 171:964.
240) West, A. G., et al., 2002. Insulators: many functions, many mechanisms. Genes. Dev. 16:271.
241) Willadsen, S. M. 1980. The viability of early cleavage stage containing half the normal number of blastomeres in the sheep. J. Reprod. Fertil. 59:359.

242) Willadsen, S. M. 1981. Developmental capacity of blastomeres from four- and eight-cell sheep embryos. J. Embryol. Exp. Morphol. 65:165.
243) Willadsen, S. M. 1982. Micromanipulation of embryos of the large domestic species. in mammalian egg transfer. (C. E. Adams ed.) CRC Press. p185.
244) Willadsen, S. M. and C. B. Fehilly. 1983. The developmental protenial and regulatory capacity of blastomeres from 2-, 4- and 8-cell sheep embryos: In fertilization of the human egg in vitro-biological basis and clinical application(H. M. Beier & J. R. Linder eds.). Spring Verlag. p353.
245) Willadsen, S. M. and C. Polge. 1981. Attempts to produce monozygotic quadruplets in cattle by blastomere separation. Vet. Rec. 108:211.
246) Willadsen, S. M., et al. 1999. Rapid visualization of metaphase chromosones in single human blastomeres after fusion with *in vitro* matured bovine egg. Hum. Reprod. 14:470
247) Williams, T. J., et al. 1982. Identical twin bovine pregnancies derived from bisected embryos. Theriogenol. 17:114.
248) Williams. T. J., et al. 1984. Pregnancy rates with bisected bovine embryos. Theriogenol. 22:521.
249) Wilmut, I., et al. 1997. Viable offspring derived from fetal and adult mammalian cells. Nature. 385:810.
250) Winkler, H., 1920. Verbreitung und Urasche der Parthenogenesis im Pflanzen- und Tierreiche. Fischer, Jena.
251) Wood, S. A., et al. 1993. Simple and efficient production of embryonic stem cell-embryo chimeras by coculture. Proc. Natl. Acad. Sci. 90:4582.
252) Woods, G. L., et al. 2003. A mule cloned from fetal cells by nuclear transfer. Science. 301:1063.
253) Yanagimachi, R. 1988. Mammalian fertilization. In the physiology of reproduction. Vol. 1.(E. Knobil & J. D. Neill. eds.). Ravan Press. p.135.
254) Younis, A. I. and B. G. Brackett. 1991. Importance of cumulus cells and insemination intervals for development of bovine oocytes into morula and blastocystes *in vitro*. Theriogenol. 36:11.
255) Zhan, Y., et al. 2000. Predominant transgene expression in exorine pancreas directed by the CMV promoter. DNA Cell Biol. 19:123.
256) Zhou, C. Y., et al. 2002. Production and characterization of a pig line transgenic for human membrane cofactor protein. Xenotransplantation. 9:183..
257) Zhou, Q., et al. 2003. Generation of fertile cloned rats by regulating oocyte activation. Science. 302:1179.

찾아보기

ㄱ

ㄴ

ㄷ

ㄹ

ㅁ

ㅂ

ㅅ

ㅇ

ㅈ

ㅊ

ㅋ

ㅌ

ㅍ

ㅎ

INDEX

A

B

C

D

E

F

G

H

I

J

K

L

M

N

O

P

Q

R

S

T

U

V

W

X

Y

Z

동물생식공학

2007년 8월 25일 초판 1쇄 발행 **값 45,000원**

감수·대표저자 이 규 승

발 행 자 양 희 돌

경기도 고양시 일산서구 덕이동 408-4

發行處 **先 進 文 化 社**

〈등록 제410-2005-000040〉

ISBN 978-89-7392-251-2 92520

 ☏ (031)925-8237·8238 FAX 925-8239